U0227914

黄土高原乡土草种水分生理生态学特征

梁宗锁　韩蕊莲　刘国彬　王向东 等　著

国家科技部十二五科技支撑项目（2015BAC01B03）
中国科学院重要方向项目（KZCX2-YW-443）
中国科学院知识创新项目（KZCX2-XB2-05-01）　共同资助
国家自然科学基金项目（90302005）
国家科技部十一五科技支撑项目（2008BAD98B08）

科 学 出 版 社
北 京

内 容 简 介

本书对黄土高原具有代表性的草种进行了水分生理生态特征的系统研究。在探讨单个草种水分利用特征的基础上，研究了不同草地配置群落的水分特征和生产力，以及陕北撂荒地的演替序列和演替规律及加快生态恢复的干扰途径。通过比较典型群落的生理生态特征及水分利用策略，明确一些撂荒地植被恢复情况，选择合适的建群植物种类，结合黄土丘陵区复杂的生态环境条件，为荒草地改良进行合理性、区域化建设提供理论依据，从而有利于黄土高原区的水土保持和生态建设。

本书可供生态学、生态工程、植物学、植物生理学、环境科学、环境工程、水土保护工程、水利工程等学科的科技工作者、教师和研究生参考使用。

图书在版编目(CIP)数据

黄土高原乡土草种水分生理生态学特征/梁宗锁等著. —北京：科学出版社，2015.7
ISBN 978-7-03-045226-9

Ⅰ.①黄… Ⅱ.①梁… Ⅲ.①黄土高原-草籽-生理生态学-研究 Ⅳ.①S540.1

中国版本图书馆CIP数据核字(2015)第166787号

责任编辑：亢列梅 祝 洁 杨向萍/责任校对：郑金红 胡小洁
责任印制：赵 博/封面设计：红叶图文

科学出版社 出版
北京东黄城根北街16号
邮政编码：100717
http://www.sciencep.com
中国科学院印刷厂印刷
科学出版社发行 各地新华书店经销
*
2015年8月第 一 版 开本：787×1092 1/16
2015年8月第一次印刷 印张：42 1/2
字数：1 000 000

定价：258.00元

(如有印装质量问题，我社负责调换)

编写委员会

序　　言

国家推行退耕还林政策以来，黄土高原植被建设迎来了难得的发展机遇。在人工大面积建造林草植被的同时，封山禁牧恢复了大量不适宜耕作的陡坡地，出现了大面积撂荒地自然恢复的草地，进入了自然演替的恢复过程。在黄土高原人工植被建造中也同时面临一些急需解决的科学问题。例如，物种的选择，乔、灌、草配置关系，植被与区域水平衡等问题。这些问题的解决，首先取决于对草种生物学特性的认识，尤其是对该区域干旱与侵蚀环境下选用造林种草物种的抗旱特性和需水规律的认识。

黄土高原的大部分处于半干旱和半湿润易旱地区，地形地貌复杂，不同立地水分条件差异明显，但在长期的人工草地建设实践中，选用了很多高耗水草种，出现了较大面积的草地土壤干层和产量低、容易遭受干旱威胁的低产人工草地。这些问题的出现，严重影响了黄土高原草地生态效益和经济效益的发挥。为了改变这种局面，必须选用适宜的草种，采用科学合理的草地建设模式，确定适宜的人工草地建设方式与耐寒、耐旱、低耗水、高水分利用效率的树种，选用合理的草地建造技术，以保证该区域人工草地成功，《黄土高原乡土草种水分生理生态学特征》一书的出版，无疑是及时而必要的。

该书是作者在多年研究基础上的总结，选用 20 多个常见草种，进行了系统的抗旱适应性、生理学特征和耗水规律的研究，不仅探讨了单个草种的水分利用特征，而且研究了不同草地配置群落的水分特征和生产力、陕北撂荒地的演替序列和演替规律及加快生态恢复的干扰途径。这些研究对科学利用黄土高原地区丰富的乡土草种资源提供了依据，同时，对植物水分生理学做出了较全面系统的论述，提供了大量的新资料，并进行了一些很有见地的探讨。全面评价该书，在整体结构上还可以改进，从专门学科角度看，有些论述还有待进一步深入，但它提供的丰富资料将使读者受益匪浅，从多方面给予我们的启示更是它的价值所在。

梁宗锁教授长期从事植物抗旱与水分生理学研究，他所带领的项目团队在植物抗旱机理、水分代谢调控、干旱环境下植物生产力、黄土高原植被建设等方面进行了系统研究，他们的辛苦努力使这部专著得以顺利出版。

该书对黄土高原人工草地建设草种选择有重要参考价值，对植物水分生理方面的科技工作者、教师和研究生是一本很好的参考书。我很高兴为该书作序。有理由相信，它的问世将会促使我国这方面的研究更好地向理论与实践结合的方向发展。

山仑

中国工程院院士

前　言

黄土高原地处我国西部湿润半湿润、干旱半干旱地区，黄土高原地区是我国水土流失最严重、生态环境最恶劣、经济发展滞后的地区，严重的水土流失不仅制约着当地经济社会的可持续发展，而且极大地威胁着黄河下游的安全。从1999年退耕还林工程实施以来，植被建设速度加快；随着目前区域经济的发展和实力的增强、劳动力转移和高效农业的发展，退耕还林工程深得农民的拥护，大面积植被建设速度加快，质量有所提高。地方政府为了保证退耕还林顺利实施，采取了许多保障措施，其中很多地区采取了“全面禁牧”的强硬措施，有力地保证了退耕还林还草的顺利实施和大面积的植被恢复。

植被的分布与演替主要取决于气候和土壤，是气候和土壤的综合反映。在黄土高原地区不同气候、地形、地貌和土壤的影响下，形成了不同的植被类型。同时，在群落的形成过程中，作为植物种和植物群落，对生态环境也都有一定的适应性幅度，因此植物种和植物群落的分布都有自己的过渡范围。在陕北黄土高原，植被群落演替阶段为“先锋群落阶段——旱中生多年生蒿类群落阶段——中生、旱中生多年生禾草群落阶段——半灌木群落阶段——灌木群落阶段——先锋乔木阶段——顶级乔木阶段”。过去黄土高原人工林草建设，片面追求人工林的高生长量、高经济效益，大量应用外来种，使植被生长及自我更新不良或导致土壤干化，难以形成稳定的群落。因地制宜的理论和技术比较薄弱，对林、草种选择不当，尤其是灌草配置时序与模式不合理，植被建设重点不突出，随之带来一系列的问题。因此，必须探索新的植被建设途径和新的生态修复系统方案，才能进一步认识和了解黄土高原这一复杂的生态环境，才能找到合理解决问题的方法和手段。

在黄土高原半干旱区，典型草原占该区草地植被总面积的40%～55%，是草原植被的主体。众所周知，黄土丘陵地区蕴涵着大量野生优良草种资源。这些草种在长期自然选择过程中形成了优良的特性，如高产、优质、抗旱、耐寒和耐瘠薄等。很多草种是陕北黄土高原森林草原地带的重要建群种，也是严重水土流失和土壤贫瘠地块形成次生群落的重要成分。它们多是各类牲畜喜食的优良乡土牧草或者大宗的中草药，通过研究它们的生理生态特征和土壤水分利用特征，可以在促进该地区生态恢复的同时，也为该地区建立各种放牧草地和药用资源的开发及合理利用提供依据和参考。

从2001年起，中国科学院“西部之光”人才基金项目“黄土高原干旱多风环境下的造林关键技术研究”（2001—2006），中国科学院知识创新项目（KZCX2-XB2-05-01）“黄土高原植被建设模式与快速绿化技术研究”（2001—2005），国家自然科学基金中国西部环境与生态科学重大研究计划项目，“黄土高原森林草原过渡带植被演替过程水分平衡与调控机理研究”（90302005）(2004—2006)，国家林业局科技推广基金（2005－63），中国科学院重要领域方向（KZCX2-YW-443）(2009—2011)，中国科学院百人计划（KZCX2-YW-BR-02）(2005—2010)，国家科技支撑项目（2015BAC01B03、2008BAD98B08）等项目的资助下，组建了包括中国科学院、水利部水土保持研究所流域生态与管理研究室、西北农林科技大学生命科学学院和浙江理工大学生命学院 20 余名青年科技工作者的研究队伍。通过 10 多年的研究，我们在全面研究群落演替的基础上，结合黄土丘陵区植被的类型、恢复特点及特有的地理地形，对黄土高原具有代表性的主要牧草、药用草种和乡土优势草种进行了水分生理生态特征的系统研究，主要包括：长芒草、白羊草、无芒隐子草、冰草、沙打旺、白花草木樨、尖叶胡枝子、无芒雀麦、红豆草、小冠花、甘草、桔梗、菘蓝、黄芪、达乌里胡枝子、猪毛蒿、铁杆蒿、茭蒿、黄花蒿、牛心朴子、沙柳和花棒等 20 多个草种。通过比较典型群落的生理生态特征及水分利用策略，明确在禾本科、蒿类植物向半灌木、灌木过渡演替时一些撂荒地的植被恢复情况，选择合适的建群植物种类，以保证系统能迅速朝良性方向发展。对被筛选群落的生理生态特征的研究能为这方面工作提供可靠的科学方法，以此为依据，结合黄土丘陵区复杂的生态环境条件，为荒草地改良进行合理性、区域化建设提供理论依据，从而有利于黄土高原区的水土保持和生态建设。

这些研究结果的获得，对科学利用黄土高原地区丰富的草种提供了参考，取得了大量的第一手资料，对该地区的人工植被建设起到了重要作用。面对黄土高原复杂的环境，植被建设的主要问题已经进行了大量的研究积累，但面临的许多新的问题和社会经济变化，仍然需要我们不断的努力探讨。了解了不同的地带植被演替规律和过程，在该地区进行植被建设时，应遵循其规律，在不同阶段人工栽种相应的植物种类，达到加快植被恢复的目的。

我国著名植物水分生理专家山仑院士为本书作序，并提出修改意见。

本书具体编写分工如下：

第 1 章　安玉艳，梁宗锁
第 2 章　梁宗锁，韩蕊莲
第 3 章　郭　颖，韩蕊莲，安玉艳
第 4 章　车　轩，刘国彬，梁宗锁
第 5 章　王竹承，赵建军，梁宗锁
第 6 章　韩　凯，梁宗锁，刘国彬
第 7 章　秦文静，梁宗锁，王向东
第 8 章　靳淑静，韩蕊莲，何　凡
第 9 章　王　勇，梁宗锁，于　靖
第 10 章　唐　龙，梁宗锁，高　扬，冉龙贵
第 11 章　田　胄，梁宗锁，韩蕊莲
第 12 章　魏玉清，许　兴，梁宗锁
第 13 章　王长如，梁宗锁，陈彦生
第 14 章　杜　峰，梁宗锁
第 15 章　郝文芳，陈存根，梁宗锁
第 16 章　陈小燕，梁宗锁，杜　峰
第 17 章　魏永胜，安玉艳

在编写过程中，曾得到中国科学院、水利部水土保持研究所、西北农林科技大学田均良、李锐、邵明安、王万忠、邹厚远、吴钦孝、梁一民、侯庆春等研究员和赵忠、高俊凤、张文辉等教授的指导，浙江理工大学裘松良教授、沈满洪教授的鼓励，黄河上中游管理局、陕西省吴旗县水务局、安塞县林业局、高桥乡政府的大力支持，在此深表感谢。

书中实验方法参考高俊凤等主编的《植物生理实验技术》，实验主要在陕西省延安地区的安塞县高桥试验区和陕西省杨凌区的中国科学院水利部水土保持研究所的干旱模拟实验场中进行。

由于是长期研究的积累，资料多、涉及面广，书中的不足之处难免，敬请读者批评指正。

目　　录

第 1 章　植物抗旱性评价指标研究概况

1.1　干旱对植物的影响

水对植物生命活动具有重要的生理生态作用。首先，水是原生质的主要组分，水直接参与植物体内重要的代谢过程，包括光合作用、呼吸作用、有机物质的合成和分解等。其次，水是许多重要生化反应的良好介质。此外，由于水具有很高的汽化热和比热容，在环境温度波动的情况下，植物体内的水分可维持体温相对稳定；在烈日曝晒下，植物通过蒸腾散失水分以降低体温，水充当蒸腾冷凝剂，使植物不易受高温伤害。

在自然环境中，植物常遭受各种环境胁迫，包括异常的温度、不利的土壤化学和物理条件及各种病虫的危害。但是，从整体来看，干旱胁迫是限制陆地植物生长的主要因子。水分亏缺引起的植物生长缓慢和作物产量减少超过所有其他胁迫的总和（Jaleel et al.，2007），因为它是普遍存在的。世界三分之一以上的地区处于干旱半干旱环境（胡新生等，1998），我国干旱半干旱地区约占全国土地面积的一半。即使生长在非干旱半干旱地区的植物，其整个生命周期中也常常遭受阶段性的土壤（或大气）干旱（Chaves et al.，2002）。另外，许多其他类型的环境胁迫也会引起水亏缺，如盐胁迫、冷害、冻害等都会影响植物体的水状态（Verslues et al.，2006）。随着全球气候变暖，干旱情况将会更严重、更频繁（Wassmann et al.，2009；Coley，1998）。水亏缺影响植物生长的各个方面，包括解剖、形态、生理及生化，这是环境对植物的影响和塑造，称其为“生态作用”；另一方面，植物要想在不利的环境中生存发展，必然要通过多种途径增加生长的可能（Seki et al.，2007），任何生物都具有这种本能，称为“适应”。事实上，自然界生长在干旱环境的各种植物经过长期自然选择、协同进化，形成了各种微妙的、积极的耐旱生理、生态适应对策（Bacelar et al.，2006；Dicho et al.，2006）。虽然对植物抗旱的生理生态策略已有许多研究，但与大千世界各种环境下多种多样的植物相比，人们了解的还甚少。因此，进一步认识和理解自然界各种植物多种多样的适应对策，有助于人类深入认识自然界，为合理利用更多植物资源提供科学依据，对应对当前全球气候变暖、环境恶化具有一定的意义。

1.2　植物抗旱指标概况

水分亏缺严重影响植物的形态结构（Shao et al.，2008）、光合生长（Soyza et al.，2004）和代谢水平（Shulaev et al.，2008），植物只有适应这种干旱环境才能生存（Seki et al.，2007）。因此，研究植物的抗旱特性、选育抗旱性植物品种，对促进经济发展、生态建设具有重要意义。

植物的抗旱性是植物在干旱环境中生长、繁殖、生存以及在干旱解除后迅速恢复生长的能力，是通过抗旱指标来体现的。由于植物的抗旱能力是一种复合性状，是从植物的形态解剖构造、水分生理生态特征及生理生化反应到组织细胞、光合器官乃至原生质结构特点的综合反应（黎燕琼等，2007），所以，反映植物抗旱性强弱的指标有很多，广泛涉及植物形态解剖结构、生长反应、生理状况及生化反应特征等诸多方面。综合前人研究结果，进行植物抗旱性评价指标归纳总结，可为植物抗旱性的鉴定和高抗旱性品种的选育提供理论依据。

1.2.1 形态解剖指标

目前，关于植物抗旱性研究的形态解剖指标主要集中在植物叶片与根系的形态建成和解剖结构。

1.2.1.1 叶片形态解剖指标

叶片是植物进行同化作用与蒸腾作用的主要器官，与周围环境有着密切联系。植物叶片结构与其生存环境有着极显著的相关性（李贵全等，2006），因而植物对环境的反应也较多体现在叶的形态和构造上。

表皮毛　在叶片表面常具有表皮附属物——表皮毛和气孔。表皮毛是表皮细胞的突出物。植物的表皮毛具有良好的隔水保水功能（王勋陵等，1999），表皮毛的存在也加强了表皮的保护作用。表皮广布表皮毛，表皮毛可反射阳光，其遮盖下的气孔阻力增大，从而减少水分从气孔蒸发（Fahn，1986），有利于植物在干旱条件下的水分保持，提高抗旱性。表皮毛越浓越长，其防止水分散失的功效越显著。

叶片的表面积/体积　抗旱性强的植物叶片的表面积/体积的比值普遍小于抗旱性差或不抗旱植物，如霸王（*Zygophyllum xanthoxylon*）表面积/体积为 3.13，而中生植物白杨则为 10.55（荣振英等，1997）。叶片的表面积/体积值小，减少了植物暴露面积，将蒸腾作用减少到最低，有利于植物保持体内水分，适应干旱缺水环境。

角质层　角质层的厚度受环境影响较大。在干旱、阳光充足条件下生长的叶片，角质层较厚；而在水中或阴湿环境中生长的植物叶片，角质层较薄甚至完全没有。植物叶表皮上具有厚的角质层是耐旱植物的重要特征，角质层表面具有棒状或丝状的蜡质，能使植物在干旱条件下减少水分的丧失（赵翠山等，1981），如沙冬青是一种沙生植物，抗旱性极强，其角质层厚度为 12～17μm（Lyshede，1979），而中生植物小叶杨仅为 2.4～2.6μm（黄振英等，1995）。

栅栏组织/海绵组织比值　栅栏组织细胞中含叶绿体较多，细胞排列整齐，细胞间隙小；海绵组织位于栅栏组织和下表皮之间，细胞呈不规则形状，排列疏松，细胞间隙大，细胞内含有的叶绿体较少。海绵组织是具有大细胞的储水组织，其细胞中有大的液泡。耐旱植物栅栏组织特别发达，常为两层或多层，而海绵组织不发达或只有栅栏组织（王勋陵等，1999）。栅栏组织/海绵组织厚度比值越大，越有利于植物在干旱条件下保存水分。

发达的叶脉和机械组织　叶脉是叶片中的维管束，是叶的输导组织和支持结构，具有伸展叶片、输导水分和营养物质的作用。叶脉致密、发达，机械组织增多，既可适应水分的迅速运输，也可增强支持力量，有利于适应干旱环境（王勋陵等，1999）。

气孔下陷或较大的孔下室　气孔下陷，可增大气孔扩散阻力，在减少光辐射和水分散失方面有积极的作用（崔秀萍等，2006）。气孔下室体积大，内蒸发面积越大，水分蒸发越快，可使气孔下室保持较高的相对湿度，提高扩散力；一旦有足够的水分供应，叶片气孔张开，蒸腾加快，有利于水分和养分的传输，进而促进植物生长，提高植物对环境的适应能力。

气孔分布与气孔密度　长期生长在干旱半干旱条件下的植物，气孔多分布于叶片下表皮。该分布模式既能保证植物与外界环境进行气体交换，又能降低蒸腾作用、保持水分，提高水分利用效率（Bosabalidis et al.，2002；李芳兰等，2006）。气孔密度是指单位面积的气孔数目，往往随着环境中水分和湿度减少而增加，但气孔面积则向小型化发展，这是植物长期适应干旱环境的一种对策。

气孔振荡　研究发现，一定条件下植物的气孔呈现以数分钟或数十分钟为周期的开合现象，即气孔振荡。这种现象能大幅度地降低平均蒸腾速率，又不明显地抑制光合速率，大大提高水分利用效率，是一种能高效利用水分的生理现象。目前气孔振荡产生的机制还不十分清楚，但多数人认为，这种振荡现象是由一定的根系阻力（或水流阻力）引起的（廖建雄等，2000）。在干旱条件下，有些植物会发生气孔振荡以降低蒸腾速率，这是植物抵御干旱环境的另一种气孔行为。

叶片厚度　植物叶片越厚，储水能力越强。在干旱条件下，随着胁迫程度的增加，植物幼叶变厚，而成龄叶没有明显变化（李芳兰等，2005），这说明幼叶比成龄叶对水分胁迫的适应更敏感。在组织形态建造过程中，幼叶可以因土壤水分状况的变化而改变其建造方向，形成与之相适应的显微结构，从而增强抗逆能力；成龄叶片因器官建造已经完成，水分胁迫时它很难通过其显微结构的弹性调节来实现抗性的提高，只能是被动适应。

叶片长、宽、叶面积　植物叶片特征包括叶片的长、宽、叶面积大小，其对水分亏缺的反映敏感度，均随着土壤含水量的降低而明显减小。叶片水分蒸发速度随着叶面积的增大而增大，所以单叶面积小的植株比单叶面积大的植株抗旱（曲桂敏等，1999）。一般在叶发育过程中受到水分胁迫时，首先抑制细胞增大，使叶面积比正常情况下的要小，从而避免水分过分散失。植物通过保持较小的总叶面积使单位叶面积的光合作用维持在一定水平，是植物适应土壤水分减少的一种重要方式。

比叶面积　比叶面积是植物叶片的重要性状之一（郑盛华等，2006），它是指单位干重的鲜叶表面积。比叶面积往往与植物的生长和生存对策有紧密联系，能反映植物对不同生存环境的适应特征（李轩然等，2007；Poorter et al.，1999）。它还可以反映植物获取资源的能力，比叶面积较低的植物能更好地适应资源贫瘠和干旱的环境，比叶面积较高的植物保持体内营养的能力较强（Garnier et al.，2001）。

叶夹角　叶夹角是指叶片上表面所在平面与植物主茎秆的交角。叶夹角的大小与抗旱性有一定关系。叶夹角小的植物株型紧凑，相对来说其受阳光直射辐射面积小，在相同条件下失去的水分较少，抗旱性强，反之则弱（Wilson et al.，1999）。

叶片运动　在叶片生长达到最大面积后，水分亏缺时叶片发生萎蔫或卷曲运动等以减少太阳辐射，可防止叶温升高，减缓水分亏缺的发展。叶片萎蔫或卷曲是植物在水分胁迫下出现的普遍现象。有研究表明，水分胁迫下植物叶片萎蔫指数可作为一个抗旱性评价的形态指标（倪郁等，2001）。

干旱环境下，在“开源”方面，发达的根系有利于植物从干燥的土壤中吸收到更多的水分，地上部较多地表现为“节流”。“节流”机制具体表现为卷叶、蒸腾作用降低等。但是，并非叶片所有的旱生结构都随时随地发挥抑制蒸腾从而减少水分消耗的作用。一方面，在干旱条件下，植物气孔关闭、叶面积减小等有利于植物在缺水条件下降低蒸腾，减少水分损失。另一方面，一旦有充足的水分供应，较发达的输导组织和较大的孔下室等促进植物蒸腾，使植物加速光合和蒸腾作用，快速生长，以利于提高抗旱性，适应下一次干旱的到来。这样的结构可能才是植物维持水分平衡能力强的标志。

1.2.1.2　根的形态解剖指标

植物根系的重要作用之一是从土壤中吸收水分，其吸收数量的多少，不仅受土壤物理机械特性的制约，而且还受根系生长状况和代谢作用的影响。植物对水分的吸收在很大程度上取决于根系形态和结构（王育红等，2002）。一般衡量植物根系形态、构型建成对水分影响的主要参数指标有根系深度、根系干物质重量、细根数、根系比表面积和根导管直径等。

根系深度　根系深度反映了植物对干旱环境的响应。干旱条件下植物的根系具有“向水性”，植物可以通过增大根系深度来补偿土壤水分的降低，从而适应缺水的环境（何维明等，2000）。

根系干物质重量　根系干物质重量是衡量根系发达程度的一个重要指标。根系干物质多，有利于形成发达的根系，进而有利于植物在干旱环境中吸收水分，满足地上部蒸腾所需（Lahlou et al.，2005）。

细根数　林木根系从土壤中吸取大量水分以满足林木的生长所需和蒸腾消耗，其中以细根（直径小于2mm）吸收和传输水分的能力最强（Khanna-Chopra et al.，2010）。不同深度的细根数量是衡量植物在缺水环境下吸水能力的重要指标。

根系比表面积　根系比表面积作为一种反映单位体积根系活性吸收面积大小的指标，在评价植物根系活力方面被广泛采用。研究表明，适宜的土壤含水量有利于增加根系活性吸收面积。该值因物种而异，当土壤水分含量高于或低于这个值时，植物根系比表面积会降低（曹扬等，2006）。

根导管直径　导管主要承担运输水分和无机盐的作用，且数量多，运输功能强（李鲁华等，2001）。另外，同一作物抗旱性强品种的根导管直径明显比抗旱性弱品种的小，小的根导管直径有利于植物更有效地利用土壤水分（刘胜群等，2007）。例如，对春小麦的研究发现，抗旱性较强的品种中央大导管消失或缩小为中央旁导管，周围均匀、细小的小导管以中央旁导管为中心形成了密集的导管群，马蹄形细胞异常明显，排列整齐而均一；抗旱性较差的品种中央大导管大而少，异常突出，同等直径的根中周围小导管相对较少（欧巧明等，2005）。

1.2.2　生长指标

目前，关于把生长指标作为评价抗旱能力的研究还较少。胡新生（1998）认为植物生长指标（生长速率、树高、总生物量等）受水分胁迫影响明显，用这些指标评价相应品种、无性系等的耐旱能力具有不可替代的作用。

生长速率　植物生长的受抑现象是干旱胁迫所诱导的第一个可测得的生理效应。与正常水分处理相比，植物在水分胁迫下的生长速率（包括枝条伸长生长速率、枝条加粗生长速率、叶面积扩展速率、净同化物积累速率等）明显减小（Somasundayam et al.，2007；杨建伟等，2006；Stave et al.，2005），但不同植物在同一胁迫程度下生长速率减小的幅度不尽相同，抗旱性强的植物下降的幅度较小。

叶面积指数　叶面积指数是指单位面积上的叶面积总数（薛利红等，2004）。从资源利用角度看，叶片的光合作用是维持植物碳平衡的主要途径，叶表面是植物与外界进行物质与能量交换的屏障，所以叶面积指数的大小能够反映植物单位面积资源利用的情况（Calvo-Alvarado et al.，2007）。

总生物量　水分对植物的影响表现在其生长和具体的代谢过程中，水分胁迫对植物生长的影响最终可体现在生物量积累的差异上，可用水分亏缺条件下最终所获得的生物量高低来衡量抗旱性的大小，故植物的生物量常被作为最可靠的抗旱性指标而用于植物抗旱性的最终鉴定（Li et al.，2006；Shao et al.，2006；徐炳成等，2005）。

根冠比　根冠比是指植物地下部生物量与地上部生物量的比率，它反映植物对环境因子的需求和竞争能力。当植物受到干旱胁迫时，根系生物量在整个植物生物量中所占比重的变化，是鉴定植物抗旱性的重要指标之一（Asch et al.，2005；Hsiao et al.，2000）。水分胁迫下，植物根冠比往往会增大（韦莉莉等，2005），即同化物优先向根系分配，促进根系生长，增强其吸收水分能力，提高抗旱性（Khwrana et al.，2004）。

水分利用效率　水分利用效率的定义有两种。第一种是生产力的水分利用效率，是指生产期间干物质（通常为地上部）增量和耗水量的比值（耗水量可以仅指蒸腾总量，也可包括土壤蒸发量）。第二种是光合作用的水分利用效率，是指光合作用中 CO_2 的吸收量和蒸腾作用耗水量的比值，即 A/E。通常生产力的水分利用效率与光合作用的水分利用效率间相关性很强。高的水分利用效率是作物品种适应水分条件、高产的重要机制之一。很多研究表明，植物在水分充足时的水分利用效率不一定最高，适度的水分胁迫有利于提高植物的水分利用效率（杨建伟等，2004）。

成活率和保存率　植物在干旱条件下的成活率和保存率反映了植物对干旱环境的适应能力，故常作为抗旱鉴定的指标（朱教君等，2005）。

胁迫指数　胁迫指数（也叫抗旱系数）是胁迫植株的测量值与对照植株测量值的比值，包括地上生物量胁迫指数、地下生物量胁迫指数、根冠比胁迫指数、根系长度胁迫指数、叶片厚度胁迫指数等。胁迫指数可直观反映某一指标受水分胁迫的影响大小、对干旱反应的敏感程度（安永平等，2006）。

抗旱指数　某物种不同品种之间进行抗旱性品种筛选时常采用抗旱指数作为指标，根据抗旱指数将各品种划分抗旱等级。抗旱指数＝品种抗旱系数×该品种胁迫产量/所有品种胁迫产量均值（赵红梅等，2007）。

1.2.3 生理生化指标

1.2.3.1 水分生理指标

对植物水分生理的研究，因研究对象、目的、侧重点不同，而研究方法各异。普遍采用的指标主要有组织含水量、相对含水量与水分亏缺、水分临界饱和亏、叶水势、离体叶片保水力和自由水/束缚水等。

组织含水量 组织含水量反映植物体内水分含量状况，随土壤干旱程度的加剧而降低。对沙棘、油松、刺槐和杨树四种苗木的研究（孙群等，2002）表明，在同样水分胁迫下不同树种各部位的组织含水量有明显差异。这说明不同树种自身的抗旱特性和旱生结构对组织含水量的变化具有重要意义。

相对含水量与水分亏缺 相对含水量（RWC）反映植物保水和抗脱水的能力，水分亏缺（RWD）反映植物体内水分亏缺的程度。在不同水分胁迫条件下，比较各树种间的 RWC、RWD 和 ΔRWD 值，可以反映它们维持水分平衡能力的大小，从而在一定程度上体现植物间抗旱力的强弱（Mayek-perez et al.，2002)。与组织含水量相比，相对含水量克服了天气因素的影响，更能说明问题。

水分临界饱和亏 当植物体内的水分减少到临近发生伤害的最低含水量水平，低于这一水平时即引起植物伤害，此时所测得的水分饱和亏即为水分临界饱和亏。水分临界饱和亏是植物体内水分状况的重要指标，此值越大，表明植物抗脱水能力越强（斯琴巴特尔等，2007)。抗脱水能力的强弱在一定程度上可反映植物的抗旱性强弱。一般地，抗脱水能力强的植物，其抗旱性也强。

叶水势 植物叶水势作为直接衡量植物水分状况较精确的指标（王磊等，2006)，反映树木叶片内水分的丰富度（Naro，1998)。叶水势下降是植物缺水的重要标志。通过对叶水势的测定，可以直接掌握植物水分亏缺的程度。植物发生水分胁迫时，如果叶水势下降的幅度较大，则可增大土壤和叶水势之间的梯度，有利于植物从土壤中吸收水分，提高植物适应干旱的能力（史胜青等，2004)。

离体叶片保水力 离体叶片保水力是指叶片在离体条件下（没有水分供应，只有水分散失）保持原有水分的能力。保水力的高低与植物遗传特性有关，与细胞特性，特别是原生质胶体特性有关。保水力能够反映植物原生质的耐脱水能力和叶片角质层的保水能力，与植物的抗旱性密切相关，叶片失水速率慢，保水力强，抗旱性也越强。

束缚水/自由水 束缚水和自由水的比值常作为植物抗旱性的指标（徐季梅等，2004)。自由水参与植物各种代谢作用，自由水占含水率百分比越大，代谢越旺盛；束缚水不参与代谢作用，而参与植物在低微的代谢强度下度过不良的外界环境，因此束缚水的含量与植物抗旱性大小有密切关系。

1.2.3.2 光合、蒸腾特性指标

光合、蒸腾速率 叶片光合作用是植物生产过程中物质积累与生理代谢的基本单元，也是分析环境影响植物生长和代谢的重要环节（Recldy et al.，2004)。光合作用的强弱直接决定着干物质的产量，是比较可靠的抗旱性鉴定指标之一。水是植物光合作

用的主要因子之一，但植物光合作用所消耗的水只是植物从土壤中吸收水量的很少一部分，绝大部分水通过蒸腾作用进入大气。当水分不足时，气孔部分或全部关闭，这一方面使气孔蒸腾散失的水分减少，另一方面也使进入叶片的 CO_2 减少，导致光合速率降低（郑盛华等，2006）。但许多研究结果表明，植物在轻度水分胁迫时，一般不影响光合作用，适度的干旱对光合作用有一定的促进作用；随着干旱胁迫的加重，植物叶水势下降并达到一定数值时光合速率才迅速下降。不同植物光合作用开始下降时的叶水势阈值不同（Cregg et al.，2001）。在干旱胁迫下，抗旱性强的品种能维持相对较高的净光合速率，保持较高的物质生产能力（Galmes et al.，2007）。蒸腾作用强弱可以反映作物吸收水分的能力和土壤水分条件。在水分胁迫下，植物的蒸腾速率也表现出下降的趋势。

气孔导度　水分胁迫导致植物净光合速率和蒸腾速率下降的主要原因是气孔关闭。气孔是植物叶片与外界进行气体交换的门户。气孔导度的变化对植物水分状况及 CO_2 同化有着重要影响，气孔导度增大，蒸腾快；反之，蒸腾减弱。随着叶片水分散失和水势的下降，气孔导度减小，CO_2 进入叶片细胞内的阻力增大，从而导致光合速率下降；同时气孔阻力的增大也减少叶片水分散失，在一定程度上阻碍水分亏缺的发展，减轻干旱胁迫对光合器官的伤害（关义新等，1995）。

叶绿素荧光参数　叶绿素荧光动力学是以光合作用理论为基础，利用叶绿素荧光作为天然探针（张守仁等，1999），是研究和探测植物光合生理状况及各种外界因子对其细微影响的新型植物活体测定和诊断技术。该技术具有快速、对环境变化十分灵敏和非破坏性等优点，是研究植物光合作用的良好探针。在干旱条件下，光合作用的信息可以通过叶绿素荧光参数的变化来反映（赵丽英等，2005）。

1.2.3.3　渗透调节指标

渗透调节是植物适应干旱胁迫的一种重要的生理机制。植物通过代谢活动增加细胞内溶质的浓度，降低渗透势，维持膨压，从而使体内各种与膨压有关的生理过程正常进行（Morgan，1984）。参与渗透调节的溶质主要有脯氨酸、可溶性糖、甜菜碱等有机溶质和 K^+、Na^+、Ca^{2+} 等无机离子（Patakas et al.，2002；Morgan，1984）。不同植物的主要渗透调节物质不同，同一植物不同生长发育阶段渗透调节物质的种类也不同（Annucci et al.，2002）。

游离脯氨酸含量　脯氨酸是植物体内重要的渗透调节物质。在干旱胁迫下，植物体内积累游离脯氨酸在高等植物中是普遍现象，游离脯氨酸的增加有助于细胞和组织持水、防止脱水，有利于植物抵抗干旱逆境（Verbruggen et al.，2008；Delauney，1993）。脯氨酸除了作为可溶性物质改变细胞的渗透势以防止脱水外，脯氨酸积累还具有许多与抗旱性有关的特性。例如，脯氨酸具有高度的吸湿性，可抵制氧化和水解产生的有毒物质（蒋明义等，1997）；脯氨酸也是干旱情况下氮的贮藏者，为植物再度得到水分后的生长提供营养物质；它还可与蛋白质分子上的疏水基作用，扩大亲水基的表面积，从而增强蛋白质的稳定性，在干旱条件下保护膜结构（Verbruggen et al.，2008）。

可溶性糖含量　可溶性糖由于相对分子质量低，高度水溶性，在生理 pH 范围内无静电荷及低毒等特性，故成为植物组织内一种理想的渗透调节物质（Bacelar et al.，

2006)。可溶性糖除起渗透保护物质作用外，还可作为一种碳源，有助于植物生长的恢复（Chaves et al.，2002)。

旱激蛋白含量 旱激蛋白是指植物在受到干旱胁迫时新合成或合成增多的一类蛋白，也称干旱诱导蛋白。干旱诱导蛋白种类很多，其中研究比较多的是与种子成熟、脱水相关的 Lea 蛋白和渗透调节相关的渗压素（osmotin）（张宏一等，2004)。通过序列分析和结构预测发现，大多数水分胁迫诱导蛋白富含脯氨酸、甘氨酸和亲水氨基酸，疏水氨基酸较少，但在不同植物组织和细胞中又各异（刘娥娥等，2001)。干旱诱导蛋白是植物对干旱环境的一种适应，可以提高植物的耐旱能力。

甜菜碱含量 甜菜碱是目前研究较多的渗透调节物质之一。大量的实验证明，细胞或细胞器中积累的甜菜碱可能对植物细胞产生较强的保护作用，从而增强其耐逆性（Martinez et al.，2004；Sakamoto et al.，2001)。甜菜碱醛脱氢酶（BADH）是甜菜碱生物合成过程中的关键酶（李永华等，2005)，其活性高低直接决定植物组织中甜菜碱的积累状况，所以也经常把 BADH 活性作为植物抗逆性鉴定的参考指标（Luo et al.，2001)。

K^+ 含量 K^+ 是植物体内一种重要的渗透调节物质（Alves et al.，2004)。K^+ 是维持细胞渗透压最主要的离子，在植物汁液中的浓度一般为 100～200mmol/L，平均占整个渗透压物质的量浓度的 43%（魏永胜等，2001)，对维持细胞膨压有重要意义。K^+ 在干旱过程中可主动积累，提高植物渗透调节能力（Lannucci et al.，2002)。另外，大量 K^+ 进出保卫细胞，改变渗透势而控制水分出入，引起气孔开闭，从而调控蒸腾能力。K^+ 还能明显促进脯氨酸的积累，同时有利于植物酶活性的保持（王霞等，1999)。

1.2.3.4 膜脂过氧化与抗氧化指标

水分胁迫诱导植物体内发生各种生理生化反应，使植物细胞生理脱水，导致植株生长停止，光合作用受抑，呼吸紊乱，整个代谢异常，造成植物受害（Yordanov et al.，2000)。膜透性和 MDA 含量常被用来衡量植物细胞膜受伤害程度。

膜透性 植物细胞膜对维持细胞的微环境和正常的代谢起着重要作用。正常情况下，细胞膜具有选择透性。当植物受到逆境胁迫影响时，如水分胁迫下，细胞膜遭到破坏，膜透性增大（Smimoff，1998）电解质外渗导致细胞内代谢紊乱。膜透性增大的程度与逆境胁迫强度有关，也与植物抗逆性的强弱有关。不同植物及品种膜透性变化的时间和速率有所不同（胡景江等，1999)。

丙二醛含量 水分胁迫会扰乱植物体内活性氧产生和清除的平衡，引起活性氧的积累。丙二醛（MDA）是植物脂质过氧化的主要产物之一，它能使膜中酶蛋白发生交联并失活，进一步损伤细胞膜的结构和功能（李霞等，2005)。因此，MDA 是检测植物膜在逆境条件下受伤害的一个重要指标（Shalata et al.，1998)，其积累是活性氧毒害作用的表现。它通常作为膜质过氧化指标，表示细胞膜脂过氧化程度和植物对干旱逆境条件反应的强弱（Shao et al.，2005)。

植物为保护自身免受活性氧的伤害，存在着内源保护系统，包括非酶抗氧化剂和抗氧化酶类。抗氧化酶主要包括超氧化物歧化酶（SOD)、抗坏血酸过氧化物酶（APX)、单脱氢抗坏血酸还原酶（MDHAR)、脱氢抗坏血酸还原酶（DHAR)、谷胱甘肽还原酶

(GR)、过氧化氢酶（CAT）、谷胱甘肽过氧化物酶（GPX）、愈创木酚型过氧化物酶（POD）和谷胱甘肽转硫酶（GST）（Mittler，2002）。各种酶的具体作用有所不同，如SOD是植物氧代谢中一种极为重要的酶，它歧化 $O_2^-\cdot$ 为 H_2O_2 和 O_2，从而影响植物体 $O_2^-\cdot$ 和 H_2O_2 的浓度。作为一种诱导酶，SOD活性受其底物 $O_2^-\cdot$ 浓度的诱导。由于逆境胁迫下 $O_2^-\cdot$ 的产生会增多，从而诱导了SOD活性的增强，其活性高低是评价植物抗旱性的重要指标。CAT和几种过氧化物酶负责把 H_2O_2 分解成 H_2O 和 O_2（Neto et al.，2006）。在干旱胁迫下，保护酶活性的变化因植物品种、胁迫方式、胁迫强度和时间而不同。整个保护酶系统防御能力的变化取决于这几种酶彼此协调的综合结果（Mittler et al.，2004；蒋明义等，1996）。

非酶抗氧化剂主要包括还原型谷胱甘肽（GSH）、抗坏血酸（AsA）、类胡萝卜素（Car）、α-生育酚（VE）、类黄酮、生物碱、半胱氨酸（Cys）、氢醌及甘露醇等有机小分子（Liu et al.，2008；Mittler et al.，2002）。

植物体内的抗氧化酶和非酶抗氧化剂构成植物体完整的抗氧化系统，共同负责清除体内产生的过多活性氧。不能通过单独测定某一类抗氧化酶或者某种非酶抗氧化剂来判断植物的抗氧化能力，因为不同植物在不同胁迫方式和胁迫强度下抗氧化的工导物质不同，所以测定不同植物抗氧化能力时，要测定多种抗氧化酶和非酶抗氧化剂，然后进行综合判定。

1.2.3.5　光合色素含量

叶绿素a，叶绿素b，叶绿素（a+b）含量　干旱胁迫导致植物叶绿素（Chl）含量减少（蒋明义等，1994），叶片失水影响叶绿素的生物合成，并促进已形成的叶绿素加速分解。抗旱性强的植物其叶绿素含量比较稳定，在水分胁迫下其叶绿素含量下降的程度比抗旱性差的植物要低。这里需要指出的是，水分胁迫下植物体内叶绿素含量的减少与植物光合作用的表现并不呈正相关关系，因为具有光化学活性、可直接参与光化学反应的色素只有少数特殊状态的叶绿素a，在光合色素中只占很小的一部分，由于聚光色素的存在，它的含量比较稳定，受水分胁迫影响不大。

类胡萝卜素含量　类胡萝卜素（Car）既是光合色素，又是内源抗氧化剂，它可以耗散过剩光能，清除活性氧，从而防止膜脂过氧化，保护光合结构（秦景等，2009；米海莉等，2004）。

Car/Chl　Car/Chl反映植物光能吸收和光保护的关系，其值高低与植物耐受逆境的能力有关（何军等，2004）。随干旱胁迫和光强增加，三叶漆叶片的光合色素遭到破坏，Chl与Car含量均下降（Somasun daram et al.，2007）。由于Car的稳定性高于Chl，其下降幅度小于Chl，Car在光合色素中的比例相对升高，Car/Chl有升高的趋势。干旱和强光胁迫时，Car含量相对升高，有利于保护光合机构防止Chl的光氧化破坏（李伟等，2006）。

1.2.3.6　根系生理指标

根系作为植物吸收和运输水分、养分的重要器官之一，是植物产量的重要贡献者。但由于条件的限制，人们对它的研究却相对较少。根系和地上部所处环境不同，根系是植物感受土壤干旱的原初部位，其数量、大小和生理状况等直接影响植物抗旱性的强弱，因而研究根系生长及其生理特性对干旱胁迫的响应对揭示植物抗旱性的本质具有重要意义。

上述植物地上部各项生理生化指标（除光合、蒸腾速率以及光合色素外）均适用于根系。但植物根系对干旱胁迫的响应与地上部茎叶的响应并不对应。例如，对玉米几种重要的抗氧化酶（剂）的研究表明，作物根系抗氧化系统有其自身的特点，与地上部相比根系抗氧化酶活性低，抗氧化剂含量少，对水分胁迫的反应比地上部敏感（王娟等，2002）。

根系活力 根系活力泛指根系整个代谢的强弱，包括吸收、合成、氧化和还原能力等，因此根系活力是一项客观反映根系生命活动的特殊生理指标（齐健等，2006）。根系活力的下降，不仅直接影响植物体对水分和矿质元素的吸收，而且对根系的合成代谢和地上部的同化作用都会产生不利影响，因此水分胁迫下维持较高根系活力是植物抗旱能力强的一种体现（谢寅峰等，1999）。植物根系活力除了受土壤干旱胁迫程度的影响外，还受到干旱持续时间的影响。随着时间的推移，耐旱性强的植物根系活力表现出逐渐增加的趋势；而耐旱性较差的林木，在受到轻度土壤干旱影响的最初阶段，根系活力迅速增加，但之后又急剧下降（宋娟丽等，2003）。

总体来看，由于根土系统的非直观性和根系研究方法的局限性，前人对根系研究的广度和深度较为薄弱，因此与植物地上部相比，对植物根系的研究潜力还很大，对根系的研究应当成为今后一大热点。

1.2.3.7 其他指标

上述各指标均为常用的抗旱评价指标，除了这些指标外，还有一些目前研究不太多的指标，如多胺和硝酸还原酶活性。

多胺含量 多胺是生物体代谢过程中具有生物活性的低相对分子质量脂肪含氮碱，是一组进化上高度保守的有机多聚阳离子，通过调整酶活性保持离子平衡，也作为激素媒介加速细胞分化等，进而调节生长和发育（Benavides et al.，2008）。随着植物逆境生理学研究的深入，人们发现植物在多种人为胁迫条件下都发生多胺的积累。高等植物多胺代谢对各种不良环境十分敏感，其特殊功能是维持植物组织中阳离子和阴离子的平衡，并且它可与自由基清除剂结合，通过阻止脂质氧化来抵抗氧化胁迫，保护逆境条件下植物正常的生理功能，增强抗逆性（Nayyar et al.，2004）。

硝酸还原酶活性 硝酸还原酶（NR）参与植物体内硝态氮的还原过程，直接影响体内的氮代谢，是植物氮素代谢的关键酶。在干旱胁迫下NR的活性和植物生长发育有密切关系（张林刚等，2000）。对马尾松、火炬松、水杉的抗旱性研究表明，3个树种抗旱性与胁迫下NR活性呈明显正相关，NR活性可以作为这3个树种间抗旱能力评定的有效生化指标（谢寅峰等，2000）。

1.2.4 植物抗旱性综合评价方法

研究植物抗旱性的指标是多方面的，包括形态、解剖结构，生理、生化等指标，如根系、叶形态、气孔反应、蒸腾情况、膜系统的变化、渗透调节、水势以及植物体内各种物质含量变化等。但植物的抗旱性不仅与植物的种类、品种、基因型、形态、性状及生理生化反应等有关，还受干旱发生的时期、强度及持续时间的影响，植物的抗旱性是复杂的数量性状。

关于抗旱性的研究多数仅利用少数指标对植物进行评价，还没有一个单一的指标能完全准确地衡量某一物种的抗旱能力，也不能将某一个指标和抗旱能力之间用一个确定的数量关系来表示。利用单个或少数指标评价植物的抗旱性局限性很大（Prasil et al.，2007）。不同的指标对植物抗旱性的贡献不同，故在评价物种抗旱性的过程中，不能单独依靠上述某个或某两个指标，必须根据一系列生理生化指标的重复测定和综合评定才能提高鉴定结果的准确性，进一步从整体上揭示植物的抗性能力。

目前主要采用的综合评价方法有模糊数学隶属函数分析、主成分分析、聚类分析和灰色关联度分析等。

1.2.4.1　模糊数学隶属函数分析

模糊数学隶属函数分析是根据模糊数学的理论，通过隶属（反隶属）函数确定各指标间的模糊关系，对多个指标进行综合评定的方法。由于各指标不但有各自的单方面作用，而更重要的是具有多指标间的相互作用，因此只有对这些指标的交互作用加以深入综合分析，才能提高抗旱鉴定的准确性，提高引种筛选抗旱品种的可靠性。该方法在植物抗旱研究中，尤其是通过多个指标对植物抗旱性的研究中被广泛使用（庄丽等，2005；杨敏生等，2002）。

1.2.4.2　主成分分析

主成分分析也称为主分量分析，是一种通过降维来简化数据结构的方法。就是由样本相关矩阵出发，计算性状相关矩阵特征值和特征向量及每个主成分的贡献率和方差贡献率，将多个指标划归为少数几个相互独立的综合指标的一种统计方法，可以简化数据，揭示变量之间的关系。其中每个综合指标代表一个分量，根据指标累积方差贡献率达80%～85%以上来确定主成分的个数（张卫华等，2005）。主成分分析在林木抗旱性研究中，尤其在确定影响林木抗旱性主要指标的研究中被大量使用（王青宁等，2005；朱春云等，1996）。

1.2.4.3　聚类分析

聚类分析是将众多的参试样本划分为若干类，从而达到综合分析目的的一种数学方法。它的基本思想是根据对象间的相关程度进行类别的聚合。在进行聚类分析之前，这些类别是隐蔽的，能分为多少种类事先也是不知道的。聚类分析的原则是同一类中个体有较大的相似性，不同类中的个体差异很大。柴宝峰等（2000）利用聚类分析方法将海红、北京杨归类为强阳性旱生树种，将杏、河北杨、小叶杨、刺槐、榆归类为抗旱性居中树种，将柠条、甘蒙柽柳、国槐、沙棘、沙枣归类为抗旱性较弱树种（柴宝峰等，2000）。

1.2.4.4　灰色关联度分析

灰色关联度分析是根据因素之间发展趋势的相似或相异程度（即灰色关联度），作为衡量因素间关联程度的一种方法，它是对一个发展变化的系统进行发展动态量化的分析方法。两个系统或两个因素之间随时间或对象不同而变化的关联性大小的量度，称为关联度。在系统发展过程中，若两个因素变化的趋势具有一致性，即同步变化程度，那么二者关联程度较高；反之，则较低。灰色系统理论提出了对各子系统进行灰色关联度分析的概念，意图透过一定的方法，去寻求系统中各子系统（或因素）之间的数值关系，找出影响最大的因素，把握矛盾的主要方面。因此，灰色关联度分析对于一个系统发展变化态势提供了量化分析，非常适合动态历程分析。应用灰色关联分析法对于环境条件、不同处理方法和不同树种应做具体分析，以更加准确地建立抗旱指标体系，选育出适宜当地的抗旱树种。

综上所述，对植物的抗旱性进行综合评价的方法很多，但不同的综合评价方法有不同的特点，其原则和侧重点不同，在选用综合评价方法时可根据不同目的选择合适的方法。在耐旱性基因标记、定位研究尚未完善之前，应用综合指标评价植物耐旱性具有很大潜力和应用前景。

1.2.5 植物抗旱指标研究新进展——标记基因

近年来，随着分子生物技术及分子信息学的不断完善，各类植物分子连锁图谱的构建及其他分子遗传学研究为改良植物抗旱性提供了新的机遇。关于小麦水分利用效率改良的生理遗传研究表明，黑麦 4R 染色体上有控制高 WUE（水分利用效率）的基因（张正斌等，2000）、小麦 A 组染色体上载有高光合效率和高 WUE 基因。Lilley 等（1996）在水稻染色体 1、染色体 3、染色体 7 和染色体 8 上定位了 4 个与致死渗透势有关的位点，染色体 8 上的 *RG*1 标记与渗透势突破点、渗透调节和叶片相对含水量的遗传变异有关。

可以看出，许多研究者希望不需要经过干旱胁迫，直接找出标记基因。寻找耐旱性的标记基因是一个发展趋势。一旦获得可靠的标记基因，即该标记与耐旱性呈高度相关，那么标记基因的遗传稳定性是可以得到保证的，因此重点在于广泛筛选与重要耐旱指标相关联的标记基因。但是，耐旱指示性状往往是多基因控制的数量性状，分子标记技术代价也很高，这些都使基因标记工作变得艰难。目前还没有确切地找到一个抗旱基因，先前的一些成果也只是粗略地定位一些与抗旱性有关的基因。随着分子生物学的发展，相信分子标记技术必将在抗旱鉴定方法上有所突破。

1.3 问题与展望

植物抗旱性研究的历史悠久，人们通过多种方法对各种植物的各个指标都做了大量研究，取得了重要进展。如果能对已有数据进行整编，得出并明确某些指标（根据已研究的结果确定）在适宜水分条件下的值以及在开始受到干旱伤害时的临界值，那么就可以避免后来研究者大量的重复性工作，从而节省大量的人力、物力。

1.3.1 根系的研究

由于植物的根系主要生长在土壤中，同时受干旱研究方法的限制，因此目前对其研究的广度和深度远远不及植物地上部。但植物根系是植物吸水的主要器官，也是感受土壤干旱的原初部位，研究根系在干旱胁迫时的响应状况和适应策略具有重要意义，所以今后对植物根系的研究应当加大力度。

1.3.2　标准指标体系的建立与综合评判

不同指标对植物抗旱性的贡献不同，通过单一指标或少数几个指标对植物的抗旱性进行评价具有片面性和局限性，所以应当对以往数据进行整编归纳，建立整套指标体系，再借助数学工具，综合评价植物抗旱性，将得到事半功倍的效果。

1.3.3　分子指标的筛选

在植物抗旱的分子机制研究中，可以筛选出与抗旱性极其相关的分子指标，如前面所提到的标记基因，这对评价植物抗旱性具有重要意义，对培育高抗旱性植物品种也提供了一条新的途径。目前这方面的研究尚处于起步阶段，今后应当加大力度，相信随着分子生物学技术的发展，必定会有所突破。

第2章　植物对缺水环境的感知及其生理反应

植物生长环境既是多种多样的，又是千变万化的，不同的环境因子以截然不同的方式，甚至不同的时间、部位、强度施加于植物，植物也以完全不同的方式感受和识别他们，从而做出相应的反应，并在长期进化中形成了自身的适应性。

水分亏缺对植物的影响是非常广泛而深刻的，长期以来在这方面已开展了大量的研究工作，并且已经认识到干旱缺水可影响生长发育的各个阶段（萌发、营养生长和生殖生长等），直到具体的代谢过程（光合作用、呼吸作用、水和营养元素的吸收与运输等）。过去一直认为，干旱对植物生长和发育的影响只是水分亏缺对植物的直接损伤效应，通过抑制细胞的伸长与生长等过程使植物生产力降低。可是近年越来越多的实验显示，在水亏缺造成植物各种损伤现象出现之前，植物就对土壤干旱做出包括基因表达在内的各种适应性调节反应，使植物本身做出最优化选择。因此，植物必然具有感知并传递土壤干旱胁迫信号来调节生长发育的能力。

本章对植物在多变低水环境下对缺水的感知、反应和适应性调节作介绍，深入了解植物在水分亏缺条件下的一些生长特点，为植被建设服务。

2.1　植物对缺水环境的感知

植物不像动物那样具有神经系统，植物从感受环境到做出反应经常表现出一定的空间和时间间隔。植物具有的信息传递能力有范围和方式上的区别，主要包括细胞内信息传递、细胞间信息传递和整体中远距离传递。现在已经证明，维管束在高等植物体内的信息传递中起重要作用。植物体内细胞或组织、器官间信息传递中可能存在三种信号：水信号、化学信号和电信号。

（1）水信号：是指由于土壤水分含量下降引起叶片水分状况（如 ψ_w，ψ_s，ψ_p，RWC）下降而影响到生理功能。大量实验证明，在叶片水分状况尚未出现任何可检测的变化时，地上部对土壤干旱的反应就已经发生，说明植物根与地上部之间除水信号外，还有其他信号。

（2）化学信号：是指能够感知和传递土壤干旱信号到地上部反应部位（如叶片），进而影响植物生长发育进程的某种激素或除水以外的某些化学物质。Bates（1982）和Hall（1982）最早提出土壤干旱初期气孔导性、叶片生长与叶片水分状况无关而与土壤中有效水含量直接有关的看法；Davies 等（1987）进一步提出根与地上部通信的化学信号假说。他们把一株玉米的根分成两部分，并分别栽培在两个容器中，其中半边根系所在的土壤保持良好的灌水，而另半边根系所在的土壤则停止浇水，而使其逐渐变干，与对照相比，这样的处理对植株叶片水分状况没有明显影响，但气孔导性却明显下降。Gowing 等（1990）在对无性系苹果叶片特征研究中，把植株根系等分在两个容器中生长，当一半根给予干旱处理时叶片水分状况没有任何可检测出的变化，但叶片生长水导性下降，若重新浇水则恢复，切除干旱土壤中的半边根系时获得与重新浇水同样的结果。这似乎证明了干旱初期地上部生长与叶片水分状况无关，而与土壤水分含量直接有关。分根实验有力地证明了这种信息可能是一种化学信号。

（3）电信号：娄成后（1992）根据细胞间局部电流和“伤素”的释放相互交替来推动电波传递，提出了高等植物体内信号传递中电波作用的假说，即传递组织中局部电流在激发邻近细胞兴奋的同时会引起激素或其他化学物质的释放；同时激素或某些化学物质的释放又会引起邻近细胞的局部电流产生。王学臣（1992）报道，电波传递能抑制气孔导性和提高细胞间通透能力，电波传递的生理功能是指植物感应外界刺激的最初信号通过维管束传递全身的过程。

Cowan（1993）和 Jones（1993）指出植物具有对变化环境做出最优化反应的能力。因此，当土壤逐渐变干时，植物必定具有感知、传递土壤胁迫信号从而调节生长发育的机制。少数根处于逐渐变干的土壤并发生脱水时，会产生某些化学信号，这些信号在总水流量和叶片水分状况还没有变化时就反馈到地上部并发挥作用。随着土壤继续变干，越来越多的根脱水程度越来越大，信号的强度也随之增加。这样就使植物地上部能够随土壤中可利用水的变化不断调整自身的生长发育。近年来，植物体内器官间长距离信息传递的研究及争论已广泛展开，对根与地上部信号传递也取得了较大进展。

由于环境刺激的种类、强度、持续时间等因素不同，植物抗性不同，导致植物对环境刺激的反应也多不相同，有适应性反应，也有伤害性反应，它们可以涉及植物的形态、结构和功能等诸多方面。

2.1.1　植物在缺水下的形态反应

在土壤-植物-大气（SPAC 系统）间的水分移动过程中有两个最关键的区域，即土壤-根和叶-大气界面。

干旱条件下叶片适应性的主要变化要有利于保持水分和提高水分利用率。由于水分亏缺，叶片形态和解剖变化有永久性和暂时性之分，前者是不可逆的。细胞伸长比分裂对水分亏缺更为敏感，一旦缺水，首先抑制的是细胞增大，单叶叶面积比正常条件下形成的小。干旱条件下细胞变小在理论上有利于提高水分利用率。除了上述作用外，总叶面积由于缺水加速叶片衰老和脱落而减小。这两种作用都可防止水分的散失。当植物达到最大叶面积后，叶片适应性变化主要有三种：一是萎蔫；二是主动运动，使叶片保持平行于太阳辐射的方向；三是卷曲运动。这三种运动都使叶片角度改变而减少直接受到的太阳辐射，防止过热和水分的过度蒸腾。这些运动都是暂时性的，因而是可逆的，在一定缺水程度和持续时间内，一旦解除缺水，叶片又恢复常态，叶面积并无变化。Nobel（1980）研究表明，单位叶面积叶肉细胞越小、层次越多，水分利用率会越大。

在干旱条件下，植物根系的反应要有利于吸收尽可能多的水分，以供本身和地上部的需要。根的这种变化是多方面的，包括根在水平或垂直方向的伸展、根长密度（cm/cm^3 土壤）、细根数量（直径小于 1mm）、根冠比、根面积/叶面积和根内水运动阻力变化等。

因供水方式不同，根可以向垂直方向伸展，也可向水平方向发展。这两种分布都可以吸取尽可能多的水分。在提高植物抗旱能力时，选择根深、根长且密，增加根内水流动的垂直向阻力，减小横向阻力，就可以促进吸收水分而有利于保持水分。

2.1.2　植物在干旱下的生理反应

在 SPAC 系统中，植物居于中心地位，控制植物水分平衡和大气因子的作用可以在植物的反应中体现出来；同时，在农业生产中是否遭到干旱危害，最终还是以植物的反应来回答。Hsiao（1973）认为必须参照胁迫的程度和时间过程来考查水分胁迫的影响，才能得出植物对干旱响应这一复杂因果关系的顺序。水分亏缺对作物生理和产量的影响是十分复杂的。山仑（1991）指出，与作物产量直接有关的生理过程或指标主要有生长、发育、光合、呼吸、蒸腾、运输、根冠比等。

大量研究证明，植物水分亏缺下第一个可测得的生理效应就是生长减慢，这是由于水分亏缺减少了植物细胞扩张生长所需的膨压，植物生长受限。轻度水分亏缺影响叶片扩张生长，但并不影响气孔开放，因而对光合作用速率不产生明显影响。Boyer 研究证明，玉米和向日葵叶水势为－0.25～－0.15MPa 时，叶片伸长最快，但当水势下降为－0.4MPa 时，向日葵叶片停止生长，玉米叶片生长减至最大生长量的 50%，而光合作用尚未受到影响。在水分亏缺情况下，作物蒸腾量显著下降，但对蒸腾影响程度小于对细胞扩张和生长的影响程度。随着水分亏缺逐渐加剧，蒸腾作用超前于光合作用下降，使在中度水分亏缺条件下，气孔开度减少，蒸腾速率大幅度下降，光合速率下降并不显著。由于水分散失对气孔开度的依赖大于光合作用对气孔开度的依赖，因此在水分亏缺下植株干物质下降比率低于水分消耗下降的比率，从而使水分利用效率提高。已有资料证明，物质运输对水分亏缺反应较不敏感，对于禾谷类作物，水分亏缺对运输的影响较小，故一定程度的干旱往往会提高禾谷类作物的经济系数。山仑（1991）引证资料综合分析后得出，水分亏缺对几个产量密切相关生理过程影响的先后顺序为：生长—蒸腾—光合—运输。这在轻度到严重水分亏缺过程中均成立，但其内在联系及定量关系有待深入研究。

气孔反应　在干旱条件下，气孔既要防止水分的散失，又要维持一定的光合作用，成为植物抗旱的重要方面。目前用来表示气孔状态的指标有两种：一是气孔扩散阻力或叶片扩散阻力，主要是用气孔在一定温度下单位水蒸气通过单位叶面积的量，由叶内扩散到空气中所需的时间来测定（s/cm）；二是气孔导性和叶片导性，是前者的倒数（cm/s）。有人倾向于气孔导性这一术语，因为气孔导性正比于 CO_2 和水蒸气的流动。气孔对大气温度和叶水势的反应有两种。一种是前馈式反应（feed-forward manner），是气孔对空气湿度变小的一种反应，又称为预警系统，即空气湿度的变化首先影响气孔，湿度下降，气孔关闭，此时叶片其他部位并未发生水分亏缺，从而防止缺水在整个叶片中发生，并防止伤害的产生；另一种是反馈式反应，是对叶水势已经发生变化的反应，它的反馈作用在于叶水势低于临界值，引起气孔关闭，而气孔关闭又减少水分散失，有助于叶水势恢复。叶水势增加后，则气孔再度开放，气孔导性增加。在空气湿度和叶水势变化的一定范围内，保持一定的气孔导性是气孔反应的适应性，可保证在干旱时防止失水与同化 CO_2 的自养需要。

缺水时，植物除了气孔反应、生长反应、光合作用、蒸腾作用、物质运输等生理过程的变化外，还有两个明显的变化，即脯氨酸（Pro）和脱落酸（ABA）的大量增加。正常情况下 Pro 仅为 200～600μg/g 干质量，占总氨基酸百分之几。干旱时植物体内 Pro 和 ABA 可以成十倍地增加，这种不同寻常的增加，成为近十年来广泛研究的起因。Pro 的累积曾被认为有三种途径：①失去了 Pro 合成的反馈抑制作用；②Pro 氧化受抑制；③蛋白质合成受阻，抑制了 Pro 向蛋白质的渗入。现在认为 Pro 可作为一个氮库，同时 Pro 也是一种渗透调节物质。此外还证明 Pro 能在干旱时提高蛋白质水合度（Verbruggen，2008）。Pro 作为抗旱指标选育抗旱品种的努力仍在进行中。

干旱下研究最多的激素是 ABA。干旱引起 ABA 迅速增加，主要有以下两个途径：①其生理效应是导致气孔关闭，抑制根生长，但增加根对水的透性或增加离子向木质部输送，抑制生长时根比地上部更敏感。②诱导 Pro 累积，因而认为 Pro 累积可能是对 ABA 增加的一种反应。Claes（1990）等已在水稻中鉴定并发现 ABA 能活化和诱导抗逆性基因而抑制活跃生长有关的基因。王学臣等（1992）发现干旱下植物根系合成的 ABA 通过木质部运输，首先存在于叶片的质体中，并对存在于质膜外侧的受体发生作用，可传递土壤干旱信号，调节地上部发育。

ABA 引起气孔关闭是人所共知的，但作用机制还不清楚。McAinsh（1990）给出了 Ca^{2+}－ABA 第二信使模型，同时还提出 ABA 引起气孔关闭的某些分子轮廓。McAinsh（1990）认为，ABA 能使气孔的保卫细胞质膜上 Ca^{2+} 向内通道打开和细胞内肌醇三磷酸（IP_3）增加，因而使细胞内 Ca^{2+} 浓度大幅上升，抑制质膜上 K^+ 外向通道而促进 K^+ 外向通道打开，使 K^+ 外流，从而引起气孔关闭；Owen（1998）研究认为外源 ABA 增加胞内 Ca^{2+}；Gast（1993）研究表明 ABA 所调节的 mRNA 是通过 Ca^{2+} 信使。目前仍缺乏 ABA 诱导气孔关闭是通过 Ca^{2+} 信使传递作用的最直接证据。

环境的多变和物种的多样性决定了干旱下植物的反应也是多方面的，但从根本上讲都与分子水平上的变化和调控有关。但目前仅从分子水平上去认识植物的抗逆性还远远不够，主要反映在两个方面：①植物对干旱的反应往往是多方面的，由许多环节构成，目前对于多数环节还不清楚。②对这几个方面及其诸多环节之间的联系更是缺乏了解。只有认清这些问题，才能揭示其实质。

2.2　植物对缺水环境反应的遗传学基础

植物抗旱特性既可表现为固定的也可表现为诱导的，不论是固定的还是诱导的，都有其遗传背景。CAM 植物是典型的旱生植物，它们长期生长在缺水的干旱地区，通过 CO_2 体内再循环。CO_2 由 PEP 羧化酶固定和由 RuBP 羧化固定通过时间上的分隔来解决干旱胁迫，这是长期进化形成的一种绝妙代谢方式。自然界中还存在一种兼性植物，在正常供水下表现为 C_3 植物，而在缺水时经过一段诱导表现为 CAM 型植物，其关键在于大量诱导出 PEP 羧化酶，显示出很高的 PEP 羧化活力，随缺水缓解而消失，在具备诱导条件时这种潜在基因才表达出来使植物走上另一条代谢途径。

近年来，干旱诱导植物产生特异蛋白（即水分胁迫蛋白）的研究不断增多。WSP

可分为两类：一类可由 ABA 诱导产生；另一类则不能。目前鉴定出的 WSP 大多数属于第一类。在黄化大豆幼苗中用体外翻译法鉴定出多种 WSP，但其中只有两种同时能被 ABA 诱导产生，干旱诱导产生 21 种多肽，分子质量为 18～24kDa，其中 8 种可能由 ABA 诱导产生，因此 Bray 等（1988）认为干旱胁迫时其中一些多肽的合成是受 ABA 含量增加调节的。水分胁迫也能诱导玉米胚轴合成一些高分子质量多肽，如 70kDa 的热激蛋白（Hsp 70kDa）。近年来，WSP 研究中所取得的进展很多，为从植物遗传和分子遗传角度研究植物抗旱性开辟了一条通道，为人们从认识抗旱性到改造植物抗旱性找到了一条可能的途径；但其功能尚不清楚，从阐明其功能并为改良作物抗旱性提供资料方面来讲不需要做大量的工作。

2.3 植物适应干旱的方式

在长期进化过程中，植物逐渐形成对缺水的适应，由于地区、时期、缺水程度、久暂和方式不同，植物适应能力的大小和方式表现存在很大差异。植物抗旱适应性在物种间和品种间差异巨大且明显，这就使借助引种、选择、培育抗旱种类和品种从而减轻和抗御干旱的危害成为可能（王韶唐，1983）。植物适应干旱的方式多种多样，总的来讲有避旱（drought avoidance）和耐旱（drought tolerance）两种。避旱是通过节水来保水，如气孔关闭、较厚的角质层、减少蒸腾表面、组织和器官内储水、植物体内产生代谢水、根的适应性生长和形态、CAM 型及 C_4 植物型的光合作用等。耐旱是加快吸水，如输导组织发达、高根冠比、低渗透势等，由于迅速的生长与高产和更多的吸水与蒸腾有关，因此干旱时不但能保水，且能吸收较多水，才是一种更为主动和有效的适应方式，能够将干旱的伤害降到最低程度。

2.4 植物适应干旱环境的生理生态策略

生长在干旱半干旱地区的植物，在长期进化过程中形成了各种各样的适应机制来克服不适宜的环境条件。对于多年生植物，它们的营养组织具有各种各样的结构和生理适应；对于短命植物，它们能在相对短的适宜条件下完成其生命周期，并且形成能够确保植物生存的、特殊的种子传播和萌发机制。前者具有一种真正意义上的抗旱能力，而后者实际上并不经历干旱胁迫，其应对干旱环境的策略可称为干旱逃离（drought escape）。

2.4.1 生态策略

2.4.1.1 营养器官抗旱的生态策略

真正经历干旱胁迫的植物对干旱的反应是复杂而又多样化的。Mundree 等（2002）将植物营养器官应对干旱环境的机制进行了归纳，如图 2-1 所示。

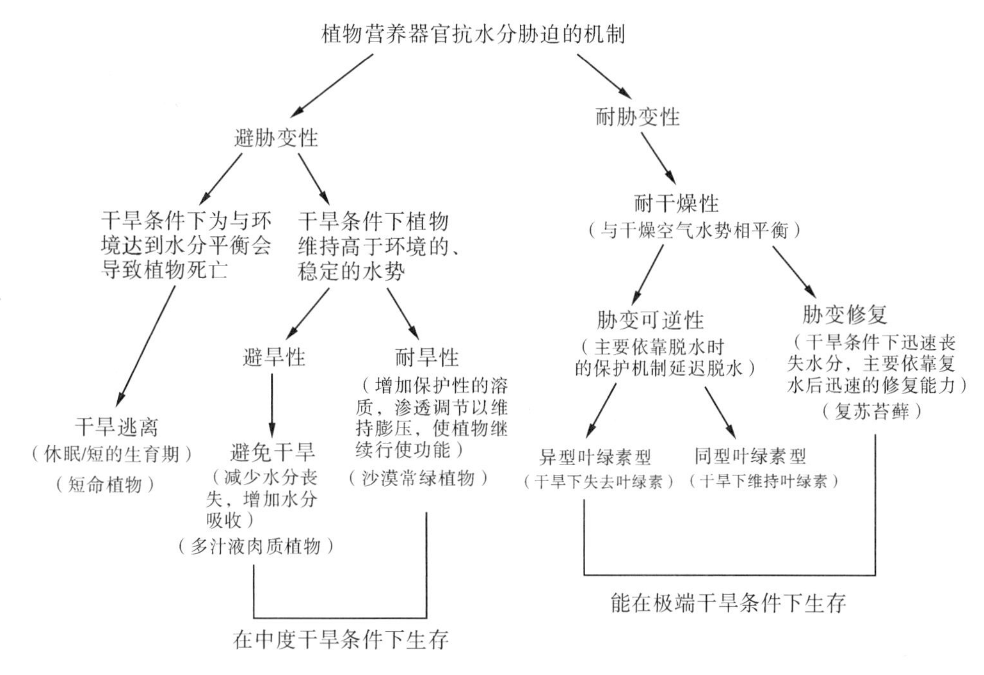

图2-1　植物应对干旱胁迫的机制类型

还有许多植物长期适应当地的干旱环境，将自己的生长发育阶段与该地区土壤水分有效性相对应，如黄土丘陵区许多植物的快速生长期一般集中在雨水高峰期（安玉艳等，2011；王海珍等，2005），充分利用有限的水资源快速积累有机物，从而使其长得更高大，以增强抵抗力，有利于迎接下一次干旱的到来。

2.4.1.2　植物在干旱条件下的繁殖策略

植物的繁殖方式主要为有性繁殖和无性繁殖，分别又称为种子繁殖和营养繁殖或克隆生长。但多数研究表明，干旱环境下植物更加倾向于种子繁殖方式（Bruun et al.，2007；张玉芬等，2006）。植物能在干旱环境中生存，与其种子特殊的传播与萌发机制密切相关。在植物的生活周期中，种子对极端环境具有最大的忍耐力，如高温、高盐、高度干旱（Le et al.，2006），而萌发的幼苗对环境最敏感，对不良环境的忍耐程度最小。旱区植物尤其是沙漠植物具有特殊的种子传播与萌发机制，有助于植物度过对外界的敏感期，因而对植物的生存具有重要的意义。种子传播与萌发主要有两大机制：一是防止种子被大量采食，包括逃避型传播和保护型传播两大策略；二是确保种子在合适的时间与季节萌发的遗传性机制。

2.4.2　抗旱机制

水分亏缺对植物的影响是复杂的，包括有害的、适应性的，甚至有益的（Kozlowski et al.，2002）。植物抗旱的机制也多种多样，主要策略有干旱逃离、避旱（又称为御旱）、耐旱、旱后修复（Hoesktra et al.，2001；Bray，1997）。干旱逃离是指植物在干旱来临前已完成整个生命周期或进入休眠状态，以此逃避干旱。许多沙漠植物是很少甚至没有生理耐旱性的一年生植物，那么它们如何在沙漠中生存呢？原来它们的种子具有水溶性萌发抑制物，种子只在降雨后才萌发。降雨提供足够的水分才能溶解抑制物并维持生长，而且这些植物在种子萌发后生长迅速，高光合速率和高叶面积指数使它们维持快速生长，完成其生活史常常只用 6 周甚至更短的时间。而降雨后未萌发的种子则合成更多萌发抑制物质，使它们能“检测”到下一次降雨量的大小（Lambers et al.，2003）。避旱是指植物在干旱条件下减少水分散失或增强水分吸收，维持高水势延迟脱水。这主要通过形态结构的调整来实现，如植物形成发达的根系增强水分吸收、叶片表面形成蜡质层或表皮毛等减少水分散失。耐旱指在干旱条件下植物组织和细胞中积累保护性物质进行渗透调节维持膨压，提高抗氧化能力，保护质膜和叶绿体超微结构等，使其在水分亏缺时仍然能够维持低水势，忍耐脱水并启用各种保护机制维持部分或全部正常功能。旱后修复是指植物在干旱下通过自身迅速修复被破坏的结构和功能。这些抗旱机制的实现方式也多种多样，包括形态适应、生理生化适应、基因的诱导表达等。

2.4.2.1　解剖形态学机制

目前，就植物形态解剖学方面已做了大量的研究工作，并取得了一些进展。对干旱环境的生态解剖适应性，最典型的植物是荒漠植物。荒漠植物具有两个典型的共同特征，即表面积/体积值小、栅栏组织/海绵组织值大。耐旱植物栅栏组织特别发达，常为两层或多层，海绵组织不发达或只有栅栏组织，栅栏组织/海绵组织厚度值很大，有利于植物在干旱条件下保存有限水分而加以充分利用。一些植物存在异常的维管组织，部分植物根、茎、叶中均具有黏液细胞或含晶细胞。黏液细胞在周围形成湿润小环境，通过提高渗透压来提高植物的保水性和持水力；含晶细胞的出现是减小有害物质浓度的积极适应方式（胡云等，2006；李正理等，1981）。许多旱生植物在适应干旱环境过程中形成异常的内部结构。例如，沙漠中的藜科植物具有包埋在结合组织中的异常维管束，分布在茎周围的异常维管束韧皮部都有疏导功能，分散在厚壁结合组织中的韧皮部具有多年的活力，即使由于长期干旱使茎外侧的组织干枯死亡，而内侧的异常维管组织仍能起到物质运输作用，从而能为芽提供营养，使之在生长季节来临时能立即萌发生长（Fahn et al.，1967）。

叶片是植物进行同化作用与蒸腾作用的主要器官，与周围环境有着密切的联系，植物对环境的反应也较多地反映在叶的形态和构造上。为了适应干旱的生态环境，在长期的演化过程中，荒漠植物的叶结构在遗传和环境因子的共同作用下，采取了多种多样的对策：①保护型：植物以有利于减少水分过度蒸腾、阳光强烈照射来适应环境。沙冬青等以特别厚的角质膜来保护叶面，其厚度可达 15μm，而小叶杨仅为 2.4～2.6μm；沙蓬、小叶锦鸡儿、苦马豆等以气孔器下陷来抑制叶的水分蒸腾（李正理等，1981）。②节约型：以最大限度减少植物暴露面积，从而减少对太阳辐射的直接接触和水分蒸腾，保存有限水分以充分利用。③忍耐型：通过叶肉细胞大量储存水分和特有内含物以提高保水力来抵抗干旱胁迫。④强壮型：植物依靠其他器官的支持和发达的叶肉同化组织（如多层栅栏组织），以不降低蒸腾强度提高光合效率达到自身强壮来抵抗不良环境因子的胁迫。⑤逃避型：植物在最干旱时期脱叶，处于假死状态，在条件适宜时再长新叶（Slot et al.，2007）。例如，绵刺在水分胁迫下，能从土壤中争夺水分并且减少蒸腾，但在严重干旱下以假死休眠来逃避干旱（王继和等，2000）。

植物抵御干旱环境还有一个重要的策略——叶片运动。叶片运动是常见的植物对干旱胁迫的适应性反应（Kadiogtu et al.，2007）。许多植物在感受到干旱胁迫时会通过叶片折叠或改变角度，甚至卷曲以降低光辐射。许多豆科植物，如野豆（*Arachis hypogaea*），在干旱胁迫时叶片会发生偏日作用（paraheliotropism）；许多草类和谷类作物［如水稻（*Oryza sativa*）和高粱属植物］则表现为叶片卷曲以避免脱水。叶片卷曲是保护植物免受强光辐射的一个有效机制，可以保护干旱环境下的植物免受光伤害（Corlett et al.，1994），并且叶片卷曲具有可逆性，在水分供应充足时叶片完全展开。干旱环境下植物叶片卷曲策略有两个可能性的作用：一是通过减小有效辐射面积使高太阳辐射引起的叶片温度升高降至最低；二是叶片卷曲给植物表面创造了一个高湿高边界层阻力的微环境，降低蒸腾速率，减少有限水分散失。叶片卷曲增强了许多物种的抗旱性，如许多禾本科植物和银羽斑竹芋（*Ctenanthe setosa*）（Kadroglu et al.，2007）。

2.4.2.2　生长策略

干旱条件下植物生长的变化应该是植物应对干旱胁迫的一种生存策略。植物生长的基本活动就是从环境中获取资源、利用资源、对资源进行配置，所以干旱条件下植物生长变化主要体现在生物量的分配策略上。幼苗的最佳生长策略就是设法达到更大的生存适合度，在幼苗阶段就将更多的资源分配到它的功能组织（叶、茎或根），通过增加叶面积、茎高度、根生物量来获取资源，促进植物生长。植物对幼苗茎的资源投入是为了构建和维持植物的生长。

干旱环境下植物可以调节幼苗高度和生物量分配（武高林等，2008）。根系在植物克服水分亏缺和形态建成中起着重要作用，干旱条件下生物量优先向根系分配。生长在干旱土壤中的植物，根系发育受抑制的程度往往比地上部小，甚至根系生长会提高，根系响应土壤干旱的一个重要特点是一些根系在水势低至足以完全抑制地上部生长的程度时仍然具有延伸生长的能力（Sharp et al.，2003）。根系生长发育可被理解为一种应对土壤干旱水分亏缺环境的适应性策略，因为强大的根系有利于植物扩大水分吸收面积、竞争有限的水资源（Padilla et al.，2007）。

干旱下生物量分配的另一重要特征是将更多的有效资源分配给繁殖部分，用于生殖生长，使大量种子干物质迅速形成，以确保种群生存和避开养分供应低的时期（廖建雄等，2000）。对于存在资源限制生育力的植物，生殖分配越高，适合度越高（方炎明等，2004）。

2.4.2.3　生理机制

很多长期生长在干旱环境下的植物没有生长策略、没有形态解剖策略或二者不足以抵抗胁迫伤害，这些抗旱植物往往会通过内部生理生化的变化来忍耐脱水或者形成强的修复能力，突出表现在光合作用的调整、强的抗氧化能力的启动以及渗透调节能力的形成。

1. 光合作用的调整

植物光合生理对某一环境的适应性，很大程度上反映了此植物在该地区的生存能力和竞争能力（云建英等，2006）。在光合作用的碳同化途径上，依据固定 CO_2 的最初产

物的不同主要有 C_3、C_4 和 CAM 途径，相应的植物分别称为 C_3 植物、C_4 植物和 CAM 植物，它们的光合能力以及光能利用效率明显不同。C_4 植物是从 C_3 植物进化而来的一种高光效种类，多为一年生植物，特别是夏季一年生的种类，可在水热同期中有效地利用太阳光能，生长很快，在高温、强光和水分供应较少的情况下，依然具有很高的光合速率。CAM 植物多为多浆液植物，非常耐旱，其中许多是沙漠植物。肉质植物的 CAM 途径是它们对旱生环境的特殊适应方式（Lambers et al.，2003）。在沙漠条件下，白天气孔必须关闭以免水分亏缺，但这时仍可进行光合作用，因为前一天夜间由羧化作用所固定的 CO_2 可以重新释放出来。这三类植物分布范围不同，各自具有相应的适应性光合途径，这本身就是一种适应环境的策略；而且某种植物采用何种光合途径，光合机制也会随环境条件的改变发生相应变化（牛书丽等，2004）。植物的光合途径在一定的环境条件下可以相互转换，环境调控在植物光合途径的相互转化过程中起着重要作用。龚春梅（2007）从个体、种群和群落水平分析了干旱地区芦苇光合碳同化途径转变的机制，发现干旱胁迫导致植物叶片发生叶脉数量增多或维管束体积增大的变化，这是在形态结构上向 C_4 途径转变；光合酶特征、气孔行为也发生相应地变化，即芦苇光合途径随干旱胁迫强度增加发生从 C_3 向 C_4 转变，并通过提高水分利用效率适应环境，这也展示了 C_4 光合途径在干旱地区的普遍性、优越性。干旱区的干旱、高温和强光特点使 C_4 植物的高光效特点得到最大限度发挥，C_3 植物对干旱胁迫下优势明显的 C_4 途径趋之若鹜。

2. 强抗氧化能力的启动

27 亿年前，有机体将分子氧放入大气中，活性氧（reactive oxygen species，ROS）就成为有氧生活不受欢迎的伴随物（Mittler，2004）。与 O_2 相反，这些由 O_2 部分还原或衍生出来的 ROS［单线态氧（$^1O_2$）、超氧阴离子（$O_2^- \cdot$）、过氧化氢（H_2O_2）和羟基（HO·）］具有自由氧化各种胞内组分的能力，可造成细胞的氧化破坏。植物体中有许多 ROS 的潜在来源，一些参与正常代谢反应，如光合作用和呼吸作用，这与传统概念 ROS 是有氧代谢的副产品一致。ROS 的其他来源在非生物胁迫条件下活性升高，如光呼吸过氧化物酶体中的乙醇酸氧化酶。近些年还鉴定了植物体中新的 ROS 来源，包括 NADPH 氧化酶、胺氧化酶和细胞壁束缚过氧化物酶（Mittler，2002）。ROS 产生场所主要是具有高度氧化活性或强烈电子流传递速率的细胞器，如叶绿体、线粒体和微体等（Mittler et al.，2004）。

正常条件下，细胞中 ROS 的产生量很低（240 mol/s $O_2^- \cdot$，叶绿体中 H_2O_2 稳定地维持在 0.5μmol/L）（Polle，2001）。但许多干扰细胞动态平衡的胁迫因子可提高 ROS 的产生量，这些胁迫因子包括干旱、干燥、盐害、冷害、热激、重金属、紫外线辐射、气体污染（如 O_3 和 SO_2）、机械损伤、营养亏缺、病原体袭击和高光胁迫（Mittler，2002）。植物体内 ROS 主要的清除机制包括超氧化物歧化酶（SOD）、抗坏血酸过氧化物酶（APX）、过氧化氢酶（CAT）、谷胱甘肽过氧化物酶（GPX）。这些酶与抗坏血酸和谷胱甘肽共同高效地清除 $O_2^- \cdot$ 和 H_2O_2。细胞中 SOD 酶类和各种 H_2O_2 清除酶之间的平衡对维持 $O_2^- \cdot$ 和 H_2O_2 的稳定水平很关键（Mittler et al.，2004）。

干旱胁迫下，植物细胞中 ROS 含量升高，许多植物可迅速感知胁迫信息，进行一系列的信号转导过程，包括 ROS 信号转导（Mittler et al.，2004；Neill et al.，2002），迅速启动抗氧化系统清除过多的 ROS，保护细胞膜免受伤害。研究表明，生物和非生物胁迫都伴随着 NADPH 氧化酶介导的氧迸发（Cazale et al.，1998；Park et al.，1998），内部或外部胁迫干扰 ROS 动态平衡都引起 NADPH 氧化酶表达量的变化，这表明某种 NADPH 氧化酶的转录激活是启动或激活放大防御反应的必不可少的中间步骤（Dat et al.，2003；Rizhsky et al.，2003）。

现已证实 ROS 在植物体中的双重角色：有氧代谢的有毒副产品和植物生长、发育和防御途径的关键调节者。后者是近些年发现的 ROS 的新角色：控制和调节生物过程，如细胞周期、细胞程序化死亡、激素信号、生物和非生物胁迫反应以及生长发育等（Mittler et al.，2004）。如何解析并控制植物体 ROS 信号的基因遗传网络成为我们面临的一个主要挑战，大规模的转录组水平、蛋白质组及代谢组分析（对 ROS 的一个或多个组分进行分析）在将来的研究中非常必要。

3. 渗透调节能力的形成

干旱胁迫引发一系列的植物反应，从基因表达的变化到胞内代谢和生长的响应。渗透调节是植物抵御胁迫因了的一个重要机制，提高作物抗渗透胁迫的能力是农业生物技术的长期目标（Bartels et al.，2005）。除了干旱，盐害和冻害诱导的脱水也可直接造成渗透胁迫，寒冷和组织缺氧可通过影响水分吸收和散失间接造成渗透胁迫。为了忍受渗透胁迫，一些植物进化出很高的合成并积累无毒害溶质（渗透保护物质或细胞相溶性溶质）的能力，主要发生在细胞质中，提高渗透压、维持膨压和水分吸收的驱动梯度。

植物体内的渗透调节物质主要分为两大类：一是无机离子，如 K^+、Na^+、Ca^{2+} 和无机酸盐等，这些离子积累到一定浓度时会对植物细胞造成毒害；二是有机溶质，有机渗透调节物质又可以归为四类——氨基酸类，如脯氨酸；胺类，如甜菜碱和多胺；糖类，如棉子糖 RFO、蔗糖、海藻糖和山梨糖；糖醇类，如甘露醇和 D-芒柄醇。这些物质在胁迫下可积累到能够起渗透调节作用的水平而不伤害细胞，是理想的渗透调节与保护物质，其中有些渗透保护剂还可以保护酶和膜免受胁迫带来的伤害（尤其是多元醇），有些还具有清除 ROS 的功能（Nuccio et al.，1999）。

值得注意的是一种植物可能有多种抗旱方式，当植物处于不同的生长发育阶段、不同的生理状态、不同强弱的干旱胁迫作用或几个环境因子的共同作用下，植物的抗旱性方式是可变的，而且相互间的界限也不十分明显。评价一种植物的抗旱性必须结合植物的生长发育阶段，并且阐明胁迫条件和最终用于评价抗旱性的植物器官。要了解一种植物抗旱的生理生态策略，就必须针对生长发育阶段、胁迫处理方式、不同组织和器官进行全面系统的研究。

2.5　干旱条件下的产量获得途径

在农业生产中，人们关心的不仅是植物是否可熬过干旱，更关注植物是否可以忍受干旱并继续发育而有收成的能力。在水分适宜条件下，高光合与高生长速率是获得高产所必需的，但在干旱时降低光合生长速率的机制也许是有益的。若能达到提高水的利用率并把有限的“储水”用于生殖生长或经济产量形成，将有利于产量的形成。例如，气孔控制、叶面积减小、能量反射及增加液流阻力等都会使植物调整和应付缺水期并为以后更加敏感的生长期储备水分。现在人为使用抗蒸腾剂（anti-transpirants），就可以应付发育中的缺水临界期。所以，我们所寻找的、能在干旱年份增产的适应机理，还要根据缺水期的时间久暂与方式而定。现在经验认为，在足水条件下高产品种在干旱时也能高产，因而品种的产量潜力对干旱下获得高产是重要的。

现在人们对植物忍受干旱方式有了较多认识，而其中一些机理是以消耗干物质降低产量为代价的，如干旱时落叶和根系过度生长；但另一些机理则是以缩短植物的生活史。所以，在抗旱育种规划中就必须选择植物不限制产量的机制和策略。

2.6 植物水分代谢及其调节

水分是干旱半干旱地区农田生态系统良性运转和农作物产量提高的主要限制因素。作物通过根吸收的水分，其中99%用于满足植物蒸腾的需要，通过叶表面水分散失的蒸腾作用对多数植物来说是一种不可避免的灾难。当然，蒸腾作用可以避免叶片过热造成伤害，植物必须与大气交换 CO_2 进行光合作用，这样通过气孔的水分散失就不可避免。在正常光照下，叶组织细胞间隙内与周围大气 CO_2 分压的梯度比与水蒸气分压的梯度小得多，所以 CO_2 向叶内扩散的速度比水分向外逸出的速度低。每制造1g干物质所消耗水的比例在作物中为74～840g，甚至还要大一些，尤其在适宜光合作用的时间内，水分供应总是受限制，所以在干旱半干旱的环境下，水分供应就成为一个关键性问题。

植物水分代谢中，蒸腾作用却是一个占优势过程。它是包括许多物理机制又涉及叶生物学特性的过程来调节着植物体内的水分状况，尽管植物体只将吸收水的1%保存在体内，但这部分水是很重要的，即使少量的改变它，都会降低植物代谢活性、生长发育，而且会使植物衰弱，造成大幅度减产。因而，高等植物必须有一套全面适应干旱而调节自身水分代谢的对策。

2.6.1 作物根系对水分的吸收

根系是作物吸水的主要器官，从土壤中吸取大量水分来满足作物蒸腾作用。根系吸水部位主要在根尖的根毛区。水分进入根内部有两个途径：一是原生质所占据的空间，即共质体部分，水分在其内运动的阻力很大；二是细胞间隙和细胞壁所占据的空间，即质外体，水分可自由扩散，又称为自由空间，但这一空间是不连续的，被存在于内皮层的凯氏带所隔开。

根系的水分吸收及其在导管内的水分传输动力主要有两种：一种为根系生理活动所引起的根压，在早春季节和土壤湿润而空气温暖、蒸腾作用很小时起主要作用；二是蒸腾拉力，在旺盛蒸腾条件下占主导地位。两者遵循如下方程

$$q_r = L_p\ (\Delta\Psi_p + f_0\Delta\Psi_0) \tag{2-1}$$

式中，q_r 为吸水速率；L_p 为根系压力流的水力传导系数；$\Delta\Psi_p$ 为根木质部和外液间的

压力差；f_0 为渗透有效系数；$\Delta\Psi_0$ 为根木质部与外液渗透势差。当 $\Delta\Psi_p=0$ 时，水分完全依靠渗透进入根系；当 $\Delta\Psi_p$ 增大时，吸水速率增大，而使木质部溶液稀释。由 $\Delta\Psi_0$ 引起的渗透势差运输逐渐被 $\Delta\Psi_p$ 导致压力流所代替，因此两种吸水机制同时存在，只是在不同情况下所占比重不同，因植物蒸腾速率不同而变化。

即使土壤湿润，根系吸水也滞后于蒸腾，这表明根系吸水还存在着阻力。早晨和晚上 18 时后蒸腾滞后于根吸水，中午都是吸水滞后于蒸腾，这说明在一昼夜中，植物地上部总是在缺水与补水的不平衡中寻找自身的代谢平衡。根系吸水速率$=\Psi_{土壤}-\Psi_{根表面}-\Psi_{根木质部}/r_{根}$。凡是影响土-根系水势变化和水阻力的因素均影响根系吸水。

影响根系吸水的因素很多，主要是根系本身的因素和土壤的理化因素。根系的有效性取决于它的范围和总表面积以及表面的透性，而透性又随根龄和发育阶段变化。根系密度越大其占土壤体积越大，可利用水分空间就越大，而施肥就能加大根系密度。同时，根系对水的透性和阻力及根系的吸水也有明显的影响。另外，土壤水分、土壤溶液浓度、土壤温度、通气状况及大气因素也对根系吸水有明显的影响。土壤含水量降低，土壤溶液水势亦下降，其溶液与根部之间的水势差减小，与此同时土壤导水率降低，水流阻力增大，根系吸水率下降。土壤含水量剖面分布不同时，根系吸水在剖面的分布有很大影响（康绍忠，1994)。这一点在近年来引起了极大的关注，现在所进行的根系水分倒流（reverse flow）研究有着十分重要的生理生态学意义。

根系水分倒流指在上层土壤变干而下层土壤湿润有水的情况下，下层根系吸收的水分在上运过程中有一部分水通过上层干土中的根系排入干土中，这一点特别发生在干旱半干旱的条件下。上层土壤总是处于湿-干-湿-干的交替中，一场透雨或一次大水漫灌之后，上层土壤变湿，下层与上层土壤水分状况一致；随后由于蒸发与蒸腾而使上层土壤逐渐变干，有时表层数十厘米土中含水量低于凋萎点，这种状况有时会延续数十天之久，上层土中根在这种情况下是否会干死？如果不会，如何获得维持生命的水分？可推测一场 5～10mm 的小雨，不会使上面的干层土全部湿透，处于刚刚变湿的薄土层的根系能否很快恢复其机能吸收这部分水？若无水分倒流，则经历数十天土壤干旱后上层数十厘米土内根干死，则 5～10mm 降水无法利用而蒸发散失掉；若存在水分倒流，则保证上层土中根系存活，则可吸收利用这种小雨。这个问题在农业及生产中的重要性是十分明显的。在生态学中，干旱半干旱地区演生的自然植被中，并不是每一种植物都具有深根系，同样也有浅根系植物在这种恶劣环境下存活。除了叶片的适应性外，生态学家推测浅根性植物与深根性植物之间存在着一种水分供应上的寄生现象，即深根性植物通过根系水分倒流而为浅根性植物提供水分。

在上层土壤逐渐变干、下层尚有一些水分可利用的情况下，人们常观察到作物在白天萎蔫而在夜间恢复膨压，显然在白天是入不敷出而在夜间吸收量大于消耗量，通过水分倒流就可使夜间从下层湿土中吸收的水分中一部分暂存在上层干土中，在第二天白天重新被吸收利用，这对缓解干旱对植物的威胁十分有效。这对农业生产和生态学均有重要意义。

2.6.2　作物叶片水分散失——蒸腾作用

蒸腾作用是水通过叶气孔腔汽化，在叶-气系统水势差的驱动作用下扩散进入大气的过程。将蒸腾分为角质蒸腾和气孔蒸腾，一般情况下气孔蒸腾占蒸腾量的 80%～90%。植物地上部覆盖着角质层，它是一种防止失水过度的有效手段。除此之外，角质层结构的多样性暗示了其功能的多样性，它们不仅作为防止机械损伤的保护层，而且也能调节曝晒下植物的体温，以及作为防止病虫害入侵的屏障。现在认为角质层是植物水分生理活动的调节者，也是植物的防御体系。不同作物由于角质层的排列、密度和数目不同，其水汽扩散阻力为 20～100s/cm，有的则高达 400s/cm。角质一般占成熟叶片蒸腾的 5%～10%。

气孔的蒸腾作用是一个物理机理和叶片特征、行为复杂性结合的生物学过程，在水分关系中起支配作用。蒸腾作用大小取决于土壤中可利用水分，使液态水转变成水蒸气所必需的能量以及在叶片内部和外部之间存在的水汽压梯度。叶片水分所产生的植物体内水势梯度控制着水的吸收和水流上升的速度，在炎热的夏天蒸腾作用几乎每天都引起叶片的暂时水分亏缺。在土壤干旱时，水分亏缺使植物受伤或死亡要比任何其他原因造成的伤害多，若蒸腾作用被减小而不影响光合作用的话，则作物水分利用效率会增加。蒸腾作用受叶片内外环境影响很大，其叶片本身内因（如叶片大小、形状、表面特征、位置和空间取向）大大影响入射能的吸收和反射，以及叶片的温度和叶片周围层流边界阻力；叶片外部环境对蒸腾作用的影响，则主要表现在供叶内水分汽化所需的能量、叶与周围环境间的水汽压梯度及空气边界层阻力的变化，光照、空气饱和差、气温、风速等因素均对蒸腾有影响。由于外界环境条件的日光化和气孔运动机制的影响，蒸腾速率具有日变化规律，蒸腾速率在早晚小、白天大，中午 13：00～15：00 蒸腾速度低，而这一点在小麦等作物生理上表现明显，而在玉米等 C_4 作物上表现不明显。

据 Van den Honer 假定，SPAC 中水流通量与水势差成正比。因此，蒸腾速率与叶-气系统水势差 $\Delta\Psi_{La}$ 成正比。康绍忠（1994）实测结果分析表明，在一定范围内冬小麦蒸腾速率随 $\Delta\Psi_{La}$ 的增加而增加，当 $\Delta\Psi_{La}$ 达到 80MPa 时，蒸腾速率不再随叶-气系统水势差增加而增加，甚至出现下降趋势。玉米生育期内 $\Delta\Psi_{La}$ 达 90～100MPa 后，蒸腾速率出现同类情况。他还指出，在 $\Delta\Psi_{La}$ 达到 5MPa 时才产生蒸腾，这说明要有一个初始的启动水势差值才会有蒸腾作用出现。因此，认为 SPAC 中水分供输通量与各部分水势差成正比例增加的概念是有上、下限范围的。

2.6.3 蒸腾作用和气孔调节机制

在研究作物蒸腾作用及其水分代谢方面，人们关注最多的是气孔蒸腾及调节机制。气孔调节是指陆生高等植物在适应干旱环境过程中形成的一整套气孔反馈体系。在水分亏缺时，可以通过关闭气孔减少和防止继续失水，气孔调节灵敏、幅度大，可由持续开放到持续关闭，而且不同植物气孔状况、运动形式多种多样，控制失水极为有效。气孔在植物生理学中执行着三方面功能：①允许 CO_2 以一定的速度进入绿色叶内而维持光合作用，气孔能在叶内 CO_2 浓度较低时开放而执行这种功能。②允许 O_2 以足够快的速度进入叶内来维持叶片有氧呼吸，在叶内 O_2 浓度较低时可开放。③若仅有这两种功能只需要连续开放即可，但在吸收 O_2 和 CO_2 同时还必须增加水的散失，而当水分丧失接近于伤害时气孔就要关闭。但近来人们又注意到气孔还有阻止污染物进入叶片的功能。

基于这些基本功能，气孔不仅调节着水分散失，而且调节着光合呼吸。构成气孔的保卫细胞可以说是植物体中最奇妙的细胞，能感受内外环境信号而调节其体积，从而控制气孔开度大小，以控制植物与外界环境所进行的水分、气体交换，很早人们就对此有浓厚的兴趣，整整持续了一个多世纪，直到现在仍是植物生理学的一个研究热点。过去对气孔开闭的解释很简单地归因于光合消耗 CO_2，现在已经认识到不仅与 K^+ 累积、苹果酸阴离子等有关。K^+ 累积学说能够很好地说明气孔运动机制，但现在的研究更重要的是涉及 CO_2、ABA 和 Ca^{2+} 调节及第二信使理论，使人们对气孔运动机制的认识又向前进了一步，这更揭示出其复杂性。

关于气孔保卫细胞运动的研究目前集中在以下几个方面：①K^+ 的吸收与释放机制，包括保卫细胞质膜上 ATPase 和 K^+ 通道。②保卫细胞的能量供应，包括氧化磷酸化和光合磷酸化。③保卫细胞的碳化代谢和调节以及苹果酸的消长变化。④保卫细胞对环境信号的反应，蓝光接受系统的存在已有了直接证据，并且可能是气孔保卫细胞质膜 ATPase 的开启者。ABA 对气孔的双重作用，即气孔本身处于关闭状态时，阻碍保卫细胞质膜上 H^+ 的分泌和对 K^+ 累积以致气孔不开放；气孔已处于开放状态时，阻碍保卫细胞质膜上 H^+ 的分泌和对 K^+ 积累以致气孔不开放。气孔已处于开放状态时，则使渗透物质（主要是 K^+）泄露从而导致保卫细胞失去膨压，气孔关闭。

2.6.4　气孔对蒸腾作用的量化调节

气孔的重要功能是根椐水分平衡和光合需要调节开度大小，其开度用气孔阻力 (s/cm) 表示，而气孔阻力的大小依赖于环境和植物内部状态。外部主要受光、温、湿、CO_2 及水供应的影响。梁宗锁等（1996）研究夏玉米冠层光、水汽压、温、湿度、CO_2 等因素对气孔阻力的影响，证明光照是不同叶层气孔阻力的主导外部因子。内部因子主要是胞间 CO_2、离子浓度和激素平衡。气孔阻力与蒸腾光合作用定量关系研究中已取得了很大进展。

叶片气孔蒸腾公式可简单地写为

$$T=(e_o-e_a)/(r_a+r_s) \tag{2-2}$$

式中，e_o 和 e_a 分别为叶片和空气中水汽浓度；r_a 和 r_s 分别为边界层和气孔的水汽扩散阻力。由于气孔对叶片和根部所处环境能够做出响应，并且这一控制系统是可变的，因而气孔是蒸腾的重要控制者。

在研究作物水分利用率（WUE）时用如下公式

$$\mathrm{WUE}=P_n/T_r=[(c_a-c_i)(r_a+r_s)]/[(e_o-e_a)(r'_a+r'_s+r'_m)] \tag{2-3}$$

推出

$$\mathrm{WUE}=[(c_a-c_i)(r_a+r_s)]/[(e_o-e_a)(1.36y_a+1.56r_s+r_m)] \tag{2-4}$$

式中，c_a 和 c_i 分别为大气和偶然性间 CO_2 浓度；r_a，r_s，e_a，e_o 同式（2-2）；r'_a，r'_s，r'_m分别为 CO_2 边界层阻力、气孔扩散阻力和叶肉内扩散阻力。

相比较光合作用吸收 CO_2 阻力要大很多，因此在其他因子不受气孔阻力 r_s 上升时，T_r 比 P_n 下降大，但气孔阻力增大是否可以提高作物 WUE 现仍存争议，但气孔阻力增大与 T_r下降关系密切则毫无疑问。Cowan（1977）和 Farqher（1977）提出植物能通过气孔开闭来优化水分利用的观点是近年来气孔生理生态认识的一个大发展（张建新，1986）。气孔开闭优化调节理论（optimization theory of stomatal regulation）是指短期内气孔开度对环境因素变化响应时，气孔阻力变化使一天中可蒸腾水量一定时，全天水分利用率最高。他们应用数学变分原理推出实现最优化调节的气孔响应方式为

$$\lambda=\frac{\partial E/\partial Gs}{\partial A/\partial Gs}=\partial E/\partial A \tag{2-5}$$

式中，λ、$\partial E/\partial Gs$ 和 $\partial A/\partial Gs$ 分别表示蒸腾速率与光合速成率对气孔导度（Gs）的变化率。而实现最高的水分利用率，这使人们很好地理解气孔在白天某一时刻的关闭。这一观点得到了室内与田间测定结果的支持。

叶片上气孔不均匀关闭现象及其与光合作用、蒸腾作用关系的揭示是近年来研究气孔生理生态领域的又一重大进展，这一现象是在研究作物“午休”和 CO_2 倍加问题时发现的。现在认为气孔关闭减少气体交换有两种可能方式：一种是叶片上的气体交换；另一种是一部分气孔保持开度而另一部分关闭。前一种方式称“比例控制”，而后一种方式称为“二元控制”，即气孔不均匀关闭（non-uniform stomatal closure），出现这种情况的机理尚不清楚，只知道这种现象与叶片解剖结构有关。

2.7 植物水分利用率及其提高途径

我国北方干旱地区雨水量稀少，水资源不足是影响农业生产的主要因素。山仑多年研究指出，多数情况下有限的降水资源并未得到充分利用。关于栽培作物的产量和水分消耗之间的定量关系一直是研究热点，主要研究目标是谋求如何最有效地利用水分，即以最低限度的用水获取最大的产量或收益。这是我国北方地区农业生产中高效利用水资源、持续提高土地生产力的一个核心问题。

2.7.1 水分利用率的测算或表达

水分利用率的研究包括区域水平衡、农田水再分配、植物本身用水等不同方面，也包括植物群体、个体、单叶等不同层次以及自然降水、灌溉水等不同范畴。植物水分利用率是研究难点，也是未知数最多、潜力最大的研究领域，这已引起国内外研究者的重视。水分利用率计算时由于所用水的概念不同，其表达方式也不同（Gregory，1998；Foale，1988；李生秀，1994），如下

$$\mathrm{WUE_P}=Y/\mathrm{PPT} \text{ 或 } \mathrm{WUE_{ET}}=Y/\mathrm{ET} \text{ 或 } \mathrm{WUE_T}=Y/T \tag{2-6}$$

式中，Y 指产量，可以是全部干物质，也可以是经济产量；PPT 是作物生长期间的全部降水量；ET 是蒸腾量；T 是植物蒸腾量。$\mathrm{WUE_P}$ 由作物生长期间全部降水量计算得到，包括各种途径损失和未利用的残余水分，可反映出某地区水资源利用程度，用于估算作物生产潜力；$\mathrm{WUE_{ET}}$是根据蒸散量计算的水分利用效率，可用来评价栽培措施对生产体系所消耗的水分，计算出水分利用的程度，用于改进水效率的耕作栽培技术；$\mathrm{WUE_T}$ 是根据植物蒸腾所消耗水计算出来的水分利用率，可反映植物生长与水分利用之间的关系，可为引进、选育高水分利用率的作物种类品种提供理论依据和筛选指标。

植物本身的水分利用效率可以分为三个层次来研究，即光合器官进行光合作用时的水分利用效率（光合/蒸腾之比）、整个群体的水分利用率和以籽粒产量计算的水分利用率，分别简称为叶片水平、群体水平和产量水平，其中叶片水平是计算的基础。一般植物90%以上干物质来自光合作用，而水分消耗主要是通过蒸腾作用。蒸腾作用在植物水分关系中占优势过程，调节着水分吸收和体内水分平衡。植物与环境发生气体交换阻力最小的途径是气孔。正常情况下叶细胞间隙与大气之间的 CO_2 分压差要小于蒸汽压差，这样 CO_2 向叶内流量比水汽向外逸出的流量小得多。因此，WUE与植物生理功能十分密切，即受叶片光合速率与蒸腾速率所决定。

$$\mathrm{WUE}=\frac{P_\mathrm{n}}{T_\mathrm{r}}=\frac{c_\mathrm{a}-c_\mathrm{i}}{W_\mathrm{i}-W_\mathrm{a}}\cdot\frac{r_\mathrm{a}+r_s}{r_\mathrm{a}+r_\mathrm{s}+r_\mathrm{i}} \tag{2-7}$$

式中，P_n 为光合速率；T_r 为蒸腾速率；c_a 为大气 CO_2 浓度，c_i 为叶细胞间隙 CO_2 浓度；W_a 是大气中水汽浓度；W_i 是叶肉间隙水汽浓度；r_a、r_s 分别为 CO_2 和水蒸气扩散的边界层阻力和气孔阻力。

水分由叶肉细胞壁表面蒸发通过细胞间隙和气孔进入大气，而 CO_2 除了经过以上途径外，还要通过叶肉细胞壁、原生质膜、胞质水相、叶绿体膜、光反应和暗反应才能固定到光合产物中去，这些统称为叶内 CO_2 阻力，用 r_m 表示。从目前的研究结果来看，在诸多环境因素作用下的蒸腾作用动力（$W_\mathrm{i}-W_\mathrm{a}$，即大气的水蒸气浓度和气孔下腔水汽浓度差值）决定WUE，同时叶内 CO_2 浓度的高低也明显影响WUE，而 CO_2 浓度高低由 CO_2 进入速度和光合作用速率来决定，说明WUE受生理活动的直接影响。

2.7.2　影响植物水分利用效率的内外因素

植物水分利用效率受制于光合作用 CO_2 吸收同化和蒸腾作用的水分散失。WUE随 P_n 增加而上升，随 T_r 增加而下降。因此，任何影响这两个过程的因素都会不同程度地影响WUE。

2.7.2.1　植物水分利用率的种间和品种间差异

由式（2-7）分析知，似乎各种植物在相同条件下WUE应该相同。但是，相同的自然和栽培条件下所测得的WUE结果却差异很大，一般中生植物相差5倍左右。物种间WUE的差异，直到发现了 C_3 植物、C_4 植物和CAM植物后才有了更合理的解释。

C_4 植物的WUE较 C_3 植物的WUE高2.5～3.0倍，C_4 植物具有RuBP和PEP两种羧化酶系统和特有的双环结构，在内部形成了一个 CO_2 泵，将叶肉细胞里的 CO_2 浓度提高到一个较高水平，而有利于 CO_2 固定。C_4 植物属于低光合呼吸植物，它的 CO_2 补偿点比 C_3 植物低、光补偿点比 C_3 植物高，故在高温、强光下光合速率要高得多。这是对WUE的重要贡献，因在这种条件下植物蒸腾作用强烈，如果像许多 C_3 植物那样，就对经济用水十分不利。C_4 植物的气孔调节能力也较高，有利于光合与蒸腾的调节。此外，C_4 植物叶片的输导组织比较密集，具有较高的同化产物运输能力，因而有利于光合作用持续进行，这也是玉米WUE高于小麦的内在原因。

CAM植物是已知WUE最高的植物。CAM植物的气孔白天关闭，防止失水；夜间开放，吸收固定 CO_2，这种代谢方式可将水分损失减小到最低程度，使WUE最高可达 50mg CO_2/g H_2O。但这类植物目前在旱地农业生产上尚难发挥重大作用。

有报道指出，小麦基因纯化的无芒系 WUE 比有芒系高约 20%；陆地棉的无限生长品种在中等供水下具有较高的 WUE，但充分供水条件时则相反。多种作物的杂交种由于具有杂种优势，所以比纯自交系具有较高的 WUE。

同一作物不同生育期 WUE 也不同。小麦、水稻等作物的生长初期 WUE 较低，随着生长发育，WUE 逐渐增高，在抽穗扬花期达到最高值，之后又下降。梁宗锁等（1995）在玉米上的研究也证明，抽雄-吐丝期 WUE 最高，而前期、后前期均较低；王韶唐（1987）报道大豆在花期 WUE 最高；梁宗锁（1996）研究玉米节水条件下各生育期 WUE 日变化中，以每日 9：00～11：00 最高，在抽雄期不同叶层中以顶层第二功能叶 WUE 最高。作物种间、品种间 WUE 差异较大，同一种作物不同生育期 WUE 也有明显差异，为通过引种和选种提高 WUE 提供了一种途径。

2.7.2.2 环境条件和栽培措施对植物水分利用率的影响

植物水分利用率与光合速率成正比、与蒸腾速率呈反比。梁宗锁等（1996）研究发现，夏玉米冠层中各种因子对 WUE 均有明显影响，但以光照为主。

1. 气孔对空气湿度和光照强度的响应

由公式（2-7）可知，植物的蒸腾强度决定于 ΔH_2O，由于细胞间隙的水汽经常接近于饱和亏缺，在恒定的扩散阻力途径中蒸腾强度（T_r）与 ΔH_2O 呈线性关系，而 ΔH_2O 受大气温度与湿度的影响。过去认为气孔对空气湿度和光照强度的响应是通过叶片水势和叶内 CO_2 反馈机制进行的，即空气温度降低时，叶片蒸腾速率增大，使叶片水分散失加速，叶水势下降，引起气孔导度降低而限制蒸腾速率，起到了阻止叶水势进一步下降的负反馈调节；当光照增加时，光合速率增大，使细胞间隙 CO_2 浓度降低，细胞导度增大，从而加速 CO_2 进入。但这两种反馈机制还不足以保证植物叶片实现对水分利用的最优化。现已发现，$W_i - W_d$ 增加时，T_r 减小；叶内 CO_2 浓度随光强增加而升高；为此 Cowan 等（1977）提出气孔对空气湿度和光照强度还有前馈响应。现已用控制论的方法对实验数据进行分析得到了前馈响应的证据。前馈与反馈机制同时控制气孔行为，可使植物在蒸腾水量一定时，通过气孔开度的变化，使叶片 WUE 在一个时期内达到最高。

2. 温度

温度主要通过对蒸腾压力的影响而影响蒸腾，气温上升使水气增大而降低 WUE。但是温度也影响植物的光合与呼吸，即干重的累积。各种植物均有其最适生长温度，过度降低时抑制生长。喜凉作物在较高温度下或喜暖作物在低温下，WUE 均显著下降。一天内昼夜温差对作物生长影响显著，多数作物在一定限度内以低夜温有利、高夜温增强呼吸不利于干物质累积，从而导致 WUE 下降。

3. 土壤水分

土壤水分状况直接影响植物水分状况，进而影响其生命活动。干旱半干旱地区甚至湿润地区经常遇到土壤水分不足的问题。水分亏缺对于植物 WUE 的影响视缺水程度发生和延续的时间等情况而异，既可以增加也可以降低 WUE。在轻度水分亏缺下，光合作用没有下降甚至高于充分供水，但蒸腾量显著下降（由于 T_r 超前于 P_n 降低，即使在中度水分亏缺条件下，气孔开度减少 T_r 下降幅度大，而 P_n 下降不显著）。这是由于水分散失对气孔依赖大于光合对气孔的依赖，因此在一定水分亏缺下 WUE 是提高的，但在严重干旱时是下降的。这一规律在小麦、玉米、粟、糜子、高粱等作物上得到证实（张锡梅，1991）；在杨树、刺槐、沙棘、拧条、油松、侧柏等也得到验证（韩蕊莲等，1994）。

2.7.2.3　*矿质营养*

矿质营养是影响植物光合与蒸腾作用的另一重要因素，干旱条件会降低矿质养分的有效性和根的吸收，进而加重缺水的不利影响。正常供水条件下，土壤越肥沃，作物生长越旺盛，光合作用也增加，但蒸腾作用并不成比例增高，故 WUE 提高。在有限土壤水分条件下，营养缺乏也会对植物的生长发育不利，因而降低 WUE。施用磷肥可以改善植物水分状况，但施肥过量或不适当时，也可以产生有害作用，在早期营养生长阶段，重肥引起 WUE 增加和水消耗增加，在以后的水临界期内加重水分胁迫的不利影响。缺乏某种矿物质元素会妨碍正常的代谢活动，并反映在气孔对环境反应迟钝而丧失调节能力，使产量下降，WUE 降低。

2.7.3　提高作物 WUE 的技术途径

当前，我国北方节水农业要解决的关键问题是提高自然降水和灌溉水的利用效率，主要有以下三种技术途径：①减少地面水的蒸发、渗漏、流水，增强土壤根层入渗。②增强对土壤深层储水的利用。③提高植物 WUE。为有效地实施上述途径需要采取综合技术措施，包括工程的、耕作的和生物的。从长远看，通过研究需水规律提高植物本身水分利用效率这一途径十分重要，是未来节水增产的最大潜力所在（山仑，1991）。

2.7.3.1　*作物和品种的选择与改良*

各种作物适应环境的能力存在很大差异，WUE 相差可达 2～5 倍。作物品种间 WUE 相差不如种间大，但也达到显著；苜蓿品种间 WUE 相差达 30%。各种作物杂交品种由于具备杂交优势，相对一般品种有较高的 WUE（王韶唐，1987）。

提高一个地区作物的 WUE 要通过调整作物布局和改进轮作方式来解决，而提高品种的 WUE 则主要通过选育。当前国内外提出的抗旱育种选育目标可概括为：能在蒸发率较低的凉爽季节生长的作物品种。蒸腾耗水时间较短的速生作物品种；不需要大量增加供水就显著增产的作物品种。以上选育的基本依据都是 WUE 高。WUE 是可遗传性状，通过引种和筛选，有目的地提高作物 WUE 是完全可行的。例如，墨西哥矮秆品种，比过去的小麦品种增产 2～3 倍，耗水量却不显著。虽然抗旱品种的选育基本依据是 WUE，但确定控制 WUE 的性状和生理依据都比较困难。现已初步应用的是叶光合和蒸腾特征，通过选育出根系长、下扎深、根系密度大、水传导阻力大的品种，可以改变作物现行的水分利用方式，达到提高 WUE 的目的（山仑，1993）。

2.7.3.2　*作物营养与施肥*

大量试验和实践已经证明，旱地施肥是提高 WUE 的有效途径之一。增加土壤营养对提高 WUE 的作用可归结为：①旱地土壤普遍营养缺乏，限制了作物生长，施肥后解除了作物生长所受到的抑制，使群体郁闭度增大，土壤表面散失水分相对减少，导致作物群体的 WUE 增大。②施肥促进了根系扩展，使作物吸收利用更多的水分，无机营养对干物质的促进作用比同时增加耗水作用更大，故使 WUE 提高。李生秀等研究施用氮肥对提高旱地作物利用土壤水分的作用机理是：施用氮肥促使根系发育，扩大了作物觅取水分和养分的空间，增大了蒸腾强度，提高了伤流量及其内氨基酸含量，增加了根系活性，提高了作物吸取和运转土壤水分的能力。据实测结果计算，施肥虽提高了作物蒸腾量，却减少了土壤水分蒸发、提高了蒸腾/蒸发比值、提高了蒸腾效率，并证明籽粒的水分利用率与施氮量呈直线关系，而干物质的 WUE 不因施氮量而变化，表明施肥对提高经济作物的水分利用效率更为有利。山仑（1994）报道施用氮肥、磷肥提高 WUE 的原因有以下三点：①促进了光合作用。②使单叶 WUE 提高。③增加了蒸腾/蒸发比值，扩大了比叶面积。在宁夏固原 20 年次的试验资料表明，施肥可提高 35%～75%WUE。

2.7.3.3 补充灌溉

半干旱地区降水的季节分布不均，为发展径流蓄水实施水分临界期补充灌溉提供了可能，这对提高籽粒产量和 WUE 有显著效果。由于 WUE 是作物产量（Y）和耗水量（ET）的函数，在干旱下作物生长受抑，叶面积减小，株高减少；由于耗水大幅度下降而提高，在作物需水关键期补充灌水后，虽然 ET 增加，但产量增加幅度大，使 WUE 仍维持在较高水平。张岁岐（1990）以春小麦为材料研究发现，在拔节期增加少量供水（$20m^3/667m^2$）的处理比整个生育期不灌水增产 47%，而 WUE 仅下降 12.9%。梁宗锁（1995）在夏玉米研究中也证明，供水量下降 20%而 WUE 下降 10.9%。山仑（1996）在旱地农业有限水高效利用的研究中肯定了干旱条件下拔节期一次供水 60mm 对春小麦的增产作用，同时也发现缺水临界期和供水最佳期，同一个生育时期水分供需方面存在着错位现象。据现在研究，小麦孕穗期对干旱最为敏感，此期缺水产量下降最大，而补水最佳期为拔节初期，这是对小麦水分关系已有研究的一个重要补充。充分利用自然降水与高效利用有限灌溉水相结合已是当前半干旱地区向高农业生产力的一个新趋势。

2.7.3.4 应用化学物质

已有大量研究证明，与抗旱有关的化学物质有 100 多种，一般分为四类：①植物生长调节物质；②无机化合物；③有机小分子；④有机高分子。从目前研究来看，干旱环境中化学物质对作物的良好作用效果表现在两个方面：①改善植物的水分状况，使作物各种生理活动能够正常进行。②增强作物各种生理活动对干旱的抵抗力，使之在水分胁迫时免受干旱损害。现在对抗蒸腾的研究有关闭气孔型、薄膜型及反射型三大类，都有一定效果，但由于大田生产条件十分复杂，应用效果往往不稳定，仍需对其作用机理和使用条件做深入研究。近年的研究发现，将能与 K^+ 螯合的离子载体进行叶面喷施，能有效地引起气孔关闭及蒸腾降低。郭礼坤和山仑（1992）应用 Ca－GA 混合处理小麦种子，促进萌发和幼苗生长，起到了代谢与生长互补，有利于对半干旱地区多变水环境的适应，平均增产 12%，WUE 提高 10%，并已在宁夏南部山区旱地推广 10 万多亩。

寻找提高作物 WUE 新途径，进一步提高 WUE 的途径有两方面：①在不降低作物产量的情况下大幅度减小作物蒸腾量。②在不增加作物耗水情况下大幅度增加作物产量。除以上途径外，C_3 植物、C_4 植物的比较研究以及 C_3-C_4 中间型植物的发现，为人们提高 WUE 开辟了一条应用分子遗传学改造植物的新途径。

第3章 4种禾本科牧草的耗水规律与抗旱特性

大多数农作物和牧草可在黄土高原生长，牧草资源从种类上看是丰富的，从产量上看是很低的，从发展上看潜力是很大的。全区有草地面积32 472.97万亩（1亩≈666.7 m^2），草原类型多样，牧草种类繁多。根据陕西省草原调查资料，草原植被的结构大致是：禾本科100余种，豆科50余种，菊科58种，蔷薇科26种，其他科190多种。上列各科牧草的比例约为2∶1∶1∶0.5∶4，其中优良牧草60余种，有毒有害植物20多种，占全部牧草种类的4.7%。但是，目前全区草原牧草覆盖率不高，草原退化，生产能力低，而且草地利用不均衡，近坡草场已经满载或利用过度，远坡草场由于水源缺乏、牧道不通等原因而利用不足或尚未利用。

根据不同生态环境，宜草则草，宜林则林，科学栽种。在不适宜种树的地区，特别是降雨量在300mm以下的草原区，在没有河流和丰富的地下水资源的干旱地区，不宜大量发展林业。由于造出的林是多年生长不良的小老树林，没有良好的生态和经济效益，反而还因其耗水量大，大量吸取深层土壤水分，造成日益严重的土壤干层现象，破坏草地生态系统而带来土地环境恶化，水土流失面积不断增大，所以面对这种环境情况应该以草为本（张正斌，2006）。

为此，从黄土高原地区丰富的草本植物资源中筛选出适宜的乡土草种进行试验，模拟不同土壤干旱条件来研究它们对环境水分的利用规律，为乡土草种用作草场重建种的可行性提供理论依据，从而加快全区植被恢复的步伐，提高成效（吴钦孝，1998）。以我国黄土高原地区4种乡土禾本科牧草［长芒草（*Stipa bungeana*）、白羊草（*Bothriochloa ischaemum*）、无芒隐子草（*Cleistogenes songorica*）、冰草（*Agropyron cristatum*）］作为实验材料来研究其耗水特性和抗旱适应性。在中国科学院水土保持研究所国家重点实验室的室外防雨棚内模拟这些草种干旱条件，研究这些草种在整个生育期间、不同水分供应情况下实际耗水量和耗水速率，计算出各种草种耗水系数、水分利用效率以及耗水量，得到各种草种在水分正常条件下和干旱胁迫下的蒸腾耗水规律。另外，对不同程度水分胁迫下的草种进行一些生理生化指标的测量（如测定保护酶活性、丙二醛、脯氨酸含量以及质膜相对透性等），对其数据进行统计分析，最后综合评价4个草种的抗旱性。

禾本科牧草生命力较强，适应性广，多为多年生，除靠种子繁殖外，也能无性繁殖。许多禾本科牧草可借根茎和匍匐茎蔓延，因而分布极广，能适应多种多样的环境，参与多种群落的组成（戎郁萍等，2004）。

长芒草为禾本科针茅属，多年生旱生野生牧草，密丛草本。基部膝曲，高20～60cm，有2～5节；叶鞘光滑无毛或边缘具纤毛；花果期6～8月。在黄土高原广泛分布，具有一定抗旱性，营养价值较高。

白羊草为禾本科孔颖草属，多年生暖季型牧草，具短根茎，分蘖力强，能形成大量基生叶丛，须根特别发达，常形成强大的根网。秆丛生，直立或基部膝曲，略斜倾，高

30～80cm；节无毛或有时具白色微毛；叶片狭线形，长5～18cm，宽2～3cm；花果期6～9月。本种为重要的水土保持植物，其秆、叶柔嫩期较长，可作优良牧草；耐旱、耐贫瘠、耐践踏，固土保水能力强，营养价值较高，是丘陵区主要的草地类型，为草地的建群种和优势种，在很大程度上影响着草地的功能和发展方向（刘天慰，2003）。

无芒隐子草为禾本科隐子草属，多年生野生牧草。秆丛生，直立或倾斜，高15～20cm，茎部具密集的枯叶鞘；叶片条形，长2～6cm，扁平或边缘稍内卷；圆锥花序，分枝近于平展，小穗长4～8mm，含3～6小花，颖卵状披针形，质较薄，第一穗长3～4cm，先端无芒或具短尖头，内稃短于外稃。在黄土高原广泛分布，耐旱性较强，营养价值较高，是荒漠草原和荒漠的建群种和优势种，具优良饲用价值，且对荒漠生态系统的恢复和保育具重要作用（余小军等，2004）。

冰草为禾本科冰草属，多年生野生牧草，在黄土高原广泛分布，须根稠密，外具沙套。秆丛生，上部被短柔毛，高30～60cm，具2～3节。叶片长10～20cm，质地较硬而粗糙，边缘常内卷；花期7～9月。性耐寒、耐旱、耐碱、不耐涝，适于沙壤土或黏质土的干燥地。草质柔软，为优良牧草，一年四季各种家畜均喜欢，营养价值高，是上等的催肥饲草，也是防风固沙、水土保持的重要草种（董宽党，2006）。

3.1 4种乡土禾草的耗水特性

3.1.1 单株日耗水动态

如图3-1所示，4种草种在3种土壤水分条件下日耗水变化趋势类似，均为多峰波动状曲线。在3个不同土壤水分下，各草种的耗水量明显不同；随土壤水分供应的减少，耗水量减少；耗水量由大到小总体表现为：适宜水分（75%θ_f）＞中度干旱（55%θ_f）＞重度干旱（40%θ_f），这表明土壤水分含量是决定草种耗水量的主要因素。4个草种在不同的土壤水分处理下，各草种之间的耗水量差异总体表现为：白羊草＞冰草＞无芒隐子草＞长芒草。冰草和白羊草日耗水量差异明显，水分充足时耗水多，水分亏缺时耗水少，但中度和重度干旱并没有完全影响其正常水分代谢平衡，植株成活率保持100%，说明冰草和白羊草适应生长的水分范围很宽，适应性强。无芒隐子草在中度干旱下的耗水量下降不多，但在重度干旱下耗水量明显下降、已影响其生长和代谢。长芒草的耗水量最低，且在中度和重度干旱下耗水量明显下降，耗水量始终处于很低水平，植株成活率降低，叶面积变小，生长缓慢，生长势差。

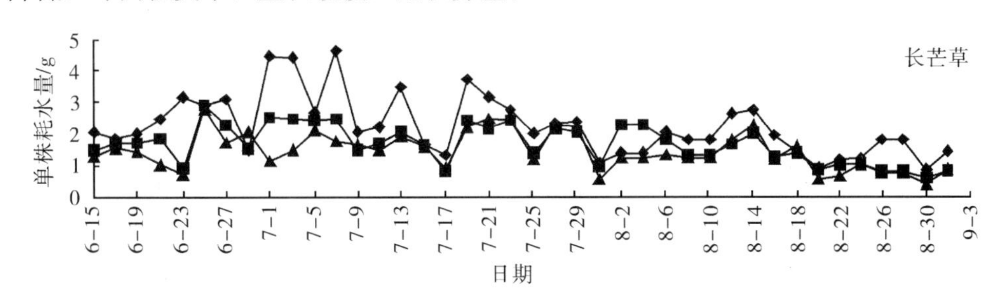

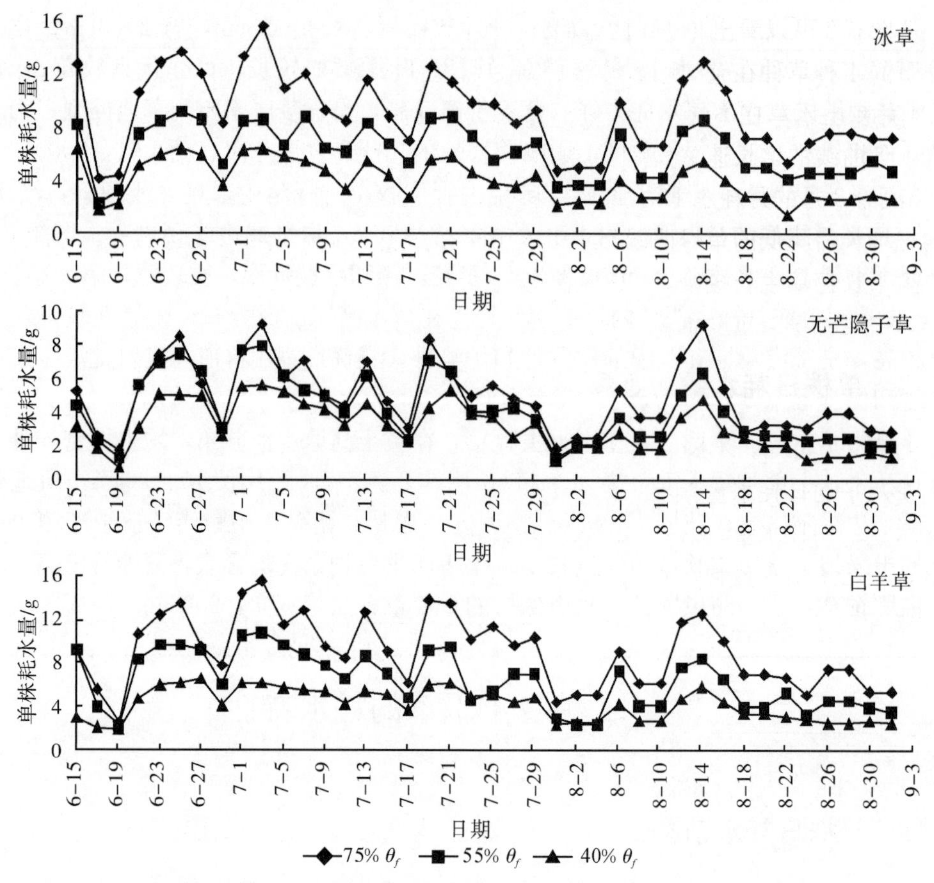

图 3-1　不同土壤水分下各草种日耗水动态变化

3.1.2　单株月耗水动态

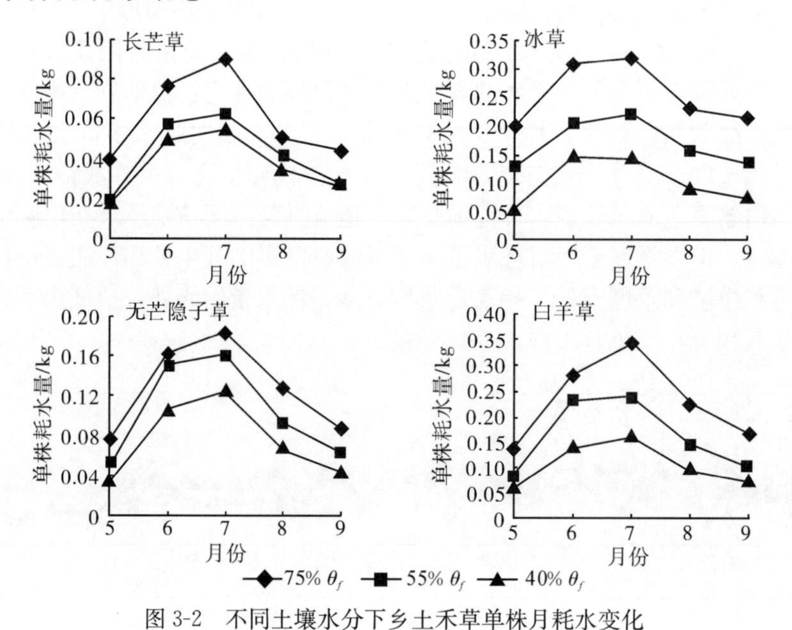

图 3-2　不同土壤水分下乡土禾草单株月耗水变化

从图 3-2 可以看出，4 种乡土禾草在不同水分条件下月耗水变化不同，在适宜水分处理下的 4 种草种在整个生长季的月耗水随着生长速度加快而增加，到 8 月份逐渐降低。4 种乡土禾草在不同水分条件下月耗水变化基本都呈单峰曲线，但是峰的形状各有特点，各曲线的增长速率和峰值出现的时间先后各不相同：冰草相比其他三种草在 6 月、7 月、8 月的月耗水量曲线较为平缓；长芒草在 3 种水分条件下月耗水量曲线有明显的先增长后降低的单峰曲线，在中度干旱和重度干旱下月耗水量变化几乎一致。在干旱胁迫下长芒草生长缓慢。4 种草种在 3 种土壤水分条件下的月耗水量均表现为：适宜水分＞中度干旱＞重度干旱，差异显著。

3.1.3　单株日耗水量对不同土壤水分的响应

由表 3-1 可知，不同土壤条件下各草种单株最高日耗水量、最高旬耗水量、最高月耗水量及平均日耗水量差异明显，出现的时间也不完全相同；每种草在 3 个土壤水分下日耗水量、旬耗水量、月耗水量及平均日耗水量均表现为：适宜水分＞中度干旱＞重度干旱，表明土壤水分含量和草种的耗水量呈正相关关系。

表 3-1　土壤水分对 4 种草种最高日耗水量、旬耗水量、月耗水量和平均日耗水量的影响

草种	水分处理	最高日耗水量/g（日期）	最高旬耗水量/g（日期）	最高月耗水量/g（日期）	平均日耗水量/g
长芒草	$75\%\theta_f$	4.657 A（07-07）	36.752 A（7 月上旬）	89.436 A（7 月）	2.317 Aa
	$55\%\theta_f$	2.891 B（06-25）	22.972 B（7 月上旬）	62.984 B（7 月）	1.737 Bb
	$40\%\theta_f$	2.797 C（06-25）	17.411 C（7 月下旬）	55.291 C（7 月）	1.502 Bc
冰草	$75\%\theta_f$	15.250 A（07-03）	119.908 A（7 月上旬）	320.262 A（7 月）	9.167 Aa
	$55\%\theta_f$	8.938 B（06-25）	76.378 B（7 月上旬）	221.354 B（7 月）	6.273 Bb
	$40\%\theta_f$	6.361 C（06-25）	56.252 C（7 月上旬）	146.548 C（7 月）	4.052 Cc
无芒隐子草	$75\%\theta_f$	9.282 A（07-03）	70.412 A（7 月上旬）	181.452 A（7 月）	5.034 Aa
	$55\%\theta_f$	7.985 B（07-03）	64.192 B（7 月上旬）	159.176 B（7 月）	4.246 Bb
	$40\%\theta_f$	5.594 C（07-03）	50.004 C（7 月上旬）	125.266 C（7 月）	3.202 Cc
白羊草	$75\%\theta_f$	15.547 A（07-03）	127.534 A（7 月上旬）	346.324 A（7 月）	9.230 Aa
	$55\%\theta_f$	10.813 B（07-03）	94.784 B（7 月上旬）	239.688 B（7 月）	6.490 Bb
	$40\%\theta_f$	6.531 C（06-27）	57.654 C（7 月上旬）	161.478 C（7 月）	4.272 Cc

注：同一列不同大写字母表示差异极显著（$p<0.01$）；不同小写字母表示差异显著（$p<0.05$）。

长芒草和冰草在中度和重度干旱下的最高日耗水量出现的时间比适宜水分下的最高耗水日提前近 10 天左右；白羊草在重度干旱下比适宜水分和中度干旱下提前 7 天达到最高耗水量；相比之下，无芒隐子草在不同土壤水分条件下的耗水节律变化不显著。除长芒草在适宜水分和中度干旱下最高旬耗水量出现在 7 月上旬，而重度干旱下的最高旬耗水量出现在 7 月下旬外，其他各草种在 3 种土壤水分下均于 7 月上旬达到最高旬耗水量，长芒草在重度干旱下最高旬耗水滞后的原因可能和其生长缓慢有关。4 种草种在不同土壤水分下的最高月耗水量均在 7 月份，耗水高峰期与黄土高原雨季同步，能充分利用降雨迅速生长。适宜土壤水分下长芒草、冰草、无芒隐子草和白羊草的日平均耗水量分别是其在中度和重度干旱时耗水量的 1.33 倍和 1.54 倍、1.46 倍和 2.26 倍、1.19 倍和 1.57 倍、1.42 倍和 2.16 倍，其中长芒草的日平均耗水量最低，属于低耗水量低生长率的草种；白羊草的日平均耗水量最大，冰草与其接近，两者属于高耗水草种，无芒隐子草次之。

3.1.4　耗水日进程

不同土壤水分条件下 4 种草种耗水均以白天为主，白天耗水量较大，夜晚耗水较少。如图 3-3 所示，4 种草种在 3 种土壤水分条件下的耗水日变化曲线均为单峰曲线，但各草种在 3 种土壤水分处理下的耗水高峰出现的时间不同。长芒草和白羊草在适宜水分下耗水高峰均在 15：00 左右。长芒草在中度干旱和重度干旱下耗水高峰比适宜水分下提前了 4h；而白羊草在中度和重度干旱下均提前了 2h；冰草在适宜水分下的耗水高峰在 15：00 左右，中度干旱和重度干旱下的耗水高峰比适宜水分下分别提前 2h 和 4h；

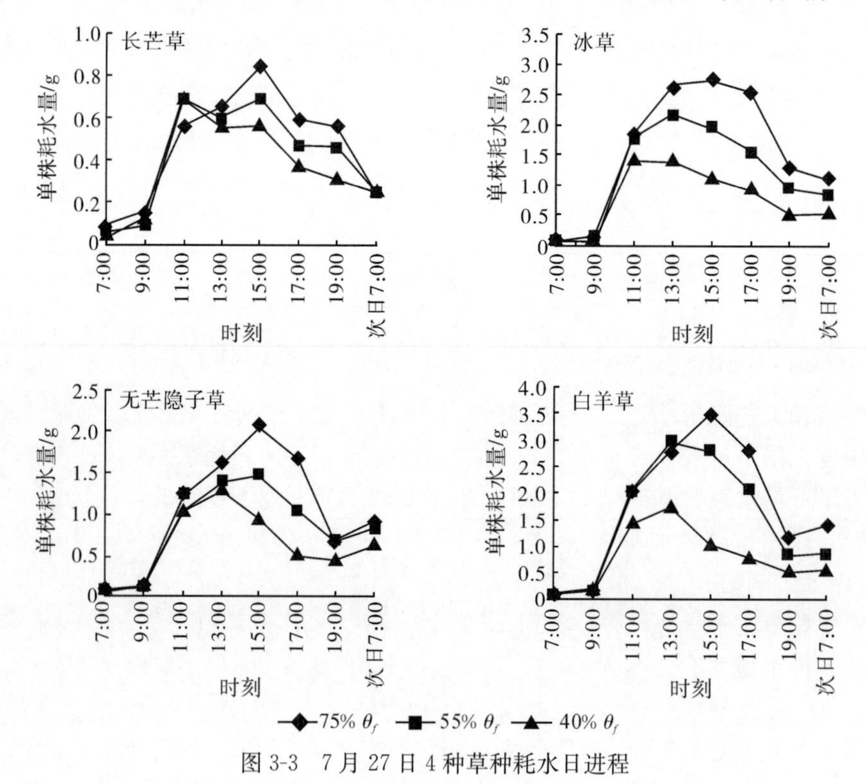

图 3-3　7 月 27 日 4 种草种耗水日进程

无芒隐子草在适宜水分和中度干旱下的耗水高峰都在 15：00 左右，重度干旱下的耗水高峰提前 2h。可以看出，4 种草种表现的基本趋势都是在中度和重度水分胁迫下耗水峰值提前。4 种草种中冰草在 3 种土壤水分下的耗水量最高，耗水高峰持续时间较长，从 11：00 到 15：00，曲线较为平缓，峰值变化不明显，即使在中度和重度干旱下同样维持较长时间的耗水高峰。长芒草在 3 种不同土壤水分条件下耗水日进程曲线变化幅度最小，耗水量没有大幅度变化，这与其自身的生长状况有直接关系，和长芒草本身的生长形态也有关系，长芒草为针叶形，蒸腾耗水量自然较小。

3.1.5　水分利用效率比较

由表 3-2 可知，同一草种在适宜水分下的耗水量明显高于中度和重度干旱下的耗水量；从生物量增量上看，4 种草种在适宜水分下的生物量增量最大，而随着土壤干旱加重，各草种干物质累积明显减少。

表 3-2　不同水分条件下各草种单株的耗水系数和水分利用效率

草种	水分处理	单株耗水量/kg	生物量增量/g	水分利用效率/（g/kg）	耗水系数
长芒草	$75\%\theta_f$	0.128±0.008 Aa	0.239±0.051 Aa	1.867±0.378 Aa	0.549±0.103 Bb
	$55\%\theta_f$	0.092±0.004 Bb	0.122±0.004 Bb	1.326±0.013 Ab	0.754±0.007 Aa
	$40\%\theta_f$	0.081±0.004 Bb	0.098±0.005 Bb	1.209±0.019 Ab	0.827±0.013 Aa
冰草	$75\%\theta_f$	0.475±0.005 Aa	0.907±0.005 Aa	1.909±0.010 Aa	0.524±0.003 Aa
	$55\%\theta_f$	0.325±0.011 Bb	0.781±0.090 Aa	2.403±0.270 Aa	0.416±0.050 Aa
	$40\%\theta_f$	0.221±0.003 Cc	0.415±0.077 Bb	1.878±0.345 Aa	0.546±0.112 Aa
无芒隐子草	$75\%\theta_f$	0.261±0.002 Aa	0.578±0.045 Aa	2.215±0.188 Aa	0.452±0.040 Cc
	$55\%\theta_f$	0.234±0.002 Ab	0.378±0.002 Bb	1.615±0.005 Bb	0.619±0.002 Bb
	$40\%\theta_f$	0.178±0.021 Bc	0.251±0.030 Cc	1.410±0.009 Bb	0.709±0.005 Aa
白羊草	$75\%\theta_f$	0.488±0.028 Aa	0.864±0.064 Aa	1.770±0.056 Ab	0.565±0.018 Aa
	$55\%\theta_f$	0.355±0.023 Bb	0.679±0.041 Bb	1.913±0.056 Aa	0.523±0.015 Ab
	$40\%\theta_f$	0.230±0.023 Cc	0.397±0.040 Cc	1.726±0.041 Ab	0.579±0.013 Aa

注：不同大写字母表示差异极显著（$p<0.01$）；不同小写字母表示差异显著（$p<0.05$）。

长芒草和无芒隐子草的水分利用效率（WUE）随土壤水分含量的减少而显著降低。冰草在中度干旱下的 WUE 最高，比适宜水分提高 25.9%，耗水系数最低，仅为长芒草重度干旱下耗水系数的 1/2 左右；冰草在重度干旱下 WUE 降低，比适宜水分下的 WUE 降低 1.62%。白羊草在中度干旱下 WUE 最高，相比适宜水分下 WUE 提高 8.08%。4 种草种在适宜水分下 WUE 大小表现为：无芒隐子草>冰草>长芒草>白羊草；在中度和重度干旱下 4 种草种 WUE 大小表现为：冰草>白羊草>无芒隐子草>长芒草。在 3 种土壤水分下 4 种草种的耗水量大小均表现为：白羊草>冰草>无芒隐子草>长芒草。综合 WUE 和耗水量可以看出，长芒草属于低耗水、低水分利用效率的草种，白羊草属于高耗水高水分利用效率的草种，冰草属于低耗水而高水分利用效率的草种，无芒隐子草居中。

3.1.6 小结

水分是植物生长过程中的主要限制因子（Mayland et al.，1993），分析植物在不同水分条件下的耗水特性和水分利用效率，可以从中了解植物对不同水分环境的适应机制（魏永胜等，2005）。土壤含水量一直被认为是影响植物蒸腾的最主要因素之一。一般认为土壤中有足够的水分供应时，植物的耗水率大，反之则小（严昌荣等，2001）。试验结果显示，土壤水分含量对4种禾草的日耗水量、旬耗水量、月耗水量随胁迫程度的增加逐渐下降，而且不同草种间差异明显：白羊草＞冰草＞无芒隐子草＞长芒草。3～4月草种萌芽；5～6月各草种叶片逐渐展开，株高生长量加大，再加上气温升高，光照时间延长，使各草种蒸腾强度增加，需水量加大，故耗水量急剧上升；各草种分别在6月底或7月初达到最高日耗水量，最大耗水月均在7月份，说明草种耗水量的高低不仅和植物本身特性有关，还与环境因子密切相关。不同草种对环境的感受能力和受环境的影响程度有所不同。在中度和重度干旱下最高耗水日出现的时间比适宜水分提前10天左右。这样的趋势在耗水日进程中也表现出来，即中度和重度干旱下日耗水高峰出现的时间比适宜水分下提前2～4h。表明土壤干旱不仅使日耗水高峰发生变化，并且随着土壤干旱的加剧与干旱时间的延长，草种叶片的自动调节能力可能会受到一定影响，导致草种蒸腾“午休”时间发生相应变化。这一变化趋势和杨建伟等（2004）研究的刺槐（*Robinia pseudoacacia*）结果一致。

水分利用效率是指植物消耗单位水量所产出的同化量，反映植物生产过程中的能量转化效率，也是评价水分亏缺下植物生长适宜度的综合指标之一（黄占斌等，1998）。长芒草和无芒隐子草的WUE随土壤水分含量的降低而减低，冰草和白羊草的WUE在中度干旱下最高；严重干旱下草种生长受到抑制，干物质累积少，因此WUE最低。在中度和重度土壤水分下，冰草的WUE为4种草种中最高，表明水分亏缺下冰草更能充分利用有限的水资源。在3种土壤水分条件下，长芒草和无芒隐子草属于低耗水低生物量、易受土壤干旱影响抑制的低耗水草种，而冰草和白羊草在中度和重度干旱下生长保持在较高水平，在胁迫时间延长时仍能维持基本的生长量，表现出耐旱植物典型的生理特征且中度干旱下水分利用效率最高。因此，白羊草属于高耗水高水分利用效率的草种，冰草属于低耗水高水分利用效率的草种。在黄土高原地区发展禾本科牧草，使当地有限的水资源实现最优化配置，冰草和白羊草耗水特性、生长特性能与当地气候相适应，发挥草地生产力，尤能显示出黄土高原乡土禾草的优势。

3.2 不同土壤水分对4种乡土禾草水分状况的影响

3.2.1 4种乡土禾草叶片含水量

由图3-4可知，不同土壤水分下植物叶片含水量的不同；4种草种在不同水分处理下叶片含水量有一个总趋势：适宜水分＞中度干旱＞重度干旱。4种草种在3种土壤水分下叶片含水量的变化各有特点。

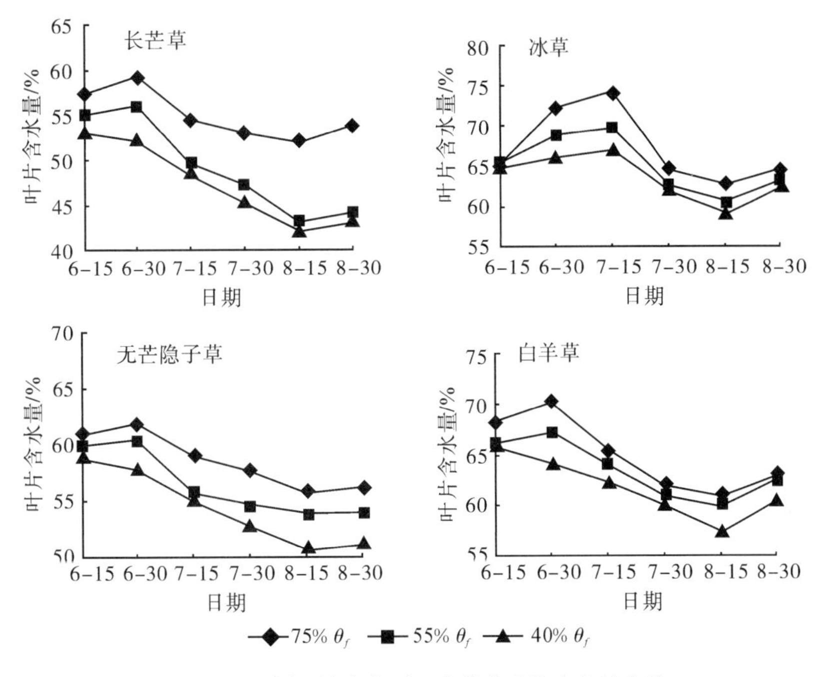

图 3-4 不同土壤水分下 4 种草种叶片含水量变化

冰草和白羊草在 3 种土壤水分条件下叶片含水量变化趋势较为相似，基本都表现为随时间的推移含水量先升高随后降低再升高的变化趋势，这与冰草和白羊草的逐渐生长有直接关系，即随着草种的日益成熟，含水量会有升高，但到 7 月中旬左右外界环境温度的急剧升高致使蒸腾耗水增大，含水量降低，到 8 月底随着气温的降低，炎热程度降低，含水量又会有一定的回升，说明土壤水分含量对草种的叶片含水量有直接影响。

长芒草、无芒隐子草和白羊草在最热月份（7 月）叶片含水量呈下降趋势，到 8 月底随气温降低，蒸腾减弱，叶片含水量又有所回升。长芒草叶片含水量在不同水分条件下差异较大，在中度和严重干旱下叶片含水量急剧下降，降低到 50％以下；无芒隐子草也有同样趋势，但叶片含水量始终保持在 50％以上，且下降程度没有长芒草大，说明长芒草对土壤水分的变化最敏感，其叶片保水力最差；冰草叶片含水量的变化不同于其他 3 个草种，叶片含水量于 6 月中旬到 7 月中旬一直升高，中度干旱下上升到 70％左右，比同期其他 3 个草种适宜水分下的叶片含水量还高，而后才下降，说明冰草有很强的保水力，即使在水分胁迫下也能保持较高的水分含量。

3.2.2 4 种乡土禾草叶片相对含水量

由图 3-5 可知，随着土壤含水量的降低，4 种草种的叶片相对含水量（RWC）均表现为：适宜水分＞中度干旱＞重度干旱，但土壤干旱对 4 种乡土禾草叶片相对含水量的影响幅度不同。长芒草在中度和重度干旱下叶片 RWC 相比适宜水分下叶片 RWC 分别下降 11.26％和 17.05％，影响显著。无芒隐子草在中度和重度干旱下叶片 RWC 相比适宜水分下叶片 RWC 分别下降 8.39%和 10.35%，影响显著。冰草在中度干旱下的叶片 RWC 相比适宜水分下的叶片只下降 1.68%，影响不显著；重度干旱的叶片 RWC 相比适宜水分下的叶片相对含水量下降 5.28%，影响显著。白羊草在中度干旱下叶片 RWC 相比适宜水分下的叶片 RWC 下降 5.07%，影响显著；在重度干旱下叶片 RWC 相比适宜水分下的叶片 RWC 下降 8.64%，影响显著。

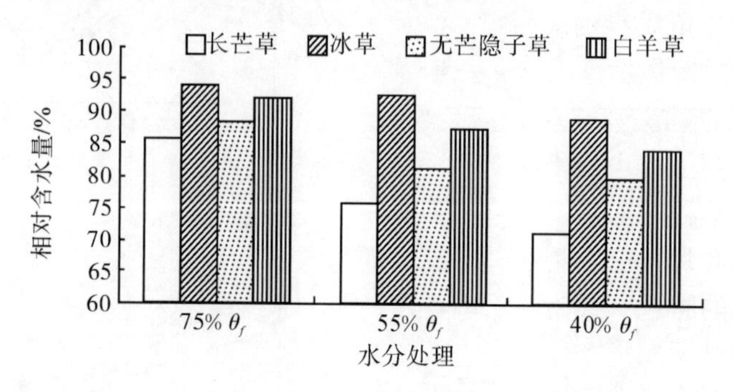

图 3-5　不同土壤水分下 4 种草种叶片相对含水量

以上数据表明，冰草和白羊草的叶片 RWC 在土壤干旱胁迫下仍能保持较高水平，稳定性强，对干旱的适应能力强。在 3 种土壤水分下 4 种草种叶片相对含水量均表现为：冰草＞白羊草＞无芒隐子草＞长芒草。

3.2.3　4 种乡土禾草水分饱和亏

水分饱和亏（WSD）是反映植物吸收水分补充恢复状况的参数，是植物组织的饱和含水量与实际含水量的差值，以相对于饱和含水量的百分数表示。水分饱和亏数值的大小反应水分亏缺的程度，其值越大，则亏缺越严重。如图 3-6 所示，在不同土壤水分条件下 4 种乡土禾草的叶片均出现不同程度的水分亏缺。一般情况下，随土壤水分含量的减少以及干旱胁迫的作用，禾草叶片水分饱和亏缺程度加大，但并非随土壤水分含量的减少水分亏缺度一定是增大的，草种可以针对土壤水分、大气相对湿度和气温等做出综合反应。长芒草在 3 种土壤水分条件下叶片的 WSD 变化幅度最大，尤其是在重度干旱胁迫下 WSD 接近 30%，约是适宜水分下水分饱和亏的 2 倍。冰草相比其他三种草在 3 种土壤水分条件下的叶片 WSD 均为最小，白羊草、无芒隐子草次之。

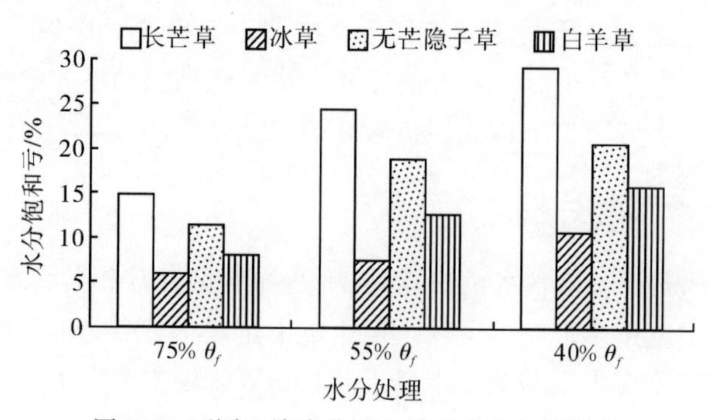

图 3-6　不同土壤水分下 4 种草种水分饱和亏

水分饱和亏缺小，相对含水量高的植物抗旱性强，反之则抗旱性差。结合以上指标可以初步认为冰草和白羊草较为抗旱，长芒草抗旱性较差。

3.2.4　4 种乡土禾草叶片保水力

植物叶片保水力是指叶片在离体情况下，保持原有水分的能力，反映植物原生质的耐脱水能力和叶片角质层的保水能力。保水力的高低与植物遗传特性有关，与细胞特性，特别是原生质胶体的性质有关。叶片保水力可作为植物抗旱性筛选的简易指标，能反映植物原生质的耐脱水能力和叶片角质层的保水能力。图 3-7 为 7 月 30 日测定的 4 种乡土禾草在不同土壤水分处理下叶片保水力情况，可以看出，不同草种的离体叶片保水力不同，同一草种的离体叶片在不同水分条件下的保水力不同。随着脱水时间的延长，长芒草离体叶片保水力始终表现为：适宜水分＞中度干旱＞重度干旱，并且在中度干旱和重度干旱的胁迫下长芒草离体叶片失水速率很快，水分散失很快。可见，长芒草越是在干旱的环境下离体叶片持水能力越差，保水力低，耐旱性差。冰草在 3 种土壤条件下的离体叶片持水能力、保水力基本相同，冰草在适宜水分和干旱环境下都有很强的适应力，且在重度干旱下的保水力比适宜水分和中度干旱的保水力还要强。无芒隐子草在 3 种土壤水分条件下有一个共同趋势，就是叶片一旦离体后在前两个小时会迅速失去大量水分，叶片含水量由 100%迅速降至 40%左右，但在重度干旱下的叶片保水力要大

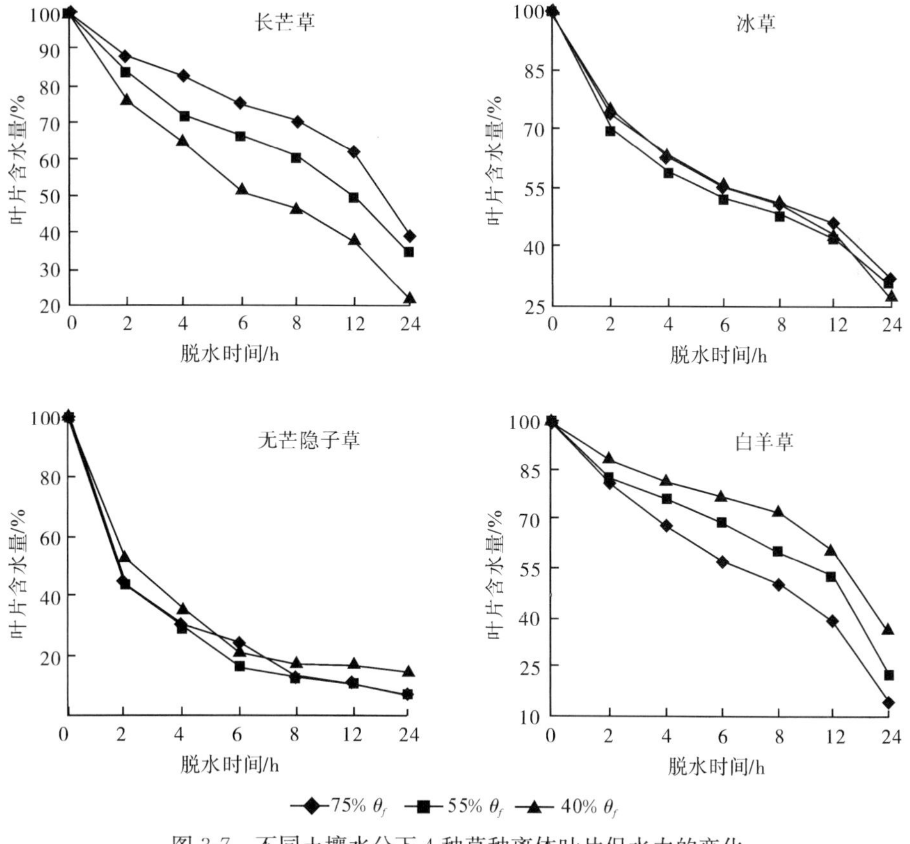

图 3-7　不同土壤水分下 4 种草种离体叶片保水力的变化

于适宜水分和中度干旱下的保水力。白羊草在整个脱水过程中都表现为：重度干旱＞中度干旱＞适宜水分，且随着处理时间的延长其差异有增大的趋势。生活在土壤水分充足条件下的白羊草，在夏季高温干燥的环境中，保水力低下，而在干旱环境中叶片保水力却明显增强，耐脱水能力强，抗旱性得到增强。冰草、无芒隐子草和白羊草在重度干旱下的保水力反而高于适宜水分和中度干旱环境，说明在干旱环境下草种在形态、结构和生理上发生了一定程度的适应反应，大大增强了其抗旱性。由此分析，白羊草和冰草的叶片在严重干旱胁迫下抗脱水性增强，保水力好，抗旱性强，无芒隐子草次之，长芒草抗旱性最差。

土壤干旱或过湿都会对植物造成一定程度的伤害，对植株的水分代谢等生理过程起到直接或间接的抑制作用。但长期的逆境环境反而会增强植物的抗逆性，如冰草、无芒隐子草和白羊草在重度干旱下的保水力反而高于适宜水分和中度干旱环境，说明在干旱环境下草种在形态、结构和生理上发生了一定程度的适应反应，其抗旱性大大增强。土壤含水量的多少直接影响着植物的水分吸收和水分代谢。植物通过调整代谢提高对干旱逆境的适应能力也体现在不同方面。对4种乡土禾草的含水量、相对含水量、水分饱和亏和叶片保水力进行了分析，发现冰草和白羊草均具有较强的抗旱性，无芒隐子草次之，而长芒草的耐旱性相对较弱。在水分代谢方面，无论是叶片相对含水量，还是离体叶片保水力，都不同程度地反映出冰草和白羊草的保水能力要强于长芒草和无芒隐子草。因此可知，干旱胁迫虽使植物某个方面受到一定抑制，但能提高植物在干旱环境中的抗旱性和适应性。

3.2.5 小结

土壤含水量与植物组织含水量有较大的相关性，叶片含水量可以反映植物体内水分亏缺程度，在干旱胁迫下，叶片含水量越高，叶片持水力越强，植物抗旱性越强（高俊凤等，2006）。试验结果表明，水分胁迫下4种草种叶片含水量和相对含水量均表现为：适宜水分＞中度胁迫＞重度胁迫，其中冰草和白羊草在土壤干旱下保水力强，能维持较高的含水量，保证了叶片能够在干旱环境下维持正常的生理状态。在干旱胁迫下，抗旱能力较强的植物能维持较高的RWC，长芒草和无芒隐子草在干旱胁迫下RWC显著降低，而冰草RWC下降幅度最小，白羊草次之。RWC下降主要是由于土壤含水量下降及植物对水分吸收显著降低引起的（高俊凤等，2006）。冰草和白羊草的叶片保水能力较强于长芒草和无芒隐子草，在土壤干旱胁迫下冰草和白羊草的RWC稳定性强，耐旱时间长，对干旱胁迫有一定的适应和调节能力。

3.3 不同土壤水分处理对4种乡土禾草渗透调节物质的影响

3.3.1 4种乡土禾草脯氨酸含量的动态变化

脯氨酸被认为是植物在逆境胁迫下含量变化较敏感的物质之一。由图3-8可知，在3种土壤水分条件下随着处理时间的延长，4种乡土禾草的脯氨酸含量变化均不一致，但有一个共同特点就是在受到外界土壤水分胁迫时，脯氨酸含量都有一定程度的升高。这种脯氨酸含量的升高不仅体现在积累量的不同，还体现在积累时间的不同，这也说明脯氨酸在 4 种乡土禾草抗旱生理中起到了一定的作用。

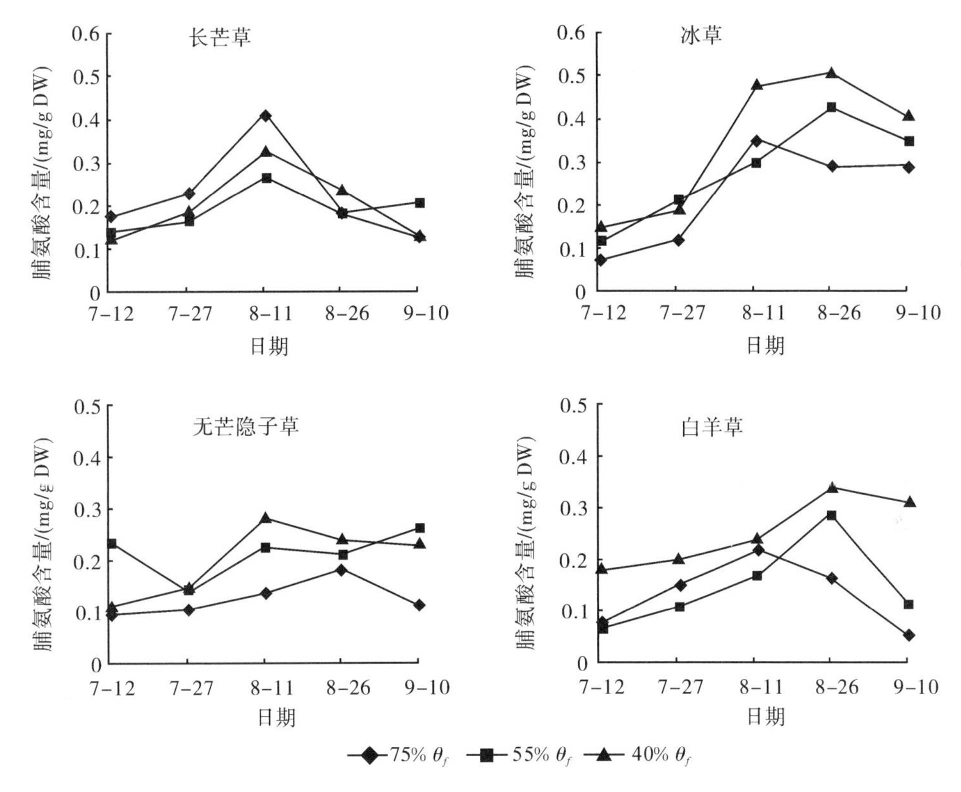

图 3-8　不同土壤水分下 4 种草种游离脯氨酸含量的变化

从 7 月中旬到 8 月中旬长芒草在 3 种土壤水分条件下脯氨酸含量都表现为不断升高，但适宜水分下脯氨酸含量变化最为剧烈，增幅也最大，中度干旱胁迫下脯氨酸含量增幅最小，在重度干旱下脯氨酸含量和变化速度比中度胁迫多且快，随后 3 种乡土禾草在 3 种土壤水分条件下脯氨酸的含量都呈降低趋势，适宜水分下脯氨酸含量降到比严重干旱下还要低。

冰草在 3 种土壤水分条件下脯氨酸含量变化趋势表现为不断积累，直到生长末期脯氨酸含量才有所降低。冰草的脯氨酸含量基本保持为：重度干旱＞中度干旱＞适宜水分，说明冰草能积极响应干旱胁迫，适应干旱环境，抗旱性强。

无芒隐子草在 3 种土壤水分条件下脯氨酸含量的变化趋势为：适宜水分下脯氨酸含量在 0.01%左右浮动，7 月中旬在中度干旱和重度干旱下的脯氨酸含量都处于较低水平，之后在中度和严重干旱下的脯氨酸含量开始一定的积累。无芒隐子草在 3 种土壤水分条件下脯氨酸含量的变化基本保持为：重度干旱＞中度干旱＞适宜水分。

白羊草在适宜水分下的脯氨酸含量先增加后降低，在干旱胁迫下脯氨酸含量不断地增加。在 8 月中旬前白羊草脯氨酸含量表现为：重度干旱＞适宜水分＞中度干旱，8 月中旬后其脯氨酸含量表现为：重度干旱＞中度干旱＞适宜水分，且白羊草在重度干旱胁迫下脯氨酸含量远远高于适宜水分和中度干旱下的脯氨酸含量。

综合分析，这4种乡土禾草都能在干旱下积累一定量的脯氨酸，都有一定的抗旱性，脯氨酸的积累是4种草种渗透调节的主要方式。冰草和白羊草在干旱胁迫后期脯氨酸积累量增大，无芒隐子草次之，而长芒草则在干旱胁迫后期明显降低。

3.3.2　4种乡土禾草可溶性糖含量的动态变化

可溶性糖主要有蔗糖、葡萄糖、果糖和半乳糖等，可溶性糖是一类具有渗透调节功能的小分子有机化合物，是逆境条件下植物的一种较为有效的渗透调节物质。植物体内可溶性糖累积是对水分胁迫的应激反应，普遍认为是植物对水分胁迫的一种适应机制。可溶性糖是植物的主要渗透调节物质，也是合成别的有机溶质的碳架和能量来源，对细胞膜和原生质胶体起到一定的保护作用。

由图3-9可知，不同土壤水分下随着干旱时间的延长，4种乡土禾草叶片的可溶性糖含量有相似的变化趋势。从7月到8月4种乡土禾草叶片的可溶性糖含量都逐渐增大，而且各草种在干旱条件下的可溶性糖含量均显著高于适宜水分条件下的可溶性糖含量，说明可溶性糖的确是4种乡土禾草的渗透调节物质。长芒草从7月到8月底在3种土壤水分条件下的可溶性糖含量基本都表现出增大，且中度干旱下的可溶性糖含量最高，重度干旱胁迫下可溶性糖含量低于中度干旱和适宜水分条件。之后随着干旱胁迫时间的延长至9月份，3种土壤水分条件下的可溶性糖含量都开始减少，表现为适宜水分

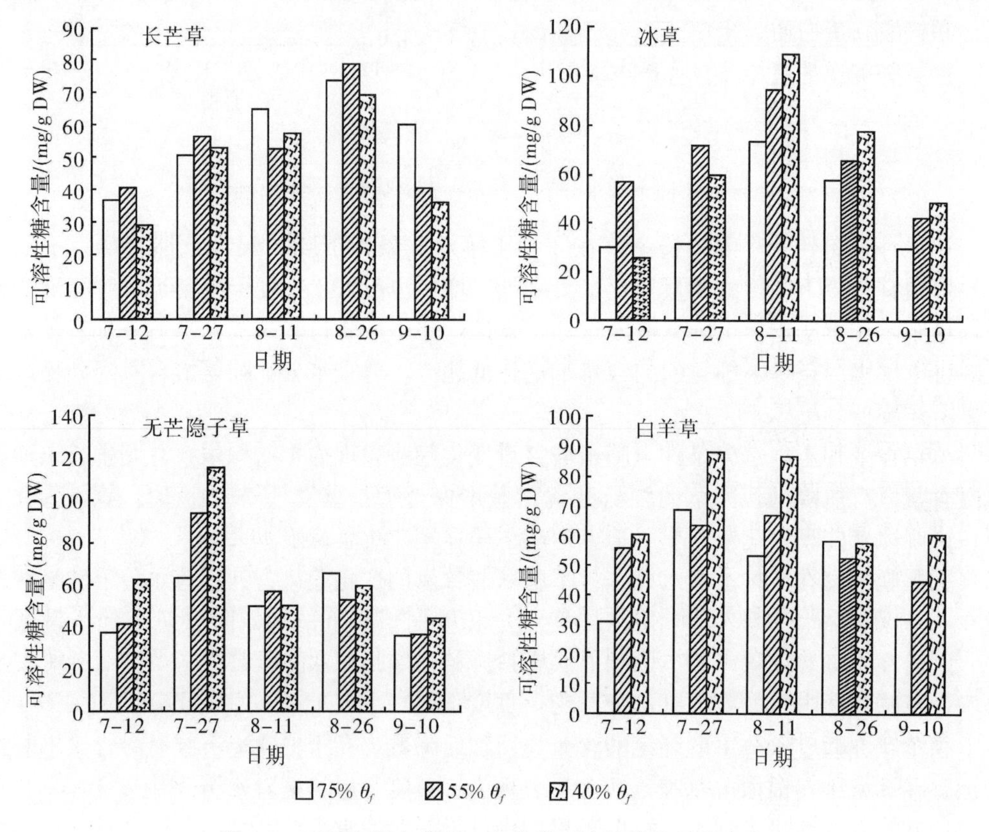

图3-9　不同土壤水分下4种草种可溶性糖含量的变化

条件下可溶性糖含量最高。总体而言，长芒草在 3 种土壤水分条件下的可溶性糖含量变化平缓，干旱下也没有剧烈的变化。冰草在中度干旱和重度干旱下可溶性糖含量变化很大，尤其是在重度干旱胁迫下可溶性糖含量迅速积累，变化剧烈，反应灵敏，8 月中期，冰草在中度干旱和重度干旱下可溶性糖含量分别为 7 月中期的 1.66 倍和 4.05 倍。无芒隐子草只有 7 月底在 3 种土壤水分条件下的可溶性糖含量都大幅地升高，且重度干旱下含量变化最大，中度干旱下次之。7 月底无芒隐子草在中度干旱和重度干旱下可溶性糖含量分别为 7 月中期的 2.35 倍和 1.85 倍，7 月之后含量降低，且始终保持一个水平，没有变化。白羊草在 3 种土壤水分条件下都具有较高的可溶性糖含量，且始终表现为在重度干旱下可溶性糖含量最高，其含量显著高于适宜水分条件下和中度干旱下的可溶性糖含量。随着干旱加剧，在重度干旱下可溶性糖含量变化也最为明显，8 月中期白羊草在中度干旱和重度干旱下可溶性糖含量分别为 7 月中期的 1.26 倍和 1.46 倍。冰草和白羊草在干旱胁迫过程中始终能保持干旱下的可溶性糖含量高于适宜水分下的可溶性糖含量，尤其在严重干旱下可溶性糖积累更多。这表明冰草和白羊草在受到干旱胁迫伤害时能迅速启动渗透调抗旱机制来抵抗和适应环境，表现出其较高的抗旱性。

3.3.3　4 种乡土禾草可溶性蛋白含量的动态变化

在外界逆境胁迫下，植物体内正常的蛋白质合成通常会受到影响，称为抑制。在干旱条件下，植物体内代谢会产生一定变化和调整，引起活性氧的积累，进而导致膜脂过氧化和核酸、蛋白质、蛋白酶等分子被破坏。为了避免胁迫造成的伤害，植物自身会诱导产生某些抗逆性蛋白质。干旱诱导蛋白的形成就是植物抵抗干旱胁迫的主动保护机制，这些新增蛋白质的种类和含量与植物抗旱性有密切关系（赵雅静等，2009）。在干旱胁迫下，植物体内可溶性蛋白含量会发生相应变化。可溶性蛋白与调节物质细胞的渗透势有关，高含量的可溶性蛋白可帮助植物细胞维持较低的渗透势，抵抗干旱胁迫带来的伤害。因此，可溶性蛋白质的变化已被用来评价植物的适应性（康俊梅等，2009）。

由图 3-10 可以看出，4 种乡土禾草以及同一草种在不同土壤水分条件下可溶性蛋白含量的变化规律呈现出一定的差异性。其中长芒草和无芒隐子草在 3 种土壤水分条件下的可溶性蛋白含量变化趋势较为相似，都呈现出先下降后上升，最后随时间推移趋于平缓的趋势，且重度干旱下的可溶性蛋白含量都基本保持在最高水平。在水分胁迫处理前期，长芒草和无芒隐子草感受到干旱胁迫，蛋白质受到破坏，蛋白质合成受阻，胁迫一段时间后，长芒草和无芒隐子草代谢产生变化与调整，胁迫诱导原来蛋白合成量的增加，或者诱导产生一些新的蛋白使可溶性蛋白含量上升；而在胁迫后期到 9 月份以后，随着草种逐渐进入生长末期，进入衰老期，一些蛋白合成停止，可溶性蛋白含量呈降低趋势。这说明长芒草和无芒隐子草具有一定的抗旱性，在受到干旱伤害时会做出抵御干旱的反应，产生新蛋白保证渗透调节作用维持草种细胞较低的渗透势水平，增强耐脱水能力，由此反映出可溶性蛋白含量变化与干旱胁迫有直接关系。冰草和白羊草在 3 种土壤水分条件下的可溶性蛋白含量的变化趋势较为相似，都呈现出初期没有明显变化，可溶性蛋白含量较为稳定，即使在中度干旱胁迫和重度干旱胁迫下也保持了一段时间的平稳；之后随着干旱胁迫时间的延长和干旱胁迫强度的加大，可溶性蛋白的含量增多，而且在重度干旱下的可溶性蛋白含量增长最快且含量也变为最高。开始保持平稳，说明冰草和白羊草耐旱性强，不易受到短时间土壤水分含量减少的影响，轻微短期的干旱胁迫对两者未造成很大的抑制作用；但随着时间延长和干旱强度加剧，冰草和白羊草迅速做出抵御干旱的应激反应，蛋白质浓度增加或产生新的蛋白。

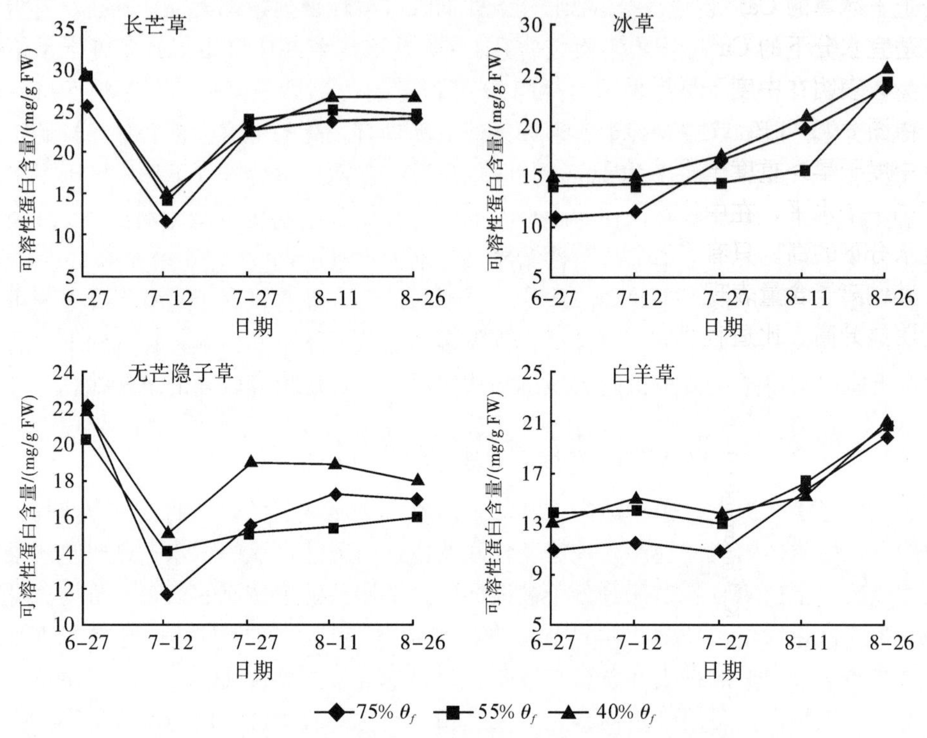

图 3-10　不同土壤水分下 4 个草种叶片可溶性蛋白含量的变化

综上所述，4 种乡土禾草都有一定的耐旱性，在面临干旱胁迫时都能积极做出生理代谢的调整，干旱胁迫所诱导的可溶性蛋白含量增加是 4 种草种对水分亏缺敏感度的指标。可溶性蛋白水平的提高具有生理意义，有渗透调节和延缓受干旱胁迫加速衰老过程的作用，但比较而言，冰草和白羊草有更大的抵御干旱胁迫的能力。

3.3.4　4 种乡土禾草 K^+、Ca^{2+}、Na^+ 含量的变化

渗透调节是植物忍耐和抵御干旱逆境的一种适应性反应，是一种重要的耐旱生理机制。渗透调节物质的种类很多，逆境下有关细胞内无机离子累积作为渗透调节物质的报道很多。目前把渗透调节物质大致分为两大类：一类是在细胞内合成的有机溶质，主要是偶极含氮化合物（如脯氨酸和甜菜碱等）、蔗糖和甘露醇等；另一类就是由外界进入细胞的无机离子。

由图 3-11 可知，不同土壤水分条件下 4 种乡土禾草在干旱胁迫下的 K^+ 含量相比在适宜水分下的 K^+ 含量多。长芒草、冰草、无芒隐子草在中度干旱下的 K^+ 含量最高，相比适宜水分下的 K^+ 含量分别增加了 17.07%、6.84%、7.69%，而白羊草在重度干旱下的 K^+ 含量最高，相比适宜水分下的 K^+ 含量增加了 12.31%。

由图3-11可知，在3种土壤水分条件下长芒草Ca^{2+}含量几乎没有变化，基本处于同一个水平，即使在严重干旱下Ca^{2+}含量也没有明显的变化，说明长芒草的Ca^{2+}含量对水分亏缺不是很敏感，并非渗透调节物质的指标；冰草在中度干旱下Ca^{2+}含量比在适宜水分条件下的少，在重度干旱下的含量稍微增加但仍没有适宜水分下的多，表明干旱胁迫下冰草的Ca^{2+}含量减少。无芒隐子草和白羊草在中度干旱胁迫下的Ca^{2+}含量相比在适宜水分下的Ca^{2+}含量多，但在重度干旱下钙离子含量相比在适宜水分下的Ca^{2+}含量少，表明在中度干旱下两者可以积累一定的Ca^{2+}。

由图3-11可知，冰草和白羊草在3种土壤水分条件下Na^+含量表现为：适宜水分>中度干旱>重度干旱。长芒草在3种土壤水分条件下Na^+含量变化很少，基本都处于同一个水平，在中度干旱下钠离子含量有稍许减少，在严重干旱下Na^+含量没有适宜水分下的高。只有无芒隐子草在3种土壤水分条件下Na^+含量整体高于其他三种草，其钠离子含量表现为：中度干旱>重度干旱>适宜水分，且在中度干旱下的Na^+含量明显升高，比适宜水分增加了37.5%，此中度干旱下Na^+含量增加了2.5%。

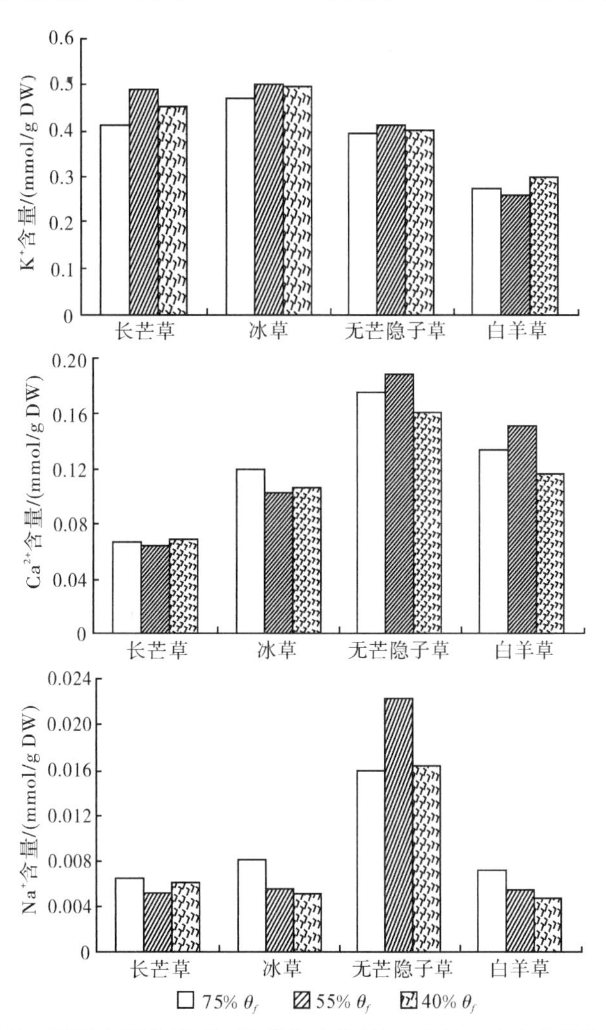

图3-11　不同土壤水分下4种草种叶片K^+、Ca^{2+}、Na^+含量的变化

综上所述，无芒隐子草在干旱胁迫下，K^+、Ca^{2+}、Na^+的含量都会升高，且在干旱胁迫下这种无机离子的积累程度明显比其他 3 种草种强，但无芒隐子草在前面研究的有机溶质渗透调节物质研究中恰好相反，其有机溶质渗透调节物质积累程度较冰草和白羊草差些，说明渗透调节物质之间互相有补充的作用。不同草种有不同的主要渗透调节物质，对渗透调节作用的贡献率也不同，所以说这 4 种草种有不同的抗旱生理机制。

由图 3-11 可知，在 4 种乡土禾草受到干旱胁迫时，K^+含量都有升高的趋势，而且 4 种乡土禾草叶片的K^+含量都远远高于Ca^{2+}含量和Na^+含量，所以说K^+是这 4 种乡土禾草主要的无机渗透调节物质，对渗透调节作用的贡献最大。这也说明K^+是这 4 种草种对水分亏缺敏感度的重要指标，所以研究K^+含量的变化对研究这 4 种草种渗透调节作用从而抵抗干旱的意义最大。

3.3.5 小结

渗透调节是植物适应干旱逆境的重要生理机制。本小节对这 4 种乡土禾草的两大渗透调节物质在细胞内合成的有机溶质（脯氨酸、可溶性糖、可溶性蛋白）和由外界进入细胞的无机离子（K^+、Ca^{2+}、Na^+）分别进行了研究，探索了干旱胁迫下渗透调节物质的积累变化规律和调节能力。研究发现，随外界土壤水分胁迫程度的增加，4 种乡土禾草叶片的脯氨酸、可溶性糖、可溶性蛋白和K^+含量都有不同程度的增加。干旱胁迫还可以造成 4 种乡土草种叶片内脯氨酸、可溶性糖、可溶性蛋白和K^+含量的大量积累。说明脯氨酸、可溶性糖、可溶性蛋白和K^+在这 4 种乡土禾草的抗旱生理中起到了重要作用，但不同草种之间及同一草种的不同渗透调节物质之间有较大的差别，这种差别不仅体现在积累量上，还体现在积累时间的不同，认为这种变化与这 4 种草种间抗旱性差别有关系，更与其不同的抗旱机制有关系。

脯氨酸被认为是植物在逆境胁迫下含量变化较敏感的物质之一。在 3 种土壤水分条件下随着水分处理时间的延长，4 种乡土禾草的脯氨酸含量变化均不一致，但 4 种乡土禾草有一个共同特点是在受到外界土壤干旱胁迫时，脯氨酸含量都有一定程度升高，说明其都具有一定的抗旱性。

植物体内可溶性糖累积是对干旱胁迫的应激反应，普遍看做是植物对干旱胁迫的一种适应机制。冰草和白羊草在干旱胁迫过程中始终能保持干旱下的可溶性糖含量高于适宜水分下的可溶性糖含量，尤其在严重干旱下可溶性糖积累更多，当受到干旱胁迫伤害时能迅速启动渗透调节抗旱机制来抵抗和适应环境，相比长芒草和无芒隐子草表现出较高的抗旱性。

4 种乡土禾草都有一定的耐旱性，在面临干旱胁迫时都能积极做出代谢生理的调整，干旱胁迫所诱导的可溶性蛋白含量增加是 4 种草种对水分亏缺敏感度的指标，可溶性蛋白水平的提高具有生理意义，至少有渗透调节和延缓受干旱胁迫加速衰老过程的作用，但比较而言，冰草和白羊草有更大的抵御干旱胁迫的能力。

无机渗透调节离子中对K^+的研究比较多，在对 4 种乡土禾草干旱下无机离子的研究也证明K^+是一种重要的渗透调物质。K^+在干旱过程中可主动积累，提高植物渗透调节能力，且K^+的积累有利于植物在干旱胁迫下调节气孔关闭，减少水分散失，利于脯氨酸的积累，同时有利于植物酶活性的保持。目前关于干旱胁迫下植物叶片中无机渗透调节物质 K^+ 含量的变化结果不尽一致。研究发现，钾离子在 4 种乡土禾草受到干旱胁迫时 K^+ 含量都有升高的趋势，而且 4 种乡土禾草叶片的 K^+ 含量都远远高于 Ca^{2+} 和 Na^+ 的含量。该结果与孙存华等（2005）研究的随干旱胁迫的加剧藜叶片 K^+ 含量明显增加的结论一致。但赵纪东等（2006）认为，白刺幼苗 K^+ 含量随水分胁迫强度的增加而降低。水分胁迫下植物 K^+ 含量变化的差异可能与植物的胁迫强度、胁迫时间长短和植物种类等多种因素有关，需进一步研究。

3.4 不同土壤水分处理对 4 种乡土禾草活性氧代谢及活性氧清除系统的影响

3.4.1 4 种乡土禾草超氧阴离子含量的动态变化

干旱胁迫下植物体内会积累大量的 O_2^-·，O_2^-·既可直接作用于蛋白质（酶）和核酸等生物分子，也可衍生为·OH、^1O、H_2O_2 和 LOO·等，引起对植物细胞结构和功能的破坏，因此测定逆境条件下植物组织中 O_2^-·的多少、产生及清除速率，可间接了解组织细胞受损状况和抗性强弱。

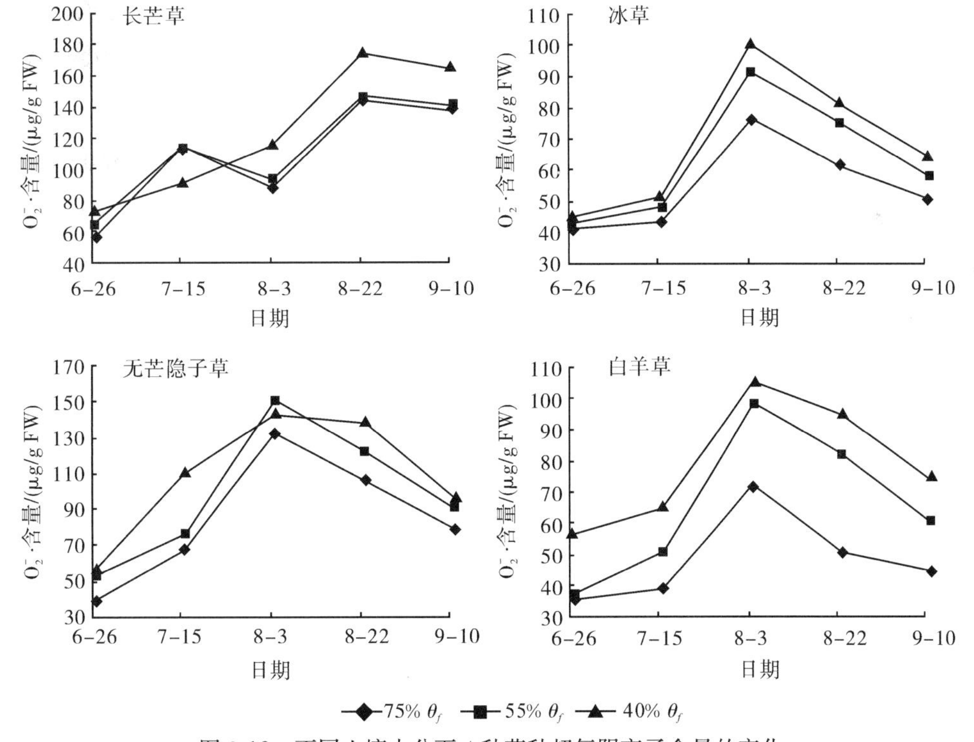

图 3-12 不同土壤水分下 4 种草种超氧阴离子含量的变化

由图 3-12 可知，4 种乡土禾草在不同土壤水分条件下的 O_2^-·含量曲线呈现出不断升高的趋势，且在整个生长过程中都基本表现为：重度干旱＞中度胁迫＞适宜水分，但是4种草种在不同土壤水分条件下O_2^-·积累的多少和产生的速率是不同的。长芒草8月22日前在适宜水分和中度干旱下O_2^-·先增加后降低再增加，在重度干旱下一直表现为增加。这说明在适宜水分和中度干旱下随着O_2^-·的积累，活性氧消除系统启动，O_2^-·被清除掉一些，含量又有所降低，但随着干旱的继续，活性氧伤害加剧，O_2^-·又不断积累增多，而在重度干旱下活性氧防御系统遭受氧化伤害，抗氧化能力降低，SOD、POD和CAT等酶的活性降低，积累O_2^-·的速率大于清除O_2^-·的速率，整体表现为O_2^-·不断增加。冰草、无芒隐子草和白羊草有相似的变化趋势，均表现为单峰曲线，在3种土壤水分下O_2^-·含量都先增加后降低，而且干旱胁迫下O_2^-·含量都明显高于适宜水分下O_2^-·含量。冰草在干旱胁迫初期（6月底到7月中旬）O_2^-·含量积累量很小，且在3种土壤水分下的含量接近，这说明短期的干旱胁迫没有影响到冰草正常的生理代谢，其具有较强的耐旱性，而后O_2^-·含量不断增加。长时间的干旱胁迫已超出冰草的忍耐能力，对冰草造成伤害，其体内活性氧自由基大量积累，随即冰草对干旱胁迫采取应激抗旱机制，启动活性氧清除系统，增强保护酶活性来抵御清除活性氧，随着活性氧清除系统的作用、渗透调节作用等，在干旱后期冰草体内O_2^-·得到清理，O_2^-·含量又下降，使膜脂过氧化程度减弱。无芒隐子草在受到干旱胁迫初期O_2^-·就大量积累，而且随着干旱程度的加剧，O_2^-·增长速率加大，但在干旱胁迫后期O_2^-·同样有所降低。白羊草在干旱胁迫初期O_2^-·增长速率较为缓慢，增长速率增大之后，O_2^-·含量缓慢降低。相比4种草种的干旱下O_2^-·含量变化发现，冰草和白羊草的O_2^-·含量整体较低，无芒隐子草次之，长芒草O_2^-·含量最大，活性氧伤害最为严重。冰草在干旱后期和生长末期O_2^-·大幅减少，也就是说其清除活性的能力最强，受活性氧的伤害最小。

3.4.2 4种乡土禾草叶片丙二醛含量的动态变化

植物器官在衰老或逆境条件下遭受伤害时体内活性氧增加，常会发生膜脂过氧化作用。丙二醛（MDA）是膜脂过氧化的最终分解产物，测定MDA的含量可以判断植物的过氧化程度，也可以反映植物膜受伤害程度的大小。

从图3-13中可知，长芒草在3种土壤水分下的MDA含量均逐渐增大，即膜脂过氧化程度逐渐加深，表明随着干旱胁迫的增强和胁迫时间的延长，长芒草呈现出明显的干旱胁迫症状。干旱下冰草、无芒隐子草和白羊草的MDA含量逐渐增多，在干旱胁迫的同时这3种乡土禾草均启动抗氧化作用使膜脂过氧化程度减轻，所以在干旱胁迫后期其MDA含量均又逐渐降低，但三者降低的程度不同。在胁迫初期，草种调动自身协调能力，使其受干旱影响最小，各水分处理间MDA含量差异不显著，MDA含量增加缓慢。随后当这种调节能力超过一定限度时，膜伤害程度加大（8月初前后），但后期在持续干旱胁迫的同时启动自身抗氧化能力，膜脂过氧化程度减轻，MDA含量逐渐减少。相比其他3种草种，冰草的MDA含量变化幅度不大，MDA含量始终最低。

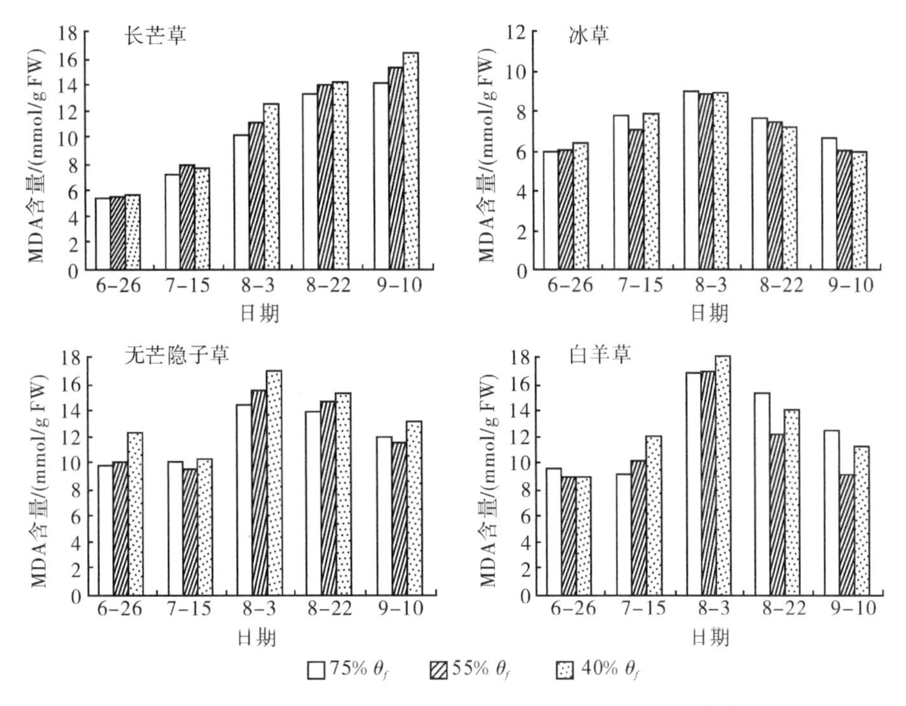

图 3-13　不同土壤水分下 4 种草种叶片 MDA 含量的变化

3.4.3　4 种乡土禾草叶片 SOD 活性的动态变化

SOD 是需氧生物细胞内普遍存在的一类金属酶，是植物氧代谢中一种极为重要的酶，其酶活性受其底物氧自由基浓度的诱导，可以催化 O_2^-· 发生歧化反应生成 O_2 和 H_2O_2，H_2O_2 又可以被 CAT 转化成无害的分子氧和水，从而保护植物免受活性氧的伤害。SOD 是植物体内清除活性氧的第一道防线（吴志华等，2004），与植物的抗逆性密切相关，其活性高低是评价植物抗旱性的重要指标。

由图 3-14 可知，4 种乡土禾草在 3 种土壤水分条件下 SOD 的活性变化规律不完全相同，有一个共同的变化是在干旱胁迫下各草种的 SOD 在不同胁迫时间会有不同程度的升高。在 3 种土壤水分下，长芒草在胁迫初期 SOD 活性都下降，随后在适宜水分和重度干旱下其 SOD 活性升高，中度干旱下 SOD 活性稍微下降之后都开始缓慢降低，而适宜水分下的 SOD 活性高于干旱胁迫下的 SOD 活性，即在干旱胁迫下长芒草 SOD 活性相对较弱。无芒隐子草和白羊草的 SOD 活性在干旱胁迫初期没有明显变化，之后 SOD 活性随干旱时间的延长不断提高，且表现为适宜水分条件下的 SOD 活性低于干旱胁迫下的活性。这样持续到 9 月初到生长末期，无芒隐子草和白羊草的 SOD 活性又下降。冰草不同于其他草种，不同土壤水分下，从胁迫初期开始 SOD 活性就开始提高，且干旱下的 SOD 活性高于适宜水分条件下的活性。在适宜水分条件下和中度干旱下 SOD 活性达最高水平时保持在这个水平，而重度干旱下的活性仍然在提高。之后即使在 9 月初中期，冰草的 SOD 活性还保持较高水平，其 SOD 活性表现为：重度干旱＞中度干旱＞适宜水分，这说明冰草的 SOD 在干旱下活性高，抗旱性好。总之，4 种乡土草种 SOD 在干旱胁迫下清除活性氧方面都有着重要的作用。

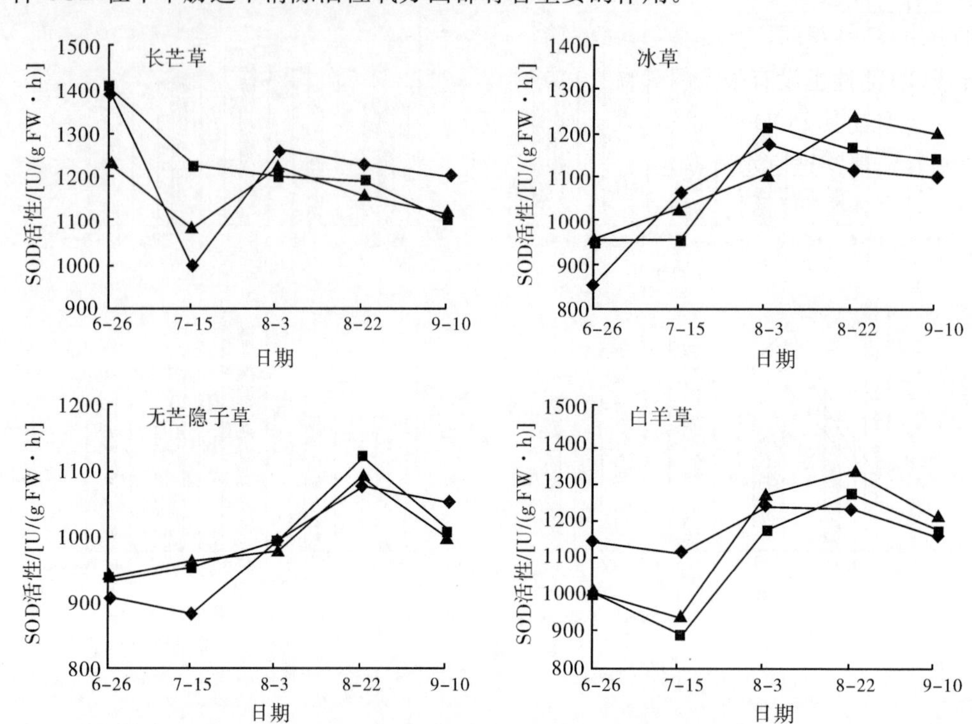

图 3-14 不同土壤水分下 4 种草种叶片 SOD 活性的变化

3.4.4 4 种乡土禾草叶片 POD 活性的动态变化

POD 是植物体内普遍存在且活性较高的一种酶。POD 催化以 H_2O_2 为氧化剂的氧化还原反应，在氧化其他物质的同时，将 H_2O_2 还原为 H_2O，也是植物体内清除 H_2O_2 的保护酶之一，使细胞免受膜脂过氧化作用引起的伤害。此外，POD 与植物的光合作用、呼吸作用、木质素的形成以及生长素的氧化等有关，其活性随植物的生长发育进程及环境条件的改变而变化，所以测定 POD 活性可以反映某一时期植物体内的代谢及抗逆性变化（高俊凤等，2006）。

由图 3-15 可知，4 种乡土禾草在 3 种土壤水分条件下 POD 活性变化大不相同。在 3 种土壤水分条件下长芒草的 POD 活性都先急剧提高，于 7 月中旬分别都达到 POD 活性的最高值，之后 POD 活性开始下降。在整个变化过程中长芒草的 POD 活性表现为：重度干旱＞中度干旱＞适宜水分，且在严重干旱下 POD 活性提高速率最快。在 3 种土壤水分条件下，冰草 POD 活性从干旱胁迫初期（6 月底）到干旱胁迫中末期（8 月底）保持上升趋势，胁迫初期 POD 活性提高速率最快，且不同土壤水分下的 POD 活性相近。随着干旱胁迫的加剧，干旱下的 POD 活性高于适宜水分下的 POD 活性。到 9 月份生长末期，POD 活性减弱。在干旱胁迫初期无芒隐子草 POD 活性没有明显变化，一直在较低的水平波动，直到 8 月中期 POD 活性才稍微提高，之后又迅速回到原有水平，而且 3 种土壤水分条件下无芒隐子草 POD 活性没有很大的差别。这表明无芒隐子草叶片的 POD 活性很弱，土壤水分的改变都不足以引起其 POD 活性的较大改变，在干旱胁迫下 POD 活性也没有很大的提高。在 3 种土壤水分条件下白羊草 POD 活性先升高后降低，在 8 月初其 POD 活性达到最高值。其整个变化过程中 POD 活性表现为：重度干旱＞中度干旱＞适宜水分，且在严重干旱下 POD 活性提高速率最快。总之，这 4 种草种中，冰草的 POD 活性最高；长芒草、冰草、白羊草随干旱胁迫的加剧，POD 活性提高，而无芒隐子草 POD 活性却变化不大，而且活性最低。

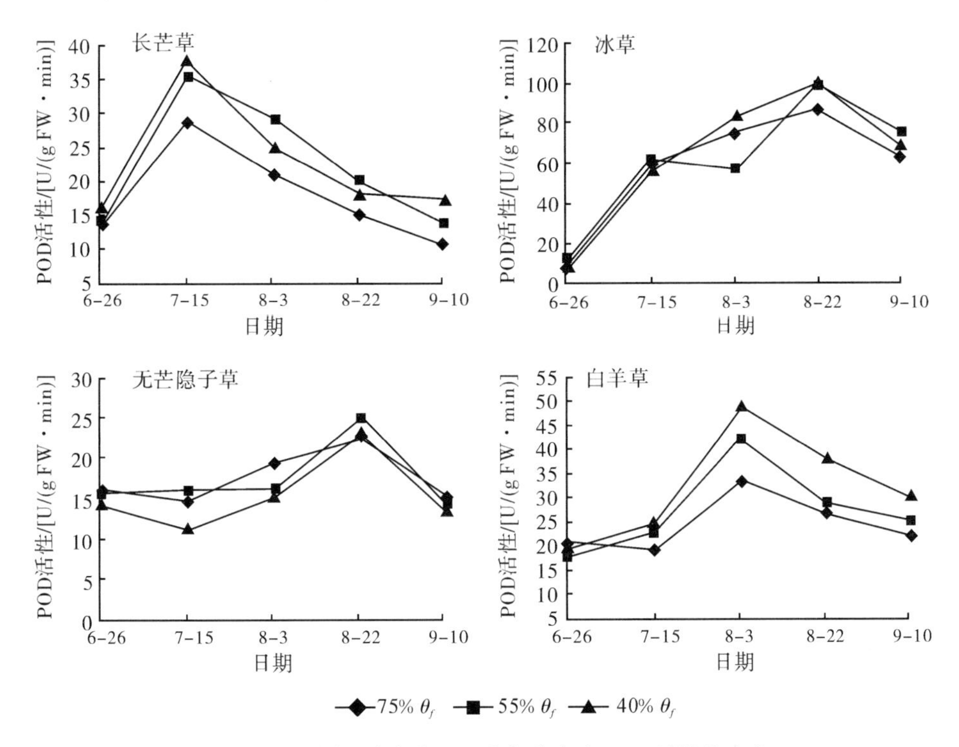

图 3-15　不同土壤水分下 4 种草种叶片 POD 活性的变化

3.4.5　4 种乡土禾草叶片 CAT 活性的动态变化

CAT 是氧化还原酶类的一种，也是植物膜脂过氧化酶促防御系统中的一种很重要的保护酶。CAT 可专一清除 H_2O_2，催化 H_2O_2 分解为 H_2O 和 O_2。H_2O_2 是植物细胞中普遍存在的一种活性氧，它不仅伤害细胞，而且还产生对细胞有很大毒性的 · OH。所以 CAT 消除 H_2O_2 可以防御其对细胞的氧化破坏作用，因而，CAT 活性的高低与植物的抗逆性有关。

由图 3-16 可知，从 6 月底到 8 月初在 3 种土壤水分下长芒草 CAT 活性都升高，达到 CAT 活性最高值，而且在重度干旱胁迫下的 CAT 活性提高速率比适宜水分下和中度干旱下的快，之后 CAT 活性逐渐降低，但适宜水分下 CAT 活性又高于干旱胁迫下的。这说明在干旱胁迫下，长芒草 CAT 活性增加，表现出保护效应，但随着干旱加剧，保护酶受到伤害，CAT 活性下降，所以中度和重度干旱下的 CAT 活性急剧降低，适宜水分条件下CAT活性降低速率相对慢些。在不同土壤水分下，从干旱胁迫初期冰草的CAT活性就开始升高，在适宜水分条件下和中度干旱下的CAT活性于7月中旬达到最高值，严重干旱下的CAT活性于8月初达到最高值，之后都逐渐缓慢降低，整体上冰草干旱下的CAT活性高于适宜水分下的CAT活性。无芒隐子草和白羊草的CAT活性变化趋势基本相同，都是先急剧增长后又急剧降低，无芒隐子草在3种土壤水分条件下CAT的活性都于7月中旬达到最高值，而白羊草CAT活性于8月初达到最高值。这两种草CAT活性基本都表现为：重度干旱＞中度干旱＞适宜水分，说明在严重干旱下无芒隐子草和白羊草能诱导更高的CAT活性来抵制活氧化伤害。由此看来，在干旱胁迫下4种禾草的CAT在清除活性氧方面都有着重要的作用。总体比较这4种乡土草种的CAT活性发现，冰草的CAT活性在干旱胁迫下比其他3种草种更高一些，而且冰草中度干旱胁迫下CAT活性最高，说明冰草对干旱适应调节能力较强。

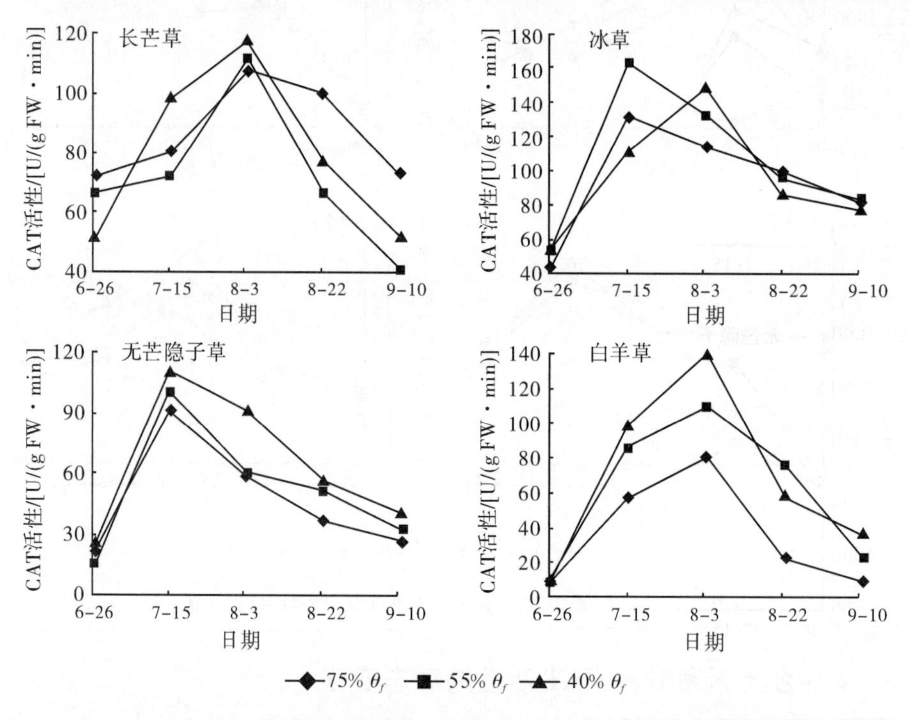

图3-16 不同土壤水分下4种草种叶片CAT活性的变化

3.4.6 4种乡土禾草叶片APX活性的动态变化

APX也是植物体内抗氧化防御的关键酶，主要清除叶绿体内H_2O_2。在叶绿体中超氧自由基的产生是不可避免的，超氧自由基必须在所产生的部位立即分解，植物叶片才不会受伤害。作为H_2O_2分解系统的关键酶APX在叶绿体中催化抗坏血酸和H_2O_2反应，使H_2O_2分解，从而制止H_2O_2对光合成的抑制，起到保护叶绿体的作用（孙卫红等，2006）。

由图3-17可知，在适宜水分条件下长芒草的APX活性在生长过程中始终保持在一定的水平，变化幅度很小；而长芒草在中度干旱和严重干旱下的APX活性先提高再急剧降低，后又缓慢回升到和适宜水分下 APX 活性基本相同。这说明干旱下长芒草 APX 活性增加，但随着干旱的日益急剧，体内活性氧自由基日益累积，APX 遭到破坏，酶活性降低，之后又有 APX 活性回升的趋势，可能和其他保护酶协同作用有关。冰草在干旱胁迫初期 APX 活性激增，7 月中旬后在适宜水分下和在中度干旱下的 APX 活性逐渐降低，而重度干旱下的 APX 活性仍在提高，随后也保持在酶活性相对较高的水平，冰草在中度干旱下和严重干旱下的 APX 活性显著高于适宜水分下的 APX 活性。无芒隐子草在中度干旱下的 APX 活性相似于长芒草在重度干旱胁迫下的变化趋势，也呈先升高后降低再回升的变化趋势，而且无芒隐子草在干旱下的 APX 活性整体表现高于适宜水分下的 APX 活性。

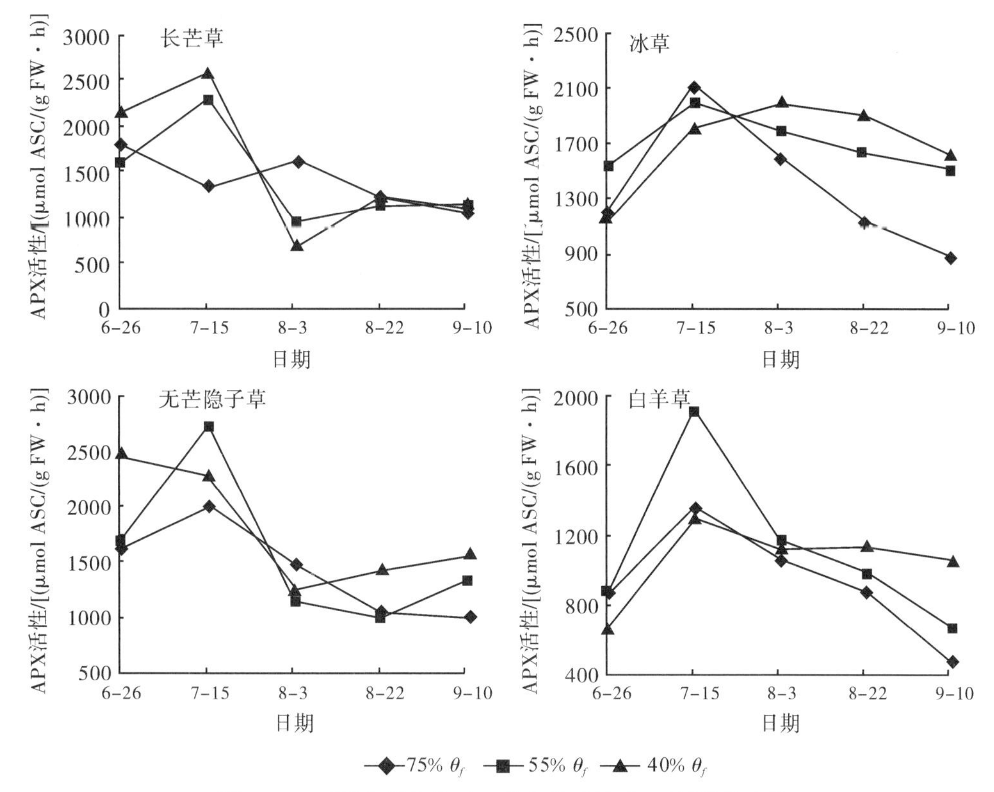

图 3-17　不同土壤水分下 4 种草种叶片 APX 活性的变化

白羊草生长初期在 3 种土壤水分下 APX 活性都升高，7 月中旬在中度干旱下 APX 活性最高，适宜水分下的 APX 活性和重度干旱下的 APX 活性基本相同，随后白羊草在严重干旱下 APX 活性基本保持在较高水平，而适宜水分和中度干旱下 APX 活性降低，尤其中度干旱下 APX 活性降低速率较快，但其 APX 活性仍高于适宜水分下的 APX 活性，低于严重干旱下的 APX 活性。相比其他 3 种乡土禾草而言，冰草的 APX 活性在干旱下始终能保持在较高水平。

3.4.7　4 种乡土禾草类胡萝卜素含量的变化

植物体内活性氧清除系统除了酶促活性氧清除系统的各种酶类，还有非酶促活性氧清除系统的各抗氧化剂类，类胡萝卜素就是一种重要的非酶促抗氧化剂。类胡萝卜素是一种低分子化合物，能与活性氧自由基反应，从而使植物体受到保护。

由图 3-18 可知，4 种乡土禾草在 3 种土壤水分条件下类胡萝卜素（Car）的含量变化规律较为复杂。不同草种在同一土壤水分条件下的类胡萝卜素含量不同，同一草种在不同土壤水分条件下的类胡萝卜素含量也不同。长芒草在适宜水分下类胡萝卜素含量在生长初期增多，之后保持在一定的含量水平，到 9 月生长末期其含量又下降。在中度干旱下表现为先上升后下降再上升再下降的变化趋势，而严重干旱下的含量却是一直下降，这说明长芒草对中度干旱还有一定的抵御能力，在严重干旱下遭受伤害。冰草在适宜水分下类胡萝卜素的含量变化呈单峰曲线，而在中度干旱和重度干旱下呈双峰曲线，先增高再降低再升高后又降低，干旱胁迫初期干旱下的类胡萝卜素含量高于适宜水分下的含量，而干旱胁迫后期适宜水分下的含量高于干旱下的类胡萝卜素含量。无芒隐子草在 3 种土壤水分下类胡萝卜素含量变化趋势一致，都为双峰曲线，呈先增长再降低再增长又降低的规律，其严重干旱下的类胡萝卜素含量始终为最低。8 月中后期之前中度干

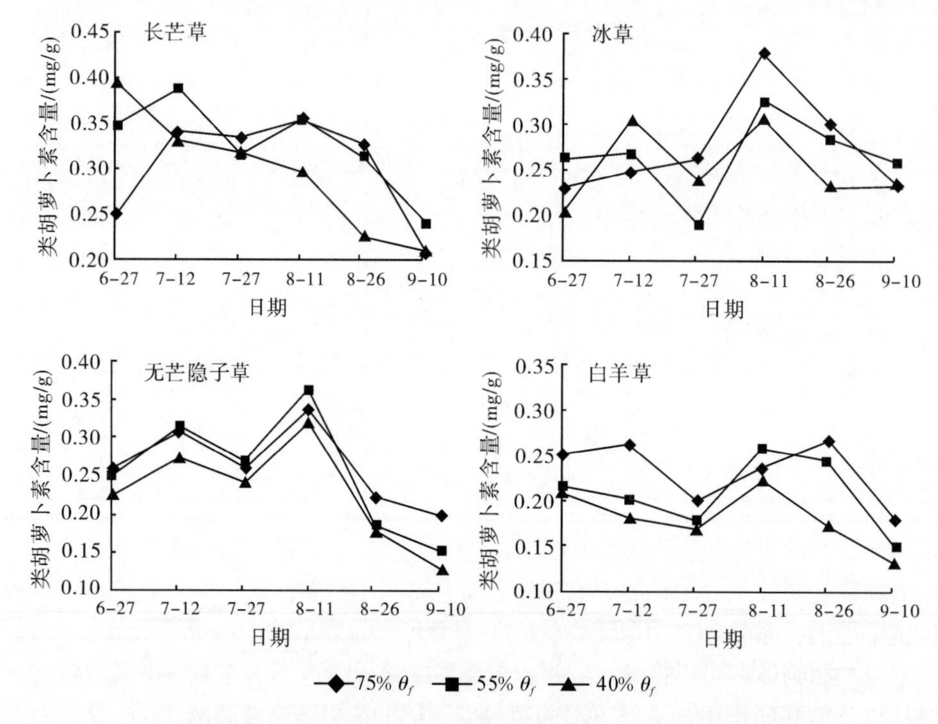

图 3-18 不同土壤水分下 4 种草种类胡萝卜素含量的变化

旱下的类胡萝卜素含量高于适宜水分下的含量，而到了生长末期，适宜水分下的类胡萝卜素含量明显高于干旱胁迫下的类胡萝卜素含量。白羊草的类胡萝卜素含量在适宜水分条件下的变化为先增后减再增再减的变化趋势，而在中度干旱和重度干旱下的变化恰与适宜水分下的变化相反，整体上白羊草在干旱下的类胡萝卜素含量低于在适宜水分下的含量。总之，4 种草种在干旱胁迫下的类胡萝卜素含量相比适宜水分下都减少。这说明在干旱下，一方面草种体内的活性氧增多使叶绿体色素合成受到抑制，叶绿体色素降解

速率增加，类胡萝卜素自然减少；另一方面，本身作为非酶促活性氧清除系统的抗氧化剂不断地清除干旱下草种体内；积累的大量活性氧，随干旱加剧，活性氧累积过多，类胡萝卜素含量减少。如表 3-3 所示，同一草种在不同土壤水分条件下的类胡萝卜素含量没有表现出明显差异，同一土壤水分条件下不同草种的类胡萝卜素含量存在差异。适宜水分下的 4 种草种类胡萝卜素含量没有明显差异，但在中度干旱和重度干旱下 4 种草种的类胡萝卜素含量存在差异，长芒草和白羊草在 3 种土壤水分条件下类胡萝卜素含量的差异明显。

表 3-3　不同土壤水分下 4 种草种类胡萝卜素平均含量的比较　（单位：mg/g）

水分处理	长芒草	冰草	无芒隐子草	白羊草
$75\%\theta_f$	0.302 Aa	0.276 Aa	0.265 Aa	0.232 Aa
$55\%\theta_f$	0.326 Aa	0.266 ABab	0.256 ABab	0.208 Bb
$40\%\theta_f$	0.297 Aa	0.254 ABab	0.229 ABab	0.182 Bb

注：不同大写字母表示差异极显著（$p<0.01$），不同小写字母表示差异显著（$p<0.05$）。

3.4.8　小结

植物在生长过程中，体内存在着氧化与抗氧化两大对立系统的平衡，在各种逆境中则容易激发植物体内的抗氧化机制，其中主要有酶促和非酶促两大类型。植物在干旱胁迫下一方面积累活性氧，引发细胞膜脂过氧化；另一方面，植物体中多种主要抗氧化酶类与非酶抗氧化剂协同作用，使体内活性氧的产生与清除处于一种动态平衡，增强植物的抗逆性。因此，对活性氧清除的能力是决定细胞抗旱性强弱的关键因素，整个保护酶系统防御能力的变化取决于多个抗氧化酶间彼此协调的能力，而并非一种保护酶的活性高低，因为不同酶的活性变化又因植物种类、生物学特性、水分胁迫方式、胁迫的程度及时间的不同而存在着一定的差异（吴志华等，2004）。干旱胁迫使 4 种乡土禾草在 3 种土壤水分条件下的活性氧代谢和活性氧清除系统发生了较大的变化，呈现出不同的阶段性差异，不同物种抵御和适应干旱胁迫的能力均有差异。

本小节研究结果表明，在活性氧清除方面，草种的多种保护酶和抗氧化剂响应干旱胁迫在清除活性氧体系之间具有相互补偿的作用，单一保护酶在水分胁迫中的变化趋势与草种抗旱性的关系并非是绝对的，干旱胁迫下植物体内多种酶是相互协同完成活性氧清除，来保护植物体。可以推测，4 种乡土禾草在干旱胁迫下活性氧清除系统的多种保护酶和抗氧化剂共同作用，干旱下不同草种有不同的能力维持较高酶活性的保护酶来有效地清除活性氧、抑制膜脂过氧化、提高抗氧化能力。对 4 种草种在 3 种土壤水分条件下的抗旱能力综合分析得出，响应干旱的能力均为中度干旱＞重度干旱＞适宜水分；4 种草种都具有一定的耐旱性，其中，冰草和白羊草耐旱性相对较好也较稳定。黄土高原这 4 种乡土禾草表现了黄土高原乡土草种自身的抗旱生物学特性，相近的生长环境及长期适应干旱使它们之间有着相似的抗旱机制，并在自身体内形成一套较完善的抵御和适应干旱的协调机制，在长期的干旱条件下，表现出强的膜稳定性，活性氧清除系统减小干旱胁迫造成的活性氧自由基过多积累对细胞的伤害。这些特点使 4 种乡土禾草在黄土高原群落演替中占据优势，成为典型的耐旱优势草种，加快草种植被恢复良性发展。

3.5 不同土壤水分处理对 4 种乡土禾草生长及干物质积累的影响

3.5.1 不同土壤水分条件对 4 种乡土禾草叶绿素含量的影响

植物光合作用与叶绿体色素含量有密切关系，叶绿体是植物光合作用中重要的光能利用色素，直接参与光合作用中光能的吸收、传递及转化，其含量和组成与光和碳同化有关，叶绿素是植物生长的物质基础。有研究表明，叶绿素含量的减少和叶绿素 a/b 值的减小是衡量逆境下植物衰老的重要指标（任安芝等，2000）。对 4 种乡土禾草在不同土壤水分处理下叶绿体色素含量的变化进行研究（图 3-19～图 3-22），发现不同草种的叶绿素 a 含量、叶绿素 b 含量、叶绿素总量以及叶绿素 a/b 对干旱胁迫的响应不同。

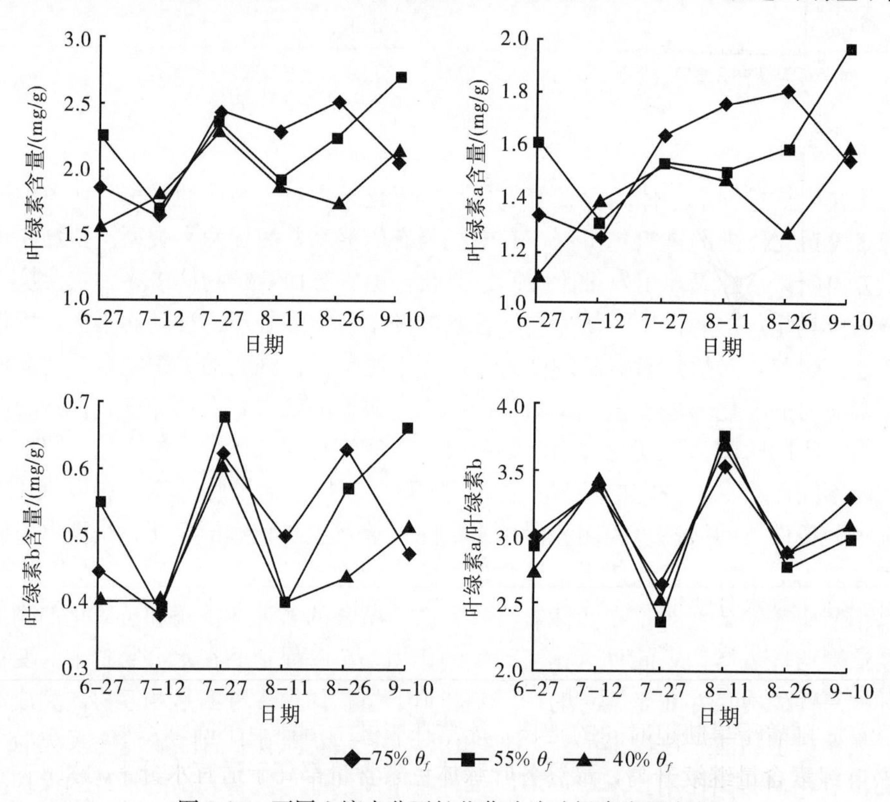

图 3-19 不同土壤水分下长芒草叶片叶绿素含量变化

长芒草在土壤水分胁迫下叶绿素含量变化如图 3-19 所示。在适宜水分下，长芒草叶绿素含量从 6 月到 7 月不断升高，从 7 月到 8 月中期叶绿素含量有所升高，到 9 月份长芒草到了生长后期，叶绿素含量有升高；在中度干旱下，长芒草的叶绿素含量变化与适宜水分不同，从 6 月份到 7 月份降低，7 月中旬到 8 月份呈升高趋势，随着干旱胁迫时间的延长叶绿素含量降低；在重度干旱下，长芒草开始受到严重干旱胁迫，叶绿素含量显著升高，但随后在重度干旱下叶绿素含量大幅度下降，到 9 月份又升高。其叶绿素 a 含量、叶绿素 b 含量及叶绿素含量比在中度干旱下的高，但即使干旱下叶绿素含量有升高但始终比适宜水分下的叶绿素含量低，即干旱胁迫使长芒草的叶绿素含量减少，而且随着干旱胁迫时间的延长影响增大，干旱加快了叶绿素降解的速度。长芒草叶绿素 a/叶绿素 b 在 3 种土壤水分条件下变化保持一致，没有很大差别，数值始终保持接近，基本都是在适宜水分下叶绿素 a/b 最高。这些变化说明长芒草对干旱没有表现出很强的生理适应能力，耐旱性较弱。

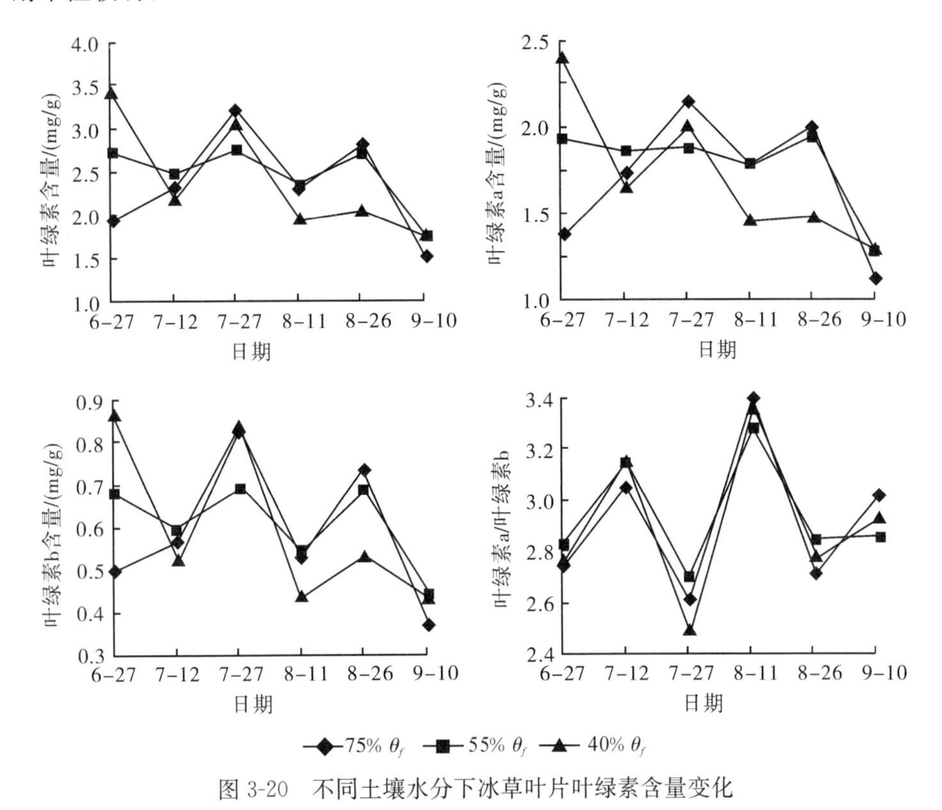

图 3-20 不同土壤水分下冰草叶片叶绿素含量变化

冰草在土壤水分胁迫下叶绿素含量变化如图 3-20 所示。在中度干旱胁迫下，冰草叶绿素 a 含量、叶绿素 b 含量及叶绿素含量先增加后有所降低，然后从 7 月中旬到 8 月底叶绿素含量显著升高，变化剧烈，其在中度干旱下的叶绿素 b 含量甚至超过了适宜水分下的含量。随着干旱胁迫时间的延长，冰草在中度干旱胁迫下叶绿素 a 含量、叶绿素 b 含量及叶绿素含量继续升高，最终各叶绿体色素含量都高于适宜水分下的和重度干旱下的含量；在重度干旱下，刚开始从 6 月到 7 月冰草的叶绿素含量升高，随后随着干旱的进一步加强有所降低，但其叶绿素 a 含量、叶绿素 b 含量及叶绿素含量比适宜水分下的含量稍高一些，而中度干旱胁迫下的叶绿素含量却远远高于严重干旱和适宜水分下的含量。冰草叶绿素 a/b 在 3 种土壤水分条件下没有差别，在干旱胁迫下也没有变化，数值始终保持接近，保持在一个水平上，只是在不同时间比值不同而已，土壤水分环境对叶绿素 a/叶绿素 b 值影响不大。冰草在受到中度干旱胁迫时叶绿素含量降低，其受到干旱伤害时，叶绿素降低加速，主要是因为活性氧、H_2O_2 及 MDA 含量增加，抗氧化剂如抗坏血酸、还原型谷胱甘肽及类胡萝卜素含量下降，从而导致叶绿素蛋白复合体功能受到损伤，其原因在于活性氧清除剂还原型谷胱甘肽、维生素 E 及甘露醇能明显阻抑叶绿素的氧化分解；活性氧、MDA 则可加速叶绿素的分解。但随即冰草启动生理耐旱机制和活性氧清除系统，叶绿素降解减慢，叶绿素含量则会升高，在严重干旱下冰草的适应变化尤为明显。冰草叶片叶绿素含量先升高说明其具有良好的调节和适应能力，是具有较高抗旱性的一种表现。

无芒隐子草在 3 种土壤水分条件下叶绿素含量变化如图 3-21 所示，在适宜水分下无芒隐子草的叶绿素 a 含量、叶绿素 b 含量及叶绿素含量相比于在中度干旱和重度干旱下的含量始终保持在较高的水平，且其波动较小。从 8 月底开始在 3 种土壤水分条件下叶绿素含量开始均明显降低，这可能与无芒隐子草本身的生长特性有关。无芒隐子草进入生长末期，叶绿素含量降低，变化表现为：适宜水分>中度干旱>重度干旱。叶绿素 a/叶绿素 b 在 7 月底严重干旱下有所升高，中度干旱却明显降低，但始终是适宜水分的叶绿素 a/叶绿素 b 保持最高。在中度和重度干旱下，无芒隐子草叶绿素 a 含量、叶绿素 b 含量及叶绿素总量变化趋势都大体相同，均先升高再降低。其中，在中度干旱下叶绿素 b 的含量在 7 月中旬显著升高，叶绿素含量最高，干旱胁迫下其显示了一定的抗旱适应性，启动了主动抗旱机制，如 SOD、POD 酶活性升高，清除过多的活性氧，使叶绿素的降解速度减慢，最终使叶绿素含量升高，增强耐旱性。但随着干旱胁迫的不断延长，无芒隐子草体内活性氧和 MDA 等有害物质累积程度不断加大，叶绿素最终合成受阻，降解加速，导致其含量急剧下降。

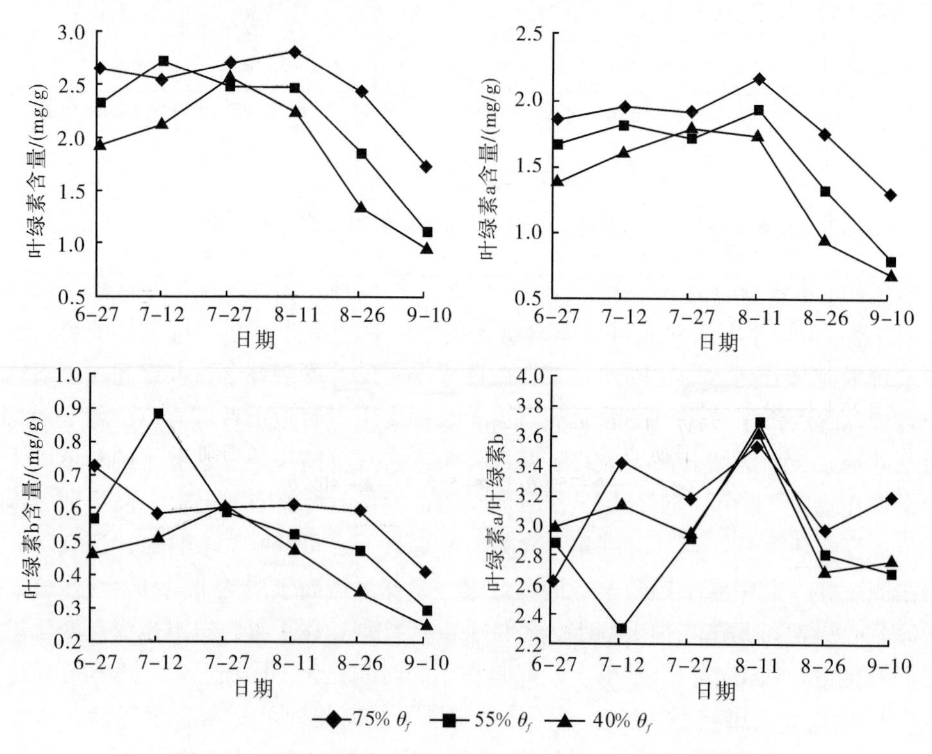

图 3-21　不同土壤水分下无芒隐子草叶片叶绿素含量变化

白羊草在3种土壤水分条件下叶绿素含量变化如图3-22所示。在适宜水分下，白羊草6月到8月初叶绿素a含量、叶绿素b含量及叶绿素含量保持平稳，一直都保持一定水平，到8月中旬有所降低。叶绿素a含量、叶绿素b含量及叶绿素含量比干旱胁迫下的都低，表现为：中度干旱＞重度干旱＞适宜水分，干旱胁迫反而增强了白羊草的生理适应性，表现出一定的抗旱性。在中度干旱和重度干旱下，白羊草受到干旱胁迫，叶绿素a含量、叶绿素b含量及叶绿素含量都显著降低，且在严重干旱下叶绿素a含量、叶绿素b含量及叶绿素含量都最低。到7月底，中度干旱和重度干旱下白羊草叶绿素a含量、叶绿素b含量及叶绿素含量逐渐升高，即白羊草对干旱胁迫做出了耐旱响应，启动了生理抗旱机制，把干旱对自身的伤害降到最低，叶绿素的降解速度减缓，所以叶绿素含量回升。即使9月份到白羊草生长期的末期，叶绿素含量及叶绿素a/b在3种土壤水分下都表现为不断减少，叶片呈现一些枯黄，但叶绿素含量仍表现为：中度干旱＞重度干旱＞适宜水分，表明白羊草对中度干旱胁迫有较好的适应性。

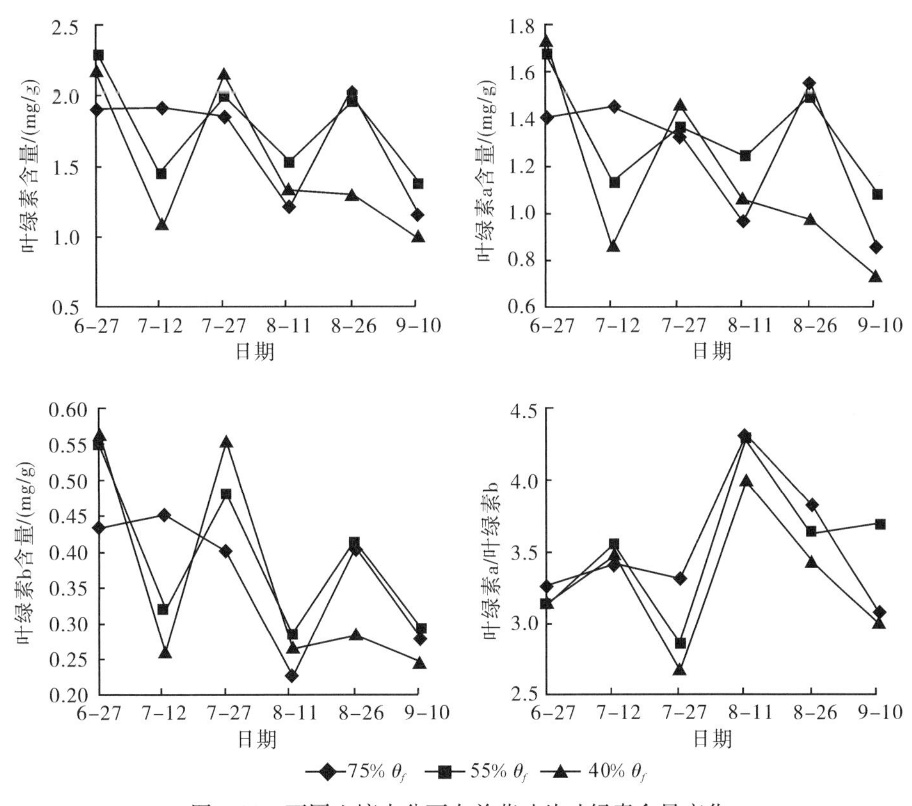

图3-22　不同土壤水分下白羊草叶片叶绿素含量变化

结合图3-19～图3-22可以看出，4种乡土禾草之间叶绿体色素含量变化均有一些相同之处，叶绿素a含量、叶绿素b含量及叶绿素总量和叶绿素a/b均在胁迫初期（6月）呈升高趋势，不同程度的干旱胁迫反而会促进叶绿体色素的合成，只是对它们含量大小影响不同。这说明干旱胁迫来临时，4种草种就积极启动主动抗旱机制，积极调动体内酶促与非酶促抗氧化体系，清除过多的活性氧，使叶绿素的降解速度减慢，最终使叶绿素含量升高，提高抗性，来度过随之而来的持续性干旱环境，由叶绿体色素总体抗旱性的分析得出：冰草和白羊草的抗旱性大于无芒隐子草和长芒草。

由表 3-4 可知，不同草种叶绿素含量不同。4 种草种叶绿素总量在 $75\%\theta_f$ 水分条件下表现为：无芒隐子草＞长芒草＞冰草＞白羊草；$55\%\theta_f$ 水分条件下表现为：长芒草＞冰草＞无芒隐子草＞白羊草；在 $40\%\theta_f$ 土壤水分下则表现为：长芒草＞冰草＞无芒隐子草＞白羊草。由此得出如下结论：长芒草自身叶绿素含量比冰草和白羊草高，这与草种本身的外在叶片形态特征有直接关系，长芒草属于针叶形的叶片，无芒隐子草的叶片也狭小，而冰草和白羊草的叶片相对较大，且从外在叶片色泽来看，白羊草叶片色泽没有其他 3 种草种叶片绿；长芒草和无芒隐子草随干旱胁迫的加剧，叶绿素含量不断降低，表现为：适宜水分（$75\%\theta_f$）＞中度干旱（$55\%\theta_f$）＞重度干旱（$40\%\theta_f$）；而冰草和白羊草随干旱胁迫的加剧，在中度干旱下叶绿素含量升高，在严重干旱下降低；说明冰草和白羊草具有一定的耐旱性，适应干旱环境的能力要大于长芒草和无芒隐子草，所以得出冰草和白羊草的抗旱性大于无芒隐子草和长芒草，这与动态分析不同土壤水分条件下叶绿素含量变化得出的结论一致。

表 3-4　不同土壤水分条件下 4 种草种叶片叶绿素含量的比较

草种	水分处理	叶绿素 a 含量 /（mg/g）	叶绿素 b 含量 /（mg/g）	叶绿素总量 /（mg/g）	叶绿素 a /叶绿素 b
长芒草	$75\%\theta_f$	1.78	0.61	2.46	2.94
	$55\%\theta_f$	1.71	0.60	2.40	2.91
	$40\%\theta_f$	1.69	0.59	2.35	2.92
冰草	$75\%\theta_f$	1.56	0.51	2.13	3.12
	$55\%\theta_f$	1.59	0.54	2.19	3.04
	$40\%\theta_f$	1.39	0.46	1.90	3.07
无芒隐子草	$75\%\theta_f$	1.82	0.59	2.48	3.16
	$55\%\theta_f$	1.55	0.56	2.16	2.88
	$40\%\theta_f$	1.36	0.44	1.86	3.03
白羊草	$75\%\theta_f$	1.26	0.37	1.67	3.53
	$55\%\theta_f$	1.33	0.39	1.77	3.53
	$40\%\theta_f$	1.14	0.36	1.51	3.29

3.5.2　4 种乡土禾草株高生长的动态变化

由图 3-23 可知，在不同土壤水分条件下，4 种草种的株高增长明显不同。其株高增量均表现为：适宜水分＞中度干旱＞重度干旱，中度和重度干旱胁迫对各草种的株高速生时间、株高增长速率和生长量均产生影响。整体而论，株高增长速率减缓，生长量降低。在适宜水分下，4 种草种株高增长变化基本都呈现出“S”形生长曲线，7 月上中旬生长较快，7 月下旬以后生长速率减小，生长较为缓慢。长芒草受干旱胁迫影响最大，在中度干旱和重度干旱下生长显著受到抑制，从 5 月中旬到 7 月初都没有明显增长，从7月份开始才有一定的积累性生长。与其他三种草种5月中旬左右开始的速生期相比较，开始生长推迟了近一个月，且没有明显的速生期，生长速率急剧下降，增长受到严重影响，生长极为缓慢。冰草在中度干旱下生长基本不受影响，呈直线增长，只是在严重干旱下株高增长速率有略微的降低，但整体在3种土壤水分下，3条株高生长曲线趋势变化一致，5月下旬到7月中旬为速生期。无芒隐子草变化与冰草类似，但没有冰草增长速率高，土壤水分含量对其株高生长的影响大于冰草，重度干旱下增长速率下降较快，且无明显生长高峰期，曲线平缓。白羊草在适宜水分和中度干旱下出现两个速生期，即6月17日到7月1日左右和7月24日到8月7日左右，这可能是白羊草自身对高温干旱胁迫的一种适应性调节，重度干旱下没有明显呈现这样两个速生期。

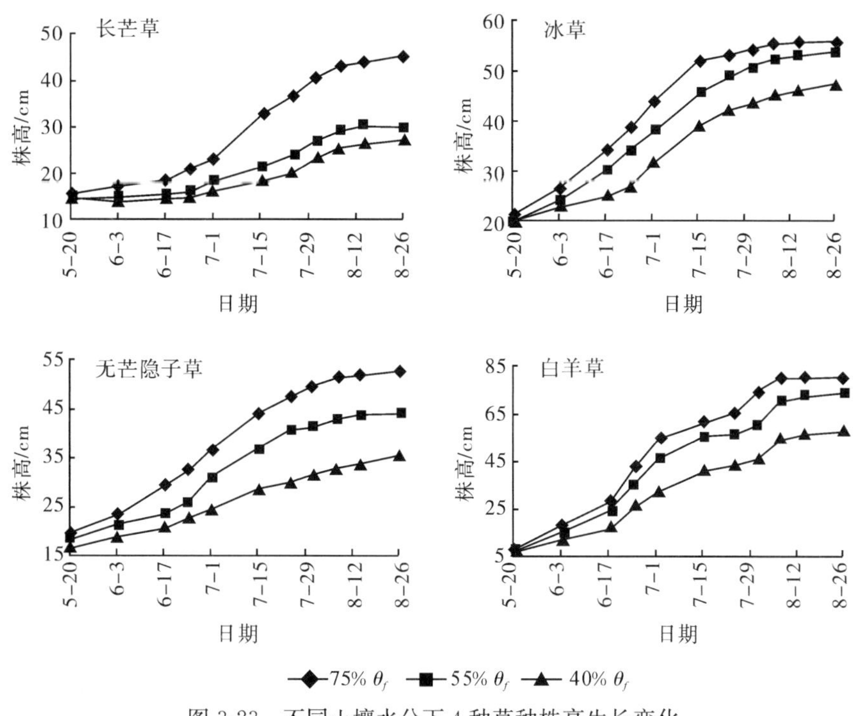

图3-23 不同土壤水分下4种草种株高生长变化

3.5.3 4种乡土禾草株高生长总量的比较

由表3-5可知，长芒草、无芒隐子草和白羊草分别在3种土壤水分条件下的株高总生长量的差异性均达到极显著水平，而冰草在适宜水分和中度干旱下的株高总生长量差异达到显著水平，说明中度干旱对冰草的生长影响很小，即在55%θ_f水分胁迫下，冰草仍能利用环境水资源来迅速生长，维持正常的生长量，保持生长良好。不同草种株高生长总量不同，同一土壤含水量下的表现为：白羊草>冰草>无芒隐子草>长芒草。随干旱程度加剧，株高生长量均下降，但下降程度有明显差异，长芒草在中度干旱和重度干旱下株高生长量分别比适宜水分下降低48.3%和58.5%，冰草降低3.3%和16.1%，无芒隐子草降低22.4%和45.8%，白羊草降低9.8%和31.6%；长芒草株高生长受到显著抑制，受土壤水分含量的影响最大；冰草即使在重度干旱下生长量受抑制也较小，耐旱性强。

表 3-5　不同土壤水分条件下 4 种草种生长季株高生长总量比较　　（单位：cm）

水分条件	长芒草	冰草	无芒隐子草	白羊草
75%θ_f	29.173±0.347 Aa	34.730±0.037 Aa	32.827±0.173 Aa	71.587±0.043 Aa
55%θ_f	15.097±0.053 Bb	33.577±0.183 Ab	25.477±0.043 Bb	64.543±0.376 Bb
40%θ_f	12.120±0.330 Cc	29.123±0.467 Bc	17.807±0.573 Cc	48.997±0.643 Cc

注：不同大写字母表示差异极显著（$p<0.01$）；不同小写字母表示差异显著（$p<0.05$）。

3.5.4　不同土壤水分含量对 4 种乡土禾草成熟单叶叶面积的影响

由表 3-6 可知，随着土壤含水量的降低，长芒草、冰草和无芒隐子草叶面积减小极显著。与适宜水分下相比，中度干旱下长芒草、冰草和无芒隐子草叶面积分别下降 32.5%、18.9% 和 30.8%，严重干旱下长芒草下降达 51.1%，无芒隐子草下降 44.1%，冰草下降 29.8%，可见水分亏缺对长芒草和无芒隐子草叶片生长发育的影响极大；白羊草在土壤含水量从 75%θ_f 到 55%θ_f 时减小极显著，下降了 13.9%，从 55%θ_f 到 40%θ_f，白羊草叶面积没有极显著变化。结果表明，土壤水分含量对各草种成熟单叶叶面积影响程度不同，长芒草受土壤含水量影响最大，无芒隐子草次之，冰草和白羊草受影响相对较小，白羊草受影响最小，其在严重干旱胁迫条件下的叶面积仍保持在较高水平。

表 3-6　土壤水分含量对 4 种草种成熟单叶叶面积的影响　　（单位：cm^2）

水分条件	长芒草	冰草	无芒隐子草	白羊草
75%θ_f	3.11±0.012 Aa	18.55±0.127 Aa	1.95±0.032 Aa	7.53±0.145 Aa
55%θ_f	2.10±0.006 Bb	15.04±0.045 Bb	1.35±0.032 Bb	6.48±0.055 Bb
40%θ_f	1.52±0.009 Cc	13.03±0.078 Cc	1.09±0.065 Cc	6.08±0.021 Bc

注：不同大写字母表示差异极显著（$p<0.01$）；不同小写字母表示差异显著（$p<0.05$）。

3.5.5　4 种乡土禾草叶长的动态变化

由图 3-24 可知，长芒草、冰草、无芒隐子草和白羊草在 3 种土壤水分条件下的叶片长度生长都表现为：适宜水分>中度干旱>重度干旱。冰草的叶片在 4 种乡土禾草中最长，无芒隐子草的叶片短小，而且在中度干旱和重度干旱下无芒隐子草的叶片生长显著缓慢且叶片明显变小；在干旱胁迫下各草种叶片生长的速率和叶片生长量明显受到抑制，干旱下草种叶片相比在适宜水分下的叶片短小。说明生长受到抑制，同时也是草种在干旱胁迫下对环境作出适应的一种外在表现，叶片的减小自然减少了蒸腾耗水和生理需水，所以草种对土壤水分的需求也就相对会减少，从而适应和抵御干旱。

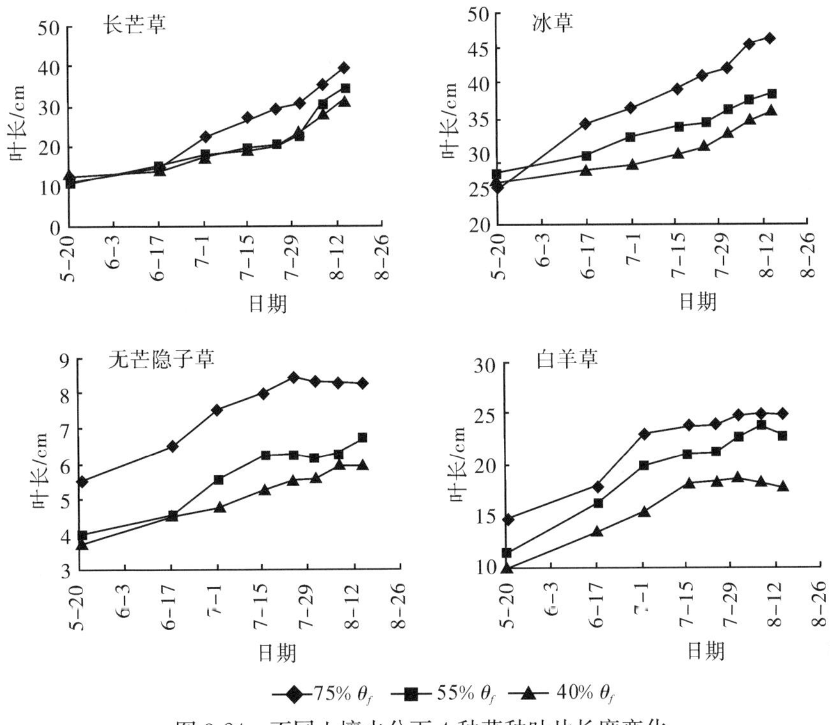

图 3-24　不同土壤水分下 4 种草种叶片长度变化

3.5.6　土壤水分含量对 4 种乡土禾草生物量积累及总水分利用效率的影响

在植物生长期末分别挖取不同水分处理下的整株长芒草、冰草、无芒隐子草和白羊草，对其地上、地下生物量进行统计，重复 3 次，结果如表 3-7 所示。不同水分处理显著影响了地上、地下生物量的分配。

表 3-7　不同土壤水分条件下 4 种草种生物量指标及水分利用率的变化

草种	水分处理	地上干质量/g	地下干质量/g	总生物量/g	总耗水/kg	WUE/(g/kg)	根冠比
长芒草	75%θ_f	19.379	4.311	23.690	12.022	1.971	0.222
	55%θ_f	13.024	3.105	16.129	8.435	1.912	0.238
	40%θ_f	11.598	1.886	13.484	7.469	1.805	0.163
冰草	75%θ_f	63.289	44.397	107.686	50.998	2.112	0.701
	55%θ_f	42.567	30.591	73.158	34.237	2.137	0.719
	40%θ_f	28.410	20.899	49.309	20.664	2.386	0.736
无芒隐子草	75%θ_f	50.119	9.895	60.014	25.187	2.383	0.197
	55%θ_f	37.890	8.821	46.711	20.760	2.250	0.233
	40%θ_f	29.962	7.346	37.308	15.074	2.475	0.245
白羊草	75%θ_f	126.219	21.419	147.638	46.071	3.205	0.170
	55%θ_f	109.083	18.297	127.380	31.953	3.987	0.168
	40%θ_f	80.275	18.963	99.238	21.275	4.665	0.236

由表 3-7 可知，不同水分处理显著影响了地上、地下生物量的分配，不同土壤水分

条件下的冰草和白羊草水分利用效率和根冠比均表现为：重度干旱＞中度干旱＞适宜水分；而长芒草在不同水分处理下的根冠比表现为：中度干旱＞适宜水分＞重度干旱，水分利用效率则为：适宜水分＞中度干旱＞重度干旱；无芒隐子草在不同水分处理下的根冠比表现为：重度干旱＞中度干旱＞适宜水分，水分利用效率则为：重度干旱＞适宜水分＞中度干旱。以上结果说明长芒草随干旱胁迫的加剧水分利用效率降低，干旱下不能充分利用有限的土壤水分；无芒隐子草在中度干旱下水分利用率高，说明其在重度干旱下能提高水分利用效率；冰草和白羊草随干旱加剧，水分利用效率也提高，且开始转向地下根系的生长，吸取更多的水分，这是冰草和白羊草做出的抵御干旱的生长变化。减少地上生长，增加地下生长，进而减少地上蒸腾耗水，增加地下吸水能力，干旱促使冰草和白羊草提高水分利用效率，充分利用有限的水资源，增加了耐旱力，即冰草和白羊草对干旱的适应性和抗旱性较强，无芒隐子草次之，长芒草耐旱力最差。

3.5.7 黄土高原 4 种乡土禾草抗旱性的综合评价

由表 3-8 可知，不同的生理生化指标在反映同一植物的抗逆性表现时，可能会有所不同，因此需将生理指标结果与实际观察结果结合起来分析，才能对植物的抗逆性作出正确客观的评价。目前，还没有单一的指标能完全准确地衡量某一草种的抗旱能力，也不能够将某一个指标和抗旱能力之间用一个确定的数量关系来表示。抗旱能力的强弱只是一个定性指标而不是一个定量指标，因此评价草种的抗旱性，应该选取多个指标，并用数学的方法进行统计分析和综合评价，这样得出的结果才具有科学性和说服力。本书选了 18 个植物水分生理和抗旱生理生化指标（表 3-8），采用主成分分析方法对乡土禾草的抗旱性进行了综合评价。

表 3-8 黄土高原乡土禾草抗旱性综合评价中的生理指标

水分生理指标	长芒草	冰草	无芒隐子草	白羊草
相对含水量/%	70.79	89.24	79.35	84.03
水分饱和亏/%	29.21	10.76	20.65	15.97
24h 后保水力/%	21.70	28.00	14.00	29.00
根冠比	0.163	0.736	0.245	0.236
水分利用效率/（g/kg）	1.209	1.878	1.41	1.726
脯氨酸含量/（mg/g DW）	0.20	0.35	0.20	0.27
可溶性糖含量/（mg/g DW）	49.10	66.00	64.00	70.55
可溶性蛋白含量/（mg/g FW）	20.03	19.01	18.57	15.76
K^+ 含量/（mmol/g DW）	0.45	0.5	0.39	0.29
超氧化物歧化酶活性/［U/（g FW · h）］	1162.48	1106.98	993.23	1146.35
过氧化物酶活性/［U/（g FW · min）］	22.80	63.72	15.41	32.21
过氧化氢酶活性/［U/（g FW · min）］	79.52	95.88	64.62	68.42
抗坏血酸过氧化物酶/［μmol/（g FW · min）］	1543.64	1696.10	1798.77	1054.80
丙二醛含量/（μmol/g DW）	11.29	7.27	13.60	12.86
超氧阴离子含量/（μg/g FW）	123.74	68.20	108.64	78.91
叶绿素含量/（mg/g）	2.40	1.90	1.86	1.51
类胡萝卜素含量/（mg/g）	0.297	0.254	0.229	0.182

主成分分析是将多个实测变量转换为少数几个不相关的综合指标的多元统计分析方法，每个综合指标即一个主成分，它们能够更好地反映原指标所提供的信息。由表3-9可知，共提取了三个主成分，其累积贡献率达100%。说明这三个综合指标完全能够代表原来18个指标的特性。

表3-9　各主成分特征值及累积贡献率

主成分	特征值	贡献率/%	累计百分率/%
1	8.7780	51.6350	51.6350
2	5.8447	34.3809	86.0159
3	2.3773	13.9841	100.0000

分析干旱阶段4种草种在各主成分上的坐标值（表3-10）可以看出，在第1、2主成分上，冰草得分最高，长芒草和白羊草分别得分最低；而无芒隐子草在第3主成分的得分最低，因此表明4种草种的抗旱机制存在差异，并可被3个主成分区分开。

表3-10　4种草种3维主成分坐标值

主成分	长芒草	冰草	无芒隐子草	白羊草
1	−3.660 138	3.778 445 7	−1.986 789	1.868 481 5
2	1.819 466 2	2.743 752	−1.249 891	−3.313 327
3	1.468 756 2	−0.450 988	−2.329 684	1.311 915 7

各草种在各主成分上的坐标值与相应贡献率相乘即得到该成分的得分。3个主成分得分之和即该草种的总得分。由表3-11可知，依据总得分便可对4种草种的抗旱性进行排序为：冰草>白羊草>长芒草>无芒隐子草。

表3-11　4种草种植物抗旱性排序

物种	长芒草	冰草	无芒隐子草	白羊草
抗旱性得分	−1.058 972	2.831 260 8	−1.781 388	0.009 099 5
抗旱性排序	3	1	4	2

由以上可知，这4种乡土草种的抗旱性大小顺序为：冰草>白羊草>长芒草>无芒隐子草。

3.5.8　小结

有研究表明，土壤干旱明显影响植物的生长及生物量积累（高玉葆等，1999；王齐等，2009）。本研究也表明，随着土壤水分含量的降低，各草种的株高生长速率、株高生长量、单叶叶面积扩展速率和成熟单叶叶面积均受到抑制，但受抑制和影响程度不同，长芒草受影响程度最大。在中度干旱下，株高生长量和叶面积显著降低；冰草的株高生长量对土壤水分的变化不敏感，降低幅度为最小，且冰草的单叶叶面积在不同土壤水分条件下为4种草种中最大；白羊草的株高生长量为4种草种中最大，且叶面积受土壤水分的影响最小；4种草种在重度干旱下外部形态不同程度地表现为植株低矮、叶片狭小、干旱胁迫后期出现萎蔫，长芒草最终有幼苗死亡。结果表明，长芒草适合在水分适宜的土壤条件下生长，冰草和白羊草对土壤干旱的耐受性较强，无芒隐子草次之。总之，干旱胁迫虽使植物生长受到一定抑制，但能提高其水分利用效率。

在这4种乡土草种中，长芒草和无芒隐子草属于低耗水低生物量，易受土壤干旱影响抑制的低耗水草种。白羊草和冰草属于高耗水高水分利用效率的草种，二者在中度干旱和重度干旱下生长保持在较高水平，随胁迫时间的延长仍能维持基本的生长量，且随着干旱加剧不断转向地下根系的生长，干旱下水分利用效率提高，表现出耐旱植物典型的生理形态特征。冰草和白羊草耗水及生长特性能与黄土高原地区气候相适应，在黄土高原地区发展禾本科牧草，可使当地有限的水资源实现最优化配置，发挥草地生产力，尤其显示出黄土高原乡土禾草的优势。

采用主成分分析方法，选取干旱下4种草种的18个植物水分生理和抗旱生理生化指标就其抗旱性进行了综合评价，得出这4种乡土草种的抗旱性大小顺序为：冰草＞白羊草＞长芒草＞无芒隐子草。

3.6 结 论

3.6.1 各草种的耗水规律

4种禾草的日耗水量、旬耗水量、月耗水量随胁迫程度的增加均逐渐下降。不同草种间表现为：白羊草＞冰草＞无芒隐子草＞长芒草。各草种分别在6月底或7月初达到最高日耗水量，最大耗水月均在7月份。在中度干旱下和重度干旱下最高耗水日出现的时间比适宜水分提前10天左右，耗水日进程中也表现出相似的趋势。

3.6.2 各草种的水分利用效率

不同草种水分利用效率有差异，土壤水分含量对各草种水分利用效率的影响也不同。长芒草和无芒隐子草的WUE随土壤水分含量的降低而减低，冰草和白羊草的WUE在中度干旱下最高，严重干旱下生长受到抑制，干物质累积少，因此WUE最低。在中度干旱和重度干旱下，冰草的WUE为4草种中最高，表明水分亏缺下冰草更能充分利用有限的水资源。在3种土壤水分条件下，长芒草和无芒隐子草属于低耗水低生物量，易受土壤干旱影响抑制的低耗水草种；白羊草属于高耗水高水分利用效率的草种，冰草相比白羊草属于低耗水高水分利用效率的草种，二者在中度和重度干旱下叶片含水量下降幅度较小，生长保持在较高水平，随胁迫时间的延长仍能维持基本的生长量，且在中度干旱下水分利用效率最高，表现出耐旱植物典型的生理形态特征。冰草和白羊草的耗水、生长特性能与黄土高原地区气候相适应，在黄土高原地区发展禾本科牧草，可使当地有限的水资源实现最优化配置，发挥草地生产力，尤其显示出黄土高原乡土禾草的优势。

3.6.3 各草种的生长特性

土壤水分含量对各草种的生长特性有很大影响。随着土壤水分含量的降低，各草种的株高生长速率、株高生长量、单叶叶面积扩展速率和成熟单叶叶面积均受到抑制，但受抑制和影响程度不同，长芒草受影响程度最大，在中度干旱下，株高生长量和叶面积显著降低；冰草的株高生长量对土壤水分的变化不敏感，降低幅度为最小，且冰草的单叶叶面积在不同土壤水分条件下为 4 种草种中最大；白羊草的株高生长量为 4 种草种中最大，且叶面积受土壤水分的影响最小；4 种草种在重度干旱下外部形态不同程度地表现为植株低矮：叶片狭小，胁迫后期出现萎蔫，长芒草最终有幼苗死亡。冰草、白羊草、无芒隐子草根冠比均表现为：重度干旱＞中度干旱＞适宜水分，长芒草根冠比表现为：中度干旱＞适宜水分＞重度干旱；随干旱的加剧，冰草和白羊草水分利用效率也提高，且随着干旱加剧两者开始转向地下根系的生长，吸取更多的水分，这是冰草和白羊草做出的抵御干旱的生长变化。减少地上生长，增加地下生长，进而减少地上蒸腾耗水，增加地下吸水能力，干旱促使冰草和白羊草提高水分利用效率，能充分利用有限的水资源，增加耐旱力，即冰草和白羊草对干旱的适应性和抗旱性较强，无芒隐子草次之，长芒草耐旱力最差。

3.6.4　各草种的抗旱生理特性

各草种的抗旱生理特性之间也存在着较大的差异。同一抗旱指标在反映不同草种的抗逆性表现时可能会有所不同，所以应采用多个指标综合分析评价草种的抗旱性。应用主成分分析法得出 4 种乡土禾草的抗旱性为：冰草＞白羊草＞长芒草＞无芒隐子草。

综上所述，在黄土高原地区发展禾本科牧草，可使当地有限的水资源实现最优化配置，冰草和白羊草耗水、生理特性更能与当地气候相适应，发挥草地生产力，尤其显示出黄土高原乡土禾草的优势。

第4章　无芒雀麦、红豆草和小冠花耗水规律及抗旱特性研究

草地建设是黄土高原生态建设的重要内容，而选择适当的草种直接关系着生态建设的成功。长期以来，林草植被建设中的成活率低、保存率低和生态经济效益低等问题没有得到很好解决，其根本原因是黄土高原位于干旱半干旱区域，植被稀少且覆盖率低，降水少但径流与蒸发量大，加之人们对林草植被选择和配置缺乏科学认识，造成该地区生态环境十分脆弱。造林种草、恢复植被是治理水土流失、改善生态环境和实现可持续发展的根本措施，在生态环境脆弱的黄土高原尤为迫切。水分作为植物生存的基本生活因子，不仅影响植被的个体发育，更决定着植被的类型和分布（谭勇等，2006）。黄土高原对于草种的要求是易于繁殖、生长迅速、固土能力强、耐旱、耐寒、耐贫瘠，能适应恶劣的自然条件并能在生长过程中与环境之间达成一种动态平衡。

黄土高原干旱半干旱区年降水量不足400mm，蒸发量大、生态环境脆弱、植被差，而人工种植牧草可改善地上植被面貌，迅速形成草丛覆盖地面，有效地拦蓄地表径流，减少土壤侵蚀，达到保持水土作用，同时人工牧草还易于繁殖、再生能力强、能反复青割、营养丰富，为草食动物提供大量饲料（程有珍，2004）；无芒雀麦（*Bromus inermis* Layss.）、红豆草（*Onobrychis viciifolia* Scop.）、小冠花（*Coronilla varia* Linn.）均为多年生草本植物，具有耐旱、耐贫瘠且产量高的特点，均是优良的人工牧草（王进和金自学 2006）。目前，对这3种牧草的研究集中于引种、水分利用以及高产栽培等方面（郑世清等，2003；曹世雄等，2006；谢田玲等，2004；曹世雄等，2005），而对其在干旱下的耗水规律和生理生化特性则鲜有报道。为了从丰富的草种中选择抗旱性较强和适宜于黄土高原生长的草种，中国科学院水土保持研究所在防雨棚中进行了盆栽控水的人工模拟干旱，一方面对3种牧草的月、旬、日耗水变化规律加以研究；另一方面对3种牧草在土壤持续干旱下生理生化指标的变化予以研究，旨在揭示3种牧草的水分特性与生理抗旱特性，进而为退耕还草生态工程提供参考依据。

4.1　3种牧草的耗水规律

4.1.1　3种牧草日耗水规律

4.1.1.1　3种牧草在不同土壤水分下单株日耗水规律

如图4-1所示，3种牧草在不同土壤水分条件下的日变化规律较为相似，均为多峰曲线。总体的趋势为：从6月初开始，3种牧草在各个处理下耗水量均有所增加；在6月底7月初时达到峰值；从8月份开始，各草种的耗水量均维持在比前两个月较低的水平。3种牧草在各土壤水分处理下日耗水量均差异显著，表现为CK（75%θ_f）＞MD（55%θ_f）＞SD（40%θ_f）。曲线的峰值和低谷分别为晴天和阴雨天的耗水量，晴天日耗水量显著大于阴雨天。可见其蒸腾日耗水与天气状况明显相关，是温度、空气湿

度、土壤水分状况综合作用的结果，但是土壤水分状况是影响 3 种牧草耗水量的主要因素。

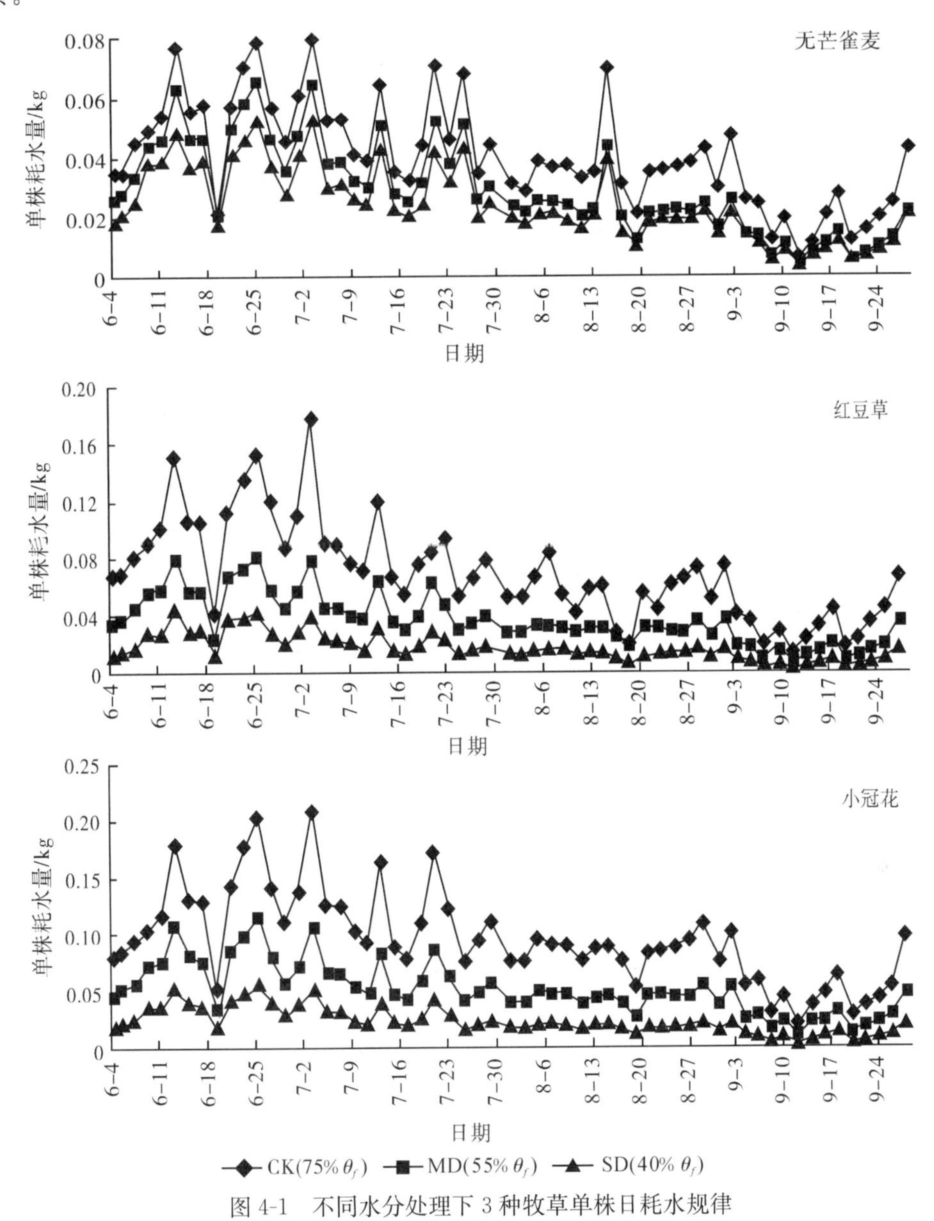

图 4-1　不同水分处理下 3 种牧草单株日耗水规律

虽然 3 种牧草在生长期的耗水量变化趋势非常相似，但是在耗水量上却存在差距；基本表现为小冠花>红豆草>无芒雀麦。不同草种间峰值的数目与峰型存在差异，其中同属于豆科的红豆草与小冠花峰型基本保持一致，而属于禾本科的无芒雀麦与其他两草种相比略有不同，如在 8 月 13 日至 8 月 20 日之间无芒雀麦出现了一个耗水高峰，而这个峰型在红豆草与小冠花中却并不明显。这样的结果说明牧草耗水特性与其自身的遗传特性有一定关系。

4.1.1.2 3种牧草在相同水分条件下单株日耗水规律

由图4-2可知，3种牧草在同一水分条件下耗水量及其变化有所不同。在CK与MD下，表现为小冠花>红豆草>无芒雀麦；而在SD下红豆草的耗水量较小冠花和无芒雀麦少。

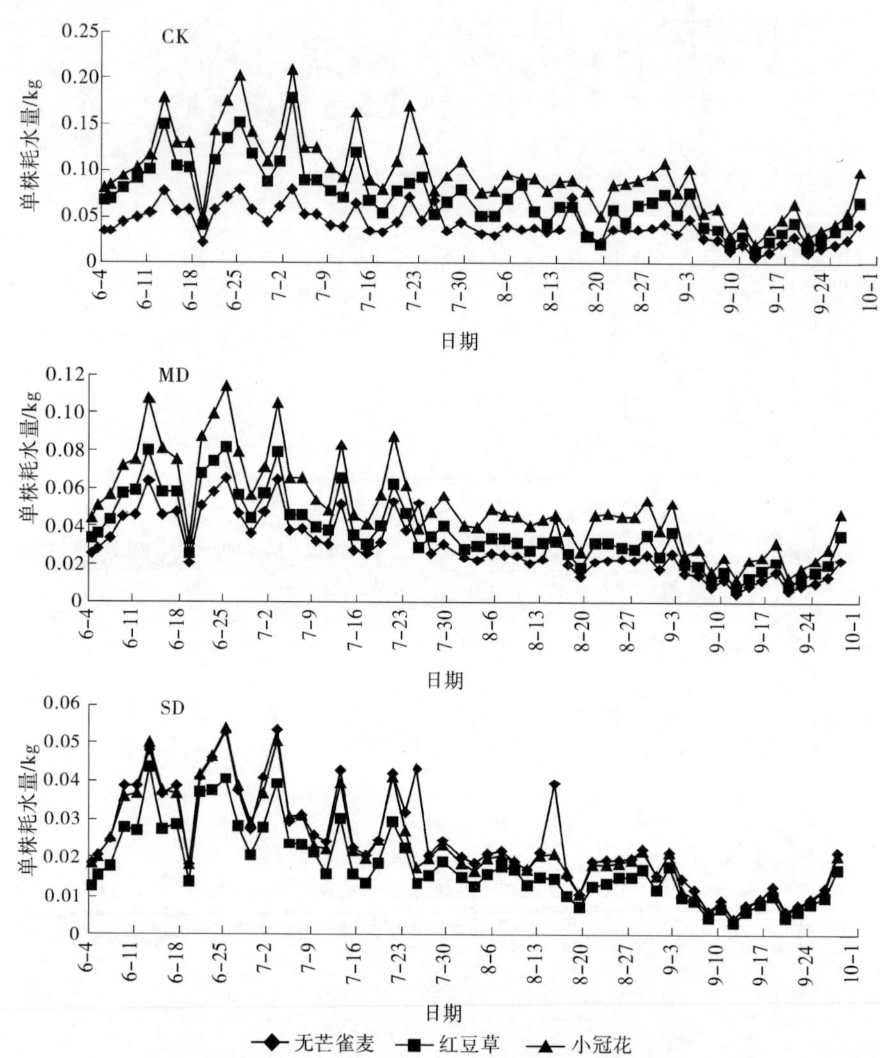

图4-2 相同水分处理下3种牧草单株日耗水规律

3种牧草的波动程度有所不同，表明3个草种对土壤干旱的响应情况不同。在CK与MD下，小冠花的耗水日变化波动最大，红豆草次之，无芒雀麦最小；而在SD下，则表现为无芒雀麦最大，小冠花次之，红豆草最小，说明无芒雀麦对严重水分胁迫较为敏感。

4.1.1.3 3种牧草在不同土壤水分条件下耗水日进程

图4-3（A）为3种牧草8月6日（阴天）的耗水日进程变化趋势。3种牧草的日耗水规律均为适宜水分>中度干旱>重度干旱。不同草种间的耗水日进程存在差异，其中无芒雀麦与红豆草的耗水高峰出现在14时，而小冠花的耗水高峰出现在为16时。

图 4-3（B）为 3 种牧草 8 月 13 日（晴天）的耗水日进程变化趋势。3 种牧草的耗水日进程变化有很大差异，并且同种草的不同处理之间也有所不同。无芒雀麦的耗水日进程呈现出双峰曲线的趋势，两次耗水高峰分别出现在 10 时与 14 时；而 12 时耗水量有所下降，是由于气孔关闭、减少蒸腾、植物出现午休现象，这是植物的一种保护机制。红豆草耗水日进程是单峰曲线，但是不同处理间峰值的出现时间有所不同，CK 下红豆草的耗水最大峰值出现在 16 时，然后耗水量大幅下降；而在 MD 与 SD 下耗水量的峰值则出现在 14 时。小冠花耗水日进程也表现为单峰曲线，各个处理间同样也存在差异，在 CK 下与 MD 下，小冠花的耗水高峰出现在 14 时，而 SD 下其耗水高峰则出现在 12 时。

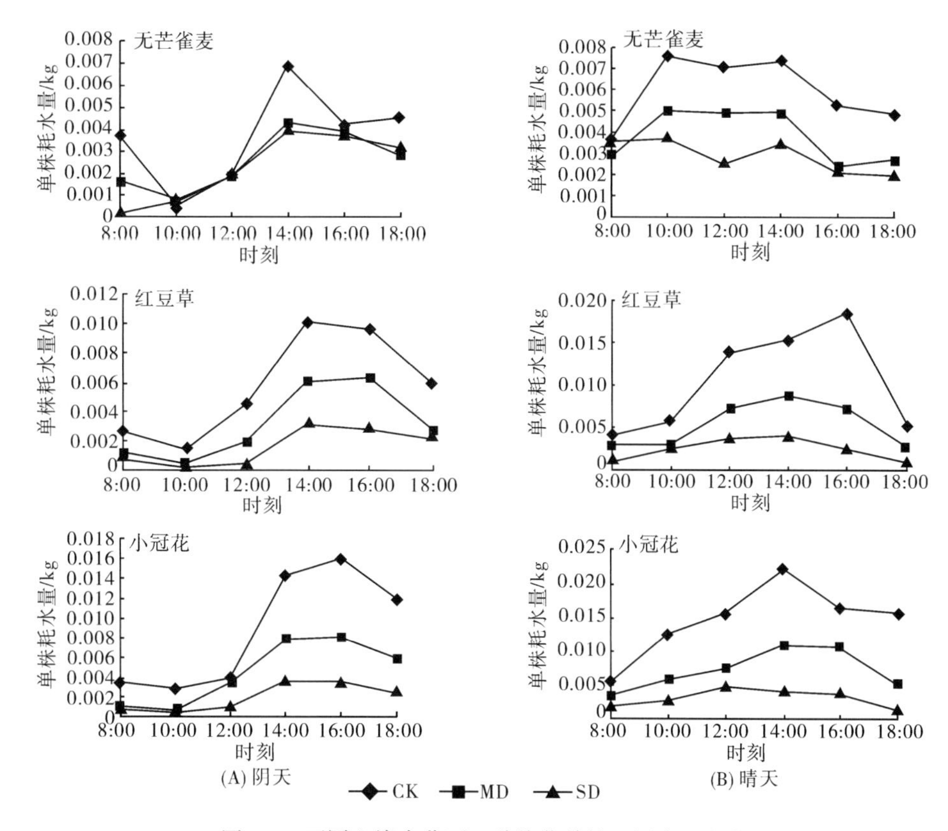

图 4-3　不同土壤水分下 3 种牧草单株日耗水量变化

不同的天气使牧草的耗水日进程曲线发生了变化：无芒雀麦在阴天下的耗水曲线呈单峰型，而在晴朗的天气中，由于温度升高，蒸腾作用加强，耗水曲线由单峰型转变成为双峰型；红豆草与小冠花虽然在晴朗的天气下仍然为单峰型曲线，但其中 8 月 13 日红豆草的耗水高峰比 8 月 6 日迟来 2 小时，小冠花的耗水高峰则比 8 月 6 日提前2 小时。

4.1.2　3 种牧草旬耗水规律

4.1.2.1　同一牧草在不同水分条件下旬耗水规律

由图 4-4 可知，3 种牧草在 3 种不同水分处理下的旬耗水变化趋势是：从 6 月上旬开始逐渐增大，到6月下旬达到最高，到7月中旬一直保持在较高水平，随后开始逐渐降低。7月上旬与8月中旬，耗水量处于低谷，这可能与当时多云阴雨天气有关。3种牧草在各个处理下旬耗水量差异显著，都表现为在CK下旬耗水量最多、MD次之、SD最少。

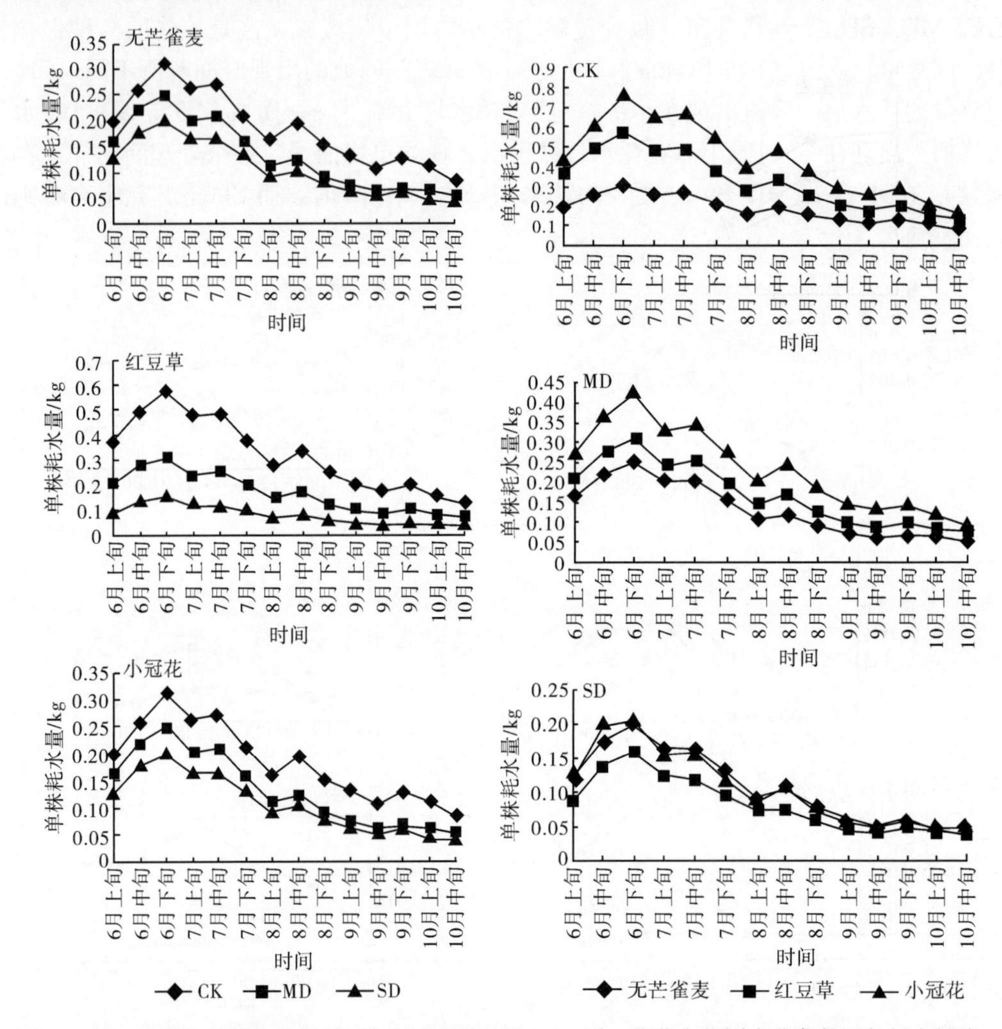

图4-4　同一牧草在不同水分条件下旬耗水规律　图4-5　同一牧草在相同水分条件下旬耗水规律

4.1.2.2　3种牧草在同一水分处理下旬耗水规律

由图4-5可知，在CK与MD下3种牧草旬耗水量差异显著，均为小冠花最多，红豆草次之，无芒雀麦最少；而在SD下，无芒雀麦与小冠花旬耗水量差异不明显，均高于红豆草。这也与3种牧草在SD下的耗水日变化相一致。

4.1.2.3　3种牧草在不同土壤水分条件下月耗水规律

由图4-6可知，3种牧草在不同水分处理下月耗水趋势为：6月份耗水量最大，随后逐渐降低，其中小冠花在CK下的单株月耗水在7月份达到峰值，这与其他草种耗水趋势有所不同。造成从7月份开始耗水量逐渐降低的原因可能是在2009年7月、8月存在较多的多云及阴雨天气，极大地影响了植物的蒸腾耗水。6月份耗水量大，主要是因为6月是3种牧草营养生长时期，生长快，需水量大；尤其是6～7月初，天气以晴朗为主，气温高，蒸腾消耗水分多。进入8月以后，气温逐渐降低、阴雨天气增多等原因，都有可能使月耗水量逐渐下降。3种牧草在不同的水分条件下月耗水量表现为CK>MD>SD。

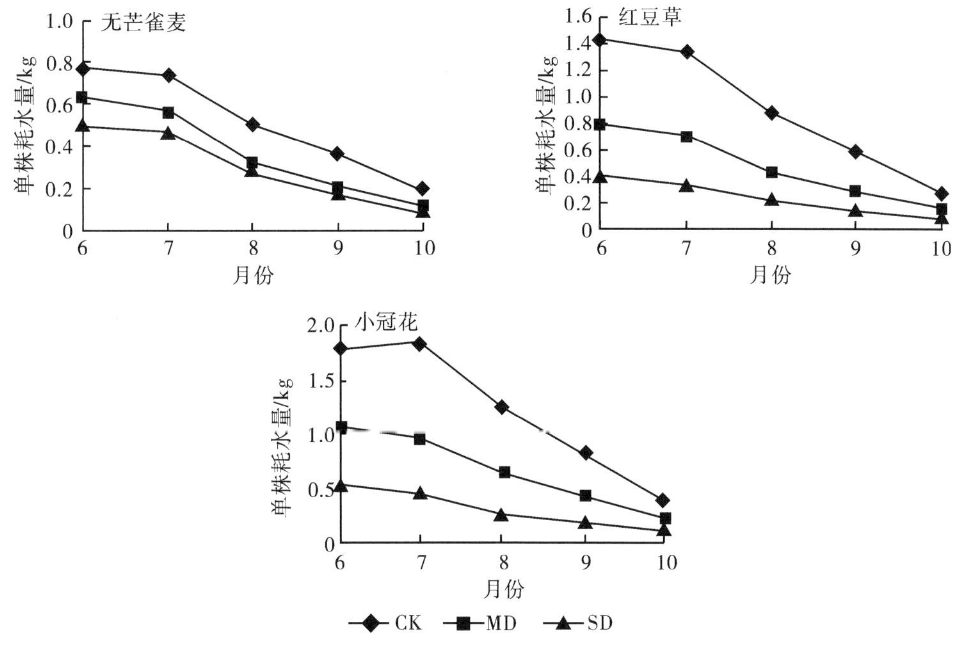

图4-6　同一牧草在不同水分条件下月耗水规律

由表4-1可以看出，3种牧草在不同水分条件下单株耗水量与耗水系数均在6月份达到最大，但CK下小冠花单株耗水量与耗水系数峰值出现在7月。在6月份，3种牧草消耗的水分占实验期耗水总量的比例最大，进入7月后红豆草与小冠花耗水量占全实

表4-1　3种牧草在不同水分条件下月耗水参数

月份	草种	单株月耗水量/kg			月耗水系数		
6	无芒雀麦	0.767	0.633	0.503	32.188	36.560	34.892
	红豆草	1.440	0.802	0.391	33.963	35.828	36.406
	小冠花	1.803	1.062	0.524	31.417	34.666	35.517
7	无芒雀麦	0.741	0.568	0.464	31.102	32.832	32.159
	红豆草	1.347	0.702	0.336	31.756	31.396	31.233
	小冠花	1.851	0.946	0.435	32.243	30.891	29.487
8	无芒雀麦	0.508	0.326	0.277	21.314	18.853	19.232
	红豆草	0.872	0.440	0.209	20.553	19.680	19.456
	小冠花	1.254	0.637	0.242	21.857	20.789	16.391
9	无芒雀麦	0.367	0.204	0.179	15.399	11.755	12.331
	红豆草	0.582	0.293	0.139	13.728	13.096	12.905
	小冠花	0.831	0.418	0.167	14.483	13.654	11.299
10	无芒雀麦	0.194	0.119	0.087	8.163	6.849	6.007
	红豆草	0.281	0.164	0.081	6.636	7.339	7.560
	小冠花	0.372	0.211	0.099	6.482	6.896	6.733

验期耗水总量的适宜水分多于干旱处理，无芒雀麦虽然与6月份保持一致，但适宜水分与干旱处理间的差距小。从8月份开始，3种牧草月耗水量占实验期耗水总量的比例均表现为大于干旱胁迫。

4.1.2.4　3种牧草单株全生育期耗水

3种牧草的耗水总量在不同土壤水分条件下的差异均达到了极显著水平（表4-2）。在CK与MD下，3种牧草耗水总量差异均达到极显著水平（表4-3），表现为小冠花最大，红豆草次之，无芒雀麦最少。而在SD下小冠花与无芒雀麦耗水差异不显著，但两者均显著高于红豆草的耗水总量。

表4-2　3种牧草在3种土壤水分条件下耗水总量差异分析

水分条件	单株总耗水量均值/kg		
	无芒雀麦	红豆草	小冠花
CK	2.382±0.033 Aa	1.731±0.029 Bb	1.442±0.027 Cc
MD	4.241±0.152 Aa	2.237±0.149 Bb	1.074±0.063 Cc
SD	5.740±0.164 Aa	3.063±0.075 Bb	1.477±0.109 Cc

注：大写字母表示差异极显著（$p<0.01$），小写字母表示差异显著（$p<0.05$）。

表4-3　3种牧草在相同土壤水分条件下耗水总量差异分析

水分条件	单株总耗水量均值/kg		
	无芒雀麦	红豆草	小冠花
CK	2.382±0.033 Cc	4.241±0.152 Bb	5.740±0.164 Aa
MD	1.731±0.029 Cc	2.237±0.149 Bb	3.063±0.075 Aa
SD	1.442±0.027 Cc	1.074±0.063 Bb	1.477±0.109 Aa

注：大写字母表示差异极显著（$p<0.01$）；小写字母表示差异显著（$p<0.05$）。

4.2　3种牧草的抗旱特性

4.2.1　土壤干旱对3种牧草叶片相对含水量的影响

由图4-7可知，3种牧草随着干旱程度的加剧，其叶片相对含水量呈减少的趋势。无芒雀麦CK下叶片相对含水量在各个胁迫时间保持稳定，处于较高的水平；在MD与SD下均随胁迫时间的延长而逐渐减少。与无芒雀麦相比，红豆草与小冠花在胁迫20天时，MD与CK下叶片相对含水量显著下降，在随后的胁迫时间内又有所回升，这可能是植物叶片已经适应了长期的土壤干旱。从叶片相对含水量来看，红豆草与小冠花在MD与SD下的叶片相对含水量在各个时间段均小于无芒雀麦，其中在各个时间点无芒雀麦叶片相对含水量均高于70%，而红豆草与小冠花在SD下有些时段叶片相对含水量已经低于60%，在MD下叶片相对含水量也显著低于无芒雀麦，这说明无芒雀麦比其他2种牧草具有更强的保水能力。

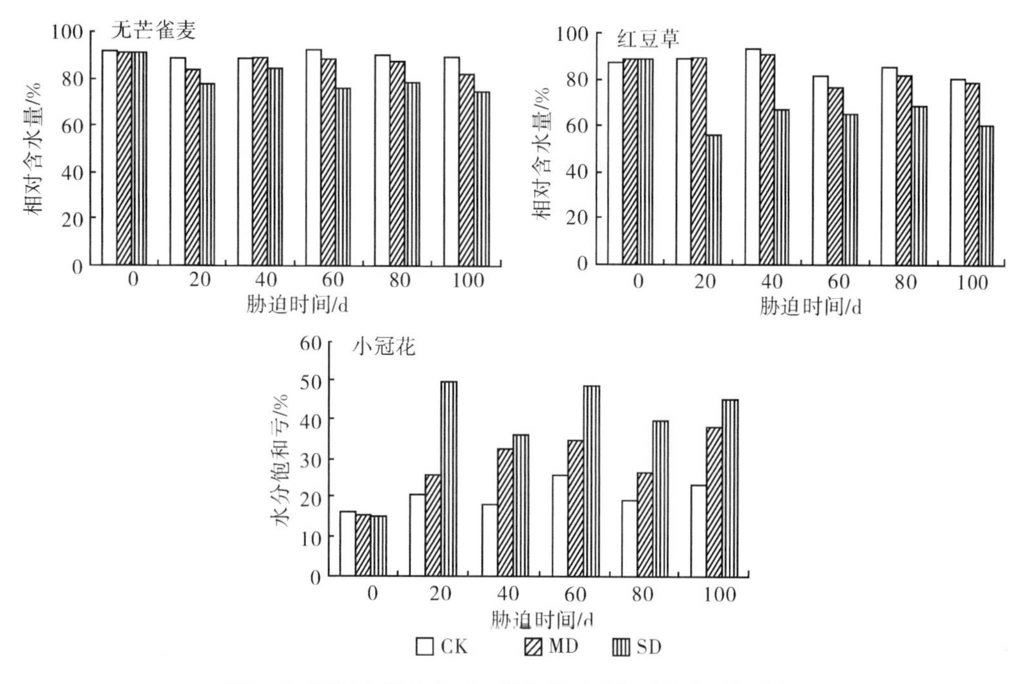

图 4-7　不同土壤水分下 3 种牧草叶片相对含水量的变化

4.2.2　土壤干旱对 3 种牧草叶片水分饱和亏的影响

由图 4-8 可以看出，3 种牧草叶片水分饱和亏随着土壤水分亏缺程度的加剧及胁迫时间的延长均呈现出逐渐增加的趋势。各牧草在处理间其叶片水分饱和亏均表现为

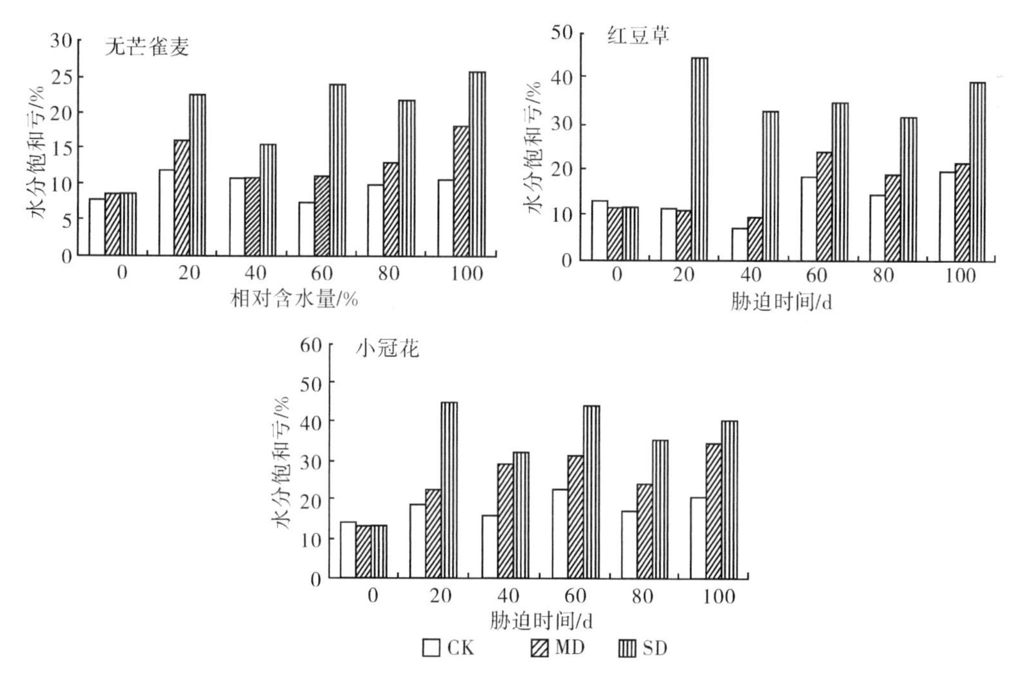

图 4-8　不同土壤水分下 3 种牧草叶片水分饱和亏的变化

SD>MD>SD。无芒雀麦与小冠花在胁迫第 20 天时，其各个干旱处理下水分饱和亏急剧上升，而红豆草在第 20 天时，CK 与 MD 下水分饱和亏变化不大，但是 SD 下水分饱和亏明显上升。3 种牧草在 20～40 天时水分饱和亏均有所下降，随后表现为逐渐升高的趋势。这说明在第 20 天时土壤干旱使得植物叶片极度缺水、水分饱和亏增大，之后植物逐渐适应了长时间的干旱胁迫，水分饱和亏有所下降。

4.2.3 土壤干旱对 3 种牧草叶片保水力的影响

图 4-9 为 3 种牧草叶片在 8 月 6 日的保水力。3 种牧草叶片含水量随着脱水时间的延长均表现出下降的趋势，但是它们之间的趋势存在着差异。3 种牧草在干旱处理下随着脱水时间的延长，SD 下叶片含水量下降得最快，MD 下次之，CK 下最为缓慢。这也说明土壤严重干旱对植物叶片保水力有负面影响。随着脱水时间的延长，3 种土壤水分处理的无芒雀麦叶片含水量呈稳定的下降趋势，且各个处理间相差不大。而红豆草与小冠花在脱水开始的前 2 个小时叶片含水量急剧下降，随后趋于稳定，红豆草在前 2 个小时的降幅最为明显。这两种牧草在 3 种水分处理下的降幅差距大于无芒雀麦，说明这 2 种牧草叶片保水力容易受到土壤干旱的影响。在 10h 后，无芒雀麦叶片保水力在 CK 下降至 36.17%，MD 下降至 33.93%，SD 下降至 31.71%。与无芒雀麦相比，红豆草与小冠花的叶片含水量在 10h 后下降得较多，说明无芒雀麦叶片有较强的保水能力。

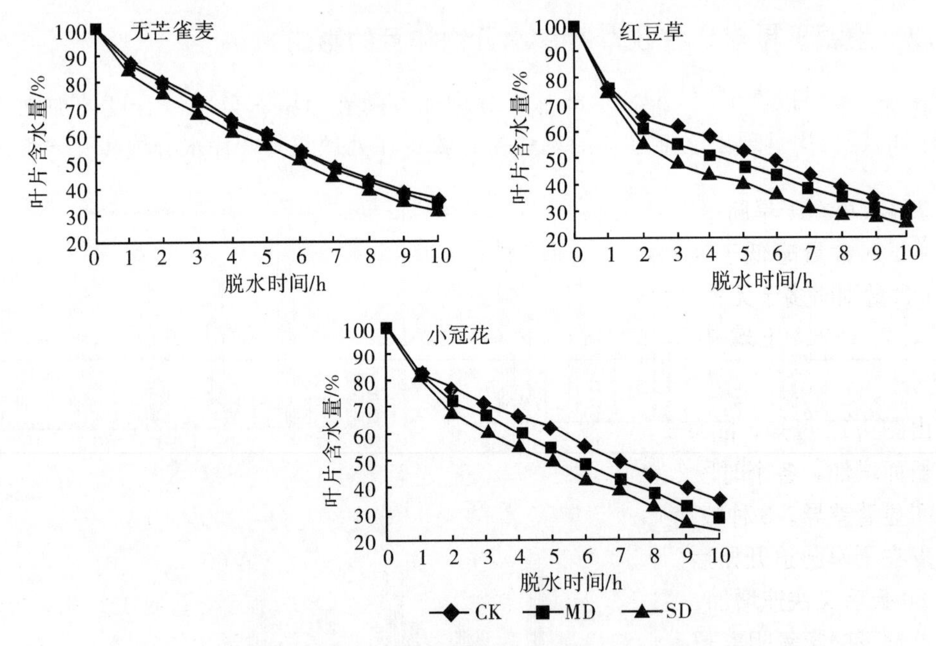

图 4-9 不同土壤水分下 3 种牧草离体叶片保水力的变化（8 月 6 日）

4.2.4 土壤水分含量对 3 种牧草质膜稳定性的影响

4.2.4.1 土壤干旱下 3 种牧草叶片丙二醛含量的变化

由图 4-10 可知，随着土壤干旱胁迫时间的增加，3 种牧草在各个时段叶片丙二醛

(MDA) 含量均高于对照。其中无芒雀麦与小冠花变化趋势相似：均表现为从干旱胁迫开始到胁迫 60 天呈现逐渐上升的趋势，而在第 60 天到第 80 天其 MDA 含量下降，其后叶片 MDA 含量均又升高。与无芒雀麦和小冠花不同，从干旱胁迫开始红豆草叶片 MDA 含量第 40 天达到顶峰，从 40～80 天缓慢下降，在最后 20 天中其含量变化不明显。

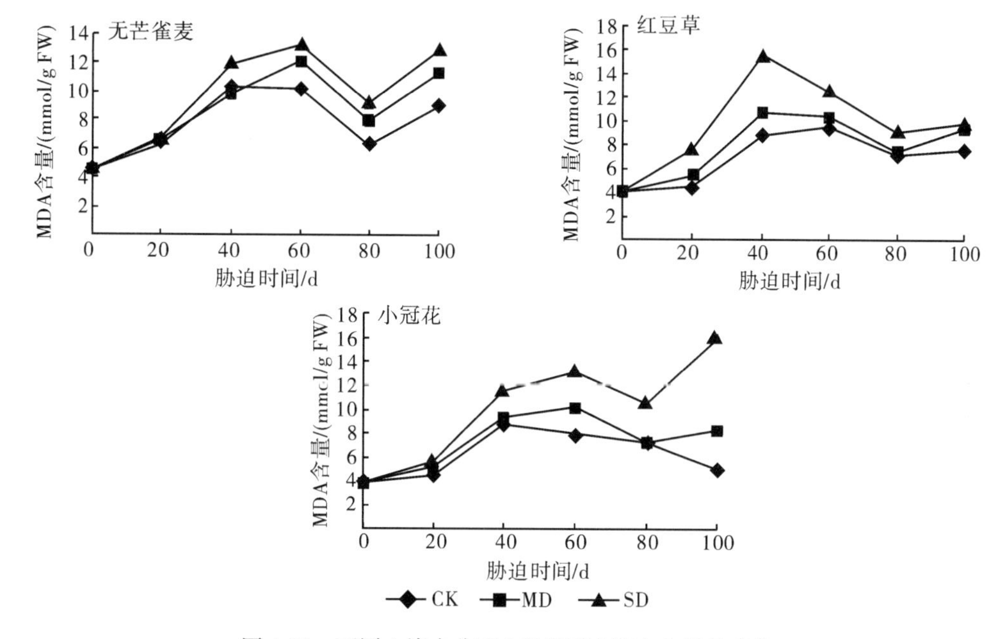

图 4-10　不同土壤水分下 3 种牧草 MDA 含量的变化

3 种牧草在干旱胁迫下叶片 MDA 的积累量无明显的差异。在胁迫开始前，无芒雀麦中 MDA 含量略低于其他 2 种牧草；而在胁迫开始后，红豆草与小冠花所积累的 MDA 含量则略多于无芒雀麦。

4.2.4.2　土壤干旱下 3 种牧草叶片超氧阴离子自由基 (O_2^-·) 含量的变化

由图 4-11 可知，随着干旱胁迫程度的加剧，3 种牧草叶片 O_2^-· 含量均随干旱时间的延长而增加，各个时段 3 种牧草在干旱胁迫处理下的 O_2^-· 含量均高于对照，并且各草种间显著差异。3 种牧草叶片 O_2^-· 含量随干旱胁迫的变化趋势均不同，表现在：无芒雀麦在干旱胁迫开始后，其叶片 O_2^-· 含量均稳定上升，至第 60 天时开始有所下降，在第 80 天后又快速增加；红豆草叶片 O_2^-· 含量在整个干旱时期内呈现出上升的趋势，但各处理下的超氧阴离子自由基含量分别在干旱胁迫第 60 天和第 80 天后有所下降，但总趋势是增加；小冠花在受到干旱胁迫后叶片 O_2^-· 含量则迅速大量积累，在 3 种牧草中 O_2^-· 含量最高，红豆草叶片中 O_2^-· 含量最低，无芒雀麦的含量居中。

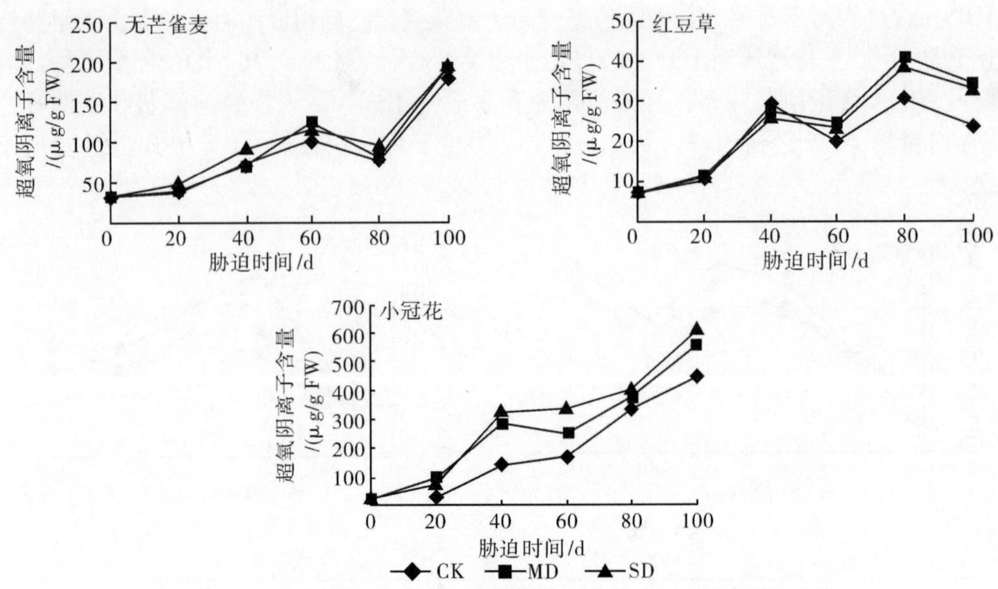

图 4-11　不同土壤水分下 3 种牧草超氧阴离子自由基含量的变化

4.2.5　土壤水分含量对 3 种牧草渗透调节物质的影响

4.2.5.1　土壤干旱下 3 种牧草叶片游离脯氨酸含量的变化

由图 4-12 可知，3 种牧草在受到干旱胁迫后，叶片游离脯氨酸（Pro）含量均高于对照，但是 3 种牧草叶片游离 Pro 在不同干旱时段下的变化趋势不尽相同。在 CK 与 MD 下无芒雀麦 Pro 含量在干旱胁迫第 20 天后急剧上升，之后就逐渐下降到较低水平，而在 SD 下则上升至第 60 天后下降；在 MD 与 SD 下红豆草叶片 Pro 含量在干旱胁迫后

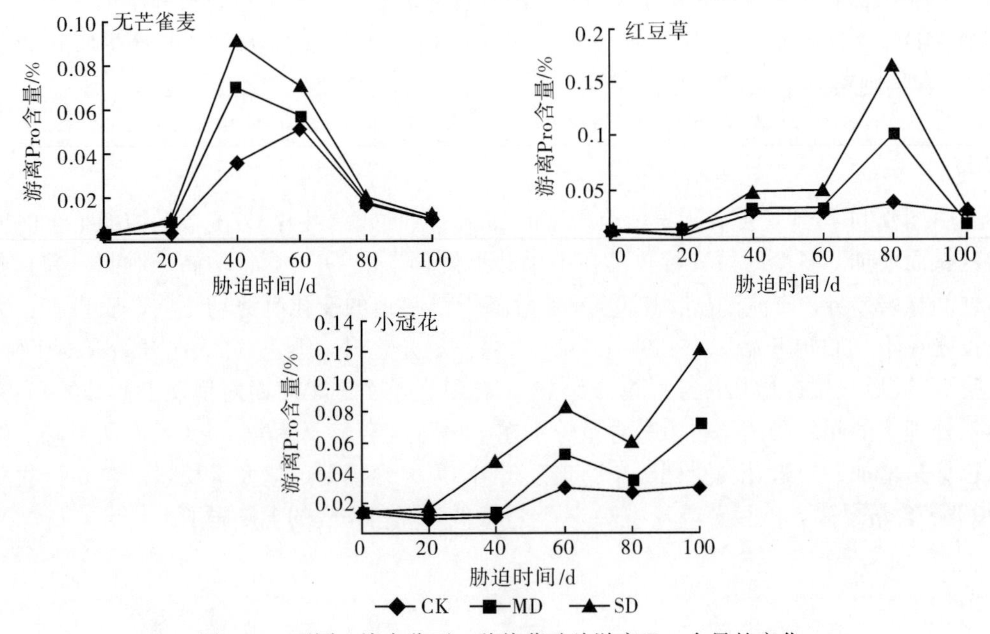

图 4-12　不同土壤水分下 3 种牧草叶片游离 Pro 含量的变化

第60天小幅上升，在第60天至第80天急剧上升，随后又下降到较低的水平，而CK叶片Pro含量则在第40天后基本保持稳定；小冠花CK与MD叶片Pro含量在第40天之前保持稳定积累，而在SD下叶片Pro含量则在干旱胁迫第20天后便迅速增加，三个处理在第60至80天时有所下降，而后又大幅增加。红豆草积累的Pro最多，而无芒雀麦积累的Pro含量则相对最少，红豆草Pro含量居中。

4.2.5.2 土壤干旱下3种牧草叶片可溶性糖含量的变化

由图4-13可知，3种牧草随着干旱胁迫时间的延长，各处理下体内所积累的可溶性糖含量总体呈现增加的趋势，但是在具体的变化趋势上则有所不同。其中无芒雀麦与红豆草的变化趋势较为相似，在干旱胁迫开始20天后可溶性糖含量大幅增加，在随后20天到40天的时间段中，可溶性糖含量又有所回落，从40天到100天，2种牧草的可溶性糖含量呈缓慢增加的趋势，2种草在SD下均表现为从40天到60天这一时间段中含量急剧升高，之后含量保持相对稳定；而在MD下无芒雀麦可溶性糖缓慢增加到80天后有所下降，而红豆草可溶性糖在MD下表现为曲折上升的趋势；在CK下无芒雀麦可溶性糖的变化趋势与其在MD下的相似，红豆草则表现为稳定的上升趋势。小冠花的可溶性糖在干旱下的积累规律与前2种牧草相比则略有不同，其可溶性糖含量在CK下的变化趋势表现为持续增加至80天后有所下降；在MD下则表现为在持续增加至60天后开始回落；而在SD下干旱胁迫开始后20天大幅上升，之后保持稳定缓慢的增加，在第60天至第80天这一时间段中大幅增加，之后又有较大幅度的下降。

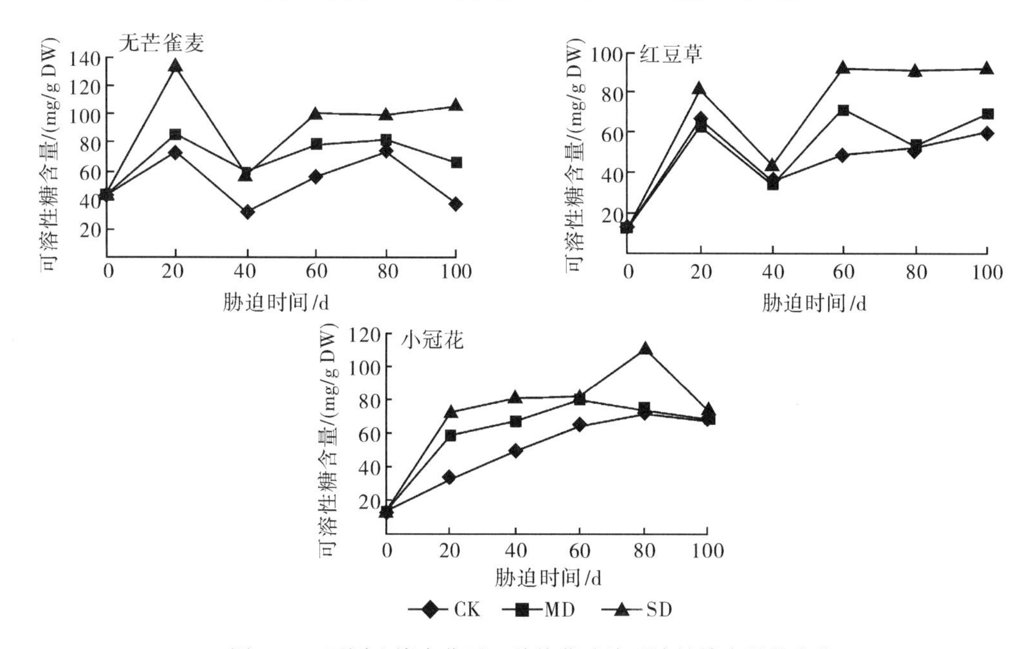

图4-13 不同土壤水分下3种牧草叶片可溶性糖含量的变化

3种牧草在干旱胁迫下可溶性糖的积累在数量上也存在差异，但在各草种各处理间均表现为SD>MD>CK。其中无芒雀麦与小冠花积累了较多的可溶性糖，而小冠花与其他2种牧草相比则相对较少。

4.2.5.3 土壤干旱下 3 种牧草叶片可溶性蛋白含量的变化

由图 4-14 可知，3 种牧草中可溶性蛋白的含量随干旱胁迫时间的延长呈增加的趋势，但在具体的变化上则不尽相同。在 CK 下无芒雀麦可溶性蛋白含量前 60 天中持续增加，而在第 60 天至第 80 天有所下降，随后继续大幅增加；而在 MD 与 SD 下可溶性蛋白含量基本保持稳定增加。红豆草的可溶性蛋白在前 60 天中表现为缓慢增加，而在第 60 天至第 80 天显著上升，随后第 80 天至第 100 天又大幅回落到第 60 天时的水平。小冠花可溶蛋白与前 2 种牧草的变化趋势也不相同，表现为在干旱胁迫至第 80 天时基本保持缓慢上升的趋势，而在第 80 天至第 100 天时显著增加。3 种牧草各处理间可溶性蛋白含量在胁迫初期并不明显。而在干旱胁迫的后期，尤其是第 80 天至第 100 天时，干旱处理下的 3 种牧草可溶性蛋白含量均显著高于对照。3 种牧草在干旱下可溶性蛋白积累量并无太大差异。

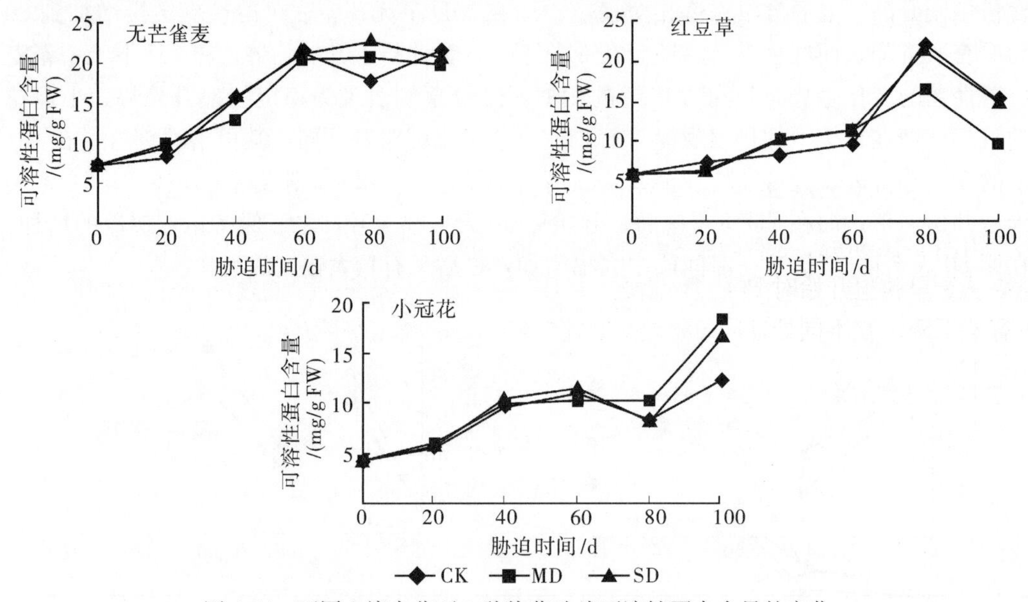

图 4-14 不同土壤水分下 3 种牧草叶片可溶性蛋白含量的变化

4.2.6 土壤水分含量对 3 种牧草渗透调节物质的影响

4.2.6.1 土壤干旱下 3 种牧草叶片 SOD 活性的变化

由图 4-15 可知，3 种牧草各处理间 SOD 含量随着干旱胁迫的加剧呈现出相似的变化规律，均表现为在干旱胁迫开始到第 20 天时 SOD 活性均缓慢上升，而在第 20 天到第 40 天的时间段中 SOD 活性急剧升高。三个草种中各处理间 SOD 活性均表现为 SD＞MD＞CK。在干旱下 3 种牧草 SOD 活性在数值上也存在差异，表现为红豆草 SOD 活性最高、小冠花次之、无芒雀麦最少。

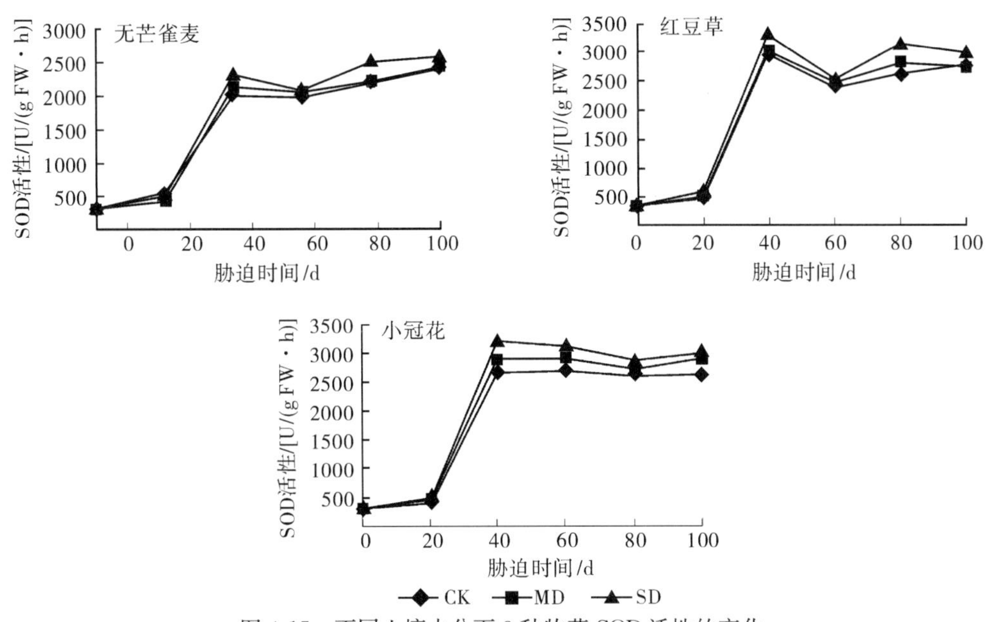

图 4-15　不同土壤水分下 3 种牧草 SOD 活性的变化

4.2.6.2　土壤干旱下 3 种牧草叶片 POD 活性的变化

由图 4-16 可知，3 种牧草在不同水分条件下 POD 活性的变化趋势有所不同。无芒雀麦从干旱胁迫开始时 POD 活性便逐渐升高，40～80 天期间急剧升高，在 80～100 天中有所下降。在不同处理间 POD 活性也同样存在差异，其中在 SD 下最大、CK 次之，

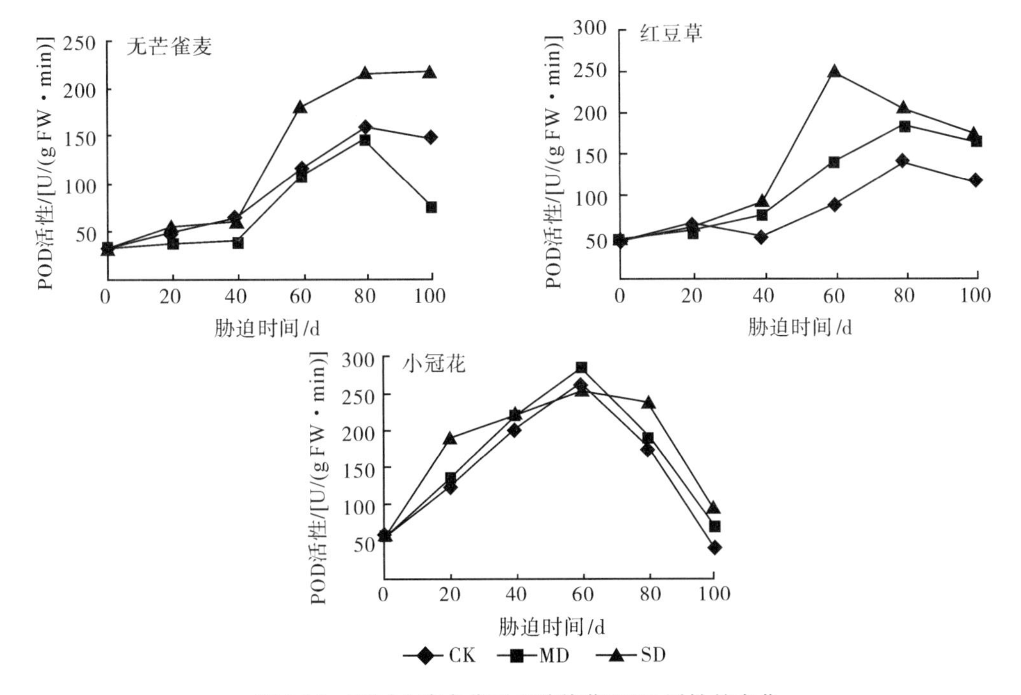

图 4-16　不同土壤水分下 3 种牧草 POD 活性的变化

而其 POD 活性在 MD 最小。红豆草 POD 活性在干旱胁迫下也呈现总体上升的趋势，在 SD 下胁迫后第 40 天急剧上升，随后在第 60 天时便开始下降，而 CK 与 MD 的变化则与无芒雀麦相似。红豆草 POD 活性在各个处理间均存在差异，表现为 SD>MD>CK。小冠花 POD 活性与以上两者也有不同，3 种处理下的 POD 活性均在胁迫开始后急剧上升，到第 60 天时达到最大，随后又迅速下降，至第 100 天时降至胁迫初期的水平。在胁迫初期与末期，小冠花在 SD 下 POD 活性均高于其他 2 种水分条件下 POD 的水平，而在胁迫中期则小于 CK 与 MD，小冠花所产生的 POD 活性要略大于无芒雀麦与红豆草。

4.2.6.3　土壤干旱下 3 种牧草叶片 CAT 活性的变化

由图 4-17 可知，3 种牧草在干旱胁迫下 CAT 活性的变化规律均不相同。无芒雀麦 CK 下 CAT 活性变化呈缓慢增加的趋势；SD 与 MD 下在 0～40 天时缓慢增加，而在第 40 天到第 60 天迅速上升，随后在第 60～80 天又大幅下降，第 80～100 天其 CAT 活性有一定程度的增高。红豆草 CK 下 CAT 活性在 0～40 天有所增加，随后保持平稳；SD 与 MD 下在第 20～40 天大幅增加，在第 40～80 天存在略微下降的趋势，而在第 80～100 天时又大幅增加。小冠花 CK 下在第 20～40 天及第 60～80 天中 CAT 活性均有增加，但在随后均下降到较低的水平，整体呈现出波动变化的趋势；小冠花在 MD 下 CAT 活性在 0～60 天持续增加，而在第 60～100 天又逐渐下降；而小冠花在 SD 下 CAT 活性在 0～20 天便急剧增加，随后保持缓慢增加的趋势。

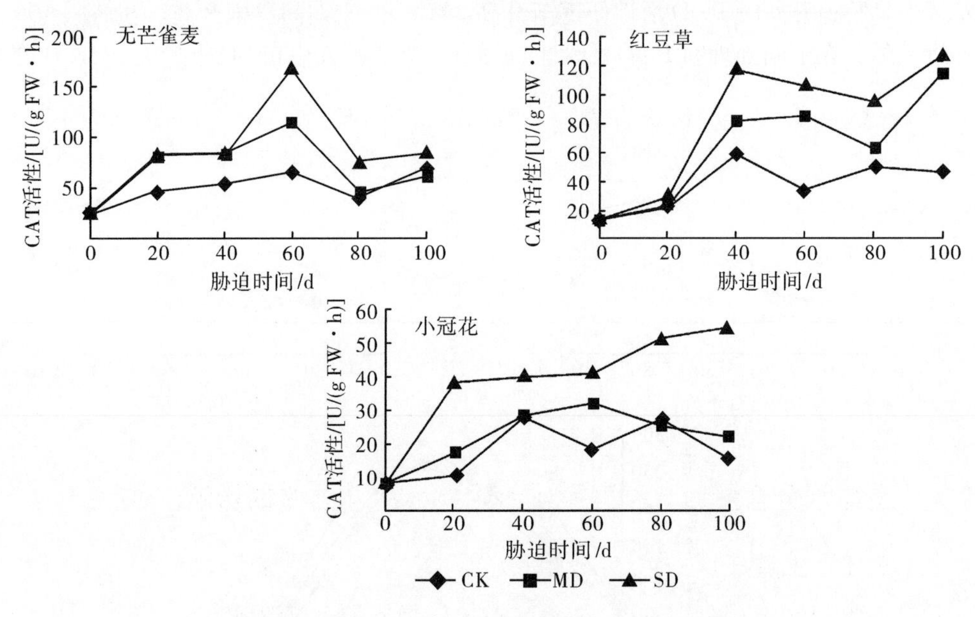

图 4-17　不同土壤水分下 3 种牧草 CAT 活性的变化

3 种牧草 CAT 活性在数量上存在差异，但在各个时间点干旱处理下 CAT 活性均要高于对照，但小冠花在干旱处理第 40 天与 80 天时，CK 与 MD 间 CAT 活性差异不显著。无芒雀麦 CAT 活性最高，红豆草次之，而小冠花则最低。

4.2.6.4　土壤干旱下 3 种牧草叶片 APX 活性的变化

由图 4-18 可知，3 种牧草在干旱下 APX 活性的变化趋势不同。其中无芒雀麦 APX 活性在 CK 下表现为 0～20 天上升，在第 20～60 天有所下降，之后大幅增加；MD 下无芒雀麦 APX 在 0～60 天缓慢增加，之后大幅增加；而 SD 下无芒雀麦 APX 在 0～40 天大幅增加，随后第 40～60 天有所下降，但是在第 60～80 天又急剧增加，末期保持平稳。红豆草 APX 在 CK 与 MD 下均表现为缓慢增加的趋势，不同的是 MD 下红豆草 APX 活性在第 80～100 天有所下降；而其 APX 活性在 SD 下与前两个处理有明显差异，表现为干旱胁迫开始后便大幅增加，至第 80 天达到最大，之后有所下降。小冠花 APX 活性在 3 个处理间变化极为相似，均为在干旱胁迫开始后到第 40 天急剧增加，随后在第 40～80 天便大幅下降至较高于第 20 天的水平，在末期有所增加。3 种牧草在干旱处理下 APX 活性数值上差异不大，红豆草略高于无芒雀麦，而小冠花则最小。3 种牧草各干旱处理间 APX 活性大小均表现为 SD>MD>CK。

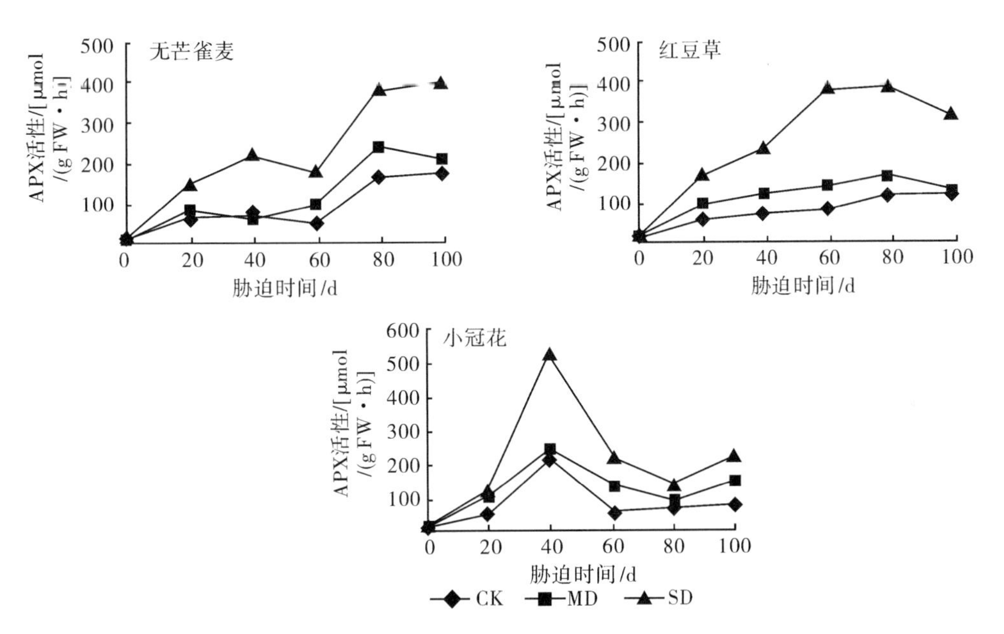

图 4-18　不同土壤水分下 3 种牧草 APX 活性的变化

4.2.7　土壤水分含量对 3 种牧草叶片叶绿体色素含量的影响

4.2.7.1　土壤干旱下 3 种牧草叶片叶绿素含量的变化

由图 4-19 可知，3 种牧草叶绿体色素在各处理下呈现出随胁迫时间延长而上升的趋势，并且在各处理下均表现为对照高于干旱处理。无芒雀麦在 CK 与 MD 下表现为在第 20～40 天先下降随后逐渐上升的趋势，而在 SD 下则表现为先上升然后逐渐下降的趋势。红豆草与小冠花在 3 种胁迫下均表现为逐渐上升的趋势。

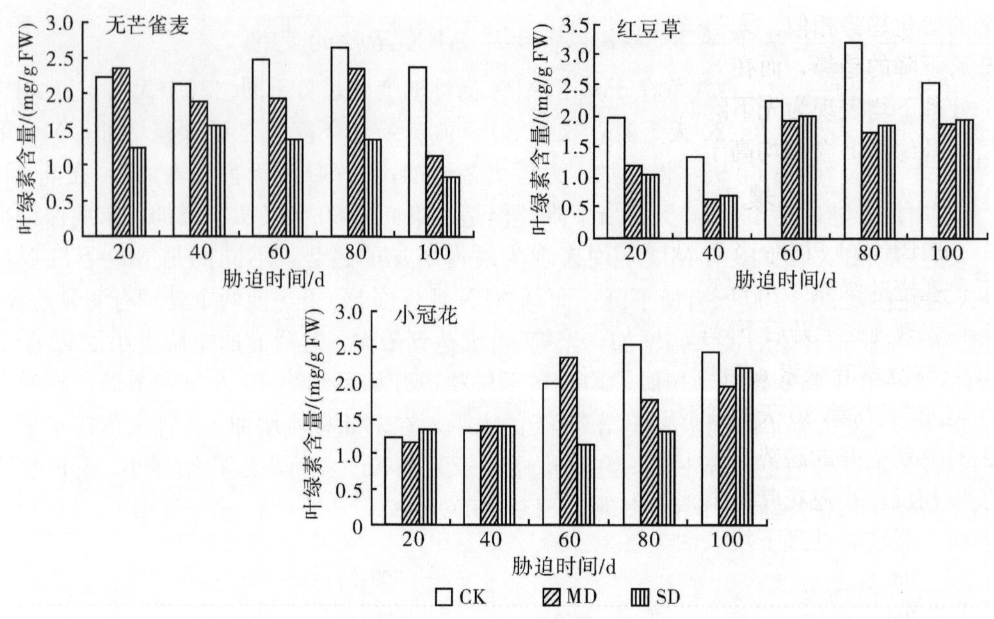

图 4-19　不同土壤水分下 3 种牧草叶绿素含量的变化

4.2.7.2　土壤干旱下 3 种牧草叶片叶绿素 a 含量与叶绿素 b 含量的变化

由图 4-20 可知，3 种牧草叶绿素 a 含量与叶绿素 b 含量变化趋势与叶绿体总色素含

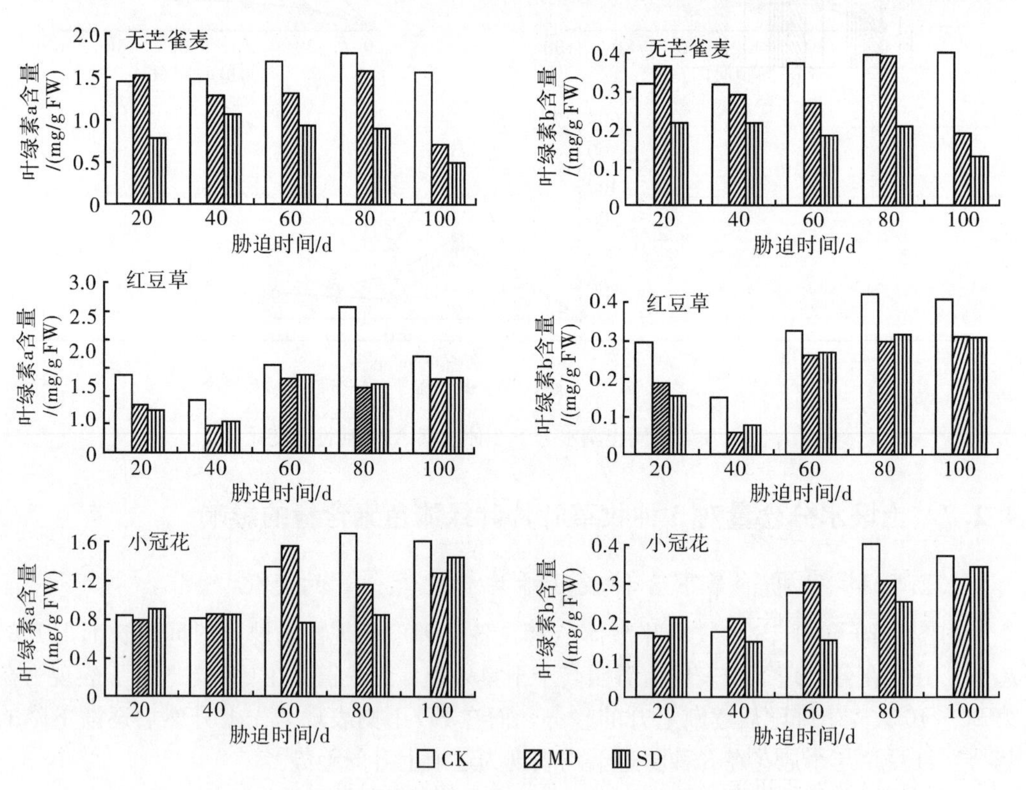

图 4-20　不同土壤水分下 3 种牧草叶绿素 a、叶绿素 b 含量的变化

量的变化趋势相似。无芒雀麦叶绿素 a 含量与叶绿素 b 含量在 CK 与 MD 下均呈现先上升后下降的趋势，而在 SD 下则表现为先下降而后上升的趋势。红豆草与小冠花则在 3 种处理下均表现为先下降而后上升的趋势。在含量上，无芒雀麦与红豆草的叶绿素 a 含量与叶绿素 b 含量均高于小冠花。

4.2.7.3　土壤干旱下 3 种牧草叶绿素 a/叶绿素 b 值的变化

由图 4-21 可知，3 种牧草叶绿素 a/叶绿素 b 在干旱胁迫下的变化趋势不尽相同。无芒雀麦叶绿素 a/叶绿素 b 值在 CK 下保持稳定，呈缓慢下降的趋势，而在 MD 与 SD 下均表现为先上升后下降的趋势，且在各处理间叶绿素 a/叶绿素 b 均表现为 CK>MD>SD。红豆草叶绿素 a/叶绿素 b 变化并不是十分规律，在 CK 下表现出波动变化的趋势，在第 40 天与第 80 天时较高。而 MD 与 SD 下，叶绿素 a/b 值为先下降，至第 80～100 天时有所上升的趋势。胁迫初期与末期表现为干旱胁迫处理大于对照，而在胁迫中期则表现相反。小冠花叶绿素 a/叶绿素 b 在第 20～40 天时呈现出迅速下降随后逐渐上升的趋势，且在各处理下均表现为干旱胁迫处理小于对照。

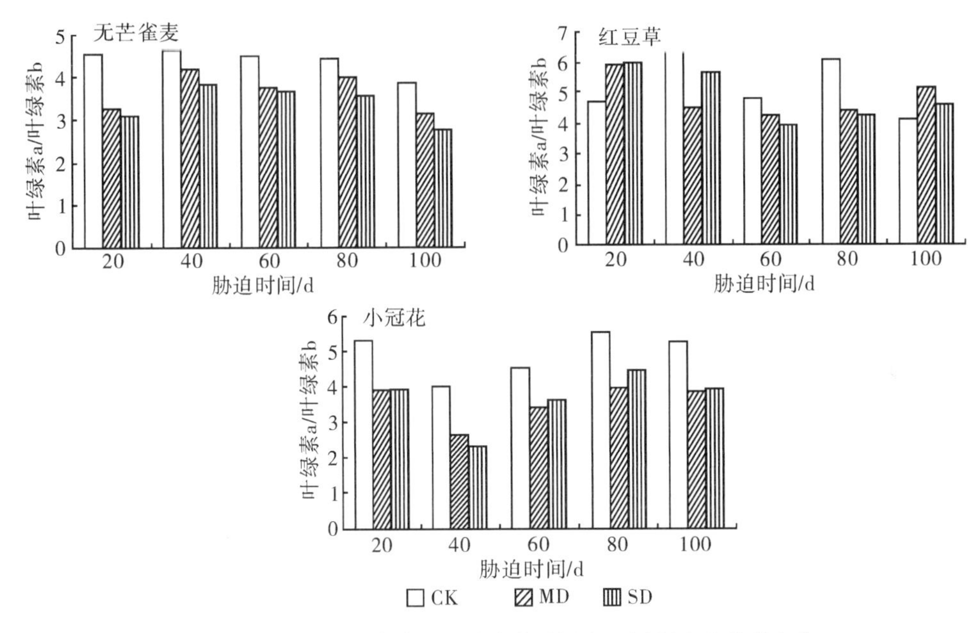

图 4-21　不同土壤水分下 3 种牧草叶绿素 a/叶绿素 b 值的变化

4.2.7.4　土壤干旱下 3 种牧草类胡萝卜素含量的变化

由图 4-22 可知，3 种牧草在干旱胁迫下类胡萝卜素（Car）含量的变化趋势存在很大差异。无芒雀麦叶片 Car 含量在 CK 与 MD 下变化趋势一致，表现为第 20～40 天时下降，第 80～100 天又下降，而在 SD 下则表现为第 20～40 天时上升随后缓慢下降，在各处理间均表现为 SD>MD>CK。红豆草叶片 Car 含量在 MD 与 SD 下保持一致，在第 20～40 天时有所下降，随后在第 40～60 天时迅速上升随后平稳下降，而在 CK 下则是在第 40～80 天迅速上升而后又急剧下降。在各处理间红豆草叶片 Car 值表现为 CK>SD>MD。小冠花叶片 Car 含量变化趋势较为复杂，CK 下在 100 天内稳定上升；MD

下则在第 20～40 天迅速上升后大幅下降至第 80 天，之后又迅速上升；SD 下则迅速上升至第 60 天，随后在第 60～80 天时大幅下降，而后又有所上升。在第 20 天与第 40 天时，小冠花叶片 Car 值大小表现为 SD>CK>MD；而在第 60 天时 Car 值发生了较大的变化，为 MD>CK>SD。

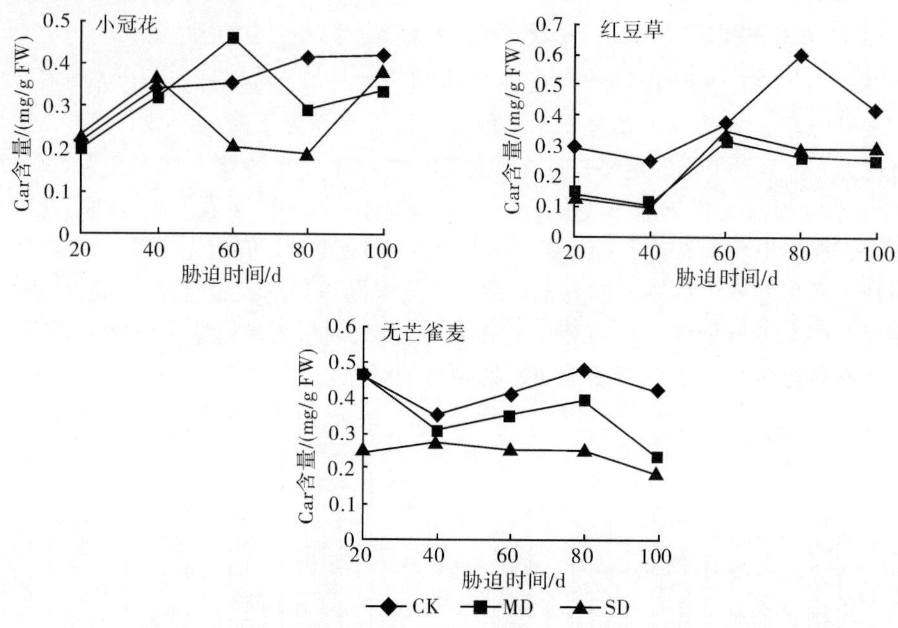

图 4-22 不同土壤水分下 3 种牧草 Car 含量的变化

4.2.7.5 土壤干旱下 3 种牧草类胡萝卜素含量/叶绿素含量的变化

由图 4-23 可知，3 种牧草类胡萝卜素/叶绿素含量变化趋势有所不同。无芒雀麦在

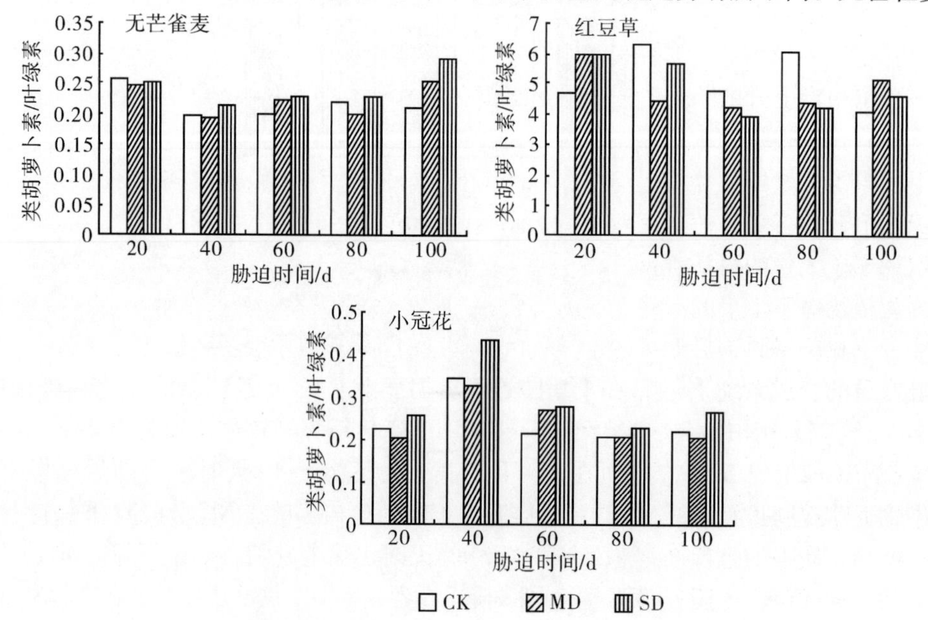

图 4-23 不同土壤水分下 3 种牧草类胡萝卜素含量/叶绿素比值的变化

各干旱处理下表现为第 20～40 天有所下降，随后稳定上升。除了第 20 天时 CK 下类胡萝卜素/叶绿素值略大于 MD 与 SD，在其余时间点上均表现为干旱胁迫处理大于对照。红豆草与小冠花叶片类胡萝卜素/叶绿素值变化趋势相似，均表现为先上升后下降的趋势，其中红豆草在 CK 与 MD 下类胡萝卜素/叶绿素在第 20～40 天上升而后下降，而在 SD 下则上升至第 60 天后下降。在各处理下，红豆草在胁迫第 60 天时大于对照，其余时间段上均表现为对照大于胁迫。小冠花在各个时间段上干旱胁迫下类胡萝卜素/叶绿素值均大于对照。

4.2.8　小结

在干旱胁迫下，3 种牧草呈现出不同的生理抗旱机制，对抗旱胁迫的响应亦存在差异。植物水分特征是植物抗旱性的重要指标，有研究表明抗旱性强的牧草种具有较强的保水能力。整个生长季，无芒雀麦的相对含水量均高于红豆草与小冠花，在胁迫下其相对含水量的变化降幅较小。水分饱和亏以相对于饱和含水量的百分数来表示，饱和亏越大说明水分亏缺越严重。无芒雀麦水分饱和亏在干旱处理下要小于其他 2 种牧草。从保水力上分析，无芒雀麦保水力在脱水后下降较为平缓，并没有出现前两小时急剧下降的现象。以上 3 个水分生理指标均说明无芒雀麦的保水能力要优于其他 2 种牧草。

植物在受到干旱胁迫时，自身可以产生渗透调节物质（如脯氨酸、糖类物质等）进行渗透调节，降低细胞的渗透势以适应干旱逆境。脯氨酸在植物的防御机制中发挥着重要作用，植物受到非生物胁迫（如干旱）时会大量积累脯氨酸以抵御干旱胁迫。试验结果表明，3 种牧草在干旱胁迫的发展过程中均积累了大量的脯氨酸，这说明干旱胁迫下 3 种牧草均可通过积累脯氨酸以增强自身的渗透调节能力，但草种间的响应机制存在差异。无芒雀麦在胁迫第 20 天后脯氨酸含量急剧升高，红豆草在前 80 天缓慢升高而在第 80 天时才急剧升高，说明 2 种牧草体内脯氨酸的产生对干旱的敏感程度不同，无芒雀麦体内脯氨酸的积累对干旱表现得更为敏感。小冠花与其他 2 种牧草也不同，其脯氨酸含量呈现出稳定上升的趋势，说明其体内脯氨酸含量是逐步积累的。许多糖类物质与植物抗旱性均具有很强的相关性，可降低植物组织水势。试验结果表明，3 种牧草在干旱胁迫下积累了大量可溶性糖，但植物间可溶性糖对干旱的响应机制有所不同。小冠花表现为稳定上升的态势，而红豆草与无芒雀麦均呈现曲折上升的态势。3 种牧草在干旱下同样也积累了大量的可溶性蛋白，其中红豆草在第 80 天时可溶性蛋白含量有所下降，这是因为植物对于干旱的耐受力是有限的，干旱会抑制蛋白质的合成并加速蛋白质的降解。红豆草在干旱胁迫后期可溶性蛋白质下降则可能是因为随着干旱胁迫时间的延长，体内蛋白质的合成系统受到了破坏从而使得蛋白质降解。

MDA 含量是用来检测膜脂受损害程度的重要指标。3 种牧草在 MD 与 SD 下 MDA 含量均高于 CK 下的 MDA 含量，这说明干旱胁迫的确对 3 种牧草的膜脂造成了损害。但其中红豆草在胁迫第 40 天时，MDA 含量达到峰值后便迅速回落到较低的水平，说明红豆草具有较强的自我恢复和适应干旱的能力；在胁迫后期，小冠花 MDA 含量显著高于其他 2 种牧草，说明其膜脂易受到干旱的损伤。

3 种牧草超氧阴离子自由基虽然均随着干旱时间的延长而增加，但是在数量上差异显著，其中红豆草 O_2^-· 含量最小，无芒雀麦居中，而小冠花的 O_2^-· 含量是红豆草含量的数十倍。这说明红豆草不易受到干旱的损伤，体内所产生的活性氧较少，能够更好地适应干旱胁迫。

SOD 含量的变化及活性的高低可以反映机体内氧自由基的清除能力，而 POD、CAT 与 APX 则反映机体对 H_2O_2 的清除能力。试验结果表明，3 种牧草 SOD、POD、CAT 以及 APX 活性随着干旱胁迫时间的延长均呈上升趋势。3 种牧草 SOD 变化趋势十分相似，均表现为在第 20 天时急剧上升，之后便一直维持在稳定的水平。无芒雀麦 SOD 活性要略低于其他 2 种牧草。小冠花虽然具有较高的 SOD 活性，但是其 POD 与 APX 在升高之后均大幅回落到较低水平，CAT 含量也明显小于其他 2 种牧草，而在干旱下超氧阴离子自由基含量却又显著高于其他 2 种牧草。可以推测小冠花 SOD 歧化反应所产生的 H_2O_2 并没有被高活性的 POD、CAT 与 APX 协同清除，这可能对植物体造成更大的伤害。从非酶保护系统来看，Car 既是光合色素又是内源抗氧化剂，可以耗散过剩光能、清除活性氧，从而防止膜脂过氧化、保护光合机构。红豆草的 Car 含量也要高于无芒雀麦与小冠花，说明红豆草具有良好的活性氧清除能力。

叶绿素 a/叶绿素 b 值的变化能反映叶片光合活性的强弱。3 种牧草在干旱胁迫下叶绿素 a/叶绿素 b 值均有不同程度的升高，说明植物减少了对光的捕获，降低了光合机构遭受光氧化破坏的风险，这应该是抗旱性强的植物适应干旱和强光胁迫的一种光保护调节机制。类胡萝卜素/叶绿素反映植物光能吸收和光保护的关系，其值高低与植物耐受逆境的能力有关。干旱胁迫下 3 种牧草类胡萝卜素/叶绿素值均存在升高的趋势，干旱和强光胁迫时，类胡萝卜素含量相对升高，有利于保护光合机构防止叶绿素的光氧化破坏。

4.3 3 种牧草生长及干物质量积累

4.3.1 不同土壤水分条件下 3 种牧草生长的变化

由图 4-24 可知，3 种牧草在土壤干旱下的生长曲线并不相同，但是可以看出土壤干旱抑制了植物的生长，3 种牧草在 CK 下生长最好，MD 下居中，而在 SD 下生长均受到严重的抑制。无芒雀麦、红豆草在胁迫后生长较快，小冠花在整个生长季均在适宜和中度干旱下保持较快的生长，但是相比前 2 种牧草，土壤严重干旱对小冠花的生长抑制较为严重。

由表 4-4 可知，随着土壤水分胁迫程度的加剧，3 种牧草的株高均有很大幅度的下降。3 种牧草在干旱胁迫下叶面积与株高的变化有着相同的趋势，均为 CK＞MD＞SD。虽然与叶面积、株高一样，根长生长也受到了干旱胁迫的抑制，但是其与株高的比值则表现为干旱胁迫下大于对照，这也说明植物在缺水情况下的地上部生长受到抑制，而相对促进根系的生长以吸取深层土壤的水分。

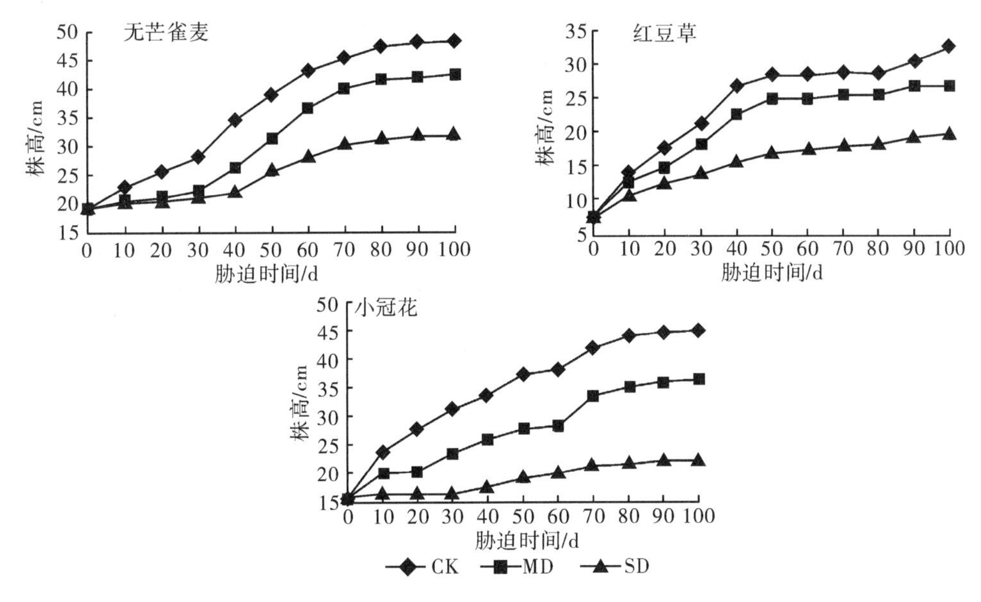

图 4-24　不同土壤水分下 3 种牧草生长变化

表 4-4　不同土壤水分条件对 3 种牧草植株生长的影响

草种	水分处理	株高/cm	根长/cm	叶面积/cm²	根长/株高
无芒雀麦	CK	48.2	37.2	18.96	0.77
	MD	42.3	31.5	13.55	0.74
	SD	31.7	28.7	7.86	0.91
红豆草	CK	32.6	37.2	0.86	1.14
	MD	26.8	25.4	0.67	0.94
	SD	19.8	24.8	0.38	1.25
小冠花	CK	45.8	54.3	1.13	1.18
	MD	38.4	50.6	0.67	1.31
	SD	26.1	48.8	0.35	1.86

4.3.2　不同土壤水分条件对 3 种牧草总生物量与根冠比的影响

从表 4-5 可知，干旱处理对 3 种牧草的生物量及根冠比影响十分显著。3 种牧草在干旱胁迫下无论是地上部干质量还是根系干质量，均表现为 CK>MD>SD。3 种牧草根冠比随着干旱胁迫的加剧而增大。

表 4-5　不同土壤水分条件对 3 种牧草生物量的影响

草种	干旱处理	地上干质量/g	根系干质量/g	总生物量/g	根冠比
无芒雀麦	CK	5.75	0.86	6.61	0.15
	MD	3.26	0.59	3.85	0.18
	SD	2.11	0.51	2.62	0.24
红豆草	CK	8.36	2.98	11.33	0.36
	MD	6.41	2.59	8.99	0.40
	SD	2.35	1.12	3.47	0.48
小冠花	CK	12.39	5.17	17.56	0.42
	MD	9.06	4.92	13.98	0.54
	SD	2.26	2.13	4.39	0.94

4.3.3 不同土壤水分条件对 3 种牧草总水分利用率的影响

表 4-6 为 3 种牧草在相同土壤水分条件下水分利用率的差异分析，可以看出在干旱处理下 3 种牧草的水分利用效率不同。无芒雀麦在 CK 下表现出最大的水分利用效率，即消耗 1kg 水可以产生 2.77g 干物质。无芒雀麦处理间差异均极显著，表现为 CK>MD>SD。红豆草与无芒雀麦不同，其水分利用率在 MD 下最高（为 4.02g/kg），而其在 CK 下的水分利用率则最低。各处理间红豆草水分利用率差异极显著。小冠花干旱下水分利用率的特点与前 2 种牧草有所不同，其在 MD 下水分利用率显著高于其他 2 个水平。

表 4-6 3 种牧草在相同土壤水分条件下水分利用率差异分析 （单位：g/kg）

水分处理	无芒雀麦	红豆草	小冠花
CK	2.77A	2.67C	3.06B
MD	2.23B	4.02A	4.56A
SD	1.44C	3.22B	2.97B

综合生物量积累与耗水总量可以看出，红豆草与小冠花虽然在 CK 下积累了较多的生物量，但是同时其耗水量也非常高；相反，红豆草与小冠花在 MD 与 SD 下虽然生物量的积累少于 CK，但是其消耗的水量较少，其水分利用率反而高于 2 种牧草在 CK 下的水分利用率，这也说明适当干旱能提高植物的水分利用率。在 CK 下小冠花的水分利用率最高，红豆草最低；而在 MD 下依旧为小冠花的水分利用效率最高，但是无芒雀麦的水分利用率最低；在 SD 下红豆草有最高的水分利用率，小冠花次之，无芒雀麦最低。

4.3.4 3 种牧草抗旱性综合评价

采用模糊数学隶属函数法对 3 种牧草的水分饱和亏、脯氨酸、可溶性糖、可溶性蛋白、MDA、超氧阴离子自由基、SOD、CAT、POD、APX 及类胡萝卜素等抗旱相关生理指标进行综合评价，结果见表 4-7。无芒雀麦、红豆草、小冠花的隶属函数平均值分别为 0.487、0.461、0.408，这说明 3 种牧草抗旱性强弱的顺序应为无芒雀麦>红豆草>小冠花。

表 4-7 干旱胁迫下 3 种牧草各测定指标的隶属函数值

抗旱生理指标	无芒雀麦	红豆草	小冠花
WSD	0.835	0.681	0.476
Pro	0.149	0.200	0.202
可溶性糖	0.483	0.355	0.399
超氧阴离子自由基	0.862	0.975	0.596
可溶性蛋白	0.612	0.371	0.268
MDA	0.598	0.644	0.668
SOD	0.440	0.573	0.576
POD	0.263	0.314	0.505
CAT	0.369	0.329	0.114
APX	0.261	0.262	0.240
Car	0.487	0.364	0.443
平均值	0.487	0.461	0.408
排序	1	2	3

4.3.5 小结

土壤干旱胁迫对 3 种牧草的生长速率影响很大，3 种牧草均表现为在适宜水分条件下生长较快，在中度干旱胁迫下生长速率相对缓慢，而在严重胁迫下 3 种牧草的生长速率均受到严重抑制。无芒雀麦与小冠花在干旱胁迫下生长速率的降幅要明显小于小冠花，说明小冠花的生长已受到干旱胁迫的影响。由株高的数据变化可以看出，植物受到干旱胁迫后，植株普遍矮小，这可能是因为水分的缺乏影响了整个植物体内的生理生化反应，阻碍了生长发育有关的代谢进程，进而使得生长发育受到阻碍。而根长与株高的比值在干旱胁迫下的增大，说明植物在受到干旱胁迫时会加速根部的生长，使其自身拥有庞大的根系，能够更多地从深层的土壤中吸收水分。3 种牧草叶面积在干旱胁迫下均有很大程度的减小，这可能是因为生长受到了抑制，也是植物的一种自我保护机制。植物在受到干旱、高温、强光胁迫时，较小的叶面积可以减少体内水分的散失、减少接触强光的面积，从而使得自身的光合结构免受损伤。

在整个生长季随着干旱胁迫程度的加剧，3 种牧草干物质的积累显著减少，但其根冠比却在 SD 下最大、CK 下最小，说明植物在受到干旱胁迫后根系的生长得到了加强，目的是获得更多的水分。从水分利用率上看，无芒雀麦的水分利用率随干旱胁迫的加剧呈下降的趋势。而红豆草与小冠花在 MD 下的水分利用率最高，说明适度的干旱可以增加这 2 种牧草的水分利用率，尤其是红豆草在 SD 下的水分利用效率高于 CK，说明这 2 种牧草即使在干旱地区种植也可能具有较高的产量。

在确立抗旱相关指标的基础上，利用模糊数学隶属函数法对不同植物进行抗旱性评价与抗旱性强弱的比较。隶属函数分析可在多个测定指标的基础上对牧草的抗旱性予以评价，避免了单一指标的片面性。利用多指标对 3 种牧草的水分饱和亏、脯氨酸含量、可溶性糖含量、可溶性蛋白含量、超氧阴离子含量、MDA 活性、SOD 活性、POD 活性、APX 活性、CAT 活性及 Car 活性等指标进行综合评价，得出 3 种牧草抗旱性强弱为无芒雀麦＞红豆草＞小冠花。

第 5 章　甘草、桔梗和菘蓝的耗水和抗旱特性研究

要做好黄土高原植被恢复工作，必须把对物种的选择、改良和对植被的保护放在与退耕还林还草同等重要的位置上来（代亚丽等，2000）。长期以来，重林轻草现象十分普遍，草原未得到应有的重视，致使草原退化、沙化严重。草除了具有养畜作用外，更重要的意义在于改善生态环境。草根系发达，覆盖地面能力强，能有效减少雨水冲刷及地表径流，既可保持水土、防风固沙，又能很好地改善地区环境。在一些条件比较恶劣的地区，宜先种草，在恢复植被的同时，又可养畜使人们获得一定的经济效益，从而提高群众参与退耕还林还草工程的积极性。待土壤有了一定的蓄水能力后，再栽种灌木或乔木，将获得生态、经济、社会三效并举的效果。

甘草（*Glycyrrhiza uralensis* Fisch.）、桔梗［*Platycodon grandiflorus*（Jacq.）A. DC.］和菘蓝（*Isatis indigotica* Fortune）均为多年生草本植物，是常用大宗药材，也是干旱半干旱地区重要的耐旱植物，对防风固沙、改善土壤结构有重要作用。目前，对 3 种药用植物的研究主要集中在组织化学成分及活性等药用功能方面，而针对 3 种药用植物在黄土高原植被恢复中的应用和植物水分生理方面的研究很少。为此以黄土高原地区 3 种乡土药用植物（甘草、桔梗和菘蓝）为试验材料，中国科学院水利部水土保持研究所在防雨棚内模拟不同的土壤干旱条件，研究不同土壤水分处理下 3 种药用植物耗水特性、生理生化特征以及光合色素变化等，揭示 3 种药用植物的耗水规律及其对土壤干旱的适应性机理，从而可更全面了解 3 种药用植物生长与生境的关系以及它们的抗旱机制，最终确定 3 种药用植物对黄土高原干旱环境的适应能力，为干旱半干旱地区草种更新、选用优良药用植物的人工种植和生态环境建设以及为甘草、桔梗和菘蓝的规范化栽培中合理的排灌水提供一定的理论依据。

5.1　3 种药用植物生长与耗水规律

5.1.1　3 种药用植物旬耗水动态

由图 5-1 可知，同一种药用植物在 3 种水分处理下以及 3 种药用植物在同一水分条件下的旬耗水变化总趋势保持一致，均是在 6 月耗水量最高，7 月耗水量逐渐降低，8 月耗水量又有所上升，之后耗水量保持在较低的水平。7 月中旬之后 3 种药用植物耗水量整体上不高，这可能与该地区 7 月中旬开始的长期阴雨天气有关系。同一植物不同水分条件下耗水量变化主要由土壤含水量决定。

同一水分条件下 3 种药用植物的耗水量均表现为菘蓝＞桔梗＞甘草，并且 3 种药用植物均为 CK 处理下耗水量最高，MD 处理下次之，SD 处理下最低，这说明土壤含水量是影响植物耗水量的重要因素。

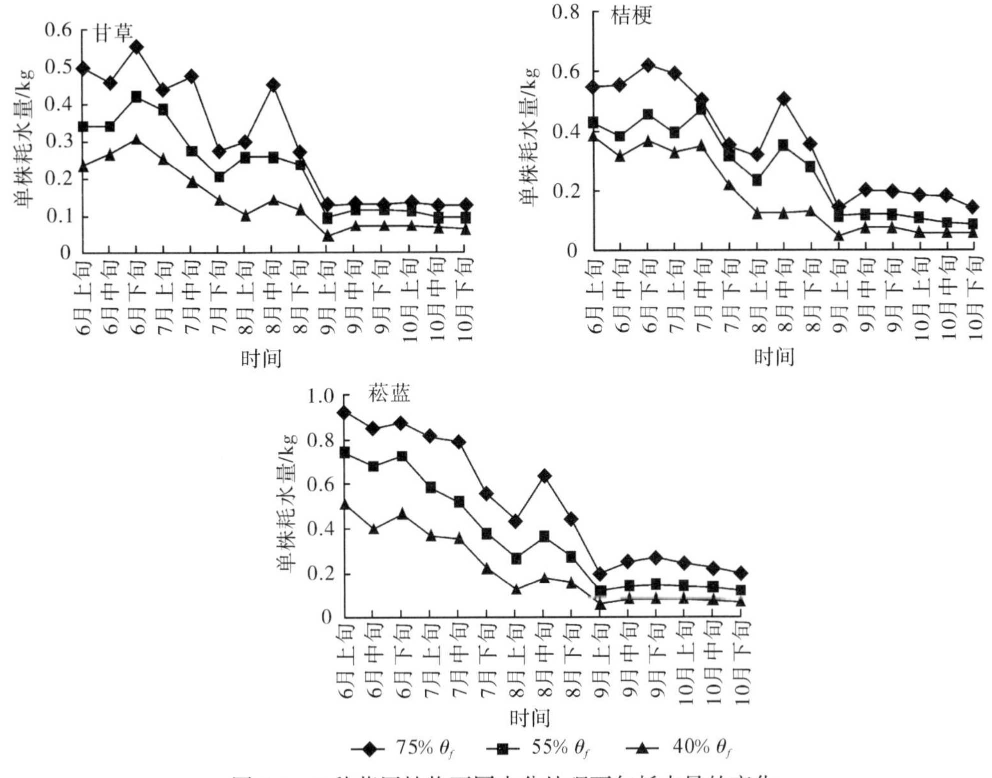

图 5-1　3 种药用植物不同水分处理下旬耗水量的变化

5.1.2　3 种药用植物月耗水量和总耗水量

月耗水量数据如表 5-1 所示，3 种药用植物在各水分处理条件下，月耗水量均随着月份的延续呈逐渐下降的趋势。这可能与该地区 7 月末开始的持续阴雨天气有关，加之植物 6 月、7 月正处于生长旺盛时期，耗水量较大，而进入 9 月、10 月植物逐渐衰老，耗水量有所降低。在 6 月初至 10 月末 153 天处理期内，平均每株甘草在 75%θ_f 处理下耗水总量为 4.479kg，55%θ_f 处理下耗水总量为 3.344kg，40%θ_f 处理下耗水总量为 2.141kg；平均每株桔梗在 75%θ_f 处理下耗水总量为 5.387kg，55%θ_f 处理下耗水总量为 3.962kg，40%θ_f 处理下耗水总量为 2.720kg；平均每株菘蓝在 75%θ_f 处理下耗水总量为 7.731kg，55%θ_f 处理下耗水总量为 5.337kg，40%θ_f 处理下耗水总量为 33.234kg。经 DPS 差异显著性分析发现，3 种药用植物在不同水分处理下的耗水量表现为：适宜水分＞中度干旱＞重度干旱，差异均达到极显著水平，说明土壤含水量严重影响植物的耗水量；并且同一水分处理下，3 种药用植物的耗水量始终表现为：菘蓝＞桔梗＞甘草，差异均达到极显著水平。由此可见，3 种药用植物的植株耗水能力为：菘蓝＞桔梗＞甘草。

表 5-1　不同水分处理 3 种药用植物单株月耗水量和总耗水量　　（单位：kg）

物种	水分处理	月耗水量					总耗水量	差异显著性	
		6月	7月	8月	9月	10月		α=0.05	α=0.01
甘草	75%θ_f	1.509	1.191	1.017	0.380	0.372	4.479	c	C
	55%θ_f	1.105	0.867	0.751	0.325	0.296	3.344	e	D
	40%θ_f	0.807	0.589	0.358	0.189	0.182	2.141	g	E
桔梗	75%θ_f	1.721	1.446	1.179	0.535	0.507	5.387	b	B
	55%θ_f	1.264	1.180	0.867	0.360	0.292	3.962	d	C
	40%θ_f	1.067	0.893	0.381	0.200	0.180	2.720	f	D
菘蓝	75%θ_f	2.654	2.164	1.519	0.722	0.672	7.731	a	A
	55%θ_f	2.153	1.480	0.908	0.409	0.387	5.337	b	B
	40%θ_f	1.377	0.951	0.459	0.222	0.216	3.234	e	D

注：大写字母表示差异显著性 α=0.01 水平，小写字母表示差异显著性 α=0.05 水平。

5.1.3　3 种药用植物日耗水动态

在 7 月 8 日（晴朗无云）测定 3 种药用植物在 3 种水分处理下的日耗水动态变化，测定结果见图 5-2。由图 5-2 可知，3 种药用植物在各种水分处理下的日耗水曲线均呈明显的“单峰”曲线，并且整个耗水过程中耗水量均表现为：适宜水分＞中度干旱＞重度干旱，说明植物的耗水量与相对应的土壤含水量表现为正相关。其中 3 种土壤水分条件下，

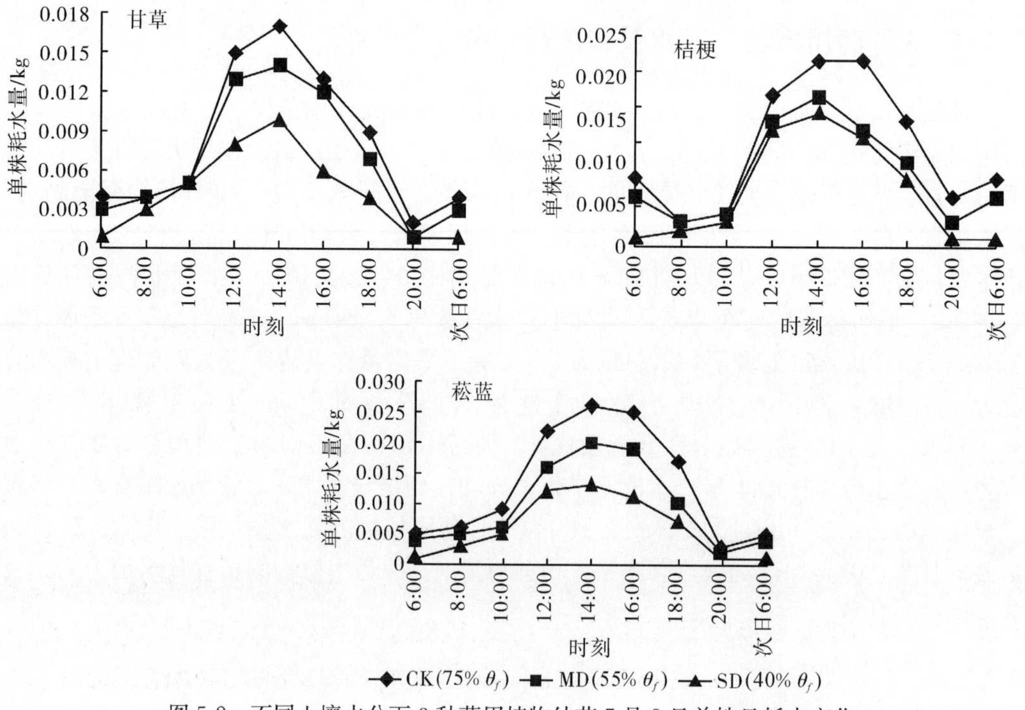

图 5-2　不同土壤水分下 3 种药用植物幼苗 7 月 8 日单株日耗水变化

甘草的耗水量均在 12:00～14:00 达到最高峰，次高峰均在 10:00～12:00 出现。适宜水分条件下，桔梗在 12:00～14:00 和 14:00～16:00 的耗水量基本持平，而中度干旱和重度干旱水平条件下，桔梗均在 12:00～14:00 达到最高峰，在 10:00～12:00达到次高峰。在 3 种土壤水分条件下，菘蓝均在 12:00～14:00 达到最高峰。在 14:00～16:00 达到次高峰，较适宜水分条件下的耗水曲线来看，桔梗在干旱条件和重度干旱水分条件下，菘蓝在重度干旱水分条件下，次耗水高峰出现时段均出现前移现象，可能是由于干旱条件促使植物提前关闭部分气孔，以防止水分的过度蒸发，维持植物体内生理代谢正常，表现为对外界干旱条件的一种适应。

如表 5-2 所示，对 3 种药用植物日耗水总量进行 DPS 显著性方差分析发现，同一种植物在不同水分处理下的日耗水总量表现为：适宜水分＞中度干旱＞重度干旱，并且差异均达到极显著水平。对同一水分条件下 3 种药用植物的日耗水总量比较发现：菘蓝＞桔梗＞甘草，并且除重度干旱条件下桔梗与菘蓝的耗水量之外，其他水分条件下 3 种药用植物耗水总量的差异均达到极显著水平。

表 5-2 不同水分处理下 3 种药用植物单株日耗水总量 （单位：kg）

物种	水分处理	日耗水总量	差异显著性	
			α=0.05	α=0.01
甘草	75%θ_f	0.069	d	D
	55%θ_f	0.059	e	E
	40%θ_f	0.038	g	F
桔梗	75%θ_f	0.098	b	B
	55%θ_f	0.073	d	D
	40%θ_f	0.051	ef	E
菘蓝	75%θ_f	0.113	a	A
	55%θ_f	0.082	c	C
	40%θ_f	0.058	f	E

注：大写字母表示差异显著性 α=0.01 水平，小写字母表示差异显著性 α=0.05 水平。

5.1.4 3 种药用植物叶片相对含水量和水分饱和亏

植物组织相对含水量（RWC）可以反映植物组织的水分情况。表 5-3 表明，3 种药用植物叶片的相对含水量均随着土壤含水量的降低明显减小，水分饱和亏（WSD）却随之增大。同一水分条件下叶片的相对含水量表现为：桔梗＞甘草＞菘蓝（6 月 20 日、7 月 10 日），桔梗＞菘蓝＞甘草（7 月 20 日、8 月 20 日、9 月 10 日），甘草与菘蓝前后相对含水量大小次序的不一致可能是由于 7 月中旬该地的阴雨天气缓解了外界强日照、高温对植物耗水量的影响，因为菘蓝是高耗水植物，因此前两次测定中日照、高温对菘蓝叶片相对含水量降低的影响相对较大。桔梗叶片的相对含水量始终保持较高水平，这可能与桔梗叶片表面附有较厚的蜡质层有关。比较甘草、桔梗、菘蓝在适宜水分条件下和重度干旱水平下叶片相对含水量差值的差异发现，差值大小表现为：菘蓝＞甘草＞桔梗，说明土壤干旱对菘蓝叶片相对含水量影响最大，对桔梗叶片相对含水量影响最小。

在整个过程中各水分条件下桔梗叶片相对含水量始终保持较高水平，并且在干旱胁迫条件下桔梗叶片相对含水量与适宜水分条件下叶片相对含水量差值也最小，说明桔梗叶片具有更好的保水能力。

表 5-3　不同土壤干旱下 3 种药用植物幼苗叶片相对含水量和水分饱和亏的变化

物种	水分处理	6 月 20 日		7 月 10 日		7 月 30 日		8 月 20 日		9 月 10 日	
		RWC	WSD	RWC	WSD	RWC	WSD	RWC	WSD	RWC	WSD
甘草	$75\%\theta_f$	83.05	16.95	84.89	15.11	77.05	22.95	81.73	18.27	80.29	19.71
	$55\%\theta_f$	75.02	24.98	75.76	24.24	68.95	31.05	75.44	24.56	76.34	23.66
	$40\%\theta_f$	65.39	34.61	63.40	36.60	62.44	37.56	69.55	30.45	70.55	29.45
桔梗	$75\%\theta_f$	91.46	8.54	89.50	10.50	90.15	9.85	92.26	7.74	91.39	8.61
	$55\%\theta_f$	87.08	12.92	87.52	12.48	83.97	16.03	86.51	13.49	84.11	15.89
	$40\%\theta_f$	80.89	19.11	80.38	19.62	77.38	22.62	81.98	18.02	82.49	17.51
菘蓝	$75\%\theta_f$	88.45	11.55	89.44	10.56	84.54	15.46	91.02	8.98	92.78	7.22
	$55\%\theta_f$	79.58	20.42	79.99	20.01	75.99	24.01	83.94	16.06	82.67	17.33
	$40\%\theta_f$	70.03	29.97	71.44	28.56	67.17	32.83	74.40	25.60	74.52	25.48

5.1.5　3 种药用植物离体叶片含水量

植物叶片保水力是指叶片在离体条件下，保持原有水分的能力，能反映植物原生质的耐脱水能力和叶片角质层的保水能力。保水力的高低与植物遗传特性、细胞特性及原生质胶体的性质有关。有人指出，叶片保水力可作为植物抗旱性筛选的简易指标，能反应植物原生质的耐脱水能力和叶片角质层的保水能力。图 5-3 为 3 种药用植物在不同土壤水分处理下的叶片含水量（占饱和重）变化情况。

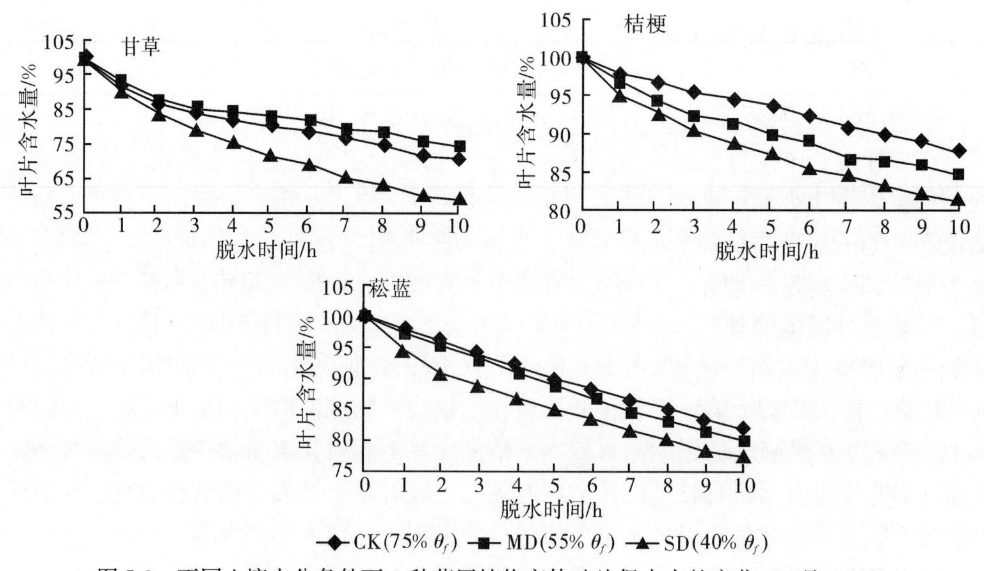

图 5-3　不同土壤水分条件下 3 种药用植物离体叶片保水力的变化（7 月 20 日）

由图5-3（7月20日）可知，甘草在不同水分处理下的持水力表现为：$55\%\theta_f>75\%\theta_f>40\%\theta_f$，桔梗、菘蓝在不同水分处理下的持水力表现为：适宜水分>中度干旱>重度干旱。桔梗和菘蓝在干旱胁迫下尤其是严重干旱条件下，叶片一旦离体水分散失很快，这可能是由于离体叶片在干旱胁迫下细胞膜更容易受到伤害，因此随着干旱程度的加深，离体叶片脱水速率也上升。甘草在 $55\%\theta_f$ 条件下脱水速率小于 $75\%\theta_f$ 和 $40\%\theta_f$ 条件下，说明在中度胁迫下，甘草叶片在形态、结构、生理上发生一定程度的适应反应，如角质、蜡质增厚、内部积累渗透调节物质等，使得叶片保水能力增强。

如表5-4所示，在同一土壤水分条件下3种药用植物的保水力也明显不同，桔梗的保水力强于菘蓝，而甘草的保水能力最小，说明离体条件下桔梗叶片的抗脱水能力最好，具有最高的保水能力，抗旱性强。

表5-4　不同土壤水分条件下3种药用植物叶片失水1h、12h和24h后含水量变化（7月20日）

物种	水分处理	1h后叶片含水量/%	12h后叶片含水量/%	24h后叶片含水量/%
甘草	$75\%\theta_f$	91.876	64.349	55.787
	$50\%\theta_f$	92.668	67.333	58.129
	$40\%\theta_f$	90.647	52.184	50.466
桔梗	$75\%\theta_f$	97.790	83.834	76.768
	$50\%\theta_f$	96.564	79.572	72.971
	$40\%\theta_f$	95.009	77.583	62.601
菘蓝	$75\%\theta_f$	97.865	77.502	75.096
	$50\%\theta_f$	97.202	73.764	71. 790
	$50\%\theta_f$	94. 453	72. 642	68. 167

5.1.6　3种药用植物生物量积累及水分利用效率

5.1.6.1　生物量积累

在植株生长末期分别选取不同水分处理下3种药用植物的整个植株，对其地上部、地下部生物量进行烘干称重，重复9次，结果整理如表5-5所示。土壤干旱显著影响了地上部、地下部生物量的分配。其中，除了CK和MD水平下菘蓝地上部的生物量积累大于地下部生物量积累外，其余水分处理下植物的地下部生物量积累均高于地上部生物量。随着水分胁迫的加剧，同一种植物的地上部生物量和地下部生物量积累均下降，但降低的幅度有所不同。甘草在MD和SD条件下，地上部生物量分别下降了19.60%、37.00%，地下部生物量分别下降了9.00%、35.98%，总生物量分别下降了13.53%、36.41%。桔梗在MD和SD条件下，地上部生物量分别下降了27.60%、56.93%，地下部生物量分别下降了19.88%、57.18%，总生物量分别下降了22.98%、57.08%。菘蓝在MD和SD条件下，地上部生物量分别下降了28.84%、68.04%，地下部生物量分别下降了18.75%、55.42%，总生物量分别下降了24.32%、62.35%。由上可知，随着土壤含水量的逐渐降低，3种药用植物的地上部和地下部生长均受到抑制，其中干旱对甘草的地上部与地下部生长抑制均最小，而对桔梗和菘蓝的抑制作用较大。对3种药用植物的总生物量积累进行显著性分析发现，3种药用植物在3种水分条件下的总生物量积累差异。除CK和MD条件下甘草生物量积累在显著水平外，其他均达到极显著水平，土壤含水量越小植物生物量积累越少。干旱胁迫下桔梗和菘蓝的生物量降低较大，甘草的生物量降低相对较小，说明甘草更能通过有效地调节自身生理及形态结构来适宜外界环境，减少干旱胁迫对植物的伤害，具有很好的抗旱能力。

表5-5　不同土壤水分条件下3种药用植物生物量指标及水分利用率的变化

物种	水分处理	地上部生物量干质量/g	地下部生物量干质量/g	总生物量/g	总耗水/kg	根冠比	水分利用效率/(g/kg)
甘草	75% θ_f	10.71	14.34	25.05	4.48	1.34	5.59
	55% θ_f	8.61	13.05	21.66	3.34	1.52	6.48
	40% θ_f	6.75	9.18	15.93	2.14	1.36	7.44
桔梗	75% θ_f	9.24	13.78	23.02	5.39	1.49	4.27
	55% θ_f	6.69	11.04	17.73	3.96	1.65	4.47
	40% θ_f	3.98	5.90	9.88	2.72	1.48	3.63
菘蓝	75% θ_f	11.86	9.60	21.46	7.73	0.81	2.78
	55% θ_f	8.44	7.80	16.24	5.34	0.93	3.04
	40% θ_f	3.79	4.28	8.08	3.23	1.13	2.50

水分对植物地上部和地下部的抑制作用不一致，因此导致不同水分条件下植株根冠比的变化。甘草和桔梗在MD条件下的根冠比最大，CK和SD条件下根冠比差异不显著；菘蓝的根冠比随着土壤水分含量的降低逐渐变大。中度干旱条件下根冠比的变大说明中度胁迫导致植物生物量逐渐向地下转移，更有利于植物在逆境条件下的存活。而菘蓝的根冠比随着土壤水分含量的降低明显变大，主要是由于干旱胁迫严重影响菘蓝地上部生长引起的。

5.1.6.2　水分利用率

水分利用率是净光合速率与蒸腾速率的比值，由于干旱胁迫同时对净光合速率和蒸腾速率产生影响，所以水分利用率的高低就取决于两者被影响的程度。由表5-5可知，不同土壤水分对不同药用植物水分利用率的影响不同。从表中数据可以明显看出，甘草对水分的利用率最高，菘蓝对水分的利用率最低。不同干旱水平对不同药用植物水分利用率的影响也不一致，其中桔梗和菘蓝均是在MD条件下水分利用效最高，而甘草的水分利用率随着土壤干旱程度的加深而增加。说明相对适宜水分条件和中度干旱而言，严重干旱对甘草生物量的影响程度小于对甘草耗水量的影响程度。在严重干旱胁迫下，甘草可以充分利用有限的水分条件，通过提高水分利用率来保证植物本身的生长，并且整个试验过程中甘草的水分利用率始终最高，说明甘草对干旱具有更高的适应性。

5.1.7 小结

（1）3种药用植物在整个植物生长期中的耗水总量差异明显，不同水分处理下耗水量均表现为：菘蓝>桔梗>甘草。并且经DPS方差分析发现，3种药用植物总耗水量的差异性均达到极显著水平（$p<0.01$）。3种药用植物在3种土壤水分条件下耗水量趋势表现为：适宜水分>中度干旱>严重干旱。方差分析表明，同一植物在不同土壤水分条件下总耗水量差异均达到极显著水平（$p<0.01$）。说明对于同一种植物，土壤水分含量是影响植物耗水量的重要因素之一。土壤水分含量与植物的耗水量呈正比关系，土壤水分含量越高，耗水量也越高，反之耗水量越小。对不同植物而言，各植物耗水量除了与土壤水分有关外，和自身生理特性也有很大关系。在相同土壤水分下，不同植物由于具有不同的水分利用特性，因此表现出很大的耗水量差异。试验中菘蓝的耗水量明显高于桔梗和甘草，是一种高耗水植物。

（2）3种药用植物的耗水量因土壤水分条件的不同而有所差异。同一植物不同水分条件下以及同一水分条件下不同植物的旬耗水变化基本保持一致，总耗水量在各旬、各月的分配比例也基本相同，整体表现为6月、7月耗水量比较高，8月耗水量则明显降低，9月、10月耗水量维持在极低水平。这说明外界环境条件是造成植物耗水趋势变化的主要影响因素，不同植物对耗水趋势变化的影响不大。同一植物不同水分条件下的日耗水变化趋势基本一致。表现为：CK>SD>MD，与植物旬耗水和总耗水趋势一致，随着水分胁迫的加深，植物日耗水的最高点呈现迁移的现象，表现为植物对干旱胁迫的一种适应机制。同一水分条件下不同植物的日耗水趋势也基本一致，表现为：菘蓝>桔梗>甘草。不同植物耗水总量的差别表现出不同植物物种耗水的特异性。

（3）随着胁迫程度的加深，3种药用植物叶片的相对含水量均呈现逐渐降低的趋势，水分饱和亏也随之上升。3种药用植物叶片相对含水量与植物耗水量变化趋势相反，在植株耗水量较小期间，叶片的相对含水量较高，说明外界环境对植物叶片相对含水量有重要的影响。比较同一水分条件下叶片的相对含水量发现，前两次测定表现为：桔梗>甘草>菘蓝（6月20日，7月10日），桔梗>菘蓝>甘草（7月20日，8月20日，9月10日）。桔梗叶片的相对含水量始终保持在最高水平，这可能与桔梗叶片表面附有较厚的蜡质层有关。比较甘草、桔梗、菘蓝在CK和SD水平下叶片相对含水量的差异发现：菘蓝>甘草>桔梗，说明土壤干旱对菘蓝叶片相对含水量影响最大，对桔梗叶片相对含水量影响最小。结合3种药用植物离体叶片保水能力的测定，可以推断3种药用植物中桔梗叶片的保水能力最高。

（4）不同水分条件处理对3种药用植物离体叶片持水力的影响不一致。甘草在不同水分处理下的持水力表现为：MD >CK>SD，桔梗、菘蓝在不同水分处理下的持水力表现为：适宜水分>中度干旱>重度干旱。甘草在MD条件下脱水速率大于CK和SD条件下，可能是由于中度干旱胁迫下甘草叶片在形态、结构、生理上发生一定程度的适应反应，使得叶片保水能力增强而增加了甘草的抗旱性。同一土壤水分条件下3种药用植物的保水力也明显不同，桔梗的保水力明显强于菘蓝和甘草，并且在干旱胁迫与适宜水分下，桔梗离体叶片的持水力变化最小。说明离体条件下桔梗叶片的抗脱水能力最强，桔梗具有较高的抗旱能力。

(5) 随着水分胁迫的加剧，3 种药用植物的地上部生物量和地下部生物量积累均下降，但降低的幅度不尽相同。其中干旱胁迫下桔梗和菘蓝的生物量降低较大，甘草的生物量降低相对较小，说明甘草更能通过有效地条件调节自身生理及形态结构来适宜外界环境，减少干旱胁迫对植物的伤害，具有很好的抗旱能力。同时甘草具有更高的水分利用率，说明甘草更能充分利用有限的水源用于自身的生长和生理代谢，体现了甘草具有较高的干旱适应能力。

5.2 不同土壤水分下 3 种药用植物的抗旱特性

5.2.1 干旱胁迫对 3 种药用植物叶片活性氧及活性氧清除系统的影响

5.2.1.1 干旱胁迫对 3 种药用植物叶片超氧阴离子自由基含量的影响

由图 5-4 可知，不同水分胁迫下甘草的 O_2^-· 含量差异不大。桔梗的 O_2^-· 含量表现为适宜水分条件下 O_2^-· 含量明显高于中度干旱和严重干旱下。不同水分胁迫下菘蓝体内 O_2^-· 含量变化规律基本相同，随着胁迫时间的延续 O_2^-· 含量呈现缓慢上升的趋势，变化表现为：SD＞MD＞CK。说明干旱胁迫使细胞内活性氧的产生加快，导致 O_2^-· 含量的增加（时忠杰等，2002；Jaleel et al.，2007），但整个试验过程中 O_2^-· 含量依旧保持在较低的水平上，说明在各种活性氧清除物质的作用下，植物细胞内 O_2^-· 含量仍处在较稳定的水平上，从而保证了各种水分条件下植物的正常生长。

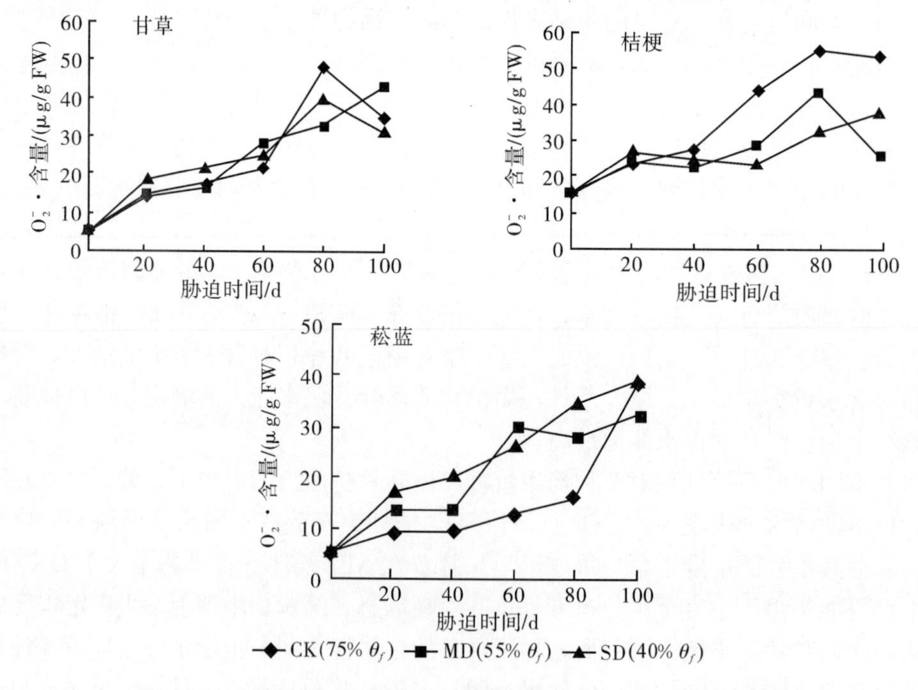

图 5-4 不同土壤水分条件下 3 种药用植物叶片 O_2^-· 含量的变化

5.2.1.2 干旱胁迫对 3 种药用植物叶片 SOD 活性的影响

SOD 是植物氧代谢过程中一种极为重要的酶，是植物体内活性氧清除过程中的第一道防线，它歧化 O_2^-· 生成 H_2O_2 和 O_2，从而影响植物体内 O_2^-· 和 H_2O_2 的浓度，保护植物免受活性氧的伤害（张巧仙等，2004；陈少裕，1989）。作为一种诱导酶，SOD 活性受其底物 O_2^-· 浓度的诱导，与植物的抗逆性密切相关，其活性高低是评价植物抗旱性强弱的重要指标之一。

由图 5-5 可知，随着胁迫时间的延续，3 种药用植物在 3 种土壤水分条件下 SOD 活性变化曲线均呈“M”形，即先升高、后降低、再升高、再略有降低，且差异均不显著。各水分处理下的 3 种药用植物的 SOD 活性在持续胁迫期间变化趋势均保持一致，尤其在胁迫中期几乎没有差异。这说明在中度干旱和重度干旱与适宜水分条件下相比，3 种药用植物中 SOD 的活性无显著差异，在清除活性氧方面均起到重要的作用。植物的生长受到各种环境因子共同作用的影响，植物体内的保护酶防御体系除了 SOD，还有 POD 和 CAT，它们协同清除逆境胁迫下植物体内产生的自由基，减小逆境伤害。

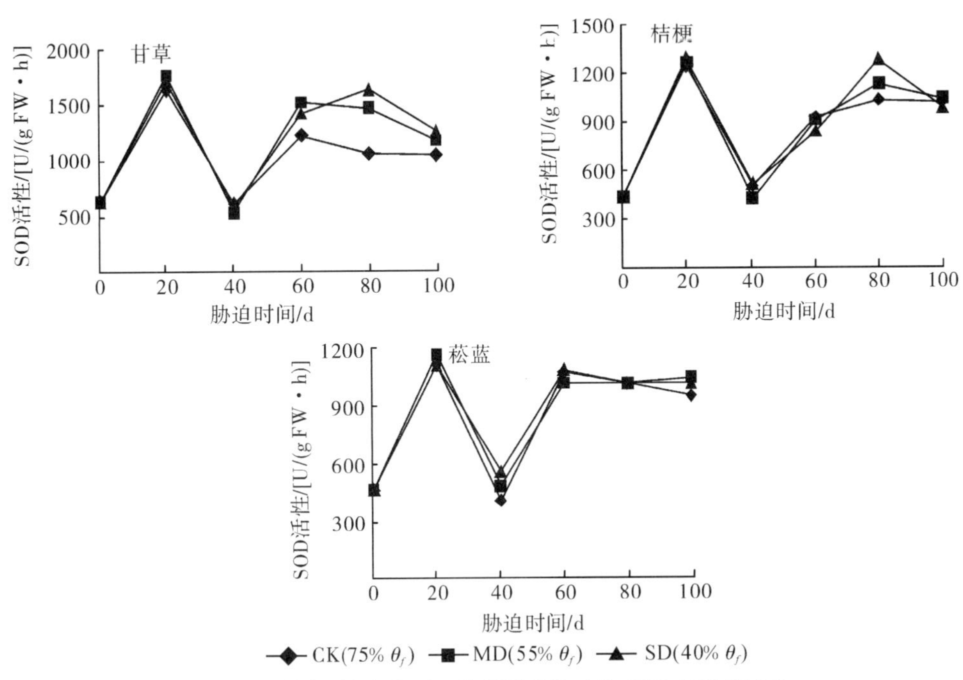

图 5-5 不同土壤水分下 3 种药用植物叶片 SOD 活性的变化

5.2.1.3 干旱胁迫对 3 种药用植物叶片 CAT 活性的影响

CAT 是植物细胞内重要的抗氧化防御酶之一，可以将 SOD 等产生的 H_2O_2 转化成 H_2O，受 H_2O_2 诱导，终止进一步生物自由基连锁反应，使活性氧维持在较低水平（Brag，1993）。

如图 5-6 所示，甘草在 CK 水分处理下，CAT 活性先降低、后升高、最后又降低，并且在胁迫第 60 天达到最大值；在 MD 胁迫下，甘草的 CAT 波动较小；而在 SD 胁迫处理下，则表现出先降低、后升高、再降低、最后又升高的趋势。比较不同水分条件下甘草的CAT活性值发现：CK＞SD＞MD，其中CK条件下CAT活性值明显大于干旱条件。桔梗叶片CAT活性在3种水分处理下变化趋势趋于一致，均呈现胁迫初期先降低，然后明显升高，之后又明显降低的趋势。并且在整个胁迫过程中CAT活性值表现为：适宜水分＞中度干旱＞重度干旱，并且随着胁迫时间的延续，干旱水分条件下的CAT最高值呈现提前达到的现象，这可能表现为一种植物对胁迫的适应机制。菘蓝叶片CAT活性在3种水分处理下变化趋势也趋于一致，在水分处理前期呈现逐步上升的趋势，胁迫后期CAT活性有所降低，并且整个胁迫过程中CAT的活性值表现为：SD＞MD＞CK。这可能是由于干旱胁迫对菘蓝生理产生较大影响，因此菘蓝通过提高CAT的活性来积极抵抗外界胁迫，减少胁迫对植物带来的损伤。3种不同药用植物对3种水分胁迫呈现出来的不同的CAT活性变化趋势，反映了植物所具有的特异性。

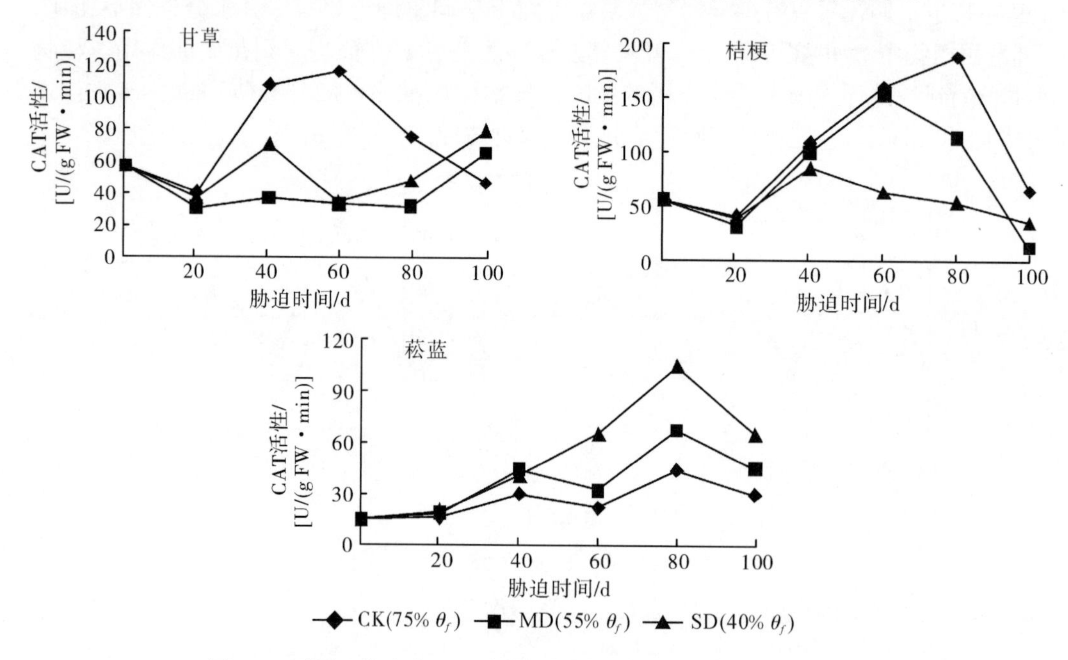

图5-6 不同土壤水分下3种药用植物幼苗叶片CAT活性的变化

5.2.1.4 干旱胁迫对3种药用植物叶片POD活性的影响

POD为细胞内一种重要的活性氧保护酶，可以清除由逆境胁迫产生的多余的H_2O_2，表现为一种保护效应。如图5-7所示，在各种水分条件下随着胁迫时间的延续，3种药用植物的POD活性变化曲线基本一致。在胁迫初期均略有上升，之后又略有降低，中期POD活性明显升高并在胁迫第80天达到最大，最后POD活性又急剧下降。POD整体变化趋势保持一致，但水分胁迫对不同药用植物的影响又明显不同。在整个胁迫过程中，甘草的POD值活性表现为：SD＞MD＞CK，并且SD条件下POD活性的变化幅度也最大，而CK条件下POD活性的变化幅度最小，说明甘草可以很好地通过提高POD活性来抵抗外界干旱胁迫。不同水分条件下桔梗的POD值前期变化不大，直至胁迫末期，POD值才表现出明显的差异。整体而言，不同水分条件下桔梗POD值差异不大，说明在各水分条件下桔梗的POD值均起到了重要的作用。不同水分条件下菘蓝的 POD 值略有不同，整体表现为：MD＞CK＞SD。说明中度胁迫下，植物可以通过提高 POD 活性来抵抗外界干旱条件，而当干旱程度进一步加深，植物体受到的伤害加重，POD 活性又有所下降。在整个测定过程中，菘蓝的 POD 活性值明显高于甘草和桔梗，其中桔梗 POD 活性值最低，说明菘蓝更能利用自身体内高活性的 POD 来清除由外界干旱胁迫所积累的活性氧。

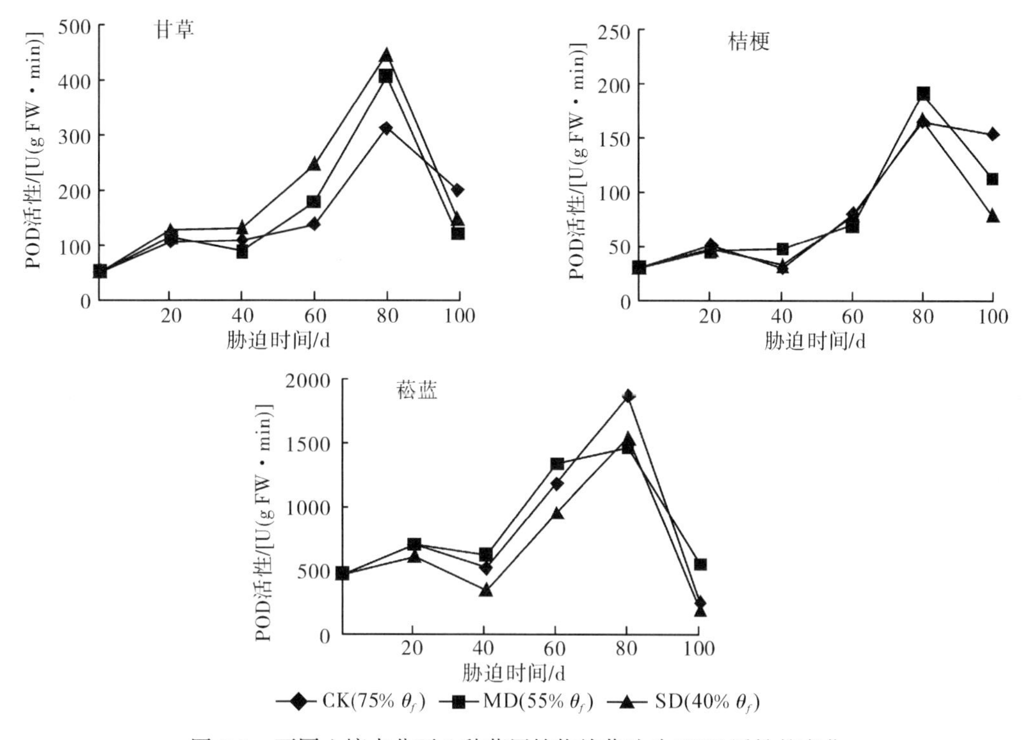

图 5-7 不同土壤水分下 3 种药用植物幼苗叶片 POD 活性的变化

5.2.1.5 干旱胁迫对 3 种药用植物叶片抗坏血酸含量的影响

如图 5-8 所示，随着水分胁迫的持续，不同植物抗坏血酸（Vc）含量的变化趋势有所不同。随着胁迫时间的延续，甘草抗坏血酸含量明显下降，并均在胁迫后第 20 天达到最小值，在此阶段不同胁迫间抗坏血酸含量的差异很小，之后各水分处理下抗坏血酸含量表现出逐渐上升的趋势。在整个试验过程中，抗坏血酸含量表现为：适宜水分＞中度干旱＞重度干旱。桔梗中抗坏血酸含量的变化趋势差异较大，CK 条件下抗坏血酸含量首先呈上升趋势，然后又逐渐降低，MD 和 SD 条件下抗坏血酸含量呈先上升，后下降，最后又上升的趋势，并且各水分条件下抗坏血酸含量均在胁迫后第 40 天达到最高值。整个过程抗坏血酸含量表现为：适宜水分＞中度干旱＞重度干旱。菘蓝各水分条件下抗坏血酸含量首先明显下降，之后又呈波动上升的趋势，其中 MD 水分条件下抗坏血酸含量在胁迫后第 20 天达到最低值，而 CK 和 SD 水分条件下抗坏血酸含量均在胁迫后第 40 天达到最低值。整个过程中抗坏血酸含量表现为：MD＞CK＞SD。甘草与菘蓝在胁迫初期均出现抗坏血酸含量明显降低的趋势，这可能是由于干旱胁迫前期植物体内活性氧自由基大量积累，需要消耗大量的抗坏血酸来清除活性氧，导致前期各水分处理下抗坏血酸含量都明显降低。之后在各种清除系统的共同作用下，植物体内活性氧自由基含量在一定范围内呈波动趋势，所以植物体内抗坏血酸含量亦呈现波动回升趋势，这充分说明抗坏血酸确实在清除甘草和菘蓝体内 H_2O_2 中起到了很重要的作用。在整个过程中甘草和桔梗的抗坏血酸含量均为在严重胁迫下最低，在适宜水分条件下最高。而菘蓝在严重胁迫下抗坏血酸含量也小于适宜水分条件下，这可能是由于抗坏血酸被大量消耗用于清除植物体内过量的活性氧。由此可见，抗坏血酸确实在 3 种药用植物的抗氧化方面都起着十分重要的作用。

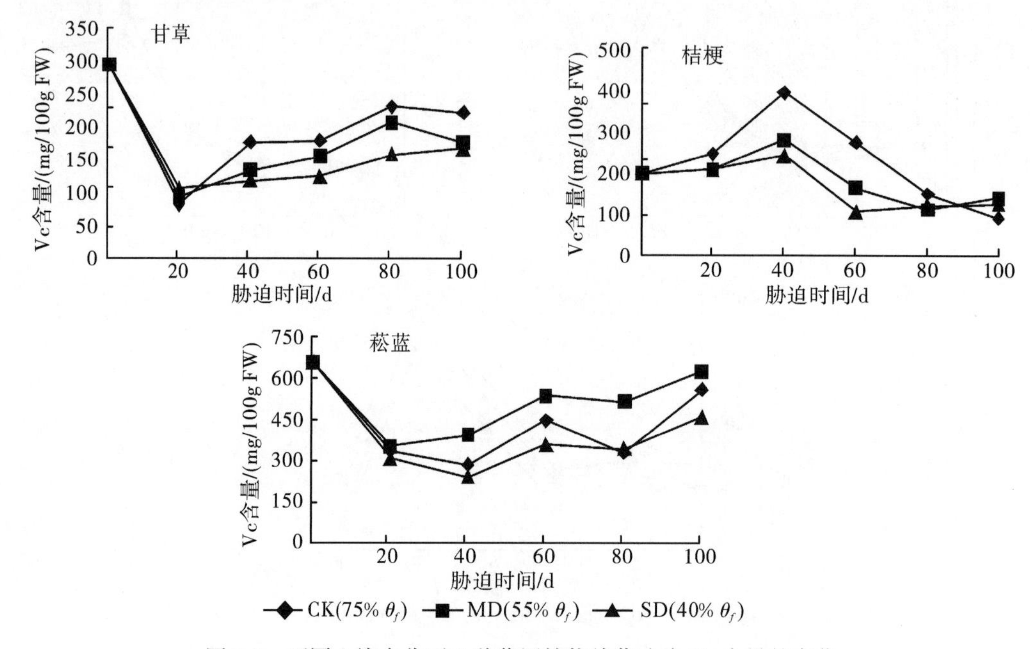

图 5-8　不同土壤水分下 3 种药用植物幼苗叶片 Vc 含量的变化

5.2.2　干旱胁迫对 3 种药用植物叶片膜透性和 MDA 含量的影响

5.2.2.1　干旱胁迫对 3 种药用植物叶片膜透性的影响

大量研究表明，生物膜和抗旱性有着密切的关系，电导率的高低可反映细胞质膜透性的大小，并用来衡量植物的抗旱能力。一般认为，干旱条件下植物细胞膜系统的完整性与植物体的生理功能以及活性氧的大量累积直接相关。植物细胞原生质膜对干旱非常敏感，干旱胁迫首先引起膜透性改变，表现在发生膜脂的过氧化作用，即干旱胁迫因素可以诱发植物组织细胞内产生过量 H_2O_2 等活性氧（ROS）。活性氧过剩积累会造成膜系统、蛋白质和 DNA 分子结构等损伤。为抵御活性氧对细胞的毒害，植物细胞便启动一些活性氧清除机制来减少胁迫对植物细胞的伤害。

如图 5-9 所示，随着土壤水分含量的减少，各植物细胞膜相对透性都有所增加，但变幅有所不同。从适宜水分到严重干旱，桔梗细胞膜透性增加幅度最小，甘草次之。结合细胞膜伤害率（表 5-6）来看，桔梗在中度、严重干旱下的平均伤害率最低，说明干旱下桔梗通过各种途径有效降低了干旱对细胞膜的伤害，保持细胞膜稳定。表 5-6 所示随着胁迫时间的延长，菘蓝细胞膜伤害率逐渐加重，甘草和桔梗总体表现出先升高后降低的趋势。说明三者在干旱条件下细胞膜均受到伤害，但甘草和桔梗能够积累更多的渗透调节物质或者激活保护酶系统和非酶系统活性，逐渐使膜伤害率减小。其中桔梗表现最明显，具有最强的细胞膜稳定性。

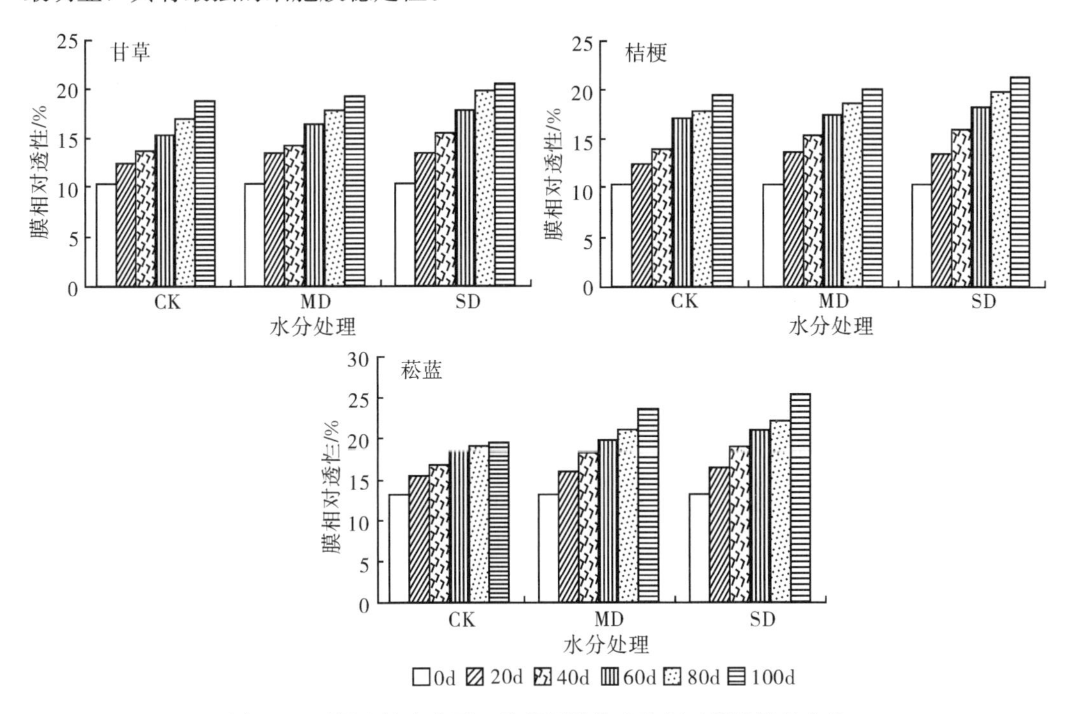

图 5-9　不同土壤水分下 3 种药用植物叶片相对膜透性的变化

表 5-6　土壤水分含量对 3 种药用植物细胞膜伤害率的影响

干旱胁迫时间/d	甘草		桔梗		菘蓝	
	MD	SD	MD	SD	MD	SD
0	0	0	0	0	0	0
20	8.40	8.05	8.64	7.67	5.60	8.18
40	5.42	12.60	10.44	13.40	7.27	12.44
60	6.96	14.66	2.51	5.86	6.12	12.79
80	5.44	15.26	3.50	8.35	8.79	14.72
100	1.40	9.26	2.81	8.83	18.34	24.83
平均值	4.70	10.91	4.65	7.35	7.69	13.72

5.2.2.2　干旱胁迫对 3 种药用植物叶片 MDA 含量的影响

植物在衰老或逆境条件下遭受伤害时，体内活性氧的产生和抗氧化系统之间的平衡体系被破坏，自由基积累，导致植物细胞膜系统受到伤害，膜脂发生过氧化，丙二醛（MDA）含量增加。MDA 被认为是膜脂过氧化的分解产物，而且其本身又对细胞具有毒害作用，因此测定 MDA 的含量可以判断植物的过氧化程度，也可以反映植物细胞膜受伤害程度，可以进一步反映植物的抗旱能力。

如图 5-10 所示，3 种药用植物叶片 MDA 含量受干旱程度和干旱时间的影响不同，但变化趋势大体相同，都呈现“M”形曲线，即先升高、后降低、再升高、再略有降低。并且 3 种药用植物的 MDA 含量整体均表现为：SD>MD>CK，说明 3 种药用植物的细胞膜损伤程度随着土壤含水量的减少而增加。

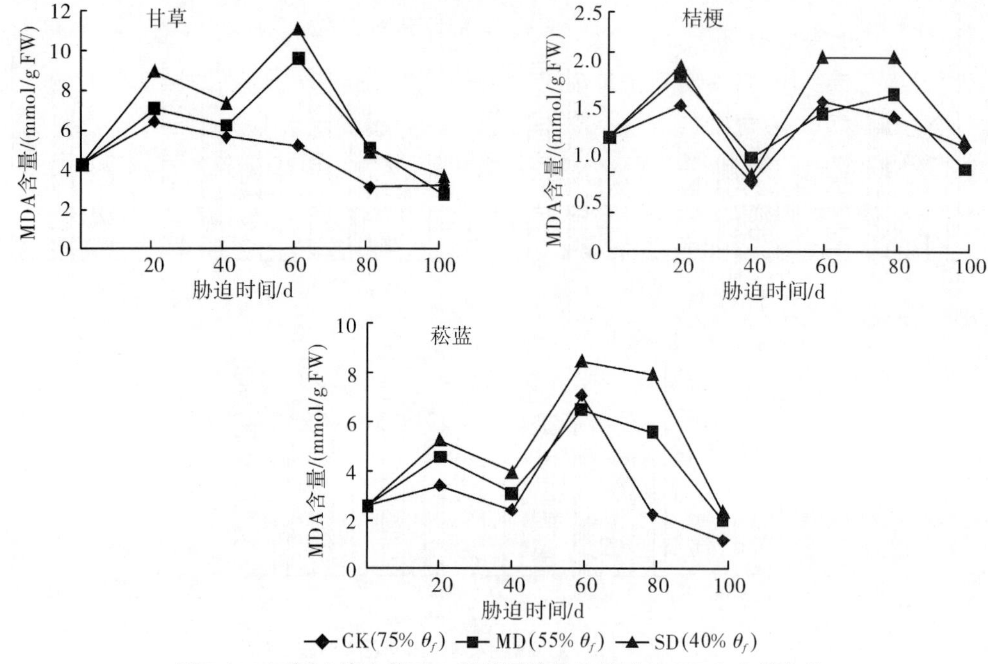

图 5-10 不同土壤水分下 3 种药用植物幼苗叶片 MDA 含量变化

由表 5-7 可知，3 种药用植物随着干旱程度的加大，叶片 MDA 含量均逐渐增大，即膜脂过氧化程度逐渐加深，细胞膜伤害程度增加。干旱胁迫下 3 种药用植物叶片 MDA 平均含量受干旱的影响程度不同，其中菘蓝的变化幅度最大，SD、MD 条件下叶片 MDA 含量分别是 CK 条件下的 1.62 倍和 1.28 倍，而甘草为 1.25 倍和 1.45 倍，桔梗为 1.06 倍和 1.22 倍。说明菘蓝膜脂过氧化对土壤含水量反应较敏感，桔梗最稳定。桔梗的 MDA 含量在 3 种土壤水分条件下显著低于甘草和菘蓝，且一直维持在低水平，说明桔梗的膜脂过氧化程度最小，具有更好的膜稳定性，甘草次之，菘蓝最差，与对 3 种药用植物细胞膜伤害率测定结果基本一致。

表 5-7 土壤水分含量对 3 种药用植物 MDA 平均含量的影响 （单位：mmol/g）

水分处理	甘草	桔梗	菘蓝
CK	4.617 4	1.251 1	3.140 0
MD	5.788 0	1.323 3	4.024 4
SD	6.675 8	1.526 1	5.079 7

5.2.2.3 干旱胁迫对 3 种药用植物叶片渗透调节物质变化的影响

1. 干旱胁迫对 3 种药用植物叶片脯氨酸含量的影响

脯氨酸是水溶性最大的氨基酸，具有很强的水合能力，同时被认为是植物在逆境胁迫下含量变化较敏感的物质之一。正常情况下，植物体内游离脯氨酸的含量很低。在逆境胁迫下，植物体内游离脯氨酸含量明显增加，可起到保持细胞水分和生物大分子稳定性的作用，因而它的积累被认为是植物抗旱性的一个重要标志。如图5-11所示，水分胁迫导致脯氨酸在3种药用植物叶片内大量积累。不同干旱胁迫下3种药用植物脯氨酸变化趋势基本一致，随胁迫程度的增加。脯氨酸含量逐渐增加。说明3种药用植物在干旱胁迫下，均能有效地积累脯氨酸来提高抗旱能力，脯氨酸的积累对3种植物缓解土壤干旱压力具有重要作用。3种药用植物脯氨酸的含量随着时间的延续，首先均呈上升趋势，而在胁迫第60天含量明显降低，之后又呈现继续上升的趋势。在胁迫到第60天脯氨酸含量明显降低，可能是由于该地区刚开始的阴雨天气暂时缓解了外界环境对植物的胁迫压力，导致植物脯氨酸积累减少，并且植物可能积极地分解利用脯氨酸作为氮源，用于自身的快速增长（Zhu，1998）。

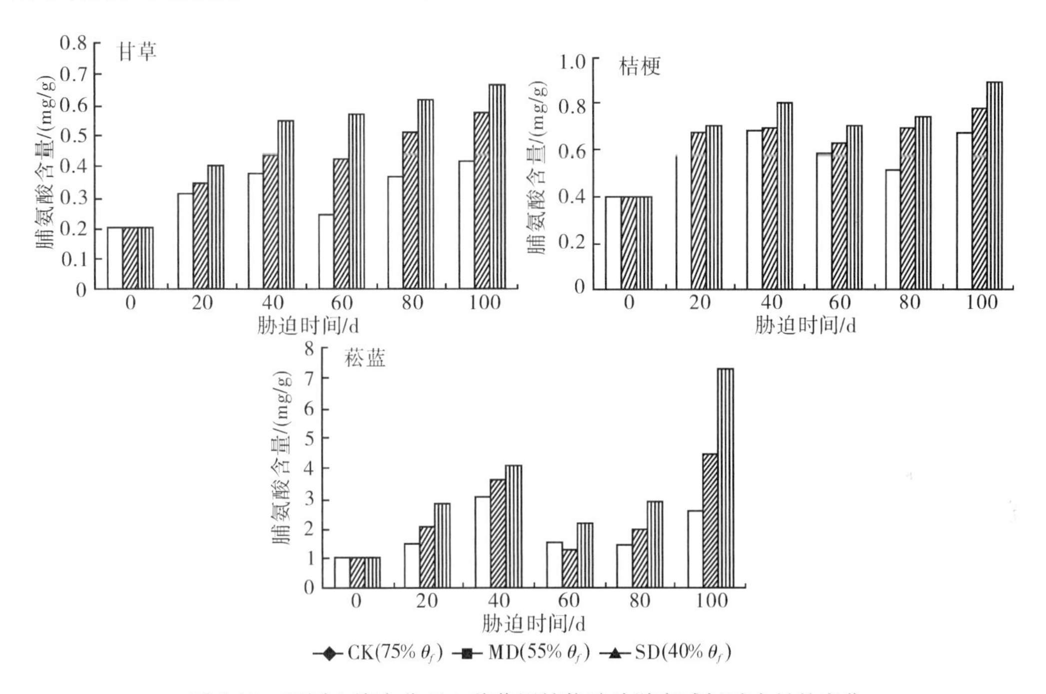

图5-11　不同土壤水分下3种药用植物叶片游离脯氨酸含量的变化

3种药用植物在同一水分条件下脯氨酸平均含量的大小顺序为：菘蓝>桔梗>甘草。比较整个测定期3种药用植物脯氨酸平均含量在同一土壤水分条件下的变幅，甘草、桔梗和菘蓝在中度水平下脯氨酸含量分别为适宜水平的1.31倍、1.13倍和1.29倍，在严重干旱水平下脯氨酸含量分别为适宜水平下的1.57倍、1.24倍和1.81倍。中度干旱对植物脯氨酸含量的影响表现为：菘蓝>甘草>桔梗。严重干旱对植物脯氨酸含量的影响表现为：甘草>菘蓝>桔梗。各药用植物受到干旱胁迫后脯氨酸含量均有所增加，说明在干旱胁迫下以此提高植物的抗旱性，维持细胞膜稳定。

2. 干旱胁迫对3种药用植物叶片可溶性糖含量的影响

可溶性糖是植物在干旱逆境下积累的一种较为有效的渗透调节物质，对细胞膜和原生质胶体有保护作用，是一种较为有效的渗透保护剂，同时也是合成其他有机溶质的碳架和能量来源（Motoak et al.，2007）。由图 5-12 可知，在干旱逆境下随干旱时间延长和干旱胁迫程度加大，3 种药用植物叶片可溶性糖含量变化趋势相似。3 种药用植物叶片可溶性糖含量在中期均明显升高，并且在第 80 天达到最大值，后期又有所下降。不同植物在胁迫初期可溶性糖的积累表现出差异，甘草可溶性糖开始变化不大，CK 条件下还略有降低，之后保持持续升高；桔梗可溶性糖首先表现出明显的积累，之后略有下降；菘蓝可溶性糖含量则表现出持续升高趋势。并且在整个胁迫过程中，各种植物在不同水分条件下，可溶性糖含量的积累均整体表现为：SD＞MD＞CK。这说明 3 种药用植物在干旱胁迫下，均能通过有效的积累可溶性糖来提高抗旱能力。可溶性糖是 3 种植物较为有效的渗透调节物质。

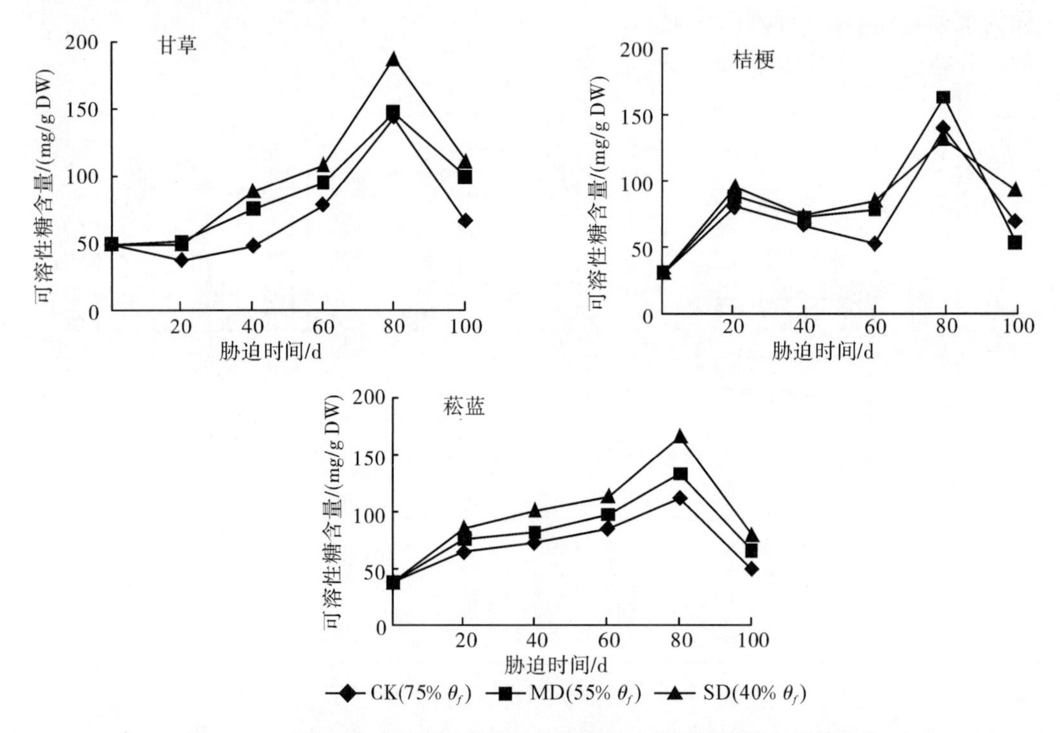

图 5-12　不同土壤水分下 3 种药用植物幼苗叶片可溶性糖含量的变化

3 种植物叶片可溶性糖含量的顺序为：甘草＞菘蓝＞桔梗。比较整个测定期 3 种药用植物可溶性糖平均含量在同一土壤水分条件下的变幅，甘草、桔梗、菘蓝在 MD 水平下分别为 CK 水平下的 1.22 倍、1.11 倍、1.16 倍，在 SD 水平下分别为 CK 水平下的 1.41 倍、1.16 倍、1.37 倍。干旱对植物可溶性糖的影响表现为：甘草＞菘蓝＞桔梗。由此来看，3 种药用植物受到干旱胁迫后增加可溶性糖含量，来增加植物的抗旱性。

3. 干旱胁迫对 3 种药用植物叶片可溶性蛋白含量的影响

在干旱胁迫下，植 物代谢产生变化与调整，植物体内可溶性蛋白含量会发生相应变化，通过诱导蛋白的形成来抵御干旱胁迫。干旱胁迫可诱导一些蛋白的降解和新蛋白的合成，可溶性蛋白与调节植物细胞的渗透势有关。高含量的可溶性蛋白可以帮助植物细胞维持较低的渗透势，抵抗水分胁迫带来的伤害，因此可溶性蛋白含量的高低经常被用来评价植物细胞渗透势的强弱（白景文等，2005；康俊梅等，2005）。如图 5-13 所示，3 种药用植物在不同水分条件下可溶性蛋白含量的变化规律基本相似，前期有所降低，中期保持在较低的水平，之后明显升高，后期保持在较高水平。3 种药用植物可溶性蛋白含量前期有所降低，可能是由于蛋白合成受阻，再加上 7 月太阳辐射强、温度高，导致各水分条件下可溶性蛋白含量也有所降低。干旱条件下植物受水分和温度等多重胁迫，可溶性蛋白含量在中期始终保持较低水平，胁迫后期该地长期的阴雨天气解除了高温、高光辐射等因素，加上植物自身代谢产生变化与调整，胁迫诱导原来蛋白合成量的增加或者诱导产生一些新的蛋白使可溶性蛋白含量上升。适宜水分和中度胁迫下植物可溶性蛋白含量的变化对外界条件的反应敏感，所以可溶性蛋白含量率先升高。在不同的水分条件下，3 种药用植物叶片可溶性蛋白含量随水分胁迫变化不一致，说明不同的水分胁迫下，植物体内蛋白质合成和分解的复杂。

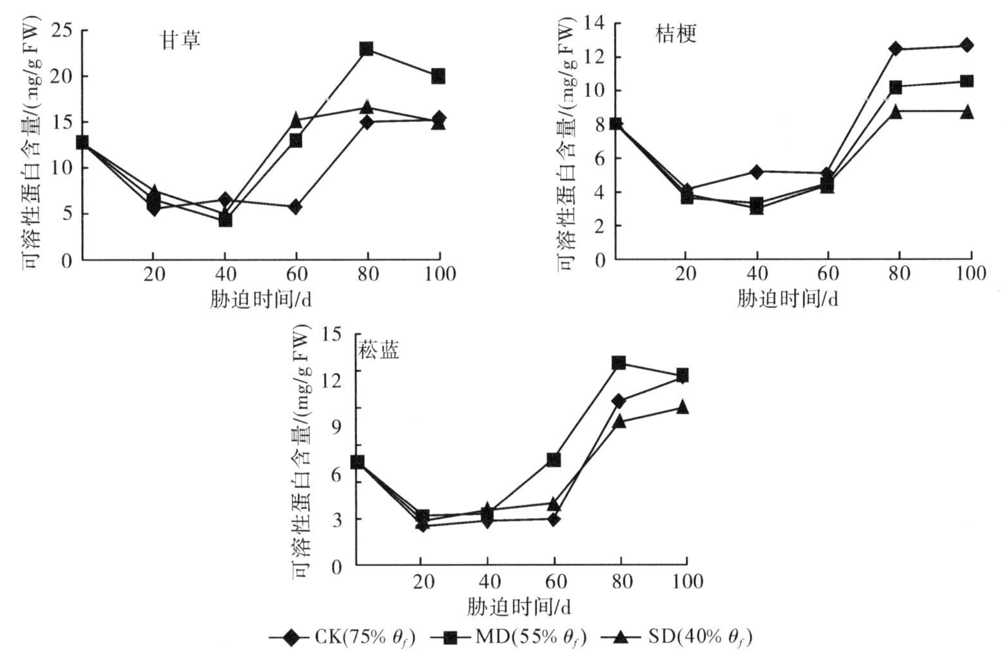

图 5-13　不同土壤水分下 3 种药用植物细苗叶片可溶性蛋白含量的变化

由以上研究结果可以看出，3 种药用植物叶片内游离脯氨酸含量、可溶性糖含量和可溶性蛋白含量在 3 种土壤水分条件下的变化有所不同，说明三者之间很可能具有相互补偿的作用。

5.2.2.4　干旱胁迫对 3 种药用植物根活力的影响

根系是植物生命活动中的重要器官，与植物的生长和产量有着密切的关系。根系不仅是植物吸收水分和盐类的主要器官，而且是多种物质同化、转化和合成的重要器官，能最早并最直接地感受到土壤水分含量的变化，从而对外界干旱胁迫做出迅速的反应，这是植物抗旱性的基础。根系活力泛指根系的吸收、合成、氧化和还原能力等，是一种比较客观地反映根系生命活动的生理指标。在干旱胁迫下，根系氧化活力和还原活力明显增加。根系活力能从本质上反映植物根系生长与土壤水分及环境之间的动态关系。如表 5-8 所示，经过长达 100 天的干旱胁迫，3 种药用植物的根系活力均有很大程度的变化。同一水分条件下，植物根系活力大小表现为：桔梗>甘草>菘蓝，且差值均达到极显著水平。因此在干旱胁迫下桔梗和甘草均可以通过保持较高的根系活力来提高对有限水资源的利用能力，具有较好的干旱适应能力。

表 5-8 长期干旱胁迫对 3 种药用植物根系活力的影响

物种	处理	根系活力值/[mg/(g·h)]	差异显著	
			α=0.05	α=0.01
甘草	CK	0.2311± 0.0210	e	E
	MD	0.3929± 0.0295	d	D
	SD	0.1793± 0.0419	f	F
桔梗	CK	0.6747± 0.0211	b	B
	MD	0.7985± 0.0116	a	A
	SD	0.5131± 0.0157	c	C
菘蓝	CK	0.1194± 0.0128	g	FG
	MD	0.1356± 0.0193	g	G
	SD	0.1070± 0.0128	f	FG

注：大写字母表示差异显著性 α=0.01 水平，小写字母表示差异显著性 α=0.05 水平。

5.2.2.5 干旱胁迫对 3 种药用植物叶片色素含量的影响

1. 干旱胁迫对 3 种药用植物叶片叶绿素含量的影响

叶绿素是植物光合作用中重要的光能利用色素，直接参与光合作用中光能的吸收、传递及转化，其含量和组成与光合碳同化有直接的关系。植物的光合作用与叶绿素含量有密切关系，可以说叶绿素是植物生长的物质基础。研究了干旱条件下的叶绿素含量的变化（图 5-14～图 5-17），发现不同药用植物叶绿素 a 含量、叶绿素 b 含量、叶绿素总量以及叶绿素 a/b 对干旱胁迫的响应不同，下面分别分析 3 种药用植物在干旱条件下叶绿体色素的变化。

1）干旱胁迫对甘草叶绿体色素含量的影响

甘草在干旱胁迫下叶绿素含量变化如图 5-14 所示。可以看出，同一水分条件下甘草叶片叶绿素总含量和叶绿素 a 含量的变化趋势保持一致。中度胁迫与严重胁迫下叶绿素总量和叶绿素 a 呈现先上升后下降的趋势，只有适宜水分条件下的叶绿素总量与叶绿素 a 含量呈现先升高、后降低、最后又有所上升的趋势。适宜水分与中度胁迫水分条件下叶绿素 b 的变化呈逐渐上升的趋势，而严重胁迫下呈现先升高后降低的趋势，并且整个过程中叶绿素 b 含量基本保持稳定；叶绿素 a/叶绿素 b 的比值仅在初期有所上升，之后逐渐降低。从胁迫的程度大小分析，甘草叶绿素 a 含量、叶绿素 b 含量及叶绿素总量均随着干旱程度的增加而降低，其中 CK 和 MD 两种水分条件下的含量差异不大，但 SD 土壤水分下三者含量显著降低，说明干旱胁迫影响了叶绿素的合成，加速了叶绿素的降解。

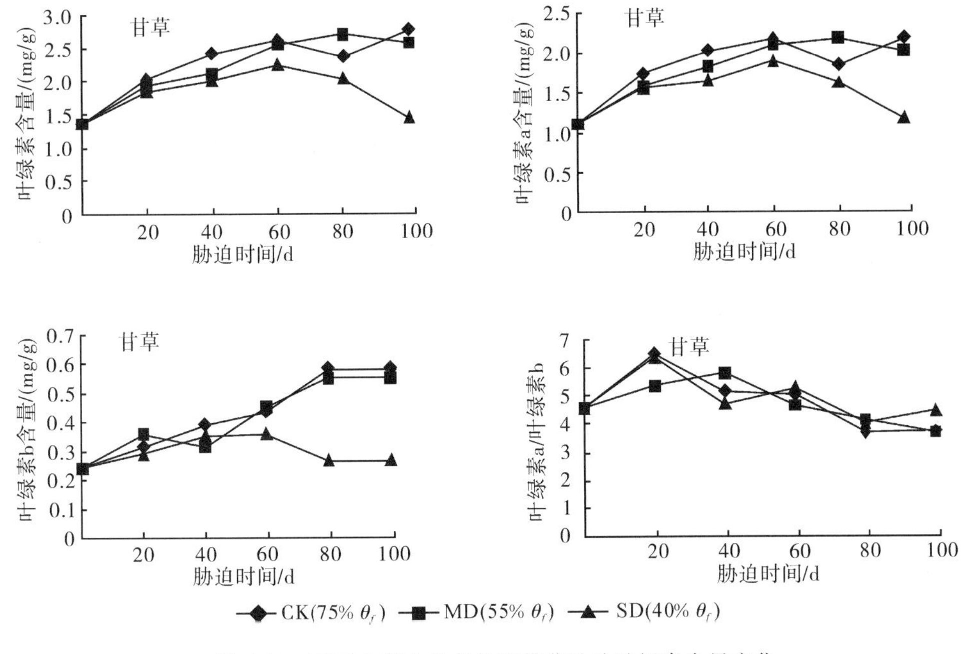

图 5-14　不同土壤水分条件下甘草叶片叶绿素含量变化

研究表明，植物在受到干旱伤害时，叶绿素的降解会加速，与本实验结果相一致。干旱条件下叶绿素含量的降低，可能主要是因为活性氧、过氧化氢及丙二醛含量增加，抗坏血酸、还原型谷胱甘肽及胡萝卜素等抗氧化剂含量下降，从而导致叶绿素蛋白复合体功能受到损伤。即还原型谷胱甘肽、维生素 E 及甘露醇等活性氧清除剂能阻抑叶绿素的氧化分解，活性氧、丙二醛等则可加速叶绿素的分解。还有研究表明，叶绿素含量的减少和叶绿素 a/叶绿素 b 值的减小是衡量逆境下植物衰老的重要指标（任安芝等，2000）。随着胁迫时间的延长，甘草体内活性氧和丙二醛等有害物质累积程度不断加大，叶绿素最终合成受阻，降解加速，导致其含量急剧下降。

2）干旱胁迫对桔梗叶绿体色素含量的影响

由图 5-15 可知，同一水分条件下桔梗叶绿素 a 含量、叶绿素 b 含量及叶绿素总量随胁迫时间的延续变化趋势大体相同。其中，CK 和 MD 水分条件下叶绿素总量、叶绿素 a 含量和叶绿素 b 含量均呈现比较平稳的波动上升趋势。SD 水分条件下叶绿素总量、叶绿素 a 含量和叶绿素 b 含量开始一直保持较平稳，最后含量又下降。且随着干旱程度的加大，三者都表现为 SD 条件下最低，CK 条件和 MD 条件下叶绿素总量、叶绿素 a 含量和叶绿素 b 含量差异不大。桔梗叶绿素总量、叶绿素 a 含量和叶绿素 b 含量的降解速度与合成速度差异不大。整个胁迫过程中 3 种水分条件下叶绿素的含量差异不大，说明桔梗有较高的抗旱性，通过启动主动抗旱机制清除过多的活性氧，从而能够保持叶绿素含量的基本稳定。胁迫后期严重水分胁迫下桔梗叶绿素总量、叶绿素 a 含量和叶绿素 b 含量的明显降低，可能是由于干旱胁迫导致桔梗过早衰老，从而叶绿素含量明显降低。由图 5-15 可以看出，干旱胁迫下桔梗叶绿素 a/叶绿素 b 值一直保持稳定，表现出较高的抗旱性。

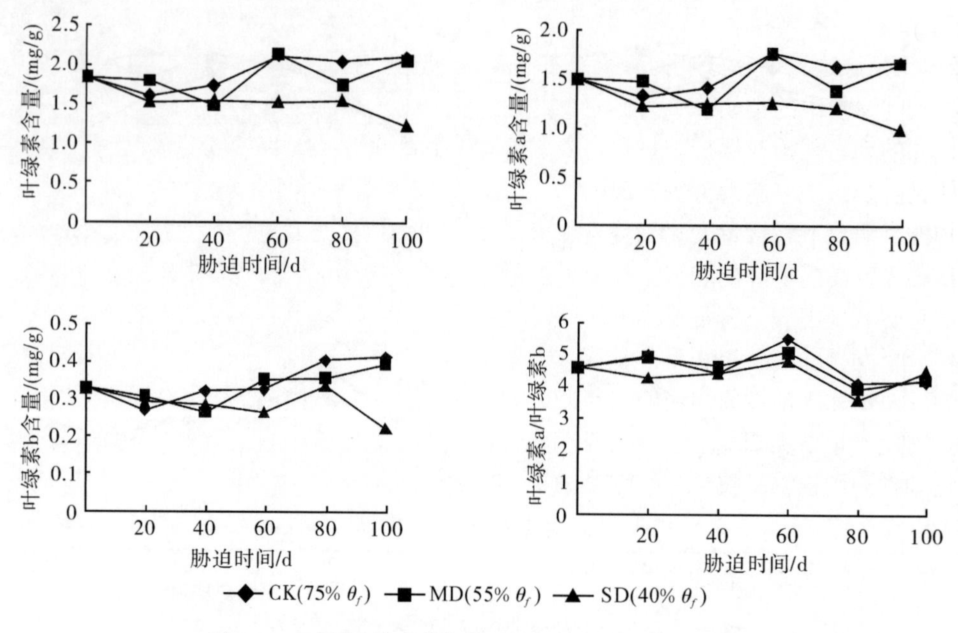

图 5-15　不同土壤水分条件下桔梗叶片叶绿素含量变化

3）干旱胁迫对菘蓝叶绿体色素含量的影响

由图 5-16 可知，同一水分条件下菘蓝叶绿素总量、叶绿素 a 含量和叶绿素 b 含量的变化基本一致，随着胁迫时间的延续，均呈现先降低后升高的变化趋势。CK 和 MD 条件下叶绿素 a/叶绿素 b 值基本保持一致，SD 条件下叶绿素 a/叶绿素 b 值波动较大。随着胁迫程度的加深，叶绿素总量、叶绿素 a 含量和叶绿素 b 含量呈现逐渐降低的趋势，并且含量差异较大，说明干旱胁迫对菘蓝影响较大。

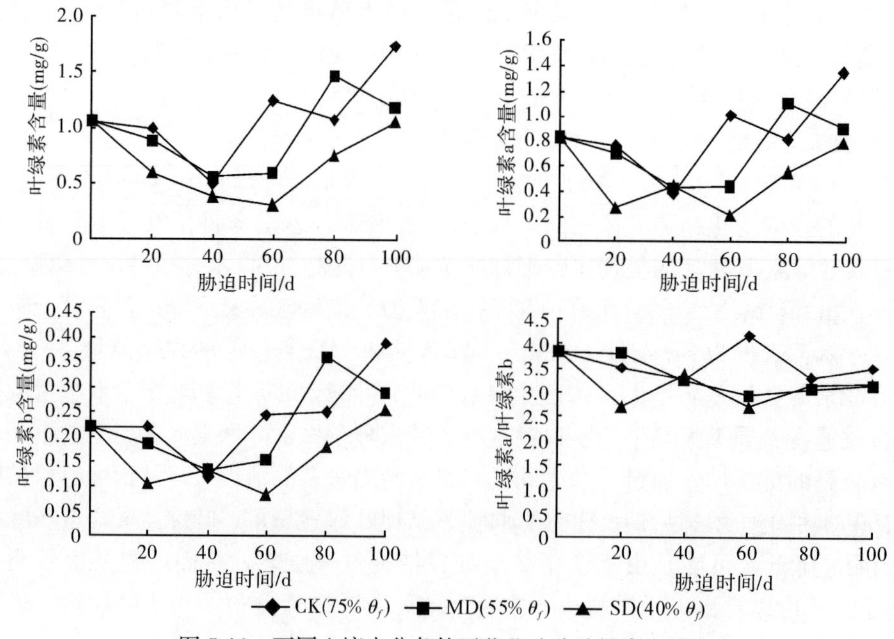

图 5-16　不同土壤水分条件下菘蓝叶片叶绿素含量变化

2. 干旱胁迫对 3 种药用植物叶片类胡萝卜素含量的影响

植物叶绿素中的类胡萝卜素是植物体内一种重要的活性氧清除剂，可以维持体内活性氧代谢的动态平衡，保护植物自身免受活性氧的伤害，从而保护细胞膜系统，特别是叶绿体光合膜系统（赵黎芳等，2003）。由图 5-17 可知，随着胁迫时间的延续，不同药用植物的类胡萝卜素含量变化趋势有较大的差异。甘草的类胡萝卜素含量随着时间的延续呈现出先升高后下降的趋势，桔梗的类胡萝卜素含量基本保持稳定，而菘蓝的类胡萝卜素含量则表现出先下降后升高的趋势。虽然不同植物类胡萝卜素含量的变化趋势不同，但分析发现随着胁迫程度的加深，类胡萝卜素含量均随之降低。这可能是由于干旱胁迫导致植物体内活性氧自由基大量积累，需要消耗大量的类胡萝卜素来清除产生的活性氧，因此干旱下类胡萝卜素含量都明显降低。类胡萝卜素含量的降低，说明类胡萝卜素在这 3 种药用植物抵抗外界干旱胁迫中均起到了十分重要的作用。

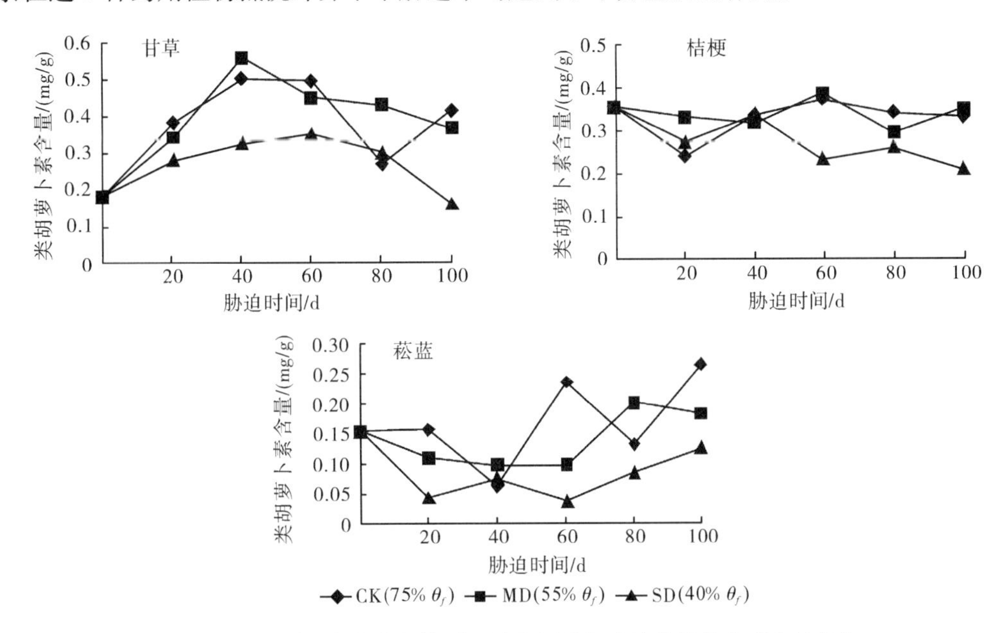

图 5-17　不同土壤水分条件下 3 种药用植物叶片类胡萝卜素含量变化

5.2.2.6　3 种药用植物抗旱性综合评价

目前没有一个单一的指标能够完全准确地衡量植物的抗旱能力，也不能将某几个指标用确定的数量关系综合来表示抗旱能力。因此，应该采用数学方法对植物的抗旱能力进行统计分析，综合多种指标分析才能对植物的抗旱性高低做出正确客观的评价。本小节选择了 14 种植物抗旱生理生化指标（表 5-9），采用主成分分析的方法对 3 种药用植物的抗旱能力进行综合的评价。

主成分分析是把多个指标变为少数几个综合指标的一种统计分析方法。这些综合指标尽可能地反映原来变量的信息量，通过对主成分的分析和计算来对样品进行分级排序。由表 5-10 可知，共提取了 2 个主成分。这 2 个主成分的累积贡献率达到 100%，说明两个主成分完全能够代表原来的 11 个指标特征。

由表5-9至表5-12的数据，可以计算得出3种药用植物抗旱性的大小，结果如表5-13所示。3种药用植物的抗旱性大小排序为：甘草＞桔梗＞菘蓝。

表 5-9　3种药用植物幼苗抗旱综合评价指标

指标	甘草	桔梗	菘蓝
相对含水量/%	66.266 0	80.624 0	71.512 0
O_2^-· 含量/(μg/g FW)	142.107 2	161.820 5	144.733 4
SOD活性/[U/(g FW · h)]	1208.619 3	893.434 8	867.457 2
CAT活性/[U/(g FW · min)]	57.317 1	55.118 5	32.457 6
POD活性/[U/(g FW · min)]	192.859 4	72.592 8	677.797 1
类胡萝卜素含量/（mg/g）	0.266 2	0.276 9	0.084 4
抗坏血酸含量/(mg/100g FW)	161.221 6	165.967 7	392.522 6
脯氨酸含量/(mg/g)	0.499 2	0.709 8	4.991 7
可溶性糖含量/(mg/g DW)	98.340 9	85.838 6	97.971 4
可溶性蛋白含量/(mg/g FW)	11.953 4	6.202 1	6.116 3
根系活力/[mg/(g · h)]	0.179 3	0.513 1	0.107 0

表 5-10　各主成分特征值及累积贡献率

主成分	特征值	贡献率/%	累积贡献率/%
1	6.537 5	59.432 1	59.432 1
2	4.462 5	40.567 9	100.000 0

表 5-11　特征根所对应的特征向量

变量	主成分	
	1	2
$x(1)$	0.743 4	2.923 6
$x(2)$	2.692 9	−1.993 7
$x(3)$	−3.436 3	−0.929 9
$x(4)$	0.743 4	2.923 6
$x(5)$	2.692 9	−1.993 7
$x(6)$	−3.436 3	−0.929 9

表 5-12　3种药用植物2维主成分坐标值

主成分	甘草	桔梗	菘蓝
1	0.743 4	2.692 9	−3.436 3
2	2.923 6	−1.993 7	−0.929 9

表 5-13　3种药用植物抗旱性排序

	甘草	桔梗	菘蓝
抗旱性	1.620 447 2	0.764 706 5	−2.385 154
排序	1	2	3

5.2.3　小结

植物在逆境下对活性氧的清除能力决定其抗胁迫能力的强弱。SOD、CAT 和 POD 是细胞内清除活性氧的主要保护酶类，SOD 歧化 O_2^- · 形成 H_2O_2，CAT 和 POD 进一步将 H_2O_2 转变成 H_2O，从而起到很好的解毒作用。可见，植物保护酶系统的防御能力取决于多个抗氧化酶间彼此协调的能力，而不同酶的活性变化又因植物种类、生物学特性、胁迫的程度及时间的不同而存在一定的差异。不同植物抵御干旱胁迫的能力有所不同。干旱胁迫使 3 种药用植物的生理生化特征都发生了很大的变化。3 种药用植物在干旱条件下均大量积累渗透调节物质以主动抵抗外界不良的胁迫环境，减少伤害，但不同药用植物调节机制有所不同，不同的生理生化变化体现了植物对干旱胁迫响应程度和适应机制的差异。另一方面，干旱胁迫引起植物体内物质代谢发生改变，一些大分子物质分解为具有较强亲水性的小分子物质（游离脯氨酸、可溶性蛋白、可溶性糖等）。这些物质的有效积累可以降低植物细胞的渗透势，维持植物体内水分平衡，维持膨压基本不变，从而保证植物体内一系列生理生化过程的正常运转。因此，植物通过渗透调节物质的积累，主动降低渗透势是其适应环境、提高抗旱性的基础。

研究结果表明，不同土壤水分处理下，3 种药用植物的保护酶活性产生了不同的变化，这在一定程度上反映了不同植物抵御外界干旱胁迫方式的不同和适应干旱胁迫能力的差异。总的来看，在水分胁迫下，3 种药用植物叶片 SOD、CAT、POD 活性上下波动协调，从而使 MDA 和 O_2^- · 含量在较低的水平上波动。这反映了植物体内活性氧的产生和清除两大系统之间的协调作用，也说明 3 种药用植物在干旱条件下体内的保护酶系统非常活跃，从而及时地消除活性氧积累，维持叶片的光合、呼吸等生理代谢的正常进行。随着胁迫程度的加深，3 种药用植物体内抗坏血酸和类胡萝卜素用于清除体内多余的活性氧，其含量均有所降低，说明非酶抗氧化剂在植物抵抗外界干旱胁迫中起着重要的作用。同时，3 种药用植物叶片游离脯氨酸、可溶性糖含量均随胁迫程度的加深而增加，同时随胁迫时间的延续游离脯氨酸含量不断积累，可溶性糖在干旱胁迫中期也呈现明显累积的现象。这些渗透调节物质与保护酶共同作用，使 MDA 含量在胁迫的中期和后期均呈明显下降的趋势，表明渗透调节在 3 种药用植物抵抗干旱胁迫中具有很大的作用。在干旱胁迫下，可溶性蛋白含量的变化比较复杂，可溶性蛋白含量前期呈明显降低趋势，中期维持在较低的含量水平，后期又有明显的升高。目前，可溶性蛋白作为植物体内起重要作用的渗透调节物质的研究还没有定论。一些研究认为，干旱胁迫下可溶性蛋白含量呈下降趋势（吕金印等，1996；任东涛等，1997）。也有研究表明，抗旱性强的植物可维持较高的可溶性蛋白含量（陈立松等，1999）。本研究中，可溶性蛋白随干旱时间的延续表现为先降低、后升高的趋势。3 种植物叶片内游离脯氨酸含量、可溶性糖含量和可溶性蛋白含量在 3 种土壤水分下变化趋势保持一致，体现了干旱胁迫对植物生理影响的一致性。

应用数量分析手段综合评价植物的抗旱性，可进一步从整体上揭示植物对干旱胁迫的抗旱性实质，使结果更有说服力。采用主成分分析方法对甘草、桔梗和菘蓝 3 种药用植物的抗旱性进行了综合评价。评价结果表明，3 种药用植物抗旱性从强到弱依次为：

甘草、桔梗、菘蓝，其中菘蓝又是高耗水性植物，因此不适宜在陕北黄土高原半干旱地区种植。在黄土高原植被恢复中可根据不同药用植物抗旱性大小、不同的气候和地理条件选择不同的植物，真正做到因地制宜地种植。

5.3 结 论

5.3.1 3种药用植物的耗水规律

3种药用植物在整个生长测定期的耗水总量差异明显，在同一水分条件下，耗水量表现为：菘蓝＞桔梗＞甘草，并且总耗水量差异均达到极显著水平。3种药用植物在3个水分梯度下的耗水量表现为：适宜水分＞中度干旱＞重度干旱，并且总耗水量均呈极显著差异。充分说明对于同一药用植物来说，在其他环境条件相同的情况下，植物耗水量主要受土壤含水量的影响。土壤含水量越高，则植物耗水量就越大，反之耗水量越小。同一水分条件下，不同植物耗水量的差异，与其自身的生长规律及水分利用特征有很大的关系。从耗水量水平来看，各水分条件下菘蓝的耗水量较甘草和桔梗明显过高，将过度损耗土壤中的水分，不适合作为干旱半干旱地区改善地区环境的植物。

5.3.2 3种药用植物的生长特性

土壤水分含量对3种药用植物的生长特性有很大的影响。适宜水分下各植物生长速率、干物质积累均为最高，严重干旱下3种药用植物的生长和干物质积累均明显受到抑制，但不同植物受到的影响程度不同。桔梗和菘蓝受影响较大，干物质积累量明显降低，而甘草能及时调节有机物质分配、壮大地下部根系、增加根冠比、提高根系吸水能力、充分利用有限的水资源、维持植物的正常生长，因此干旱胁迫对甘草的影响相对较小。

5.3.3 3种药用植物的水分利用率

3种药用植物的水分利用率有明显的差异，干旱胁迫对3种药用植物水分利用率的影响也不同。在适宜水分下，3种植物生长快，干物质积累量最高，但同时耗水量也最高，所以其WUE并非最高。在中度干旱下，尽管干物质积累量比适宜水分下低，但耗水量却明显低于适宜水分下的耗水量，因此WUE不但没有减小，反而均有所增大。严重亏缺下，桔梗和菘蓝生长受抑，其WUE较中度胁迫下有所降低，但依然高于适宜水分条件下。甘草的WUE随土壤含水量的降低而不断升高，说明甘草在干旱条件下能很好地利用有限的水资源，用于自身的生长和生理代谢，具有很好的抗旱能力。3种药用植物在同一土壤水分条件下的水分利用率都表现为：甘草＞菘蓝＞桔梗。同时由于菘蓝具有过高的耗水量并且土壤干旱严重抑制了菘蓝的生长，因此在干旱半干旱地区种植菘蓝很难获得较高的经济效益和较好的环保效果。

5.3.4　3 种药用植物的抗旱特性

干旱逆境使 3 种药用植物的水分生理和生化特征都发生了很大的变化，从而尽可能地缓解外界胁迫对植物的影响，保障植物的正常生长。不同的生理生化指标在反映同一植物的抗逆性表现时可能会有所不同，因此应该采用多个指标，并用数学的方法进行统计分析和综合评价，从而得出更具科学性和说服力的结果。采用主成分分析方法对 3 种药用植物的抗旱性进行综合评价，结果表明 3 种药用植物的抗旱性大小为：甘草>桔梗>菘蓝。甘草和桔梗具有较好的抗旱性，因此可以用于黄土高原地区植被恢复工程。尤其是甘草具有极高的抗旱能力，适宜在干旱的环境下作为先锋植物种植，菘蓝由于抗旱性较弱，并且耗水量过高，因此不适宜在黄土高原半干旱地区种植。

第6章　水分胁迫对黄芪抗旱特性及黄芪甲苷含量的影响

在我国中药材经历了几千年的发展和积累，形成了利用植物、动物组织器官和矿物等入药治疗疾病的历史。在长期实践中对这些药材进行详细的分类，对疾病的治疗有很大的帮助。而药用植物大都是用植物特有的次生代谢物来起到疾病治疗的效果。黄芪是植物药分类中的上品，《中国药典》规定的入药黄芪为蒙古黄芪［*Astragalus membranaceus*（Fisch.）Bge. var. *mongholicus*（Bge.）Hsiao］或膜荚黄芪［*Astragalus membranaceus*（Fisch.）Bge］的干燥根，其他黄芪在许多地方也作药用。黄芪为豆科黄芪属多年生草本植物，是传统的名贵中药材。黄芪性微温、味甘、有补气固表、止汗脱毒、生肌、利尿、退肿之功效，用于治疗气虚乏力、中气下陷、久泻脱肛、便血崩漏、表虚自汗、痈疽难溃、久溃不敛、血虚萎黄、内热消渴、慢性肾炎、蛋白尿、糖尿病等（付国军，2007）。该药材也是许多复方和中成药的重要成分，被历代医学家认为是补药之长。

我国黄芪广泛分布于西北、华北、东北和内蒙古，主产于山西、河北、黑龙江、辽宁等省（冯耀南，1995）。黄芪为多年生草本，株高1m左右。主根直径1～2cm，长可达1m以上，直插入土壤深处。地上茎直立，具棱，被长毛。叶互生，奇数羽复叶，具小叶21～31片。小叶椭圆形，长7～30mm，宽4～12mm，先端圆或微凹，基部圆形。托叶披针形，长6mm。总状花序生茎上部叶腋，每花序10～20朵。花淡黄色，蝶形花冠，旗瓣倒卵形，顶端微凹，翼瓣与龙骨瓣近等长。子房有柄，花后荚果膨胀，长圆形，长2～3cm，顶端有短喙，果外被短毛，内有种子3～8粒。黄芪喜凉爽气候，有较强的抗旱、耐寒能力，不耐热，不耐涝。气温过高常抑制植株生长，土壤湿度过大，常引起根部腐烂。

对蒙古黄芪、金翼黄芪、岩黄芪在盆栽实验条件下，进行不同的水分胁迫处理研究。首先对这三种黄芪在整个生育期（3月萌芽至11月落叶或休眠）不同时期不同水分供应情况下实际耗水量和耗水速率进行研究，从中计算出各品种的水分利用率、耗水系数、萌芽过程与土壤含水量的关系及不同水分亏缺下幼苗的成活率，得到各种苗木在水分适宜条件下和干旱胁迫过程中的蒸腾耗水规律。其次，对这三种黄芪在干旱胁迫下次生代谢物质（黄芪甲苷）进行研究，找出这三种黄芪的耗水特性，以及次生代谢物质积累和水分含量的关系，为栽培条件下取得优质黄芪提供理论依据。

6.1　不同水分条件下3种黄芪生长与耗水规律

6.1.1　3种黄芪株高

植株在不同水分条件下受到干旱胁迫的严重程度可以直接由植株地上部分的大小反映，如图6-1所示。3种黄芪在SD（40%θ_f）处理下均未出现“S”形生长曲线，植株高度明显受到抑制。水分胁迫开始后 3 种黄芪的植株生长情况均发生了较大变化。蒙古黄芪在 CK（75%θ_f）条件和 MD（55%θ_f）条件下株高均呈 S 形变化，各时期 MD 条件下株高均略低于 CK 条件下各时期株高，SD 条件下生长严重受到影响，生长后期与其他 2 种水分条件相比，植株高度增加缓慢，高度差不断增大。金翼黄芪在 CK 条件下呈现出较明显的 S 形生长曲线，在 MD 条件和 SD 条件下植株高度均受到了严重影响，生长后期植株高度几乎不再增高。岩黄芪在 SD 与 CK 条件下相比，株高明显受到抑制，但其在 MD 条件下长势优于 CK 条件下，但优势并不显著，可能相对于 CK 的水分条件，MD 的水分条件是岩黄芪生长的适宜水分条件。

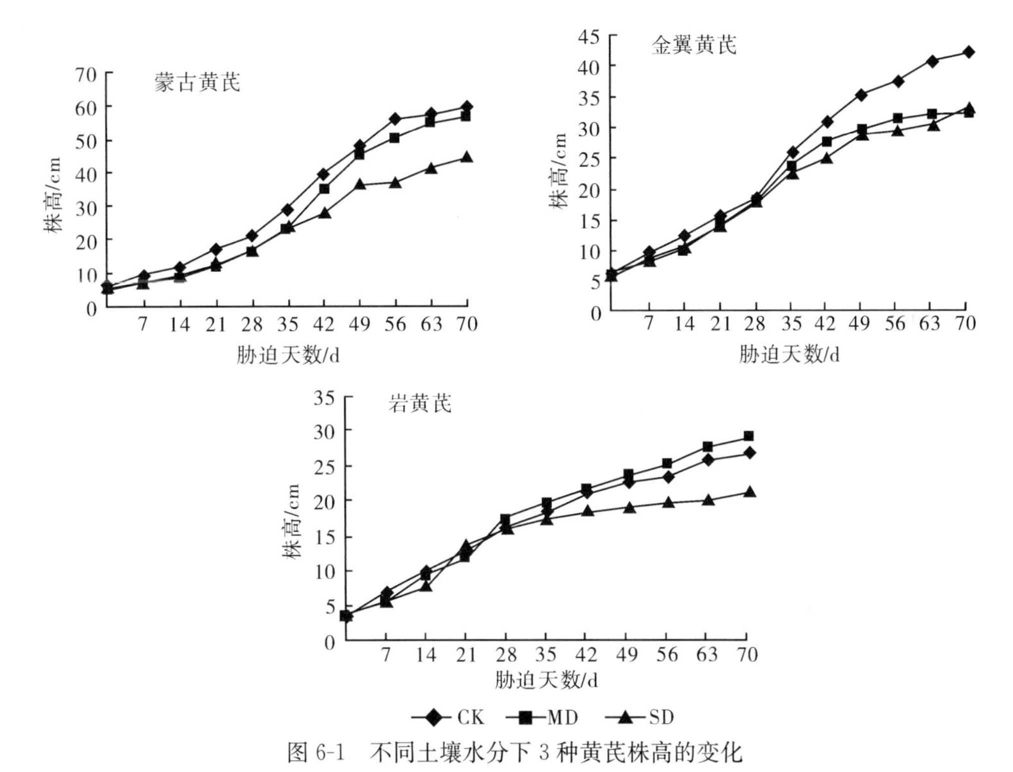

图 6-1　不同土壤水分下 3 种黄芪株高的变化

6.1.2　3 种黄芪旬耗水量

由图 6-2 可知，3 种黄芪在不同水分处理下的耗水高峰均出现在 6 月下旬，之后至 8 月上旬出现不同程度的下降，8 月中旬又出现不同程度的升高。与 CK 条件下的耗水量相比，蒙古黄芪在 MD 条件和 SD 条件下耗水量明显降低，胁迫开始后第 1 个月 MD 条件下的耗水量显著高于 SD 条件下的耗水量。金翼黄芪 MD 条件下的耗水量显著高于 CK 条件下的耗水量，SD 条件下的耗水量起伏变化不大且显著低于 CK 条件下的耗水量。岩黄芪在处理开始后第 1 个月耗水量大小表现为：CK＞MD＞SD，之后 1 个月时间里变为：MD ＞ CK ＞SD，其后 MD 条件和 SD 条件下的耗水量均明显低于 CK 条件下的耗水量。

耗水量的变化不仅取决于植株的大小，而且与天气变化息息相关。3 种黄芪耗水趋势基本相同，6 月中旬和下旬温度变化不大，但 3 种黄芪在 6 月下旬形成耗水高峰，原

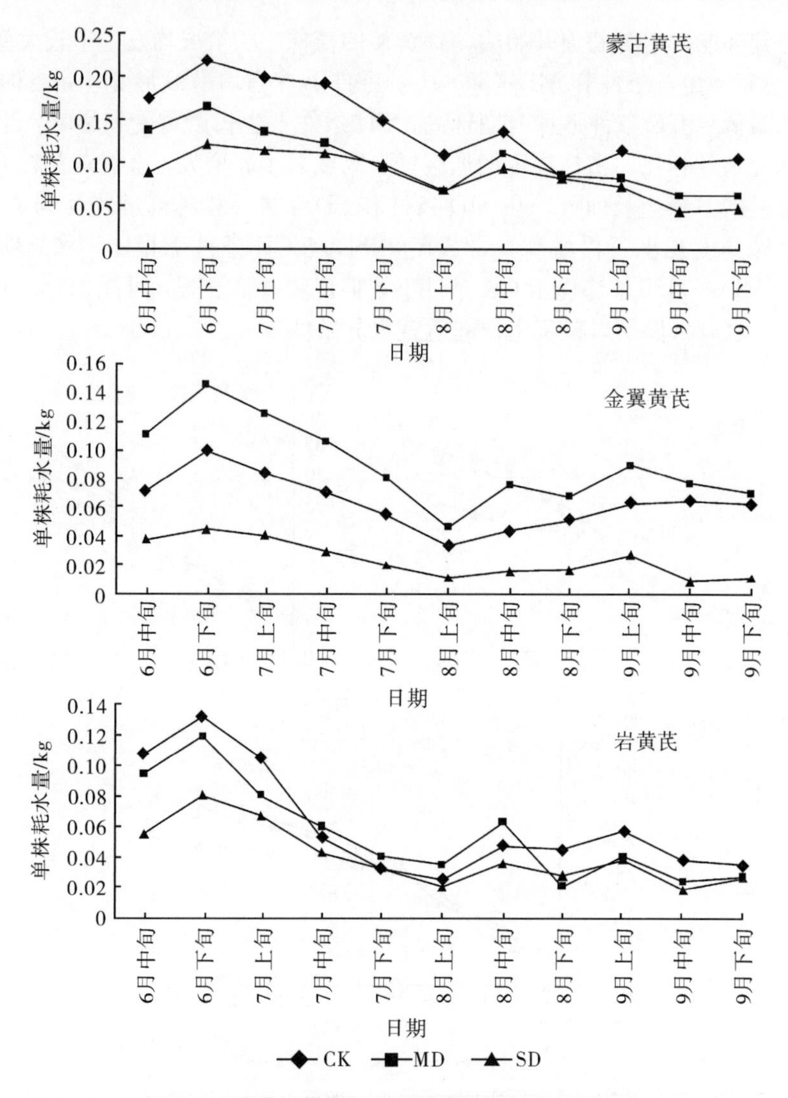

图 6-2　不同土壤水分下 3 种黄芪旬耗水量的变化

因是 3 种黄芪在这一时期处于植株生长期。6 月下旬开始 3 种黄芪的株高进入缓慢增长期，但出现连阴雨天气，气温下降很大，因此不同处理下 3 种黄芪耗水量都出现降低，8 月中旬天气开始转晴，3 种黄芪耗水量又都升高。

6.1.3　3 种黄芪日耗水量

8 月 13 日（晴朗无云）对 3 种黄芪进行日耗水连续测定。由图 6-3 可知，蒙古黄芪和金翼黄芪在 CK 条件和 MD 条件下日耗水变化相似，CK 条件下均出现了双峰曲线，峰值分别出现在 12：00 和 16：00，且 16：00 出现的峰值均高于 12：00 出现的峰值。MD 条件下均出现了单峰曲线，峰值出现在 16：00。在 SD 条件下，蒙古黄芪在 16：00 出现峰值，而金翼黄芪日耗水量变化不大且峰值不明显，金翼黄芪日耗水在 MD 条件下显著高于 CK 条件下。岩黄芪在 3 种水分处理下均呈现双峰曲线，峰值分别出现在 12：00

和 16：00，且 16：00 出现的峰值均高于 12：00 的峰值。在 12：00 耗水增加幅度表现为：SD>MD>CK，在 16：00 耗水增加幅度表现为：CK >MD> SD。不同水平处理下 3 种黄芪耗水量在 16：00 均达到显著差异。

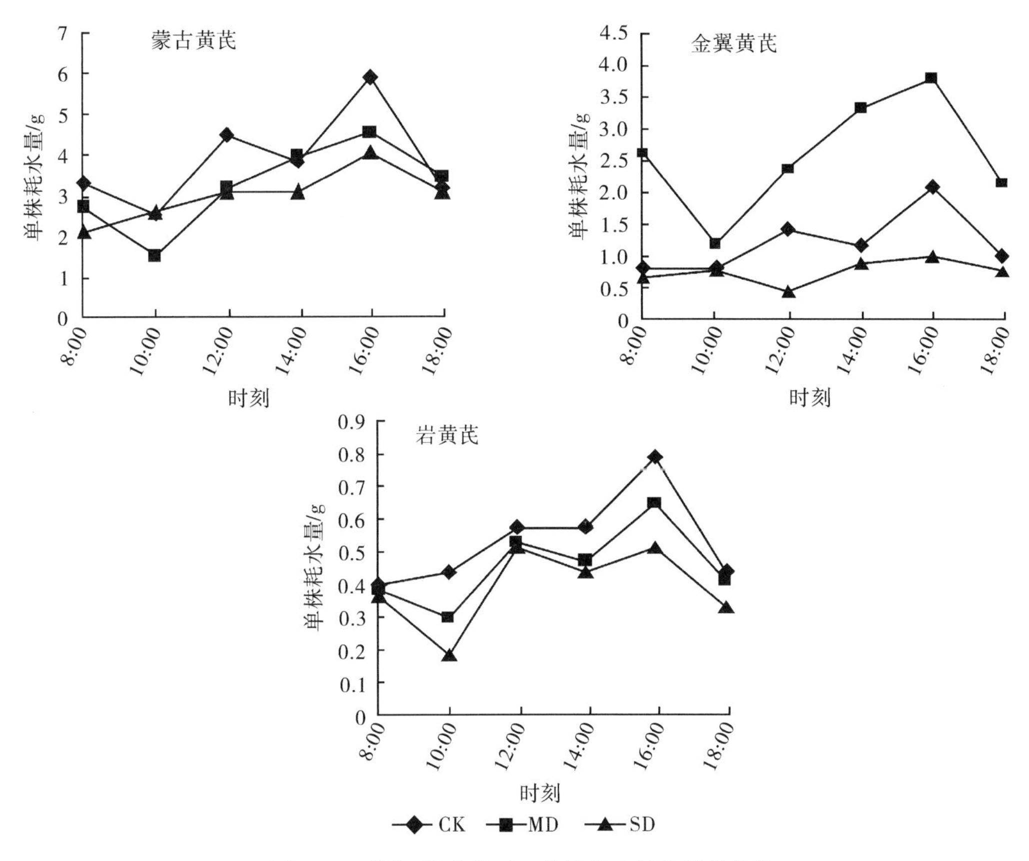

图 6-3　不同土壤水分下 3 种黄芪日耗水量的变化

6.1.4　3 种黄芪全生育期平均耗水量

由表 6-1 可知，3 种黄芪在整个试验期间的单株平均耗水总量差异明显。在相同水分条件下，单株平均耗水量均表现极显著差异。在 CK 条件和 MD 条件下，单株平均耗水量大小表现为：蒙古黄芪>金翼黄芪>岩黄芪，在 SD 处理下，单株平均耗水量大小表现为：蒙古黄芪>岩黄芪>金翼黄芪。蒙古黄芪和岩黄芪在不同水分梯度下的单株平均耗水量表现为：CK>MD>SD，金翼黄芪在不同水分梯度下的单株平均耗水量表现为：MD>CK>SD。

表 6-1　不同水分处理下 3 种黄芪平均耗水量

种源	水分处理	单株平均耗水量/g	差异显著性（$p<0.05$）
蒙古黄芪	CK	1468.116	a
	MD	1048.551	b
	SD	883.085	c

续表

种源	水分处理	单株平均耗水量/g	差异显著性（$p<0.05$）
金翼黄芪	CK	648.761	a
	MD	923.886	b
	SD	238.995	c
岩黄芪	CK	610.944	a
	MD	544.968	b
	SD	407.989	c

注：不同小写字母表示差异显著（$p<0.05$）。

6.1.5 3种黄芪叶绿素及类胡萝卜素含量

由图6-4至图6-6可知，3种黄芪叶绿素含量波动变化很大。蒙古黄芪在不同胁迫条件下叶绿素含量变化相似，与CK条件下相比，MD条件和SD条件下叶绿素含量显著降低。金翼黄芪在不同水分处理条件下叶绿素含量变化差异很大，在CK条件下其叶绿素含量近似沿一定斜率增加；在MD条件下其叶绿素含量先缓慢降低后快速增加，增加后其叶绿素含量超过最低含量的2倍；在SD条件下其叶绿素含量波动变化较大，在处理初期叶绿素含量先是快速增高之后又降低至处理前含量，后期升高后稳定在一定水平。岩黄芪在MD条件下前期叶绿素含量明显高于CK条件和SD条件下，在CK条件和SD条件下其叶绿素含量前期变化不大，在处理后期CK条件下叶绿素含量不断增高；MD条件下叶绿素含量小幅波动后稳定在一定水平区间；SD条件下叶绿素含量在7月下旬开始增加，8月初达到最高含量后降低。

3种黄芪在不同胁迫条件下叶绿素a含量、叶绿素b含量与叶绿素含量变化基本一致，叶绿素a含量、叶绿素b含量在干旱处理前期出现增加的现象，可能是由于早期轻度的干旱胁迫促进了叶片对水分的吸收和贮藏及叶绿素a与叶绿素b的合成。有学者认为，叶绿素含量的增加可能与植物对环境因子的补偿和超补偿效应有关（张晓海等，2005）。在不同胁迫条件下，3种黄芪叶绿素含量7月上旬都出现不同程度的降低。这种随着干旱胁迫时间延长或加重叶绿素的含量呈现下降的趋势，可能是干旱胁迫加剧引起的植物细胞内生理生化改变，使叶绿素合成受阻，降解加快，因此叶绿素含量迅速下降。7月下旬至8月初，3种黄芪叶绿素含量在不同处理下都出现较大幅度的升高，可能是这一时期出现连阴雨天气，气温大幅下降，植物的细胞伤害有所减轻，叶绿素合成加速。

蒙古黄芪在不同处理初期类胡萝卜素含量均出现降低，SD条件下降幅最大，CK条件下降幅次之，MD条件下降幅最小。SD条件下降幅超过50%，之后CK条件下类胡萝卜素含量稳定，MD处理下其含量连续降低，到7月中旬到达最低值之后又连续升高呈V字形走势，SD条件下其含量缓慢降低，到7月中旬到达最低值后又缓慢升高。金翼黄芪在不同处理前期类胡萝卜素含量变化各不相同，后期均出现不同程度的升高。前期在CK条件和MD条件下其类胡萝卜素含量降低，SD条件下含量升高，中期CK条件下其类胡萝卜素含量大幅升高，在MD条件下维持稳定，SD条件下大幅降低。岩黄芪在不同处理前期类胡萝卜素含量变化浮动不大，后期 CK 条件和 MD 条件下均出现波动。

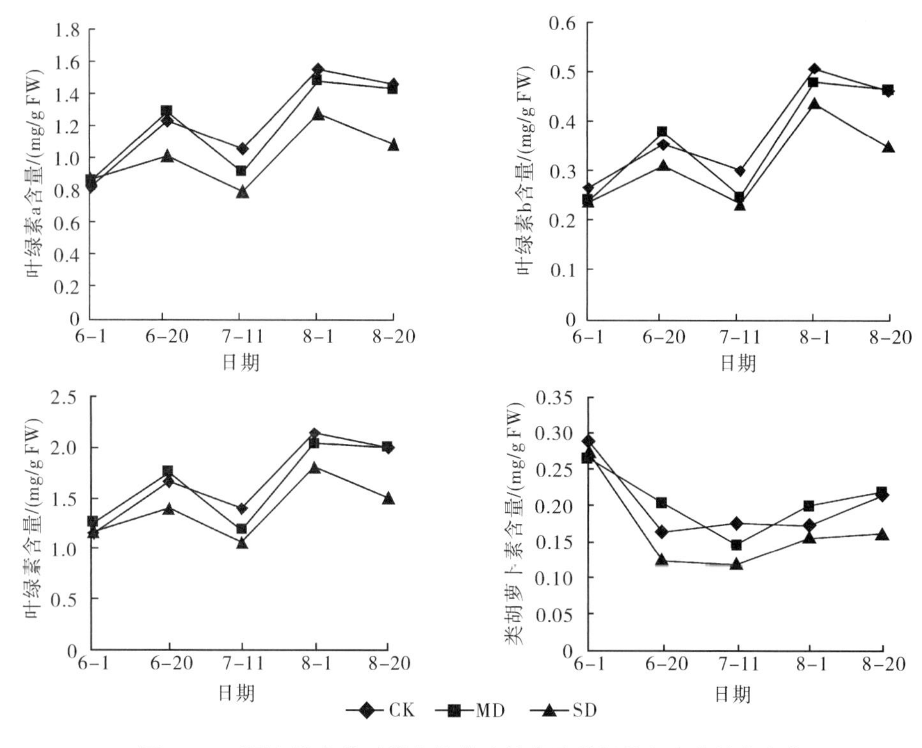

图 6-4　不同土壤水分下蒙古黄芪叶绿素及类胡萝卜素含量的变化

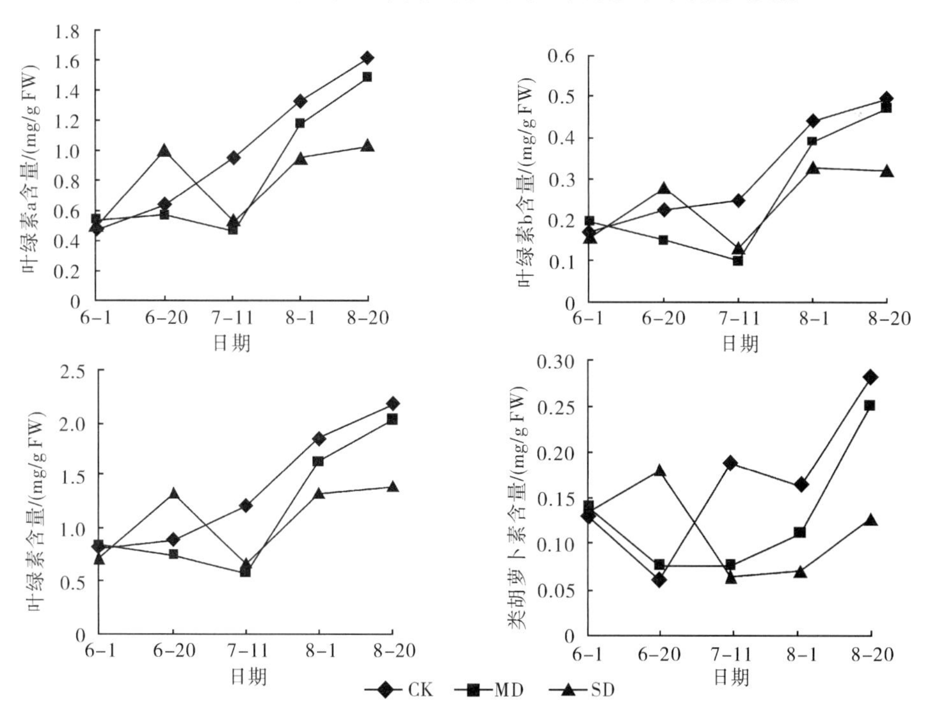

图 6-5　不同土壤水分下金翼黄芪叶绿素及类胡萝卜素含量的变化

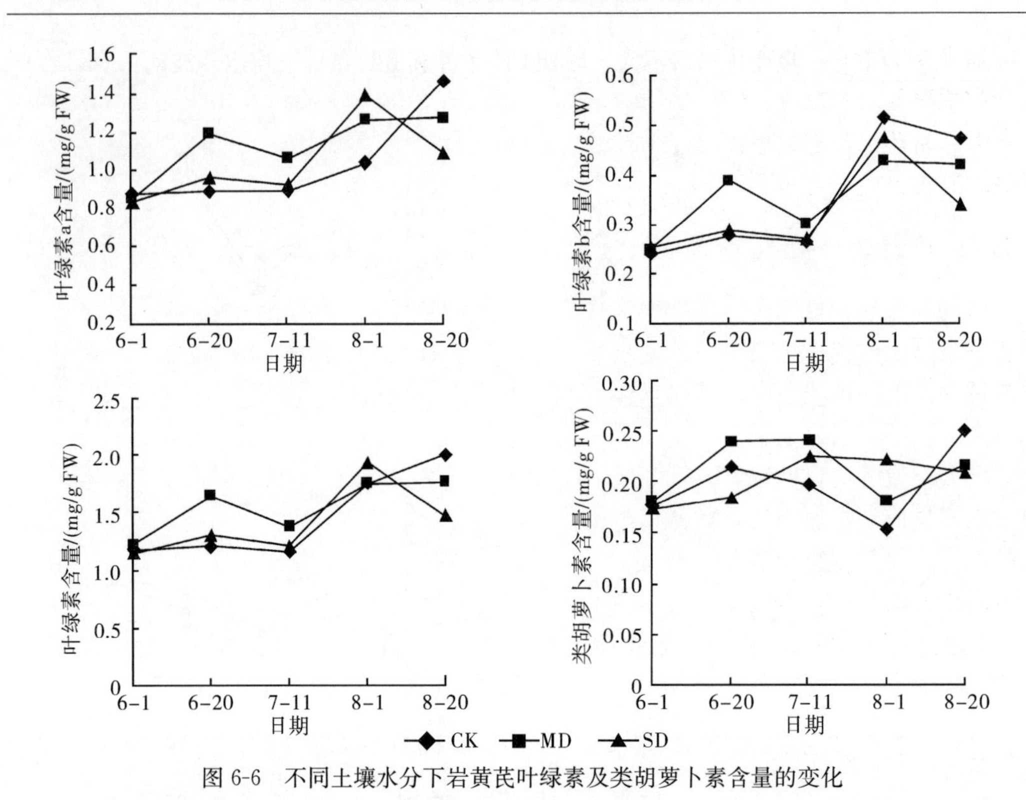

图 6-6　不同土壤水分下岩黄芪叶绿素及类胡萝卜素含量的变化

6.1.6　3 种黄芪生物量

干旱胁迫处理结束后，收集全部植株，测定地上部分干物质、地下部分干物质、总干物质等生物量指标，计算根冠比。结果发现，不同水分处理对 3 种黄芪生物量有极明显影响，苗木根冠比也受到明显影响。在不同水分条件下，生物量增量随着胁迫程度的加重而大幅度减小。如表 6-2 所示，3 种黄芪的总生物量均为：CK＞MD＞SD。在相同水分条件下 3 种黄芪生物量均为：蒙古黄芪＞岩黄芪＞金翼黄芪。在 MD 条件下，3 种黄芪根冠比均小于 CK 条件和 SD 条件下根冠比。

表 6-2　不同水分处理 3 种黄芪生物量指标及水分利用率的变化

种源	水分处理	地上干物质/g	地下干物质/g	总干物质/g	总耗水/kg	根冠比	水分利用效率/(g/kg)
蒙古黄芪	CK	71.29	34.68	105.97	22.01	0.49	4.81
	MD	61.33	27.32	88.65	15.49	0.45	5.72
	SD	44.26	22.4	66.66	8.38	0.51	7.95
金翼黄芪	CK	33.39	22.94	56.33	15.41	0.69	3.66
	MD	26.01	15.11	41.12	9.23	0.58	4.46
	SD	23.12	14.81	37.93	4.54	0.64	8.35
岩黄芪	CK	50.31	36.78	87.09	9.34	0.73	9.32
	MD	46.55	32.2	78.75	8.49	0.69	9.28
	SD	26.48	19.76	46.24	6.23	0.75	7.42

如表 6-2 所示，蒙古黄芪和金翼黄芪的水分利用率均为：SD＞MD＞CK，岩黄芪水分利用率与之相反为：CK＞MD＞SD。在 CK 条件和 MD 条件下 3 种黄芪的水分利用率为：岩黄芪＞蒙古黄芪＞金翼黄芪，在 SD 条件下 3 种黄芪的水分利用率为：金翼黄芪＞蒙古黄芪＞岩黄芪。

6.1.7　小结

植物叶绿素含量的高低是反映其光合能力的重要指标之一（由继红等，2002），类胡萝卜素除吸收传递光能外，还可起保护作用（曹仪植等，1998）。在不同水分条件下，蒙古黄芪和金翼黄芪各自的叶绿素 a 含量、叶绿素 b 含量变化相似，叶绿素 a/b 比值变化不大。在不同水分条件下岩黄芪处理前期叶绿素 a/b 比值变化不大，中期 CK 条件下叶绿素 b 含量升高，叶绿素 a/叶绿素 b 比值变小。在不同水分条件下，蒙古黄芪类胡萝卜素含量前期显著降低，降低幅度为：SD＞MD＞CK，后期相对稳定；在不同水分条件下，金翼黄芪类胡萝卜素含量在 CK 条件和 MD 条件下降低，在 SD 条件下升高；在不同水分条件下，岩黄芪类胡萝卜素含量升高，升高幅度为：MD＞CK＞SD。

3 种黄芪对不同水分条件的敏感程度各不相同，株高直观反映出 3 种黄芪对水分条件的不同要求。蒙古黄芪 SD 条件下株高受到显著抑制，金翼黄芪 MD 条件和 SD 条件下株高都受到显著抑制；岩黄芪 SD 条件下株高受到显著抑制，MD 条件下株高在一段时间后高于 CK 条件下。3 种黄芪的生物总量也反映出水分对植物生长的重要性，3 种黄芪的生物总量在不同水分条件下差异显著，均表现为：CK＞MD＞SD。在 MD 条件下蒙古黄芪和金翼黄芪的水分利用率高于 CK 条件下，但它们的根冠比、地上部分生物量和地下部分生物量均小于 CK 条件下，因此，MD 条件并不适合蒙古黄芪和金翼黄芪生长。岩黄芪在 MD 条件下水分利用率、根冠比略小于 CK 条件下，但平均株高略大于 CK 条件下，都无显著差异。由株高、生物总量、水分利用率和根冠比可知，由于水分条件的限制，虽然与 CK 条件下相比，SD 条件下的水分利用率高、根冠比大，但是其生物量很小，因此不适合 3 种黄芪生长。

6.2　不同水分条件对 3 种黄芪生理特性的影响

6.2.1　3 种黄芪叶片中 SOD 活性

SOD 是植物体内清除活性氧的第一道防线，可以催化氧自由基生成 H_2O_2，其活性受底物氧自由基浓度的影响（闫成仕，2002；吴志华等，2004）。由图 6-7 可知，蒙古黄芪叶片中的 SOD 活性随生长期延长而增加，且三种水分处理下 SOD 活性变化趋势相近，活性大小为：SD＞MD＞CK。6 月中旬和 8 月初 MD 条件和 SD 条件下蒙古黄芪 SOD 活性升高，与 CK 条件下差异显著（$p<0.05$）。7 月初 3 种水分处理条件下的蒙古黄芪 SOD 活性增高幅度最大，7 月中下旬之后其 SOD 活性呈现相对稳定的升高过程。金翼黄芪在三种水分处理初期 SOD 活性均显著升高，在 6 月下旬形成峰值，活性大小表现为：SD＞MD＞CK，后期在 MD 条件和 SD 条件下抑制缓慢降低，SD 条件下降低

幅度大于 MD 条件下 SOD 活性，CK 条件下在后期出现小幅波动，在 8 月初形成第二次峰值且高于第一次峰值，8 月初 MD 条件下和 SD 条件下 SOD 活性与 CK 条件下差异显著（$p<0.05$）。岩黄芪在三种水分处理下变化趋势相似，前期缓慢升高，中期相对稳定，后期大幅升高，活性大小为：SD>MD>CK，MD 条件和 SD 条件下 SOD 活性与 CK 条件下差异显著（$p<0.05$）。

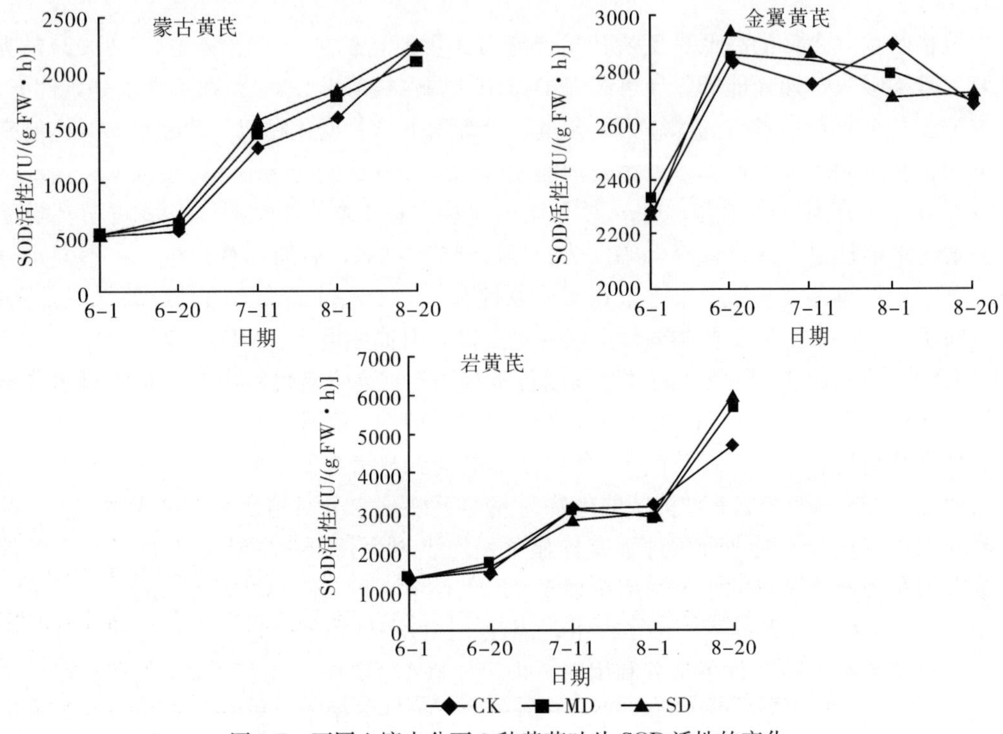

图 6-7 不同土壤水分下 3 种黄芪叶片 SOD 活性的变化

6.2.2 3 种黄芪叶片中 CAT 活性

由图 6-8 可知，6 月中旬蒙古黄芪在 MD 条件和 SD 条件下叶片中 CAT 活性显著高于 CK 条件下（$p<0.05$），其活性大小为：SD>MD>CK。7 月中旬开始，3 种水分处理下的 CAT 活性分别出现不同程度的降低，其中 MD 条件下蒙古黄芪叶片中 CAT 活性降幅最大，CK 条件下叶片中 CAT 活性基本保持稳定，波动幅度不大。6 月中旬金翼黄芪在 SD 条件下叶片中的 CAT 活性出现显著升高，与 CK 条件下差异显著（$p<0.05$），其 CAT 活性大小表现为：SD>CK>MD。CK 和 MD 条件下金翼黄芪叶片中 CAT 活性缓慢上升，8 月初达到峰值，MD 条件下金翼黄芪叶片中 CAT 活性始终低于 CK 条件下。6 月上旬和中旬岩黄芪在 3 种水分处理下 CAT 活性升高均不显著，7 月上旬在 3 种水分处理下其 CAT 活性均显著升高，MD 条件和 SD 条件下叶片中 CAT 活性显著高于 CK 条件下（$p<0.05$），前期 CAT 活性大小为：SD>MD>CK，后期 CAT 活性大小变为：CK>MD>SD。

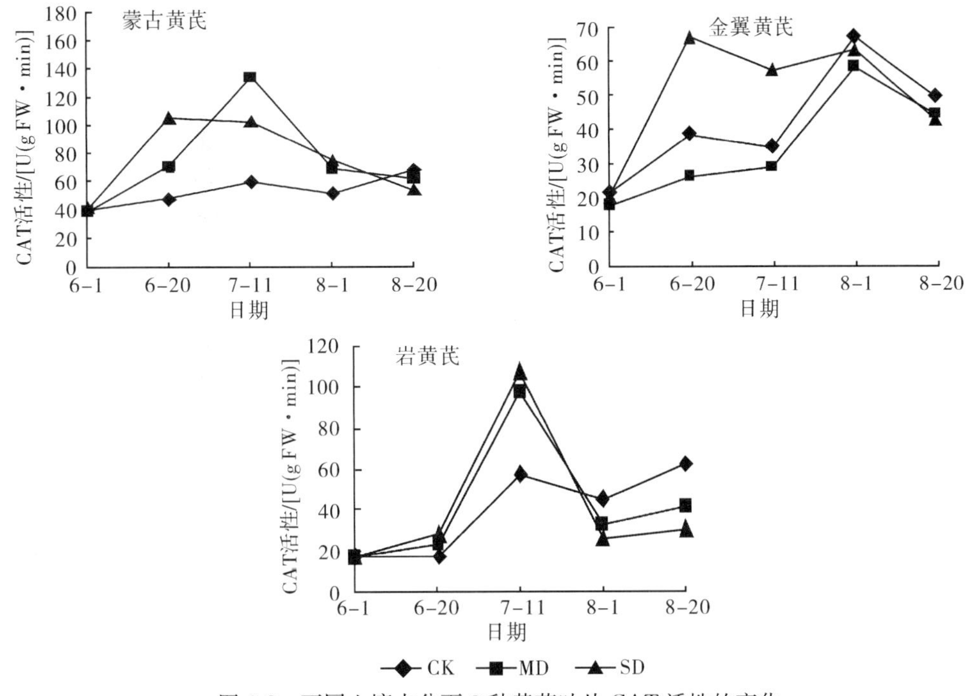

图 6-8　不同土壤水分下 3 种黄芪叶片 CAT 活性的变化

6.2.3　3 种黄芪叶片中 POD 活性

由图 6-9 可知，胁迫前期，3 种水分条件下蒙古黄芪叶片中的 POD 活性均缓慢升高。7 月 11 日开始，3 种水分处理下蒙古黄芪叶片中的 POD 活性都呈上升趋势，至 8 月初，CK 条件下蒙古黄芪叶片中 POD 活性连续升高 4 倍以上，MD 条件下蒙古黄芪叶片中 POD 活性连续升高 6 倍以上，SD 条件下蒙古黄芪叶片中 POD 活性连续升高 8 倍以上，MD 和 SD 条件下较 CK 条件下均达显著差异（$p<0.05$）。之后 MD 和 SD 条件下蒙古黄芪叶片中 POD 活性又快速下降，而 CK 条件下蒙古黄芪叶片中 POD 活性仍持续升高。金翼黄芪叶片中 POD 活性在 3 种处理下变化相似，6 月上旬和中旬升高缓慢，6 月下旬开始快速升高，至 8 月初，CK 和 MD 条件下金翼黄芪叶片中 POD 活性连续升高 7 倍以上，SD 条件下金翼黄芪叶片中 POD 活性连续升高 5 倍以上，MD 和 SD 条件下其 POD 活性较 CK 条件下均达显著差异（$p<0.05$）。岩黄芪叶片中 POD 活性在 3 种水分处理下均持续升高，胁迫前期升高较为缓慢，升高幅度为：SD>CK>MD；胁迫后期快速升高，升高幅度为：CK>SD>MD。至 8 月中旬，CK 条件下和 SD 条件下岩黄芪叶片中 POD 活性连续升高 7 倍以上，MD 条件下岩黄芪叶片中 POD 活性连续升高 6 倍以上，MD 条件下其 POD 活性较 CK 条件下达显著差异（$p<0.05$）。胁迫后期 3 种水分处理下叶片中 POD 活性又开始下降。

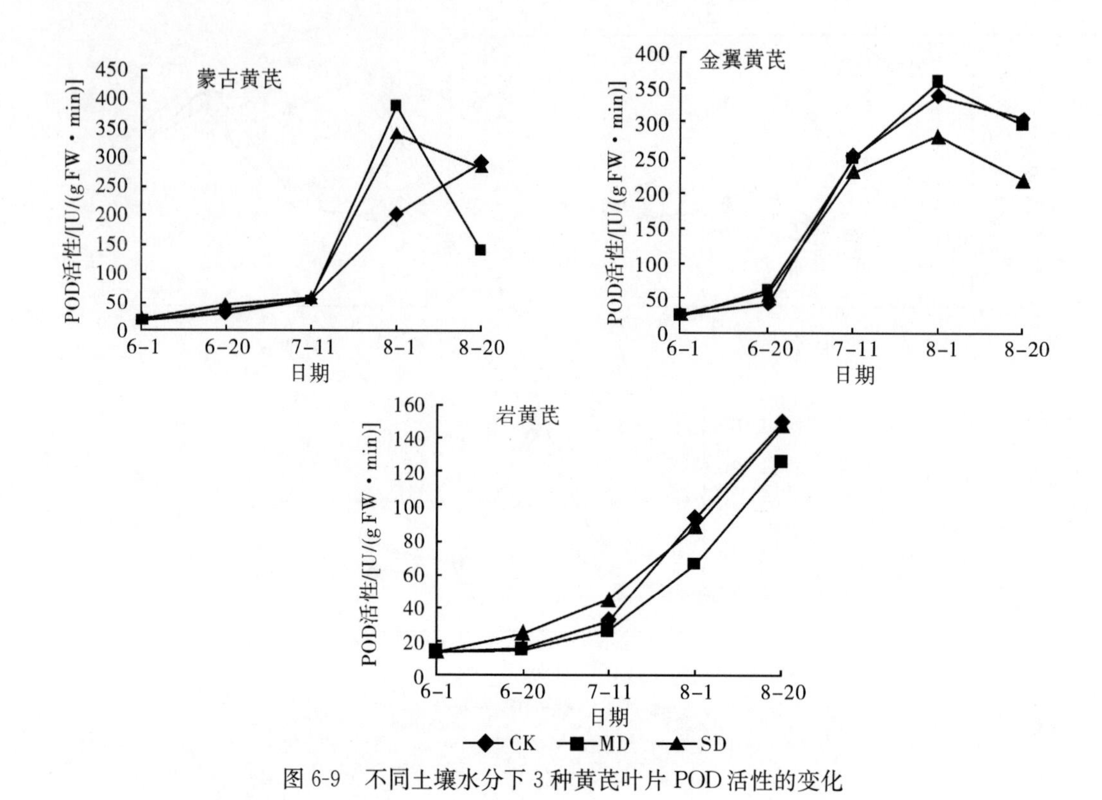

图 6-9　不同土壤水分下 3 种黄芪叶片 POD 活性的变化

6.2.4　3 种黄芪叶片中 APX 活性

APX 是叶绿体中清除 H_2O_2 的关键酶，通过催化抗坏血酸-谷胱甘肽循环来发挥这种关键作用（Sasaki-Sekimoto et al.，2005）。由图 6-10 可知，蒙古黄芪在 6 月初至 7 月上旬，3 种水分处理下 APX 活性都有一定的上升，活性高低表现为：MD＞SD＞CK；8 月初，3 种水分处理的下 APX 活性都达到峰值，其活性大小为：SD＞MD＞CK。MD 和 SD 条件下其 APX 活性较 CK 条件下差异显著（$p<0.05$）。胁迫后期，蒙古黄芪 APX 活性出现较大的升高后又快速降低的现象，SD 条件下其 APX 活性变化浮动最大。岩黄芪在 6 月初至 7 月上旬，3 种水分处理下 APX 活性都缓慢升高，7 月下旬开始快速升高；8 月初，3 种水分处理下的 APX 活性都达到峰值，其活性大小为：CK＞SD＞MD。MD 和 SD 条件下岩黄芪 APX 活性较 CK 条件下差异显著（$p<0.05$）。胁迫中后期，岩黄芪 APX 活性出现较大幅度的升高后又快速降低的现象。金翼黄芪在 3 种水分处理下叶片中 APX 活性变化相似，胁迫初期在 MD 和 SD 条件下叶片中 APX 活性大幅升高，到 6 月中旬 MD 和 SD 条件下叶片中 APX 活性较 CK 条件下差异显著（$p<0.05$）。7 月下旬 3 种水分处理下金翼黄芪叶片中 APX 活性均有较大降幅。

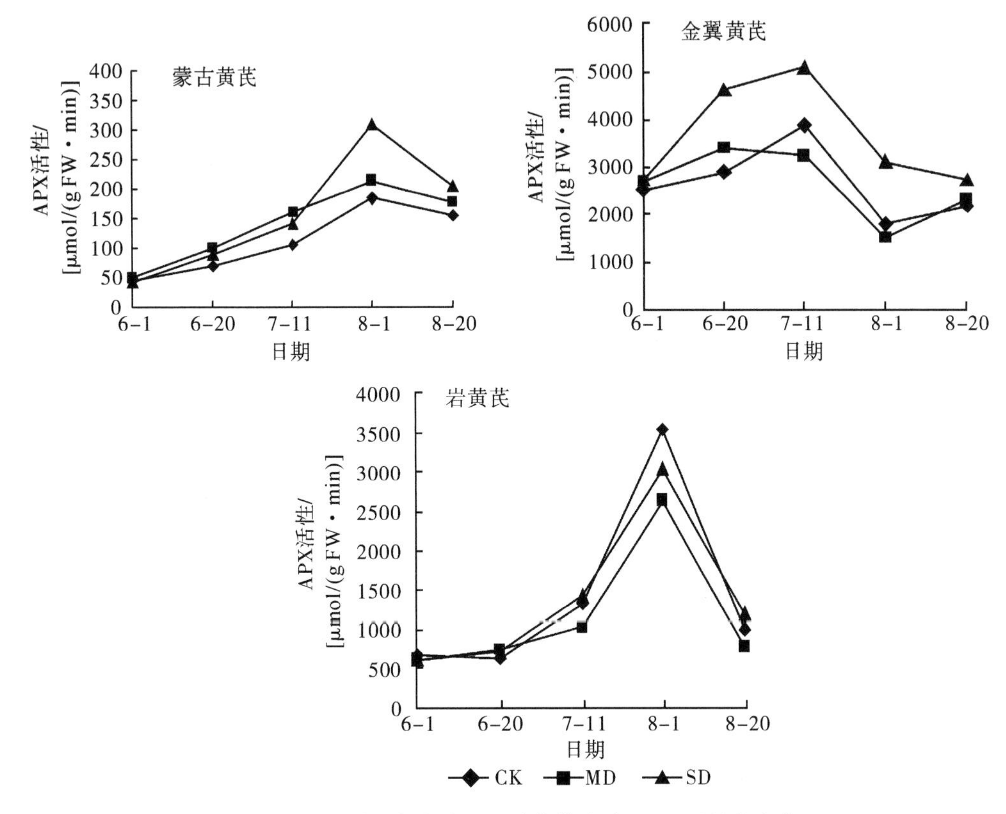

图 6-10 不同土壤水分下 3 种黄芪叶片 APX 活性的变化

6.2.5 3 种黄芪叶片中 MDA 含量

MDA 是膜脂过氧化最重要的产物之一，其含量的多少可代表膜损伤程度的大小（Tang et al.，2007）。由图 6-11 可知，在胁迫初期蒙古黄芪 CK 条件下 MDA 含量几乎没有变化，而在 MD 和 SD 条件下其 MDA 含量降低，其中 SD 条件下其 MDA 含量较 CK 条件下达显著水平（$p<0.05$）。6 月下旬开始，3 种水分处理下的蒙古黄芪叶片中 MDA 含量都有所升高，CK 条件下升高幅度最大，MD 条件下次之，SD 条件下最低，且 MD 条件和 CK 条件下其 MDA 含量在 7 月中旬达到峰值。胁迫后期，CK 条件下 MDA 含量由缓慢下降转为较快下降，MD 条件下 MDA 含量一直较快下降，SD 条件下 MDA 含量在 8 月初出现峰值，之后开始下降。胁迫初期，在 CK 条件下金翼黄芪 MDA 含量有所升高，在 6 月下旬形成峰值，MD 和 SD 条件下其 MDA 含量降低，其中 SD 条件下金翼黄芪 MDA 含量较 CK 条件下达显著水平（$p<0.05$）。6 月下旬开始，CK 和 MD 条件下其 MDA 含量开始较大幅度下降，6 月下旬至 7 月上旬 SD 条件下其 MDA 含量相对稳定，之后小幅下降，8 月初 3 种水分处理下的金翼黄芪 MDA 含量均相对稳定。胁迫初期，岩黄芪在 3 种水分处理下 MDA 含量均有所升高，其中 SD 条件下其 MDA 含量较 CK 条件下达显著水平（$p<0.05$）。6 月下旬开始，SD 条件下岩黄芪 MDA 含量缓慢升高，MD 条件下波动升高超过 SD 条件下，CK 条件下其 MDA 含量持

续升高，在 8 月初达到峰值超过 MD 条件和 SD 条件下，MD 条件和 SD 条件下较 CK 条件下达显著水平（$p<0.05$）。

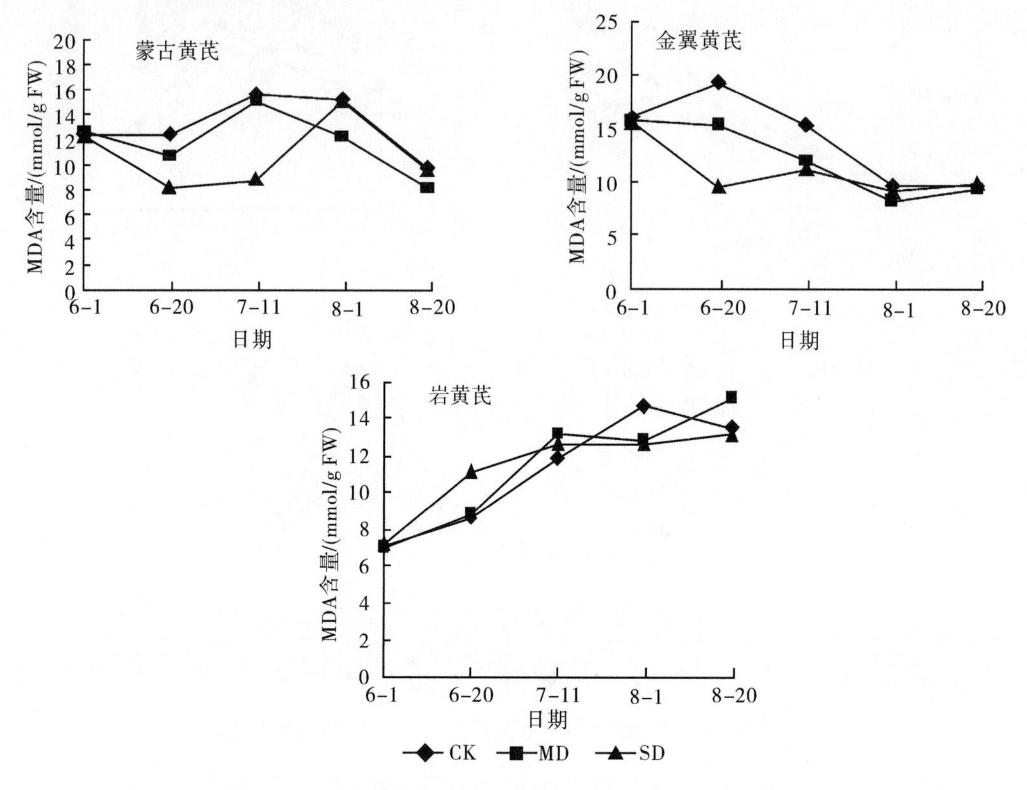

图 6-11　不同土壤水分下 3 种黄芪叶片 MDA 含量的变化

6.2.6　3 种黄芪叶片中超氧阴离子含量

超氧阴离子的变化趋势可反映出植株受伤害程度。由图 6-12 可知，在 6 月初至 7 月中旬，3 种水分条件下蒙古黄芪叶片中超氧阴离子含量都没有显著的变化，说明 MD 条件和 SD 条件下的保护酶系统可以快速反应清除叶片中的超氧阴离子，维持正常代谢。随着时间推移，7 月中下旬三种水分条件下的超氧阴离子含量都出现升高，升高幅度为：MD＞SD＞CK，其中 MD 条件下其超氧阴离子含量较 CK 条件下达显著差异（$p<0.05$）。胁迫后期，CK 条件下超氧阴离子含量保持稳定，MD 条件和 SD 条件下仍然持续升高，且较 CK 条件下均达显著差异（$p<0.05$）。3 种水分条件下金翼黄芪叶片中超氧阴离子含量变化趋势相似，6 月中旬含量均有所升高但差异并不显著，6 月下旬含量均大幅下降，在 7 月达到最低值，含量大小为：SD＞ MD＞CK，其中 SD 条件下其含量较 CK 达显著差异（$p<0.05$）。7 月中旬之后，3 种水分条件下金翼黄芪叶片中超氧阴离子含量均开始上升。在 MD 条件和 SD 条件下岩黄芪叶片中超氧阴离子含量变化趋势相似，均在 6 月 20 日达到第一次峰值，且 MD 条件下含量较 CK 均达显著差异（$p<0.05$）。在 6 月下旬开始降低，SD 条件下岩黄芪叶片中超氧阴离子含量降幅大于 MD 条件下，7 月中旬 MD 条件和 SD 条件下岩黄芪叶片中超氧阴离子含量再次开始升

高，至 8 月中旬 3 种水分条件下含量大小为：MD＞SD＞ CK，且 MD 条件和 SD 条件下含量较 CK 条件下均达显著差异（$p<0.05$）。CK 条件下岩黄芪叶片中超氧阴离子含量一直升高，8 月初又达到峰值。

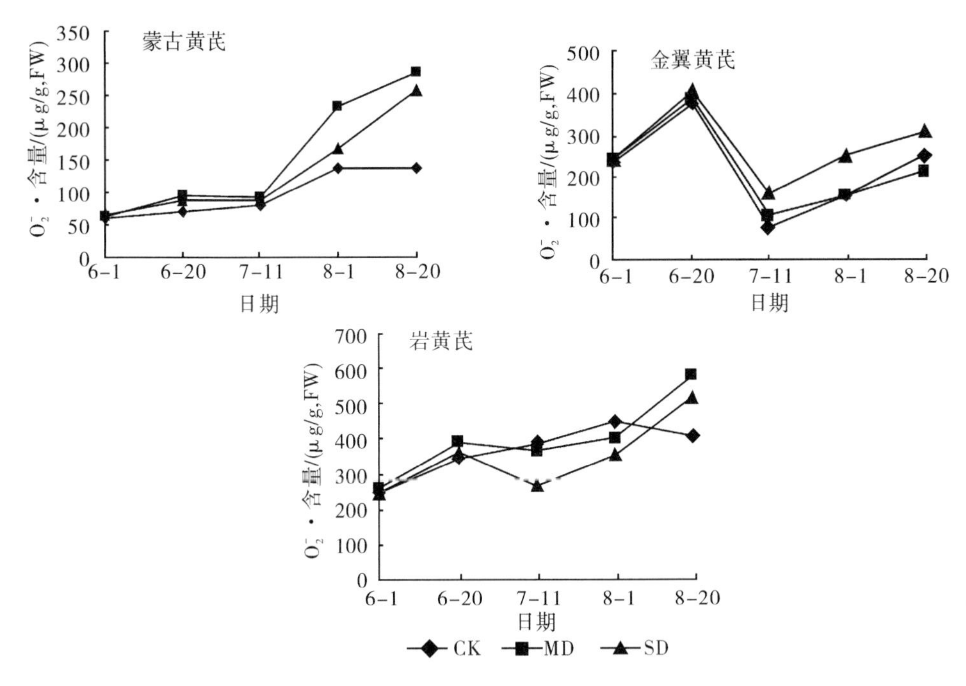

图 6-12　不同土壤水分下 3 种黄芪叶片 O_2^-· 含量的变化

6.2.7　3 种黄芪叶片中可溶性蛋白含量

由图 6-13 可知，胁迫初期，蒙古黄芪在 MD 条件和 SD 条件下可溶性蛋白含量与 CK 条件下相比显著升高（$p<0.05$）。6 月 20 日 MD 条件下可溶性蛋白含量达到峰值，SD 条件下可溶性蛋白含量形成第一次峰值。在胁迫中期，SD 条件下可溶性蛋白出现大幅下降，CK 条件和 MD 条件下可溶性蛋白含量维持稳定。8 月初，SD 条件下其可溶性蛋白含量再一次出现峰值，CK 条件下也出现升高。之后，3 种水分处理下的可溶性蛋白含量都出现大幅降低。在胁迫开始初期，金翼黄芪 MD 条件和 SD 条件下可溶性蛋白含量与 CK 条件下相比显著升高（$p<0.05$），6 月 20 日，MD 条件和 SD 条件下金翼黄芪可溶性蛋白含量达到峰值。6 月下旬开始，3 种水分处理下金翼黄芪可溶性蛋白含量都出现大幅降低。7 月中旬开始，CK 条件和 MD 条件下含量开始升高，SD 条件下含量缓慢降低，8 月下旬，3 种水分处理下含量大小为：CK＞SD＞MD。6 月初至 7 月上旬，在 CK 条件和 SD 条件下岩黄芪的可溶性蛋白含量变化一直不大，胁迫初期 SD 条件下含量与 CK 条件下相比显著升高（$p<0.05$），之后出现小幅降低。7 月中旬开始，3 种水分处理下岩黄芪可溶性蛋白含量均大幅升高，在 8 月初均达到峰值，其含量大小为：CK ＞ MD＞SD。MD 条件和 SD 条件下岩黄芪可溶性蛋白含量较 CK 条件下差异显著（$p<0.05$），之后 3 种水分处理下含量均大幅降低。

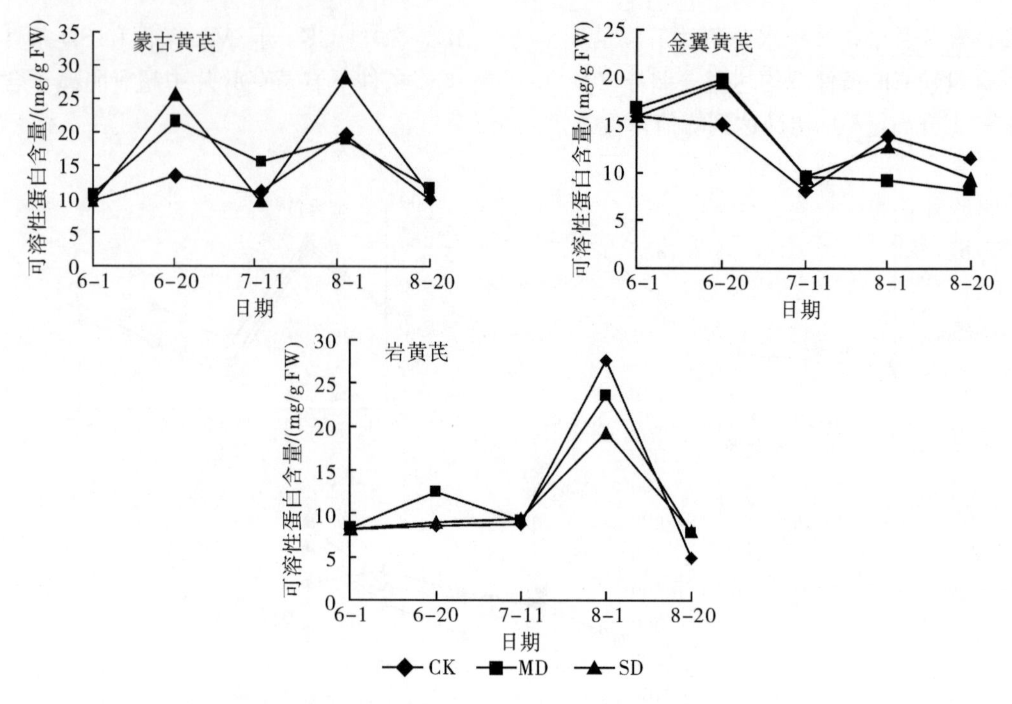

图 6-13 不同土壤水分下 3 种黄芪叶片可溶性蛋白含量的变化

6.2.8 3 种黄芪叶片中脯氨酸含量

由图 6-14 可知，胁迫初期 3 种黄芪脯氨酸含量在 SD 条件与 CK 条件下相比均显著升高（$p<0.05$）。SD 条件下蒙古黄芪脯氨酸含量升高最大，在前期不断积累，但在后期有一次较大下降，之后又快速上升。MD 条件和 CK 条件下蒙古黄芪脯氨酸含量在胁

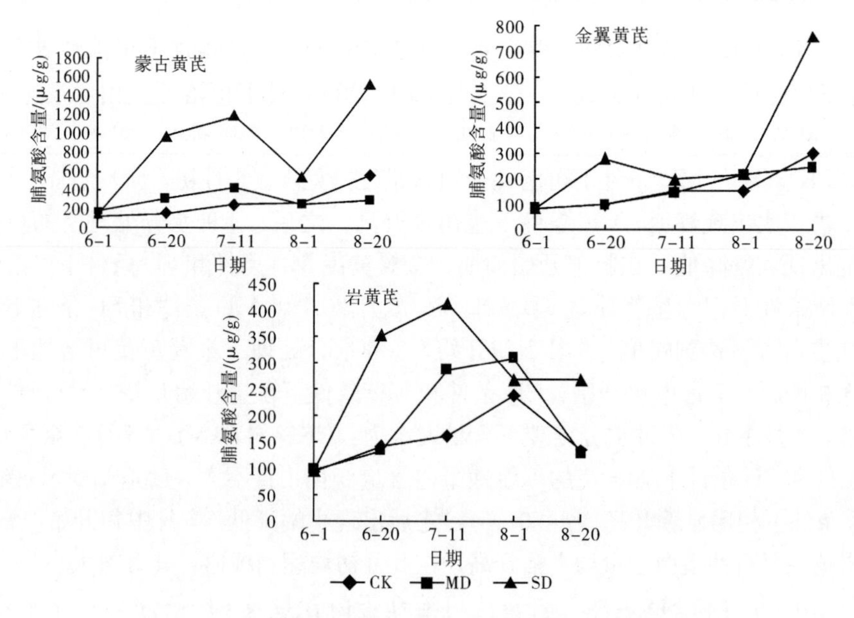

图 6-14 不同土壤水分下 3 种黄芪叶片脯氨酸含量的变化

迫前期也有一定的积累，胁迫后期 MD 条件下含量出现降低，CK 条件下含量仍然累积。蒙古黄芪各处理之间差异显著（$p<0.05$）。6 月中旬金翼黄芪在 SD 条件下脯氨酸含量升高，与 CK 条件下含量相比显著升高（$p<0.05$）。6 月下旬至 8 月初，CK 条件下金翼黄芪脯氨酸含量相对稳定，之后又快速上升。金翼黄芪在 MD 条件和 CK 条件下脯氨酸含量缓慢积累。在 SD 条件下岩黄芪脯氨酸含量不断大幅积累，在 7 月上旬达到最大值，之后大幅下降，8 月开始相对稳定。在 MD 条件下岩黄芪脯氨酸含量先是缓慢升高，6 月下旬开始快速升高，8 月初达到最大值，之后大幅下降。在 CK 条件下岩黄芪脯氨酸含量一直增幅不大，8 月初达到最大值。7 月上旬岩黄芪各水分条件下差异显著（$p<0.05$）。

6.2.9　3 种黄芪叶片中可溶性糖含量

由图 6-15 可知，3 种黄芪在不同水分条件下可溶性糖含量均有所升高，并均在 8 月 1 日达到最大值。6 月中旬，蒙古黄芪可溶性糖含量在 CK 条件和 SD 条件下升高幅度不大，在 MD 条件下含量与 CK 条件下相比显著升高（$p<0.05$）。6 月下旬至 8 月初，3 种水分处理下蒙古黄芪可溶性糖含量快速升高，8 月初达到最大值，其含量大小为：MD>SD>CK。MD 条件和 SD 条件下蒙古黄芪可溶性糖含量较 CK 条件下差异显著（$p<0.05$）。在 3 种水分处理下金翼黄芪可溶性糖含量 6 月初至 6 月中旬均有升高但无

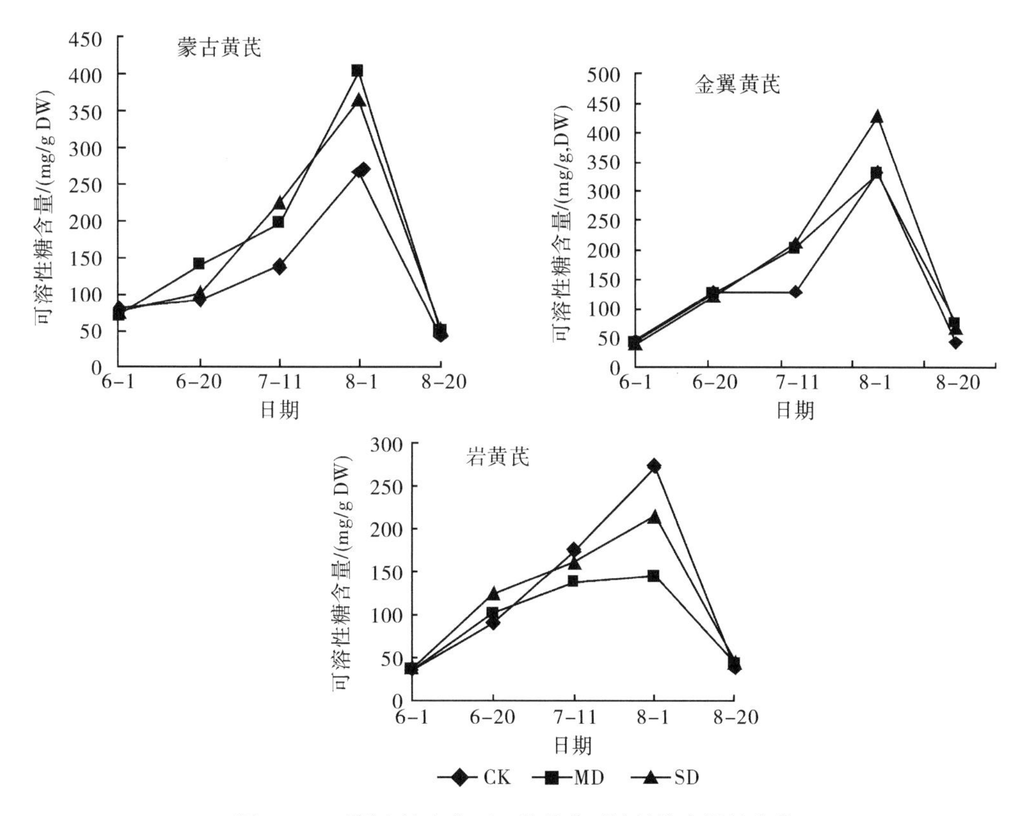

图 6-15　不同土壤水分下 3 种黄芪可溶性糖含量的变化

差异性，6月下旬至7月上旬，CK条件下含量相对稳定。MD条件和SD条件下金翼黄芪可溶性糖含量持续升高，较CK条件下差异显著（$p<0.05$）。在3种水分处理下岩黄芪可溶性糖含量6月初至6月中旬均有升高，SD条件下较CK条件下升高显著（$p<0.05$），之后3种水分处理下均快速升高。8月初可溶性糖含量大小为：CK＞SD＞MD，各水分处理条件下岩黄芪可溶性糖含量差异显著（$p<0.05$）。

6.2.10　小结

在植物生长过程中始终受到各种环境因素的影响，适应环境过程中，植物自身进化出一整套保护系统以抵御各种不良因素，其中保护酶系统（SOD、POD、APX、CAT等）和渗透调节物质（可溶性蛋白、脯氨酸、可溶性糖等）是植物整体防御系统中重要的组成部分，各酶之间相互协调、渗透调节物质含量动态变化保证植物进行正常的生理活动。干旱环境下，受干旱胁迫的植株细胞产生大量活性氧，引发膜脂过氧化自由基发生链式反应，造成膜功能失常（韩蕊莲等，2002）。活性氧对植物体的伤害可以在很短的时间里发生，一旦植物体发生伤害，受伤害的组织就不容易恢复。SOD是整个保护酶系统中的第一环，负责将超氧阴离子歧化生成H_2O_2，再由POD、APX、CAT将H_2O_2分解。本小节中，MD条件和SD条件下的3种黄芪叶片中超氧阴离子含量前期变化均未与CK条件下有显著差异，胁迫后期超氧阴离子含量增加，且与CK条件下差异显著。3种黄芪的SOD活性在3种水分条件下都有升高，但整体活性表现为：SD＞MD＞CK。在SD条件和MD条件下，蒙古黄芪和岩黄芪的CAT活性和SD条件下金翼黄芪CAT活性，在胁迫初期快速升至一个高水平且长期维持。3种黄芪的POD活性在胁迫中期也快速升高。APX是清除叶绿体中H_2O_2的主要酶。3种黄芪的APX活性在胁迫前期一直表现为MD条件和SD条件下相近，且显著高于CK条件下，体现了保护酶系统在植物抗逆过程中的积极与协同性。

为降低水分胁迫造成的伤害，植物细胞中可溶性蛋白含量升高以降低细胞渗透势（汤章城，1999；魏良民，1991）。植物对于干旱的耐受力是有限的，干旱会抑制蛋白质的合成并加速蛋白质的降解，超出植物对干旱的承受范围，植物细胞中的蛋白质含量会快速降低。研究结果表明，处理前期3种黄芪在MD条件和SD条件下可溶性蛋白含量均高于CK条件下，处理后期MD条件和SD条件下含量均低于CK条件下。说明在胁迫处理初期，植物体内的不溶性蛋白变为可溶性蛋白以增强渗透调节能力，而在胁迫处理后期干旱胁迫超过植物所能忍耐的阈值，植物体内的合成代谢受阻，蛋白质降解。

干旱胁迫初期，MD条件和SD条件下蒙古黄芪和金翼黄芪MDA含量明显降低，这与初期MD条件和SD条件下多种酶活性快速升高共同表明，蒙古黄芪和金翼黄芪的保护酶系统可快速启动以适应干旱环境。孙耀中等（2005）试验结果表明，MDA含量、SOD活性和脯氨酸含量存在一定程度的线性负相关。MD条件和SD条件下，蒙古黄芪和金翼黄芪的脯氨酸含量大幅升高，其对应的MDA含量就降低。MD条件和SD条件下岩黄芪脯氨酸和MDA含量同时增加。SD条件下3种黄芪叶片中脯氨酸含量显著高于其他水分条件下的含量。在受到干旱胁迫时，植物细胞大量积累脯氨酸，提高细胞液浓度，降低其渗透势，以适应水分胁迫。

植物的抗旱性高度依赖于细胞的持水力，而可溶性糖作为渗透因子有利于维持细胞水势、保持膨压。胁迫前期，MD条件和SD条件下，3种黄芪可溶性糖含量升高，较CK条件下的升高差异显著（$p<0.05$），必然有利于黄芪抗旱性的提高，而其含量后期大幅降低可能是因为进入生长衰老期。

6.3　不同水分条件对3种黄芪中黄芪甲苷含量的影响

黄芪甲苷是黄芪有效成分，在现代医药中广泛应用，具有降血压、镇静、镇痛及抗氧化等作用。《中国药典》规定黄芪甲苷是黄芪的指标成分，含量不得低于0.04%。蒙古黄芪为药典收录黄芪，金翼黄芪和岩黄芪虽没有被《中国药典》收录，但是在民间也有较长的药用历史。本小节用《中国药典》规定的HPLC-ELSD方法测定药材中黄芪甲苷的含量，得出金翼黄芪、岩黄芪和蒙古黄芪的黄芪甲苷含量与水分胁迫的关系。

6.3.1　金翼黄芪、岩黄芪和蒙古黄芪的黄芪甲苷含量与水分胁迫的关系

由图6 16可知，不同水分处理下蒙古黄芪根中黄芪甲苷含量变化为：SD条件下含量显著低于CK条件下，MD条件下含量与CK条件下相当。不同水分处理下金翼黄芪根中黄芪甲苷含量变化为：MD条件和SD条件下含量显著高于CK条件下，且MD条件下与SD条件下含量差异显著，含量高低为：SD>MD>CK。不同水分处理下岩黄芪根中黄芪甲苷含量变化为：MD条件和SD条件下含量较CK条件下差异显著，且MD条件下与SD条件差异显著，含量高低为：MD>CK > SD。不同水分条件对金翼黄芪影响最大，其SD条件下根中黄芪甲苷含量最高。3种黄芪在MD条件下黄芪甲苷含量均显著高于CK条件下，说明轻度水分胁迫对黄芪甲苷的合成积累有促进作用。

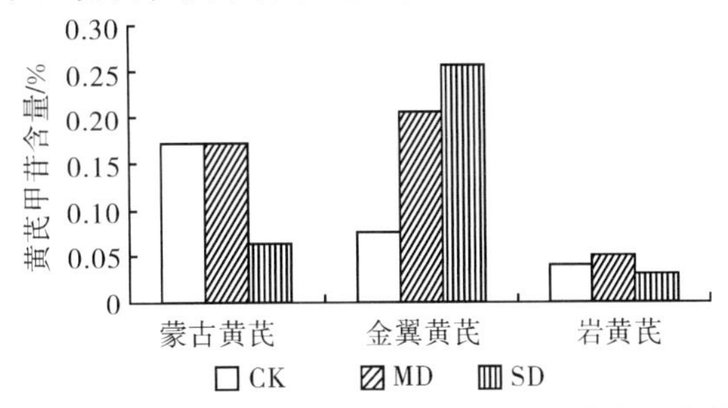

图6-16　不同水分处理对3种黄芪中黄芪甲苷含量的影响

6.3.2　小结

黄芪根采收于9月底，此时黄芪进入枯萎期，根中黄芪甲苷含量达到稳定时期。经过4个月连续水分胁迫处理，除岩黄芪在SD条件下黄芪甲苷含量低于《中国药典》规定的值0.04%，其他处理均达到《中国药典》要求。说明一年生黄芪采收入药可满足《中国药典》规定。适当的水分处理有助于黄芪甲苷在根中的积累。对于中度和重度水分胁迫3种黄芪反应差异很大，与CK条件下相比，SD条件下蒙古黄芪根中黄芪甲苷含量明显受到抑制；与CK条件下相比，SD条件下金翼黄芪根中黄芪甲苷含量显著增

高；与CK条件下相比，SD条件下岩黄芪根中黄芪甲苷含量降低达显著差异，但差异幅度小于蒙古黄芪和金翼黄芪。3种黄芪中，金翼黄芪在MD条件下根中黄芪甲苷含量增加幅度大于蒙古黄芪和岩黄芪CK条件下的含量，说明金翼黄芪在合成积累过程中对水分的敏感程度最高。

6.4 结　论

在盆栽实验条件下，对蒙古黄芪、金翼黄芪和岩黄芪在3种水分条件下（70%θ_f～75%θ_f，50%θ_f～55%θ_f，35%θ_f～40%θ_f）进行耗水规律、水分利用率、保护酶活性、渗透调节物质含量、光合色素含量及变化、黄芪甲苷含量进行研究。综合以上指标，对3种黄芪抗旱性及其对黄芪甲苷含量的影响进行综合分析，结果如下：

植株生长，3种黄芪均表现为在SD条件下植株高度明显受到抑制。但在SD条件下蒙古黄芪和金翼黄芪水分利用率分别是CK条件下的1.6倍和2.3倍。岩黄芪在不同水分处理下水分利用率均很高，在CK条件下其水分利用率分别是蒙古黄芪和金翼黄芪的1.9倍和2.5倍。在整个实验期间，相同水分条件下，3种黄芪单株平均耗水量差异显著，CK条件和MD条件下耗水量大小表现为：蒙古黄芪＞金翼黄芪＞岩黄芪，SD条件下耗水量大小表现为：蒙古黄芪＞岩黄芪＞金翼黄芪。在不同水分条件下，蒙古黄芪和岩黄芪的单株平均耗水量表现为：CK＞MD＞SD，金翼黄芪表现为：MD＞CK＞SD。

3种黄芪的保护酶系统和非酶保护系统在不同水分条件下均表现出一定的协同效应，干旱条件下植物会产生大量活性氧。胁迫前半期，3种黄芪在MD条件和SD条件下超氧阴离子的含量较CK条件下没有显著增加，说明保护系统可以及时清理活性氧。胁迫前半期，蒙古黄芪在MD条件和SD条件下较CK条件下显著增加的有CAT、可溶性蛋白、脯氨酸、可溶性糖，且MDA含量显著降低；金翼黄芪在MD条件和SD条件下较CK条件下显著增加的有APX、可溶性蛋白、可溶性糖，且MDA含量显著降低；岩黄芪在MD条件和SD条件下较CK条件下显著增加的有CAT、脯氨酸。由此可知，脯氨酸在黄芪抗逆能力中占主要位置。

3种黄芪的叶绿素a含量、叶绿素b含量及类胡萝卜素含量的变化规律为，水分处理中期，蒙古黄芪和金翼黄芪叶绿素含量和类胡萝卜素含量在MD条件和SD条件下均显著低于CK条件下，岩黄芪叶绿素含量和类胡萝卜素含量在MD条件下显著高于CK条件下。因此，可以判断岩黄芪可能更加适合生长在50%θ_f～55%θ_f的土壤水分条件下。

在各水分条件下，蒙古黄芪地下生物量均大于金翼黄芪，而岩黄芪虽然地下生物量均大于金翼黄芪，但其黄芪甲苷含量远低于金翼黄芪和蒙古黄芪。黄芪甲苷含量较大的为SD条件和MD条件下的金翼黄芪，MD条件和CK条件下的蒙古黄芪。CK条件下，蒙古黄芪的黄芪甲苷含量为金翼黄芪的2倍多，MD条件下金翼黄芪的黄芪甲苷含量约为蒙古黄芪的1.2倍，SD条件下金翼黄芪的黄芪甲苷含量约为蒙古黄芪的4倍。因此，在水分较充足的地区可选择种植蒙古黄芪，在相对缺水的地区可选择种金翼黄芪。

第7章 沙打旺、白花草木樨、尖叶胡枝子的耗水和抗旱特性研究

7.1 不同土壤水分条件下3种豆科牧草的耗水特征

水分是植物体的重要组成部分。影响植物生产力的因子很多，如水分、温度、光照等，但是在诸多生态因子中，水分的作用超过其他一切因子的总和（张满清等，2004）。一些气候干燥、降雨量小的地方，或者在一些土壤瘠薄、坡度较大的退耕地，如果栽植乔木类树种，不仅成活率偏低，而且也会因造林作业造成新的水土流失。后来，人们提倡乔灌草相结合，一些地方还明确以草灌为主，先种上草覆盖地表，防止水土流失和培肥地力，然后实行栽灌木或乔木树种，这是一种很好的治理模式（山仑，2000）。研究发现，草被植物由于具有抗旱和抗盐等特性，且具有强大的固土蓄水能力和对土壤的改良能力，因此将草被植物视为治理水土流失的先锋材料，同时可为树木创造适宜的生境。很多草本植物和一些半灌木具有较发达的和致密的须根系统，在地下部分形成“生物毯”，使雨滴对表层土壤的冲击作用减至最低，大幅度降低了地表径流。因此，要实现退耕还林工程目标，种草无疑具有控制水土流失的先天优势。但是，由于引种不因地制宜，播种不适地适期，大量采用外来种和人工种，引起了一些新问题，如有些外来种和人工种抗逆性强，尤其是抗旱性强，但耗水量大，过度消耗土壤中贮水，使土壤含水量降到很低的水平。所以，在干旱半干旱地区种草不仅要考虑自然环境状况，还要选择适宜的抗旱节水草种，因为它直接关系生态环境的可持续发展。可见，通过研究草种的耗水和抗旱特性之间的关系，找出低耗水、高抗旱性草种，对于干旱区生态恢复具有重要意义。

现以3种豆科牧草沙打旺（*Astragalus adsurgens*）、白花草木樨（*Melilotus albus*）和尖叶胡枝子（*Lespedeza hedysaroides*）为研究对象，对其进行不同的土壤水分处理，研究它们在不同水分处理下的耗水特性，以期为黄土高原干旱半干旱地区草种的更新及选用此类草种改造环境提供一定的参考依据。

7.1.1 单株旬耗水特征

由图7-1可知，3种黄土高原豆科牧草在3种水分处理下旬耗水量在整个生育期内变化呈多波动的状态，从6月上旬开始耗水量逐渐增大，到7月上旬达到最大，后又逐渐减小，在9月中旬和10月下旬，旬耗水处于低谷状态。

3种牧草在3种土壤水分条件下的旬耗水量差异显著，都表现CK（75%θ_f）水分条件下旬耗水量最高，SD（40%θ_f）水分条件下旬耗水量最小。还可以看出，沙打旺在不同水分处理下，6月耗水量增加幅度比白花草木樨和尖叶胡枝子的增加幅度大，且在MD（55%θ_f）水分条件下，6月下旬耗水量达到最大值，主要是6月份沙打旺的生长比其他两种牧草旺盛；到7月上中旬，牧草种的旬耗水量都达到最大值，主要是较高的温度使草种有较大的水分蒸发量；在9月中旬和10月下旬，3种牧草的旬耗水处于

低谷状态，这与此时的连阴雨天气和物种相对较低的代谢活动有关。

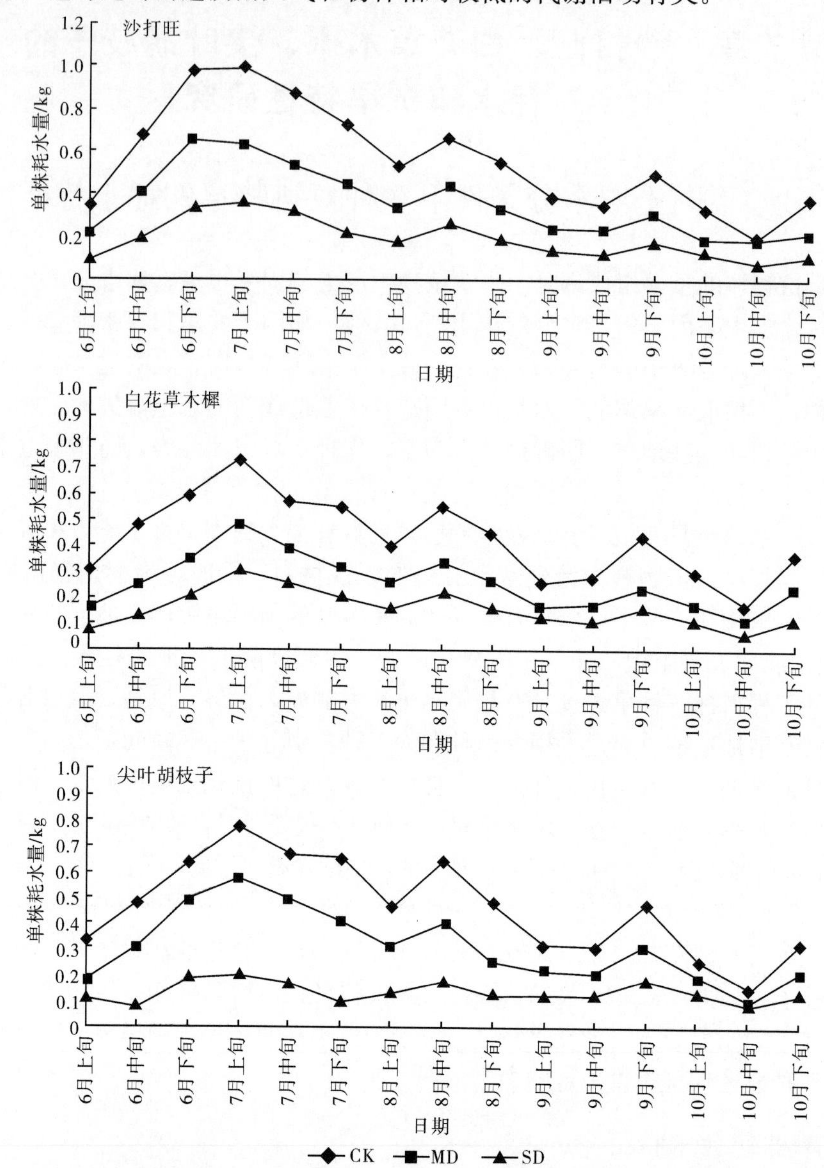

图 7-1 不同水分处理下 3 种豆科牧草旬耗水量

7.1.2 单株月耗水特征

图 7-2 是不同土壤水分条件下 3 种牧草种幼苗单株在各月份的耗水量累积动态图。从图 7-2 中可以看出，3 种牧草幼苗在不同水分条件下的月耗水量不同。随着水分胁迫的加剧，月耗水量降低，且耗水量大小表现为：适宜水分＞中度干旱＞重度干旱。从 6 月初开始对幼苗进行水分处理，不同草种的耗水量逐月增加，到 7 月份达到耗水高峰值，以后耗水量又逐月降低，不同草种的月耗水动态均呈单峰曲线。从图 7-2 中还可以看出，3 种草种在 3 种土壤水分条件下的月耗水主要集中在 6 月、7 月和 8 月。这 3 个月是牧草

营养生长和生殖生长的旺盛期，又是天气持续高温的时期，因此单株月耗水量增大。8 月底以后，降雨增多，气温逐渐下降，牧草叶片也有不同程度的脱落，其耗水量又明显减少。

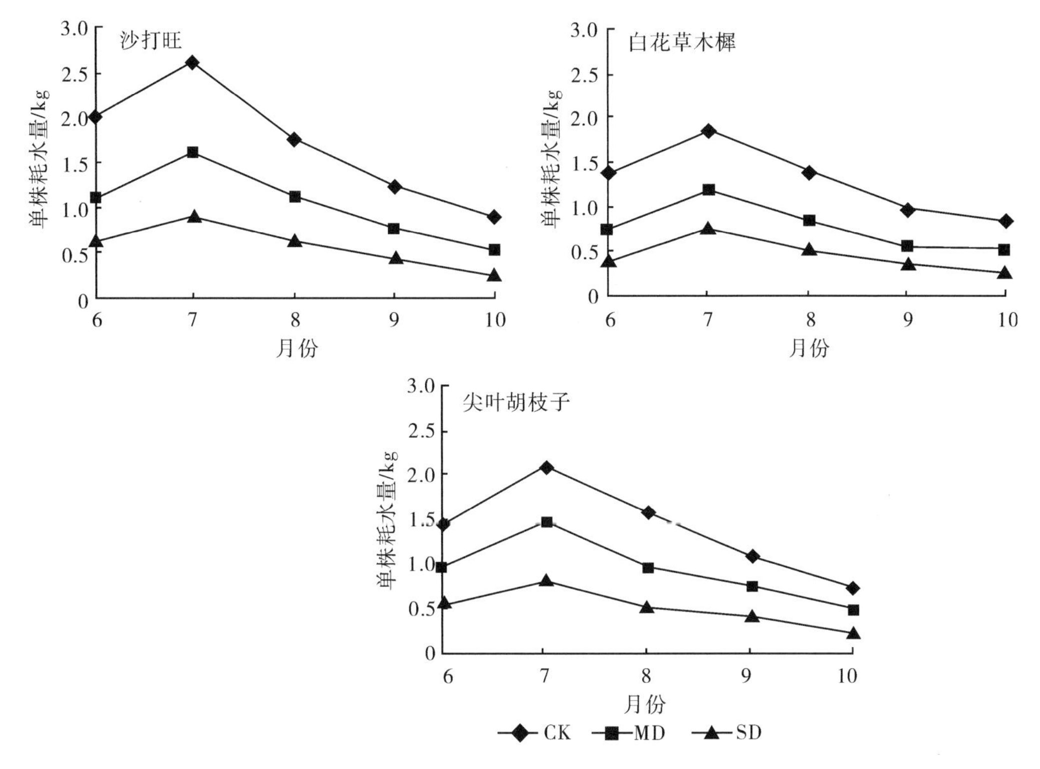

图 7-2　不同土壤水分下 3 种牧草幼苗单株各月份耗水量的变化

由表 7-1 可知，3 种牧草幼苗在各水分处理下，7 月份的单株月耗水强度（一定时期内物种的平均日耗水量）和月耗水系数（一定时期内物种耗水量占全生育期内总耗水量的比例）均达到全生育期的最大值。

表 7-1　不同水分处理下 3 种豆科牧草各月耗水参数

月份	水分处理	单株月耗水量/kg			月耗水系数		
		沙打旺	百花草木樨	尖叶胡枝子	沙打旺	百花草木樨	尖叶胡枝子
6	CK	0.067	0.046	0.049	23.589	21.401	20.921
	MD	0.037	0.025	0.033	21.48	19.313	20.901
	SD	0.021	0.013	0.018	22.168	17.126	21.765
7	CK	0.084	0.060	0.680	30.629	28.805	30.155
	MD	0.052	0.038	0.048	31.511	30.688	31.664
	SD	0.029	0.024	0.026	31.759	32.684	32.523
8	CK	0.056	0.045	0.051	20.573	21.626	22.695
	MD	0.036	0.028	0.051	21.508	22.148	20.696
	SD	0.020	0.017	0.016	22.389	22.443	20.284
9	CK	0.041	0.032	0.037	14.626	15.188	15.774
	MD	0.041	0.032	0.037	14.998	14.469	15.94
	SD	0.014	0.012	0.013	14.905	16.224	16.036
10	CK	0.029	0.027	0.023	10.583	12.979	10.456
	MD	0.029	0.027	0.023	10.504	13.376	10.798
	SD	0.008	0.009	0.007	8.779	11.505	9.362

7.1.3　单株全生育期平均耗水量

从图 7-3 可以看出，3 种草种在不同水分条件下的全生育期平均耗水量不同。随着水分胁迫的加剧，单株全生育期耗水量降低，且耗水量大小依然表现为：适宜水分＞中度干旱＞重度干旱。同时可以看出在不同的水分处理下，物种耗水量大小表现为：沙打旺＞尖叶胡枝子＞白花草木樨。

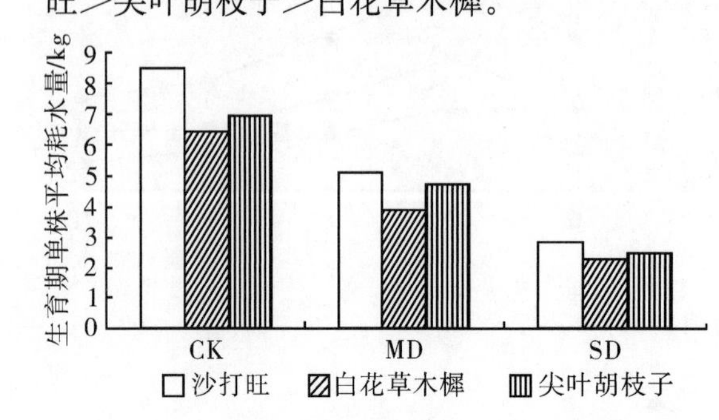

图 7-3　不同土壤水分下 3 种豆科牧草全生育期平均耗水量变化

表 7-2 是不同水分处理下 3 种草种盆栽实验数据。经 SSR 检验分析，3 种草种在中度和重度水分胁迫处理下与对照处理下均达到极显著差异。对不同水分处理全生育期单株平均耗水量方差分析表明（表 7-3），在显著水平 $\alpha=0.01$，总自由度 $d_{fT}=8$，$d_{fE}=27$ 时，3 种草种在 3 种不同水分处理下全生育期单株耗水量差异较大，均达到极显著水平，其显著性概率 $p=0.0001<0.01$。

表 7-2　不同水分处理单株全生育期平均耗水量 SSR 测验

物种	水分处理	单株平均耗水量/kg	差异显著性	
			$p_{0.05}$	$p_{0.01}$
沙打旺	CK	8.594±0.313	a	A
	MD	5.295±0.173	c	C
	SD	2.915±0.114	e	E
白花草木樨	CK	6.492±0.139	b	B
	MD	3.888±0.294	d	D
	SD	2.347±0.179	e	E
尖叶胡枝子	CK	6.958±0.288	b	B
	MD	4.688±0.112	c	CD
	SD	2.465±0.142	e	E

注：大写字母表示差异显著性 $\alpha=0.01$ 水平；小写字母表示差异显著性 $\alpha=0.05$ 水平。

表 7-3　不同水分处理全生育期平均耗水量方差分析（$\alpha=0.01$）

差异源	平方和	自由度	平均平方和	F	p
处理间	152.013 3	8	19.001 7	108.447	0.000 1
处理内	4.730 8	27	0.175 2		
总和	156.744 1	35			

7.1.4　小结

3 种豆科牧草的耗水规律说明，对于同一种牧草而言，当外界其他环境因子相同时，土壤水分含量是决定草种苗期耗水量的主要因素。土壤含水量与草种平均单株总含水量成正比关系，即土壤含水量高，耗水量高；土壤含水量低，耗水量就低。对于不同牧草种来说，各草种的耗水量除了与土壤水分条件有关外，与草种自身生物学特性也有很大的关系。在相同土壤水分条件下，不同牧草由于具有不同的水分利用特性，因此表现出不同的耗水量。

3种牧草在不同土壤水分条件下的耗水量动态变化趋势基本相同。从月耗水总量可以看出，耗水高峰期多集中在6月、7月、8月，3种牧草在这3个月耗水量均达整个生育期总耗水量的70%以上，且耗水量大小为：沙打旺＞尖叶胡枝子＞白花草木樨。大量调查表明，黄土高原的雨季主要集中在7月、8月和9月，从本节研究结果可知，3种豆科牧草耗水高峰期与雨季基本一致。可以看出物种能够在干旱缺水的黄土高原上生存并繁衍，与它们能够有效地利用黄土高原有限的水资源密切相关。

7.2　3种豆科牧草萌发期对干旱胁迫的响应及抗旱性评价

7.2.1　3种植物种子生物学特性的比较

种子的生物学特性与种子萌发及幼苗生长均有很大关系。尖叶胡枝子的千粒重大于白花草木樨和沙打旺的千粒重（表7-4）。沙打旺种子虽小，但其种子含水量和种子累计吸水率却最大。种子含水量的高低决定了种子内原生质体的状态及生理活动，种子的吸水作用会引起种子吸水量在短时间内迅速增加，有利于种子生理代谢活动的进行，同时也有助于后期种子萌发。种子活力大小也是直接反映种子萌发潜在能力的一个指标。用电导法测定种子活力大小，其电导值越大，种子活力越小。白花草木樨的电导值最大，则其种子活力最弱，这为后面测定种子萌发率提供了理论依据。

表7-4　3种植物种子生物学特性比较

物种	千粒重/g	种子含水量/%	种子累计吸水率/%	种子活力/%	种子长度/mm
尖叶胡枝子	0.19±0.0469	0.11±0.002	0.65±0.040	6.26±0.891	3.59±0.072
白花草木樨	0.18±0.0419	0.11±0.001	0.79±0.077	18.02±1.824	2.77±0.071
沙打旺	0.15±0.0151	0.13±0.002	1.07±0.055	13.39±1.990	2.03±0.046

7.2.2　干旱胁迫对3种豆科牧草种子萌发率的影响

利用不同浓度聚乙二醇（PEG）模拟干旱胁迫，研究3种草种的萌发率（以0PEG为对照）。随着干旱胁迫的加剧，3种植物种子萌发率有所不同（图7-4）。从总萌发率来看，白花草木樨种子萌发率对干旱胁迫比较敏感，在15%PEG下完全不萌发。尖叶胡枝子在5%PEG、10%PEG和15%PEG胁迫下，种子总萌发率和对照差异不显著，甚至在10%PEG处理下的种子萌发率高于对照。这可能是低浓度PEG胁迫对尖叶胡枝子种子萌发具有促进作用。总地来看，随着PEG胁迫的加剧，沙打旺种子萌发率降低，且在25%PEG处理下仍有24%的萌发率，说明沙打旺具有比25%PEG胁迫更强的抗旱性。从种子萌发率可以看出，尖叶胡枝子和沙打旺的抗旱性明显强于白花草木樨。

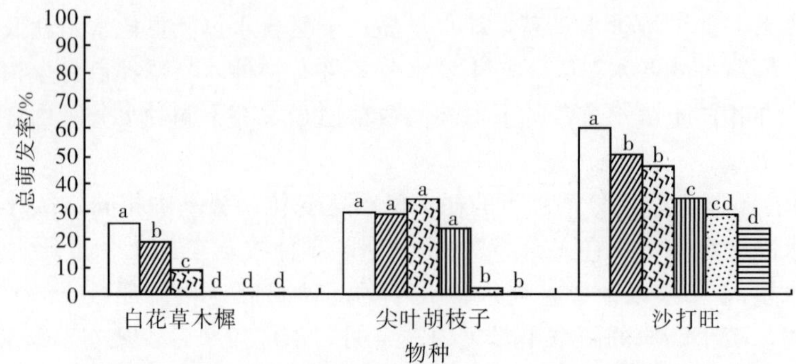

图 7-4　干旱胁迫对 3 种豆科牧草种子总萌发率的影响

注：小写字母表示在 0.05 水平上差异显著（$p<0.05$），误差线表示平均数的标准误差(s,e)。余同。

随着干旱胁迫的加剧，3 种植物种子累积发芽数的响应有所不同（图 7-5）。白花草木樨在第 2 天开始萌发，但到第 5 天才出现最大萌发数，且在 15%PEG、20%PEG 和 25%PEG 下均未萌发。沙打旺和尖叶胡枝子在各处理条件下种子萌发数一直呈增大趋势，这在一定程度上也体现出沙打旺和尖叶胡枝子具有较强的抗旱性，能够适应干旱逆境。

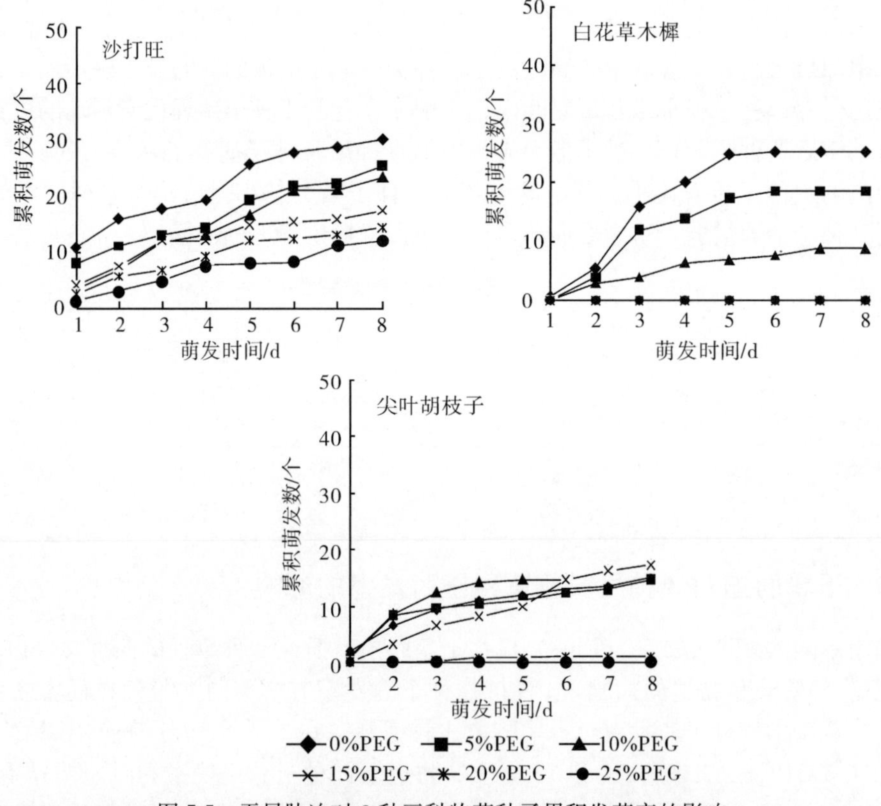

图 7-5　干旱胁迫对 3 种豆科牧草种子累积发芽率的影响

7.2.3　干旱胁迫对幼苗生长的影响

胚根和胚芽的生长对干旱胁迫的响应相似，3 种植物种子的胚根和胚芽均随干旱胁迫的加剧而下降，但变化幅度有所不同（图 7-6）。由图 7-6 可知，干旱胁迫显著影响白花草木樨的胚芽和胚根生长，随着胁迫的加剧，其胚芽和胚根长度明显下降。尖叶胡枝子同其他两种植物变化趋势相似，其胚根长度变化基本成一条直线，胚芽变化则相对缓和。5%PEG 浓度处理以后，尖叶胡枝子胚芽长度变化基本和沙打旺胚芽长度变化一致。与其他几种植物相比，沙打旺的变化相对平缓，其胚根和胚芽生长的临界浓度为 20%PEG，超过这个临界浓度，其幼苗会被胁迫致死。

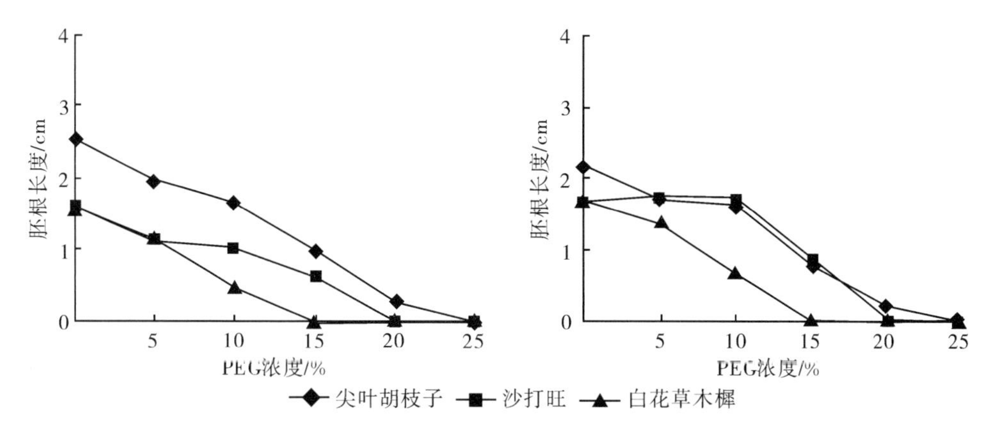

图 7-6　干旱胁迫对 3 种豆科牧草种子萌发 8 天后胚根和胚芽长度的影响

7.2.4　干旱胁迫对 3 种豆科牧草幼苗鲜重的影响

从图 7-7 可知，白花草木樨在 5%PEG、10%PEG 处理下幼苗鲜重与对照差异不显著，其他浓度 PEG 处理下与对照差异均显著。尖叶胡枝子在 5%PEG、10%PEG 处理下与对照差异不显著，其他浓度 PEG 处理与对照差异均显著。沙打旺在 5%PEG、10%PEG 和 15%PEG 处理下与对照差异不显著，但是在 20%PEG 浓度处理下幼苗会被 PEG 胁迫致死。因此，20%PEG 浓度是沙打旺幼苗生存的临界浓度。

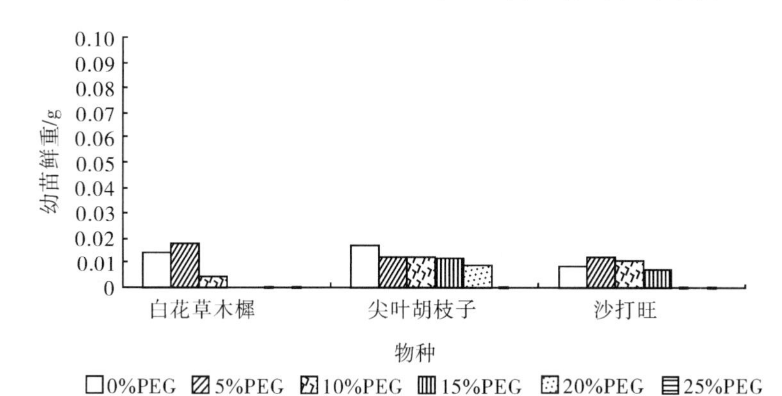

图 7-7　干旱胁迫对 3 种豆科牧草幼苗鲜重的影响

3 种植物的幼苗鲜重随着干旱胁迫程度的加剧均有不同程度的下降，幼苗的鲜重与种子的质量大小紧密联系，种子自身内部所含的内含物越多，能为幼苗生长提供的营养越多，因而越有助于幼苗的生长。尖叶胡枝子幼苗鲜重的下降幅度较小，说明干旱胁迫对其幼苗鲜重的影响较小。白花草木樨在5%PEG胁迫下，沙打旺在5%PEG和10%PEG条件下，幼苗鲜重反而增大，这可能是由于低浓度的PEG胁迫对其种子生长具有促进作用。就3种植物幼苗鲜重的下降速率而言，尖叶胡枝子最小，所以其抗旱性强于另外两种植物。

7.2.5 干旱胁迫对3种豆科牧草抗旱指数的影响

如图7-8所示，随着干旱胁迫的加剧，尖叶胡枝子抗旱指数呈先增加后下降的趋势，且在10%PEG胁迫下达最大值。沙打旺抗旱指数虽然在10%PEG和20%PEG时有所增加，但总体上呈下降趋势。白花草木樨抗旱指数则随胁迫程度的加剧一直呈下降趋势，且下降幅度明显。高育锋（2005）用抗旱指数对不同冬小麦（*Triticum aestivum*）抗旱性适宜品种进行了比较，结果表明抗旱指数越大，物种抗旱性越高。由图7-8可知，沙打旺、尖叶胡枝子的抗旱指数显著高于白花草木樨。因此，前两者的抗旱性均强于白花草木樨。

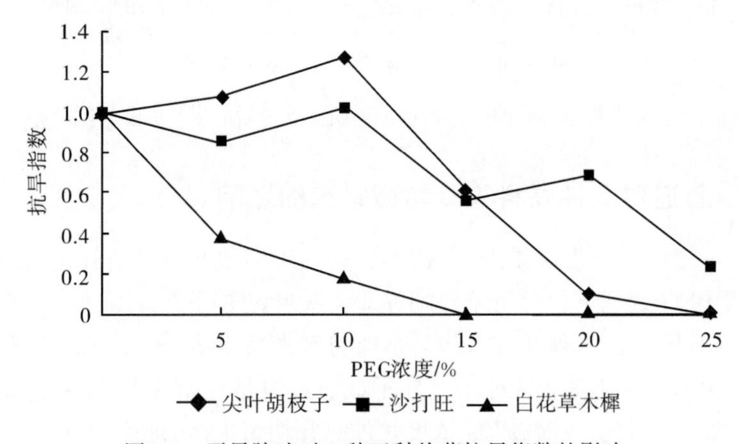

图7-8 干旱胁迫对3种豆科牧草抗旱指数的影响

7.2.6 干旱胁迫对3种豆科牧草种子活力指数的影响

由表7-5可知，随着PEG处理浓度的增加，白花草木樨的种子活力指数无显著差异，且在15%PEG处理下，活力指数为0。尖叶胡枝子在10%PEG浓度下的活力指数高于5%PEG处理下的值，其差异极显著（$p<0.01$）。沙打旺在5%PEG浓度下的活力指数大于对照，再次说明适当浓度的PEG胁迫浓度对种子萌发具有一定的促进作用。

表7-5 干旱胁迫对3种植物种子活力指数的影响

PEG浓度/%	物种		
	白花草木樨	尖叶胡枝子	沙打旺
0（CK）	0.03±0.006 Aa	0.11±0.014 Aa	0.13±0.053 Aab
5	0.02±0.018 Aa	0.07±0.014 ABab	0.15±0.032 Aa
10	0.01±0.001 Aa	0.09±0.043 ABa	0.09±0.012 ABab

续表

PEG 浓度/%	物种		
	白花草木樨	尖叶胡枝子	沙打旺
15	0.00 Aa	0.04±0.017 BCbc	0.05±0.008 ABbc
20	0.00 Aa	0.00±0.002 Cc	0.00 Bc
25	0.00 Aa	0.00 Cc	0.00 Bc

注：同行含不同小写字母表示差异显著（$p<0.05$）；同行含不同大写字母表示差异极显著（$p<0.01$）；同行含相同字母表示差异不显著（$p>0.05$）。余表同。

7.2.7　3 种豆科牧草抗旱性综合评价

用模糊函数隶属法对 3 种豆科牧草相对萌发率、幼苗相对鲜重、抗旱指数和相对活力指数进行综合评价，得到 3 种豆科牧草抗旱性的隶属函数总平均值。尖叶胡枝子、沙打旺、白花草木樨的总平均值从高到低分别为 0.626、0.537、0.212，前两者的总平均值明显高于白花草木樨（表 7-6）。这说明白花草木樨的抗旱性最差，尖叶胡枝子的抗旱性最强，其次是沙打旺。

表 7-6　耐旱指标隶属值及耐旱性综合评价

耐旱指标隶属值	相对萌发率	相对鲜重	抗旱指数	相对活力指数	平均值
尖叶胡枝子	0.622	0.605	0.319	0.957	0.626
沙打旺	0.715	0.711	0.335	0.387	0.537
白花草木樨	0.172	0.035	0.570	0.070	0.212

7.2.8　小结

王颖等（2006）对 8 种松嫩草地豆科牧草种子萌发耐旱差异性的研究表明，较低的溶液渗透势有助于提高种子活力指数和幼苗的生长，这主要是由于 PEG 对种子有引发作用，增强了种子的活性。尚国亮和李吉跃（2008）研究发现，低浓度的 PEG-6000 对亚利桑那州和犹他州种源的柔枝松发芽生长具有一定的促进作用。本研究中，3 种植物总萌发率、幼苗鲜重、抗旱指数基本上是随着胁迫程度的加剧呈现一种下降的趋势，但是沙打旺和尖叶胡枝子在 5%PEG 和 10%PEG 处理下的抗旱指数和总萌发率均大于对照。这说明低浓度 PEG 对植物种子萌发具有较好的促进作用。

在干旱的黄土高原地区，土壤水分含量很低，较高的种子含水量可以确保自身相对于低含水量的种子更早萌发，从而提高竞争适应能力。种子的萌发是从吸水开始的，种子吸胀吸水的速率以及种子累计吸水量的大小可以反应种子的萌发能力。本小节中，沙打旺在 25%PEG 胁迫下仍然能萌发，说明其萌发能力高于其他两种植物。种子萌发后幼苗的胚根、胚芽的生长及幼苗鲜重主要与种子质量大小有关。种子质量越大，其对应的种子内胚乳越丰富，内含物越多，越有助于植物体的生长。而胚根越长，越有利于幼苗在干旱的环境下吸收水分。

种子活力的旺盛与否是物种繁衍成败的关键，种子活力越强，萌发率越大，种子抵御恶劣环境的能力越强，越有利于植物的生长和种群的更新。采用电导法测定种子活力，电导值越大，种子活力越弱。可以看出，白花草木樨种子活力远低于其他两种草种，因此其种子的萌发率也很低。

用种子总萌发率、累积发芽率、幼苗鲜重、抗旱指数等多个指标可鉴定不同物种种子的抗旱性。由于种子萌发受种子自身因素影响很大，为了排除不同种子自身因素在抗旱性评价上的干扰，采用了相对萌发率、相对鲜重、相对活力指数等进行分析，即把具体的指标与对照相比，这样在一定程度上可以排除种子自身在抗旱性评价上的干扰。最后又采用隶属函数平均值法对几个相对指标进行综合评价分析，这样更能够准确地评价种子抗旱能力大小。评价结果与前面单项指标测定基本一致，即 3 种种子抗旱性强弱依次是尖叶胡枝子＞沙打旺＞白花草木樨。这种评价方法在其他的试验中也得以准确的应用。王赞等（2008）采用隶属函数法对相对发芽势、相对萌发率、相对胚芽长、相对胚根长来评价 20 份野生鸭茅（*Dactylis glomerata* L.）种子。同时，物种的抗旱性在不同时期的表现是否相同，在萌发期鉴定出来的抗旱性强弱在苗期乃至全生育期是否有相关联等问题还有待进一步研究。

7.3　不同土壤水分含量下 3 种豆科牧草苗期抗旱特性研究

7.3.1　3 种豆科牧草水分代谢

7.3.1.1　土壤含水量对 3 种牧草叶片相对含水量和水分饱和亏的影响

由图 7-9 可知，3 种牧草的变化规律呈现一致性，都是先下降后上升，且 CK＞SD＞MD。3 种豆科牧草的下降幅度表现不同，其中沙打旺的叶片相对含水量下降幅度最小，说明其保水能力较强。随着胁迫时间的持续，3 种牧草种在 3 种土壤水分下叶片含水量的

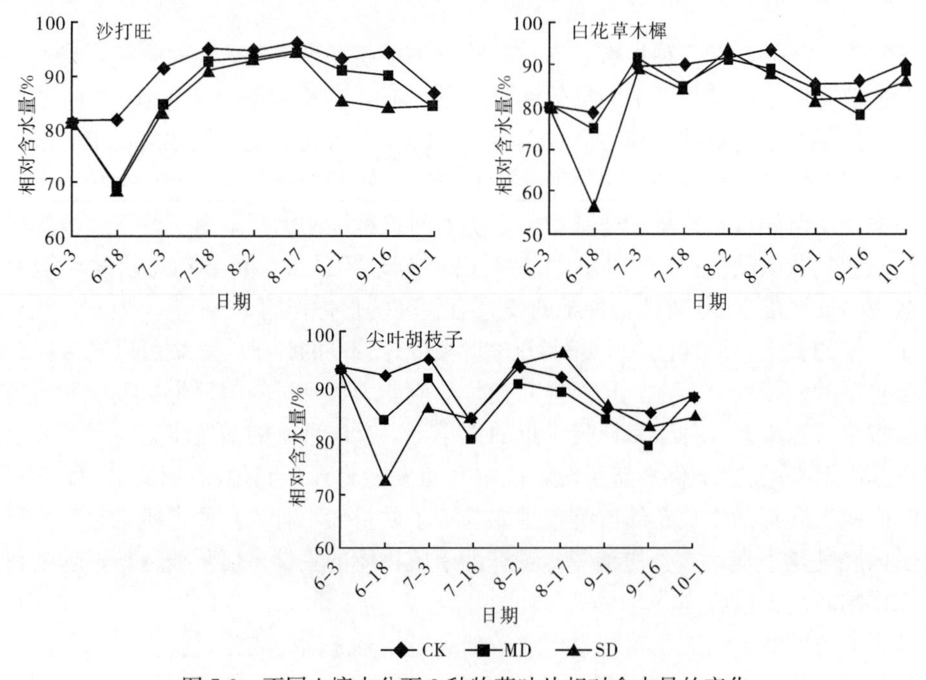

图 7-9　不同土壤水分下 3 种牧草叶片相对含水量的变化

变化各有特点。沙打旺和白花草木樨在 7 月到 9 月间，其叶片含水量呈现一种稳定的趋势，变化幅度不大，主要是因为这几个月雨水较多，空气湿度相对较高，所以叶片含水量保持稳定的状态。但是到了 9 月份，叶片开始发黄，进入衰老阶段，这时叶片的含水量就会下降。尖叶胡枝子在 7 月到 10 月，叶片含水量呈现一种波动的变化，7 月份的高温和 9 月份植物的衰老使植物叶片含水量下降，而 8 月份的阴雨天气使叶片保持较高的含水量。只有沙打旺叶片含水量一直表现为：CK>MD>SD，且在各种胁迫处理下的下降幅度相对稳定。

由图 7-10 可知，在胁迫初期，3 种牧草叶片的水分亏缺度呈现先增加后下降的变化，其下降幅度都表现为：SD>MD>CK，和叶片含水量变化相反。随着胁迫时间的持续，沙打旺和白花草木樨出现一种相对稳定的变化趋势，而尖叶胡枝子呈现波动状态。一般情况下，随着水分胁迫程度的加剧以及胁迫时间的持续，植物的水分饱和亏会增大，但也有特殊情况。从图 7-10 可以看出，在 8 月份由于连续的阴雨天气，这 3 种牧草水分饱和亏均有所下降。说明水分亏缺度不仅受土壤含水量的影响，还受大气相对湿度和气温等外界非生物因素的综合影响。

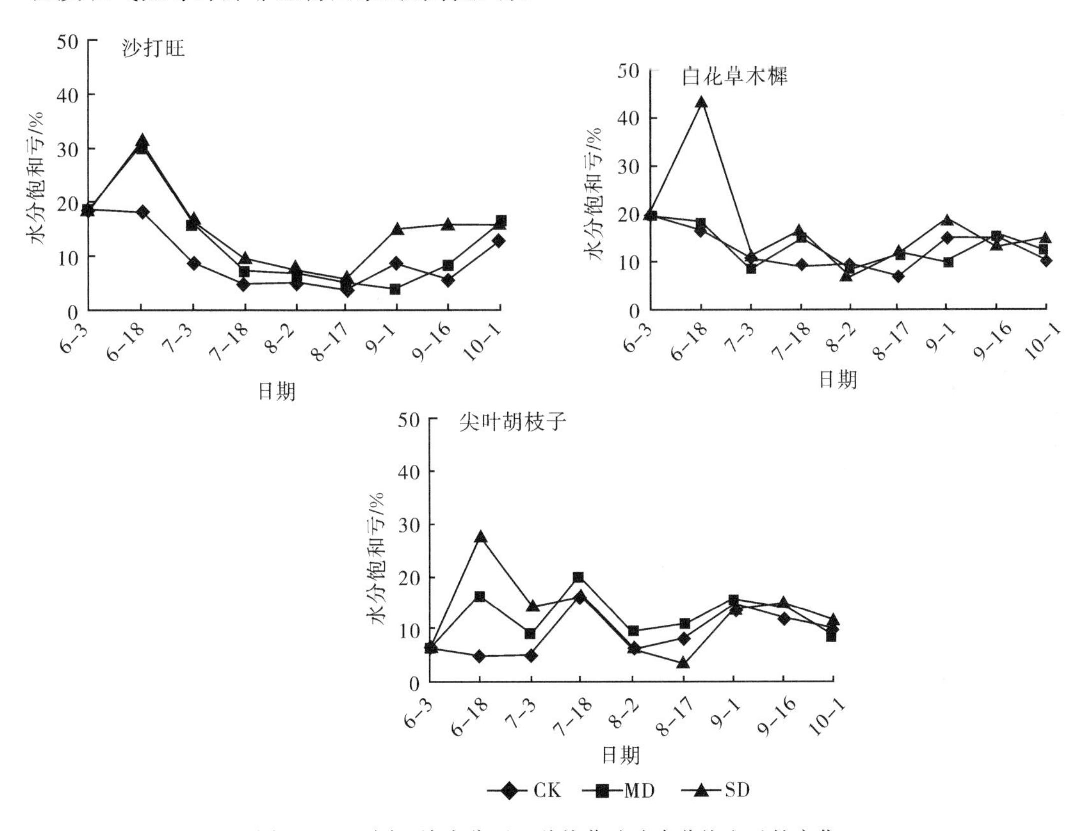

图 7-10　不同土壤水分下 3 种牧草叶片水分饱和亏的变化

植物水分饱和亏越小，叶片相对含水量越大，植物的抗旱性越强；反之，则抗旱性差。综合以上两个指标可以初步认为沙打旺和尖叶胡枝子抗旱性较强，白花草木樨抗旱性较差。

7.3.1.2　土壤含水量对 3 种牧草离体叶片保水力的影响

有研究表明，在一定时间内，叶片含水量越高，表明叶片保水力越强，抗旱性也越强。图 7-11 为 7 月 8 日 3 种牧草在不同水分处理下叶片的保水能力。从图中可以看出，随着脱水时间的持续，3 个物种的叶片含水量都呈现下降的趋势，但是下降的幅度不一样。沙打旺叶片脱水 2～4h 时，叶片含水量下降缓慢。随着脱水时间的延长，叶片含水量下降趋势表现为：CK＞MD＞SD。这说明干旱胁迫下尤其是严重干旱条件下，沙打旺叶片保水能力强，在干旱胁迫环境下具有更好的适应性。而白花草木樨叶片含水量下降幅度表现为：MD＞SD＞CK，但其总体下降幅度小于沙打旺。尖叶胡枝子的叶片在 7 月初含水量下降幅度最大，脱水 8h 后，叶片含水量不足 20%，明显低于其他两个物种，同时也说明尖叶胡枝子保水能力最弱。

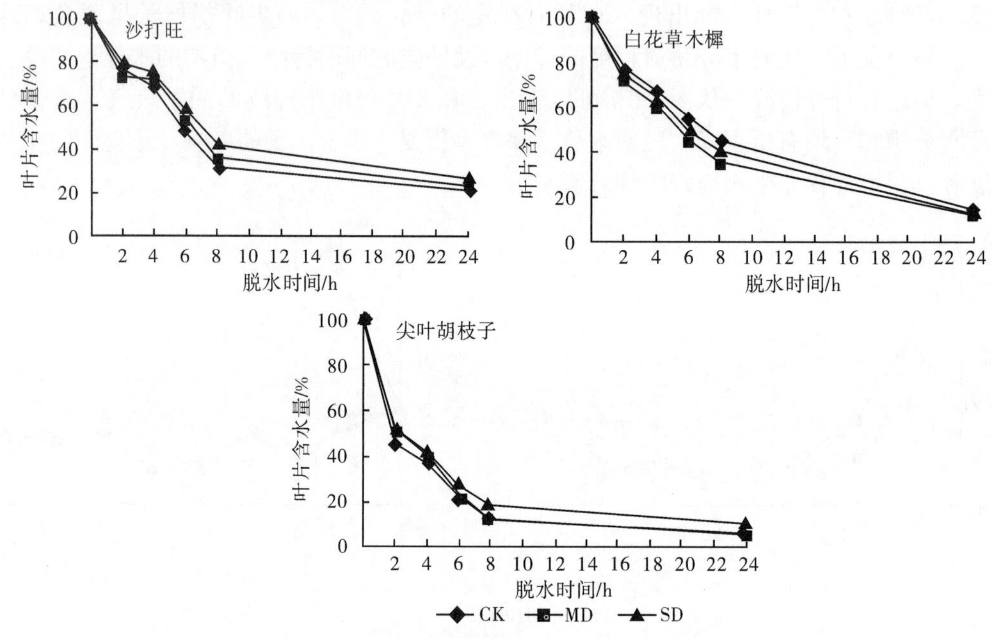

图 7-11　不同土壤水分下 3 种牧草离体叶片保水力的变化（7 月 8 日）

图 7-12 为 8 月 27 日 3 种牧草在不同水分处理下叶片的保水能力。沙打旺叶片含水量仍然表现为：SD＞MD＞CK。3 种水分处理下沙打旺叶片的含水量下降幅度相比 7 月初明显降低，主要因为 8 月底沙打旺叶片生长发育完全，其自身一些独特的生理结构可以防止植物体内水分的大量丢失，如根系深、叶片小、全株被毛等。白花草木樨叶片含水量下降幅度和 7 月初基本一致，但其含水量表现为：MD＞CK＞SD。与 7 月初比较，表现出更好地适应干旱能力。这与其自身的一些生理抗旱结构是密切相关的，如叶边缘疏生浅锯齿、上面无毛、下面被细柔毛，特别是叶片会分泌一些油脂类的物质防止体内水分的丢失。尖叶胡枝子含水量变化与 7 月初基本一致，且依然表现出最弱的保水能力。

图 7-13 为 10 月 1 日 3 种牧草在不同水分处理下叶片的保水能力。沙打旺叶片含水量依然表现为：SD＞MD＞CK，且 CK 处理下，叶片含水量的下降幅度明显大于 MD 和 SD 处理下的下降幅度，这主要与植物进入衰老期有关。白花草木樨叶片含水量表现为：CK＞MD＞SD。说明随着植物生长发育和胁迫的持续，白花草木樨逐渐表现出它的耐旱性，特别是在快进入衰老期时，耐旱性更为明显。随着脱水时间的持续，尖叶胡枝子叶片含水量继续表现出最明显的下降幅度，且在脱水 8h 时，MD 处理下的叶片含水量不

到 10%。总体来看，3 种牧草叶片保水力强弱依次为：沙打旺＞白花草木樨＞尖叶胡枝子。

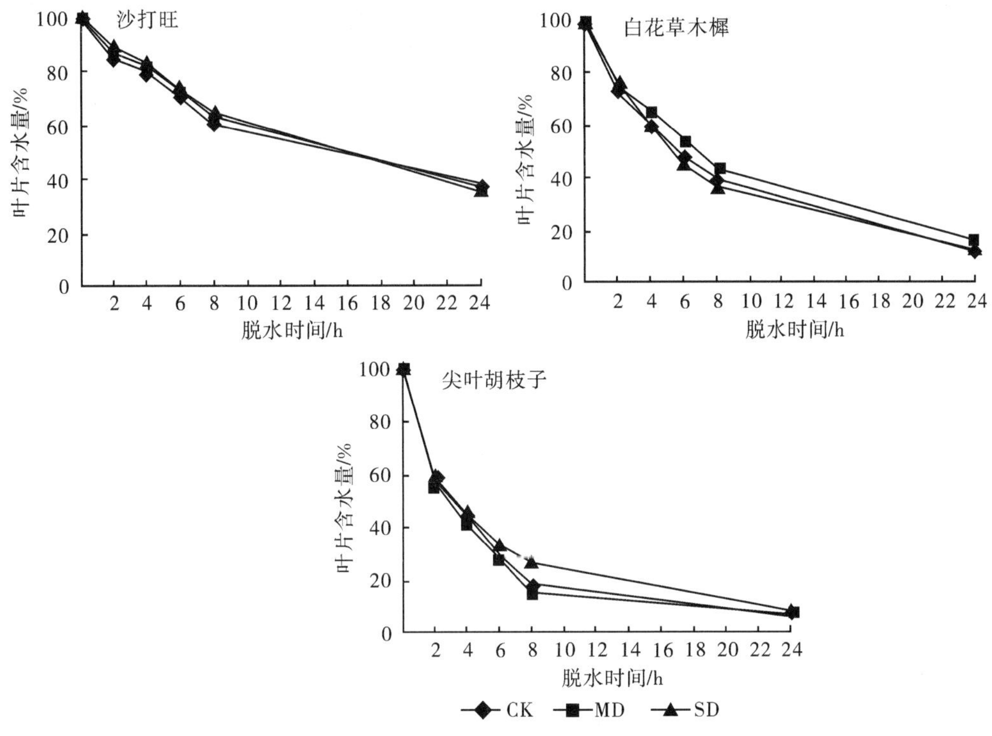

图 7-12　不同土壤水分下 3 种牧草离体叶保水力的变化（8 月 27 日）

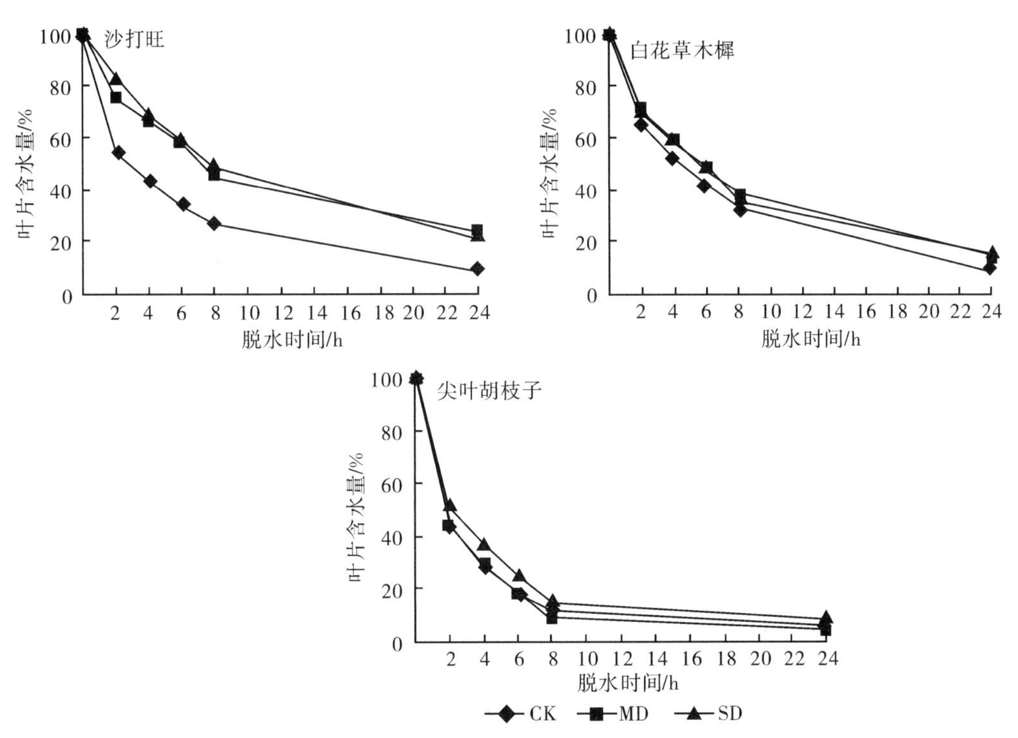

图 7-13　不同土壤水分下 3 种牧草离体叶片保水力的变化（10 月 1 日）

由表 7-7 可知，随着土壤水分胁迫程度的加剧，这 3 种牧草 RWC 都表现为：CK>MD>SD，除了 SD 胁迫下沙打旺<尖叶胡枝子，其他 RWC 都表现为：沙打旺>尖叶胡枝子>白花草木樨；WSD 则表现出与 RWC 相反的变化趋势，随着土壤水分胁迫程度的加剧，这 3 种牧草的 WSD 都表现为：SD>MD>CK，且从物种上看，WSD 表现为：白花草木樨>尖叶胡枝子>沙打旺。因此，3 种牧草的 RWC 和 WSD 表现为：沙打旺>尖叶胡枝子>白花草木樨。

表 7-7　土壤水分含量对 3 种牧草水分代谢的影响

物种	水分处理	RWC/%	WSD/%	离体叶片保水力/%		
				（7 月 8 日）	（8 月 27 日）	（10 月 1 日）
沙打旺	CK	90.615	9.571	57.830	72.511	44.376
	MD	86.647	12.586	59.751	73.714	61.292
	SD	85.038	14.962	63.739	74.636	63.603
白花草木樨	CK	87.066	12.584	59.376	55.391	50.263
	MD	84.654	13.123	53.951	58.671	55.099
	SD	82.281	17.178	56.683	54.917	54.577
尖叶胡枝子	CK	89.800	9.292	37.009	43.055	34.558
	MD	86.529	12.331	38.751	41.258	34.036
	SD	86.445	12.678	41.322	45.179	39.130

由图 7-9 至图 7-13 所示 3 种牧草 RWC、WSD、保水力的动态变化规律和表 7-7 中响应水分变化的平均值可以看出，沙打旺、尖叶胡枝子能够有效地抵御干旱，主要是能够通过自身在水分胁迫下保持较高的 RWC 和相对较低的 WSD；而白花草木樨则是通过植物长期形成的一种防止水分丢失的保水机制，将其体内水分含量保持在一个高的水平上来应对干旱胁迫。

7.3.2　不同水分处理对黄土高原 3 种豆科牧草渗透调节物质含量的影响

7.3.2.1　不同土壤水分下 3 种豆科牧草脯氨酸含量的动态变化

如图 7-14 所示，随着胁迫时间的延长，从 7 月到 8 月底，沙打旺和白花草木樨脯氨酸含量增加，并且都表现为：SD>MD>CK；而尖叶胡枝子的脯氨酸含量在此期间较稳定，且在 8 月中下旬表现为：CK>MD，可能与其渗透调节物质的积累有关系。9 月上中旬，3 种牧草的脯氨酸含量都呈下降趋势。直到 10 月由于植物进入衰老期，脯氨酸的含量又开始增加。随着干旱胁迫的加剧和持续，对于沙打旺和白花草木樨而言，脯氨酸是一个相对敏感的抗旱指标，也说明这两个物种在一定程度上是通过积累大量的脯氨酸来提高自身的抗旱性。

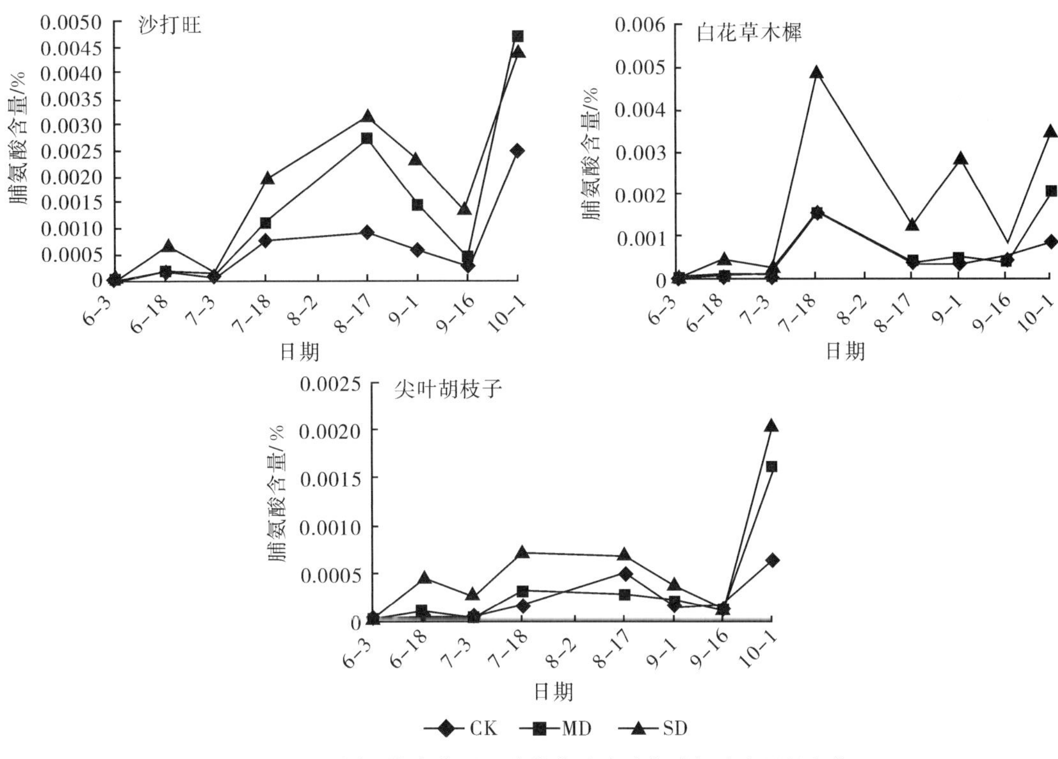

图 7-14　不同土壤水分下 3 种牧草叶片游离脯氨酸含量的变化

7.3.2.2　不同土壤水分下 3 种豆科牧草可溶性糖含量的动态变化

从图 7-15 可知，3 种牧草的可溶性糖含量都经历了一个先升高再下降，最后呈现波动变化的稳定状态。在 6 月胁迫初期，植物仍然处于营养生长期，植物体内代谢增加，需要更多的水分维持体内代谢物质的合成，再加之 6 月气温上升，为了防止其体内水分的蒸发，植物依靠自身可溶性糖含量的积累来防止水分的散失。胁迫后期，不同牧草在不同水分处理下可溶性糖含量变化不同。从 7 月初开始，沙打旺和白花草木樨可溶性糖的积累都经历了一个先上升后下降的过程，且都表现为：SD＞MD＞CK。直至 10 月份，沙打旺在中度干旱和重度干旱下可溶性糖含量才表现出下降的状态，而在适宜水分处理下，沙打旺的可溶性糖积累还呈现上升的状态。对于白花草木樨而言，可溶性糖含量经历了 7 月份的增长阶段后，随着胁迫时间的持续则呈下降的趋势。在胁迫后期尖叶胡枝子可溶性糖含量呈现波动状态，但是从绝对含量来看，仍然表现为：SD＞MD＞CK。

比较 3 种牧草在不同水分条件下可溶性糖含量的变化可以看出，白花草木樨在可溶性糖积累上表现出明显的优势。在胁迫初期，其可溶性糖含量的积累比尖叶胡枝子和沙打旺都高，说明白花草木樨可以依靠胁迫时的灵敏反应来提高抗旱性。在胁迫后期，不同的水分处理条件下，沙打旺和白花草木樨比尖叶胡枝子可以维持更高的可溶性糖含量来适应干旱的环境。因此，可以说不同植物同一渗透调节物质的调节机制是有差别的。

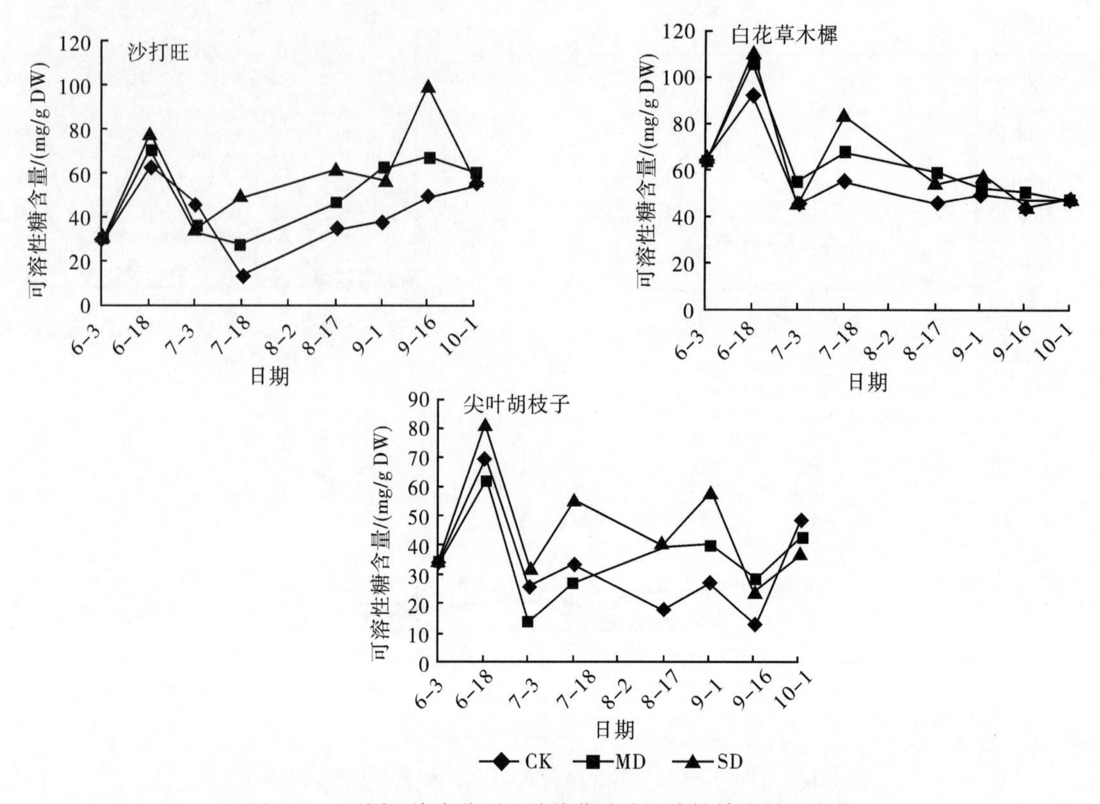

图 7-15　不同土壤水分下 3 种牧草叶片可溶性糖含量的变化

7.3.2.3　不同土壤水分下 3 种豆科牧草离子含量的变化

从图 7-16 可知，3 种牧草在不同的水分处理下 K^+ 的积累量不同，主要表现为白花草木樨和沙打旺的 K^+ 含量明显高于尖叶胡枝子。3 种牧草在不同的水分处理下差异不明显，沙打旺和尖叶胡枝子 K^+ 的积累表现为：SD＞MD＞CK，而白花草木樨 K^+ 的积累表现为：SD＞CK＞MD。这主要因为白花草木樨可以维持一个高的 K^+ 状态去适应外界干旱的环境。

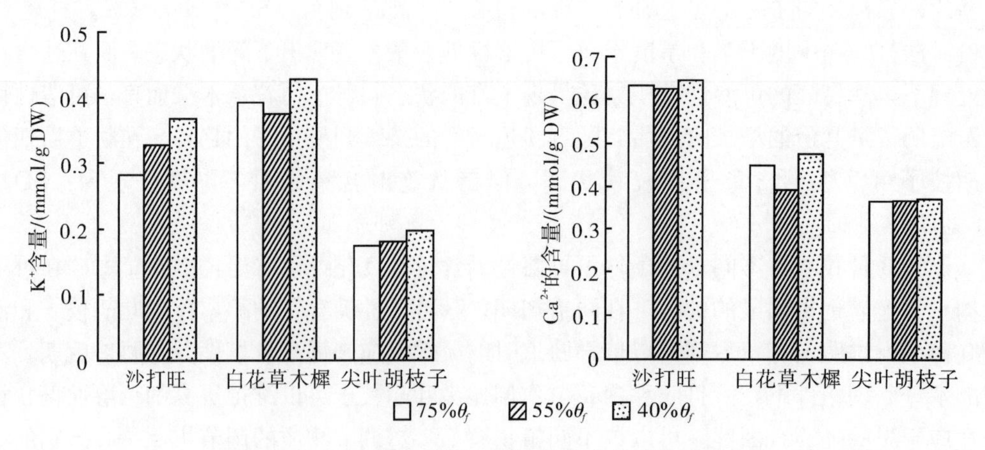

图 7-16　不同土壤水分下 3 种牧草叶片离子含量的变化

另外，从图 7-16 可以看出，3 种牧草在不同的水分处理下 Ca^{2+} 的积累程度也不同，主要表现为：沙打旺>白花草木樨>尖叶胡枝子。同 K^{+} 一样，3 种牧草在不同的水分处理下差异不显著，并且白花草木樨 Ca^{2+} 的含量同样表现为：SD>CK>MD。沙打旺和白花草木樨 K^{+} 和 Ca^{2+} 的积累明显高于尖叶胡枝子 K^{+} 和 Ca^{2+} 的积累，可知前两者在通过积累离子的方式抵抗干旱环境方面上比尖叶胡枝子更具优势。

由表 7-8 可知，在不同的土壤水分含量下，3 种牧草在积累各种渗透调节物质含量上表现出差异性。随着水分胁迫程度的加剧，脯氨酸的积累都表现出：SD>MD>CK，且从积累总量上看，沙打旺>白花草木樨>尖叶胡枝子。而可溶性糖含量依然表现为：SD>MD>CK，且从积累总量上看，白花草木樨>沙打旺>尖叶胡枝子。但是干旱胁迫下，离子的平均积累量则表现出与前两者不同的趋势。K^{+} 的积累表现为：白花草木樨>沙打旺>尖叶胡枝子，且白花草木樨在 CK 条件下的积累量大于 MD 条件下，然而 Ca^{2+} 的积累则表现为：沙打旺>白花草木樨>尖叶胡枝子，且前两种牧草 CK 条件下的积累量都大于 MD 条件下。可以看出，植物通过积累渗透调节物质来抵御干旱的环境，其积累程度及积累量因物种而异，但是从总的趋势可知，沙打旺和白花草木樨积累的渗透调节物质明显高于尖叶胡枝子。

表 7-8 土壤水分含量对 3 种牧草幼苗渗透调节物质平均活性的影响

物种	水分处理	脯氨酸含量/%	可溶性糖含量/(mg/g DW)	K^{+} 含量/(mmol/g DW)	Ca^{2+} 含量/(mmol/g DW)
沙打旺	CK	0.000 663 6	40.821	0.279	0.633
	MD	0.001 292 9	49.461	0.325	0.626
	SD	0.001 749 6	57.168	0.367	0.643
白花草木樨	CK	0.000 473 1	56.308	0.391	0.444
	MD	0.000 614 3	62.447	0.375	0.396
	SD	0.001 641 0	62.778	0.428	0.474
尖叶胡枝子	CK	0.000 215 8	33.771	0.173	0.366
	MD	0.000 325 8	36.390	0.180	0.369
	SD	0.000 598 1	44.093	0.195	0.371

7.3.3 不同水分处理对 3 种豆科牧草活性氧代谢以及抗氧化酶系统的影响

7.3.3.1 不同土壤水分下 3 种豆科牧草超氧阴离子含量的动态变化

从图 7-17 可知，在不同的水分胁迫下 3 种牧草种体内 O_2^-· 含量表现各异。沙打旺在胁迫初期对干旱的反应缓慢。随着胁迫的持续，MD 和 SD 处理下的沙打旺体内 O_2^-· 含量大幅增加，只有 CK 处理下缓慢增加。8 月份，由于连续的阴雨天气，不同水分处理下 3 种牧草 O_2^-· 含量下降，随着叶片的逐渐衰老 O_2^-· 又呈现增加的趋势。白花草木樨体内 O_2^-· 含量变化趋势同沙打旺相似，但是白花草木樨在中度胁迫和重度胁迫下体内 O_2^-· 含量最大可达沙打旺 O_2^-· 含量的 3 倍，且前者在 3 种水分处理下的 O_2^-· 变化差异不大。尖叶胡枝子体内 O_2^-· 含量随着干旱的持续呈现多波峰状态，且表现为：MD>SD>CK。

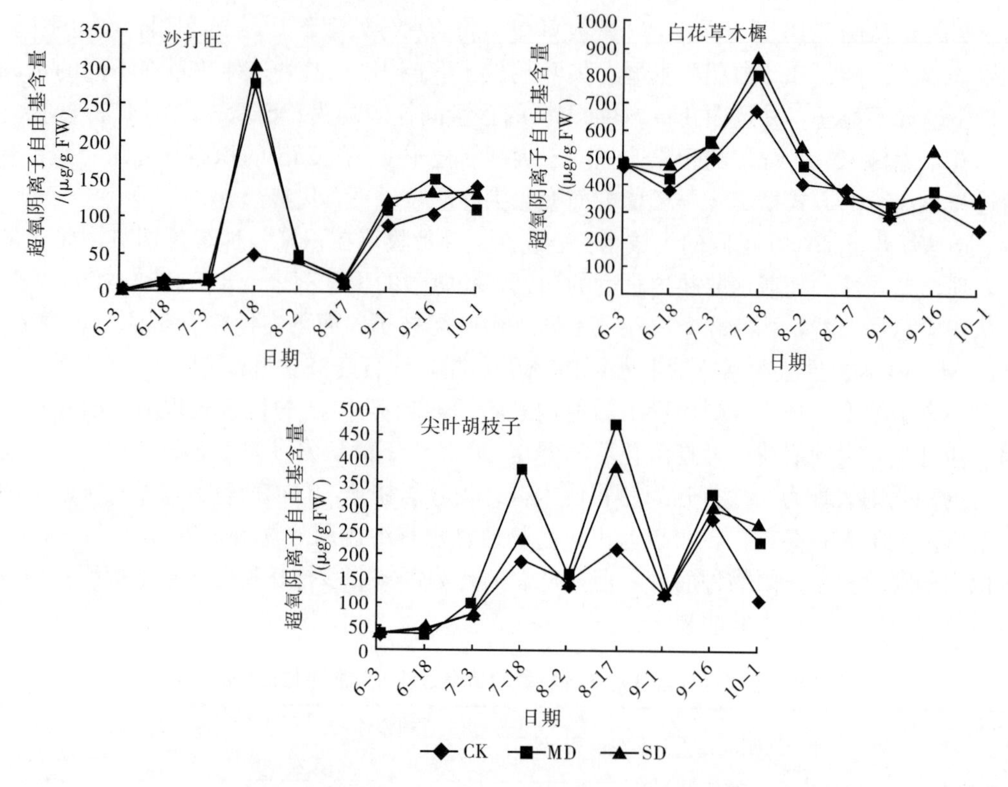

图 7-17　不同土壤水分下 3 种牧草 O_2^-· 含量的变化

7.3.3.2　不同土壤水分下 3 种豆科牧草丙二醛含量的动态变化

从图 7-18 可知，沙打旺和尖叶胡枝子体内 MDA 含量表现出先升高后下降的趋势，并且这两种草种在 8 月初 MDA 含量都增加到最大值，且沙打旺 MDA 含量明显高于尖叶胡枝子，胁迫初期沙打旺 MDA 含量增加幅度也高于尖叶胡枝子。随着胁迫的持续，沙打旺和尖叶胡枝子体内 MDA 都出现了不同程度的下降。白花草木樨在胁迫初期表现出与其他两种草种相似的情况，8 月初 SD 条件下的植物体内 MDA 含量达到最大。在经历一个短暂的下降过程后，在胁迫后期又呈现增加状态，这种变化与植物衰老相关。

7.3.3.3　不同土壤水分下 3 种豆科牧草 SOD 活性的动态变化

从图 7-19 可知，随着干旱胁迫时间的持续，3 种牧草 SOD 活性变化规律相似。沙打旺从胁迫开始一直呈现直线增长趋势，且 SD 处理下的沙打旺 SOD 活性略低于其他两种水分处理条件下。白花草木樨在胁迫初期，SOD 先呈现出一种稳定的时期，再经历快速的增长后又出现下降的势头，基本呈“S”形曲线。尖叶胡枝子的 SOD 变化与白花草木樨基本相似，但是在 9 月下旬，其变化规律和沙打旺一样，出现增长的趋势。从整个生长情况看，除了沙打旺在 SD 处理下的 SOD 活性略低于其他两种水分处理条件下，其他牧草在各水分处理条件下差异不显著，且 SOD 含量都维持在一个很高的水平。说明 SOD 在这 3 种草种中均起到了清除活性氧第一道防线的重要作用。

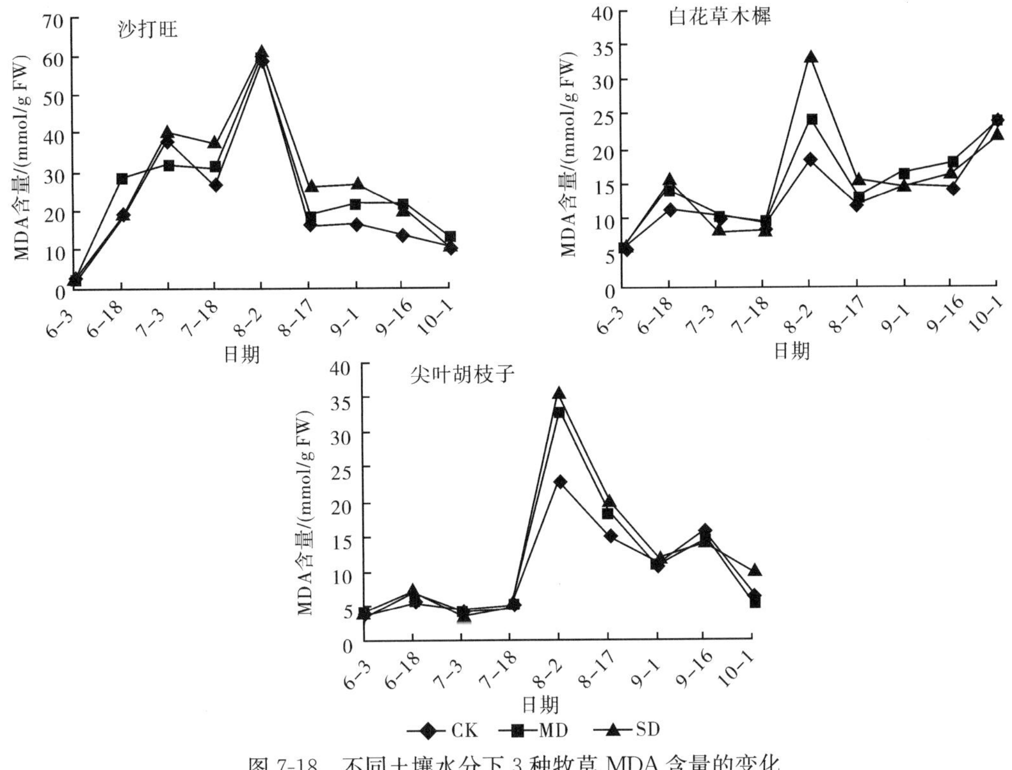

图 7-18　不同土壤水分下 3 种牧草 MDA 含量的变化

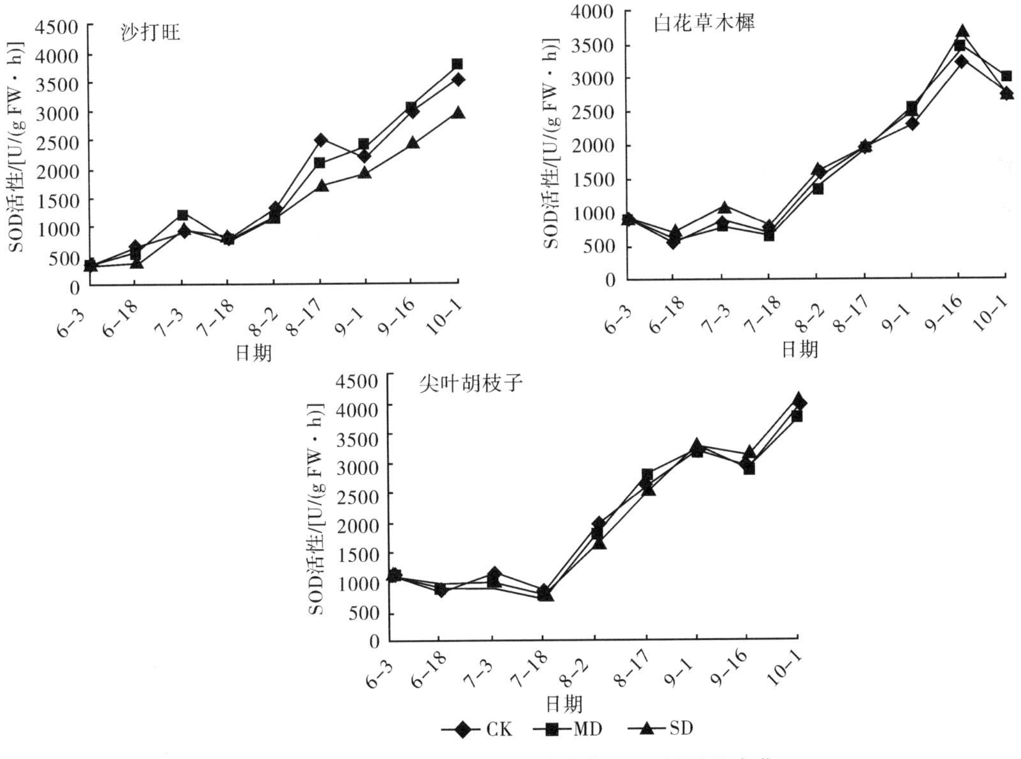

图 7-19　不同土壤水分下 3 种牧草 SOD 活性的变化

7.3.3.4 不同土壤水分下3种豆科牧草POD活性的动态变化

从图7-20可知，沙打旺和白花草木樨POD的变化趋势一致。7月中旬其POD活性均急剧上升，然后又迅速降低，8月中旬又出现一个短暂的升高，之后随着植物进入衰老阶段，POD活性又迅速升高。在中度干旱和重度干旱胁迫下，POD活性表现出的这种快速升高的现象，反映了植物的保护效应。植物通过提高保护酶活性来有效清除活性氧，提高抗氧化能力。而在衰老时期，POD活性的升高则表现为一种伤害效应，这时的POD是植物体进入衰老阶段的产物。尖叶胡枝子的POD活性变化则与另外两种牧草明显不同。在胁迫初期，尖叶胡枝子POD活性维持一个平稳的增长状态，直到8月中旬达到最大值，然后随着胁迫的继续，POD活性逐渐下降。尖叶胡枝子的POD活性明显低于另外两种牧草，且在干旱胁迫下酶活的增长幅度也小于另外两种牧草。经过分析可知，沙打旺和白花草木樨比尖叶胡枝子具有更高的POD活性，在清除H_2O_2上具有更强的优势。

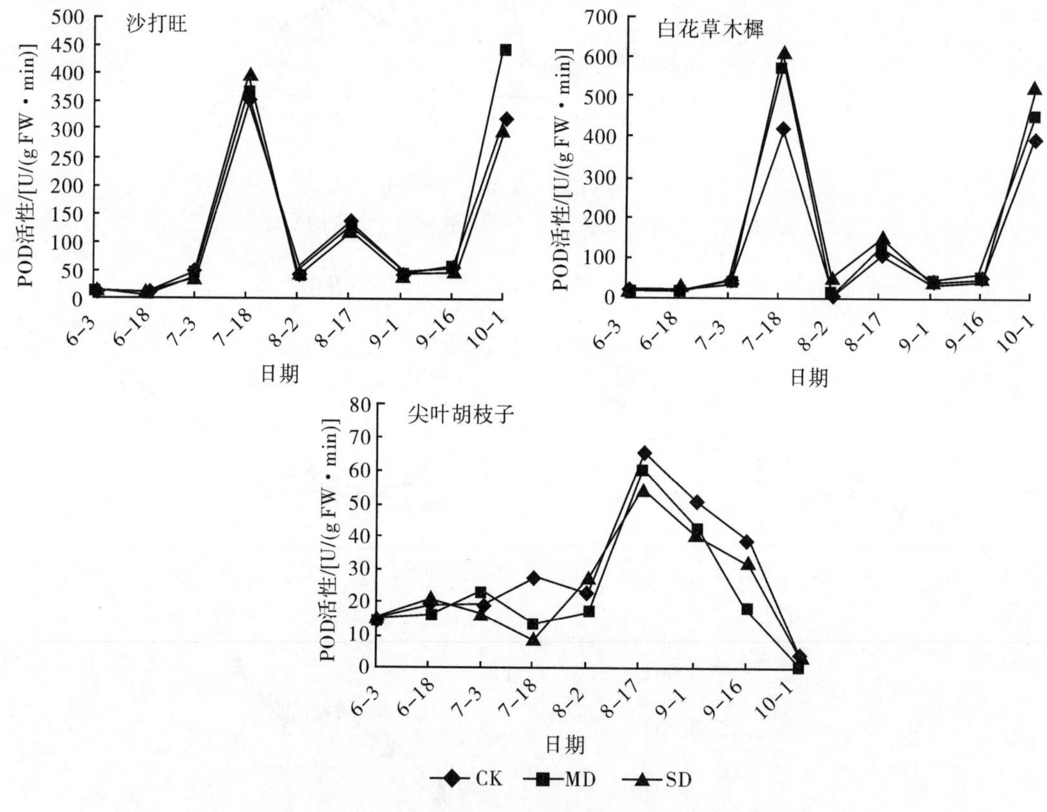

图7-20 不同土壤水分下3种牧草POD活性的变化

7.3.3.5 不同土壤水分下3种豆科牧草CAT活性的动态变化

从图7-21可知，沙打旺在整个生育期CAT活性呈现出3个波峰。胁迫初期，沙打旺CAT活性上升，且表现为：CK>MD>SD。经历了一个短暂的下降过程后，在8月初CK条件和MD条件下沙打旺CAT活性达到最高，但这种高的酶活性并没有得以维持，而是又出现了下降。随着胁迫的持续，在9月初，CK条件和MD条件下沙打旺CAT活性缓慢上升，而MD条件下的酶活性达到最大值。随着植物进入衰老期，沙打旺体内的CAT活性下降。沙打旺CAT活性虽然经历了3个下降过程，但是总的趋势还是增长。白花草木樨从胁迫开始，由于植物对干旱的适应性，其体内的酶活性开始上升，且表现为：SD>MD>CK。经历了短期的干旱锻炼后，酶活性出现了短暂的下降过程。然后随着胁迫时间的持续，白花草木樨CAT活性逐渐上升，在9月中旬MD条件和SD条件下酶活性达到最大。在增长的过程中发现，白花草木樨CAT活性在MD条件下大于在SD条件下，这正是植物适应干旱环境的一种表现。尖叶胡枝子的CAT活性整体呈升高的趋势，但是在7月中下旬，由于植物对干旱胁迫有了一定程度的适应，CAT活性出现了短暂的下降。随着干旱的持续，其CAT活性又开始上升，直到衰老期才开始下降。

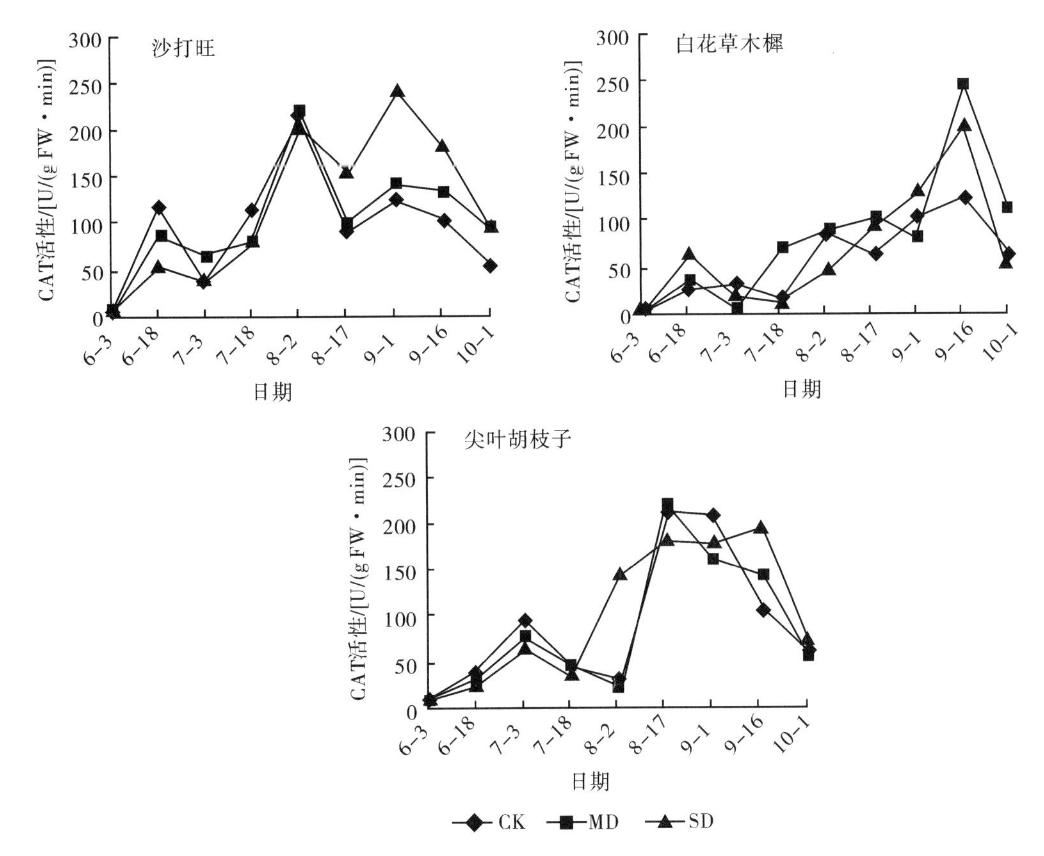

图7-21　不同土壤水分下3种牧草CAT活性的变化

7.3.3.6　不同土壤水分下3种豆科牧草APX活性的动态变化

从图7-22可知，3种牧草叶片APX变化都出现相似的变化趋势。在胁迫初期，3种牧草APX活性都出现了一种稳定的状态。随着胁迫的持续，在8月份3种牧草APX的活性都达到最大。到了9月份随着植物衰老期的到来，酶活性下降。沙打旺在8月初APX活性达到最大，且表现为：MD>SD>CK。白花草木樨酶活性在8月中下旬达到最大，且在不同水分处理下 APX 活性差异性不大。尖叶胡枝子在胁迫前期 APX 活性略为下降，随着胁迫时间的持续，8 月初在 MD 条件下 APX 活性达到最大。而在 SD 条件和 CK 条件下，尖叶胡枝子 APX 活性 8 月下旬达到最大。从图 7-22 可以看出，不同土壤水分处理下，3 种牧草 8 月份 APX 活性最大值差异很大。在 CK 条件下，白花草木樨和尖叶胡枝子叶片中的最大 APX 活性是沙打旺的 3 倍多；在 MD 条件下，白花草木樨的最大 APX 活性是另外两种牧草种的 1.6 倍；在 SD 条件下，白花草木樨和尖叶胡枝子体内的最大 APX 活性是沙打旺的 2 倍。因此，白花草木樨和尖叶胡枝子在干旱胁迫下能够保持很高的 APX 活性，干旱胁迫的这种灵敏反应使其具有很强的干旱伤害修复能力。

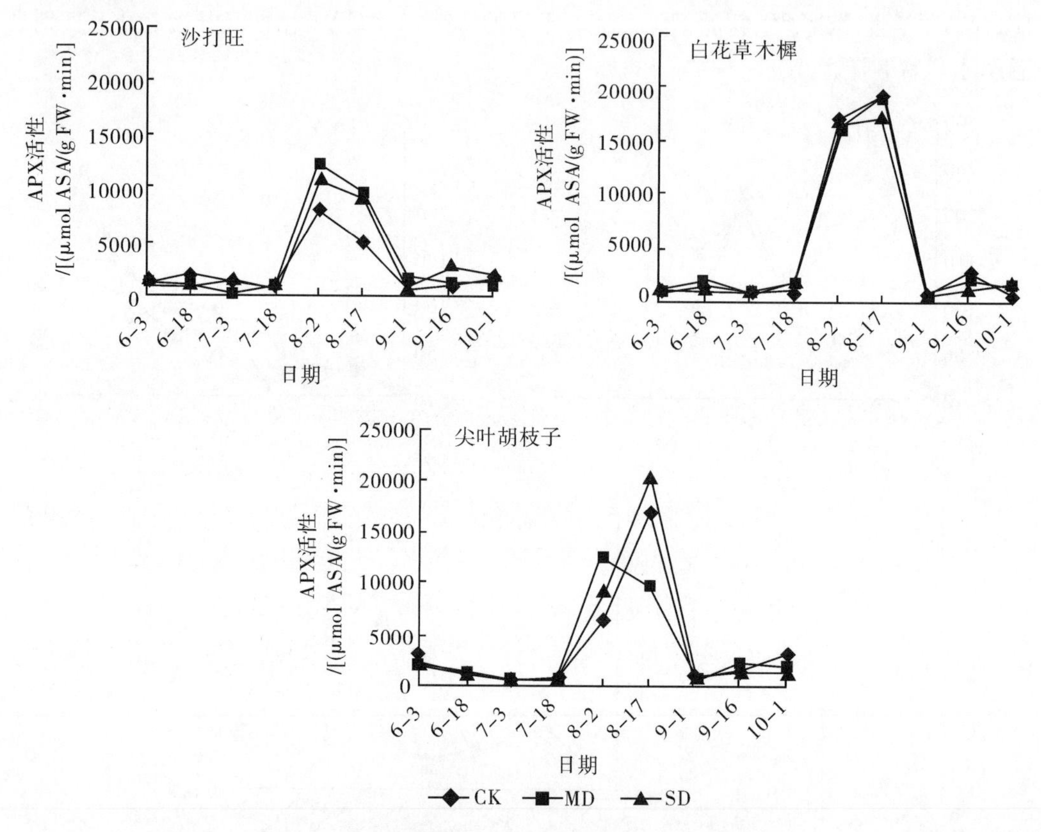

图 7-22　不同土壤水分下 3 种牧草 APX 活性的变化

从表 7-9 可知，3 种牧草 4 种保护酶活性大小明显不同。SOD 活性的大小顺序为：尖叶胡枝子>白花草木樨>沙打旺；POD 活性则为：白花草木樨>沙打旺>尖叶胡枝子；CAT 活性大小顺序依次是：沙打旺>尖叶胡枝子>白花草木樨；最后，3 种牧草 APX 的平均含量都维持在一种较高的水平上，但依然表现为：白花草木樨>尖叶胡枝子>沙打旺。

因此，可以看出，不同的物种在清除活性氧和抑制膜脂过氧化上所采用的策略不同。SOD 是清除氧自由基的第一道防线。3 种牧草都保持着较高的 SOD 活性，其中尖叶胡枝子最为突出。接下来植物体内担负清除 H_2O_2 的酶系主要是 POD 和 CAT，沙打旺充分将这两种保护酶作用有效结合，共同清除 H_2O_2，而白花草木樨则在利用 POD

上有较大的优势，尖叶胡枝子主要用 CAT 来清除体内的 H_2O_2。3 种牧草 APX 活性都维持在较高的水平上，在 AsA-GSH 循环中，APX 可以充分地为电子供体直接清除 H_2O_2，避免植物生长受到伤害。

表 7-9　土壤水分含量对 3 种牧草保护酶平均活性的影响

物种	水分处理	SOD 活性 /[U/(g FW・h)]	POD 活性 /[U/(g FW・min)]	CAT 活性 /[U/(g FW・min)]	APX 活性 /[μmol ASA/(g FW・h)]
沙打旺	CK	1699.848	113.664	95.299	2252.803
	MD	1720.435	127.576	102.958	3125.289
	SD	1418.984	111.868	116.419	3137.830
白花草木樨	CK	1644.030	122.688	58.459	4965.971
	MD	1697.937	151.662	84.485	4841.093
	SD	1775.411	168.281	70.082	4614.433
尖叶胡枝子	CK	2037.564	29.320	89.089	3664.296
	MD	1989.995	23.103	85.740	3480.587
	SD	2016.226	24.125	100.407	4110.566

7.3.3.7　不同土壤水分下 3 种豆科牧草类胡萝卜素含量的动态变化

从图 7-23 可知，3 种牧草在不同的水分处理下，类胡萝卜素含量变化不同。在胁迫初期，沙打旺类胡萝卜素含量缓慢上升。到了 7 月、8 月，植物叶片发育完全，又因

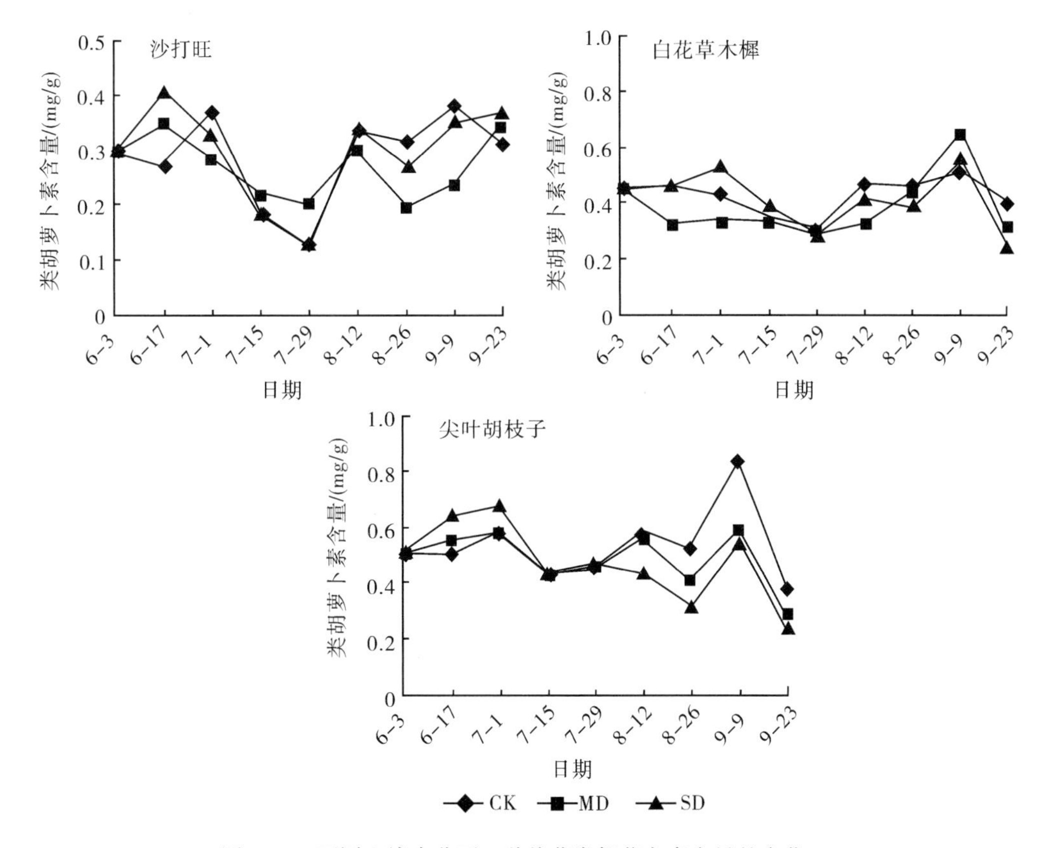

图 7-23　不同土壤水分下 3 种牧草类胡萝卜素含量的变化

为连续的阴雨天气影响，类胡萝卜素含量下降。当植物逐渐进入衰老期时，类胡萝卜素含量又升高。随着胁迫时间的持续，3 种不同的水分处理下白花草木樨类胡萝卜素含量表现出一种稳定的增长状态，直到 9 月份才出现最大值。尖叶胡枝子类胡萝卜素含量的变化同沙打旺相似，首先含量呈现上升的趋势。在经历了一个短暂的下降后，到了 9 月份由于尖叶胡枝子比另外两种牧草更早衰老，所以类胡萝卜素大幅上升。最后在 10 月份，表现出急剧的下降。

从表 7-10 也可以看出，整个生长季 3 种牧草类胡萝卜素平均含量，受土壤含水量的影响而不同。沙打旺类胡萝卜素含量表现为：SD＞CK＞MD；白花草木樨类胡萝卜素表现为：CK＞SD＞MD；尖叶胡枝子类胡萝卜素表现为：CK＞MD＞SD。且从总含量变化可以看出，白花草木樨和尖叶胡枝子的类胡萝卜素含量在不同水分处理下均大于沙打旺的类胡萝卜素含量。综上可知，白花草木樨和尖叶胡枝子具有更强的保护叶绿体膜结构和淬灭活性氧的能力。

表 7-10 不同土壤水分含量对 3 种牧草类胡萝卜素平均含量的影响（单位：mg/g FW）

水分处理	沙打旺	白花草木樨	尖叶胡枝子
CK	0.2874 CDcd	0.4256 ABCab	0.5309 Aa
MD	0.2870 Dd	0.3817 BCDbc	0.4885 ABab
SD	0.2974 CDcd	0.4107 ABCDb	0.4772 ABab

注：同行含不同小写字母表示差异显著（$p<0.5$）；同行不同大写字母表示差异极显著（$p<0.01$）；同行含相同字母表示差异不显著（$p>0.05$）。

7.3.4 小结

在整个生长发育过程中，沙打旺叶片含水量大于白花草木樨和尖叶胡枝子叶片含水量，且含水量变化呈现一种稳定的变化趋势。而沙打旺的水分饱和亏与叶片相对含水量的变化趋势相反，且变化幅度稳定并低于另外两种草种。研究发现，沙打旺和白花草木樨叶片在离体的条件下叶片的含水量下降幅度明显小于尖叶胡枝子叶片含水量下降幅度。可以看出，沙打旺比另外两种草种具有更强的耐脱水能力和保水能力，因此也具有更强的适应干旱环境的能力。

在干旱的外界环境胁迫下，植物大量积累渗透调节物质是一种主动抵抗外界不利环境的保护方式，也是减少自身伤害的一种适应性机制。但是植物在干旱条件下所积累的渗透调节物质种类以及积累量存在差异性，这种差异性因植物种类和胁迫程度而不同。研究发现，在胁迫初期沙打旺和白花草木樨脯氨酸含量迅速大量累积，依靠植物受到胁迫时的灵敏反应来抵御干旱，而尖叶胡枝子在整个胁迫期脯氨酸积累量都维持在一种平稳的状态来适应干旱环境。且从脯氨酸积累量上可以看出，沙打旺和白花草木樨大于尖叶胡枝子。从可溶性糖的平均积累量上可知，白花草木樨＞沙打旺＞尖叶胡枝子。沙打旺和白花草木樨 K^+ 和 Ca^{2+} 的积累量明显高于尖叶胡枝子，说明沙打旺和白花草木樨通过积累离子的方式抵抗干旱环境方面比尖叶胡枝子更强。可以看出，沙打旺和白花草木樨不管是在脯氨酸、可溶性糖积累上，还是在离子的变化上都比尖叶胡枝子更具有优势，因此前两者的抗旱适应性大于后者。

当植物处于干旱胁迫条件下，ROS 的积累会对植物造成不同程度的伤害，从 O_2^-· 的变化上可知，白花草木樨 O_2^-· 含量大于另外两个草种，但是 MDA 的积累在这 3 种草种之间没有较大的差异性。SOD 是清除 ROS 的第一道防线。从胁迫开始，这 3 种草种 SOD 一直呈现上升的趋势，并且在整个生育期间，都维持在一种较高的水平上，这样就能够确保植物的正常生长和发育。POD、CAT 和 APX 这 3 种保护酶协同作用，共同清除植物体内的 H_2O_2。在干旱胁迫下，3 种草种体内 POD 和 APX 变化幅度很大，而 CAT 变化相对缓和。从几种酶的平均活性可以看出，不同植物体内的酶种类和活性不同，多种保护酶之间相互配合，降低干旱带给植物的损伤，使植物能更好地适应干旱环境。

7.4　不同土壤含水量对 3 种牧草生长及干物质积累的影响

7.4.1　土壤含水量对 3 种牧草株高及其生长的影响

从图 7-24 可知，不同土壤含水量对 3 种牧草幼苗的株高及其生长的影响存在差异。但是从总趋势来看，5 月、6 月和 7 月是植物幼苗生长的旺盛期，且这 3 种牧草株高都表现为：CK>MD>SD。在不同土壤水分处理下，沙打旺在 5 月、6 月和 7 月生长旺盛，

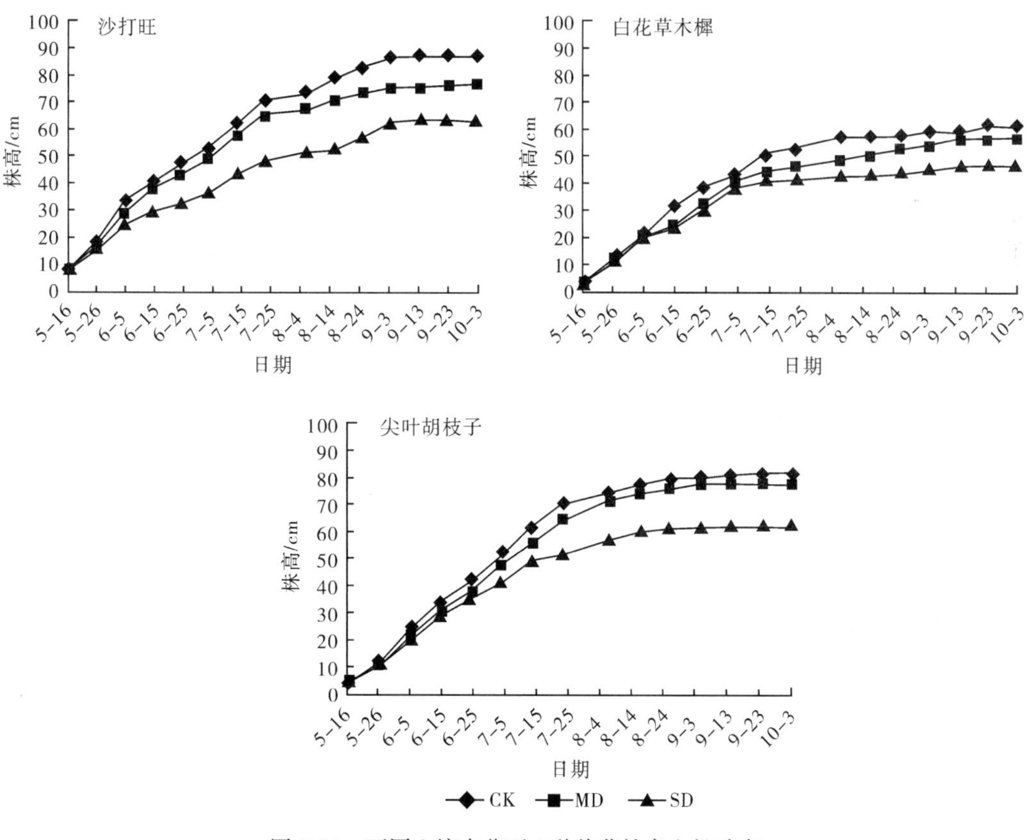

图 7-24　不同土壤水分下 3 种牧草株高生长动态

且此阶段也是植物在不同水分处理下产生差异性的时候。可以看出，SD处理下幼苗生长明显缓于其他水分处理，但是植物的生长一直持续到9月初。对于白花草木樨而言，3种水分处理下的幼苗生长和株高明显缓于沙打旺，且在胁迫前期，各个水分处理下的幼苗株高差异不明显，胁迫后期出现平稳的增长趋势。尖叶胡枝子在6月和7月生长旺盛，且随着土壤含水量的增大，株高不断增大。到胁迫后期，SD处理下的幼苗株高明显低于其他水分处理下的幼苗株高。因此，可以看出水分对植物的生长有着非常重要的作用。

从表7-11可以看出，随着土壤水分胁迫的加剧，3种牧草平均株高呈现逐渐降低的趋势，且沙打旺的下降幅度大于另外两种牧草。其单株平均总耗水量与株高表现出相同的变化趋势，随着土壤含水量的下降，平均总耗水量也呈现逐渐下降的趋势。但是植物根长的生长并未表现出相同的变化，随着土壤含水量的降低，白花草木樨植株的平均根长也随之减小；在CK处理下的沙打旺植株平均根长明显大于其他2种水分处理，但是MD处理和SD处理下，其根长变化差异性不大；对于尖叶胡枝子而言，在MD处理和SD处理下其植株平均根长都大于CK处理，其中MD处理下表现得最为突出。同样，植株的株高/根长也都表现出不同的差异性。从表中可以看出，株高/根长差异最大的是白花草木樨，沙打旺和尖叶胡枝子次之。可见植物地下部分和地上部分的生长不仅受水分的影响，还因物种的不同而异。同时正因为其不同的生物学特性，也影响了水分的不同分配。

表7-11 土壤水分含量对3种牧草植株生长的影响

物种	水分处理	根长/cm	株高/cm	株高/根长	总耗水量/kg
沙打旺	CK	38.75	86.25	2.27	8.50
	MD	32.25	75.25	2.41	5.13
	SD	30.50	62.50	1.93	2.84
白花草木樨	CK	29.63	59.75	2.06	6.40
	MD	25.00	57.00	2.49	3.89
	SD	24.50	50.75	2.09	2.29
尖叶胡枝子	CK	40.75	80.25	1.94	6.96
	MD	47.25	78.25	1.75	4.68
	SD	41.75	62.25	1.49	2.50

7.4.2 土壤含水量对3种牧草总生物量及根冠比的影响

从表7-12可以看出，不同土壤水分处理显著影响了3种牧草地下干重、地上干重和生物量积累。随着土壤含水量的下降，3种牧草的地下干重、地上干重和总生物量呈现逐渐下降的趋势，只是下降的幅度不同。沙打旺在MD处理和SD处理下地下干重比CK处理分别下降了7.7%和24.2%，地上干重比CK处理分别下降了20.31%和32.29%。可以看出，土壤水分含量对沙打旺地上生物量的影响远大于地下生物量的积累，且沙打旺的根冠比逐渐增大。说明在干旱环境下，沙打旺为了能够充分地利用有限的水资源维持其生长发育，会将积累的有机物更多地分配到地下部分，促进根的生长发育，以提高自身的吸水能力，适应干旱环境。白花草木樨在MD处理和SD处理下，地下干重比CK处理分别下降了17.11%和43.65%，地上干重比CK处理分别下降了4.8%和37.25%。说明土壤水分含量对白花草木樨地下生物量积累的影响大于对地上部分生物量积累的影响。另外，其根冠比逐渐下降，说明在水分胁迫下，白花草木樨倾向于把更多的水分运输到植物地上部分，促进植物地上部分生物量的积累。尖叶胡枝子在MD处理和SD处理下，地下干重比CK处理分别下降了5.93%和36.96%，地上干重比CK处理分别下降了2.83%和40.14%。尖叶胡枝子在不同的水分处理下，其根冠比的差异性不大。说明尖叶胡枝子在干旱的情况下，将土壤水分基本平均分配到植物地下部分和地上部分，维持其生长和干物质的积累，这也是一种植物耐旱性的表现。

表7-12 土壤水分含量对3种牧草生物量及根冠比的影响

物种	处理	地下干重/g	地上干重/g	总生物量/g	根冠比
沙打旺	CK	3.13	13.64	16.77	0.23
	MD	2.89	10.87	13.76	0.26
	SD	2.19	7.36	9.55	0.30
白花草木樨	CK	1.52	5.35	6.87	0.28
	MD	1.26	5.10	6.36	0.25
	SD	0.71	3.2	3.91	0.22
尖叶胡枝子	CK	4.89	7.41	12.30	0.66
	MD	4.60	7.20	11.86	0.64
	SD	2.90	4.31	7.21	0.67

7.4.3 土壤含水量对3种牧草水分利用率的影响

由表7-13可以看出，3种牧草在不同水分处理下其水分利用率不同。沙打旺在SD处理下水分利用率最高，达到3.36g/kg，即消耗1kg水分可以积累3.36g干物质，且随着土壤含水量的下降，沙打旺水分利用率逐渐增大。随着土壤水分的降低，沙打旺的总生物量和总耗水量都呈现下降的趋势，但是耗水量的降低幅度大于总生物量的下降幅度，所以植物水分利用率是逐渐增大的。这也说明了沙打旺在干旱的条件下能够更好地利用土壤有限的水分资源，抵御干旱的环境。在MD处理下，白花草木樨水分利用率最高，达1.59g/kg。经方差分析可知，白花草木樨SD处理与MD处理下的水分利用率差异性不显著，说明在干旱胁迫下，白花草木樨能够有效地利用土壤中的水分。尖叶胡枝子和沙打旺一样，在SD处理下，其水分利用率最高，分别达2.87g/kg和3.36g/kg，其中MD处理、SD处理和CK处理下其水分利用率差异显著。

表 7-13　土壤水分含量对 3 种牧草水分利用率的影响　（单位：g/kg）

水分处理	沙打旺	白花草木樨	尖叶胡枝子
CK	1.97 BCDcde	1.07 Df	1.77 BCDdef
MD	2.68 ABabc	1.59 CDef	2.52 ABCbcd
SD	3.36 Aa	1.42 CDef	2.87 ABab

注：同行含不同小写字母表示差异显著（$p<0.05$）；同行含不同大写字母表示差异极显著（$p<0.01$）；同行含相同字母表示差异不显著（$p>0.05$）

总之，在同一水分处理条件下，沙打旺的水分利用率最高，尖叶胡枝子次之，白花草木樨最低，即 3 种牧草在同一土壤水分条件下的水分利用率基本表现为：沙打旺>尖叶胡枝子>白花草木樨。

7.4.4　3 种牧草幼苗抗旱性综合评价

运用隶属函数法对 3 种牧草苗期抗旱性进行综合评价（表 7-14），抗旱指标主要包括水分代谢、渗透调节物质、抗氧化酶类等多种生理指标，科学地分析出各种抗旱指标隶属函数值大小，并确定植物抗旱性强弱。平均值越大，抗旱性越强；反之，抗旱性越弱。沙打旺的抗旱隶属值依次大于白花草木樨和尖叶胡枝子，所以苗期抗旱性大小依次为：沙打旺>白花草木樨>尖叶胡枝子。

表 7-14　黄土高原 3 种牧草抗旱综合评价指标

生理指标	沙打旺	白花草木樨	尖叶胡枝子
相对含水量/%	52.1341	46.0937	59.6127
水分饱和亏/%	47.8659	53.9063	40.3873
24h 后叶片保水力/%	62.8537	37.8888	12.9855
脯氨酸含量/%	0.3645	0.2926	0.0995
可溶性糖含量/(mg/g DW)	0.3894	0.5258	0.2393
K^+ 含量/(mmol/g DW)	0.5825	0.8582	0.0561
Ca^{2+} 含量/(mmol/g DW)	0.9482	0.3272	0.1050
O_2^-· 含量/（μg/g FW）	0.9374	0.2817	0.7691
MDA 含量/(mmol/g FW)	0.5028	0.6834	0.8508
SOD 活性/[U/（g FW · h)]	0.4175	0.4021	0.6928
POD 活性/[U/(g FW · min)]	0.5573	0.6406	0.2661
CAT 活性/[U/(g FW · min)]	0.4158	0.2279	0.4358
APX 活性/[μmol ASA/(g FW · h)]	0.2589	0.3457	0.2824
类胡萝卜素含量/(mg/g FW)	0.2892	0.5579	0.7208
根冠比	0.1950	0.1914	0.8552
水分利用效率/(g/kg)	0.5167	0.2092	0.4504
平均值	10.5768	8.9645	7.4256

7.5 结　论

1. 牧草的耗水规律研究

3种牧草耗水量总量表现为：沙打旺＞尖叶胡枝子＞白花草木樨，且在3种水分梯度下表现为：CK＞MD＞SD，3种牧草在不同土壤水分条件下总耗水量差异性显著。耗水高峰期多集中在6月、7月、8月，且在7月份的耗水量均达到最大，旬耗水高峰期多集中在6月下旬至7月下旬。

2. 牧草种子萌发期抗旱性评价

3种牧草种子萌发期的耐旱性大小顺序依次为：尖叶胡枝子＞沙打旺＞白花草木樨。

3. 牧草苗期生理生化指标动态变化以及抗旱性评价

在水分生理代谢方面，3种牧草都能够维持较高的RWC和较低的WSD，以减轻干旱胁迫对植物叶片的损伤。总体上看，叶片保水力强弱依次为：沙打旺＞白花草木樨＞尖叶胡枝子。渗透调节物质方面，沙打旺主要在脯氨酸的积累和Ca^{2+}的积累上占优势；白花草木樨主要通过可溶性糖的积累来对抗干旱胁迫的环境；尖叶胡枝子对这几种渗透调节物质都有积累，只是积累量上略小。活性氧代谢以及抗氧化系统方面，干旱胁迫对尖叶胡枝子的损伤程度小于另外2种牧草。尖叶胡枝子依靠体内较高的SOD、APX酶活性和较高的类胡萝卜素含量清除体内的活性氧，沙打旺和白花草木樨也具有高的SOD、POD和APX活性，清除体内活性氧，且各种酶协同作用以减轻干旱对植物带来的损伤。

4. 牧草生长特性、干物质积累和水分利用率研究

随着土壤水分含量的下降，3种牧草生长速率减慢、根长和株高降低，地下干重、地上干重和总生物量也逐渐下降，植物根据自身情况，能够有效地调节有机物质的分配。WUE大小依次为：沙打旺＞尖叶胡枝子＞白花草木樨，苗期抗旱性大小依次为：沙打旺＞白花草木樨＞尖叶胡枝子。

第 8 章　植被演替过程中典型群落特征及水分利用策略研究

如何对有限的水资源进行合理配置，实现水分平衡，尤其是在干旱半干旱地区进行有效的植被恢复与重建，是广大科研人员普遍关注的问题。而在干旱环境下的黄土高原造林种草至今已有近 50 年历史，引种和选种工作一直没有停止过，但到今天仍在树草种问题上没有定论，其原因是乡土树草种在植被恢复中的作用未被人们所认识。过去在选种造林时，由于对各种树草种生物学特性缺乏研究，限制了树种的选择，一些高耗水树草种的选用最终导致土壤深层干旱加剧。为了加快植被恢复，选用黄土高原植被演替中出现的典型优势乡土半灌木草种达乌里胡枝子［*Lespedeza davurica*（Laxm.）Schin dL.］和铁杆蒿（*Artemisia Sacrorum* Ledeb.）进行研究。对这两种乡土草种进行不同土壤水分处理，并研究它们在不同水分处理下的典型群落特征和水分利用策略，以期合理选用黄土高原地区造林树草种，为加快植被自然恢复和群落正向演替提供科学依据。

8.1　不同水分条件下两种半灌木保护酶活性及渗透调节物质含量的变化

8.1.1　不同土壤水分条件对 2 种半灌木叶片保护酶系统的影响

8.1.1.1　不同土壤水分条件对 2 种半灌木叶片 SOD 活性的影响

由图 8-1 可以看出，2 种半灌木之间以及同一种半灌木在 3 种土壤水分条件下的 SOD 的活性变化规律相同，均随时间延长逐渐增加且差异不显著，各水分处理下的 SOD 活性均非常接近。进一步仔细观察不难发现，各阶段各水分处理下，达乌里胡枝子的 SOD 活性均高于铁杆蒿的 SOD 活性。说明在干旱胁迫下这 2 种半灌木中 SOD 的活性，在清除活性氧方面有着重要的作用。

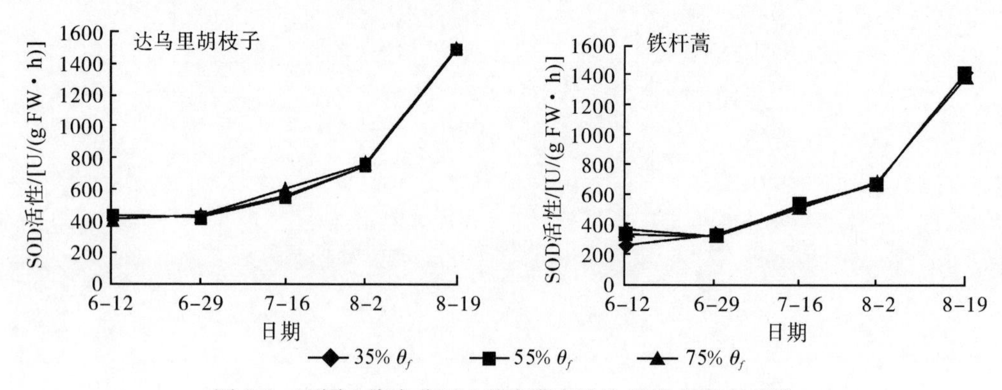

图 8-1　不同土壤水分下 2 种半灌木叶片 SOD 活性的变化

8.1.1.2　不同土壤水分条件对 2 种半灌木叶片 POD 活性的影响

由图 8-2 可以看出，2 种半灌木 POD 活性变化大不相同。达乌里胡枝子在适宜水分处理下的 POD 活性呈“M”形曲线，即先升高后降低、再升高随后又降低的变化趋势，波动比较大。达乌里胡枝子在中度干旱下的 POD 活性变化较缓，前期和中期一直保持缓慢的增长趋势，而到后期才稍有降低。而重度干旱条件下 POD 活性要比中度干旱下的高，整个变化趋势呈倒写的“V”形，POD 活性先大幅度的急剧升高，在胁迫中期维持在一个较高水平，后期又急剧下降。说明在达乌里胡枝子体内，POD 表现出保护效应，是一种良好的保护酶。铁杆蒿在 3 种土壤水分条件下 POD 活性的变化相似，即在胁迫前期都保持着重度干旱＞适宜水分＞中度干旱的顺序，并呈逐渐增大的趋势。重度干旱下 POD 活性在中期（7 月 16 日左右）达到最高值后，随后大幅度下降，而中度干旱和适宜水分下 POD 活性继续升高，直到 8 月 2 日达到高峰，随后才与严重干旱下的 POD 活性保持一致，均逐渐降低。铁杆蒿 POD 活性大小表现为：适宜水分＞中度干旱＞重度干旱。

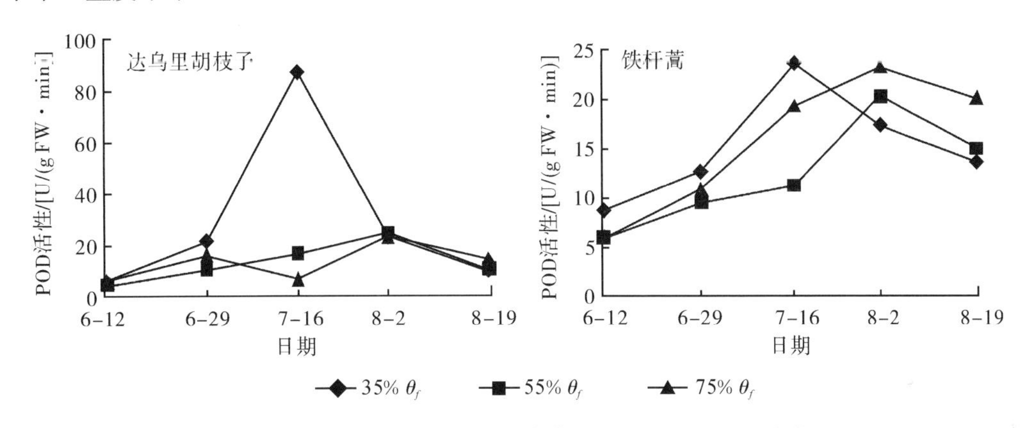

图 8-2　不同土壤水分下 2 种半灌木叶片 POD 活性的变化

8.1.1.3　不同土壤水分条件对 2 种半灌木叶片 CAT 活性的影响

2 种半灌木 CAT 活性在不同水分处理下随时间的变化不同（图 8-3）。达乌里胡枝子在 3 种水分处理条件下，干旱胁迫期间，整体上呈现出相同的变化规律，均是先降低再升高后又降低的趋势，只是它们的 CAT 活性到达峰值的时间不同。重度干旱下的 CAT 活性比其他 2 种水分处理下的提前到达峰值，该水分处理下的 CAT 活性比其他 2 种水分处理下的高。这说明严重干旱使植物体内加速了酶促反应清除自由基系统的响应，表现出较好的抗性。铁杆蒿在 3 种土壤干旱胁迫条件下，CAT 活性变化除了适宜水分在胁迫初期有较小的升高之外，其他 2 种水分处理下的酶活性略有降低，而在胁迫中期以后的 3 个水分处理下，CAT 活性均先增加、后降低，最后均趋于稳定的变化趋势。在 7 月份，3 种水分处理下 CAT 活性表现为：重度干旱＞中度干旱＞适宜水分。整体上对比 2 种半灌木的 CAT 活性可以看出，铁杆蒿体内 CAT 活性对土壤干旱反应较为剧烈，高于达乌里胡枝子，说明它对干旱适应调节能力较强。

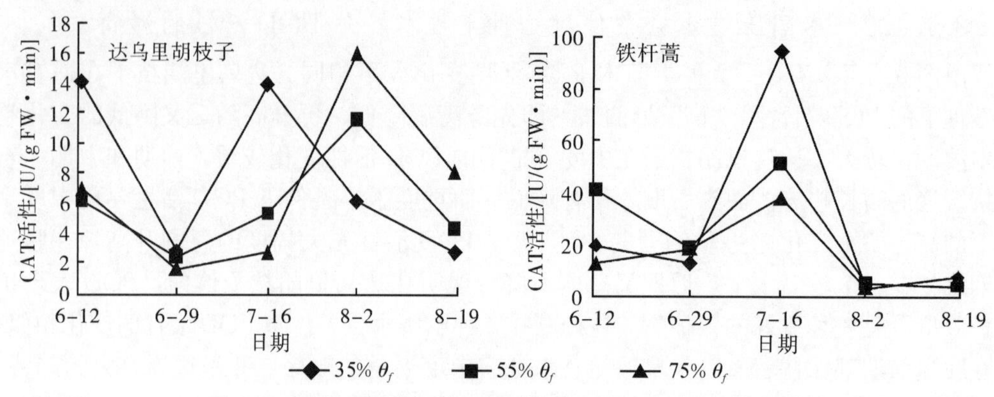

图 8-3　不同土壤水分下 2 种半灌木叶片 CAT 活性的变化

8.1.1.4　不同土壤水分条件对 2 种半灌木叶片 APX 活性的影响

APX 也是植物体内抗氧化防御的关键酶，主要起到清除叶绿体内 H_2O_2 的作用(孙卫红等，2005)。

图 8-4 体现了不同土壤水分下 2 种半灌木叶片 APX 活性的变化。研究表明，达乌里胡枝子 APX 活性在整个水分处理期间的变化比较复杂。严重干旱下 APX 活性是先急剧增加，于 7 月 16 日达到峰值后又急剧降低。另外两种水分处理下 APX 活性均呈双峰型曲线变化，即先升高后降低再升高最后又降低的趋势，且在两个峰值处，均是中度干旱＞适宜水分。而铁杆蒿在胁迫期间，中度干旱和适宜水分条件下 APX 活性波动变化相似，均为先升高再降低。而重度干旱下 APX 活性变化较为特殊，在胁迫前中期保持稳定，到胁迫末期急剧升高，且幅度较大，APX 活性达到较高的水平。说明铁杆蒿在长期胁迫后期，其体内其他酶活性开始降低时，APX 酶活性加强，起到了补充的作用，是此期间体内最主要的清除活性氧的酶。

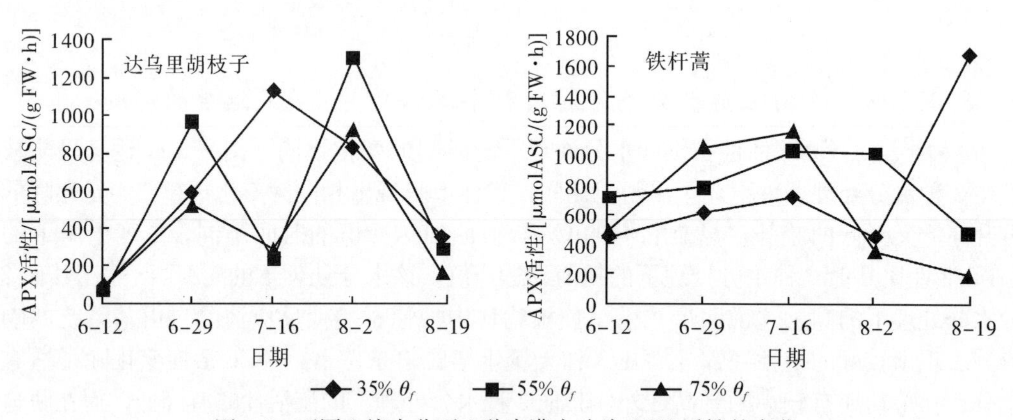

图 8-4　不同土壤水分下 2 种半灌木叶片 APX 活性的变化

8.1.1.5　不同水分条件对 2 种半灌木叶片 MDA 含量的影响

植物器官在衰老或逆境条件下遭受伤害时体内活性氧增加，往往发生膜脂过氧化作用，MDA 是膜脂过氧化的最终分解产物。测定 MDA 的含量可以判断植物的过氧化程度，也可以反映植物膜受伤害程度。

如图 8-5 所示，2 种半灌木叶片 MDA 含量受干旱程度和干旱时间的影响不同，但变化趋势大体相同，均呈单峰曲线。无论是达乌里胡枝子还是铁杆蒿，随着胁迫时间的延长，MDA 含量都是先升高随后又有不同程度的降低。在最干旱的气候来临之际，两种半灌木叶片的 MDA 含量均表现为：适宜水分＞重度干旱＞中度干旱，适宜水分下的膜伤害程度反而最大。在胁迫初期，2 种半灌木完全调动自身的协调能力，使其受干旱影响较小，各水分处理间 MDA 含量差异不显著。随后当这种调节能力超过一定限度时，膜伤害程度加大（7 月中旬前后），但后期在持续干旱胁迫时也启动自身的抗氧化能力，使膜脂过氧化程度减轻。

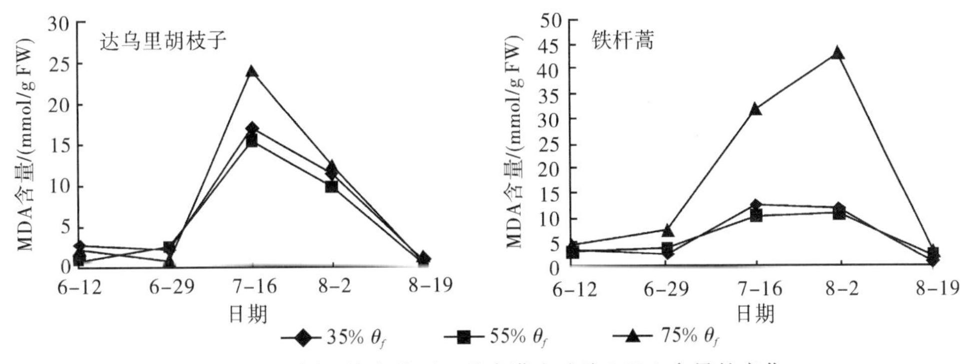

图 8-5　不同土壤水分下 2 种半灌木叶片 MDA 含量的变化

8.1.2　不同土壤水分条件对 2 种半灌木渗透调节物质含量的影响

植物细胞中积累可溶性物质可以维持膨压，这种机制称为渗透调节，是植物抵抗干旱胁迫的一种重要方式。渗透调节机制可以使植物在干旱条件下吸水和持水能力增强，维持一定的膨压，降低胁迫的危害程度。选择测定植物叶片中游离脯氨酸含量和可溶性蛋白含量 2 项指标，比较黄土高原上达乌里胡枝子和铁杆蒿这两种半灌木在干旱胁迫下渗透调节物质的积累变化规律和调节能力。

8.1.2.1　不同土壤水分下 2 种半灌木叶片脯氨酸含量的变化

脯氨酸被认为是植物在逆境胁迫下含量变化较敏感的物质之一。正常情况下，植物体内游离脯氨酸的含量并不高，但在不同的胁迫环境中，脯氨酸水平将明显增加，对于保持细胞持水和生物大分子结构的稳定性具有重要作用。由图 8-6 可以看出，在 3 种土壤水分条件下随着胁迫时间的延长，达乌里胡枝子和铁杆蒿的脯氨酸含量变化均较复杂，和以前研究的随胁迫时间延长，脯氨酸含量逐渐升高的结论一致（安玉艳，2007；刘红云，2007），但铁杆蒿的脯氨酸含量在胁迫后期有所降低。达乌里胡枝子胁迫前期在 3 种水分处理下，脯氨酸的含量变动有差异，除重度干旱下有小幅度的先增后降趋势外，适宜水分和中度干旱下则先下降，在 7 月中旬以后，3 种水分处理下的脯氨酸含量变化趋势才保持一致，均逐渐增加，且在中度干旱下增加的幅度最大，含量最高，分别是适宜水分和重度干旱下的 4.12 倍和 2.92 倍。在铁杆蒿叶片中，3 种水分处理下脯氨酸含量在整个胁迫期间的变化趋势保持一致，前期有所降低，随后升高，后期又降低。说明脯氨酸的积累并不是铁杆蒿渗透调节的主要方式。

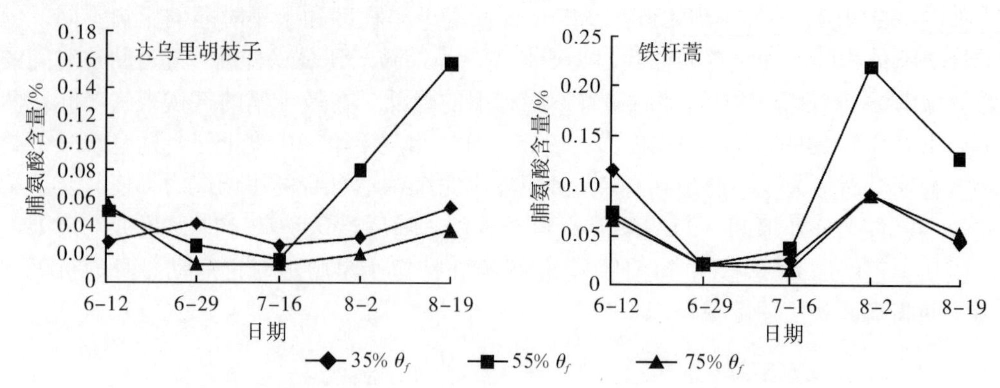

图 8-6　不同土壤水分下 2 种半灌木叶片游离脯氨酸含量的变化

8.1.2.2　不同土壤水分下 2 种半灌木叶片可溶性蛋白含量的变化

可溶性蛋白含量与调节物质细胞的渗透势有关。在干旱胁迫下，植物体内可溶性蛋白含量会发生相应变化。高含量的可溶性蛋白可帮助维持植物细胞较低的渗透势，抵抗水分胁迫带来的伤害（康俊梅等，2005），可溶性蛋白含量的变化已被用来评价植物的适应性。由图 8-7 可以看出，2 种不同的半灌木之间以及同一种半灌木在不同水分条件下可溶性蛋白含量的变化规律相似性较大。几乎是随着胁迫时间的延长，可溶性蛋白含量均逐渐升高，且在严重干旱下可溶性蛋白的积累较显著，最终达到较高的含量。从整体上看，铁杆蒿在胁迫初期可溶性蛋白含量稳定，说明其有很好的抗旱性。达乌里胡枝子在 3 种水分处理下的可溶性蛋白含量先有较小幅度的下降，说明在胁迫前期其蛋白合成受阻。在炎热的 7 月来临时，对干旱胁迫的响应使达乌里胡枝子代谢产生变化与调整，胁迫诱导原来的蛋白合成量增加，或者诱导产生一些新的蛋白使可溶性蛋白含量上升。而在胁迫后期，达乌里胡枝子中度干旱下的可溶性蛋白含量有所降低，这可能与此时期达乌里胡枝子的保护酶活性低有关。

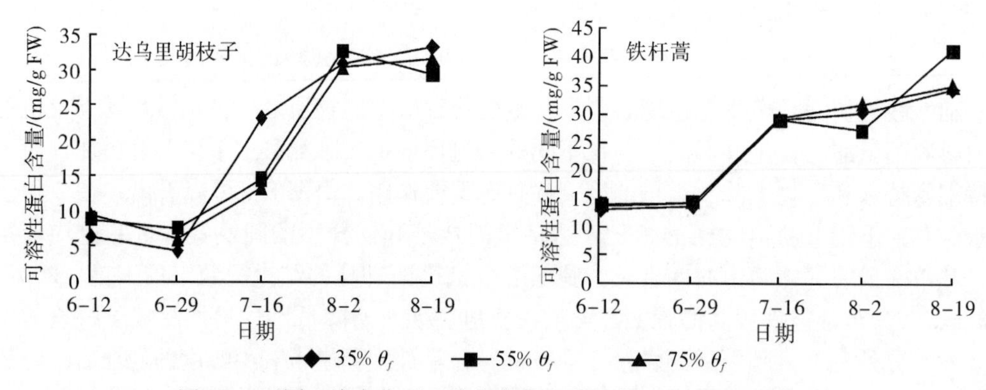

图 8-7　不同土壤水分下 2 种半灌木叶片可溶性蛋白含量的变化

8.1.3　小结

植物在正常的生长过程中，体内始终存在氧化与抗氧化两大对立系统的平衡，在各种逆境环境中则容易激发植物体内的抗氧化机制，其中主要有酶促和非酶促两种类型。

植物在干旱胁迫下，一方面积累活性氧，引发细胞膜脂过氧化；另一方面，植物体中主要抗氧化酶类与渗透调节物质的积累协同作用，使体内活性氧的产生与猝灭处于一种动态平衡，增强植物的抗逆性。因此，对活性氧清除的能力是决定植物抗旱性强弱的关键因素。整个保护酶系统的防御能力变化取决于多个抗氧化酶间彼此协调的能力，因为不同酶活性的变化又因植物种类、生物学特性、水分胁迫方式、胁迫程度及受胁迫时间的不同而存在着一定的差异（吴志华等，2004）。干旱胁迫使达乌里胡枝子和铁杆蒿的生理生化特征发生了较大的变化，表现出阶段性差异，不同物种抵御和适应干旱胁迫的能力均有差异。

研究结果表明，植物的保护酶系统和渗透调节响应干旱胁迫之间具有相互补偿的作用。可以推测，达乌里胡枝子在干旱胁迫前期主要是通过维持较高的保护酶活性来有效地清除活性氧、抑制膜脂过氧化，提高抗氧化能力。而在胁迫后期，随胁迫时间的延长和胁迫强度的加剧，各种保护酶活性开始下降，则达乌里胡枝子和铁杆蒿体内开始加强启动渗透调节的能力，前期较稳定地响应抗旱渗透调节机制，随后加大脯氨酸的积累和加快可溶性蛋白的合成。结合丙二醛含量的变化，对这 2 种半灌木在 3 种水分条件下的抗旱能力综合分析，得出它们响应干旱的能力均为：中度干旱＞重度干旱＞适宜水分。这也体现了黄土高原植物自身的抗旱生物学特性，相同的生长环境及长期适应干旱使它们之间有着相似的抗旱机制，并在自身体内形成一套较完善的抵御和适应干旱的协调机制，在长期的干旱条件下表现出极强的膜稳定性，减小干旱胁迫对细胞造成的伤害。因此，达乌里胡枝子和铁杆蒿在黄土高原群落演替中占据优势，成为典型的优势群落，也加快了植被恢复进程，促进了演替的正向发展。

8.2　不同立地条件下两种半灌木群落水分特征及生物量研究

8.2.1　不同立地条件下 2 种半灌木样地土壤含水量的变化

实验设在陕西省延安市安塞县高桥乡，用便携式 GPS 和罗盘仪确定所选择地的地理位置、坡度和坡向（表 8-1）。

表 8-1　4 种不同立地 2 种半灌木样地的基本情况

立地类型	群落	地理位置	坡度/（°）	海拔/m
半阴坡	Ld	NE114	32	1326
	1405	Ag	NE123	32
阴坡	1340	Ld	NE109	30.5
	1375	Ag	NE129	31
半阳坡	1355	Ld	NE69	30
	1350	Ag	NE78	25
阳坡	Ld	NE58.5	28.5	1300
	Ag	NE89	30	1345

注：Ld 为达乌里胡枝子；Ag 为铁杆蒿，余同。

黄土高原因其地貌特征，加之长期以来的水土流失，土壤水分亏缺，严重制约了植被的恢复。因此，土壤水分是黄土高原地区影响植被生长的主要限制性生态因子，是群落生态水的重要组成部分。由于黄土高原蒸发量大，且降水多集中在7～9月，有典型的水热同期特征，加之丘陵区沟壑起伏，不同的立地条件在地表蒸发、径流及保水蓄水能力方面不同，最终使得不同立地达乌里胡枝子和铁杆蒿群落形成各自不同的群落种群特征来适应不同的生态环境，在蒸腾耗水和水分利用策略上也不同。图8-8分别为达乌里胡枝子生长前期（5月）、中期（7月）和后期（8月）4种不同立地条件下土壤水分的变化趋势。4种立地在3个时期中100cm土层内的土壤含水量均呈现逐渐升高的趋势，且变动幅度较大。在干旱少雨的初期（5月），随着气温的上升，地表蒸发大，土壤表层水分含量较低。而在雨水充沛的中、后期，由于连续的降水且持续时间长，土壤水分含量增高。在100～200cm土层，阴坡的土壤含水量逐渐增大，半阴坡和阳坡呈现高低相间的波动趋势，半阳坡变化不大。整个生长期中200cm土壤含水量平均值大小顺序为：阴坡＞半阳坡＞半阴坡＞阳坡，其平均值分别为12.34%、11.29%、11.15%和8.96%。方差分析（表8-2）表明，4种不同立地0～200cm土层平均含水量的差异除了在生长初期不显著以外，在生长中期和末期均达到了极显著差异水平。多重差异显著性比较表明，阴坡与阳坡差异极显著，与半阳坡，半阴坡差异不显著。半阳坡与半阴坡差异不显著。而各个土层间土壤含水量的差异则在达乌里胡枝子生长的3个时期均达到了极显著水平。

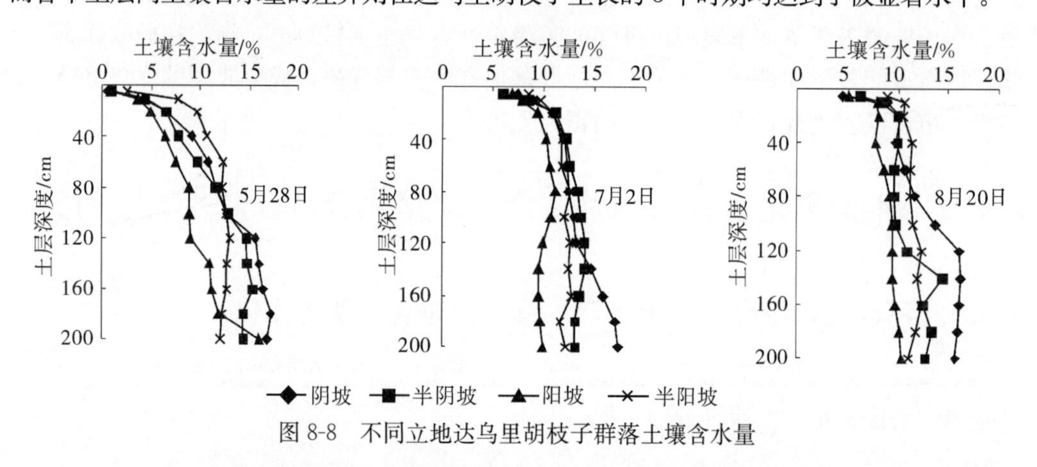

图8-8　不同立地达乌里胡枝子群落土壤含水量

表8-2　不同立地达乌里胡枝子群落土壤含水量方差分析

日期	变异来源	平方和	自由度	均方	$F_{0.05}$	$F_{0.01}$
5月28日	立地类型	67.58	3	22.53	1.15	4.26
	土层间	774.61	11	70.42	16.42※	2.79
	总计	842.19	14			
7月2日	立地类型	71.59	3	23.86	5.21※	4.26
	土层间	150.03	11	13.64	3.99※	2.79
	总计	221.62	14			
8月20日	立地类型	85.37	3	28.46	4.95※	4.26
	土层间	182.59	11	16.59	3.85※	2.79
	总计	267.96	14			

注：※表示在0.05水平上差异显著。

4 种不同立地条件下土壤含水量变化的差异，可能与各自所处的不同坡向、不同程度的太阳辐射以及不同立地形成的不同群落内植物根系分布差异的特征有关，使植物对土壤水分平衡之间造成了一定的影响。

图 8-9 所示为铁杆蒿生长前期（5 月）、中期（7 月）和后期（8 月）分别在 4 种不同立地条件下土壤水分的变化趋势。与不同立地达乌里胡枝子群落的土壤含水量，不同的是，3 个生长时期中 200cm 土壤含水量平均值大小顺序为：半阳坡>阳坡>阴坡>半阴坡，其平均值分别为 12.36%、12.20%、12.00%和 11.97%。对于白天接受太阳辐射较强、地表蒸发强度较大、温度较高的半阳坡和阳坡来说，铁杆蒿群落比达乌里胡枝子群落更能增加保水蓄水的能力。其中，阳坡的土壤含水量差别最大，铁杆蒿群落阳坡土壤含水量是达乌里胡枝子群落阳坡土壤含水量的 1.34 倍。由图 8-9 还可以看出，4 种不同立地铁杆蒿群落在 3 个时期中，80cm 土层内的土壤含水量变动幅度较大，与达乌里胡枝子群落土壤水分在 100cm 土层范围内保持持续增长的结果也不一致。但土壤表层水分含量变化趋势与达乌里胡枝子相似，都表现为在干旱少雨的初期（5 月），随着气温的上升，地表蒸发大，土壤表层水分含量较低，而在雨水充沛的中、后期，由于连续的降雨且持续时间长，土壤水分含量增大。在整个生长季节中，半阳坡大于 80cm 土层的土壤含水量逐渐增大且在后期趋于稳定，阳坡土壤含水量呈现升高的趋势；半阴坡土壤含水量波动比较平缓，含水量变化不大；阴坡土壤含水量则随着土层梯度的深入也有较大的变动趋势。方差分析（表 8-3）表明，4 种不同立地铁杆蒿群落 0～200cm 土层平均含水量的差异在整个生长季节的 3 个不同时期均无显著差异，而各个土层间土壤含水量的差异则在铁杆蒿生长的 3 个时期均达到极显著水平。

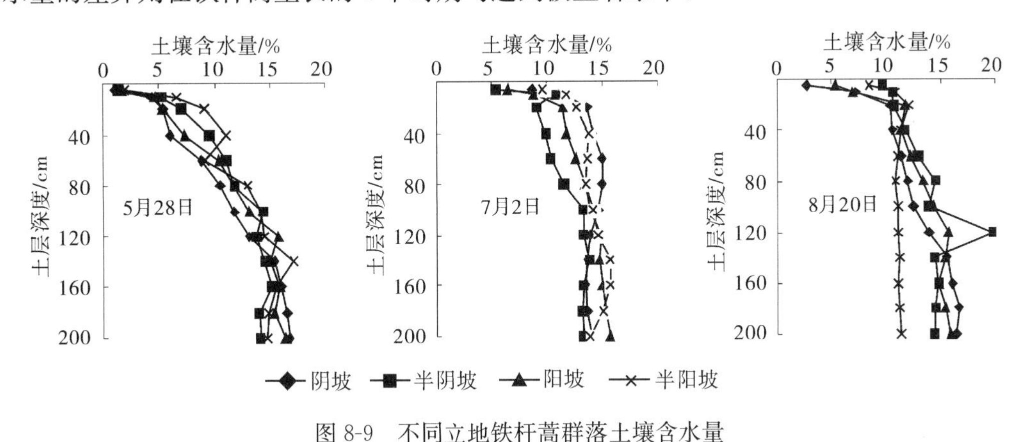

图 8-9　不同立地铁杆蒿群落土壤含水量

4 种不同立地条件下铁杆蒿群落土壤含水量变化的差异，可能与各自所处的不同坡向、在植物生长阶段不同时期接受不同程度的太阳辐射以及不同立地形成的不同群落生境特征有关，也与铁杆蒿的生长习性与生长布局有关。在整个研究阶段，根据野外调查等结果可知，铁杆蒿在陕北地区广泛分布，特别是在黄土丘陵区中上坡位的阳坡和半阳坡最容易形成优势群落，且长势旺盛，扎根较深，灌丛生长比较集中，能很好地保持土壤水分和维持土壤水分之间的平衡。

表 8-3　不同立地铁杆蒿群落土壤含水量方差分析

日期	变异来源	平方和	自由度	均方	$F_{0.05}$	$F_{0.01}$
5月28日	立地间	23.86	3	7.95	0.32	4.26
	土层间	1047.44	11	95.22	39.96**	2.79
	总计	1071.30	14			
7月2日	立地间	35.91	3	11.97	2.38	4.26
	土层间	185.26	11	16.84	8.48**	2.79
	总计	221.17	14			
8月20日	立地间	38.75	3	12.92	1.42	4.26
	土层间	284.43	11	25.86	5.99**	2.79
	总计	323.18	14			

8.2.2　不同立地条件下 2 种半灌木蒸腾强度日变化

蒸腾耗水是植物消耗土壤水分的主要方式，是衡量植物生长与土壤水分关系的重要指标。由图 8-10 可以看出，4 种不同立地下 2 种半灌木蒸腾强度均呈单峰曲线，且均在午后 13：00 达到峰值。图 8-11 反应了 2008 年 7 月 26 日不同立地大气温度、相对湿度的日变化进程。在 11：00 以前，半阴坡大气温度上升幅度最大，与它在一天当中最先接受太阳辐射有关，较其他立地下的蒸腾要强烈一些。11：00～13：00，4 种不同立地下蒸腾强度均逐渐上升，阴坡的蒸腾强度最大，是由于土壤水分较好，植物能够较好地维持膨压。而阳坡的蒸腾强度最小，是由于此时气温升高，阳坡土壤含水量较低，植物为了维持体内水分平衡进行气孔关闭来降低蒸腾，以减少水分的丧失。在 13：00 以后，4 种不同立地下蒸腾强度均呈现逐渐下降的趋势。蒸腾速率变化日进程与大气温度变化规律基本保持一致，阴坡、半阴坡、阳坡、半阳坡全天蒸腾的平均值分别为 0.38mmol/（m^2·s）、0.39mmol/（m^2·s）、0.33mmol/（m^2·s）和 0.36mmol/（m^2·s），且这 4 个种地在一天当中的大气温度与大气相对湿度的变化呈极显著负相关，相关系数分别为－0.7857、－0.7387、－0.7628 和－0.8911。方差分析表明，各个立地间日蒸腾强度平均值差异均不显著。

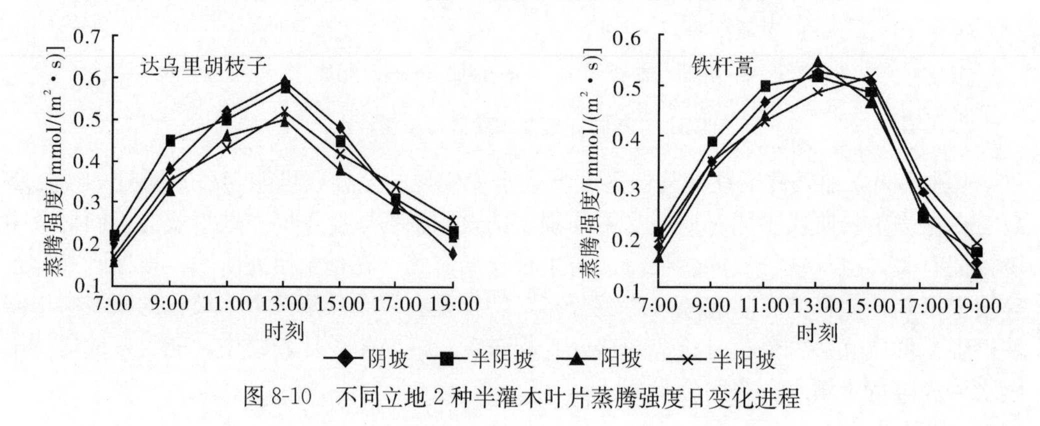

图 8-10　不同立地 2 种半灌木叶片蒸腾强度日变化进程

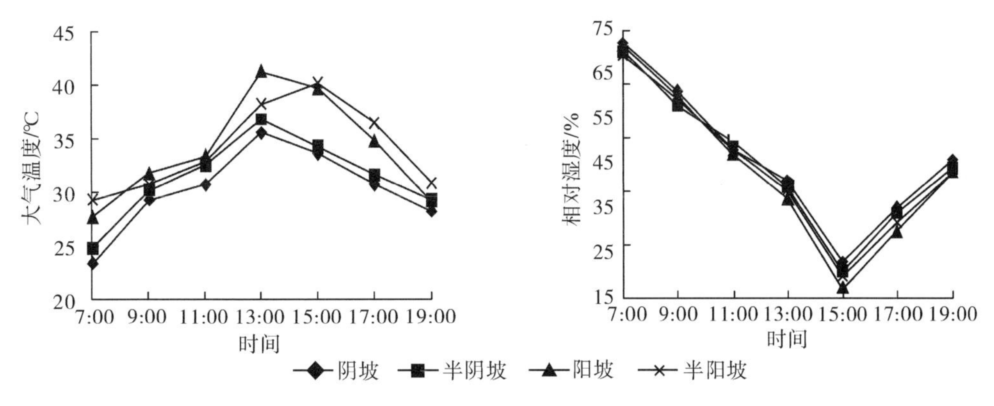

图 8-11　不同立地达乌里胡枝子群落大气温度和相对湿度日变化进程

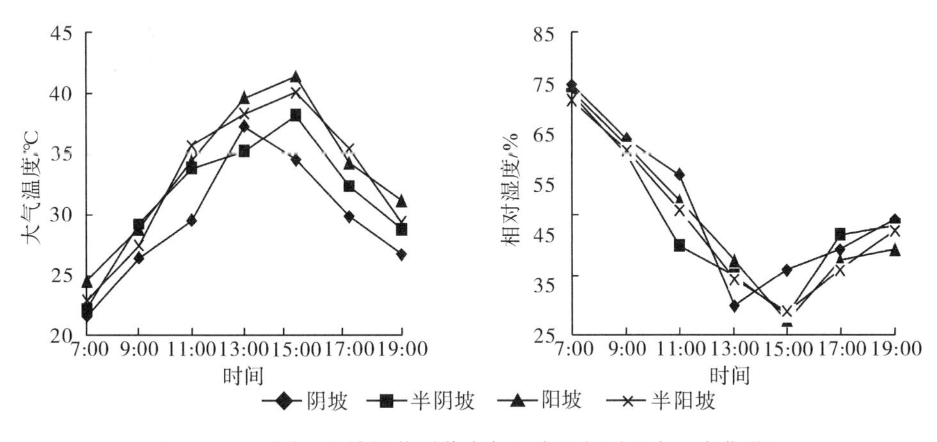

图 8-12　不同立地铁杆蒿群落大气温度和相对湿度日变化进程

结合图 8-10 和图 8-12 还可以看出，4 种不同立地下铁杆蒿蒸腾强度均呈单峰曲线，除了半阳坡在 15：00 达到峰值外，其余 3 种不同立地均在午后 13:00 达到峰值。在 11:00 以前，不同立地的蒸腾变化与达乌里胡枝子保持一致。而半阳坡的蒸腾强度最小，是由于此时持续的太阳辐射使得气温逐渐升高，植物为了维持体内水分平衡进行气孔调节来降低蒸腾，以减少水分的丧失。在 15:00 以后，4 种不同立地下蒸腾强度均呈现逐渐下降的趋势。阴坡、半阴坡、阳坡、半阳坡全天蒸腾的平均值分别为 0.35mmol/(m^2 · s)、0.36mmol/(m^2 · s)、0.33mmol/(m^2 · s)和 0.36mmol/(m^2 · s)。方差分析表明，各立地间日蒸腾强度平均值均不显著。相关分析表明，阴坡、半阴坡、阳坡、半阳坡在 4 种不同立地条件下，两种半灌木的蒸腾强度日变化与大气温度呈极显著正相关，与大气湿度相关性没有直接关系。达乌里胡枝子叶片和铁杆蒿叶片的日蒸腾平均值差异不大，其中阳坡和半阳坡的几乎相同。

8.2.3　不同立地条件下 2 种半灌木叶片相对含水量及水分饱和亏差异

相对含水量是反映植物水分状况的重要水分生理指标。图 8-13 是 2008 年 5 月 28 日、7 月 2 日和 8 月 2 日测得的 4 种不同立地条件下，达乌里胡枝子和铁杆蒿叶片相对含水量（RWC）的变化。从图 8-13 可以看出，达乌里胡枝子叶片不同生长时期 RWC

的大小顺序均为：阴坡＞半阴坡＞阳坡＞半阳坡，各个时期阴坡与半阳坡的 RWC 差异显著。不同立地条件下，不同生长时期达乌里胡枝子叶片相对含水量大小顺序变化波动较大，这可能由于在时间分布格局中，不同生长时期不同立地大气温度、相对湿度、土壤含水量等之间的差异造成的，在空间分布格局中，可能是由于不同立地条件下达乌里胡枝子优势群落有着不同的伴生种，它们在水分利用上的竞争或共享机制也影响达乌里胡枝子叶片相对含水量，使得不同立地条件下的达乌里胡枝子体内水分状况相应地发生了不同程度的改变。随着生长的进行，半阴坡、阳坡达乌里胡枝子叶片相对含水量呈逐渐上升的趋势，分别从初期的 89.26％和 88.50％上升到后期的 93.34％和 91.33％。但阳坡乌里胡枝子在生长初期相对含水量较小，生长末期其相对含水量上升幅度最大。结合不同时期的土壤含水量可以看出，随着阳坡土壤含水量的逐渐减少，阳坡达乌里胡枝子叶片的相对含水量反而逐渐增大，这可能是达乌里胡枝子在干旱条件下采取的叶片高度贮水和保水的水分利用策略所致，这是植物为了适应干旱的立地条件做出的生理生态响应，同时也说明了达乌里胡枝子耐旱性强的生理特性。

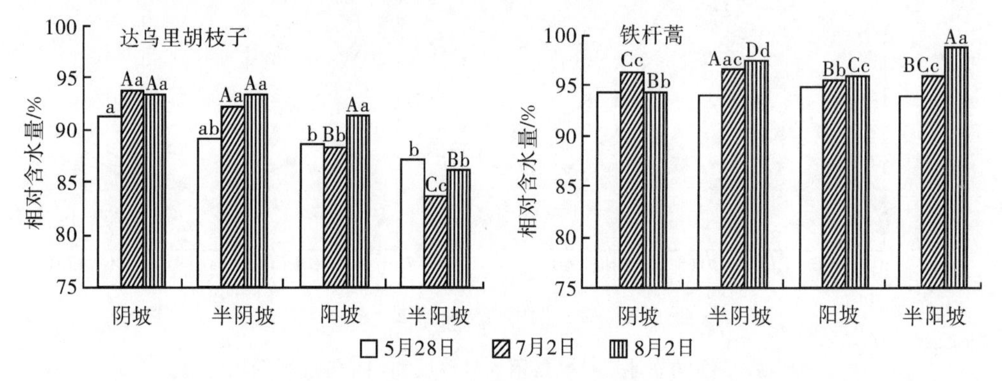

图 8-13 不同立地 2 种半灌木叶片相对含水量

注：大写字母代表 0.01 水平的显著差异。小写字母代表 0.05 水平的显著差异。

铁杆蒿在生长初期 4 种坡向之间的叶片相对含水量（RWC）差异均不显著，其大小顺序为：阳坡＞阴坡＞半阳坡＞半阴坡，其平均值分别为 79.55％、77.71％、76.55％和 76.25％。在生长中期，RWC 大小顺序为：半阴坡＞阴坡＞半阳坡＞阳坡，其平均值分别为 86.93％、85.94％、84.23％和 81. 92％。4 种不同立地之间的差异在生长中期均达到了显著水平，其中阴坡、半阴坡与阳坡、半阳坡之间的差异达极显著水平，阴坡与半阴坡之间也呈极显著差异。在生长后期，RWC 大小顺序为：半阳坡＞半阴坡＞阳坡＞阴坡，其平均值分别为 95.00％、90.96％、84.19％和 77.40％。4 种不同立地间在生长后期均达到了极显著差异。另外，从图 8-13 中还可以看出，随着生长的进行，除阴坡以外，其他 3 种不同立地铁杆蒿叶片相对含水量呈逐渐上升的趋势。结合不同时期的土壤含水量可知，随着阴坡土壤含水量的逐渐增加，阴坡铁杆蒿叶片的相对含水量反而逐渐减小。说明铁杆蒿不适宜在阴坡生长，它在长期的植被演替中已经形成抗旱适应性，更能适应在干旱及半干旱条件下生存。再者可能是阴坡本身物种就丰富，高耗水植物比较多，随着土壤水分的增加，在生存竞争中那些高耗水植物优先利用土壤水分，引起铁杆蒿自身水分含量降低。

水分饱和亏（WSD）是反映植物吸收水分补充恢复状况的参数，是植物组织的饱和含水量与实际含水量的差值，以相对于饱和含水量的百分数表示。水分饱和亏数值的大小反映水分亏缺的程度，其值越大，则亏缺越严重。由图 8-14 可知，3 个生长时期中，半阴坡和阳坡达乌里胡枝子的 WSD 呈逐渐下降的趋势，阴坡的 WSD 先减小后增大，而半阳坡则先增大后减小。在各个初期，均是半阳坡的值最大（因为接受的太阳辐射大，白天丢失水分多），阴坡的最小。在生长的初期，半阳坡、阳坡、半阴坡与阴坡差异显著，半阳坡、阳坡、半阴坡差异不显著，半阴坡与阴坡差异也不显著。在生长的中期，半阳坡、阳坡与半阴坡、阴坡之间的差异达极显著水平，半阳坡与阳坡差异极显著，半阴坡与阴坡差异不显著。在生长后期，半阳坡与阳坡、半阴坡、阴坡之间的差异达极显著水平，阳坡、半阴坡、阴坡之间的差异不显著。

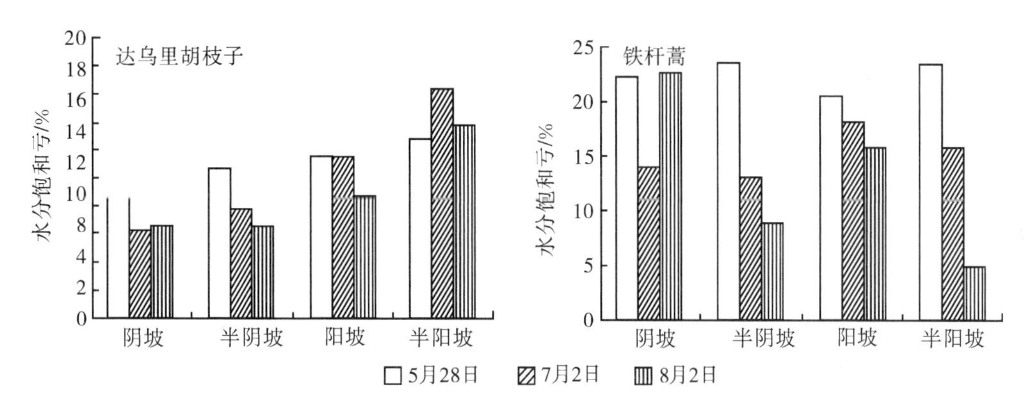

图 8-14　不同立地 2 种半灌木叶片水分饱和亏

由图 8-14 可以看出，不同立地不同时期铁杆蒿 WSD 的变化中，除阴坡外，其余 3 种不同立地铁杆蒿的 WSD 均呈下降趋势，与理论结果基本一致。这与各种时期降水情况及铁杆蒿自身耐旱的生活习性密切相关。在生长的前期，4 种不同立地 WSD 都没有显著差异。在生长的中期，阳坡 WSD 与其他 3 种不同立地 WSD 达到极显著差异，且阴坡与半阴坡和半阳坡之间差异不显著，半阴坡和半阳坡差异达到显著水平。在生长后期，4 种不同立地 WSD 均达到了显著水平，且阴坡和阳坡分别与半阴坡、半阳坡之间达到极显著差异。

综上分析可知，植物为了适应不同立地生态环境会作出生理性反应，同时对各种生态环境因子改变作出水分平衡策略调整。

8.2.4　不同立地 2 种半灌木群落地上生物量比较

草灌类植物因地上茎分枝较多，且分枝有不同倾斜角度与地面形成一定的冠幅，地下根系发达，分布深、广，从而具有较强的适应干旱的能力，可以防风固沙和保持水土。因此对不同立地达乌里胡枝子和铁杆蒿地上生物量、地下生物量的研究对于生态系统物质和能量的固定与分配，以及植被恢复和群落演替方面有重要的意义，并为制订适宜的载畜量和草地合理利用提供重要的依据。

由表 8-4 可以看出，不同立地下各个时期的达乌里胡枝子群落地上生物量的大小顺序一致，都是阴坡＞半阴坡＞半阳坡＞阳坡。方差分析表明，不同立地的生物量积累在生长的各个时期差异均达到极显著水平。除了阳坡8月份地上生物量降低外，阴坡、半阴坡、半阳坡随着时间的推进，地上生物量逐渐增长。阴坡达乌里胡枝子群落地上生物量在各个时期都是最高，其中在5月底到7月份之间生物量增大最快，且7月份的生物量是5月份生物量的2.18倍，8月份生物量上升幅度很小，仅比7月份上升了10.8%。而阳坡达乌里胡枝子群落地上生物量在各个时期都是最低，这是其立地条件不同，造成土壤水分含量差异引起的。阴坡有着较好的土壤水分条件，在植物生长的早期就创造了适宜生长的环境条件，7月份随着光照强度的增加和温度的进一步升高，加上降水较多，持续时间长，土壤水分条件得到较好的改善，达乌里胡枝子迅速生长，其群落地上生物量达到峰值。而8月份阳坡土壤表层含水量最低，为了抵御干旱，达乌里胡枝子新生的叶片面积缩小。阳坡的达乌里胡枝子群落中以白羊草为主要伴生种，这个时期白羊草逐渐开始枯萎脱落，造成地上生物量下降。

表8-4 不同立地达乌里胡枝子群落地上生物量的比较 （单位：g/m^2）

立地类型	日期		
	5月28日	7月26日	8月25日
阴坡	107.35A	233.52A	258.84A
半阴坡	87.54B	192.21B	216.05B
半阳坡	63.27C	152.16C	161.53C
阳坡	51.06D	121.76D	109.38D

由表8-5可以看出，不同立地下各个时期铁杆蒿群落地上生物量的大小顺序波动较大，但各个立地在整个生长季中随着时间的推进，地上生物量呈逐渐上升的趋势。在生长初期，半阳坡的地上生物量最大，半阴坡最低。在生长的中期，阳坡和阴坡的地上生物量上升最快，上升后的值分别是5月份的2.92和1.96倍。且阳坡的生物量远远高于半阳坡的生物量，是半阳坡的1.72倍，7月到8月之间生物量的大小顺序基本相同。在生长末期，阳坡的地上生物量上升幅度最小，仅仅增长了3.8%，阴坡、半阴坡、半阳坡分别增长了15.64%、78.06%和42.54%。半阴坡在这个阶段增大的幅度最大，这是其立地条件的差异引起的。阴坡有着较好的土壤水分条件，在植物生长的早期就创造了适宜生长的环境条件，在生长后期，加上降水较多，持续时间长，土壤水分条件得到较好的改善，使铁杆蒿的地上生物量在生长后期又出现一次较大幅度的增长。阳坡的铁杆蒿在炎热的生长中期迅速生长，为了适应极其干旱的条件，防止自身水分的散失，地上部分特别是茎这部分开始高度木质化，其群落地上生物量达到峰值。而8月份铁杆蒿从营养生长逐渐转为生殖生长，其地上生物量基本保持稳定，仅有很小幅度的增加。

表8-5 不同立地铁杆蒿群落地上生物量的比较 （单位：g/m^2）

立地类型	日期		
	5月28日	7月26日	8月25日
阴坡	143.93B	282.69B	326.89B
半阴坡	118.97D	163.46D	291.05C
半阳坡	157.48A	232.12C	330.86B
阳坡	137.06C	399.65A	414.72A

8.2.5　不同立地 2 种半灌木群落地下生物量比较

由图 8-15 可以看出，不同立地达乌里胡枝子群落地下生物量的垂直分布均呈现出随着土层的深入逐渐递减的趋势，且地下生物量均主要集中在 0～30cm 土层，阳坡、半阳坡、阴坡、半阴坡在 0～30cm 土层的生物量分别占各自总生物量的 86.5%、90.1%、86.8%和 89%。在整个生长季中，达乌里胡枝子地下生物量大小顺序为：阳坡（447.39g/m²）＞半阳坡（409.12g/m²）＞半阴坡（344.92g/m²）＞阴坡（217.01g/m²）。

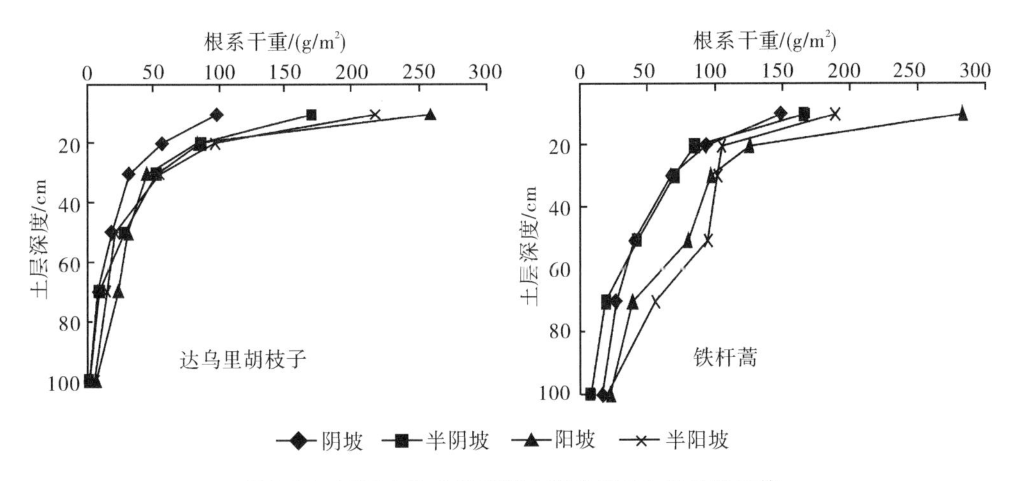

图 8-15　不同立地 2 种半灌木群落地下生物量的比较

由图 8-15 可知，阳坡和半阳坡达乌里胡枝子群落地上生物量较低，地下生物量较高；而阴坡和半阴坡地上生物量较高，地下生物量较低，这与植物对不同土壤含水量做出的适应性反应有关。在土壤含水量较低的情况下，可以调整地上部分和地下部分的生长，加快根系的生长，依靠庞大的根系占据较大的地下空间，拓宽水源。这符合干旱条件下植物地上和地下生长的规律，是植物对干旱条件做出的适应性反应，充分体现了抗逆对策。

由图 8-15 可以看出，不同立地铁杆蒿群落地下生物量的垂直分布与达乌里胡枝子有相同的规律，均呈现出随着土层的深入逐渐递减的趋势，与达乌里胡枝子存在的较小差异是铁杆蒿地下生物量主要集中在 0～50cm 土层，阳坡、半阳坡、阴坡和半阴坡在 0～50cm土层的生物量分别占各自总生物量的 90.41%、86.49%、88.93%和 93.04%。在整个生长季中，铁杆蒿地下生物量大小顺序为：阳坡（648.39g/m²）＞半阳坡（566.26g/m²）＞阴坡（392.11g/m²）＞半阴坡（389.34g/m²）。

8.2.6　小结

黄土高原由于雨热同季、降雨量集中、蒸发量大及自身的地貌特征，不同立地条件的生态环境因子有着明显的差异。一些关于黄土高原植被的研究表明（郝文芳等，2003），在不同立地条件下，人工林地的土壤含水量表现为：阴坡＞半阴坡＞半阳坡＞

阳坡。而通过试验测定的不同立地条件下达乌里胡枝子群落200cm土层，在植物生长的3个时期土壤平均含水量大小顺序则是阴坡＞半阳坡＞半阴坡＞阳坡，与文献中研究结论基本一致，只是半阳坡（11.29%）和半阴坡（11.15%）的土壤含水量差异不大，几乎相等。通试验测定的不同立地下铁杆蒿群落200cm土层含水量在植物生长的3个时期中，土壤平均含水量大小顺序为：半阳坡＞阳坡＞阴坡＞半阴坡，与文献研究结论不相一致，这表明选择样地的不同海拔、不同坡度对土壤水分的整个平衡系统造成重要的影响，也可能与不同立地铁杆蒿群落有着不同的演替序列有关，还有其自身的形态学特点有关，即在植被演替过程中形成了适应干旱环境条件的形态生理生态特征，发挥了在干旱条件下成为优势种的能力，有极强的耐干旱的能力。总之，不同撂荒年限、不同土壤条件、不同环境、不同生长状况及植物种的侵入，造成不同坡向达乌里胡枝子群落和铁杆蒿群落在不同立地条件下土壤水分蒸发强度的差异，以及不同坡向的优势群落随着自然演替的进行，形成了各自不同伴生种的小群落环境。

在野外研究观察中发现，撂荒7～8年的达乌里胡枝子和铁杆蒿优势半灌木群落往往是以茭蒿、阿尔泰狗娃花、香青蓝相伴生，且主要分布在下坡位；撂荒10～20年的是以猪毛蒿、茭蒿、冰草为重要伴生种，且主要分布在中下坡位；撂荒30年左右的是以长芒草为主要伴生种，分布在中上坡位；撂荒40年左右的则是以隐子草、白羊草为重要伴生种，分布在上坡位。随着撂荒年限的增加，群落逐渐向适应干旱的特征发展，群落内则会演替出耐干旱的伴生物种，在垂直梯度上形成很明显的分布界限，这种现象有利于群落的正向演替，加快植被的自然恢复。这种差异也对不同立地达乌里胡枝子群落和铁杆蒿群落不同时期蒸腾耗水量造成一定的影响。研究结果表明，对于含水量较高的阴坡、半阴坡和半阳坡，达乌里胡枝子可充分利用的土壤水分充足，从而保持较高的蒸腾以维持正常的生理水平，而阳坡含水量较低，随着气温的升高，空气相对湿度降低，使该立地条件下达乌里胡枝子为维持自身的水分平衡，对气孔开度进行调节，蒸腾强度处于较低水平来降低叶片温度，阻碍进一步失水，从而适应周围干旱的环境。铁杆蒿群落在含水量较低的阴坡，随着生长的进行，温度的逐渐升高，蒸腾反而比较高；在地表蒸发强烈的阳坡和半阳坡，随着生长的进行，这两个坡向土壤含水量逐渐增加。这可能是在不同的演替序列上，铁杆蒿在不同坡向长期演替中形成的不同生态习性，其内部的抗旱生理机制也随之有着不同的变化。

研究表明，4种不同立地条件下达乌里胡枝子和铁杆蒿叶片的RWC和WSD在生长的3个时期中，变化趋势与前面研究黄土高原植被的学者得出的较普遍的规律不太一致（单长卷等，2005；魏宇昆等，2004）。这是由于不同植物在自身的组织结构和生理特点方面存在差异造成的，根据整个生长季的野外观察，研究中达乌里胡枝子叶片表面不但密被绒毛，有高度的保水力，随着干旱环境的加重，其叶片表面的革质化程度逐渐加强，且叶片加厚，叶片的颜色逐渐转变为深绿色。这说明达乌里胡枝子更能适应在干旱的阳坡环境中生存，有较强的适应干旱的能力，这一特性将对加快黄土高原植被恢复和群落演替产生重大的意义。对4种不同立地条件下达乌里胡枝子3个不同生长时期地上生物量、地下生物量进行的研究符合干旱下植物地上生长和地下生长的分配规律。在水分充足的阴坡和半阴坡增大地上部的生长，而在水分缺乏的阳坡，则转向地下根系的生长。4 种不同立地条件下铁杆蒿 3 个不同生长时期地上生物量、地下生物量进行的研究不太符合干旱下植物地上生长和地下生长的分配规律（张娜等，2000，2002；孙启忠等，2001）。研究结果的生物量分配特征比较特殊，是积极调动地上和地下两部分的抗旱特征来使自身在严重干旱的条件下更有优势地生存下来，稳定群落的结构特征。

本研究仅从 4 种不同立地条件下达乌里胡枝子和铁杆蒿这 2 种半灌木叶片的相对含水量和水分饱和亏这一生理特征适应性以及蒸腾强度、土壤含水量、生物量的积累与分配这一生态特征适应性两方面出发，对 4 种不同立地条件下 2 种半灌木的水分生理生态特征进行了初步的研究。为了进一步深入了解达乌里胡枝子在不同立地下的生理生态适应性，掌握其不同立地群落结构特征以及在群落演替中如何适应的过程，如何在不同的空间和时间演替序列上和其他不同的伴生种在黄土高原缺水的环境下共存，如何分享和竞争水资源，推动灌丛植被的自然演替速度，加快植被恢复，今后的研究要朝生态位的研究方向发展，这将为黄土高原促进生态恢复、建立人工达乌里胡枝子放牧草地和进行合理利用提供理论依据。

8.3　土壤水分对两种半灌木生长与耗水规律的影响

8.3.1　不同土壤水分条件下 2 种半灌木单株月耗水动态

图 8-16 为不同土壤水分条件下达乌里胡枝子和铁杆蒿单株在各月份的耗水量累积动态图。从图 8-16 可以看出，2 种半灌木在不同水分条件下的月耗水变化不同，除了适宜水分处理下的铁杆蒿在整个生长季的月耗水随月份推进逐渐增加，2 种半灌木在不同水分条件下的月耗水变化基本呈单峰曲线，但是峰的形状各有特点，各曲线的增长速率和峰值出现的时间先后各不相同。达乌里胡枝子在中度干旱条件下的耗水量在 7～8 月保持稳定，其他 2 种水分条件下月耗水高峰均出现在 8 月份，且 3 种土壤水分下月耗水最大累积量时间段出现在 7 月～8 月。铁杆蒿在适宜水分下的月耗水量逐月增加，而重度干旱和中度干旱的峰值出现的时间以及月耗水最大累积量的时间段均和达乌里胡枝子保持一致。2 种半灌木在 3 种土壤水分条件下的月耗水量均表现为：适宜水分>中度干旱>重度干旱，其差异也达显著水平。

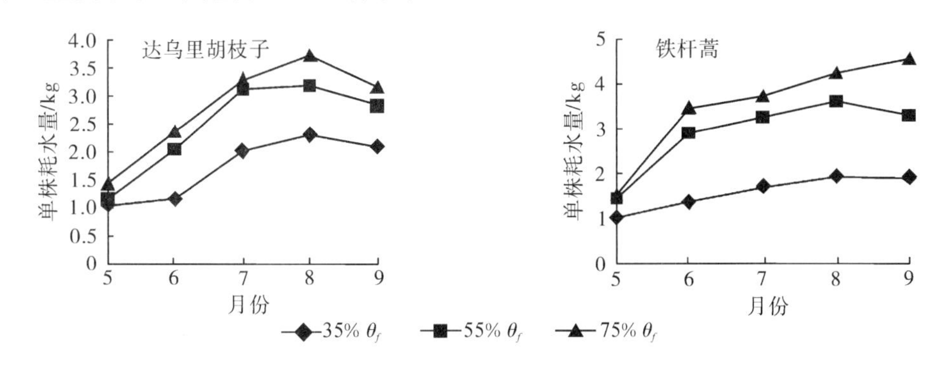

图 8-16　不同土壤水分下 2 种半灌木单株月耗水变化

8.3.2 不同土壤水分条件下 2 种半灌木单株日耗水动态

在干旱炎热的 7 月份选择晴朗无云的天气（7 月 6 日）测定 2 种半灌木日耗水动态，结果如图 8-17 所示。达乌里胡枝子在适宜水分处理下的日耗水动态呈双峰曲线，峰值出现在 10：00 和 14：00，12：00 时耗水量下降，说明达乌里胡枝子有“午休现象”。在温度较高的正午时分，气孔关闭，减少蒸腾，保护自身的光合系统，避免遭到破坏。中度干旱条件下，10：00 也有耗水降低的现象，可能是适度的干旱使植物体提前进行气孔关闭来降低蒸腾，以积极响应午间持续升高的温度。中度干旱和重度干旱的日耗水高峰值出现的时间和适宜水分下第二个峰值出现的时间一致，均在 14：00 左右，随后逐渐降低。铁杆蒿在不同水分处理下日耗水变化规律几乎和达乌里胡枝子相同，只是在适宜水分条件下 12：00 之前耗水是逐渐降低的，与达乌里胡枝子出现 2 次耗水高峰不同，铁杆蒿在 3 种水分条件下的日耗水均呈单峰曲线，均在 14：00 左右达到高峰。另外，达乌里胡枝子在适宜水分下日耗水积累量最高，而铁杆蒿则是在中度干旱下日耗水积累量最高，这可能是因为适当的干旱促进了铁杆蒿的分蘖。实验期间对其进行地上部的观察，发现中度处理下枝条分枝多，加大了水分消耗。

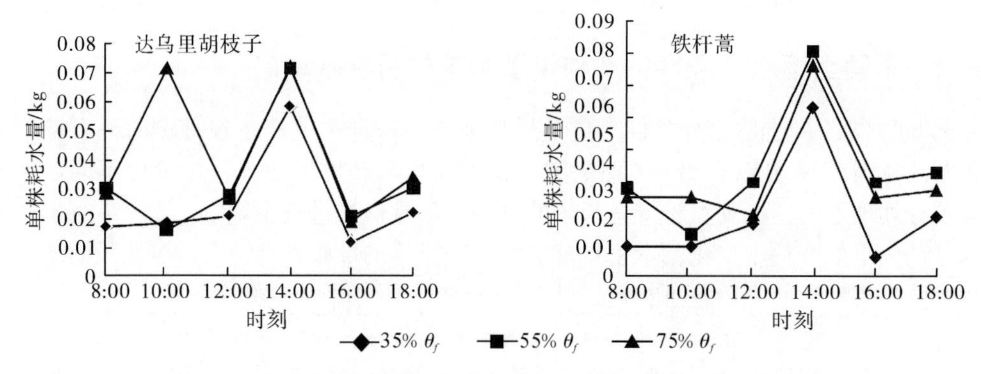

图 8-17 不同土壤水分下 2 种半灌木 7 月 6 日单株日耗水变化

8.3.3 不同土壤水分条件下 2 种半灌木生长指标的变化

不同土壤水分条件下达乌里胡枝子和铁杆蒿枝条长度随时间变化的趋势如图 8-18 所示。2 种半灌木在 3 种土壤水分条件下枝条伸长生长速率和增加程度不同，但这 2 种半灌木在不同时期的枝条长均表现为：适宜水分＞中度干旱＞重度干旱。进一步仔细观察可以看出，2 种半灌木在 3 种土壤水分下的伸长生长最快期和生长量有明显差异。达乌里胡枝子在 3 种土壤水分下的枝条长在伸长前期差别不明显，只是到 6 月下旬以后才逐渐拉开差距，适宜水分下明显比干旱下的枝条伸长要好。说明在生长前期达乌里胡枝子的枝长受土壤水分条件影响较小，而铁杆蒿在适宜水分条件下的枝条生长速率和枝条生长量明显高于中度干旱和重度干旱。

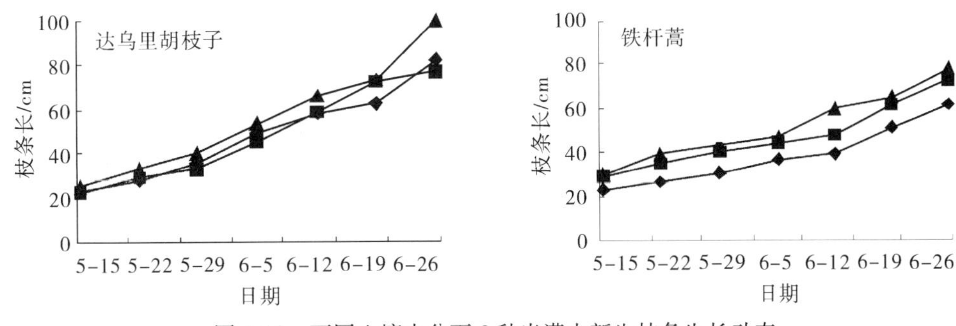

图 8-18　不同土壤水分下 2 种半灌木新生枝条生长动态

8.3.4　不同土壤水分条件下 2 种半灌木叶片相对含水量及保水力的变化

植物组织相对含水量（RWC）可以反映植物组织的水分情况。由图 8-19 可看出，达乌里胡枝子和铁杆蒿在不同的土壤水分条件下和不同的胁迫时期，其叶片相对含水量不同，达乌里胡枝子的 RWC 整体高于铁杆蒿的 RWC。

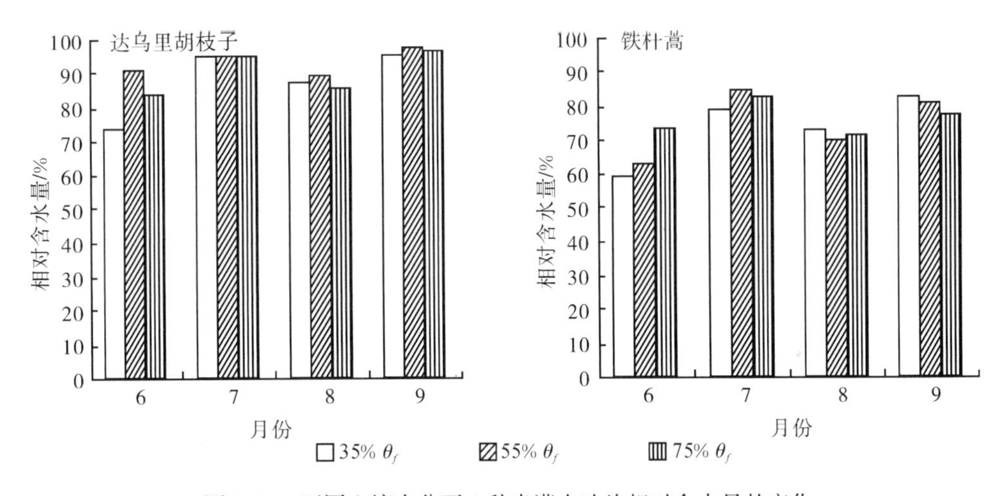

图 8-19　不同土壤水分下 2 种半灌木叶片相对含水量的变化

中度干旱下达乌里胡枝子的 RWC 在各个时期均高于适宜水分和重度干旱条件下，且在各月份其 RWC 始终维持稳定，波动很小。在炎热干旱的 7 月，其 RWC 竟能达到 90％以上。中度干旱和适宜水分下的 RWC 变化趋势较一致，8 月重度干旱下的 RWC 略低于适宜水分下，而在其他阶段均高于适宜水分下，这些都说明达乌里胡枝子自身有高度保水的抗旱性特征。铁杆蒿在 3 种水分条件下相对含水量在各月份波动较大，但在同一水分条件下 RWC 在整个生长季节的波动则表现出相同的规律，即先升高后降低，最后再升高，在炎热的 7 月～8 月，重度干旱下的相对含水量较高。

植物叶片保水力是指叶片在离体条件下，保持原有水分的能力，能反映植物原生质的耐脱水能力和叶片角质层的保水能力。保水力的高低与植物遗传特性有关，与细胞特性特别是原生质胶体的性质有关。图 8-20 所示为 7 月 17 日（31℃，湿度 68％）测定的达乌里胡枝子和铁杆蒿离体叶片保水力的变化。

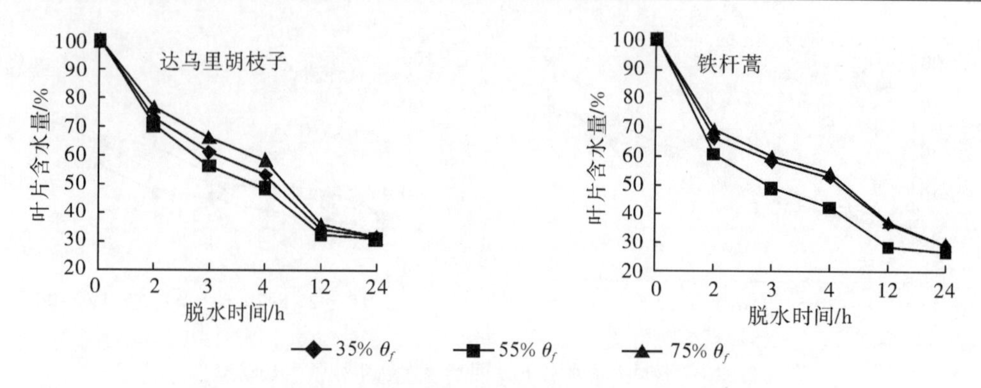

图 8-20 不同土壤水分下 2 种半灌木离体叶片保水力的变化

从图 8-20 中可以看出，同一半灌木的离体叶片在不同水分条件下的持水力不同，但是 2 种半灌木的叶片保水力均表现为：适宜水分＞重度干旱＞中度干旱。初步得出似乎干旱下保水力差的结论，否定其抗旱性，进一步从整体上观察发现，在 2 种半灌木中，重度干旱下的保水力和适宜水分下的保水力在胁迫的各个阶段都非常接近，而中度干旱下却显著降低。这也说明干旱胁迫尤其是重度干旱条件下的叶片离体水分散失较慢，暗示干旱对其细胞膜的伤害相对要小些，这也与 2 种半灌木适应黄土高原干旱缺水的环境有关。铁杆蒿叶片在离体后 4h 内的保水力要弱于达乌里胡枝子，结合对两者叶片相对含水量的分析，可以初步认为达乌里胡枝子的抗旱性略大于铁杆蒿。

8.3.5 不同土壤水分条件下 2 种半灌木叶绿体色素含量的变化

植物的光合作用与叶绿体色素含量关系密切。叶绿体是植物光合作用中重要的光能利用色素，直接参与光合作用中光能的吸收、传递及转化。对达乌里胡枝子和铁杆蒿在不同水分处理下的叶绿体含量变化进行了研究（图 8-21 和图 8-22），发现 2 种半灌木的叶绿素 a 含量、叶绿素 b 含量、叶绿素总量以及类胡萝卜素含量对干旱胁迫的响应不同。

如图 8-21 所示，达乌里胡枝子叶绿素 a 含量在中度干旱下逐渐升高，在适宜水分和重度干旱下的含量则在胁迫前期、中期都持续升高，但到 8 月中旬以后有小幅度降低。3 种水分条件下叶绿素 b 呈双峰曲线，从胁迫开始就均呈增长趋势，直到 8 月初达到峰值，随后都分别下降。叶绿素总量在 3 种土壤水分条件下的变化趋势几乎相同，只是 8 月中度干旱下的含量随叶绿素 a 大幅度增加的影响，仍保持升高趋势。类胡萝卜素在 3 种土壤水分条件下的变化趋势，除重度干旱呈先增加后降低再升高的变化外，其他的变化趋势大体相同，整体表现为波动上升。

达乌里胡枝子在干旱胁迫下叶绿素含量变化如图 8-21 所示。从图 8-21 可以看出，重度干旱下叶绿素 a 含量、叶绿素 b 含量及叶绿素总量变化趋势都大体相同，均先升高再降低，且其波动很小，中度干旱和适宜水分下叶绿素 a 含量、叶绿素 b 含量及叶绿素总量变化趋势相似，叶绿素 b 含量变化均呈双峰曲线，均在 6 月底和 8 月初含量最高。另外，达乌里胡枝子的类胡萝卜素含量变化在中度干旱和适宜水分下也相似，先在 6 月底升高到一定程度后又开始下降，而重度干旱下的含量则在 7 月中旬前稳定升高，随后才与另外两个水分处理条件下的变化保持一致。

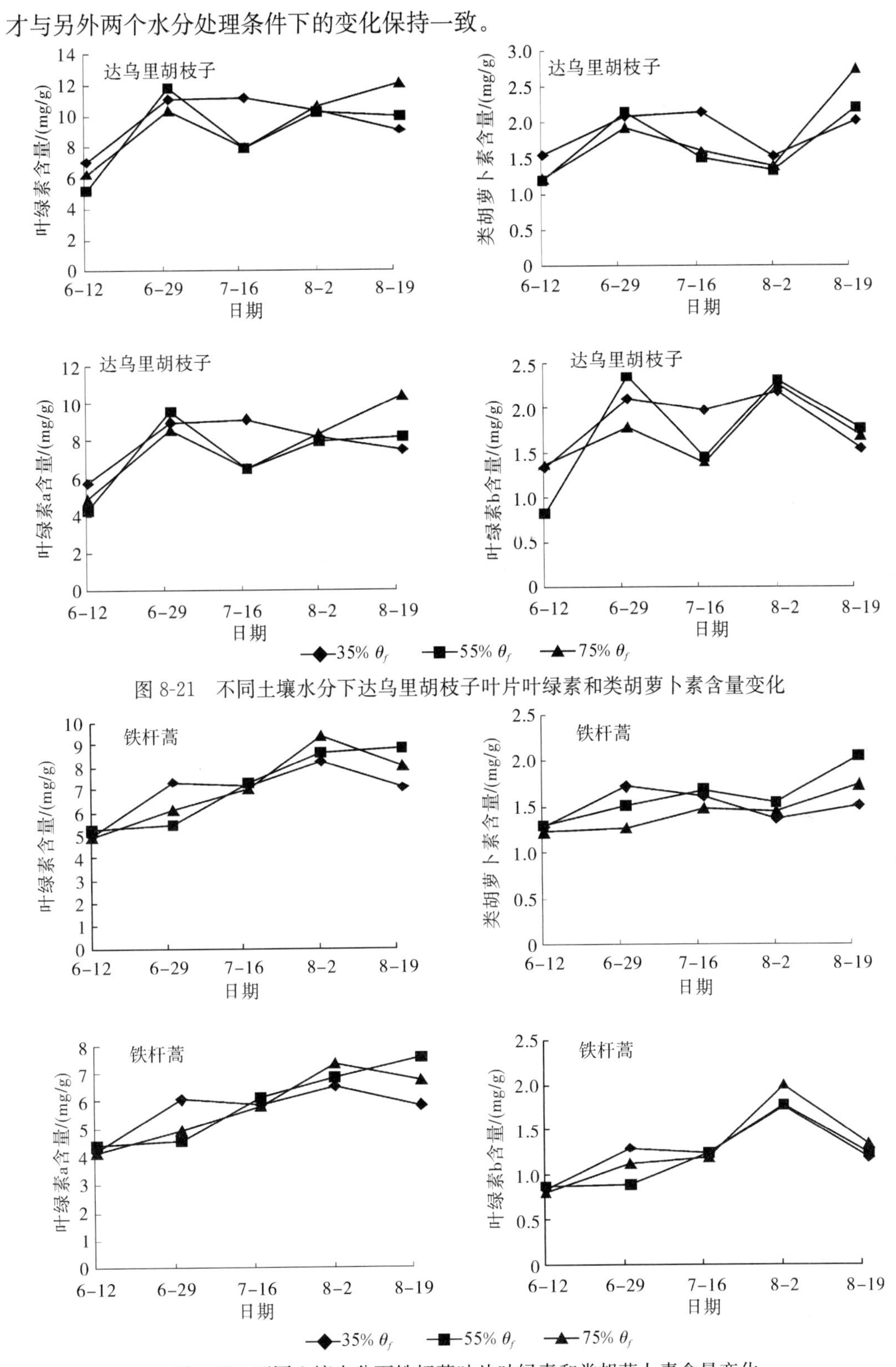

图 8-21　不同土壤水分下达乌里胡枝子叶片叶绿素和类胡萝卜素含量变化

图 8-22　不同土壤水分下铁杆蒿叶片叶绿素和类胡萝卜素含量变化

结合图 8-21 和图 8-22 不难看出，2 种半灌木之间叶绿体色素间含量变化均有一些相同之处，叶绿素 a 含量、叶绿素 b 含量及叶绿素总量、类胡萝卜素含量均在胁迫初期（6 月）呈升高趋势，不同程度的干旱胁迫加速了叶绿体色素的合成，且对叶绿体色素含量影响不同。在铁杆蒿中叶绿体色素含量表现为：重度干旱>适宜水分>中度干旱，而在达乌里胡枝子中则表现为：中度干旱>重度干旱>适宜水分。这说明干旱胁迫来临时，这 2 种半灌木都积极启动主动抗旱机制，积极调动体内酶促与非酶促抗氧化体系，清除过多的活性氧，使叶绿素的降解速度减慢，最终使叶绿素含量升高，提高抗性，适应随之而来的持续性干旱的环境。

8.3.6 不同土壤水分条件对 2 种半灌木生物量积累及水分利用率的影响

于植物生长期末分别挖取不同水分处理下的整株达乌里胡枝子和铁杆蒿，对其地上生物量、地下生物量进行统计，重复 3 次，结果整理如表 8-6 所示。不同水分处理显著影响了 2 种半灌木地上生物量、地下生物量的分配。

表 8-6 不同土壤水分条件下 2 种半灌木生物量指标及水分利用率的变化

物种	水分处理	地上干重/g	地下干重/g	总生物量/g	总耗水量/kg	WUE/(g/kg)	根冠比
达乌里胡枝子	$75\%\theta_f$	56.75	17.93	74.68	13.93	5.36	0.32
	$55\%\theta_f$	64.83	21.31	86.14	12.32	6.99	0.33
	$35\%\theta_f$	58.30	30.17	88.47	8.57	10.32	0.52
铁杆蒿	$75\%\theta_f$	102.81	63.02	165.83	17.63	9.41	0.61
	$55\%\theta_f$	157.03	73.67	230.70	7.98	8.04	0.47
	$35\%\theta_f$	56.95	60.55	117.50	14.61	28.91	1.06

不同水分条件下的达乌里胡枝子水分利用率和根冠比均表现为：重度干旱>中度干旱>适宜水分，而铁杆蒿在不同水分处理下的根冠比表现为：重度干旱>适宜水分>中度干旱，水分利用率则为：中度干旱>适宜水分>重度干旱。说明土壤水分不足时，2 种半灌木采用不同的水分利用策略来适应干旱。重度干旱下虽然使生物量积累向根部分配的比率不高，只是适宜水分下的 1.6 倍，却明显促进了达乌里胡枝子整体水分利用率的提高。铁杆蒿在重度干旱下更偏向于积累地下生物量，但前提则是要消耗大量的水分，反而使水分利用率降低，而中度干旱下则更偏向于地上生长，大大提高了水分利用率。

8.3.7 小结

土壤干旱或过湿都会对植物造成一定程度的伤害，对植株的株高及叶绿素的合成等生理过程起到直接或间接的抑制作用。本研究中，中度干旱和重度干旱明显抑制了 2 种半灌木枝条的伸长生长。土壤含水量的多少直接影响着植物的水分吸收，2 种半灌木的月耗水量及总耗水量均表现为：适宜水分>中度干旱>重度干旱。重度干旱和中度干旱条件下 2 种半灌木日耗水变化均呈单峰曲线，且在 14：00 达到峰值。土壤干旱对植物的影响非常广泛，其中也包括光合色素的合成与分解、色素的种类及变化等，进而影响光合作用，最终影响植物的生长。植物通过调整代谢提高对干旱逆境的适应能力也体现在不同方面，本节还对2种半灌木的叶绿体色素含量变化进行分析，发现达乌里胡枝子和铁杆蒿均具有较强的抗旱性。在水分代谢方面，无论是叶片相对含水量，还是离体叶片保水力，都不同程度地反映出达乌里胡枝子的保水能力要较强于铁杆蒿。总之，干旱胁迫虽使植物生长受到抑制，但能提高植物水分利用率。

8.4 结　论

（1）2种半灌木的耗水特性存在着差异。这2种半灌木在不同水分条件下的月耗水量及总耗水量均表现为：适宜水分＞中度干旱＞重度干旱。铁杆蒿在适宜水分下的月耗水量主要集中在7月、8月、9月，其他水分条件下，2种半灌木的耗水高峰主要集中在6月和7月，且在7月达到峰值。不同程度的干旱明显抑制了植物地上部的生长速率，促使植物调整地上生物量和地下生物量的分配，增加根部生物量的积累，壮大根系，以吸收利用有限的土壤水资源。这是植物在长期的种群竞争中形成的一种适应性机制，同时对水分利用率也造成了一定影响。达乌里胡枝子在重度干旱和中度干旱下水分利用率均提高了，而铁杆蒿在重度干旱下水分利用率则较差，仅仅中度干旱水分利用效率提高。

（2）2种半灌木的抗旱生理特性之间也存在着较大的差异。干旱逆境使2种半灌木的水分生理特征和生化变化都发生了很大的变化，呈现不同的阶段性，而植物抵御干旱胁迫的能力也因自身的生理特性和所处的生存环境不同而产生巨大的差异，且同一抗旱指标在反映不同植物的抗逆性表现时可能会有所不同。这2种半灌木在开始遭受干旱胁迫时，均会造成MDA含量增加，引起细胞膜透性逐渐增大，且植物的生理抗性也表现出相似性，即会积极调动酶促反应系统来清除活性氧。与此同时，2种半灌木在不同水分处理下的叶绿体色素不但没有出现降解现象，其含量反而均显升高趋势，加速了叶绿体色素的合成与酶清除系统协同作用，来防止膜脂过氧化。这两种体内的酶活性很高，胁迫中期，随着炎热干旱气候的来临，干旱胁迫程度加重，MDA大量增加，酶活开始下降，促使后期渗透调节能力的加强，与酶促清除反应系统起到了相互补充的作用，共同调节植物对干旱环境的适应。达乌里胡枝子的渗透调节能力以积累脯氨酸为主，而铁杆蒿则是大量积累可溶性蛋白为主，而这之间存在着差异。另外，在干旱胁迫期间，达乌里胡枝子在不同土壤水分条件和不同时期下的RWC含量均高于铁杆蒿，且各个月份始终维持在较稳定的水平，波动很小，而铁杆蒿则波动较大，同时保水力较弱。综合分析，初步判断出达乌里胡枝子的抗旱性也强于铁杆蒿。

（3）野外4种不同立地条件下达乌里群落蒸腾强度的日变化趋势均为单峰型，且4个不同坡向的蒸腾速率日变化与各自立地大气温度日变化趋势基本一致。对于含水量较高的阴坡、半阴坡和半阳坡，达乌里胡枝子可充分利用的土壤水分充足，从而保持较高的蒸腾维持正常的生理水平，而阳坡含水量较低，随着气温的升高，空气相对湿度降低，该立地条件下达乌里胡枝子为维持自身的水分平衡，对气孔开度进行调节，使蒸腾强度处于较低水平来降低叶片温度，使叶片不受灼伤，阻碍进一步失水，从而适应周围干旱的环境。研究还表明，4 种不同立地条件下半阴坡和阳坡的达乌里胡枝子叶片的相对含水量在植物生长的 3 个时期内逐渐增大。4 种不同立地条件下铁杆蒿群落蒸腾强度的日变化趋势均为单峰型。除阴坡外，其他 3 种不同立地条件下铁杆蒿叶片相对含水量呈逐渐上升的趋势。结合不同时期的土壤含水量可以看出，随着阴坡土壤含水量的逐渐增加，阴坡铁杆蒿叶片的相对含水量反而呈现逐渐减小的趋势。在地表蒸发强烈的阳坡和半阳坡，随着生长的进行，铁杆蒿群落反而能使这两个坡向的土壤含水量逐渐增加，说明铁杆蒿的确能适应干旱环境逐渐增强保水能力，这一特性将对加快黄土高原植被恢复和群落演替产生重大的意义。

本章对 4 种不同立地条件下 2 种半灌木在 3 个不同生长时期地上生物量、地下生物量进行研究，结果符合干旱下植物地上生长和地下生长的分配规律。在水分充足的阴坡和半阴坡地上部的生长增长，在水分缺乏的阳坡，则转向地下根系的生长增加。综上所述，说明达乌里胡枝子和铁杆蒿更适合在含水量较低的阳坡和半阳坡生长，有较强的适应干旱的能力。

第 9 章 猪毛蒿、铁杆蒿、茭蒿和黄花蒿耗水规律及抗旱特性

黄土高原地区是典型的干旱半干旱地区，也是我国水土流失最为严重的地区。陕北黄土丘陵区，隶属于温带大陆性季风气候，年均气温 6～14℃，年均降水量 200～700mm，形成了该地区特有的干燥、温差大的生态环境（王义凤等，1991）。由于人类活动造成黄土高原生态系统退化和水土流失，在黄土高原地区出现了旱化为主要特征的土壤退化现象，制约着植被恢复进程。然而在这种干旱的环境下，菊科蒿属植物以自身独特的生理生态特征作为先锋物种，出现在黄土高原撂荒地次生演替的各个阶段（孙群等，2006）。作为在该区域自然演替序列早期的优势建群物种，猪毛蒿（*Artemisia scoparia* Waldst. et Kit.）、铁杆蒿、茭蒿（*Artemisia giraldii* Pamp.）（温仲明等，2005；朱志诚等，1989）等菊科蒿属植物在自然植被演替序列发展前期适应了干旱环境，对土壤养分及微环境的改良产生了重要的影响。本研究选取演替初期阶段的 3 种优势种（猪毛蒿（*Artemisia scoparia* Waldst. et Kit.）、茭蒿（*Artemisia giraldii* Pamp.）、铁杆蒿（*Artemisia gmelinii* Web. ex Stechm.）和 1 种黄土高原常见种黄花蒿（*Artemisia annua* Linn.），研究其生长、耗水动态规律、生理特性及解剖结构等，对黄土高原退耕还林还草有重要的参考意义。

9.1 不同土壤水分条件下 4 种菊科蒿属植物的耗水规律

9.1.1 土壤水分含量对 4 种蒿属植物单株日耗水量的影响

从图 9-1 可以看出，4 种蒿属植物在不同土壤水分条件下日耗水变化趋势各有特点，总的趋势说明耗水量的多少主要由土壤水分含量的高低来决定。此外，峰值高出现在晴天、温度较高或者有风的天气，可见耗水量的多少与气候状况密切相关。4 种蒿属植物生长前期阶段的峰值明显高于生长后期阶段，可见耗水量还由植物的生长状况决定，总之是多因素综合作用的结果。

如图 9-1 所示，4 种蒿属植物的单株耗水日变化，峰值和谷值出现的高低、前后各不相同，说明 4 种蒿属植物日耗水动态变化有其自身的规律。4 种蒿属植物的单株耗水日变化最大峰值均出现在 6 月 13 日，但最大值表现为：猪毛蒿＞铁杆蒿＞茭蒿＞黄花蒿。这一时期正是 4 种蒿属植物营养生长最旺盛的时候。整体趋势可以看出，铁杆蒿、猪毛蒿和茭蒿的耗水日变化趋势相似，但波动程度均小于黄花蒿，从 8 月份开始，这 3 种蒿属植物耗水日变化趋于稳定，耗水量逐渐减少，而黄花蒿变化明显。此外，还可看出前三者在重度水分胁迫下的耗水量表现较平稳，变化幅度较小，可见它们已经适应严重缺水的土壤环境，能调控自身的水分代谢平衡。而在重度水分胁迫条件下，黄花蒿的耗水日变化与适宜水分和中度水分胁迫条件下的相似，可见黄花蒿不能较好地适应水分亏缺。

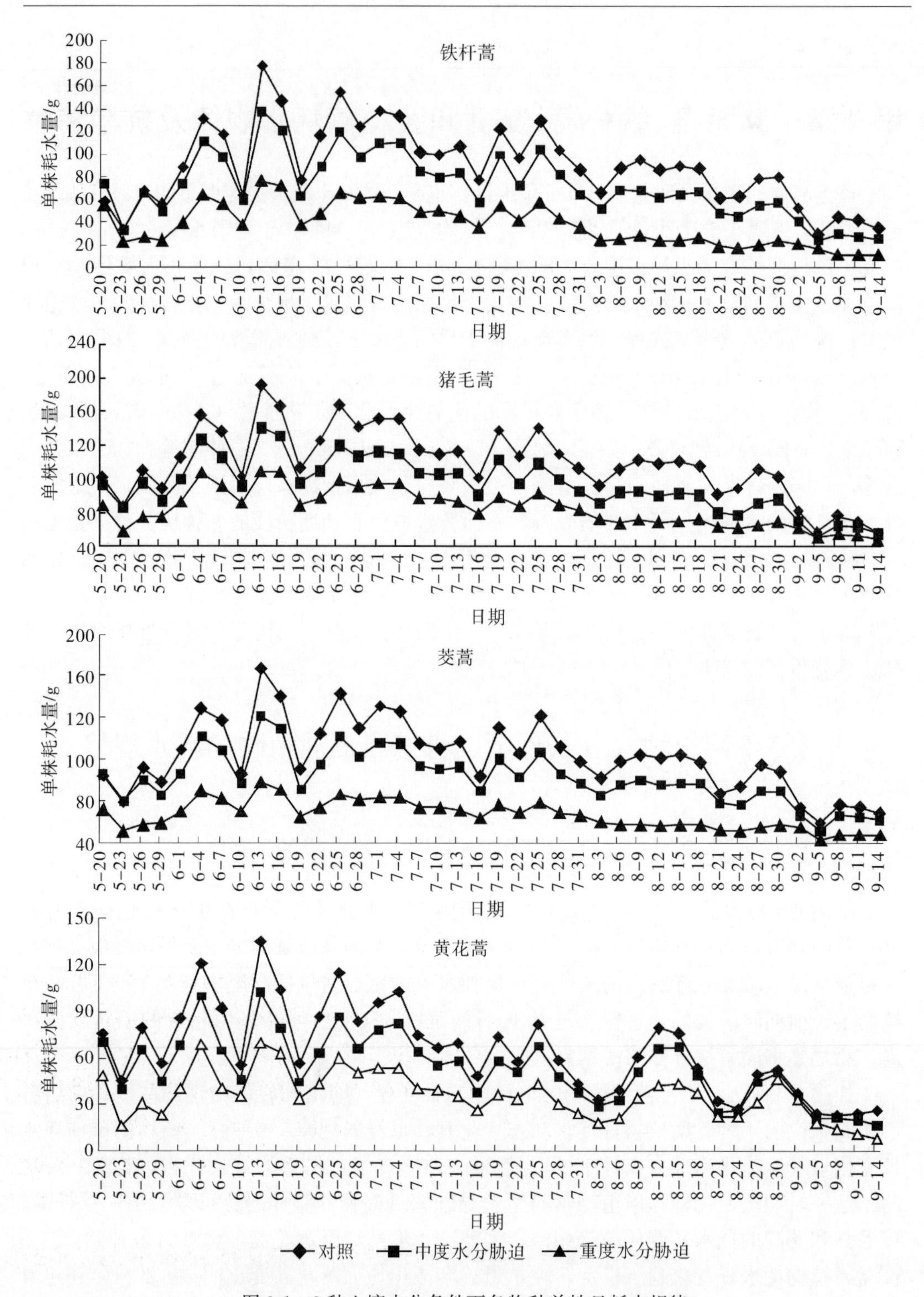

图 9-1　3 种土壤水分条件下各物种单株日耗水规律

由图 9-2 可见，在适宜水分条件下，6 月下旬以前，4 种植物耗水量比较接近，可能因为都处于生长最旺盛期；6 月下旬以后，铁杆蒿、猪毛蒿和茭蒿的日耗水量变化比较接近，黄花蒿的日耗水量变化稍微偏小；直到 8 月末以后，4 种植物耗水量相似。

在中度水分胁迫条件下，4 种蒿属植物之间日耗水的变化与适宜水分下有所不同。6 月中旬以前，4 种植物耗水量都是比较接近的，这一现象和适宜水分下相似；从 6 月下旬到 8 月中旬，铁杆蒿和猪毛蒿的耗水量几乎趋于一致，而茭蒿的耗水量小于上述两者，黄花蒿耗水量最小；从 8 月中旬开始，4 种植物的日耗水量又趋于一致。

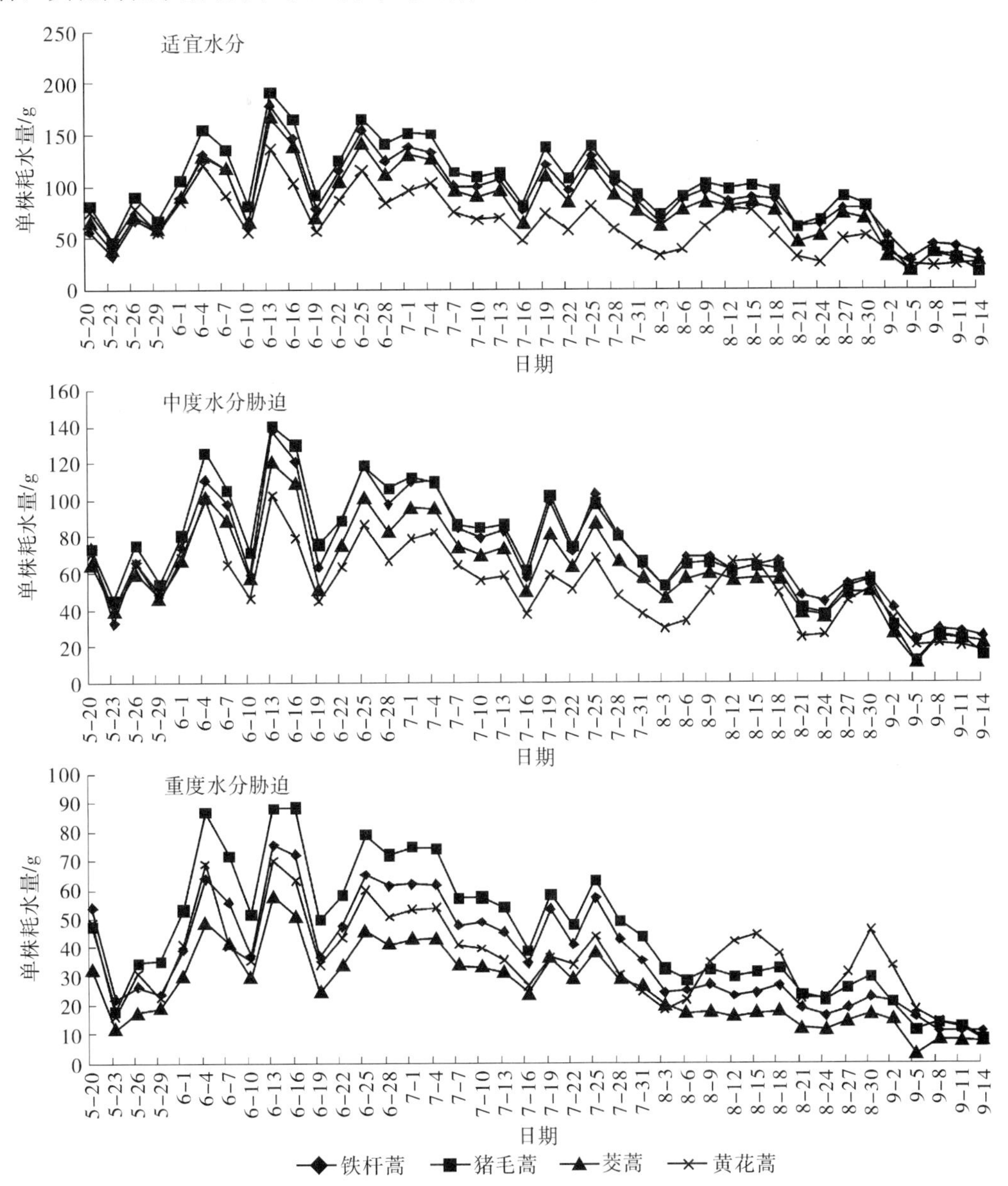

图 9-2 不同水分胁迫条件下 4 种蒿属植物单株日耗水规律

在重度水分胁迫下，这 4 种蒿属植物的日耗水变化规律更加明显。除了黄花蒿的耗水量在 8 月中旬和 9 月初起伏较大，且远远高于其余 3 种植物外，猪毛蒿的日耗水量一直处于最高值；在 6 月中旬以前，铁杆蒿和黄花蒿的日耗水量相似，曲线不能分开，并且日耗水量值小于猪毛蒿而大于茭蒿；在6月下旬到7月中旬，4种蒿属植物的日耗水量有明显区别，且表现为：猪毛蒿＞铁杆蒿＞黄花蒿＞茭蒿；在7月下旬，铁杆蒿和猪毛蒿的耗水量趋于一致，茭蒿和黄花蒿的耗水量趋于一致；之后，铁杆蒿、猪毛蒿和黄花蒿三种植物日耗水变化趋于稳定，并且变化一致，而黄花蒿变化波动较大。日耗水动态趋势说明铁杆蒿、茭蒿和猪毛蒿属于能适应干旱环境的相似类型，黄花蒿适应干旱的能力较差。

由图9-3可知，4种蒿属植物在不同土壤水分条件下的耗水日变化趋势相似，均在12时至14时达到耗水峰值，14时至16时下降，16时之后又有所升高。4种蒿属植物在3种土壤水分条件下日耗水变化均表现为：适宜水分＞中度水分胁迫＞重度水分胁迫。在适宜水分条件下12时至14时，4种蒿属植物耗水量表现为：铁杆蒿＞茭蒿＞猪毛蒿＞黄花蒿；在中度水分胁迫下12时至14时，4种蒿属植物耗水量大小表现为：铁杆蒿＞茭蒿＞猪毛蒿＞黄花蒿。在重度水分胁迫下，铁杆蒿、猪毛蒿和茭蒿的日耗水变化不大，尤其铁杆蒿变化很小，而黄花蒿变化幅度较大。

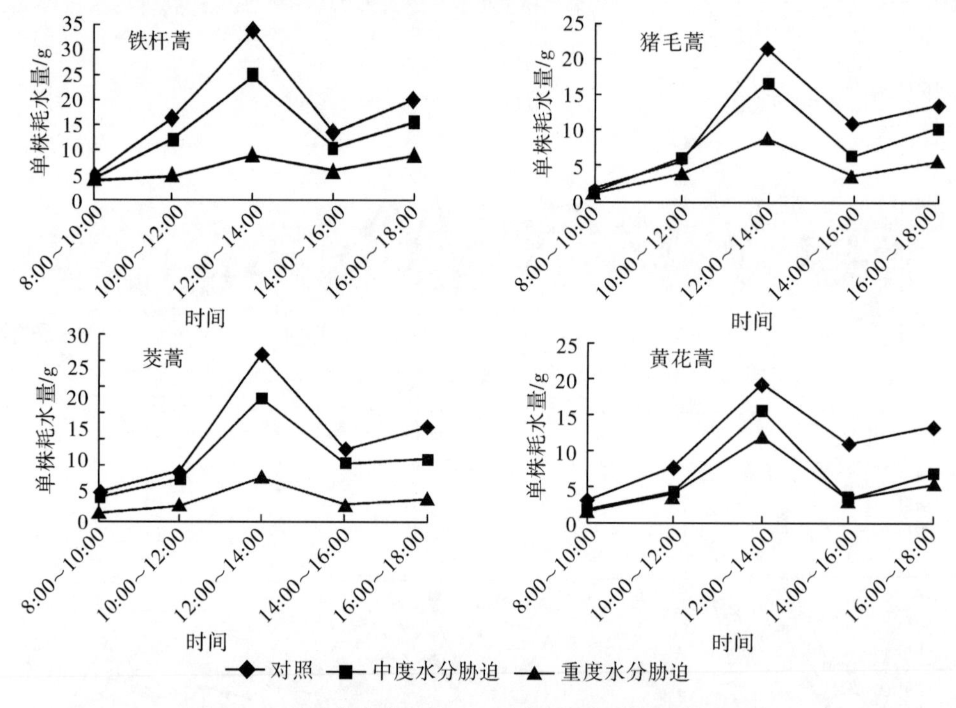

图9-3 3种土壤水分条件下4种蒿属植物单株日耗水动态

从整体上看，铁杆蒿、茭蒿和猪毛蒿在适宜水分和中度水分胁迫下的日耗水进程相似，且数值靠近，而黄花蒿在中度和重度水分胁迫下的日耗水进程相似，且数值靠近。从而可以反映出，铁杆蒿、茭蒿和猪毛蒿在适宜水分和中度水分胁迫条件下的整体适应性相似，只有在重度水分胁迫条件下才做出相应的生理适应调整，达到充分利用水分的目的。而黄花蒿在中度水分胁迫条件下就做出了类似以上所说的适应性调整，且从图9-3看出，黄花蒿适应性调整的结果并没有前三者适应性强，因为在10时至14时黄花蒿耗水变化幅度较大。这也从侧面反映了铁杆蒿、茭蒿和猪毛蒿能够在黄土高原退耕地次生演替初期适应干旱、贫瘠土壤环境，而黄花蒿不能的原因。

9.1.2　土壤水分含量对 4 种蒿属植物单株旬耗水的影响

由图 9-4 可知，在 3 种土壤水分条件下，4 种蒿属植物每隔 10 天的耗水量均表现为：适宜水分＞中度水分胁迫＞重度水分胁迫。4 种蒿属植物整体旬耗水量变化趋势相似，5 月下旬，耗水量处于上升阶段；6 月上旬到 7 月上旬，耗水量较高；7 月中旬之后，耗水量均呈下降趋势。

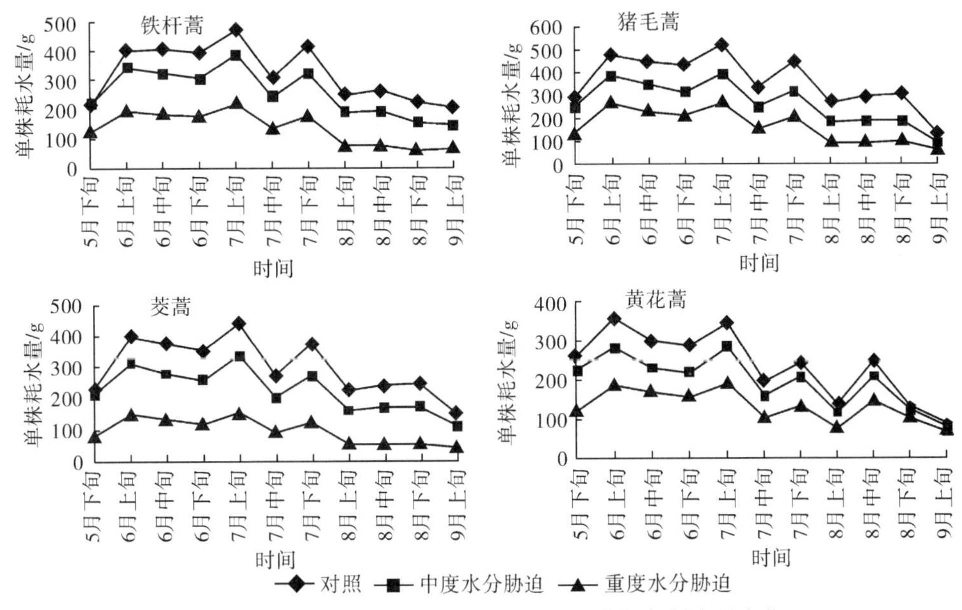

图 9-4　3 种土壤水分条件下 4 种蒿属植物的旬耗水量变化

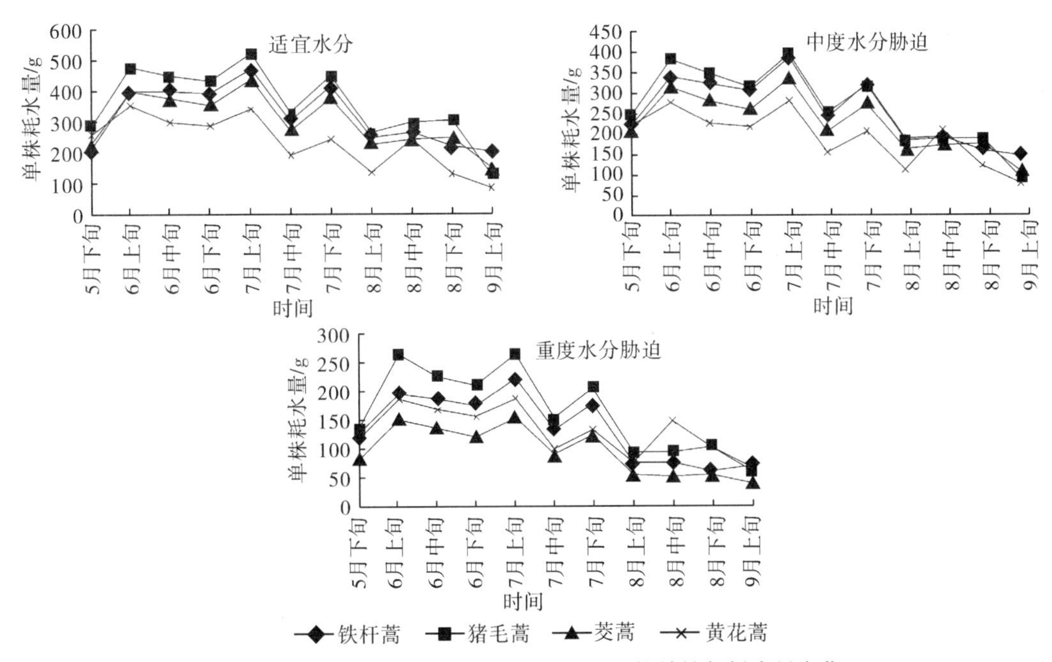

图 9-5　3 种土壤水分条件下 4 种蒿属植物单株旬耗水量变化

由图 9-5 可知，在同一土壤水分条件下，除了黄花蒿外，铁杆蒿、猪毛蒿和茭蒿在适宜水分和中度水分胁迫条件下旬耗水量变化相似，分别在 7 月上旬和 7 月下旬出现两个峰值，在 6 月和 8 月耗水量分别保持稳定，9 月上旬均下降。而在重度水分胁迫条件下，铁杆蒿、猪毛蒿和茭蒿的旬耗水量均保持很小的变化幅度。在 3 种土壤水分条件下，黄花蒿的旬耗水量变化与其余三者有明显差异，其表现在：6 月上旬就已出现最大峰值，并且在 7 月上旬、7 月下旬和 8 月中旬分别又出现峰值，重度水分胁迫下旬耗水量具有较大的变化幅度。

9.1.3 土壤水分含量对 4 种蒿属植物单株月耗水的影响

由图 9-6 和表 9-1 可知，6 月、7 月、8 月期间，4 种蒿属植物的耗水量表现为：适宜水分＞中度水分胁迫＞重度水分胁迫；在 3 种土壤水分条件下，4 种蒿属植物的耗水量为：6 月＞7 月＞8 月，但 6 月到 7 月下降幅度远小于 7 月到 8 月。在适宜水分和中度水分条件下，6 月、7 月、8 月 4 种蒿属植物的耗水量表现为：猪毛蒿＞铁杆蒿＞茭蒿＞黄花蒿；而在重度水分胁迫下，6 月、7 月 4 种蒿属植物的耗水量表现为：猪毛蒿＞铁杆蒿＞黄花蒿＞茭蒿；8 月则表现为：黄花蒿＞猪毛蒿＞铁杆蒿＞茭蒿。

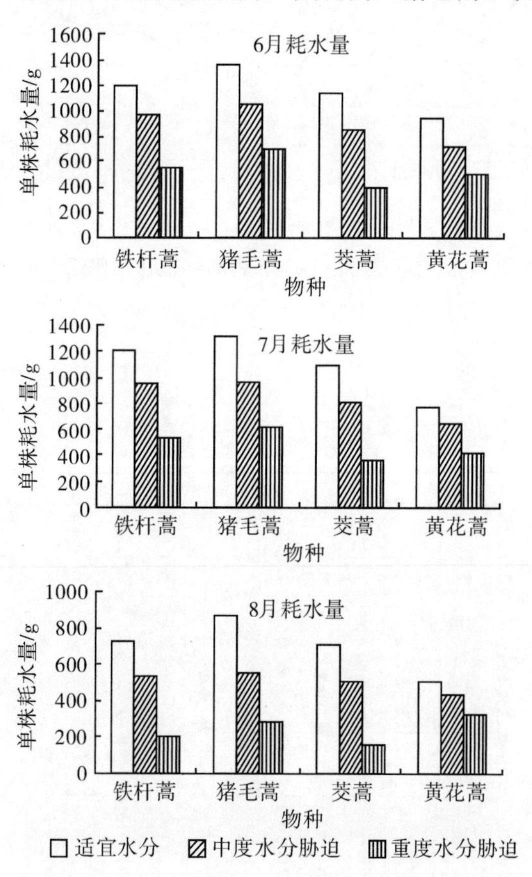

图 9-6 3 种土壤水分条件下 4 种蒿属植物单株月耗水量变化

表 9-1　3 种土壤水分条件下 4 种蒿属植物单株月耗水量　（单位：g）

物种	时间	适宜水分	中度水分胁迫	重度水分胁迫
铁杆蒿	6 月	1197.7	968.8	552.7
	7 月	1190.2	947.2	528.1
	8 月	732.6	537.5	207.4
猪毛蒿	6 月	1361.1	1045.2	697.9
	7 月	1306.1	962.6	617.6
	8 月	863.5	556.8	286.2
茭蒿	6 月	1131.4	854.0	402.4
	7 月	1085.2	811.0	365.0
	8 月	708.5	504.8	157.9
黄花蒿	6 月	935.7	722.1	504.9
	7 月	774.4	639.8	416.8
	8 月	503.4	442.4	319.8

9.1.4　土壤水分含量对 4 种蒿属植物生长季总耗水的影响

由图 9-7 可见，整个生长季内，在 3 种土壤水分条件下，4 种蒿属植物的耗水量均为：适宜水分>中度水分胁迫>重度水分胁迫。在适宜水分条件下，4 种蒿属植物耗水量大小为：猪毛蒿>铁杆蒿>茭蒿>黄花蒿；在中度水分胁迫条件下，4 种蒿属植物耗水量表现为：铁杆蒿和猪毛蒿>茭蒿>黄花蒿；在重度水分胁迫条件下，4 种蒿属植物耗水量表现为：猪毛蒿>铁杆蒿>黄花蒿>茭蒿。中度和重度水分胁迫条件下，4 种蒿属植物的耗水量相对于适宜水分条件下减少的幅度分别为：铁杆蒿，20.3%和 58.3%；猪毛蒿，26.3%和 54.5%；茭蒿，24.7%和 68.4%；黄花蒿，17.8%和 44.5%。由此可见，茭蒿的调整适应能力最强，铁杆蒿和猪毛蒿次之，黄花蒿最弱。

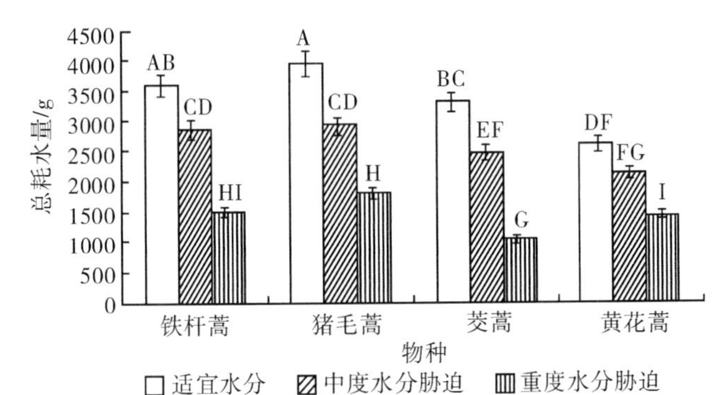

图 9-7　3 种土壤水分条件下 4 种蒿属植物整个生长季总耗水量比较

9.1.5　小结

铁杆蒿、猪毛蒿和茭蒿的耗水日变化相似，波动变化幅度小，黄花蒿耗水日变化与其余三者略有差异，波动变化幅度较大。3 种土壤水分条件下，4 种蒿属植物在适宜水分和中度水分胁迫下日耗水变化幅度较大，在重度水分胁迫下变化幅度较小，曲线较平坦。4 种蒿属植物在适宜水分和中度水分胁迫下，6 月中旬以前日耗水量差异不大，主要是因为其处于营养生长最旺盛期。在适宜水分下，日耗水量大小表现为：猪毛蒿＞铁杆蒿＞茭蒿＞黄花蒿；在中度水分胁迫下，日耗水量大小表现为：猪毛蒿和铁杆蒿＞茭蒿＞黄花蒿；而在重度水分胁迫下，日耗水量大小表现为：猪毛蒿＞铁杆蒿＞黄花蒿＞茭蒿。

4 种蒿属植物的日耗水进程均呈单峰变化，峰值出现在 12 时～14 时；适宜水分下植株耗水量均大于中度水分胁迫下的植株耗水量，并且两者都大于重度水分胁迫下的植株耗水量。4 种蒿属植物的旬耗水均呈波动性变化，且表现为：适宜水分＞中度水分胁迫＞重度水分胁迫，峰值均出现在 6 月上旬、7 月上旬和 7 月下旬。除了黄花蒿耗水量在 8 月中旬又一次出现峰值外，铁杆蒿、茭蒿和猪毛蒿在 8 月份以后的耗水量一直保持稳定。

3 种土壤水分条件下，4 种蒿属植物在 6 月和 7 月的耗水量变化不大，但都大于 8 月的植株耗水量；每个月的植株耗水量均是：适宜水分＞中度水分胁迫＞重度水分胁迫。在整个生长季内，4 种蒿属植物的耗水量均为：适宜水分＞中度水分胁迫＞重度水分胁迫。在适宜水分条件下，4 种蒿属植物耗水量表现为：猪毛蒿＞铁杆蒿＞茭蒿＞黄花蒿；在中度水分胁迫条件下，4 种蒿属植物耗水量表现为：铁杆蒿和猪毛蒿＞茭蒿＞黄花蒿；在重度水分胁迫条件下，4 种蒿属植物耗水量表现为：猪毛蒿＞铁杆蒿＞黄花蒿＞茭蒿。从耗水量可见，在适应干旱环境和充分利用有限水资源方面，茭蒿的调节能力最强，铁杆蒿和猪毛蒿次之，黄花蒿最弱。

9.2 不同土壤水分条件下 4 种菊科蒿属植物的生长特性

9.2.1 3 种土壤水分条件下 4 种蒿属植物的生长变化

由图 9-8 可见，4 种蒿属植物除了黄花蒿在重度水分胁迫下生长停滞，其余 3 种蒿属植物在 3 种土壤水分条件下株高生长曲线呈“S”形曲线。从 5 月中旬开始，4 种蒿属植物在 3 种土壤水分条件下生长开始出现差异，且各草种株高变化均随水分胁迫程度加剧而减少，4 种蒿属植物株高变化相似。铁杆蒿从 5 月中旬到 7 月下旬一直处于匀速生长中，8 月初开始停止伸长生长。猪毛蒿生长集中在 5 月中旬到 6 月下旬，7 月初开始停止伸长生长，且在中度水分胁迫下的株高与适宜水分下的株高相比减少幅度不大。茭蒿的株高增长主要集中在 5 月，在 6 月到 7 月由于新生侧枝生长较多，株高仅有轻微伸长。黄花蒿在适宜水分条件下，从 5 月到 7 月一直处于伸长生长，且伸长生长速率逐渐减缓；而在中度水分胁迫下，伸长生长集中在 5 月，之后伸长生长停滞；在重度水分胁迫下，8 月之前几乎停滞不长，到 8 月进入生殖生长，株高稍微有所伸长。

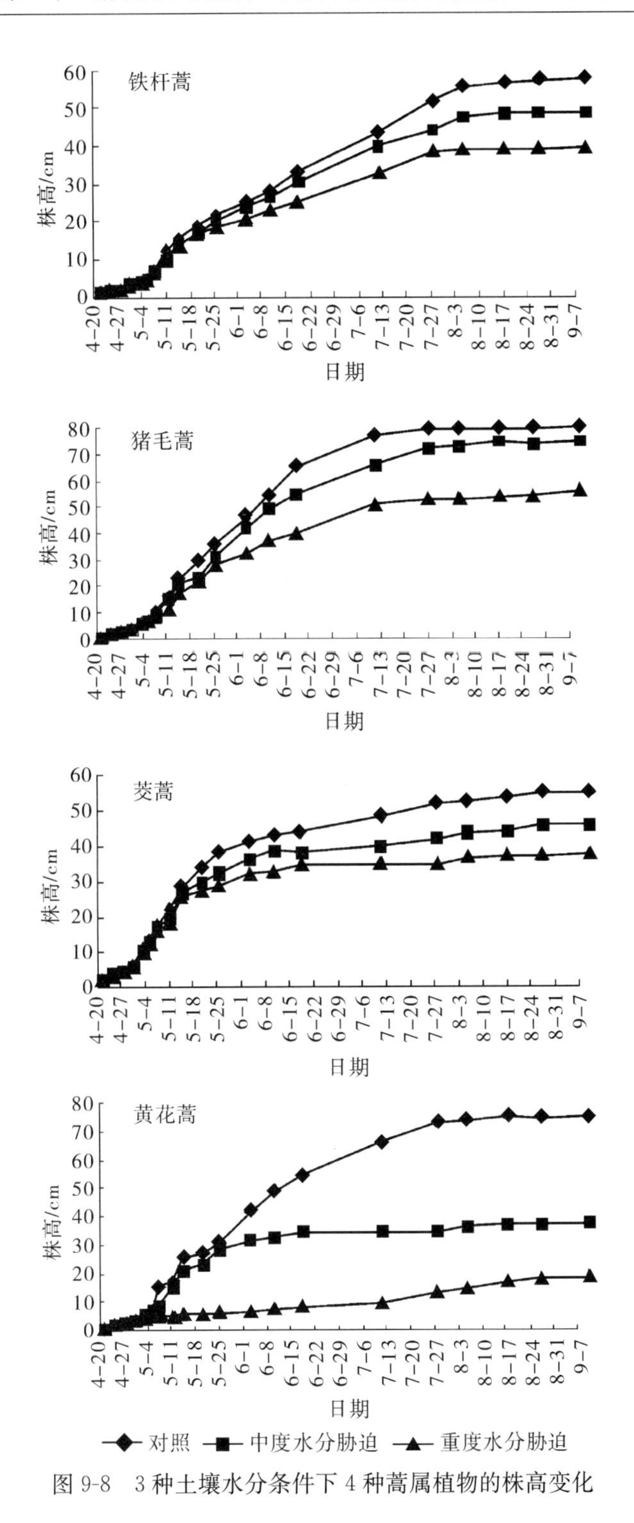

图 9-8　3 种土壤水分条件下 4 种蒿属植物的株高变化

9.2.2　3 种土壤水分条件下 4 种蒿属植物干物质积累变化

水分胁迫对植物的影响，综合表现在植物生长及生物量的积累上。耐旱的植物通过调整体内的生理生化反应，尽可能维持一定的生物量。由表 9-2 可见，4 种蒿属植物总生物量在水分胁迫下均降低（猪毛蒿在中度水分胁迫下例外）。与适宜水分相比，中度水分胁迫下，4 种蒿属植物总生物量的下降幅度表现为：茭蒿（0.4%）＜铁杆蒿（32.4%）和黄花蒿（32.8%），猪毛蒿的总生物量增加；重度水分胁迫下 4 种蒿属植物总生物量下降幅度为：猪毛蒿（49.6%）＜茭蒿（53.5%）＜黄花蒿（67.8%）＜铁杆蒿（68.2%）。方差分析显示，适宜水分和中度水分胁迫对猪毛蒿和茭蒿的生物量影响不显著。

表 9-2　4 种蒿属植物干物质积累量　　（单位：g）

水分处理	铁杆蒿	猪毛蒿	茭蒿	黄花蒿
适宜水分	12.145±0.074 a	9.116±0.189 bc	8.994± 0.169 bc	5.607± 0.233 e
中度胁迫	8.384±0.061 d	9.281±0.051 b	8.853± 0.072 c	3.675± 0.101 h
重度胁迫	4.042±0.077 g	4.535±0.065 f	4.302± 0.101 fg	1.649± 0.027 i

注：a～i 表示显著差异（$p<0.05$）。

9.2.3　3 种土壤水分条件下 4 种蒿属植物根冠比变化

由表 9-3 可见，4 种蒿属植物在中度水分胁迫下根冠比均最高。不同植物在不同土壤水分下，其根冠比表现不同，根冠比可见根系的发达程度。在适宜水分条件下，4 种蒿属植物根冠比的大小为：茭蒿＞铁杆蒿＞黄花蒿＞猪毛蒿。在中度水分胁迫条件下，4 种蒿属植物的根冠比相对于适宜水分条件分别表现为：铁杆蒿上升 44.8% 和－20.7%；猪毛蒿上升 127.8%；茭蒿上升 32.6%；黄花蒿上升 92.0%。重度水分胁迫条件下，4 种蒿属植物的根冠比相对于适宜水分条件分别表现为：铁杆蒿下降 20.7%，猪毛蒿上升 94.4%，茭蒿未变化，黄花蒿上升 60.0%。由此可见，在水分胁迫下植物地上物质和地下物质分配受影响程度依次为：猪毛蒿＞黄花蒿＞铁杆蒿＞茭蒿，这个顺序也反映了 4 种蒿属植物根系受同一土壤水分条件影响的程度不同。而在重度水分胁迫条件下，由于生长受到严重抑制，因此营养物质积累受限，分配给根系的营养物质相应减少，但猪毛蒿和黄花蒿根冠比依然增高，茭蒿和铁杆蒿的根冠比不变，甚至减少，这与它们本身发达的根系相关。

表 9-3　3 种土壤水分条件对 4 种蒿属植物根冠比的影响

水分处理	铁杆蒿	猪毛蒿	茭蒿	黄花蒿
适宜水分	0.58	0.18	1.35	0.25
中度胁迫	0.84	0.41	1.79	0.48
重度胁迫	0.46	0.35	1.35	0.40

9.2.4　3 种土壤水分条件下 4 种蒿属植物水分利用率的变化

由表 9-4 可见，铁杆蒿和黄花蒿的水分利用率随着水分胁迫程度的加剧而减少；茭蒿的水分利用率变化则相反；猪毛蒿的水分利用率在水分胁迫条件下均有所升高，中度水分胁迫下达到最大。在适宜水分条件下，水分利用率表现为：铁杆蒿＞茭蒿＞猪毛蒿＞

黄花蒿；中度水分胁迫条件下，水分利用率表现为：茭蒿＞猪毛蒿＞铁杆蒿＞黄花蒿；重度水分胁迫条件下，水分利用率表现为：茭蒿＞铁杆蒿＞猪毛蒿＞黄花蒿。在中度水分胁迫条件下，4 种蒿属植物的水分利用率相对于适宜水分条件分别表现为：铁杆蒿下降 13.6%；猪毛蒿上升 38.3%；茭蒿上升 30.9%；黄花蒿下降 20.0%。而重度水分条件，4 种蒿属植物的水分利用率相对于适宜水分条件分别表现为：铁杆蒿下降 20.4%，猪毛蒿上升 9.6%，茭蒿上升 51.5%，黄花蒿下降 46.9%。由此可见，茭蒿和猪毛蒿在干旱环境下能保持较高的光合作用，具有最强的适应性。而铁杆蒿和黄花蒿适应性较差，这可能与 4 种蒿属植物叶和根的形态学有关。

表 9-4　3 种土壤水分条件对 4 种蒿属植物水分利用率的影响

水分处理	铁杆蒿	猪毛蒿	茭蒿	黄花蒿
适宜水分	3.38	2.30	2.72	2.15
中度胁迫	2.92	3.18	3.56	1.72
重度胁迫	2.69	2.52	4.12	1.14

9.2.5　3 种土壤水分条件下 4 种蒿属植物根系生长变化

由表 9-5 可见，4 种蒿属植物的各项根形态指标在 3 种土壤水分条件下表现各不相同。在中度水分胁迫下，铁杆蒿根生长伸长，虽然根干重、侧根长、根密度和主根粗都小于适宜水分条件下植株的各项相应指标，但根体积却增大。在重度水分胁迫下，铁杆蒿的各项形态指标参数均小于适宜水分下植株的各项形态指标。在中度水分胁迫下，猪毛蒿主根长小于适宜水分条件下的主根长，其余各项指标参数均大于适宜水分条件下的植株。可见中度水分胁迫使猪毛蒿根生长变粗、侧根增多、根系干物质量积累。在重度水分胁迫下，猪毛蒿各项参数较适宜水分条件下均有所下降，但整体向增长根系方向发展。在中度水分胁迫下，茭蒿除根系的干物质量和主根粗较适宜水分条件下参数增大外，其余参数均降低，可见其根系向增粗方向发展。在重度水分胁迫下，茭蒿根系主根有增长生长的趋势，但由于干旱植株生物量整体下降，根系干物质积累也降低。黄花蒿根系除了根系干重在中度水分胁迫下较适宜水分条件下有所增加外，其余各项指标参数均随水分胁迫加剧呈下降趋势。双因素方差分析结果显示（表 9-6），4 种蒿属植物根系形态差异显著。

表 9-5　3 种土壤水分条件对 4 种蒿属植物根形态指标的影响

物种	水分处理	根干重/g	主根长/cm	侧根长/cm	根密度	根基粗/cm	根体积/cm^3
铁杆蒿	适宜水分	4.525	34.00	35.34	18.00	0.63	9.00
	中度胁迫	3.778	34.57	27.46	10.40	0.58	10.86
	重度胁迫	1.229	30.71	28.89	13.20	0.40	4.64
猪毛蒿	适宜水分	1.306	16.13	10.63	19.00	0.89	3.25
	中度胁迫	2.708	11.00	16.05	26.50	1.14	5.63
	重度胁迫	1.156	14.50	10.95	12.60	0.57	1.84
茭蒿	适宜水分	5.073	26.60	32.16	18.80	0.58	10.00
	中度胁迫	5.650	23.80	23.31	12.00	0.62	9.20
	重度胁迫	2.367	31.30	17.68	13.40	0.48	4.00

续表

种类	水分处理	根干重/g	主根长/cm	侧根长/cm	根密度	根基粗/cm	根体积/cm^3
黄花蒿	适宜水分	1.047	38.33	22.44	15.00	0.86	3.08
	中度胁迫	1.129	32.08	18.19	13.83	0.69	3.03
	重度胁迫	0.481	25.50	9.11	13.00	0.55	1.36

表 9-6　根形态的物种和水分双因素方差分析

因变量	独立变量		
	种类	水分	种类×水分
根干重	10.50**	6.62*	165.74***
主根长	30.56***	2.21a	2.34*
侧根长	38.15***	16.94***	6.66**
根密度	9.31***	9.55***	8.20***
主根粗	16.61***	20.74***	3.15**
根体积	22.72***	18.89***	1.63a

注：a 表示差异不显著；* 表示 $p<0.05$；** 表示 $p<0.01$；*** 表示 $p<0.001$。

在适宜水分条件下，经过聚类分析把 4 种蒿属根系分为两类：类型Ⅰ（铁杆蒿和茭蒿），表现为：主根细、侧根长、根体积大、根干物质积累量大；类型Ⅱ（猪毛蒿和黄花蒿），表现为：主根粗、侧根短、根体积小、根干物质积累量小。

9.2.6　小结

4 种蒿属植物的快速生长期均集中在 5 月上、中旬，之后生长速率减缓，7 月下旬之后 4 种蒿属植物均停止伸长生长。4 种植物株高受土壤水分条件影响均表现为：适宜水分＞中度水分胁迫＞重度水分胁迫。株高受水分影响最严重的是黄花蒿，在重度水分胁迫下黄花蒿伸长生长极其缓慢。3 种水分胁迫下，猪毛蒿的株高大于铁杆蒿和茭蒿的株高，黄花蒿在适宜水分下的株高与猪毛蒿相当，但在水分胁迫下其株高一直小于其余三种蒿属植物。由株高单方面可知 4 种蒿属植物适应性：猪毛蒿＞铁杆蒿和茭蒿＞黄花蒿。

整个生长季 4 种蒿属植物在不同土壤水分条件下干物质积累总量均表现为：适宜水分＞中度水分胁迫＞重度水分胁迫（猪毛蒿例外，适宜水分和中度水分胁迫下无差异）。适宜水分条件下，4 种蒿属植物干物质积累量表现为：铁杆蒿＞猪毛蒿和茭蒿＞黄花蒿；中度、重度水分胁迫下，4 种蒿属植物干物质积累量表现为：猪毛蒿＞茭蒿＞铁杆蒿＞黄花蒿。在水分胁迫条件下，4 种蒿属植物干物质积累总量下降率单方面表明，猪毛蒿适应干旱最强，茭蒿次之，铁杆蒿和黄花蒿最弱。

水分利用率反映了植物在干旱环境下调整缺水和光合之间矛盾的能力。4 种蒿属植物自身的水分利用率存在着差异。在适宜水分条件下，4 种蒿属植物水分利用率表现为：铁杆蒿＞茭蒿＞猪毛蒿＞黄花蒿。在水分胁迫下，猪毛蒿和茭蒿的水分利用率上升，且猪毛蒿在中度水分胁迫下水分利用率达到最大，茭蒿水分利用率持续增大，铁杆蒿和黄花蒿的水分利用率持续下降。由此单方面显示，4 种蒿属植物对水分亏缺的适应性依次为：茭蒿＞猪毛蒿＞铁杆蒿＞黄花蒿。植物对水分亏缺的适应性与叶的形态结构密切相关。

在水分胁迫下，4 种蒿属植物根系的各项指标均有不同的变化，但是经过聚类分析得到两种根系形态：类型Ⅰ（铁杆蒿和茭蒿），表现为：主根细、侧根长、根体积大、根干物质积累量大；类型Ⅱ（猪毛蒿和黄花蒿），表现为：主根粗、侧根短、根体积小、根干物质积累量小。这种形态是由植物自身遗传所决定的，但同样在水分胁迫条件下影响着其他的生理、发育及其适应性，这种关系值得进一步研究。

9.3　不同土壤水分条件下 4 种蒿属植物的生理特性

9.3.1　3 种土壤水分条件下 4 种蒿属植物相对含水量变化

由图 9-9 可见，在 3 种土壤水分条件下，叶片 RWC 都呈现下降再升高的趋势。胁迫后期除黄花蒿外，其余 3 种旱生型植物中度水分胁迫条件下叶片的 RWC 均高于适宜水分条件下。整个生长阶段，4 种植物叶片 RWC 在 3 种土壤水分条件下表现为：适宜水分 ＞中度水分胁迫 ＞重度水分胁迫。在 4 种蒿属植物生长的不同时期，叶的 RWC 变化差异显著。植物对水分胁迫反应最明显的表现在 7 月。7 月随着水分胁迫加剧，4 种蒿属植物 RWC 下降的程度不相同，其受水分影响程度表现为：猪毛蒿＞黄花蒿和茭蒿＞铁杆蒿（表 9-7）。这可能与猪毛蒿和黄花蒿有较粗的肉质主根、茭蒿和铁杆蒿有较发达的侧根系有关。因为发达的侧根系可以提高植物吸收水分的能力，从而保持叶片

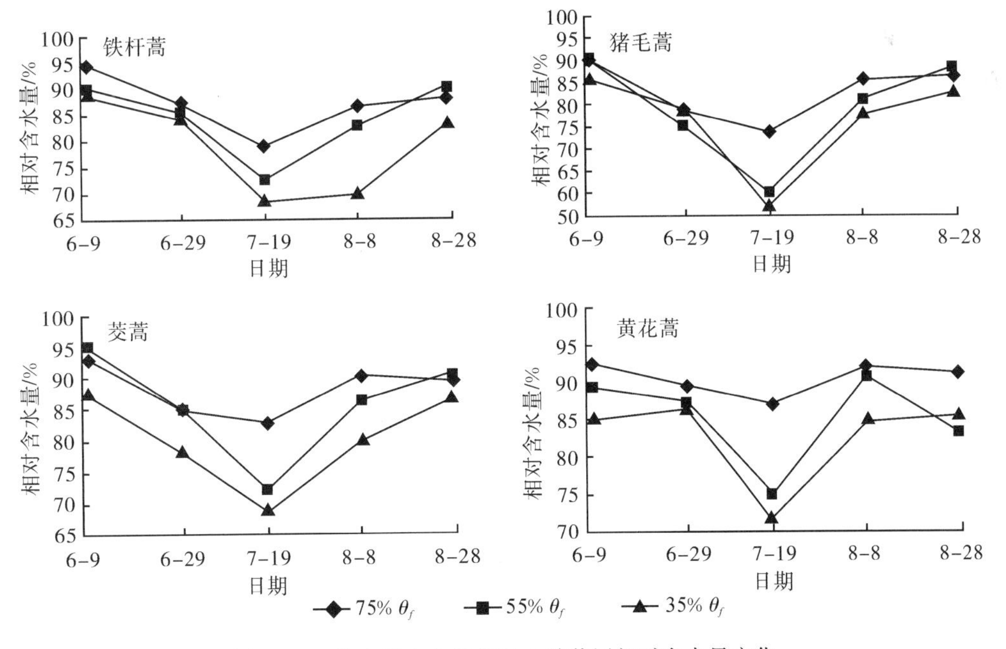

图 9-9　3 种土壤水分条件下 4 种蒿属相对含水量变化

的含水量。到8月，铁杆蒿、猪毛蒿和黄花蒿在中度水分胁迫下叶片相对含水量已超过适宜水分下的叶片含水量（表9-7）。可能叶片的适应性反馈调节，使其能获得更大量的水分，但黄花蒿却无此现象。由此可见，在适应水分亏缺方面，7月19日，铁杆蒿＞茭蒿＞黄花蒿＞猪毛蒿；8月28日，中度水分胁迫下表现为：铁杆蒿＞猪毛蒿＞茭蒿＞黄花蒿；在重度水分胁迫下表现为：茭蒿＞猪毛蒿＞铁杆蒿＞黄花蒿。

表9-7　3种土壤水分条件下4种蒿属植物在7月19日、8月28日相对含水量的下降率

（单位：%）

水分处理	铁杆蒿		猪毛蒿		茭　蒿		黄花蒿	
	7月19日	8月28日	7月19日	8月28日	7月19日	8月28日	7月19日	8月28日
适宜水分	100.00	100.00	100.00	100.00	100.00	100.00	100.00	100.00
中度胁迫	108.04	97.73	118.01	98.05	112.82	98.75	113.95	108.59
重度胁迫	113.17	105.33	122.11	104.41	117.12	103.06	117.63	106.32

9.3.2　土壤含水量对4种蒿属植物渗透保护调节物质的影响

9.3.2.1　3种土壤水分条件下4种蒿属植物脯氨酸积累变化

由图9-10可见，3种土壤水分条件下，4种蒿属植物（黄花蒿重度水分胁迫除外）的Pro含量变化均呈先上升再下降的趋势；Pro含量表现为：重度水分胁迫＞中度水分胁迫＞适宜水分。4种蒿属植物Pro含量积累出现最大值的时间不同，猪毛蒿、黄花蒿和茭蒿的适宜水分、中度水分胁迫及铁杆蒿的中度水分胁迫均出现在7月中旬，铁杆蒿

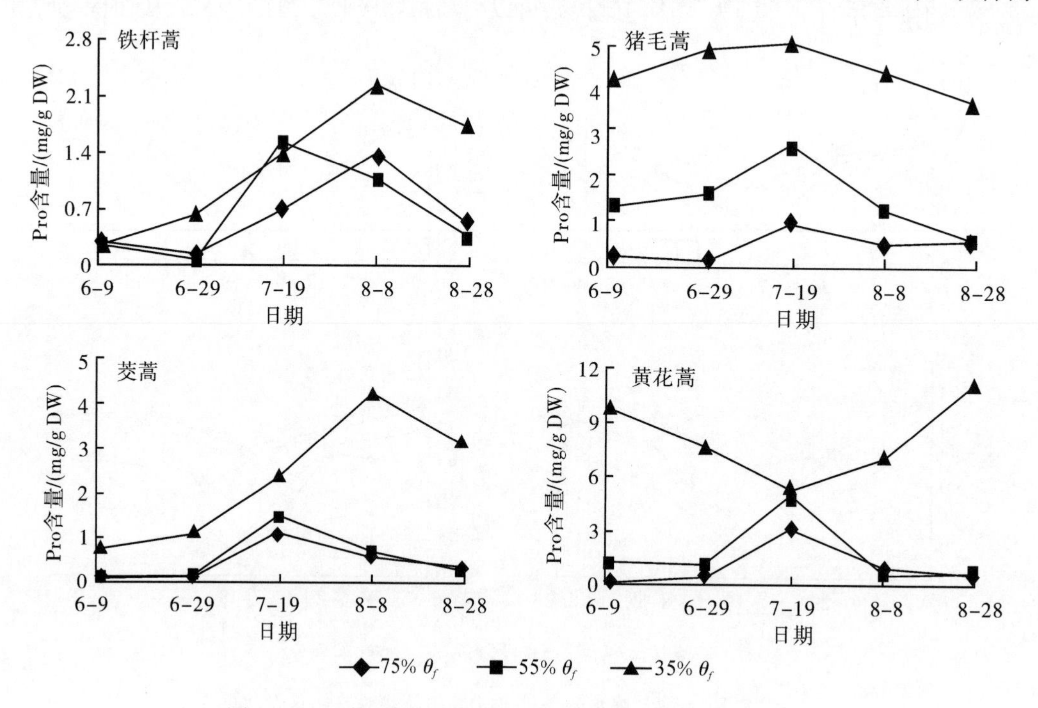

图9-10　3种土壤水分条件下4种蒿属植物Pro含量变化

的重度水分胁迫和茭蒿的重度水分胁迫出现在 8 月上旬。4 种蒿属分别在胁迫土壤水分条件与对照条件下相比，黄花蒿的 Pro 含量积累最大可达对照条件下的 18 倍，茭蒿的 Pro 含量积累最大达对照条件下的 7 倍，猪毛蒿的 Pro 含量积累最大为对照条件下的 5 倍，铁杆蒿的 Pro 含量积累最大仅为对照条件下的 1.6 倍。整个生长阶段，4 种蒿属植物 Pro 累积程度表现为：黄花蒿＞猪毛蒿＞茭蒿和铁杆蒿。在不同生长阶段 4 种蒿属植物 Pro 含量差异不显著（表 9-8），说明脯氨酸的积累受生长发育的影响不大。

表 9-8　4 种蒿属植物在水分胁迫下平均 Pro 含量的增加率　（单位：%）

水分处理	铁杆蒿	猪毛蒿	茭蒿	黄花蒿
适宜水分	100.00	100.00	100.00	100.00
中度胁迫	123.26	313.41	118.37	164.96
重度胁迫	220.80	896.56	486.40	798.20

9.3.2.2　3 种土壤水分条件下 4 种蒿属植物可溶性糖含量的变化

由图 9-11 可见，4 种蒿属植物在 3 种土壤水分条件下变化不同，但整体呈现上升趋势，重度水分胁迫下的植株可溶性糖含量始终大于适宜水分条件下植株的可溶性糖含量。整个生长季内，4 种蒿属植物总体在适宜水分条件下可溶性糖含量逐渐升高，变化趋势平缓。铁杆蒿的可溶性糖含量随着水分胁迫的加剧而增加，并且在 3 种土壤水分条件下可溶性糖均随生长时间而增加。在 3 种土壤水分条件下，茭蒿生长前期、生长中期植株的可溶性糖含量均随水分胁迫加剧而增加，并且在 7 月下旬后增加趋势变缓，保持

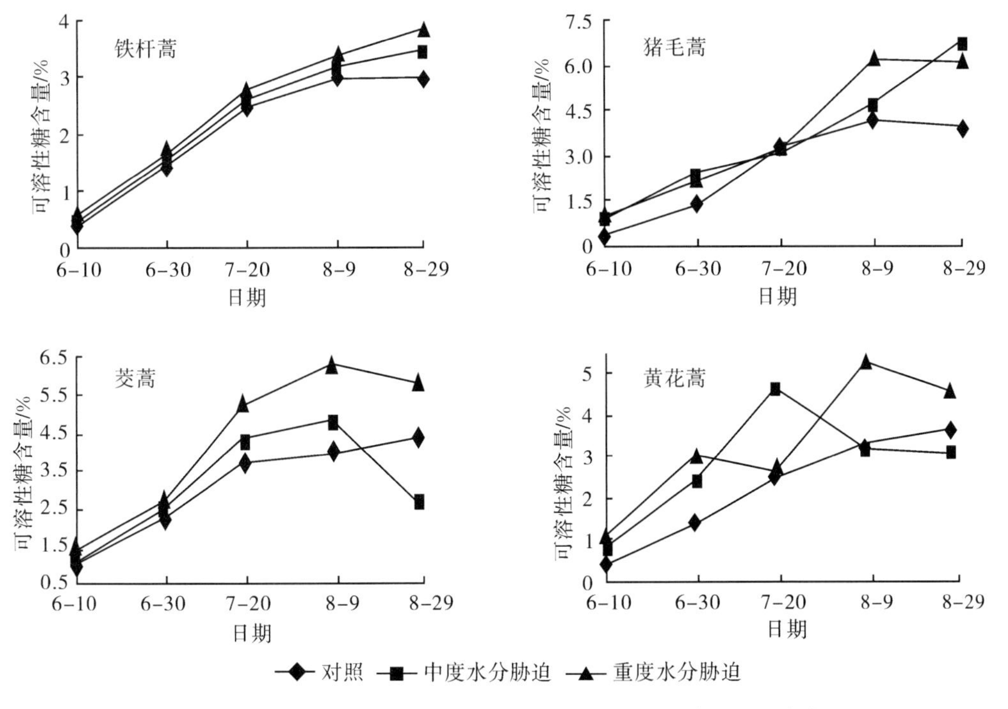

图 9-11　3 种土壤水分条件下 4 种蒿属植物可溶性糖含量的变化

含量稳定。8月中旬之后，在中度水分胁迫下茭蒿可溶性糖含量呈下降趋势，并且到8月下旬已低于适宜水分条件下植株的可溶性糖含量。猪毛蒿在适宜水分条件下的可溶性糖含量保持较平缓的增长，而在中度和重度水分胁迫下的可溶性糖含量呈现交替变化，且始终大于适宜水分条件下。黄花蒿的可溶性糖含量变化趋势和规律与猪毛蒿相似，只是其含量增加的速率较猪毛蒿的小，且中度水分胁迫下的可溶性糖含量在8月中旬后小于适宜水分条件下。在适宜水分条件下，4种蒿属植物的可溶性糖含量增加幅度相似，最终都在3%左右，而在中度和重度水分胁迫条件下植株的可溶性糖含量达到最大值时：猪毛蒿＞茭蒿＞黄花蒿＞铁杆蒿。

9.3.2.3 渗透调节能力的综合评价

由表9-9可见，采用隶属函数法对4种蒿属植物在重度水分胁迫下渗透调节物质升高率计算隶属值显示：黄花蒿的脯氨酸含量隶属值高于其余3种蒿属植物，次之是猪毛蒿；而可溶性糖含量的隶属值黄花蒿显示最高，猪毛蒿和茭蒿次之；铁杆蒿的各项隶属值是4种植物中最小的。平均隶属值表明渗透调节物质受到水分的影响程度依次为：黄花蒿＞猪毛蒿和茭蒿＞铁杆蒿。

表9-9 4种蒿属植物渗透调节能力的综合评价

指标	铁杆蒿	猪毛蒿	茭蒿	黄花蒿
脯氨酸	0.032	0.259	0.093	0.363
可溶性糖	0.128	0.347	0.308	0.435
平均值	0.080	0.303	0.201	0.399
排序	4	2	3	1

9.3.3 土壤含水量对4种蒿属植物叶片MDA含量的影响

MDA含量可以反映植物在逆境条件下的膜脂过氧化程度。由图9-12可见，随着水分胁迫的持续，猪毛蒿和黄花蒿的MDA含量变化趋势相似，在前期均保持稳定，45天后开始增加。铁杆蒿和茭蒿的MDA含量在中度胁迫、严重胁迫15 d时均出现峰值，适宜水分条件下的MDA含量相对平稳。4种蒿属植物的MDA含量在胁迫中后期均上升，在重度胁迫下均高于中度胁迫和适宜水分条件下。在整个生长阶段，4种蒿属植物在3种水分处理下膜脂过氧化程度均表现为：重度胁迫＞中度胁迫＞适宜水分（$p<0.05$），种间则表现为：茭蒿＞铁杆蒿＞猪毛蒿和黄花蒿。4种蒿属植物的膜脂过氧化水平在不同生长阶段的差异均达显著水平。以上结果说明，随着胁迫程度的加重，植株的衰老加速。

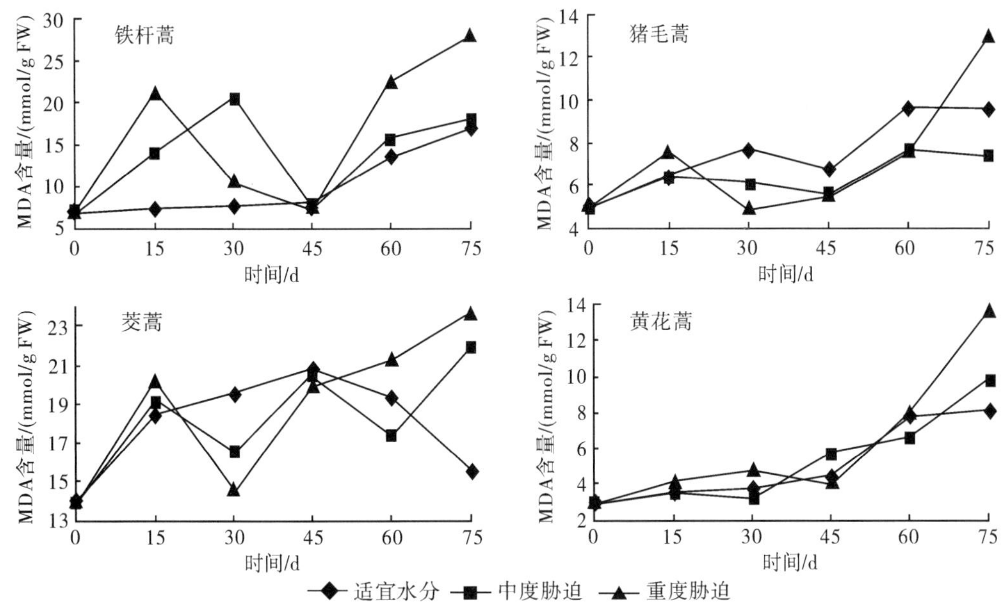

图9-12 3种土壤水分条件下4种蒿属植物MDA含量变化

9.3.4 土壤含水量对4种蒿属植物抗氧化保护体系的影响

9.3.4.1 不同土壤水分条件下4种蒿属植物SOD活性变化

由图9-13可见，水分处理0～30天时，铁杆蒿在适宜水分和中度水分胁迫下SOD活性变化基本稳定；重度水分胁迫下，SOD活性先升高后降低。猪毛蒿SOD活性在3

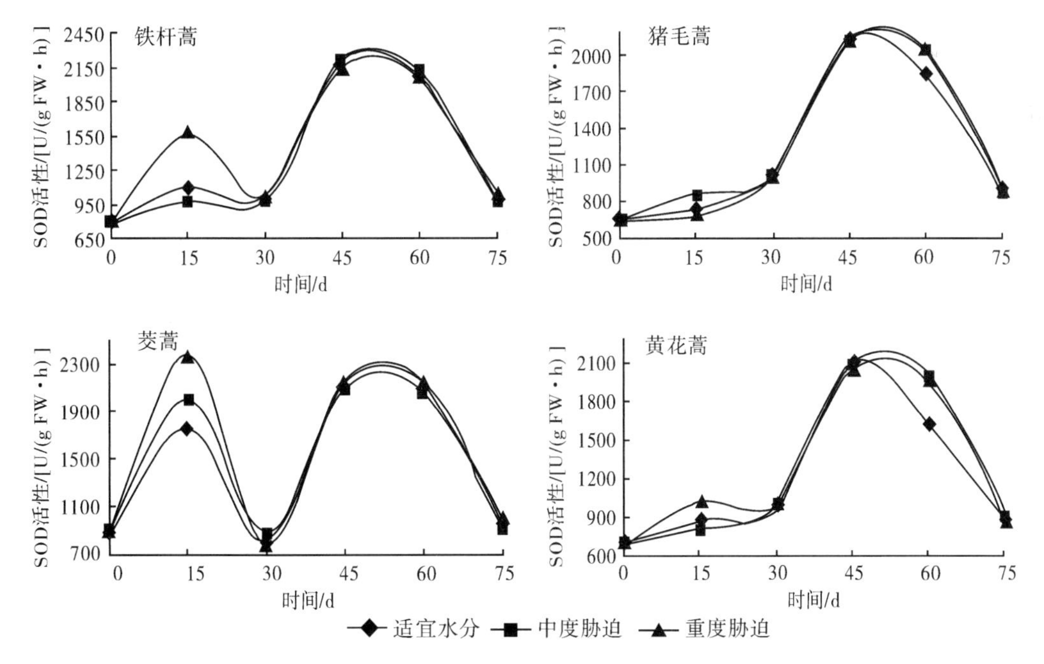

图9-13 3种土壤水分条件下4种蒿属植物SOD活性变化

种水分条件下变化差异不大。茭蒿 SOD 活性在 3 种水分条件下均先升高后降低，在第 15 天时差异显著；黄花蒿 SOD 活性变化与铁杆蒿相似，仅重度水分胁迫下第 15 天时升高幅度较小。30～45 天时，4 种蒿属植物 SOD 活性变化一致，均急剧升高，且 3 种水分条件下无差异。45～75 天，铁杆蒿和茭蒿 SOD 活性变化相似，达到峰值后迅速下降，且 3 种水分条件下无差异。在对照条件下，猪毛蒿和黄花蒿 SOD 活性基本呈直线下降，中度和重度水分胁迫下变化趋势一致，下降的趋势先慢后快。整个生长阶段，4 种蒿属植物 SOD 活性呈“S”形变化趋势，除了茭蒿外，其他 3 种蒿属植物的 SOD 活性峰值出现在 45～60 天。

在整个生长阶段，4 种蒿属植物 SOD 活性表现为：铁杆蒿＞茭蒿＞猪毛蒿和黄花蒿。水分胁迫处理对其影响不显著，说明与适宜水分相比中度和重度水分胁迫处理下 4 种蒿属植物叶中 SOD 的活性无显著差异。30～45 天期间，4 种蒿属植物叶片中的 SOD 活性均急剧升高，但不同水分胁迫处理下差异不显著，主要原因可能是这一时期受到了较高气温的影响。

9.3.4.2 不同土壤水分条件下 4 种蒿属植物 CAT 活性变化

由图 9-14 可见，4 种蒿属植物的 CAT 变化曲线除茭蒿外均呈双峰型，最大峰值出现在 60 天时。铁杆蒿在重度水分胁迫初期 CAT 活性减弱，中后期 CAT 活性升高。猪毛蒿在重度胁迫下的 CAT 活性一直小于适宜水分和中度胁迫下的 CAT 活性。茭蒿在 3 种土壤水分条件下前 45 天内 CAT 活性差异不明显，水分胁迫末期中度和重度胁迫的 CAT 活性上升，整个阶段重度胁迫小于适宜水分和中度胁迫。黄花蒿重度胁迫下的 CAT 活性在初期升高很快，后期活性逐渐下降，小于适宜水分和中度胁迫下的 CAT 活性。方差分析显示，整个生长阶段 CAT 活性表现为：茭蒿＞铁杆蒿＞黄花蒿＞猪毛蒿（$p<0.05$），不同水分处理对 4 种蒿属 CAT 活性影响差异不显著，不同生长时期 CAT 活性差异显著（$p<0.01$）。

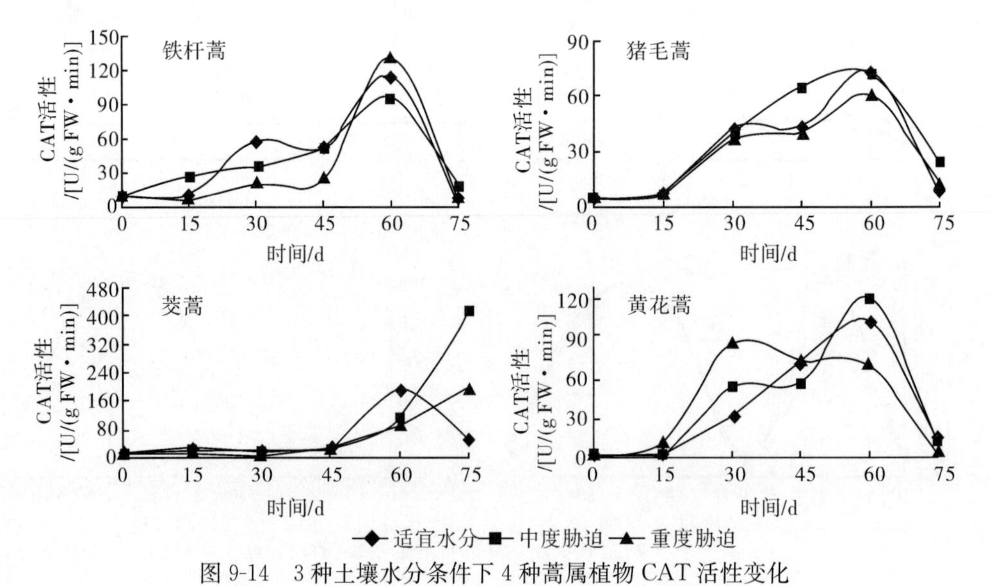

图 9-14 3 种土壤水分条件下 4 种蒿属植物 CAT 活性变化

9.3.4.3　不同土壤水分条件下 4 种蒿属植物 POD 活性变化

由图 9-15 可见，随着土壤水分胁迫程度的加剧，铁杆蒿和猪毛蒿的 POD 活性表现为：适宜水分>重度胁迫和中度胁迫；茭蒿 POD 活性表现为：重度胁迫>适宜水分和中度胁迫；且 3 种蒿属植物 POD 活性一直上升直至胁迫末期；黄花蒿 POD 活性在重度胁迫下一直保持较低。在 3 种土壤水分条件下，铁杆蒿、猪毛蒿和黄花蒿的 POD 活性在生长中期均呈不同程度升高。胁迫末期，除猪毛蒿 POD 活性在重度胁迫下上升外，铁杆蒿和黄花蒿 POD 活性均不同程度降低。方差分析表明，整个生长阶段 4 种蒿属 POD 活性表现为：黄花蒿>茭蒿>猪毛蒿>铁杆蒿（$p<0.001$）；3 种土壤水分处理对 4 种蒿属 POD 活性影响差异不显著；4 种蒿属在不同生长阶段下 POD 活性差异显著（$p<0.01$）。

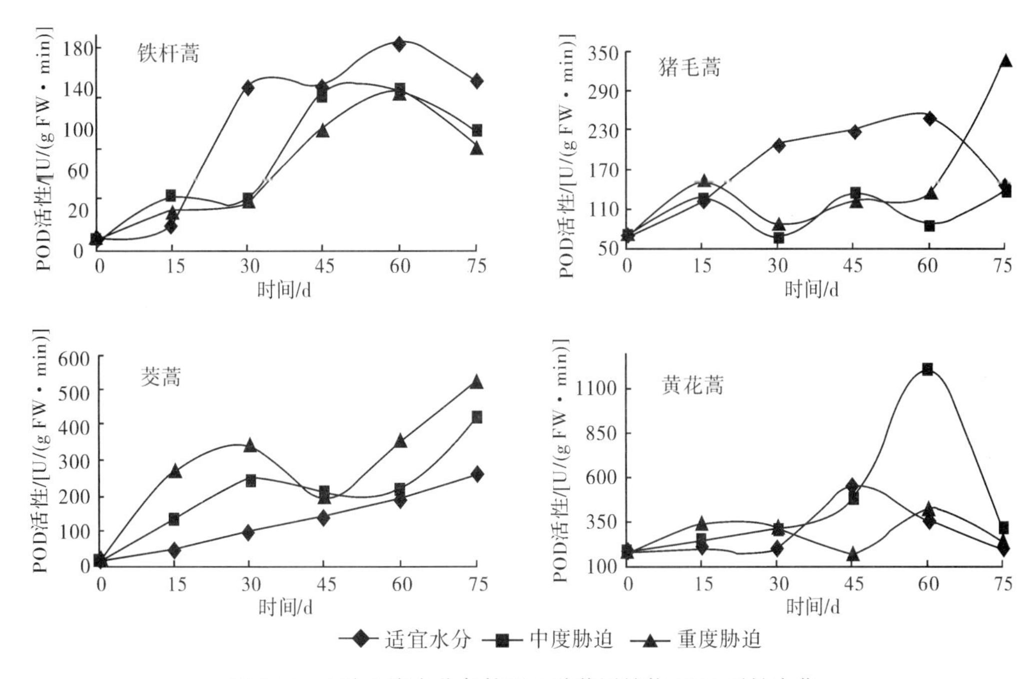

图 9-15　3 种土壤水分条件下 4 种蒿属植物 POD 活性变化

9.3.4.4　不同土壤水分条件下 4 种蒿属植物抗坏血酸含量变化

由图 9-16 可见，4 种蒿属植物的抗坏血酸含量变化趋势相似，均在初期迅速上升，30 天达到最大值，随后下降并趋于稳定，末期再呈下降趋势。3 种土壤水分条件下，4 种蒿属植物抗坏血酸含量均表现为：重度胁迫>中度胁迫>适宜水分（$p<0.05$）。在最大值时，中度胁迫和重度胁迫下 4 种蒿属植物抗坏血酸含量与适宜水分下相比，其抗坏血酸含量的增幅分别为：茭蒿，16.6%和 40.7%；铁杆蒿，0.8%和 29.5%；猪毛蒿，16.6%和 28.9%；黄花蒿，10.5%和 12.8%。在整个生长阶段，4 种蒿属的抗坏血酸含量表现为：茭蒿>猪毛蒿>铁杆蒿和黄花蒿（$p<0.01$），不同生长阶段抗坏血酸含量差异极显著（$p<0.01$）。

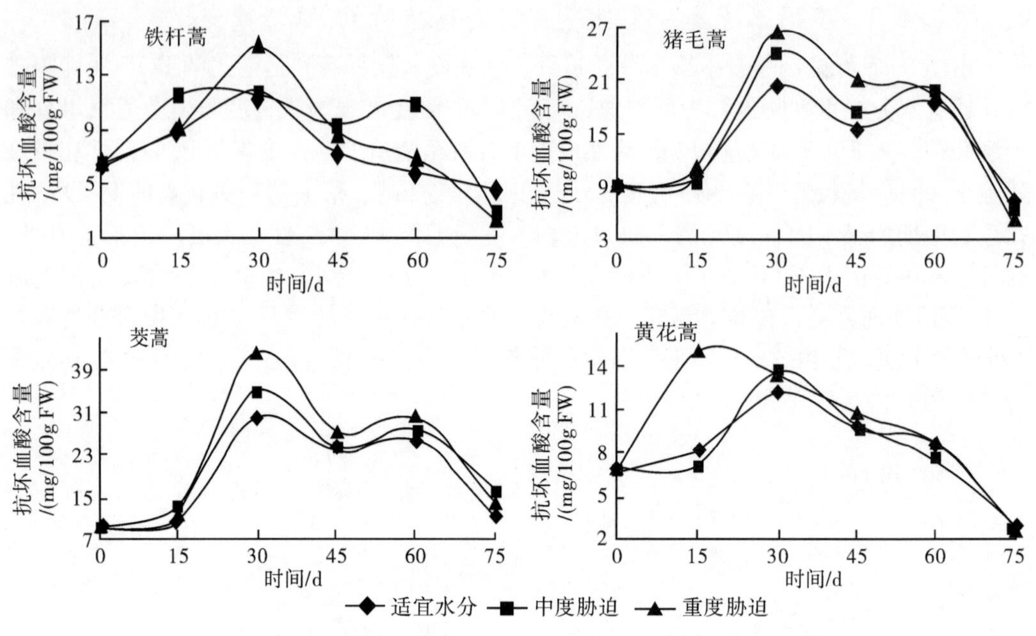

图 9-16　3 种土壤水分条件下 4 种蒿属植物抗坏血酸含量变化

9.3.4.5　不同土壤水分条件下 4 种蒿属植物 Car 含量的影响

由图 9-17 可见，4 种蒿属植物的 Car 含量在整个生长阶段的变化趋势与抗坏血酸含量变化相似。水分处理 30 天后，4 种蒿属植物在 3 种土壤水分条件下 Car 含量均达到峰值，并且 4 种蒿属植物在中度和重度胁迫下的 Car 含量与各自适宜水分下的 Car 含量相比，猪毛蒿增幅分别达 14.3%和 46.7%；茭蒿增幅分别达 17.0%和 24.5%。黄花蒿

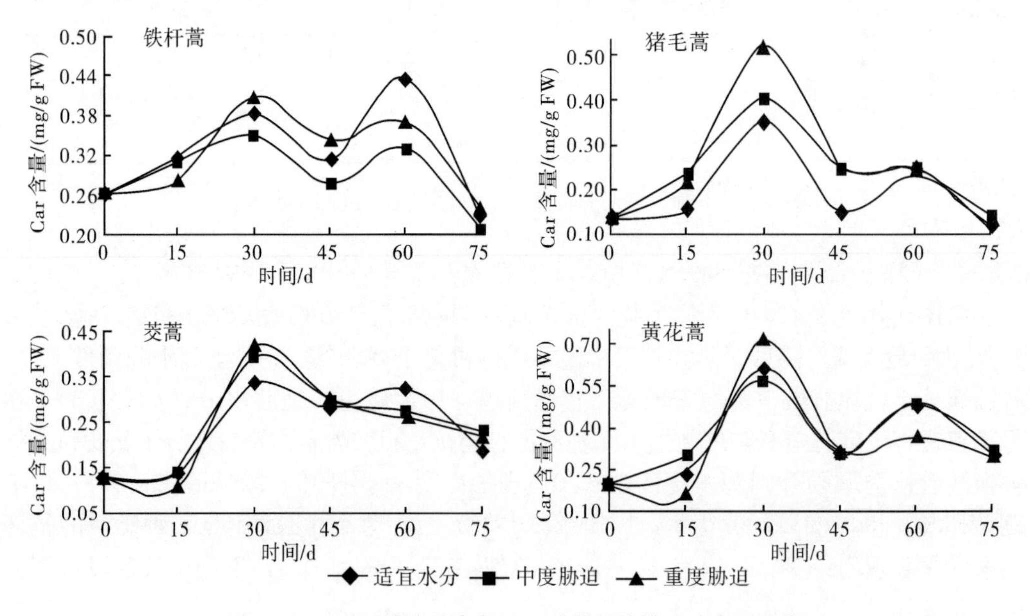

图 9-17　3 种土壤水分条件下 4 种蒿属植物 Car 含量变化

和铁杆蒿在中度胁迫下 Car 含量低于适宜水分条件下的 Car 含量，重度胁迫与适宜水分相比，Car 含量分别增加 17%和 6%。方差分析显示，在整个生长阶段，3 种土壤水分条件对 4 种蒿属植物的 Car 含量影响不显著，4 种蒿属植物之间的 Car 含量表现为：黄花蒿＞铁杆蒿＞猪毛蒿＞茭蒿（$p<0.01$），与抗坏血酸种间含量正好相反。不同生长阶段 4 种蒿属植物的 Car 含量差异显著（$p<0.01$）。

9.3.5　4 种蒿属植物抗氧化综合评价

4 种蒿属植物抗氧化指标的隶属函数值及其排序（表 9-10）表明，水分胁迫对 4 种蒿属植物整体抗氧化物质的影响程度依次为：黄花蒿＞茭蒿、猪毛蒿＞铁杆蒿。各个指标的隶属值差异表明，4 种蒿属植物的抗氧化特性不同。铁杆蒿具有较高的 SOD 隶属值和 Car 隶属值，保持适中的膜脂过氧化程度。猪毛蒿的各项指标隶属值呈均势发展，具有较低的膜脂过氧化水平。而茭蒿的抗氧化酶能力和抗坏血酸含量也呈均势发展，且比猪毛蒿的隶属值高，但 Car 隶属值最低，膜脂过氧化水平最高。黄花蒿虽然有最低的抗坏血酸隶属值和 SOD 隶属值，但有最高的 POD 隶属值、Car 隶属值，所以有很低的膜脂过氧化水平。

表 9-10　4 种蒿属植物抗氧化指标综合评价

物种	抗氧化酶指标			非酶指标		膜脂过氧化	平均值	排序
	SOD	CAT	POD	抗坏血酸	Car	MDA		
铁杆蒿	0.786	0.161	0.016	0.111	0.631	0.341	0.341	4
猪毛蒿	0.488	0.173	0.217	0.508	0.346	0.874	0.434	3
茭蒿	0.596	0.266	0.641	0.899	0.319	0.170	0.482	2
黄花蒿	0.354	0.478	0.540	0.256	0.715	0.883	0.537	1

9.3.6　不同土壤水分对各种叶片叶绿素含量的影响

由图 9-18 可见，4 种蒿属植物中猪毛蒿、茭蒿和黄花蒿叶绿素含量的变化趋势相似。3 种土壤水分条件下均在第 30 天左右出现最大值；0～15 天时，叶绿素含量上升不大；15～30 天时，3 种植物的叶绿素含量急剧上升；尤其在重度水分胁迫条件下，3 种植物的叶绿素含量增加速率及最高值都大于适宜水分和中度水分胁迫条件下的，其中黄花蒿的增幅大于猪毛蒿和茭蒿。第 30 天之后猪毛蒿、茭蒿和黄花蒿的叶绿素含量略有下降，第 45 天之后变化平稳，而铁杆蒿的叶绿素含量变化与其余 3 种蒿属植物变化趋势不同。铁杆蒿在适宜水分条件下的叶绿素含量变化平坦，中度水分胁迫和重度水分胁迫下，铁杆蒿的叶绿素含量从第 30 天开始就高于适宜水分条件下的植株。从整个生长季来看，4 种蒿属植物在适宜水分和中度水分胁迫条件下叶绿素含量表现为：黄花蒿＞铁杆蒿＞茭蒿＞猪毛蒿；在重度水分胁迫下叶绿素含量表现为：黄花蒿＞铁杆蒿＞猪毛蒿＞茭蒿。

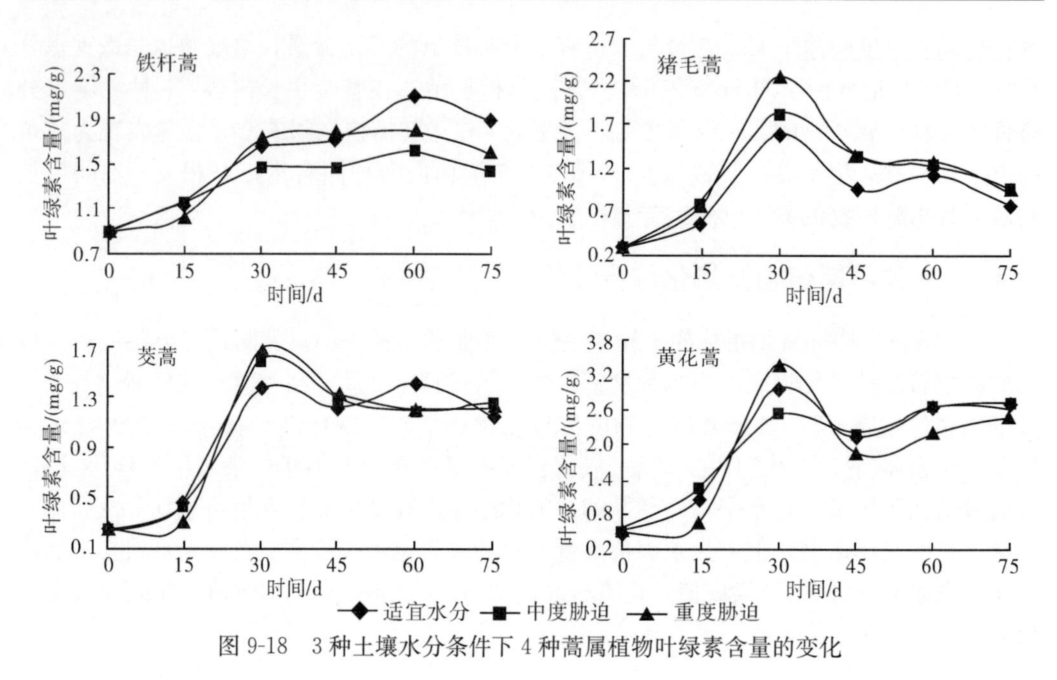

图 9-18　3 种土壤水分条件下 4 种蒿属植物叶绿素含量的变化

9.3.7　小结

由相对含水量的变化可见，4 种蒿属植物在 7 月受水分影响程度表现为：猪毛蒿>黄花蒿和茭蒿>铁杆蒿；到 8 月底，4 种蒿属植物在中度水分胁迫下适应水分胁迫的能力表现为：铁杆蒿>猪毛蒿>茭蒿>黄花蒿，在重度水分胁迫下表现为：茭蒿>猪毛蒿>铁杆蒿>黄花蒿。

采用隶属函数法对 4 种蒿属植物在重度水分胁迫下渗透调节物质隶属值计算的结果表明，黄花蒿的脯氨酸含量隶属值高于其余 3 种蒿属植物，次之是猪毛蒿；而可溶性糖含量的隶属值茭蒿显示最高，猪毛蒿和黄花蒿次之；铁杆蒿的各项隶属值是 4 种植物中最小的。平均隶属值表明干旱胁迫对渗透调节的影响依次为：黄花蒿>猪毛蒿和茭蒿>铁杆蒿。

抗氧化的综合评价结果表明，黄花蒿的抗氧化能力最强，茭蒿、猪毛蒿次之，铁杆蒿最弱，与其抗旱性强弱关系不一致。这表明 4 种蒿属植物之间存在抗氧化特征的多样性，也间接地反映了植物干旱适应性是植物个体综合适应的结果，抗氧化能力的强弱只是从侧面反映了它们与黄土高原环境的关系。黄花蒿和茭蒿的抗氧化酶指标隶属值相对均衡，暗示其协调效率高。黄花蒿具有最高的 Car 隶属值，表明在防止叶绿体活性氧伤害方面具有较高的贡献率。茭蒿的抗坏血酸隶属值最高，但 Car 最低，表明其不能有效地防止叶片中的活性氧爆发。猪毛蒿的非酶抗氧化指标的隶属值均衡，但 CAT、POD 相对较小，表明抗氧化酶系协调效率低下，这使其抗氧化能力变得相对较弱。铁杆蒿的协调性在 4 种蒿属植物中表现最差，非酶抗氧化指标隶属值不均衡，从而导致其抗氧化能力最差。以上分析表明，黄花蒿能从源头上防止活性氧的爆发，加上抗氧化酶的协调效率高，从而膜脂过氧化程度最低，表现出抗氧化综合能力最强。铁杆蒿的 SOD、CAT、POD 三者相互协调性差直接导致其抗氧化能力最弱。

4 种蒿属植物的抗坏血酸积累差异显著，表现为：茭蒿>猪毛蒿>铁杆蒿和黄花蒿

($p<0.01$)。种内表现为随着水分胁迫的增加，抗坏血酸含量增高 ($p<0.05$)，且生长阶段性差异也显著 ($p<0.01$)，在植物营养生长阶段积累得到加强，衰老阶段总体下降，说明抗坏血酸含量受到遗传因素和环境双重影响。研究还发现，不同土壤水分条件下 4 种蒿属植物 Car 的积累状况为：黄花蒿＞铁杆蒿＞茭蒿和猪毛蒿，其种间的含量变化与种间抗坏血酸正好相反。等面叶中抗坏血酸含量比异面叶中多，而类胡萝卜素却在异面叶中含量多，这说明 4 种蒿植物清除自由基的方式不同，可能与各个物种自身的遗传特性有关。

9.4　不同土壤水分条件下 4 种蒿属植物的形态解剖学

9.4.1　不同土壤水分条件下 4 种蒿属植物叶表皮细胞和气孔器的比较

由表 9-11 可见，铁杆蒿上、下表皮都分布有气孔，但上表皮的气孔密度远小于下表皮气孔密度，在水分胁迫条件下，铁杆蒿上表皮的气孔密度显著降低，而下表皮气孔密度显著上升。下表皮密度大于上表皮密度，中度水分胁迫下，铁杆蒿上、下表皮密度与适宜水分下变化不大，但在重度水分胁迫使其表皮密度有所升高。上、下表皮之间气孔长度和宽度差异不大，但在严重水分胁迫下上、下表皮的气孔长度和宽度均有所下降，气孔长宽比变化差异不大。上表皮的气孔指数随着水分胁迫加剧而下降，说明上表皮气孔分化数目减少，有利于节省水分散失；下表皮的气孔指数在水分胁迫条件下有所上升，说明气孔分化数目增加；而由中度水分胁迫到重度水分胁迫气孔指数变化不大，但气孔密度和表皮细胞密度增加，说明这种增加是气孔及表皮细胞变小而增加的，并未出现分化数目的增加，这一点与气孔器的长和宽的变化一致。

猪毛蒿的下表皮气孔密度略大于上表皮，上、下表皮的气孔密度均在水分胁迫下大于适宜水分条件下。上表皮气孔密度随水分胁迫的加剧而升高，下表皮的气孔密度在中度和重度水分胁迫下差异显著。上、下表皮细胞密度相似，上表皮细胞密度在中度水分胁迫下与适宜水分下相比略有下降，在重度水分胁迫下无变化；下表皮细胞密度在中度水分胁迫和重度水分胁迫下无显著差异，但都大于适宜水分条件下。上表皮的气孔长度和宽度在中度水分胁迫下与适宜水分、重度水分胁迫下的相比有升高现象，而下表皮的气孔长度和宽度在重度水分胁迫下显著低于适宜水分和中度水分胁迫条件下，气孔器的形态变化差异不大。气孔指数显示在中度水分胁迫下和重度水分胁迫下差异不显著，但都大于适宜水分条件下，可见水分胁迫使猪毛蒿的叶表皮气孔分化程度增加。

茭蒿的上表皮气孔密度小于下表皮气孔密度，在中度水分胁迫下上表皮气孔密度显著高于适宜水分和重度水分胁迫的上表皮气孔密度，而下表皮气孔密度在中度水分胁迫下最低，在重度水分胁迫下最高。水分胁迫对上、下表皮细胞密度影响差异不显著。在适宜水分条件下，下表皮细胞密度大于上表皮细胞密度，但在水分胁迫条件下，上、下表皮细胞密度相似。上、下表皮气孔长度在中度水分胁迫下略大于适宜水分和重度水分胁迫条件下，而上、下表皮气孔宽度在水分胁迫下略低于适宜水分条件下。水分胁迫对气孔器的长宽比影响差异不显著。气孔指数显示，与适宜水分条件相比，中度水分胁迫下上表皮气孔分化程度增加，下表皮无变化；在重度水分胁迫下，上表皮气孔分化程度

表 9-11　34 种蒿属植物叶表皮细胞和气孔器的比较

物　种	水分处理	气孔密度/(个/mm^2)		表皮密度/(个/mm^2)		气孔长度/μm		气孔宽度/μm		气孔长/宽		气孔指数	
		上表皮	下表皮	上表皮	下表皮	上表皮	下表皮	上表皮	下表皮	上表皮	下表皮	上表皮	下表皮
铁杆蒿	75%θ_f	53 de	14 9e	1130 bcd	12772 de	29.15 a	28.26 a	21.48 a	20.41ab	1∶0.74 ab	1∶0.72 a	4.5	10.5
	55%θ_f	14 e	211 cde	809 d	1313 de	29.75 a	28.25 a	20.93 ab	22.27 a	1∶0.70 a	1∶0.79 ab	1.7	13.8
	35%θ_f	13 e	230 cde	1288 abcd	1519 cd	23.72 c	24.16 abc	19.23 bcd	18.90 bcd	1∶0.81 bcdef	1∶0.79 ab	1.0	13.2
猪毛蒿	75%θ_f	138 bc	153 de	1359 abc	1069 e	21.36 de	25.76 ab	19.17 bcd	19.91 abc	1∶0.90 f	1∶0.78 ab	9.2	12.5
	55%θ_f	158 b	229 cde	922 cd	1268 de	25.78 b	24.00 abc	20.43 abc	19.75 abc	1∶0.80 abcde	1∶0.82 ab	14.6	15.3
	35%θ_f	218 a	227 cde	1412 abc	1390 de	22.01 cde	20.35 c	19.34 bcd	16.34 d	1∶0.88 ef	1∶0.80 ab	13.4	14.0
茭蒿	75%θ_f	84 d	295 abc	1333 abc	1902 abc	22.68 cd	21.31c	17.77 de	16.88 cd	1∶0.79 abcde	1∶0.82 ab	5.9	13.4
	55%θ_f	132 bc	244 bcde	1625 ab	1538 cd	24.04 bc	23.98 abc	18.56 cd	19.56 abcd	1∶0.78 abcd	1∶0.82 ab	7.5	13.7
	35%θ_f	69 d	360 a	1521 ab	1646 bcd	22.59 cd	20.45 c	19.52 abcd	18.20 bcd	1∶0.87 def	1∶0.89 b	4.3	17.9
黄花蒿	75%θ_f	6 e	193 cde	1724 a	1997 ab	20.95 de	23.39 bc	16.23 ef	18.67 bcd	1∶0.77 abc	1∶0.89 ab	0.3	8.8
	55%θ_f	8 e	255 bcd	1724 a	2105 a	17.03 e	20.31 c	14.59 f	16.69 cd	1∶0.86 def	1∶0.82 ab	0.5	10.8
	35%θ_f	100 cd	337 ab	1547 ab	2244 a	20.30 f	22.95 bc	16.06 ef	17.33 bcd	1∶0.79 abcade	1∶0.76 a	6.1	13.1

注:小写字母 a～g 表示各处理间有无显著差异(p<0.05),同一列中字母相同表示差异性不显著。

下降，下表皮气孔分化程度上升。

黄花蒿的下表皮气孔密度显著高于上表皮气孔密度，与适宜水分条件下相比，上表皮在重度水分胁迫下气孔密度增加 10 多倍，而中度水分条件下无变化，下表皮气孔密度随水分胁迫加剧而升高。上表皮密度在重度水分胁迫下有所下降，而下表皮密度却相应升高。上、下表皮的气孔长度与宽度在中度水分胁迫下下降，但长宽比减小，在重度水分胁迫下气孔器的形态无变化。气孔指数表明，上表皮在重度水分胁迫下增加气孔的分化程度，而下表皮在中度水分胁迫下就开始增加气孔的分化程度，并随水分胁迫加剧而升高。

9.4.2　4 种蒿属植物叶片的解剖学特征比较

由表 9-12 可见，从叶肉组织类型来看，铁杆蒿属于过渡型叶片，猪毛蒿和茭蒿属于环栅型叶片，这三者均属于抗旱性叶片结构，而黄花蒿属于正常性叶片，不利于植物在干旱环境生存。猪毛蒿叶片最厚，其生长发育初期叶面积较大，到中期叶片高度线性化。4 种蒿属植物的表皮细胞厚度上表皮均大于下表皮，两者之间的比例是铁杆蒿：1.48、猪毛蒿：1.09、茭蒿：1.20、黄花蒿：1.09。铁杆蒿的上下表皮厚度、角质层厚度最大，叶片结构紧密度最高，疏松度最低，由此可见铁杆蒿的叶片形态应属于最抗旱的。这些结构也与铁杆蒿上表皮无表皮毛相适应。猪毛蒿和茭蒿的叶片解剖形态结构差异不大，上下表皮细胞厚度、角质层厚度、叶片结构紧密度和疏松度差异不大，唯一有区别的是猪毛蒿的海绵组织、栅栏组织厚度大于茭蒿的，但栅栏组织与海绵组织之比却无变化。由此可见，猪毛蒿和茭蒿在叶片结构上抗旱性相似，但茭蒿的上表皮表皮毛稀疏，进一步导致其水分容易过度散失。黄花蒿叶片的各项指标均小于其余 3 种蒿属植物，从叶片解剖学方面来看，其抗旱性远小于其余 3 种蒿属植物。

表 9-12　4 种蒿属植物叶片的解剖学特征比较

指标	铁杆蒿	猪毛蒿	茭蒿	黄花蒿
叶肉组织类型	过渡型	环栅型	环栅型	两面叶
叶片厚度/μm	22.33	24.23	16.08	10.66
表皮厚度/μm	上：2.78	上：2.02	上：1.95	上：1.49
	下：1.87	下：1.85	下：1.62	下：1.36
栅栏组织厚度/μm	上：7.07	上：7.08	上：4.52	上：3.29
	下：4.36	下：5.60	下：3.27	下：—
海绵组织厚度/μm	5.28	7.70	4.71	3.65
栅栏组织/海绵组织	1∶0.46	1∶0.61	1∶0.60	1∶1.11
角质层厚度/μm	上：0.88	上：0.44	上：0.44	上：0.36
	下：0.39	下：0.34	下：0.33	下：0.32
叶片结构紧密度/%	54.1	52.6	49.4	29.6
叶片结构疏松度/%	28.8	32.5	30.2	38.6

9.4.3　4 种蒿属植物表皮附属物特征

由图 9-19 可见，铁杆蒿的上表皮出现零星的表皮毛分布，而下表皮的表皮毛较浓密，这可以有效地防止水分蒸腾。表皮毛呈卷曲状，并且上表皮存在囊泡状的突出物，推测储存挥发性物质。而猪毛蒿的上、下表皮都布满了横向平行排列的表皮毛，其表皮毛由表皮细胞向上突出后，再分成两根向两侧弯曲平行排列。茭蒿的表皮毛形态与猪毛蒿相似，但茭蒿的上表皮分布较为稀疏，下表皮较为浓密。猪毛蒿和茭蒿的上、下表皮都没有泡状附属物。黄花蒿的上、下表皮都零星分布极个别的表皮毛，其形态与铁杆蒿相似，上、下表皮也都有囊泡状的附属物。

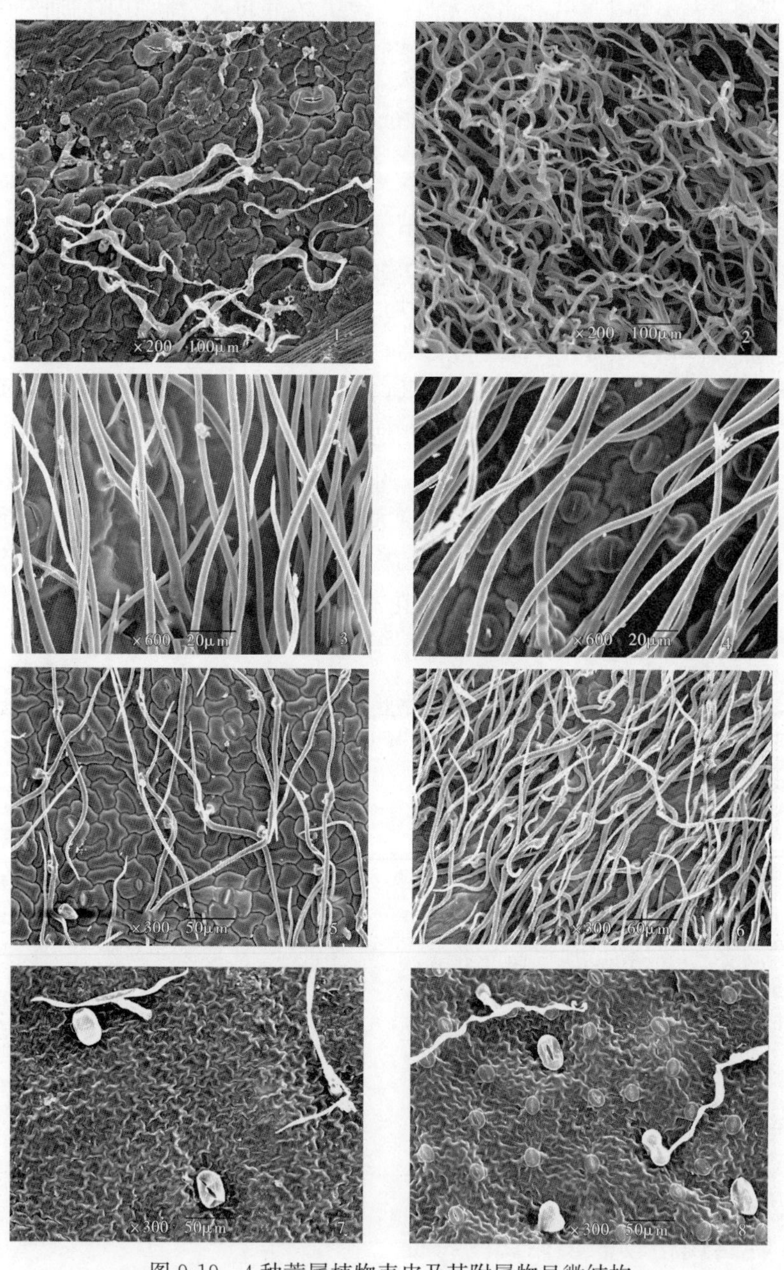

图 9-19 4 种蒿属植物表皮及其附属物显微结构

1. 铁杆蒿上表皮；2. 铁杆蒿下表皮；3. 猪毛蒿上表皮；4. 猪毛蒿下表皮；
5. 茭蒿上表皮；6. 茭蒿下表皮；7. 黄花蒿上表皮；8 黄花蒿下表皮

9.4.4　4种蒿属植物在3种土壤水分条件下叶片解剖学特征比较

由图9-20和表9-13可见，与适宜水分下相比，干旱处理下铁杆蒿和黄花蒿的叶片厚度随着干旱胁迫的加剧而增厚，其增幅分别达13.1%和21.4%（$p<0.05$）；猪毛蒿

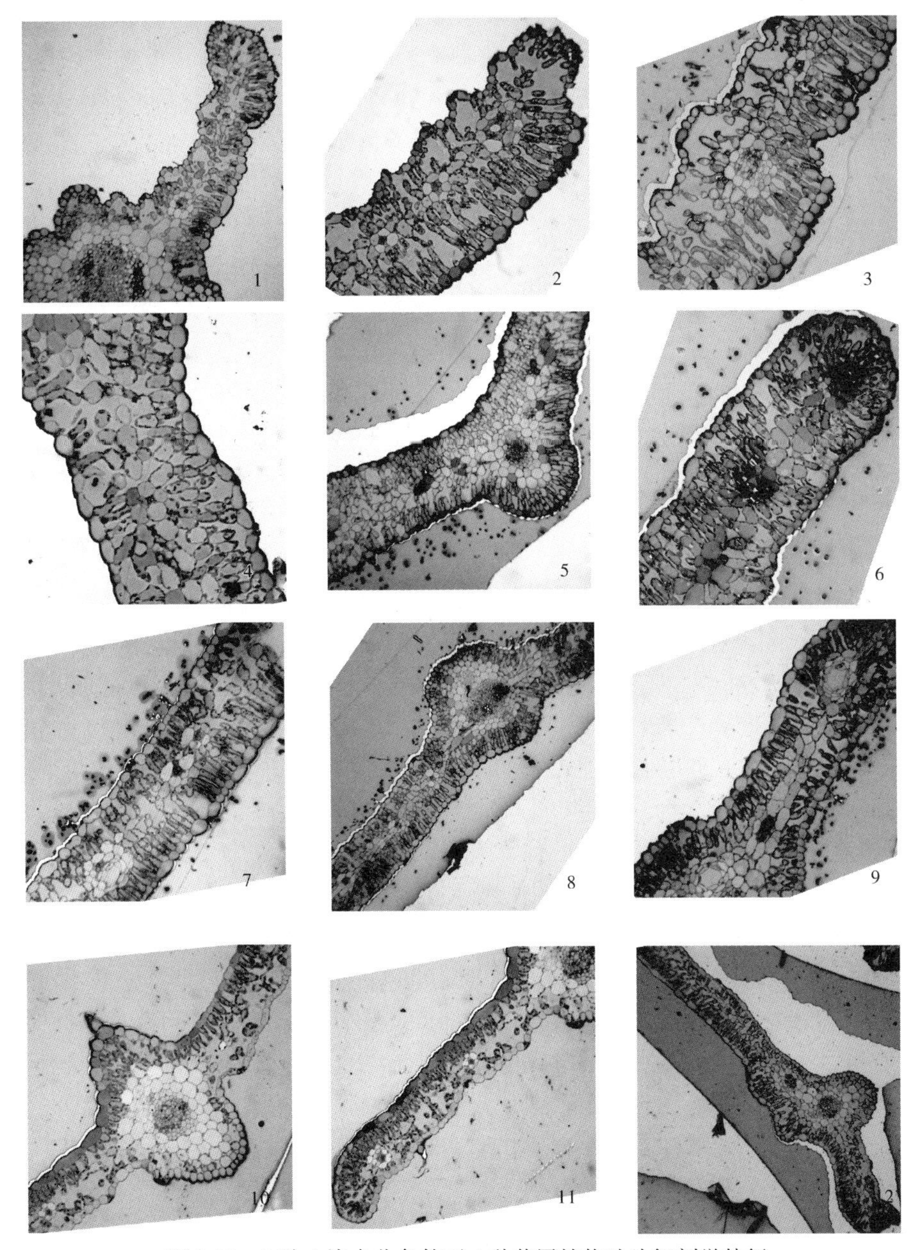

图9-20　3种土壤水分条件下4种蒿属植物叶片解剖学特征

1. 铁杆蒿适宜水分（×100）；2. 铁杆蒿中度水分胁迫（×200）；3. 铁杆蒿重度水分胁迫（×200）；4. 猪毛蒿适宜水分（×200）；5 猪毛蒿中度水分胁迫（×100）；6. 猪毛蒿重度水分胁迫（×200）；7. 茭蒿适宜水分（×200）；8. 茭蒿中度水分胁迫（×100）；9. 茭蒿重度水分胁迫（×200）；10. 黄花蒿适宜水分（×200）；11. 黄花蒿中度水分胁迫（×200）；12. 黄花蒿重度水分胁迫（×100）

在中度干旱下达19%，茭蒿变化差异不显著。与对照相比较，猪毛蒿在重度干旱下上表皮厚度下降21.9%，中度干旱下下表皮厚度下降16.20%；其余3种植物的上、下表皮厚度变化差异不显著。与对照相比，上、下表皮栅栏组织受干旱影响增幅分别为：铁杆蒿达33.9%～38%（上）和27.7%（下）；猪毛蒿在中度干旱下达35.5%（上）和45.6%（下）；黄花蒿达30.9%（上）。较特殊的是在重度干旱下茭蒿的上表皮栅栏组织厚度下降20.4%；黄花蒿叶片的下表皮栅栏组织分化出现。叶片海绵组织厚度仅在重度干旱下显著下降，其下降幅度分别为：铁杆蒿22.1%、茭蒿22.4%、黄花蒿26.0%；猪毛蒿无显著变化。上、下表皮角质层厚度变化显著的是猪毛蒿，在重度干旱下增幅达38.9%（上）和48.0%（下）；其次是茭蒿，在中度干旱下达41.4%（下），铁杆蒿在重度干旱下达19.0%（上）；特殊的是黄花蒿在重度干旱下上、下表皮角质层厚度降低幅度分别达36.0%和15.2%。干旱胁迫下，与对照相比，铁杆蒿和黄花蒿叶片栅栏组织/海绵组织厚度比例增幅达到显著差异，分别高达75.7%和174.0%；其余变化差异不显著。叶片结构紧实程度上对干旱的响应，黄花蒿增幅达69.8%，猪毛蒿达189.0%，铁杆蒿达10.4%；在重度干旱下铁杆蒿和黄花蒿的叶片疏松度降幅分别达36.7%和38.8%；其余变化无显著差异。

9.4.5 小结

从4种蒿属植物叶表皮形态来看，铁杆蒿上表皮有极稀疏的表皮毛，下表皮具有浓密的表皮毛；而猪毛蒿上、下表皮均具有较浓密的表皮毛；茭蒿上表皮毛稀疏，下表皮浓密；黄花蒿上、下表皮具有极稀疏的表皮毛。因此，单从表皮毛分布来看，在防止水分蒸发和强光损伤方面，猪毛蒿最有利，茭蒿其次，铁杆蒿两次，最差是猪毛蒿。但是猪毛蒿和茭蒿上表皮具有相对较多的气孔，不利于水分的保持，而铁杆蒿和黄花蒿气孔几乎全分布在下表皮。铁杆蒿下表皮分布浓密表皮毛，可进一步防止叶片中的水分蒸发，黄花蒿就无此功能。水分胁迫可影响4种蒿属植物的上、下表皮气孔密度、表皮细胞密度和气孔的形态。对气孔指数的计算表明，水分通过影响表皮细胞及气孔发育来影响和改变气孔密度，从而对水分利用进行调控。

从解剖学来看，铁杆蒿属于过渡型叶片，猪毛蒿和茭蒿属于环栅型叶片，黄花蒿属于正常性叶片。铁杆蒿的角质层最厚，猪毛蒿和茭蒿次之，黄花蒿最薄。叶片紧密度为：铁杆蒿＞猪毛蒿和茭蒿＞黄花蒿。以上均表明铁杆蒿最耐旱，猪毛蒿和茭蒿次之，黄花蒿最弱。水分胁迫对4种蒿属植物的叶解剖结构有影响。水分胁迫下，栅栏组织所占的比例增加，海绵组织比例减小，叶片紧密度增加，疏松度减少，角质层厚增加。总之，叶片向着更耐旱的结构发展。

表 9-13　4 种蒿属植物在 3 种土壤水分条件下叶片解剖学特征比较

物种	水分处理	叶厚度	上表皮厚度	下表皮厚度	上表皮栅栏组织厚度	下表皮栅栏组织厚度	海绵组织	上表皮角质层厚度	下表皮角质层厚度	栅栏组织/海绵组织	叶片结构紧密度	叶片结构疏松度
铁杆蒿	75%θ_f	19.1±3.3d	287±0.49a	1.93±0.39abc	5.58±0.77cd	0.39±0.36de	6.16±0.61b	0.84±0.16b	0.42±0.09a	1∶0.65±0.07bc	53.9±9.9%abc	35.2±8.8%ab
	55%θ_f	20.3±1.3cd	2.77±0.49a	1.95±0.17ab	7.70±0.38ab	4.22±1.34cd	5.14±1.08c	0.81±0.10b	0.39±0.11ab	1∶0.42±0.13de	59.1±8.2%a	25.3±4.6%de
	35%θ_f	21.6±3.7bc	2.71±0.27a	1.73±0.22bcd	7.47±1.06ab	4.98±1.61bc	4.80±0.88cd	1.00±0.24a	0.36±0.14abc	1∶0.74±0.16b	48.8±10.4%bc	34.5±5.4%abc
	75%θ_f	21.6±1.7bc	2.29±0.37b	2.04±0.26a	5.94±1.58c	4.52±0.96cd	7.46±0.92a	0.36±0.05cdef	0.27±0.04c	1∶0.74±0.16b	48.8±10.4%bc	34.5±5.4%abc
猪毛蒿	55%θ_f	25.7±2.0a	1.97±0.29bcd	1.71±0.18bcd	8.05±0.86a	6.58±0.79a	7.83±1.36a	0.47±0.07c	0.36±0.05abc	1∶0.55±0.14bcde	57.2±7.8%ab	30.4±5.2%bcd
	35%θ_f	22.4±1.0b	1.81±0.49cde	1.79±0.21abcd	7.24±0.66b	5.70±0.55b	7.81±1.23a	0.50±0.08c	0.40±0.14ab	1∶0.60±0.10bcd	58.0±5.3%a	34.9±6.4%ab
	75%θ_f	16.4±1.9e	1.96±0.42bce	1.67±0.44cd	4.87±0.56de	3.39±0.38e	4.74±0.95cd	0.41±0.05cdef	0.29±0.11bc	1∶0.57±0.13bcd	51.3±9.3%abc	28.9±6.5%bcde
茭蒿	55%θ_f	16.8±0.6e	1.76±0.32cdef	1.56±0.19de	4.81±0.52e	3.30±0.43e	5.28±0.49bc	0.45±0.10cd	0.41±0.16a	1∶0.65±0.09bc	48.4±4.7%bc	31.4±2.4%bcd
	35%θ_f	15.1±1.9e	2.12±0.25bc	1.63±0.23d	3.88±0.59f	3.12±0.54e	4.10±0.72de	0.45±0.16cd	0.28±.12c	1∶0.59±0.10bcd	47.3±8.5%c	27.2±6.6%cde
黄花蒿	75%θ_f	9.8±0.7g	1.46±0.39ef	1.32±0.26ef	3.02±0.29g	—	4.08±0.67de	0.31±0.10def	0.33±0.03abc	1∶1.37±0.34a	30.8±2.5%d	41.5±8.3%a
	75%θ_f	9.8±0.7g	1.46±0.39ef	1.32±0.26ef	3.02±0.29g	—	4.08±0.67de	0.31±0.10def	0.33±0.03abc	1∶1.37±0.34a	30.8±2.5%d	41.5±8.3%a
	55%θ_f	10.3±1.2fg	1.63±0.44def	1.57±0.34de	2.91±0.31g	—	3.65±1.04ef	0.45±0.18cde	0.37±0.09abc	1∶1.25±0.34a	28.9±5.5%d	35.6±11.1%ab
	35%θ_f	11.9±1.3f	1.40±0.20f	1.20±0.30f	3.93±0.37f	2.25±0.21f	3.02±0.44f	0.29±0.06f	0.28±0.05c	1∶0.50±0.09cde	52.3±4.6%abc	25.4±4.4%de

注：小写字母 a～g 表示各个处理间有无显著差异（$p<0.05$），同一列中字母相同表示差异性不显著。表中数据为：均值±SE，$n=20$。

9.5 4种蒿属植物抗旱性综合评价

从表9-14看出，在水分胁迫下4种蒿属植物从形态到生理生化等各项指标均表现出差异，也反映出不同植物在干旱环境下生理生态适应性的差异及多样性。但要评价4种蒿属植物的抗旱性强弱及干旱适应性的大小，仅通过单一的指标或某一方面的特征是不全面的，必须通过多项指标综合分析，最终得出结论。本章测定了4种蒿属植物在水分胁迫下从形态到生理的28项指标，记录这些指标在水分胁迫下相对于适宜水分条件下的变化量或在水分胁迫下的指标大小值，最后采用主成分分析法进行了抗旱性综合评价。

表9-14 4种蒿属植物在重度水分胁迫下的各项指标值

指标	铁杆蒿	猪毛蒿	茭蒿	黄花蒿
耗水量下降率/%	0.58	0.54	0.68	0.44
株高下降率/%	0.328	0.325	0.309	0.743
总干物质减少率/%	0.682	0.496	0.535	0.678
干物质胁迫指数	0.369	0.433	0.493	0.256
根系胁迫指数	0.272	0.885	0.467	0.459
根冠比	0.46	0.35	1.35	0.40
水分利用效率/（g/kg）	2.69	2.52	4.12	1.14
根干质量/g	1.229	1.156	2.367	0.481
根长/cm	30.71	14.5	31.3	25.5
根密度/（个/株）	13.2	12.6	13.4	13.0
根基粗/cm	0.4	0.57	0.48	0.55
根体积/cm^3	4.64	1.84	4.00	1.36
侧根长/cm	28.89	10.95	17.68	9.11
相对含水量变化率/%	0.094	0.075	0.090	0.086
叶绿素含量/（mg/g）	0.328	0.277	0.261	0.374
脯氨酸含量/%	1.208	7.966	3.864	6.982
可溶性糖含量/%	0.186	0.418	0.408	0.444
丙二醛含量/（μmol/g）	17.20	7.76	19.90	7.63
超氧化物歧化酶/[U/(g FW·h)]	1567.1	1353.0	1565.0	1375.6
过氧化氢化物歧化酶/[U/(g FW·min)]	38.67	31.67	68.79	49.19
过氧化氢化物歧化酶/[U/(g FW·min)]	94.35	166.06	336.95	297.96
抗坏血酸含量/（mg/100g FW）	8.42	16.68	25.10	9.55
类胡萝卜素含量/（mg/g）	0.328	0.277	0.261	0.374
气孔密度/（个/mm^2）	121.5	222.5	214.5	218.5
角质层厚度/μm	1.00	0.50	0.45	0.29
叶片紧密度/%	0.577	0.579	0.465	0.331
叶片疏松度/%	0.223	0.349	0.272	0.254
栅栏组织/海绵组织	2.56	1.67	1.69	1.30

由表 9-15 可见，这 28 项指标共被转换成 3 个主成分，其累积贡献率达 100%，说明这 3 个主成分可以完全代表 28 项指标的特性。

表 9-15　各主成分特征值及累积贡献率

主成分	特征值	贡献率/%	累计百分率/%
1	13.376 0	47.771 5	47.771 5
2	8.994 4	32.122 9	79.894 5
3	5.629 6	20.105 5	100.000 0

由表 9-16 可知，依据计算公式求出 4 种蒿属植物的抗旱性大小，结果如表 9-17 所示，抗旱性大小为：茭蒿＞铁杆蒿＞猪毛蒿＞黄花蒿。

表 9-16　4 种蒿属植物 3 维主成分坐标值

主成分	铁杆蒿	猪毛蒿	茭蒿	黄花蒿
1	4.324 0	−3.395 6	2.915 6	−3.844 0
2	−3.147 5	2.256 3	3.653 6	−2.762 4
3	1.679 0	2.974 8	2.226 2	2.427 7

表 9-17　4 种蒿属植物的抗旱性

物种	铁杆蒿	猪毛蒿	茭蒿	黄花蒿
抗旱性得分	0.717	−1.495	3.014	−2.236

9.6　结　　论

9.6.1　4 种蒿属植物的耗水规律

同一种蒿属植物在 3 种土壤水分条件下耗水规律相似。日耗水、旬耗水、月耗水以及整个生长季耗水均表现为：适宜水分＞中度干旱＞重度干旱。日耗水进程曲线显示 4 种蒿属植物在 3 种土壤水分条件下均呈单峰。同一土壤水分条件下 4 种蒿属植物的耗水规律不相同。适宜水分和重度干旱下整个生长季耗水量为：猪毛蒿＞铁杆蒿＞茭蒿＞黄花蒿。在中度干旱下，铁杆蒿和猪毛蒿折线大部分重合，并且高于茭蒿，都大于黄花蒿。整个生长季猪毛蒿和铁杆蒿的耗水量无显著差异，且高于茭蒿，黄花蒿耗水量最低。

9.6.2　4 种蒿属植物的生长特性

4 种蒿属植物的快速生长期均集中于 5 月上旬、中旬，之后生长速率减缓。7 月下旬之后 4 种蒿属植物均停止伸长生长，4 种植物株高生长规律均为：适宜水分＞中度干旱＞重度干旱。整个生长季中 4 种蒿属植物干物质积累总量均为：适宜水分＞中度干旱＞重度干旱（猪毛蒿例外，适宜水分和中度干旱下无差异）。适宜水分条件下，4 种蒿属植物干物质积累总量表现为：铁杆蒿＞猪毛蒿和茭蒿＞黄花蒿；中度水分胁迫、重度水分胁迫下，4 种蒿属植物干物质积累总量表现为：猪毛蒿＞茭蒿＞铁杆蒿＞黄花蒿。4 种蒿属植物的根冠比在 3 种土壤水分条件下表现为：茭蒿＞铁杆蒿＞黄花蒿＞猪毛蒿。在水分胁迫下，4 种蒿属植物地上物质和地下物质分配受影响依次为：猪毛蒿＞黄花蒿＞铁杆蒿＞茭蒿。4 种蒿属植物的水分利用效率在适宜水分条件下，表现为：铁杆蒿＞茭蒿＞猪毛蒿＞黄花蒿；中度干旱条件下，表现为：茭蒿＞猪毛蒿＞铁杆蒿＞黄花蒿；重度水分胁迫条件下，表现为：茭蒿＞铁杆蒿＞猪毛蒿＞黄花蒿。在中度水分胁迫和重度水分胁迫条件下，4 种蒿属植物的水分利用效率相对于适宜水分条件变化率表现为：铁杆蒿，－13.6％和－20.4％；猪毛蒿，38.3％和 9.6％；茭蒿，30.9％和 51.5％；黄花蒿，－20.0％和－46.9％。

9.6.3 4 种蒿属植物对水分胁迫的生理变化特性

4 种蒿属植物在 7 月受水分影响程度表现为：猪毛蒿＞黄花蒿和茭蒿＞铁杆蒿。到 8 月底，在适应水分胁迫方面，4 种蒿属植物表现出的能力为：中度干旱下，铁杆蒿＞猪毛蒿＞茭蒿＞黄花蒿；在重度干旱下，茭蒿＞猪毛蒿＞铁杆蒿＞黄花蒿。

采用隶属函数法计算 4 种蒿属植物在重度水分胁迫下渗透调节物质升高率的隶属值，结果显示，黄花蒿的脯氨酸含量隶属值高于其余 3 种蒿属植物，次之是猪毛蒿；而可溶性糖含量的隶属值茭蒿最高，猪毛蒿和黄花蒿次之；铁杆蒿的各项隶属值是 4 种植物中最小的。平均隶属值表明，渗透调节能力依次为：黄花蒿＞猪毛蒿和茭蒿＞铁杆蒿。

4 种蒿属植物中黄花蒿整体抗氧化能力最强，茭蒿、猪毛蒿次之，铁杆蒿最弱。4 种蒿属植物 SOD 隶属值表现为：铁杆蒿＞茭蒿＞猪毛蒿＞黄花蒿；CAT 隶属值表现为：黄花蒿＞茭蒿＞猪毛蒿＞铁杆蒿；POD 隶属值表现为：茭蒿＞黄花蒿＞猪毛蒿＞铁杆蒿；抗坏血酸隶属值表现为：茭蒿＞猪毛蒿＞黄花蒿＞铁杆蒿；Car 隶属值表现为：黄花蒿＞铁杆蒿＞猪毛蒿＞茭蒿；MDA 隶属值表现为：黄花蒿＞猪毛蒿＞铁杆蒿＞茭蒿。

9.6.4 4 种蒿属植物的形态解剖学

4 种蒿属植物中，铁杆蒿属于过渡型叶片，猪毛蒿和茭蒿属于环栅型叶片，黄花蒿属于正常性叶片。铁杆蒿上表皮无表皮毛，但角质层厚度最大，气孔几乎全分布于下表皮，有浓密的下表皮毛防止水分过度散失，叶片紧密度最大，进一步从形态学上证实铁杆蒿的叶片具有较高的抗旱性。猪毛蒿和茭蒿角质层厚度较铁杆蒿小，且上、下表皮都有气孔，但猪毛蒿上、下表皮毛较浓密，可以阻止水分散失，而茭蒿上表皮毛稀疏，进一步限制其抗旱性，并且猪毛蒿和茭蒿的叶片紧密度较铁杆蒿小。黄花蒿的气孔虽然分布在下表皮，但几乎很少有表皮毛存在，加之角质层厚度最薄，叶片紧密度最小，所以应是 4 种蒿属植物中叶片最不保水的。

综上所述，4 种蒿属植物的干旱适应性有各自的特点，单从某一方面并不能看出干旱适应性的强弱，因此利用主成分分析对 4 种蒿属植物在水分胁迫下的 23 项指标进行了综合评价，结果显示，4 种蒿属植物干旱适应性能力大小为：茭蒿＞铁杆蒿＞猪毛蒿＞黄花蒿。

第 10 章　黄土丘陵区 4 种乡土草种水分生理生态特征研究

演替是合理经营、利用自然资源的理论基础，研究演替有助于对自然、人工生态系统进行有效的控制、管理，并指导退化生态系统恢复和重建（Jon，2003；John，1999；Jerzy，1988；Maugurran，1988；Fisher，1943；Mot），Odum 认为“生态演替的原理同人与自然之间的关系密切相关，是解决当代人类环境危机的基础。”（Odum，1971）撂荒演替作为植被次生演替的一个重要类型，被许多学者进行探索研究（Tokeshi，1990；Peet，1974；Whittaker，1972；Preston，1948；Fisher，1943）。研究生态脆弱、生境复杂的陕北黄土丘陵区的撂荒演替，在此基础上对演替过程中产草量大的草种进行适口性试验，确定主要的乡土牧草，并对其营养成分进行比较和评价，从而筛选出改良潜质高的草种，以期为该地区植被恢复过程中牧草选育、草种合理搭配提供理论基础，从而加快因气候、立地条件、植物繁殖体来源等问题而速度缓慢的植被自然恢复的进程（刘粬然，1999；Williamsm，1995；Gitay，1991；Barkman，1989；Kenkel，1989；Miller，1989；de Caprariis，1976）。

10.1　演替序列

调查表明，弃耕农田经过 40 年左右的演替发展，群落类型从起始的先锋草种群落到后期的草本或小灌木群落，共出现植物 67 种，其中归属于豆科、禾本科、菊科 4 种、蔷薇科的物种占全部种数的 60%以上，表明该 4 科植物在研究地区撂荒演替过程中作用最大（Blys et al.，1994），且在该地区植物区系中地位重要（余世孝等，1998）。

10.1.1　以撂荒年限划分演替阶序列

由表 10-1 可知，陕北黄土丘陵区撂荒演替中 25 个样地的群落特征可分为三大类，第一大类为撂荒年限为 5 年及以下的样地，其中主要为一年生植物和杂草类，如猪毛蒿、狗尾草、苣荬菜、苦苣菜等，次要种为刺儿菜、二裂委陵菜、山苦荬、田旋花、香青兰、阿尔泰狗娃花等，其他隐性、伴生植物有芦苇、叉枝鸦葱、草麻黄、灌木铁线莲、山野豌豆和大果鹤虱等。演替早期植物种类成分相对较少，多年生植物不具优势，12 个样地平均地上生物量为 110.75g FW/m^2。此类样地细分为两个小类：1 号、6 号、10 号、12 号、14 号、17 号、21 号、22 号、24 号样地为一类，主要分布猪毛蒿占绝对优势的群落；11 号、25 号样地为另一类，11 号样地为猪毛蒿＋狗尾草群落，25 号样地为铁杆蒿＋芦苇群落，这是由于撂荒前种植作物不同，耕作方式相异造成的。第二大类为撂荒 6～16 年样地：2 号、3 号、5 号、9 号、15 号、19 号。随着时间增加到第 6 年，一年生植物逐渐减少，多年生植物开始占优势，群落种类和地上生物量增加，平均生物量达到 115.46g FW/m^2，群落优势种为铁杆蒿、茭蒿、达乌里胡枝子和白羊草，次要种为阿尔泰狗娃花、白草、米口袋、狭叶米口袋、山苦荬、二色棘豆、二裂委陵菜、无芒隐子草、硬质早熟禾和华隐子草等，伴生植物有茜草、祁洲漏芦、风毛菊、角蒿和牛皮消等。群落类型包括铁杆蒿＋茭蒿群落、达乌里胡枝子＋铁杆蒿群落、达乌里胡枝子＋长芒草群落、冰草群落和白羊草＋达乌里枝子群落。第三大类为撂荒 17～42 年样地，分为两个小类：4 号、7 号、8 号、13 号、16 号样地为一类，此时，植物种类组成开始逐渐减少，主要为达乌里胡枝子群落、白羊草群落、达乌里胡枝子＋铁杆蒿群落、达乌里胡枝子＋白羊草群落和白羊草＋达乌里胡枝子群落，平均地上生物量为 241.01g FW/m^2；20 号样地和 23 号样地为另一类，由于处于阴坡林间，以铁杆蒿＋硬质早熟禾群落和茭蒿群落为主，平均地上生物量 295.28g FW/m^2。

表 10-1 各样地群落物种重要值

物种	撂荒年限（样地序号）				
	撂荒≤5 年	撂荒 6～16 年		撂荒 17～42 年	
	(1 6 10 12 14 17 21 22 24)	(11 25)	(2 3 5 9 15 19)	(4 7 8 13 16)	(20 23)
阿尔泰狗娃花	4.67	7.13	3.18	2.23	1.25
艾蒿	0.95	—	1.17	—	0.49
白草	1.63	1.12	3.47	1.31	3.17
白头翁	—	—	—	—	0.13
白羊草	0.52	0.20	6.63	17.60	—
冰草	2.20	2.26	16.30	2.55	0.22
苍耳	0.24	0.30	—	—	—
草麻黄	1.66	—	0.52	—	0.98
草木樨状黄芪	0.14	1.07	1.43	1.66	5.40
叉枝鸦葱	1.05	—	—	—	—
长芒草	4.35	1.65	8.93	7.35	—
常春藤叶天	0.28	—	—	—	0.09
刺儿菜	3.31	0.35	1.48	0.73	—
臭蒿	2.17	1.02	—	—	—
达乌里胡枝子	3.37	1.54	15.35	36.49	8.83
大果鹤虱	0.09	0.08	—	—	—
大针茅	0.06	—	—	—	2.26
地锦	0.49	1.05	0.03	—	—
点地梅	0.07	—	—	—	—
鹅观草	—	—	—	—	2.81
二裂委陵菜	1.84	1.89	1.23	0.40	0.81
二色棘豆	0.40	—	1.40	1.84	0.13
牛皮消	0.13	—	—	—	—
披针叶黄华	—	—	0.15	0.43	—
蒲公英	0.89	0.22	0.16	0.27	—
祁洲漏芦	1.50	0.34	0.30	0.27	—
狭叶米口袋	0.57	—	1.00	0.46	0.16

续表

物种	撂荒年限（样地序号）				
	撂荒≤5年	撂荒6～16年		撂荒17～42年	
	(1 6 10 12 14 17 21 22 24)	(11 25)	(2 3 5 9 15 19)	(4 7 8 13 16)	(20 23)
茜草	—	0.17	—	—	3.92
沙蓬	0.62	0.68	0.37	—	0.41
山苦荬	2.12	2.31	2.15	2.11	0.48
山野豌豆	1.43	—	0.06	—	3.06
铁杆蒿	2.98	20.18	10.30	7.85	17.09
无芒隐子草	0.42	1.03	1.10	1.56	—
细叶远志	—	0.09	0.32	1.00	2.02
香青兰	0.85	—	0.21	0.25	—
鸦葱	—	0.05	—	—	0.15
翻白委陵菜	0.11	—	—	0.26	0.89
风毛菊	0.07	1.00	1.21	0.09	—
狗尾草	1.14	3.41	0.70	0.18	0.82
狗牙根	—	—	—	0.15	4.43
灌木铁线莲	1.11	—	0.52	—	—
华蒲公英	0.91	—	—	—	—
华隐子草	0.93	0.46	1.43	1.55	0.57
黄花草木樨	—	0.31	0.05	—	—
黄花蒿	0.12	—	—	—	0.29
黄芩	—	—	0.09	0.21	—
火绒草	—	—	—	0.16	0.28
鸡峰黄芪	—	—	—	0.27	—
茭蒿	1.49	14.47	8.24	3.20	12.80
角蒿	0.57	0.55	0.07	—	0.29
苣荬菜	3.41	—	0.92	—	—
杠柳	—	1.69	0.50	—	—
苦苣菜	2.11	—	—	—	—
苦荬菜	0.31	1.59	0.98	0.28	—
狼牙刺	—	—	—	0.54	—
老鹳草	0.41	0.26	0.07	—	—
芦苇	—	12.59	0.78	—	—
米口袋	0.58	0.94	0.76	0.50	0.58
田旋花	0.79	0.38	—	—	—
野亚麻	0.07	—	0.63	0.54	0.22
异叶败酱	0.81	0.13	0.07	—	—
茵陈蒿	0.43	0.39	—	—	—
硬质早熟禾	0.53	0.52	1.74	0.42	15.54
猪毛菜	0.51	—	—	—	—
猪毛蒿	41.72	9.40	4.73	1.79	0.18
紫花地丁	0.06	—	0.18	0.37	0.25
画眉	0.08	0.05	—	—	—

10.1.2　系统聚类分析法划分演替序列

从图 10-1 可以明确得出系统聚类分析划分演替阶段的结果，撂荒年限为 5 年及以下，样地 1 号、6 号、10 号、12 号、14 号、17 号、21 号、22 号、24 号和 11 号为一类，群落建群、优势植物为一年生植物，如猪毛蒿、狗尾草和阿尔泰狗娃花，群落 11 号为芦苇群落；撂荒 6 年及以上，2 号、3 号、4 号、6 号、5 号、8 号、9 号、13 号、15 号、16 号、18 号、19 号、23 号样地和 20 号样地为一类，群落主要种为多年生植物，如铁杆蒿、白羊草、茭蒿和达乌里胡枝子。三、四类划分与两类划分区别在于 11 号样地和 20 号样地被单独分为一类，20 号样地处于林下，建群种为铁杆蒿和硬质早熟禾，并出现了偶见种，如大针茅、大火草、狗牙根等；11 号样地主要分布芦苇群落，符合实地调查情况。在四类的基础上，五类的划分结果为：2 号、3 号和 5 号样地被重新分为一类，其中 2 号样地和 3 号样地为冰草群落。最后，六类的划分结果为：①1 号、14 号、17 号和 21 号样地为猪毛蒿＋多年生杂草类群落；②12 号、22 号和 24 号样地为猪毛蒿群落；③10 号和 25 号样地为猪毛蒿＋多年或一年生杂草类群落；④11 号样地为芦苇＋铁杆蒿群落；⑤2 号和 3 号样地为冰草群落；⑥6 号样地为猪毛蒿＋长芒草群落；⑦4 号、9 号、15 号和 18 号样地为铁杆蒿＋茭蒿群落或达乌里胡枝子＋铁杆蒿群落；⑧样地 23 为茭蒿群落；⑨5 号、8 号、16 号和 13 号样地为达乌里胡枝子＋从生禾草群；⑩7 号和 19 号样地为白羊草或白羊草＋达乌里胡枝子；⑪20 号样地为铁杆蒿＋硬质早熟禾群落。

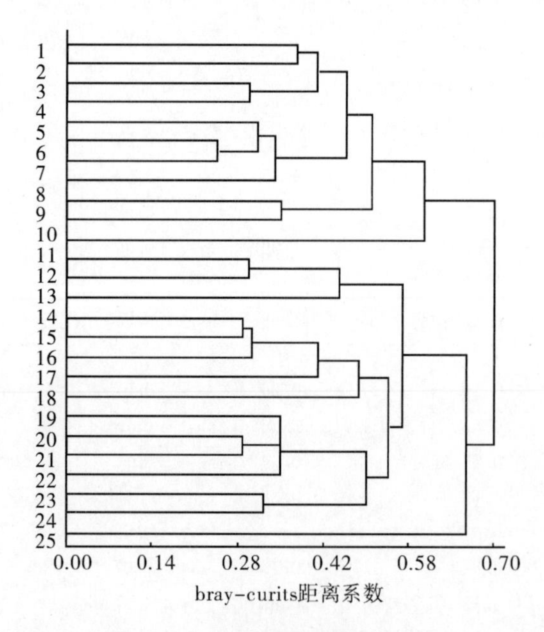

图 10-1　群落撂荒演替系统聚类

无论依据撂荒年限还是系统聚类划分演替阶段，演替前期群落类型基本一致，1～6 年：一年生杂草类群落→一年生杂草类＋丛生禾草群落→一年生杂草类＋多年生草本群落（或根茎禾草群丛）→7～16 年：多年生草本群丛→多年生草本＋小灌木群丛→17～42 年：根茎丛生型禾草+小灌木群落或小灌木+多年生草本群落→小灌木群落或多年生草本+丛生禾草群落，代表性群落依次为猪毛蒿群落、猪毛蒿+长芒草群落→猪毛蒿+铁杆蒿群落或冰草群落→铁杆蒿群落→铁杆蒿+达乌里胡枝子群落→白羊草+达乌里胡枝子群落或达乌里胡枝子+铁杆蒿群落或铁杆蒿+硬质早熟禾群落。

10.2　演替过程中主要乡土牧草评价

10.2.1　演替过程中主要乡土牧草的确定、初步分级

依据重要值计算公式，排名前35位的植物其生物量、盖度等指标在所处群落中都比其他物种更具优势，而这一特点是具备改良潜质的野生牧草所必需的。在此基础上，经适口性实验删去了“可”级以下的苣荬菜、茜草、细叶远志、臭蒿、草麻黄、艾蒿、祁洲漏芦、风毛菊、狭叶米口袋和猪毛蒿等物种，其余的23种牧草分为三级：“可”级，两种蒿类、二色棘豆；“良”级，米口袋、达乌里胡枝子、长芒草、冰草、阿尔泰狗娃花、狗尾草和二裂委陵菜；其余为“优”级。

10.2.2　演替过程中主要乡土牧草的化学成分及精确排序

从表10-2可知，牧草化学成分差异较为显著。纵向比较而言，同一营养成分在不同物种间差异可达数十倍。例如，有机物营养物含量：粗脂肪7.74%（茭蒿）～1.03%（狗牙根），相差7.51倍；无机营养物：钙3.77（苦荬菜）～0.09mg/kg（茭蒿），差异达41.89倍。横向比较而言，同一物种营养成分并不平衡，以总评分数最高的狼牙刺为例，尽管其他营养成分含量高居榜首，但粗脂肪含量属于中上水平，而总评分数较低的刺儿菜，磷含量（2.02mg/kg）却远远高出其他物种（牧草平均磷含量在0.55～1.20mg/kg），说明在人工改良草场的过程中，合理搭配草种为圈养家畜提供全面的营养至关重要。

表10-2　牧草化学成分及总评

牧草	重要值	采样期	粗蛋白/%	粗纤维/%	粗脂肪/%	粗灰分/%	钙/(mg/kg)	磷/(mg/kg)	总评分	排序
达乌里胡枝子	68.58	盛花	15.86	30.11	2.51	8.17	1.15	0.09	36	5
铁杆蒿	58.40	营养*	13.71	31.08	4.69	9.77	0.40	1.64	32	6
茭蒿	40.20	营养*	11.57	25.68	7.74	6.71	0.09	0.91	36	5
白羊草	24.95	盛花	7.86	32.59	3.13	6.04	0.46	0.79	32	6
冰草	23.53	盛花	6.22	34.28	2.84	12.09	1.71	0.73	12	10
长芒草	23.28	盛花	7.21	31.50	3.41	6.54	1.82	0.05	12	10
硬质早熟禾	18.75	营养*	8.67	32.97	3.01	8.74	0.17	0.14	4	13
阿尔泰狗娃花	18.46	盛花	10.66	31.08	3.27	9.45	1.65	0.32	48	4
芦苇	13.37	营养*	7.30	33.24	4.58	13.42	3.42	0.21	18	9
白草	10.70	盛花	9.91	35.44	4.76	11.12	0.82	0.21	6	12
草木樨状黄芪	9.70	营养*	23.34	32.67	2.74	5.27	0.50	1.27	72	2
狗尾草	6.25	盛花	8.30	37.58	1.18	12.97	0.76	0.57	4	13

续表

牧草	重要值	采样期	粗蛋白/%	粗纤维/%	粗脂肪/%	粗灰分/%	钙/(mg/kg)	磷/(mg/kg)	总评分	排序
二裂委陵菜	6.17	盛花	10.31	31.08	2.59	6.08	4.78	0.07	48	4
刺儿菜	5.87	盛花	4.81	2.49	4.12	9.61	0.10	2.02	27	7
华隐子草	4.94	盛花	10.74	42.51	2.65	7.37	0.57	0.64	18	5
狗牙根	4.58	盛花	6.91	30.67	1.03	15.09	0.93	0.52	8	11
山野豌豆	4.55	盛花	9.54	28.73	5.09	10.14	0.48	1.04	54	3
无芒隐子草	4.11	盛花	12.96	35.61	5.28	7.16	1.01	0.62	36	5
二色棘豆	3.77	盛花	15.86	30.11	2.5	8.17	1.15	0.09	24	8
米口袋	3.36	盛花	16.26	29.12	3.5	11.74	0.32	0.94	24	8
苦荬菜	3.16	营养*	7.64	16.03	6.6	21.36	3.77	0.19	27	7
狼牙刺	2.76	盛花	17.87	27.31	2.8	6.54	1.21	0.55	108	1
大针茅	2.32	盛花	8.42	34.18	2.6	4.56	0.22	0.05	4	13

注：* 幼嫩时适口性良好，开花后下降。

牧草化学成分评价利用公式：V＝粗蛋白×粗纤维×粗脂肪×无氮浸出物×钙×磷等级数

牧草综合评定利用公式：E＝0.50×化学成分分级＋0.50×有效盖度分级

依照牧草等级评定公式对23种牧草精确排序结果见表10-2最后一列。23种牧草排序为1～13，总体可划分为四大类，甲等牧草：总评分≥54，排名在1～3，均归属于豆科；乙等牧草：总评分≥24，排名4～8，其中禾本科3种、豆科3种、菊科4种、蔷薇科1种；丙等牧草：总评分≥8，排名9～11，4种牧草均归属于禾本科；其余为劣等牧草。

10.2.3　讨论

用系统聚类、撂荒年限两种方法所得结果都表明先锋群落（1～6年）演替上的连续性较好，这是由于演替初期群落组成主要取决于物种的繁殖体散布能力（邹厚远等，1998）；而后期群落（6年以上）间连续性较差，这是由于撂荒演替虽然是从弃耕的次生裸地开始的，但也不可能完全排除群落原有植被的影响，并且受立地条件和群落周边环境的影响，如坡向、坡度、土壤理化性质、土壤水分、养分等，群落演替速度和方向均有所不同（Tilman et al. 1994），即演替的方向和速度会因撂荒地立地条件的差异而发生改变（Xin et al.，2002）。例如，15号样地因开垦年限较短，再加上受周围邻近草地的影响，撂荒年限虽仅为4年，但已演替到铁杆蒿＋茭蒿群落；而前后期群落之间存在着较大的间断性，与后期群落组成逐渐复杂及控制演替的因素较多有关。

近年来，随着黄土高原生态建设深入开展，植被恢复中的一些问题暴露出来：不区分立地条件，人工栽种过多耗水量大的木本植物，使蒸腾本已十分强烈的黄土中水分散失更快，从而使得不到充足雨水补给的土壤较深处形成干层（Worthen，1996）；从生物种入侵的角度出发，过多的引入外地树、草种将有可能破坏本地原有生态系统的稳定（杨文治等，2004）。另外，短期内，区域大气候和地区种分布比较固定，种的适应、繁殖、散布能力和相对竞争能力大致决定了一个地区群落演替的规律，这正是研究群落演替规律的可能性和必要性，同时也使利用演替规律成为可能。因此，研究、利用黄土高原半干旱地区森林-草原过渡带撂荒演替的规律，为牧草筛选、育种提供理论基础及方向，从而促进演替的速度、改变演替的方向，对于植被恢复与重建的生态环境治理过程中合理开发、利用自然资源，减少水土流失等问题的解决不但具有重要意义，也具有实现的基础。

本小节依据演替过程中草本植物重要值大小的排序结果，从排名前 35 位的草种中筛选牧草的方法可使以下两点得到保证：一、均为乡土草种，由于长期对环境的适应，可以有效地利用黄土高原贫瘠的资源、保护脆弱的生境；二、本小节采用的重要值计算公式所得排名较前的草种，均为群落中竞争能力强、生产力高、产草量大的牧草。在此基础上，经适口性试验再次淘汰可确保余留的 23 种牧草作为圈养饲料源的宽度与放牧饲料源的宽度基本一致，可为家畜提供全面的营养。最后，将这 23 种牧草进行化学成分分析，依据牧草化学成分等级法分级，精确排序，从而为更加明确、详细地说明如何合理选育、搭配草种的工作提供基础。

总体而言，23 种牧草可分为 3 类（表 10-3）：一类为没有贯穿演替过程，只在某一阶段作为群落的建群或优势种，如狼牙刺、芦苇；另一类是贯穿演替过程，但在整个过程中以亚优势种或主要伴生种地位存在，如米口袋、二裂委陵菜；第 3 类为贯穿演替过程，并随着演替的进行而改变自身在群落中的重要性，或由建群种、优势种退居为亚优势种、主要伴生种或相反，如达乌里胡枝子、白羊草。同时，各种牧草的营养成分含量差异显著，搭配时也应予以重视。将此结果应用于实践，应在不同年限撂荒地上以演替中群落结构为基准，并尽量在相对应的自然群落中选取营养成分不同的牧草进行搭配，使生态、经济、社会复合系统建设符合以生产力、均衡性、稳定性、持续性 4 项参数为指标的科学体系评估要求，做到治理、重建区域的持续、稳定和协调发展。

表 10-3　不同撂荒地牧草的搭配

撂荒年限	牧草
1～6 年	二裂委陵菜、苦荬菜、刺儿菜、芦苇、山野豌豆
7～17 年	达乌里胡枝子、华隐子草、二色棘豆、草木樨状黄芪、阿尔泰狗娃花、无芒隐子草、白羊草
16～35 年	长芒草、冰草、达乌里胡枝子、白羊草
33～40 年	狼牙刺

10.2.4　小结

用系统聚类、撂荒年限两种方法对陕北黄土高原丘陵区撂荒演替序列进行分析，结果基本一致：1～6 年：一年生杂草类群落→一年生杂草类＋丛生禾草群落→一年生杂草类＋根茎禾草群落或多年生草本群落→7～16 年：多年生草本群落→多年生草本＋小灌木群落→17～42 年：根茎丛生型禾草＋小灌木群落或小灌木＋多年生草本群落→小灌木群落或多年生草本＋丛生禾草群落，代表性群落依次为猪毛蒿群落、猪毛蒿＋长芒草群落→猪毛蒿＋铁杆蒿群落或冰草群落→铁杆蒿群落→铁杆蒿＋达乌里胡枝子群落→白羊草＋达乌里胡枝子群落或达乌里胡枝子＋铁杆蒿群落或铁杆蒿＋硬质早熟禾群落。在此基础之上，提出了将各物种在演替过程中重要值之和按大小排序，对前35位的草种经适口性试验初步筛选后进行化学成分分析，并依据牧草评定标准对其评价的新方法，得出黄土高原23种乡土牧草具备较高的改良潜质，可分为4类，主要归属于豆科、禾本科、菊科等，并进一步探讨了黄土高原人工草场改良过程中不同撂荒年限荒地上草种可能的合理搭配，最终确定了研究的具体对象：达乌里胡枝子、冰草、白羊草和无芒隐子草群落。

达乌里胡枝子：豆科，多年生小灌木。枝有棱，具有短柔毛，老枝黄褐或赤褐色，嫩枝绿色；叶为三出复叶，叶面无毛，背伏短毛；总状花序腋生，稍密集，花冠黄绿色，有时基部紫色；荚果倒卵状，矩椭圆形，被白色柔毛，有明显网纹。

冰草：禾本科，多年生草本。根须状，密生，外具砂套；秆高30～60cm，具2～3节；鞘紧密裹茎，叶片线形，长5～20cm，质较硬而边缘内卷；穗状花序直立而顶生，小穗紧密平行排列成2行，生于穗轴的两侧，形如篦齿状，各含4～7花，颖具有略短或稍长于稃体的芒，外稃具短刺毛，也具有长2～4mm的短芒。

白羊草：禾本科，多年生草本。高30～70cm；叶片线形；总状花序，由4至数枚簇生于茎顶；小穗成时著生于穗轴各节，小穗柄及节间均具纵沟；有柄小穗不孕，无芒，无柄小穗结实，具芒，芒长1～1.5cm，膝曲。

无芒隐子草：禾本科，多年生草本。密丛，秆高15～40cm；叶鞘鞘口疏生长柔毛，叶片披针形，上面粗糙，下面近于光滑；圆锥花序开展，下部各节具1分枝，枝腋间具长柔毛，小穗成熟后紫色，含3～8朵小花，颖质薄，外稃先端无或具有小尖头，内稃与外稃几等长，顶端近于平滑。

10.3　4种乡土牧草的某些群落生态学特征

种类组成是决定群落性质最重要的元素，也是鉴别不同群落类型的基本特征。在有限取样的情况下，群落调查一般用在种数—面积曲线中得到的最小面积来统计群落植物名录（马克平，1994）。关于种数-面积曲线的数学模型描述，最近几年又有许多学者在争论，本章就目前较为常用的10种模型进行比较。一个群落中物种的多度组成比例关系称为该群落的多度格局（abundance pattern），研究物种的多度格局对理解群落的结构具有重要意义（马克平等，1994）。种多度格局分析中，主要是用数学的方法结合生态学意义建立多度格局模型。

Fisher（1943）第一次使用种的多样性一词，他所指的是群落中物种的数目和每一物种的个体数。现在，物种的多样性具有三种涵义：其一，Whittaker（1970）将物种多样性定义为物种的丰富度或多度（richness），是指一个群落或生境中通过抽样得出的物种数目的多少（Ma，1993）。其二为物种的均匀度或平衡性（evenness），是指一个群落或生境中全部物种个体数目的分配情况（Wilson，1991），反映种类组成的均匀程度。这类指标降低了物种数目的重要性，而强调了物种个体数目的重要性，特别是在利用信息论公式计算时，对多度小的物种数量变化较敏感，因而群落取样时的误差将表现得较为显著。其三为物种的总多样性，是上述两种涵义的综合，又称物种的不齐性

(heterogeneity)，综合反映物种的丰富度和均匀度（Chen，1999），但更强调物种的均匀度，为此 Whittaker（1972）专门用优势度多样性（dominance diversity）来表示这类指标。现在常用的多样性指标大部分属于这一类，如 Simpson 指数、Shannon 指数等。物种多样性的计算和物种多度格局模型的建立最早使用的是群落中的种数和个体数，但如果物种的个体大小差别较大，物种的个体数并不是一个很好的优势度指标。

10.3.1　研究地点及其自然条件

4个群落的样地分别位于延安市安塞县高桥乡墩儿沟山和竹塌山，具体如表10-4。

表10-4　四种群落分布区域

群落类型	中心经纬度		海拔	面积	坡度	坡向
	N	E	/m	/m²	/（°）	
达乌里胡枝子	36°40.479′	109°13.071′	1127	260	35°	阳
	36°41.203′	109°14.011′	1284	180	60°	半阳
	36°40.423′	109°12.812′	1301	125	30°	阳
白羊草	36°41.396′	109°12.731′	1310	200	60°	阳
	36°40.271′	109°13.167′	1205	230	45°	半阳
	36°40.064′	109°12.709′	1290	130	45°	阳
无芒隐子草	36°39.158′	109°14.013′	1260	210	40°	阳
	36°41.003′	109°13.114′	1295	90	60°	半阳
	36°39.951′	109°12.984′	1310	160	60°	阳
冰草	36°41.064′	109°14.034′	1190	150	30°	半阳
	36°39.366′	109°11.788′	1220	60	40°	半阳
	36°40.176′	109°10.349′	1160	80	40°	阳

注：各群落中优势种为群落名称，余同。

延安市安塞县高桥试验区地处黄土高原丘陵沟壑区，属中温带半干旱大陆性季风气候，多年平均气温8.8℃，≥0℃的活动积温3824.1℃，≥10℃的有效积温3524.1℃；年平均日照时数2397.3h，总辐射量117.74kcal/cm²；多年平均降雨量513mm，年际变化较大，多集中在7月、8月、9月，占全年降雨量60%；土壤类型主要为黄绵土，质地为轻壤。区内水土流失严重，沟壑密度大，生境恶化，自然灾害频繁。植被类型主要为人工林和天然草地，覆盖程度较低，是典型的黄土高原地貌。

10.3.2　群落的空间结构

10.3.2.1　群落的外貌与环境

无芒隐子草及达乌里胡枝子为典型的单优群落，前者以分蘖为主要的无性繁殖方式，后者则是莲座出芽，均属于地面芽植物优势群落。白羊草及冰草群落的主要伴生物种相同，均为铁杆蒿，白羊草是丛生型分蘖繁殖，铁杆蒿则以地上芽的萌发、生长扩大个体，故此群落亦为地面芽植物优势群落，而冰草是典型的根茎型地下芽植物，故此群落为地下、地面芽植物优势群落。地面芽植物占优势的群落对应着具有较长严寒季节的生长地区，黄土高原从 10 月中旬开始降温至来年 3 月中旬解冻，其间温度最低达 −30℃，而整个冬季平均气温也在 −15℃以下。因此，地下芽对于多年生植物具有防止冻伤的巨大意义。

10.3.2.2　4 种乡土牧草群落种数-面积曲线拟合及最小面积的确定

对于同一类型模型而言，参数越多，约束条件越少，拟合的效果将越好。另外，由于种数-面积关系的尺度依赖性较强，本书侧重于小尺度上群落的研究，因此从多个模型中初步筛选确定以下 7 种：

（1）$S=c-ae^{-bA}$

（2）$S=b+a\ln A$

（3）$S=(b+a\ln A)^{c}$

（4）$S=a\ln(bA+1)$

（5）$S=aA^{b}$

（6）$S=c/(1+ae^{-bA})$

（7）$S=aA/(1+bA)$

其中，A 为面积；S 为面积 A 中出现的物种数。

模型（1）、（3）、（5）、（6）中，a、b 为参数。

模型（2）中，b 表示单位面积，a 表示面积每扩大 e 倍所增加的物种数；

模型（4）中，a 为对应单位面积，b 为空间异质性的度量；

模型（6）为 Logistic 曲线；

模型（7）中，a/b 表示整个群落中的总物种数的估算。

数据处理过程中涉及 SAS 8.1 数据处理系统、MATLAB 6.5.1 作图系统和EXCEL 表格软件。

1. 种-面积方程拟合

以达乌里胡枝子为例对 7 个方程采用 SAS 8.1 软件系统对原始数据进行拟合求解，结果如表 10-5。

表 10-5　7 个方程拟合结果

方程	a	b	c	F 值	$P_r>F$
(1)	-1.85×10^{10}	1.8509×10^{9}	14.859 4		
(2)	3.9722	7.977 0		200.22	<0.000 1
(3)	163.5	64.222 3	0.465 0	1 895.70	<0.000 1
(4)	4.0958	6.425 3		2 609.28	<0.000 1
(5)	8.9850	0.279 5		2 319.40	<0.000 1
(6)	-9.254×10^{9}	9 208 341	14.859 4		
(7)	11.647 6	0.585 1		2 894.68	<0.000 1

从表 10-5 可知方程（1）与（6）并未通过 F 检验，方程无效，舍去。将其余 5 个方程利用 MATLAB 6.5 软件作图（图 10-2），图 10-2 中方程（3）具有突变，不符合生物学意义，舍去。所以剩下 4 个方程：

(2) $S=b+a\ln A$；

(4) $S=a\ln(bA+1)$；

(5) $S=aA^b$；

(7) $aA/(1+bA)$。

由于 F 检验值与复相关系数 R 之间有如下关系：

$$F=\frac{R^2/q}{(1-R^2)(n-q-1)} \tag{10-1}$$

式中，F 为 F 检验值；R 为复相关系数；q 为自由未知量维数；n 为原始数据个数。在此 $q=1$，故有式：

$$R=\sqrt{\frac{1}{\frac{n-2}{F}+1}} \tag{10-2}$$

计算所剩4个方程的复相关系数如表10-6。

表10-6　4个模型的复相关系数

方程	(2)	(4)	(5)	(7)
复相关系数	0.872 2	0.988 1	0.986 7	0.989 3

根据复相关系数 R 的大小判定方程（4）拟合的最优，将拟合参数代入方程（4），结果如图10-3。

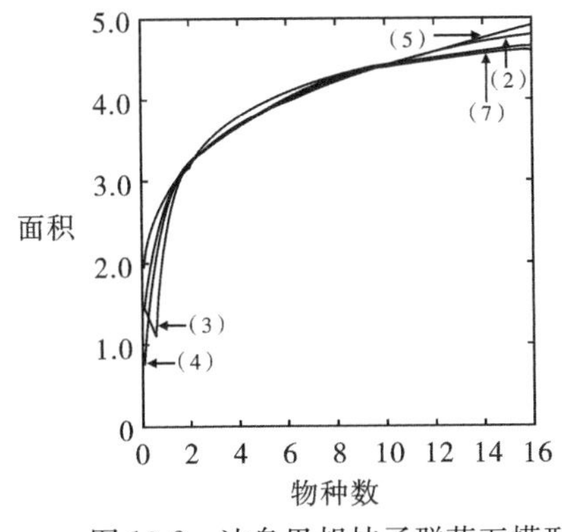

图10-2　达乌里胡枝子群落五模型的种-面积曲线

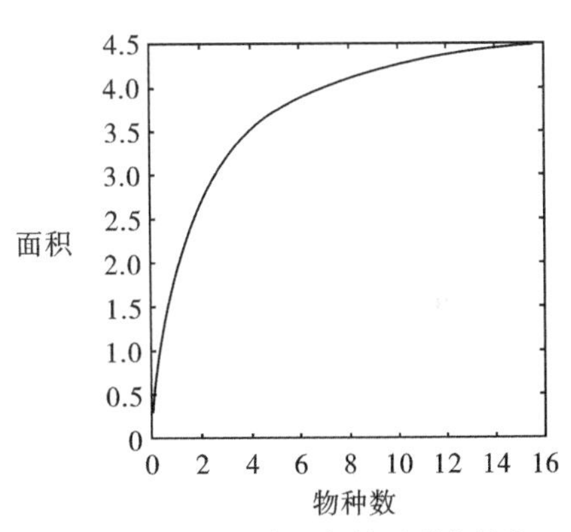

图10-3　达乌里胡枝子群落最优种-面积曲线

2. 达乌里胡枝子群落最小面积的确定

目前生物学界对最小面积的求法有很多种，确定最小面积的方法是对种数-面积曲线求二阶导数，并将二阶导数为0的点对应的面积称为最小面积，因为二阶导数为0的点为函数的拐点，即函数凹凸性改变的点。由于种数面积曲线为递增的凹函数，拐点在图形上表现为水平，此时变化量的增量趋于0。利用MATLAB 6.5对式 $S=11.6476\text{N}(1+0.5851\,A)$ 关于 A 求二阶导数：

$$S''=-170\ 375\ 269/12\ 500\ 000/(1+5\ 851/10\ 000A)^2$$
$$+996\ 865\ 698\ 919/125\ 000\ 000\ 000A/(1+5\ 851/10\ 000A)^3$$

利用MATLAB 6.5做S''的曲线如图10-4，由于S''是一个凸函数并没有拐点，但可以近似求其极限为0的点为拐点。当A为3.4时S''值接近为0，此时可认为3.4m^{2}即是陕西省延安市安塞县高桥乡墩儿沟山和竹塌山地区达乌里胡枝子群落的最小面积。使用同样方法对其余3种草种的群落进行处理。

3. 白羊草、无芒隐子草、冰草群落数据处理

对于白羊草、无芒隐子草、冰草进行同样的数据处理，结果见表10-7。表中第一列表示不同群落的方程，第2、3列为参数值，第4列为方程拟合的复相关系数，最后一列表示用不同方程计算出的群落最小面积。

表10-7　白羊草、无芒隐子草、冰草群落拟合结果

方程	a	b	复相关系数（R）	最小面积/m^2
白羊草（2）	3.960 9	9.651 8	0.935 5	2
白羊草（4）	4.026 9	10.452 4	0.995 6	4
白羊草（5）	10.593 2	0.247 7	0.9943	3
白羊草（7）	15.000 4	0.705 6	0.996 8	8
无芒隐子草（2）	3.276 6	8.731 2	0.926 4	3
无芒隐子草（4）	3.308 8	1.356 3	0.9954	5
无芒隐子草（5）	9.507 5	0.232 4	0.994 1	4
无芒隐子草（7）	14.155 2	0.777 3	0.997 0	8
冰草（2）	9.235 4	2.187 8	0.882 7	3
冰草（4）	2.187 1	68.041 5	0.995 8	3
冰草（5）	9.680 4	0.157 4	0.994 9	4
冰草（7）	18.522 3	1.207 5	0.997 8	7

表示白羊草的方程（2）为

$$S=9.651\,8+3.960\,6\ln A$$

拟合的复相关系数为0.935 5，此方程二阶导数趋于0的点为1.6，得出群落的最小面积为1.6m^2。从表10-7中可以看出，3种草的第7个方程复相关系数最大，拟合最优，可作为3种草的最终种数-面积曲线。黄土高原其余3种乡土牧草种数-面积方程如下：

白羊草群落最优种-面积的方程为　　$S=15.000A/(1+0.705\,6A)$

无芒隐子草群落最优种数-面积的方程为　　$S=14.1552/(1+0.777\,3A)$

冰草群落最优种数-面积的方程为　　$S=18.522\,3A/(1+1.207\,5A)$

其余3种乡土牧草群落的种数-面积最优曲线分别如图10-5～图10-7。根据以上分析，4种乡土生态型牧草的种数-面积曲线均为$S=aA/(1+bA)$最优，达乌里胡枝子、无芒隐子草、冰草、白羊草的群落最小面积分别为3.4m^2、4.1m^2、1.4m^{2}和4.8m^2。

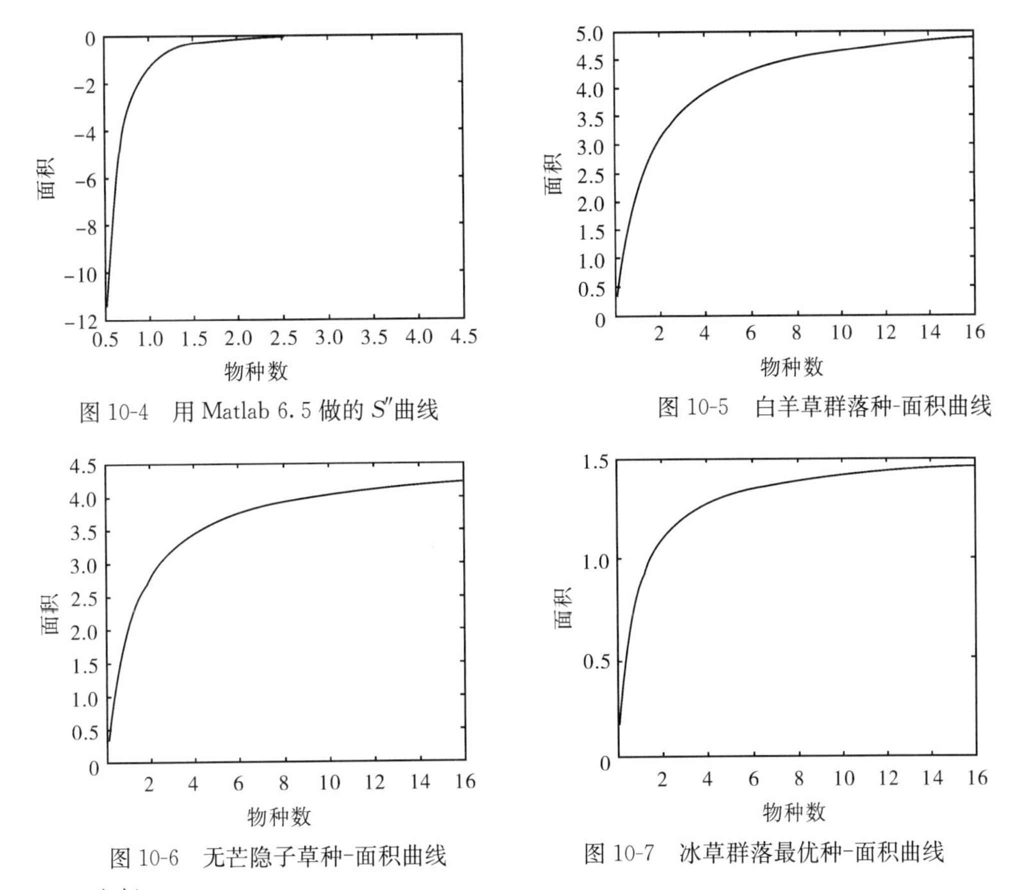

图 10-4　用 Matlab 6.5 做的 S''曲线

图 10-5　白羊草群落种-面积曲线

图 10-6　无芒隐子草种-面积曲线

图 10-7　冰草群落最优种-面积曲线

4. 分析

从选定的 7 个常用的种数-面积方程的拟合情况来看，广泛适用的生长型 Logistic 曲线［方程（7）］和酶动力学广泛采用的 Michaelis-Menton 模型曲线［方程（1）］并不适合黄土高原四种乡土生态型牧草的种数-面积曲线，表现为这两个方程在曲线拟合的第一步就无法通过 F 检验，方程无效。方程（3）虽然通过了第一步 F 检验，但由于其图形具有突变，尽管有学者认为种数-面积曲线实际呈 S 形（Beaman，1990；Shi，2000；Magurran，1998），但仍然无法对其在如此小面积上（1.05m^2）物种数先降后升进行生物学解释。余下的 4 个方程似乎均可以作为种数—面积曲线，但仔细分析后发现，由于方程拟合的复相关系数不同，进一步求解群落的最小面积时会有较大的差距。以白羊草为例，方程（2）、方程（4）、方程（5）和方程（7）的复相关系数分别为 0.935 5、0.994 3、0.995 6 和 0.996 8，得出的物种最小面积分别为 1.2m^2、1.8m^2、2.4m^2 和 4.8m^2。可以看出，虽然复相关系数差异不大，但得出的最小面积有较大的差异。统计学认为，复相关系数越大，曲线拟合得越好，因此认为方程（7）最符合实际。反映到生物学上也可以看到，方程（7）所得的物种最小面积最符合实际。而且通过方程的拟合还可以看到，黄土高原 4 种乡土生态型牧草的种数-面积曲线均以 $S=aA/(1+bA)$ 为最优，可以认为黄土高原乡土牧草的种数-面积曲线也以此方程为最优。

通过 4 种群落的种数-面积曲线图可知，冰草群落物种数的增加随面积的扩大较其他3种群落显著，所以尽管冰草群落在其对应的最小面积中物种数最多，但最小面积却居4种群落之末。达乌里胡枝子群落相反，其余依次排列为白羊草、无芒隐子草群落，暗示了达乌里胡枝子竞争能力最强。结合其他生态、生境特征发现，此顺序与实际调查中4种群落土壤含水量相反。分析各群落所处的立地条件发现，达乌里胡枝子群落处于正南，土壤蒸腾强烈，加之坡度大，雨水不易渗入补充，造成群落生境中资源匮乏。冰草坡度平缓，雨水渗入较多，从而使土壤含水量保持在较大水平。由于达乌里胡枝子抗旱性强，竞争能力高，优先占有生态位，限制了其他物种的发展，故而群落中物种数少。同时，由于它对已有的资源占有程度大，致使其他物种可利用的资源非常少。但群落必须存在一定量的其他物种才能使群落完整，为了给这数量并不多的其他物种提供生存资源，必须扩大面积以求达到环境承载力需求，这有可能就是达乌里胡枝子作为关键种对整个群落各方面影响的机制。

10.3.2.3 讨论

种-面积关系科学界定取样面积，在此面积中所得的数据反映了整个群落性质、获得的信息与群落所包含的整体信息基本吻合，具有较高的可信度，因为它的出发点是将群落作为一个有机的整体。换言之，群落的最小面积中包含的信息可以较完整、客观地代表群落生物学基本特征，尽管如此不同群落对应的面积在数值上有区别，但在生物学意义上是统一的。例如，“物种丰富度”概念本身就限定了必须在一个合理的范围内去描述种群所包含的物种，否则将无法正确说明。Lepě J. & Štursa 认为，用种-面积曲线关系可以比单一的物种数目更好地描述植物群落的物种丰富度（Zhou，2000）。在这一范围中，群落包含的物种将既不会被遗漏也不会重复统计，并降低了偶见种对指数的影响。

同一生物学命题的模型都有其一定的理论背景即侧重点，从而使其适应性出现差异，应根据具体的研究目的选择模型。1994 年，Buys 等．指出物种数目必须是面积的非减函数（Li et al.，2002），并在此基础上进一步说明随面积的增加，物种数目应渐进地趋向于有限的物种数，即在给定的区域中有限的物种数应该是模型的一个参数。1999 年，刘灿然、马克平等学者指出，当面积＞0 时，物种＞0，物种的出现必须要有一定的面积，即曲线在纵坐标轴上不能有正截距。对应的，横轴上不能有负截距（Zhao et al.，2001）。但是，当曲线限制条件太多时，其灵活性使降低，拟合效果随之变差。结合调查的实际情况，满足两个条件的模型即可。

最小取样面积的确定，在一定程度上还应取决于进一步分析的目的、具体指标及所允许的误差范围，因而最小取样面积的确定应尽可能的多指标化。1998 年，余世孝进一步指出，最小取样面积的含义一般应基于具体的群落类型，即植被分类的基本单位——群丛来确定才有其实质意义（刘奉觉等，1997）。

对于非线性方程进行参数估计时，许多学者对其进行线性转换，进而对线性方程进行参数估计，然后将线性方程转换成非线性方程。将非线性转换为线性必然会产生误差，多次迭代造成误差的积累，使结果可信度降低，而直接对非线性方程进行参数估计可以提高拟合方程的精度和准确性。

对于群落的最小面积选取，科学地确定最小面积的方法是对种-面积曲线求二阶导数，并得二阶导数为 0 或趋于 0 对应的面积为最小面积，即种-面积曲线的变化量增量等于或逼近于 0 时对应的面积。

偶见种在各个群落中的存在使我们必须对群落的种类组成高度重视，充分考虑取样效率。在 4 种群落中都存在偶见种，达乌里胡枝子群落中绢茸毛火绒草与冰草群落中的狗牙根只出现一次，无芒隐子草群落中香薷与白羊草群落中的紫苑出现两次，因此在以后的调查中可简便地根据法国 CEPE 的规定，把巢式样方中达到含有样地总物种数 84%的面积作为群落的最小面积。

10.3.2.4　小结

根据研究目的、调查尺度，探讨了黄土高原 4 种乡土牧草的种-面积曲线应遵从的基本条件，分别对 7 个经典模型进行拟合，从中确定以下 4 个模型作为研究方法：

$$S=b+a\ln A;\ S=a\ln(bA+1);\ S=aA^b;\ S=aA/(1+bA)$$

采用 SAS 8.1、MATLAB 6.5 系统分别进行拟合求解及作图，以 F 值检验结果作为评价指标，检验后淘汰前三个模型。以曲线 $S=aA/(1+bA)$ 作为标准，提出求取该曲线的二阶导数，以其二阶导数趋于 0 的点为群落最小面积的新方法，并得出达乌里胡枝子、无芒隐子草、冰草和白羊草的群落最小面积分别为 3.4m^2、4.1m^2、1.4m^2 和 4.8m^2 的结果。由于 4 种群落都符合该模型，故可以认为它是黄土高原草本植物群落种-面积曲线的最优模型。

10.4　4 种乡土牧草群落的 α 多样性

群落多样性研究侧重于群落的组成、结构、功能和动态多样性等内容（谈峰，1996；王孟本，1996）。研究陕北地区乡土牧草群落 α 多样性的目的，除揭示客观存在的物种和结构多样性特征外，还试图通过群落生产力、演替与多样性之间的关系揭示功能多样性（王仲春等，1988），以便为黄土高原森林-草原过渡带植被恢复及建设中生态系统稳定、土地生产力提高、最佳土地利用结构等问题的深入研究提供一些理论基础，这也是多样性研究的方向之一（王仲春，1987；蒋进，1992；李洪建，2001）。

10.4.1　4 种群落多样性指数

4 种群落的多样性指数见表 10-8。从表 10-8 中的数值可知，关于多样性概率度量的 Simpson 指数与种间机遇率 PIE 指数相等，在理论上亦可以证明（朱志诚，1993）。

表 10-8　4 种群落多样性指数

多样性指数	白羊草	达乌里胡枝子	无芒隐子草	冰草
物种总数/种	18	15	19	22
Margalef 指数	12.6805	18.0835	16.9406	19.7020
Menhiniek 指数	9.2078	10.1854	11.1693	12.9113
Fisher 指数	2.0214	1.7270	2.1680	2.4191

续表

多样性指数	白羊草	达乌里胡枝子	无芒隐子草	冰草
McIntosh 指数	0.3831	0.2671	0.3824	0.5173
Simpson 指数	0.8390	0.8589	0.9811	1.1700
GiNi 指数	0.6195	0.4629	0.6187	0.7670
PIE 指数	0.8390	0.8589	0.9811	1.1700
Shannon-Wiener 指数	1.6643	1.1796	1.6465	2.1812
PieLou 指数	0.5467	0.4356	0.5592	0.7165
Heip 指数	0.1651	0.1679	0.2473	0.3742
Alatalo 指数	0.7582	0.3825	0.6259	0.4187

10.4.2 多样性指数之间的相关性

表征物种丰富度的 Margalef 指数与 Menhiniek 指数、表征群落实测多样性（H'）和最大多样性比率的 PieLou 指数（杨敏生等，1997）与 Heip 指数呈现较强的线性关系。以白羊草群落为例，两种关系之间的相关性显著（图 10-8、图 10-9）。另外，生态多样性指数中，Simpson 指数与 PIE 指数完全重合。PIE 指数表示不同物种的个体在随机活动情况下相遇的概率（夏阳，1993），而优势度 Simpson 指数是对集中性的度量。虽然它们表征的生物学意义不同，但计算方法经推导相同造成结果一致（阮成江等，2000）。因此，如方法中所述，在相关性较强的模型之间选择一个，最终确定以 Menhiniek 指数、PIE 指数、Heip 指数及物种相对多度模型 Fisher 指数和物种总数 S 进行结果分析。

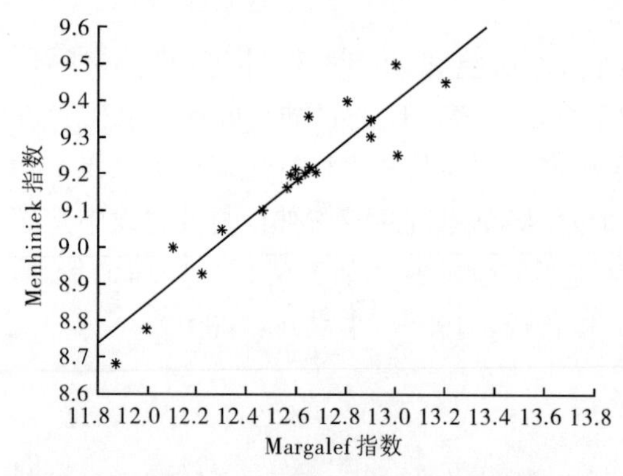

图 10-8 Margalef 指数与 Menhiniek 指数关系

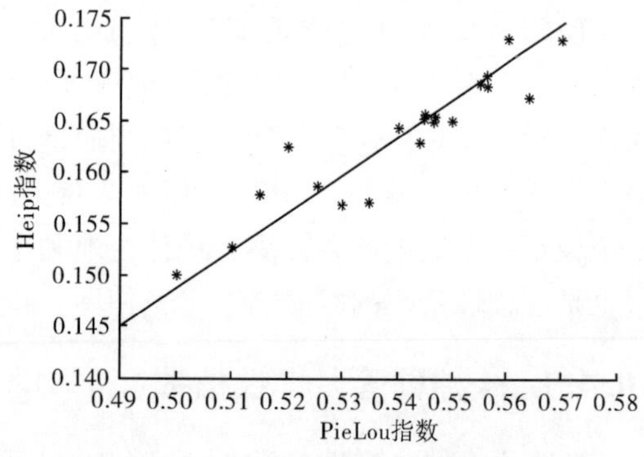

图 10-9 PieLou 指数与 Heip 指数关系

10.4.3 各群落间多样性分析

10.4.3.1 各群落多样性指数比较及解释

Menhiniek 指数代表物种数目增加的速率。为了说明群落中物种数目与个体数目之间的关系，在计算中以盖度替代了个体数目，所得结果排序为：冰草>无芒隐子草>达乌里胡枝子>白羊草群落，这与实际调查结果吻合。以相差最大的两个群落为例，冰草与达乌里胡枝子群落的物种数及个体数目分别为22种、18种和192个、164个。

PIE指数指种间机遇率，反映群落中物种同时出现的一种可能性或不同物种的个体在随机活动情况下相遇的概率。冰草群落由于物种数绝对数值比其他3种群落大，差值显著，故冰草的PIE指数最大，无芒隐子草群落次之。达乌里胡枝子和白羊草群落的物种数分别为15种和18种，而PIE指数分别为0.858 9、0.839 0。这是由于白羊草群落虽然物种数较达乌里胡枝子群落物种数多，但强分蘖能力使得白羊草对局部资源侵占能力优异，进而限制了相邻物种的正常生长。

Heip指数定量描述群落中不同物种的多度或生物量等分布的均匀程度，其结果排序与Menhiniek指数相同。白羊草是短根茎型下繁草，在自然状态下成团块分布。而冰草是典型的根茎型植物，分布较为均匀，造成两群落在数值上差异较大。达乌里胡枝子虽然在群落中分布均匀，但铁杆蒿为此群落的主要伴生物种，致使均匀度降低。

利用χ^2分布（Han et al.，1995）对白羊草群落、达乌里胡枝子群落、无芒隐子草群落及冰草群落的Fisher指数进行检验，结果分别为>0.90、>0.85、>0.90及>0.95，均符合对数级数分布。对数级数分布要求优势种的多度很大，在递减的序列中每一物种都比下一物种的数量更为丰富。黄土高原生境较为恶劣，适合的优势种优先占有生态位，使伴生种和稀有种的发展受到约束，从而其生物量、频度、盖度等生态学指标较低，重要值显著减小（表10-9），优势种的地位非常显著。白羊草群落、达乌里胡枝子群落、无芒隐子草群落及冰草群落建群种的重要值分别为：41.311 1、37.153 2、26.545 8及22.329 5，而各群落中重要值大于1的伴生物种数目仅分别为3种、2种、4种和4种，且两者之间差异悬殊。白羊草群落相差最大，建群种白羊草的重要值与伴生种中重要值最大及最小的两种物种——铁杆蒿和山苦荬分别相差5.76倍和164.45倍；铁杆蒿与山苦荬之间相差也达28.53倍；差异最小的冰草群落中冰草与猪毛蒿与硬质早熟禾的重要值与伴生种中重要值分别为1.87倍、135.49倍及72.09倍。

表10-9　4种群落主要伴生种重要值

物种	白羊草群落	达乌里胡枝子群落	无芒隐子草群落	冰草群落
铁杆蒿	7.1675	7.6198	3.0801	0.7961
茭蒿	2.5598	3.5168	6.3801	0.9849
细叶远志	0.2560	0.3517	0.2640	0.1797
委陵菜	0.5120	0.4103	0.3960	0.4043
阿尔泰狗娃花	0.4096	0.4983	0.3740	0.2695
硬质早熟禾	0.3497	0.5275	0.5720	0.1648
华隐子草	1.0239	0.1758	1.3200	0.2246
狗尾草	0.3072	0.8792	1.2760	0.4492
二色棘豆	0.2987	0.4194	0.4840	1.7069
长芒草	0.3584	0.4689	0.3520	2.6952
猪毛蒿	0.3609	0.1586	0.3300	11.8820
山苦荬	0.2512	0.2931	0.2419	0.4043
刺儿菜	0.3564	0.1837	0.6127	1.2496

以上侧重点不同的指数均反映出组成物种的生物学特性是造成群落多样性差异的基础这一规律。以最典型的冰草与白羊草为例，前者根茎生长、竞争能力差的特性使得 S 指数、Menhiniek 指数、Heip 指数及 Fisher 指数大；后者相反，须根发达、分蘖力强的特性使得物种数目增加速率、均匀度等指数显著下降。

10.4.3.2 多样性与群落功能

多样性对生态系统功能作用的研究是该领域核心之一（Song，1995）。研究多样性与群落功能是为乡土草种的选育及合理利用提供理论依据，从而为解决在提高黄土高原植被覆盖率而进行的人工草场建设、天然草地恢复工作中草种单一和本地养殖户牧草资源不足的问题做一些探讨，因此群落功能研究的侧重点是群落生产力即产草量。由于 4 种群落最小面积为 4.8m^2，采样时以 5m^2 为单位获取生物量。

自然群落的物种多样性常与生产力密切相关，其相关性格局主要表现为 3 种形式，即单调上升、单调下降和单峰关系（Song，1997）。此次调查的结果依次为：白羊草＞达乌里胡枝子＞无芒隐子草＞冰草群落（表 10-11），符合单峰关系。分析发现，生物量最小的冰草群落（表 10-10）Menhiniek 指数、PIE 指数、Heip 指数、Fisher 指数和物种总数 S 等多样性指数均是最大，证明中低等生产力水平物种多样性高（谢森传，1998；Wang，1998）这一理论，反映出水分承载力小的黄土高原，由于水分分布变化导致草地群落资源的空间异质性降低，竞争加剧，从而使物种多样性下降、生产力增加（Keddy et al.，1997）。

表 10-10 4 种群落地上生物量

生物量/g	白羊草	达乌里胡枝子	无芒隐子草	冰草
鲜重	4520.68	4950.57	1920.33	1307.62
干重	1985.67	2376.46	901.61	574.73

表 10-11 各群落中优势种的地上生物量、重要值及比例

物种	鲜重/（g/m^2）	百分比/%	重要值	百分比/%
白羊草	454.28	75.29	41.31	70.48
达乌里胡枝子	367.51	73.75	37.15	71.57
无芒隐子草	161.47	62.53	26.54	58.33
冰草	92.95	54.94	22.32	49.71

建群或优势种在群落中的生态位由其竞争能力决定。当类似冰草或无芒隐子草这样对土壤水分竞争能力较差的物种作为建群或优势种时，群落中出现较多的伴生物种，分散了有限的资源，结果优势种的地上生物量、重要值及比例下降，达乌里胡枝子、白羊草相反，进而造成有限的资源集中利用，使其在群落中占绝对优势（表 10-11）。

10.4.3.3 多样性与演替

4 种群落在演替中的先后关系为：冰草＞无芒隐子草＞达乌里胡枝子＞白羊草。各群落对应的 Menhiniek 指数、PIE 指数、Heip 指数数值依次减小。有学者指出，随着演替的发展，群落多样性逐渐增高（Keddy，1990），但在生境特殊的黄土高原则呈相反的规律。物种总数随演替的进行表现为先降再升的“S”形趋势。以 PIE 指数为例，这种关系十分明确，冰草群落与其他 3 种群落的数值差异较为显著，而白羊草群落与达乌里胡枝子群落的数值差异非常小（0.0199，约占各自数值的 2%），这与演替之间的间隔时间呈一定的相关。冰草群落出现在撂荒 3～4 年的坡地上，无芒隐子草群落则须撂荒 8～10 年，而达乌里胡枝子与白羊草群落各需撂荒 18 年、22 年左右，表明演替之间的间隔时间与指数之间的差异呈现一定的正相关，间隔越大，差异越显著。达乌里胡枝子与白羊草群落间隔约 5 年，指数相差 0.0199，而冰草与白羊草群落之间间隔则大于 20 年，指数相差 0.331，后者是前者的 16.5 倍。其余两个指数也呈现类似规律。由此可知，黄土高原草本群落的演替顺序在这 3 个指数上有所反映，并且演替之间的间隔时间大小亦有一定表现。

10.4.3.4　讨论

研究结果发现，白羊草与达乌里胡枝子群落虽在 α 多样性指数数值上表现较低，但作为黄土高原乡土牧草两者更具改良推广的潜在优势。其原因有：①黄土高原生境恶劣，建群或优势种在群落中的生态位由其竞争能力决定，以白羊草或达乌里胡枝子为建群或优势种会限制其他物种生长，使有限资源利用充分。②群落生产力即产草量是评价牧草优劣的重要指标之一，白羊草与达乌里胡枝子在群落总体生物量、优势种生物量及所占比例较大。③群落在演替序列中出现的次序、稳定的时间与物种的生物学特性、生境的变化密切相关。例如，根茎类植物冰草适合在撂荒初期生长，随着撂荒年限的累积，土壤硬度变大，使其根茎生长受阻从而退化。如以演替前期主要物种作为推广草种，会使草场维护困难。④组成物种的生物学特性是造成群落多样性差异的基础，在恢复黄土高原植被过程中应注意各物种的特性，合理搭配，从而组成结构稳定的人工群落，减小维护强度。例如，根茎型白羊草成团块分布，致使群落均匀度降低，裸露空地较多。作为另一建群种，达乌里胡枝子分布较均匀。同时，自然状态下，两者组成的群落多样性指数相近，经过一定的人工改良后选择适当的密度混合种植，既可提高土地利用效率，又可增加饲料源的广泛性。

重要值计算标准很多（Lonsdale，1999；Macarthur，1967）。草本群落中各个物种的生物量是反映其竞争能力，对群落结构、功能等各方面贡献大小的重要指标；盖度则反映了植物所占空间的大小及植物之间的关系；各物种频度之间的关系可以鉴别群落稳定、成熟程度，故提出重要值计算方法。

根据描述群落性质的侧重点不同，众多的群落 α 多样性指数可分为 4 类，每一类具有 1 个或 1 个以上的指数符合黄土高原阳坡纯草本植物群落，推荐为物种总数 S、Menhiniek 指数、PIE 指数、Heip 指数及 Fisher 指数。指数之间除具有较高的相关性，还有以下原因：①无论怎样定义多样性指数，它都是把物种丰富度这一经典方法与均匀度结合起来的一个单一的统计量（Manuel et al.，1993）。多样性信息度量、概率度量还是几何度量都是以不同的方式表达物种丰富度与均匀度的结合，Heip 指数可以较全面地反映这种关系。②生物群落由许多物种组成，这些种在多度方面可以从非常普遍到极为罕见（Martin et al.，2001）。这种变化遵从一定的规律，物种相对多度模型就是对这种规律的量化。对数级数表征在一个或少数几个环境因子占主导地位的生境中，群落物种多度分布。由于研究地点选择在阳坡、半阳坡，蒸腾强烈，水分较其他坡向更为亏缺。因此，在这 4 种及类似群落中，水分这一环境因子占绝对主导地位，故而利用该指数分析物种分布比较合理（Menge et al.，1987）。③群落中物种的组成、多度、分布的均匀程度是决定群落性质、结构和功能的重要因素。研究反映这些因素的群落多样性的变化，对草地群落的动态特征具有指示标志作用（Miller et al.，1987）。

物种多样性是指以物种为单元，应用统计学为基础，探讨其空间格局、时间格局及生物学格局，体现群落的结构类型、组织水平、发展阶段、稳定程度和生境差异，进而与群落的抵御逆境、抗干扰及恢复能力等密切相关（Monson et al.，1983）。不同的植物群落在结构和功能上都存在很大差异，这种差异主要是组成物种不同的生物学特性引起的。换言之，具有不同功能的不同物种及其个体相对多度的差异是形成不同群落的基础。例如，白羊草与冰草虽同属禾本科，但前者为短根茎型下繁草，分蘖能力强，后者是典型的根茎型植物，差异较大的生物学特性使两种群落的多样性迥异。

10.4.3.5　小结

以群落最小面积为取样单位，调查了白羊草、达乌里胡枝子、无芒隐子草和冰草群落的生态学基本特征，确定 α 多样性的 13 个指数。结果表明，Margalef 指数与 Menhiniek 指数及 PieLou 指数与 Heip 指数之间相关性显著。进一步分析发现，该地区 4 种群落多样性按照大小排序分两类：一类是 Menhiniek 指数、PIE 指数和 Heip 指数等，由大到小依次为：冰草群落＞无芒隐子草群落＞达乌里胡枝子群落＞白羊草群落，与各群落在演替中的顺序相同；另一类是 Fisher 指数和物种总数，排序在达乌里胡枝子群落和白羊草群落发生了变化。联系其他生态学特征可以得出以下结论，造成白羊草群落、达乌里胡枝子群落生物量大、建群种在群落中优势明显这一现象的原因是其凭借着较强的竞争能力优先占有生态位，使伴生种和稀有种的发展受到约束从而生长困难，致使有限的资源可集中利用。表明在生境恶劣的黄土高原，竞争能力决定物种对生态位的占有程度。

10.4.4　群落的地下成层性：地上生物量/地下生物量

天然草地地下生物量与地上生物量的比值反映了分配给地下部的光合产物比例，因群落或生态系统的类型而异，是群落或生态系统的重要参数之一，对草地生产具有十分重要的意义（Newman，1973）。

10.4.4.1　4 种物种的根冠比

作为群落或生态系统的特征值应具有较为稳定的特点（Paul et al.，2000），所以，以地上生物量达到极大值时的地下生物量/地上生物量作为草地群落或生态系统的地下生物量/地上生物量较为合适。4 种群落或系统的地下生物量/地上生物量具体结果见表 10-12。总体而言，4 种群落地下生物量/地上生物量的差异源于群落植物的生物学特性和环境因子的共同作用。

白羊草群落的根冠比最大，除与其较差的土壤水分条件密切相关外，还与建群种白羊草的生长习性有关。白羊草在生长季之后要度过漫长的寒冷季节，发达的地下器官、较多的根系使其能贮存更多的有机营养物质，有利于其越冬和翌年的生长萌发。

表10-12　4种牧草群落的根冠比

项目	无芒隐子草	达乌里胡枝子	冰草	白羊草
根冠比	2.40±0.63	4.38±1.46	5.14±2.19	5.57±3.84
平均根长/cm	46.83	87.97	46.57	63.98
平均地上高度/cm	31.66	58.91	55.91	23.29

冰草群落的根冠比较达乌里胡枝子群落大，这并不能说明前者比后者水分竞争、耐受能力强。从8月和9月的土壤含水量可以清楚地看出，达乌里胡枝子群落土壤120cm以上的含水量明显低于前者。结合这一现象说明在土壤含水量高于萎蔫水分以上时，物种间的根冠比大小主要由物种自身的生长特性决定（黄土高原该指标为6%），而物种内的区别主要影响因素归结于分布地区（土壤养分、坡度、坡向等）、降雨量和实验时间（个体大小、生长季节等）等因素。

10.4.4.2　4种物种的地上生物量与地下生物量的回归关系

回归关系见表10-13。实验时间限制了回归方程的适用范围——生长旺盛期即盛花期至果熟期，因为4种研究对象的繁殖特性决定了生长初期即苗期的根冠比将远远大于这一时期的数值。

10.4.4.3　讨论和结论

Coupland在对北美草原12个长期生态站资料的分析中发现，一般地下生物量/地上生物量在2～13变化，荒漠草地最低，混合草原为3～6，高山草地为6，矮草草原可达到13，温带草原为1.2～6.1。研究的结果符合这一基本规律：可将研究地归于矮草草原，这符合实际情况：达乌里胡枝子、冰草最长的繁殖枝虽可以达到100cm，但其平均高度仅为：58.9cm和55.9cm而白羊草与无芒隐子草的平均高度更小（表10-12）。同时，发现地下生物量/地上生物量与干旱的程度、温度、放牧、刈割及采收强度有关，一般能使该值增加，可能是因为温度放牧、刈割及采收强度等作用引起的压力能够间接地造成生境干旱，地面凋落物减少，覆盖度降低，地表温度升高。对*Veronica spicata*-*Avenula pratensis*干草原的研究也得出相似的结论。

表10-13　4种植物地上生物量与地下生物量的回归关系

物种	回归关系
无芒隐子草	$\lg Y = 1.92\lg X + 1.64$，$R^2 = 0.93$，$P = 2.78 \times 10^{-5}$
达乌里胡枝子	$\lg Y = 1.18\lg X + 0.96$，$R^2 = 0.63$，$P = 1.31 \times 10^{-4}$
白羊草	$\lg Y = 0.54\lg X + 0.99$，$R^2 = 0.28$，$P = 0.31$
冰草	$\lg Y = 0.29\lg X + 1.79$，$R^2 = 0.81$，$P = 3.01 \times 10^{-3}$

研究草地群落的地下生物量/地上生物量对草地生产具有十分重要的意义。植物地下部和地上部之间存在着依赖制约、协调平衡的关系。在黄土丘陵区土壤水分条件和养分条件差的群落中，地下生物量/地上生物量很高，产量却很低，水分利用率相当低。

这种地下生物量/地上生物量有利于保持水土，却不利于生产水平的提高，从而限制产草量。这种生态效益与经济效益之间矛盾的解决有待于进一步的研究。

4种牧草在生长旺盛期的根冠比大小依次为：白羊草＞冰草＞达乌里胡枝子＞无芒隐子草，这与4种牧草自身的生长特性关系密切。

10.5 群落时间结构有效盖度

10.5.1 群落的时间结构

10.5.1.1 群落的地上部分生长规律

4种群落的地上部分生长规律具体结果见表10-14～表10-25。总体而言，4种群落的建群种除冰草在3月中旬开始萌发外，其余3种均在4月中上旬开始复苏。初始阶段——苗期，生长缓慢，伴随着雨季的来临，牧草进入生长旺盛期——初花期与盛花期，叶片、枝条或分蘖数量迅速增加，叶面积与枝长或秆高成倍升高，致使群落生物量、盖度随之变化。

表10-14 不同时期达乌里胡枝子叶片数及叶面积

日期	叶片数	叶面积(3叶总数)
4月16日	5	1.1
5月20日	13	2.8
6月22日	15	3.3
7月24日	24	3.5
8月21日	24	3.5
9月20日	18	3.1
10月19日	9	3.1

达乌里胡枝子年内月际间的具体生长规律见表10-14～表10-16。从5月中下旬开始至6月中旬进入营养生长的高峰期，而后进入繁殖期，花期较长，同时营养生长并未停止，这可能与莲座上的芽不断萌发有关。另外，幼嫩组织中的含水量并未降低可以充分说明抗旱能力之强，这是长期适应环境的结果。9月以后的鲜重锐降，表明该物种的地上部分进入枯黄时间，这也是牧草评价的内容之一。

表10-15 不同时期达乌里胡枝子地上部分生理指标

日期	枝长/cm	鲜重/g	干重/g	组织含水量/%
4月16日	6	0.19	0.07	62.90
5月20日	25	0.83	0.37	55.30
6月22日	35	1.68	0.77	54.17
7月24日	60	2.54	1.05	58.54
8月21日	61	2.60	1.06	59.42
9月20日	58	2.46	1.11	55.00
10月19日	23	0.86	0.77	10.35

表 10-16　不同时期达乌里胡枝子生态指标

日期	生活史时期	最大高度/cm	平均高度/cm	鲜重/（g/5m²）	盖度/%
3 月 22 日	未萌发				
4 月 16 日	苗期	11	8	322	10
5 月 20 日	苗期	40	25	1565	60
6 月 22 日	初花期	70	35	1662	65
7 月 24 日	盛花期	98	60	2383	94
8 月 21 日	盛花期、结实期	105	61	2411	97
9 月 20 日	果熟期	80	58	2003	85
10 月 19 日	果后营养期	55	23	806	35

冰草年内月际间的具体生长规律见表 10-17～表 10-19。冰草的萌发在 4 种牧草中最早，3 月下旬萌发，从 4 月中下旬开始至 5 月中旬进入营养生长的高峰期，而后进入繁殖期，但花期较短，同样营养生长并未停止，这可能与根茎上的地下芽不断萌发有关。另外，在幼嫩的组织中组织含水量不高，这与冰草地下部分较大可以储存大量水分有关。冰草最典型的特征是具有果后营养期，这一时期既可延长牧草地上部分的生产时间，又可为地下部分的营养储存提供足够的原料以弥补有性繁殖的亏缺，是牧草品质良好的标志之一。

表 10-17　不同时期冰草叶片数及叶面积

日期	叶片数	叶面积/cm²
3 月 22 日	2	4.5
4 月 16 日	2	8.0
5 月 20 日	3	14.0
6 月 22 日	4	26.0
7 月 24 日	6	35.0
8 月 21 日	6	38.0
9 月 20 日	3	30.0
10 月 19 日	1	18.0

表 10-18　不同时期冰草地上部分生理指标

日期	枝长/cm	鲜重/g	干重/g	组织含水量/%
3 月 22 日	15	0.13	0.062	47.69
4 月 16 日	23	0.34	0.143	57.94
5 月 20 日	34	0.58	0.272	53.10
6 月 22 日	43	1.61	0.807	49.88
7 月 24 日	50	1.86	0.872	53.12
8 月 21 日	55	1.91	0.878	54.03
9 月 20 日	50	0.88	0.350	60.23
10 月 19 日	45	0.59	0.300	49.15

表 10-19　不同时期冰草生态指标

日期	生活史时期	最大高度/cm	平均高度/cm	鲜重/（g/5m²）	盖度/%
3月22日	苗期	12	9	96.50	3
4月16日	苗期	30	23	159.35	5
5月20日	初花期	70	34	266.00	10
6月22日	盛花期	100	43	375.20	17
7月24日	盛花期、结实期	102	50	654.75	25
8月21日	果熟期	100	55	706.41	30
9月20日	果后营养期	61	50	610.18	25
10月19日	果后营养期	64	45	406.81	8

无芒隐子草年内月际间的具体生长规律见表10-20～表10-22。从4月中下旬开始至5月中旬进入营养生长的高峰期，而后进入繁殖期，花期延续的时间居4种牧草之首，营养生长受到一定程度的影响，这可能与分蘖能力大小的生物学特性及所处环境贫瘠有关。另外，组织含水量在幼嫩的组织中高，是抗旱能力较强的一种体现。无芒隐子草典型的特征是花期与结实期长，这与其名称恰好对应。太小的花序及生长的部位决定了授粉困难及反复自交而退化的可能，这是成为良等牧草的限制。

表 10-20　不同时期无芒隐子草叶片数及叶面积

日期	分蘖数	叶面积/cm²
4月16日	3	3.0
5月20日	4	5.0
6月22日	6	5.0
7月24日	8	5.5
8月21日	8	5.5
9月20日	6	5.0
10月19日	3	5.0

表 10-21　不同时期无芒隐子草地上部分生理指标

日期	枝长/cm	鲜重/g	干重/g	组织含水量/%
4月16日	6	0.06	0.03	50.00
5月20日	13	0.11	0.06	45.45
6月22日	14	0.14	0.08	42.14
7月24日	35	0.46	0.22	53.04
8月21日	35	0.48	0.22	54.79
9月20日	30	0.26	0.13	49.23
10月19日	15	0.14	0.09	36.43

表 10-22 不同时期无芒隐子草生态指标

日期	生活史时期	最大高度/cm	平均高度/cm	鲜重/（g/5m²）	盖度/%
3 月 22 日	未萌发				
4 月 16 日	苗期	11	6	206	15
5 月 20 日	苗期	19	13	712	30
6 月 22 日	初花期	21	14	1190	45
7 月 24 日	盛花期	50	35	1364	50
8 月 21 日	盛花期、结实期	53	35	1330	50
9 月 20 日	盛花期、结实期	52	30	795	20
10 月 19 日	果熟期	30	15	351	20

白羊草年内月际间的具体生长规律见表 10-23～表 10-25。从 4 月中下旬开始至 6 月中旬进入营养生长的高峰期，延续时间是 4 种物种中最长的，为繁殖积累了足够的能量，故而花果期长，同样营养生长并未停止，与无芒隐子草相比较可能与白羊草分蘖能力强有关。另外，组织含水量的不断提高，某种程度上说明了白羊草对干旱的耐受能力。白羊草典型的特征是平均高度居 4 种之末，事实上其除去繁殖秆以外的营养分蘖高度很低，尽管这一特点非常适应强光及山风，是“高山矮态”的一种变相体现，但作为禁牧地区的牧草其将是致命的缺陷——无法收割。

表 10-23 不同时期白羊草叶片数及叶面积

日期	叶片数	叶面积/cm²
4 月 16 日	3	5.7
5 月 20 日	3	6.0
6 月 22 日	6	7.2
7 月 24 日	7	7.5
8 月 21 日	7	7.5
9 月 20 日	6	7.5
10 月 19 日	4	7.0

表 10-24 不同时期白羊草地上部分生理指标

日期	枝长/cm	鲜重/g	干重/g	组织含水量/%
4 月 16 日	8	0.07	0.035	50.00
5 月 20 日	9	0.08	0.035	56.25
6 月 22 日	15	0.43	0.166	61.40
7 月 24 日	20	0.57	0.202	64.56
8 月 21 日	22	0.63	0.204	67.62
9 月 20 日	23	0.30	0.100	66.67
10 月 19 日	22	0.19	0.071	62.63

表 10-25　不同时期白羊草生态指标

日期	生活史时期	最大高度/cm	平均高度/cm	鲜重/（g/5m²）	盖度/%
3月22日	未萌发				
4月16日	苗期	9	8	451.7	20
5月20日	苗期	12	9	483.7	25
6月22日	苗期	20	15	1080	30
7月24日	初花期	60	24	1679.9	85
8月21日	盛花期	61	22	1713.1	85
9月20日	盛花期、结实期	62	23	1648.9	85
10月19日	盛花期、结实期	60	22	612.49	45

10.5.1.2　4种群落建群种生物量及水分饱和亏的比较

不同时期4种牧草生物量变化见图10-10。4个群落建群种生物量年内总合排序为：达乌里胡枝子群落＞白羊草群落＞无芒隐子草群落＞冰草群落，其原因可从各群落的生物量月际变化规律中看出。达乌里胡枝子在4月中旬至5月中旬的生物量急速增加，致使曲线陡度很大，其后的稳定期可以理解为有性繁殖前期的能量重新分配计划时期——花发端的孕育；而后又出现了一个急速增加期，此现象是大量的花与种子开始形成造成，这一时期持续时间较长，致使生物量总和较其他群落大。

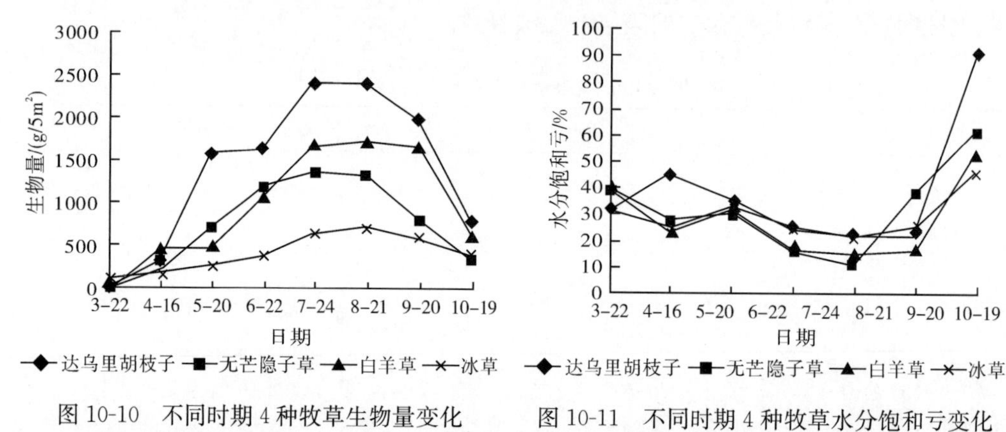

图10-10　不同时期4种牧草生物量变化　　　图10-11　不同时期4种牧草水分饱和亏变化

生物量总量与生物量月际变化有必然联系。总体而言，冰草的生物量总量居于最末，同时其月际生物量变化曲线最为平缓，虽然萌发较早，但从3月底至6月中旬增长十分缓慢且平和，近乎为一条斜率很小的直线。进入花、果期形成了繁殖秆、较重的穗以及种子后，才使生物量的增加速度小规模的提升，但持续时间短暂，至8月底已经开始下降。

水分饱和亏是一个反映植物体内水分状况的重要指标，大小可以部分反映植物抗旱、耐旱的能力，随着不同植物、同一植物的不同组织或器官甚至同一器官的不同生长时期而不断变化。以达乌里胡枝子的带叶枝条、白羊草和无芒隐子草的分蘖株、冰草的克隆植株为对象，以月为单位进行研究，结果见图10-11。除达乌里胡枝子在5月中旬水分饱和亏下降，而其余3种牧草上升外，其余时间4种牧草水分饱和亏变化趋势基本一致。以月际变化较为明显的无芒隐子草为例分析。3种禾本科的牧草，新出生的幼苗水分饱和亏较高，随着生长慢慢降低，随后又升高，这是对环境逐步适应的表现，其后又降低是由开花结种造成，最后由于衰老、死亡其水分饱和亏又急速上升。

10.5.1.3　各群落的有效盖度

植被是防止地面水土流失的积极因素，破坏地面植被，必将导致水土流失的严重。对水土保持而言，起关键作用的是植物群落的盖度，即有效植被盖度。作为水土保持林草措施建设中的一个重要指标，不少学者从不同的方面对有效植被盖度进行过研究。

此研究以群落建群种的盖度作为基础，以年内月际变化为时间顺序（图10-12），与焦菊英等在2000年提出的参照系对照，经分析发现，临界有效盖度最低要求为23.4%，即坡度≥20°、次最大30min雨强及次降雨量的乘积≥5的条件下，保持水土要求的草地植被盖度。白羊草群落及达乌里胡枝子群落从5月中旬至枯萎均可以达到，无芒隐子草群落从5月中旬至8月底可以达到，而冰草群落该项指标表现最差，只有7月末至9月初可以勉强达到。从本章采用的概念出发，只要雨强稍大一点，其群落下土壤的养分便开始流失。

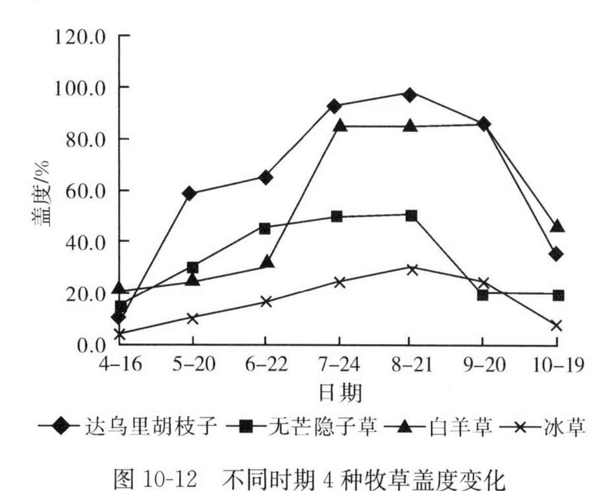

图10-12　不同时期4种牧草盖度变化

平均10年一遇的暴雨即次最大30min雨强及次降水量的乘积≥70的情况，20°、25°、30°、35°黄土坡需求的有效盖度分别为63.4%、71.1%、77.3%和82.6%，结合研究区实际情况——暴雨的发生季节为7月、8月和9月，达到这一要求的分别是达乌里胡枝子群落及白羊草群落。无芒隐子草群落最大50%的盖度，其保持水土不流失的限度只限制在次最大30min雨强及次降雨量的乘积≥10、≤35°的黄土坡情况，可以形象地认为是断断续续的小到中雨。冰草群落的水土保持能力非常差，这将成为其生态效益的一个巨大限制。

10.5.2　讨论

目前，常用的有效植被盖度的概念有两种。第一种为传统的定义即植被拦蓄泥沙，使土壤流失量小于土壤最大允许侵蚀量所需的最小盖度。其中的关键技术是土壤最大允许侵蚀量，可以通过测定土壤成土速率获得土壤最大允许侵蚀量（Shipley et al.，

1994)。近年来，随着持续农业从理论上的不断完善，土地生产力的持续发展显得尤为重要，于是出现了有效植被盖度的第二种概念，即保持土壤肥力不发生退化所需的最小植被盖度，反映了水土保持工作的根本目标所在。但是土壤肥力同时受土壤类型、施肥水平、耕作方式和轮作制度等多因子的影响，同时还需清楚土壤肥力的背景值，因此这一概念较为复杂。从形式上看，这两种概念存在一定的差异，但实质上它们之间还有一定的一致性。土壤最大允许侵蚀量的概念在一定程度上包含了土壤肥力的相对稳定，也可以认为第二种概念是第一种概念的发展。这两个概念仍存在不足之处，即将有效植被盖度定义为一定点值，或者认为有效植被盖度是一恒定盖度临界点。本章采用的定义是：有效植被盖度是指在一定区域内（气候、土壤等因素相对稳定的条件下），某块草地或林地保持土壤使土壤侵蚀量降低到土壤最大允许侵蚀量以内所需的植被盖度。结合实际降雨分布情况，本章描述的方法决定了牧草群落盖度在7月、8月和9月达到要求的最大临界。

群落高生物量是高生态效益的基础，对于本书研究而言则是高经济效益的基础。同时，植物群落生物量是研究草地物质生产和群落养分动态的基础，年内月际变化由于是在其他条件（降雨、气温）一致的情况下获得的，可以反映物种间的生长差异，但物种内的差异必须通过年际变化与生境变化比对得出。

10.6　4种牧草群落的时间结构与土壤含水量的关系

10.6.1　土壤含水量

土壤含水量与变异量是由气象、地形、土壤这三个主要因素和植被因素相互联系、协同作用的结果。其中，气象因素主要是降雨、大气温度、湿度和风速，地形因素主要是地形对水分的再分配作用，与坡度、坡向和海拔有关。土壤因素主要是土壤持水与保水能力、孔隙状况和热通量，在同为黄绵土的样地中，土壤持水与保水能力主要与土壤有机质含量有关，而土壤孔隙状况和热通量主要与土壤坚实度，特别是表层坚实度有较强的关联性。植被因素主要与群落蒸腾和土面蒸发有关，而群落蒸腾量主要取决于群落主要植物耗水量或地上生物量，土面蒸发主要取决于由群落盖度决定的地表潜热通量。

分别以各群落20cm、100cm和300cm土壤含水量代表表层、根系层和深层土壤水分状况，三个深度的生长季（4～9月）和非生长季（11月）实测土壤含水量(图10-13)、变异量（SD）与地上生物量（图10-10)、海拔、坡度、降水量(图10-14)、土壤容重（图10-15)、植被盖度进行多元逐步回归比较分析。结果表明，植被、地形和土壤因子对表层土壤含水量的决定系数为98.45%，其中植被盖度及地上生物量的直接作用最大，说明植被盖度越大，地上生物量越小，表层土壤含水量越大。而地上生物量主要是通过植被盖度起作用的，进一步说明影响表层土壤含水量的主导因子是植被盖度。

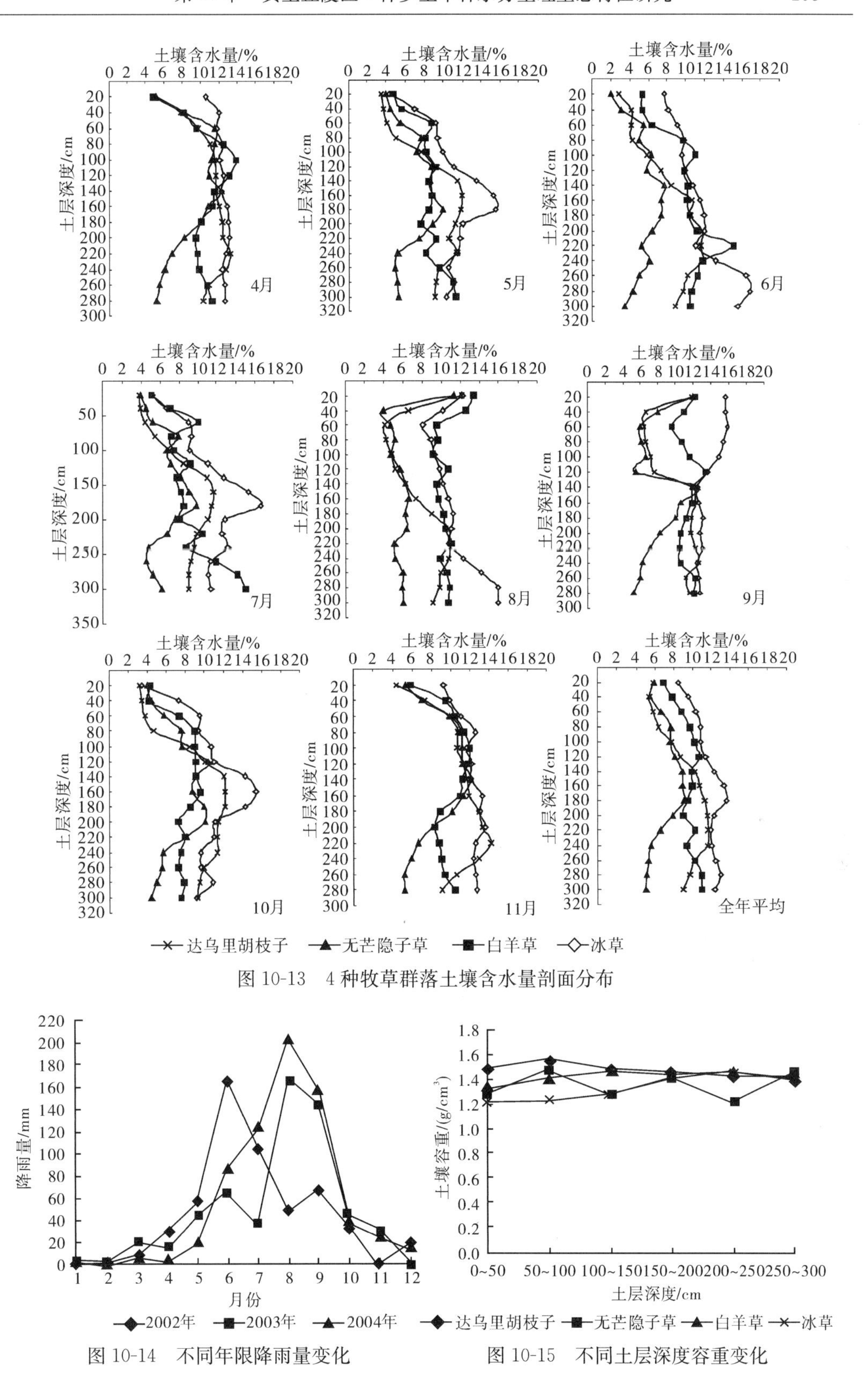

图 10-13　4 种牧草群落土壤含水量剖面分布

图 10-14　不同年限降雨量变化

图 10-15　不同土层深度容重变化

影响根系层土壤水分变异的主要因素为植被盖度及坡度，其决定系数为93.48%，其中植被盖度表现更为明显。说明植被盖度越大，根系土壤水分波动越剧烈，故而决定根系层土壤水分波动的主导因子仍然为植被盖度。

影响深层土壤水分波动的主要因素为地上生物量和表层土壤容重，其决定系数为80.03%。说明地上生物量越大，土壤越坚实，深层水分波动越剧烈。尽管土壤坚实度真正的作用是增加水分波动，但由于土壤较坚实的群落其相应的地上生物量较小，因此表现为土壤越坚实，水分波动越小。

10.6.2 讨论

用地形因子（坡度、坡向和海拔）、土壤因子（地表紧实度）和植被因子（地上生物量和植被盖度）可以较好地对土壤水分作出分析，说明这几个因子基本上包括了影响土壤水分的直接和间接因素，但也因此说明以土壤水分的大小无法直接判断4个物种的抗旱能力。唯一的较明确结论是：4种群落植被盖度是影响表层土壤含水量和根系层水分波动的主导因子，无芒隐子草群落5月、6月及7月盖度迅速达到年际最大，引起100cm以上土壤含水量的剧烈变化；地上生物量成为影响深层土壤水分波动的主导因子；白羊草群落7月、8月及9月生物量迅速增加，导致200cm以下土壤无论是月际之间还是本月内土壤含水量与其他层相比，均显著变化。

10.7 4种乡土牧草的某些种群生物学特征

广义上的间接竞争是指发生在相邻植物之间的对地上资源（光、热）和地下资源（水分、矿质营养）的争夺，是个体获得资源的能力并借此限制其他个体获得资源的途径，是竞争的主要形式（Silvertown et al.，1994）。从性质和结果来看，黄土高原植物间的竞争更多地意味着争夺，即有些植物资源获取效率高，占据、消耗大量的资源量从而限制了其他植物获得共享资源。竞争可以发生在同种植物的不同个体之间（种内竞争），也可以发生在不同植物之间（种间竞争），植物只要共享某种资源就会存在大小程度不一的竞争。一般来说，植物的生态位需求越接近，竞争也就越强烈（Strong et al.，1984）。与地上只是对光资源的竞争相比，地下竞争至少涉及20多种矿物质和水分等土壤资源，因此植物的竞争主要发生在地下。其中土壤水分移动性强、消耗快，所以对水资源发生竞争的可能性与范围就比较大。竞争对植物个体生长的影响，既包括对其他植物的竞争抑制即竞争效应（competitive effect），也包括不被其他个体竞争抑制的能力即竞争响应或反应（competitive response）。

种群大小指一个种群拥有个体数目的多少，由出生率和死亡率的对比关系决定，并由增长率来调整，还由种群的自我调节能力校正，以适应环境条件的变化，使种群数量在一定的阈值限度内波动，保持种群大小在一定的时间、空间内形成相对的动态平衡，最大限度地保持种群的延续和繁盛。即在有限资源与环境中，任何种群的增长均是非线性密度制约的。由此可见，研究群落优势种的繁殖方式不但对种群的波动、数量特征有重要作用，并且对于群落的动态变化方向、程度的深入了解意义巨大。

本节阐述 4 种牧草群落种内、种间竞争，区分竞争能力的大小、适应性的强弱及耐受性的范围；另外，对其两种繁殖方式做了深入的探讨，以期解释优势种占群落主导地位的原因，不但为草种选择提供指导，同时从侧面间接说明演替前期、中期及后期的建群种特性：演替前期种群繁殖能力强，演替中期种群竞争能力大，演替后期种群耐受范围广。

10.7.1　陕北黄土高原半干旱区 4 种乡土牧草群落种内、种间竞争

竞争是两个以上有机体在所需的环境资源或空间相对不足的情况下所发生的相互关系，也是一个资源间接调节的过程，即植物互相对资源吸收与利用，从而引起资源波动及植物对资源波动的响应与反应过程。黄土高原群落中乡土物种的种间关系简略概括为：由于长期的生态适应，生物学特性改变与适应进化增加了植物对环境的忍耐力，如耐寒、耐旱、耐涝、耐污染、耐贫瘠土壤以及对"有害生物"的耐受性使其在环境中获得较强的竞争优势，或能最大限度地占据、利用生态位。此处的竞争是广义上的植物应付生境的综合能力，由于生境恶劣，种群要能在高强度、高频度干扰中存活并实现种群的增长、扩散，必须同时具有较强的获得、消耗资源能力和忍受资源胁迫、降低资源需求的能力。

因此，研究生态脆弱、生境复杂的陕北黄土丘陵区的乡土牧草群落种内竞争、种间竞争，可以进一步了解乡土草种的适应、竞争和耐受能力，为草原恢复及建设、生态系统稳定、土地生产力提高、最佳土地利用结构等问题的深入研究做一些理论铺垫，并在此基础上指导该地区牧草筛选、育种，在黄土高原半干旱森林-草原过渡带植被恢复与重建为核心的生态环境治理过程中，对合理开发与利用自然资源具有重要意义。

10.7.1.1　4 种群落种邻体与目标种的距离分组统计单位

利用 MATLAB 6.5 系统将原始数据拟合，达乌里胡枝子群落、白羊草群落、无芒隐子草群落和冰草群落的最小面积分别为 3.4m^2、4.8m^2、4.1m^2 和 1.4m^2，各群落包含的物种总数分别为 15 种、19 种、21 种和 17 种，各群落样圆半径依次为 1.040m、1.236m、1.142m 及 0.668m，各群落距离单位分别为 0.149m、0.130m、0.109m 及 0.079m，因此各群落统计以下距离竞争指数（表 10-26）和邻体植物对目标种的竞争指数。

表 10-26　四种群落竞争统计距离

群落类型	统计距离/m				
	Ⅰ	Ⅱ	Ⅲ	Ⅳ	Ⅴ
达乌里胡枝子	0～0.208	0.209～0.416	0.417～0.625	0.626～0.883	0.884～1.040
白羊草	0～0.247	0.248～0.499	0.500～0.747	0.748～0.995	0.996～1.243
无芒隐子草	0～0.228	0.229～0.458	0.459～0.687	0.688～0.916	0.916～1.142
冰草	0～0.143	0.144～0.277	0.278～0.421	0.422～0.564	0.565～0.668

10.7.1.2　4 种群落种内与种间竞争

1. 冰草群落的种内、种间竞争

冰草群落的邻体植物有 17 种，除刺儿菜和黄花蒿外，其他都位于下层。长势弱，地

上生物量 0.298kg/m²，总密度 12.661 株/m²，平均每株冰草在半径为 0.668m 的样地中，邻体植物冰草、黄花蒿和刺儿菜分别为 14.54 棵、2.51 棵和 1.83 棵。

从表 10-27 可以得出以下结论，冰草种内、种间竞争强度随着与目标种距离的增加而减小。从与目标种距离 0～0.143m 到 0.565～0.668m，冰草种内、种间竞争一直在减小，最大竞争强度发生在与目标种距离为 0～0.143m 时，竞争强度为 1.198。由此可见，冰草群落中的竞争主要发生在近距离。

表 10-27　冰草群落种内、种间竞争强度与目标种距离的关系

距离/m	0～0.143	0.144～0.277	0.278～0.421	0.422～0.564	0.565～0.668
竞争强度	1.198	1.114	0.319	0.0931	0.0206

从表 10-28 可以看出，冰草的竞争主要来自于种内。冰草种内竞争占总竞争强度的 90.65%。每株平均竞争强度指数冰草最大，这可能与冰草邻体单株地上重有关。邻体植物单位地上生物量竞争指数则为苍耳最大，其次是鬼针草、二裂委陵菜、长芒草等，多数一年生植物对冰草的竞争指数比较小。可见使用不同的竞争指数表示的邻体植物对冰草的竞争等级是不同的，但以单位地上生物量竞争强度最能反映实际情况。用总竞争强度、单株平均竞争强度和单位地上生物量竞争强度的排序值表示不同植物对冰草的竞争等级，结果为：单位地上生物量竞争强度排序值与总竞争强度排序值结果不一致，可见两者是表征竞争能力的不同指标：前者主要表征了整个群落中植物彼此间的竞争状况，与群落中植物的相对多度有关，而后者是植物对目标种相对竞争能力的指标，与种间竞争能力的不对称性有关，是植物资源捕获和利用能力的反映。

表 10-28　冰草群落不同邻体植物对冰草的种内、种间竞争强度

邻体植物	总竞争强度	标准差	密度/(株/m²)	单株平均竞争强度	单位地上生物量竞争强度
苍耳	1.32×10^{-3}	1.95×10^{-2}	0.16	1.31×10^{-3}	2.60×10^{-2}
鬼针草	9.79×10^{-3}		0.16	9.78×10^{-3}	0.99×10^{-2}
小画眉	8.97×10^{-5}		0.16	8.95×10^{-5}	2.10×10^{-6}
长芒草	4.48×10^{-4}	2.84×10^{-2}	0.16	4.71×10^{-4}	2.00×10^{-3}
狗尾草	6.41×10^{-4}	5.50×10^{-3}	0.48	2.05×10^{-4}	1.46×10^{-5}
常春藤叶天剑	5.82×10^{-4}	1.52×10^{-2}	0.31	3.01×10^{-4}	2.60×10^{-5}
达乌里胡枝子	1.19×10^{-4}	2.39×10^{-3}	0.31	5.98×10^{-5}	2.19×10^{-5}
刺儿菜	1.95×10^{-2}	4.31×10^{-2}	1.59	1.91×10^{-3}	9.66×10^{-5}
角蒿	7.53×10^{-4}		0.16	7.94×10^{-4}	2.01×10^{-5}
沙蓬	2.01×10^{-3}	4.00×10^{-4}	0.31	9.30×10^{-4}	8.62×10^{-4}
黄花蒿	1.21×10^{-1}	2.16×10^{-2}	1.98	8.99×10^{-3}	5.70×10^{-4}
二裂委陵菜	1.41×10^{-3}		0.16	1.36×10^{-3}	7.18×10^{-3}
艾蒿	1.42×10^{-3}	1.74×10^{-2}	0.15	1.48×10^{-3}	6.54×10^{-4}
苣荬菜	1.31×10^{-2}	2.41×10^{-2}	0.46	4.30×10^{-3}	9.31×10^{-5}
山苦荬	4.20×10^{-3}		0.15	4.00×10^{-3}	3.97×10^{-4}
黄花草木樨	5.70×10^{-2}	2.04×10^{-2}	0.97	7.96×10^{-3}	2.68×10^{-4}
冰草	2.84	2.76×10^{-2}	15.97	2.79×10^{-2}	5.19×10^{-4}

2. 无芒隐子草群落的种内、种间竞争

无芒隐子草群落的邻体植物有21种，单丛无芒隐子草的最大生物量和最大株高分别为59.48g和29.06cm，最小生物量和最小株高分别为28.97g和11.30cm，生物量和株高平均值分别为49.28g和18.67cm。平均每丛无芒隐子草在半径为1.142m的样地内分别有0.41株邻体铁杆蒿和0.93株邻体白羊草，其他邻体植物有7.03株。

根据Hegyi邻体竞争方程，计算得出不同植物对长芒草群落的竞争强度（表10-29）。从表10-29可以看出，长芒草群落种内、种间竞争强度随着与目标种距离的增加先增大后减小。与目标种距离从0～0.228m、0.229～0.458m、0.459～0.687m到0.688～0.916m，无芒隐子草群落种内、种间竞争总的趋势是在增加，最大竞争强度发生在与目标种距离0.688～0.916m时，平均每株长芒草的邻体竞争指数为1.500。因此，长芒草的种内、种间竞争发生距离较远。

表10-29　无芒隐子草群落种内、种间竞争强度与目标种距离的关系

距离/m	0～0.228	0.229～0.458	0.459～0.687	0.688～0.916	0.916～1.142
竞争强度	0.603	1.012	0.703	1.500	0.501

表10-30　无芒隐子草群落中不同邻体植物对无芒隐子草的种内、种间竞争强度

邻体植物	总竞争强度	标准差	密度/(株/m²)	地上生物量/(g/m²)	单株平均竞争强度	单位地上生物量竞争强度
长芒草	1.50	0.10	1.50	0.61	0.50	0.059
香青兰	7.00	0.80	0.60	0.20	7.05	0.110
冰草	4.10	0.24	0.31	0.85	0.71	0.129
白羊草	6.58	1.10	1.63	15.24	2.30	0.030
刺儿菜	1.02	0.02	2.98	1.51	0.09	0.029
黄芩	0.49	0.01	0.11	0.09	0.50	0.771
达乌里胡枝子	28.93	0.10	1.60	16.01	0.30	0.087
二裂委陵菜	0.69	0.02	10.98	0.54	0.07	0.021
狭叶米口袋	0.10	0.01	0.13	0.06	0.02	0.050
细叶远志	0.08	0.04	0.16	0.71	0.09	0.119
华隐子草	2.98	0.11	1.01	1.00	0.60	0.058
茭蒿	0.09	0.07	0.14	9.96	0.11	0.200
二色棘豆	1.09	0.41	0.70	0.87	0.08	0.108
铁杆蒿	61.02	11.16	0.18	22.93	5.61	0.190
米口袋	1.23	0.20	0.40	0.24	1.20	0.037
山苦荬	5.06	0.05	0.04	1.82	0.21	0.055
委陵菜	0.19	0.01	3.00	0.45	0.19	0.027
无芒隐子草	35.41	0.20	1.64	39.48	0.91	0.070

从表10-30可以得出，无芒隐子草群落中种间竞争占总竞争强度的81.06%。无芒隐子草的竞争主要来自于铁杆蒿、达乌里胡枝子的种间及无芒隐子草的种内，分别占总竞争强度的37.05%、20.96%和18.06%。各种植物对无芒隐子草的单株平均竞争强度以香青兰最大，其次为铁杆蒿、白羊草和米口袋，最小为狭叶米口袋。单位地上生物量竞争强度以黄芩最大，其次为茭蒿、铁杆蒿、冰草等，最小为二裂委陵菜和委陵菜。

3. 白羊草群落的种内、种间竞争

在群落中，作为优势种，白羊草最大生物量和最大株高分别为 201.35g 和 33cm，最小生物量和最小株高分别为 40.25g 和 23cm，群落中白羊草的邻体植物有 19 种。在半径为 1.236m 的样地内，每丛白羊草平均分别有邻体铁杆蒿和邻体达乌里胡枝子 0.83 株和 0.45 株，其他邻体植物 3.08 株。

白羊草单株平均受到的种内、种间竞争强度，随着与目标种距离的增加呈现先增大然后减小的趋势。在白羊草群落中，白羊草与目标种距离从 0～0.247m 到 0.748～0.995m，白羊草群落种内、种间竞争强度总的趋势是在增加，其最大竞争强度发生在 0.748～0.995m 时，平均每株白羊草的邻体竞争强度为 0.910。因此，在白羊草群落中，目标种受到的种内、种间竞争发生距离较远，具体见表 10-31。

表 10-31　白羊草群落种内、种间竞争强度与领体植物距离的关系

距离/m	0～0.247	0.248～0.499	0.500～0.747	0.748～0.995	0.996～1.243
竞争强度	0.282	0.432	0.098	0.910	0.260

从表 10-32 可以得出，白羊草群落的竞争主要来自于种间。种间竞争占白羊草群落总竞争强度的 98.94%，主要是铁杆蒿、达乌里胡枝子和猪毛蒿与白羊草的种间竞争，分别占白羊草群落总竞争强度的 55.71%、15.06%和 6.97%。各种邻体植物对白羊草的单株平均竞争强度以铁杆蒿最大，其次为委陵菜、茭蒿和阿尔泰狗娃花，最小为二裂委陵菜。各种邻体植物对白羊草群落单位地上生物量竞争强度则以蒲公英最大，其次为委陵菜、二色棘豆、无芒隐子草等，二裂委陵菜最小。

表 10-32　白羊草群落中不同邻体植物对白羊草的种内、种间竞争强度

邻体植物	总竞争强度	标准差	密度/(株/m^2)	地上生物量/(g/m^2)	单株平均竞争强度	单位地上生物量竞争强度
细叶远志	0.01	—	0.62	0.58	4.68×10^{-4}	0.001
长芒草	2.55	0.30	4.50	5.48	0.153	0.060
狭叶米口袋	0.06	0.01	0.45	0.31	0.009	0.056
阿尔泰狗娃花	0.99	0.30	0.69	1.59	0.219	0.051
白草	0.50	0.10	1.40	1.05	0.058	0.050
冰草	0.02	0.01	0.65	0.55	0.005	0.010
达乌里胡枝子	4.70	0.31	11.70	9.51	0.049	0.055
黄芩	0.01	—	0.18	0.20	0.003	0.004
刺儿菜	0.71	0.10	0.60	0.91	0.079	0.029
二色棘豆	1.31	0.14	1.02	0.97	0.086	0.087
二裂委陵菜	0.01	—	0.93	0.58	2.18×10^{-4}	0.001
狗尾草	0.01	—	0.09	0.21	0.001	0.026
华隐子草	0.05	0.02	0.66	1.14	0.020	0.020
无芒隐子草	0.09	—	0.09	0.15	0.108	0.085
山苦荬	1.55	0.14	3.05	1.03	0.060	0.075
委陵菜	0.50	—	0.05	0.09	0.464	0.102
茭蒿	0.60	0.39	0.38	10.43	0.301	0.006
铁杆蒿	6.86	5.68	0.42	26.95	3.969	0.080
白羊草	0.35	0.10	1.41	80.63	0.065	0.008

4. 达乌里胡枝子群落的种内、种间竞争

群落中，达乌里胡枝子的最大株高和最大地上生物量分别为 65.06cm 和 25.01g，最小株高和最小地上生物量分别为 4.7cm 和 0.08g，平均株高和平均地上生物量分别为 20.13cm 和 12.65g。以株高为期望值，对达乌里胡枝子地上生物量的观察值分布进行卡方检验，结果表明，株高与地上生物量分布不同，卡方检验显著水平远小于 0.05。这可能与达乌里胡枝子在较强竞争条件下的生殖策略有关，小个体在进行种子繁殖时必须具备生殖枝，而生殖枝必须达到一定高度才会出现花序。

从表 10-33 可以得出，达乌里胡枝子群落最大竞争强度发生在 0.884～1.040m 时，平均每株达乌里胡枝子的邻体竞争强度为 1.901。达乌里胡枝子受到的种内、种间竞争发生距离较远，呈现出“S”形变化趋势。

表 10-33　达乌里胡枝子群落种内、种间竞争强度与邻体植物距离的关系

距离/m	0～0.208	0.209～0.416	0.417～0.625	0.626～0.883	0.884～1.040
竞争强度	0.881	1.500	0.694	0.983	1.901

达乌里胡枝子群落的竞争主要来自于与铁杆蒿、长芒草的种间竞争及达乌里胡枝了种内竞争，三种竞争分别占总竞争强度的 28.06%、16.70%和 13.97%。各种植物对达乌里胡枝子的单株平均竞争强度以白羊草最大，其次为铁杆蒿和茭蒿，最小为狗尾草和二裂委陵菜。各种植物对达乌里胡枝子的单位地上生物量竞争强度则以香青兰最大，其次为阿尔泰狗娃花、白草等，茭蒿最小（表 10-34）。

表 10-34　达乌里胡枝子群落中不同邻体植物对达乌里胡枝子的种内、种间竞争强度

邻体植物	总竞争强度	标准差	密度/(株/m²)	地上生物量/(g/m²)	单株平均竞争强度	单位地上生物量竞争强度
阿尔泰狗娃花	22.35	1.41	0.72	1.63	0.771	0.182
白草	14.04	0.47	1.40	1.00	0.130	0.174
白羊草	76.96	4.31	0.40	16.84	2.025	0.072
冰草	7.51	0.23	0.64	0.75	0.121	0.091
长芒草	88.69	0.24	4.48	7.48	0.156	0.097
刺儿菜	13.08	0.26	0.60	1.01	0.144	0.085
达乌里胡枝子	104.86	0.15	11.72	11.01	0.080	0.105
二裂委陵菜	3.65	0.04	0.92	0.45	0.038	0.072
狗尾草	0.04	0.00	0.12	0.01	0.004	0.122
华隐子草	6.61	0.14	0.64	0.93	0.110	0.083
二色棘豆	14.74	0.29	1.16	1.26	0.124	0.097
茭蒿	23.86	2.64	0.36	11.26	1.480	0.044
狼牙刺	7.61	0.31	0.12	0.71	0.177	0.124
米口袋	0.47	0.11	0.04	0.14	0.156	0.044
蒲公英	7.00	0.14	0.16	0.26	0.163	0.095
山苦荬	23.22	0.26	3.00	2.65	0.084	0.128
铁杆蒿	170.99	4.73	1.40	30.63	1.676	0.066

续表

邻体植物	总竞争强度	标准差	密度/(株/m²)	地上生物量/(g/m²)	单株平均竞争强度	单位地上生物量竞争强度
委陵菜	2.45	0.24	0.04	0.19	0.306	0.065
无芒隐子草	3.83	0.10	0.12	0.11	0.091	0.096
细叶远志	0.24	0.02	0.60	0.63	0.024	0.066
狭叶米口袋	1.30	0.08	0.44	0.07	0.021	0.172
香青兰	11.43	0.84	0.04	0.15	0.672	0.200
茭蒿	23.68	0.24	0.12	0.09	0.125	0.117

10.7.1.3 种群落种内、种间竞争与优势种的类型

各群落之间的竞争强度纵向结果见表 10-35。从中可以清楚地看出各群落建群种竞争的主要对象以及竞争发生的距离。以达乌里胡枝子为例，距离其 1m 的铁杆蒿是其主要的资源争夺者，其次是周围的同类，分布于两者之间的长芒草成为第三对手。对于冰草而言，既无铁杆蒿又无达乌里胡枝子的争夺，暗示着冰草与达乌里胡枝子的搭配。对于达乌里胡枝子群落、无芒隐子草群落及白羊草群落而言，遏制铁杆蒿的生长是缓解资源矛盾、解放生态位的主要途径。

表 10-35 各群落之间的竞争强度纵向结果

群落		达乌里胡枝子	无芒隐子草	白羊草	冰草
最强竞争	物种	铁杆蒿	铁杆蒿	铁杆蒿	冰草
	强度	170.99	61.02	6.86	2.84
	距离/m	0.884～1.040	0.688～0.916	0.748～0.995	0～0.143
强竞争	物种	达乌里胡枝子	无芒隐子草	达乌里胡枝子	黄花蒿
	强度	104.86	35.41	4.70	1.21×10^{-1}
	距离/m	0.209～0.416	0.229～0.458	0.248～0.499	0.144～0.277
较强竞争	物种	长芒草	达乌里胡枝子	长芒草	黄花草木樨
	强度	88.69	28.93	2.55	5.70×10^{-2}
	距离/m	0.626～0.883	0.459～0.687	0～0.247	0.278～0.421

10.7.1.4 讨论

植物的竞争能力决定于资源获得能力或忍耐低资源水平的能力，即竞争能力是植物的一种固有属性（肖笃宁等，1997）。正是这些能力的差异使得草种对个体间竞争具有不对称性，进而形成竞争等级（祖元刚等，1997）。竞争等级的表达还受外部条件的影响，如群落动态、资源可利用水平、生态位重叠程度和现实生态位与最适生态位的偏移程度等。

对于中小尺度群落来说，虽然由于微生态环境的异质性，每一种植物生长繁殖适宜度都或多或少的有些差异，但一般来说这种差异不是太明显，这时群落格局的形成会同时受到其他生态学过程的影响。这中间主要是种间竞争作用，使得植物的现实生态位常常比其基础生态位或理想生态位要窄（刘先华等，1998）。群落中一种植物生长环境适

宜，那么相对群落另一种非适宜环境的植物就具有相对的竞争优势（金则新等，2004）。从长远来说，群落的微生态环境特征格局与植物的空间分布格局是对应的。由于微生态环境的差异较小，这种竞争优势主要体现在植物的相对生长率或生物量上而不是死亡率上，表现为较大植株周围其邻体生物量较小，相反如果邻体较大，则目标种个体生物量较小。结果表明，冰草群落、无芒隐子草群落、白羊草群落和达乌里胡枝子群落的竞争形式不同，合理地选择不同牧草搭配以便改变群落分布格局和充分利用有限的土地、水资源，才可提高植被恢复与重建过程中的效率。

10.7.2　4种乡土牧草有性繁殖方式研究

豆科的达乌里胡枝子、禾本科的冰草、白羊草及无芒隐子草均是黄土高原典型的乡土牧草，均分布广泛，产草量较高。以往的报道多集中于生物量及生态特征的研究，但是黄土高原生态环境恶劣，适宜条件持续的时间短，必须具有特殊的机制才能确保牧草种子在合适的时空萌发，并使脆弱的幼苗生长发育。本节研究了达乌里胡枝子、冰草、白羊草和无芒隐子草的种子特征与萌发条件，间接揭示其生殖策略，推测野外种子库中种子的萌发特性，为今后人工改良、大面积推广提供理论依据。

10.7.2.1　3种禾本科牧草小花与籽实的比例及（达乌里胡枝子）花中包含种子数

利用TTC对达乌里胡枝子、无芒隐子草、冰草和白羊草4种牧草种子染色后，在解剖镜下观察，同时记录花、未成熟种子、成熟种子的比例，结果分别如表10-36～表10-39。可以看出，在10月采摘的无芒隐子草成熟度最高，达乌里胡枝子和白羊草成熟种子比例最高均在9月，而冰草8月种子成熟度最好。这与4种牧草当年的的物候期相符（表10-40）。由于物候期的不同，不同采摘期的种子成熟程度差异非常显著。9月采摘的达乌里胡枝子成熟度最高，但花、未成熟种子、成熟种子之比也仅为100∶65∶35，而三种禾本科植物此比例更低。这一现象可归结为：尽管4种牧草分属于两个科，但都具多年生根，以无性繁殖为主。从生殖生长的角度来看，它们均为克隆植物，克隆器官为根状茎和根出枝，有性繁殖功能退化、结实率低、成熟度差，这是长期演化、适应生境的结果。黄土高原资源匮乏、土壤贫瘠，植物无法从生境中获取足够的物质“保质保量”地完成有性繁殖中一系列过程。另外，小环境异质程度高，使得植物必须采取相应对策。冰草、达乌里胡枝子可以以“游击型”构型加强自身的克隆扩散能力，从而提高对分散资源的利用率；白羊草、无芒隐子草属于密集型构型植物，虽然扩散能力差，但对于局部资源利用非常有利。再者，2003年7月、8月和9月延安地区降雨量过大，植物传粉受阻，以致成熟种子的比例低。

表10-36　达乌里胡枝子花、未成熟种子、成熟种子的比例　（单位:%）

时间	比例		
	花	未成熟种子	成熟种子
8月	100	80	20
9月	100	65	35
10月	100	85	15

表 10-37　无芒隐子草花、未成熟种子、成熟种子的比例　(单位:%)

时间	比例		
	花	未成熟种子	成熟种子
8 月	100	99	1
9 月	100	97	3
10 月	100	96	4

表 10-38　冰草花、未成熟种子、成熟种子的比例　(单位:%)

时间	比例		
	花	未成熟种子	成熟种子
8 月	100	98	2
9 月	100	94	6

表 10-39　白羊草花、未成熟种子、成熟种子的比例　(单位:%)

时间	比例		
	花	未成熟种子	成熟种子
8 月	100	98	2
9 月	100	95	5
10 月	100	97	3

表 10-40　4 种牧草初花期至果熟期的物候

物种	初花期	盛花期	结实期	果熟期
达乌里胡枝子	6 月 25 日～7 月 30 日	7 月 20 日～9 月 10 日	8 月 16 日～9 月 18 日	9 月 10 日～9 月 28 日
无芒隐子草	7 月 8 日～7 月 25 日	7 月 30 日～8 月 30 日	9 月 2 日～10 月 7 日	9 月 28 日～10 月 21 日
冰草	5 月 10 日～5 月 26 日	6 月 2 日～6 月 28 日	7 月 3 日～7 月 23 日	7 月 30 日～8 月 20 日
白羊草	7 月 15 日～7 月 30 日	7 月 20 日～8 月 25 日	8 月 20 日～9 月 15 日	9 月 3 日～10 月 28 日

10.7.2.2　形态观察

4 种牧草各类型种子形态见图 10-16～图 10-19。种子基本都被 TTC 染色。

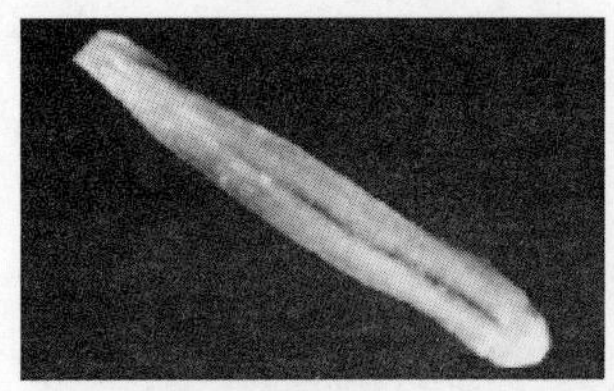

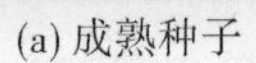
(a) 成熟种子

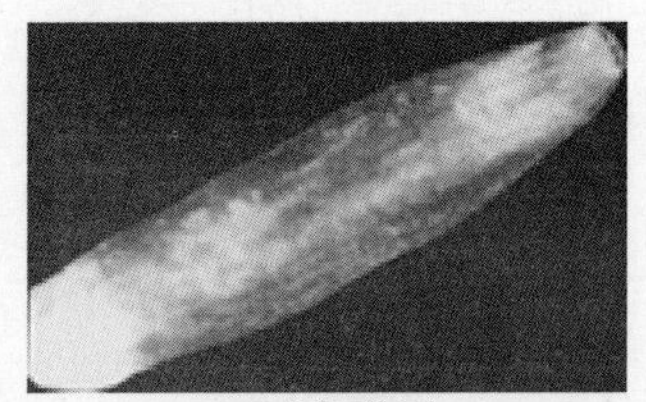
(b) 成熟种子

图 10-16　冰草种子形态

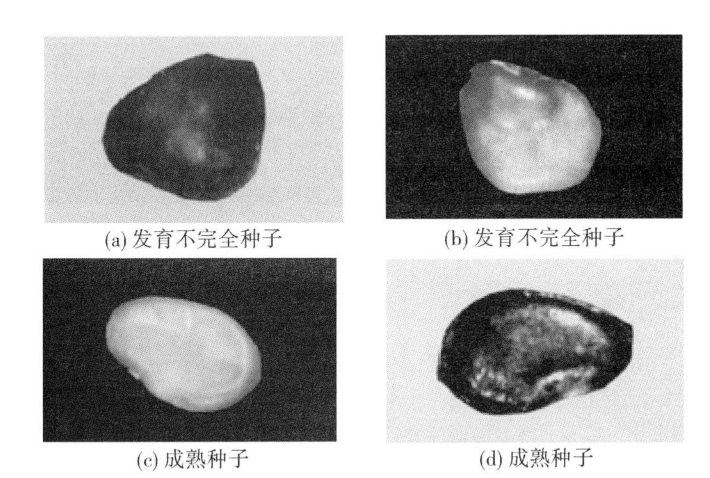

(a) 发育不完全种子　(b) 发育不完全种子

(c) 成熟种子　(d) 成熟种子

图 10-17　达乌里胡枝子种子形态

冰草种子发育较为完全，因此只观测其成熟种子形态。图 10-16（a）中的种子呈土白色，图 10-16（b）中的种子呈暗粉红。达乌里胡枝子发育不完全种子与成熟种子的比例为 1∶2，均有两种颜色，图 10-17（a）和（c）中的种子为枣红色，而图 10-17（b）和（d）中的种子为黄绿色。白羊草发育不完全种子形态、色泽差异均较大，图 10-18（d）中记录的种子为浅黄褐色，形状不规则，图 10-18（a）中发育不完全种子与图 10-18（c）中发育成熟种子均呈现褐色，但不完全种子比较廋小、不饱满，可能是发育过程中物质供给不足造成。其另一种成熟种子见图 10-18（b），为土黄色，发育不完全与成熟种子的比例为 1∶3。无芒隐子草发育不完全种子色泽接近，呈浅土黄色，形状不规则，见图 10-19（a）；成熟种子色泽较深，形状较规则，见图 10-19（b），发育不完全种子与成熟种子的比例为 1∶1。种子所呈现的性状除与遗传特性有关外，还与外界环境息息相关。延安地区在 2003 年 6 月中旬遭受冰雹袭击，营养植物器官损失较大，光合能力下降，致使有性繁殖过程营养不足，有性繁殖延长、推迟。另外，花粉、种子发育时处在雨季，气温偏低也会造成种子发育不完全。

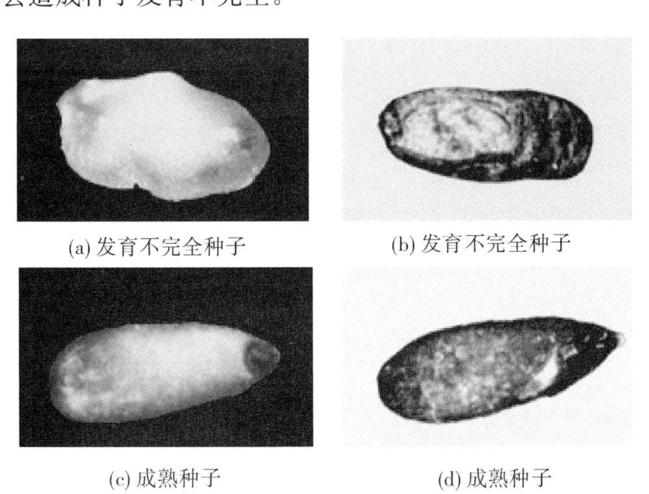

(a) 发育不完全种子　(b) 发育不完全种子

(c) 成熟种子　(d) 成熟种子

图 10-18　白羊草种子形态

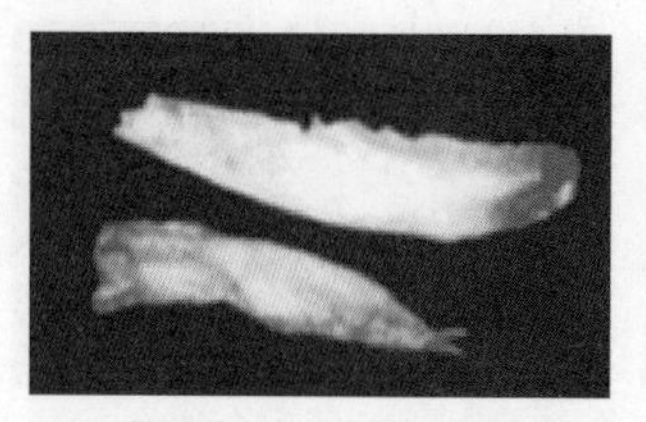

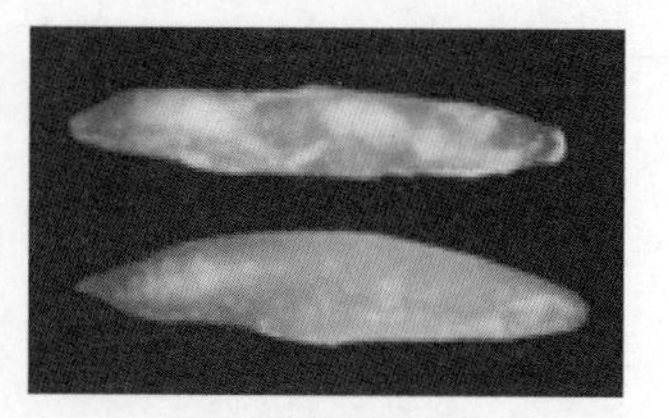

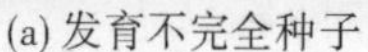

(a) 发育不完全种子　　(b) 成熟种子

图 10-19　无芒隐子草种子形态

10.7.2.3　种子千粒重和电导率的测定

4 种牧草 11 批种子的千粒重、电导率见表 10-41 和表 10-42。千粒重大的种子储藏的营养物质高，在萌发期间可提供较多的物质，因此千粒重可作为各批次种子优劣的重要指标。各种牧草种子采收期不同千粒重稍有变化，反映出成熟程度的不同。达乌里胡枝子种子和白羊草种子 9 月批次成熟度最高，冰草种子和无芒隐子草种子则分别为 8 月和 10 月批次成熟度最高。另外，4 种牧草种子千粒重之间差异极显著，故而种子的播量也应有较大区别。

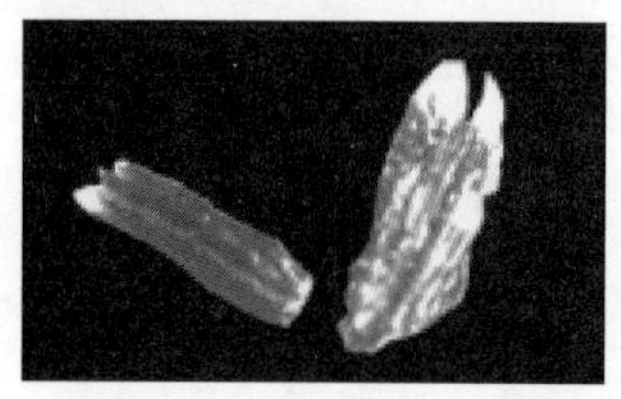

图 10-20　无芒隐子草的花药

电导率表示种子细胞膜的完整程度，反映种子在发育、采收及储藏时受到伤害的可能性，进一步表明不同批次种子的活力。无芒隐子草种子的电导率变化较大，这是由于其 8 月、9 月批次中包含大量的花药（图 10-20），溶解物增大的缘故。其他 3 种牧草电导率变化较微弱，该规律与千粒重的变化规律基本相同。达乌里胡枝子在 9 月和 10 月批次之间出现反常，结合其他指标分析可知，源于 10 月份达乌里胡枝子种子硬实率较高，种皮厚，电解质不易渗出。

表 10-41　4 种牧草种子的千粒重　　（单位：g）

月份	达乌里胡枝子	冰草	无芒隐子草	白羊草
8	3.2435	2.6084	0.3496	0.5981
9	3.9922	2.5611	0.3547	0.6253
10	2.8472	—	0.3613	0.6052

表 10-42　4 种牧草种子的电导率　　（单位：μS/cm）

月份	达乌里胡枝子	冰草	无芒隐子草	白羊草
8	3.47×10^2	1.87×10^2	1.61×10^3	3.69×10^2
9	3.34×10^2	2.02×10^2	1.68×10^3	3.39×10^2
10	3.25×10^2	—	5.22×10^2	3.57×10^2

10.7.2.4　恒温、恒光、清水条件下和加速老化后 4 种牧草的萌发规律

由图 10-21 可以得出，在培养箱中日光灯提供全方位光照、20℃、适宜水分的条件下，达乌里胡枝子及白羊草 9 月批次种子萌发率最高，分别为 28%、80%；无芒隐子

草、冰草萌发率最高的种子分别是10月批次，40%；8月批次，10%。萌发完全结束所需的时间，种内不同批次、种间均有所不同。达乌里胡枝子、白羊草、无芒隐子草和冰草萌发完全结束最长所需时间分别为10d、10d、8d和11d，分别为8月批次、10月批次、8月批次和10月批次。只有冰草种子萌发率最高的批次与萌发持续时间最长的批次相同。该试验提供的条件在黄土高原持续的时间很短，不超过11d，所以可以初步推定适应性强的研究对象的种子萌发率、速度会在条件变化时呈现不同的规律。

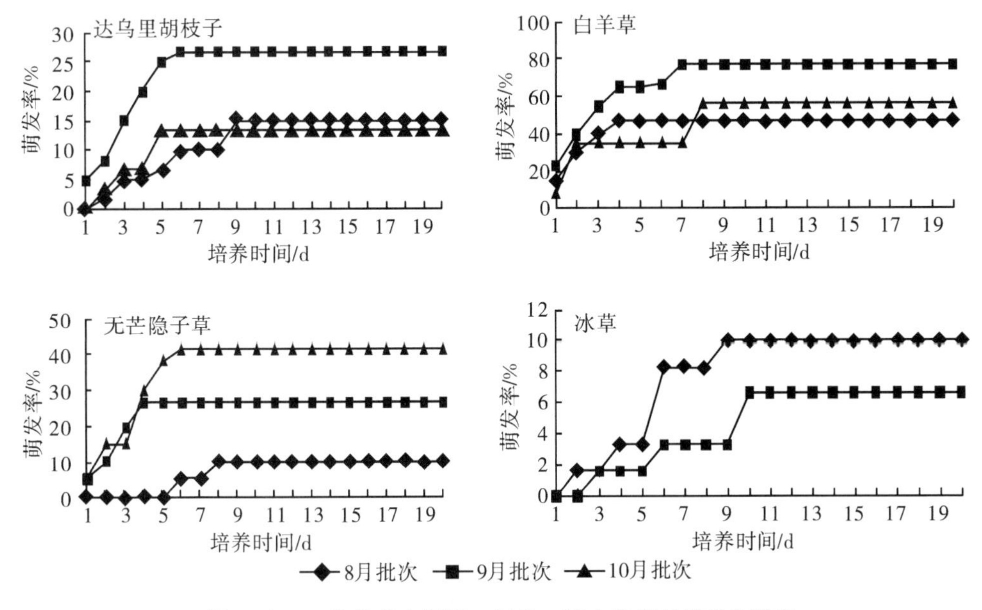

图10-21　4种牧草在恒温、恒光、清水条件下的萌发规律

加速老化用于研究不同种批在储藏过程中的相对寿命，间接推测土壤种子库中不同年限种子的萌发能力。通过高湿、高温条件处理，以萌发率与萌发速度鉴定种子活力的高低，高活力种子可以在不良环境下发芽，低活力种子则相反，结果见图10-22。4种牧草种子在老化处理36h后不同批次大部分可以萌发，但呈现不同的规律。达乌里胡枝子及白羊草所有批次种子均可以萌发，仍以9月批次种子萌发率最高；无芒隐子草8月批次种子无萌发能力，其余两批次种子萌发率与萌发速度基本一致为9%于8d完成；冰草两批次均可萌发，尽管完成时间9月批次是4d，较8月批次提前了2d，但萌发率相差较大，后者较前者降低3个百分点，导致差值高达2倍。

老化处理72h后只有达乌里胡枝子9月、10月两批次可以萌发，其余3种牧草的所有种子均不萌发。尽管萌发完成时间一致，但萌发率显著降低，9月批次较10月批次的萌发率高出1.5个百分点，差值达两倍，但萌发率也仅有3.5%。

以上结果充分证明4种牧草不同批次萌发能力的差异，为进一步研究确定了对象及萌发完成对照时间，达乌里胡枝子、白羊草、无芒隐子草及冰草萌发率最高的种子分别为9月批次、9月批次、10月批次及8月批次；对照时间分别为10d、10d、8d及11d。

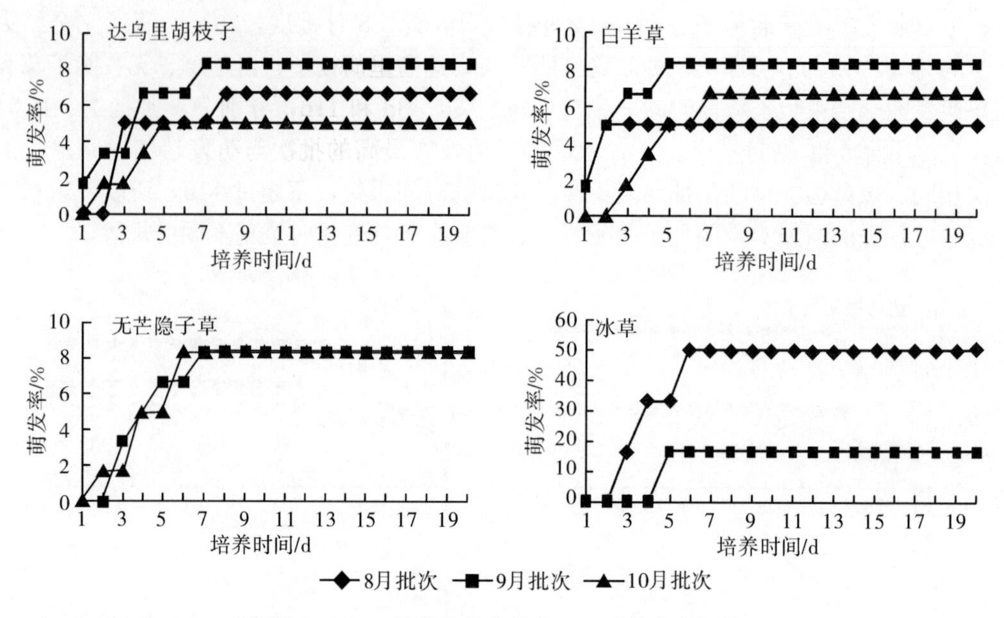

图 10-22 4 种牧草老化处理 36h 后的萌发规律

10.7.2.5 吸胀速率

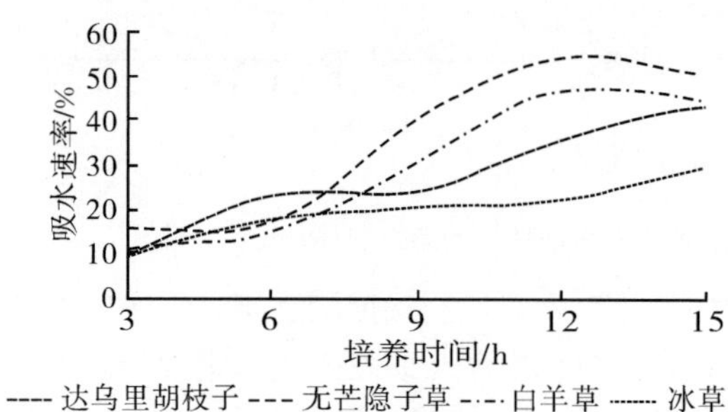

图 10-23 间隔 3h 记录 4 种牧草种子吸水速率

由于 4 种牧草的种子体积、质量均很小，吸胀速度比较高，吸胀后种子质量均增加 50%左右，并且迅速萌动，见图 10-23、表 10-43。4 种牧草吸胀过程分为三个阶段：物力吸胀阶段、暂时停止阶段及生物吸胀阶段。典型的禾本科植物白羊草及无芒隐子草由于果皮较薄，吸胀迅速，12h 以内即可完成，然后种子质量开始下降，说明种子已经开始萌动，通过呼吸消耗储存物质释放能量。达乌里胡枝子及冰草的种子较前两者种子的体积大、质量大，且果皮厚实、紧密，对吸胀造成一定的障碍，均须 24h 左右完成并开始萌动。乡土草种这一特性表明其对黄土高原干旱地区降雨规律、日照强度及地形地貌的高度适应，少量且不均匀的降水、强烈的光照及陡峭的山坡致使土壤表层在降雨停止后迅速回干，种子的吸胀时间短暂，快速地完成该过程才能为下一步种子内部化学反应提供条件。

表 10-43 间隔 12h 4 种牧草种子吸水速率记录 （单位：%）

吸水时间/h	达乌里胡枝子	冰草	白羊草	无芒隐子草
12	45.3824	35.6091	43.0072	52.2937
24	50.0824	44.9799	38.0368	46.1853
36	49.9249	44.6211	28.5700	30.1621

10.7.2.6　休眠的存在与否及其打破

自然界可以引起种子休眠的原因很多，如豆科种子硬实、后熟及需要春化等。自然界对于种子休眠有相应的方法予以打破。由于休眠会对萌发结果造成误差，因此探索不同的打破休眠的方法是进一步试验的基础。

3种牧草种子采用硝酸钾处理及冷冻处理两种方法；达乌里胡枝子则采用冷冻处理与硫酸处理，后者相当于机械法——浓硫酸将种皮碳化，清水洗涤数次脱落，具体结果见图10-24。与10.7.2.5节结果相比较可以明确得出，3种牧草种子对低温有一定程度的要求，需要类似于春化作用的预先冷冻。尽管硝酸钾处理可以使种子萌发率提高，但冷冻处理后结果更为理想，3种牧草种子的萌发率均大幅提高，无芒隐子草及冰草可以高达2倍。另外，冷冻处理与自然界提供的打破方式相同，达乌里胡枝子种子的萌发障碍可以全部归结于种皮障碍，包括种皮不透气、水分缺失及对胚有机械阻碍等，人工破除之后萌发率可达50%。

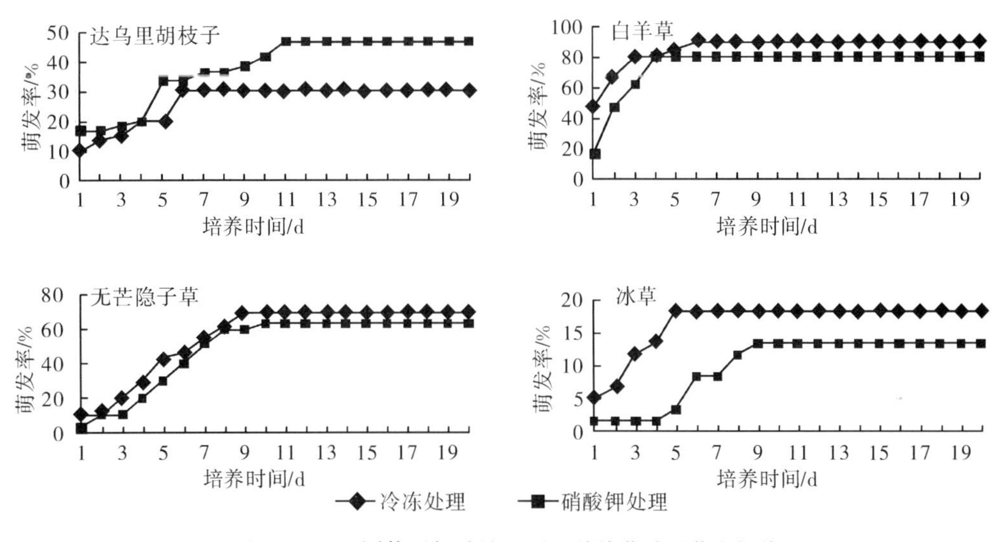

图10-24　不同休眠打破处理下4种牧草种子萌发规律

10.7.2.7　不同水分条件对4种牧草种子萌发的影响

由于土壤种子库一般处于土壤表层较浅处，为了最大限度地模拟种子采收地土壤表层水分剧烈变化的实际情况，在恒温（25℃）、恒光条件下对供试种子做三种处理，一是将种子在清水中浸泡24h，再转移至不同浓度聚乙二醇溶液浸润的发芽床，期间用相应的溶液补充床的水分，用处理Ⅰ代表短暂的降雨补充土壤水分之后种子吸胀但萌动过程处于干旱的情况；二是将种子在不同浓度聚乙二醇溶液中浸泡24h，分别放置在两种发芽床上，一种是用对应浸泡浓度的聚乙二醇溶液吸胀、浸润，用处理Ⅱ代表萌发期一直比较干旱、降雨量小的情况；另一种发芽床是用清水吸胀、浸润，用处理Ⅲ表示微量的降雨使土壤水分补充不足、种子吸胀程度较差但萌动期得以加强的情况。

不同的水分处理造成不同物种种子之间、相同物种种内的萌发率差异显著，具体结果见图10-25～图10-28。

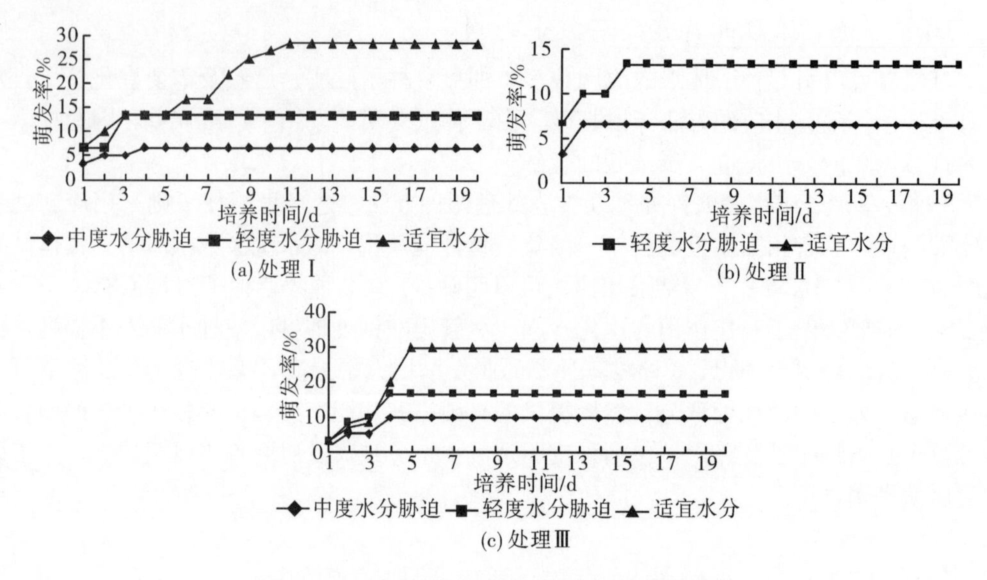

(a) 处理Ⅰ　(b) 处理Ⅱ　(c) 处理Ⅲ

图 10-25　不同处理下达乌里胡枝子的萌发规律

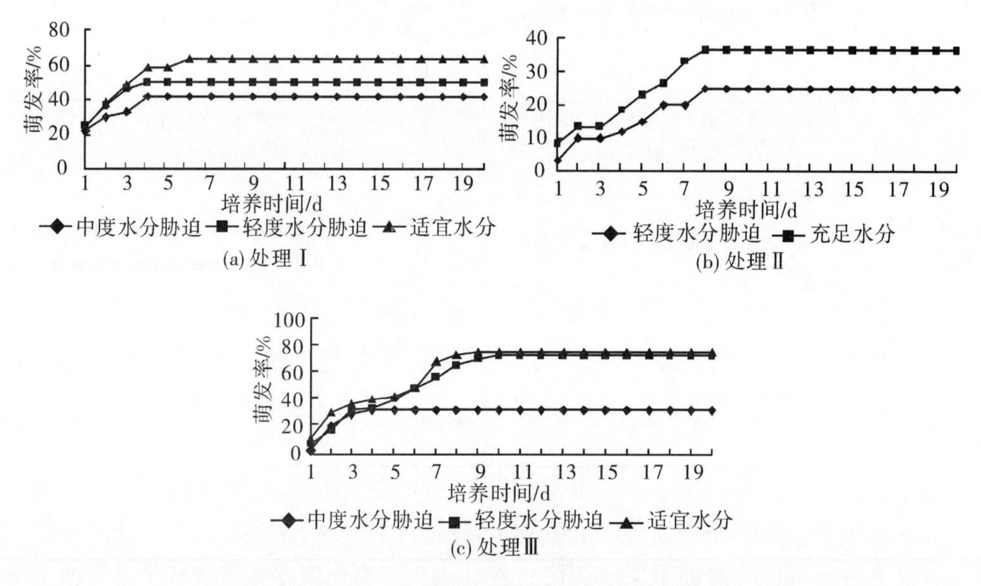

(a) 处理Ⅰ　(b) 处理Ⅱ　(c) 处理Ⅲ

图 10-26　不同处理下白羊草的萌发规律

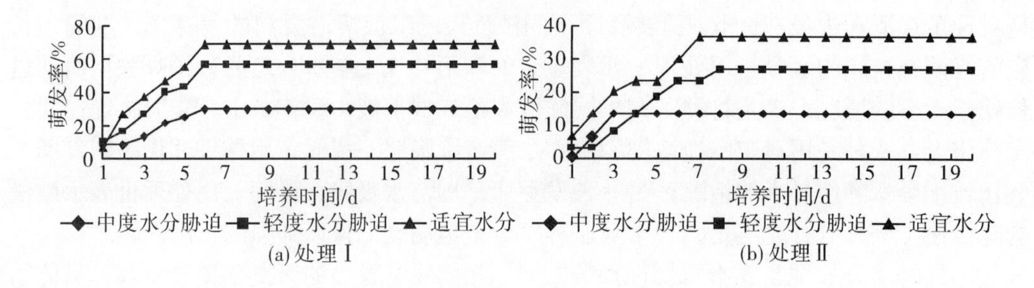

(a) 处理Ⅰ　(b) 处理Ⅱ

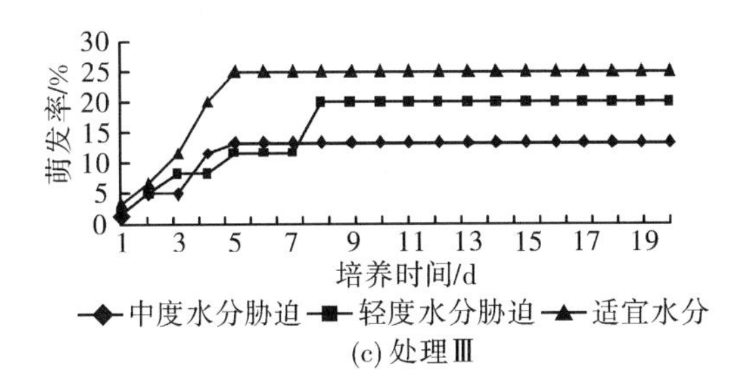

图 10-27　不同处理下无芒隐子草的萌发规律

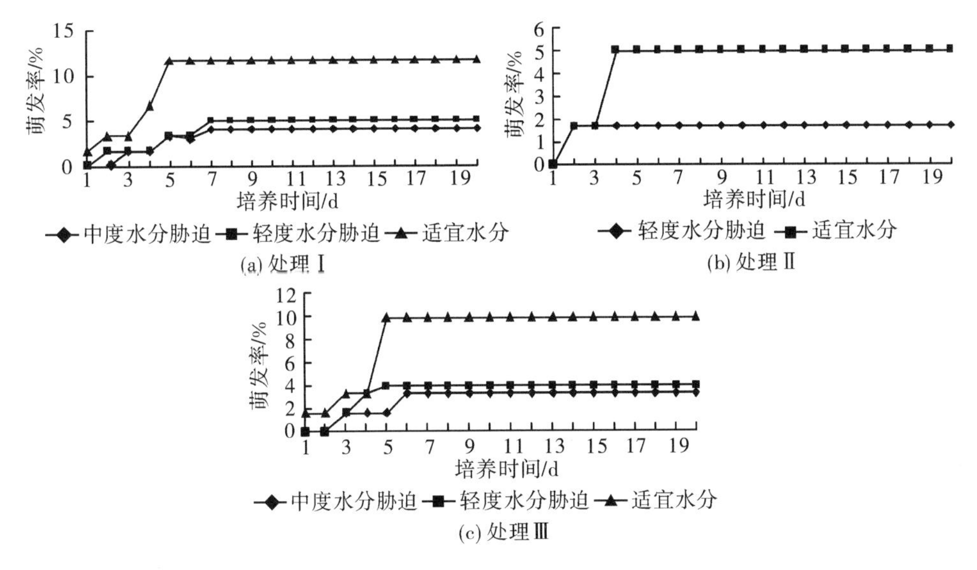

图 10-28　不同处理下冰草的萌发规律

种子吸胀但萌动过程干旱的处理，对于 4 种牧草种子萌发的影响根据水分的不同、物种的变化有较大差别。总体而言，水分对 4 种牧草种子的萌发无论萌发率、萌发速度、开始萌发时间还是持续时间均有影响，显著程度随胁迫的时间段、胁迫程度及物种不同而不同。持续胁迫对种子萌发最为不利，随胁迫程度加强，种子受到的危害剧烈增加，其次是吸胀期受到胁迫使种子萌动期生理生化反应水分不足，在野外也会造成种子库中大部分种子不能吸胀或吸胀不完全，此胁迫的危害程度也因胁迫程度及物种不同而略有差异。受影响最显著的是冰草种子，对此胁迫最不敏感的是无芒隐子草种子，这恰与种子的吸胀速度和吸胀率的影响因素即千粒重相关。虽然种子充分吸胀后再受胁迫的危害位居最末，但萌动期的过度缺水同样会对种子造成灾难性的后果，达乌里胡枝子受害反应最为强烈，其次是冰草，说明这两种牧草种子的回干能力较差。

以达乌里胡枝子为例（图 10-25）说明。处理Ⅰ的三种水分条件对种子萌发的各项指标均有影响：仅 5%的萌发率、持续萌发只有 4d，表明中度胁迫的影响极为显著；萌发率达到 15%，只有对照的一半，而持续时间亦只有 4d，表明轻度胁迫的影响显著。两者相较而言，除萌发率不同外，萌发速度也有所差异，无论开始萌发还是萌发结束，后者均比前者提前 1d，而适宜水分与对照各项指标差异极为细微，可以忽略。处理Ⅱ

对种子萌发的各项指标较Ⅰ的影响显著，中度干旱胁迫下种子无法萌发；轻度干旱的萌发率仅达到6%，只有对照的五分之一，而持续时间亦只有2d，说明处理Ⅱ中活性非常高的种子才可以勉强萌动。两者比对，尽管后者萌发的各项指标比前者为零的状况数值差异微小，但质的不同无法否认。适宜水分条件与对照相差异比较显著，最大萌发率15%，持续时间4d，分别只有后者的一半及三分之一。处理Ⅲ的影响显著程度与水分胁迫程度关系密切，中度胁迫萌发率与持续时间分别为10%及4d，均为对照的三分之一，说明差异极为显著；轻度水分胁迫下，萌发率15%及持续时间5d分别为对照的50%与42%。两者比对差异较为显著，就萌发率、萌发速度、开始萌发时间及持续时间而言，后者与前者差值分别为5%（为前者的50%）、日平均快25%、提早1d及长1d，适宜水分与对照差异可以忽略。

综合分析得出，种子萌发对水分的敏感程度依次为：冰草≥达乌里胡枝子≥无芒隐子草≥白羊草，这恰与无性繁殖相对应。冰草是典型的无性繁殖、克隆生长植物，其余三者均为多年生植物，但只有达乌里胡枝子具有类似于克隆生长的莲座特性，而白羊草尽管分蘖能力极强属于丛生型下繁草，但仍无严格意义上的克隆生长特性。

10.7.2.8　温度和光照对种子萌发的影响

黄土高原所处的地理位置、黄土的比热容及日光照射强度等因素，决定了温度的年内月际、季际变化剧烈而且昼夜温差大。因此，研究温度对种子萌发的影响对指导人工播种时间意义深远。如图10-29所示，4种牧草种子萌发对温度变化所呈现的规律极其相似，当温度≤7℃时种子萌发受到抑制。变温对种子萌发有抑制作用，4种牧草萌发的最适温度为27℃，32℃以上亦出现一定程度的抑制萌发现象。

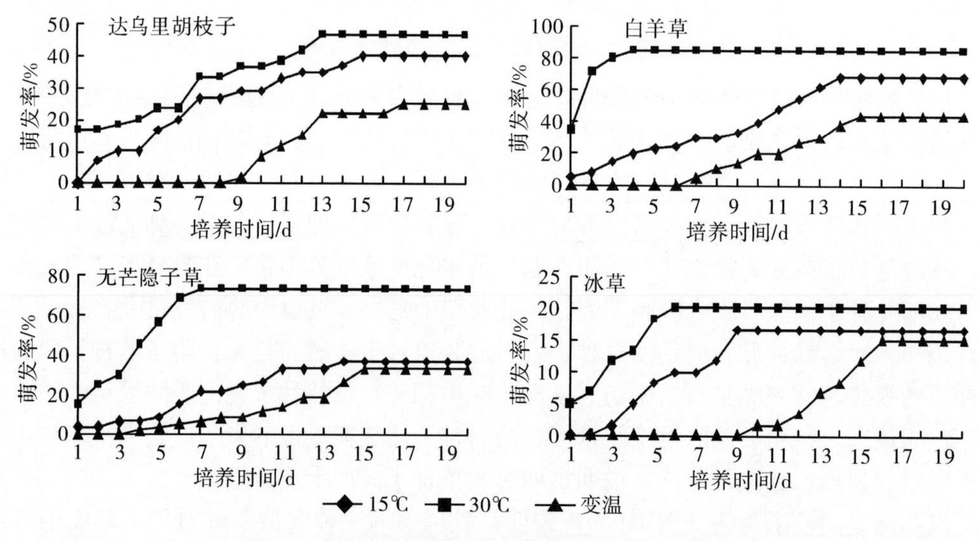

图10-29　4种牧草种子在不同温度下的萌发规律

植物地上部分凋落物的覆盖等会引起土壤种子库中的种子不同程度、不同时间及不同强度地缺少光照，从而可能对种子的萌发产生影响。模拟两种野外极端情况及无遮盖和完全掩埋进行试验，结果见图10-30。通过与10.7.2.6结果比较发现，光照对达乌里胡枝子、白羊草及无芒隐子草种子的萌发无影响。冰草的种子对光有一定的敏感性，无光与持续光照的萌发率、完成时间及萌发速度一致，但自然光照即昼夜交替可以促进其萌发率提高1倍，完成时间加长。这说明昼夜交替的光照可以刺激一些萌发能力差的种子萌动，这一现象与物种生物学特性有关。

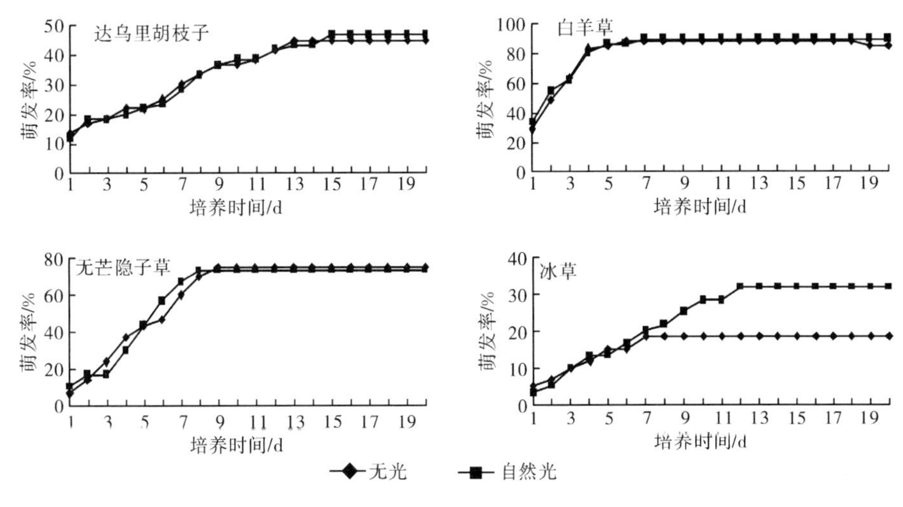

图10-30　4种牧草种子在不同光照下的萌发规律

10.7.2.9　pH对种子萌发的影响

不同酸碱度对乡土植物种子萌发影响的研究结果见图10-31。通过与10.7.2.6结果的比较发现，适度的碱性环境对4种牧草种子萌发有促进作用。相对而言，萌发率低的达乌里胡枝子及冰草在不同pH处理下萌发率有大幅度提高，前者为80%，后者为50%，均提高30%，达到原来的1.5倍。无芒隐子草萌发率增加幅度比较明显，提高10%。

该结果表明，乡土草种已经高度适应黄土高原土壤盐碱化的性质，明确人工播种前种子浸泡的溶液pH为7.0～8.0。

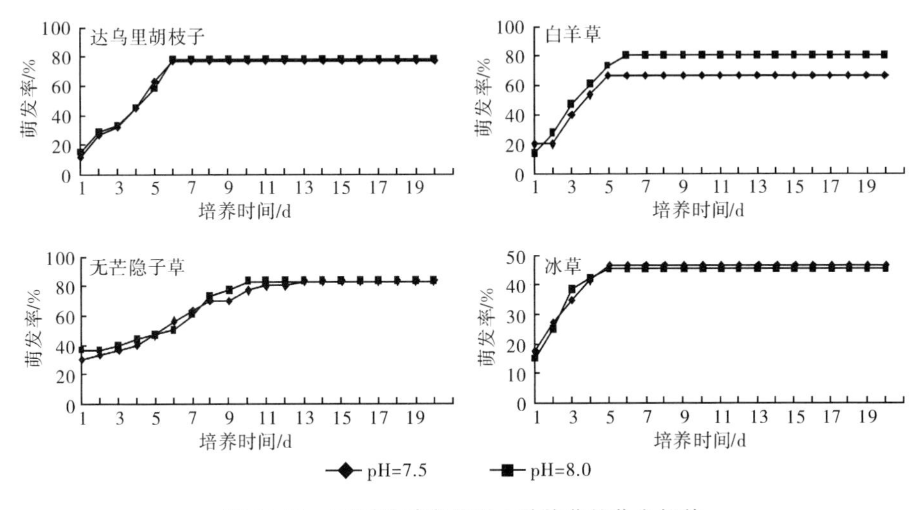

图10-31　不同酸碱度处理4种牧草的萌发规律

10.7.2.10　幼苗的评价

幼苗评价是确定萌发条件的一个重要指标，具体结果见表 10-44～表 10-47。总体而言，温度对幼苗的健康状况影响效果最为显著，其次是水分。4 种牧草幼苗在各种条件下的平均健康状况依次为：白羊草≥冰草≥无芒隐子草≥达乌里胡枝子。

表 10-44　不同条件下达乌里胡枝子幼苗萌发的特征值

特征值	pH		温度/℃		光			对照
	7.5	8.0	15	30	变温	无光	自然光	
总数	20	20	20	20	20	20	20	20
正常	14	15	18	14	18	黄化	16	16
鲜重	0.0160	0.0156	0.0164	0.156	0.0163	0.0159	0.0155	0.0162
干重	0.0015	0.0015	0.0015	0.0014	0.0015	0.0015	0.0015	0.0015

表 10-45　不同条件下白羊草幼苗萌发的特征值

特征值	pH		温度/℃		光			对照
	7.5	8.0	15	30	变温	无光	自然光	
总数	20	20	20	20	20	20	20	20
正常	20	20	19	15	20	黄化	18	19
鲜质量	0.0047	0.0052	0.0055	0.0045	0.0043	0.0048	0.0051	0.0049
干质量	0.0007	0.0007	0.0007	0.0006	0.0006	0.0006	0.0006	0.0006

表 10-46　不同条件下无芒隐子草幼苗萌发的特征值

特征值	pH		温度/℃		光			对照
	7.5	8.0	15	30	变温	无光	自然光	
总数	20	20	20	20	20	20	20	20
正常	20	18	20	10	18	黄化	16	16
鲜质量	0.0037	0.0041	0.0042	0.0034	0.0043	0.0038	0.0039	0.004
干质量	0.0003	0.0003	0.0003	0.0003	0.0003	0.0003	0.0003	0.0003

表 10-47　不同条件下冰草幼苗萌发的特征值

特征值	pH		温度/℃		光			对照
	7.5	8.0	15	30	变温	无光	自然光	
总数	20	20	20	20	20	20	20	20
正常	20	20	20	16	18	黄化	20	20
鲜质量	0.0318	0.0327	0.0316	0.0320	0.0316	0.0313	0.0322	0.0312
干质量	0.0057	0.0056	0.0052	0.0056	0.0055	0.0053	0.0058	0.0052

10.7.2.11　幼苗的存活率

幼苗的存活率实验是独立于种子萌发实验的另外一部分实验，是水分生理实验的第一部分，与第二部分盆栽实验的异同之处只是盆子的大小。4 月中旬撒下种子，月底萌发，5 月 3 日从实验室移至西北农林科技大学防雨玻璃大棚内，5 月 9 日开始水分处理，采用适宜水分和干旱胁迫两种水分条件处理土壤含水量分别为 75%θ_f和 50% θ_f。

此部分分析只针对死亡率及其原因，生长状况见之前章节，具体结果见图 10-32。总体而言，5 月 3 日至 5 月 6 日死亡率非常高，其后保持一个平稳的阶段，直至 5 月底 6 月初又进入死亡的新高峰。这一时期到来的早晚在物种间有差异，并且最终的死亡率在物种间也表现出巨大差异。

4 种牧草在初期阶段的死亡可以认为与水分无关，5 月 9 日以后才开始控水是由于此前的水分一直维持在适宜水平之上。另外，根据第 5 章的分析结果可知水分对牧草生长的各方面不能造成明显影响。而且，水分过多而根腐烂的可能性也微乎其微，理由是种子吸胀、萌动的过程需要相当量的水分，并且种子抗回干能力较差。所以，据试验推测种子库种子萌发的条件，土壤含水量应该在适宜水平上下有较小差异，并保持一段时间。

4 种牧草的第二次死亡高峰期是因为胚根向根的转化失败，与水分关系不大。依据图 10-32 可知，在这一阶段死亡的幼苗或是根部，既具有胚根的某些特性又具有根的特性，如冰草（图 10-33）、达乌里胡枝子（图 10-34），或是幼苗根部发育不完全，如白羊草（图 10-35）；或是幼苗地下部分极其短小，如无芒隐子草（图 10-36）。

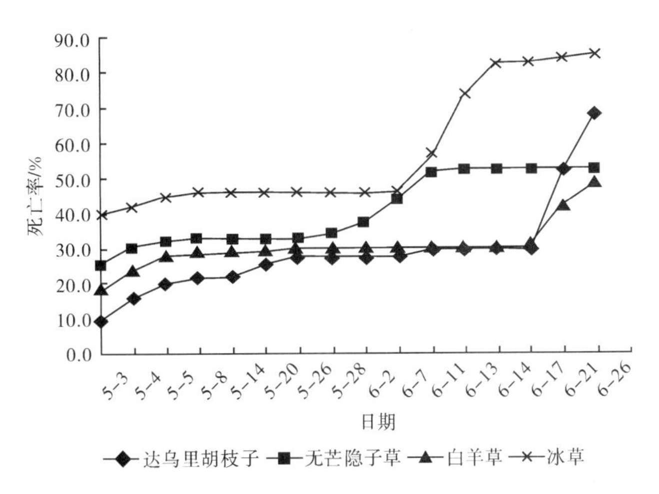

图 10-32　小盆栽 4 种牧草死亡率

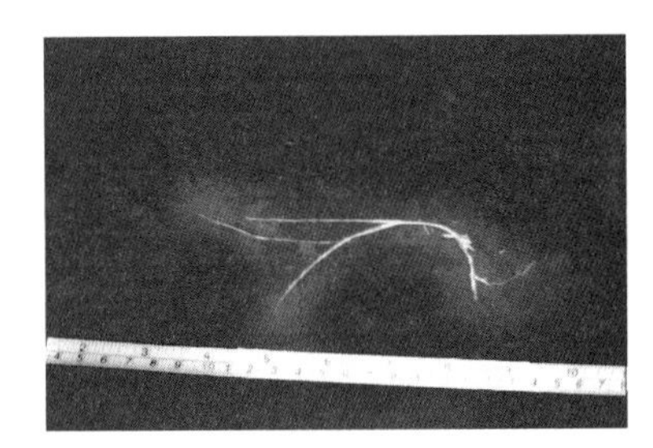

图 10-33　死亡的冰草

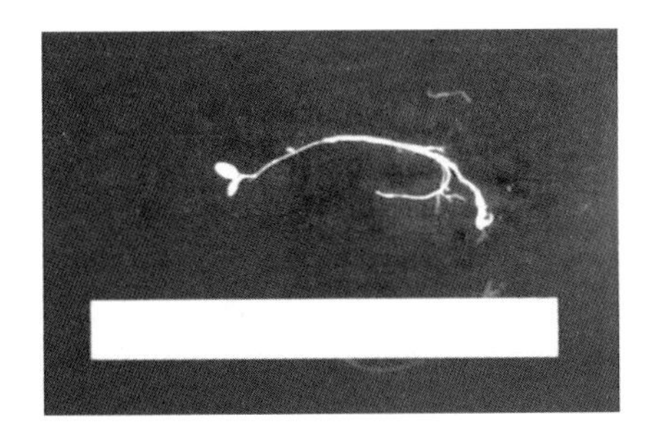

图 10-34　死亡的达乌里胡枝子

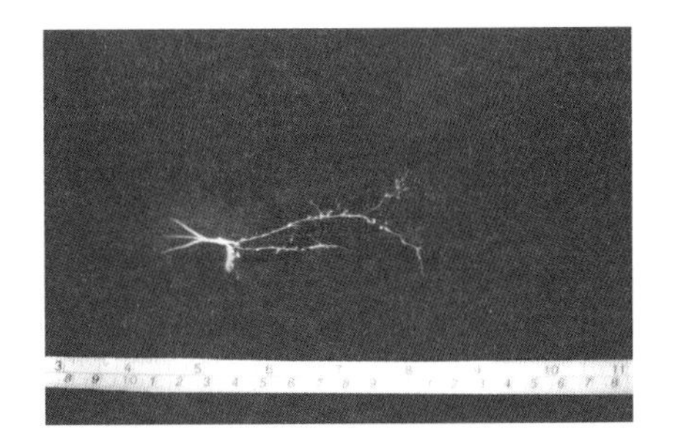

图 10-35　死亡的白羊草

图 10-36 死亡的无芒隐子草

达乌里胡枝子、无芒隐子草、白羊草及冰草在适宜水分条件下的总死亡率依次为58%、68%、48%及85%，在中度胁迫条件下的总死亡率依次为56%、67%、47%及85%（图 10-32）。

10.7.2.12 有性繁殖的权衡——生殖代价

“达尔文魔鬼”即一个理想的具高度适应性的假定生物体应该具备可使繁殖力达到最大的一切特征，如在出生后短期内达到大型的成体大小，生产许多大个体后代并长寿。但自然界并不存在这种生物，因为分配给生活史一个方面的能量不能再用于另一方面，生物不可能使其生活史的每一组分都达到最大，而必须在不同生活史组分间进行“权衡”。例如，生长和繁殖间能量输出的权衡在许多温带树种中可见到，生长率与繁殖力之间呈明显负相关（张继文等，2004）。许多多年生园林植物，如果去掉种子头以阻止其分配资源给繁殖，则该植物存活力和未来花的生产力都会提高。并且，生物在繁殖中可以选择能量分配的方式。

以繁殖枝或繁殖秆为对象，探讨 4 种牧草繁殖所占生物量，具体结果见表 10-48～表 10-51。就能量投入角度来分析，可以归为：适应于不可预测的多变环境（如干旱地区和寒带），具有能够将种群增长至最大化的各种生物学特性的 r-对策即高生育力、快速发育、早熟、成年个体小、寿命短且单次生殖多而小的后代。一旦环境条件好转，就能以其高增长率 r 迅速恢复种群，使物种得以生存。然而，这与之前的结果出现了较大矛盾，即有性繁殖由于种种原因而退化。这一现象无法解释：既然投入如此高的能量为何结实率却保持在很低的水平（图 10-39）。假如归结于生境恶劣，却又无法理解作为乡土牧草经过相当长的时间之后其他特性均与生境高度适应而独有此性质依然没有协同进化的原因。这是一个非常重要的问题。繁殖生长或多或少地影响营养生长，以产草量作为最重要评价标准之一的草原恢复工作无法回避以下两个问题：如何遏制这种能量的无谓消耗？怎样延长生长期而避免繁殖带来的快速衰老？

表 10-48 达乌里胡枝子的繁殖投入

时间	繁殖时期	最小面积生物量/g	枝数/个	枝长/cm	鲜重/g	干重/g
6 月 22 日	初花期	1130	149	23	0.79	0.38
7 月 24 日	盛花期	1620	276	70	3.48	1.595
8 月 21 日	盛花期、结实期	1639	292	96	5.23	2.75
9 月 20 日	果熟期	1362	246	95	3.91	2.213
10 月 19 日	果后营养期	547	98	55	1.87	1.44

表 10-49　无芒隐子草的繁殖投入

时间	繁殖时期	最小面积生物量/g	枝数/个	枝长/cm	鲜重/g	干重/g
6 月 22 日	初花期	29.75	22	21	0.31	0.14
7 月 24 日	盛花期	34.09	41	50	0.58	0.349
8 月 21 日	盛花期、结实期	33.26	33	53	0.67	0.441
9 月 20 日	果熟期	19.89	19	52	0.52	0.427

表 10-50　白羊草的繁殖投入

时间	繁殖时期	最小面积生物量/g	枝数/个	枝长/cm	鲜重/g	干重/g
7 月 24 日	初花期	298.47	92	60	0.64	0.222
8 月 21 日	盛花期	307.81	119	61	1.47	0.658
9 月 20 日	盛花期、结实期	279.46	134	62	1.69	0.79
10 月 19 日	盛花期、结实期	110.68	61	60	1.38	1.071

4 种群落建群种繁殖投入的结果尽管在绝对数量和百分率有所差别，但总体而言年内月际变化趋势基本一致，见图 10-37，均为单峰曲线。以无芒隐子草为例分析峰值到来的时间与大小。4 月中下旬已经开始了有性繁殖的能量分流，在花、果期快速增长，随后呈现剧烈下降，这与繁殖的停止和新的分蘖产生有关。

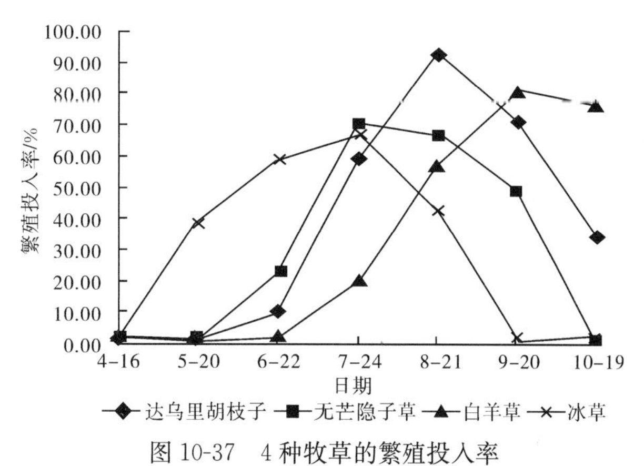

图 10-37　4 种牧草的繁殖投入率

表 10-51　冰草的繁殖投入

时间	生活史	最小面积生物量/g	枝数/个	枝长/cm	鲜重/g	干重/g
5 月 20 日	初花期	75.61	13	61	2.3	0.807
6 月 22 日	盛花期	112.54	18	106	3.7	1.72
7 月 24 日	盛花期、结实期	185.02	25	105	5.2	2.68
8 月 21 日	果熟期	204.61	27	105	3.2	2.545

10.7.2.13　讨论

有性繁殖有利于加强基因交流和变异，为自然选择提供更多的素材。种子具有坚硬的种皮，对胚有较好的保护作用，比营养繁殖体更利于散布。作为包含了种中植物全部遗传信息种子库中的种子，各式各样的“胎儿”可以使“父辈”的各种特性得以延续并不断修订，使其更加适应生境。同时，对于恶劣环境的逃避起到不可或缺的作用。尽管 4 种植物均以无性繁殖为主，但当生境恶劣至无法提供一定量资源，而使需求本就不大的研究对象生长受到严重遏制时，种子将以休眠的形式保存该物种。

在干旱、半干旱生态系统中，降雨的时间和数量变化很大，种子萌发和幼苗定居难以预料，因此这些环境中的植物生活史属于“机会主义”对策。造成这种现象的原因可以归结为：① 种子质量差。这可能与近年来气温不断升高、降雨减少、风媒传粉不完全等有关。因为气温升高，花粉质量下降，传粉过程受到影响，种子受到伤害；干旱引起种子脱水加速，种子不能正常成熟，种子数量和质量下降；此外，种子质量随种子成熟也会降低。② 种子萌发率低。③ 实生苗存活率低。强光环境下实生苗的存活率受到抑制，日灼危害严重，远远大于水分。另外，实生苗还存在大量天敌。

10.7.3　4 种牧草的无性繁殖

10.7.3.1　物种的无性繁殖：根及芽

4 种牧草的无性繁殖结果如图 10-38～图 10-41 所示，通过野外取根方法说明 4 种植物的无性繁殖能力较强。营养繁殖的风险低于有性繁殖，风险均摊及整合作用可以提高克隆分株对逆境的耐受力及竞争力，萌生苗抗机械伤害的能力也强于实生苗，因而定居与存活率远远高于后者。尤以冰草最为典型，其克隆生长的“风险均摊、资源共享”优势得以充分体现。其余三者均为多年生植物，但只有达乌里胡枝子具有类似于克隆生长的莲座特性，而白羊草尽管分蘖能力极强属于丛生型下繁草，但仍无严格意义上的克隆生长特性。

结合黄土高原特殊的生境（土壤水分状况见图 10-13），克隆生长的“风险均摊、资源共享”主要体现在水分共享及其他资源的集中利用上。

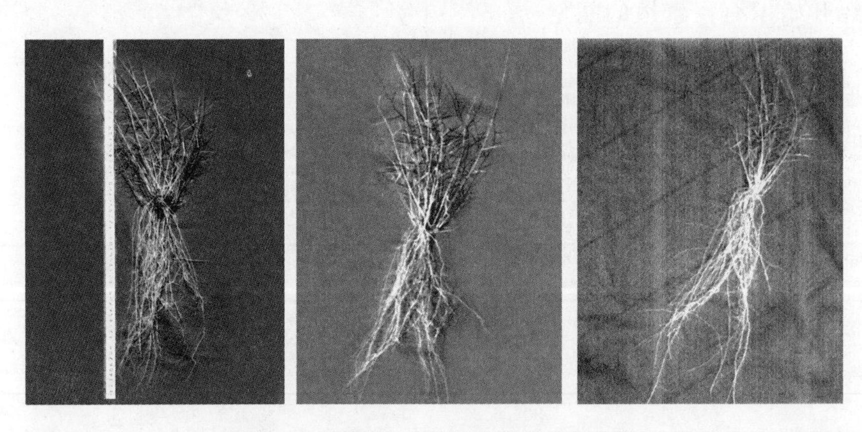

图 10-38　无芒隐子草的分蘖及多年生根

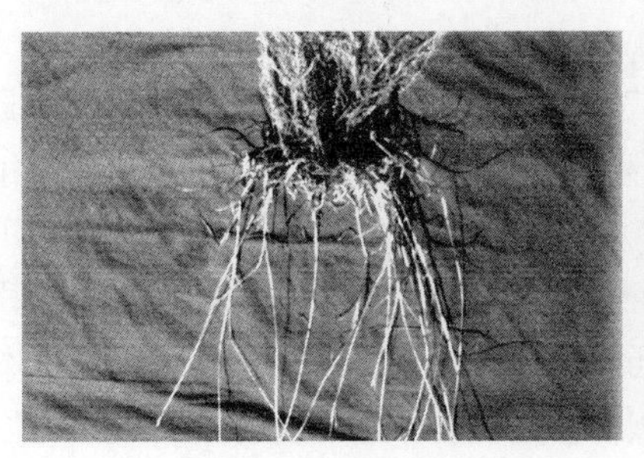

图 10-39　白羊草的分蘖及多年生根

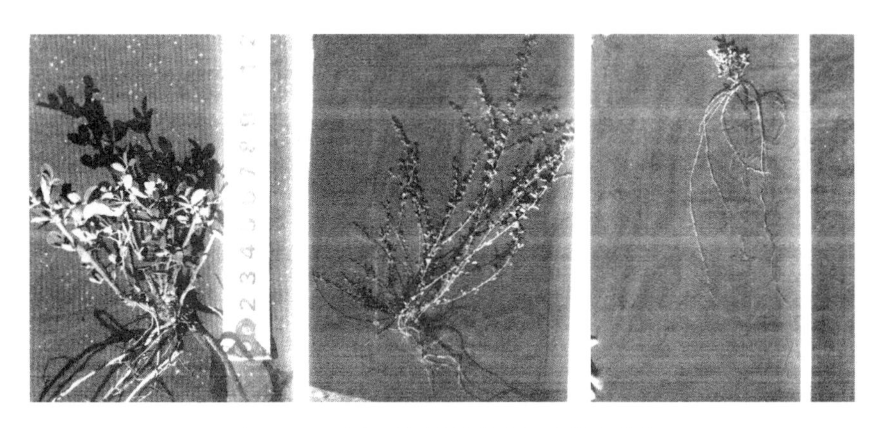

图10-40　达乌里胡枝子的多年生根及莲座

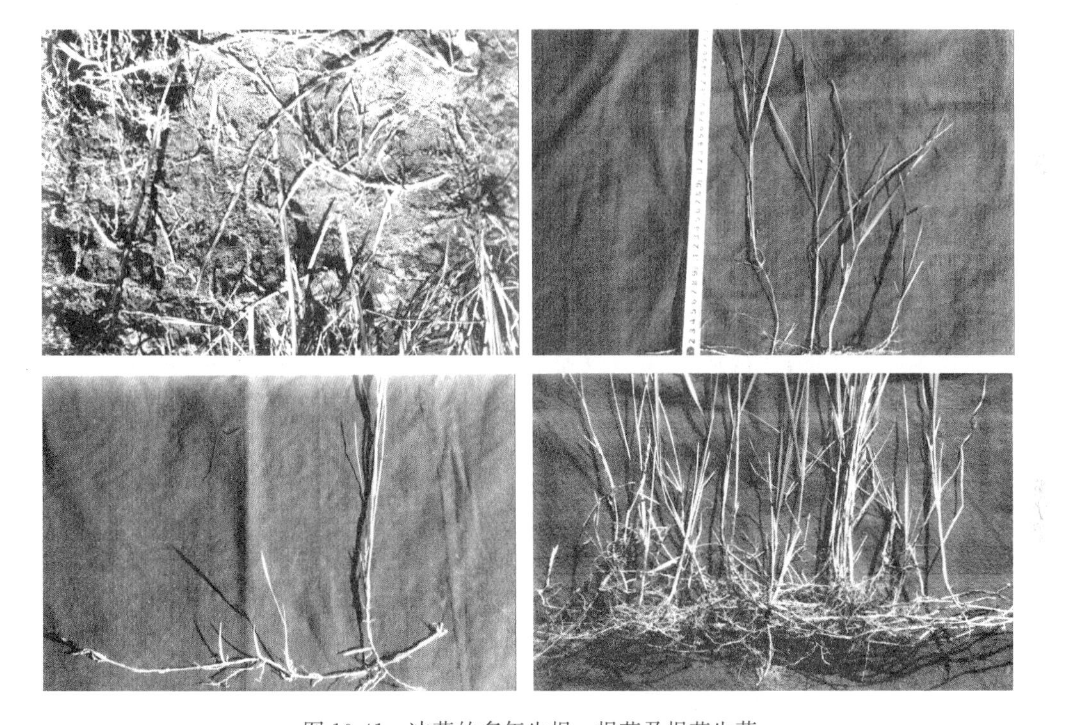

图10-41　冰草的多年生根、根茎及根茎生芽

水分共享指植物体不同部分间互换水分资源的过程，提水作用是它的重要形式。其作用有以下三点：减少水分胁迫，利于植株对养分的吸收，维持较高的蒸腾速率和同化力，促进生长，提高其竞争力和生产力；湿润干燥土壤，延长土壤生物和根际生物的活力，促进养分矿化和生态系统的养分循环；降低土壤养分异质性，促进蒸散，改善小气候，利于生态系统的水分平衡。水分共享普遍存在于克隆植物中，也存在于部分非克隆植物根系中。两者的区别在于前者主要涉及不同小生境中克隆分株间的水分共享，很少研究同一分株根系内的水分转移；而后者主要探讨同一植株根系内不同土层根系之间的水分转移，干旱区许多植物根系具提水作用。最典型的例子是冰草，冰草根茎型的生长（图10-41）可使整株植物的地下茎根分布极为广阔（长及深分别可达10m、3.5m左

右)，如此一来当某处的水分由于地形、地理及竞争等生境原因而强烈降低时，相对较好的根将加强吸水：一方面供给直接对应的植株；另一方面通过根茎输送至缺水部位以缓解水分压力。

整合作用典型体现为白羊草，丛生型下繁草的生物学特征致使白羊草呈团块状分布，增强了其对环境异质性的适应能力。种子一旦在适宜的环境中萌发，以实生幼苗为中心通过年内分裂及年际无性繁殖致使单株小群丛迅速扩大，充分利用局部资源。当群丛扩大到贫瘠资源区时，水分与养分的供给主要来源于植根与优等资源区部分，而贫瘠区的地上部分主要任务为光合作用，对应根部则以固定为中心责任。当然，不良的环境对群丛的扩张有限制，但这种以分布区为功能变化基础的植株内分工协作大大加强了白羊草的扩张能力。与此相对应，白羊草无法利用的生态位其他草种具备利用能力的数量微乎其微。

达乌里胡枝子是一种半灌木克隆植物，其莲座具有大量的根原基，且容易转化成根，因此根原基以“机会主义”对策适应环境。大量的根原基有利于形成大量的根，这又进一步保证了萌生植株对土壤资源的需要。

10.7.3.2 讨论

克隆生长很常见，但并非所有植物都有。这种生长方式缺点很少，其优点包括生理整合的无性系分株间进行劳动分工、通过觅养增加对资源的获取能力、更好地利用斑块状分布的资源等。当自然选择压力随着年龄增长而降低时，衰老就会发生进化，而克隆生长可以防止衰老的进化。

黄土高原自然资源贫乏，生境异质程度较高，无性繁殖可以降低生殖成本，无性生长和繁殖与干扰及其所引发的资源状况、生态格局、生态过程等的改变有关联。营养扩展尤其与多年生草本的种群维持和巩固相关。在植被和枯落物茂密繁多、种子繁殖受阻时，营养繁殖往往容易成功。除了通过风险分摊降低干扰影响，无性生长通过觅食行为适应资源异质性。地处恶劣生境的植物的无性繁殖，具有适应异质和水分缺乏环境的独特优势 。

然而，生物多种多样，特例是存在的。何维明、张新时（2001）指出，沙柳、杨柴的根系不具备共享水分的潜力，克隆生长习性赋予它们其他方式实现水分共享的能力，而沙地柏、油蒿根系具共享水分的潜力。说明环境因子和遗传性对植物的表现性由时空共同决定。

10.8 4种乡土牧草的水分生理生态学特征

黄土高原地处黄河中游，位于我国东南湿润、半湿润气候向干旱、半干旱气候过渡的中间地带，全年降水在300～700mm，多集中在7～9月，且常因暴雨及地面陡峭，非常容易引起严重的水土流失，造成该地区的生态环境恶化，制约了西部地区的经济建设和发展。治理黄土高原水土流失，“退耕还林（草）”，加快植被建设是有效的途径之一。从黄土高原实际出发合理配置植被是黄土高原由恶化的生态环境向良性循环转变的重要途径。为此，从黄土高原地区丰富的草本植物中筛选出适宜的乡土草种，模拟不同的土壤干旱条件来研究它们对环境中水分的利用规律及耗水特性，可为乡土草种用作草场重建种的可行性提供理论依据，从而加快该地区植被恢复的步伐，提高成效。

10.8.1　不同土壤水分条件下 4 种牧草耗水规律

10.8.1.1　不同土壤水分条件下 4 种牧草旬耗水规律

由图 10-42 可知，4 种牧草在不同土壤水分下的耗水变化趋势各有特点。但总的趋势为适宜水分下的耗水量高于中度干旱处理下的耗水量，说明土壤水分含量是决定耗水量的主要因素之一。

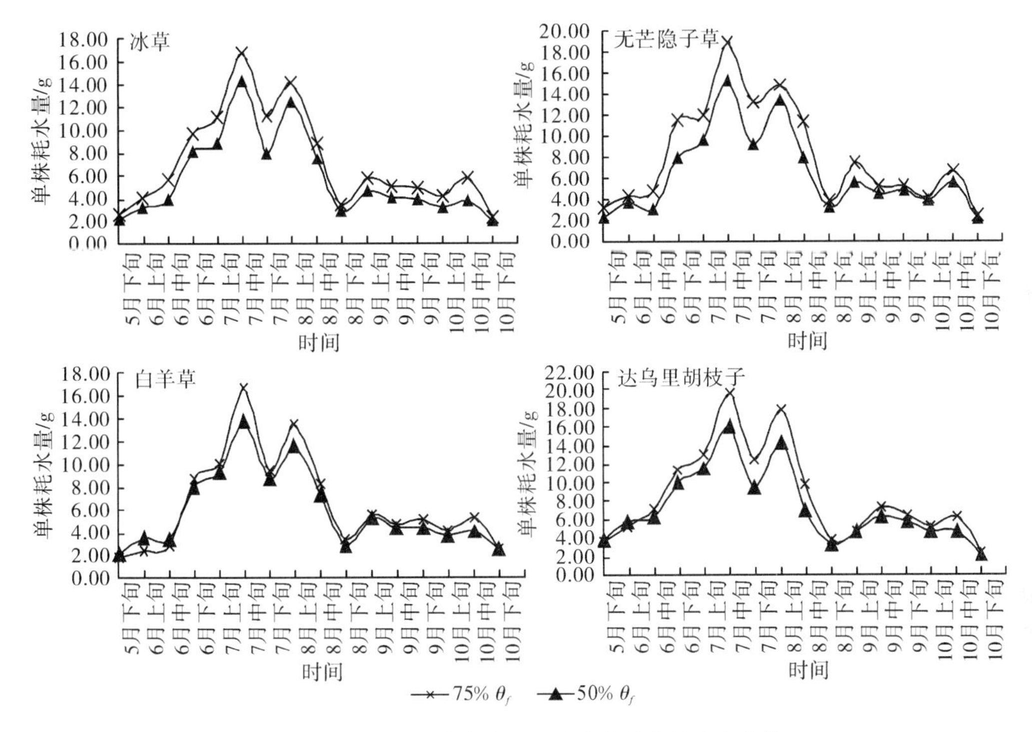

图 10-42　不同土壤水分下 4 种牧草耗水量动态变化

冰草在不同水分条件下的日耗水量差异明显，而且能始终维持这样的趋势，即水分充足时耗水多，水分亏缺时耗水减少，说明其对干旱的适应性较强。冰草耗水的多少不仅与土壤含水量有关，还与气温、光照和湿度等因素有关，也反映出中生植物的特性。其幼苗不喜高温强光，在土壤缺水时甚至会发生伤害。达乌里胡枝子在水分处理前期一段时间耗水差距不明显，特别是在中度干旱下的耗水量和适宜水分下的耗水量基本相同，有时甚至比适宜下的还高。但随着干旱时间的延长，亏缺影响到冰草的水分代谢平衡，其耗水量明显下降，后期适宜水分处理的耗水量一直高于中度干旱处理的耗水量。

无芒隐子草在不同土壤水分下的耗水量差异较为明显，全生育期适宜水分处理的耗水量均高于次中度干旱胁迫处理下的耗水量。对于白羊草来说，两种水分处理间耗水量的差异要小于以上 3 种牧草，在白羊草生育前期，中度干旱下的耗水量甚至高于适宜水分处理下的耗水量，说明白羊草在干旱条件下亦可保持较高的蒸腾耗水能力。

从生长发育进程看，4 种牧草整个生育期耗水量呈现前期小、中期大、后期小的趋势。6 月中旬以前，4 种牧草均处于苗期，植株幼小，而且此期环境气温较低，各种草的蒸腾强度较低，耗水量不高。6 月中旬以后，各种草进入快速增长期，植株生长旺盛，代谢强，此时的环境气温逐步升高，耗水量明显增加。随着植株生长和气温的进一步升高，4 种牧草各种水分处理条件下的耗水量在 7 月中旬达到最高峰。7 月下旬由于降水较多，各个处理的耗水量都有所下降，但因气温较高，植株仍维持较高的蒸腾耗水能力。此后，各处理下的耗水量在 8 月上旬出现次高峰。到 8 月底，随着持续性降水和气温的回落，各个草种的耗水量迅速下降，降到 6 月中旬的水平。9 月以后，各个草种进入衰老期，耗水能力下降，加之环境温度进一步下降和降水量的增加，各处理的耗水量均维持在一个较低的水平。10 月中旬以后，各草种逐步枯萎，耗水量迅速下降。

10.8.1.2 不同土壤水分条件下 4 种牧草水分利用率及耗水系数

总体来看，4 种牧草在中度干旱处理下的 WUE 均大于适宜土壤水分处理下的 WUE（表 10-52），在适宜土壤水分下的耗水系数均大于干旱胁迫处理下的耗水系数。适宜土壤水分条件下 4 种牧草的 WUE 排序为：冰草（2.237）＞白羊草（2.114）＞无芒隐子草（2.097）＞达乌里胡枝子（2.060），耗水系数排序为：达乌里胡枝子（485.3）＞无芒隐子草（477.0）＞白羊草（473.0）＞冰草（447.0）；中度干旱条件下 4 种牧草的 WUE 排序为：无芒隐子草（2.743）＞冰草（2.367）＞ 达乌里胡枝子（2.322）＞白羊草（2.204），耗水系数排序为：白羊草（453.7）＞达乌里胡枝子（430.6）＞冰草（422.5）＞无芒隐子草（364.6）。比较同一种牧草在不同土壤水分处理下 WUE 的变化发现，在干旱胁迫条件下无芒隐子草 WUE 升高最为明显，比适宜水分处理下升高 30.83%；其次为达乌里胡枝子，比适宜水分处理下升高 12.70%；冰草和白羊草上升的幅度较小，分别为 5.80%和 4.26%。通过比较不同土壤水分处理下同一种牧草耗水量和干物质量变化，不难发现，对于无芒隐子草来说，土壤水分减少导致其耗水量下降明显（降幅达 25.44%），而对其产量的影响较小（降幅仅为 2.46%），因此其 WUE 值上升明显，耗水系数显著下降（降幅 23.56%）；而对于白羊草来说，干旱胁迫对其耗水量的影响最小（下降 11.14%），而产量的下降也不明显（降幅为 7.35%），因此其 WUE 与适宜水分处理相比升幅最小，耗水系数降幅也最小（4.09%）；对于达乌里胡枝子，因干旱条件下耗水量下降幅度很大（降幅达 26.93%），虽产量有一定幅度的下降（降幅 17.65%），但其 WUE 上升仍较为明显，耗水系数也有较大幅度的下降（降幅 11.27%）；冰草在干旱条件下的产量和耗水量降幅都比较大，分别为 19.92%和 24.31%，因此其 WUE 和耗水系数变化较小。

表 10-52 不同水分条件下各草种的整体 WUE 和耗水系数

物种	水分处理	单株总耗水量/kg	干重/(g/株)	整体 WUE/(g/kg)	耗水系数
达乌里胡枝子	$75\%\theta_f$	1.385	2.854	2.060	485.3
	$50\%\theta_f$	1.012	2.350	2.322	430.6
	升降值/%	−26.93	−17.65	12.70	−11.27

续表

物种	水分处理	单株总耗水量/kg	干重/(g/株)	整体WUE/(g/kg)	耗水系数
无芒隐子草	75%θ_f	0.621	1.302	2.097	477.0
	50%θ_f	0.463	1.270	2.743	364.6
	升降值/%	−25.44	−2.46	30.83	−23.56
冰草	75%θ_f	1.156	2.586	2.237	447.0
	50%θ_f	0.875	2.071	2.367	422.5
	升降值/%	−24.31	−19.92	5.80	−5.48
白羊草	75%θ_f	0.772	1.632	2.114	473.0
	50%θ_f	0.686	1.512	2.204	453.7
	升降值/%	−11.14	−7.35	4.26	−4.09

10.8.2　不同土壤水分对4种乡土草种生长及干物质积累的影响

在退耕还草生产上主要根据立地条件制定相应的技术措施。不同的立地条件主要由土壤条件及气候条件决定，它们直接影响草种的分布、生长发育、形态结构等。黄土高原地区就光照、热量等条件而言可以满足我国北方主要草种生长的需要，但由于年降水量极为不均，黄土的保水能力差，地形地貌复杂，不同立地的土壤水分条件千差万别，使得各地种草成活率有明显差异，土壤水分成为黄土高原草场建设的主要限制因子。因此，在草地建设中根据不同立地土壤水分条件选择适宜的草种，进行合理搭配，充分发挥各草种本身的优势特性，真正做到因地制宜，适地适草，提高黄土地区植草成活率。为此，必须对所选草种的生长特性、干物质生产能力以及它们对干旱的适应性做系统的比较，以期根据不同的立地条件选择适宜的乡土草种，充分发挥乡土草种的优势，为乡土草种作为草场建设用草提供依据。

10.8.2.1　不同土壤水分下4种牧草生长及干物质积累规律

采用枝长或蘖长分析不同土壤水分对牧草生长的影响，结果见图10-43。达乌里胡枝子与无芒隐子草所呈现的规律基本相同，而白羊草与冰草分别表现出两种不同的规律。达乌里胡枝子的枝条在6月下旬至8月中旬，无论是适宜水分还是干旱胁迫条件下的快速增长均与这一时期的无芒隐子草的分蘖生长呈现基本一致的规律，但后者在适宜水分条件下于8月下旬开始下降，而胁迫条件下却延迟至9月中上旬才开始下降。其原因为适宜水分条件下新的分蘖致使枝条平均高度降低，这主要是由于干旱条件下，植物为了逃避逆境，营养生长出现一定程度的停止，而以繁殖生长为中心造成的。冰草在两种水分条件下枝条的生长规律惊人的相似：8月中旬以前缓慢增长，其后渐渐下降，这与盆栽冰草没有进行繁殖生长有关，由于没有生殖秆，高度其实就是叶的长度，后期由于叶梢的逐渐枯萎叶长降低。白羊草的蘖长在两种水分条件下均直至9月底以后开始下降，这是生殖秆的长度一直在增加所致，由于小穗的脱落等原因枝条高度开始降低。显而易见，水分对于生殖秆的长度产生了影响。

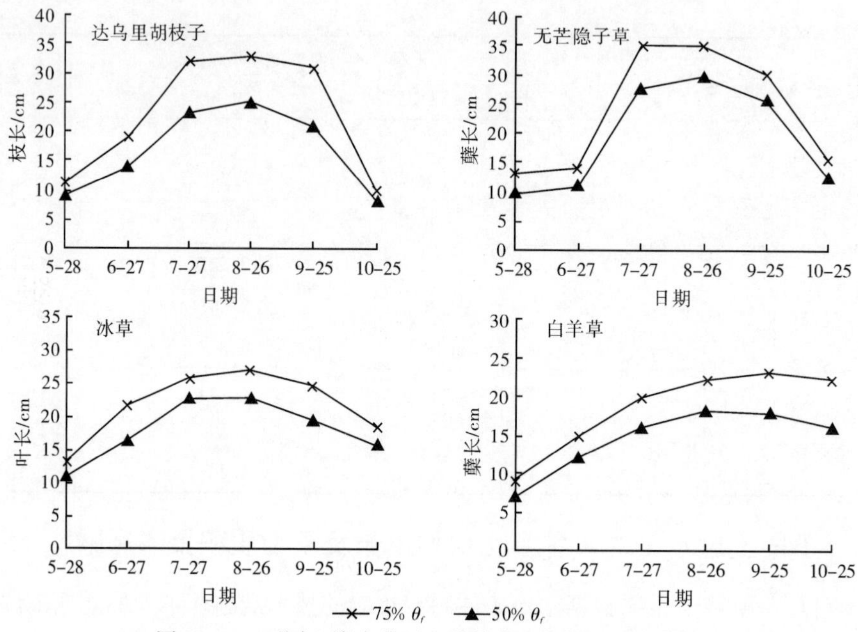

图 10-43　不同土壤水分下 4 种牧草生长情况动态变化

各物种干物质积累（图 10-44）的变化与水分关系随物种的不同而密切程度不一致。无芒隐子草及白羊草干物质积累的总体趋势，除后者在 5 月底至 6 月底增加较明显而前者几乎保持不变外，无论是种内不同水分之间还是不同物种相同水分之间，其变化规律基本一致，均表现为干物质积累增加至 8 月中下旬之后开始缓慢下降，但数量绝对值有差异，表现为无芒隐子草≤白羊草。达乌里胡枝子与冰草两者不同物种同一水分之间的变化规律相似，而同一物种之间的不同水分，无论数量的绝对值还是变化规律均差异较大。

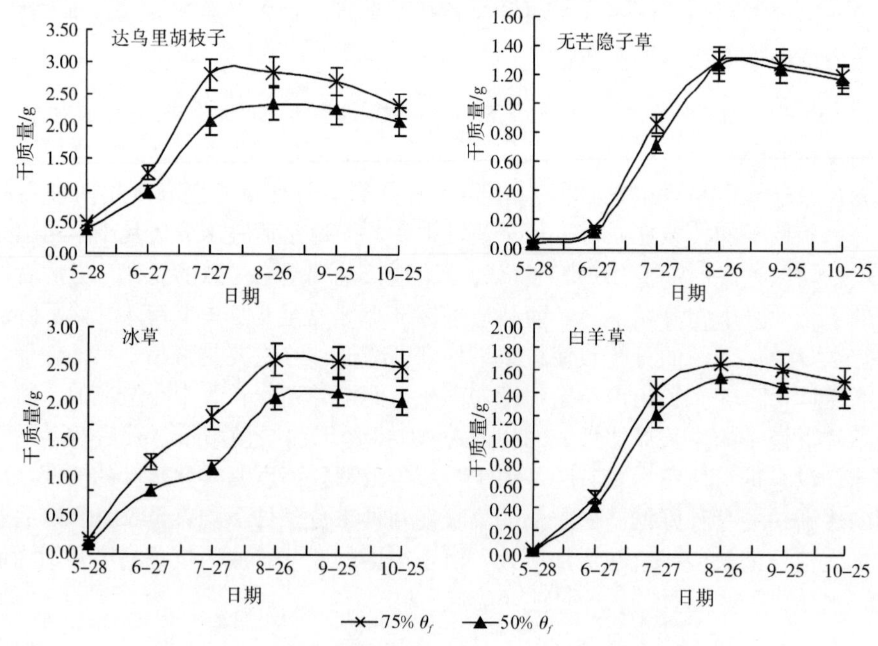

图 10-44　不同土壤水分下 4 种牧草干物质积累动态变化

10.8.2.2　不同土壤水分下 4 种牧草光合特性及水分利用率

水分是植物进行光合作用的原料之一，土壤水分含量的多少会直接或间接地影响牧草生长和正常代谢活动，包括光合作用、蒸腾作用和呼吸作用以及有机物质的合成与分配。研究土壤水分与植物需水量、水分生产效率及生物量（或是经济产量）之间的关系，是确定植物适生土壤水分条件的最佳途径。草本植物的生长状况与其光合效率、水分利用率有密切关系。因此，以净光合速率［Pn：μmol CO_2/（m^2 · s)］、蒸腾速率［Tr：mmol/（m^2 · s)］、叶片水分利用率（WUE_L：μmol CO_2/mol H_2O）和羧化效率［CE：mol/（m^2 · s)］为指标，比较植物在生长前期和后期的光合性能、水分生产效率及与土壤水分含量的关系，为选择合适的乡土草种用于草地建设提供依据。叶片水分利用率（WUE_L）指单位水量通过叶片蒸腾散失时光合作用所同化的 CO_2 量，为净光合速率与蒸腾速率的比值（Pn/Tr），是水分利用率的理论值。气孔状况指标采用气孔导度 Cs（气孔阻力 Rs 的倒数表示），气孔导度与 CO_2 或水汽扩散通量呈线性关系，使用起来比较方便。

除冰草之外，5 月底测得同一物种不同水分条件的净光合速率变化微乎其微，在 10 点左右达到最大值后迅速下降，说明达乌里胡枝子、无芒隐子草及白羊草光合作用对水分不敏感。冰草正处于根茎形成的关键时期，尽管光合的重要性不言而喻，但较低的地上部生理活动可以节约能量。特殊的情况是白羊草在干旱条件下该项目的数量绝对值超越了适宜水分下该项目的数量绝对值。如前所述，这是植物长期适应生境的结果，尽管“高山矮态”与良等牧草所应具备的优秀品质背道而驰，但在水分匮缺时，植物仍然保持较高、甚至更高的生产力可为其积累足够的能量与物质，或通过无性分蘖或开花结实扩大种群。

通过图 10-45 中最后两张小图可以看出，无芒隐子草及白羊草的光合速率无论是在适宜条件还是水分胁迫时，均明显高于达乌里胡枝子及冰草的光合速率。而且还体现出另外一种

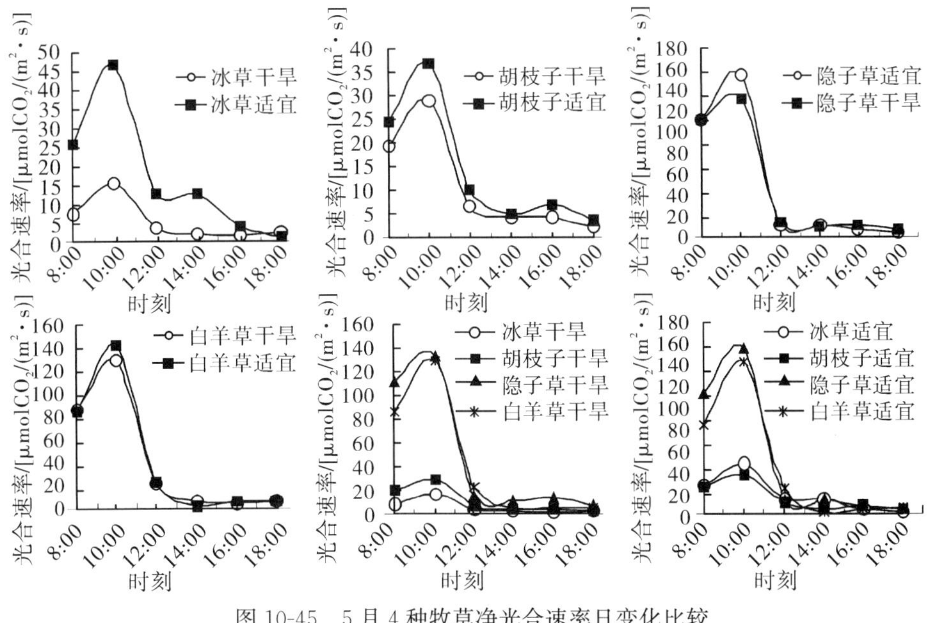

图 10-45　5 月 4 种牧草净光合速率日变化比较

相似规律，即前两者无论是在哪种水分条件下的趋势均与绝对值基本一致，后两者亦然。

4 种牧草 5 月蒸腾速率的日变化具体结果见图 10-46。无芒隐子草及白羊草无论是在种间、种内还是不同水分条件下的规律基本一致，10 点以前快速上升，随后开始下降，12 点左右降至谷底，后又上升。冰草呈现的规律最为特殊，不同水分条件下均呈现“S”形趋势变化，但数量绝对值差异较大，并且最高点出现在傍晚 6 点左右，这与其在这一时期对水分一定程度的敏感有关，同时验证了长期的中度胁迫对冰草生长造成影响的结论。达乌里胡枝子种内不同水分之间表现的规律相似。

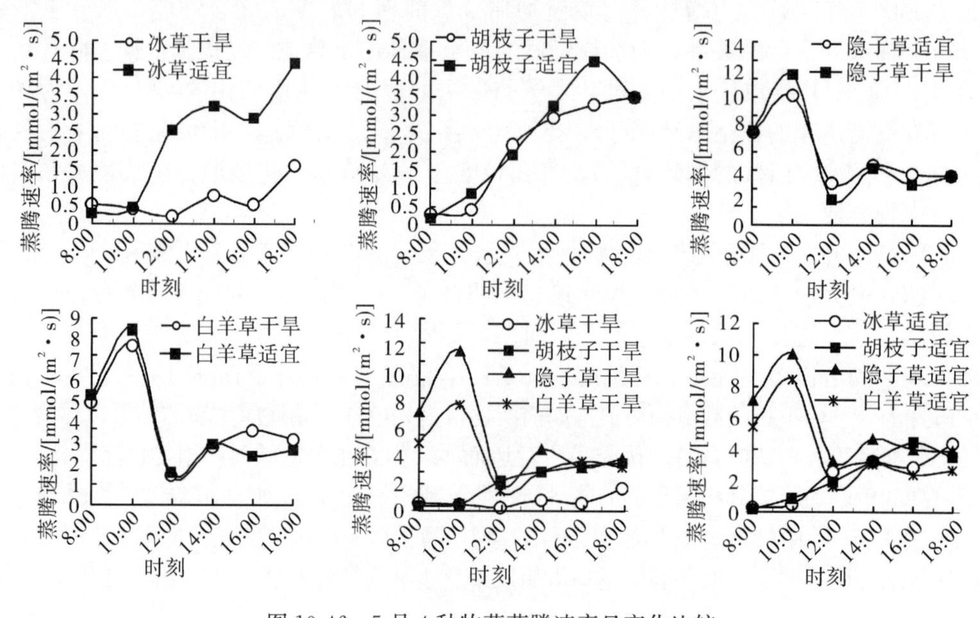

图 10-46　5 月 4 种牧草蒸腾速率日变化比较

8 月是植物生长的旺盛期，4 种牧草的实生苗摆脱了“缓苗”的威胁之后，开始快速地生长，进而在不同水分条件下，各个方面表现出了巨大的差异，具体结果见图 10-47～图 10-56。以净光合速率为例进行分析，达乌里胡枝子及冰草对于不同水分表现出种内相似性，尤其冰草的两条弧线可以认为只是数量绝对值的差异，而前者在 10 点与 16 点之间的绝对值差异较大，尽管均表现出 12 点左右下降后又回升，但两条曲线还是明显不同。无芒隐子草干旱条件下没有最大值，从 10 点至 16 点近乎呈现一条水平线，而适宜条件下却呈现典型的单峰曲线，15 点钟左右达到最大值。白羊草在适宜水分条件下呈现比较正规的单峰曲线，但干旱条件下却为双峰，而且 10 点钟左右的峰值远较 14 点的峰值大。4 种牧草在适宜水分条件下的规律基本一致，除去无芒隐子草 8 点钟左右的光合较弱而在 10 点升高至与冰草同一水平之外，其他 3 种草种均可认为是单峰曲线，排序为白羊草＞达乌里胡枝子＞无芒隐子草＞冰草。干旱条件下达乌里胡枝子及白羊草均呈现双峰曲线，但前者远较后者的数量绝对值小。无芒隐子草及冰草均呈现典型的单峰曲线，前者的数量绝对值大于后者。

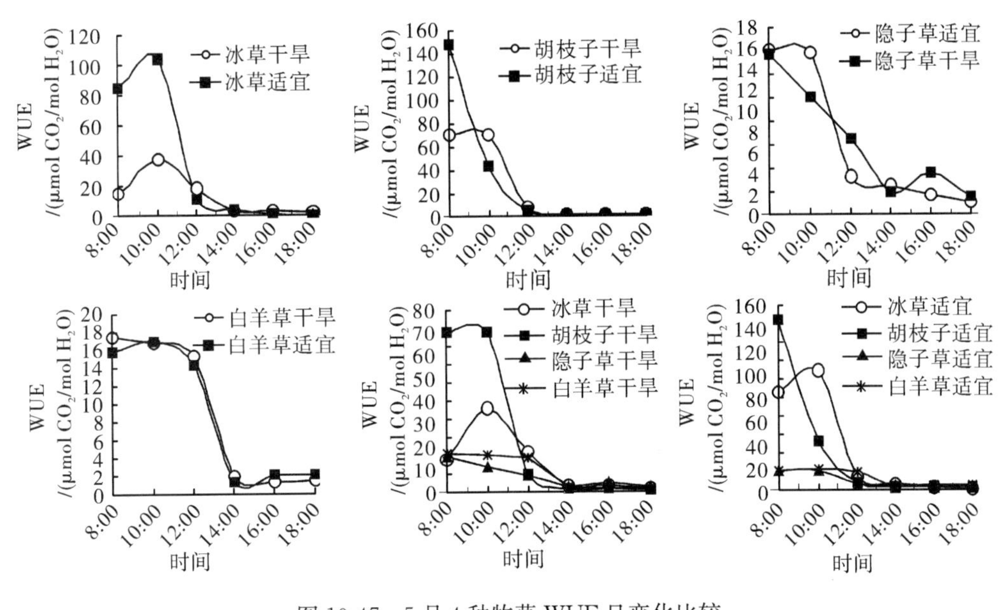

图10-47　5月4种牧草WUE日变化比较

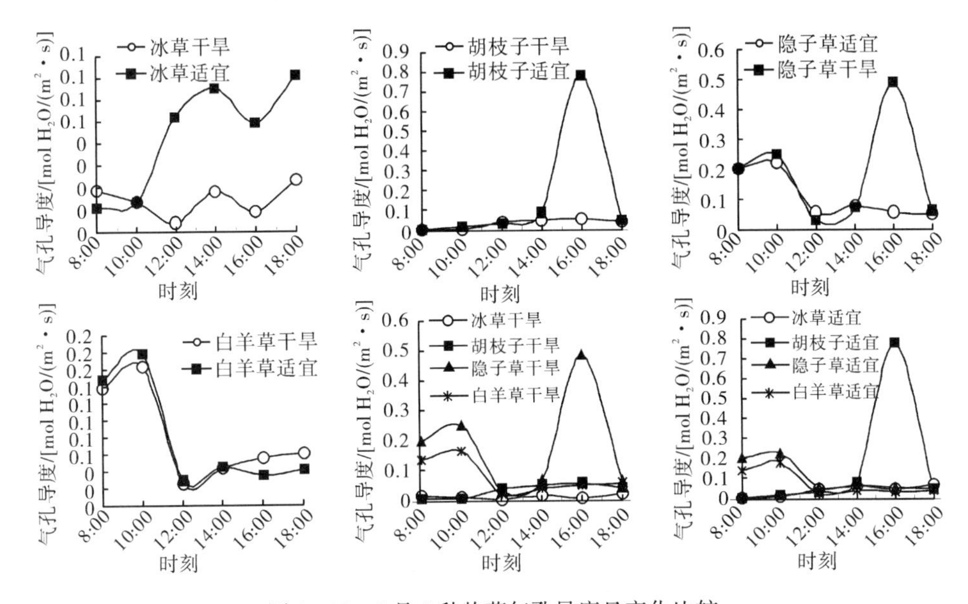

图10-48　5月4种牧草气孔导度日变化比较

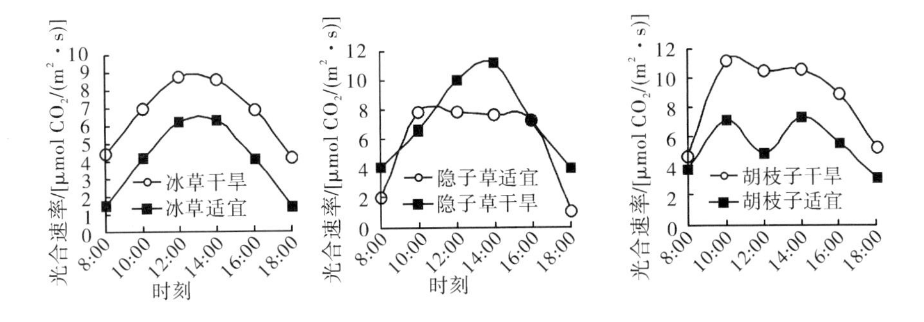

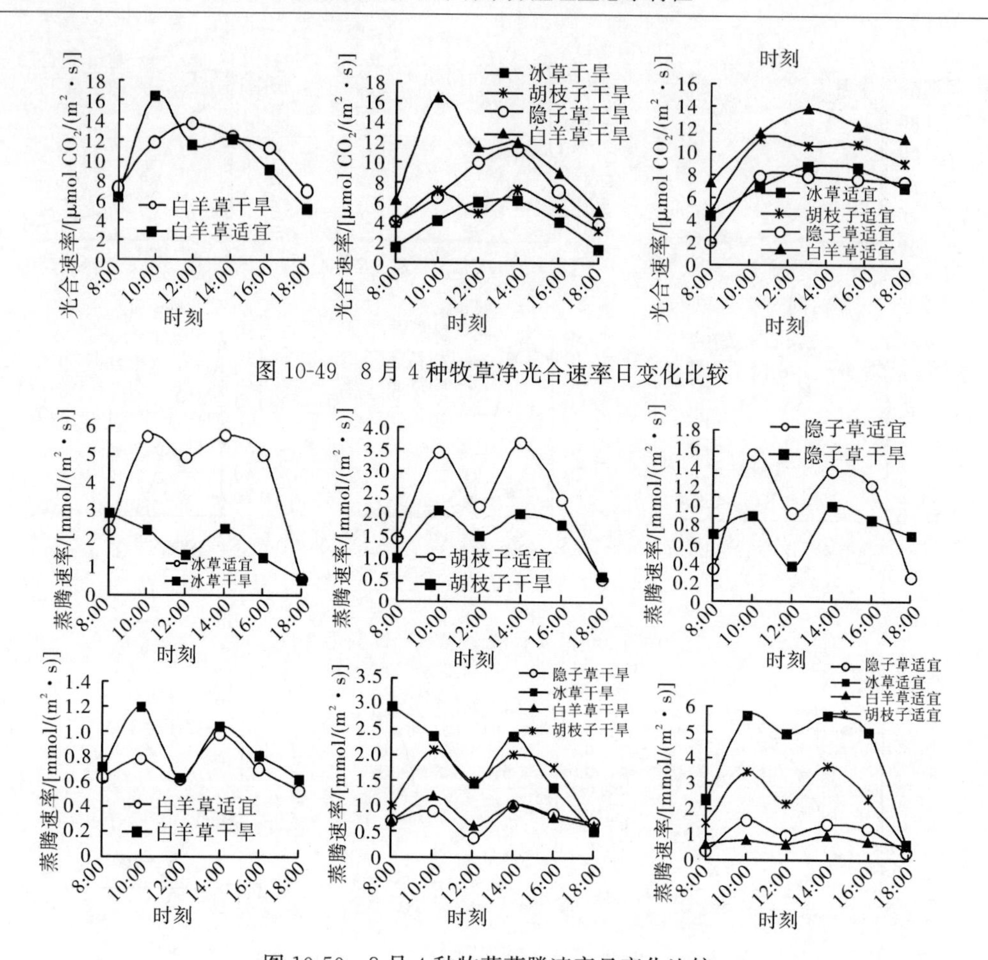

图 10-49　8 月 4 种牧草净光合速率日变化比较

图 10-50　8 月 4 种牧草蒸腾速率日变化比较

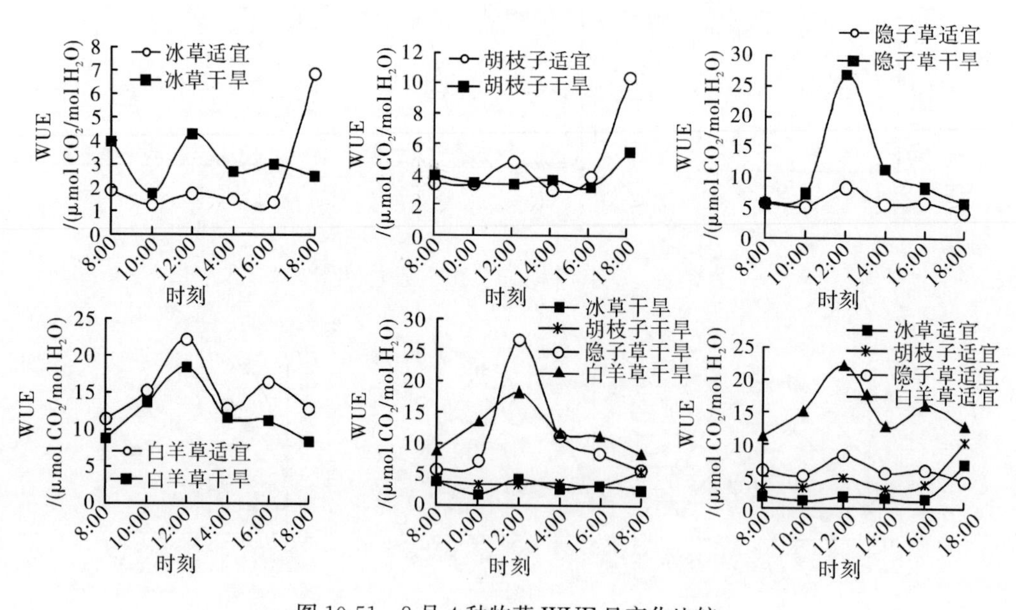

图 10-51　8 月 4 种牧草 WUE 日变化比较

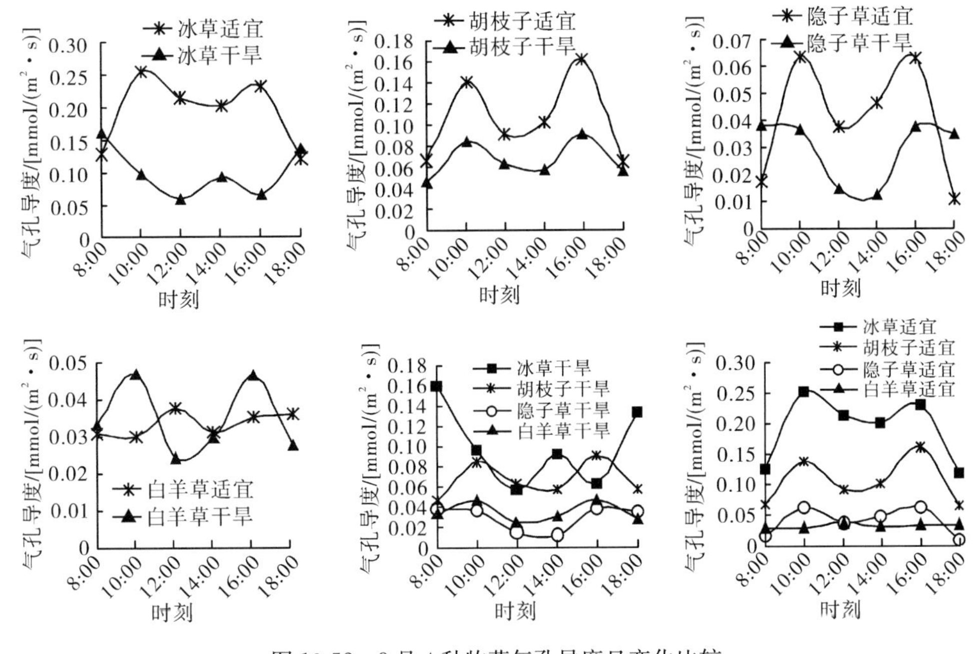

图 10-52　8 月 4 种牧草气孔导度日变化比较

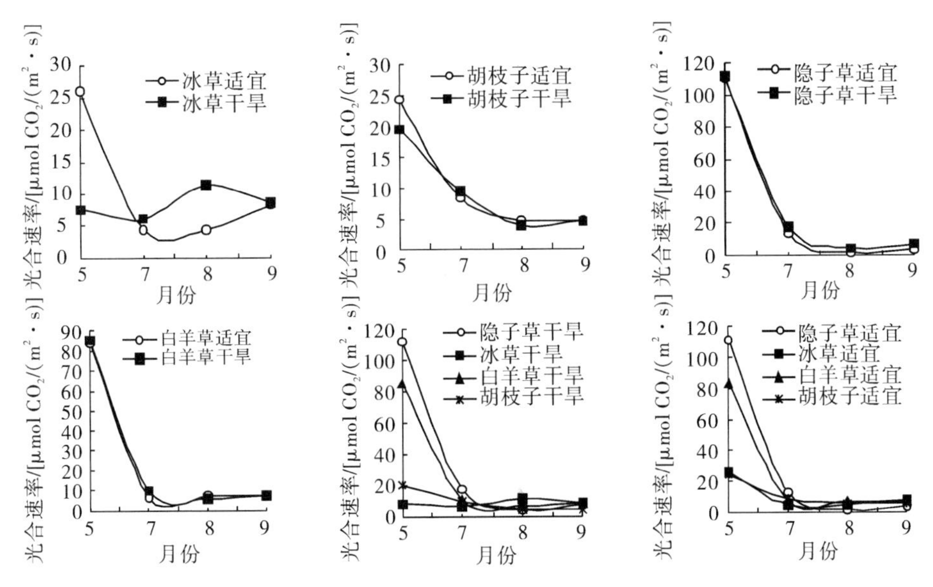

图 10-53　4 种牧草净光合速率月变化比较

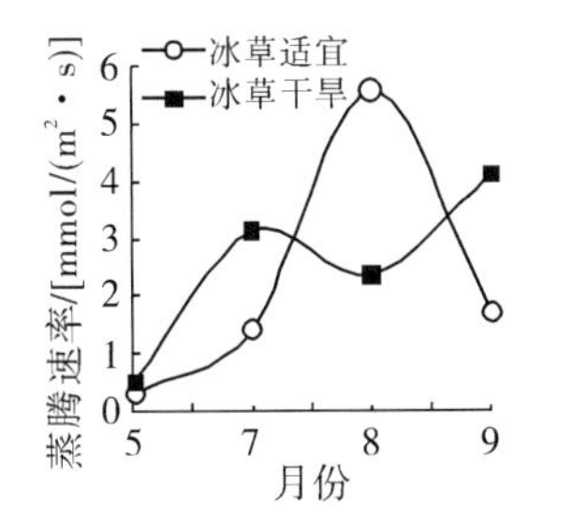

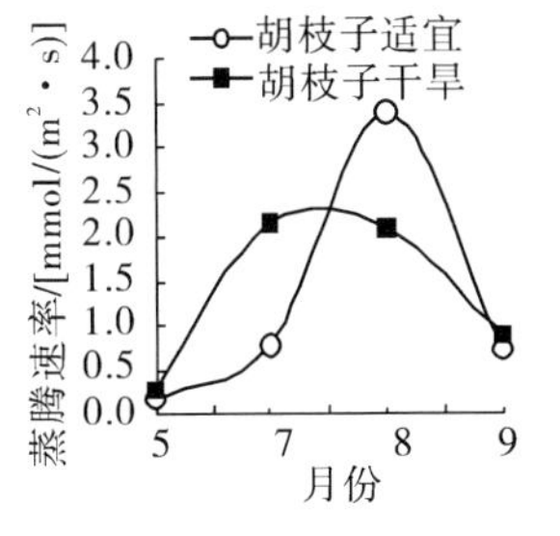

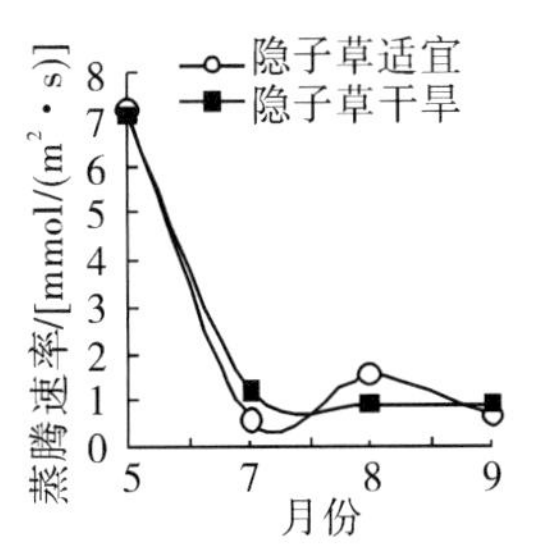

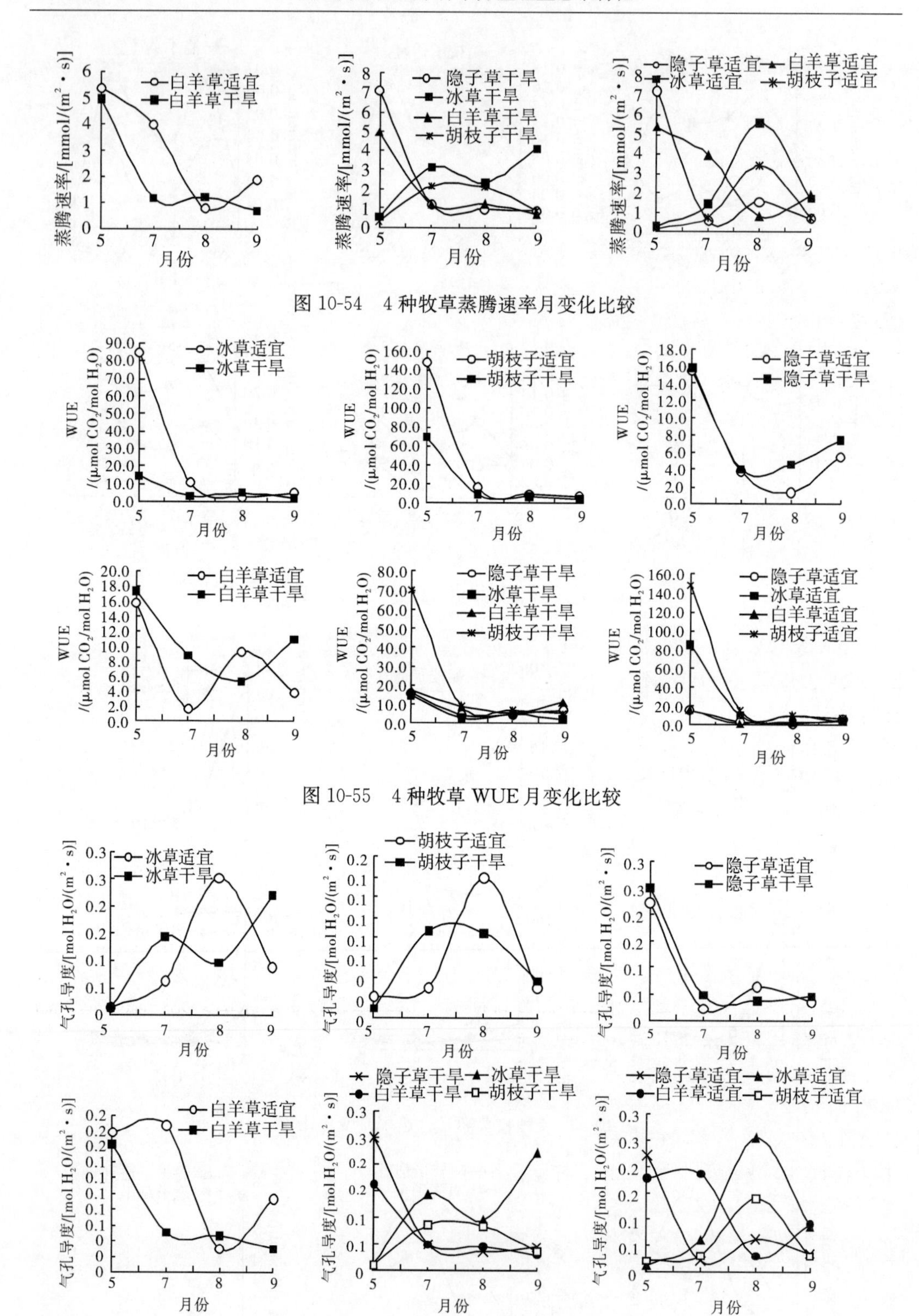

图 10-54　4 种牧草蒸腾速率月变化比较

图 10-55　4 种牧草 WUE 月变化比较

图 10-56　4 种牧草气孔导度月变化比较

10.9 结　论

在延安市安塞县高桥乡试验区，对黄土丘陵区不同撂荒年限演替规律进行了两年定位观察，对其过程中主要乡土牧草的营养特性进行了评价，得出以下主要结论。

(1) 该区的基本演替阶段、序列为：(1～6年)：一年生杂类草群丛→一年生杂类草＋丛生禾草群丛→一年生杂类草＋多年生草本群丛（或根茎禾草群丛）→（4～15年）：多年生草本群丛→多年生草本＋小灌木群丛→（10～42年）：根茎从生型禾草＋小灌木群丛（阳坡）或小灌木＋多年生草本群丛→小灌木群丛（阳坡）或多年生草本＋从生禾草群丛，代表性群落依次为猪毛蒿→猪毛蒿＋长芒草→猪毛蒿＋铁杆蒿（或冰草群落）→铁杆蒿群落→铁杆蒿＋达乌里胡枝子→白羊草＋达乌里胡枝子或达乌里胡枝子＋铁杆蒿（阳坡）或铁杆蒿＋硬质早熟禾群落。

演替过程中23种重要值占主导地位的牧草，根据主要化学营养成分总体可划分为四大类，甲等：总评分数≥54，排名在1～3，狼牙刺、草木樨状黄芪、山野豌豆，均归属于豆科；乙等：总评分数≥24，排名4～8，二裂委陵菜、铁杆蒿、达乌里胡枝子、白羊草、茭蒿、刺儿菜、华隐子草、苦荬菜、二色棘豆、米口袋、冰草，其中禾本科3种、豆科3种、菊科4种、蔷薇科1种；丙等：总评分数≥8，排名9～11，4种牧草均归属于禾本科，其余为劣等牧草。

(2) 某些群落生态学特征研究表明，黄土高原4种乡土牧草的种-面积曲线应为：$S=aA/(1+bA)$，达乌里胡枝子群落、无芒隐子草群落、冰草群落、白羊草群落最小面积分别为3.4m^2、4.1m^2、1.4m^2和4.8m^2。白羊草群落、达乌里胡枝子群落、无芒隐子草群落和冰草群落α多样性的13个指数之间的关系为：Margalef指数与Menhiniek指数及PieLou指数与Heip指数之间相关性显著，4个群落多样性按照大小排序分两类：一类是Menhiniek指数、PIE指数、Heip指数等，由大到小依次为冰草群落、无芒隐子草群落、达乌里胡枝子群落和白羊草群落，与各群落在演替中的顺序相同；另一类是Fisher指数和物种总数，排序在达乌里胡枝子群落和白羊草群落发生了变化。4种群落建群种地上生物量/地下生物量大小依次为：白羊草＞冰草＞达乌里胡枝子＞无芒隐子草；生物量年内总合排序为：达乌里胡枝子＞白羊草＞无芒隐子草＞冰草；生长期长短排序为：冰草＞白羊草＞达乌里胡枝子＞无芒隐子草；生物量大小排序为：达乌里胡枝子＞白羊草＞无芒隐子草＞冰草；高度排序为：达乌里胡枝子＞冰草＞无芒隐子草＞白羊草；有效盖度排序为：达乌里胡枝子＞白羊草＞无芒隐子草＞冰草群落。各群落土壤含水量的年内、月际变化与生态学特征对照，可以得出以下结论：白羊草群落、达乌里胡枝子群落生物量大、建群种在群落中优势明显，原因是其凭借着较强的竞争能力优先占有生态位，使伴生种和稀有种的发展受到约束从而生长困难，使有限的资源可集中利用。表明生境恶劣的黄土高原，竞争能力决定物种对生态位的占有程度。白羊草、达乌里胡枝子对干旱的耐受能力强、生活史的可塑性大，决定植物自身的产草量高。

(3) 4种牧草的某些种群生物学特征的研究表明，在各群落中，冰草群落的竞争主要来自种内；无芒隐子草群落的竞争主要来自于铁杆蒿、达乌里胡枝子种间及无芒隐子草的种内；白羊草群落的竞争主要来自于铁杆蒿、达乌里胡枝子和猪毛蒿的种间；达乌里胡枝子群落的竞争主要来自于铁杆蒿、长芒草种间及达乌里胡枝子种内。这暗示了演替中期、后期建群种的生物学特性，即较强的竞争能力及由此能力反映的高度适应、耐受性。同时从理论上提供了牧草的搭配：冰草＋无芒隐子草、白羊草＋达乌里胡枝子，并且指明了无芒隐子草群落、白羊草群落和达乌里胡枝子群落管理的目标为“遏制铁杆蒿的生长，解放生态位”。对 4 种牧草有性繁殖方式、无性繁殖方式研究发现，4 种牧草有性繁殖均一定程度退化、种子产量及成熟程度极低、抗老化能力差。达乌里胡枝子、白羊草的成熟种子在适宜条件下，pH＞7.0、18～25℃、充分吸胀 12h 后的萌发率达 80%；无芒隐子草次之，只有 60%；冰草最低，仅有 30%。4 种牧草的幼苗均对温度、光照强度表现敏感，包括成活率、健康状况等指标。各种条件下的正常幼苗比率综合比较而言，达乌里胡枝子的正常幼苗平均比率最低仅为 78%，其余 3 种牧草可达 92%。

幼苗水分生理盆栽变水试验进一步证明有性繁殖的退化，实生苗成活率低，冰草的幼苗成活率仅有 15%，无芒隐子草为 30%左右，其余两者为 50%左右。幼苗成活率主要限制因素可能是土壤缺素造成植物细胞发育不完全从而抗性太差。例如，缺磷引起细胞膜流动等性质较为低下。4 种牧草的无性繁殖能力较强，克隆生长的“风险均摊、资源共享”优势得以充分体现。

(4) 4 种牧草的水分生理生态学特征的研究结果如下：

达乌里胡枝子：适应性强，耗水量取决于土壤水分含量，具有很强的可塑性，具有御旱植物的一些基本特点。WUE 随土壤水分减少而下降，属强蒸腾、强光合及水分利用效率较高的广水性草种。

冰草：一年生实生苗，生长状况最差，幼苗对高温强光极为敏感，死亡率高且生长缓慢。耗水量与土壤水分关系不大，水分亏缺能减少耗水，一定程度提高水分利用率。属于低蒸腾、低耗水、羧化效率稳定型草种。

白羊草：抗旱性最强，干旱对其生长影响不大，水分利用率可保持较高水平。生长期长，可持续至 10 月中旬。耗水高峰期及生长旺盛期与黄土高原区的雨季同步，可充分利用天然降水迅速生长。

无芒隐子草：耗水量最少，但生长缓慢，叶面积小、生长量小，生长旺盛期持续时间较短。属于大蒸腾低水分利用率型，过多的土壤水分影响其成活及生长。

(5) 通过以上研究结果综合分析，以 4 种草种的最终得分多少评定牧草品质的优劣，见表 10-53。评定结果为：达乌里胡枝子＞白羊草＞无芒隐子草＞冰草，由此提出以下草种搭配：冰草＋无芒隐子草、白羊草＋达乌里胡枝子。

表 10-53　各项指标的重要程度

经济效益	重要程度	解释	生态效益	重要程度	解释
营养成分	0.06	良等牧草最重要的品质	物种丰富度	0.04	群落的基本特征，决定群落的稳定、生产力及抗干扰能力等
平均高度	0.06		最小面积	0.04	
年内生物量	0.06		物种相对多度	0.04	
营养生长期持续时间	0.03	产草量的决定性指标之一	物种多样性	0.04	
有性繁殖投入	0.02		物种均匀度	0.04	
种子萌发	0.03	人工草场建设基础	有效盖度	0.06	水土保持能力
幼苗健康状况	0.03		种内、种间竞争	0.03	生态位占有能力
幼苗成活率	0.04		WUE	0.03	抗旱能力
无性繁殖能力	0.05	种群扩张基础	耗水量	0.03	
干物质的积累	0.06	牧草基本要求	蒸腾速率	0.03	
光合速率	0.06	生产基础	水分利用率	0.03	
			土壤含水量	0.04	
			地上/地下生物量	0.05	

第 11 章　白花草木樨、沙柳和花棒的耗水规律及抗旱性研究

黄土高原地区是典型的干旱半干旱地区，属于温带大陆性季风气候，年平均气温 4～14℃，年积温 2000～3400℃，年降水量 150～650mm，且降水主要集中在 6～9 月，形成了该地区特有的干燥、温差大的气候特点。该地区水土流失严重，土地肥力严重下降，再加上乱砍滥伐和林草树种配置的不合理，使当地的生态环境更加恶化，严重影响了地区的生态环境建设。

梁宗锁等（2003）的研究指出，生态修复是大范围水土流失控制的有效途径，在植被恢复与生态修复过程中，水是关键因素。近年来尽管退耕还草计划大规模推广，但盲目选择耗水量大于当地土壤含水量的植物反而会加速土地的干化，进一步加剧土壤退化，形成“土壤干层”。黄土高原植被恢复现状及存在的另一问题是森林覆被率低，造林速度缓慢。在退耕还林过程中，造林树种单一，加上不能根据当地土壤水分条件来选择树种，从而生长不良，不能形成生态效益良好的林。因此在黄土高原地区退耕还草（林）的过程中，必须根据当地土壤水分条件科学地选择合适的草（树）种来进行植被恢复。

选择白花草木樨（*Melilotus alba*）、沙柳（*Salix psammophila*）和花棒（*Hedysarum scoparium*）3 种在黄土高原地区分布广泛的优势种作为研究对象，在人工控制的土壤水分条件下，研究其耗水规律和抗旱特性。

11.1　不同土壤水分条件下 3 种优势种的耗水规律

11.1.1　干旱胁迫对 3 种优势种单株日耗水的影响

11.1.1.1　不同干旱胁迫下 3 种优势种单株日耗水规律

如图 11-1 所示，3 种优势种在不同干旱胁迫条件下单株日耗水规律比较相似，其日耗水曲线均为多峰曲线。3 种优势种日耗水量变化的总趋势均为：适宜水分条件下日耗水量高于中度干旱和重度干旱胁迫，中度水分胁迫的日耗水量高于重度水分胁迫的日耗水量，不同水分条件下的日耗水量差异显著（$p<0.05$），说明植物的耗水量与所处环境土壤含水量是有很大关系的。图 11-1 中曲线的峰值是晴天的日耗水量、低谷为阴雨天的日耗水量，可见植物的耗水量与气候状况明显相关，而且从耗水量上看晴天的耗水量显著大于阴雨天。从曲线走势来看，植物生长前期和生长中期的耗水量要大于植物生长后期，说明植物的生长情况决定了植物的耗水量大小。同样随着时间的推移，植物生长环境温度的升高也影响耗水量。综上所述，植物的耗水量是植物生境的土壤含水情

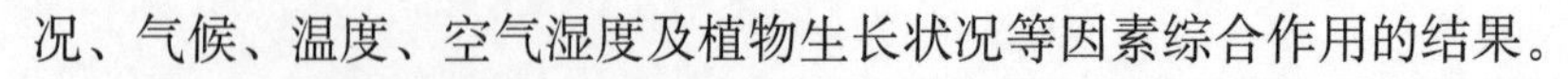
况、气候、温度、空气湿度及植物生长状况等因素综合作用的结果。

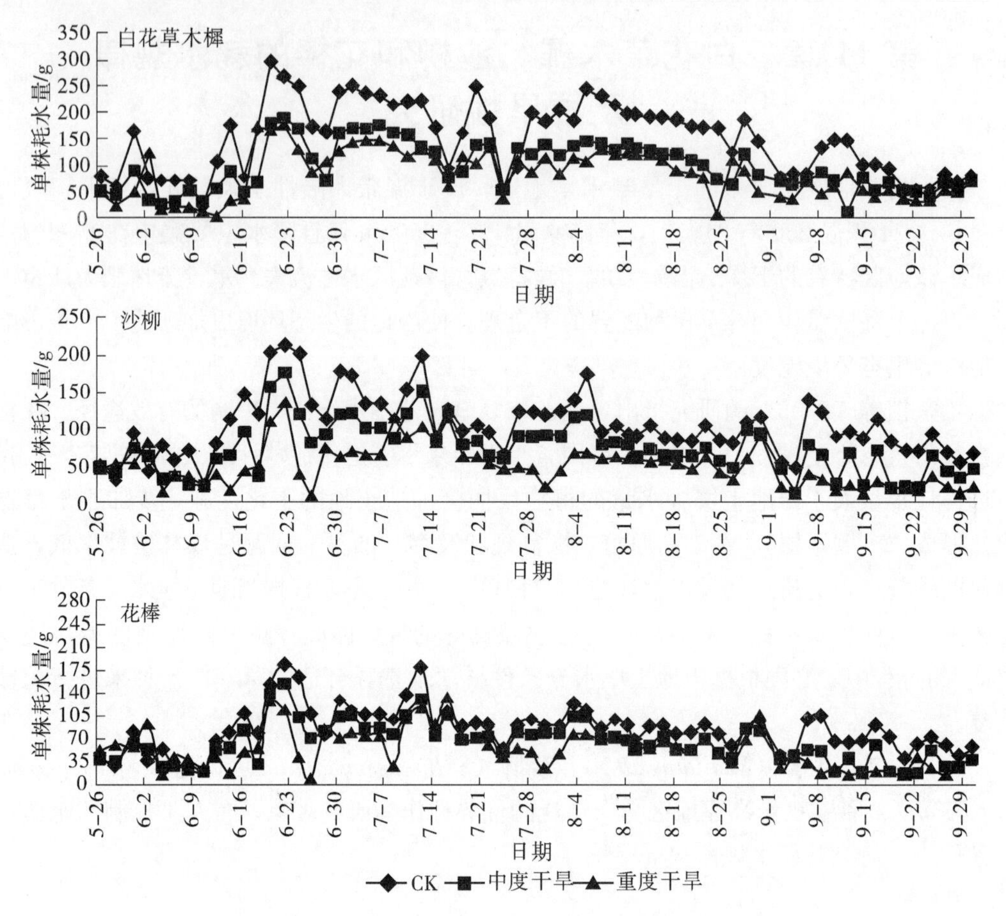

图 11-1　不同水分条件下 3 种优势种单株日耗水规律

3 种优势种耗水曲线的峰值和低谷出现的高低、前后各不相同，可见不同植物的耗水变化均有各自的规律。从图 11-1 来看，3 种优势种的耗水高峰均在 6 月 16 日左右开始出现。这一时期正是植物生长最旺盛的阶段，对于水分的需求最大；从 8 月开始，变化趋于稳定，耗水量逐渐减少。3 种优势种在重度干旱胁迫条件下，耗水量变化的浮动相对较小。可见 3 种优势种适应了严重的水分亏缺环境，能调节自身水分代谢的平衡。

11.1.1.2　相同水分胁迫下 3 种优势种单株日耗水规律

图 11-2 为 3 种优势种在相同水分胁迫条件下的日耗水变化趋势。如图 11-2 所示，在适宜水分条件下，3 种优势种日耗水曲线变化趋势较一致，均在 6 月中旬出现日耗水量增大并一直保持一个相对较高的水平，直至 8 月日耗水量缓慢下降。说明从 6 月开始，植物进入了生长旺盛阶段，耗水量随之增加，3 种植物日耗水量表现为白花草木樨＞沙柳＞花棒。

中度干旱条件下，不同的植物生长时期 3 种优势种的日耗水量变化趋势与适宜水分条件下一致。但从日耗水量来看，白花草木樨一直处于相对较高的一个水平；从 6 月下旬至 8 月，沙柳和花棒的耗水量变化趋势一致，沙柳的耗水量略大于花棒。

在重度干旱下，沙柳的日耗水量较白花草木樨和花棒小，白花草木樨的耗水日变化波动最大，说明白花草木樨对严重的干旱比较敏感。

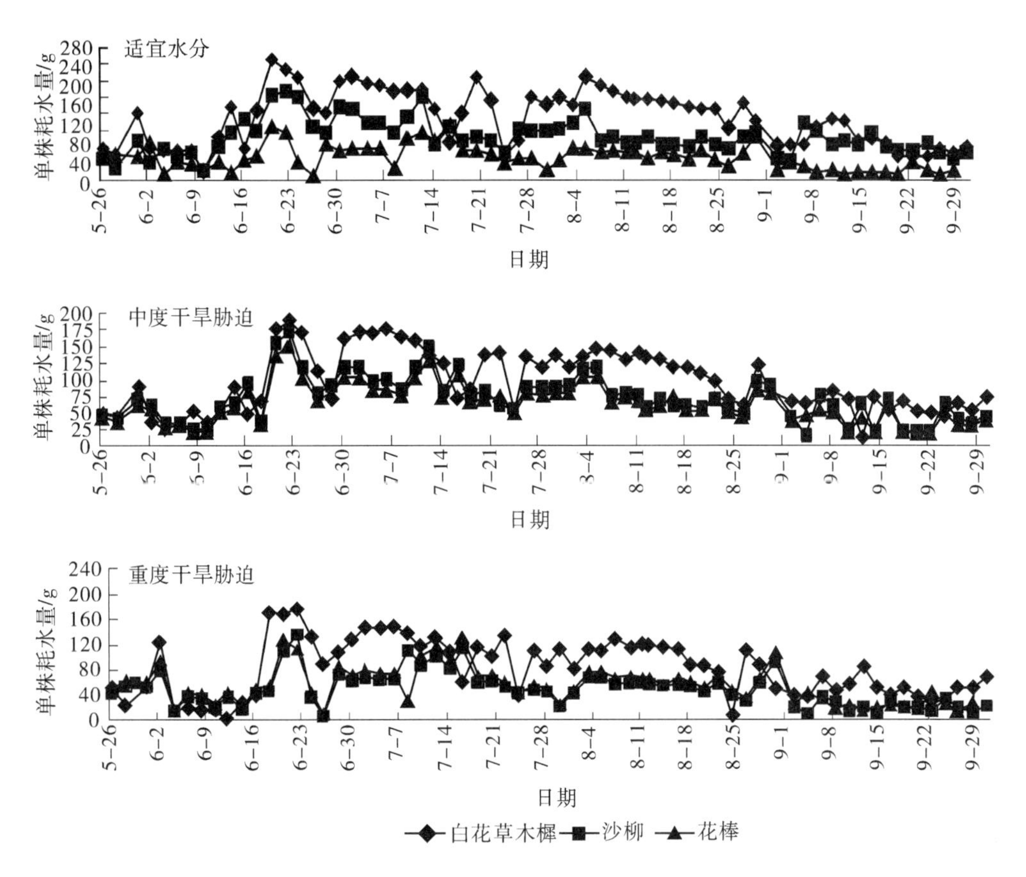

图 11-2　3 种优势种在相同水分胁迫下日耗水变化

11.1.1.3　不同干旱胁迫下 3 种优势种耗水日进程

图 11-3 为 3 种优势种在 8 月 12 日（晴天）的耗水日变化趋势。可以看出，3 种优势种在不同水分胁迫条件下的耗水日进程趋势并不相同。白花草木樨和沙柳均在正午 12 时至 14 时耗水达到最大值，14 时至 16 时耗水量下降，其耗水日进程呈现出单峰曲线。花棒的日耗水进程则呈现出不同的双峰曲线，两次耗水高峰分别出现在 10 点和 14 点，而正午 12 点却出现耗水量下降的现象，说明花棒存在保护机制，即在正午阳光最强、蒸腾作用最大的情况下可以自主关闭气孔减少蒸腾，更好地减少自身耗水量，达到抵御高温和干旱的目的。

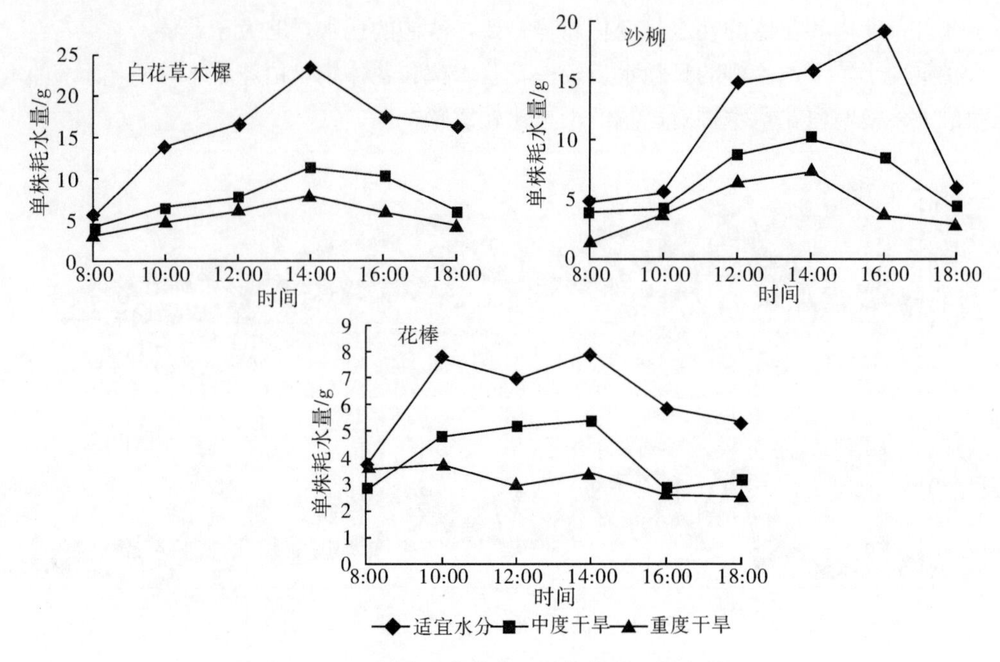

图 11-3 不同水分条件下 3 种优势种日耗水进程

11.1.2 水分胁迫对 3 种优势种单株旬耗水量的影响

11.1.2.1 不同水分胁迫条件下 3 种优势种旬耗水规律

图 11-4 是 3 种优势种在不同水分胁迫下的旬耗水量变化。3 种优势种的旬耗水量变化趋势大体一致，均从 6 月中旬开始逐渐增大，6 月下旬耗水量达到最高，由此直至 7 月中旬均保持在相对较高的一个水平，随后开始缓慢下降。如图 11-4 所示，8 月中旬均出现了一个耗水小高峰，这是 8 月中旬天气连续高温所致。3 种优势种在各个干旱条件下旬耗水量差异均显著，都表现为适宜水分条件下的旬耗水量最多，中度干旱条件下次之，重度干旱条件下旬耗水量最低。

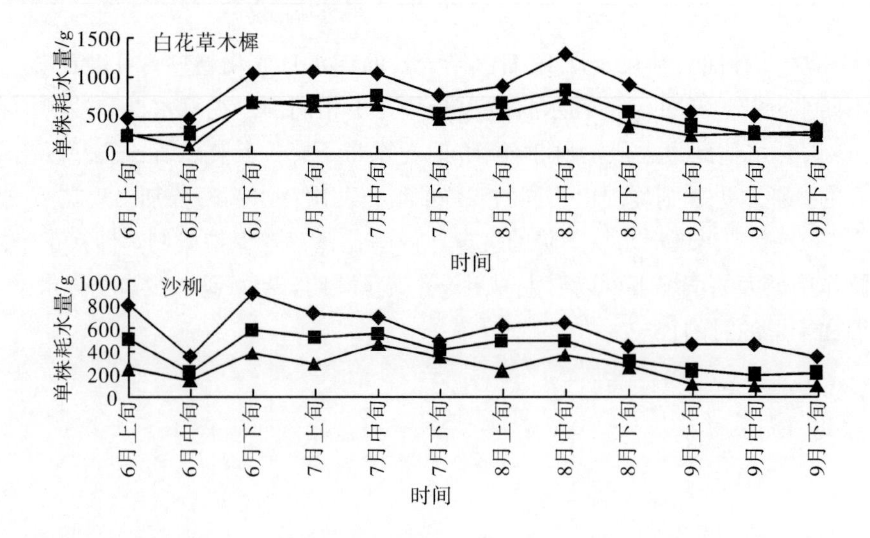

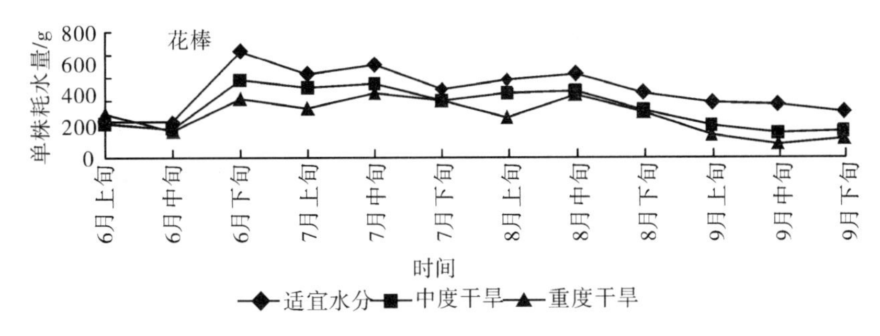

图 11-4 不同水分胁迫下 3 种优势种的旬耗水量变化

11.1.2.2 相同水分胁迫下 3 种优势种单株旬耗水规律

图 11-5 是不同水分条件下 3 种优势种的旬耗水规律。在适宜水分条件和重度干旱条件下，白花草木樨的旬耗水量均大于沙柳，而花棒的耗水量最少。在重度干旱条件下，白花草木樨的旬耗水量依旧最高，而与前两种水分条件下不同的是花棒的耗水量略大于沙柳的耗水量，这与 3 种优势种的日耗水量变化是一致的。

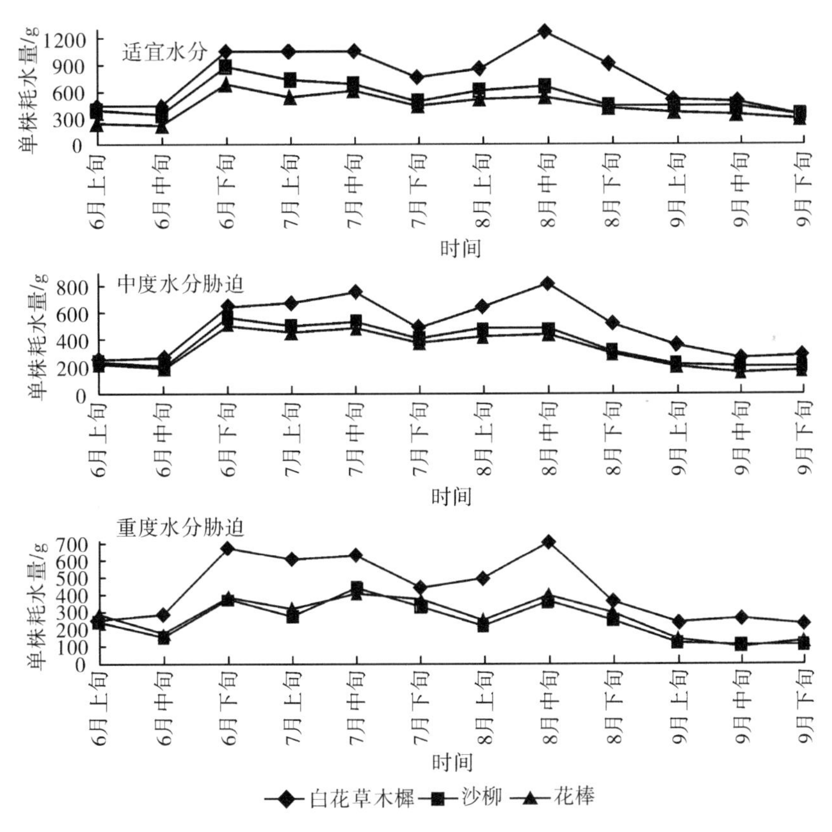

图 11-5 不同干旱条件下 3 种优势种旬耗水规律

11.1.3 不同干旱条件下 3 种优势种单株月耗水规律

图 11-6 是不同水分条件下 3 种优势种的单株月耗水规律。表 11-1 是不同土壤水分

条件下3种优势种月耗水量的数据比较。由图11-6和表11-1可知，3种优势种在三种不同水分处理下的月耗水趋势为：6月耗水量逐渐增大，于6月末、7月达到最大值，随后逐渐降低。白花草木樨在适宜水分条件下，于7月至8月间达到峰值，这与其他两种优势种有所不同。总体来看，一方面6月是3种优势种的生长旺盛期，需水量大；另一方面，由于6月尤其是6月末7月初这段时间，天气以晴朗为主，气温也非常高，造成植物耗水量大。3种优势种在不同水分处理下耗水量均表现为适宜水分条件下月耗水量最大，中度干旱下月耗水量次之，重度干旱下月耗水量最小。

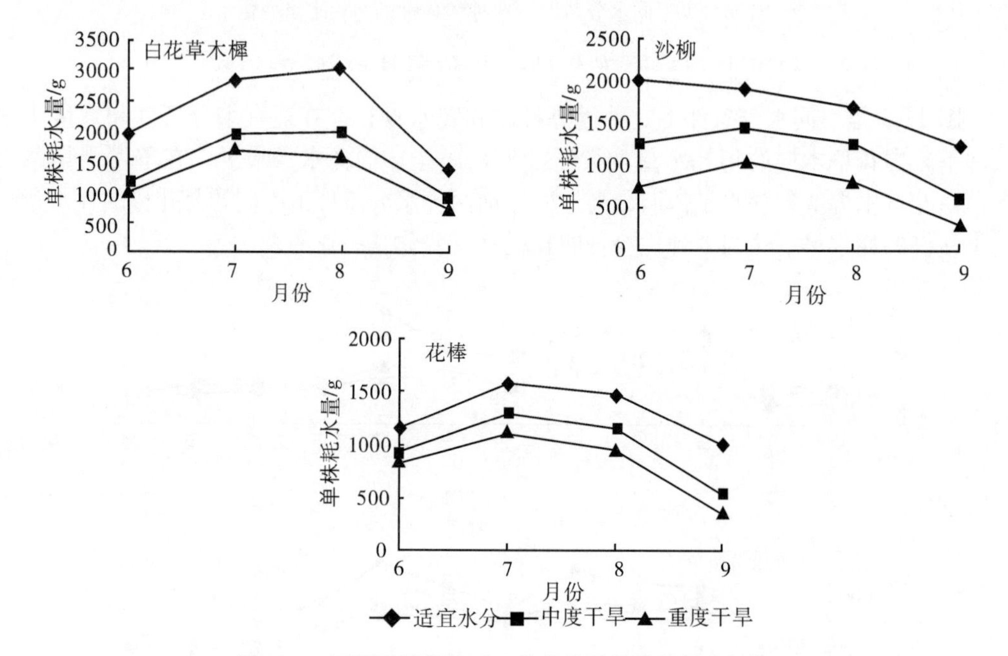

图11-6　不同干旱条件下3种优势种单株月耗水规律

表11-1　不同土壤水分条件下3种优势种单株月耗水量　　(单位：g)

物种	月份	适宜水分	中度干旱	重度干旱
白花草木樨	6	1940.2	1158.2	1018.4
	7	2852.3	1940.3	1691.2
	8	3030.5	1992.1	1581.1
	9	1357.1	912.1	736.2
沙柳	6	2019.7	1283.4	763.2
	7	1908.1	1459.1	1052.4
	8	1714.1	1280.2	829.2
	9	1244.4	629.3	319.6
花棒	6	1153.2	910.5	838.2
	7	1580.5	1299.1	1107.1
	8	1469.1	1153.1	949.1
	9	990.7	536.3	357.5

11.1.4　土壤水分含量对3种优势种总耗水量的影响

由图11-7可见，在整个生长季内，3种优势种的生长季总耗水量均表现为：适宜水分条件>中度干旱>重度干旱。适宜水分条件和重度水分胁迫条件下耗水量的规律为：白花草木樨>沙柳>花棒的。而在重度干旱条件下，白花草木樨的总耗水量最大，花棒的耗水量次之，沙柳耗水量最小。

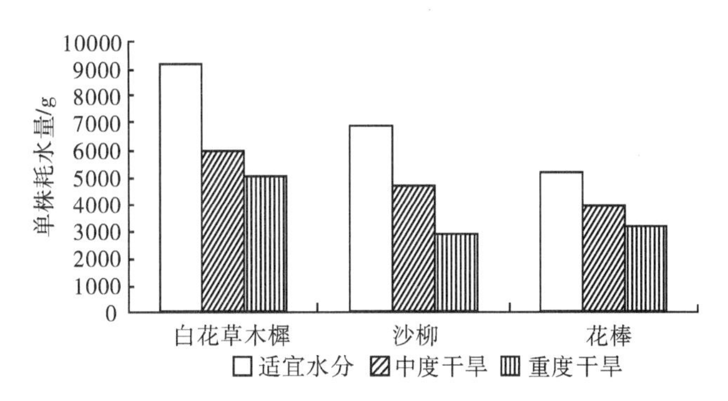

图 11-7　不同土壤水分条件下 3 种优势种整个生长季总耗水量比较

表 11-2 为 3 种优势种在不同土壤水分条件下耗水总量的显著性分析。可以看出，随着干旱胁迫程度的加剧，相同优势种的耗水总量随着干旱胁迫程度的增加而减少，3 种优势种在适宜水分、中度干旱和重度干旱三种水分条件下的耗水量均具有显著差异。

表 11-2　不同水分条件下 3 种优势种耗水总量方差分析

物种	单株总耗水均值/g		
	适宜水分	中度干旱	重度干旱
白花草木樨	9.179±0.156 Aa	6.002±0.059 Bb	5.026±0.105 Cc
沙柳	6.885±0.076 Aa	4.651±0.083 Bb	2.963±0.017 Cc
花棒	5.192±0.011 Aa	3.898±0.036 Bb	3.251±0.044 Cc

注：同行的大写字母表示在 0.01 水平显著；小写字母表示在 0.05 水平显著。

11.1.5　小结

白花草木樨、沙柳和花棒 3 种优势种在不同土壤水分条件下的日耗水规律十分相同，均是多峰的动态曲线。曲线中的高峰位置均表示该植物在晴朗无云的高温天气下的耗水量；而多云或阴雨天的耗水量出现在曲线的低谷。说明植物的耗水量不但与所在土壤水分条件有关，而且与生境的气候、温度等条件相关。从植物日耗水量的变化来看，从 6 月中旬开始至 7 月中下旬，3 种优势种的耗水量处于最高水平。造成这种现象的原因主要有以下几点：首先 6 月中旬至 7 月中下旬这一时间段是优势种的生长旺盛期，植物体需要有大量的水分供应；其次，这个时间段内杨凌高温干燥，植物为了抵御高温会增加自身蒸腾速率，以平衡快速散失水分对自身造成的伤害，造成了耗水量的增大。

3 种优势种在不同水分胁迫条件下的耗水日进程趋势并不相同，白花草木樨和沙柳的耗水日进程均呈现出单峰曲线，耗水高峰出现在正午 12 时至午后 14 时这一时段。而花棒的日耗水进程则呈现出不同的双峰曲线，两次耗水高峰分别出现在上午 10 点和午后 14 点，而正午 12 点却出现了耗水量下降的现象。说明花棒存在一种保护机制，在正午阳光最强、蒸腾作用最大的情况下可以更好地减少自身耗水量，达到抵御高温和干旱的目的。

在不同土壤水分条件下，3 种优势种的月耗水量均呈现出：6 月开始上升，在 7 月和 8 月到达峰值，这时天气最为干燥和炎热，8 月后开始逐渐降低处于一个相对稳定的阶段。这一现象与日耗水量的规律相一致。

整个生长季内，不同土壤水分条件下 3 种优势种的耗水总量差异显著，不同材料间的差异极显著。由于是单因素实验，实验优势种所处土壤耗水量的多少直接影响了植物的耗水量大小。实验结果表明土壤水分含量越大，植物的耗水量也越大，反之亦然。

11.2 不同土壤水分条件下 3 种优势种的生理特性及抗旱性评价

11.2.1 不同土壤水分条件对 3 种优势种水分代谢的影响

11.2.1.1 不同程度干旱胁迫对 3 种优势种叶片相对含水量的影响

图 11-8 是在不同水分胁迫条件下 3 种优势种叶片相对含水量变化图。由图可知，3 种优势种随着干旱程度的加剧，其叶片相对含水量呈减少的趋势。3 种优势种在不同土壤水分条件下叶片相对含水量均表现为：适宜水分＞中度胁迫＞重度胁迫（$p<0.01$）。每种植物在同一生长阶段叶片相对含水量均差异极显著（$p<0.01$）。从相对含水量的数值上看，在中度干旱胁迫和重度干旱胁迫条件下白花草木樨和沙柳的相对含水量在各个时段均小于花棒。其中花棒在中度干旱胁迫和重度干旱胁迫条件下，叶片含水量均高于 68%，说明花棒在较强的干旱胁迫下，相比其他两种植物有更强的保持叶片水分的能力。

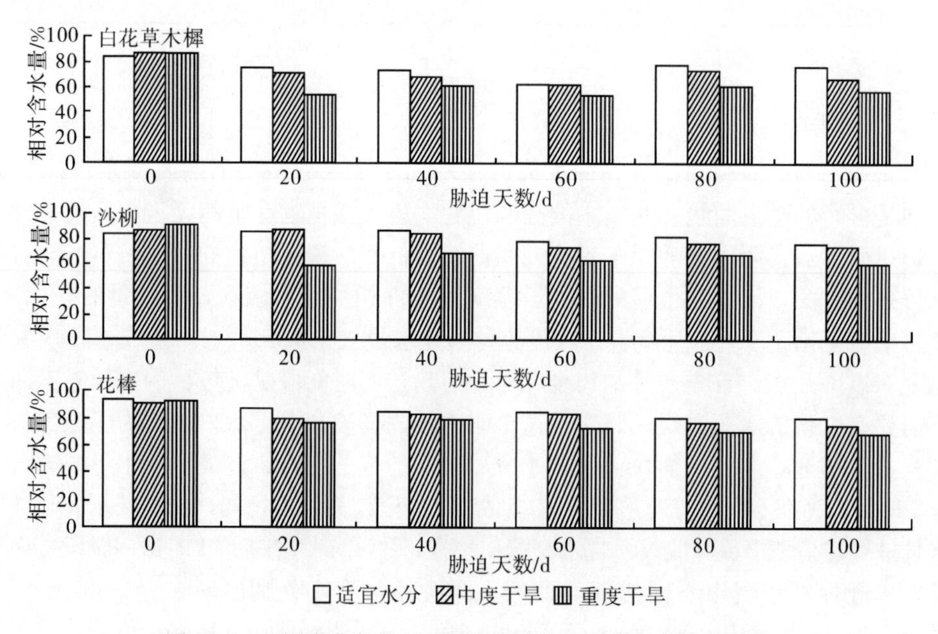

图 11-8 不同水分条件下 3 种优势种叶片的相对含水量变化

11.2.1.2　不同程度干旱胁迫对 3 种优势种保水力的影响

植物的相对含水量和离体叶片保水力直接反映了植物对于干旱胁迫的耐受能力，通常抗旱性强的植物叶片含水量下降速度要比抗旱性弱的植物平缓些，以维持植物生理生化的正常运转。图 11-9 是 8 月 11 日（晴）3 种优势种离体叶片保水力变化曲线。由图可知，3 种优势种在不同干旱条件下离体叶片保水力均呈现下降的趋势。3 种优势种在重度干旱条件下叶片保水力下降最快，中度干旱条件下次之，适宜水分条件下最慢，可见严重干旱对植物叶片保水力的负面影响很大。10h 后，花棒叶片在适宜水分条件下降至 37.4%、中度干旱条件下降至 35.3%、重度干旱条件下降至 31.8%，与白花草木樨和沙柳相比下降幅度较小，说明花棒叶片有较强的保水能力。

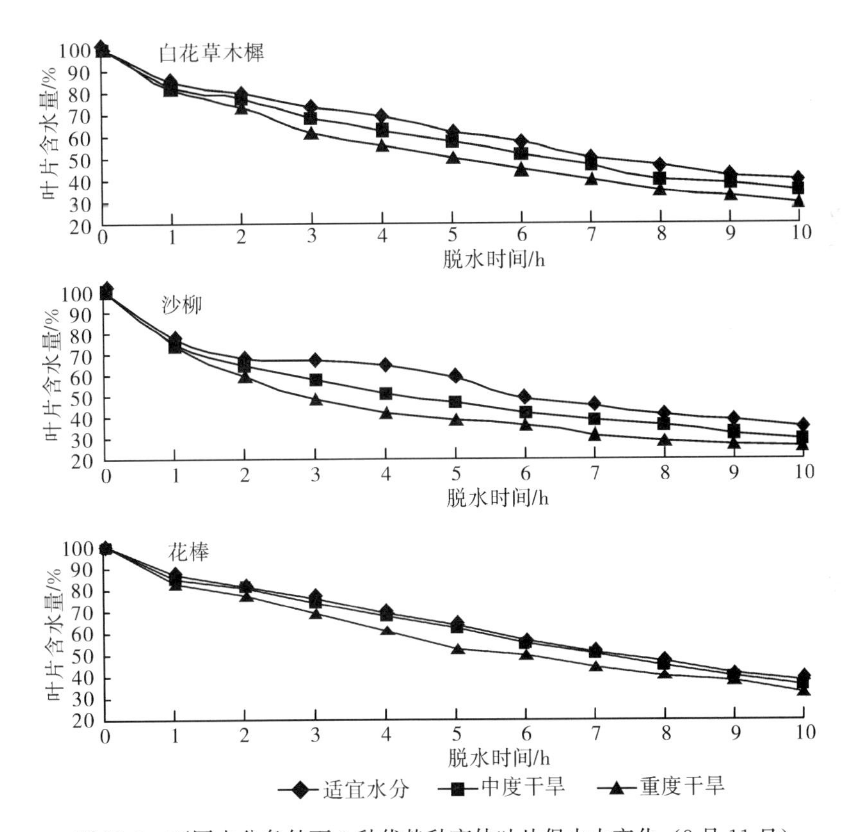

图 11-9　不同水分条件下 3 种优势种离体叶片保水力变化（8 月 11 日）

11.2.2　不同土壤水分条件对 3 种优势种质膜稳定性的影响

11.2.2.1　不同土壤水分条件下 3 种优势种 MDA 含量变化

MDA 的含量反映脂质过氧化程度。图 11-10 是不同土壤水分条件下 3 种优势种 MDA 含量变化曲线图。由图可知，随着处理时间的增加 3 种优势种的 MDA 含量均显著升高，并且各个时间段不同水分处理下的 MDA 含量差异极显著，表现为：重度干旱条件下 MDA 含量＞中度干旱条件下 MDA 含量＞适宜水分条件下 MDA 含量（$p<0.01$）。3 种优

势种在不同程度干旱胁迫下MDA含量在数值上差异并不显著，胁迫前花棒的MDA含量略低于其他两种优势种，而处理后白花草木樨和沙柳的MDA含量高于花棒。

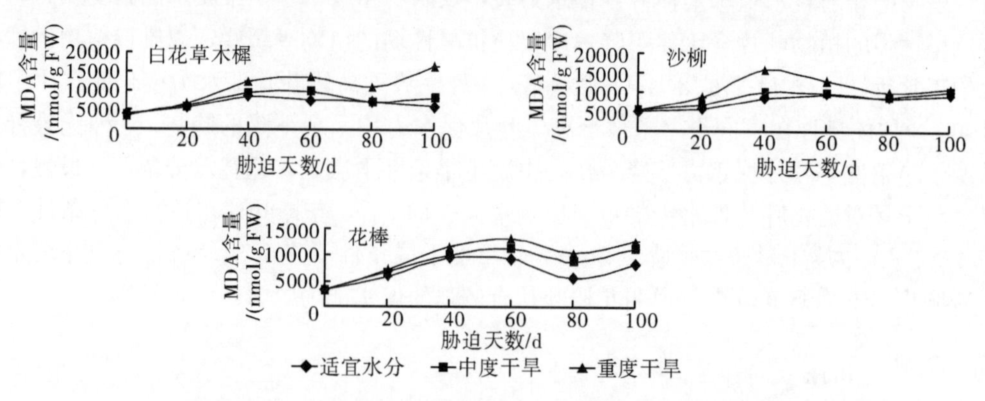

图 11-10　不同土壤水分条件下3种优势种MDA含量变化

11.2.2.2　不同水分条件下3种优势种超氧阴离子自由基含量变化

图11-11是3种优势种在不同土壤水分条件下超氧阴离子含量变化曲线。如图11-11所示，随着干旱处理时间的增长，3种植物叶片超氧阴离子含量均随时间的变化而增加。方差分析显示在各个时间段，3种优势种超氧阴离子含量在中度干旱和重度干旱处理下均显著大于适宜水分条件下（$p<0.01$），不同优势种间的超氧阴离子含量差异也极显著（$p<0.01$），表现为：白花草木樨＞沙柳＞花棒。

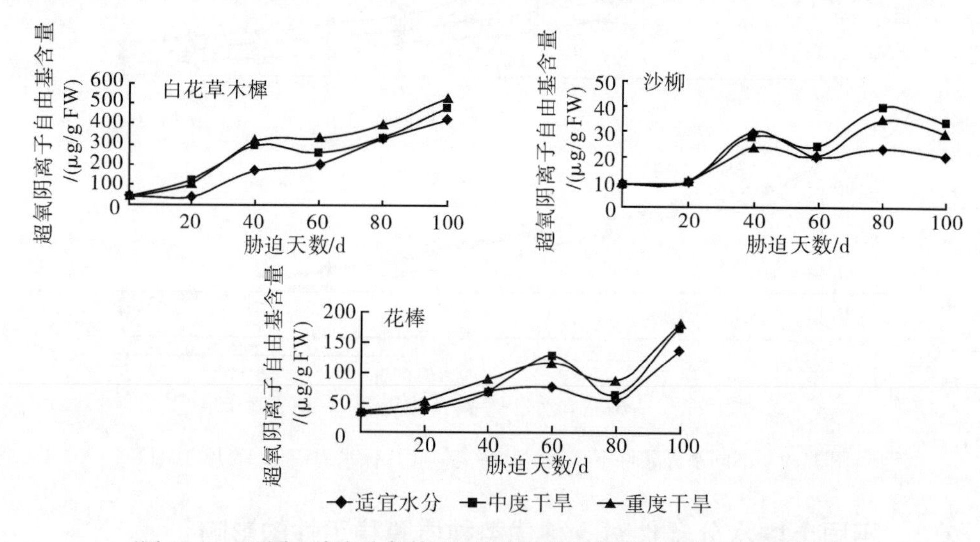

图 11-11　不同土壤水分条件下3种优势种超氧阴离子自由基含量变化

11.2.3　土壤含水量对3种优势种抗氧化保护体系

11.2.3.1　不同土壤水分条件下3种优势种超氧化物歧化酶活性变化

图11-12为不同土壤水分条件下3种优势种超氧化物歧化酶（SOD）活性变化。如图11-12所示，3种优势种在不同土壤水分条件下，SOD活性均表现为在干旱处理初期

缓慢上升，之后急剧上升到非常高的水平。方差分析显示，白花草木樨和沙柳在各水分处理下差异极显著，均表现为重度干旱条件下SOD活性>中度干旱条件下SOD活性>适宜水分条件下SOD活性（$p<0.01$）；但沙柳在80d时各水分处理SOD值并无显著性差异，其他阶段均表现出极显著的差异，大体上表现为重度干旱条件下SOD活性>中度干旱条件下SOD活性>适宜水分条件下SOD活性（$p<0.01$）；从SOD活性数值上看，表现为沙柳SOD活性>白花草木樨SOD活性>花棒SOD活性（$p<0.01$）。

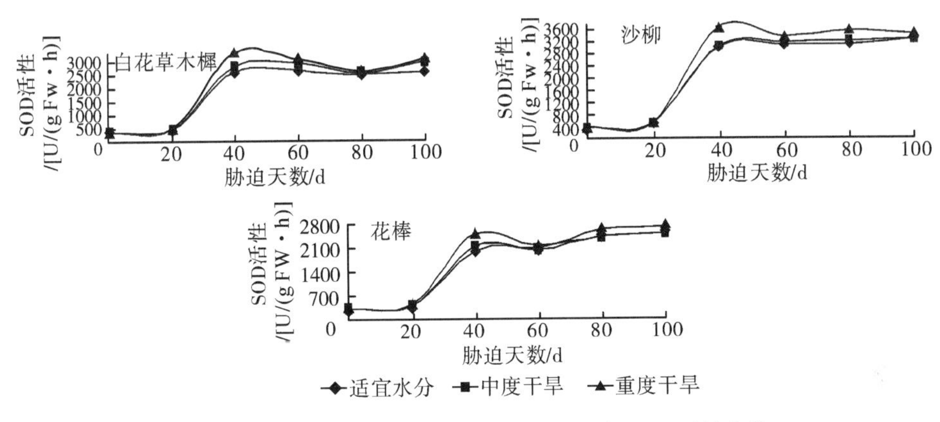

图11-12 不同土壤水分条件下3种优势种SOD活性变化

11.2.3.2 不同条件下3种优势种CAT活性变化

如图11-13所示，3种优势种随着干旱处理时间的延长CAT含量均呈现出增大的趋势。方差分析显示，不同水分处理下3种优势种CAT含量差异极显著，均表现为：重度干旱条件下CAT活性>中度干旱条件下CAT活性>适宜水分条件下CAT活性（$p<0.01$）。3种优势种的CAT活性在数量上存在差异显著（$p<0.05$），总体表现为：花棒CAT活性最高，沙柳次之，白花草木樨CAT活性最弱。

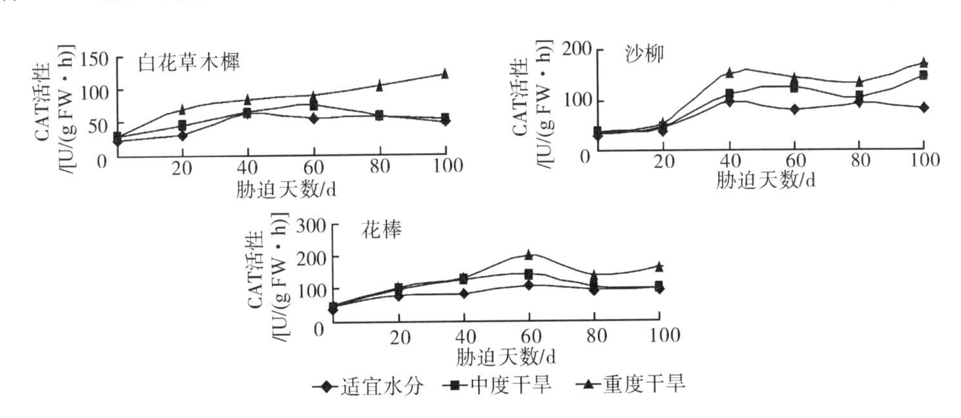

图11-13 不同土壤水分条件下3种优势种CAT活性变化

11.2.3.3 不同条件下3种优势种POD活性变化

如图11-14所示，3种优势种POD活性的变化规律不相同，反映了在不同土壤水分条件下3种优势种受到的干旱胁迫程度及清除H_2O_2能力的差异。白花草木樨在受到干旱胁迫的情况下 POD 活性呈现出 20d 与 40d 之间先上升，随后从 60d 开始稍有下降的趋势。在数值上整体表现为：重度干旱下 POD 活性>中度干旱下 POD 活性>适宜水分条件下 POD 活性（$p<0.01$）；沙柳在中度干旱和重度干旱胁迫下 POD 活性均呈现 20d 至 60d 期间梯形上升，60d 后开始下降的趋势，数值上重度干旱胁迫下较中度干旱胁迫下高，差异显著（$p<0.05$），而适宜水分条件下，沙柳 POD 活性略微上升，其数值与中度干旱胁迫条件下和重度干旱胁迫下相比远小于前两者（$p<0.01$）；在 3 种水分条件下花棒 POD 活性呈现出增大的趋势，唯有适宜水分条件下，80d 之后 POD 活性下降。图 11-14 中，3 种优势种在干旱胁迫下各个时间点 POD 活性在数值上也存在极显著的差异，表现为白花草木樨>沙柳>花棒（$p<0.01$）。

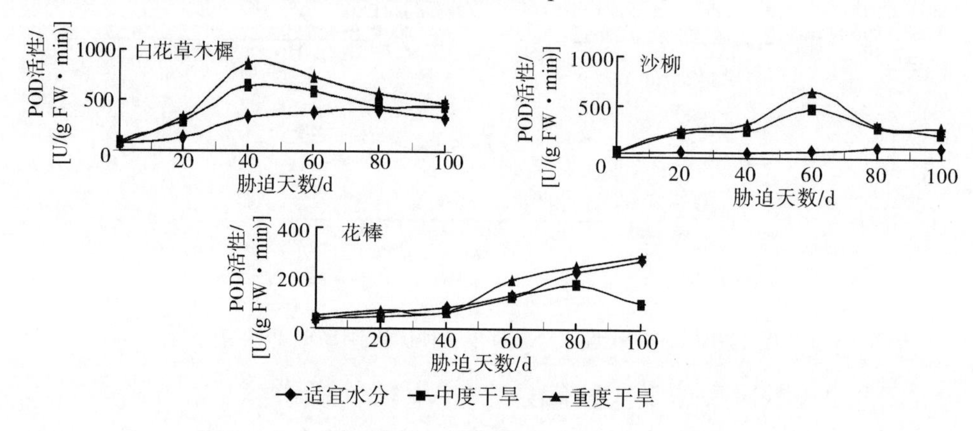

图 11-14　不同土壤水分条件下 3 种优势种 POD 活性变化

11.2.4　不同土壤水分条件对 3 种优势种叶片可溶性蛋白含量的影响

图 11-15 为不同土壤水分条件下 3 种优势种叶片可溶性蛋白含量变化。如图 11-15 所示，3 种优势种在干旱胁迫条件下，其可溶性蛋白含量均随着胁迫时间的延长而增加，但 3 种优势种各自可溶性蛋白含量变化趋势不尽相同。白花草木樨在干旱胁迫开始至 80d 时，可溶性蛋白含量缓慢上升，80d 之后可溶性蛋白含量有较显著增加；沙柳随着干旱胁迫时间的增加，在 60d 到 80d 之间显著上升，至 80d 后开始下降，最后可溶性

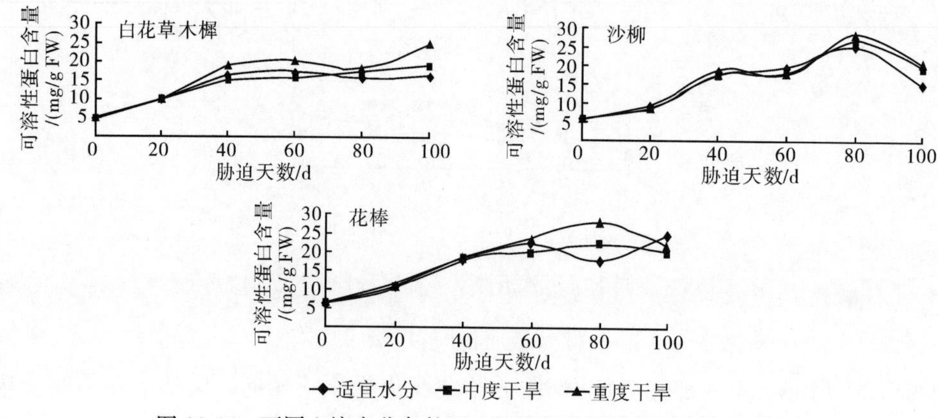

图 11-15　不同土壤水分条件下 3 种优势种可溶性蛋白含量变化

蛋白含量基本与 60d 时持平；花棒在中度干旱胁迫和重度干旱胁迫条件下，均随着干旱胁迫时间的延长，可溶性蛋白含量增大，直至 80d 时出现略微下降的趋势，在适宜水分条件下从 0d 到 60d 均增大，而在 60d 到 80d 略微下降并基本保持稳定。总体上，3 种优势种的可溶性蛋白含量在胁迫初期上升并不明显；而在 80d 到 100d 之间，干旱处理下的植物可溶性蛋白含量均显著高于对照（$p<0.05$），但在干旱胁迫下 3 种优势种可溶性蛋白的积累量差异并不显著（$p<0.05$）。

11.2.5　抗旱性综合评价

表 11-3 是干旱胁迫条件下 3 种优势种的多项生理生化指标分析得出的隶属函数值汇总表。表 11-3 采用模糊隶属函数法，在干旱胁迫完成时，对 3 种优势种的相对含水量、叶片保水力、超氧化物歧化酶活性、过氧化氢酶活性、过氧化物酶活性、可溶性蛋白含量、丙二醛含量、超氧阴离子自由基含量 8 项指标进行综合评价。并将各项抗旱隶属函数值累加求出平均综合隶属函数值，综合隶属函数值越大，植物的抗旱性越强。白花草木樨、沙柳和花棒 3 种优势种各项生理指标隶属函数值的平均值分别为 0.434、0.525 和 0.581。说明花棒的抗旱性>沙柳的抗旱性>白花草木樨的抗旱性。

表 11-3　干旱胁迫下 3 种优势种各测定指标的隶属函数值

抗旱生理指标	抗旱隶属函数		
	白花草木樨	沙柳	花棒
相对含水量	0.094	0.256	0.591
叶片保水力	0.400	0.249	0.469
丙二醛含量	0.403	0.429	0.466
超氧阴离子自由基含量	0.373	0.973	0.817
可溶性蛋白含量	0.506	0.531	0.627
超氧化物歧化酶活性	0.654	0.765	0.601
过氧化氢酶活性	0.371	0.59	0.693
过氧化物酶活性	0.674	0.407	0.382
平均值	0.434	0.525	0.581

11.2.6　结论与讨论

干旱胁迫会对植物体造成伤害，3 种优势种对于干旱胁迫有着不同的生理响应，也存在着不同的生理抗旱机制。植物的水分代谢特征在植物抗旱中是十分重要的一个指标。植物对于自身水分的保护能力越强，其抗旱的能力也越强。从 3 种优势种叶片相对含水量的数值来看，白花草木樨和沙柳在中度干旱胁迫和重度干旱胁迫条件下在各个时段均小于花棒，其中花棒在中度干旱胁迫和重度干旱胁迫条件下，叶片含水量均高于 68%，说明花棒在较强的干旱胁迫下，相比其他两种植物有更强的保持叶片水分的能力。离体叶片保水力的实验中，3 种优势种在不同干旱条件下离体叶片保水力均呈现下降的趋势，花棒叶片在适宜水分条件下降至 37.4%、中度干旱胁迫条件下降至 35.3%、重度干旱胁迫条件下降至31.8%，与白花草木樨和沙柳相比下降幅度较小，也说明花棒叶片有较强的保水能力。

植物在干旱胁迫下会产生一些直接影响细胞质膜完整性的物质。植物的质膜稳定性强弱是保护植物细胞完整性的基础，质膜稳定性越高其抵抗干旱的能力越强。丙二醛含量是检测膜脂受伤害程度的指标。3种优势种在不同水分处理下的MDA含量差异均极显著，表现为：重度水分胁迫条件下＞中度水分胁迫条件下＞适宜水分胁迫条件下。但在数值上3种优势种相比差异并不显著，在不同干旱胁迫条件下均表现为花棒的MDA含量略低于白花草木樨和沙柳。3种优势种在中度干旱胁迫和重度干旱胁迫处理下的超氧阴离子含量均显著大于适宜水分条件下的含量，不同优势种间的超氧阴离子含量差异也极显著，表现为白花草木樨＞沙柳＞花棒。

在水分胁迫下，植物生长受到抑制，植物组织通过降低细胞的渗透势来适应外界环境。可溶性蛋白是植物渗透调节物质的一种，干旱胁迫下植物可溶性蛋白含量的增加可以使植物适应外界环境，提高其抗旱能力。实验中，3种优势种的可溶性蛋白含量在胁迫初期上升并不明显，而在胁迫后期干旱处理下，优势种可溶性蛋白含量均显著高于对照，但在干旱胁迫下3种优势种可溶性蛋白的积累量差异并不显著。

植物在遭受干旱胁迫时会诱导植物的氧化胁迫，多产生的超氧阴离子、羟自由基和过氧化氢等可以直接伤害细胞脂膜，使代谢有关的酶失活以及破坏核苷酸结构从而导致细胞死亡。所以植物抗氧化保护体系越强其抗旱性能越强。超氧化物歧化酶（SOD）组成了细胞体内第一道抗氧化防线。一般来说，水分胁迫下植物体内的SOD活性与植物抗氧化能力呈正相关。实验中，白花草木樨和沙柳在各水分胁迫下差异极显著，均表现为：重度干旱胁迫条件下SOD活性＞中度干旱胁迫条件下SOD活性＞适宜水分条件下SOD活性，但沙柳在80d时各水分处理SOD值并无显著性差异，其他阶段均表现出极显著的差异，大体上表现为：重度干旱胁迫条件下SOD活性＞中度干旱胁迫条件下SOD活性＞适宜水分条件下SOD活性。从SOD活性数值看，沙柳SOD活性显著大于白花草木樨和花棒。3种优势种随着干旱胁迫时间的延长CAT含量均呈现出增大的趋势。不同水分处理下3种优势种CAT含量差异极显著，均表现为：重度干旱胁迫条件下＞中度干旱胁迫条件下＞适宜水分条件下；3种优势种的CAT活性在数量上存在差异显著，总体表现为：花棒CAT活性最高，沙柳次之，白花草木樨CAT活性最弱。3种优势种在干旱胁迫下各个时间点POD活性在数值上也存在极显著的差异，表现为白花草木樨＞沙柳＞花棒。

3种优势种抗旱性综合评价采用模糊隶属函数法。在干旱胁迫完成时，对3种优势种的相对含水量、叶片保水力、超氧化物歧化酶活性、过氧化氢酶活性、过氧化物酶活性、可溶性蛋白含量、丙二醛含量、超氧阴离子含量8项指标进行综合评价，并将各项抗旱隶属函数值累加求出平均综合隶属函数值。综合隶属函数值越大，植物的抗旱性越强。白花草木樨、沙柳和花棒3种优势种各项生理指标隶属函数值的平均值分别为0.434、0.525和0.581。说明花棒的抗旱性＞沙柳的抗旱性＞白花草木樨的抗旱性。

11.3　结　论

11.3.1　3 种黄土高原优势种的耗水规律

在不同土壤水分条件下，3 种优势种的日耗水量、旬耗水量、月耗水量及整个生长季总耗水量均表现为：适宜水分＞中度干旱＞重度干旱。3 种优势种的日耗水曲线均呈多峰曲线，晴朗高温的天气耗水量出现高峰，阴雨潮湿的天气耗水量出现低谷，均在 6 月中旬开始增大并一直保持至 8 月，日耗水量缓慢下降；旬耗水量高峰出现在 6 月中旬至 7 月下旬，8 月中旬又出现一个耗水高峰；月耗水量与日耗水量变化规律一致，高峰也出现在 6～8 月。

3 种优势种在同一土壤水分条件下的耗水量变化各具特点。日耗水量在适宜水分和中度干旱下表现为：白花草木樨＞沙柳＞花棒；在重度干旱下，沙柳的日耗水量低于白花草木樨和花棒，而白花草木樨的旬耗水量一直是 3 种优势种中最大的。在整个生长季内，在适宜水分和中度干旱下，3 种优势种生长季总耗水量为：白花草木樨＞沙柳＞花棒；但在重度干旱下总耗水量为：白花草木樨＞花棒＞沙柳。总体来说，3 种优势种中白花草木樨的耗水量最大，另外 2 种优势种的耗水相对较少。在中度干旱下，花棒的耗水量比沙柳少，但在重度干旱下，沙柳的耗水量最小。从耗水量上看，沙柳比花棒更能适应重度干旱的环境。

11.3.2　3 种黄土高原优势种的抗旱性

干旱胁迫对于植物体有着严重的影响，使植物水分代谢、生理生化指标等发生巨大的变化。从数值上看，花棒叶片的相对含水量在中度干旱和重度干旱胁迫条件下均高于 68%。相比其他 2 种植物，花棒在较强的干旱胁迫下有更强的保持叶片水分的能力。3 种优势种离体叶片保水力的实验中，在不同干旱条件下离体叶片保水力均呈现下降的趋势。干旱胁迫下花棒 10h 后叶片含水量下降程度在 3 种优势种中幅度最小。

在相同水分条件下，3 种优势种相比均表现为花棒的 MDA 含量略低于白花草木樨和沙柳。不同土壤水分条件下，3 种优势种间的超氧阴离子含量差异极显著，表现为白花草木樨＞沙柳＞花棒。干旱处理下的优势种可溶性蛋白含量均显著高于对照，但在干旱胁迫下 3 种优势种可溶性蛋白的积累量差异并不显著。

沙柳 SOD 活性显著大于白花草木樨 SOD 活性，并且显著大于花棒 SOD 活性。3 种优势种的 CAT 活性在数量上存在显著差异，表现为花棒＞沙柳＞白花草木樨。3 种优势种在干旱胁迫下各个时间点 POD 活性在数值上也存在极显著的差异，表现为白花草木樨＞沙柳＞花棒。总体来说，白花草木樨的 POD 活性和 SOD 水平虽然较高，但其 CAT 的活性显著低于另 2 种优势种，可以推测白花草木樨由 SOD 歧化反应所产生的 H_2O_2 不能得到及时清除，这可能是白花草木樨抗旱性较弱的原因之一，同时也说明沙柳和花棒的抗氧化酶系统的相互协调能力要强于白花草木樨的能力，从而能更有效地清除有害的自由基和活性氧，进而表现出较强的抗旱性。

在不同的环境下、不同的生长期及生理条件下，植物抗旱的能力及方式都是不同的，因此用单一指标很难全面准确地反映不同植物的抗旱性强弱。所以要通过多种生理指标共同作用，采用模糊数学隶属函数法综合整理分析实验中水分生理、渗透调节、保护酶系统等生理指标：3 种优势种的抗旱性强弱为：花棒最强，沙柳次之，白花草木樨最差。

第 12 章　荒漠植物牛心朴子光合特征与渗透调节研究

12.1　毛乌素沙地牛心朴子叶片的光合特征研究

12.1.1　牛心朴子不同生育时期环境条件日变化趋势

强烈的太阳辐射是引起一天中空气湿度、温度等一系列环境条件变化的根本原因。进行测定的当天天气晴朗，没有浮云干扰。牛心朴子不同时期土壤含水量变化如表 12-1所示。由图 12-1 可知，环境条件中光合有效辐射以 7 月 25 日最高，日平均为 1598.3μmol/(m^2 • s)，下午 14：00 左右最高可达 2011.3μmol/(m^2 • s) 以上，这是引起其他环境因子变化的最主要原因；空气相对湿度以 6 月 15 日最低，仅为 4.4%，日变化也较小，随着雨季的到来大气相对湿度逐渐增加，9 月 5 日最高，日平均达到 18.1%；日平均气温以 7 月 25 日最高，为 33℃，依次为 6 月 15 日、9 月 5 日和 10 月 5 日。不同时期气温日变化呈现相同的规律性，从上午 9：00 起气温逐渐升高，于13：00 达到最高值，至下午 5：00 基本保持不变。

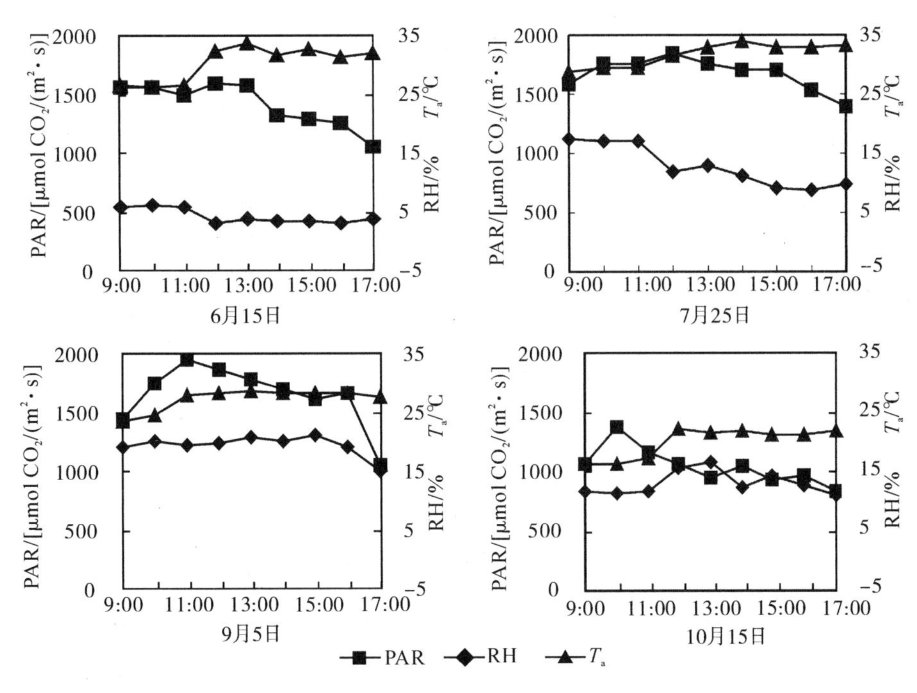

图 12-1　牛心朴子不同生育时期环境条件日变化曲线

表 12-1 牛心朴子不同时期土壤含水量变化

日期	土壤含水量/%			
	0～10cm	10～20cm	20～30cm	50～60cm
6 月 15 日	1.4	3.2	9.5	5.9
7 月 25 日	5.2	5.4	11.6	6.1
9 月 5 日	15.4	14.7	12.5	7.4
10 月 15 日	6.4	8.9	10.9	9.6

注：9 月 4 日降水量为 7mm。

12.1.2 不同时期牛心朴子叶片净光合速率和蒸腾速率日变化趋势

从图 12-2 可看出，生长在干旱沙漠地区的牛心朴子在不同生育时期净光合速率（Pn）日变化呈现双峰曲线，而蒸腾速率日变化却基本保持恒定且维持很低的水平。牛心朴子在生长季的 6 月、7 月、9 月、10 月净光合速率的日变化进程曲线均呈双峰型，但不同时期峰值的大小有差异：7 月最高［34.5μmol CO_2/(m^2 · s)］，依次为 9 月［30.2μmol CO_2/(m^2 · s)］、6 月［20.7μmol CO_2/(m^2 · s)］和 10 月［10.3μmol CO_2/(m^2 · s)］。牛心朴子上午随着光合有效辐射（PAR）强度的增加，空气温度（T_a）升高，水汽压亏损（VPD）增加，湿度降低，净光合速率逐渐增加，在上午 9：00～10：00 时净光合速率达到第一峰值；中午前后，随着光合有效辐射强度和水汽压亏损的进一步增加，光合速率逐渐下降，最低值（峰谷）出现在 13：00～14：00 时，呈现“午休”现象；午间过后，随着光照强度的降低及水汽压亏损的减小，净光合速率又有所上升，约在下午16：00时出现第二高峰，而后继续降低。这期间牛心朴子叶片上午的净光合速率最大值要高于下午，第二峰值仅为第一峰值的一半。对于植物的光合“午休”现象，一般认为，午间强光引起光合速率下

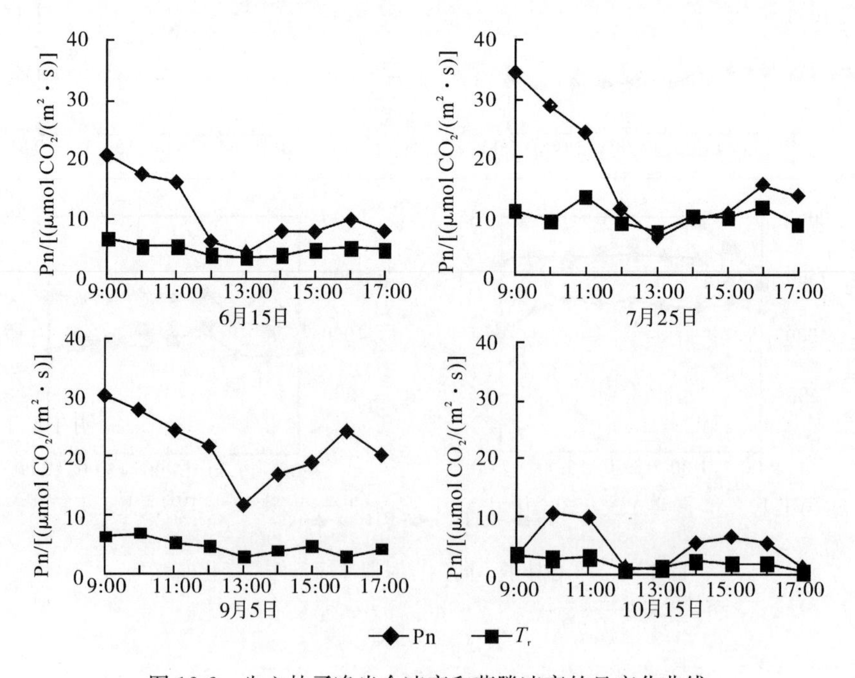

图 12-2 牛心朴子净光合速率和蒸腾速率的日变化曲线

降，产生光抑制；午间气温升高，湿度降低，羧化效率下降，最终导致光合速率下降。牛心朴子不同时期蒸腾速率的日变化进程呈现出很强的规律性，与净光合速率曲线有所不同，整个生长季基本上保持稳定，牛心朴子叶片气孔导度日变化也有相同的趋势，说明牛心朴子气孔对环境条件不太敏感；蒸腾速率维持较低的水平且日变化小，说明牛心朴子地上部有较强的保水性。

12.1.3　牛心朴子 CO_2-Pn 响应曲线

图 12-3 为不同时期牛心朴子净光合速率对胞间 CO_2 浓度（C_i）的光合作用-CO_2 响应曲线。邹琦研究认为，Pn-CO_2（C_i）响应曲线的初始斜率 dPn/dC_i 的大小取决于活化的 Rubisco 的量，反映了叶片的羧化效率。由图可知，野生条件下不同生育时期牛心朴子 Pn-CO_2（C_i）响应曲线有明显的差别，其初始斜率 dPn/dC_i 以 7 月和 9 月较高，6 月次之，10 月最低，这反映了生长盛期牛心朴子叶肉细胞的羧化能力高于早期和后期。

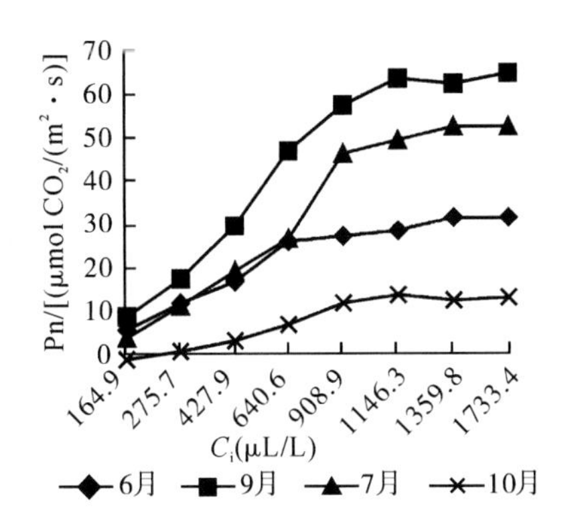

图 12-3　牛心朴子 Pn-CO_2（C_i）响应曲线

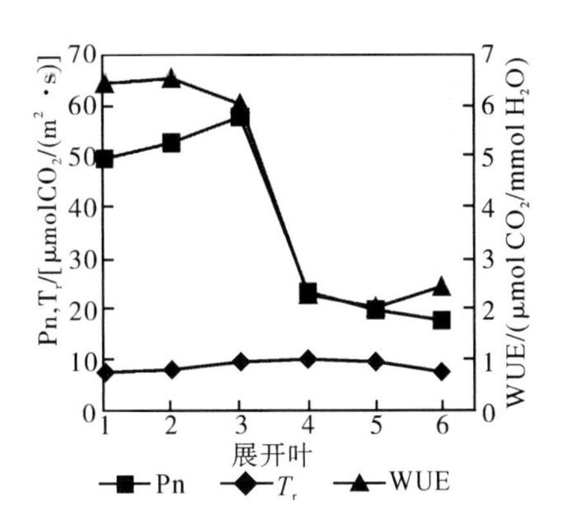

图 12-4　牛心朴子不同叶龄光合作用

12.1.4　牛心朴子不同叶龄的 Pn、T_r 和 WUE 变化

牛心朴子不同叶龄叶片的净光合速率和水分利用效率有明显的差异（图 12-4）。展开第一、二、三叶的净光合速率显著高于其他叶片，其中，以展开第三叶最高，为 50.2μmol CO_2/（m^2 · s），从展开第四叶开始迅速下降，仅为展开第三叶的 1/3。由于不同叶龄的蒸腾速率没有太大的差异，因而牛心朴子不同叶龄的瞬时水分利用效率（WUE=Pn/T_r）呈现与净光合速率相同的变化趋势，其展开第一、二、三叶的平均 WUE 为 6.0μmol CO_2/mmol H_2O，是其他叶片平均 WUE 的 3 倍。说明牛心朴子完全展开前三叶是其光合作用的重要功能叶片，其叶肉细胞的光合机构效率非常高。由于其有较高的 WUE，也是牛心朴子同化物累积的主要光合器官。但从展开第四叶开始其光合效率和水分利用效率迅速下降的原因需要做进一步的研究。

12.1.5　牛心朴子叶绿素荧光猝灭分析

图 12-5 为 7 月 25 日野生牛心朴子叶绿素荧光参数的日变化曲线。牛心朴子叶片

PSⅡ的原初光化学效率 F_v/F_m，从上午 9：00 到中午 13：00 随着光强增加呈下降的趋势，下午光强减弱时开始回升，17：00 左右时接近上午 9：00 的值。通过 PSⅡ非环式电子流的量子效率（Yield）值的日变化呈现出与 F_v/F_m 相同的变化趋势。不同时间的 Yield 和 F_v/F_m 显著性检验（表 12-2）显示，牛心朴子叶片 PSⅡ的原初光化学效率和通过 PSⅡ非环式电子流的量子效率上午（9：00～11：00）显著高于中午（13：00 左右），下午（17：00 左右）又恢复到上午的水平（差异不显著），而其上午（9：00）与中午（13：00）的差异达到极显著水平。

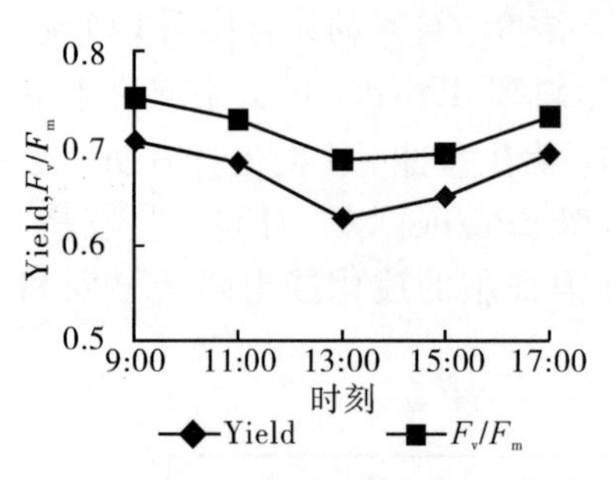

图 12-5 牛心朴子叶绿素荧光参数日变化

表 12-2 牛心朴子叶绿素荧光参数日变化显著性分析

时刻	Yield	F_v/F_m
9：00	0.707 a A	0.751 a A
17：00	0.694 a A	0.733 a AB
11：00	0.686 a AB	0.731 a AB
15：00	0.651 b B	0.696 b B
13：00	0.627 b B	0.688 b B

注：相同字母不显著；小写为 $p=0.05$ 水平；大写为 $p=0.01$ 水平（SSR 检验）。

12.2 渗透胁迫对牛心朴子幼苗生长发育及渗透调节物质含量的影响

12.2.1 渗透胁迫对牛心朴子生长状况的影响

图 12-6、图 12-7 是不同浓度 PEG6000 处理［CK（0）、T1（10%）、T2（15%）、T3（20%）、T4（25%）（W/V）］对牛心朴子根系和地上部增长的影响。可以看出，牛心朴子根系在幼苗期比地上部生长快。在测定的 12 天内，根系的日平均生长速率（PRG）是每天 0.806cm，地上部只有每天 0.091cm，根系的生长速率是地上部的 8.8 倍，两者差异达极显著水平（$p<0.01$）（表 12-3）。同时看出，不同浓度 PEG6000 处理对牛心朴子根系、地上部的生长均有一定的抑制。随 PEG6000 浓度增加，处理时间延长，生长受抑制程度增大，直到生长完全停止（表 12-4）。就根系和地上部对不同浓度 PEG6000 的敏感性而言，在处理 3d、6d、9d、12d 时根系为对照相对生长量的抑制

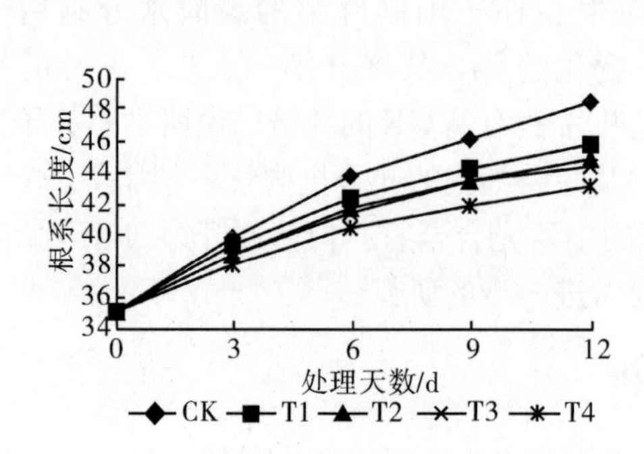

图 12-6 PEG 胁迫对牛心朴子根系增长的影响

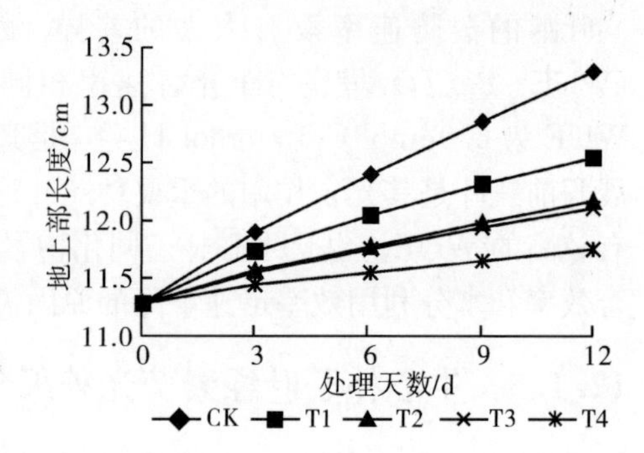

图12-7 PEG 胁迫对牛心朴子地上部增长的影响

值为 81.4%>80.32%>78.15%>76.42%，而地上部则只有 57.36%>56.37%>55.16%>54.23%。另外，如 T4 处理，当水分胁迫到 12d 时，地上部的生长量为对照的 22.89%，而根系的生长量为对照的 59.34%，说明地上部生长对水分胁迫很敏感。在渗透胁迫下，牛心朴子根系以超过地上部 8.8 倍的生长速率和对渗透胁迫敏感性弱的表现，反映出牛心朴子具有很强的抗旱性。

表 12-3 PEG 胁迫对牛心朴子根长、地上部平均生长速率的影响

项目	CK	T1	T2	T3	T4	平均
根长生长速率/（cm/d）	1.0533±0.0433^{a}	0.845±0.0468^{b}	0.7717±0.0191^{c}	0.73±0.0582^{c}	0.6317±0.0417^{d}	0.8063
地上部生长速率（cm/d）	0.1675±0.0065^{a}	0.1058±0.0077^{b}	0.0733±0.0121^{c}	0.0692±0.0088^{c}	0.0380±0.0066^{d}	0.0908
根冠比	6.288	7.986	10.528	10.549	16.624	

表 12-4 PEG 胁迫对牛心朴子根长、地上部相对生长量的抑制值 （单位：%）

处理		3d	T/CK	6d	T/CK	9d	T/CK	12d	T/CK
根长	CK	4.58±0.18^{a}	100.00	8.18±0.51^{a}	100.00	10.5±0.58^{a}	100.00	12.64±0.48^{a}	100.00
	T1	4.07±0.13^{b}	88.87	6.96±0.43^{b}	88.51	8.70±0.63^{b}	82.86	10.14±0.32^{b}	80.22
	T2	3.54±0.24^{c}	77.29	6.26±0.47^{bc}	76.53	7.89±0.65^{b}	75.14	9.26±0.21^{c}	73.26
	T3	3.50±0.17^{c}	76.42	6.04±0.36^{c}	73.84	7.51±0.71^{bc}	71.52	8.76±0.30^{c}	69.30
	T4	2.89±0.23^{d}	63.10	5.13±0.31^{d}	62.71	6.43±0.53^{c}	61.23	7.58±0.27^{d}	59.34
	平均		81.14		80.32		78.15		76.42
地上部	CK	0.61±0.04^{a}	100.00	1.10±0.12^{a}	100.00	1.57±0.22^{a}	100.00	2.01±0.19^{a}	100.00
	T1	0.45±0.08^{b}	73.77	0.76±0.09^{b}	69.10	1.03±0.11^{b}	65.61	1.27±0.15^{b}	63.18
	T2	0.28±0.03^{c}	45.90	0.50±0.06^{c}	45.46	0.70±0.08^{c}	44.59	0.88±0.10^{c}	43.78
	T3	0.26±0.03^{c}	42.62	0.47±0.07^{c}	42.73	0.66±0.09^{c}	42.04	0.83±0.11^{c}	41.29
	T4	0.15±0.01^{d}	24.50	0.27±0.06^{d}	24.55	0.37±0.05^{d}	23.57	0.46±0.06^{d}	22.89
	平均		57.36		56.37		55.16		54.23

12.2.2 渗透胁迫对牛心朴子幼苗根系、地上部干物质积累的影响

从表 12-5 看出，牛心朴子幼苗在受到 PEG 胁迫时，根系和地上部的生长受到抑制，干物质积累量减少，并随着 PEG 浓度的增加和胁迫时间的延长出现逐步下降的趋势。地上部干物质积累量下降的趋势始终大于根系，说明地上部生长首先受到抑制，受害也比根系严重，*R/S* 升高。Turner（1979）认为，*R/S* 的增大意味着根量的相对增加，使得植物能吸收相对较多的水分以维持其本身的高水势，是一种对水分逆境的适应。当处理为 T4 时，牛心朴子含水量急剧下降，且地上部含水量下降大于根系，导致地上部的生长几乎完全受到抑制，使根系和地上部干物质积累比降低到程度最大。应当指出，当 T4 处理达到 12d 时，牛心朴子幼苗有 1/2 的植株处于严重萎蔫状态，*R/S* 维持在 T3 水平，可见 T4 处理是牛心朴子对 PEG 胁迫最大的适应阈值。

表 12-5 PEG 胁迫对牛心朴子幼苗根系、地上部干重(DW)和含水量(WC)的影响

处理	3d					6d					9d					12d				
	DW/g			WC/%		DW/g			WC/%		DW/g			WC/%		DW/g			WC/%	
	R	*S*	*R/S*	*R*	*S*	*R*	*S*	*R/S*	*R*	*S*	*R*	*S*	*R/S*	*R*	*S*	*R*	*S*	*R/S*	*R*	*S*
CK	0.438±0.012^{a}	0.391±0.012^{a}	112.0	90.71±0.64^{a}	86.25±1.33^{a}	0.556±0.022^{a}	0.394±0.021^{a}	141.1	87.59±0.67^{a}	84.69±0.53^{a}	0.587±0.023va	0.401±0.015^{a}	146.5	87.53±0.68^{a}	83.96±0.54^{a}	0.661±0.031^{a}	0.432±0.031^{a}	153.0	87.03±0.77^{a}	83.72±0.63^{a}
T1	0.407±0.019^{b}	0.351±0.015^{b}	114.9	87.62±0.78^{b}	81.93±1.10^{b}	0.495±0.018^{b}	0.346±0.020^{b}	143.2	87.56±0.83^{a}	81.72±0.78^{b}	0.577±0.031^{a}	0.348±0.013^{b}	148.1	86.62±0.77^{b}	81.52±0.61^{b}	0.637±0.029b^{c}	0.413±0.034^{a}	154.2	86.61±0.62^{a}	81.36±0.55^{b}
T2	0.392±0.023^{bc}	0.339±0.021^{bc}	115.6	86.54±1.11^{bc}	81.54±1.27^{b}	0.464±0.015^{b}	0.321±0.018^{b}	144.6	86.02±0.51^{b}	81.33±0.65^{b}	0.471±0.033^{b}	0.319±0.019^{bc}	149.6	85.89±0.59^{b}	81.12±0.57^{b}	0.606±0.022^{c}	0.383±0.020^{ab}	158.2	84.43±0.58^{b}	81.00±0.57^{b}
T3	0.369±0.018^{c}	0.317±0.010^{c}	116.4	86.27±1.33^{c}	81.29±1.87^{b}	0.442±0.017^{c}	0.303±0.014^{b}	145.9	83.07±1.11^{c}	78.98±0.61^{c}	0.45±0.019^{b}	0.294±0.017^{c}	153.2	82.35±0.63^{c}	78.84±0.43^{c}	0.591±0.033^{c}	0.369±0.024^{b}	160.1	82.72±0.51^{c}	78.79±0.68^{c}
T4	0.344±0.020^{c}	0.315±0.017^{c}	118.6	81.38±0.81^{d}	76.4±1.31^{c}	0.449±0.014^{c}	0.303±0.011^{b}	148.2	80.81±0.71^{d}	76.15±0.44^{c}	0.449±0.027^{b}	0.29±0.016^{c}	154.8	79.26±0.71^{c}	75.74±0.67^{c}	0.591±0.026^{c}	0.369±0.017^{b}	160.1	79.01±0.60^{d}	75.49±0.66^{d}

12.2.3　渗透胁迫对牛心朴子幼苗相对含水量的影响

相对含水量（RWC）反映植物体内水分亏缺的程度。抗旱性强的植物有较强的保水能力，自身水分调节能力较强，因而能维持较高的RWC。由图12-8看出，渗透胁迫对牛心朴子幼苗叶片相对含水量的影响随胁迫强度的加重及处理时间的延长，RWC逐步缓慢下降。只有当胁迫程度为T4时，RWC与对照相比才显著下降，由T3时的86.3%以上下降至T4时的75.71%，表明牛心朴子在T3以上处理时自身水调节能力很强。受水分胁迫处理影响最大的是处理后的5h，其次为处理后的9d，影响最小的是处理后的1d。受胁迫影响程度依次为5h>9d>6d>1h>3d>1d，RWC数值依次为83.58%>84.56%>86.36%>86.71%> 86.72%>90.80%。很显然，当牛心朴子幼苗突然受到渗透胁迫时表现出严重的失水状态，在进行短时间的自身水调节，处理1d后就有所恢复，表现出很强的自身水调节能力和保水能力，可能是长期适应干旱条件的结果。

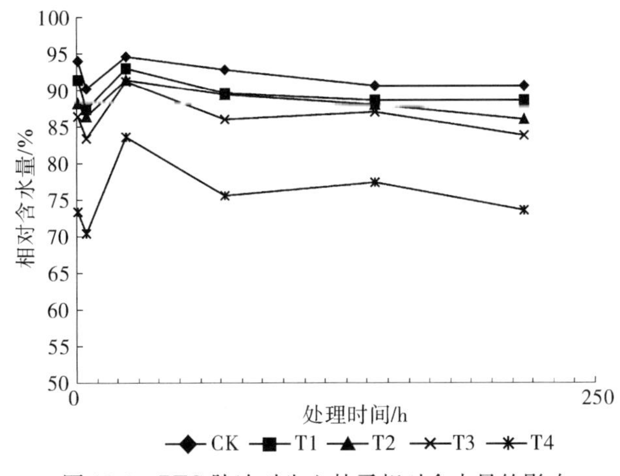

图12-8　PEG胁迫对牛心朴子相对含水量的影响

12.2.4　渗透胁迫对牛心朴子幼苗根系活力的影响

从图12-9可以看出，牛心朴子幼苗根系在PEG胁迫后活力的变化，同样遵循随胁迫强度的增加、处理时间的延长，根系活力逐步下降。在T3到T4处理间T4/CK的下降幅度很大，T4处理后期生长状态下有1/2的幼苗表现出严重萎蔫。

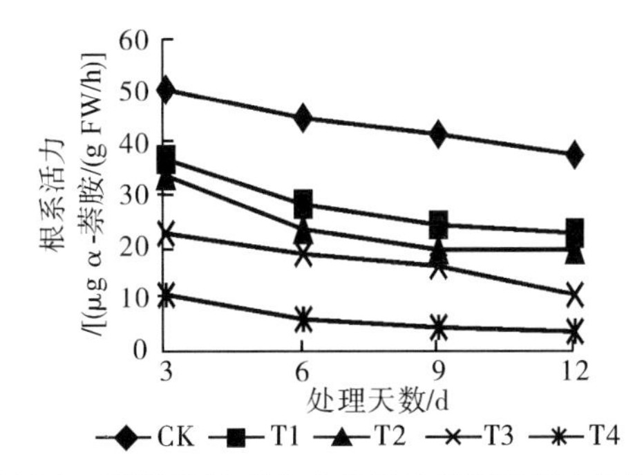

图12-9　PEG胁迫对牛心朴子幼苗根系活力的影响

12.2.5　渗透胁迫对牛心朴子渗透调节物质的影响

12.2.5.1　渗透胁迫对牛心朴子幼苗有机渗透调节物质的影响

图 12-10、图 12-11 是牛心朴子地上部对水分胁迫的响应。正常情况下植物体内可溶性糖、Pro 含量很低，一般可溶性糖含量为 0.03～0.08mg/g DW，Pro 含量为 0.2～0.7mg/g DW。而试验对照本身可溶性糖、Pro 含量就很高，可溶性糖含量为 65～120mg/g DW、Pro 含量为 1.2～1.3mg/g DW。在 PEG 胁迫下，牛心朴子幼苗植株地上部可溶性糖的含量随水分胁迫强度的增加及胁迫时间的延长呈明显上升的趋势。当处理为 T3 时，可溶性糖含量在处理第 12d 时达最高水平，为 196.353mg/g DW，T/CK 为 172.49%，而 T4 处理在第 9d 时就达最高水平，为 165.42mg/g DW，T/CK 为 157.7%，其最大含量不仅比 T3 的最大含量提早 3d 出现，而且还比 T3 的最大含量小，之后又有所下降。另外，随水分胁迫强度的增加及胁迫时间的延长，Pro 含量的增加很缓慢，只有当在 T3 和 T4 处理长达 12d 时，才分别比对照增加了 1.7 倍和 1.79 倍，说明 Pro 在 PEG 胁迫下对牛心朴子幼苗的渗透调节作用很小。

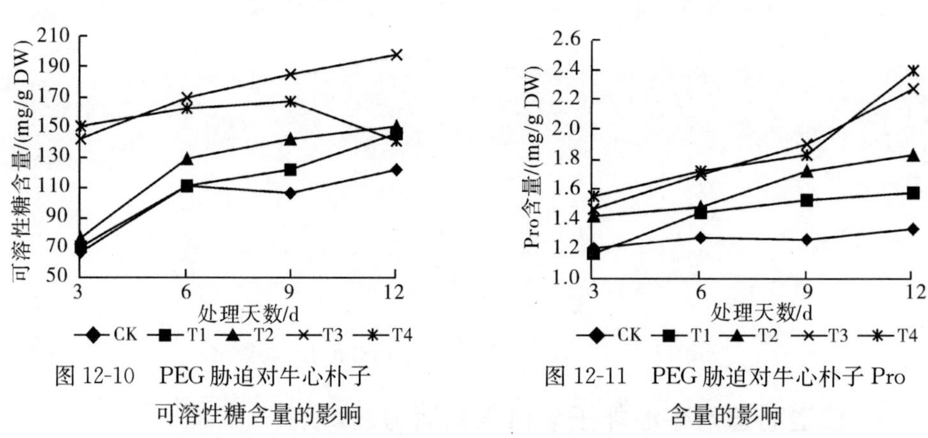

图 12-10　PEG 胁迫对牛心朴子可溶性糖含量的影响

图 12-11　PEG 胁迫对牛心朴子 Pro 含量的影响

12.2.5.2　渗透胁迫对牛心朴子幼苗无机渗透调节物质的影响

图 12-12、图 12-13 说明，在 PEG 胁迫下，牛心朴子幼苗植株地上部无机渗透调节物质 K^+ 的含量随渗透胁迫强度的增加及胁迫时间的延长也呈明显上升的趋势，但其增

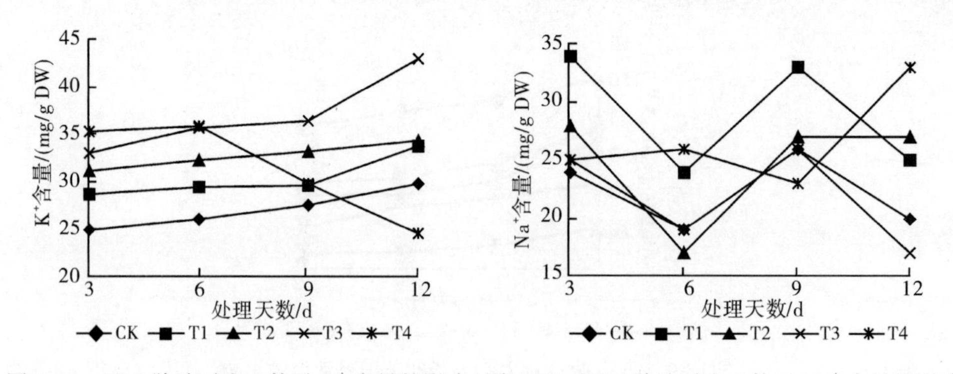

图12-12　PEG 胁迫对牛心朴子 K^+ 含量的影响　图12-13　PEG 胁迫对牛心朴子 Na^+ 含量的影响

加的幅度远没有可溶性糖的含量大。当处理为 T3 时，K^+ 的含量达最高值，T3/CK 为 1.37 倍，T4 处理在第 6d 时达到最大值，比可溶性糖最大含量 T4 处理还要提早 3d 出现，之后开始下降。可见，K^+ 与可溶性糖在牛心朴子幼苗与渗透胁迫时所引起的渗透调节作用的反应是一致的，只是可溶性糖起到的渗透调节作用远远大于 K^+ 的渗透作用，而 Na^+ 的含量不仅比 K^+ 低，且变化无规律。

12.2.5.3　PEG 胁迫下渗透调节物质的差异比较

表 12-6 为不同浓度 PEG 渗透胁迫强度、处理时间的渗透调节物质在 4 种主要渗透物质总和中所占百分比，可以看出起主要作用的渗透调节物质的变化。其中可溶性糖所占比例最大，贡献率随水分胁迫强度的增加及胁迫时间的延长而增大，占到渗透调节物质的 60%～70%；其次是 K^+，为 15%～20%，仅占可溶性糖的 1/4～1/3；Na^+ 又比 K^+ 少，仅有 10%～20%；脯氨酸在处理后期含量有所上升，但由于含量很少，认为它在整个渗透调节中所起的作用不会很大。

表 12-6　PEG 胁迫下各种渗透调节物质占 4 种渗透调节物质总和的百分数　（单位：%）

处理	3d				6d				9d				12d			
	K^+	Na^+	脯氨酸	可溶性糖	K^+	Na^+	脯氨酸	可溶性糖	K^+	Na^+	脯氨酸	可溶性糖	K^+	Na^+	脯氨酸	可溶性糖
CK	21.6	20.9	1.0	56.5	16.7	12.2	0.8	70.3	17.4	16.4	0.8	66.2	14.8	12.0	0.8	72.4
T1	21.6	25.6	0.9	51.9	17.8	14.6	0.9	66.7	16.0	17.8	0.8	65.4	16.6	12.2	0.8	70.4
T2	22.9	20.7	1.0	55.3	18.1	9.5	0.8	71.6	16.3	13.3	0.8	69.6	16.2	12.7	0.9	70.2
T3	16.4	12.5	0.7	70.4	15.9	8.5	0.8	74.9	14.6	10.5	0.8	74.2	16.6	6.6	0.9	75.9
T4	16.7	11.9	0.7	70.7	16.5	11.6	0.8	71.8	13.5	10.5	0.8	75.2	12.3	16.6	1.2	70.0
平均	19.84	18.32	0.86	60.96	17.00	11.28	0.82	71.06	15.56	13.7	0.8	70.12	15.3	12.02	0.92	71.78

12.3　土壤水分胁迫对牛心朴子植株生长及渗透调节物质积累的影响

12.3.1　水分胁迫对不同生育时期牛心朴子植株生长及根冠比的影响

表 12-7 结果表明，在处理后 3～20d，T1（中度胁迫，土壤水分为田间持水量的 40%～45%）的植株生长最快，生长速率为 0.18cm/d，而 T2（重度胁迫，土壤水分为田间持水量的 30%～35%）的生长速率最慢，仅为 0.04cm/d；在处理后 20～45d，CK（正常供水）的生长速率最快，且也达到最高峰，生长速率为 0.37cm/d，这时 T1 、T2 的生长速率都显著下降；到处理 45 天以后，T2 基本停止生长，而 CK 和 T1 的生长速率也急剧下降；60 天后停止生长。从而看出，牛心朴子植株生长在整个生长期内对重度水分胁迫十分敏感，但短期的中度水分胁迫对牛心朴子植株生长具有促进作用，随着水分处理时间的延长，生长速度减慢，甚至停止生长。

表 12-7 不同水分处理对牛心朴子植株生长速率的影响

处理后天数/d		3～20	20～45	45～60	≥60	平均
植株生长速率/(mm/d)	CK	0.93±0.11^{b}	3.75±0.83^{a}	1.2±0.12^{a}	0	1.68±0.48^{a}
	T1	1.8±0.24^{a}	0.95±0.31^{b}	1.1±0.07^{a}	0	0.95±0.22^{b}
	T2	0.4±0.09^{c}	0.3±0.08^{c}	0.1±0.03^{b}	0	0.22±0.08^{c}
叶片发生速率/(d/对)	CK	9.35±0.63^{a}	3.05±0.36^{a}	5.24±0.59^{a}	16.12*±1.24^{a}	5.38±0.75^{a}
	T1	9.35±0.45^{a}	5.43±0.42^{b}	6.94±0.71^{b}	14.49*±0.98^{a}	7.6±0.82^{b}
	T2	12.5±0.71^{b}	9.62±0.45^{c}	7.5±0.66^{b}	6.49*±0.77^{b}	11.4±1.11^{c}

注：*为落叶速率。

叶片生长速度与植株生长速率存在相同的趋势，在整个处理时期内 T2 都受到明显的水分抑制，叶片生长速率最慢，且落叶速度最快。T1 在处理前期与对照相比生长速度差异不显著，而到了处理中期，受抑制明显增强，叶片生长速率减低，直至开始落叶。

表 12-8 结果表明，随着处理强度的加大，根冠比有所增大，到处理 20d 时处理与对照间差异达显著水平；之后，根系逐渐适应水分的胁迫根冠比趋于平衡，处理间差异不显著；到处理后期由于水分胁迫迫使 T1 和 T2 衰老落叶、停止生长，而使对照与处理间差异显著。随着处理时间的延长，牛心朴子根冠比也有所加大，处理末期，地上部停止生长且开始落叶，所以根冠比达到最大，这是牛心朴子对干旱的适应性表现。由上可知，牛心朴子地上部对水分胁迫的反应比根系敏感。

表 12-8 不同水分处理对牛心朴子植株的根冠比的影响

处理	处理时间/d					
	3	20	40	60	75	90
CK	1.215±0.085^{a}	1.182±0.022^{a}	1.516±0.181^{a}	1.569±0.260^{a}	2.874±0.084^{a}	3.337±0.096^{a}
T1	1.173±0.093^{a}	1.418±0.043^{b}	1.699±0.085^{a}	1.530±0.253^{a}	3.112±0.146^{a}	3.933±0.110^{b}
T2	1.228±0.090^{a}	1.500±0.081^{b}	1.563±0.060^{a}	1.862±0.188^{a}	2.952±0.154^{a}	4.589±0.123^{c}

12.3.2 水分胁迫对牛心朴子植株水分状况的影响

表 12-9 结果表明，随胁迫程度的加强，牛心朴子叶片水势呈现下降趋势，但 T1 与 CK 间在处理前期和后期差异显著，而处理中期差异不显著，T2 与 CK 间在各时期的差异都达到显著水平；叶片相对含水量随处理时间没有规律变化，但其随土壤水分胁迫的加强，呈下降趋势，CK 与处理之间的下降趋势与水势的下降趋势相同。由上可知，在

表 12-9 不同水分处理对牛心朴子叶片水势及相对含水量的影响

处理		处理时间/d					
		3	20	40	60	75	90
水势/MPa	CK	0.30±0.05^{a}	0.40±0.02^{a}	0.38±0.04^{a}	0.42±0.04^{a}	0.47±0.02^{a}	0.44±0.05^{a}
	T1	0.38±0.03^{ab}	0.55±0.10^{ab}	0.41±0.09^{a}	0.56±0.06^{b}	0.44±0.04^{a}	0.55±0.12^{ab}
	T2	0.43±0.04^{b}	0.70±0.15^{b}	0.61±0.06^{b}	0.57±0.05^{b}	0.45±0.05^{a}	0.72±0.16^{b}
相对含水量/%	CK	88.9±2.34^{a}	89.77±1.59^{a}	86.20±1.32^{a}	89.39±0.79^{a}	92.46±0.75^{a}	94.58±1.62^{a}
	T1	84.69±1.41^{ab}	86.98±2.99^{ab}	83.78±0.40^{b}	89.40±0.13^{a}	89.10±1.56^{b}	90.22±6.95^{ab}
	T2	83.72±0.72^{b}	85.77±2.23^{b}	81.48±0.98^{c}	84.64±0.84^{b}	86.18±1.81^{c}	87.72±5.65^{b}

中度胁迫下，植株的水分亏缺不显著，而在重度胁迫下，水分亏缺显著。

12.3.3　不同水分处理对牛心朴子渗透调节物质的影响

12.3.3.1　有机调节物质含量的变化

从图12-14看出，随胁迫时间的延长，牛心朴子根茎中可溶性糖的含量都有所增加，直至胁迫60d时达到最高，此后有所下降。牛心朴子根中可溶性糖含量显著高于叶和茎中的含量，随胁迫强度的加强，根中可溶性糖有所增加，T2在各个时期都最高，CK最低，说明参与牛心朴子根系渗透调节的物质主要是可溶性糖。而叶中的可溶性糖在处理前期，CK最高，T2最低，处理90d时，T2上升为最高。

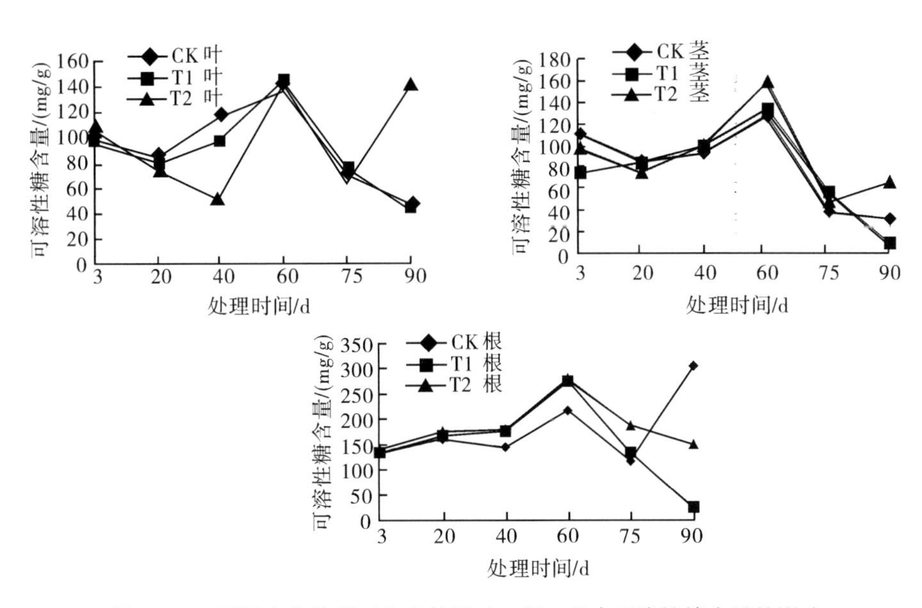

图12-14　不同水分处理对牛心朴子叶、根、茎中可溶性糖含量的影响

图12-15是不同处理牛心朴子根、茎、叶中Pro含量的变化趋势。从图12-15中看出，在处理前期，T1的根、茎、叶中Pro含量分别都高于CK和T2；从处理20d开始，根、叶、茎中的Pro含量随土壤水分胁迫的加剧都显著升高。叶片中T1和T2的Pro含量分别为CK的209.5%和285.0%，根中分别为CK的159.0%和266.0%。

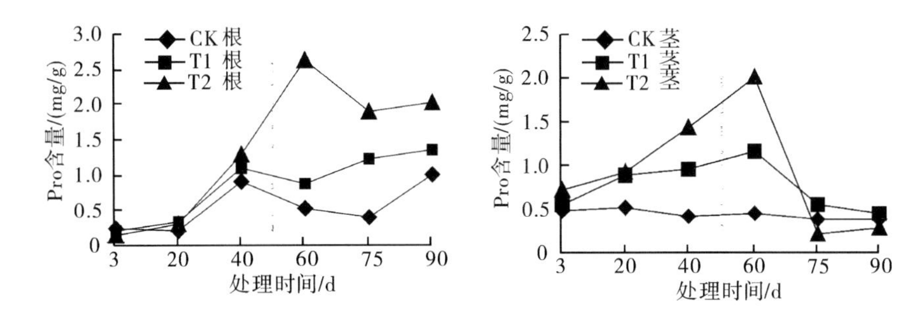

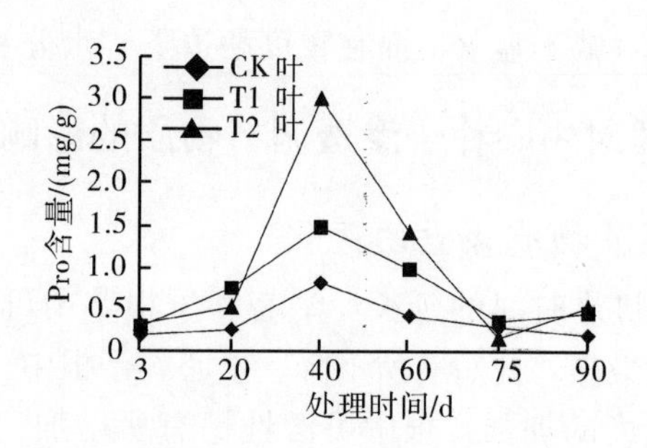

图 12-15 不同水分处理对牛心朴子根、茎、叶中 Pro 含量的影响

12.3.3.2 无机渗透调节物质含量的变化

表 12-10 结果表明，不同处理的 40d 内，叶中 K^+、Na^+、Ca^{2+} 的总量以及 Ca^{2+} 含量随胁迫强度的增加而增加，而在根中，只有 Na^+ 含量随胁迫的加重而增加，其他离子没有规律变化。处理 40d 以后，根、叶中 K^+、Na^+、Ca^{2+} 含量及其总量均没有规律的变化，说明无机离子在牛心朴子水分胁迫后期的渗透调节过程中作用很小。

表 12-10 不同水分处理对牛心朴子无机渗透调节物质含量的影响 （单位：%）

日期	处理	叶				根			
		K^+	Na^+	Ca^{2+}	合计	K^+	Na^+	Ca^{2+}	合计
7月12日	CK	18.42	14.40	23.29	56.11	14.09	24.00	9.71	49.80
	T1	20.94	16.00	15.52	52.46	15.08	28.00	9.71	52.79
	T2	19.89	15.20	21.35	56.44	16.57	30.60	11.64	58.81
7月26日	CK	16.28	12.00	17.46	45.74	15.80	22.16	7.76	46.22
	T1	13.50	11.20	21.35	46.05	14.00	19.00	7.76	40.76
	T2	15.33	12.80	23.29	51.42	12.91	21.33	7.71	41.95
8月21日	CK	17.42	12.80	13.58	43.80	11.75	15.20	11.64	38.59
	T1	17.90	14.40	15.52	47.82	10.33	15.20	9.71	35.24
	T2	14.85	12.00	19.41	46.26	12.28	16.00	7.76	35.84
8月30日	CK	16.39	7.50	30.66	54.55	16.16	6.67	15.33	38.10
	T1	15.69	14.28	25.55	55.52	12.95	7.50	20.44	40.89
	T2	—	—	—	—	11.81	5.83	28.04	40.78
9月13日	CK	18.48	4.50	25.55	48.53	13.63	5.00	15.33	33.96
	T1	17.09	4.50	25.55	47.14	10.22	4.00	15.33	29.35
	T2	19.41	4.50	20.44	44.35	12.04	5.00	15.33	32.37
9月28日	CK	10.68	2.50	23.00	36.08	13.40	4.00	10.22	27.62
	T1	12.95	3.50	28.11	44.56	12.27	4.00	20.44	36.67
	T2	15.57	4.32	30.66	50.55	11.59	4.50	15.33	31.42

12.4 结 论

12.4.1 光合作用的气孔限制与非气孔限制

光合作用是植物的重要生理功能，它与环境因子之间的关系是植物长期适应其生存环境的结果。毛乌素沙地光照充足、年降雨量少且集中、昼夜温差大、生长旺季近地面气温和地温较高等特点，决定了牛心朴子有其特殊的生理生态适应机制。在夏季晴朗的日子里，牛心朴子叶片净光合速率进程呈双峰型，上午的峰值要高于下午的峰值。而牛心朴子蒸腾速率的日变化进程曲线同气孔导度日变化曲线一致，整个生长季基本上保持恒定，说明光合作用午间的降低不是由气孔因素，而是由非气孔因素引起的。根据 Farquhar 等（1982）提出的观点，只有当光合速率（Pn）和 C_i 变化方向相同，两者都减小，且气孔限制值（L_s）增大，才可认为光合速率的下降主要由气孔导度引起；如胞间 CO_2 浓度和净光合变化方向相反，气孔限制值减小，则净光合速率下降应归因于叶肉细胞羧化能力（RuBP 酶活力、光合电子传递和光合磷酸化以及 RuBP 的再生能力）的降低。研究结果表明：在午间（12：00～14：00）和午后（16：00～17：00）净光合速率的下降，对应了 C_i 的增大和气孔限制值的降低，说明牛心朴子午间净光合速率的下降主要是其叶肉细胞的光合活性所决定的，也说明其叶肉细胞光合活性的差别是引起净光合速率日变化差异的原因之一。

12.4.2　牛心朴子气孔对环境条件不太敏感

牛心朴子属恒水植物，其叶表具有蜡质，可以通过反射过剩的太阳能和保持热容量常数大的水分来使体温总是低于气温，而无需以增大蒸腾强度保持温度平衡。研究结果表明：牛心朴子在整个生育过程中，其叶片蒸腾速率和气孔导度具有相同的日变化趋势，并在一天中维持较低水平且变化幅度较小，证明牛心朴子气孔对环境条件不太敏感；牛心朴子地上部有较强的保水性，这一点与郑海雷等对牛心朴子某一生育时期的观察结果一致；其叶片在极端高温、强光和干旱的环境条件下能维持其生理功能，是否说明它在解剖结构或生理代谢方面有独特的机制，目前尚不清楚。

牛心朴子叶片在中午时叶绿体 PSⅡ原初光化学效率 F_v/F_m 及 PSⅡ非环式电子传递的量子效率值 Yield 比上午皆有显著的降低，午后光强减弱时又能恢复，表明中午时 PSⅡ活性的下降是一种可逆的适应调节。但牛心朴子光合器官如何在高温下将过多的光耗散掉，即牛心朴子是否有其特殊的光保护机制，有待于进一步的深入研究。

12.4.3　PEG 6000 处理下有机渗透调节物质大量积累

渗透调节是植物抗旱的重要生理机制。研究表明，牛心朴子因长期生长在干旱高温、极端恶劣的自然条件下，自然竞争选择使其获得了本身具有较高含量且又能随外界水分胁迫强度的增加而迅速大量累积可溶性糖和脯氨酸的特性，尤其是可溶性糖较正常情况下的植物体内高出 1～2 倍，而无机离子 K^+、Na^+ 虽能被牛心朴子吸收，但其不能作为主要渗透调节物质。这种本身含量高且能大量迅速积累可溶性糖的特性降低了细胞渗透势，有利于水分的吸收和保持，提高了牛心朴子对水分胁迫的抵抗能力。Levitt（1980）认为胁迫条件下，植物体内有机溶质的大量积累代表细胞渗透调节能力的改善。这种以可溶性糖作为主要渗透调节物质来抵抗和适应水分胁迫而得以生存的特性，使得牛心朴子特别耐旱，在其他群落结构趋于退化时，它却能繁茂生长。

12.4.4 保水力

水分胁迫下，牛心朴子有很强的保水和自身水分调节能力，因而能维持较高的RWC，这很可能是牛心朴子除渗透调节之外又一种重要的抗旱适应方式。由试验结果可看出，在牛心朴子突然遇严重（PEG浓度为25%）、短时间（处理5h）的水分胁迫时，其叶片的RWC降到最低值，在经过1d的适应后，RWC值回升并超过1h的处理值，即恢复到最大值，当水分胁迫时，其RWC达最低值是25%的PEG处理后的5h，而不是处理时间最长的9d；当处理时间延长到1d后，RWC值回升并超过1h时的值，即恢复到最大值，之后又随胁迫时间的延长而缓慢下降。证明牛心朴子有很强的自身水调节能力。同时，20%以下的PEG处理，RWC变化不明显，且处理间RWC的变化也不明显，只有25%的PEG处理RWC才有很明显的下降，说明其有很强的保水能力。水分胁迫下，能维持较高的组织含水量是植物抗旱性的一个重要特性。

12.4.5 溶质积累

抗旱性是一个综合性状作用的结果，与根系及地上部形态、解剖、生理和生化特性有关。牛心朴子在逆境下，主动大量积累溶质的效应和保水及自身水调节的效应之间是相互促进、相互制约的。体现在当25%的PEG处理，在第9d时，可溶性糖的积累达最高值后开始下降。此时，根系和地上部的生长受到显著抑制，表现出根冠平均生长速率比由20%时的10.55倍上升到25%时的16.62倍，根冠比显著增大，并趋于恒定状态，根系活力下降。显然，随着水分胁迫强度的增加，在达到使其主要渗透调节物质积累开始下降，渗透调节作用逐渐丧失的同时，也加剧了保水和自身水调节能力的丧失，致使这种相互促进、相互制约的抗旱系统遭到破坏，甚至对植物的生长发育造成致命的损伤。

12.4.6 根冠比

牛心朴子植株地上部对土壤水分比较敏感。正常供水时，植株生长最快；随水分胁迫程度的加强和胁迫时间的延长，其植株生长变缓；当土壤严重缺水时，基本不再生长，只维持其生命活动，基部叶片开始脱落，而短期中度水分胁迫对牛心朴子植株的生长具有促进作用。根冠比反映同化产物分配到根系的比例，既受遗传因素的决定，也受环境的影响，水分状况是影响根冠比的主要因素之一。一般认为作物的根冠比为10%，干旱地区大麦的根冠比为25%，西澳大利亚作物的根冠比可达100%。牛心朴子根系发达，根冠比大，正常情况下，其根冠比大于100%，且随水分处理时间的延长和处理强度的加大，其根冠比值加大，最高可达300%以上。这样有利于吸收和土壤水分利用效率的提高，这是其对干旱的适应性表现。

组织水势和相对含水量是反映植物体内水分状况的重要指标，早晨日出前是植物组织水势相对稳定的时期。Weibe等（1971）的研究认为：植物黎明前的水势是土壤水分的有效性，甚至是根系活力的良好指标。牛心朴子叶片水势和相对含水量在中度水分胁迫时变化不显著，而在重度胁迫时与CK差异显著。说明在中度胁迫下，仍然保持较高的根系活力，同时对土壤水分的利用率仍然达到较高的水平，植株的水分亏缺不显著，而在重度胁迫下，水分亏缺显著。另外，牛心朴子水势在不同水分处理下变幅为0.28～0.72MPa，而一般中生植物在正常供水条件下叶水势也仅维持在 0.8～1.2MPa，说明牛心朴子叶片具有很强的保水能力。

渗透调节是植物在水分胁迫下降低渗透势、抵御逆境胁迫的一种重要方式。不同植物对逆境的反应不同，因而细胞内累积的渗透调节物质也不同。实验结果表明，牛心朴子根系中含有大量的可溶性糖，根、茎、叶中可溶性糖含量差异极显著（$F=20.5603>F_{0.01}=5.04724$），且随着土壤水分胁迫的加重，根、茎中的可溶性糖呈明显的增加趋势，而叶中的可溶性糖则随胁迫的加重而呈下降趋势。说明在干旱胁迫下，参与牛心朴子根系渗透调节的物质主要是可溶性糖，牛心朴子的同化产物大部分分配于根系之中，以加大其渗透调节能力，促进根系吸收水分，维持细胞膨压，同时为其生长和吸收提供物质和能量基础；另外，糖类的积累能产生具有固体机械特性的超饱和液体，从而避免发生细胞溶液结晶，防止细胞塌陷，这也是牛心朴子根系发达的重要原因之一。

Pro 在牛心朴子叶、根的渗透调节中也起着重要作用。随土壤水分胁迫的加重，其在叶、根中的积累明显增加，但根、茎、叶中 Pro 含量差异不显著。在所测无机调节离子中，Ca^{2+} 在处理前期随水分胁迫的加重而增加，而在处理后期则没有规律变化，这也预示着 Ca^{2+} 在处理前期具有信号作用。

第 13 章　黄土高原菊科植物的区系研究

13.1　黄土高原地区菊科植物的系统分类

林熔教授等曾于 1954 年首次报道过中国菊科（Compositae）分族、分属系统，计有菊科 183 属（含归化及引种栽培年代已久的属，下同），后于 1970 年及 1985 年在《中国高等植物科属检索表》及《中国高等植物图鉴》第四卷中对中国菊科的分族、属作了修订，计有 217 属。作者根据前人及近期研究报道，结合对黄土高原植物志的研究，从系统演化观点出发，整理出黄土高原菊科植物共有 120 属，隶属于 2 亚科、4 超族、10 族，其系统如下：

菊科 Compositae—

（一）管状花亚科 Subfam. Tubuliflorae DC. —Carduoideae Kitam. —Aster Oideae Carlq.

1. 向日葵超族 Supertrib. Helianthanae Y. R. Linn.

1）向日葵族 Trib. Heliantheae Cass. —Helenieae Cass. —Helianthoideae Benth. —HelenioideaeBenth.

（1）百日菊亚族 Subtrib. Zinniinae Benth.

①百日菊属 *Zinnia* Linn. @归化种

（2）南美菊亚族 Subtrib. Verbesininae Benth. Melampodiinae Less. * 栽培种

a. 肿柄菊组 Gres Tithoniae Y. R. Linn.

②向日葵属 *Helianthus* Linn.

③金光菊属 *Rudbeckia* Linn.

④鳢肠属 *Eclipta* Linn.

⑤大理菊属 *Dahlia* Cav.

b. 沼菊组 Gres Enydrae Y. R. Linn Petrobiinae Benth.

⑥豨莶属 *Siegesbeckia* Linn.

（3）金鸡菊亚族 Subtrib. Coreopsidinae O. Hoffm.

a. 金鸡菊组 Gres Coreopses Y. R. Linn.

⑦金鸡菊属 *Coreopsis* Linn.

⑧秋英属 *Cosmos* Cav.

b. 鬼针草组 Gres Bidenses Y. R. Linn.

⑨鬼针草属 *Bidens* Linn.

（4）豚草亚族 Subtrib. Ambrosiinae Less.

⑩苍耳属 *Xanthium* Linn.

（5）堆心菊亚族 Subtrib. Heleninae O. Hoffm. Helenieae Cass.

a. 天人菊组 Gres Gaillardiae Y. R. Linn. Gaillardiinae Less.

⑪堆心菊属 *Heinieae* Linn.

b. 万寿菊组 Gres Tagetis Y. R. Ling—Pectidinae Less. —Tagetininae

⑫万寿菊属 *Tagetes* Linn.

2）旋覆花族 Trib. Inuleae Cass. —Inuloideae Benth. —Gnaphalieae Benth. —Plucheeae Anderb.

（1）旋覆花亚族 Subtrib. Inulinae O. Hoffm.

a. 旋覆花组 Gres Inulae Y. R. Linn.

⑬旋覆花属 *Inula* Linn.

b. 天名精组 Gres Carpesia Y. R. Linn.

⑭天名精属 *Carpesium* Linn.

⑮腺梗菜属 *Adenocaulon* Hook.

（2）阔苞菊亚族 Subtrib. Plucheinae O. Hoffm.

a. 花花柴组 Gres Kareliniae Y. R. Linn.

⑯花花柴属 *Karelinia* Less.

（3）鼠鞠草亚族 Subtrib. Gnaphalinae Reich. —Gnaphaliinae Merxm. —Gnaphalieae Anderb.

⑰蜡菊属 *Helichrysum* Mill.

⑱香青属 *Anaphalis* DC.

⑲火绒草属 *Leontopodium* R. Br.

⑳鼠鞠草属 *Gnaphalium* Linn.

3）紫菀族 Trib. Astereae Cass.

（1）紫菀亚族 Subtrib. Asterinae O. Hoffm. —Bellidinae Benth. —Conyzinae Benth.

a. 紫菀组 Gres Asteres Y. R. Linn.

㉑紫菀属 *Aster* L. —Pseudolinosyris Novokr.

㉒东风菜属 *Doellingeria* Nees.

㉓女菀属 *Turczaninowia* DC.

㉔翠菊属 *Callistephus* Cass.

㉕狗哇花属 *Heteropappus* Less.

㉖紫菀木属 *Asterothamnus* Novop.

㉗碱菀属 *Tripolium* Nees

㉘短星菊属 *Brachyactis* Ledeb.

㉙飞蓬属 *Erigeron* Linn.

b. 马兰组 Gres Kalimeres Y. R. Linn.

㉚马兰属 *Kalimeris* Cass.

㉛裸菀属 *Gymnaster* Kitam.

（2）白酒草亚族 Subtrib. Conyzinae O. Hoffm.

㉜白酒草属 *Conyza* Less.

（3）雏菊亚族 Subtrib. Bellidinae O. Hoffm.

㉝雏菊属 *Bellis* Linn.

(4) 一枝黄花亚族 Subtrib. Solidagininae O. Hoffm.

㉞一枝黄花属 *Solidago* Linn.

4) 春黄菊族 Trib. Anthemideae Cass. Chrysanthemeae Less. Artemisieae Less.

(1) 春黄菊亚族 Subtrib. Anthemidinae O. Hoffm.

㉟春黄菊属 *Anthemis* Linn.

(2) 天山蓍亚族 Subtrib. Handeliinae K. Bremer et Humphries—Achilleinae K. Bre-mer et Humphries

㊱蓍属 *Achillea* Linn.

(3) 菊亚族 Subtrib. Chrysantheminae Less. —Leucantheminae K. Bremer et Humphries

a. 母菊组 Gres Matricariae Y. R. Ling (1982) —Matricariinae K. Bremer et Humphries

㊲母菊属 *Matricaria* Linn.

b. 小甘菊组 Gres Cancriniae Y . R. Ling (1982) —Cancriniinae K. Bremer et Humphries

㊳小甘菊属 *Cancrinia* Kar. et Kir.

c. 紊蒿组 Gres Elachanthema Y. R. Linn.

㊴紊蒿属 *Elachanthemum* Ling et Y. R. Linn.

㊵百花蒿属 *Stilpnolepis* Krasch.

d. 菊蒿组 Gres Tanaceta Y. R. Ling (1982) —Tanacetinae K. Bremer et Humphries

㊶短舌菊属 *Brachanthemum* DC.

㊷菊属 *Dendranthema* Gaertn.

㊸滨菊属 *Leucanthemum* Mill.

㊹小黄菊属 *Pyrethrum* Zinn.

㊺菊蒿属 *Tanacetum* L.

e. 山芫荽组 Gres Cotulae Y. R. Ling (1982)

㊻木茼蒿组 Argyranthemum (L.) Sch. —Bip.

㊼茼蒿属 *Chrysanthemum* Sch. —Bip.

㊽太行菊属 *Opisthopappus* Shih.

f. 石胡荽组 Centipedae Y. R. Ling

㊾石胡荽属 *Centipeda* Lour.

g. 蒿组 Gres Artemisiae Y. R. Ling (1982)

㊿线叶菊属 *Filifolium* Kitam.

(51)女蒿属 *Hippolytia* Poljak.

(52)亚菊属 *Ajania* Poljak.

(53)栉叶蒿属 *Neopallasia* (Pall.) Poljak.

(54)蒿属 *Artemisia* L. —Artemisiella Ghafoor.

2. 泽兰超族 Supertrib. Eupatorianae Y. R. Ling

5) 泽兰族 Trib. Eupatorieae Cass. —Eupatoriaceae Link

泽兰亚族 Subtrib. Eupatoriinae Dum.

(55)泽兰属 *Eupatorium* Linn.

6）千里光族 Trib. Senecioneae Cass. —Senecionideae Less. —Tussilagineae Cass.

（1）多榔菊亚族 Subtrib. Doroniciinae Y. R. Ling，subtrib. nov.

(56)多榔菊属 *Doronicum* Linn.

（2）千里光亚族 Subtrib. Senecioninae Dum.）Othonninae Less.

(57)千里光属 *Senecio* Linn.

（3）狗舌草亚族 Subtrib. TephroseridinaeC. Jeffrey et Y. L. Chen

(58)华千里光属 *Sinosenecio* B. Nord.

(59)狗舌草属 *Tephroseris*（Reich.）Reich.

(60)尾药菊属 *Synotis*（C. B. Clarke）C. Jeffrey et Y. L. Chen.

（4）橐吾亚族 Subtrib. Ligulariinae Y. R. Ling，subtrib. nov.

(61)橐吾属 *Ligularia* Cass.

(62)垂头菊属 *Cremanthodium* Benth.

(63)蟹甲草属 *Parasenecio* W. W. Smith et J. Small.

(64)华蟹甲草属 *Sinacalia* H. Robins. et Brettell.

(65)兔耳伞属 *Syneilesis* Maxim.

(66)瓜叶菊属 *Pericallis* D. Don

（5）野茼蒿亚族 Crassocephalinae Y. R. Ling，subtrib. nov.

(67)菊三七属 *Gynura* Cass.

(68)一点红属 *Emilia* Cass.

（6）毛冠菊亚族 Subtrib. Nannoglottisinae Y. R. Ling，subtrib. nov.

(69)毛冠菊属 *Nannoglottis* Maxim.

（7）蜂斗草亚族 Subtrib. Tussilagininae Dum. —Adenostylinae Benth.

(70)蜂斗菜属 *Petasites* Mill.

(71)款冬属 *Tussilago* Linn.

7）金盏花族 Trib. Calenduleae Cass. —Calendulaceae Cass.

(72)金盏花属 *Calendula* Linn.

3. 帚木菊超族 Supertrib. Mutisianae Y. R. Ling

8）帚菊木族 Trib. Mutisieae Cass. —Mutisiaceae Less. —Labiatiflorae—DC. —Barnadesieae（Benth.）K. Bremer et R. K. Jansen

（1）白菊木亚族 Subtrib. Gochnatinae O. Hoffm.

(73)帚菊属 *Pertya* Sch. —Bip. —Gochnatia Kunthp. p.，quoadpl. Austr. —Or. As.

（2）帚菊木亚族 Subtrib. Mutisiinae Less.

a. 兔儿风组 GresAinsliaeae Y. R. Ling

(74)蚂蚱腿子属 *Myripnois* Bge.

b. 扶郎花组 Gres Gerberae Y. R. Ling

(75)扶郎花属 *Gerbera* Cass. —Piloselloides（Less.）C. Jeffrey.

(76)大丁草属 *Leibnitzia* Cass.

9）菜蓟族 Trib. Cynareae Less. —Carduinae Cass. —Cinaroideae Less.

（1）菜蓟亚族 Subtrib. Carduinae Dum.

a. 蓟组 Gres Cirsia Y. R. Ling

⑺蓟属 *Cirsium* Mill.

⑻菜蓟属 *Cynara* L.

⑼水飞蓟属 *Silybum* Adans.

b. 亚飞廉组 Gres Alfrediae Y. R. Ling

⑽鳍蓟属 *Olgaea* Iljin.

⑾虫胃菊属 *Takeikatzuchia* Kitag. et Kitam.

⑿黄缨菊属 *Xanthopappus* C. Winkl.

⒀飞廉属 *Carduus* Linn.

c. 风毛菊组 Gres Saussureae Y. R. Ling

⒁风毛菊属 *Saussurea* DC.

⒂云木香菊属 *Auklandia* Falc.

⒃泥胡菜属 *Hemistepta* Bge.

d. 藏菊组 Gres Dolomiaeae Y. R. Ling

⒄苓菊属 *Jurinea* Cass.

⒅川木香属 *Dolomiaea* DC.

⒆大翅蓟属 *Onopordon* Linn.

e. 麻花头组 Gres Serratulae Y. R. Ling

⒇山牛蒡属 *Synurus* Iljin.

㉑麻花头属 *Serratula* Linn.

f. 祁州漏卢组 Gres Rhapontica Y. R. Ling

㉒祁州漏卢属 *Rhaponticum* Lam.

g. 红花组 Carthamis Y. R. Ling

㉓红花属 *Carthamus* Linn.

h. 珀菊组 Gres Amberboae Y. R. Ling

㉔顶羽菊属 *Acroptilon* Cass.

㉕珀菊属 *Amberboa*（Pers.）Less.

i. 牛蒡组 Gres Arctia Y. R. Ling

㉖牛蒡属 *Arctium* Linn.

（2）矢车菊亚族 Subtrib. Centaureinae Dum.

㉗矢车菊属 *Centaurea* Linn.

（3）苍术亚族 Subtrib. Carlininae Dum.

㉘苍术属 *Atractylodes* DC.

（4）蓝刺头亚族 Subtrib. Echinopsidinae Dum.

㉙蓝刺头属 *Echinops* L.

（二）舌状花亚科 Liguliflorae DC. —Cichorioideae Kitam. —Cichoriaceae Juss.

4. 菊苣超族 Supertrib. Cichorianae Y. R. Ling

10）菊苣族 Trib. Cichorieae Reichb. —Lactuceae Adans. —Cichoreae Spreng.

（1）猫儿菊亚族 Subtrib. Leontodontinae O. Hoffm.

a. 猫儿菊组 Hypochaerinae Linn.

⑩⓪猫儿菊属 *Achyrophorus* Scop.

（2）鸦葱亚族 Subtrib. Scorzonerinae Dum.

a. 鸦葱组 Gres Scorzonerae Y. R. Ling

⑩①鸦葱属 *Scorzonera* Linn.

⑩②婆罗门参属 *Tragopogon* Linn.

⑩③毛连菜属 *Picris* Linn.

（2）蒲公英组 Gres Taraxaca Y. R. Ling

⑩④蒲公英属 *Taraxacum* F. H. Wigg.

（3）还阳参亚族 Subtrib. Crepidinae Dum.

a. 还阳参组 Gres Crepes Y. R. Ling

⑩⑤还阳参属 *Crepis* Linn.

b. 厚喙菊组 Gres Dubyaeae Y. R. Ling

⑩⑥山柳菊属 *Hieracium* Linn.

（4）苦苣菜亚族 Subtrib. Sonchinae K. Bremer

⑩⑦苦苣菜属 *Sonchus* Linn.

（5）莴苣亚族 Subtrib. Lactucinae Dum.

a. 莴苣组 Gres LactucaeY. R. Ling

⑩⑧莴苣属 *Lactuca* Linn.

⑩⑨乳苣属 *Mulgedium* Cass.

⑪⓪毛鳞菊属 *Chaetoseris* Shih.

⑪①翅果菊属 *Pterocypsela* Shih.

⑪②盘果菊属 *Prenanthes* L. —Lagedium Sojak.

b. 合头菊组 Gres Syncalathia Y. R. Ling

⑪③合头菊属 *Syncalathium* Lipsch.

⑪④绢毛苣属 *Soroseris* Stebb.

c. 黄鹌菜组 Gres Youngiae Y. R. Ling

⑪⑤黄鹌菜属 *Youngia* Cass.

⑪⑥苦荬菜属 *Ixeris* Cass. —Indoixeris—Kitam.

⑪⑦小苦荬属 *Ixeridium* Tzvel.

⑪⑧黄花菜属 *Paraixeris* Nakai.

（6）菊苣亚族 Subtrib. Cichorinae O. Hoffm.

a. 菊苣组 Gres Cichoria Y. R. Ling

⑪⑨菊苣属 *Cichorium* Linn.

b. 稻槎菜组 Gres Lapsanae Y. R. Ling

⑫⓪稻槎菜属 *Lapsana* Linn.

13.2 黄土高原菊科植物的种类组成

我国菊科有 11 族、230 属、2300 种。通过野外实地调查、标本采集、鉴定和资料查阅，统计出黄土高原地区共有菊科植物 10 族、120 属、432 种、1 亚种、40 变种及 6 变型，其统计见表 13-1。

表 13-1 黄土高原菊科族、属、种统计

族别	属数	占总属数比例/%	种数	占总种数比例/%
向日葵族	12	10.00	27	6.25
旋覆花族	8	6.66	32	7.41
紫菀族	14	11.67	36	8.33
春黄菊族	20	16.67	104	24.07
泽兰族	1	0.83	4	0.93
千里光族	17	14.17	56	12.96
金盏花族	1	0.83	1	0.23
帚木菊族	4	3.33	7	1.62
菜蓟族	23	19.17	109	25.24
菊苣族	20	16.67	56	12.96
合计	120	100	432	100

由表 13-1 可以看出，黄土高原菊科植物含有 15 个属以上的大族有 4 个：菜蓟族（Trib. Cynareae）、春黄菊族（Trib. Anthemideae）、千里光族（Trib. Senecioneae）、菊苣族（Trib. Cichorieae），总共 74 个属，占 66.67%，325 个种，占 75.23%，这些族无疑构成了黄土高原菊科植物区系的主要成分。

按照所含种的数量将该区菊科植物 120 属分为 4 个等级（表 13-2）：大属（10 种以上）、多种属（ 6～10 种）、少种属（2～5 种）、单种属（1 种）。其中单种属有 58 属，占菊科总属数的 48.33%；少种属 44 属，占总属数的 36.67%；多种属有 11 属，只占总属数的 9.17%；大属仅有 7 属，只占总属数的 5.83%，如菊属（*Dendranthema*）、蒿属（*Artemisia*）、蟹甲草属（*Parasenecio*）、橐吾属（*Ligularia*）、蓟属（*Cirsium*）、风毛菊属（*Saussurea*）、蒲公英属（*Taraxacum*）等。可见，黄土高原菊科植物大属在该区菊科植物区系中占有明显的主导地位，单种属和少种属占有很大比例，优势极为明显。

表 13-2 属内种的组成

类别	属数	占总属数比例/%	种数	占总种数比例/%
10 种以上	7	5.83	170	39.35
6～10	11	9.17	84	19.44
2～5	44	36.67	122	28.24
1 种	58	48.33	56	12.97
合计	120	100	432	100

13.3　区系分析

13.3.1　属的分析

黄土高原菊科植物共有 120 属，432 种，根据吴征镒（1991）对中国种子植物分布区类型分类，黄土高原菊科属分布区类型见表 13-3。

表 13-3　黄土高原菊科属分布区

分布区类型	属的数量	占总属数比例/%	种的数量	占总种数比例/%
世界分布	6	5.00	7	1.62
泛热带分布	7	5.83		
热带亚洲和美洲间断分布	3	2.50		
旧世界热带分布	1	0.83	22	5.09
热带亚洲至大洋洲	0	0		
热带亚洲至热带非洲分布	3	2.50		
热带亚洲分布	1	0.83		
北温带分布	23	19.18	94	21.76
东亚和北美洲间断分布	6	5.00	9	2.08
旧世界温带分布	23	19.17	24	5.56
温带亚洲分布	7	5.83	30	6.94
地中海地区，西亚至中亚分布	9	7.50	9	2.08
中亚分布	6	5.00	7	1.62
东亚分布	16	13.33	52	12.04
中国特有分布	9	7.50	167	38.66
黄土高原特有分布	0	0	11	2.55
总计	120	100	432	100

根据表 13-3 可知，该区菊科植物的属分为 14 个分布区类型，其中世界分布属有 6 属；热带分布属有 15 属（2～7 型），占非世界分布总属数的 12.49%；温带分布属（8～15 型）99 属，占非世界分布总属数的 82.51%；中国特有属 9 属，占非世界分布总属数的 7.5%。可见，该区内菊科植物属的分布具有明显的温带性质。

13.3.1.1　世界分布属

该区的菊科植物中，世界分布属有 6 属：

鬼针草属 *Bidens*	飞蓬属 *Erigeron*
毛冠菊属 *Nannoglottis*	鼠麴草属 *Gnaphalium*
千里光属 *Senecio*	苍耳属 *Xanthium*

鼠麴草属为鼠麴草族最大、分布最广的属，是多系发生的主干，在我国该分布种多为杂草。此外，千里光属为千里光族最大、分布最广的属，在除南极洲外的全球其他各地均广泛分布，而该属在我国均有分布，尤其以西南为最多。该属很可能在北太平洋海

底扩张之初已经有其祖型。该属的扩散迁移路线是从东向西，从北向南，在台湾与云南高原、喜马拉雅的区系分化同步。飞蓬属主产北美，有些种杂草化分布到世界，但东亚特别是西部也有个小中心。鬼针草属为世界分布大属，但集中在墨西哥。苍耳属起源较早。

13.3.1.2 泛热带分布属

泛热带分布 7 属，占非世界分布总属数的 5.83%，包括：

豨莶属 *Siegesbeckia* 金鸡菊属 *Coreopsis*
堆心菊属 *Helenium* 白酒草属 *Conyza*
石胡荽属 *Centipeda* 泽兰属 *Eupatorium*
鳢肠属 *Eclipta*

鳢肠属广布于泛热带至亚热带，但以大洋洲和南美洲为主；豨莶属为旧世界热带原产，3 种我国都有；《中国植物志》编辑委员会认为泽兰属实为本族最古老的类型，属北温带古老属常见的 8（9）型。

13.3.1.3 热带亚洲和热带美洲间断分布属

热带亚洲和热带美洲间断分布 3 属，占非世界分布总属数的 2.5%，包括：

万寿菊属 *Tagetes* 百日菊属 *Zinnia*
秋英属 *Cosmos*

万寿菊属归入堆心菊族，在我国栽培已久；秋英属虽热带、亚热带美洲广布，但以墨西哥为主，西印度群岛亦有分布，在我国广泛逸生，常成荒地上单优群落。

13.3.1.4 旧世界热带分布

旧世界热带分布 1 属，一点红属（*Emilia*），占非世界分布总属数的 2.50%，主要分布在亚洲、非洲和美洲的热带地区。

13.3.1.5 热带亚洲至热带非洲分布属

热带亚洲至热带非洲分布 3 属：

大火草属 *Gerbera* 瓜叶菊属 *Cineraria*
菊三七属 *Gynura*

占非世界分布总属数的 2.50%。

13.3.1.6 热带亚洲分布属

热带亚洲分布 1 属：苦荬属（*Ixeris*），占非世界分布总属数的 0.83%。

13.3.1.7 北温带分布属

北温带分布及其变型共 23 属，占非世界分布属总属数的 19.17%，包括：

紫菀属 *Aster* 蓍属 *Achillea*
母菊属 *Matricaria* 菊蒿属 *Tanacetum*
尾药菊属 *Synotis* 蓟属 *Cirsium*
祁州漏卢属 *Rhaponticum* 红花属 *Carthamus*
矢车菊属 *Centaurea* 碱菀属 *Tripolium*

一枝黄花属 *Solidago*
蒲公英属 *Taraxacum*
山柳菊属 *Hieracium*
绢毛苣属 *Soroseris*
香青属 *Anaphalis* DC.
狗舌草属 *Tephroseris*
风毛菊属 *Saussurea*
鸦葱属 *Scorzonera*
还阳参属 *Crepis*
苦苣菜属 *Sonchus*
腺梗菜属 *Adenocaulon* Hook.
蒿属 *Artemisia* Linn.
蜂斗菜属 *Petasites* Mill.

本分布类型变型中温带东亚和南美洲间断分布与欧亚和南美洲温带间断分布各 1 属（和尚菜属和火绒草属）。其中不少属是各种生态类型的重要组成部分，如蓟属是各类草甸的代表植物或重要组成；风毛菊属在各类森林植被和高山地带中作用明显；艾蒿属在草原、荒漠、高山、亚高山草原等生态系统中起重要作用。本分布类型中多数属起源和分化较为古老，如艾蒿属的化石孢粉在（老）第三纪——渐新世时就已出现；香青属的大分化似在喜马拉雅和横断山区造山运动及青藏高原隆起过程中；蜂斗菜属在早期的东亚即有分化。蒲公英属是菊科较大的属之一，也是舌状花亚科最为进化的类群之一。该属演化关系复杂，区系地理特殊，在北半球温带至亚热带中部地区均有分布，也分布至热带南美洲地区。欧洲中至东部及亚洲中至东部是其分布中心或“分布区密集中心”。

13.3.1.8　东亚和北美洲间断分布属

东亚和北美洲间断分布共 6 属，占非世界分布属总属数的 5%，包括：

大金光菊属 *Rudbeckia*
短星菊属 *Brachyactis*
大丁草属 *Gerbera* Cass.
大理菊属 *Dahlia*
华蟹甲草属 *Sinacalia*
向日葵属 *Helianthus*

大丁草属为具有花部性状春秋 2 型的进化类群，东亚、南亚分布，相当古老，云南高原至横断山为其分布和分化中心。向日葵属北美原产。

13.3.1.9　旧世界温带分布属

旧世界温带分布及其变型共 23 属，占非世界分布属总属数的 19.17%，包括：

天名精属 *Carpesium*
蜡菊属 *Helichrysum*
菊属 *Dendranthema*
木茼蒿组 *Argyranthemum*
多榔菊属 *Doronicum*
水飞蓟属 *Silybum*
鸦葱属 *Scorzonera*
毛连菜属 *Picris*
稻槎菜属 *Lapsana*
牛蒡属 *Arctium*
旋覆花属 *Inula*
乳苣属 *Mulgedium*
蓝刺头属 *Echinops*
雏菊属 *Bellis*
小黄菊属 *Pyrethrum*
茼蒿属 *Chrysanthemum*
款冬属 *Tussilago*
麻花头属 *Serratula*
婆罗门参属 *Tragopogon*
盘果菊属 *Prenanthes*
飞廉属 *Carduus*
橐吾属 *Ligularia*
莴苣属 *Lactuca*

其中，飞廉属和牛蒡属常是山地草甸、草原或荒漠灌丛的主要组成。橐吾属起源较为古老，是亚高山针叶林间沼泽化草甸的标志，是亚洲特别是东亚植物区系向西迁移的最具代表性的属。本分布类型具有明显的东亚起源特点：橐吾属和旋覆花属实际上都以东亚为分布中心。本分布变型欧亚和南非洲间断分布 1 属（莴苣属，常栽培食用）。

13.3.1.10 温带亚洲分布属

温带亚洲分布 7 属，占非世界分布属总属数的 5.83%，包括：

亚菊属 *Ajania*	马兰属 *Kalimeris*
花花柴属 *Karelinia*	女菀属 *Turczaninovia*
线叶菊属 *Filifolium*	山牛蒡属 *Synurus*
鳍蓟属 *Olgaea*	

亚菊属由东亚到中亚，应是从林区起源。马兰属主要分布于东亚至东南亚，显示出在北太平洋扩张中兴起的古老性。

13.3.1.11 地中海地区和西亚至中亚分布属

地中海地区、西亚至中亚分布 9 属：

金盏花属 *Calendula*	春黄菊属 *Anthemis*
滨菊属 *Leucanthemum*	菜蓟属 *Cynara*
苓菊属 *Jurinea*	大翅蓟属 *Onopordon*
顶羽菊属 *Acroptilon*	菊苣属 *Cichorium*
珀菊属 *Amberboa*	

占非世界分布总属数的 7.52%。其中菜蓟属、春黄菊属和滨菊属在黄土高原地区均有栽培。

13.3.1.12 中亚分布属

中亚分布及其变型共 6 属，包括：

紫菀木属 *Asterothamnus*	小甘菊属 *Cancrinia*
短舌菊属 *Brachanthemum*	女蒿属 *Hippolytia*
栉叶蒿属 *Neopallasia*	毛鳞菊属 *Chaetosa*

占非世界分布总属数的 5%。小甘菊属和短舌菊属均产于我国西部地区。紫菀木属的植物区系地理成分主要是亚洲中部戈壁——蒙古成分，全部都是荒漠和荒漠草原中，蒙古高原的荒漠草原区和荒漠区是本属植物的分布中心（赵一之，1996）。紫菀木属在黄土高原只一种——中亚紫菀木，分布在兰州—会宁—固原一线。栉叶蒿属为单种属，分布在蒙古、俄罗斯和我国西部地区。

13.3.1.13 东亚分布属

东亚分布共 16 属，占非世界分布总属数的 13.33%，包括：

东风菜属 *Doellingeria*	翠菊属 *Callistephus*
狗哇花属 *Heteropappus*	裸菀属 *Gymnaster*
千里光属 *Sinosenecio*	尾药菊属 *Synotis*
垂头菊属 *Cremanthodium*	兔耳伞属 *Syneilesis*

帚菊属 *Pertya*
泥胡菜属 *Hemistepta*
黄鹌菜属 *Youngia*
黄花菜属 *Paraixeris*
云木香菊属 *Auklandia*
苍术属 *Atractylodes*
小苦荬属 *Ixeridium*
翅果菊属 *Pterocypsela*

其中泥胡菜属、翠菊属为单种属，原产于我国，后分布于东亚各国。

13.3.1.14　中国特有属

中国特有属共有9属，占总属数的7.5%，包括：

紊蒿属 *Elachanthemum*
太行菊属 *Opisthopappus*
蚂蚱腿子属 *Myripnois*
黄缨菊属 *Xanthopappus*
合头菊属 *Syncalathium*
百花蒿属 *Stilpnolepis*
华蟹甲草属 *Sinacalia*
虫胃菊属 *Takeikatzuchia*
川木香属 *Vladimiria*

紊蒿属和百花蒿属均为单种属，分布于西北部和蒙古地区。黄缨菊属为我国特有单种属。华蟹甲属共4种，由华中至横断山区东缘和华西北部，西达唐古特，实为我国第2阶台上的1个演化盲支，与橐吾属和蟹甲草属有密切的亲缘关系。

13.3.2　种的区系分析

该区菊科植物共有432种，参照《中国植物志》和《黄土高原植物志》中的地理描述，划分为以下类型：

13.3.2.1　世界分布种

世界分布的种有7种，占种总数的1.62%，如苍耳（*Xanthium sibiricum*）、苦苣菜（*Sonchus oleraceus*）、密齿千里光（*Senecio densiserratus*）、辣子草（*Galinsoga parviflora*）、苣荬菜（*Sonchus arvensis*）等。其中密齿千里光从东北亚起源后分化，并与台湾、云南高原和喜马拉雅的相近类型同步分化。

13.3.2.2　热带分布种

热带分布包括（泛热带分布、热带亚洲和美洲间断分布、旧世界热带分布、热带亚洲至热带非洲分布、热带亚洲至大洋洲）的种有22种，占种总数的5.09%，如南亚蒿（*Artem isia nilagirica*）、鳢肠（*Eclipta prostrata*）、大丁草（*Leibnitzia anandria*）、金腰箭（*Synedrella nodiflora*）、柳叶斑鸠菊（*Vernonia saligna*）等。其中，鳢肠久已入药，《唐本草》收载，无疑非晚时传入；大丁草分布较广，分化时间约在滇中高原抬升到2200m时，是东亚植物区分化为中国-日本和中国-喜马拉雅2个亚区的典型代表。

13.3.2.3　北温带分布种

北温带分布的种有94种，占种总数的21.76%，如腺梗菜（*Adenocaulon him alaicum*）、牡蒿（*Artemisia japonnica*）、魁蒿（*Artemisia princeps*）、红足蒿（*Artemisia rubripes*）、阴地蒿（*Artemisia sylvatica*）、侧蒿（*Artemisia deversa*）、野艾蒿（*Artemisia lavandulaefolia*）、牛尾蒿（*Artemisia dubia*）、珠光香青（*Anapha lismargari-*

tacea)、蜂斗菜(*Petasites japonicus*)、风毛菊(*Saussurea japonica*)、秀毛风毛菊(*Saussurea dutaillyana*)、少花风毛菊(*Saussurea oligantha*)、羽裂风毛菊(*Saussurea pinnatidentata*)等。其中，腺梗菜为草本，广布我国各地林下林缘水湿地；珠光香青分布较广，似为早期扩散的老种，可能是在北太平洋扩张后起源于东北亚，并作东北—西南分化，而南达华莱士线东西部。

13.3.2.4　旧世界温带分布种

旧世界温带分布的种有 24 种，占种总数的 5.56%，如款冬(*Tussilago farfara*)、羊耳菊(*Inula cappa*)、戟叶垂头菊(*Cremanthoidium potaninii*)、天名精(*Carpesium abrotanoides*)等。其中羊耳菊有向印度—马来扩散的迹象。款冬花多为栽培，生于海拔 700～1120 米的山涧、河堤、水沟旁或者山坡上，广布于我国南北各地。

13.3.2.5　温带亚洲分布种

温带亚洲分布的种有 30 种，占种总数的 6.94%，如淡黄香青(*Anaphalis flavescens*)、灰苞蒿(*Artemisia roxburghiana*)、等苞蓟(*Cirsium fargesii*)、水朝阳旋覆花(*Inula helianthus-aquatica*)、花花柴(*Karelinia caspia*)等。水朝阳旋覆花可能为云南高原独有后期分化种。

13.3.2.6　地中海地区、西亚至东亚分布种

地中海地区、西亚至东亚分布的种有 9 种，占种总数的 2.08%，如粘毛蒿(*Artemisia mattfeldii*)、矮火绒草(*Leontopodium nanum*)、腺毛蒿(*Artemisia viscida*)、菜蓟(*Cynara scolymus*)、西班牙菜蓟(*Cynara cardunculus*)、大翅蓟(*Onopordum acanthium*)、顶羽菊(*Acroptilon repens*)等。

13.3.2.7　东亚分布种

东亚分布的种有 52 种，占种总数的 12.04% ，如钻叶火绒草(*Leontopodium subulatum*)、喜玛拉雅垂头菊(*Cremanthoidium decaisnei*)、毛冠菊(*Nannoglottis carpesioides*)等。钻叶火绒草较为原始，为广义云南高原至横断山区南段特有，但作垂直代替和东南偏移。

13.3.2.8　中国特有分布种

中国特有分布的种有 167 种，占种总数的 38.66%，其中风毛菊属(*Saussurea*) 38 种、帚菊属(*Pertya*) 4 种、蟹甲草属(*Parasenecio*) 10 种、蒿属(*Artemisia*) 24 种、橐吾属(*Ligularia*) 8 种、菊属(*Dendranthema*) 4 种。绵头雪兔子(*Saussurea laniceps*)、水母雪兔子(*Saussurea medusa*)、苞叶雪莲(*Saussurea obvallata*)和柳叶菜风毛菊(*Saussurea epilobioides*)均属于易危种，据推测过去 3 个世代内致危因素没有停止，种群将至少减少 30%；帚菊属(*Pertya*)黄土高原 4 种均为中国特有分布，分布于我国西北、西南和东南等省区，分布地点少于 5 个，且分布狭窄。中国特有分布种中风毛菊属占有很大比例，占总特有分布的 22.75%。

13.3.2.9　黄土高原特有分布种

黄土高原特有分布的种有 11 种，占种总数的 2.55%，如垣曲裸菀(*Miyamayome-*

na yuanquensis)、太行菊(*Opisthopappus taihangensis*)、丝裂亚菊(*Agania nematoloba*)、术叶菊(*Synotis atractylidifolia*)、两色帚菊(*Pertya discolour*)、单花帚菊(*Pertya uniflora*)、狭舌垂头菊(*Cremanthodium stenoglossum*)、抱茎风毛菊(*Saussurea chingiana*)、骨尖头风毛菊(*Saussurea malitiosa*)和褐毛风毛菊(*Saussurea brunneopilosa*)、大齿橐吾(*Ligularia macrodonna*)等，其中，垣曲裸菀产于山西垣曲县同善乡海拔 950 米的山谷灌木丛中；太行菊为山西太行山地区特有种；丝裂亚菊产于宁夏同心、甘肃会宁、榆中、青海西宁等地。两色帚菊、单花帚菊、大齿橐吾(*Ligularia macrodonna*)、狭舌垂头菊、抱茎风毛菊、骨尖头风毛菊和褐毛风毛菊都分布在甘肃、青海等省。

13.4　黄土高原与相邻地区菊科属的相似性比较

研究某一地区的植物区系实质上是研究该地区内植物种类组成的特点。植物区系也是环境条件的反映，相同的分布区类型表征相似的地理起源，是与其他具体植物区系相区别而存在的，孤立的研究某一地区的植物区系并没有意义。因此，只有与其邻近的各地区植物区系进行比较，才能真正揭示出该地区植物区系的特征。分布区类型组成聚为一类的地区其环境条件必然有较大的一致性，也能反映出生境的相似程度。本书选取了 4 个与黄土高原相邻或相关的地区进行了比较。

属相似性系数是用两地的菊科植物共有属来比较它们的植物区系关系。根据公式

$$S = a/(a+b+c) \tag{13-1}$$

式中，a 为共有属；b，c 为出现于一地的属数都不包含世界广布属；S 为相似系数。

根据表 13-4 可以看出，黄土高原与秦岭和内蒙古菊科属的相似性最高，相似系数分别为 0.7479 和 0.6911；与东北地区和新疆地区相似性较低，相似系数分别是 0.4677 和 0.5034。说明黄土高原菊科植物区系与秦岭和内蒙古植物区系有着紧密的联系，与东北和新疆植物区系相对较为疏远。

表 13-4　黄土高原与邻近地区菊科属的相似性比较

地区	东北地区	秦岭地区	新疆地区	内蒙古
邻近地区含有属数	67	96	115	95
共有属数	58	89	73	85
相似系数	0.4677	0.7479	0.5034	0.6911
排序	4	1	3	2

黄土高原南与秦岭相连，北接壤于内蒙古。秦岭气候温暖湿润，物种丰富，因而在黄土高原南部分布的菊科植物种类也比其他区域相对丰富；而内蒙古干旱、寒冷，从菊科区系成分上分析，3 个地区主要通过北温带分布属联系起来；秦岭和内蒙古地区所含菊科属数(分别是 89 属和 85 属)与黄土高原地区几乎相近，而秦岭地区菊科区系以亚热带湿润成分为主，内蒙古地区则以北温带干旱成分为主，从这一点看来，这两个地区又有很大差异。黄土高原地区菊科植物属于蒙新荒漠干旱和秦岭湿润气候的交汇地带，

并表现出黄土高原菊科植物区系由亚热带向温带过渡的特点。

黄土高原菊科植物区系既受地史因素的控制，又受近代极其多样的自然、人为因素的影响，在漫长的植物演化、进化过程中，不仅同邻近地区的植物区系发生各种途径的交流，而且还与世界某些地区的有关区系发生地理上的联系。

黄土高原地区与秦岭和内蒙古地区在属的水平上相似性系数均远超过 50%，一方面说明黄土高原与这两个地区距离较近，区系联系紧密，更重要的是体现了这两个地区菊科植物区系在起源和传播过程中紧密的历史渊源。

13.5 讨 论

13.5.1 黄土高原菊科植物在种类上十分丰富

我国菊科 11 族、230 属、2300 多种，黄土高原地区分布 11 族、114 属、420 种、1 亚种、40 变种及 6 变型，属数占全国的 50%，种数占全国的 18.79%。与邻近的秦岭、新疆、内蒙古和东北 4 个地区相比较，黄土高原地区菊科属和种的数量也相对较高，以上数据表明黄土高原菊科植物在种类上十分丰富。黄土高原菊科植物名录见表 13-5。

13.5.2 区系成分复杂，温带区系成分占绝对优势

黄土高原地处温带半湿润与干旱半干旱过渡带，15 种分布区类型在黄土高原地区分布 14 个，区系成分复杂，表现出亚热带向温带过渡的特点，温带分布（8～15 型）99 属，占非世界分布总属数的 82.51%，以温带区系成分占优势。热带分布属 15 属（2～7型），占非世界分布总属数的 12.49%，应俊生先生提出的“秦岭作为暖温带和温带植物的分界线”以及“秦岭地区的植物区系和植被具有明显的温带性”，这也说明了黄土高原菊科植物区系的热带亲缘。

多种区系成分汇集，与周邻联系广泛。从地理位置上看，黄土高原南与秦岭紧密接壤，北与亚洲荒漠植物亚区相连，西与西南逐渐过渡到青藏高原植物亚区和中国-喜马拉雅森林植物亚区。黄土高原地处泛北极植物区、中国-日本森林植物亚区的华中地区，多种植物区系在此交汇渗透，并且与外界有广泛和不同程度的联系。在生境上是由暖温带干旱、半干旱的森林和森林草原类型向干旱荒漠的草原类型过渡的“生境过渡带”，在植物区系方面是华北区系向青藏高原区系过渡的“区系过渡带”，例如，该区北温带分布的不少属还广泛分布于其所在的秦巴山区、长江流域以南，乃至西南、华南热带和亚热带山地。泽兰属、裸菀属是热带和亚热带植被的主要成分，在我国主要分布于秦岭、淮河以南地区，但也有不少种如蟹甲草属、鳍蓟属等，分布到华北乃至东北等温带地区。

13.5.3 植物区系起源古老

黄土高原地区有较多古老的属，并保存了不少残遗植物，而且单种属和少种属的比例较高，单种属有 58 种，占总属数的 48.33%。同时也具有较多的间断分布属，地球上

各大洲的间断分布型该区均有。例如大丁草属，为具有花部性状春秋二型的进化类群，但其存在也相当古老，表现在东亚、南亚（东北至俄远东）分布，而1～2种出于中美洲，并和美洲亚热带的Chaptalia作对应分布。云南高原至横断山为大丁草属分布和分化中心，其特征为具有春、秋二型花，不但外部形态有别，且舌状二唇雌花与管状二唇雌花也分别出现于春秋二型植株中。起源中心似与广布的*L. anandria*和*L. nepalensis*有关，它们是东亚植物区分化为中国-日本和中国-喜马拉雅二亚区的典型代表。从分布看，在这一属群中也是古老的，显然也是古南大陆起源。另外，区内菊科植物也有形态上原始的木本类型，如斑鸠菊和柳叶亚菊等。欧亚和美洲温带间断分布的火绒草属，东亚和北美间断分布的蟹甲草属等间断分布类型也说明该区菊科植物起源古老。但区内也不乏进化的菊科植物类群，如垂头菊属和风毛菊属等。

另一东亚属帚菊（14型），我国有17野生种。除去在各类常绿或中生混交林下习见，还分布到金沙江干暖河谷，并在华北落叶林下分化出♂/♀异株的蚂蚱腿子（15型）这一特有单型属，可作为华北区的标志。上述各属分布，显示出东亚菊科区系的古老性和原始性。

13.5.4　与气候等因素密切联系

黄土高原与秦岭和内蒙古南北接壤，菊科属的相似性最高，相似系数分别为0.7586和0.7059。该区的川木香、风毛菊为全温带分布类型，但主要在欧亚大陆，亦为东亚和中国的大属，在各类森林植被种作用明显；应属于一种以北温带成分，特别是欧亚大陆温、寒地带典型成分为优势的，兼具温性、寒温和高寒类型的温带区系性质；应是在温带区系中的一些过渡区系所应有的“复合型”区系特征。蓟属属于较典型的北温带分布，普遍分布于全国各地，特别是西部和西南部高山、亚高山地区，是各类草甸的代表植物或重要组成，但该属不少种类出现单优情况，预示着草场受到一定程度的人为干扰和退化。在喜马拉雅和青藏高原的抬升、中亚旱化过程中，一些新的成分相继产生、分化而来。飞廉属属于旧世界温带分布类型，但分布中心在地中海地区、西亚或中亚，常是山地草甸、草原或荒漠灌丛的主要组成。黄飞廉系该属在中亚旱化过程中的衍生物，也是西北地区植被中常见的菊科种类。

因此有理由认为，这种复合型区系特征是由于植物区系过渡区所具有的相对复杂的地理环境和气候条件等生态因子的综合作用，再加之历史因素的影响和现代各相关区系成分长期与黄土高原植物区系相互渗透、竞争、适应等而最终形成的，也应属于区系过渡区特有的生态环境和相关区系成分之间双向选择的结果。

13.5.5　中国特有植物种在该区占有很高比例

在一定程度上，特有类群的多少可以直接或间接地反映出该区生态环境的独特性或复杂性。黄土高原似乎更具备产生更多新分类群的复杂、独特的地理环境和气候条件，特别是区域性的小环境。黄土高原地区独特的气候和地理特点造成了水热条件的显著差异，与之相适应的植被类型复杂多样，因而使黄土高原地区植物在长期生长发育和演化的过程中，处于高度分化地位，且分化幅度和规模均较大，主要表现在黄土高原菊科特有植物比例很高。黄土高原中国特有属共有 9 属，占全国特有属（29 属）的 31%，占黄土高原总属数 7.5%；中国特有分布的种有 167 种，占总种数的 38.66%；黄土高原特有分布的种有 11 种，占总种数的 2.55%。从而反映出，除了就地分化的种类外，较之于其他类型，中国特有成分在该区的分布，无论在对气候、地理等生态环境因素的适应性，还是在传播途径、传播距离等方面都具有最大的优势。

特有植物的研究对于探讨黄土高原地区植物区系的发生、发展具有十分重要的价值，因为特有植物最能反映黄土高原地区植物区系的特殊性，而许多菊科特有植物往往表现为孑遗状态。较之于邻近的其他地区，该区还以一些“只在该区出现的种”，体现出生态地理环境的多样性和边缘区系交汇区的性质，明显地体现了该区植物区系的特色，同时也说明了黄土高原菊科植物在中国-日本森林植物亚区的华北植物区系中的重要性。

13.5.6　植被恢复与生态环境建设

黄土高原地区严酷脆弱的生态环境，加上长期农业垦殖的强烈干扰及焚烧、乱砍滥伐对森林自然资源的不合理利用，使原有的天然植被已经被破坏殆尽，生态环境处于极度退化的状态。加速黄土高原地区的植被建设，不仅有利于改善区域生态环境，而且对整个西北地区生态系统生产力的提高也具有重大意义。

黄土高原菊科植物的很多种类系暖温性旱中生半灌木，在我国主要分布于河北、山西、陕西、甘肃的黄土高原，陕北黄土高原是其分布的中心地带。近期报道的与菊科相关的草地群落有蒿类温性灌草丛（主要包括：铁杆蒿、猪毛蒿、茵陈蒿、白叶蒿）、蒿类暖性灌草丛、茭蒿-铁杆蒿-冷蒿群落、铁杆蒿-茭蒿群落等。在森林草原上，茭蒿与铁杆蒿和达乌里胡枝子群落形成优势背景，也可在落叶阔叶林区北部的次生裸地上形成次生类型，在草原地带低山也有出现。茭蒿、铁杆蒿等菊科耐旱植物是该区主要群落的建群种，有的蒿类是群落演替过程中的标志性植物。因此，研究黄土高原菊科植物对黄土高原植被生态的研究具有非常重要的意义。

黄土高原南接秦岭、北邻毛乌素沙漠、西有六盘山的天然屏障，其特殊的地理位置和不同的生态环境为菊科植物提供了适宜的生存条件，而且有比较丰富的菊科植物资源，成为西北半湿润、半干旱地区重要的菊科种质资源库。菊科区系的研究也为研究黄土高原植被及演替、气候变迁、土壤侵蚀及生物多样性监测的最佳区域，并为黄土高原地区生态环境建设和植被恢复的研究提供基本的理论依据。

13.6　结　　论

（1）黄土高原地区菊科植物共有 120 属、432 种，种类十分丰富，属的分布区类型多样。

（2）优势属现象比较明显：大属仅有 7 属，只占总属数的 5.83%，但却有 170 种，占总种数的 39.35%。这些属在该区菊科植物区系中占有明显的主导地位。

（3）具有典型的温带性质：在属级水平上，温带分布属 99 属，占非世界分布总属数的 82.51%；在种级水平上，温带分布种 403 种，占种总数的 93.29%。植物区系偏重于温带性质，具有热带的亲缘。

（4）区系成分复杂：既有原始的类群，也有进化的类群。黄土高原地区单种属有 58 属，占总属数的 48.33%，说明了原始类群丰富和该区菊科区系的古老性。

（5）中国特有成分在该区的分布占有很高比例，说明黄土高原菊科植物，无论在对气候、地理等生态环境因素的适应性，还是在传播途径、传播距离等方面都具有最大的优势。黄土高原菊科植物区系特有化程度低，在该区有 11 种，占种总数的 2.55%，反映其区系起源的特殊性较差。

（6）地理成分比较复杂。黄土高原地区特殊的地理位置和气候特点，使该区区系十分复杂，且与周围广大地区联系广泛，以北温带成分为主的温带性质占明显优势。热带成分也有一定的比例，体现了该区区系与热带植物区系的亲缘关系，也体现出该区在南北植物区系之间的过渡地位。

（7）黄土高原地区是一个复合型的生态过渡带，是多种成分的交汇地。黄土高原菊科植物的很多种类在该地区植物群落演替中起着非常重要的作用，在未来的生态植被建设中，应按照其植物区系的基本特征，科学合理地保护和利用当地珍贵的物种资源和遗传基因，有效地促进黄土高原地区的生态恢复与重建。

黄土高原菊科植物名录

表 13-5 黄土高原菊科植物名录

中文名	拉丁学名	分布地区	主要用途
齿叶蓍	*Achillea acuminata* (Ledeb.) Sch. -Bip.	东北、内蒙古、陕西、宁夏、甘肃、青海	
高山蓍	*Achillea alpina* Linn.	东北、内蒙古、河北、山西、宁夏、甘肃	香料、药用
多叶蓍	*Achillea millefolium* Linn.	东北、内蒙古、陕西、宁夏、甘肃、新疆	香料、药用
云南蓍	*Achillea wilsoniana* Heimerl ex Hand. -Mzt.	河南、山西、甘肃、陕西、湖北、湖南、四川、云南、贵州	药用
猫儿菊	*Achyrophorus ciliatus* (Thunb.) Sch. -Bip.	东北、华北、河南	药用
顶羽菊	*Acroptilon repens* (Linn.) DC.	华北、西北	
和尚菜	*Adenocaulon himalaicum* Edgew.	东北、华北、华中、西南、西北	
蓍状亚菊	*Ajania achilloides* (Turcz.) Poljak. et Grubov	内蒙古、甘肃	
灌木亚菊	*Ajania fruticulosa* (Ledeb.) Poljak.	内蒙古、甘肃、陕西、宁夏、青海、新疆、西藏	
铺散亚菊	*Ajania khartensis* (Dunn) Shih	宁夏、内蒙古、甘肃、青海、四川、云南、西藏	
多花亚菊	*Ajania myriantha* (Franch.) Ling et Shih	甘肃、青海、四川、云南、西藏	
丝裂亚菊	*Ajania nematoloba* (Hand. -Mzt.) Ling et Shih	宁夏、甘肃、青海	
束伞亚菊	*Ajania parviflora* (Grun.) Ling	内蒙古、河北、山西	
细裂亚菊	*Ajania przewalskii* Poljak.	宁夏、甘肃、青海、四川	
柳叶亚菊	*Ajania salicifolia* (Mattf.) Poljak.	宁夏、陕西、甘肃、青海、四川	
细叶亚菊	*Ajania tenuifolia* (Jacq.) Tzvel.	甘肃、青海、四川、云南、西藏	
铂菊	*Amberoa moschata* (Linn.) DC.	全国	观赏
黄腺香青	*Anaphalis aureo-punctata* Lingelsh. et Borza	山西、陕西、甘肃、青海、湖北、湖南、广东、广西、四川、贵州、云南	
青海二色香青	*Anaphalis bicolor* (Franch.) Diels var. *kokonorica* Ling	甘肃、青海	
同色香青	*Anaphalis bicolor* (Franch.) Diels var. *subconcolor* Hand. -Mzt.	甘肃、青海、四川、西藏	
淡黄香青	*Anaphalis flavescens* Hand. -Mzt.	陕西、甘肃、青海、四川、西藏	
铃铃香青	*Anaphalis hancockii* Maxim.	河北、山西、陕西、宁夏、青海、甘肃、四川、西藏	
乳白香青	*Anaphalis lactea* Maxim. f. *lactea*	宁夏、甘肃，青海、四川	药用
红花乳白香青	*Anaphalis lactea* Maxim. f. *rosea* Ling	宁夏、甘肃、青海	
绿宽翅香青	*Anaphalis latialata* Ling et Y. L. Chen var. *viridis* (Hand. -Mzt.) Ling et Y. L. Chen	青海、甘肃、四川	

续表

中文名	拉丁学名	分布地区	主要用途
黄褐珠光香青	*Anaphalis margaritacea* (Linn.) Benth. et Hook. f. var. *cinnamomea* (DC.) Herd. ex Maxim.	陕西、甘肃、湖北、四川、贵州、云南	
线叶珠光香青	*Anaphalis margaritacea* (Linn.) Benth. et Hook. f. var. *japonica* (Sch. -Bip.) Makino	陕西、河南、甘肃、青海、湖北、四川、贵州、云南、西藏	
珠光香青	*Anaphalis margaritacea* (Linn.) Benth. et Hook. f. var. *margaritacea*	西南、西部、中部	观赏
棉毛香青	*Anaphalis* sinica Hance var. *lanata* Ling	甘肃、河南	
疏生香青	*Anaphalis sinica* Hance var. *remota* Ling	河北、山西、河南、陕西、宁夏、甘肃	药用
红花香青	*Anaphalis sinica* Hance var. *remota* Ling. f. *rubra* (Hand. -Mzt.) Ling	河北、山西、陕西、甘肃	
香青	*Anaphalis sinica* Hance var. *sinica*	北部、中部、东部、南部	
春黄菊	*Anthemis tinctoria* Linn.	全国	观赏
牛蒡	*Arctium lappa* Linn.	东北、华北、西南、黄土高原	药用
木茼蒿	*Argyranthemum frutescens* (Linn.) Sch. Bip.	全国	观赏
无毛蒿	*Artemisea mattfeldii* Pamp. var. *etomentosa* Hand. -Mzt.	宁夏、四川、甘肃	
粘毛蒿	*Artemisea mattfeldii* Pamp. var. *mattfeldii*	青海、甘肃、四川	
碱蒿	*Artemisia anethifolia* Web.	东北、华北、西北	
莳萝蒿	*Artemisia anethoides* Mattf.	东北、华北、西北、河南	
黄花蒿	*Artemisia annua* Linn.	全国	药用
青蒿	*Artemisia apiacea* Hance	东北、华北、西南、华南	
沙地蒿	*Artemisia arenaria* DC.	内蒙古、宁夏、甘肃、新疆	水土保持
艾蒿	*Artemisia argyi* Lévl. et Vant. var. *argyi*	东北、北部、西部、南部	药用
细叶艾	*Artemisia argyi* Lévl. et Vant. var. *gracilis* Pamp.	东北、北部、西部、南部	
深绿蒿	*Artemisia atrovirens* Hand. -Mzt.	河南、陕西、甘肃、四川	
糜蒿	*Artemisia blepharolepis* Bge.	陕西、宁夏、内蒙古	
山蒿	*Artemisia brachyloba* Franch.	东北、内蒙古、河北、山西、陕西、宁夏、甘肃	药用
茵陈蒿	*Artemisia capillaris* Thunb.	全国	药用
青藏蒿	*Artemisia dalai-lamae* Krasch.	内蒙古、甘肃、青海、西藏	
沙蒿	*Artemisia desertorum* Spreng.	东北、华北、西北	水土保持
侧蒿	*Artemisia deversa* Diels	陕西、甘肃、湖北、四川	
狭叶青蒿	*Artemisia dracunculus* Linn.	东北、华北、西北	
南牡蒿	*Artemisia eriopoda* Bge.	全国	
矮蒿	*Artemisia feddei* Lévl. et Vant.	东北、华东、华南、西南、河南、陕西	
紫花冷蒿	*Artemisia frigida* Willd. var. *atropurpurea* Pamp.	东北、内蒙古、甘肃、山西、宁夏、新疆	
冷蒿	*Artemisia frigida* Willd. var. *frigida*	东北、华北、西北	药用、饲料

续表

中文名	拉丁学名	分布地区	主要用途
甘肃蒿	*Artemisia gansuensis* Ling et Y. R. Ling	辽宁、内蒙古、河北、山西、陕西、宁夏、甘肃、青海	
茭蒿	*Artemisia giraldii* Pamp.	华北、西北	
灰绿蒿	*Artemisia glauca* Pall.	北部、山西、河南、陕西、甘肃	
万年蒿	*Artemisia gmelinii* Web. ex Stechm.	东北、华北、西北	药用
差不嘎蒿	*Artemisia halodendron* Turcz. ex Bess.	辽宁、内蒙古、山西、陕西、宁夏	
臭蒿	*Artemisia hedinii* Ostenf.	西北、西南	药用
歧茎蒿	*Artemisia igniaria* Maxim.	东北、华北	
印度蒿	*Artemisia indica* Willd.	陕西、甘肃、四川	
牡蒿	*Artemisia japonica* Thunb.	全国	药用
裂叶蒿	*Artemisia laciniata* Willd.	东北、华北、西北	
白苞蒿	*Artemisia lactiflora* Wall. ex DC. var. *lactiflora*	陕西、甘肃、华东、中南、西南	
长叶羽裂蒿	*Artemisia lactiflora* Wall. ex DC. var. *taibaishanensis* X. D. Cui	陕西、甘肃	
宽叶蒿	*Artemisia latifolia* Ledeb.	东北、华北、宁夏、甘肃	
野艾蒿	*Artemisia lavandulaefolia* DC.	东北、华北、陕西、甘肃、宁夏、青海、河南	药用
白叶蒿	*Artemisia leucophylla* (Turcz. ex Bess.) Turcz. ex C. B. Clarke	东北、西北、内蒙古、山西、山东	
细叶蒿	*Artemisia macilenta* (Maxim.) Krasch.	东北、华北	
蒙古蒿	*Artemisia mongolica* Fisch. ex Bess.	东北、华北、西北	
小球花蒿	*Artemisia moorcroftiana* Wall. ex DC.	甘肃、青海、四川、云南、西藏	
黑沙蒿	*Artemisia ordosica* Krasch.	内蒙古、陕西、宁夏、甘肃	药用、水土保持、饲料
黑蒿	*Artemisia palustris* Linn.	东北、华北	
小花蒿	*Artemisia parviflora* Buch.-Ham. ex Roxb.	河南、陕西、甘肃、四川、云南、西藏	
褐鳞蒿	*Artemisia phaeolepis* Krasch.	东北、内蒙古、甘肃、青海、西藏	
甘新青蒿	*Artemisia polybotryoidea* Y. R. Ling	甘肃、新疆	
魁蒿	*Artemisia princeps* Pamp.	东北、华北、西北、西南	
柔毛蒿	*Artemisia pubescens* Ledeb.	东北、内蒙古、甘肃、陕西、宁夏	
秦岭蒿	*Artemisia qinlingensis* Ling et Y. R. Ling	河南、陕西、甘肃、青海、云南	
灰苞蒿	*Artemisia roxburghiana* Bess.	陕西、宁夏、甘肃、青海、四川、云南、西藏	
红足蒿	*Artemisia rubripes* Nakai	东北、华北、西北	
细裂叶莲蒿	*Artemisia santolinaefolia* Turcz. ex Bess	内蒙古、甘肃、青海、四川、西藏、新疆	

续表

中文名	拉丁学名	分布地区	主要用途
扫帚艾	*Artemisia scoparia* Waldst. et Kit.	全国	药用、饲料
蒌蒿	*Artemisia selengensis* Turcz. ex Bess.	东北、华北、华东	
商南蒿	*Artemisia shangnanensis* Ling et Y. R. Ling	河南、陕西、湖北、四川、贵州、云南	
大籽蒿	*Artemisia sieversiana* Willd.	东北、华北、西北、西南、河南	药用、香料
球花蒿	*Artemisia smithii* Mattf.	甘肃、四川、云南	
白沙蒿	*Artemisia sphaerocephala* Krasch.	内蒙古、山西、陕西、宁夏、甘肃、新疆	药用、饲料、水土保持
直茎蒿	*Artemisia stricta* Edgew.	甘肃、青海、四川、云南、西藏	
牛尾蒿	*Artemisia subdigitata* Mattf.	东北、华北、西北、西南	药用
线叶蒿	*Artemisia subulata* Nakai	东北、华北	
阴地蒿	*Artemisia sylvatica* Maxim.	东北、华北、河南、陕西、甘肃	
菊叶蒿	*Artemisia tanacetifolia* Linn.	华北、甘肃、宁夏、青海	
甘青蒿	*Artemisia tangutica* Pamp.	甘肃、青海、四川	
万年蓬	*Artemisia vestita* Wall. ex DC.	东北、华北、西南、陕西、甘肃、宁夏、新疆、西藏	药用
锯叶家蒿	*Artemisia vulgaris* Linn. var. *vulgatissima* Bess.	东北、华北、西北	
三脉紫菀	*Aster ageratoides* Turcz. var. *ageratoides*	全国	
异叶三脉紫菀	*Aster ageratoides* Turcz. var. *heterophyllus* Maxim.	河北、山西、河南、陕西、甘肃、湖北、四川、云南、西藏	
卵叶三脉紫菀	*Aster ageratoides* Turcz. var. *oophylus* Ling.	河北、山西、陕西、宁夏、甘肃、江苏、浙江、河南、湖北、湖南、江西、广东、广西、云南、四川	
高山紫菀	*Aster alpinus* Linn.	东北、河北、山西、新疆	
重冠紫菀	*Aster diplostephioides* (DC.) C. B. Clarke	甘肃、青海、四川、云南、西藏	
狭苞紫菀	*Aster farreri* W. W. Smith et J. F. Jeffr.	河北、山西、甘肃、青海、四川	
柔软紫菀	*Aster flaccidus* Bge.	西北、西部、西南、河北、山西	药用
等苞紫菀	*Aster homochlamydeus* Hand. -Mzt.	甘肃、四川、云南	
灰枝紫菀	*Aster poliothamnus* Diels	甘肃、青海、四川、西藏	药用
缘毛紫菀	*Aster souliei* Franch.	甘肃、四川、云南、西藏	药用
紫菀	*Aster tataricus* Linn. f.	东北、华北、西北、河南	药用
云南紫菀	*Aster yunnanensis* Franch.	甘肃、青海、四川、云南、西藏	
短叶中亚紫菀木	*Asterothamnus centrali-asiaticus* Novopokr. var. *potaninii* (Novopokr.) Ling et Y. L. Chen	宁夏、甘肃	
中亚紫菀木	*Asterothamnus centrali-asiaticus* Novopokr. var. *centrali-asiaticus*	内蒙古、宁夏、甘肃、青海	饲料
苍术	*Atractylodes lancea* (Thunb.) DC.	东北、华北、陕西、宁夏、甘肃、山东、江苏、安徽、浙江、河南、湖北、湖南、江西、四川	药用

续表

中文名	拉丁学名	分布地区	主要用途
白术	*Atractylodes macrocephala* Koidz.	陕西、宁夏、甘肃、浙江、湖北、湖南、江西、四川	药用
云木香	*Aucklandia lappa* (Decne.) Ling	陕西、广西、四川、云南	药用
雏菊	*Bellis perennis* Linn.	全国	观赏
婆婆针	*Bidens bipinnata* Linn.	东北、华北、华东、中南、西南、秦岭	药用
金盏银盘	*Bidens biternata* (Lour.) Merr. et Sherff	华中、华南、华东、西南、辽宁、河北、山西、河南、陕西、甘肃	药用
柳叶鬼针草	*Bidens cernua* Linn.	东北、华北、陕西、四川、云南、西藏	
小花鬼针草	*Bidens parviflora* Willd.	东北、华北、西南、山东、陕西、宁夏、甘肃、青海、河南	药用
白花鬼针草	*Bidens pilosa* Linn. var. *radiata* Sch. -Bip.	华东、华中、华南、西南、陕西、甘肃	
矮狼把草	*Bidens tripartita* Linn. var. *repens* (D. Don.) Sherff	河北、山西、陕西、内蒙古、新疆	
狼把草	*Bidens tripartita Linn.* var. *tripartita*	东北、华北、西北、华中、华东、西南	药用
星毛短舌菊	*Brachanthemum* pulvinatum (Hand. - Mzt.) Shih	内蒙古、甘肃、宁夏、青海、新疆	
短星菊	*Brachyactis ciliata* (Ledeb.) Ledeb.	东北、内蒙古、河北、山西、陕西、宁夏、甘肃、山东、新疆	
金盏花	*Calendula officinalis* Linn.	全国	药用、观赏
翠菊	*Callistephus chinensis* (Linn.) Nees	全国	观赏
毛果小甘菊	*Cancrinia lasiocarpa* C. Winkl.	宁夏、甘肃	
灌木小甘菊	*Cancrinia maximowiczii* C. Winkl.	内蒙古、甘肃、宁夏、青海、新疆	
飞廉	*Carduus crispus* Linn.	全国	药用
天名精	*Carpesium abrotanoides* Linn.	华东、华中、华南、西南、河北、河南、陕西、甘肃	
药用烟管头草	*Carpesium cernuum* Linn.	东北、华北、华中、华东、华南、西南、陕西、宁夏、甘肃	药用
矮天名精	*Carpesium humili* Winkl.	青海、四川	
高原天名精	*Carpesium lipskyi* Winkl.	陕西、山西、甘肃、青海、四川、云南	药用
大花金挖耳	*Carpesium macrocephalum* Franch. et Sav.	东北、华北、陕西、河南、甘肃、四川	药用、香料
棉毛天名精	*Carpesium nepalense* Less. var. *lanatum* (Hook. f. et Thoms. ex C. B. Clarke) Kitam.	陕西、甘肃、湖北、湖南、广西、四川、贵州、云南	药用
毛暗花金挖耳	*Carpesium triste* Maxim. var. *sinense* Diels	山西、河北、陕西、河南、宁夏、甘肃、新疆、四川	
暗花金挖耳	*Carpesium triste* Maxim. var. *triste*	东北、陕西、甘肃、四川、云南、西藏	

续表

中文名	拉丁学名	分布地区	主要用途
红花	*Carthamus tinctorius* Linn.	全国	药用、油料
矢车菊	*Centaurea cyanus* Linn.	全国	
观赏石胡荽	*Centipeda minima* (Linn.) A. Brown et Aschers.	东北、华北、华中、华东、西南、陕西	药用
川甘毛鳞菊	*Chaetoseris roborowskii* (Maxim). Shih.	内蒙古、甘肃、青海、宁夏、四川	
蒿子杆	*Chrysanthemum carinatum* Schousb	北部	蔬菜
腺毛菊苣	*Cichorium glandulosum* Boiss. et Huet	陕西、新疆	药用
菊苣	*Cichorium intybus* Linn.	辽宁、河北、陕西、新疆、江西	药用
瓜叶菊	*Cineraria cruenta* Mass. ex L'Herit.	全国	观赏
莲座蓟	*Cirsium esculentum* (Sievers) C. A. Mey.	东北、内蒙古、新疆	药用
湖北蓟	*Cirsium hupehense* Pamp.	河北、陕西、河南、湖北、湖南、江西、广东、广西、四川、贵州、云南	
大蓟	*Cirsium japonicum* Fisch. ex DC.	吉林、河北、陕西、青海、山东、安徽、浙江、福建、湖北、湖南、江西、广东、广西、四川、贵州、云南	药用
藏蓟	*Cirsium lanatum* (Roxb. ex Willd.) Spreng.	内蒙古、甘肃、青海、新疆、西藏	
魁蓟	*Cirsium leo* Nakai et Kitag.	河北、河南、山西、宁夏、陕西、甘肃、四川	
马刺蓟	*Cirsium monocephalum* (Vant.) Lévl.	山西、陕西、甘肃、湖北、四川、贵州	
烟管蓟	*Cirsium pendulum* Fisch. ex DC.	东北、华北、陕西、河南	药用
刺儿菜	*Cirsium segetum* Bge.	全国	药用、饲料、蔬菜
大刺儿菜	*Cirsium setosum* (Willd.) MB.	东北、华北、西北	药用、蔬菜、饲料
山西蓟	*Cirsium shansiense* Petrak	华北、陕西、甘肃、青海、安徽、河南、湖北、广东、广西、四川、贵州、云南	
聚头蓟	*Cirsium souliei* (Franch.) Mattf.	宁夏、甘肃、青海、四川、西藏	
香丝草	*Conyza bonariensis* (Linn.) Cronq.	东部、中部、南部、西南、河南、陕西	药用
小蓬草	*Conyza canadensis* (Linn.) Cronq.	东北、华北、中南、华南、东南、西南、华中、陕西、甘肃	饲料、药用
金鸡菊	*Coreopsis drummondii* Torr. et Gray	陕西、甘肃、北京	观赏
剑叶金鸡菊	*Coreopsis lanceolata* Linn.	全国	观赏
两色金鸡菊	*Coreopsis tinctoria* Nutt.	全国	观赏
秋英	*Cosmos bipinnatus* Cav.	全国	观赏
黄秋英	*Cosmos sulphureus* Cav.	全国	观赏
盘花垂头菊	*Cremanthodium discoideum* Maxim.	甘肃、青海、四川、西藏	
车前状垂头菊	*Cremanthodium ellisii* (Hook. f.) var. *ellisii*	甘肃、青海	

续表

中文名	拉丁学名	分布地区	主要用途
祁连垂头菊	*Cremanthodium ellisii*（Hook. f.）var. *ramosum*（Ling）Ling et S. W. Liu	青海、西藏	
矮垂头菊	*Cremanthodium humile* Maxim.	甘肃、青海、四川、云南、西藏	
线叶垂头菊	*Cremanthodium lineare* Maxim.	甘肃、青海、四川	
狭舌垂头菊	*Cremanthodium stenoglossum* Ling et S. W. Liu	甘肃、青海	
还阳参	*Crepis crocea*（Lamk.）Babc.	东北、内蒙古、河北、山西、陕西、宁夏、甘肃、青海、西藏	
弯茎还阳参	*Crepis flexuosa*（DC.）Benth. et Hook. f.	内蒙古、甘肃、青海、西藏	
多茎还阳参	*Crepis multicaulis* Ledeb.	陕西、新疆	
西班牙菜蓟	*Cynara cardunculus* Linn.	陕西、北京、上海、广东	药用、蔬菜、观赏
菜蓟	*Cynara scolymus* Linn.	陕西、北京、上海、广东	药用、蔬菜、观赏
大丽花	*Dahlia pinnata* Cav.	全国	观赏、药用
银背菊	*Dendranthema argyrophyllum*（Ling）Ling et Shih	河南、陕西	
小红菊	*Dendranthema chanetii*（Levl.）Shih	东北、内蒙古、河北、山西、山东、河南、陕西、宁夏、甘肃、青海	
拟亚菊	*Dendranthema glabriusculum*（W. W. Smith）Shih	河南、陕西、四川、云南	
野菊	*Dendranthema indicum*（Linn.）Des Moul.	黄土高原、东北、华北、华中、华东、华南、西南	药用
甘菊	*Dendranthema lavandulifolium*（Fiscch. ex Trautv.）Kitam.	东北、华北、华东、华中、西北、西南	药用
细叶菊	*Dendranthema maximowiczii*（Kom.）Tzvel.	东北、内蒙古、甘肃	
菊花	*Dendranthema morifolium*（Ramat.）Tzvel.	全国	观赏、药用
楔叶菊	*Dendranthema naktongense*（Nakai）Tzvel	东北、内蒙古、山西、宁夏、甘肃、河北	
小山菊	*Dendranthema oreastrum*（Hance）Ling	吉林、内蒙古、河北、山西	
委陵菊	*Dendranthema potentilloides*（Hand. -Mzt.）Shih	陕西、山西、河南	
毛华菊	*Dendranthema vestitum*（Hemsl.）Ling	陕西、河南、湖北、安徽	
紫花野菊	*Dendranthema zawadskii*（Herb.）Tzvel.	东北、内蒙古、河北、山西、陕西、甘肃、安徽、浙江	
东风菜	*Doellingeria scaber*（Thunb.）Nees	东北、河北、山西、河南、陕西、山东、浙江、江西、四川	药用
多榔菊	*Doronicum stenoglossum* Maxim.	青海、甘肃、四川、云南、西藏	
褐毛蓝刺头	*Echinops dissectus* Kitag.	东北、华北、山东	
砂蓝刺头	*Echinops gmelinii* Turcz.	东北、华北、西北	药用
驴欺口	*Echinops latifolius* Tausch.	东北、华北、河南、陕西、宁夏、甘肃	药用

续表

中文名	拉丁学名	分布地区	主要用途
火烙草	*Echinops przewalskii* Iljin	山西、内蒙古、甘肃、新疆、山东	
羽裂蓝刺头	*Echinops pseudosetifer* Kitag.	河北、山西、内蒙古	
糙毛蓝刺头	*Echinops setifer* Iljin	河南、山东	
鳢肠	*Eclipta prostrata* (Linn.) Linn.	全国	药用
紊蒿	*Elachanthemum intricatum* (Franch.) Ling et Y. R. Ling	内蒙古、甘肃、宁夏、青海、新疆	饲料
绒缨菊	*Emilia sagittata* (Vahl.) DC.	全国	观赏
一点红	*Emilia sonchifolia* (Linn.) DC.	长江以南、陕西	药用
飞蓬	*Erigeron acer* Linn.	吉林、辽宁、内蒙古、河北、山西、陕西、宁夏、甘肃、青海、新疆、四川、西藏	饲料
一年蓬	*Erigeron annuus* (Linn.) Pers.	河北、河南、陕西、吉林、山东、江苏、安徽、福建、湖北、湖南、江西、四川、西藏	药用
长茎飞蓬	*Erigeron elongatus* Ledeb.	内蒙古、河北、山西、宁夏、甘肃、新疆、四川、西藏	
堪察加飞蓬	*Erigeron kamtschaticus* DC.	吉林、内蒙古、河北、山西、河南、宁夏、甘肃	
华泽兰	*Eupatorium chinense* Linn.	陕西、甘肃、安徽、浙江、福建、湖北、湖南、江西、广东、广西、四川、贵州、云南	药用
佩兰	*Eupatorium fortunei* Turcz.	陕西、山东、江苏、安徽、浙江、江西、福建、河南、湖北、湖南、广西、海南、四川、贵州、云南	药用
泽兰	*Eupatorium japonicum* Thunb.	东北、华北、华中、华南、东南、西南、陕西、甘肃	
轮泽兰	*Eupatorium lindleyanum* DC. var. *trifoliolatum* Makino	东北、河北、陕西、甘肃、河南、湖北、四川、云南	
林泽兰	*Eupatorium lindleyanum* DC. var. *lindleyanum*	东北、华北、华中、中南、陕西、甘肃	药用
线叶菊	*Filifolium sibiricum* (Linn.) Kitam.	东北、内蒙古、河北、山西	
宿根天人菊	*Gaillardia aristata* Pursh.	全国	观赏
天人菊	*Gaillardia pulchella* Foug.	全国	观赏
扶郎花	*Gerbera jamesonii* Bolus	全国	观赏
秋鼠麹草	*Gnaphalium hypoleucum* DC.	华中、华东、华南、西南、陕西、甘肃、青海、台湾	
丝棉草	*Gnaphalium luteo-album* Linn.	陕西、甘肃、山东、江苏、河南、湖北、广东、四川	观赏
菊三七	*Gynura japonica* (Linn. f.) Juel	陕西、甘肃、江苏、安徽、浙江、河南、湖北、广东、四川、贵州、云南	药用
向日葵	*Helianthus annuus* Linn.	全国	果品、油料、观赏

续表

中文名	拉丁学名	分布地区	主要用途
菊芋	*Helianthus tuberosus* Linn.	全国	观赏、蔬菜、饲料、淀粉
蜡菊	*Helichrysum bracteatum* (Vent.) Andr.	全国	观赏
泥胡菜	*Hemistepta lyrata* (Bge.) Bge.	全国	饲料
砂狗娃花	*Heteropappus meyendorffii* (Regel et Maack) Kom. et Klob. -Alis.	东北、河北、山西、陕西、甘肃、内蒙古	
阿尔泰狗娃花	*Heteropappus altaicus* (Willd.) Novopokr. var. *altaicus*	东北、华北、西北、河南、湖北、四川	饲料
灰白狗娃花	*Heteropappus altaicus* (Willd.) Novopokr. var. *canescens* (Ness) Serg.	内蒙古、山西、陕西、宁夏、甘肃、新疆	
千叶狗娃花	*Heteropappus altaicus* (Willd.) Novopokr. var. *millefolius* (Vant.) W. Wang	东北、华北、西北、华中	
青藏狗娃花	*Heteropappus bowerii* (Hemsl.) Griers.	甘肃、青海、西藏	
圆齿狗娃花	*Heteropappus crenatifolius* (Hand. -Mzt.) Griers.	宁夏、甘肃、青海、四川、云南、西藏	
多毛狗娃花	*Heteropappus hispidus* (Thunb.) Less. f. *hispidissimus* Ling et W. Wang	东北、河北、山西、河南、陕西、宁夏、青海、四川	
狗娃花	*Heteropappus hispidus* (Thunb.) Less. f. *hispidus*	东北、华北、陕西、甘肃、宁夏、青海、河南、安徽、浙江、台湾、江西、湖北、四川	
山柳菊	*Hieracium umbellatum* Linn.	内蒙古、吉林、辽宁、河北、山西、陕西、甘肃、新疆、山东、河南、湖北、湖南、四川	
粗毛山柳菊	*Hieracium virosum* Pall.	东北、内蒙古、陕西	
贺兰山女蒿	*Hippolytia alashanensis* (Ling) Shih	内蒙古、甘肃、宁夏	
女蒿	*Hippolytia trifida* (Turcz.) Poljak.	宁夏、内蒙古	饲料
多毛旋覆花	*Inula japonica* Thunb. f. *giraldii* (Diels) J. Q. Fu	山西、河南、陕西、甘肃、江苏、湖北、湖南、江西、四川	
旋覆花	*Inula japonica* Thunb. f. *japonica*	东北部、北部、中部、东部、广东、四川、贵州、黄土高原	药用
线叶旋覆花	*Inula lineariifolia* Turcz.	山西、河南、宁夏、内蒙古、河北、陕西、江苏、浙江、湖北、江西	药用
总状土木香	*Inula racemosa* Hook. f.	陕西、甘肃、青海、新疆、湖北、四川、西藏	药用
蓼子朴	*Inula salsoloides* (Turcz.) Ostenf.	山西、陕西、宁夏、青海、辽宁、内蒙古、河北、甘肃、新疆	水土保持
中华小苦荬	*Ixeridium chinensis* (Thunb.) Tzvel.	全国	蔬菜、药用、饲料
抱茎苦荬菜	*Ixeridium sonchifolia* (Bge.) Hance	东北、华北、黄土高原	
丝叶山苦荬	*Ixeris chinensis* (Thunb.) Nakai var. *graminifolia* (Ledeb.) H. C. Fu	全国	
羽叶苦荬菜	*Ixeris denticulata* (Houtt.) Stebb. f. *pinnatipartita* (Makino.) Kitag.	东北、河北、山西	

续表

中文名	拉丁学名	分布地区	主要用途
多头苦荬菜	*Ixeris polycephala* Cass.	东北、华南、华中、西南、陕西	药用
蒙新苓菊	*Jurinea mongolica* Maxim.	内蒙古、宁夏、陕西、新疆	药用
纤细马兰	*Kalimeris indica* (Linn.) Sch.-Bip. f. *gracilis* J. Q. Fu	河南、陕西、甘肃	
马兰	*Kalimeris indica* (Linn.) Sch.-Bip. f.	全国	药用、蔬菜、水土保持
全叶马兰	*Kalimeris integrifolia* Turcz. ex DC.	东北、西北、中部、北部	水土保持
山马兰	*Kalimeris lautureana* (Debx.) Kitam.	东北、华北、陕西、河南、山东、江苏	
蒙古马兰	*Kalimeris mongolica* (Franch.) Kitam.	辽宁、吉林、内蒙古、河北、山西、河南、陕西、宁夏、甘肃、山东、四川	水土保持
羽叶马兰	*Kalimeris pinnatifida* (Maxim.) Kitam.	东北、陕西、宁夏、甘肃、湖北、四川	水土保持
花花柴	*Karelinia caspia* (Pall.) Less.	内蒙古、甘肃、宁夏、青海、新疆	
多裂山莴苣	*Lactuca indica* Linn. var. *runcinato-pinnatifida* (Kom.) Chu	东北、河北、江苏、山西、陕西、河南、甘肃	
高莴苣	*Lactuca raddeana* Maxim. var. *elata* (Hemsl.) Kitam.	东北、河北、陕西、甘肃、山东	药用
莴笋	*Lactuca sativa* Linn. var. *angustata* Irish ex Bremek.	全国	蔬菜、药用
锯齿莴苣	*Lactuca serriola* Torn.	陕西、新疆、西藏	饲料
稻槎菜	*Lapsana apogonoides* Maxim.	陕西、甘肃、浙江、江苏、湖北、江西、广东、云南	
大丁草	*Leibnitzia anandria* (Linn.) Nakai	全国	药用
美头火绒草	*Leontopodium calocephalum* (Franch.) Beauv. var. *calocephalum*	青海、甘肃、四川、云南	
疏苞火绒草	*Leontopodium calocephalum* (Franch.) Beauv. var. *depauperatum*	甘肃、青海	
湿生火绒草	*Leontopodium calocephalum* (Franch.) Beauv. var. *uliginosum* Beauv.	甘肃、青海、四川、云南	药用
川甘火绒草	*Leontopodium chuii* Hand.-Mzt.	四川、甘肃	
戟叶火绒草	*Leontopodium dedekensii* (Bur. et Franch.) Beauv.	陕西、甘肃、青海、湖南、四川、贵州、云南、西藏	
香芸火绒草	*Leontopodium haplophylloides* Hand.-Mzt.	四川、甘肃、青海	
薄雪火绒草	*Leontopodium japonicum* Miq. var. *japonicum*	山西、陕西、河南、甘肃、安徽、湖北、四川	药用
厚茸薄雪火绒草	*Leontopodium japonicum* Miq. var. *xerogenes* Hand.-Mzt.	河南、陕西、甘肃、安徽、湖北	

续表

中文名	拉丁学名	分布地区	主要用途
火绒草	*Leontopodium leontopodioides* (Willd.) Beauv.	东北、华北、西北、河南	药用
狭叶火绒草	*Leontopodium longifolium* Ling. f. *angustifolium* Ling.	河北、甘肃、山西、青海、内蒙古、四川	
长叶火绒草	*Leontopodium longifolium* Ling. f. *longifolium*	河北、山西、陕西、宁夏、甘肃、青海、内蒙古、四川、西藏	
小头火绒草	*Leontopodium microcephalum* (Hand. -Mzt.) Ling	山西、河南、陕西、甘肃	
矮火绒草	*Leontopodium nanum* (Hook. f. et Thoms.) Hand. -Mzt.	陕西、甘肃、青海、新疆、四川、西藏	
黄白火绒草	*Leontopodium ochroleucum* Beauv.	青海、新疆、西藏	
绢茸火绒草	*Leontopodium smithianum* Hand. -Mzt.	陕西、宁夏、甘肃、内蒙古	
大滨菊	*Leucanthemum maximum* (Ramood) DC.	陕西、北京	观赏
滨菊	*Leucanthemum vulgare* Lam.	全国	观赏
齿叶橐吾	*Ligularia dentata* (A. Gray) Hara.	山西、陕西、甘肃、湖北、湖南、贵州、云南	
药用大黄橐吾	*Ligularia duciformis* (C. Winkl.) Hand. -Mzt.	甘肃、宁夏、湖北、四川、云南、西藏	
蹄叶橐吾	*Ligularia fischeri* (Ledeb.) Turcz.	东北、华北、河南、陕西、四川、云南	
药用狭苞橐吾	*Ligularia intermedia* Nakai var. *intermedia*	东北、华东、中南、河北、山西、河南	药用
少花橐吾	*Ligularia intermedia* Nakai var. *oligantha* (Miq.) Nakai.	山西	
大齿橐吾	*Ligularia macrodonta* Ling.	甘肃、青海	
全缘橐吾	*Ligularia mongolica* (Turcz.) DC.	东北、内蒙古、河北	
掌叶橐吾	*Ligularia przewalskii* (Maxim.) Diels.	内蒙古、河北、山西、陕西、甘肃、宁夏、青海、四川	药用
箭叶橐吾	*Ligularia sagitta* (Maxim.) Mattf.	内蒙古、陕西、宁夏、甘肃、青海、四川	
西伯利亚橐吾	*Ligularia sibirica* (Linn.) Cass.	东北、内蒙古、河北	药用
狭头橐吾	*Ligularia stenocephala* (Maxim.) Matsum. et Koidz.	东北、华东、山西	
甘青橐吾	*Ligularia tangutorum* Pojark.	甘肃、青海、四川、西藏	
离舌橐吾	*Ligularia veitchiana* (Hemsl.) Greenm.	河南、陕西、甘肃、湖北、四川、贵州、云南	
黄帚橐吾	*Ligularia virgaurea* (Maxim.) Mattf.	甘肃、青海、四川、云南、西藏	
黄毛橐吾	*Ligularia xanthotricha* (Grün.) Ling	河北、山西	
母菊	*Matricaria recutita* Linn.	全国	药用、观赏
裸菀	*Miyamayomena piccolii* (Hook. f.) Kitam.	山西、陕西、河南、四川	
垣曲裸菀	*Miyamayomena yuanqunensis* (J. Q. Fu) J. Q. Fu	山西	
乳苣	*Mulgedium tatarica* (Linn.) DC.	东北、河北、山西、陕西、宁夏、甘肃、青海、内蒙古、新疆、河南	饲料、化工

续表

中文名	拉丁学名	分布地区	主要用途
蚂蚱腿子	*Myripnois dioica* Bge.	东北、华北、陕西、湖北	
毛冠菊	*Nannoglottis carpesioides* Maxim.	陕西、甘肃、青海、四川	
栉叶蒿	*Neopallasia pectinata* (Pall.) Poljak.	东北、内蒙古、河北、山西、陕西、宁夏、甘肃、青海、新疆、四川、云南、西藏	
鳍蓟	*Olgaea leucophylla* (Turcz.) Iljin	东北、华北、陕西、甘肃、宁夏	药用
青海鳍蓟	*Olgaea tangutica* Iljin	华北、陕西、甘肃、宁夏、青海	
大翅蓟	*Onopordum acanthium* Linn.	陕西、新疆	药用
太行菊	*Opisthopappus taihangensis* (Ling) Shih	山西、河南	
黄花菜	*Paraixeris denticulata* (Houtt.) Nakai.	全国	药用
两似蟹甲草	*Parasenecio ambigua* (Ling) Y. L. Chen	河北、山西、河南、甘肃、陕西、安徽	
耳叶蟹甲草	*Parasenecio auriculata* (DC.) H. Koyama	东北、内蒙古、陕西、甘肃、湖北	
山西蟹甲草	*Parasenecio dasythyrsa* (Hand.-Mzt.) Y. L. Chen	山西、河南、陕西、甘肃	
翠雀叶蟹甲草	*Parasenecio delphiniphylla* (Lévl.) Y. L. Chen	甘肃、湖北、贵州	
三角叶蟹甲草	*Parasenecio deltophylla* (Maxim.) Y. L. Chen	甘肃、青海、四川	
无毛山尖子	*Parasenecio hastata* (Linn.) Koyama var. *glabra* Ledeb.	东北、华北、河南、甘肃、宁夏	
山尖子	*Parasenecio hastata* (Linn.) Koyama	东北、华北、河南、甘肃	
耳翼蟹甲草	*Parasenecio otopteryx* (Hand.-Mzt.) Y. L. Chen	河南、陕西、湖北、四川	
太白山蟹甲草	*Parasenecio pilgeriana* (Diels) Y. L. Chen	陕西、甘肃	
蛛毛蟹甲草	*Parasenecio roborowskii* (Maxim.) Y. L. Chen	陕西、甘肃、四川、山西、宁夏、青海	
中华蟹甲草	*Parasenecio sinica* (Ling) Y. L. Chen	河南、陕西	
秦岭蟹甲草	*Parasenecio tsinlingensis* (Hand.-Mzt.) Y. L. Chen	陕西	
心叶帚菊	*Pertya cordifolia* Mattf.	安徽、河南、湖南、江西、广东、广西、四川	
两色帚菊	*Pertya discolor* Rehd.	山西、宁夏、甘肃、青海	
华帚菊	*Pertya sinensis* Oliv.	山西、陕西、甘肃、河南、湖北、四川	
单花帚菊	*Pertya uniflora* (Maxim.) Mattf.	青海、甘肃	
蜂斗菜	*Petasites japonicus* (Sieb. et Zucc.) Maxim.	山东、江苏、安徽、福建、湖北、江西、四川、陕西	药用
毛裂蜂斗菜	*Petasites tricholobus* Franch.	陕西、甘肃、山西、宁夏、青海、河北、四川、云南、西藏	药用
毛连菜	*Picris japonica* Thunb.	东北、华北、华东、华中、西北、西南	

续表

中文名	拉丁学名	分布地区	主要用途
大叶盘果菊	*Prenanthes macrophylla* Franch.	河北、山西、甘肃、青海、陕西、河南	
盘果菊	*Prenanthes tatarinowii* Maxim.	东北、内蒙古、河北、山西、宁夏、河南、陕西、甘肃、山东、湖北、四川	
台湾翅果菊	*Pterocypsela formosana* (Maxim.) Shih.	河北、山西、陕西、甘肃、江苏、安徽、浙江、福建、台湾、湖北、江西、四川	化工
翅果菊	*Pterocypsela indica* (Linn.) Shih.	东北、华北、西南、河南	药用、化工
毛脉翅果菊	*Pterocypsela raddeana* (Maxim.) Shih.	东北、河北、陕西、甘肃、河南、山东、广东、广西、四川、贵州	
翼柄翅果菊	*Pterocypsela triangulata* (Maxim.) Shih.	东北、华北、西北	
除虫菊	*Pyrethrum cinerariifolium* Trev.	全国	药用、观赏
红花除虫菊	*Pyrethrum coccineum* (Willd.) Worosch.	全国	药用
祁州漏芦	*Rhaponticum uniflorum* (Linn.) DC.	东北、华北、陕西、甘肃、宁夏、河南、四川	药用
抱茎金光菊	*Rudbeckia amplexicaulis* Vahl.	全国	观赏
黑心金光菊	*Rudbeckia hirta* Linn.	全国	观赏
草地风毛菊	*Saussurea amara* (Linn.) DC. f. *amara*	东北、华北、西北	
小头草地风毛菊	*Saussurea amara* (Linn.) DC. f. *microcephala* Franch.	山西、陕西、宁夏、内蒙古	
褐毛风毛菊	Saussurea brunneopilosa Hand. -Mzt.	甘肃、青海	
灰白风毛菊	*Saussurea cana* Ledeb.	山西、宁夏、甘肃、青海、新疆	
中华风毛菊	*Saussurea chinensis* (Maxim.) Lipsch.	河北	
抱茎风毛菊	*Saussurea chingiana* Hand. -Mzt.	陕西、宁夏、甘肃	
京风毛菊	*Saussurea chinnampoensis* Lévl. et Vant.	东北、河北、内蒙古、陕西	
白酒草风毛菊	*Saussurea conyzoides* Hemsl.	河南、陕西、湖北、四川、贵州	
心叶风毛菊	*Saussurea cordifolia* Hemsl.	陕西、湖北、湖南、四川、贵州、河南	
达乌里风毛菊	*Saussurea davurica* Adams	东北、内蒙古、甘肃、宁夏、青海、新疆	
狭头风毛菊	*Saussurea dielsiana* Koidz.	山西、陕西、四川	
长梗风毛菊	*Saussurea dolichopoda* Diels	陕西、甘肃、湖北、四川、云南	
锈毛风毛菊	*Saussurea dutaillyana* Franch. var. *dutaillyana*	陕西、河南、湖北、四川	
大头风毛菊	*Saussurea dutaillyana* Franch. var. *macrocephala* (Ling) X. Y. Wu	河南、陕西	
陕西风毛菊	*Saussurea dutaillyana* Franch. var. *shensiensis* Pai	河南、陕西	
柳叶菜风毛菊	*Saussurea epilobioides* Maxim.	甘肃、青海、四川、宁夏	

续表

中文名	拉丁学名	分布地区	主要用途
狭翼风毛菊	*Saussurea frondosa* Hand.-Mzt.	山西、河南、陕西	
球花风毛菊	*Saussurea globosa* Chen	陕西、甘肃、青海、四川、西藏	
细茎风毛菊	*Saussurea graciliformis* Lipsch.	甘肃、青海	
长毛风毛菊	*Saussurea hieracioides* Hook. f.	甘肃、青海、湖北、四川、云南、西藏	
折冠雪莲花	*Saussurea hypsipeta* Diels	青海、四川、西藏	
腺毛风毛菊	*Saussurea iodostegia* Hance var. *glandulifera* X. Y. Wu	山西、陕西	
紫苞风毛菊	*Saussurea iodostegia* Hance var. *iodostegia*	东北、华北、陕西、甘肃、宁夏、四川	
风毛菊	*Saussurea japonica* (Thunb.) DC.	东北、华北、西北、华南、华东	
宽苞风毛菊	*Saussurea katochaete* Maxim.	甘肃、青海、四川、西藏	
川陕风毛菊	*Saussurea licentiana* Hand. Mzt.	河南、甘肃、陕西、四川	
大耳叶风毛菊	*Saussurea macrota* Franch.	陕西、宁夏、甘肃、湖北、四川	
骨尖头风毛菊	*Saussurea malitiosa* Maxim.	甘肃、青海	
小风毛菊	*Saussurea minuta* Winkl.	青海、甘肃、四川	
华北风毛菊	*Saussurea mongolica* (Franch.) Franch.	东北、华北、河南、陕西、宁夏、甘肃	
桑叶风毛菊	*Saussurea morifolia* Chen	陕西、甘肃	
变叶风毛菊	*Saussurea mutabilis* Diels	陕西、甘肃	
尖苞瑞苓草	*Saussurea nigrescens* Maxim. var. *acutisquama* Ling	甘肃、青海	
瑞苓草	*Saussurea nigrescens* Maxim. var. *nigrescens*	河南、甘肃、青海	
银背风毛菊	*Saussurea nivea* Turcz.	华北、陕西	
齿苞风毛菊	*Saussurea odontolepis* Sch.-Bip. ex Herd.	东北、内蒙古、山西、陕西、甘肃	
少花风毛菊	*Saussurea oligantha* Franch. var. *oligantha*	陕西、甘肃、湖北、四川、青海	
尾风毛菊	*Saussurea oligantha* Franch. var. *oligolepis* (Ling) X. Y. Wu	陕西、甘肃、湖北、四川、青海	
小叶风毛菊	*Saussurea oligantha* Franch. var. *parvifolia* Ling	甘肃、陕西	
小花风毛菊	*Saussurea parviflora* (Poir.) DC.	河北、山西、宁夏、甘肃、青海、四川、西藏	
篦苞风毛菊	*Saussurea pectinata* Bge.	山西、陕西、河北、内蒙古、甘肃、河南	
褐花风毛菊	*Saussurea phaeantha* Maxim.	甘肃、青海、四川	
羽裂风毛菊	*Saussurea pinnatidentata* Lipsch.	内蒙古、新疆、甘肃、青海	
杨叶风毛菊	*Saussurea populifolia* Hemsl.	陕西、甘肃、湖北、四川、云南	
弯齿风毛菊	*Saussurea przewalskii* Maxim.	陕西、甘肃、青海、四川、云南	
美花风毛菊	*Saussurea pulchella* (Fisch.) Fisch.	东北、内蒙古、山西、宁夏	

续表

中文名	拉丁学名	分布地区	主要用途
弯苞风毛菊	*Saussurea recurvata* (Maxim.) Lipsch.	东北、内蒙古、青海、陕西、甘肃、宁夏	
肾叶风毛菊	*Saussurea reniformis* Ling	河南	
倒羽叶风毛菊	*Saussurea runcinata* DC.	东北、河北、内蒙古、山西、陕西、宁夏	
尾尖风毛菊	*Saussurea saligna* Franch.	陕西、四川	
昂头风毛菊	*Saussurea sobarocephala* Diels	山西、河北、陕西、青海、四川	
星状风毛菊	*Saussurea stella* Maxim.	甘肃、青海、四川、云南、西藏	
城口风毛菊	*Saussurea stricta* Franch.	河南、四川、云南	
锥苞风毛菊	*Saussurea subulisquama* Hand. -Mzt.	甘肃、青海、四川	
球苞风毛菊	*Saussurea sylvatica* Maxim.	河北、甘肃、青海	
唐古风毛菊	*Saussurea tangutica* Maxim.	河北、甘肃、青海、四川、云南	
天水风毛菊	*Saussurea tianshuiensis* X. Y. Wu var. *tianshuiensis*	陕西、宁夏、甘肃	
户县风毛菊	*Saussurea tianshuiensis* X. Y. Wu var. *huxianensis* W. Y. Wu	陕西	
乌苏里风毛菊	*Saussurea ussuriensis* Maxim.	东北、河北、山西、陕西、宁夏、甘肃、青海、四川	
篦叶风毛菊	*Saussurea varilloba* Ling	甘肃、四川	
笔管草	*Scorzonera albicaulis* Bge.	内蒙古、吉林、辽宁、河北、河南、陕西、甘肃、青海、山东、江苏、安徽	化工、药用
鸦葱	*Scorzonera austriaca* Willd.	华北、陕西、甘肃、青海、宁夏、江苏	
丝叶鸦葱	*Scorzonera curvata* (Popl.) Lipsch.	内蒙古、青海	
拐轴鸦葱	*Scorzonera divaricata* Turcz.	内蒙古、山西、陕西、宁夏、甘肃、青海、新疆	药用
蒙古鸦葱	*Scorzonera mongolica* Maxim.	内蒙古、河北、山西、陕西、宁夏、甘肃、青海、新疆、山东	
帚状鸦葱	*Scorzonera pseudodivaricata* Lipsch.	山西、甘肃、新疆	
桃叶鸦葱	*Scorzonera sinensis* Lipsch. et Krasch.	东北、河北、陕西、河南、山西	
琥珀千里光	*Senecio ambraceus* Turcz. ex DC.	东北、华北、山东、河南、陕西、甘肃	
额河千里光	*Senecio argunensis* Turcz.	东北、华北、中南、陕西、甘肃、青海	
高原千里光	*Senecio diversipinnus* Ling	甘肃、青海、四川	
北千里光	*Senecio dubitabilis* C. Jeffrey et Y. L. Chen	西北、河北、山西、西藏	
林阴千里光	*Senecio nemorensis* Linn.	吉林、华北、华东、华中、陕西、甘肃、台湾、四川、贵州、新疆	
深裂千里光	*Senecio scandens* Buch. -Ham. ex D. Don var. *incisus* Franch.	华东、华南、西北	
千里光	*Senecio scandens* Buch. -Ham. ex D. Don var. *scandens*	华东、华中、华南、西南、陕西、甘肃、台湾	药用

续表

中文名	拉丁学名	分布地区	主要用途
天山千里光	*Senecio thianshanicus* Regel et Schmalh.	甘肃、青海、新疆、四川、西藏	
麻花头	*Serratula centauroides* Linn.	东北、华北、陕西、甘肃、宁夏、青海、山东、河南	
华麻花头	*Serratula chinensis* S. Moore	陕西、甘肃、江苏、安徽、浙江、福建、河南、湖北、湖南、江西、广东、广西、四川	药用
伪泥胡菜	*Serratula coronata* Linn.	东北、河北、内蒙古、陕西、甘肃、新疆、山东、江西、河南、湖北、贵州	药用
钟苞麻花头	*Serratula cupuliformis* Nakai et Kitag.	东北、山西、河北	
多头麻花头	*Serratula polycephala* Iljin	东北、华北	
北京麻花头	*Serratula potaninii* Iljin	河北、内蒙古	
蕴苞麻花头	*Serratula strangulata* Iljin	山西、陕西、宁夏、甘肃、青海、四川	
豨莶	*Siegesbeckia orientalis* Linn.	河北、山西、河南、宁夏、陕西、甘肃、长江以南	药用
无腺豨莶	*Siegesbeckia pubescens* (Makino) Makino f. *eglandulosa*	山西、陕西、河北、河南、甘肃、长江以南	
腺梗豨莶	*Siegesbeckia pubescens* (Makino) Makino f. *pubescens*	山西、陕西、河北、河南、甘肃、长江以南	药用
象牙蓟	*Silybum eburneum* Coss. et Dur.	全国	药用
水飞蓟	*Silybum marianum* (Linn.) Gaertn.	辽宁、江苏、安徽、山西、陕西、甘肃	药用、观赏、油料、饲料
羽裂华蟹甲草	*Sinacalia tangutica* (Maxim.) B. Nord.	河北、陕西、山西、甘肃、宁夏、青海、湖北、四川	
齿裂华千里光	*Sinosenecio euosmus* (Hand. -Mzt.) B. Nord.	陕西、甘肃、湖南、四川、云南、西藏	
蒲儿根	*Sinosenecio oldhamianus* (Maxim.) B. Nord.	华东、华中、西南、山西、河南、陕西、甘肃	
钝苞一枝黄花	*Solidago pacifica* Juz.	东北、河北	
寡毛一枝黄花	*Solidago virgaurea* Linn. var. *dahurica* Kitag.	东北、河北、山西、新疆	
苣荬菜	*Sonchus arvensis* Linn.	东北、河北、山西、内蒙古、陕西、甘肃、宁夏、青海、新疆、江苏、湖北、江西、广东、广西、四川、云南	药用、饲料
续断菊	*Sonchus asper* (Linn.) Hill.	山西、陕西、江苏、湖北、四川	观赏
苦苣菜	*Sonchus oleraceus* Linn.	内蒙古、河北、山西、河南、陕西、甘肃、宁夏、青海、新疆、江苏	
糖芥绢毛菊	*Soroseris hookeriana* (C. B. Clarke) Stebb. subsp. *erysimoides* (Hand. -Mzt.) Stebb.	陕西、青海、甘肃、四川、云南、西藏	
绢毛菊	*Soroseris hookeriana* (C. B. Clarke) Stebb. subsp. *hookeriana*	陕西、青海、甘肃、四川、西藏	药用

续表

中文名	拉丁学名	分布地区	主要用途
百花蒿	*Stilpnolepis centiflora* (Maxim.) Krasch.	内蒙古、甘肃、陕西、宁夏	
盘状合头菊	*Syncalathium disciforme* (Mattf.) Ling	甘肃、青海、四川	
兔儿伞	*Syneilesis aconitifolia* (Bge.) Maxim.	东北、华北、华东、陕西、甘肃、河南、宁夏、青海	药用
术叶菊	*Synotis atractylidifolia* (Ling) C. Jeffrey et Y. L. Chen	内蒙古、宁夏、甘肃	
山牛蒡	*Synurus deltoides* (Ait.) Nakai	东北、华北、中南、河南、陕西、四川	
万寿菊	*Tagetes erecta* Linn.	全国	观赏、药用
孔雀草	*Tagetes patula* Linn.	全国	药用、观赏
猬菊	*Takeikadzuchia lomonossowii* (Trautv.) Kitag. et Kitam.	东北、甘肃、内蒙古、宁夏、河北、山西	
菊蒿	*Tanacetum vulgare* Linn.	黑龙江、内蒙古、新疆、陕西	药用
裂叶蒲公英	*Taraxacum dissectum* (Ledeb.) Ledeb.	山西、陕西、宁夏、河北、内蒙古、甘肃、青海、新疆、四川、云南	
毛柄蒲公英	*Taraxacum eriopodum* (D. Don) DC.	山西、陕西、甘肃、湖北、四川、云南	
苍白蒲公英	*Taraxacum glaucanthum* (Ledeb.) DC.	山西、甘肃、新疆	
橡胶草	*Taraxacum kok-saghyz* Rodin	宁夏、新疆	橡胶
白花蒲公英	*Taraxacum leucanthum* (Ledeb.) Ledeb.	东北、华北、宁夏、甘肃、青海、新疆、四川、西藏	
川甘蒲公英	*Taraxacum lugubre* Dahlst.	陕西、甘肃、青海、四川	
蒲公英	*Taraxacum mongolicum* Hand.-Mzt.	东北、华北、华东、西南、西北	药用
药蒲公英	*Taraxacum officinale* Wigg.	吉林、河北、陕西、甘肃、青海、新疆、湖北、四川、西藏	
草甸蒲公英	*Taraxacum paludosum* (Scop.) Schlech.	山西、甘肃、新疆、四川、西藏	
狭苞蒲公英	*Taraxacum platypecidum* Diels var. *angustibracteata* Ling	河北	
白缘蒲公英	*Taraxacum platypecidum* Diels var. *platypecidum*	东北、河北、山西、内蒙古、甘肃、宁夏	药用
华蒲公英	*Taraxacum sinicum* Kitag.	东北、华北、西北、西南	
两似红轮狗舌草	*Tephroseris flammea* (Turcz. ex DC.) Holub var. *chaetocarpa* (C. Jeffrey et Y. L. Chen) Y. M. Yuan	河北、山西、青海	
红轮狗舌草	*Tephroseris flammea* (Turcz. ex DC.) Holub var. *flammea*	黑龙江、吉林、内蒙古、山西、陕西、宁夏、甘肃	
狗舌草	*Tephroseris kirilowii* (Turcz. ex DC.) Holub	东北、华北、华东、华中、陕西、甘肃	
抱茎狗舌草	*Tephroseris pseudosonchus* (Van.) C. Jeffrey et Y. L. Chen	河北、山西、陕西、甘肃、湖北、贵州	

续表

中文名	拉丁学名	分布地区	主要用途
红舌狗舌草	*Tephroseris rufa* (Hand. -Mzt.) B. Nord.	陕西、甘肃、青海、四川、宁夏	
尖齿狗舌草	*Tephroseris subdentata* (Bge.) Holub	黑龙江、辽宁、河北	
蒜叶婆罗门参	*Tragopogon porrifolius* Linn.	陕西、新疆	
草地婆罗门参	*Tragopogon pratense* Linn.	陕西、新疆	
碱菀	*Tripolium vulgare* Nees	辽宁、吉林、内蒙古、山西、陕西、宁夏、甘肃、新疆、山东、江苏、浙江	
女菀	*Turczaninowia fastigiata* (Fisch.) DC.	东北、华北、中南、华东、陕西	
款冬	*Tussilago farfara* Linn.	全国	药用
川木香	*Vladimiria souliei* (Franch.) Ling	陕西、四川、西藏	药用
苍耳	*Xanthium sibiricum* Patrin ex Widder var. *sibiricum*	全国	药用、油料
近无刺苍耳	*Xanthium sibiricum* Patrin ex Widder var. *subinerme* (Winkl) Widder	吉林、内蒙古、河北、山西、陕西、甘肃、新疆、四川、云南、西藏	
黄缨菊	*Xanthopappus subacaulis* C. Winkl.	甘肃、宁夏、青海、新疆、四川、云南	药用
巴东黄鹌菜	*Youngia henryi* (Diels) Babc. et Stebb.	陕西、湖北、四川	
黄鹌菜	*Youngia japonica* (Linn.) DC.	河南、陕西、甘肃、江苏、浙江、广东、广西、四川、贵州、云南	蔬菜、饲料
无茎黄鹌菜	*Youngia simulatrix* (Babc.) Babc. et Stebb.	甘肃、青海、西藏	
碱黄鹌菜	*Youngia stenoma* (Turcz.) Ledeb.	东北、内蒙古、甘肃、宁夏	药用
细茎黄鹌菜	*Youngia tenuicaulis* (Babc. et Stebb.) Czerep.	华北、宁夏	
细叶黄鹌菜	*Youngia tenuifolia* (Willd.) Babc.	东北、华北、新疆、西藏	
百日菊	*Zinnia elegans* Jacq.	全国	观赏
多花百日菊	*Zinnia peruviana* (Linn.) Linn.	黄土高原、四川、云南	观赏

第 14 章　陕北黄土丘陵区撂荒演替及主要植物种内、种间竞争研究

14.1　陕北黄土丘陵区撂荒演替规律研究

14.1.1　撂荒演替序列

演替是生态学中最重要的概念之一，关于群落变化的规律性和方向性一直是生态学家争论的焦点之一。演替的定义有广义和狭义之分，广义上是指植物群落乃至生态系统随时间变化的生态学过程；狭义上是指在一定地段上群落由一个类型变为另一类型的质变、且有顺序的演变过程。演替是合理经营和利用一切自然资源的理论基础，研究演替有助于对自然生态系统和人工生态系统进行有效的控制和管理，并且可指导退化生态系统的恢复和重建。Odum（1985）认为“生态演替的原理同人与自然之间的关系密切相关，是解决当代人类环境危机的基础”。撂荒演替是植被次生演替的一个重要类型，许多学者对它进行了研究，甚至一些重要的植物演替理论模式的建立也是基于对弃耕地的观察与分析，如 Egler（1954）的“初始种类组成”模式。研究陕北黄土丘陵区这样一个生态比较脆弱地区的撂荒演替，对西部大开发以植被恢复与重建为核心的生态环境治理，合理开发与利用自然资源，减少水土流失，建设秀美山川等具有重要意义。

在陕北黄土丘陵区，由于过去以粮为纲的错误指导思想和人口压力的增加，当地农民盲目开荒、广种薄收，多数耕地离居住地较远，再加上地形复杂、坡陡沟深、耕作困难，长期的水土流失使得土壤肥力下降，经济效益也较低，因此一些耕地在开垦了一段时间后，不得不弃耕撂荒。这些撂荒地的弃耕年限从 7 年、8 年到 40 年不等。同时，由于近年来国家退耕还林还草政策的实施，造成了不同立地条件下大面积的弃耕地。这些新近退耕下来的撂荒地弃耕年限都在 6 年以下，这就为陕北黄土丘陵区撂荒演替的研究提供了基础。同时，这些耕地的耕作历史都在 10 年以上，这样在这些地段上几乎完全消灭了原有植被的痕迹，耕地弃耕后，原有植被便逐渐开始恢复，即开始了撂荒演替。

14.1.1.1　依撂荒年限和系统聚类所划分的演替序列

由图 14-1 可知，撂荒年限为 5 年及以下的样地多数为猪毛蒿群落，如样地 V、样地 J、样地 U、样地 X、样地 Z、样地 F、样地 L、样地 A、样地 N 和样地 Q，只有样地 Y 和样地 K 分别为狗尾草＋猪毛蒿和芦苇＋铁杆蒿群落，其他主要为一年生植物和杂类草，如猪毛蒿、狗尾草、苣荬菜、苦苣、沙蓬等，次要植物有阿尔泰狗娃花、刺儿菜、二裂委陵菜、地锦、山苦荬、田旋花、香青兰等，其他隐性、伴生植物有芦苇、叉枝鸦葱、草麻黄、灌木铁线莲、点地梅、乳浆大戟、大戟、山野豌豆和鹤虱等。演替早

期植物种类成分相对较少，多年生植物不具有优势，地上生物量相对较低，最高生物量（样地 V）和最低生物量（样地 F）差别较大，分别为 312.28g FW/m^2 和 57.11g FW/m^2，这可能是立地条件不同所致（如撂荒前农田肥力），12 个样地平均地上生物量为 110.75g FW/m^2。随着撂荒年限的增加，到第 6 年的时候，一年生植物逐渐减少，生活力下降，多年生植物开始占优势，群落种类成分和地上生物量开始增加。这时群落主要植物种有铁杆蒿、茭蒿、达乌里胡枝子、白羊草，次要植物有阿尔泰狗娃花、白草、米口袋、狭叶米口袋、山苦荬、二色棘豆、二裂委陵菜、无芒隐子草、硬质早熟禾和华隐子草等，伴生植物有茜草、老鹳草、祁州漏芦、风毛菊、角蒿和牛皮消等。由于样地邻近草地繁殖体和土壤种子库的影响，撂荒 6～14 年时，群落类型可以有铁杆蒿群+茭蒿群落、达乌里胡枝子+铁杆蒿群落、达乌里胡枝子+长芒草群落、冰草群落、白羊草+达乌里枝子群落，样地为样地 O、样地 E、样地 B、样地 R、样地 C、样地 S 和样地 I，平均生物量为 115.46g FW/m^2。从群落植物组成来看，随撂荒演替的进行，到第 15～40 年时，种类成分较多。由于达乌里胡枝子和白羊草等竞争、侵占能力相对较强的植物占优势后，植物种类组成开始减少，这时主要为达乌里胡枝子群落、白羊草群落或达乌里胡枝子+铁杆蒿群落、达乌里胡枝子群落+白羊草群落和白羊草+达乌里胡枝子群落，样地为样地 D、样地 M、样地 H、样地 P、样地 G，平均地上生物量为 241.01g FW/m^2。由于样地 T 和样地 W 为阴坡林间撂荒地，与开阔地带撂荒地群落类型不尽相同，其主要为铁杆蒿+硬质早熟禾群落和茭蒿群落，平均地上生物量为 295.28g FW/m^2。

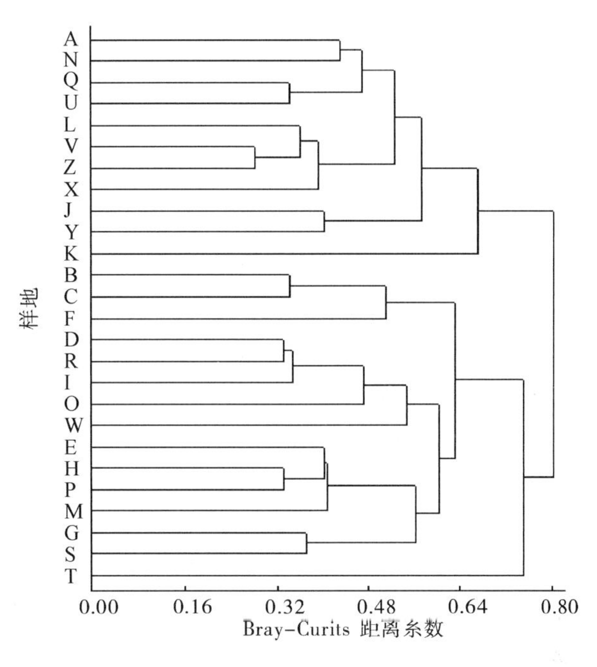

图 14-1　撂荒演替群落系统聚类图

由图 14-1 可知，使用系统聚类分析与用撂荒年限划分的演替阶段基本相似。两类的划分结果为：样地 A、样地 N、样地 Q、样地 U、样地 L、样地 V、样地 Z、样地 X、样地 J、样地 Y 和样地 K 为一类，撂荒年限为 5 年及以下，群落主要植物为一年生植物猪毛蒿或狗尾草，只有样地 K 为芦苇群落；样地 B、样地 C、样地 F、样地 D、样地 R、样地 I、样地 O、样地 W、样地 E、样地 H、样地 P、样地 M、样地 G、样地 S 和样地 T 为另一类，撂荒年限为 6 年及以上，群落主要种为多年生植物铁杆蒿、白羊草、茭蒿和小灌木达乌里胡枝子。三、四类的划分结果与前两类基本相同。三、四类划分中样地 T 和样地 K 被单独分为一类，是特殊类别。因样地 T 位于林间，立地条件不大相同，群落主要植物为铁杆蒿和硬质早熟禾，但出现了一些其他群落中没有的种，如大针茅、大火草和狗牙根等；样地 K 主要植物为芦苇，与其他撂荒年限为 5 年及以下群落组成不尽相同，这与调查结果一致，符合实际情况。在四类的基础上，五类的划分结果为：样地B、样地C和样地F被重新分为一类，其中样地B和样地C为冰草群落。最后，六类的划分结果为：Ⅰ为猪毛蒿＋多年生杂类草群丛，样地为样地A、样地N、样地Q、样地U；Ⅱ为猪毛蒿群丛，有样地L、样地V、样地Z、样地X；Ⅲ为猪毛蒿＋多年或一年生杂类草群丛，样地为样地J和样地Y；Ⅳ为芦苇＋铁杆蒿群丛，样地为样地K；Ⅴ为冰草群丛，样地为样地B、样地C；Ⅵ为猪生蒿＋长芒草群丛F；Ⅶ为铁杆蒿＋茭蒿群丛或达乌里胡枝子＋铁杆蒿群丛，样地为样地D、样地R、样地I、样地O；Ⅷ为茭蒿群丛，样地为样地W；Ⅸ为达乌里胡枝子＋丛生禾草群丛，样地为样地E、样地H、样地P、样地M；Ⅹ为白羊草群丛或白羊草＋达乌里胡枝子群丛，样地为样地G、样地S；Ⅺ为铁杆蒿＋硬质早熟禾群丛，样地为样地T。

无论是依撂荒年限还是经系统聚类划分的演替阶段，演替前期群落类型基本一致。6年及以下的样地，除样地K为芦苇＋铁杆蒿群丛，样地F和样地U为猪毛蒿＋长芒草群丛外，其他样地尽管立地条件不同，但多数为猪毛蒿或狗尾草一年生杂类草群丛，这个时期的演替阶段可划分为一年生杂类草群丛→一年生杂类草＋丛生禾草群丛。6～15年样地的群落类型不太一致，群丛类型较多，有冰草群丛、铁杆蒿＋茭蒿－达乌里胡枝子群丛和铁杆蒿－达乌里胡枝子群丛，这个时期的演替阶段可分为多年生草本植物＋小灌木群丛和根茎禾草群丛。15年以上的样地，随立地条件的变化，群落类型更趋多样化，有达乌里胡枝子群丛、白羊草群丛、铁杆蒿＋硬质早熟禾群丛和茭蒿群丛，这个时期的演替阶段按坡向的不同，可分为阳坡：根茎丛生型禾草→小灌木；阴坡：多年生草本植物群丛。

14.1.1.2　系统聚类与PO、CA排序分析

图14-2和图14-3分别为极点排序和修正后的CA排序结果，极点排序坐标欧氏距离与Bray-Curtis距离系数的相关系数为0.801，基本上反映了群落间的相互关系。由图14-2可以看出，撂荒演替早期群落分布于X轴右侧，演替后期群落分布于X轴左侧，极点排序X轴表示演替年限，Y轴代表群落立地条件，主要是坡向和土壤硬度、土壤腐殖层厚度等。同一演替阶段，阳坡群落大多分布于Y轴上方，同时土壤表层较硬、无腐殖层覆盖，土壤保蓄水能力较差，植物种子繁殖比较困难，群落种组成单一；

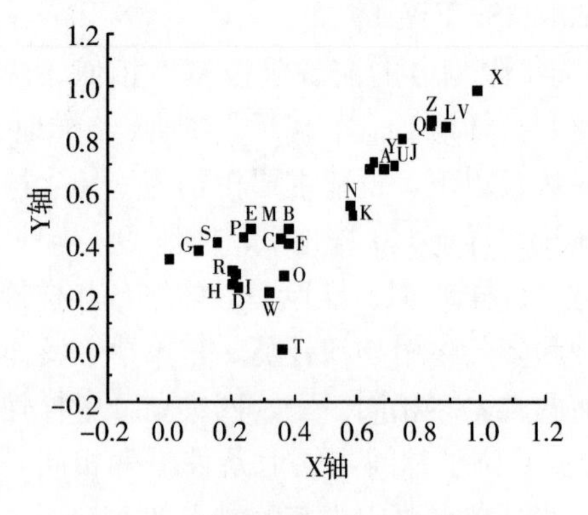

图14-2　撂荒演替群落极点排序图

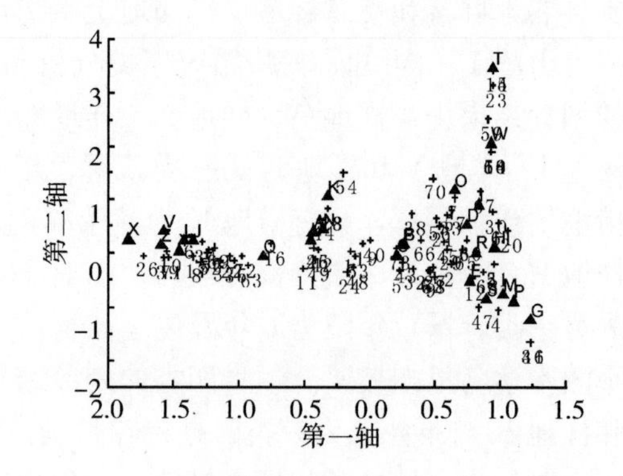

图14-3　撂荒演替群落-种数对应分析图

而阴坡群落相反多位于 Y 轴下方，土表疏松，有 0.2～1.5cm 的腐殖层，利于种子繁殖，群落组成较复杂。

与极点排序图相似，从 CA 分析的群落-种数排序图（图 14-3）同样可以看出，第一轴代表演替年限，演替前期群落分布于 CA 排序第一轴左方，后期群落分布于第一轴右方；第二轴代表立地条件的变化，阳坡群落多分布于第二轴下方，阴坡群落多分布于第二轴上方，如坡向、土壤水分和生草土状况等。第一轴左方群落分布比较集中，说明演替前期群落类型基本一致。第一轴右方群落如样地 K、样地 O、样地 T、样地 W、样地 G、样地 M、样地 P 和样地 S 与其他样地群落偏离较远，说明演替中后期因立地条件差异而产生了不同的演替群落类型，即演替的方向和速度会因撂荒地立地条件的差异而发生改变。例如，样地 O 因开垦年限较短，再加上受周围邻近草地（如样地 H 和样地 P）繁殖体的影响，撂荒年限虽仅为 4 年，但已演替到铁杆蒿＋茭蒿群落，分布于第一轴右方。样地 S 撂荒年限为 13 年，但因是白羊草群落样地 G 的邻近草地，已演替到白羊草＋达乌里胡枝子群落。样地 T 和样地 W 指示了阴坡的林间撂荒地演替序列，而样地 P 和样地 G、样地 M、样地 S 则指示了开阔地阴阳坡的演替序列。由植物群落的数量排序同样可以得到演替阶段的划分，但样方空间在排序轴上是连续的，划分结果不太直观。

14.1.1.3　讨论与结论

用系统聚类法对陕北黄土丘陵区撂荒地的次生演替进行演替阶段的定量划分，能得到较好的效果，可以定量地认识不同立地条件下不同年限撂荒地群落的相似性。同时，结合野外调查和 PO、CA 排序，基本上可以确定撂荒地的演替阶段或序列。由于陕北黄土丘陵区过去曾一度大面积开荒、放牧，人为破坏对草地植被破坏较严重，在研究地点尚未找到天然草地植被，因此未能确定该地区草地植被演替的顶级群落。但有一点可以肯定是，因白羊草和达乌里胡枝子都属于喜阳植物，调查样地中处于演替后期的白羊草群落和达乌里胡枝子群落并不是该地区的气候顶级群落，随着竞争力更强、处于群落上层的其他灌木在群落中的增加，白羊草和达乌里胡枝子最终将会减少，直至消失。陕北黄土丘陵区撂荒演替的各阶段分别为：（撂荒 1～6 年）：一年生杂类草群丛→一年生杂类草＋丛生禾草群丛→一年生杂类草＋多年生草本群丛（或根茎禾草群从）→（撂荒 4～15 年）：多年生草本群丛→多年生草本＋小灌木群丛→（撂荒 10～40 年）：根茎丛生型禾草＋小灌木群丛（阳坡）或小灌木＋多年生草本群丛→小灌木群丛（阳坡）或多年生草本＋丛生禾草群丛，代表性群落依次为猪毛蒿→猪毛蒿＋长芒草→猪毛蒿＋铁杆蒿（或冰草群落）→铁杆蒿群落→铁杆蒿＋达乌里胡枝子→白羊草＋达乌里胡枝子或达乌里胡枝子＋铁杆蒿（阳坡）或铁杆蒿＋硬质早熟禾群落。

撂荒演替虽是在弃耕地上的次生裸地开始的，但也不可能完全排除群落原有植被的影响，还有在演替过程中受群落立地条件和周边环境的影响，如坡向、坡度、土壤理化性质、土壤水分、养分等，其演替速度和方向会有所不同。尽管如此，在区域大气气候背景和地区种分布比较固定的情况下，种的适应、繁殖、散布能力和相对竞争能力大致决定了一个地区群落演替的规律，这正是研究群落演替规律的可能性和必要性。因此，在陕北丘陵区研究如何利用演替的影响因素，促进演替的速度或改变演替的方向，对于植被的恢复与重建、建立和维持一个稳定的植被群落，治理水土流失等方面就显得尤为重要。

在系统聚类过程中利用各样地群落重要值原始数据与利用 Bray-Curtis 距离系数所作出的分类结果大同小异，但利用 Bray-Curtis 距离系数的划分结果更容易作出演替阶段上的解释。类平均法的使用是因其能较好地保持样方空间的性质，且样方间距离可使用任何相异系数，也不会出现矩阵逆转现象。无论采用何种排序和分类，结果都指示先锋群落（撂荒 1～6 年）演替上的连续性较好，而后期群落（撂荒 6 年以上）间连续性较差，前期群落与后期群落之间更是存在着较大的间断性。在演替初期，群落组成主要决定于种的繁殖体散布能力。无论何种立地条件下，在当地猪毛蒿作为撂荒演替先锋种组建的群落随处可见。狗尾草是一种比猪毛蒿稍耐阳的一年生植物，在阳坡上也可见到狗尾草群落，但猪毛蒿也是次优势种。因此，演替前期群落连续性较好，演替后期连续性较差。除撂荒年限差别较大这一原因外，还与演替后期群落组成逐渐复杂、控制演替的生物因素较多有关。在不同的立地条件下，群落主要物种的适应、竞争能力的差别也决定了不同的群落组成和结构，所以后期连续性较差。

14.1.2 群落组成与结构分析

撂荒演替是植被次生演替的一个重要类型，许多学者对它进行了研究，甚至一些重要的植物演替理论模式的建立也是基于对弃耕地的观察与分析，如 Egler 的“初始种类组成”模式。种类组成是决定群落性质最重要的元素，也是鉴别不同群落类型的基本特征。在有限取样的情况下，群落调查一般用在种数-面积曲线中得到的最小面积来统计群落植物名录。关于种数-面积曲线的数学模型描述，最近几年又有许多学者在争论，但普遍应用的有两种模型：一种为幂函数模型，通常写作：$\lg S=\lg c+z\lg A$；另一种为指数函数模型。Harte（1999）根据数学上的概率定理，即一个物种出现在一个面积为 A_0 的取样面积中，那么在取样面积为 $A_0/2$ 时，该物种出现的概率应为一常数 a（$0.5<a<1$），给出了种数-面积曲线的指数函数形式。通常写作：$S=c+z\lg A$。Fisher 等（1943）认为指数模型是由于群落中物种有许多非常见种，且有个别优势种，也就是说群落中物种的多度分布是属于对数级数分布。Preston（1943）则指出，物种的多度分布格局是对数正态分布，即群落中有一些多度较大（但不是特别大）的非偶见种，种-面积曲线应是幂函数模型。一个群落中物种的多度组成比例关系称为该群落的多度格局（abundance pattern）。研究物种的多度格局对理解群落的结构具有重要意义。物种多度格局分析中主要是用数学的方法结合生态学意义建立多度格局模型。从 Motomura（1932）第一次提出几何级数多度格局模型到现在，多度格局分析取得了重大发展，建立了许多适用于不同群落类型的模型。其中对数级数模型和对数正态模型因适用群落范围广，生态意义比较明确而得到了普遍应用。

Fisher 等（1943）第一次使用种的多样性一词。他所指的是群落中物种的数目和每一物种的个体数，后来人们也用物种别的特性来说明种的多样性，如盖度、生物量和重要值等。通常种的多样性具有三种涵义：其一，由于种多样性最初的定义是无限总体中的种数，一般的群落调查为有限抽样或群落没有明确的边界，因此 Whittaker 将种多样性重新定义为种的丰富度或多度（richness），指一个群落或生境中通过抽样得出的种的数目。Poole（1974）认为只有这个指标才是唯一真正客观的种的多样性指标。其二，种的均匀度或平衡性（evenness），指一个群落或生境中全部种的个体数目的分配情况，反映种类组成的均匀程度。这类指标降低了种的数目的重要性，而强调了种的个体数目的重要性，特别是在利用信息用公式计算时，对多度小的种数量变化较敏感，因而群落取样时的误差将表现得较为显著。其三，种的总多样性是上述两种涵义的综合，又称种的不齐性（heterogeneity），综合反映了种的丰富度和均匀度，但更强调种的均匀度，为此 Whittaker（1970）专门用优势度多样性来表示这类指标。现在常用的多样性指标大部分属于这一类，如 Simpson 指数、Shannon 指数等。种多样性的计算和种多度格局模型的建立最早使用的是群落中的种数和个体数，但如果种的个体大小差别较大，那么种的个体数并不是一个很好的优势度指标。Whittaker（1970）建议选用种的净初级生产力，因为净初级生产力是物种资源分化能力、占有能力和竞争能力的直接结果，可以代表种在群落中的地位，此外种的盖度也可代表种的优势度。

14.1.2.1　种-面积曲线

由图 14-4 种-面积曲线可以看出，演替前期和演替后期植物组成无明显差别，种数最多的样地为样地 C、样地 D 和样地 K，撂荒年限分别为 12 年、15 年和 3 年，而撂荒年限为 20 年的样地 M 则种类较少。这就意味着群落植物组成并不是随着撂荒年限的增加而增加的，还有其他因素影响植物种类的组成。这些因素可能包括人为干扰因素、资源可利用程度、群落类型、土壤种子库的丰富度、附近繁殖体种源的远近等。

种-面积曲线无论是按幂函数形式或指数函数形式拟合，相关性都极为显著（拟合结果略）（$P>0.01$）。除样地 B、样地 H、样地 I 和样地 R 按指数函数形式拟合比幂函数形式更好外，多数样地群落按照幂函数形式拟合更好。在幂函数拟合式中，c 常数的生态学意义为当取样为 $1m^2$ 时可能取得的种数；z 常数的意义为随着取样面积增大，种数的增加程度；c 常数和 z 常数主要取决于种的分布。由图 14-5 可知，随着撂荒年限

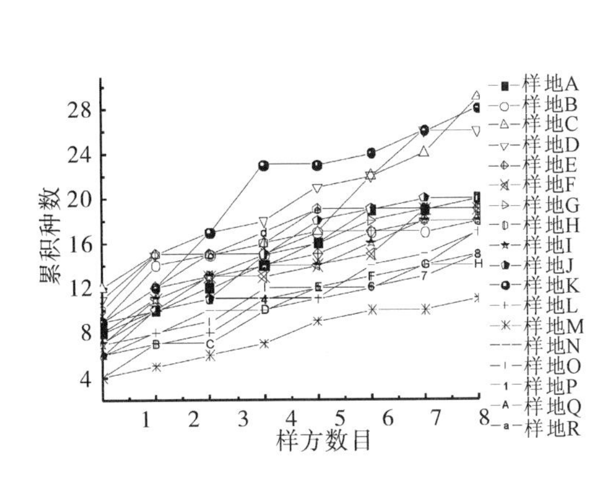

图 14-4　各样地群落种-面积曲线

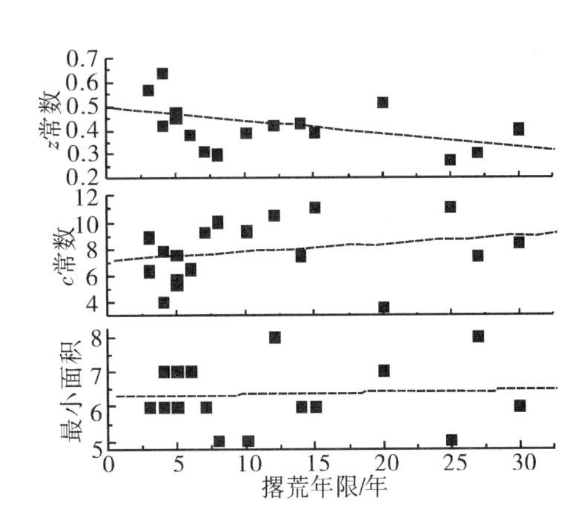

图 14-5　不同撂荒年限样地群落种-面积曲线幂函数拟合参数和最小面积

的增加，c 常数略有增大，但与撂荒年限间相关性不显著。z 常数则随着撂荒年限的增加而减小，经 Kendall's tau _ b 非参数相关性检验，两者显著负相关（−0.425）。如果设种数为群落中取样总种数的 90%为最小取样面积，按经验式求得的最小面积随着撂荒年限的增加也略有上升，但相关性不显著。这说明，随着撂荒年限的增加，植物种对资源的利用比较充分，在取样面积较小的时候就能得到群落中较多的常见植物种，但同时种的分布均匀度也趋小，随着取样面积的增大，偶见种减少，种数增加较慢，因而最小取样面积相应增大。

14.1.2.2　种多样性、均匀度和优势度值

由表 14-1 可以看出，随着撂荒年限的增加，Simpson 指数、Shannon 指数、Brilouin 指数和 Dahl 多样性指数减小，群落的种数也趋向于减小，但 Whittaker 指数则表现为随着撂荒年限的增加而稳定地增大，两者相关极显著（Kendall's tau _ b 相关系数为 0.851）。群落的优势度则随着撂荒年限的增大而增大。一般来说，种多样性随着演替而趋于增大，然而在一些演替中，后期多样性又趋于减少，甚至有的表现为从最初多样性最高而向顶级方向稳定地趋于减少。关于演替过程中的种多样性的变化，一般认为有两个影响因素：一为演替过程中的资源可利用量；二为演替过程中的种间竞争。在演替过程中如果限制性资源可利用量增加，群落中种间竞争渐趋激烈，种多样性下降。

表 14-1　不同撂荒年限样地群落种多样性、均匀度和优势度值

样地	种数	Simpson 指数	Shannon 指数	Brilouin 指数	Dahl 指数	Whittaker 指数	均匀度	DI_1	DI_{1+2}
A	26	0.81	3.04	2.69	9.36	0.80	0.65	38.39	52.24
B	21	0.79	2.93	2.62	7.75	1.06	0.67	41.09	54.63
C	31	0.71	2.92	2.54	11.37	1.69	0.59	52.22	61.86
D	27	0.85	3.20	2.84	10.55	2.61	0.67	29.30	47.84
E	18	0.74	2.51	2.26	6.64	1.13	0.60	36.27	71.63
F	25	0.88	3.41	3.03	9.22	0.84	0.74	19.96	37.93
G	19	0.24	0.90	0.75	7.99	3.89	0.21	86.90	94.00
H	25	0.80	2.78	2.47	9.22	4.09	0.60	34.99	69.98
I	18	0.81	2.91	2.63	7.93	1.76	0.70	29.62	58.06
J	23	0.82	3.13	2.79	8.99	0.63	0.69	31.65	57.14
K	28	0.81	2.95	2.61	11.78	0.50	0.61	31.80	58.81
L	17	0.30	1.16	0.99	7.15	0.59	0.28	83.80	87.64
M	11	0.27	0.77	0.67	4.63	2.95	0.22	84.47	98.05
N	17	0.84	3.08	2.81	7.15	0.99	0.75	28.75	51.73
O	15	0.70	2.24	2.02	6.31	1.05	0.57	43.92	76.23
P	15	0.68	2.00	1.82	6.31	4.30	0.51	42.90	79.87
Q	14	0.71	2.50	2.25	5.89	1.22	0.66	50.90	66.00
R	20	0.80	2.80	2.51	8.42	1.91	0.65	29.96	56.97

14.1.2.3　种多度分布

最能反映群落组成结构特征的是种的相对多度分布，其主要统计分布模型有对数级数分布和对数正态分布。对数级数分布在种序列-相对多度曲线上近似一条直线，而对数正态分布则近似一条“S”形曲线。每个样地的种多度曲线如图 14-6 所示，样地 A、

样地 B、样地 I、样地 J、样地 L、样地 N 和样地 Q 的分布为对数级数分布，样地 C、样地 E、样地 H、样地 K、样地 O 和样地 P 的分布为对数正态分布（图 14-6 Ⅰ卡方检验显著水平分别为 0.814、0.858、0.0911、0.0729、0.101 和 0.105，全部大于 0.05)。对数级数分布意味着演替中的“生态位预占”模式，也就是首先到达的种将倾向于快速生长，以便在后来的种到达之前预先占取一部分可利用的空间或其他制约资源，后来的种也依次在第三批种到达之前占取一部分制约性的可利用资源，依此类推。对数级数分布是许多早期植物群落演替的特征，研究结果也证实：在对数级数分布中除样地群落 I 为铁杆蒿＋茭蒿群落外，其余都为猪毛蒿群落或冰草群落（样地 B)，是撂荒演替的先锋群落。Whittaker（1970）指出，随着种数的增加，控制它们的相对重要性因子也在增加，这些因子或多或少是相对独立的。根据数学上的中心极限定理，May（1975）论证了这时的分布将是对数正态分布。也就是说随着演替的进展，种多度分布格局有从对数级数到对数正态分布发展的趋势。本书研究符合这种多度分布的群落，除样地 K 为芦苇＋铁杆蒿群落外，基本上为达乌里胡枝子群落，属于撂荒演替中后期。值得注意的是群落样地 D、样地 F、样地 G、样地 M 和样地 R 既不属于对数级数分布，也不属于对数正态分布，从曲线形状来看，可能是复合型分布，即群落中前三个种的分布是生态位分割模型，其他种属于随机分割模型。

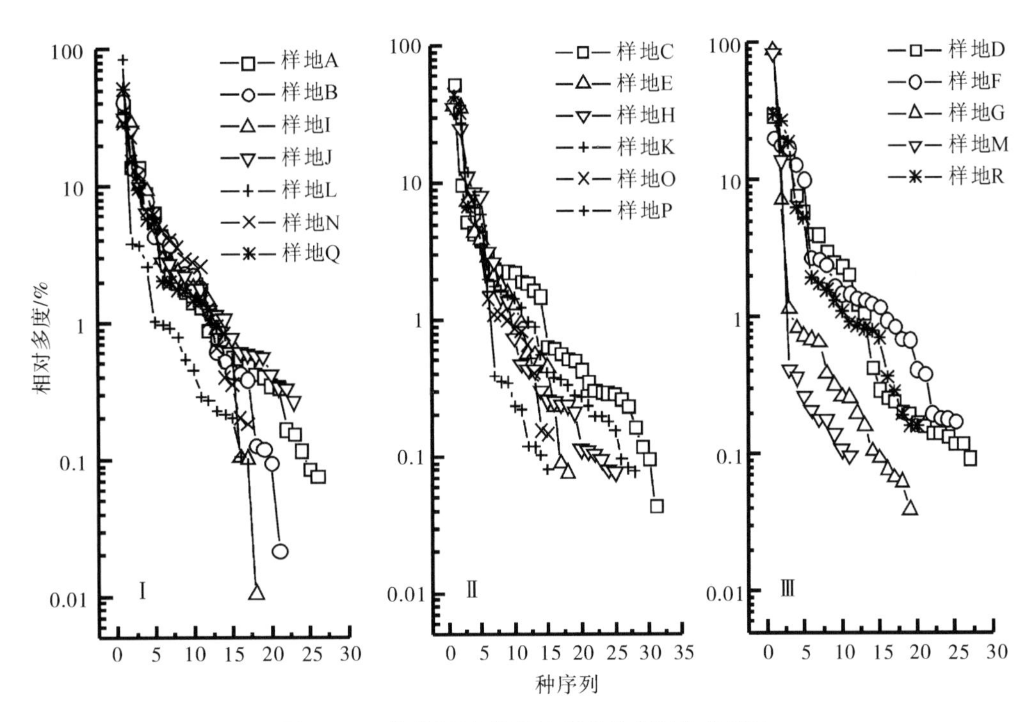

图 14-6　不同撂荒年限样地群落种多度分布格局

14.1.3　主要种演替生态位分析

植物群落的演替是演替群落组分种随时间推移消长变化、侵入退出的过程，而每个种消长动态的具体模式则与其生态学生特性有关。植被动态的长期研究表明，演替早期物种繁殖力高，繁殖体传播距离远，先定居生境，但竞争力弱，后期物种相反。这种演替机制生态学家称作定居-竞争法则。即使演替前期与后期物种同时出现，但因为演替前期物种在资源相对丰富的条件下生长迅速，所以短期内要比演替后期物种表现好。以后随资源的消耗，演替前期物种生长变慢且存活率降低，演替后期物种竞争力强，在资源较低时能生长、存活和竞争，在无干扰的条件下仍能代替演替前期物种成为群落中的优势种。这种机制 Pacala（1998）首次称之为演替生态位。生态位（niche）作为当代生态学的一个重要概念已被广泛应用于研究植物与环境及植物种间的相互作用。王刚（1991）曾对甘南亚高山草甸弃耕地演替中植物的生态位进行了分析，证明生态位是可行的，但作为一个单独的概念对其进行研究，则尚未见报道。

尽管通过测算植物种群的生态位幅度（niche breadth）及生态位重叠（niche overlap）来反映环境梯度变化对于生态位分化的作用仍是一种有力的手段，但因具体的公式还存有争论，各公式有不同的生态学意义和侧重点，加之各种类型植被的结构和功能不同，种群的生态学特性各异，所以不同的公式对不同的植被类型的使用范围应有所区别。因此，本书研究根据生态位测算的各种公式研究演替过程中植物的竞争等级或演替序列中植物所处的位置，并探讨演替机制。最后，利用极点排序法和系统聚类法对几种生态位计算公式进行生态学合理性论证，从而确定适合撂荒演替的生态位测度方法。按照种的相对重要值不低于 10%，同时在 17 块样地中其相对重要值和为前 20 种的植物计为主要植物种（如表 14-2），本书中以种相对重要值（SDR_2），即种的相对盖度与相对生物量的平均值，作为种群大小的指标，进行生态位计算。

表 14-2 计测生态位的主要植物种

种序号	种名	种序号	种名	种序号	种名	种序号	种名
a	猪毛蒿	f	长芒草	k	山苦荬	p	草木樨状黄芪
b	达乌里胡枝子	g	冰草	l	硬质早熟禾	q	委陵菜
c	铁杆蒿	h	阿尔泰狗娃花	m	狗尾草	r	黄花蒿
d	白羊草	i	苣荬菜	n	芦苇	s	二裂委陵菜
e	茭蒿	j	刺儿菜	o	白草	t	二色棘豆

14.1.3.1 生态位宽度

生态位宽度是度量植物种群对环境资源利用状况的尺度，可以定量地反映某一种群对环境的适应性及利用环境资源的广泛性。从表 14-3 可以看出，Levin 指数和 Shannon-Wiener 指数在衡量种生态位宽度的大小趋势时基本一致（两者 Person 相关系数为 0.959，显著水平 2.98×10^{-11}），但两者与 Hurlbert 指数不太一致（与 Levin 指数和 Shannon-Wiener 指数的相关系数分别为 0.317、0.186，显著水平分别为 0.173、0.433）。Levin 指数最大的种为铁杆蒿，其次为山苦荬、阿尔泰狗娃花和达乌里胡枝子，最小的为黄花蒿，表明这些种的生态位较宽。Shannon-Wiener 指数最大的同样为铁杆蒿，其次为阿尔泰狗娃花、山苦荬和达乌里胡子，最小的同样为黄花蒿。而 Hurlbert 指数最大的为苣荬菜，其次为草木樨状黄芪、芦苇、二裂委陵菜和刺儿菜等，生态位最小的为黄花蒿。不过 3 种指数计算的演替各阶段优势种的生态位宽度大小排列是一致的，均为铁杆蒿＞达乌里胡枝子＞长芒草＞白羊草＞猪毛蒿＞冰草。根据不同撂荒年限各植物种的相对重要值，铁杆蒿、山苦荬、达乌里胡枝子和二色棘豆等生态位应宽于苣荬菜、草木樨状黄芪和芦苇等。可见，Levin 生态位宽度指数和 Shannon-Wiener 指数较好地反映了植物在不同撂荒年限上分布的广泛性，对演替生态位宽度的适用性较 Hurlbert 指数好。

表 14-3　主要植物种生态位宽度

种序号	Levin指数	Shannon-Wiener指数	Hurlbert指数	种序号	Levin指数	Shannon-Wiener指数	Hurlbert指数
a	4.62	1.74	0.27	k	8.43	2.36	0.56
b	7.88	2.35	0.49	l	2.70	1.29	0.25
c	8.94	2.39	0.56	m	3.57	1.62	0.32
d	5.25	1.85	0.40	n	2.20	0.92	0.73
e	5.12	1.85	0.43	o	2.24	1.12	0.32
f	6.80	2.29	0.45	p	4.97	1.73	0.71
g	3.20	1.46	0.25	q	3.64	1.46	0.45
h	8.00	2.37	0.47	r	1.30	0.45	0.43
i	4.67	1.63	0.78	s	5.59	1.89	0.62
j	7.21	2.13	0.60	t	7.08	2.12	0.59

14.1.3.2　生态位重叠

表 14-4 重叠指数经相关性检验表明，四种重叠指数间极显著相关，其中 Pianka 重叠指数、百分率重叠指数、王刚重叠指数与 Morisita 相似性指数间的相关系数分别为 0.801、0.666 和 0.532，单尾显著水平全部小于 0.01。前两种重叠指数与 Morisita 相似性指数相关性更好，且两种指数间相关系数达到 0.946，所反映的种生态位重叠趋势也大致相同。以百分率重叠指数来看，演替前期群落优势种猪毛蒿与苣荬菜的重叠最大，其次为狗尾草、二裂委陵菜、阿尔泰狗娃花等，与白羊草的重叠最小。演替中前期群落主要种长芒草与达乌里胡枝子重叠最大，其次为二色棘豆、刺儿菜、山苦荬、阿尔泰狗娃花、铁杆蒿和白羊草等，与黄花蒿的重叠最小；演替中前期群落主要种冰草与二色棘豆、二裂委陵菜、草木樨状黄芪、苣荬菜重叠最大，与芦苇重叠指数最小。演替中期群落主要种铁杆蒿与茭蒿的重叠最大，接下来依次为阿尔泰狗娃花、山苦荬和达乌里胡枝子，与黄花蒿的重叠最小；而茭蒿同样与铁杆蒿重叠最大，接下来依次为委陵菜、草木樨状黄芪和阿尔泰狗娃花，与黄花蒿的重叠最小。演替后期群落主要种达乌里胡枝子与长芒草、棘豆、铁杆蒿、白羊草、山苦荬重叠最大，与黄花蒿的重叠最小；而白羊草与达乌里胡枝子、铁杆蒿、硬质早熟禾、长芒草重叠最大，与黄花蒿的重叠最小。以王刚重叠指数来看，演替前期群落优势种猪毛蒿与铁杆蒿的重叠最大，其次为长芒草、冰草、阿尔泰狗娃花和山苦荬，与黄花蒿的重叠最小。演替中前期群落主要种长芒草与达乌里胡枝子的重叠最大，其次为白羊草、铁杆蒿、猪毛蒿、茭蒿和冰草，与黄花蒿的重叠最小；而冰草与长芒草、猪毛蒿、铁杆蒿、达乌里胡枝子、茭蒿和白羊草的重叠较大，与黄花蒿的重叠最小。演替中期群落主要种铁杆蒿与达乌里胡枝子、猪毛蒿、茭蒿和白羊草的重叠较大，与黄花蒿的重叠最小；而茭蒿与铁杆蒿、达乌里胡枝子、白羊草和硬质早熟禾重叠最大，与黄花蒿的重叠最小。演替后期群落主要种达乌里胡枝子与铁杆蒿、白羊草、猪毛蒿、茭蒿和长芒草的重叠较大，最小为黄花蒿；而白羊草与达乌里

胡枝子、铁杆蒿、长芒草、硬质早熟禾和茭蒿重叠最大，与黄花蒿重叠最小。生态位重叠主要反映各种群在资源利用方面的交叉状况，是两个种与其生境因子联系的相似性。生态位重叠较大的种要么有相近的生态学特性，其利用资源种类与利用资源方式的相似性大，要么对生境因子有互补的要求。综上可知，Pianka 重叠指数和百分率重叠指数较大的种其对应生态学特性更加相似，基本上为同一演替阶段的主要植物，如猪毛蒿与苣荬菜、狗尾草、二裂委陵菜和阿尔泰狗娃花等都为一二年生演替前期群落的主要植物。而王刚重叠指数则表明撂荒演替不同阶段主要优势种间重叠较大，如猪毛蒿与达乌里胡枝子，达乌里胡枝子与铁杆蒿、白羊草，长芒草与达乌里胡枝子、猪毛蒿和铁杆蒿，冰草与猪毛蒿和长芒草等。王刚重叠指数较大的种间生态学特性不太一致，如猪毛蒿与铁杆蒿、长芒草、冰草、阿尔泰狗娃花和山苦荬的重叠较大，其中猪毛蒿为一年生植物，是撂荒演替前期主要优势种；铁杆蒿为多年生轴根性植物，为撂荒演替中期主要优势种；长芒草为丛生禾草，冰草为根茎型禾草，两者为撂荒演替中前期主要优势种；阿尔泰狗娃花为二年生植物，为撂荒演替过程中的主要伴生种。

表 14-4a　主要植物种生态位重叠指数

种序号	a	b	c	d	e	f	g	h	i	j	k	l	m	n	o	p	q	r	s	t
a		12.63	18.21	4.39	12.35	23.22	17.39	48.37	63.60	56.45	45.78	8.21	59.53	29.26	18.29	10.38	9.75	29.66	50.44	24.55
b	0.07		46.10	43.55	26.66	64.15	22.07	37.99	7.86	33.16	39.66	17.08	14.50	4.97	17.72	19.85	22.01	3.53	15.22	46.73
c	0.17	0.40		35.46	61.71	41.23	20.65	52.46	15.59	26.08	50.94	23.10	22.19	17.71	23.91	37.40	43.63	10.03	30.78	39.43
d	0.02	0.45	0.38		15.58	32.57	13.41	25.81	4.32	20.62	24.82	34.72	7.96	6.01	32.31	20.44	9.44	0.64	7.26	24.91
e	0.07	0.22	0.72	0.11		23.25	14.90	41.21	6.94	15.43	36.23	39.92	13.74	22.29	14.11	45.05	57.55	5.33	19.80	23.66
f	0.17	0.73	0.31	0.32	0.14		26.05	44.22	18.61	47.12	44.60	14.55	24.40	13.43	15.00	19.18	16.93	8.86	23.14	62.14
g	0.16	0.15	0.19	0.10	0.10	0.23		25.52	32.25	30.37	31.26	7.54	18.56	3.65	19.04	32.83	6.48	7.45	32.97	32.98
h	0.51	0.28	0.60	0.14	0.46	0.37	0.33		36.20	60.87	70.73	17.32	41.19	23.86	8.92	26.19	30.01	28.02	47.17	35.41
i	0.76	0.06	0.18	0.04	0.05	0.18	0.41	0.55		53.87	36.95	4.05	69.62	42.62	20.47	10.97	7.61	42.33	57.18	24.40
j	0.64	0.30	0.28	0.21	0.11	0.60	0.36	0.76	0.70		66.69	9.71	52.32	26.17	23.06	15.07	9.48	27.09	36.76	50.13
k	0.49	0.33	0.61	0.19	0.37	0.40	0.43	0.82	0.52	0.78		14.50	39.16	20.48	24.43	38.79	16.82	21.26	35.48	54.22
l	0.03	0.14	0.25	0.40	0.52	0.05	0.04	0.11	0.03	0.05	0.08		8.77	6.99	11.18	43.37	37.38	3.00	10.13	8.98
m	0.71	0.08	0.18	0.05	0.05	0.21	0.16	0.43	0.82	0.62	0.48	0.04		40.13	21.79	11.19	10.26	39.66	50.74	24.79
n	0.41	0.05	0.24	0.06	0.21	0.14	0.02	0.51	0.67	0.40	0.31	0.05	0.62		12.23	8.69	0.96	63.40	36.44	10.44
o	0.11	0.22	0.13	0.56	0.05	0.17	0.20	0.09	0.19	0.29	0.21	0.09	0.23	0.04		20.95	4.36	3.19	15.48	24.10
p	0.08	0.24	0.48	0.21	0.59	0.15	0.46	0.26	0.12	0.12	0.51	0.57	0.08	0.10	0.16		25.69	1.46	30.13	39.77
q	0.06	0.30	0.55	0.11	0.63	0.20	0.02	0.38	0.04	0.09	0.19	0.48	0.03	0.02	0.01	0.30		7.61	18.63	10.99
r	0.42	0.02	0.09	0.00	0.03	0.08	0.02	0.56	0.69	0.46	0.32	0.02	0.57	0.89	0.01	0.03	0.03		30.63	4.35
s	0.68	0.13	0.31	0.07	0.21	0.21	0.45	0.57	0.71	0.44	0.37	0.12	0.60	0.62	0.06	0.30	0.18	0.65		32.91
t	0.26	0.51	0.40	0.27	0.18	0.80	0.48	0.33	0.28	0.55	0.59	0.06	0.30	0.05	0.15	0.51	0.16	0.01	0.31	

注：右上角为百分率重叠指数；左下角为 Pianka 重叠指数。

表 14-4b　主要植物种生态位重叠指数

种序号	a	b	c	d	e	f	g	h	i	j	k	l	m	n	o	p	q	r	s	t
a		0.21	0.44	0.06	0.25	0.52	0.72	1.44	2.79	1.89	1.34	0.12	2.99	2.17	0.59	0.30	0.26	2.89	2.27	0.77
b	0.05		0.82	1.19	0.59	1.70	0.50	0.61	0.18	0.69	0.69	0.50	0.26	0.22	0.91	0.65	0.97	0.11	0.33	1.17
c	0.22	0.36		0.94	1.80	0.68	0.62	1.20	0.47	0.59	1.19	0.87	0.53	0.90	0.51	1.22	1.64	0.47	0.75	0.86
d	0.03	0.25	0.39		0.36	0.90	0.41	0.38	0.15	0.57	0.48	1.81	0.20	0.28	2.77	0.71	0.43	0.01	0.21	0.75
e	0.06	0.21	0.40	0.09		0.40	0.43	1.22	0.17	0.30	0.95	2.37	0.19	1.09	0.26	1.98	2.49	0.20	0.66	0.51

续表

种序号	a	b	c	d	e	f	g	h	i	j	k	l	m	n	o	p	q	r	s	t
f	0.20	0.21	0.20	0.16	0.09		0.84	0.85	0.55	1.47	0.91	0.22	0.71	0.62	0.75	0.45	0.69	0.48	0.58	1.96
g	0.19	0.07	0.10	0.06	0.07	0.19		1.10	1.81	1.26	1.40	0.22	0.81	0.13	1.27	1.96	0.08	0.17	1.79	1.71
h	0.14	0.04	0.09	0.04	0.07	0.15	0.11		1.54	1.71	1.69	0.40	1.37	2.05	0.34	0.69	1.20	2.95	1.46	0.74
i	0.11	0.01	0.04	0.01	0.01	0.08	0.08	0.23		2.05	1.42	0.14	3.43	3.56	0.98	0.42	0.15	4.77	2.37	0.83
j	0.10	0.02	0.04	0.02	0.03	0.11	0.09	0.37	0.50		1.71	0.20	2.07	1.71	1.21	0.35	0.29	2.54	1.19	1.32
k	0.13	0.04	0.07	0.05	0.06	0.14	0.16	0.50	0.25	0.50		0.28	1.50	1.21	0.81	1.33	0.58	1.66	0.92	1.29
l	0.03	0.16	0.28	0.16	0.25	0.04	0.04	0.07	0.01	0.05	0.08		0.23	0.37	0.60	2.64	2.58	0.20	0.53	0.25
m	0.06	0.01	0.03	0.01	0.01	0.06	0.05	0.17	0.43	0.42	0.22	0.02		3.76	1.41	0.33	0.15	4.51	2.30	1.01
n	0.04	0.01	0.02	0.01	0.01	0.03	0.01	0.15	0.29	0.17	0.11	0.01	0.33		0.33	0.49	0.10	9.00	3.01	0.22
o	0.05	0.04	0.05	0.06	0.02	0.08	0.15	0.13	0.13	0.18	0.31	0.06	0.16	0.04		0.81	0.08	0.09	0.31	0.63
p	0.08	0.11	0.20	0.07	0.16	0.10	0.17	0.19	0.04	0.11	0.37	0.36	0.06	0.04	0.36		1.22	0.22	0.96	1.46
q	0.02	0.11	0.20	0.07	0.17	0.16	0.04	0.18	0.01	0.08	0.17	0.37	0.08	0.01	0.15	0.50		0.25	0.67	0.54
r	0.02	0.00	0.01	0.00	0.00	0.02	0.01	0.11	0.22	0.15	0.07	0.00	0.29	0.50	0.01	0.00	0.01		4.13	0.08
s	0.05	0.01	0.03	0.01	0.02	0.05	0.06	0.22	0.23	0.26	0.24	0.03	0.46	0.26	0.15	0.08	0.05	0.19		0.85
t	0.09	0.03	0.06	0.05	0.04	0.14	0.11	0.40	0.16	0.39	0.55	0.02	0.15	0.04	0.30	0.15	0.06	0.01	0.23	

注：右上角为 Morisita 相似性指数；左下角为王刚重叠指数。

14.1.3.3　种的演替生态位特性

利用种的重叠矩阵进行种的分类与排序，可定量地表示出演替过程中种的生态位序列和演替特性。4 种重叠指数经极点排序后如图 14-7 所示（图中只列出了极点排序 X 轴坐标，极点排序坐标欧氏距离与各指数的相异系数矩阵间的相关系数分别为 Pianka 重叠指数，0.6297；Morisita 重叠指数，0.5170；百分率重叠指数，0.7135；王刚重叠指数，0.6183；植物种代号参见表 10-2）。可以看出，4 种重叠指数所反映的种的演替序列前期与后期基本一致。排序轴左侧，即演替前期基本上是一二年生植物，为田间常见杂草，演替生态位较窄；排序轴右端，即撂荒演替后期均为多年生植物，演替生态位较宽，排序轴最前端均为黄花蒿，后端均为白羊草。以演替中间阶段主要种的排序位置来看，王刚重叠指数与 Pianka 重叠指数、Morisita 重叠指数和百分率重叠指数的极点排序结果有所差别，其中 Pianka 重叠指数、Morisita 重叠指数和百分率重叠指数的排列顺序一致，都为猪毛蒿→冰草→长芒草→铁杆蒿→达乌里胡枝子→白羊草；王刚重叠指数的极点排序结果为猪毛蒿→冰草→长芒草→达乌里胡枝子→铁杆蒿→白羊草。

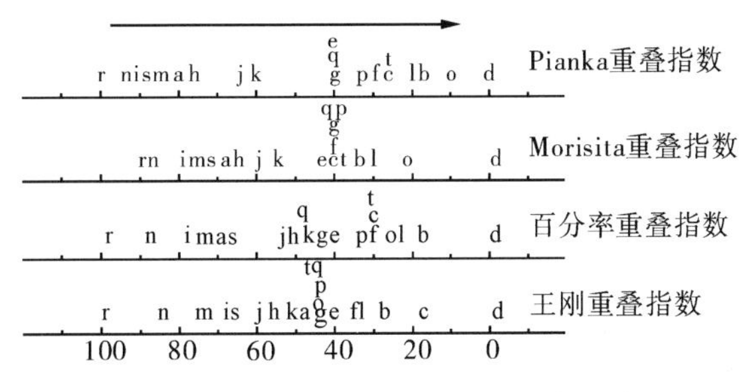

图 14-7　4 种生态位重叠指数计算的排序演替方向

4 种生态位重叠矩阵所作出的主要种的分类结果不太一致。以 5 类划分为例，由图 14-8 可知，Pianka 生态位相异矩阵的系统聚类结果为：Ⅰ猪毛蒿、苣荬菜、狗尾草、二裂委陵菜、芦苇、黄花蒿、阿尔泰狗娃花、山苦荬、刺儿菜；Ⅱ达乌里胡枝子、长芒草、二色棘豆；Ⅲ冰草；Ⅳ铁杆蒿、茭蒿、委陵菜、硬质早熟禾、草木樨状黄芪；Ⅴ白羊草、白草。Moristia 相异系数矩阵与 Pianka 相异系数的 5 类划分结果相同。百分率相异系数矩阵的 5 类划分结果为：Ⅰ猪毛蒿、苣荬菜、狗尾草、二裂委陵菜、芦苇、黄花蒿、阿尔泰狗娃花、山苦荬、刺儿菜；Ⅱ冰草；Ⅲ达乌里胡枝子、长芒草、二色棘豆、白羊草；Ⅳ铁杆蒿、茭蒿、委陵菜、硬质早熟禾、草木樨状黄芪；Ⅴ白草。王刚生态位相异矩阵的 5 类划分结果为：Ⅰ猪毛蒿、长芒草、冰草；Ⅱ达乌里胡枝子、铁杆蒿、茭蒿、白羊草；Ⅲ硬质早熟禾、草木樨状黄芪、委陵菜；Ⅳ阿尔泰狗娃花、山苦荬、二色棘豆、苣荬菜、刺儿菜、狗尾草、二裂委陵菜、白草；Ⅴ芦苇、黄花主要包括蒿。4 种生态位重叠矩阵中，Moristia 相异矩阵的划分结果可以作出较为明确的生态学合理解释，5 类划分结果为：Ⅰ类为演替前期主要种或伴生种，除芦苇和山苦荬可以同时进行种子繁殖和营养繁殖外，多数是种繁植物；Ⅱ类冰草为深根茎禾草，侵占性较强，在部分田块可以形成单优群落，同时进行种子和营养繁殖，为演替中前期主要种；

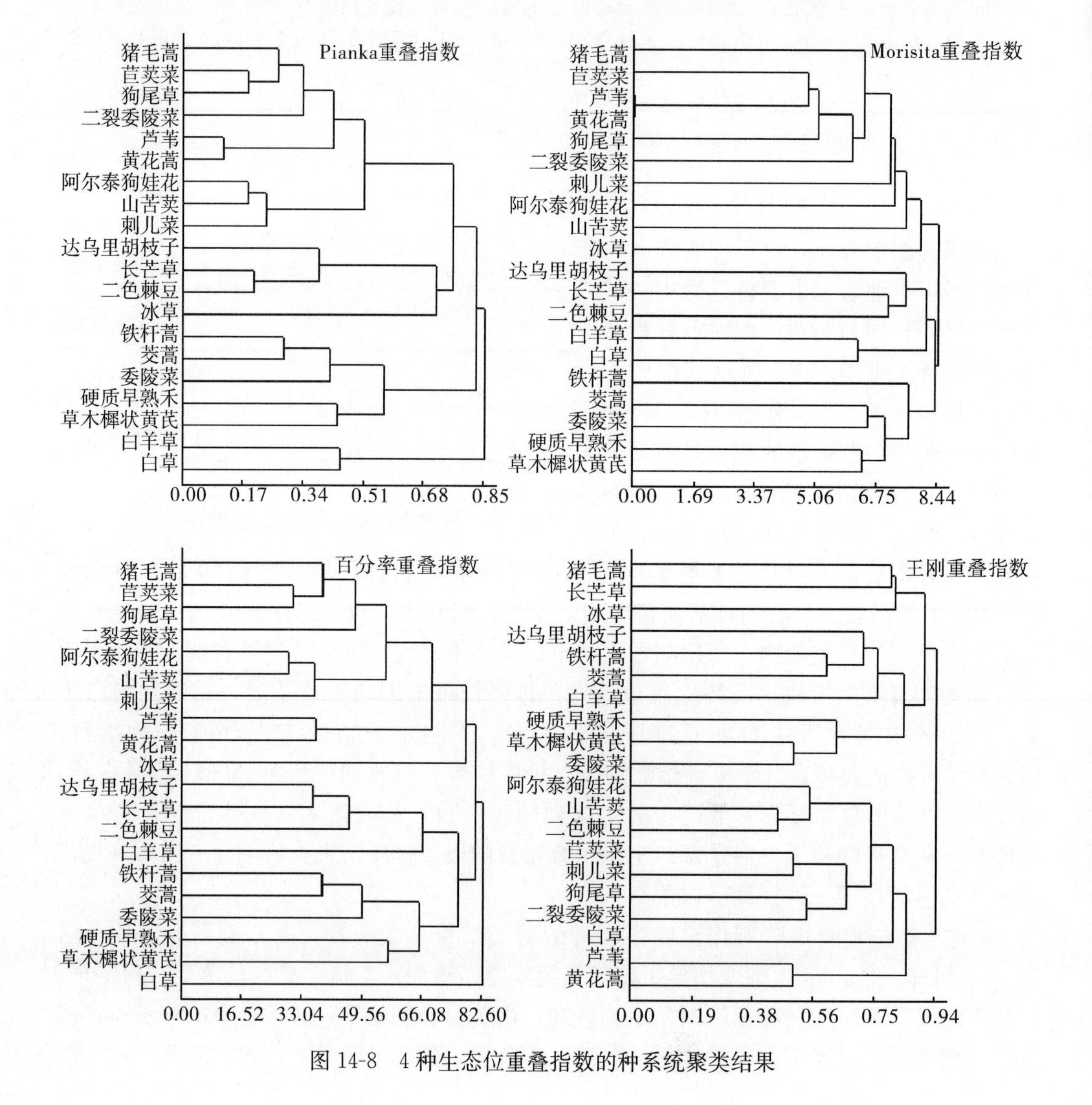

图 14-8 4 种生态位重叠指数的种系统聚类结果

Ⅲ类为演替中前期与后期主要种或伴生种，种子繁殖；Ⅳ类为演替后期优势种或伴生种、具浅短根茎；Ⅴ类为演替中期主要种或伴生种，除硬质早熟禾为须根丛生禾草外，其他为轴根系。在5类划分基础上，Ⅰ类、Ⅱ类合并为一类成为4类，为演替前期与中前期主要种或伴生种；3类为Ⅲ类、Ⅳ类合并，为演替后期主要种或伴生种；Ⅲ类、Ⅳ类、Ⅴ类合并为一类后成为2类，为演替中期与后期主要种或伴生种。Pianka生态位相异矩阵、百分率生态位相异矩阵与Moristia生态位相异矩阵的划分结果大致相同，但不容易作出演替阶段序列种的解释。

14.1.3.4 讨论与结论

MacArthur（1967）、May（1975）等对竞争与生态位关系的研究，使生态位重叠在理论生态学中占有重要地位，同时生态位分化也被认为是物种共存的基础与进化的动力，所以生态位理论在种-环境关系、种间关系、种群进化、种群与群落结构的组成、结构、动态，和物种多样性等方面在现代生态学中应用越来越广泛。生态位宽度可以直观地体现一个种的生态适应幅度，而生态位重叠则表明种资源利用的相似性和种间竞争的潜在可能性。一般认为，一个种的生态位越宽，该物种的特化程度就越小，更倾向于一个泛化种，而泛化种具有较强的竞争能力，尤其是在可利用资源量非常有限的情况下更是如此；相反，一个种的生态位越窄，该种的特化程度就越强，即它更倾向于一个特化种，特化种生态位窄，在资源竞争中处于劣势。由主要种的Levin生态位宽度指数和Shannon-Wiener生态位宽度指数与极点排序坐标来看，虽然生态位窄的种相对倾向于排序轴左端，较宽的排在右端，但两者相关性不显著（20个主要种的Levin生态位宽度指数与Pianka、Moristia、百分率和王刚生态位重叠矩阵计算的排序坐标间的Person相关系数分别为0.215、0.197、0.391和0.437，显著水平分别为0.362、0.405、0.088和0.054；与CA排序中演替时间轴坐标的相关系数为0.286，显著水平为0.222）。因此，生态位宽度只能代表种的资源利用和适应能力，不能完全代表种的竞争能力。例如，白羊草在达乌里胡枝子的排序左端，说明白羊草的竞争能力较达乌里胡枝子强。事实也确实如此，在白羊草-达乌里胡枝子群落中，白羊草占有优势，但白羊草生态位较窄，撂荒年限较长的群落优势种往往以达乌里胡枝子居多。

4种生态位重叠指数经极点排序所指示的排序演替序列，可以指示种的竞争能力强弱和生态对策连续统，位于排序轴左端的种是演替前期或中前期的主要种，除部分隐域性的田间根茎杂草外（如芦苇、冰草和苣荬菜），都是相对的r对策者，具有较高的种繁和扩散能力，对裸地的利用能力强，定居、生长快，但竞争能力弱，如黄花蒿、猪毛蒿和狗尾草等。位于排序轴右端的种是相对的K对策者，竞争和适应能力强，是演替后期或中期主要种，如达乌里胡杈子、白羊草和铁杆蒿等。

4种生态位重叠指数的种系统聚类结果以Moristia重叠指数和Pianka重叠指数结果较好，更容易作出生态学的合理解释。以Moristia重叠指数为例，按其演替生态位特性可以划分为3类：猪毛蒿、苣荬菜、狗尾草、二裂委陵菜、芦苇、黄花蒿、阿尔泰狗娃花、山苦荬、刺儿菜和冰草为第一类，其Levin生态位宽度指数、Shannon-Wiener生态位宽度指数和Hurlbert生态位宽度指数较小，平均分别为4.88、1.66和0.50。这类大部分位于排序轴左端，属于定居优势种。达乌里胡枝子、长芒草、二色棘豆、白羊草、白草为第二类，Levin 生态位宽度指数、Shannon-Wiener 生态位宽度指数和 Hurlbert 生态位宽度指数最大，平均分别为 5.85、1.94 和 0.45，这类位于排序轴右端，属于竞争优势种。铁杆蒿、茭蒿、委陵菜、硬质早熟禾和草木樨状黄芪为第三类，Levin 生态位宽度指数、Shannon-Wiener 生态位宽度指数和 Hurlbert 生态位宽度指数较大，平均分别为 5.07、1.74 和 0.48，位于排序轴中间，属于定居-竞争相对平衡种。图 14-1 的排序结果也可以作出种的分类，但因排序具有连续性，分类结果不太直观明显。

Pianka 生态位重叠指数、Morisita 生态位重叠指数和百分率生态位重叠指数计算各阶段优势种排序演替方向相同，均为：猪毛蒿→冰草→长芒草→铁杆蒿→达乌里胡枝子→白羊草；王刚生态位重叠指数的极点排序结果为：猪毛蒿→冰草→长芒草→达乌里胡枝子→铁杆蒿→白羊草。据撂荒演替序列的计算及实际观察到的撂荒年限分析，陕北黄土丘陵区各阶段主要种的演替方向为：猪毛蒿→长芒草（→冰草）→铁杆蒿→白羊草→达乌里胡枝子。4 个生态位重叠指数的极点排序结果与实际观察到的演替方向大致相同，说明种间竞争是撂荒演替的驱动力，但这个排序是否代表了种的竞争等级，尚待试验验证。

3 种生态位宽度指数以 Levin 指数和 Shannon-Wiener 指数较为合理，Hrulbert 指数适用性较差，这可能是因为在计算生态位宽度时，对物种可能利用的资源状态数估计有误所致。因为在无竞争条件下，演替各阶段种都可能有分布，其演替现实生态位与基础生态位并不一致，且演替时间梯度与资源梯度性质不太相同，可能不像一般的种-环境关系的 Gauss 模型。在进行种的分类时 4 种生态位重叠指数中以 Morstia 指数和 Pianka 指数较好，以百分率生态位重叠指数和王刚生态位重叠指数较差，但百分率生态位重叠指数和王刚生态位重叠指数在进行种的排序演替方向时与生态位宽度相关性更好。

种的生态位分析既可在直接的资源梯度上进行，也可在间接的群落梯度上进行。利用演替时间梯度进行演替生态位分析，可直观地分析演替序列种的演替生态学特性，主要是演替过程中的演替生态位宽度、种的相对竞争能力和演替的种间竞争机制等，对演替过程作出较为合理的生态学解释。

14.2 陕北黄土丘陵区撂荒演替过程中土壤水分、养分变化

14.2.1 撂荒演替过程中土壤水分变化

14.2.1.1 撂荒演替过程中表层、根系层和深层土壤水分变化

由图 14-9 可以看出，随着演替的进行，20cm、80cm 和 300cm 土壤水分含量均呈下降趋势，相反土壤水分变异量随撂荒年限的增加呈上升趋势。经 Kendall's tau _ b 非参数检验，各层实测土壤水分含量与撂荒年限均呈负相关，其中 80cm 土壤水分含量与撂荒年限相关显著，相关系数分别为−0.444、−0.556 和−0.389，双尾显著水平分别为 0.095、0.037 和 0.144，说明随着撂荒演替的进行，土壤表层、植物根系层和深层土壤水分越来越低；土壤水分变异量与撂荒年限均呈正相关，其中 80cm 土壤水分变异

量与撂荒年限相关显著，相关系数分别为 0.278、0.667 和 0.278，双尾显著水平分别为 0.297、0.012 和 0.297，说明演替后期较前期土壤水分波动程度增加。在排除立地条件（包括坡向、坡度和海拔）的影响后，各层土壤水分含量仍表现为下降趋势，而变异量仍为增加趋势。20cm、80cm 和 300cm 土壤水分含量与撂荒年限的偏相关系数分别为 −0.900、−0.793 和 −0.563，显著水平分别为 0.015、0.060 和 0.245；相应的土壤水分变异量与撂荒年限的偏相关系数分别为 0.179、0.740 和 0.506，其显著水平分别为 0.734、0.092 和 0.306。土壤水分与撂荒年限间的相关性应该是通过其他因素间接起作用的，那么中间起作用的主要是什么因素呢？影响土壤水分含量与变异量的不外乎 4 个因素，即气象、地形、土壤和植被因素。其中，气象因素主要是降雨、大气温湿度和风速，这对于各样地来说应该基本相同；地形因素主要有地形对水分的再分配作用，主要与坡度、坡向和海拔有关；土壤因素主要是土壤持水与保水能力、孔隙状况与热通量，前者在同为黄绵土的样地中，主要与土壤有机质含量有关，而后两者主要与土壤坚实度，特别是表层坚实度有较强的关联性；植被因素主要与群落蒸腾和土面蒸发有关，而群落蒸腾量主要取决于群落主要植物耗水量或地上生物量，土面蒸发主要取决于由群落盖度决定的地表潜热通量。因此，根据现有资料，对影响土壤水分的几个因素，即坡度、坡向、海拔、有机质含量、地上生物量、植被盖度、土表坚实度（用表层土壤容重来表示）等进行多元逐步回归分析(表 14-5～表 14-8)。结果表明，上述几个因子对表层土壤水分含量。根系层和深层土壤水分变异量的模拟结果显著，对表层水分变异量。根系层和深层土壤水分含量的模拟未达到显著水平，但较为接近。上述几个因子仍然可以解释表层土壤水分变异量。考虑到土壤不同层次有机质含量的变化，或者更确切地说

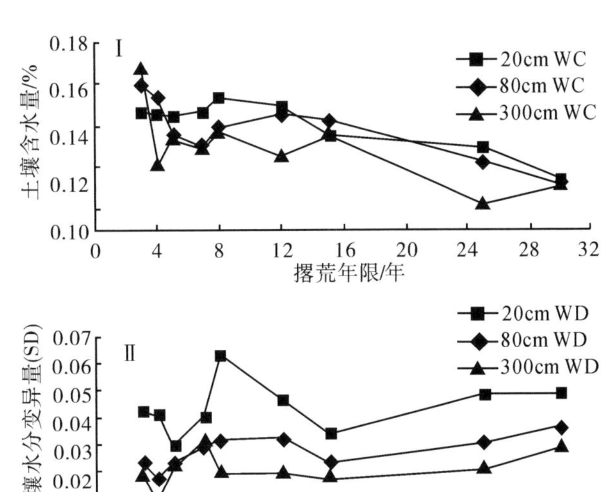

图 14-9　不同撂荒年限样土壤水分实测含量及变异量

注：WC、WD 分别代表土壤含水量和土壤水分变异量。

表 14-5　环境因子与不同深度土壤水分含量与变异量的多元回归结果

土壤水分含量与变异量	撂荒年限	地上生物量	坡向	坡度	海拔	有机质含量	0～10cm 土壤容重	植被盖度	常数	复相关系数	显著水平
20cm WC	-3.54×10^{-3}	-1.19×10^{-4}	−0.00391	-7.45×10^{-4}		−0.0427	−0.0134	1.76×10^{-3}	0.177	0.9994	0.0248
20cm WD	-4.92×10^{-3}	-2.05×10^{-4}		2.65×10^{-3}	1.24×10^{-4}	−0.1300	−0.151	3.58×10^{-3}	0.115	0.9526	0.2171
80cm WC	-1.27×10^{-3}	-3.91×10^{-5}				0.0219			0.143	0.7279	0.0847
80cm WD	-1.26×10^{-3}			-3.41×10^{-4}		−0.0389		9.60×10^{-4}	0.0297	0.9358	0.0111
300cm WC	-2.09×10^{-3}	1.63×10^{-4}					−0.0513		0.168	0.7535	0.0694
300cm WD		9.20×10^{-5}				0.0351	0.0333		−0.00631	0.7991	0.0452

不同层次土壤有机质的关联性及有机质含量与土壤持水、保水能力的关系以及土壤水分的空间异质性（在模拟中表现为土壤水分的取样误差）的影响，模拟结果较为理想，可以用来预测土壤水分含量与变异量。

表 14-6　各因子对 20cm 土壤水分含量的直接作用和间接作用

影响因子	直接作用	间接作用						
		撂荒年限	地上生物量	坡向	坡度	有机质含量	0～10cm 土壤容重	植被盖度
撂荒年限	−2.80		−1.02	0.01	0.16	−0.65	0.02	3.39
地上生物量	−1.22	−2.32		0.02	0.26	−0.74	0.04	3.09
坡向	−0.08	0.40	0.35		0.19	0.26	−0.07	−0.98
坡度	−0.62	0.74	0.52	0.02		0.57	0.01	−0.70
有机质含量	−0.88	−2.07	−1.03	0.02	0.40		0.03	2.67
0～10cm 土壤容重	−0.08	0.74	0.59	−0.07	0.10	0.36		−1.42
植被盖度	3.47	−2.73	−1.09	0.02	0.13	−0.68	0.03	

表 14-7　各因子对 80cm 土壤水分变异量的直接作用和间接作用

影响因子	直接作用	间接作用			
		撂荒年限	坡度	有机质含量	植被盖度
撂荒年限	−2.01		0.15	−1.19	3.70
坡度	−0.57	0.53		1.04	−0.77
有机质含量	−1.61	−1.48	0.37		2.92
植被盖度	3.80	−1.96	0.12	−1.24	

表 14-8　各因子对 300cm 土壤水分变异量的直接作用和间接作用

影响因子	直接作用	间接作用		
		地上生物量	有机质含量	0～10cm 土壤容重
地上生物量	1.70		−1.10	−0.16
有机质含量	−1.30	1.43		−0.14
0～10cm 土壤容重	0.34	−0.82	0.54	

由于各因子量纲和指标值有差异，多元回归分析中各系数并不能直接判定各因子对不同层次土壤水分影响的大小，因此需要对达到显著水平的回归分析进行通径分析。通径分析结果表明，植被、地形和土壤因子对表层土壤水分含量的决定系数为 99.99%，其中以植被盖度、撂荒年限和地上生物量的直接作用最大，其直接通径系数分别为 3.47、−2.81 和−1.23，说明植被盖度越大，撂荒年限越短，地上生物量越小，亚表层土壤水分含量越大。而撂荒年限和地上生物量主要是通过植被盖度起作用（图 14-10），其间接作用分别为 3.39 和 3.09，大于其直接作用，说明影响表层土壤水分含量的主导因子是植被盖度。其他因素如坡向、坡度、有机质含量和表层土壤容重的直接作用都较小，同样主要是通过植被盖度而起作用的。对撂荒年限的间接作用以地上生物量、有机质含量和植被盖度较大，分别为−2.33、−2.07 和−2.73，与撂荒年限的直接作用方

向相同，说明地上生物量、有机质含量和植被盖度等共同决定了撂荒年限与表层土壤水分含量的负相关。

影响根系层土壤水分变异的主要因素为植被盖度、撂荒年限、土壤有机质含量和坡度，其决定系数为 0.9379，剩余通径系数为 0.2492。其中植被盖度、撂荒年限和有机质含量的作用较大，其直接通径系数分别为 3.80、－2.01 和－1.61，说明植被盖度越大，撂荒年限越短，表层土壤有机质越小，根系土壤水分波动越剧烈。同样撂荒年限和土壤有机质主要是通过植被盖度而间接起作用的，其相应的间接作用（分别为 3.70 和 2.92）与其直接作用方向相反并大于其直接作用，说明决定根系层土壤水分波动的主导因了仍然为植被盖度。在演替过程中水分波动有降低的趋势，有机质含量也有降低根系水分波动的趋势（小的负作用），但由于越到演替后期有机质含量越大，植被盖度越大（大的间接正作用），而表现为演替后期水分波动较为剧烈，有机质含量越大，水分波动越剧烈。对撂荒年限的间接作用以植被盖度和有机质含量较大，并且与其直接作用方向相同，说明两者决定了撂荒年限与根系层水分波动的负相关趋势。

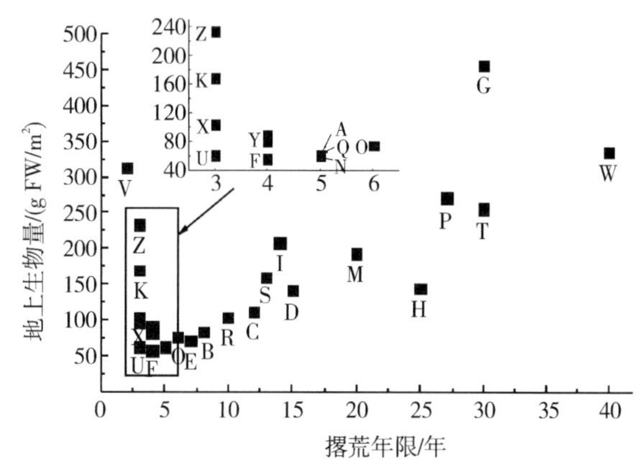

图 14-10　不同撂荒年限样地群落地上生物量

影响深层土壤水分波动的主要因素为地上生物量、有机质含量和表层土壤容重，其决定系数为 0.7741，剩余通径系数为 0.4753。三者直接通径系数分别为 1.70、－1.30 和 0.34，说明地上生物量越大，土壤有机质含量越小，土壤越坚实，深层水分波动越剧烈。撂荒年限对深层水分波动无明显影响。其中有机质含量有减小深层水分波动的作用，但由于有机质含量高的群落地上生物量也大，间接表现为有机质含量越高，水分波动越剧烈，不过这种较小的直接负作用与较大的间接正作用差别较小，因而水分波动随有机质含量的增加而增大的趋势不是特别明显。同样，土壤坚实度真正的作用为增加水分波动（较小的直接正作用），但由于土壤较坚实的群落其相应的地上生物量较小而表现为土壤越坚实，水分波动越小（较大的间接负作用）。

对于表层土壤水分含量来说，植被、地形和土壤因子的总作用分别为 15.85、5.53 和 10.49（通径系数绝对值和），分别占 49.75％、17.35％和 32.90％。三者对于根系层土壤水分波动的总作用分别为 7.12、2.91 和 6.38，分别占 43.33％、17.73％和 38.94％。地形因子对深层土壤水分波动无明显作用，植被和土壤因子的总作用分别为 2.96 和 4.57，分别占 39.32％和 60.68％。可见植被因素对深层水分波动的相对影响稍小于对根系层水分波动的影响，而土壤因子对深层水分波动的相对影响则较大。土壤因子主要是有机质含量，对于表层土壤水分含量、根系层和深层土壤水分的波动都起到了较大的作用。不过有机质对表层土壤水分含量的作用机理可能和根系层、深层水分波动不一样。有机质含量越大，表层土壤水分含量越小，可能是表层土壤持水效应和降低土面蒸发效应两者共同作用导致的上行水较少；有机质含量越大，根系层和深层土壤水分波动相应的也越小，主要是土壤保水效应的作用。其对深层水分波动的相对直接作用（占 38.92%）大于对根系层水分波动的相对作用（26.92%），说明有机质的保水作用随着土层加深有一个累加效应。随着演替的进行，土壤有机质逐渐积累使得土壤的持水能力和保水能力逐渐改善，同时伴随着群落盖度的增加，群落无效蒸发将逐渐降低，这有助于改善演替后期土壤水环境。

14.2.1.2 结论与讨论

从撂荒演替过程中土壤水分的变化来看，随着演替的进行，土壤含水量越来越低，而土壤水分的波动却越来越大。为了明确撂荒演替过程中各环境因子对土壤水分的相对影响，按 20cm、80cm 和 300cm 土壤水分的实测含量和变异量进行了多元逐步回归分析和通径分析，分析结果表明：①用地形因子（包括坡度、坡向和海拔）、土壤因子（地表紧实度和有机质含量）和植被因子（地上生物量和植被盖度）能够较好地对土壤水分作出多元拟合，说明这几个因子基本上包括了影响土壤水分的直接和间接因素。在模拟中，不同深度土体的持水能力和保水能力是由表层有机质含量来代替的。在土体上下均匀这一理想条件下，存在两个假设，即不同深度土壤有机质含量存在线形相关关系，并且土壤持水能力和保水能力与土壤有机质含量也是线形关系，真实情况是否如此，尚待进一步研究。可以确定的是 0～20cm 和 20～40cm 土壤有机质含量是线形相关的（Person 相关系数 0.803，显著水平<0.0001），至于表层有机质含量与更深层次土壤有机质的关系受不同群落类型主要植物根系生物量、根系垂直分布和年周转的影响，上述线形关系能否外推，尚需验证。同时，由于土壤水分的空间异质性，在模拟中将直接表现为土壤水分的取样误差而影响模拟效果，特别是表层土壤水分，受群落空间异质性如群落斑块的遮阴效果的影响，表现尤其明显，这可能是对表层土壤水分波动模拟效果较差。②在撂荒演替过程中，由于其他因子的直接作用而间接表现为随着撂荒年限的增加，土壤水分含量与变异量呈下降与上升趋势。影响表层土壤水分含量和根系层水分波动的主导因子是植被盖度，而影响深层土壤水分的主导因子是地上生物量。撂荒年限参与分析的主要目的是分析各环境因子对撂荒年限的间接作用，其实各环境因子就可以直接进行多元回归，并且回归结果较为理想。

14.2.2 利用称重法测定植物群落蒸散

在研究水分生态问题时多采用离体称重法，可以测量全株或部分枝条的蒸腾速率。但离体称重法不适合测定草本植物的蒸腾，因为草本植物多数个体小，经 20～30 分钟的离体蒸腾后，其组织失水较多，导致蒸腾测定数值偏小。为满足研究群落水分平衡的需要，采用离体快速连续称重法测定植物的蒸腾速率。该方法的优点为电子天平平衡时间短。

14.2.2.1 猪毛蒿、长芒草与二裂委陵菜的蒸腾速率日变化与日蒸腾量

植物样品质量与时间成线形关系，随时间的延长，样品质量线形减少，说明短时间内植物的蒸腾失水速率恒定，直线的斜率即为样品的蒸腾速率。如图 14-11 所示，以8 月

6日刺儿菜11点的蒸腾测定数据与猪毛蒿、长芒草和二裂委陵菜3种植物中午12点的蒸腾测定数据为例，刺儿菜、猪毛蒿、长芒草和二裂委陵菜所测定样品蒸腾速率分别为0.98mg/（g叶·s）、3.04mg/（g叶·s）、1.67mg/（g叶·s）和3.47mg/（g叶·s）。4种植物测定样品的初始质量和枝重分别为40.2g、45.79g、13.92g和17.38g，则整株植物的蒸腾速率分别为0.050mg/（株·s）、0.066mg/（株·s）、0.12mg/（株·s）和0.20mg/（株·s），叶片蒸腾速率为0.080mg/（g叶·s）、0.13mg/（g叶·s）、0.12mg/（g叶·s）和0.32mg/（g叶·s）。据此，计算出植物的叶片蒸腾速率日变化。

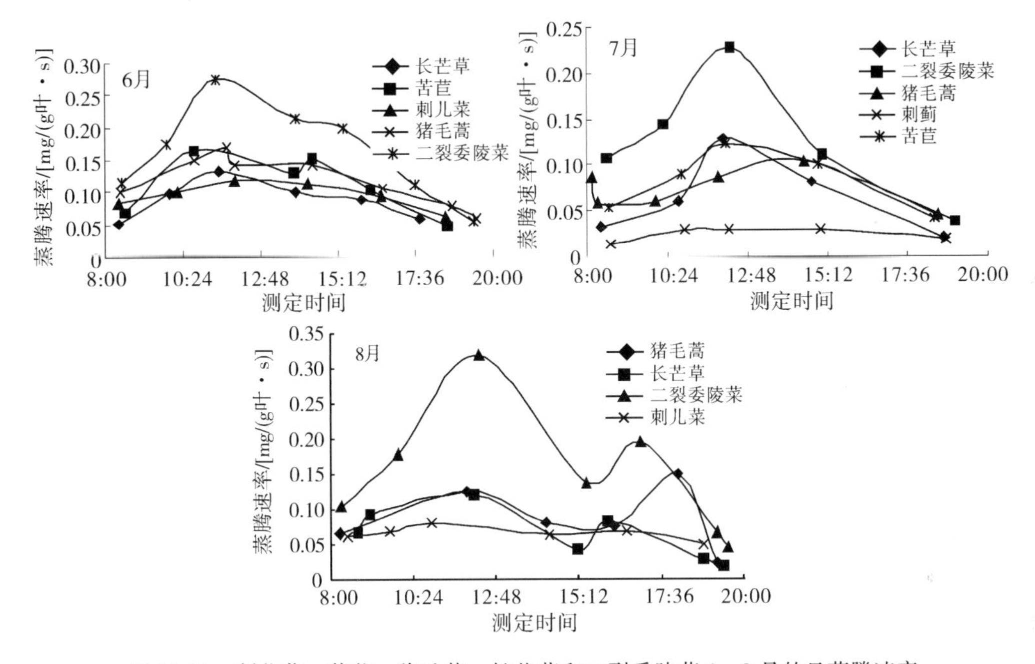

图14-11　刺儿菜、苦苣、猪毛蒿、长芒草和二裂委陵菜6～8月的日蒸腾速率

由图14-11可知，6月份和8月份植物蒸腾速率基本上为双峰形，在中午12点～16点蒸腾速率最低，各草种都有“午休”现象，只是程度不同，二裂委陵菜表现最明显，其次是苦苣和猪毛蒿。7月份各种植物的蒸腾速率几乎都为单峰形，只有长芒草例外，其11点的蒸腾速率低于10点和13点。6月份，猪毛蒿的蒸腾速率明显高于其他草种，最大蒸腾速率达到0.27mg/（g叶·s）这可能与当时猪毛蒿正值营养盛期与花初期有关，叶片虽只占个体质量的57.89%±2.40%（7月份猪毛蒿的叶+花果质量占个体质量的52.34%±5.55%，8月份猪毛蒿茎杆开始木质化，且部分叶开始枯黄，其茎秆占个体质量的46.43%±7.24%）。8月份二裂委陵菜的蒸腾速率高于其他草种，最大蒸腾速率发生在12点，达0.32mg/（g叶·s）。可能是由于二裂委陵菜处于结实期且生育期较长，叶片较绿，而其他植物叶片开始枯黄，蒸腾速率减小的缘故。猪毛蒿在7月份8：07的蒸腾速率比8：18高，这是露水所致。从6月份、7月份和8月份5种草本植物的叶片蒸腾速率来看，猪毛蒿、二裂委陵菜和苦苣的蒸腾速率较高。各种植物不同月份全株和叶日蒸腾量如表14-9所示。刺儿菜、苦苣、猪毛蒿、长芒草和二裂委陵菜的

按全株质量计算，其 6 月份、7 月份和 8 月份平均日蒸腾量分别为 0.92g/（株·s）、1.57g/（株·s）、1.02g/（株·s）、1.44g/（株·s）和 2.22g/（株·s），按叶质量计算的日蒸腾量分别为 1.19g/（g 叶·s）、2.19g/（g 叶·s）、1.92g/（g 叶·s）、1.46g/（g叶·s）和 3.23g/（g叶·s）。6、7 和 8 月份 5 种植物的全株平均日蒸腾量分别为 1.84g/（株·s）、1.06g/（株·s）和 1.34g/（株·s），叶平均日蒸腾量分别为 2.44g/（g叶·s）、1.44g/（g叶·s）和 2.10g/（g叶·s）。可以看出 5 种植物在 6 月份的蒸腾速率都较高，8 月份次之，7 月份最低，7 月份最低与测定当天的光照和温度较低有关。

表 14-9　6～8 月 5 种植物全株和叶的日蒸腾量

植物	全株蒸腾量/［g/(株·d)］				叶蒸腾量/［g/(g 叶·d)］			
	6 月	7 月	8 月	平均	6 月	7 月	8 月	平均
刺儿菜	1.61	0.38	0.77	0.92	1.82	0.47	1.27	1.19
苦苣	1.89	1.25	—	1.57	2.84	1.54	—	2.19
猪毛蒿	1.38	0.75	0.93	1.02	2.42	1.43	1.90	1.92
长芒草	1.62	1.30	1.40	1.44	1.62	1.30	1.47	1.46
二裂委陵菜	2.71	1.64	2.32	2.22	3.49	2.44	3.76	3.23
均值	1.84	1.06	1.36	—	2.44	1.44	2.10	—

14.2.2.2　土面蒸发的日变化与蒸发量

由图 14-12 可以看出，蒸发的日变化量无明显的趋势，一般 10 点～12 点和 14 点～16 点蒸发量较大，中午反而比较小，因为风力或气流在中午较小。而蒸发量差异非常明显，阴天（8 月 22 日）和无风的天气蒸发量只相当于晴天或有风的天气的 19.91%～

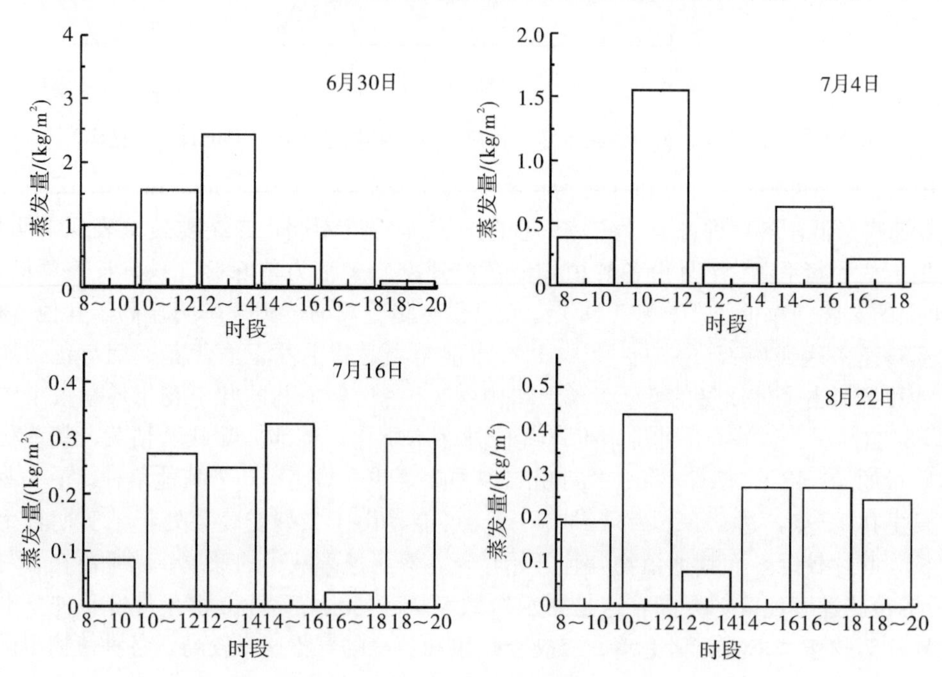

图 14-12　6～8 月其中四天的土面蒸发日变化

50.53%。6月30日（有风且地面干土层较薄）、7月4日、7月16日和8月22日裸地的日蒸发量分别为6.30kg/（m^2 · d）、2.95kg/（m^2 · d）、1.26kg/（m^2 · d）、1.50kg/（m^2 · d），相当于6.30mm/（m^2 · d）、2.95mm/（m^2 · d）、1.26mm/（m^2 · d）和1.50mm/（m^2 · d）。

14.2.2.3 草地群落的蒸散

退耕三年草地群落为猪毛蒿+苦苣群落，鲜重地上生物量为55.95g/m^2，其中猪毛蒿、苦苣、苣荬菜分别占群落总生物量的32.66%、6.74%和27.43%。因苦苣与苣荬菜为同一属，且个体无明显差异，将苣荬菜与苦苣蒸腾按同一数据计算。据此，根据前面各草种全株日蒸腾量，6月份、7月份和8月份猪毛蒿蒸腾量分别为25.22g/(m^2 · d)、13.71g/(m^2 · d)和16.99g/(m^2 · d)。6月份、7月份苦苣及苣荬菜蒸腾量分别为36.14g/(m^2 · d)、23.90g/(m^2 · d)。将群落中其他次要种按5种牧草的平均日蒸腾量计算，则6月份、7月份和8月份群落中次要种蒸腾量分别为30.22g/(m^2 · d)、17.46g/(m^2 · d)和22.23g/(m^2 · d)。6月份、7月份群落总的蒸腾量分别为95.04g/(m^2 · d)、55.88g/(m^2 · d)。由于退耕地植被盖度和生物量非常低，如果忽略植被覆盖对蒸发的影响，则6月份、7月份和8月份群落蒸腾远小于蒸发。三个月份中群落总的蒸散量大致为0.13～0.64cm/(m^2 · d)，其中蒸腾量占0.89%～7.54%。

14.2.2.4 讨论与结论

从蒸腾测定结果看，离体快速连续称重法能测量出植物蒸腾的双峰曲线，能反映植物蒸腾的日进程，说明自制天平室在短时间内不会导致天平室内小环境的改变。用称重法测得的蒸腾数据为单位质量的叶或全株在单位时间的蒸腾量，如果有鲜重/叶面积的比值数据，则可以换算为以全株叶片面积为单位的蒸腾量。离体快速连续称重法较适于研究水分生态问题，取样多，计算蒸腾量方法简单、步骤少，特别适于测定叶片或叶裂片较小的植物。对于均匀分布的天然植被或单一植被，如人工草地、农作物，测定其日蒸腾量时可不用分种，直接刈割测量。另外，支持数据实时传输或贮存的电子天平可与计算机连接，能进一步增加测量精度。

土柱称重法测定蒸发时，由于管内土面经常搬动容易出现裂缝，以及PVC管管径小，边缘效应较大，导致蒸发测量值偏大。但用大管径的PVC管，土柱质量较大，超出电子秤的称量范围，不容易测量蒸发的日变化。因此，土柱称重法尚有待改进。

退耕草地群落的蒸散量为0.13～0.64cm/（m^2 · d），其中蒸腾占0.89%～7.54%。与韩跃成等（1995）在内蒙古羊草草原的测定结果0.41cm/（m^2 · d）相比，处于同一数量级水平。宋炳煜（1995）在内蒙古草原区的研究中指出，羊草群落的蒸散量占群落总蒸散量的75%，而大针茅群落蒸腾占群落总蒸散量的50%。原因是羊草群落地上生物量和盖度大、叶片蒸腾速率高，且羊草群落土壤含水量高。应该说明的是随着植被盖度或枯落物的增加，地面裸露程度减少，群落蒸散量会发生什么变化，蒸腾与蒸发在蒸散中的作用有什么样的动态关系，对于研究群落或土壤水分平衡很有意义。谢森传（1998）认为，充分供水条件下，群落的土面最大蒸发率与土面裸露程度成正相关，用农田基本气象数据计算北京地区冬小麦的蒸散量并模拟土壤水分含量，间接验证了这一规律，但尚未有直接证据证明。

14.2.3 撂荒演替过程中群落蒸散量的估算

水分作为植物生存的基本生活因子，不仅影响植物的个体发育，更进一步决定着植物群落的类型、分布和植被动态，在黄土高原地区更具有其特殊的生理生态意义。因而，水分与植被相互作用关系的研究已成为该区人工植被建设的重要课题，对于植被的合理经营与人工植被的科学建设具有重要的指导意义。目前，针对黄土高原地区自然植被恢复与人工植被建设和水环境的关系主要进行了几方面研究，起步较早且成果众多。在宏观大尺度方面，主要集中于森林对较大区域（较大流域）内水量平衡（SWAT）；在中小尺度上，则以土壤-植被-大气连续体系（SPAC）内水分运动规律及其定量描述为主。关于地区植被与其土壤环境相互作用已有研究，但在黄土丘陵区涉及不多。深入研究群落演替与水环境的关系，演替各阶段群落水平衡性质研究对于丰富演替理论，认识地区植被演替规律具有重意义。国外在关于群落演替与土壤水平衡方面的研究认为草地植被耗水量大，对水分需求也较高，而乔灌植被则相对耗水量少，且摄取水分能力和耐低水能力强，土壤水分的不断降低导致草地向灌木的演替。

14.2.3.1 群落主要植物日蒸腾量

撂荒演替各阶段群落8种植物两个测定日的日蒸腾速率变化如图14-13所示。从图14-13可以看出，6月6日8种植物的叶片蒸腾速率全部为双峰型。其中铁杆蒿和达乌里胡枝子的最大蒸腾速率较大，达到0.292mg/（g叶·s）和0.288mg/（g叶·s），分别出现在下午4时和上午12时左右。冰草的蒸腾速率较小，其最大峰值为0.102mg/（g叶·s）。8月16日除长芒草为单峰型外，其余7种植物都为双峰型。其中草木樨状黄芪的峰值蒸腾速率最大，最大峰值为0.514mg/（g叶·s），出现时间为下午2时左右。冰草的蒸腾速率仍为最小，其最大峰值为0.0669mg/（g叶·s）。长芒草在下午2时左右的蒸腾速率最大，为0.163mg/（g叶·s）。比较发现，6月6日8种植物的叶片蒸腾速率都有明显的午休现象，而8月16日的蒸腾速率午休现象不明显。例如，猪毛蒿和狗尾草的蒸腾速率在上午10时左右达到最大，分别为0.321mg/（g叶·s）和0.296mg/（g叶·s），午间蒸腾速率差别较小；猪毛蒿与狗尾草在12时、14时和16时的蒸腾速率分别为0.164mg/（g叶·s）、0.163mg/（g叶·s）、0.157mg/（g叶·s）与0.214mg/（g叶·s）、0.168mg/（g叶·s）、0.159mg/（g叶·s）；长芒草的日蒸腾速率甚至为单峰型，这可能与测定日的土壤含水量有关。虽然8月16日的大气蒸发潜力较6月6日高，水面蒸发量分别为5.3mm/d和4.5mm/d，但8月份后，降雨增多，土壤水分供应充足，使得长芒草没有明显的“午休”现象。

根据图14-13所示整株植物日蒸腾速率变化，计算得出8种植物全株平均日蒸腾量（表14-10）。6月6日以达乌里胡枝子的日蒸腾量最大，为3.66g/（株·d）；冰草最小，为1.63g/（株·d）。植物的日蒸腾量受多方面因素影响，主要是植物的水分利用特性、生育期和环境条件（包括大气蒸发力、土壤供水能力等）。从演替不同阶段主要植物的水分利用特性来看，演替后期主要植物的日蒸腾量一般要大于演替前期主要植物的日蒸腾量。7种主要植物在修正CA排序代表演替序列一轴上从小到大的顺序为：狗尾草→

猪毛蒿→冰草→长芒草→铁杆蒿→茭蒿→达乌里胡枝子，其与日蒸腾量大小的Spearman秩相关系数为正值，为0.57，显著水平为0.18，说明随着演替的进行群落主要植物的耗水量有增大的趋势。根据群落生物量组成，进一步计算得不同撂荒演替阶段群落平均日蒸腾量（表14-11）。

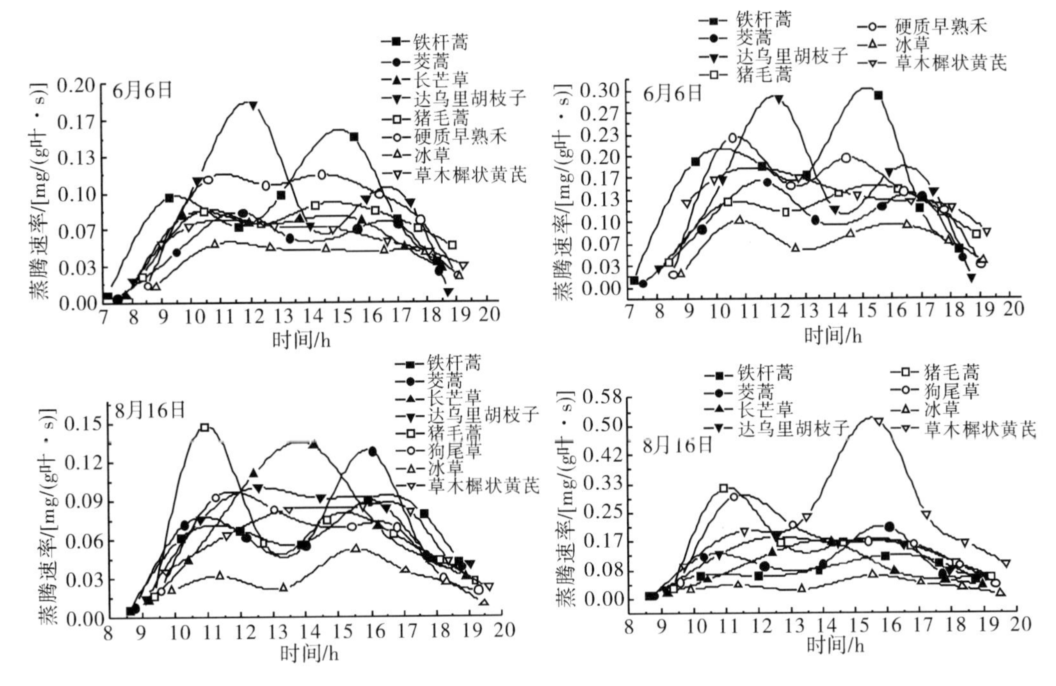

图14-13　6月份、8月份两个测定日8种植物蒸腾速率日变化

表14-10　不同植物整株日蒸腾量　[单位：g/（株·d）]

测定日期	铁杆蒿	茭蒿	长芒草	达乌里胡枝子	猪毛蒿	硬质早熟禾	狗尾草	冰草	草木樨状黄芪
6月6日	3.48	2.21	2.43	3.66	2.76	3.45	—	1.63	2.25
8月16日	2.34	2.44	2.68	2.66	2.52	—	2.27	1.09	2.38

表14-11　不同演替阶段群落地上生物量组成及平均日蒸腾量　[单位：g/（株·d）]

样地编号	铁杆蒿	茭蒿	长芒草	达乌里胡枝子	猪毛蒿	硬质早熟禾	狗尾草	冰草	草木樨状黄芪	其他	平均日蒸腾量
A	5.44	10.28	2.03	1.16	26.71	0.51	0.16	7.38	—	10.05	0.19
B	2.90	3.75	6.94	11.84	10.35	0.38	0.15	32.64	4.08	9.60	0.24
C	13.80	2.78	5.75	3.42	3.90	0.31	0.20	54.28	2.71	23.38	0.32
D	42.67	24.51	2.21	26.31	2.51	0.30	0.04	6.95	13.14	23.09	0.41
E	0.46	—	21.92	27.13	0.68	0.37	—	—	—	20.07	0.21
F	11.78	0.40	12.87	6.82	9.40	0.36	0.42	0.93	—	14.14	0.17
G	0.29	4.35	2.05	20.56	0.97	—	—	2.85	0.73	424.54	1.33
H	43.41	5.04	11.45	46.34	0.17	—	—	—	—	36.71	0.42
J	—	—	—	0.64	28.75	0.41	—	—	0.18	66.50	0.28

14.2.3.2　不同撂荒年限样地土壤水分储量及其与降水量的关系

2003年整个生长季降水量为459.6mm，为丰水年，年降水量分配与正常年份不太

相同，7 月多暴雨，生长季后期降水较多，特别是进入 8 月下旬后，阴雨天较多，雨型多为 B 型和 C 型雨，地面入渗过程强，因此各样地生长季后期土壤储水量较多。由表 14-12 可以看出，各样地 0～300cm 以 6 月份、7 月储水量最低，以后逐渐增加，到 10 月份、12 月份最高，这与测定前的累积降水量逐渐增大有关（图 14-14）。各样地前一测定日至下一测定日和第一个测定日前半个月的累积降水量与 0～300cm 土壤储水量的相关性都较好，除样地 A 和样地 E 未达到显著水平外，其余样地相关显著。说明对多数样地来说，可用前段时间的累积降水量来预测土壤水分储量。其生态学意义为：在丰水年，土壤水分主要取决于前段时间的降水量，植物可以利用的土壤水分主要来源于大气降水，而不是深层储水。由表 14-12 还可以看出，累积降水量与不同深度土壤水储量的相关性差别较大。除样地 E 外，不同深度土壤水储量与累积降水量的相关性大小均为：0～300cm＞0～200cm＞0～100cm。这说明对多数样地来说，测定日前的累积降水量入渗深度大于 300cm，说明降水入渗后土壤水分除一部分为植物蒸腾和土面蒸发消耗外，绝大部分以重力水或毛管水的形式下渗并在深层储存起来了，两个测定日间隔期间累积降水量可以入渗到 300cm 以下。至于样地 E，可能与其土层质地有关。在挖取剖面进行土壤容重测定时发现，样地 E 在 120～160cm 和 180～200cm 处存在厚薄不均的黏土层，在 260～300cm 处存在镶嵌状的黏土层和沙砾层，使得降水入渗受阻，并且影响了土壤水分的再分布。因此，样地 E 的土壤水分剖面分布图比较凌乱，累积降水量与土壤水储量相关性较差，这可能也是样地 E 在 5 月 25 日、6 月 10 日和 7 月 14 日

表 14-12　各样地不同深度土壤水储量与累积降雨量的关系

样地深度	相关性	样地编号								
		A	B	C	D	E	F	G	H	J
0～100cm	相关系数	0.49	0.84	0.79	0.68	0.76	0.56	0.60	0.73	0.42
	显著水平	0.152	0.002	0.006	0.030	0.010	0.093	0.069	0.017	0.222
0～200cm	相关系数	0.54	0.86	0.86	0.80	0.73	0.68	0.74	0.84	0.62
	显著水平	0.104	0.001	0.001	0.005	0.016	0.030	0.014	0.002	0.058
0～300cm	相关系数	0.70	0.83	0.91	0.85	0.58	0.74	0.81	0.85	0.71
	显著水平	0.024	0.003	0.000	0.002	0.078	0.015	0.004	0.002	0.020

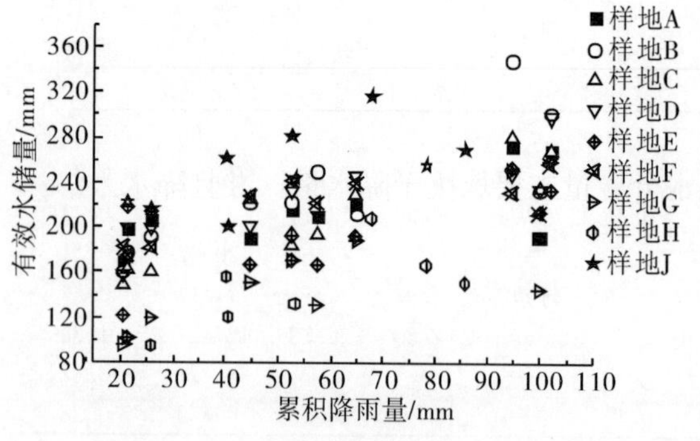

图 14-14　各样地不同时期累积降雨量与 0～300cm 有效水储量的关系

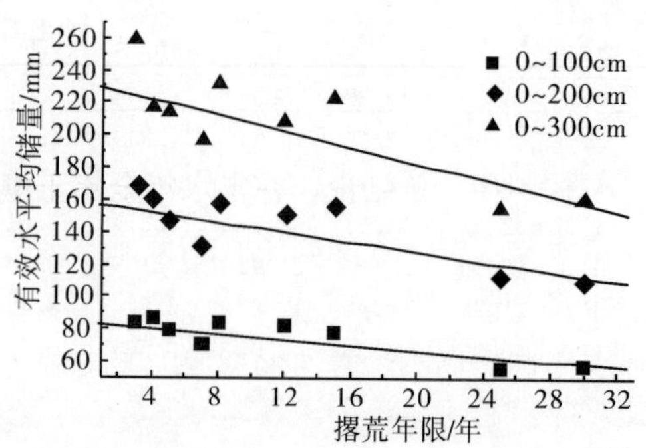

图 14-15　不同撂荒年限各样地 0～100、0～200 和 0～300cm 有效水平均储量

260～300cm 土壤水分较高的原因。另外，样地 A 在挖取土壤剖面时虽然在各土层未见到明显不同的质地，但由于样地 A 的土壤水分剖面分布连续性差，并且累积降水量与土壤水储量相关性差，根据以上分析，样地 A 的土壤质地剖面分布中可能同样存在非黄绵土土质的地段。

由不同撂荒年限各样地几个测定日有效储水量的平均值（图 14-15）来看，随着撂荒年限的增加，0～100cm、0～200cm 和 0～300cm 有效水储量都呈减少趋势，各层有效水储量与撂荒年限的非参数 Kendall's tau _ b 相关性分别为－0.61、－0.61 和－0.50，显著水平分别为 0.022、0.022 和 0.061。在演替过程中较浅层次的土壤水分变化比较明显，这主要是由于在演替过程中随着植物生物量的增加，耗水量增加，而土壤储水量减少。据此可以间接得出，植物利用的土壤水分主要是 0～200cm 土层间，各演替阶段植物根系分布也主要在 2m 以上。

14.2.3.3　群落蒸散量估算

根据各样地不同时期 0～300cm 土壤水分的变化量和期间累积降水量，计算得各样地不同时期的群落蒸散量如表 14-13。可以看出，除 10 月 5 日或 9 月 27 日至 12 月 10 日累积蒸散量因时间跨度较大，累积蒸散量较大外，各样地群落蒸散量都以 8 月 9 日至 8 月 28 日和 7 月 14 日至 7 月 26 日蒸散量大，5 月 24 日至 6 月 10 日最小。

表 14-13　各样地不同时期降雨量与 0～300cm 有效水储量和蒸散量　　（单位：mm）

日期	期间降水量	样地编号																	
		A		B		C		D		E		F		G		H		J	
		储量	蒸散量	储量	蒸散量	储量	蒸散量	储量	蒸散量	储量	蒸散量	储量	蒸散量	储量	蒸散量	储量	蒸散量	储量	蒸散量
5/24		197.24		177.74		161.16		198.62		217.43		175.08		102.31		101.42		222.73	
6/10	25.7	205.14	17.8	192.18	11.3	160.15	26.7	198.66	25.7	213.84	29.3	181.38	19.4	119.64	8.4	94.87	32.3	216.08	32.4
6/24	20.5	167.71	57.9	160.49	52.2	148.19	32.5	158.11	61.0	120.96	113.4	181.92	20.0	95.75	44.4	151.48	15.1	200.70	35.9
7/14	99.7	192.99	74.4	233.42	26.8	235.35	12.5	234.13	23.7	213.45	7.2	212.97	68.6	145.58	49.9	155.32	5.4	261.73	18.5
7/26	44.8	189.70	48.1	221.27	56.9	224.29	55.9	201.81	77.1	166.56	91.7	227.21	30.6	151.57	38.8	131.74	76.7	244.00	70.8
8/9	57.2	210.33	36.6	249.62	28.8	193.67	87.8	211.18	47.8	167.57	56.2	221.97	62.4	131.17	77.6	166.39	43.6	256.40	65.8
8/28	64.7	220.37	54.7	211.51	102.8	229.70	28.7	246.22	29.7	192.47	39.8	239.85	46.8	187.92	8.0	151.17	100.9	270.06	72.0
9/11	52.5	214.56	58.3	222.00	42.0	183.51	98.7	231.93	66.8	193.13	51.8	241.91	50.4	169.55	70.9	170.55	33.1	280.83	41.7
9/27	67.7															208.05	30.2	316.84	31.7
10/5	34.0	268.93	47.3	302.37	21.3	267.73	17.5	298.50	35.1	233.37	61.5	256.82	86.8	259.34	11.9				
12/10	94.5	272.51	90.9	348.21	48.7	279.76	82.5	248.29	144.7	253.61	74.3	231.59	119.7	250.96	102.9	242.74	128.3	314.67	165.2

据前面分析结论，在丰水年全年土壤水分含量主要取决于降水量，并且降水入渗深度大于 300cm，植物利用的主要是降水量而不是深层储水。从图 14-16 可以看出，在相对干旱季节，各样地在 6 月份、7 月份土壤水分也有所降低，说明为了满足植物蒸腾的需要，深层储水也有所调动而上渗。为了便于分析，以当次测定日与上次测定日期间的累积降水量为自变量，以两次测定日 260～300cm 土壤水分储量的差值绘图（图 14-17）。如图 14-17 所示，除样地 H 外，多数样地深层贮水量在降雨量较多的时候为正值，说明深层贮水有所盈余，降水较多的时候可以补给深层水分，并且累计正值和大于累计负值和。说明在丰水年多数样地深层土壤含水量降雨补给量较大，而深层水分调动量较

小，也就是说水分下渗量大于上渗量。样地 A 在 260～300cm 土壤层的累积盈余量为 30.63mm，而亏缺量为 18.60mm；样地 B 分别为 34.06mm 和 24.71mm；样地 C 分别为 27.89mm 和 19.41mm；样地 D 分别为 26.24mm 和 25.51mm；样地 E 分别为 26.05mm 和 37.94mm；样地 F 分别为 16.57mm 和 9.75mm；样地 G 分别为 45.58mm 和 17.96mm；样地 H 分别为 25.88mm 和 17.47mm；样地 J 分别为 33.14mm 和 18.61mm。由土壤水分剖面分布图也可以直观地看出，各样地深层土壤含水量相差较大，这有可能是降水下渗或深层储水上渗引起的。在两次测定期间降水量较少的时候，深层土壤含水量也有所减少，由于土壤水分的再分配，必然要调动深层储水，因此土壤深层上渗量并不为零，在降水较多的时候，深层土壤含水量增加。由于土壤水分的再分配必然要下渗，并且下渗量较大，因此根据 0～300cm 土壤水分储量的变化来计算群落

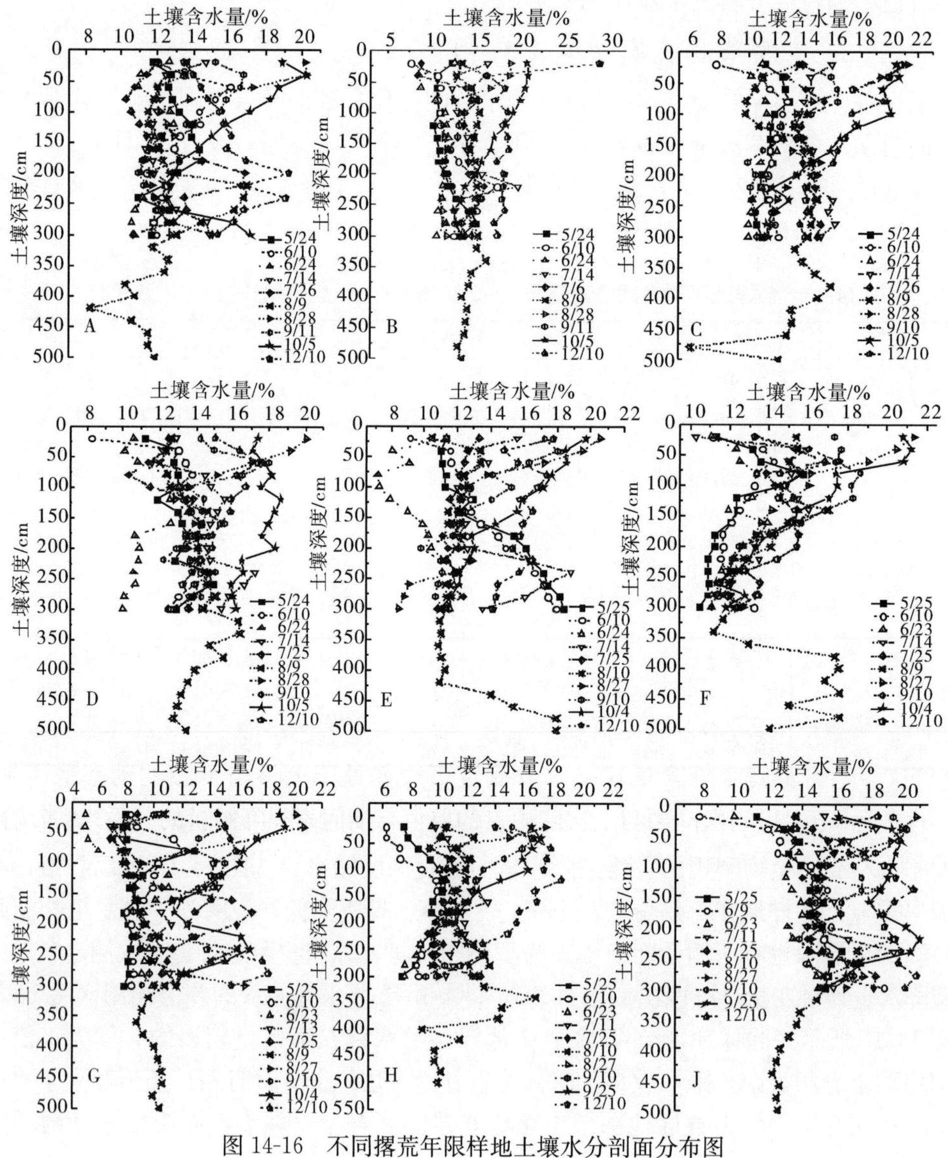

图 14-16　不同撂荒年限样地土壤水分剖面分布图

蒸散量的时候，会过高估计其结果。至于样地 E 的累积盈余量小于累积亏缺量的原因可能为：土壤剖面中深层以上分布有黏土层，影响了降水入渗速度，在测定日间隔期间尚不能入渗到深层，而植物根系可以穿透黏土层吸收深层水分，虽然相对于整个土层来说，从深层吸收水分量较少，但足以影响到深层储水的平衡，两者共同导致了深层储水量累计亏缺量大于其盈余量。

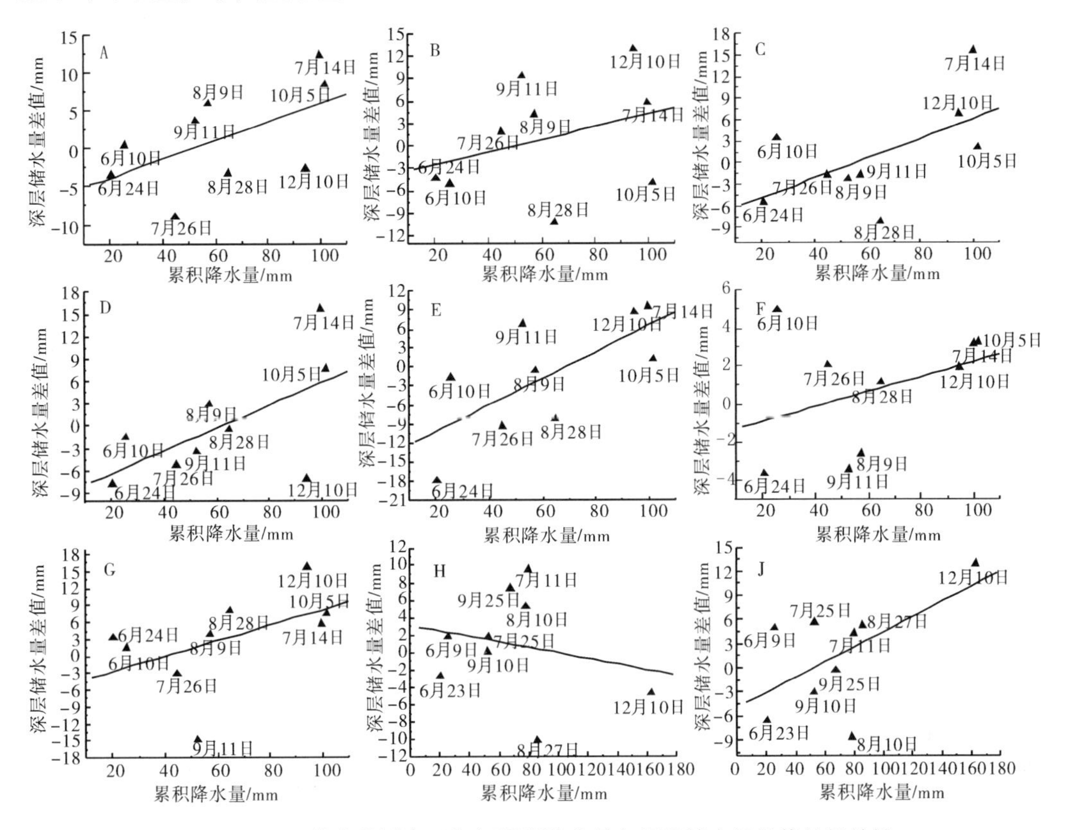

图 14-17　土壤水分测定日期间累积降水量与深层储水量差值的相关性

综上可知，群落土壤水平衡中关于上渗量与下渗量为零的假设这一条件并不满足，表 14-13 计算的蒸散量只具有参考意义，仅可以进行群落之间的横向比较。要合理估算蒸散量，深层土壤水分必须满足以下条件：某两个测定日深层土壤水分基本持平，这样可以认为深层土壤水分含量这一水分测定下边界处于上渗与下渗的动态平衡中。如图 14-17 所示，以当次降雨与上次降雨量的差值与期间累积降雨量的关系来看，样地 A 深层储水基本持平的为 5 月 24 日至 6 月 10 日，期间日平均蒸腾量为 1.05mm；样地 B 深层储水基本持平的为 7 月 14 日至 7 月 26 日，期间日平均蒸散量为 4.75mm；样地 C 深层储水基本持平的为 9 月 10 日至 10 月 5 日，期间日平均蒸散量为 0.70mm；样地 D 深层储水基本持平的为 8 月 9 日至 8 月 28 日，期间日平均蒸散量为 1.56mm；样地 E 深层储水基本持平的为 7 月 26 日至 8 月 9 日，期间日平均蒸散量为 3.51mm；样地 F 深层储水基本持平的为 7 月 26 日至 8 月 8 日，期间日平均蒸散量为 4.16mm；样地 G 深层储水基本持平的为 5 月 25 日至 6 月 10 日，期间日平均蒸散量为 0.52mm；样地 H

深层储水基本持平的为8月27日至9月10日，期间日平均蒸散量为2.37mm；样地J深层储水基本持平的为8月27日至9月25日，期间日平均蒸散量为2.98mm。从同一测定期间日平均蒸散量的比较来看，5月24日至6月10日样地A的蒸散量大于样地G的蒸散量，这与植物群落的盖度、群落主要植物萌发、返青的早晚和蒸腾的季节性变化有关。样地A主要植物为猪毛蒿、铁杆蒿、茭蒿和长芒草，其中铁杆蒿、茭蒿和长芒草的返青时间较早，在4月中旬至5月上旬左右返青，猪毛蒿和萌发时间为5月下旬，5月下旬群落平均盖度为11.33%，土面蒸发量大。而样地G主要植物为白羊草，返青时间略晚，在5月上旬至中旬，地表枯落物和立枯物厚达5cm，其覆盖度几乎为100%，土面蒸发很少，故这段时间样地A的蒸散量较大。7月26日至8月8日样地E的日平均蒸散量小于样地F的原因可能为样地E土壤剖面分布不均两次取样存在误差。

14.2.3.4 群落蒸散量与立地条件及深层水分变动的关系

由于所测土壤水分的下边界条件存在上渗与下渗运动，因此根据0～300cm土壤水分的变化计算蒸散量就会存在系统误差，年内累积深层下渗水分量大于上渗水分量时，蒸散量会估计过高，相反会估计过低。同时，其他因素如群落水分消耗量、群落盖度以及立地条件（坡向、坡度和土壤含水量）等都会影响群落蒸散量。为了明确各因素对群落蒸散量的影响，以群落5月至10月日平均蒸散量为因变量，其他对群落蒸散量有影响的因素为自变量，进行多元逐步回归和通径分析，结果如式（14-1）和表14-14～表14-15。

$$Y = -1.82 + 1.77X_2 - 0.019X_3 - 0.025X_4 - 0.64X_6 + 0.023X_7 + 4.81X_{10}$$

$$R = 0.99236, P = 0.045 \tag{14-1}$$

通径分析结果表明，各因素对群落蒸散的决定系数为0.98，剩余通径系数为0.12。从各因素对群落蒸散量的影响来说，0～300cm有效水储量主要代表供群落蒸散的源的大小，表层土壤平均含水量代表土壤-大气界面水汽扩散梯度。回归结果显示，土壤水分储量和表层土壤水分含量对群落蒸散不构成限制作用，各样地含水量多数时期远高于凋萎湿度4.5%，并且高于毛管断裂水含量10%，这可能是回归结果影响可以忽略的原因。以两个测定日8种群落植物日蒸腾量的平均值表示群落蒸散中的蒸腾分量，回归结果显示，蒸腾越大，蒸散越大，其对群落蒸散的影响越大，直接通径系数为1.74，比其他间接通径系数都要大，其对群落蒸散的影响是直接的。植被盖度决定土面蒸发所接受到的潜热通量，在表土含水量较高的时候，土面蒸发与植被盖度成反比。从回归结果来看，植被盖度越大，蒸散量越小，其对蒸散的直接影响仅次于蒸腾，为－1.26，并且植被盖度对群落蒸散的影响主要是通过蒸腾间接作用的，其对蒸腾的间接作用与直接作用方向相反，并大于直接作用。深层水盈亏量代表了土壤水分测定层次下边界水分通量，表14-14各样地数值是从年内相邻两次测定深层水分累积盈亏值计算而得，其值越大，下渗量也就越大。回归结果表明深层水通量越大，蒸散量越小，其直接通径系数为－0.73，小于通过蒸腾而对蒸散的间接作用，并和蒸腾的间接作用反向相反，说明土壤水分深层通量受蒸腾影响较大，在蒸腾较小的情况下容易下渗。立地条件如坡度越大，其计算的蒸散量越大，这主要是由于坡度越大，径流流失量越大，因而用降雨量直接计算得到的蒸散量也就越大，并且坡度对蒸散的直接影响与其对蒸腾的间接作用方向相反，这可能是因为坡度越大，群落地上生物量越低，因而蒸散也就越小；从坡向来看，阴坡的蒸散量较阳坡小，表层土壤容重大的蒸散量也较大。海拔高度对群落蒸散的影响主要表现在对土壤含水量和风速的大小上，其对群落蒸散的影响较小。有机质含量代表了土壤的持水能力和保水能力，其对群落蒸散的影响也较小。

表 14-14　群落日平均蒸散量多元回归

样地编号	X_1	X_2	X_3	X_4	X_5	X_6	X_7	X_8	X_9	X_{10}	Y
	0～300cm 有效水平均储量/mm	蒸腾系数	群落盖度/%	深层水通量/mm	表层平均含水量/%	坡向	坡度	海拔/m	有机质含量/%	0～10cm 土壤容重/(g/cm³)	日平均蒸散量/mm
A	213.95	0.19	27.82	12.03	14.39	1.00	17	1190	0.58	1.17	3.07
B	231.88	0.24	42.18	9.35	15.35	1.00	25	1240	0.53	1.11	2.73
C	208.35	0.32	54.72	8.48	14.89	1.00	30	1250	0.63	1.17	3.16
D	222.75	0.41	55.10	1.03	13.47	1.00	25	1260	0.75	1.11	3.17
E	197.24	0.21	34.67	−11.89	14.64	1.50	23	1280	0.44	1.27	3.84
F	217.07	0.17	28.29	6.82	14.52	1.25	3	1290	0.88	1.21	2.85
G	161.38	1.33	98.00	27.62	11.45	1.00	3	1290	1.26	1.09	2.60
H	154.27	0.42	69.04	8.41	11.75	1.50	10	1270	0.78	1.27	2.75
J	258.40	0.28	25.05	14.53	14.66	1.50	10	1240	0.53	1.23	3.03

表 14-15　各因素对群落日平均蒸散量的直接和间接通径系数

因子	直接	间接作用					
		X_2	X_3	X_4	X_6	X_7	X_{10}
X_2	1.74		−1.12	−0.48	0.12	−0.27	−0.43
X_3	−1.26	1.55		−0.36	0.12	−0.13	−0.37
X_4	−0.73	1.16	−0.62		0.16	−0.35	−0.45
X_6	−0.42	−0.49	0.36	0.27		−0.20	0.81
X_7	0.64	−0.74	0.26	0.39	0.13		−0.15
X_{10}	0.90	−0.83	0.51	0.36	−0.38	−0.10	

14.2.3.5　土壤水分层性

由于不同深度土壤水分受降雨入渗、土面蒸发和植物蒸腾的影响程度不同，因此土壤水分具有分层性，一般表层土壤水分与大气界面交换活跃，经常处于失水和补水的不稳定状态，少量降雨即可入渗补偿，为速变层。该层植物根系量少，水分波动主要是由土面蒸发引起的。速变层以下，虽然同样与大气界面发生水汽交换，但失水过程由于具有上层的缓冲作用，交换不甚剧烈，补水过程只有中量降雨才可入渗补偿。但该层植物根系量多，引起水分波动幅度也较大，蒸发影响减小而蒸腾影响最大，为活跃层。活跃层以下，降雨入渗和蒸发失水过程的界面缓冲带更加深厚，只有大量降雨才可下渗补偿，失水过程也主要是在长时期无降雨，速变层和活跃层含水量低于该层的情况下才会发生。但该层仍有少量根系分布，因此，土壤水分仍呈波动状态。该层以下，植物根系分布量更少，界面缓冲带最大，土壤水分处于相对稳定的状态，为相对稳定层。因此，土壤水分的分层性主要与大气条件和植被有关，对降雨入渗和蒸发、蒸腾有影响的因素都会影响土壤水分的分层性。由于植物根系的垂直分布特点，各地域各年降雨强度和降雨量、大气蒸发潜力等不同，土壤水分的分层性也不同。上述土壤水分的分层性特点是在土壤剖面匀质条件下的理想情况，在实际划分时还会受到土壤水分的取样误差，土壤质地非匀质分布的影响，因此实际情况比较复杂。

根据以上分析，土壤水分分层性划分的标准是各层土壤水分的平均含量和变异量。通常的做法是根据土壤水分剖面图，结合经验来判断，因此划分的人为因素很大。余新晓等（1996）还将各层土壤水分分为利用层、微弱利用层、补偿调节层等，但是在不涉及植物根系垂直分布的情况下，从数理统计的角度讲，仅仅根据土壤水分的几次测定及其变化并不能识别出土壤水分的变化是由于降雨入渗所致，还是植物蒸腾或土面蒸发所致，甚至是以哪一种水分运动方式为主都无从知晓。因为通常情况下土壤水分的测定时间跨度比较大，无法识别土壤水分的运动方向和单位面积水分运动通量，仍然是根据经验和生态学常识来判断，但这种判断缺乏统一的标准，实践起来比较困难。唯一可行的做法是利用时域反射仪（TDR），以分或小时为单位，测定土壤各层（测定下边界应该在根系层以下）含水量，然后利用时间序列分析的方法，识别各层土壤水分的变化量、上渗量和下渗量，余下的即为植物蒸腾量。根据土壤水分数据性质，使用等级聚合分类来划分，结果如表 14-16 所示。

表 14-16　各样地土壤水分分层平均含水量与变异量

样地编号	速变层			活跃层			次活跃层深度			相对稳定层		
	深度/cm	平均含水量/%	变异量(SD)	深度/cm	平均含水量/%	变异量(SD)	深度/cm	平均含水量/%	变异量(SD)	深度	平均含水量/%	变异量(SD)
A	20～40	14.47	3.16	60～80	13.86	2.59	180～260, 100～160	13.29 13.10	2.29 1.69	280～300	13.32	2.04
B	0～20	15.35	6.31	40	13.64	4.30	60～120	13.95	3.16	140～300	13.88	2.28
C	0～20	14.89	4.65	40～60	14.53	3.60	80～120	13.90	2.91	140～300	12.86	1.93
D	0～20	13.47	3.41	40～60	14.12	2.86	80～100	14.07	2.12	120～300	14.17	1.69
E	20～60	14.19	3.58	80～160	12.84	2.39	180～200	12.79	1.97	220～300	13.40	2.94
F	0～20	1452	4.08	40～120	15.55	2.12	140～180	14.24	1.54	200～300	12.34	0.97
G	20～60	11.25	5.06	80～100	10.97	3.39	120～140	11.26	2.67	160～300	10.96	2.75
H	20～40	12.03	3.91	60～120	12.11	3.09	140～220	11.37	1.86	240～300	10.39	1.88
J	0～20	14.66	4.23	40～80	15.94	2.82	100～240	16.04	2.18	260～300	16.76	1.75

从表 14-16 可以看出，多数样地速变层深度为 0～20cm，部分撂荒年限较长的样地其速变层深度可为 0～60cm，这可能与其表土层坚实度有关。因为撂荒年限较长的样地受自然沉降、雨水打击的机会较多，表土较硬实，土壤容重较大（参见表 14-14），毛细管发达，在大气蒸发潜力较大时，与大气界面的水汽交换不仅仅在 0～20cm 表层表现较强。至于样地 G 可能与其枯落物和立枯物的厚度有关，这些因素都使速变层相对较厚。应该说明的是速变层主要是受土面蒸发的影响，但在其深度达到 20cm 以下时，

还受根系吸水的影响，除样地A、样地E和样地G、样地H外，其他样地随着土层深度的加深，土壤平均含水量都越来越低，而波动幅度越来越大。

14.2.3.6 讨论与结论

(1) 撂荒演替不同阶段主要植物猪毛蒿、长芒草、冰草、铁杆蒿、茭蒿和达乌里胡枝子在6月6日的日蒸腾量分别为2.76g/(株·d)、2.43g/(株·d)、1.63g/(株·d)、3.48g/(株·d)、2.21g/(株·d)和3.66g/(株·d)；在8月16日的日蒸腾量分别为2.52g/(株·d)、2.68g/(株·d)；1.09g/(株·d)、2.34g/(株·d)、2.44g/(株·d)和2.66g/(株·d)，狗尾草在8月16日的日蒸腾量为2.27g/(株·d)；硬质早熟禾在6月6日的日蒸腾量为3.45g/(株·d)，草木樨状黄芪在6月6日和8月16日的日蒸腾量分别为2.55g/(株·d)和2.38g/(株·d)。随着演替的进行，群落主要植物耗水量有增大的趋势，这与土壤水分储量的变化趋势一致。因此，演替后期土壤水分储量较低除与群落生物量增加有关外，可能也与群落主要植物耗水量增加有关。另外，研究只于晴天无风光照充足的情况进行了测定，并且只于6月和8月各测定了一次，因此用于估计整个生长季各演替阶段群落植物在不同天气条件下群落的总蒸腾量尚显不足，还需在这方面加强。

(2) 各样地土壤水分测定期间累积降水量与不同深度土壤水分储量关系为：0～300cm＞0～200cm＞0～100cm，除样地E由于土壤质剖面分布不匀外，其余样地0～300cm土壤水分储量与期间累积降水量关系都呈显著或极显著水平，说明在丰水年土壤水分下渗较深，植物利用的主要是降水入渗水分，而不是深层储存水分。

(3) 土壤深层水分存在变动，而且多数样地土壤深层水分盈亏量与期间累积降水量成正相关，说明降水入渗会影响到深层水分状况，或者说深层水分会接纳部分降水下渗水分，在降水较少的时候深层水分盈亏量为负值，说明深层水分存在上渗运动。总体来看，除个别样地受土壤质地剖面分布的影响外，多数样地盈亏量为正值，说明丰水年土壤水分的下渗量大于上渗量，也就是说降水补给量大于深层调水量。因此通过0～300cm土壤水分计算的群落蒸散量与实际情况相比，可能估计过高。

(4) 随着撂荒演替的进行，土壤储水量与撂荒年限的相关性为0～100cm，0～200cm＞0～300cm，说明植物利用的土壤水分主要集中在200cm以上，据此推断，植物根系也主要集中在200cm以上。

(5) 将影响群落的一些因素如测试和计算所得的群落蒸腾量、植被盖度、坡向坡度等作为自变量，同时由于土壤水分测定深度下边界存在着下渗与上渗运动，因此将深层水分盈亏量也作为调节因子自变量，对根据0～300cm土壤水分储量计算得到的群落日平均蒸散量进行了多元逐步回归和通径分析。结果表明影响群落蒸散的最大因子是群落蒸腾，其次是植被盖度。群落蒸腾的直接作用占各因子总直接作用的30.47%，其总的作用占各因子总作用的25.01%，而土面蒸发中植被盖度的直接作用占21.83%，总作用占各因子总作用的22.68%，说明整个演替过程中群落蒸腾对蒸散的贡献相对要大于土面蒸发。这可能也是导致群落演替的原因。

14.2.4 撂荒演替过程中土壤养分变化

土壤养分及 $CaCO_3$ 含量随着演替的进行总是不断地发生变化。从撂荒演替过程中土壤养分的变化（图 14-18）和撂荒年限与土壤养分及 $CaCO_3$ 含量非参数相关性来看（表 14-17），随着撂荒年限的增加，0～20cm、20～40cm 土壤有机质、全氮、速效氮（包括 NO_3-N、NH_4-N）、全磷和全钾、速效钾在整个演替阶段均增加，与撂荒年限相关系数都为正值，其中 0～20cm 土壤有机质含量及 0～20cm、20～40cmNO_3-N 含量与撂荒年限相关显著。相反速效磷和 $CaCO_3$ 含量总体上却呈下降趋势，0～20cm 速效磷

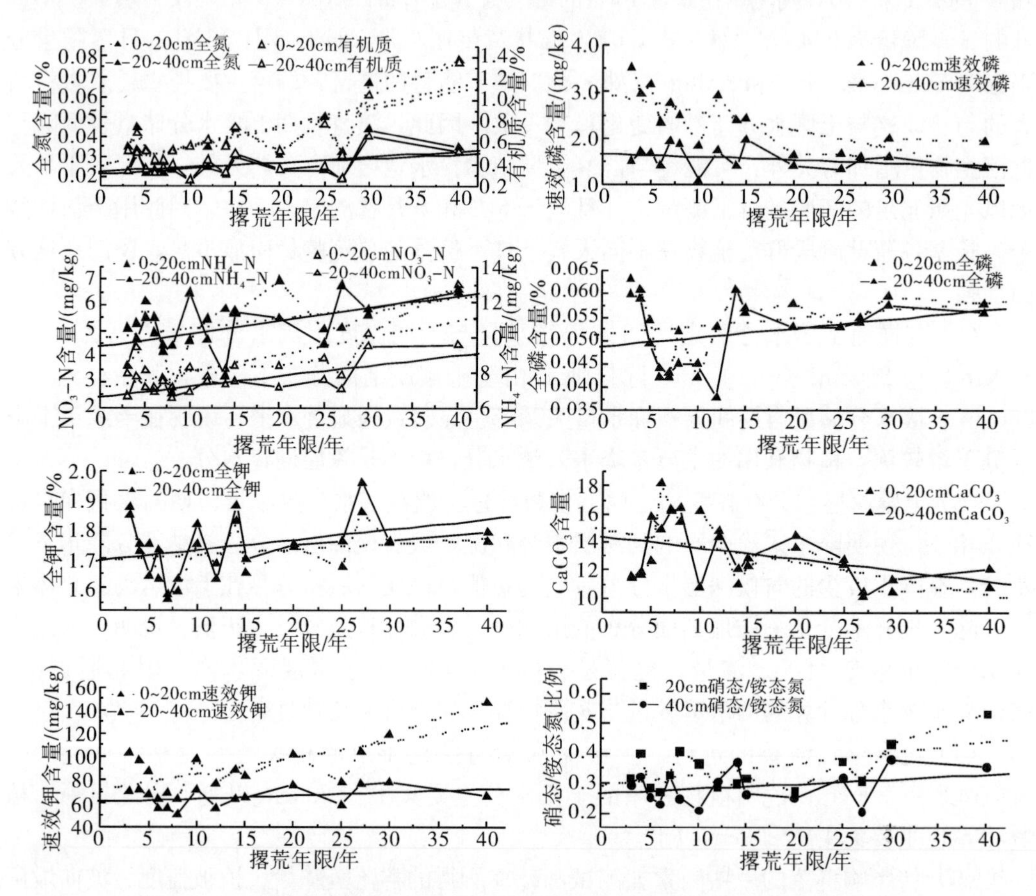

图 14-18 不同撂荒年限 0～20cm、20～40cm 土壤养分及 $CaCO_3$ 含量变化

表 14-17 不同深度土壤养分及 $CaCO_3$ 含量与撂荒年限相关性（Kendall's tau _ b）

土层深度	相关系数（R）与显著水平（p）	全磷 /%	全氮 /%	有机质 /%	全钾 /%	速效钾 /(mg/kg)	NO_3-N /(mg/kg)	NH_4-N /(mg/kg)	$CaCO_3$ /%	速效磷 /(mg/kg)
0～20cm	r	0.11	0.36	0.43	0.17	0.35	0.41	0.28	−0.35	−0.60
	p	0.58	0.07	0.03	0.37	0.07	0.03	0.15	0.07	0.00
20～40cm	r	0.11	0.18	0.22	0.25	0.22	0.39	0.37	−0.23	−0.16
	p	0.59	0.37	0.26	0.20	0.26	0.04	0.05	0.23	0.40

含量与撂荒年限相关极显著。但不同深度土壤养分增加幅度及与撂荒年限相关性不同，表层 0～20cm 土壤有机质、全氮和速效钾含量增加较 20～40cm 增加的快，与撂荒年限相关性更大，而 20～40cm 全钾和 NH_4-N 含量增加较表层 0～20cm 增加的快，NO_3-N 和全磷含量在 0～20cm 和 20～40cm 增加幅度基本相同，$CaCO_3$ 和速效磷含量在 0～20cm 比 20～40cm 减少快，与撂荒年限的负相关性更大。

由图 14-18 还可以看出，土壤营养总体上呈波动增加状态。土壤营养的这种波动可能与弃耕前样地群落的土壤肥力状况和不同群落类型的土壤效应有关。另外，对于全氮、全磷、全钾和速效钾含量，撂荒早期 7 年内呈持续下降趋势，土壤 0～20cm 每克干土每年平均减少量分别为 3.35mg、6.10mg、68.50mg 和 0.010mg，20～40cm 则分别为 1.15mg、4.90mg、60.00mg 和 0.045mg。比较发现，撂荒演替早期表层土壤的这几种养分含量减少速度都大于亚表层，分别为亚表层减少速度的 2.91 倍、1.24 倍、1.14 倍和 2.22 倍。在无人为干扰的情况下，特定层次中的土壤养分状况主要取决于其矿化生成速度及挥发、下渗和生物固定速度，通常表层的矿化速度较强于下层，挥发和下渗也主要发生在表层，而生物固定则主要发生在根系层。如果矿化生成过程是土壤养分的主导过程，那么表层土壤养分减少速度应该较慢。其原因可能为：对于全磷、钾来说，表层土壤养分下渗到亚表层的速度较快于生物固定速度和继续下渗的速度，而全氮和速效钾则生物固定作用和继续下渗作用较强，土壤养分的矿化过程较慢这一推测与演替早期土壤有机质含量较少这一事实相符。演替初期全氮、全钾和速效钾这三种养分持续减少还与其化学形态有关，因为这三种养分基本上为水溶性盐，易于移动，加之撂荒早期群落盖度较低而导致流失增加。同时可以看到，随着演替的进行；7 年后生物量持续增加，有机质积累越来越多，矿化作用和表层富积作用越来越快，且植被盖度较大，流失减慢，而导致土壤养分积累增加，但仍处于波动增加中。演替 7 年后呈波动增加趋势，整个演替过程中土壤养分的这种先减少后增加的趋势与群落生物量的先减少后增加的趋势步调基本一致，都发生在撂荒后的第 6 年或第 7 年，从中可以引申出三个基本推论：土壤养分的这种变化或者与演替各阶段群落植物的固定积累有关，或者是土壤养分限制了生物量的形成，或者兼而有之。据上文分析，可以认为演替前期植物生长较快，能迅速利用现有资源，实现部分养分的暂时固定，但更多养分则随降雨入渗而淋移到下层，这时土壤养分降至最低，群落生物量形成受到限制；7 年后被生物固定的养分随着矿化作用而缓慢释放，并在土壤上层富集，群落生物量开始增加，这时土壤养分仍然偏低，但已不是影响群落生物量或结构的主要因素，而土壤水分含量上升为主要限制因素。土壤中 N 素在演替的不同时期不仅在含量上有显著的差别，而且存在的形式也有很大差别。植物利用 N 素的形态主要有两种，即硝态氮和铵态氮。硝酸盐易于移动、易流失，常会减少；而铵盐则相对较稳定、很容易形成且不易流失，同时一些植物能够分泌抑制固氮微生物活动的化学物质，会增加土壤中的铵盐比率，因此在植被恢复的过程中，土壤中的 NO_3-N/NH_4-N 比率常会逐渐减少。但在本研究中则是逐渐增加的，其中原因可能是由于土壤有机质积累较少且黄绵土本身通气性较好，使得土壤中有机质的矿化作用，特别是需氧参与的硝化过程异常强烈，而主要在厌氧环境下进行的铵化过程则相对较弱，因而 NO_3-N/NH_4-N 会逐渐增加。这一点可以从 0～20cm 土壤中 NO_3-

N/NH_4-N 略大于 20～40cm 得到间接证实，在 NO_3-N 易于淋溶下移的前提下，撂荒演替过程中表层的 NO_3-N/NH_4-N 增加速度仍大于亚表层，其合理的解释只能是因为表层相对属于富氧环境，其硝化过程也就较强，这一机理可以表示为：硝化过程/NO_3-N 淋移过程＞铵化过程/NH_4-N 淋移过程。植物对这两种形式的 N 素利用效率不同，因而 NO_3-N/NH_4-N 比率就会影响植物的生理过程，进而可能会影响群落的结构。

由表 14-18 可以看出，土壤中的速效磷随演替进行总体上是逐渐减少的，与全磷含量相比不存在先减少后增加的趋势，而且速效磷与全磷含量相关不显著（土壤 0～20cm 和 20～40cm Kendall's tau _ b 相关系数分别为 0.149 和 0.059，显著水平分别为 0.376 和 0.720），说明决定速效磷与全磷含量的土壤物理、化学或生物过程是不同的，同时从速效磷含量与撂荒年限极显著负相关和全磷含量与地上生物量的相关性来看，决定全磷含量的可能是生物固定后的表层富积过程，而决定速效磷含量的可能是较快的生物固定过程与淋移过程。一般认为活性 P 随演替的进行总体上是逐渐减少的，在演替初期植物可获得的磷在短期内是增加的，但很快因植物的固定和转化而降低，所以磷在很多地方经常成为限制因子。随着演替的进行，$CaCO_3$ 含量总体上也是逐渐减少的，并且 0～20cm 的土壤层减少速度较 20～40cm 快，说明淋移过程较强。

表 14-18　不同深度全氮、磷、钾含量与速效氮、磷、钾含量的相关性（Kendall's tau _ b）

土层深度/cm	相关系数（R）与显著水平（p）	全磷与速效磷	全氮与 NO_3-N	全氮与 NH_4-N	全钾与速效钾
0～20	R	0.149	0.638	0.216	0.302
	p	0.376	0.000	0.191	0.064
20～40	R	0.059	0.404	0.151	0.261
	p	0.720	0.014	0.361	0.111

14.2.5　讨论与结论

土壤中养分含量随演替的进行而发生的变化常受干扰类型、程度以及起始条件的不同而各自具有不同变化特点。从陕北黄土丘陵区撂荒演替过程中土壤养分的变化来看，随着撂荒年限的增加，0～20cm、20～40cm 土壤的有机质、全氮、速效氮（包括 NO_3-N、NH_4-N）、全磷和全钾、速效钾在整个演替阶段都呈增加的趋势，相反速效磷和 $CaCO_3$ 含量总体上却呈下降趋势。其中 0～20cm 土壤有机质含量、速效磷含量和0～20cm、20～40cm 土壤 NO_3-N 含量与撂荒年限相关显著，说明演替过程中有机质、速效磷和硝态氮有明显的植被土壤效应，而其他土壤养分与撂荒年限相关不显著，不能排除演替初始条件和植物暂时固定的影响。不同深度土壤养分增加或减少幅度不同，表层 0～20cm 土壤有机质、全氮和速效钾含量增加较 20～40cm 增加得快，与撂荒年限相关性更大，而全钾和 NH_4-N 含量在 20～40cm 土壤增加较表层 0～20cm 增加得快，NO_3-N和全磷含量在 0～20cm 和 20～40cm 土壤增加幅度基本相同，$CaCO_3$ 和速效磷含量0～20cm 土壤比 20～40cm 土壤减少得快。撂荒早期 7 年内，全氮、全磷、全钾和速效钾含量呈持续下降趋势，随后又开始上升，这一趋势与生物量的先减少后增加趋势基本一致。推测认为，演替前期植物生长较快，能迅速利用现有资源，实现部分养分的暂时固定，但更多养分则随降雨入渗淋移到下层或流失。这时土壤养分降至最低，演替前期群落生物量形成受到限制，更多的空闲生态位被较耐低养分资源的种占据，这可能是演替前期猪毛蒿群落被后期群落代替的一个重要原因。7年后被生物固定的养分随着矿化作用而缓慢释放，并在土壤上层富集，群落生物量开始增加，这时土壤养分仍然偏低，但已不是影响群落生物量或结构的主要因素，而土壤水分上升为主要限制因素。对于氮素形态来说，据报道一些植物能够分泌抑制固氮微生物活动的化学物质，会增加土壤中的铵盐比例（Rice，1988）。随着植被的恢复，这些植物在群落中的比例会有所上升，因而土壤中的NO_3-N/NH_4-N比常会逐渐下降。但在我们的研究中NO_3-N/NH_4-N比例则是逐渐上升的，这可能与土壤的通气性有关，因为铵化作用主要是在厌氧条件下进行，恢复演替中土壤有机质含量虽然是持续增加的，但仍然偏低。由于植物对这两种形式的氮素利用效率是不同的，因而NO_3-N/NH_4-N比率就会影响植物的生理过程，进而可能会影响群落的结构。

14.3 陕北黄土丘陵区撂荒演替与土壤环境的关系

14.3.1 演替前期群落异质性与环境差异的关系

撂荒演替是群落次生演替的主要类型之一，植被动态理论在很大程度上是在对撂荒演替或裸地演替观察、分析的基础上建立或总结起来的。其中主要包括：Clements的经典演替理论、Egler（1954）的初始植物区系学说（initial floristic theory）、Conell和Slatyer（1987）的耐受模型、Piclett（1987）的等级演替理论（hierarchical succession theory）、Grime（1988）的适应对策理论（adapting strategy theory）等。这些演替理论从个体的生长、繁殖、竞争或适应能力对演替过程的影响，环境条件的重要性等不同角度和侧面解释了演替的机制和方向，并回答了演替前期群落中的一些个体和群落特征。在Clements的经典理论看来，演替前期群落的差异是初始生境条件的差异所致。Egler的初始植物区系学说则认为演替具有很强的异源性，因为任何一个地点的演替都取决于种的随机到达，也就是说演替前期的群落组成不能只归结为生境条件的差异。同时该理论认为演替前期的物种一般个体较小、生长较快、寿命较短，而后期则相反。而耐受模型认为早期演替物种的存在并不重要，任何种都可以开始演替，但最终较能忍受有限资源的物种会取代其他种，演替序列主要取决于初始条件。等级演替理论从演替的原因和机制出发，认为演替前期物种组成主要取决于物种对不同裸地的利用、适应能力的差异，如种的繁殖体生产力、传播能力、萌发和生长能力等。尽管先锋群落之间种类成分变异可能很大，但是它们的群落结构可能是相似的。May（1975）和Bazzaz等（1975）指出，初始演替群落的种多度分布为几何级数形式，即演替初期资源空间的分割具有一定的规律——“生态位预占”。该研究在前文分析的基础上，从环境条件包括生物的、非生物的环境条件和先锋物种的适应性和竞争能力等生物特性角度出发，对陕北黄土丘陵区撂荒演替前期群落的组成和结构（主要是猪毛蒿群落）分析和验证这些学说。

14.3.1.1　群落间异质性

从二元数据距离系数来看（表 14-19），8 块样地群落中样地 O 与样地 J、样地 K 和样地 L 的 Jaccard 距离系数最大，为 0.81；样地 L 和样地 J 的 Jaccard 距离系数最小，为 0.46，平均为 0.47。样地 O 与样地 L 的 Sokal 距离系数最大，为 0.57；样地 N 与样地 O 和样地 J 与样地 L 的 Sokal 距离系数最小，为 0.24，平均为 0.38。当考虑到每个种的大小时，样地 L 与样地 O 的 Bray-Curtis 距离最大，为 0.97；样地 Q 与样地 L 的 Bray-Curtis 距离最小，为 0.65；同时样地 O 与其他样地群落的距离普遍较大，平均为 0.59。样地 O 与样地 J、样地 L 的 Morisita 距离系数最大，为 0.98，样地 A 与样地 Q 的 Morisita 距离系数最小，为 0.17，平均为 0.53。从表 14-19 可以看出，不同距离系数对群落异质性的指示程度差别很大，与实际情况更相符的是 Jaccard、Sokal 二元数据距离系数。因为样地 O 为铁杆蒿＋茭蒿群落，除样地 K 为芦苇＋铁杆蒿群落外，其他群落都为猪毛蒿群落。在猪毛蒿样地群落间（样地 A、样地 F、样地 J、样地 L、样地 N和样地 Q），距离系数尽管变化不太大，但从 Jaccard 距离系数来看，这些群落的异质性仍然在 0.54～0.81 变化。Sokal 系数表示的异质性则在 0.24～0.57 变化。

表 14-19　先锋群落 Morisita、Bray-Curtis 距离系数和 Jaccard、Sokal 二元数据距离系数

群落编号	A	F	J	K	L	N	O	Q	群落编号	A	F	J	K	L	N	O	Q
A		0.58	0.64	0.54	0.66	0.61	0.68	0.67	A		0.57	0.65	0.62	0.56	0.45	0.66	0.47
F	0.41		0.70	0.57	0.69	0.55	0.57	0.56	F	0.39		0.73	0.63	0.78	0.48	0.68	0.67
J	0.45	0.51		0.62	0.46	0.62	0.81	0.72	J	0.47	0.69		0.80	0.66	0.55	0.95	0.61
K	0.39	0.41	0.45		0.64	0.68	0.81	0.69	K	0.59	0.56	0.82		0.80	0.51	0.59	0.73
L	0.41	0.43	0.24	0.41		0.64	0.81	0.65	L	0.29	0.66	0.51	0.75		0.66	0.97	0.42
N	0.37	0.31	0.35	0.45	0.31		0.55	0.59	N	0.22	0.27	0.41	0.43	0.44		0.54	0.54
O	0.41	0.31	0.51	0.57	0.43	0.24		0.62	O	0.64	0.56	0.98	0.44	0.98	0.46		0.85
Q	0.39	0.29	0.41	0.43	0.29	0.25	0.25		Q	0.17	0.53	0.42	0.69	0.14	0.29	0.93	

注：第一栏右上角和左下角分别为 Jaccard 距离系数和 Sokal 距离系数。第二栏右上角和左下角分别为 Bray-Curtis 距离系数和 Morisita 距离系数。

14.3.1.2　演替前期群落间异质性与环境差异的关系

上述群落间的异质性是土壤因素还是周围草地繁殖体的侵入压力造成的，或者是另有其他因素，需进行群落间异质性与环境异质性的相关分析。为研究猪毛蒿群落生态环境的差异，取离样地最近的草地群落样地进行群落距离系数的计算，群落 A、群落 F、群落 J、群落 K、群落 L、群落 N、群落 O 和群落 Q 最近的样地编号分别为：B、E、I、L、K、O、P 和 G，猪毛蒿群落周围样地 Bray-Curtis 距离系数如表 14-20。样地其他非生物环境的差异见表 14-20～表 14-22。从典型相关分析第一组数据的相关性来看，Jaccard 距离系数与 Sokal 距离系数相关极显著（Person 相关系数为 0.725，双尾显著性概率为 1.27×10^{-5}），与 Bray-Curtis 距离系数相关显著（相关系数 0.40，显著水平 0.034），Bray-Curtis 与 Morisita 距离系数相关极显著（相关系数 0.96，显著水平 7.89×10^{-16}），其余距离系数间相关性不显著。第二组数据，包括撂荒年限、立地条件（坡向）、样地周边生物环境和土壤养分三类数据，其中撂荒年限与土壤养分间距离系数的相关性为：撂荒年限距离与全磷距离系数相关显著，与全氮距离系数相关极显著（Person 相关系数分别为 0.383 和 0.546，显著水平分别为 0.045 和 0.003），与其余养分相关不显著；立地条件，即坡向距离系数与全氮距离系数相关极显著，与速效钾距离系数相关显著（相关系数分别为 0.685 和 0.455，显著水平分别为 5.75×10^{-5} 和 0.015）。因此可以推断，前期撂荒年限差别越大的样地，土壤全磷、全氮营养差别也较大，同时不同坡向的样地，土壤全氮和速效钾营养差别也较大。从表 14-23 可以看出，群落异质性与生物、非生物环境异质性的 Person 相关性为：Jaccard 距离系数与土壤全氮、速效钾、撂荒年限和坡向标准化欧氏距离相关系数分别为 0.63、0.49、0.45 和 0.38，双尾显著水平分别为 0.0003、0.008、0.017 和 0.048；Sokal 距离系数与全磷、撂荒年限距离系数相关显著，说明撂荒年限、坡向、土壤全氮、全磷和速效钾营养对群落物种组成影响较大；Morisita 距离系数与 0～100cm 土壤水分相关显著，说明土壤水分对群落结构有影响。其他环境因素异质性与群落异质性间尽管相关不显著，但多数为正相关，说明环境因素对演替先锋群落，特别是群落组成的差异起到了一定的作用，其中以土壤全氮、速效钾、撂荒年限和坡向作用较大。

表 14-20　前期群落 0～100cm 土壤水分差异和周围样地群落表

样地编号	A	F	J	K	L	N	O	Q
A		0.60	0.61	0.79	0.65	0.62	0.68	0.66
F	0.18		0.57	0.88	0.84	0.75	0.43	0.62
J	0.05	0.12		0.88	0.55	0.45	0.50	0.60
K	0.81	1.00	0.87		0.65	0.91	0.93	0.93
L	0.19	0.38	0.25	0.61		0.64	0.81	0.84
N	0.29	0.48	0.35	0.50	0.09		0.75	0.74
O	0.51	0.71	0.57	0.28	0.31	0.21		0.47
Q	0.28	0.47	0.34	0.52	0.07	0.00	0.22	

注：右上角为猪毛蒿样地生物环境差异，左下角为 0～100cm 土壤水分差异。

表 14-21　猪毛蒿群落样地土壤全钾异质性和撂荒年限差异

样地编号	A	F	J	K	L	N	O	Q
A		0.08	0.8	0.92	0.44	0.64	0.04	0.48
F	0.33		0.68	0.8	0.32	0.52	0.16	0.36
J	0.67	0.33		0.08	0.32	0.12	0.88	0.28
K	0.67	0.33	0.00		0.44	0.24	1	0.4
L	0.33	0.00	0.33	0.33		0.16	0.52	0
N	0.00	0.33	0.67	0.67	0.33		0.72	0.12
O	0.33	0.67	1.00	1.00	0.67	0.33		0.56
Q	0.00	0.33	0.67	0.67	0.33	0.00	0.33	

注：右上角为全钾异质性，左下角为年限差异。

表 14-22　猪毛蒿群落样地土壤全磷和全氮异质性

样地编号	A	F	J	K	L	N	O	Q
A		0.10	0.10	0.10	0.10	0.38	0.90	0.57
F	0.59		0.19	0.19	0.19	0.29	0.81	0.48
J	0.15	0.74		0.00	0.00	0.48	1.00	0.67
K	0.07	0.67	0.07		0.00	0.48	1.00	0.67
L	0.11	0.70	0.04	0.04		0.48	1.00	0.67
N	0.11	0.70	0.04	0.04	0.00		0.52	0.19
O	0.41	1.00	0.26	0.33	0.30	0.41		0.33
Q	0.41	1.00	0.26	0.33	0.30	0.41	1.00	

注：右上角和左下角分别为全磷和全氮异质性。

表 14-23 演替前期群落间异质性与样地生物、非生物环境欧氏距离间 Person 相关性

群落距离系数	非生物环境欧氏距离										生态环境异质性
	0～100cm 土壤水分	全磷	全氮	全钾	速效磷	速效钾	硝态氮	铵态氮	撂荒年限	坡向	
Bray-Curtis	0.27	0.18	0.14	0.13	−0.25	−0.069	−0.0087	−0.0024	0.26	0.16	−0.13
Morisita	0.39*	0.22	0.14	0.15	−0.25	−0.040	−0.073	−0.10	0.30	0.15	−0.065
Jaccard	−0.12	0.21	0.63**	−0.13	−0.15	0.49**	−0.25	0.086	0.45*	0.38*	0.20
Sokal	0.23	0.38*	0.20	−0.21	0.063	0.35	0.0068	−0.12	0.42*	0.046	0.30

注：** 为极显著（$p<0.01$）；* 为显著（$p<0.05$）。

两组数据的典型相关分析结果（表 14-24）表明，第一典型相关系数为 0.9489，经 F 检验，相关极显著（显著水平为 0.0026），其余两个次要的典型系数都没有达到显著度。构成第一对典型的两个组内线形组合是（表 14-25）：群落异质性典型变量，(0.79) Bray-Curtis 距离系数＋（−0.67）Motisita 距离系数＋（−1.55）Jaccard 距离系数＋（1.21）Sokal 距离系数；环境异质性典型变量，（−0.56）0～100cm 土壤水分差异＋（−0.02）土壤全磷＋（1.01）全氮＋（−0.13）全钾＋（−0.26）撂荒年限＋（−0.15）坡向＋（0.17）生态环境异质性。从上面线形组合系数来看，群落异质性一组中系数绝对值较大者为 Jaccard 距离系数，环境异质性一组中绝对值较大者为土壤全氮差异，且两者同为正值，说明 Jaccard 距离系数与土壤全氮间有较强的正相关关系。第一组中的其余距离系数和第二组中的硝态氮、速效磷、全钾、速效钾、撂荒年限、坡向和生物环境差异为中介变量，对第一对典型变量首先求得的 Jaccard 距离系数与土壤全氮含量间差异的正相关起强化作用。其余变量，包括 0～100cm 土壤水分含量、全磷距离系数的线形系数近乎为零，可以忽略不计。典型相关冗余分析结果（表 14-24）表明，10.1%的群落异质性和 14.2%的环境差异可以由第一、第二对典型变量（表 14-25）互相解释，累计有 33.1%的群落异质性和 29.5%的环境差异可以由四对典型变量相互解释。

表 14-24 群落间异质性与环境差异典型相关显著水平与冗余分析结果

典型变量	典型相关系数	F 值	显著水平	群落异质性百分比/%	对环境差异的解释累计百分比	环境差异百分比/%	对群落异质性的解释累计百分比/%
1	0.90	2.35	2.60×10^{-3}	10.1	10.1	14.2	14.2
2	0.69	1.05	0.43	16.4	26.5	11.2	25.4
3	0.43	0.5	0.88	5.6	32.1	3.5	28.8
4	0.21	0.24	0.91	1.0	33.1	0.7	29.5

表 14-25 第一、第二对典型变量线形组合系数

群落异质性典型变量	群落距离系数				环境异质性典型变量	环境因子距离系数						
	Sokal	Jaccard	Morisita	Bray-Curtis		0～100cm 土壤水分差异	生物环境差异	年限差异	全磷	全钾	全氮	坡向
Y1	−0.90	1.49	-3.21×10^{-3}	−0.49	X1	−0.56	0.17	−0.26	−0.02	−0.13	1.01	−0.15

14.3.1.3 群落异质性

扩展后的 Jaccard 群落异质性指数值介于 0.48～0.64（表 14-26），其中最大者为群落 K，最小者为群落 O。Sokal 异质性指数介于 0.29～0.38，其中最大者为群落 A，最小者为群落 O，但两者相差不大。两种指数在 8 块样地群落组织水平的异质性差异较小，但所反映的趋势大致相同。当考虑到种的大小时，使用扩展后的 Bray-Curtis 和 Moristia 异质性指数分析表明，群落结构 Bray-Curtis 异质性为 0.24～0.54，其中最大者为样地 J，最小者为样地 L。Moristia 异质性指数介于 0.06～0.44，其中最大者为样地 J，最小者为样地 L。可见演替前期群落的组成与结构异质性还是比较大的。虽然如此，各群落间异质性指数仍然比群落异质大，进一步说明样地群落环境对群落组成与结构还是有一定的塑造作用的。

表 14-26 8 块猪毛蒿样地群落异质性指数

群落异质性指数	样地编号								
	A	F	J	K	L	N	O	Q	平均
Jaccard	0.63	0.53	0.59	0.64	0.63	0.58	0.48	0.56	0.58
Sokal	0.38	0.31	0.32	0.33	0.31	0.34	0.29	0.34	0.33
Moristia	0.29	0.35	0.44	0.33	0.06	0.39	0.24	0.07	0.27
Bray-Curtis	0.47	0.47	0.54	0.48	0.24	0.53	0.39	0.27	0.42
相对重要值小于 10%的种数	24	20	21	25	16	14	13	12	
相对重要值小于 5%的种数	21	20	20	24	15	12	10	10	
大于 10%的相对重要值和/%	47.28	65.24	49.74	56.43	67.92	54.83	54.31	58.12	

任何一个群落都不可能是完全匀质的，从一个地段到另一个地段必然存在群落组成和结构的差异，这种差异与种的随机分布与组合、种的空间分布格局、微环境的空间变化等有关，同时群落的取样误差也会或多或少地造成群落异质性计算的差异。如果群落组成种的分布都是随机分布或均匀分布，也就是说群落内每个样方对一个种的取样概率是固定的，那么根据群落异质性指数计算公式，群落组成异质性是由群落调查取样误差造成的样方种类组成差异和群落组分种的多少造成的。因而可以推断，在一定程度上群落内偶见种越多的群落，群落异质性也就越大。非参数检验表明，Jaccard 群落异质性指数与群落内偶见种数目显著相关（与相对重要值小于 5%和 10%的偶见种数的 Kendall’ s tau _ b 相关系数分别为 0.642 和 0.618，显著水平分别为 0.031 和 0.034）。如在 8 块样地群落内，群落 K 内相对重要值小于 5%的种数为 24，为最大，Jaccard 异质性指数达到最大为 0.64；样地群落 O 的 Jaccard 异质性指数和 Sokal 异质性指数分别为 0.48 和 0.29，为最小，同样其相对重要值小于 5%的种数仅为 10，也是最小的。因此，在一定程度上可以接受撂荒演替前期种的分布是随机的或均匀的，而非集聚分布的假设。许多学者也认为，一个弃耕地块内不同地点上群落种类组成变化是很大的，因为在不同地点上种子结合是可变的，主要受偶然因素的影响。对于无人为干扰或人为干扰较少的群落，所谓的偶然因素主要是种的随机散布，因此种的分布也是随机的。对于群落结构异质性来说，结构相对简单的群落，其结构异质性相应也较低。在样地 L 与样地 Q 中，猪毛蒿占绝对优势，其余种的相对重要值都小于 10%，样地 L 和样地 Q 的

Bray-Curtis、Moristia 结构异质性指数值分别为 0.24、0.06 和 0.27、0.07。而其他群落结构相对复杂，控制群落的生物因素（主要是种间作用因素）相对较多，使得群落种的分布和大小发生分异，结构异质性指数相对较大。

在演替过程中，群落的异质性是如何变化的呢？经非参数检验，群落异质性与撂荒年限虽然相关不显著，但主要为负相关，Jaccard 异质性指数、Sokal、Moristia 异质性指数和 Bray-Curtis 异质性指数与撂荒年限呈负相关（相关系数分别为－0.48、0.041、－0.28 和－0.32，显著水平分别为 0.12、0.90、0.37 和 0.30）。也就是说在撂荒演替的早期，随着演替的进行，群落的异质性有降低的趋势。

14.3.1.4　讨论与结论

(1) 陕北黄土丘陵区撂荒演替前期样地群落间异质性与群落异质性都较大。群落间异质性都大于群落异质性，说明环境因素对演替前期群落组成与结构起到了一定的塑造作用。群落间异质性与环境因素异质性多数为正相关，进一步说明环境对撂荒演替前期群落的组成与结构起一定的作用。

(2) 群落组成、结构距离系数与环境差异的相关性分析表明撂荒年限、坡向、土壤全氮、全磷和速效钾营养对群落物种组成都有显著影响，其中全氮含量影响极显著，而土壤水分对以 Morisita 距离系数表示的群落结构有显著影响。其原因可能为陕北黄土丘陵区部分撂荒演替序列种对土壤氮、磷和钾营养具有偏好，但更可能的是土壤中氮、磷、钾含量不足已成为影响群落组成、结构与动态的主导因素之一。因此，在植被恢复与重建中应该重视氮、磷和钾肥的使用。陕北黄土丘陵区水土流失比较严重，而且演替初期植被盖度较低，黄绵土土质疏松，容易发生流失或淋移。典型相关分析进一步表明，Jaccard 群落间异质性指数与土壤全氮有较强的正相关关系，而 Moristia 群落间异质性指数与土壤水分有较强的正相关关系。群落间异质性的 33.1%可由环境差异解释，环境差异的 29.5%可由群落间异质性解释。可见，环境对群落的塑造作用要大于群落对环境的影响（包括对土壤水肥环境和对群落周边生物环境的反作用）。环境对群落间异质性的解释程度较低，这符合实际，因为演替前期群落间异质性环境不能解释的部分更多是由于前期组成种繁殖体的随机散布造成的，同时最后种植的作物种类或本研究中未涉及的其他土壤营养元素可能也有作用。因此，Egler 的初始植物区系学说中关于种的异源性说法在一定程度上是正确的，演替前期群落组成不能简单地归结为生境条件的差异，其中种的随机到达对于撂荒演替前期群落组成可能起到了较大的作用。撂荒演替中后期群落组成将变得和生境条件越来越密切相关，因而在典型相关分析中，环境因素对演替后期群落间异质性可能给予更多的解释。张大勇（1988）对亚高山草甸一年弃耕地群落异质性研究后发现，演替早期群落异质性指数较低，随着演替的进行，异质化程度将随着演替系列种的侵入及定居而在演替早期几个阶段趋于增加。但这个趋势不能无限下去，以后群落组成终将和生境条件越来越密切相关，也越来越可见。群落组成、结构异质性主要取决于群落组成种繁殖体散布、增殖特性及其分布特性、小环境的空间变异和群落组成种的相互作用等。在陕北黄土丘陵区，撂荒一两年内，群落组成种绝大多数为一两年生植物，群落组成、结构简单，多数种为随机分布，具有生态位预占特性，使得群落组成、结构差异缩小，因而群落异质性较低。撂荒三四年时，群落组成、结构和种间的相互作用变得复杂起来，群落控制因素增多，异质性增加。撂荒五六年时，随着一两年植物的减少，引起群落异质性的随机因素相应减少，群落异质性降低。在陕北黄土丘陵区，撂荒演替早期 3～6 年，群落异质性确实有随着演替的进行而降低的趋势。

（3）由 Jaccard 群落异质性指数与群落内偶见种数目显著相关，可以推断撂荒演替早期群落组分种的分布是随机的。但因其他群落异质性指数与群落内偶见种数目相关不显著，事实是否如此，需要进一步进行群落格局分析。

14.3.2 演替中期群落异质性

生态学上异质性一般是指研究对象属性在时空尺度上的绝对或相对差异。近年来，生态学研究中的异质性问题受到生态学家的广泛关注，尤其是随着地统计学的兴起，种群和群落异质性、生境的异质性及它们之间的关系成为种群、群落生态的一个重要领域，国内外学者在这方面已有了大量报道。Hook 等（1991）研究发现，半干旱草原土壤氮素具有小尺度格局，草原群落灌丛化可能与土壤异质性尺度的变化有关，而不是与群落最初的异质性发展有关。白永飞等（1999）对内蒙古针茅草原土壤要素生境异质性研究后认为，土壤水分、碳和氮的小尺度空间格局共同作用于群落的生态学过程。土壤属性空间自相关尺度的改变可能是导致群落演替的驱动力，草原退化可能与土壤异质性尺度的改变相关。

撂荒演替是群落次生演替的主要类型之一，植被动态理论在很大程度上是在对撂荒演替或裸地演替观察和分析的基础上建立或总结起来的。其中有 Clements 的经典演替理论、Egler 的初始植物区系学说、Conell 和 Slatyer 的耐受模型、Piclett 的等级演替理论、Grime 的适应对策理论等。这些演替理论从个体的生长、繁殖、竞争或适应能力对演替过程的影响及环境条件的重要性等不同角度和侧面解释了演替的机制和方向，并回答了演替前期群落中的一些个体和群落特征。从陕北黄土丘陵区撂荒演替中期群落的组成、结构异质性与生境因子异质性关系出发，分析演替不同阶段环境条件的重要性和对演替进程的影响，在此基础上对这些学说进行了讨论。退耕地生态恢复是植物与土壤的协同进化过程，研究自然演替过程中的土壤和植被特征，对于揭示植被恢复进程与机理，探讨人为植被动态的人为调控技术及其可能性，具有积极的理论与实践意义。

14.3.2.1 群落间异质性与环境差异的关系

从群落组成看（表 14-27，表 14-28），6 块样地群落间 Sokal 距离系数为 0.14～0.55，平均为 0.35；Jaccard 距离系数为 0.27～0.64，平均为 0.49；两种群落间距离系数都以群落 C 与群落 I 最大，群落 E 与群落 R 最小，其值分别为 0.55 和 0.64、0.27 和 0.14。当考虑到每个种的大小时，6 块群落间 Bray-Curtis 距离系数和 Moristia 距离系数都以群落 C 与群落 E 最大，群落 B 与群落 C 的距离最小，其值分别为 0.79 和 0.88、0.31 和 0.08，两种结构距离系数平均值分别为 0.58 和 0.55。与演替前期群落（撂荒年限为 1～6 年，Sokal 距离系数、Jaccard 距离系数、Bray-Curtis 和 Moristia 距离系数平均分别为 0.38、0.47、0.59 和 0.53）间异质性相比，演替中期群落间组成和结构异质性相对较小。说明演替中期不同环境条件下群落组成和结构开始趋同，这可能是演替前期决定群落组成与结构的随机因素作用淡化的结果，或者是所取样地环境类同所致（如坡向无明显差异）。

表 14-27 演替中期群落间 Sokal 距离系数和 Jaccard 距离系数

群落编号	B	C	D	E	I	R
B		0.33	0.29	0.31	0.40	0.21
C	0.42		0.33	0.40	0.55	0.40
D	0.4	0.39		0.40	0.45	0.31
E	0.5	0.52	0.55		0.38	0.14
I	0.61	0.64	0.59	0.62		0.33
R	0.36	0.5	0.43	0.27	0.54	

注：右上角和左下角分别为 Sokal 距离系数和 Jaccard 距离系数。

表 14-28 演替中期群落间 Bray-Curtis 距离系数和 Moristia 距离系数

群落编号	B	C	D	E	I	R
B		0.31	0.58	0.67	0.72	0.65
C	0.08		0.64	0.79	0.73	0.71
D	0.59	0.68		0.64	0.35	0.32
E	0.65	0.88	0.59		0.70	0.49
I	0.79	0.83	0.13	0.71		0.36
R	0.72	0.82	0.14	0.42	0.24	

注：右上角和左下角分别为 Bray-Curtis 距离系数和 Moristia 距离系数。

上述群落间的异质性是土壤因素还是周围草地繁殖体的侵入压力造成的或者是另有其他因素？为此需进行群落间异质性与群落环境间异质性的相关分析（表 14-29～表 14-31）。从典型相关分析第一组数据，群落组成和结构距离系数的相关分析来看，Bray-Curtis 距离系数与 Jaccard 距离系数相关不显著（Person 相关系数为 0.287，双尾显著性概率为 0.299），意味着除群落组成对群落结构的影响外，尚有其他因素引起群落组成种个体大小的改变从而引起群落结构的变异。第二组数据，即样地环境间距离系数的相关性为：样地环境间的全氮距离系数与撂荒年限距离系数相关显著（Person 相关系数分别为 0.581，双尾显著水平分别为 0.023）。因此可以推断，演替中期（7～15 年）撂荒年限差别越大的样地，土壤氮营养差别越大。由表 14-32 可以看出，群落间异质性与环境异质性的 Person 相关性为：Jaccard 距离系数与土壤全钾相关显著（双尾显著水平为 0.039）、Bray-Curtis 距离系数与 0～100cm 土壤内贮水量相关极显著（双尾显著水平为 0.006）。其他环境因素异质性与群落异质性间尽管相关不显著，但多数为正相关，且负相关系数也都较小，说明环境因素对演替中期群落组成与结构的差异起到了一定的作用，其中以土壤水分和土壤全钾作用较大。

表 14-29 演替中期群落 0～100cm 土壤水分和撂荒年限差异

群落编号	B	C	D	E	I	R
B		0.06	0.63	1.00	0.64	
C	0.43		0.57	0.93	0.57	
D	0.86	0.29		0.36	0.00	
E	0	0.57	1.00		0.35	
I	0.71	0.14	0	0.86		
R	0.14	0.14	0.57	0.29	0.43	

注：右上角和左下角分别为 0～100cm 土壤贮水量和撂荒年限差异。

表 14-30 演替中期群落土壤全氮和全磷异质性

群落编号	B	C	D	E	I	R
B		0.12	0.65	0.35	0.18	0.12
C	0.05		0.53	0.47	0.06	0.00
D	0.21	0.16		1.00	0.47	0.53
E	0.53	0.58	0.74		0.53	0.47
I	0.47	0.42	0.26	1.00		0.06
R	0.53	0.58	0.74	0.00	1.00	

注：右上角和左下角分别为全氮和全磷异质性。

表 14-31　演替中期群落土壤全钾异质性

群落编号	B	C	D	E	I	R
B		0.33	0.21	0.00	0.96	0.63
C	0.30		0.08	0.38	0.58	0.25
D	0.52	0.07		0.25	0.71	0.38
E	0.00	0.14	0.37		1.00	0.67
I	0.68	0.23	0.01	0.53		0.29
R	1.00	0.55	0.33	0.85	0.16	

注：右上角和左下角分别为全钾和速效钾异质性。

表 14-32　演替中期群落间异质性与样地非生物环境欧氏距离间 Person 相关性

群落距离系数	非生物环境欧氏距离					
	0～100cm 土壤水分	撂荒年限	全氮	全钾	全磷	坡向
Bray-Curtis	0.79**	0.11	0.01	0.16	0.09	0.35
Moristia	0.79**	0.07	−0.06	0.07	0.15	0.26
Sokal	−0.19	0.01	−0.10	0.25	0.12	−0.17
Jaccard	−0.09	0.14	−0.10	0.33	0.54*	0.02

注：** 为极显著（$p<0.01$）；* 为显著（$p<0.05$）。

两组数据的典型相关分析结果表明（表 14-33），第一、第二典型相关系数为 0.9285，经 F 检验，相关不显著（显著水平分别为 0.0773、0.07764）。从构成两对典型变量的组内线形组合来看（表 14-34），第一、二对典型变量群落异质性一组中系数绝对值最大者分别为 Bray-Curtis 距离系数和 Jaccard 距离系数，环境异质性一组中绝对值最大者分别为土壤水分和全钾差异性。说明群落组成异质性与土壤全钾有较强的正相关关系，群落结构异质性与土壤水分间有较强的正相关关系，其余变量对上述两种正相关关系起强化作用。典型相关冗余分析结果表明，有 42.2%的群落间异质性和 21.6%的环境差异可以由第一对典型变量互相解释，42.4%的群落间异质性和 20.4%的环境差异可以由第二对典型变量互相解释，累计有 84.6%的群落间异质性和 42.0%的环境差异可以由两对典型变量相互解释。

表 14-33　群落间异质性与环境差异典型相关分析结果

典型变量	典型相关系数	F 值	显著水平	群落间异质性对环境差异的解释		环境差异对群落间异质性的解释	
				百分比/%	累计百分比/%	百分比/%	累计百分比/%
1	1.00	2160.29	0.01	17.3	17.3	46.9	46.9
2	0.97	0.98	0.59	31.0	48.3	9.0	55.9
3	0.91	0.81	0.63	14.4	62.7	21.4	77.3
4	0.40	0.19	0.90	1.8	64.5	2.8	80.1

表 14-34　标准化典型变量线形组合

	群落异质性				环境异质性					
第一典型变量	Sokal	Jaccard	Bray-Curtis	Moristia	土壤水分	撂荒年限	全氮	全磷	全钾	坡向
	−0.66	−1.13	3.31	−3.92	−0.72	−0.02	0.03	−1.19	−0.18	1.03

14.3.2.2　*群落异质性*

扩展后的 Jaccard 群落异质性指数值为 0.45～0.67，其中最大者为群落 C，最小者为群落 R。Bray-Curtis 群落结构异质性为 0.38～0.59，其中最大者为样地群落 E 和样地群落 I，最小者为样地群落 C（表 14-35），可见演替中期群落的组成与结构异质性还是比较大的。与演替前期群落异质性相比，演替中期群落组成异质性较小（平均 Jaccard 距离系数前期 0.58>中期 0.53），而结构异质性较大（平均 Bray-Curtis 距离系数前期 0.42<中期 0.52）。这可能是演替中期种对空闲生态位的利用比较充分且竞争趋于激烈，以致于取样样方间种组成差别不大，但个体大小差别较大。结构相对简单的群落，其结构异质性相应也较低。而群落结构相对复杂时，控制群落的生物因素，主要是种间作用因素相对较多，使得群落种的分布和大小发生分异，结构异质性指数相对较大。从群落间异质性与群落异质性的比较来看，群落间组成异质性较群落异质性小，而群落间结构异质性较大（Jaccard 和 Bray-Curtis 群落间平均异质性分别为 0.49 和 0.58，相应的群落平均异质性分别为 0.53 和 0.52）。由此可知：①演替中期群落组成种的分布更加趋向于集聚化；②由于环境条件的不同，群落结构更加趋向于异质，联系到土壤贮水量与群落结构异质性的极显著关系，这种异质可能是由于土壤水分对不同植物生长的限制程度不同所致，即是种间对水分资源竞争的不对称引起的。

表 14-35　演替中期 6 块样地群落异质性指数及次要种数目

群落异质性指数	样地群落						
	B	C	D	E	I	R	平均
Jaccard	0.48	0.67	0.51	0.54	0.54	0.45	0.53
Bray-Curtis	0.47	0.38	0.51	0.59	0.59	0.56	0.52
相对重要值小于 10%的种数	15	25	22	11	16	12	16.8
相对重要值小于 5%的种数	14	23	19	7	13	12	14.7

任何一个群落都不可能是完全匀质的，从一个地段到另一个地段必然存在群落组成和结构的差异。这种差异与种的随机分布与组合、种的空间分布格局、微环境的空间变化等有关，同时群落的取样误差也会或多或少地造成群落异质性计算上的差异。如果群落组成种的分布都是随机分布或均匀分布，同时种的关联程度较低或无关联时，群落内每个样方对一个种的取样概率是相对固定的。根据群落异质性指数计算公式，群落组成异质性是由群落调查取样误差引起的样方种类组成差异和群落组分种的多少造成的。因而可以推断，在一定程度上群落内偶见种越多的群落，群落异质性也就越大。否则群落种分布即集聚分布或种间或多或少存在关联性。非参数检验表明，Jaccard 和 Bray-Curtis 群落异质性指数与群落内偶见种数目相关不显著（Jaccard 和 Bray-Curtis 距离系数与相对重要值小于 5%、10%的偶见种数的 Kendall’s tau _ b 相关系数分别为 0.276、0.414 和−0.690、−0.552，显著水平分别为 0.444、0.251 和 0.056、0.126）。因此，可以在一定程度上拒绝上面的假设，即撂荒演替中期种非随机或均匀分布，为集聚分布。

14.3.2.3　结论与讨论

(1) Jaccard 距离系数与土壤全钾差异相关显著，与全磷差异相关性也较大，说明演替中期群落种组成对土壤矿质养分较为敏感。土壤中的钾含量相对于氮、磷营养而言，对演替中期植被组成作用更大。陕北黄土丘陵区部分撂荒演替中期序列种对土壤钾含量可能具有偏好，但更可能是因为农田退耕后钾淋溶或流失较多，以致土壤中钾含量不足，成为影响群落组成的主导因素之一。联系到演替前期群落组成异质性主要与土壤磷含量相关，说明土壤矿质养分是决定植被组成的主要环境因素，在对退耕7年前后的撂荒地进行植被恢复与重建中应该重视磷肥、钾肥的使用。演替中期Bray-Curtis距离系数与0～100cm土壤贮水量相关极显著，而演替前期不显著。说明随着演替的进行，土壤水分可利用性较前期差，其原因或为随着植被生物量的增加，植被耗水量增加，或为耗水量较大的植物在群落中有所增加。总之，植物对土壤水分的竞争将渐趋激烈，演替中期土壤水分已成为影响植物生长的重要因素，是植被进一步演化与分异的主要环境因素，也是人工调控的基础。典型相关分析进一步表明，群落间异质性的84.6%可由环境差异解释，环境差异的42.0%可由群落间异质性解释，可见环境对群落的塑造作用要大于群落对环境的影响。与演替前期群落间异质性相比，演替中期环境对群落间异质性的解释程度较高，这符合实际。因为演替前期群落间异质性中，环境所不能解释的部分更多是由于前期组成种繁殖体的随机散布造成的，同时最后种植的作物种类或未涉及的其他土壤营养元素可能也有作用。撂荒演替中后期群落组成将变得和生境条件越来越密切相关，因而在典型相关分析中，环境因素对演替后期群落间异质性可给予更多的解释。

(2) 由演替中期Jaccard群落异质性指数与群落内偶见种数目不相关，可以推断撂荒演替中期群落组分种是集聚分布的。然而事实是否如此，还需要进一步进行群落格局分析。

14.3.3　撂荒演替过程中种、群落及环境因子CCA排序

从CCA排序图（图14-19）可以看出，代表各环境因子的失量线以撂荒年限，土壤水分含量及变异量，0～20cm土壤速效磷、全磷、全氮、硝态氮和有机质以及20～40cm土壤硝态氮和铵态氮较长，说明这几个环境因子与植物群落的分布关系密切。从图上还可以直观地看到，撂荒年限、0～20cm速效磷含量和300cm土壤水分含量与第一轴夹角较小，坡向、铵态氮和20～40cm土壤速效磷与第二轴夹角较小，因此CCA排序第一轴主要代表了撂荒年限与0～20cm土壤速效磷含量，第二轴代表了坡向、0～20cm土壤铵态氮和20～40cm土壤全磷、全钾和速效钾。为了进一步明确CCA排序第一、二轴的意义，需对环境因子与CCA排序第一、二轴的排序值进行多元回归，回归结果显著。

$$第一排序轴值=0.289+0.114(Y)-0.269(WC_{300cm})-0.188(AP_{0\sim20cm});\ P=0.024$$

$$第二排序轴值=0.073-0.397(AK_{20\sim40cm})+0.314(TP_{20\sim40cm})+0.232(NH_4-N_{0\sim20cm})+0.212(S)-0.047(TK_{20\sim40cm});\ P=0.047$$

多元回归结果表明，第一排序轴主要代表了深层土壤水分含量，第二排序轴主要代表了20～40cm土壤速效钾含量。从回归分析结果和CCA排序图都可以看出，深层土壤水分含量和0～20cm土壤表层速效磷含量与第一排序轴为强负相关，撂荒年限与第一轴为强正相关；20～40cm土壤速效钾与第二排序轴为强负相关，20～40cm土壤全磷

含量、0～20cm 土壤铵态氮含量和坡向与第二排序轴为强正相关，20～40cm 土壤全钾含量与第二排序轴为弱负相关。从各主要土壤环境因子与撂荒年限的相关性来看，随着撂荒年限的增加，各层土壤水分含量趋于减少，而水分变异量趋于增加；0～20cm、20～40cm 土壤有机质、全氮和硝态、铵态氮都趋于增加，这与前面结果一致。

图 14-19D 中显示了各样地群落、种分布与环境因子的关系，可以看到，演替早期群落分布于 CCA 排序第一轴左侧，群落较为集中，而演替后期群落分布于 CCA 排序第一轴右侧，环境因子对群落分异影响明显。演替早期群落土壤水分含量和速效磷含量较高，演替后期群落 T 与群落 W 分布于阴坡，且土壤有机质、全氮和硝态氮、铵态氮含量都较高，因而位于 CCA 排序轴右上方；群落 G 撂荒时间较长，分布于阳坡，且全磷、全钾含量低，因而分布于排序轴右下方。群落 P 撂荒时间同样较长，分布于半阴坡，但因土壤水分对群落分异的影响大于坡向，虽然没有直接测定群落 P 的土壤水分含量，但从前面多元回归结果可计算得样地群落 P 在 20cm、80cm 和 300cm 土壤的平

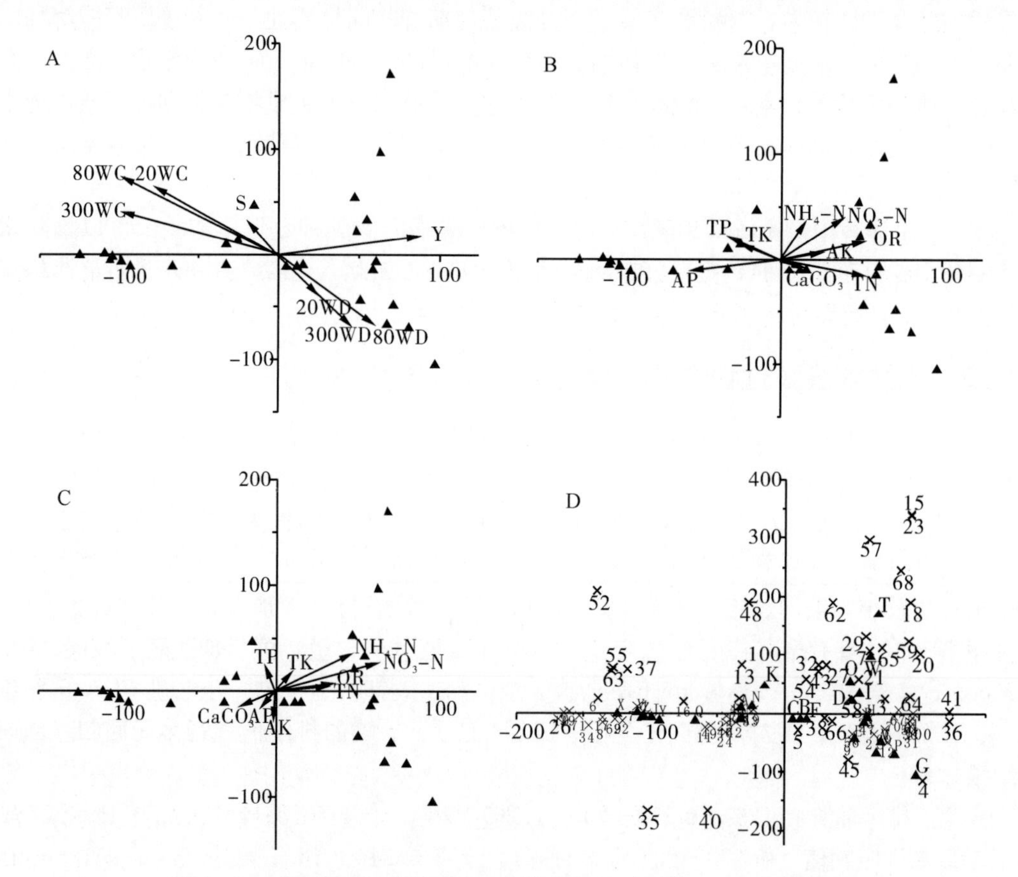

图 14-19 撂荒演替不同阶段 26 个样地和 73 个种的 CCA 分析结果

由于环境因子、种及样地较多，原图较为密集，为清晰显示分析结果，分为 A、B、C 和 D 4 个小图：A. 撂荒年限及水分因子；B. 0～20cm 土壤养分及 $CaCO_3$；C. 20～40cm 土壤养分；D. 种及样地的双向排序图。其中，WC、WD 分别代表土壤水分实测含量及变异量；TN、TP、TK 分别代表全氮、全磷、全钾；AN、AP、AK 分别代表速效氮、速效磷、速效钾；Y 和 S 分别代表撂荒年限与坡向

均含水量分别为14.03%、10.89%和9.52%，与其他群落相比较低，且群落主要种达乌里胡枝子与白羊草都为喜光照植物，因而分布于排序图右下方。从种的排序图来看，环境分异较为明显的主要有种52，35和40，14、15、23、57、68、62、18、29、59和20，4、45、36和41。其中山野豌豆对水分条件的要求较高，菊苣、白刺花对氮的需求不高但对速效磷含量要求较高且较喜阳，而大火草、大针茅、狗牙根、细叶艾蒿、硬质早熟禾、旋覆花、鹅观草、火绒草、细叶远志和翻白委陵菜等则对氮需求较高，并且属于演替中、后期种，白羊草、披针叶黄华、苣荬菜和老鹳草则主要分布于阳坡，且较耐低水条件。演替各阶段主要种的排序坐标分别为，猪毛蒿{81.21，−5.41}、狗尾草{−120.24，−12.25}、长芒草{50.24，−46.19}、铁杆蒿{15.05，59.14}、茭蒿{24.54，83.05}、白羊草{103.09，−115.55}、达乌里胡枝子{76.89，−49.75}。由于第一轴主要代表了土壤水分含量，因此演替后期种白羊草最耐旱，而狗尾草则最不耐旱。同时，可以看到演替顺序与耐旱顺序并不一致。例如，猪毛蒿为演替先锋种，但其耐旱性与后期种达乌里胡枝子相差无几。第二轴主要代表了20～40cm土壤速效钾含量，因此白羊草对速效钾的需求较高，而茭蒿则在低钾条件下仍然生长较好。土壤水分和养分对植物个体生长、群落分布及其动态都有影响，如一些热带植物的分布和养分的获得密切正相关。从CCA分析来看，整个演替阶段对群落分异影响较大的主要是土壤水分、硝态氮和速效磷。但由于演替不同时期土壤水分、养分差别很大，因而演替不同阶段对群落结构形成的主导限制因子不同，演替前期氮营养是主要限制因子，而演替中后期可能是土壤水分和全磷含量起限制作用。一般认为，氮素对演替早期种或先锋种的限制较演替后期种更严重，这同研究结果一致，因此在陕北黄土丘陵区对撂荒地或其他人为干扰严重的地段进行植被恢复时应注意早期施氮，会有助于增加演替前期群落生物量和植被盖度，有效防止水土流失。

14.4　植物种内、种间竞争及地上生物量空间分布格局

14.4.1　猪毛蒿种内、种间竞争

竞争是两个以上有机体在所需的环境资源或空间相对不足的情况下所发生的相互关系，竞争结果会导致个体生长量、存活率和繁殖率的降低。另外，竞争也是一个资源间接调节的过程，是植物互相吸收资源、利用资源从而引起资源波动及植物对资源波动的响应与反应过程。因此，竞争可以采用生理指标（如资源吸收利用量或利用效率、气孔导度或水势等）或生态指标（如高度、地上生物量和地下生物量、相对生长速率、营养面积等）来研究。根据Grime（1979）最大生长率理论（the maximum growth rate theory），竞争成功主要是资源捕获能力的反映，与竞争能力正相关的关键特征之一是相对生长率（RGR_{max}），竞争优胜者将是具有最大营养组织生长率（即最大的资源捕获潜力）的物种。而Tilman（1986）的最小资源需求理论（the minimum resource requirement theory）则将竞争成功与否定义为利用资源至一个较低的水平，并能忍受这种低水平资源的能力，认为具有最小资源要求的物种将是竞争的成功者。由于竞争在个体形

态塑造和群落组成、结构与动态方面的重要意义，因而受到了越来越多的关注，但竞争理论的不统一使得生态学家对一些重大生态学问题存在长期的争论，如植物竞争等级是固定的还是随机的，竞争不对称性是否随着环境生产力的增加而增加，竞争在环境生产力梯度上对群落动态的相对重要性等。目前，生态学家认为竞争对群落演替的作用主要有两个机制：演替早期物种繁殖力高，繁殖体传播距离远，先定居生境，但竞争力弱，后期物种相反，这种演替机制生态学家称作定居-竞争互换法则（colonization-competition tradeoff）。即使演替前期与后期物种同时出现，因演替前期物种在资源相对丰富的条件下生长迅速，短期内要比演替后期物种表现好，以后随资源的消耗，演替前期物种生长变慢且存活率降低，演替后期物种竞争力强，在资源较低时能生长、存活和竞争，在无干扰的条件下仍能代替演替前期物种成为群落中的优势种，这种机制称作演替生态位（succession niche）（Rees，2001）。

在陕北黄土丘陵区，农田撂荒1～3年（立地条件较好的条件下）或1～6年（立地条件较差的地方）常为猪毛蒿群落，以后随演替的进行，分别为长芒草群落、达乌里胡枝子＋冰草群落或冰草群落代替。为了避免农田撂荒后产生新的水土流失，研究农田撂荒后种间、种内竞争机制对尽快恢复植被具有重要意义。

14.4.1.1　猪毛蒿的生长特征

一年撂荒地（河阶地）中单株猪毛蒿的最大生物量和株高分别为269.62g和169.0cm，最小为0.15g和3.0cm，平均为55.08g和89.4cm；梁峁阴坡三年撂荒地猪毛蒿的最大生物量和株高分别为99.88g和110.0cm，最小为0.42g和15.5cm，平均为13.97g和59.5cm。可见，在立地条件较好的河阶地中，猪毛蒿的长势较立地条件较差的梁峁阴坡好。根据猪毛蒿高度和生物量的频次分布图（图14-20）可知，一年和三年撂荒地猪毛蒿的生长都趋于小型化，也有较少的大个体，但小个体占大多数，高度和生物量的频次分布明显不同。以株高作为理论频数，对地上生物量的观察频数进行卡方检验，表明株高和生物量的频次分布不相符合（卡方检验显著水平远小于0.05）。说明猪毛蒿的生长存在异速生长，也就是说无论在水分条件较好的一年撂荒地还是水分条件较差的三年撂荒地中，猪毛蒿地上部分的生长形态可能会受到种内或种间较强竞争的塑造作用。株高与生物量经非线形异速生长方程拟合，结果显著，在 $\lg H$-$\lg M$ 平面表现为曲线关系，结果见图14-21和表14-36。进一步表明一年撂荒地和三年撂荒地的猪毛蒿群落中可能存在较强的竞争。一年撂荒地猪毛蒿高度变异性（生物量和株高的标准偏差，相对变异强度分别为62.17和2.12、42.19和0.90），较三年撂荒地大（生物量和株高的标准偏差和相对变异强度分别为23.11和2.50、23.82和0.60），而地上生物量变异性相对较小，这可能与资源竞争种类有关。一年撂荒地中因水肥条件较好，植物密度较大，存在着对光资源的竞争，短期内不会因水肥资源竞争而引起自疏，导致高度变异性相对较大；而三年撂荒地中植物密度较小，主要是对水分和养分的竞争，不存在或很少存在对光的竞争，地上生物量的变异性主要是由于猪毛蒿本身生长速率差异、萌发早晚的差别和对水肥竞争等造成的。

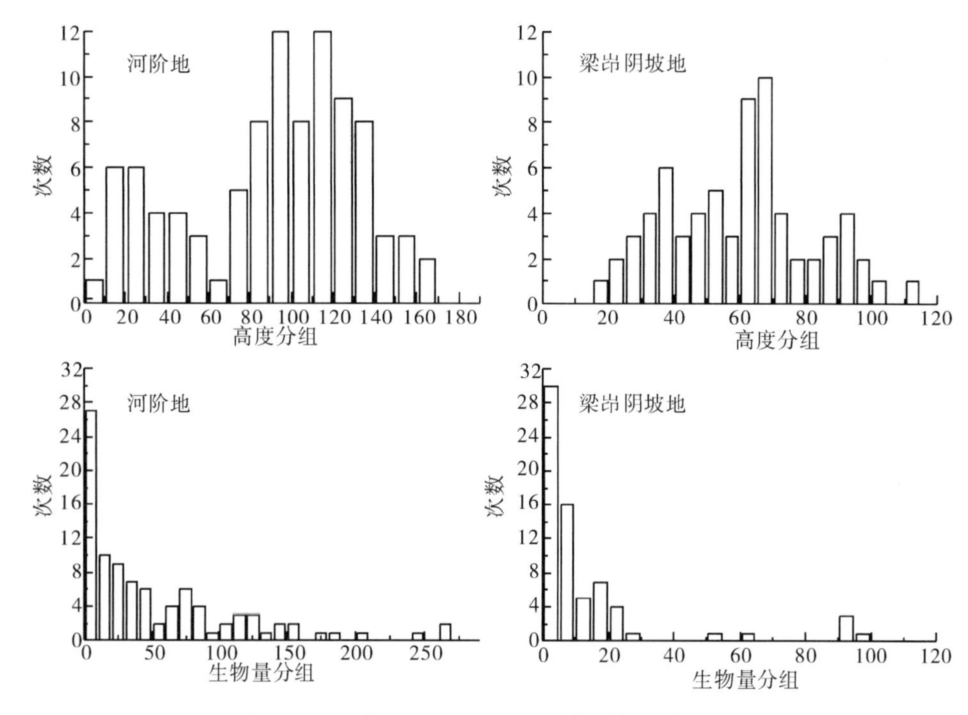

图 14-20　猪毛蒿高度和地上生物量频次分布图

表 14-36　猪毛蒿种群非线形异速生长拟合结果

样地	a	b	c	R^2	p
一年撂荒地	−0.00278	1.029	50.329	0.578	<0.0001
三年撂荒地	−0.0280	2.545	39.648	0.541	<0.0001

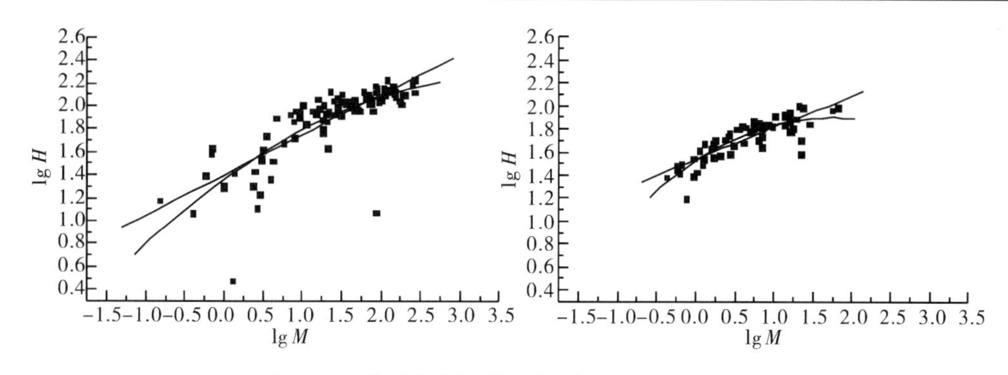

图 14-21　猪毛蒿非线形异速生长 lg$H$-lg$M$ 平面图

由于一年撂荒地位于河阶地，土壤水分等立地条件较好，猪毛蒿的伴生植物较多，邻体植物有 22 种之多，除猪毛蒿、刺儿菜和黄花蒿外，其他都位于下层，长势较弱，地上生物量为 1.32kg/m^2，总密度为 23.04 株/m^2，平均每株猪毛蒿在半径为 50cm 的样地内有邻体猪毛蒿、黄蒿和刺儿菜分别为 10.94 株、1.62 株和 1.27 株，其他邻体植物 4.27 株。三年撂荒地立地条件较差，猪毛蒿的伴生物植物较少，只有 11 种，地上生物量为 0.20kg/m^2，总密度为 20.02 株/m^2，平均每株猪毛蒿在半径为 50cm 的样地内有邻体猪毛蒿和甲叉明科植物 8.86 株和 1.86 株，其他邻体植物 4.99 株。

14.4.1.2　猪毛蒿种内与种间竞争

从表 14-37 可以看出，无论是在一年撂荒地中还是三年撂荒地中，猪毛蒿种内、种间竞争强度随与目标种距离的增加而减小。在一年撂荒地中，与目标种距离从 0～10cm 到 31～40cm 竞争强度逐渐增加，与目标种距离 41～50cm 时，竞争强度开始减小，最大竞争强度发生在与目标种距离 31～40cm 时，竞争指数为 0.927。而在三年撂荒地中，与目标种距离从 0～10cm 到 41～50cm，竞争强度一直在减小，最大竞争强度是在与目标种距离 0～10cm 时，为 1.206。可见，在立地条件较好的一年撂荒地中竞争发生距离较远，而在立地条件较差的三年撂荒地中竞争主要发生在近距离。

表 14-37　猪毛蒿种内、种间竞争强度与邻体距离的关系

距离/cm	一年撂荒地	三年撂荒地
0～10	0.367	1.206
11～20	0.474	1.127
21～30	0.740	0.270
31～40	0.927	0.0416
41～50	0.466	0.0213

从表 14-38 和表 14-39 可以看出，无论是一年撂荒地还是三年撂荒地，猪毛蒿的竞争主要来自于种内，猪毛蒿种内竞争分别占总竞争强度的 91.55%和 95.49%，种间竞争分别占总竞争强度的 8.45%和 4.51%。经 Kendall 协同系数检验，不同植物对猪毛蒿的总竞争强度与种的相对多度关系极为密切（一年撂荒地竞争强度与相对密度协同系数分别为 0.469，0.005；三年撂荒地竞争强度与相对密度协同系数分别为 0.751，$p=0.002$），说明不同植物对猪毛蒿的总竞争强度与撂荒地中种的相对多度有关。猪毛蒿每株平均竞争强度指数最大，达乌里胡枝子最小，这可能与猪毛蒿邻体单株地上生物量有关。单位地上生物量竞争指数则为一年生植物苍耳最大，其次是多年生植物鬼针草、二裂委陵菜、额河千里光和长芒草等，多数一年生植物对猪毛蒿的竞争指数比较小。可见，使用不同的竞争指数表示的邻体植物对猪毛蒿的竞争等级是不同的，但单位地上生物量竞争强度最能反映实际情况。如果用总竞争强度、单株平均竞争强度和单位地上生物量竞争强度的排序值表示不同植物对猪毛蒿的竞争等级，Kendall Tau 非参数检验结果表明，单位地上生物量竞争强度排序值与总竞争强度排序值结果不一致（Kendall Tau 系数值和显著水平分别为 0.2814 和 0.0668），可见两者是表征竞争能力的不同指标。前者主要表征了整个群落中植物彼此间的竞争状况，与群落中植物的相对多度有关，而后者是植物对猪毛蒿相对竞争能力的指标，与种对间竞争能力的不对称性有关，是植物资源捕获和利用能力的反映。

表 14-38　一年撂荒地中不同邻体植物对猪毛蒿的种内、种间竞争强度

邻体植物	总竞争强度	标准差	密度/(株/m^2)	单株平均竞争强度	单位地上生物量竞争强度
达乌里胡枝子	1.30×10^{-4}	2.39×10^{-3}	0.29	6.00×10^{-5}	2.22×10^{-5}
小画眉	9.00×10^{-5}		0.15	9.00×10^{-5}	2.20×10^{-6}

续表

邻体植物	总竞争强度	标准差	密度/(株/m^2)	单株平均竞争强度	单位地上生物量竞争强度
杠柳	1.30×10^{-4}		0.15	1.30×10^{-4}	2.54×10^{-6}
华马唐	3.90×10^{-4}	5.52×10^{-3}	0.29	1.90×10^{-4}	2.63×10^{-5}
狗尾草	6.30×10^{-4}	5.50×10^{-3}	0.44	2.10×10^{-4}	1.43×10^{-5}
常春藤叶天剑	5.70×10^{-4}	1.52×10^{-2}	0.29	2.90×10^{-4}	2.55×10^{-5}
长芒草	4.60×10^{-4}		0.15	4.60×10^{-4}	1.93×10^{-3}
角蒿	7.40×10^{-4}		0.15	7.40×10^{-4}	1.86×10^{-5}
黄花草木樨	1.83×10^{-3}	4.00×10^{-4}	0.29	9.20×10^{-4}	8.33×10^{-4}
苍耳	1.29×10^{-3}		0.15	1.29×10^{-3}	2.57×10^{-2}
二裂委陵菜	1.30×10^{-3}		0.15	1.30×10^{-3}	7.22×10^{-3}
刺槐	5.76×10^{-3}	3.95×10^{-2}	0.59	1.44×10^{-3}	2.75×10^{-5}
艾蒿	1.45×10^{-3}		0.15	1.45×10^{-3}	6.45×10^{-4}
刺儿菜	2.04×10^{-2}	4.31×10^{-2}	1.61	1.85×10^{-3}	9.24×10^{-5}
糜子	4.02×10^{-3}	1.71×10^{-2}	0.29	2.01×10^{-3}	1.33×10^{-4}
额河千里光	2.38×10^{-3}		0.15	2.38×10^{-3}	1.95×10^{-3}
山苦荬	4.08×10^{-3}		0.15	4.08×10^{-3}	4.02×10^{-4}
苣荬菜	1.28×10^{-2}	2.41×10^{-2}	0.44	4.26×10^{-3}	9.53×10^{-5}
沙蓬	5.61×10^{-2}	2.04×10^{-2}	1.03	8.01×10^{-3}	2.71×10^{-4}
黄花蒿	1.27×10^{-1}	2.16×10^{-2}	2.05	9.10×10^{-3}	5.63×10^{-4}
鬼针草	9.91×10^{-3}		0.15	9.91×10^{-3}	1.04×10^{-2}
猪毛蒿	2.73	2.76×10^{-2}	13.94	2.87×10^{-2}	5.21×10^{-4}

表 14-39　三年撂荒地中不同邻体植物对猪毛蒿的竞争强度

邻体植物	总竞争强度	标准差	密度/（株/m^2）	单株平均竞争强度	单位地上生物量竞争强度
阿尔泰狗娃花	1.27×10^{-3}		0.18	1.27×10^{-3}	2.47×10^{-4}
黄花蒿	3.68×10^{-2}	9.64×10^{-3}	1.27	5.26×10^{-3}	2.86×10^{-3}
刺儿菜	1.01×10^{-2}	3.09×10^{-3}	0.91	2.02×10^{-3}	1.09×10^{-3}
狗尾草	1.64×10^{-3}	2.04×10^{-4}	0.73	4.11×10^{-4}	3.82×10^{-4}
叉枝鸦葱	9.53×10^{-3}	7.59×10^{-4}	2.37	7.33×10^{-4}	1.69×10^{-4}
常春藤叶天剑	2.30×10^{-3}		0.18	2.30×10^{-3}	3.34×10^{-3}
苣荬菜	1.98×10^{-2}	4.05×10^{-3}	0.91	3.96×10^{-3}	2.56×10^{-3}
沙蓬	2.85×10^{-3}	5.39×10^{-4}	0.73	7.13×10^{-4}	3.17×10^{-4}
山苦荬	2.15×10^{-4}		0.18	2.15×10^{-4}	5.24×10^{-4}
猪毛菜	3.56×10^{-2}	5.86×10^{-3}	1.27	5.08×10^{-3}	1.13×10^{-3}
猪毛蒿	2.55	7.89×10^{-2}	11.28	4.11×10^{-2}	4.50×10^{-3}

植物的竞争能力决定于资源获得能力或忍耐低资源水平的能力，也就是说竞争能力是植物的一种固有属性，正是由于这些能力的差异使得种对个体间竞争具有不对称性，进而形成竞争等级。竞争等级的表达还受外部条件的影响，如群落动态、资源可利用水平、生态位重叠程度和现实生态位与最适生态位的偏移程度等。按照演替生态位理论，演替后期物种应该比演替前期物种具有更强的竞争能力，表 14-40 和表 14-41 的试验结果也证实了这一点。猪毛蒿在有邻体生长时，高度、地上生物量和分枝数都小于单独生长时的相应指标。均值差异显著性 t 检验表明，在立地条件较差的三年撂荒地中，阿尔

泰狗娃花、中华隐子草与猪毛蒿的种间竞争和猪毛蒿种内竞争对目标种猪毛蒿高度和地上生物量的影响极显著（表 14-42），但对分枝数影响都不显著；在立地条件中等的二级河阶地，猪毛蒿的种内竞争对地上生物量的影响显著，高度和分枝数影响不显著；而在立地条件较好的一级河阶地，邻体长芒草对猪毛蒿地上生物量、高度和分枝数的竞争影响都不显著。可见，在立地条件较好的样地中邻体的竞争对猪毛蒿的生长影响相对不重要。在梁峁阴坡三年撂荒地中，以高度为指标的中华隐子草、阿尔泰狗娃花对猪毛蒿的种间竞争效应和猪毛蒿的种内竞争效应（$RCI_{高度}$）分别为 0.23、0.60 和 0.62；以地上生物量为指标的竞争效应（$RCI_{地上生物量}$）分别为 0.41、0.77 和 0.95，两者的排序都为猪毛蒿>阿尔泰狗娃花>中华隐子草。但单位地上生物量对猪毛蒿的竞争效应分别为 0.011、0.017 和 0.0035，其大小排序为：中华隐子草>阿尔泰狗娃花>猪毛蒿。二级河阶地中，长芒草对猪毛蒿的竞争效应 $RCI_{高度}$ 和 $RCI_{地上生物量}$ 分别为 0.026 和 0.33，单位地上生物量竞争效应为 0.018。一级河阶地中猪毛蒿的种内竞争效应 $RCI_{高度}$ 和 $RCI_{地上生物量}$ 分别为 0.20 和 0.66，单位地上生物量的竞争效应为 0.0040。从不同立地条件下猪毛蒿的种内竞争比较来看，表征总体竞争能力指标的 RCI 在立地条件较差的梁峁阴坡样地较大，说明立地条件较差的样地因资源较为短缺，竞争比较激烈。单位质量竞争能力指标在立地条件较好的二级河阶地比梁峁阴坡地略大，可能是竞争效应是资源捕获能力的反映和资源调节的结果，邻体猪毛蒿比目标种猪毛蒿地上生物量相对较大，单位质量邻体猪毛蒿在立地条件较好的样地中相对于立地条件较差的样地中消耗资源也就较多，目标种猪毛蒿获得资源相应就较少。因此，在立地条件较好的样地中用单位地上生物量表示的猪毛蒿种内竞争效应也就较大。也就是说，由于目标种与邻体大小的不对称性引起的种内竞争的不对称性是随着环境生产力的增加而增加的。

表 14-40 梁峁阴坡中有无邻体时猪毛蒿及其测试植物的生长特征

邻体种名	测试植物		目标种						样本数
	地上生物量/(g/穴)		高度		地上生物量/(g/穴)		分枝		
	平均	标准差	平均	标准差	平均	标准差	平均	标准差	
无			106.83	26.13	260.22	105.17	3.38	2.73	13
阿尔泰狗娃	37.38	29.34	82.11	14.67	153.30	87.66	3.53	1.63	19
华隐子草	44.23	25.48	42.20	5.40	60.07	30.20	5.40	3.13	5
猪毛蒿	270.56	235.41	40.67	24.03	11.30	9.45	1.00		5

表 14-41 河阶地中有无邻体时猪毛蒿及其测试植物的生长特征

地点	测试种名	测试植物		目标种						样本数
		生物量/(g/穴)		高度		生物量/(g/穴)		分枝		
		平均	标准差	平均	标准差	平均	标准差	平均	标准差	
一级河阶地	无			86.14	29.82	237.81	242.34	1.71	0.95	7
	长芒草	18.67	11.05	83.86	22.53	158.40	133.89	1.14	0.38	7
二级河阶地	无			129.50	21.89	276.30	174.84	1.25	0.50	4
	猪毛蒿	164.68	73.73	103.83	22.68	93.10	73.61	1.67	1.21	6

表 14-42　不同测试植物的竞争对猪毛蒿地上生长特征影响的显著水平

地点	测试植物	高度		地上生物量		分枝	
		$p_{方关齐性}$	p_t	$p_{方关齐性}$	p_t	$p_{方关齐性}$	p_t
梁峁阴坡	阿尔泰狗娃花	0.0268	0.0066	0.4707	0.0061	0.0472	0.8610
	华隐子草	0.0079	0.0000	0.0275	0.0000	0.6392	0.1946
	猪毛蒿	0.9546	0.0002	0.0003	0.0000		
一级河阶地	长芒草	0.5126	0.8745	0.1745	0.4626	0.0422	0.1787
二级河阶地	猪毛蒿	0.9809	0.1136	0.0925	0.0482	0.1766	0.5353

注：$p_{方关齐性}$代表方差齐次性显著水平；p_t 代表均值 t 检验差异显著水平。

14.4.1.3　不同立地条件下竞争强度与目标种和邻体大小的关系

为了进一步了解不同立地条件下群落中目标种与邻体大小对竞争强度的影响，暂时不考虑目标种与邻体距离对竞争强度的影响，对竞争强度与目标种和邻体大小进行曲线估计，发现无论在梁峁阴坡地还是河阶地，竞争强度与目标种大小为幂函数关系，与邻体大小为线形关系。幂函数关系式为 $CI=AX^B$；考虑到目标种单独生长的时候，竞争效应不存在，线形关系式应为 $CI=BX$，两式中 CI 为竞争强度指数；X 为邻体大小，拟合中使用地上生物量；A，B 为模型参数。线形关系式中参数 B 的生态学意义可以解释为移栽试验中的单位生物量竞争效应，即邻体地上生物量每增加一个单位，对猪毛蒿竞争强度的增加量；而幂函数关系式中 B 通过对数转换为线形后，可解释为邻体地上生物量一定的情况下，目标种猪毛蒿地上生物量每增加一个单位，邻体竞争强度的减少量。

从模型模拟结果可以看出（表 14-43，表 14-44），种内、种间竞争强度随邻体地上生物量的增加而增加。在立地条件较好的河阶地刺儿菜与黄蒿 B 参数较大，而在立地条件较差的梁峁阴坡地，黄蒿与猪毛蒿的 B 参数较大，说明刺儿菜与黄蒿在河阶地、猪毛蒿与黄蒿在梁峁阴坡地对猪毛蒿的单位地上生物量竞争效应较大。考虑到距离的影响，河阶地 4 种植物与梁峁阴坡地 6 种植物对猪毛蒿的竞争能力排序与表 14-42 和表 14-43结果基本吻合。从整个群落来看，梁峁阴坡地邻体每增加一个单位对猪毛蒿的竞争较河阶地大，说明猪毛蒿种内、种间竞争较河阶地激烈。竞争强度与目标种地上生物量的幂函数关系式中，河阶地 B 参数负值较大，说明河阶地猪毛蒿目标种地上生物量越大，被竞争压抑的可能性越小，这可能是河阶地中猪毛蒿大小变异度较大的原因之一。

表 14-43　竞争强度与邻体地上生物量模型参数

地点	邻体	B	R	N	P	与目标种平均距离/cm
河阶地	整个群落	3.881×10^{-4}	0.720	157	<0.01	27.84
	刺儿菜	1.480×10^{-3}	0.888	11	<0.01	8.23
	黄蒿	1.080×10^{-3}	0.983	14	<0.01	16.79
	沙蓬	4.830×10^{-4}	0.952	7	<0.01	21.50
	猪毛蒿	3.484×10^{-4}	0.762	95	<0.01	36.27
梁峁阴坡	整个群落	1.860×10^{-3}	0.1530	111	<0.01	23.32
	刺儿菜	4.822×10^{-4}	−0.4760	5	<0.01	28.90
	沙蓬	2.901×10^{-4}	0.9790	4	<0.05	30.50
	猪毛菜	5.654×10^{-4}	−0.0756	7	<0.01	28.50
	猪毛蒿	1.960×10^{-3}	0.0615	63	<0.01	20.35
	黄蒿	2.780×10^{-3}	0.7830	7	<0.05	17.43
	叉枝鸦葱	1.547×10^{4}	0.9450	13	<0.01	30.50

表 14-44 竞争强度与目标种地上生物量模型参数

地点	A	B	R	N	P
梁峁阴坡	15.24905	−1.27806	0.9983	10	<0.01
河阶地	180.1914	−1.4735	0.9692	11	<0.01

14.4.1.4 讨论与结论

一年撂荒地和三年撂荒地中猪毛蒿的生长都趋于小型化，也有少数大个体，但多数为小个体。一年撂荒中猪毛蒿大小高度变异程度相对较大，梁峁阴坡较小，这是由于一年撂荒地立地条件较好，密度较大，存在光资源竞争。猪毛蒿地上部分存在非线形异速生长，竞争对猪毛蒿地上部分存在塑造作用。

猪毛蒿的竞争主要来自于种内竞争，邻体对猪毛蒿的竞争与其相对多度关系密切。邻体对目标种猪毛蒿的竞争随距离的增大，呈现先增加后减小的趋势。在梁峁阴坡地竞争主要发生在 0～20cm，而在河阶地竞争发生距离较远，这可能与土壤资源的可移动性和竞争种类有关。在梁峁阴坡地，主要是对水肥资源的竞争，但由于土壤水分含量较低，移动性差，竞争只发生在近距离；而在河阶地，同时存在着对水肥和光资源的竞争，对光资源的竞争发生在近距离，但较高的土壤水分使得水肥资源容易移动，因此竞争发生的距离较远。梁峁阴坡地由于资源可利用水平低，竞争比较激烈。移栽试验中，猪毛蒿在有竞争条件下基部分枝数较无竞争条件下多，其机理尚待研究。

无论是调查还是移栽试验都说明演替后期物种单位地上生物量对猪毛蒿的竞争较强，这符合实际情况。Keddy 等测定了 18 种湿地草本植物对一种目标植物的种间竞争效应，表明种间竞争的不对称性与土壤肥力水平有关，从低肥到中等和高肥力水平，不对称程度分别增加 1.31 倍和 1.45 倍。本书研究也表明竞争的不对称性是随着环境生产力的增加而增加的，不同的是这种不对称性是由个体大小不同而引起的资源消耗量的不对称性造成的。

14.4.2 撂荒演替不同阶段地上生物量空间格局

从各植物空间自相关分析结果来看（图 14-22），在演替前期猪毛蒿群落中，猪毛蒿、长芒草、达乌里胡枝子、铁杆蒿、山苦荬、老鹳草、飞蓬和刺儿菜等的地上生物量在不同尺度上都具有或正或负的空间自相关性，其他植物如狗尾草、阿尔泰狗娃花、二裂委陵菜和二色棘豆不具有空间自相关性。猪毛蒿在 0～37.75cm、37.75～75.50cm 和 75.50～113.26cm 尺度上为极显著正相关（$p<1\times10^{-5}$、2×10^{-5} 和 3.1×10^{-4}），在 226.51～264.26cm 和 264.26～302.02cm 尺度上为显著负相关（$p<3\times10^{-5}$ 和 1.1×10^{-4}）。长芒草在 0～40.55cm、40.55～81.10cm 尺度上为显著正相关（$p<0.013$、5×10^{-5}），在 405.51～446.06cm、446.06～486.61cm 尺度上为显著负相关（$p<0.0050$、0.011）。达乌里胡枝子在 0～41.40cm、41.40～82.79cm 和 82.79～124.19cm 尺度上为显著正相关（$p<1\times10^{-6}$、1×10^{-9} 和 2.4×10^{-4}），在 289.77～331.16cm、331.16～372.56cm 和 372.56～413.96cm 尺度上为显著负相关（$p<3.4\times10^{-3}$、0.017 和 1×10^{-5}）。铁杆蒿在 185.76～247.68cm 尺度上为显著正相关（$p<0.040$）。山苦荬在

37.90～75.80cm 和 303.21～341.11cm 尺度上为显著正相关（$p<3\times10^{-5}$、0.011），在 151.60～189.50cm、227.41～265.31cm 和 416.91～454.81cm 尺度上为显著负相关（$p<0.0036$、0.011 和 0.016）。老鹳草在 0～49.93cm 尺度上为显著正相关（$p<0.046$）。飞蓬在 0～45.04cm 尺度上为显著正相关（$p<0.044$），在 137.23～182.98cm 和 320.21～365.96cm 上为显著负相关。在演替中期铁杆蒿群落中，长芒草、铁杆蒿、茭蒿和达乌里胡枝子在不同尺度上存在着空间自相关，其他植物如猪毛蒿、阿尔泰狗娃花、白草、刺儿菜、二裂委陵菜、二色棘豆和山苦荬没有空间自相关性。其中，铁杆蒿在 257.06～308.47cm 尺度上存在显著负相关（$p<0.013$）。长芒草在 81.37～122.05cm 尺度上存在显著正相关（$p<0.042$），在 284.78～325.47cm 尺度上存在显著负相关（$p<0.033$）。达乌里胡枝子在 0～37.71cm、37.71～75.42cm 和 339.39～377.10cm 上为显著正相关（$p<0.0062$、2×10^{-6} 和 0.031），在 188.55～226.26cm、226.26～263.97cm 和 263.97～30168cm 尺度上为显著负相关（$p<0.042$、2×10^{-5} 和 0.024）。茭蒿在 76.15～152.30cm 尺度上为显著负相关（$p<0.0069$）。

由以上结果可以看出，多数植物地上生物量在小距离尺度上呈显著的空间正相关，呈空间负相关的植物其相关性也都较差，未达到显著水平，说明植物地上生物量在小尺度上容易形成斑块。在演替前期群落中，猪毛蒿的斑块大小为 113.26cm，长芒草为 81.10cm，达乌里胡枝子为 124.19cm，老鹳草为 49.93cm，飞蓬为 45.04cm。在演替中期铁杆蒿群落中，达乌里胡枝子的斑块大小为 75.42cm。猪毛蒿地上生物量在演替前期

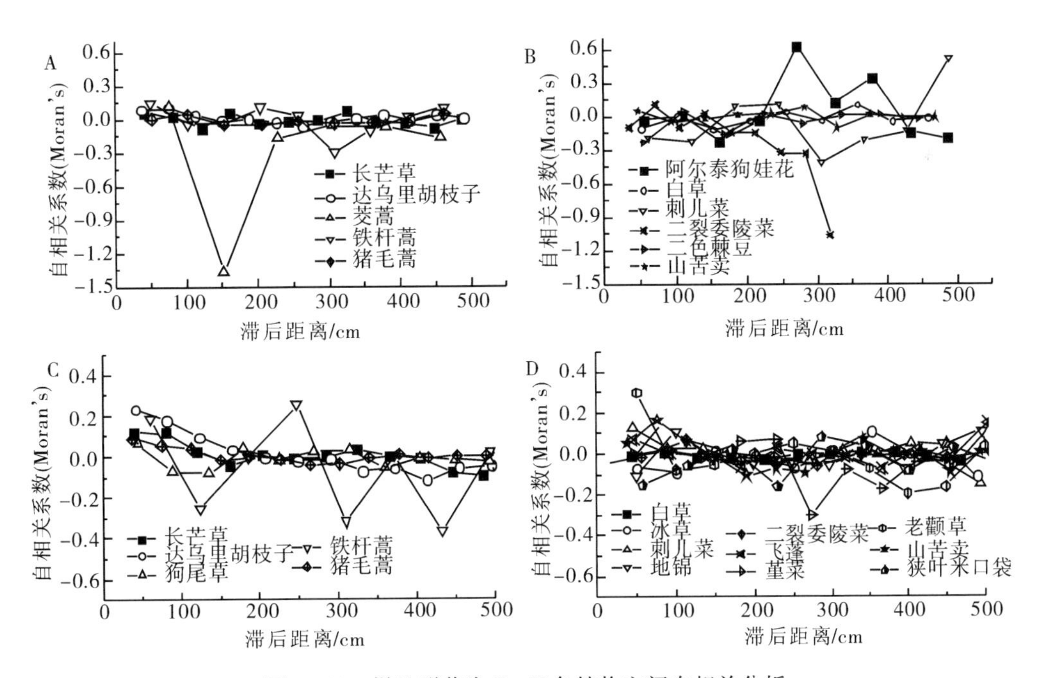

图 14-22　样地群落为 D、F 各植物空间自相关分析

A、B 分别表示群落 D 中演替各阶段主要植物地上生物量空间自相关和次要植物地上生物量空间自相关；C、D 分别表示群落 F 中演替各阶段主要植物空间自相关和次要植物空间自相关
图中红色代表地上生物量空间自相关为为显著

具有空间自相关性，而在演替中期则不存在，但是长芒草、铁杆蒿、茭蒿、达乌里胡枝子则在演替前期和中期都有空间自相关性。另外，演替前期猪毛蒿群落中一些次要植物也具有空间自相关性，因此推测植物地上生物量是否具有空间自相关性可能与其在群落中的地位有关，演替前期群落中具有空间自相关性的植物，如猪毛蒿、长芒草、达乌里胡枝子、铁杆蒿、山苦荬、老鹳草、飞蓬和刺儿菜的地上生物量分别占群落地上生物量的23.09%、22.05%、15.14%、0.87%、3.18%、2.95%、4.41%和4.10%，演替中期群落中具有空间自相关性的长芒草、铁杆蒿、茭蒿和达乌里胡枝子地上生物量分别占（群落地上生物量）16.44%、4.96%、0.65%和36.35%。同时，也注意到狗尾草演替前期群落中的地上生物量占到7.45%，比铁杆蒿、山苦荬、老鹳草、飞蓬和刺儿菜的地上生物量要高，但不具有空间自相关性。综合来看，斑块的形成原因：一是由于微生态环境的差异；二是由于植物本身的生态学特性（如种子散布方式、种群增殖方式等）的作用以及其在群落中的地位所致。斑块形成后可有效对抗来自其他种的种间竞争压力，扩大种群在群落中的地位，维持自身生存与繁衍。总之，撂荒演替各阶段主要植物地上生物量都存在不同程度的空间自相关性，演替前期次要植物也容易形成斑块。

14.4.3 长芒草的种内、种间竞争

14.4.3.1 长芒草的生长特征

在猪毛蒿群落中单株猪毛蒿生物量和株高的最大值分别为18.26g和38.0cm，最小值分别为0.10g和6.0cm，平均值分别为4.98g和17.1cm；铁杆蒿群落中单株长芒草生物量和株高的最大值分别为8.84g和26.0cm，最小值分别为0.10g和4.0cm，平均值分别为1.67g和12.0cm。可见，在猪毛蒿群落中，长芒草在铁杆蒿群落中长势较好，即以株高和地上生物量为指标的适合度（fitness）来看，演替前期群落更适合于长芒草生长。根据长芒草高度和生物量的频次分布图（图14-23）来看，猪毛蒿和铁杆蒿群落中长芒草的地上生物量趋于小型化，而地上高度则接近于正态分布。高度和生物量的频次分布明显不同，以株高作为理论频数，对地上生物量的观察频数进行卡方检验，表明株高和生物量的频次分布不相符合（卡方检验显著水平远小于0.05），说明长芒草的生长存在异速生长，也就是说无论在猪毛蒿群落还是铁杆蒿群落中，长芒草地上部分的生长形态都受到种内或种间较强竞争的塑造作用。株高与生物量经非线形异速生长方程拟合，结果显著，高度与生物量表现为曲线关系（图14-24），进一步说明猪毛蒿和铁杆蒿群落中长芒草可能受到较强竞争的影响。在猪毛蒿群落中，长芒草的种繁殖新苗也较多，而在铁杆蒿群落中，长芒草的种繁殖新苗则较少。即使如此，长芒草在铁杆蒿群落中的小个体比猪毛蒿群落中更多。一般来说，在生活史初期种群个体的大小为正态分布，但是很快随着植株的生长和对资源需求的增加，竞争日趋激烈，会变成拥有很多小个体和较少大个体的“L”形分布。随着竞争的进一步加深，当竞争影响到小个体的存活时，随着小个体的死亡，种群大小分布又会趋于对称。但是为什么以高度为大小指标的分布是趋于对称的，而以生物量为大小指标的分布则接近于“L”形分布？这可能与种的生殖策略有关，个体生物量再小也要形成生殖枝，并进行繁殖以利种群的扩殖。

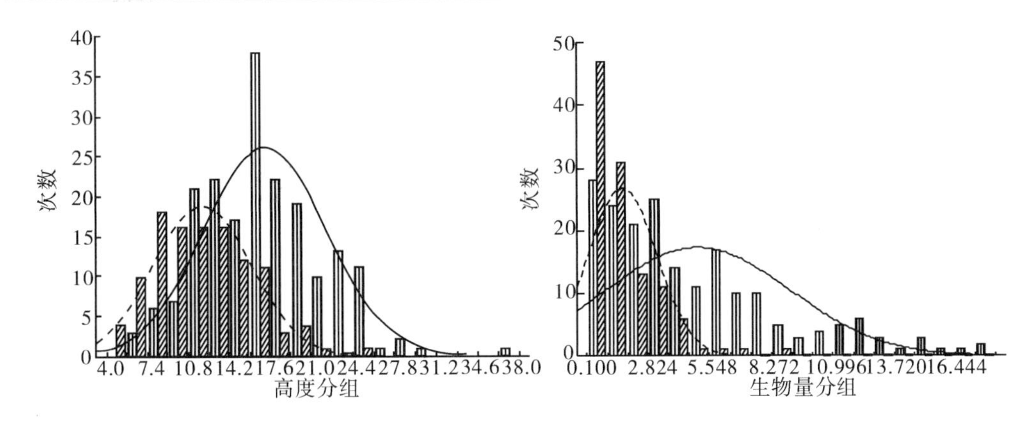

图 14-23　长芒草高度和地上生物量频次分布图

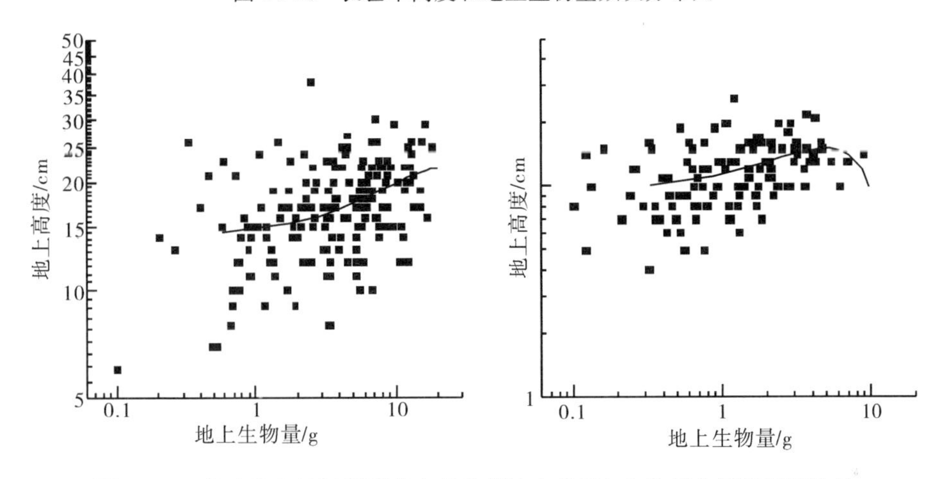

图 14-24　猪毛蒿和铁杆蒿群落中长芒草地上高度与生物量非线形异速生长

14.4.3.2　长芒草的种内、种间竞争

根据 Hegyi 邻体竞争方程计算不同植物对长芒草的竞争指数，如表 14-45。无论是在猪毛蒿群落还是在铁杆蒿群落中，长芒草平均种内、种间竞争强度随着与目标种距离的增大，呈现先增加后减小的趋势。在猪毛蒿群落中，与目标种距离从 0～10cm 到 11～20cm 竞争强度逐渐增加；与目标种距离 21～30cm 时，竞争强度开始减小；最大竞争强度发生在与目标种距离 11～20cm 时，竞争指数为 0.72。在铁杆蒿群落中，与目标种距离从 0～10cm 到 31～40cm，竞争强度总的趋势是在增加；最大竞争强度发生在与目标种距离 31～40cm 时，平均每株长芒草的邻体竞争指数为 1.47。可见，在铁杆蒿群落中，长芒草的种内、种间竞争发生距离较远，而在猪毛蒿群落中长芒草种内、种间竞争主要发生在近距离（表 14-45）。另外，与目标种

表 14-45　长芒草单株种内、种间竞争强度与邻体距离的关系

距离/cm	猪毛蒿群落	铁杆蒿群落
0～10	0.52	0.59
11～20	0.72	0.92
21～30	0.67	0.68
31～40	0.65	1.47
41～50	0.66	0.44

距离 0～40cm 时，猪毛蒿群落中每株猪毛蒿所受到的竞争强度要小于其在铁杆蒿群落中受到的竞争强度。

由表 14-46 和表 14-47 可以看出，在猪毛蒿和铁杆蒿群落中种间竞争分别占总竞争强度的 82.36％和 79.00％。在猪毛蒿群落中，长芒草的竞争主要来自于优势种猪毛蒿、达乌里胡枝子及长芒草的种内竞争，分别占总竞争强度的 24.54％、19.90％和 17.63％。在铁杆蒿群落中，长芒草的竞争主要来自于优势种铁杆蒿、长芒草的种内竞争和达乌里胡枝子，分别占总竞争强度的 36.75％、21.00％和 17.86％。在猪毛蒿群落中，以每株对长芒草的平均竞争强度来看，以达乌里胡枝子最大，其次为二色棘豆、长芒草等，茵陈蒿最小；单位地上生物量竞争指数则为白羊草最大，其次是二色棘豆、达乌里胡枝子等，最小为猪毛蒿。在铁杆蒿群落中，各种植物对长芒草的单株平均竞争强度以香青兰最大，其次为铁杆蒿、白羊草和米口袋，最小为狭叶米口袋；单位地上生物量竞争指数以黄芩最大，其次为茭蒿、铁杆蒿、冰草等，最小为二裂委陵菜和委陵菜。

表 14-46 猪毛蒿群落中不同邻体植物对长芒草的种内、种间竞争强度

邻体植物	总竞争强度	标准差	密度/(株/m^2)	地上生物量/(g/m^2)	单株平均竞争强度	单位地上生物量竞争强度
白草	4.05	0.03	7.80	6.45	0.09	0.019
白羊草	0.39	0.11	0.04	0.04	0.39	0.100
冰草	4.05	0.07	2.32	1.96	0.12	0.027
长芒草	37.23	0.19	7.76	38.62	0.59	0.021
刺儿菜	8.55	0.08	5.04	7.18	0.17	0.020
达乌里胡枝子	42.02	0.30	7.04	26.51	0.72	0.028
地锦	6.10	0.11	2.16	4.80	0.25	0.016
二裂委陵菜	2.58	0.02	2.56	3.09	0.08	0.013
翻白委陵菜	5.59	0.14	0.88	6.48	0.47	0.013
飞蓬	8.84	0.09	6.80	7.72	0.20	0.025
甘草	1.23	0.08	0.24	1.74	0.41	0.011
狗尾草	16.23	0.35	2.84	13.04	0.49	0.026
灌木铁线莲	0.44	0.05	0.08	0.11	0.22	0.021
华隐子草	2.08	0.12	0.40	1.25	0.52	0.019
二色棘豆	1.22	0.16	0.36	0.67	0.61	0.035
堇菜	1.01	0.05	1.08	0.66	0.07	0.022
老鹳草	9.40	0.22	1.60	5.17	0.49	0.021
蒲公英	0.10	0.03	0.12	0.07	0.10	0.024
山苦荬	6.11	0.07	5.52	5.57	0.22	0.025
铁杆蒿	1.32	0.04	0.84	1.52	0.15	0.015
狭叶米口袋	0.62	0.01	1.8	0.86	0.05	0.017
茵陈蒿	0.02	0.01	0.04	0.02	0.02	0.005
猪毛蒿	51.82	0.14	18.44	40.43	0.35	0.019

表 14-47　铁杆蒿群落中不同邻体植物对长芒草的种内种间竞争强度

邻体植物	总竞争强度	标准差	密度/(株/m^2)	地上生物量/(g/m^2)	单株平均竞争强度	单位地上生物量竞争强度
白草	1.37	0.07	0.72	1.00	0.12	0.046
白羊草	6.61	1.07	1.40	16.84	2.20	0.028
冰草	3.98	0.22	0.40	0.75	0.66	0.134
长芒草	34.23	0.17	0.64	7.48	0.86	0.066
刺儿菜	0.92	0.03	4.48	1.01	0.10	0.031
达乌里胡枝子	29.13	0.10	0.60	11.01	0.27	0.084
二裂委陵菜	0.76	0.01	11.72	0.45	0.08	0.023
华隐子草	2.87	0.10	0.92	0.93	0.57	0.062
黄苓	0.51		0.12	0.16	0.51	0.766
二色棘豆	1.13	0.41	0.64	1.26	0.09	0.115
茭蒿	0.12		0.16	11.26	0.12	0.189
狼牙刺	1.55	0.09	1.16	0.71	0.78	0.047
米口袋	1.15	0.18	0.36	0.14	1.15	0.046
蒲公英	3.14	0.11	0.12	0.26	1.05	0.069
山苦荬	4.94	0.04	0.04	2.65	0.24	0.054
铁杆蒿	59.92	11.76	0.16	30.63	5.45	0.186
委陵菜	0.23	0.01	3.00	0.19	0.23	0.025
无芒隐子草	1.47	0.08	1.40	0.11	0.49	0.063
细叶远志	0.10	0.03	0.04	0.63	0.10	0.122
狭叶米口袋	0.15	0.01	0.12	0.07	0.03	0.055
香青兰	6.80	0.76	0.60	0.15	6.80	0.109
猪毛蒿	1.96	0.08	0.44	2.54	0.12	0.036

14.4.3.3　长芒草种内、种间竞争中的天花板分布现象

天花板分布（factor-ceiling distribution），或称信封效应（envelope effects），是指在多个自变量对因变量都存在限制性作用的条件下，其中一个自变量由于其他自变量的限制性作用，使得该自变量与因变量的描述性关系总是处在理想条件下的上边界或下边界，或处在两侧的现象（Kaiser，1994；Thomson，1989）。植物个体生长与种间竞争强度即是一个典型的天花板分布曲线，植物个体的生长除受邻体竞争的影响外，还受到非生物环境的限制性影响。对于植物竞争中的天花板分布现象，传统的回归分析无法进行有效分析，多数情况下目标种与邻体间没有关系，至少关系不显著，如 Waller（1981）发现在 4 种堇菜属的 11 个自然种群中仅有两个种群中的植物个体大小与邻株大小呈负相关，然而这并不意味着邻株间彼此没有影响。在理想条件下，即单位面积内植物可利用资源对植物生物量的形成不构成限制时，目标种与邻体地上生物量间的关系应该是一条曲线。对于单种群的种内竞争，在一定距离内多数情况下这条曲线可用公式（以下简称竞争关系式）来描述。

$$S=S_M\ (1+cn)^{-1}$$

其中，S_M 为无邻体竞争时目标种的高度、生物量或繁殖率。S_M 即为 0～10cm 无邻体时目标种长芒草的地上生物量；c 是邻体竞争常数，c 越大邻体对目标种的竞争干扰越大；n 为邻体生物量。猪毛蒿和铁杆蒿群落中目标种长芒草与 0～10cm 邻体地上生物量的拟合曲线见图 14-25。作为自变量的长芒草和邻体地上生物量都不呈正态分布，因此选择卡方检验。目标种长芒草与 0～10cm、0～20cm、0～30cm、0～40cm 和 0～50cm 邻体地上生物量拟合显著，卡方值分别为 27.4526、14.0336、13.2990、13.7045 和 12.4867，其中 c 在猪毛蒿和铁杆蒿中分别为 0.9972、0.0931、0.0928、0.0503、0.0128 和 5.6837、0.9545、0.3232、0.1330、0.0860。比较来看，同一邻体距离内 c 值在猪毛蒿群落中较在铁杆蒿群落中大，可见在猪毛蒿群落中邻体对长芒草的竞争干扰较小，而在铁杆蒿群落中长芒草受到的竞争干扰较大。同一群落中，随着邻体与目标种距离的增大，c 值越来越小，说明邻体离目标种越远对目标种长芒草的竞争越小。

由于自然群落中目标种的生长、繁殖同时还受到非生物环境空间异质性、源汇现象、种对间竞争不对称性、出苗先后顺序及目标种与邻体距离等的影响，而这些数据非同质的因素又较难测定，因而情况较为复杂，相关分析在生态理论上的应用是一个久拖未决的问题。

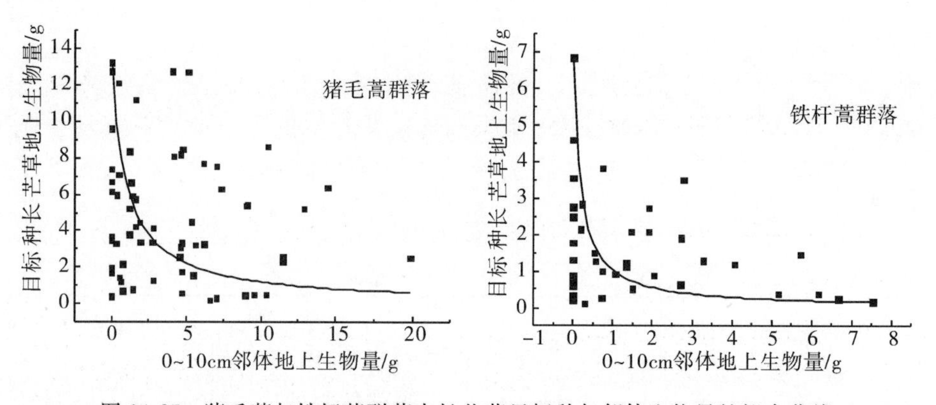

图 14-25 猪毛蒿与铁杆蒿群落中长芒草目标种与邻体生物量的拟合曲线

14.4.4 铁杆蒿的种内、种间竞争

14.4.4.1 铁杆蒿的生长特征

在猪毛蒿群落中铁杆蒿单株生物量和株高的最大值分别为 4.71g 和 19cm，最小值分别为 0.13g 和 2cm，平均值分别为 1.81g 和 9.02cm（表 14-48）。在铁杆蒿群落中，铁杆蒿作为优势种，其生物量和株高的最大值分别为 178.43g 和 54cm，最小值分别为 0.25g 和 3cm，平均值分别为 22.51g 和 19.3cm。可见，铁杆蒿在猪毛蒿群落中生长较差，而在其优势群落中生长较好，这与撂荒初期铁杆蒿个体为种子繁殖有关，还与猪毛蒿优势种、长芒草次优势种的竞争优势还未表现出来有关。因为多年生植物相比于一、二年生植物，其竞争优势还表现为返青较早，并且枯黄时间较晚，根据出苗优先（prority of emergence）原则，其光能利用时间和生物量累积形成时间较长，在一定程度上

决定了宿根性多年生植物的光能利用比较具有竞争优势。出苗或返青时间的早晚决定了植物个体的大小，而植物个体大小进一步决定了个体的存活和生长。另外，出苗或返青早的植物还具有光资源竞争优势，对附近出苗晚的植株可形成压倒性的优势，还对附近杂类草的种子具有抑制萌发的能力，这是因为多数杂类草种子萌发对光照较为敏感，即表现为种子在地表强光的情况和在植物遮阴条件时透过的远红光下都不萌发。根据对几种主要演替序列种物候谱的观察，陕北黄土丘陵地区猪毛蒿的出苗时间为 6 月中旬至下旬，长芒草、铁杆蒿、达乌里胡枝子的返青时间分别为 3 月下旬到 4 月上旬、3 月下旬到 4 月上旬、4 月中旬到下旬，枯黄时间则为：猪毛蒿，9 月中下旬；长芒草，9 月上、中旬；铁杆蒿，10 月中下旬；达乌里胡枝子，10 月中下旬。对于演替前期群落来说，这种光能利用比较竞争优势尚未体现出来。因此，在演替前期群落中，演替后期序列种的个体大小一般较后期群落中小，特别是对于兼具营养繁殖的多年生植物来说，母株只有在生长到一定大小时才进行无性繁殖，因此在前期群落中，后期多年生无性繁殖种群规模也不大。图 14-26 为铁杆蒿在猪毛蒿和铁杆蒿中的非线形异速生长拟合图，拟合结果显著，说明在猪毛蒿和铁杆蒿群落中，铁杆蒿同样受到了较强竞争的影响。

表 14-48　铁杆蒿单株平均受到的种内、种间竞争强度与邻体距离的关系

距离/cm	竞争强度	
	猪毛蒿群落	铁杆蒿群落
0～10	1.67	0.30
11～20	1.75	0.40
21～30	2.32	0.12
31～40	1.62	0.87
41～50	2.06	0.20

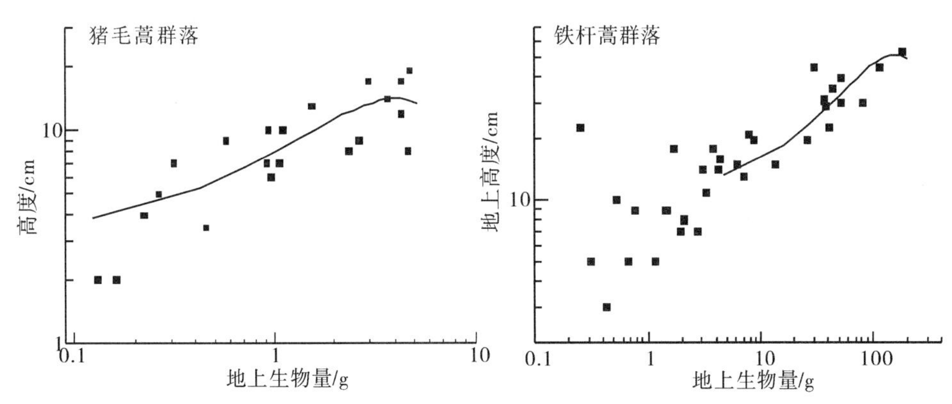

图 14-26　猪毛蒿和铁杆群落中铁杆蒿的非线形异速生长

14.4.4.2　铁杆蒿的种内、种间竞争

在猪毛蒿群落和铁杆蒿群落中，铁杆蒿单株平均受到的种内、种间竞争强度随着与目标种距离的增大，呈现先增加后减小的趋势。在猪毛蒿群落中，与目标种距离从 0～

10cm 到 21～30cm 竞争强度逐渐增加；与目标种距离 21～30cm 时，竞争强度开始减小；最大竞争强度发生在与目标种距离 21～30cm 时，竞争指数为 2.32。在铁杆蒿群落中，与目标种距离从 0～10cm 到 31～40cm 竞争强度总的趋势是在增加；最大竞争强度发生在与目标种距离 31～40cm 时，平均每株长芒草的邻体竞争指数为 0.87。可见，在铁杆蒿群落中，铁杆蒿受到的种内、种间竞争发生距离较远，而在猪毛蒿群落中种内、种间竞争主要发生在近距离。另外，与目标种距离 0～50cm 时，猪毛蒿群落中铁杆蒿所受到的竞争强度要大于其在铁杆蒿群落中所受到的竞争。

从表 14-49 和表 14-50 可以看出，在猪毛蒿和铁杆蒿群落中，铁杆蒿的竞争主要来自于种间竞争，分别占铁杆蒿总竞争强度的 99.49%和 99.09%。在猪毛蒿群落中，铁杆蒿的竞争主要来自于长芒草、达乌里胡枝子及优势种猪毛蒿的种间竞争，分别占总竞争强度的 26.64%、25.45%和 20.51%。在铁杆蒿群落中，铁杆蒿的竞争主要来自于白羊草、达乌里胡枝子和猪毛蒿的种间竞争，分别占总竞争强度的 54.88%、14.74%和 7.18%。在猪毛蒿群落中，以每株对铁杆蒿的平均竞争强度来看，以达乌里胡枝子最大，其次为白羊草、长芒草等，一年生植物画眉最小；单位地上生物量竞争指数则为白羊草最大，其次是华隐子草、达乌里胡枝子和地锦等，最小为二色棘豆和二裂委陵菜等。在铁杆蒿群落中，各种植物对铁杆蒿的单株平均竞争强度以白羊草最大，其次为委陵菜、茭蒿和阿尔泰狗娃花，最小为二裂委陵菜；单位地上生物量竞争指数则以蒲公英最大，其次为委陵菜、二色棘豆、无芒隐子草和白羊草等，二裂委陵菜最小。

表 14-49　猪毛蒿群落中不同邻体植物对铁杆蒿的种内、种间竞争强度

邻体植物	总竞争强度	标准差	密度 /(株/m^2)	地上生物量 /(g/m^2)	单株平均竞争强度	单位地上生物量竞争强度
白草	0.86	0.03	7.80	6.45	0.023	0.036
白羊草	0.38		0.04	0.04	0.380	0.392
冰草	1.44	0.10	2.32	1.96	0.066	0.065
长芒草	22.58	0.45	7.76	38.62	0.323	0.066
刺儿菜	1.93	0.09	5.04	7.18	0.046	0.049
达乌里胡枝子	21.57	1.03	7.04	26.51	0.392	0.107
地锦	4.62	0.61	2.16	4.80	0.193	0.085
二裂委陵菜	1.26	0.06	2.56	3.09	0.038	0.033
翻白委陵菜	2.47	0.20	0.88	6.48	0.225	0.060
飞蓬	2.90	0.09	6.80	7.72	0.057	0.048
甘草	0.58	0.05	0.24	1.74	0.116	0.054
狗尾草	0.99	0.06	2.84	13.04	0.071	0.045
灌木铁线莲	0.23	0.03	0.08	0.11	0.058	0.044
华隐子草	0.49	0.09	0.40	1.25	0.247	0.115
画眉	0.03	0.01	0.40	0.17	0.009	0.035
二色棘豆	0.03		0.36	0.67	0.030	0.032
堇菜	0.11	0.01	1.08	0.66	0.014	0.029
老鹳草	2.23	0.14	1.60	5.17	0.139	0.049
山苦荬	1.80	0.09	5.52	5.57	0.049	0.062
铁杆蒿	0.43	0.08	0.84	1.52	0.062	0.058
狭叶米口袋	0.45	0.05	0.04	0.02	0.034	0.074
猪毛蒿	17.38	0.21	18.44	40.43	0.125	0.051

表 14-50　铁杆蒿群落中不同邻体植物对铁杆蒿的种内、种间竞争强度

邻体植物	总竞争强度	标准差	密度/(株/m²)	地上生物量/(g/m²)	单株平均竞争强度	单位地上生物量竞争强度
阿尔泰狗娃花	1.11	0.29	0.72	1.63	0.223	0.055
白草	0.48	0.12	1.40	1.00	0.060	0.049
白羊草	19.86	5.71	0.40	16.84	3.971	0.077
冰草	0.03	0.01	0.64	0.75	0.006	0.011
长芒草	2.31	0.27	4.48	7.48	0.154	0.058
刺儿菜	0.67	0.13	0.60	1.01	0.083	0.030
达乌里胡枝子	4.61	0.29	11.72	11.01	0.053	0.053
二裂委陵菜	0.00		0.92	0.45	0.222×10^{-3}	0.000
狗尾草	0.00		0.12	0.01	0.001	0.024
华隐子草	0.07	0.02	0.64	0.93	0.017	0.017
黄芩	0.00		0.16	0.16	0.004	0.003
二色棘豆	1.27	0.13	1.16	1.26	0.084	0.085
茭蒿	0.59	0.41	0.36	11.26	0.295	0.007
蒲公英	0.09		0.16	0.26	0.094	0.129
山苦荬	1.50	0.13	3.00	2.65	0.058	0.076
铁杆蒿	0.33	0.09	1.40	30.63	0.066	0.007
委陵菜	0.47		0.04	0.19	0.467	0.100
无芒隐子草	0.11		0.12	0.11	0.110	0.083
细叶远志	0.00		0.60	0.63	0.470×10^{-3}	0.001
狭叶米口袋	0.07	0.01	0.44	0.07	0.008	0.055
猪毛蒿	2.60	0.37	2.08	2.54	0.124	0.071
紫花地丁	0.02	0.00	0.16	0.06	0.005	0.031

14.4.4.3　铁杆蒿竞争的天花板分布现象

图 14-27 为猪毛蒿与铁杆蒿群落中铁杆蒿地上生物量与邻体生物量的关系。经卡方检验，在猪毛蒿群落中，铁杆蒿地上生物量与 0～10cm 和 0～20cm 邻体地上生物量符合竞争关系式（卡方值分别为 4.2548 和 2.4664，小于 0.05 显著水平相应的卡方临界值 16.9190），其他距离范围内邻体地上生物量与铁杆蒿地上生物量拟合不显著，而铁杆蒿群落中所有距离范围内邻体地上生物量与铁杆蒿地上生物量都不符合竞争关系式。说明在猪毛蒿群落中，铁杆蒿生物量与 0～20cm 邻体地上生物量关系密切，并且 0～10cm 的 c 值（数值）大于 0～20cm 的 c 值（为 0.0945），说明竞争主要发生在近距离。

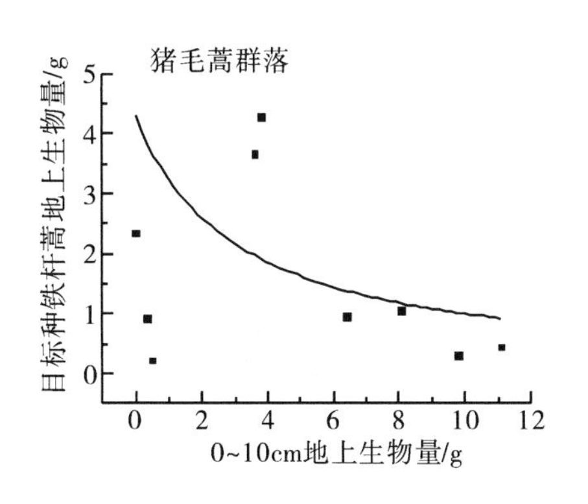

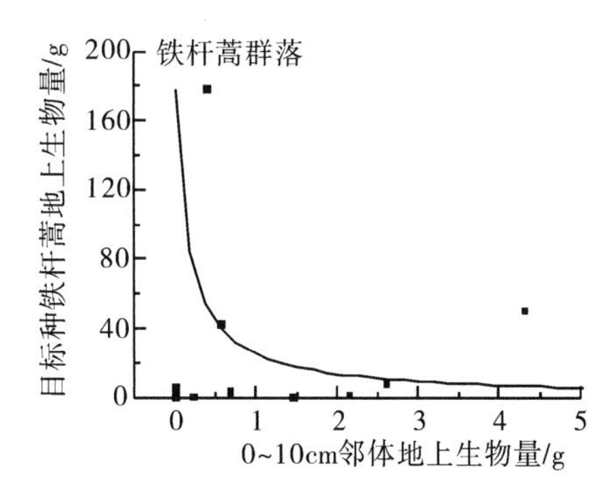

图 14-27　猪毛蒿与铁杆蒿群落中目标种铁杆蒿地上生物量与邻体生物量关系

14.4.5 达乌里胡枝子的种内、种间竞争

14.4.5.1 达乌里胡枝子的生长特征

在猪毛蒿群落中达乌里胡枝子株高和地上生物量的最大值分别为59cm和19.37g，最小值分别为4cm和0.15g，平均值分别为21.4cm和3.77g（表14-51）。在铁杆蒿群落中达乌里胡枝子株高和地上生物量的最大值分别为42.0cm和5.78g，最小值分别为3cm和0.07g，平均值分别为15.9cm和0.94g。从频次分布来看（图14-28，图14-29），达乌里胡枝子在猪毛蒿群落和铁杆蒿群落中株高分布接近于正态分布，而生物量则趋近于“L”形分布，达乌里胡枝子在铁杆蒿群落中的小个体更多。以株高为期望值，对生物量的观察值分布进行卡方检验，表明株高与生物量分布不同，卡方检验显著水平远小于0.05，同长芒草类似。这可能与达乌里胡枝子在较强竞争条件下的生殖策略有关，小个体在进行种子繁殖的时候必须具备生殖枝，而生殖枝必须达到一定高度才会出现花序，也观察到在铁杆蒿群落中，达乌里胡枝子的分枝数较少。

表14-51 达乌里胡枝子单株种内、种间竞争强度与邻体距离的关系

距离/cm	猪毛蒿群落	铁杆蒿群落
0～10	1.08	0.84
11～20	0.86	1.41
21～30	0.84	0.71
31～40	0.82	1.02
41～50	0.81	1.85

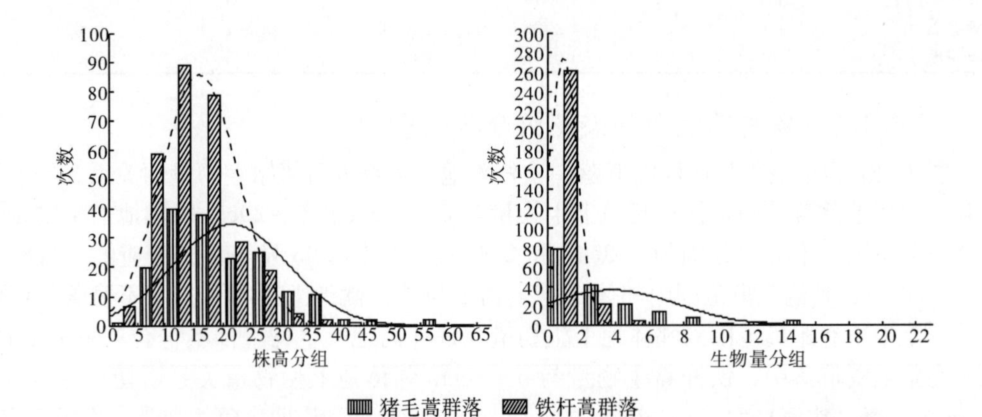

图14-28 猪毛蒿群落和铁杆蒿群落中达乌里胡枝子高度和地上生物量频次分布图

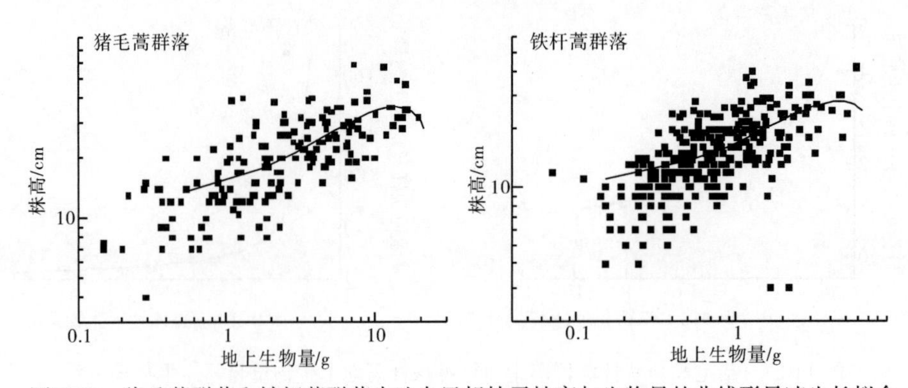

图14-29 猪毛蒿群落和铁杆蒿群落中达乌里胡枝子株高与生物量的非线形异速生长拟合

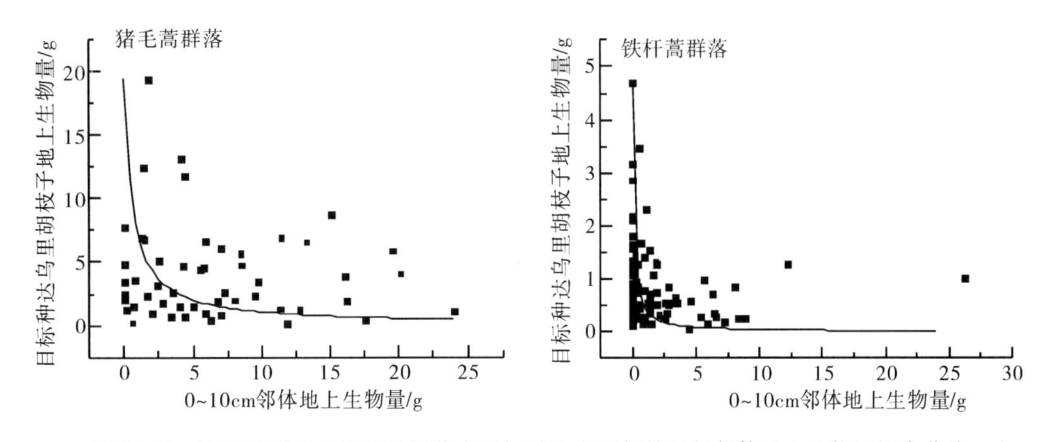

图 14-30　猪毛蒿群落与铁杆蒿群落中目标种达乌里胡枝子与邻体地上生物量拟合曲线

14.4.5.2　达乌里胡枝子种内竞争、种间竞争

在猪毛蒿群落中，达乌里胡枝子单株平均受到的种内、种间竞争强度随着与目标种距离的增加持续降低（表 14-52）。而在铁杆蒿群落中达乌里胡枝子单株平均受到的种内、种间竞争强度则为先增加后减少再增加（表 14-52）。在猪毛蒿群落中，达乌里胡枝子最大竞争强度发生在与目标种距离 0～10cm 处，竞争指数为 1.08。在铁杆蒿群落中，达乌里胡枝子最大竞争强度是在与目标种距离 41～50cm 处，平均每株长芒草的邻体竞争指数为 1.85。可见，在铁杆蒿群落中，达乌里胡枝子受到的种内、种间竞争发生距离较远，而在猪毛蒿群落中，达乌里胡枝子受到的种内、种间竞争主要发生在近距离。另外，与目标种距离 0～50cm 时，猪毛蒿群落中每株达乌里胡枝子所受到的竞争强度要小于其在铁杆蒿群落中受到的竞争强度。

表 14-52　猪毛蒿群落中不同邻体植物对达乌里胡枝子的种内、种间竞争强度

邻体植物	总竞争强度	标准差	密度/(株/m²)	地上生物量/(g/m²)	单株平均竞争强度	单位地上生物量竞争强度
白草	3.40	0.038	7.80	6.45	0.016	0.027
白羊草	0.09	0.013	0.04	0.04	0.018	0.013
冰草	6.21	0.084	2.32	1.96	0.033	0.040
长芒草	42.93	0.289	7.76	38.62	0.124	0.026
刺儿菜	11.89	0.296	5.04	7.18	0.044	0.033
达乌里胡枝子	50.75	0.545	7.04	26.51	0.132	0.034
地锦	4.03	0.068	2.16	4.80	0.034	0.018
二裂委陵菜	4.98	0.059	2.56	3.09	0.032	0.033
翻白委陵菜	4.87	0.138	0.88	6.48	0.081	0.017
飞蓬	7.35	0.089	6.80	7.72	0.037	0.043
小飞蓬	0.01	0.002	0.24	1.74	0.105	0.022
甘草	2.83	0.244	2.84	13.04	0.097	0.028
狗尾草	17.66	0.345	0.08	0.11	0.050	0.037
灌木铁线莲	0.55	0.071	0.40	1.25	0.152	0.047
华隐子草	2.12	0.305	0.40	0.17	0.012	0.036

续表

邻体植物	总竞争强度	标准差	密度/(株/m^2)	地上生物量/(g/m^2)	单株平均竞争强度	单位地上生物量竞争强度
画眉	0.02	0.015	0.36	0.67	0.057	0.033
二色棘豆	1.94	0.127	1.08	0.66	0.010	0.016
堇菜	0.37	0.021	1.60	5.17	0.072	0.031
老鹳草	5.67	0.251	0.12	0.07	0.010	0.018
蒲公英	0.08	0.008	5.52	5.57	0.048	0.044
山苦荬	8.16	0.107	0.84	1.52	0.055	0.053
铁杆蒿	2.68	0.169	1.80	0.86	0.018	0.041
狭叶米口袋	1.09	0.039	0.04	0.02	0.008	0.013
野西瓜苗	0.05	0.007	0.04	0.02	0.010	0.024
猪毛蒿	66.76	0.411	18.44	40.43	0.091	0.035

表 14-53 铁杆蒿群落中不同邻体植物对达乌里胡枝子的种内、种间竞争强度

邻体植物	总竞争强度	标准差	密度/(株/m^2)	地上生物量/(g/m^2)	单株平均竞争强度	单位地上生物量竞争强度
阿尔泰狗娃花	22.35	1.41	0.72	1.63	0.771	0.182
白草	14.04	0.47	1.40	1.00	0.130	0.174
白羊草	76.96	4.31	0.40	16.84	2.025	0.072
冰草	7.51	0.23	0.64	0.75	0.121	0.091
长芒草	88.69	0.24	4.48	7.48	0.156	0.097
刺儿菜	13.08	0.26	0.60	1.01	0.144	0.085
达乌里胡枝子	104.86	0.15	11.72	11.01	0.080	0.105
二裂委陵菜	3.65	0.04	0.92	0.45	0.038	0.072
狗尾草	0.04	0.00	0.12	0.01	0.004	0.122
华隐子草	6.61	0.14	0.64	0.93	0.110	0.083
黄芩	0.98	0.11	0.16	0.16	0.075	0.114
二色棘豆	14.74	0.29	1.16	1.26	0.124	0.097
茭蒿	23.68	2.64	0.36	11.26	1.480	0.044
狼牙刺	7.61	0.31	0.12	0.71	0.177	0.124
米口袋	0.47	0.11	0.04	0.14	0.156	0.044
蒲公英	7.00	0.14	0.16	0.26	0.163	0.095
山苦荬	23.22	0.26	3.00	2.65	0.084	0.128
铁杆蒿	170.99	4.73	1.40	30.63	1.676	0.066
委陵菜	2.45	0.24	0.04	0.19	0.306	0.065
无芒隐子草	3.83	0.10	0.12	0.11	0.091	0.096
细叶远志	0.24	0.02	0.60	0.63	0.024	0.066
狭叶米口袋	1.30	0.08	0.44	0.07	0.021	0.172
香青兰	11.43	0.84	0.04	0.15	0.672	0.200
猪毛蒿	23.68	0.24	0.12	0.09	0.125	0.117
紫花地丁	0.33	0.02	2.08	2.54	0.024	0.148

由表 14-52 和表 14-53 可以看出，在猪毛蒿群落和铁杆蒿群落中，达乌里胡枝子的竞争主要来自于种间竞争，分别占达乌里胡枝子总竞争强度的 79.41％和 83.35％。在猪毛蒿群落中，达乌里胡枝子的竞争主要来自于与优势种猪毛蒿的种间竞争、达乌里胡枝子种内竞争及与长芒草的种间竞争，分别占总竞争强度的 27.08％、20.59％和 17.41％。在铁杆蒿群落中，达乌里胡枝子的竞争主要来自于与优势种铁杆蒿的种间竞争、达乌里胡枝子种内竞争和与长芒草的种间竞争，分别占总竞争强度的 27.15％、16.65％和 14.08％。在猪毛蒿群落中，以每株对达乌里胡枝子的平均竞争强度来看，以灌木铁线莲最大，其次为达乌里胡枝子、长芒草等，狭叶米口袋最小；而单位地上生物量竞争指数则为铁杆蒿最大，其次是灌木铁线莲、飞蓬和山苦荬等，最小为白羊草和野西瓜苗等。在铁杆蒿群落中，各种植物对达乌里胡枝子的单株平均竞争强度以白羊草最大，其次为铁杆蒿和茭蒿，最小为狗尾草和二裂委陵菜；而单位地上生物量竞争指数则以香青兰最大，其次为阿尔泰狗娃花、白草等，茭蒿最小。

由于单位地上生物量竞争指数是表征物种竞争能力较为合理的指标，因此以单位地上生物量竞争指数来看，除个别唇形科植物（如香青兰）的相对竞争能力较大外，一年生植物的相对竞争能力均较小，而多年生植物的相对竞争能力较大。在猪毛蒿群落中，猪毛蒿和狗尾草对长芒草的单位地上生物量竞争指数分别为 0.005 和 0.026，对铁杆蒿的单位地上生物量竞争指数分别为 0.051 和 0.045，对达乌里胡枝子的单位地上生物量竞争指数分别为 0.035 和 0.037。在铁杆蒿群落中，猪毛蒿对长芒草、铁杆蒿和达乌里胡枝子的单位地上生物量竞争指数分别为 0.036、0.071 和 0.117。比较来看，猪毛蒿和狗尾草的相对竞争能力小于演替序列中其他主要植物，其中包括长芒草、冰草、铁杆蒿、达乌里胡枝子和白羊草对长芒草、铁杆蒿和达乌里胡枝子的竞争指数。在猪毛蒿群落中，白羊草对长芒草、铁杆蒿的相对竞争能力都较大，单位地上生物量的竞争指数分别为 0.10、0.392，而对达乌里胡枝子的相对竞争能力指数为 0.013，可见白羊草对长芒草和铁杆蒿的竞争能力比对达乌里胡枝子的竞争能力要强。在铁杆蒿群落中，白羊草对长芒草、铁杆蒿和达乌里胡枝子的单位地上生物量竞争指数分别为 0.028、0.077 和 0.072，对铁杆蒿的相对竞争能力仍为最大，而对长芒草的相对竞争能力有所降低。这可能是由于在铁杆蒿群落中白羊草的竞争对象主要是铁杆蒿和达乌里胡枝子而不是长芒草，从演替序列来讲，铁杆蒿群落的下一个演替群落类型为达乌里胡枝子群落或白羊草，或两者的共优群落。在猪毛蒿群落和铁杆蒿群落中，达乌里胡枝子对长芒草、铁杆蒿的单位地上生物量竞争指数分别为 0.028、0.107 和 0.084、0.053；在猪毛蒿群落中，达乌里胡枝子对铁杆蒿的相对竞争能力要大于对长芒草的相对竞争能力；而在铁杆蒿群落中，由于铁杆蒿为优势种，达乌里胡枝子对铁杆蒿的相对竞争能力较其对长芒草的相对竞争能力小。

14.4.5.3　达乌里胡枝子竞争中的天花板分布现象

在猪毛蒿群落和铁杆蒿群落中，达乌里胡枝子个体生物量与邻体地上生物量（图 14-30）符合上述竞争关系式，拟合结果显著（小于相应自由度上 0.05 水平上的卡方临界值，猪毛蒿和铁杆蒿中卡方临界值分别为 73.3149 和 133.2569）。猪毛蒿群落中，达乌里胡枝子与 0～10cm、0～20cm、0～30cm、0～40cm 和 0～50cm 距离范围内邻体植物地上生物量的 c 值分别为 1.719、0.256、0.107、0.054 和 0.037；铁杆蒿群落中，达乌里胡枝子与 0～10cm、0～20cm、0～30cm、0～40cm 和 0～50cm 距离范围内邻体植物地上生物量的 c 值分别为 10.068、1.321、0.427、0.214 和 0.099。可见，无论在猪毛蒿群落中还是铁杆蒿群落中，邻体植物对达乌里胡枝子的干扰都随着距离减小而减弱，同一距离范围内，铁杆蒿群落中达乌里胡枝子受到的竞争干扰较大。对于变量间的天花板分布关系，Thomson 第一次提出并应用分形回归来进行拟合，以寻找天花板分布的上边界或下边界，具体做法是用第一次拟合中具有正残差的部分数据进行若干次的拟合，直到上边界为止，用具有负残差的部分数据进一步拟合，直到下边界为止（如果数据点足够的话）。但这一方法尚不完善：其一，上边界无严格意义上的统计标准；其二，拟合中使用的关系式必须是已知的，对于未知关系，必须在控制条件下，即在影响自变量与因变量的其他条件都达到最优的条件下进行试验，以决定自变量与因变量的关系。

14.5　陕北黄土丘陵区撂荒演替序列部分种的一些形态和生态特性

14.5.1　各植物种鲜重/叶面积比与单叶面积

表 14-54 为 2003 年 6 月 8 日、8 月 4 日和 8 月 11 日使用手持扫描式叶面积仪在野外测定的 17 种植物的鲜重/叶面积比和单叶面积。可以看出，鲜重/叶面积比值最大的为刺儿菜，达（4.59±0.39）mg/cm²；最小的为狗尾草，达 1.12mg/cm²；24 种植物的平均鲜重/叶面积比为 2.28mg/cm²。叶面积以苍耳为最大，平均单叶面积为（31.43±12.74）cm²，二裂委陵菜最小，平均单叶面积为（0.67±0.02）cm²。全部植物种的平均鲜重/叶面积比与平均单叶面积成正相关（Kendall's tau _ b 相关系数为 0.340，显著水平为 0.011），即叶面积越大，单位叶面积的重量也越大。这可能与叶片含水率有关，叶片面积越大，其蒸腾面就越大，维持蒸腾需求所需的含水量就越大，鲜重/叶面积比就较大。

表 14-54　各植物种鲜重/叶面积比及单叶平均面积

植物	测定时间	鲜重/叶面积比/(mg/cm²)	单叶面积/cm²
芦苇	6月8日	3.23±2.30	14.57±1.83
刺儿菜		4.59±0.39	4.49±1.80
苦苣		3.21±0.09	6.47±1.13
甘草		2.22±0.16	15.91±1.69
车前草		3.79	12.61
达乌里胡枝子	8月4日	1.90±0.08	2.12±1.47
苍耳		2.61±0.24	31.43±12.74
牛皮消		2.57±0.42	8.89±3.23
委陵菜		2.62±0.10	7.14±1.94
铁杆蒿		2.32±0.13	1.56±0.83
狗尾草		1.31±0.10	6.27±3.40
狼牙刺		2.19±0.05	4.64±1.48
冰草		2.05±0.12	19.95±1.01
二裂委陵菜		1.38±0.03	0.67±0.02

续表

植物	测定时间	鲜重/叶面积比/(mg/cm²)	单叶面积/cm²
狗尾草	8 月 11 日	1.12	4.9
苦苣		3.74	19.35
山杏		2.48	8.78
披针叶黄华（小叶）		2.4	4.66
沙打旺		3.314±0.29	10.75±6.54
鬼针草		2.32	3.01
达乌里胡枝子		1.78	2.44
元宝枫		1.54±0.069	12.15±6.96
刺槐		1.91±0.066	5.54±0.13
甘草		1.87±0.029	3.41±1.76
箭叶胡枝子		1.3	1.28
老鹳草		1.96	2.94
铁杆蒿		1.91±0.11	3.39±0.17
委陵菜		1.99	15.83
狼牙刺		2.11±0.26	3.14±1.60

14.5.2　撂荒演替序列种和其他植物种子千粒重

表 14-55 为 2002 年和 2003 年采集的部分撂荒演替序列种和田间杂草种子的千粒重。采集方法为：在待采集的植物种子将要成熟落地前，不定期地用白色透明塑料袋将植株的花序套袋、扎紧，为了不影响植物的光合和呼吸作用，同时防止种子霉变，在塑料袋侧端打 5～10 个孔，每种植物套 10～15 个袋，待套袋植株枯黄后收集备测。室内工作为将同一种植物的种子混匀后，每 100～500 粒种子，用感量为 10^{-4}g 的电子天平称重，分三次重复测量。由于撂荒演替主要序列种铁杆蒿和茭蒿的花序少，空苞多，且种子成熟度低，成熟种子数量较少，没有对其进行测定。值得说明的是种子收集过程中套袋植物主要是选择花序较多的植株，不是随机选取，每种植物的平均种子产量不能很准确地代表该种群的繁殖率，因而对种子数量与种子重量的关系不进行分析。

从已测定的种子千粒重来看，最大的是茜草，千粒重为（10.58±0.26）g，最小的为猪毛蒿种子，千粒重仅为（0.03±00346）g。虽然测定的只是陕北黄土丘陵区的很少一部分种子，但从结果来看，与 Jakobsson（2000）的结果基本一致，即在一个地区或在一个群落中，对有花植物组成种来说，种子大小一般呈对数正态分布，多数植物种子较小，个别种子较大。种子大小对植物繁殖率、定居、种苗成活率、生长速率以及在土壤种子库中的数量都有关系。大种子在条件合适时容易出苗，且出苗后生长快、被竞争抑制的程度小，因而竞争能力强；而小种子则相反，只有在地表有较浅的土壤覆盖层才出苗，且出苗后生长较慢，被竞争抑制程度较大，成活率相对较低，定居能力较强。Rees（1996）认为正是种子的大小造成了植物的这种竞争-定居能力的互换法则（competition-colonization tradeoff），并认为这种法则是维持一年生植物群落种多样性的一个非常重要的机制。

表 14-55 各植物种千粒重

植物	千粒重/g	植物	千粒重/g	植物	千粒重/g
冰草	2.52±0.117	苦苣	0.66±0.0632	猪毛菜	1.84±0.0508
猪毛蒿	0.03±0.00346	白羊草	0.61±0.0103	刺藜	0.12±0.00611
祁州漏芦	6.68±0.0615	车前	0.27±0.00802	阴行草	1.67±0.0938
茜草	10.58±0.26	沙蓬	1.31±0.0316	狗尾草	0.44±0.0407
无芒隐子草	0.24±0.205	达乌里胡枝子	1.93±0.0308	长芒草	0.94±0.07
刺儿菜	0.63±0.046	大籽青蒿	0.16±0.00128	角蒿	0.28±0.139

14.5.3 几种撂荒演替序列种的根冠比

为了明确撂荒演替序列种的耐旱性，2003 年 10 月中下旬在植物枯黄前对几种植物的根冠比、根长等进行了测定。先在一个自然群落中距离待测定植株 1m 左右，挖一个深约 120cm 的剖面，然后沿剖面向纵深方向继续挖掘，遇到侧根和毛根后用刷子将其附近的土壤刷掉，尽量保证根的完整，每一种植物不分大小挖取 5 株以上，装在塑料袋中带回室内，分别测量主根长和地上绝对高度。用烘箱在 105℃条件下杀青 10min，然后在 65℃条件下烘 24h，分别称其地上干重与地下干重，最后计算出其根冠比，各演替序列种的根冠比，结果见表 14-56。从表 14-56 可以看出，狗尾草的根冠比最小，其次为猪毛蒿，铁杆蒿的根冠比最大。演替前期的一、二年生植物（猪毛蒿、狗尾草和阿尔泰狗娃花）根冠比较小，其余的演替中，后期的多年生植物根冠比较大。具有根蘖特性的植物根冠比较大，如铁杆蒿、茭蒿和二色棘豆。从根长来说，最长的为茭蒿，其次为达乌里胡枝子，根系最浅的是阿尔泰狗娃花。如果用根冠比和主根长作为植物耐旱性的指标，经比较，演替前期的一、二年生植物耐旱性较演替后期的多年生植物差。演替序列种的这种耐旱性大小与演替趋势基本一致，联系到演替过程中土壤水分含量逐渐减少的变化趋势和土壤水分是陕北黄土丘陵区撂荒演替过程中植被分异的主要因素这一机理，有理由相信植物的耐旱性也是撂荒演替的机理之一。

表 14-56 几种演替序列种的根冠比

植物	根冠比	平均根长/cm	平均地上高度/cm
阿尔泰狗娃花	0.69±0.31	27.94	29.88
长芒草	2.4±0.63	41.38	23.86
达乌里胡枝子	2.54±1.44	55.79	21.19
狗尾草	0.24±0.00245	30.50	79.00
二色棘豆	3.38±1.46	31.33	5.67
茭蒿	5.14±2.19	59.40	28.35
铁杆蒿	5.57±3.84	50.50	20.42
猪毛蒿	0.57±0.31	45.33	61.33

第 15 章　陕北黄土丘陵区撂荒地恢复演替的生态学过程及机理

15.1　陕北黄土丘陵区撂荒地恢复演替群落的结构组成

群落的演替是以群落结构的变化为表现特征的，群落的空间配置不仅构成了群落的结构特征，而且在一定程度上反映了群落的生境和动态（程红梅等，2009），层次结构是群落垂直结构的重要标志，其成因决定于生态环境，特别是群落生长的水热条件和土壤条件（陈灵芝，1993）。群落所有种类及个体在空间中的配置状态在很大程度上是空间上的生态分化决定的，反映群落对环境的适应、动态和机能（王祥荣，1993）。植物群落的演替是以物种组成和群落结构的变化为主要表征的，因此对群落物种组成结构的动态分析显得很重要。植被的区系组成是最重要的群落特征之一，决定着群落的外貌和结构，不同科属的植物形态特征上有差异，这可能预示着差异多样的生态属性，而群落的物种组成是反映其结构变化的重要指示因子。研究群落的植物组成和区系成分是了解群落的基础，也是了解群落性质的关键。群落物种组成的生活型结构是群落结构的重要组成部分，在一定程度上反映了群落的外貌，是植物群落对生境各种因素综合反映的外部表现，通过对群落的物种组成和生活型的分析可以很好地揭示群落演替的阶段和方向。

本书以黄土丘陵区弃耕地的自然恢复过程为基础，对该区弃耕地自然恢复过程中群落的结构组成进行分析研究。研究包括群落优势种和亚优势种的更替、科属组成、生活型和生殖对策等，旨在通过基础研究和实践工作，从群落结构的时空变异来分析撂荒演替的规律，为研究区生态环境建设提供一定的理论指导。

15.1.1　群落演替过程中植物群落的大类群组成

由表 15-1 可以看出：2004 年的群落有维管植物 77 种，隶属于 26 科 61 属，其中蕨类植物 1 科 1 属 1 种，裸子植物 1 科 1 属 1 种，被子植物 24 科 61 属 75 种；被子植物中，单子叶植物 1 科，11 属，12 种，而双子叶植物 23 科，50 属，61 种。2006 年的群落有维管植物 78 种，隶属于 28 科 60 属，其中蕨类植物 1 科 1 属 1 种，裸子植物 1 科 1 属 1 种，被子植物 26 科 61 属 77 种；被子植物中，单子叶植物 2 科，12 属，14 种，而双子叶植物 24 科，48 属，50 种。2009 年的群落有维管植物 63 种，隶属于 21 科 43 属，其中蕨类植物 1 科 1 属 1 种，裸子植物 1 科 1 属 1 种，被子植物 21 科 45 属 59 种；被子植物中，单子叶植物 1 科，6 属，11 种，而双子叶植物 18 科，37 属，48 种。

在大类群中，主要以双子叶植物为主，其次为单子叶植物，最后为裸子植物和蕨类植物。从植物大的类别来分析，全部是高等植物中的维管植物，除了蕨类植物为孢子植物，以孢子繁殖，其他均为显花植物，为种子植物。研究区大类群结构相对简单，植物类群相对少。

表 15-1　群落中的科属种组成

科	属	植物种	2004 年	2006 年	2009 年
木贼科 Equisetaceae	木贼属 *Hippochaete*	木贼 *Hippochaete hiemale*	+	+	+
麻黄科 Ephedraceae	麻黄属 *Ephedra*	草麻黄 *Ephedra sinica*	+	+	+
百合科 Liliaceae	葱属 *Allium*	硬皮葱 *Allium ledebourianum*		+	
	隐子草属 *Cleistogenes*	无芒隐子草 *Cleistogenes songorica*	+	+	
		华隐子草 *Cleistogenes chinensis*	+	+	+
		糙隐子草 *Cleistogenes squarrosa*			+
	针茅属 *Stipa*	大针茅 *Stipa grandis*	+	+	+
		长芒草 *Stipa bungeana*	+	+	+
	狗尾草属 *Setaria*	狗尾草 *Setaria virids*	+	+	
禾本科 Gramineae	早熟禾属 *Poa*	草地早熟禾 *Poa pratensis*	−	−	+
		硬质早熟禾 *Poa sphondylodes*	+	+	+
	鹅观草属 *Roegneria*	鹅观草 *Roegneria kamoji*	+	+	
	冰草属 *Agropyron*	冰草 *Agropyron cristatum*	+	+	+
	披碱草属 *Elymus*	披碱草 *Elymus dahuricus*	+	+	+
	芦苇属 *Phragmites*	旱芦苇 *Phragmites communis*	+	+	
	稗属 *Echinochloa*	稗草 *Echinochloa crusgalli*	+	+	
	狼尾草属 *Pennisetum*	白草 *Pennisetum flaccidum*	+	+	
	孔颖草属 *Bothriochloa*	白羊草 *Bothriochloa ischaemum*		+	+
豆科 Leguminosae	野豌豆属 *Vicia*	毛苕子 *Vicia yvillosa*	+	+	+
		山野豌豆 *Vicia kioshanica*	+	+	+
	米口袋属 *Gueldenstaedtia*	米口袋 *Gueldenstaedtia multiflora*			+
		狭叶米口袋 *Gueldenstaedtia stenophyll*	+	+	+
	大豆属 *Glycine*	野大豆 *Glycine soja*	+		
	棘豆属 *Oxytropis*	小花棘豆 *Oxytropis glabra*	+	+	
		棘豆 *Oxytropis tragacanthoides*	+	+	+
	黄华属 *Thermopsis*	披针叶黄华 *Thermopsis lanceolata*	+	+	+
	岩黄芪属 *Hedysarum*	岩黄芪 *Hedysarum multijugum*	+	+	
	甘草属 *Glycyrrhiza*	甘草 *Glycyrrhiza uralensis*	+	+	+
	黄芪属 *Astragalus*	草木樨状黄芪 *Astragalus melilotoides*	+	+	+
		鸡峰黄芪 *Astragalus kifonsanicus*	+	+	
		直立黄芪 *Astragalus adsungens*	+		
蔷薇科 Rosaceae	胡枝子属 *Lespedeza*	多花胡枝子 *Lespedeza floribunda*	+	+	
		达乌里胡枝子 *Lespedeza dahurica*	+	+	+
		尖叶胡枝子 *Lespedeza juncea*	+	+	+
	槐属 *Sophora*	狼牙刺 *Sophora viciifolia*	+	+	+
	草木樨属 *Melilotus*	白花草木犀 *Melilotus alba*	+		+
	委陵菜属 *Potentilla*	多茎委陵菜 *Potentilla multicaulis*	+	+	+
		二裂委陵菜 *Potentilla bifurca*	+	+	+
		中国委陵菜 *Potentilla chinensis*		+	+
	扁核桃属 *Prinsepia*	扁核木 *Prinsepia uniflora*	+	+	

续表

科	属	植物种	2004 年	2006 年	2009 年
菊科 Compositae	蒿属 *Artemisia*	猪毛蒿 *Artemisia scoparia*	+	+	+
		南牡蒿 *Artemisia eriopoda*	+	+	+
		铁杆蒿 *Artemisia sacrorum*	+	+	+
		茭蒿 *Artemisia giraldii*	+	+	+
		狭叶艾蒿 *Artemisia lavandulaefolia*	+	+	+
		白苞蒿 *Artemisia lactiflora*	+	+	+
	风毛菊属 *Saussurea*	草地风毛菊 *Saussurea amara*	+	+	
		风毛菊 *Saussurea japonica*	+	+	
	苦荬菜属 *Ixeris*	山苦荬 *Lactuca fishcheriana*	+	+	
		抱茎苦荬菜 *Ixeris sonchifolia*	+	+	+
	蓟属 *Cephalanoplos*	刺儿菜 *Cephalanoplos segetum*	+	+	+
	苦苣菜属 *Sonchus*	苦荬菜 *Sonchus arvensis*	+	+	+
		苦苣菜 *Sonchus oleraceus*	+	+	+
	狗娃花属 *Heteropappus*	阿尔泰狗娃花 *Heteropappus altaicus*	+	+	+
	蒲公英属 *Taraxacum*	蒲公英 *Taraxacum mongolicum*	+	+	
	漏芦属 *Rhaponticum*	祁州漏芦 *Rhaponticum uniflorum*	+	+	+
	火绒草属 *Leontopodium*	火绒草 *Leontopodium leontopodioides*	+	+	+
	鸦葱属 *Scorzonera*	鸦葱 *Scorzonera ruprechtiana*	+	+	+
唇形科 Labiatae	青兰属 *Dracocephalum*	香青兰 *Dracocephalum moldavica*	+	+	+
	黄芩属 *Scutellaria*	黄芩 *Scutellaria baicalensis*	+	+	+
牻牛儿苗科 Geraniaceae	老鹳草属 *Geranium*	老鹳草 *Geranium wilfordii*	+	+	+
桔梗科 Campanulaceae	沙参属 *Adenophora*	秦岭沙参 *Adenophora petiolata*	+	+	
远志科 Polygalaceae	远志属 *Polygala*	细叶远志 *Polygala tenuifolia*	+	+	+
堇菜科 Violaceae	堇菜属 *Viola*	早开堇菜 *Viola prionantha*	+	+	+
		紫花地丁 *Viola philippica*	+	+	+
茜草科 Rubiaceae	茜草属 *Rubia*	茜草 *Rubia cordifolia*	+	+	+
	拉拉藤属 *Galium*	拉拉藤 *Galium triflorum*	+	+	
败酱科 Valerianaceae	败酱属 *Patrinia*	异叶败酱 *Patrinia heterophylla*	+	+	+
龙胆科 Gentianaceae	獐牙菜属 *Swertia*	獐牙菜 *Swertia bimaculata*	+	+	
	龙胆属 *Gentiana*	小秦艽 *Gentiana dahurica*			+
小檗科 Berberidaceae	淫羊藿属 *Epimedium*	心叶淫羊藿 *Epimedium grandiflorum*	+	+	
伞形科 Umbelliferae	柴胡属 *Bupleurum*	柴胡 *Bupleurum chinense*	+	+	+
		细叶柴胡 *Bupleurum tenue*			+
葡萄科 Vitaceae	葡萄属 *Vitis*	野葡萄 *Vitis balanseana*	+	+	
大戟科 Euphorbiaceae	大戟属 *Euphorbia*	地锦草 *Euphorbia humifusa*	+	+	+
	地构叶属 *Speranskia*	地构叶 *Speranskia tuberculata*	+	+	
旋花科 Convolvulaceae	旋花属 *Convolvulus*	田旋花 *Convolvulus arvensis*	+	+	
萝藦科 Asclepiadaceae	杠柳属 *Peripicca*	杠柳 *Periplaca sepium*	+	+	+
茄科 Solanaceae	枸杞属 *Lycium*	枸杞 *Lycium ruthenicum*	+	+	
亚麻科 Linaceae	亚麻属 *Linum*	野亚麻 *Linum stelleroides*	+	+	+

续表

科	属	植物种	2004年	2006年	2009年
毛茛科 *Ranunculaceae*	铁线莲属 *Clematics*	灌木铁线莲 *Clematis fruticosa*	+	+	+
		毛茛 *Ranunculus japonicus*	+	+	+
	毛茛属 *Ranunculus*	细叶毛茛 *Ranunculus japonicus*			+
		白头翁 *Pulsatilla turczaninovii*			+
胡颓子科 Elaeagnaceae	沙棘属 *Hippophae*	沙棘 *Hippophae rhamnoides*	+	+	
榆科 Ulmaceae	榆属 *Ulmus*	山榆 *Ulmus bergmanniana*	+	+	+
报春花科 Primulaceae	珍珠菜属 *Lysimachia*	狼尾巴花 *Lysimachia barystachys*	+	+	+
玄参科 Scrophulariaceae	阴行草属 *Siphonostegia*	阴行草 *Siphonostegia chinensis*		+	+

注：+表示有该种植物；空白表示无该种植物。

15.1.2　群落演替过程中植物科的组成及其动态变化

图15-1 3种曲线，分别表示2006年、2009年、2004年群落中科数的变化趋势。

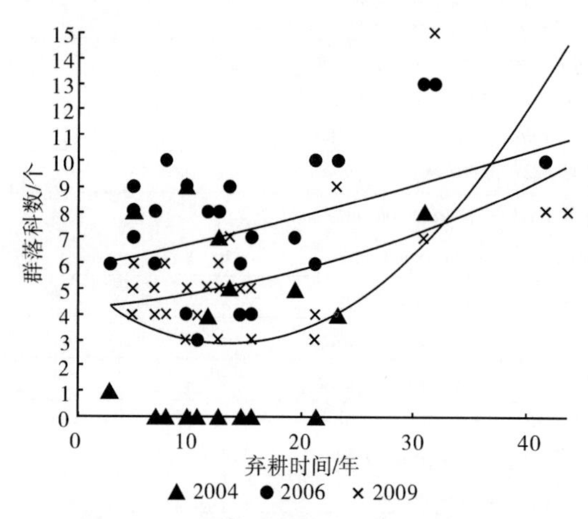

图15-1　群落科数目随弃耕时间的变化

结合大类群数据分析，植物科组成年际间2006年的最多，2004年次之，2009年最少。其中3次的调查数据中，植物科的组成都是随着演替时间的延长呈现增加的趋势，只是2006年、2009年增加的趋势线较为平缓，而2004年的趋势相对较陡，反映了各个年度群落中植物科的组成不稳定性较强。但是总的趋势是随着时间的延长在增加，意味着撂荒演替可以促使植物科数目的增加。

各个年际间植物科的具体组成又有所区别（表15-1）。2004年的科有（26科）：木贼科、麻黄科、禾本科、豆科、蔷薇科、菊科、唇形科、牻牛儿苗科、桔梗科、远志科、堇菜科、茜草科、败酱科、龙胆科、小檗科、伞形科、葡萄科、大戟科、旋花科、萝藦科、茄科、亚麻科、毛茛科、胡颓子科、榆科、报春花科。

2006年的科有（28科）：木贼科、麻黄科、百合科、禾本科、豆科、蔷薇科、菊科、唇形科、牻牛儿苗科、桔梗科、远志科、堇菜科、茜草科、败酱科、龙胆科、小檗科、伞形科、葡萄科、大戟科、旋花科、萝藦科、茄科、亚麻科、毛茛科、胡颓子科、榆科、报春花科、玄参科。

2009年的科有（20科）：木贼科、麻黄科、禾本科、豆科、蔷薇科、菊科、唇形科、牻牛儿苗科、远志科、堇菜科、茜草科、败酱科、龙胆科、伞形科、大戟科、萝藦科、亚麻科、毛茛科、榆科、报春花科。

这些科的组成中，又以菊科、禾本科、豆科的物种数较多，群落的建群种和优势种都以豆科、菊科、禾本科3科植物为主。

在整个样地里面，菊科、禾本科、豆科的物种占本阶段群落里面全部物种的比例最大，在整个群落中的比例之和几乎超过了本群落的 50%以上。表 15-2 所示为这 3 科物种分别所占比例，其中菊科所占比例最大。这表明菊科、禾本科和豆科在调查区弃耕地植被自然恢复过程中所起的作用最大，而且在该地区的植物区系中这 3 科植物也居于重要地位。可见，该区植物群落科的组成比较集中，这可能是由黄土高原特定的气候等条件所决定，也显示了黄土高原植物区系中科的组成特点。

表 15-2　弃耕不同演替阶段主要植物科、种的组成动态变化

样地号	菊科的物种数占本群落物种数的比例/%			禾本科的物种数占本群落物种数的比例/%			豆科的物种数占本群落物种数的比例/%		
	2004 年	2006 年	2009 年	2004 年	2006 年	2009 年	2004 年	2006 年	2009 年
1	—	23	—	—	17	—	—	13	—
2	100	43	29	—	29	29	—	14	29
3	33	32	38	22	27	25	26	14	19
4	32	33	31	27	21	25	23	13	38
5	27	32	33	45	26	33	18	21	27
6	41	38	38	18	19	31	24	19	25
7	—	26	27		33	33	—	22	27
8	33	48	38	38	29	31	19	19	23
9	—	29	41	—	14	18	—	24	24
10	35	32	38	15	27	23	20	32	54
11	—	29	25	—	19	25	—	24	31
12	30	33	25	25	33	38	40	25	38
13	—	33	25	—	33	42	—	33	25
14	38	29	42	38	24	17	19	19	25
15	36	25	33	32	33	27	14	17	20
16	36	35	22	23	25	17	23	15	22
17	—	28	30	—	39	50	—	22	20
18	38	32	29	25	21	21	21	21	21
29	—	31	40	—	31	30	—	19	40
20	27	27	23	36	36	31	27	27	8
21	38	38	31	24	21	31	24	17	25
22	—	48	13	—	33	63	—	5	25
23	42	26	20	26	26	20	21	21	40
24	47	20	40	33	33	40	20	27	20
25	—	32	45	—	29	27	—	13	18
26	29	29	31	33	25	19	24	13	13
27	37	29	20	26	19	13	7	19	40
28	—	25	21	—	17	18	—	14	11
29	—	24	21	—	28	29	—	21	21
30	—	33	26	—	25	16	—	21	26

此外，蔷薇科、毛茛科、唇形科、大戟科、堇菜科和伞形科等科植物也占据着一定的比例，其余的百合科、败酱科、龙胆科、萝藦科、牻牛儿苗科、葡萄科、茜草科、茄科、小檗科、亚麻科、榆科、远志科、木贼科、麻黄科、桔梗科、旋花科、胡颓子科、报春花科、玄参科、榆科等都只有一种植物。因此，撂荒演替过程中，群落的建群种和

优势种主要以豆科、菊科、禾本科三科植物为主。

同时，纵观整个撂荒演替系列，虽然撂荒时间最长的样地为 45 年，但各个样地的植物类群波动较小。从科属组成角度分析，植被群落组成简单且比较集中于少数的几个科中。这也从一个方面显示出该区植被恢复过程较为缓慢，可能是因为陕北黄土丘陵区，其自身的土壤和气候条件特别适合双子叶植物生长繁衍，其中又以这三个科植物的生长繁殖能力更强，另一方面也可能与该区自然条件恶劣有关（郝文芳等，2005)。

总结分析表 15-1 可知，撂荒演替各个阶段属的组成中 2004 年和 2006 年接近；同 2004 年相比，2006 年多了葱属，少了大豆属、草木樨属；而 2009 年只有 43 属，是 3 次调查中所含属最少的，与 2006 年相比，多了龙胆属和草木樨属，少了葱属、鹅观草属、芦苇属、稗属、狼尾草属、岩黄芪属、扁核桃属、风毛菊属、蒲公英属、沙参属、拉拉藤属、獐牙菜属、淫羊藿属、葡萄属、地构叶属、旋花属、枸杞属、沙棘属。在这 3 次调查中，植物种的变化随着属的变化而发生变化，2004 年有植物 77 种，2006 年有植物 78 种，2009 年有植物 63 种。

15.1.3　弃耕地演替过程中群落的生活型结构与生活史对策

生活型（life form）是生物对外界环境适应的外部表现形式，同种生活型的物种不但体态相似，而且其适应特点也是相似的。对植物群落组成而言，其生活型是植物对综合环境条件的长期适应而在外貌上反映出来的植物类型，它的形成是植物对相同环境条件下适应的结果（孙儒泳等，2002)。在不少文献中对于植物的生长型和生活型并不加以区别，但是严格来说，生活型应该是指有机体对环境及其节律变化长期适应而形成的一种形态表现，是依据生态适应划分的；而生长型是指控制有机体一般结构的形态特征，是根据总体形态和习性划分的，大多数生活型的系统是两者的结合。生长型和生活型在植被研究中非常重要，可以提供某个群落对待特定因子反应的信息、利用空间的信息以及在某个群落中可能存在的竞争关系的信息等（宋永昌，2001)。本书用 Whittaker 的生长型系统来表示生活型，即用群落中植物茎的木质化程度来确定生活型（宋永昌，2001)。

群落物种组成的生活型结构是群落结构的重要组成部分，在一定程度上反映了群落的外貌，是植物群落对生境各种因素综合反映的外部表现，通过对群落的物种组成和生活型的分析可以很好地揭示群落演替的阶段和方向。本书研究对撂荒演替阶段物种组成的生活型进行分析，主要按照茎的性质将群落中的植物分为灌木、半灌木、多年生草本、1～2 年生草本 4 种类型，再将各个生活型的重要值进行统计，在了解研究区外部环境的同时，从组成群落植物茎的性质入手，研究在该环境下植物群落的组成特点，更好地为生态建设服务。

由图 15-2、图 15-3 可看出，2004 年调查的样地中，半灌木在群落中的重要值之和呈现上升趋势，多年生草本比较平稳，1～2 年生草本随着演替时间的延长呈现减少的趋势，灌木的重要值之和变化不大。在演替的早期阶段，群落中主要以 1～2 年生草本和多年生草本为主，其重要值之和大于半灌木和灌木；而到了中期、后期阶段，1～2 年生草本的地位逐渐下降，而半灌木在群落里面的位置显得越来越重要，而多年生草本一直在群落里占据着重要位置，其重要值之和在整个样地里面基本维持在 35%～40%。因此，多年生草本是演替阶段的稳定生活型物种。

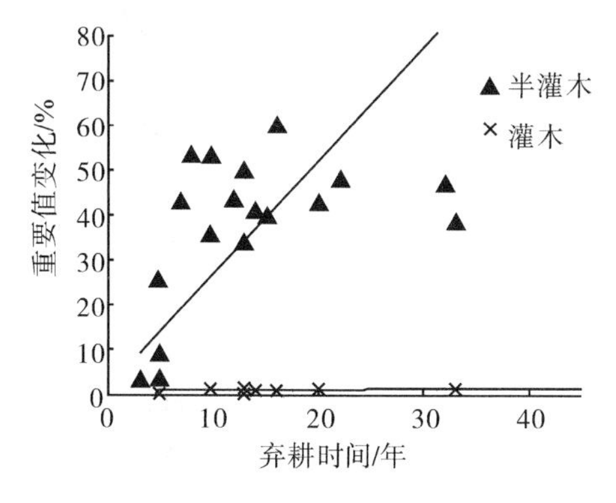

图 15-2　2004 年不同生活型重要值的变化

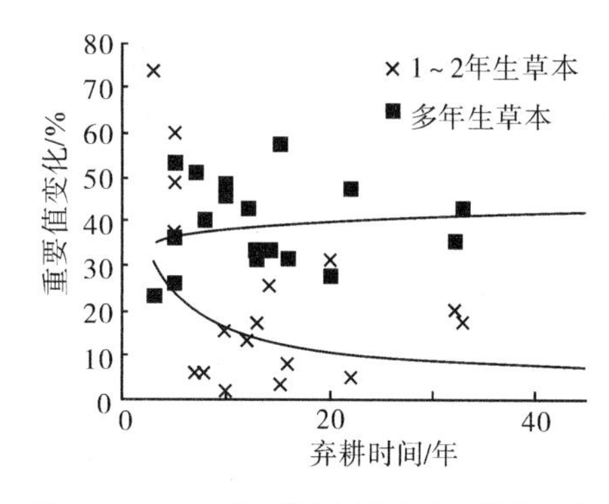

图 15-3　2004 年不同生活型重要值的变化

由图 15-4、图 15-5 看出，2006 年在演替的整个阶段，多年生草本、半灌木的重要值之和随着时间的延长呈现稳定的上升趋势，1～2 年生草本随着演替时间的延长呈现减少的趋势，灌木的重要值之和变化不大。在 2006 年的群落结构中，在演替的前期，群落中主要以 1～2 年生草本、多年生草本和半灌木为主；而到了中期、后期阶段，1～2年生草本的地位逐渐下降，而多年生草本、半灌木占据着很重要的位置，灌木在整个阶段其位置都不是很重要。在 2006 年的群落结构中，半灌木、多年生草本是演替阶段的稳定生活型物种。

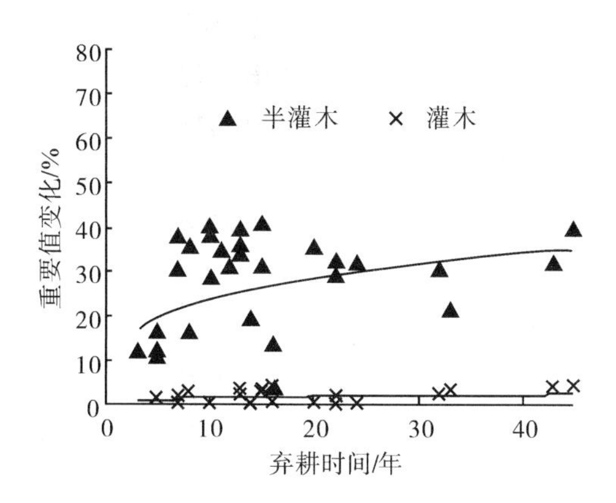

图 15-4　2006 年不同生活型重要值的变化

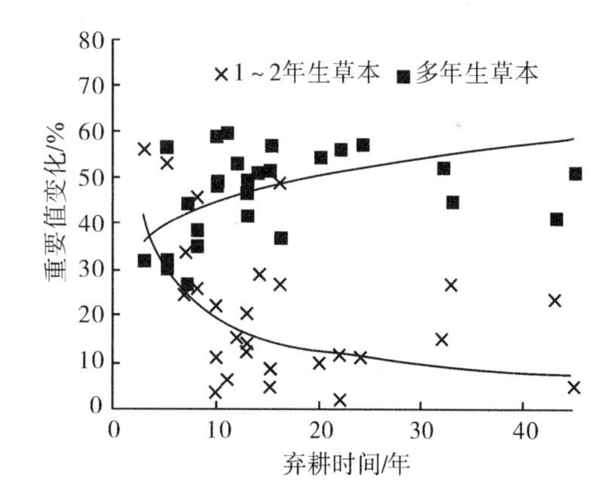

图 15-5　2006 年不同生活型重要值的变化

在演替的整个过程中，2009 年研究的群落主要由多年生草本、半灌木组成，其次是 1～2 年生草本，灌木的个体少。多年生草本、1～2 年生草本、灌木的综合特征在演替的阶段变化不明显，其中多年生草本的重要值之和稳定在 48%左右，1～2 年生草本的重要值之和稳定在 12%左右，灌木的重要值之和稳定在 2.5%左右，只有半灌木的重要值呈现上升趋势。从这个趋势看出 2009 年的群落演替主要是由半灌木的变化引起，群落的数量特征主要体现在半灌木的性质上。

从图 15-2～图 15-5 看出，在演替的过程中，弃耕地的生活型结构在不停地改变，主要是环境的变化、各种生态因子的不同、环境资源的不均衡及植物个体利用环境资源的能力各异，使得在演替过程中呈现不同的生活史对策，主要以繁殖对策来适应外界环境的改变。繁殖对策是指生物对环境的生殖适应趋势，是资源或能量向生存、生长和生殖等活动中最适分配的结果，在不同的环境中具有其独特的表现形式（邓自发等，2001）。国内外学者对植物繁殖对策的研究已有不少报道（邓自发等，1999；Harper，1997；Fenner，1995；宋志红等，1994）。研究植物在不同环境中的繁殖对策可以反映出植物对环境的适应能力和在该生境中的生殖潜能。

在所研究样地的植物中，在 1～2 年生的生活型中，植物物种主要是苦荬菜、猪毛蒿、中国委陵菜、香青兰、野亚麻、白花草木樨、山苦荬、狗尾草、黄花蒿、茵陈蒿等。这些物种都为 1～2 年生的短命植物或类短命类植物，由于所处的环境不稳定或不可预测，为了适应环境的多变，这些个体产生大量具有生命力的种子，种子体积小、重量轻，利于传播、定居和减少动物的取食，它们靠牺牲大量的种子来保证少量的个体存活，增加种子的存活数量，以便比其他物种更能适应恶劣或不太稳定的生境种迅速占据资源生态位，增强种群的繁衍和竞争能力，在生活史上倾向于 r 对策。

而多年生草本和半灌木植物中，物种组成主要有阿尔泰狗娃花、白羊草、隐子草、冰草、长芒草、大针矛、旱芦苇、达里乌胡枝子、铁杆蒿、茭蒿、狭叶艾蒿、节节草等。这些物种所处群落竞争较为激烈，为了适应这种生境，在有性生殖上分配的能量少，更多的能量用于营养生长和根系的生长，以便能在资源有限的环境中获得优势地位。这些物种的营养生长和生殖生长周期非常分明，一年不能完成生活史，当年不结实或者结实很少，产生的种子体积大，种子内贮存能量多，依靠降低种子的传播能力来增强种子和实生苗的竞争和定居能力。它们不以有性生殖为主，多依赖营养器官和地下宿根来拓殖，或者依靠来年返青来获得下一年新个体的存活。这类植物的根系很发达，如白羊草、旱芦苇。据野外的实测，白羊草须根系的根向四周扩展的范围往往是本身冠径的 2～3 倍，旱芦苇的根系深度是自身地上部分高度的 6～8 倍，以便于吸收更多的水分来满足个体的生存，进而繁衍种族。因此，这些个体在生活史对策上倾向于 k-对策。

而在演替过程中的一些灌木，如尖叶胡枝子、狼牙刺、杠柳、灌木铁线莲、榆树、柴胡、草麻黄、野葡萄、扁核木、沙棘、多花胡枝子、心叶醉鱼草等物种的繁殖策略也倾向于 k 对策。它们一方面依靠结实来繁衍后代，另一方面也依靠实生苗来扩大种群。这些植物的营养生长和生殖周期明显，春华秋实，种子大多体积大但个体数目少，种子内贮存的能量多，利于下一代个体的存活。这些植物在群落中不占据重要的位置，大多是群落中的偶见种或者阶段种，但是也能代表植物群落演替的方向和趋势。黄土高原在自然状况下，能演替灌木的群落，无疑是植被恢复的一个良好过程。如果环境条件得到改善，陕北黄土丘陵区植被有可能得到恢复。

15.1.4 弃耕地演替过程中群落的空间结构和外貌季相

群落的结构分为垂直结构和水平结构。群落的结构特征不仅表现在垂直方向上，而且也表现在水平方向上。群落的垂直结构最直观的就是它的成层性，成层性是植物群落结构的基本特征之一，也是野外调查植被时首先观察到的特征；植物群落水平结构的主要特征就是它的镶嵌性（宋永昌，2001；孙儒泳等，2007），镶嵌性是植物个体在水平方向上的分布不均匀造成的，首先是种子传播定居的随机性造成的，其次是生态因子的不均匀导致而成。

本书中生活型多数为半灌木和草本，且主要由落叶种类组成，少数为灌木层，半灌木占一些比例，主要以多年生和一年草本种类为主，因为植物的高度相差不大，外观较平整。地上部分可划分为灌木层、半灌木层和草本层，但是层间的空间距离小，因为缺少藤本植物没有层间结构，层次之间无空间渗透和镶嵌分布现象，地被层少，加之干旱缺少微生物分解的条件，多数枯枝落叶没有被腐解，有些样地地面裸露面积较大，地上无苔藓层和结皮层。在水平方向上，由于资源的不均匀性，植物群落呈现不均匀的随机分布，外观上呈现斑块状。

弃种地演替过程中的群落有明显的季相和外貌。春季万物复苏，5 月份基本全部出苗返青。夏季正值生长的季节，但是由于夏季少雨，植物呈现不同的外貌。例如白羊草在干旱季节由于强光和干旱胁迫，整个植株偏白色，有些分蘖枝枯死；铁杆蒿在夏季少雨季节枝条干枯，硬而不断，呈现黑色；而像黄花草木樨、白花草木樨等植物，却生长较好，个体高而大，很远就能看到开花；小秦艽、鸡峰黄芪、披针叶黄华、狼尾巴花、白头翁等植物个体矮小，在炎热的夏季开花；胡枝子属的达乌里胡枝子、尖叶胡枝子、多花胡枝子等是无限花序植物，在开花中不断结籽；灌木铁线莲、扁核木、草地早熟禾等基本上到了 8 月果实成熟。而到了冬季，整个样地植物草本地上枯死，灌木和半灌木全部落叶，呈现明显的冬季季相。

15.1.5 讨论和结论

本小节主要分析了撂荒演替阶段群落中植物的大类群组成，科、属、种的组成变化，撂荒演替阶段的群落组成，各个阶段植物生活型的变化与生活史对策，以及群落的空间结构和时间结构。

初步总结出：在整个演替阶段，植物群落以双子叶植物为主，其次为单子叶植物，最终为裸子植物和蕨类植物。从植物大的类别来分析，全部是高等植物中的维管植物，除了蕨类植物为孢子植物，以孢子繁殖，其他均为显花植物，为种子植物。研究区大类群结构相对简单，植物类群相对少。

在各个撂荒阶段，科的组成都是随着演替时间的延长呈现增加的趋势，只不过 2006 年、2009 年的增加趋势线平缓，而 2004 年的趋势陡，反映了各个年度群落中科的组成具有较强的不稳定性，并且随着时间的延长呈现增加的趋势。科组成中，菊科、禾本科、豆科的物种占本阶段群落里面全部物种的比例最大，在整个群落中的比例之和几乎超过了本群落的 50％以上。其中这三大科中又以菊科所占的比例最大，表明菊科、禾本科和豆科在调查区弃耕地植被自然恢复过程中所起的作用最大。在该地区的植物区系中这三科植物也居重要地位，而且该区植物群落科的组成比较集中。

在演替的过程中，弃耕地植物的生活型结构在不停改变，这种改变主要是为了适应环境的变化，主要体现在繁殖对策上。1～2年生的草本植物，用于有性生殖的能量多，当年结实，产生大量具有生命力的种子，靠牺牲大量的种子来保证少量的个体存活，在生活史上主要以r对策为主。多年生草本和半灌木植物，有性生殖上分配的能量少，更多的能量用于营养生长和根系的生长，不以有性生殖为主，多依赖营养器官和地下宿根来拓殖，或者依靠来年返青来获得下一年新个体的存活。因此，这些个体在生活史对策上主要以k对策为主。而一些灌木，如尖叶胡枝子、狼牙刺、杠柳、灌木铁线莲、榆树、柴胡、草麻黄、野葡萄、扁核木、沙棘、多花胡枝子、心叶醉鱼草等物种的繁殖策略倾向于k对策，一方面依靠结实来繁衍后代，另一方面也依靠实生苗来扩大种群。这些植物在群落中不占据重要的位置，大多是群落中的偶见种或者阶段种，但是也能代表植物群落演替的方向和趋势。黄土高原在自然状况下，能演替灌木的群落，无疑是植被恢复的一个良好过程。如果环境条件得到改善，陕北黄土丘陵区植被有可能得到恢复。

研究中群落的地上部分可划分为灌木层、半灌木层和草本层，但是层间的空间距离小，层次之间无空间渗透和镶嵌分布现象，地被层少。在水平方向上，植物群落呈现不均匀的随机分布，外观上呈现斑块状，镶嵌性不明显；在时间结构上，群落有明显的季相和外貌。

从整个的演替序列分析，陕北黄土丘陵区植被演替的最终群落应该是以多年生草本为主，半灌木和小灌木占据一定的比例，灌木和乔木所占比例很少。因此，建议在陕北植被恢复的人工措施中避免大量种植灌木和乔木，防止植被演替向着相反的方向进行而发生逆行演替。在群落演替的过程中，达乌里胡枝子、长芒草、铁杆蒿和白羊草贯穿演替的始终，并且一度成为群落的建群种或亚优势种，因此建议在陕北植被恢复过程中把这四种植物作为优先考虑的植被恢复物种。

15.2 陕北黄土丘陵区撂荒演替群落种类组成的时空演变

陕北黄土丘陵区是黄土高原水土流失严重区域之一，已经引起了政府部门和科学家的高度重视。新中国成立50多年来，为了治理水土流失，修复生态环境，已经大力开展了以水土保持为中心的黄土高原综合治理工作，先后组织了多次大规模的考察活动，在不同的类型区建立了11个试验示范区，成立了不同级别的野外试验站，对黄土高原综合治理进行定位试验研究。地上部分的群落结构组成和数量特征对于了解和认识植被的恢复程度起到一个指示性的作用，植物群落的结构与外貌通常以优势种和种类组成为特征（陈佑忠等，2000），所以，优势种更替可成为植物群落演替的标识（王炜等，1996；Sala et al.，1996）。国内外许多研究者从群落生产力、种的形态、数量和分布格局、物种多样性、土壤物理、化学和生物学性状的变化等多方面研究了放牧退化和围封恢复演替过程，获得了许多规律性的认识（刘美珍等，2004；刘忠宽等，2004；刘钟龄等，2002；Adler et al.，2001；Shiyomi，1998；王炜等，1996；王炜等，1996b；Milchunas et al.，1993；Afzal et al.，1992；David 1988；Philip et al.，1998；Ellison，1965)，但是对于同一撂荒年限不同年际间的群落动态数量指标分析的较少。

地上植被的盖度、高度、密度、地上生物量、植被物种组成、物种饱和度、各物种重要值及群落物种多样性等都是衡量草地生态功能和生产力的重要指标，其时间和空间变化特征能够给出很多关于草地群落演替、植被恢复和草地资源利用的重要信息（刘发央等，2008）。

为了深入了解撂荒地演替不同阶段的群落组成，本小节以黄土丘陵区弃耕地的自然恢复过程为基础，对该区弃耕地自然恢复过程中群落的数量特征进行分析研究，包括生物量、多度、频度、盖度等，旨在通过优势种的更替、优势种重要值的动态变化、群落多度、平均高度、生物量等数量特征分别从不同的层面分析撂荒演替过程中群落的数量指标，揭示不同群落物种数量特征的变化规律等，阐明撂荒地植被恢复过程中群落的数量特征变化规律、群落结构变化，通过这些基础研究和实践工作从群落种类组成数量特征的时空变异来分析撂荒演替的规律，为研究区生态环境建设提供一定的理论指导。

种类组成是决定群落性质最主要的因素，也是鉴别不同群落类型的基本特征，群落学研究一般是从分析种类组成开始（孙儒泳等，2002）。植被数量分析是研究植被生态学的重要手段，为客观、准确地揭示植被与群落及植被与环境之间的生态关系提供了合理、有效的途径（张峰等，2000）。植物种类不同，群落类型和结构不同，种群在群落中的地位和作用也就不相同。

根据在群落中的作用，群落中各个种被分为不同的成员型，主要包括以下 5 个（孙儒泳等，2000）：①优势种：对群落的结构和群落环境的形成有明显控制作用的植物种称为优势种，群落的不同层次可以有各自的优势种。②建群种：群落中优势层的优势种常称为建群种。③亚优势种：指个体数量与作用都次于优势种，但在决定群落性质和控制群落环境方面仍起着一定作用的植物种。④伴生种：群落的常见种类，它与优势种相伴存在，但不起主要作用。⑤偶见种：在群落中出现频率很低的种类，多半是由于种群本身数量稀少的缘故，有些偶见种的出现具有生态指示意义。

生态学上的优势种对整个群落具有控制性影响，如果把群落中的优势种去除，必然导致群落性质和环境的变化（孙濡泳等，2002）。本书研究中主要用优势种来分析群落演替阶段的物种组成，为了更好地分析不同演替阶段群落的种类组成，对种类组成进行定量分析，其分析主要包括生物量、多度、频度、盖度等。

15.2.1　群落演替过程优势种和亚优势种的更替与群落组成

群落演替过程综合数量指标可以用优势度（dominance）和重要值（important value)来表示。优势度用以表示一个种在群落中的地位与作用，但其具体定义和计算方法意见不一。Braun-Blanquet 主张以盖度、所占空间大小或重量来表示优势度，并指出在不同群落中应采用不同指标。苏卡乔夫（1938）提出应将多度、体积或所占据的空间、利用和影响环境的特性、物候动态均作为某个种优势度指标。其他有的认为盖度和密度可作为优势度的度量指标，亦或认为优势度即“盖度和多度的总和”或“重量、盖度和多度的乘积”等可作为优势度的度量指标。

重要值表示一个种的优势程度，是反映该种群在群落中相对重要性的一个综合指标和对所处群落的适应程度（刘军等，2010），它在一定程度上表明了一个种相对于群落中其他种对生态资源的占据和利用能力的大小，对重要值的分析可找出群落中的主要优势树种，了解其群落的物种组成，重要值越大的物种对生态资源的利用和竞争能力越强（曹光球等，2008）。简单、明确的优点使其在近年来得到普遍采用（孙儒泳等，2002）。

本书研究中用重要值来表示群落演替过程综合数量指标，表 15-3 为不同撂荒演替阶段群落中前 2～3 位重要值最大的物种及其重要值的大小。

表 15-3 群落中优势种和亚优势种重要值的变化 （单位：%）

样地	2004 年		2006 年		2009 年	
	优势种	亚优势种	优势种	亚优势种	优势种	亚优势种
1	—	—	南牡蒿 (23.62)	大针茅 (15.76)	—	—
2	猪毛蒿 (73.69)	阿尔泰狗娃花 (23.38)	猪毛蒿 (47.73)	老鹳草 (6.06)	白羊草 (29.04)	猪毛蒿 (18.71)
3	猪毛蒿 (27.99)	长芒草 (17.61)	长芒草 (19.48)	阿尔泰狗娃花 (12.95)	长芒草 (35.56)	铁杆蒿 (12.07)
4	猪毛蒿 (40.25)	达乌里胡枝子 (15.55)	猪毛蒿 (33.15)	达乌里胡枝子 (11.80)	铁杆蒿 (27.67)	长芒草 (17.39)
5	猪毛蒿 (57.98)	二色棘豆 (9.03)	猪毛蒿 (51.42)	达乌里胡枝子 (10.06)	铁杆蒿 (22.60)	达乌里胡枝子 (12.98)
6	铁杆蒿 (27.76)	冰草 (18.38)	猪毛蒿 (30.22)	茭蒿 (17.51)，铁杆蒿 (16.68)	铁杆蒿 (29.3)	达乌里胡枝子 (16.43)
7	—	—	猪毛蒿 (12.94)，达乌里胡枝子 (12.23)	长芒草 (11.99)	铁杆蒿 (26.89)	达乌里胡枝子 (14.83)
8	铁杆蒿 (24.48)	白羊草 (22.67)	达乌里胡枝子 (22.45)	铁杆蒿 (12.08)	胡枝子 (23.832)	铁杆蒿 (18.78)
9	—	—	猪毛蒿 (33.11)	达乌里胡枝子 (10.92)	达乌里胡枝子 (20.31)	糙隐子草 (17.76)
10	冰草 (36.11)	达乌里胡枝子 (22.69)	冰草 (18.45)	铁杆蒿 (13.63)	铁杆蒿 (25.48)	长芒草 (23.46)
11	—	—	铁杆蒿 (23.12)	达乌里胡枝子 (14.70)	长芒草 (26.93)	铁杆蒿 (23.61)
12	茭蒿 (20.83)	白羊草 (19.17)，达乌里胡枝子 (17.95)	白羊草 (36.66)	达乌里胡枝子 (26.94)	白羊草 (32.78)	达乌里胡枝子 (21.29)
13	—	—	达乌里胡枝子 (21.15)	长芒草 (16.97)	达乌里胡枝子 (21.11)	铁杆蒿 (20.99)
14	达乌里胡枝子 (34.45)	猪毛蒿 (11.61)，阿尔泰狗娃花 (11.43)	长芒草 (17.45)	达乌里胡枝子 (16.98)	达乌里胡枝子 (23.74)	白羊草 (15.44)
15	达乌里胡枝子 (24.58)	铁杆蒿 (15.95)	铁杆蒿 (17.03)	达乌里胡枝子 (15.79)	长芒草 (21.22)	达乌里胡枝子 (19.60)
16	达乌里胡枝子 (24.13)	早熟禾 (16.49)	铁杆蒿 (17.30)	茭蒿 (16.29)	白羊草 (23.32)	铁杆蒿 (20.86)
17	—	—	达乌里胡枝子 (20.01)	铁杆蒿 (18.84)	达乌里胡枝子 (28.64)	铁杆蒿 (22.20)
18	达乌里胡枝子 (42.09)	猪毛蒿 (14.25)	猪毛蒿 (24.43)	草木樨状黄芪 (13.62)	白羊草 (24.34)	铁杆蒿 (23.98)

续表

样地	2004 年		2006 年		2009 年	
	优势种	亚优势种	优势种	亚优势种	优势种	亚优势种
19			达乌里胡枝子 (16.13)	长芒草 (10.96)，无芒隐子草 (10.92)，白羊草 (10.9)	白羊草 (36.82)	达乌里胡枝子 (24.63)
20	白羊草 (44.75)	达乌里胡枝子 (29.72)	达乌里胡枝子 (25.55)	白羊草 (21.09)	白羊草 (26.71)	达乌里胡枝子 (23.62)
21	达乌里胡枝子 (41.13)	茭蒿 (15.34)	山苦荬 (20.07)	刺儿菜 (17.41)	达乌里胡枝子 (21.72)	茭蒿 (19.29)
22			猪毛蒿 (41.27)	铁杆蒿 (7.57)	铁杆蒿 (42.61)	白羊草 (20.39)
23	达乌里胡枝子 (26.73)	早熟禾 (15.71)	达乌里胡枝子 (22.38)	长芒草 (19.26)	白羊草 (34.00)	达乌里胡枝子 (20.91)，铁杆蒿 (19.82)
24	达乌里胡枝子 (32.81)	白羊草 (21.37)	白羊草 (34.65)	达乌里胡枝子 (24.80)	白羊草 (46.40)	达乌里胡枝子 (37.38)
25			达乌里胡枝子 (15.25)	长芒草 (14.50)	达乌里胡枝子 (22.51)	白羊草 (21.28)
26	茭蒿 (19.17)，阿尔泰狗娃花 (18.17)	大铁杆蒿 (15.32)	长芒草 (18.40)	达乌里胡枝子 (14.718)	铁杆蒿 (21.17)	达乌里胡枝子 (20.09)
27	铁杆蒿 (20.03)	大针矛 (11.52)，达乌里胡枝子 (10.86)	铁杆蒿 (13.61)	长芒草 (12.56)	铁杆蒿 (21.01)	中华委陵菜 (14.49)
28			铁杆蒿 (17.68)	狭叶艾蒿 (7.95)	铁杆蒿 (20.10)	狭叶艾蒿 (11.53)
29			达乌里胡枝子 (11.83)	茭蒿 (9.94)，铁杆蒿 (9.83)	铁杆蒿 (19.45)	达乌里胡枝子 (10.70)
30			达乌里胡枝子 (20.83)	白羊草 (18.97)	白羊草 (25.44)	达乌里胡枝子 (19.18)

重要值是一种综合性指标，是应用最广的物种特征值，它不仅可以表现某一种群在整个群落中的重要性，而且可以指出种群对群落的适应性。在撂荒地植被恢复过程中，伴随植被发育和群落演替过程，物种的重要值在各群落中有起伏，但总体上物种的重要值更替明显。

分析表 15-3，根据演替过程中各个群落优势种的不同，群落演替的过程群落组成为：

2004 年：猪毛蒿群落→铁杆蒿群落→茭蒿群落→达乌里胡枝子群落→白羊草群落→达乌里胡枝子群落→茭蒿群落→铁杆蒿群落。

2006 年：南牡蒿群落→猪毛蒿群落→长芒草群落→猪毛蒿群落→猪毛蒿＋达乌里胡枝子群落→达乌里胡枝子群落→猪毛蒿群落→冰草群落→铁杆蒿群落→白羊草群落→

达乌里胡枝子群落→长芒草群落→铁杆蒿群落→达乌里胡枝子群落→长芒草群落→铁杆蒿群落→达乌里胡枝子群落。

2009 年：白羊草群落→长芒草群落→铁杆蒿群落→达乌里胡枝子群落→铁杆蒿群落→长芒草群落→白羊草群落→达乌里胡枝子群落→长芒草群落→白羊草群落→达乌里胡枝子群落→白羊草群落→达乌里胡枝子群落→铁杆蒿群落→白羊草群落→白羊草群落→达乌里胡枝子群落→铁杆蒿群落→白羊草群落。

根据优势种的更替，把撂荒演替阶段进行划分，主要包括以下几个阶段：

撂荒 3～6 年群落演替为一年生杂草群丛阶段。这个阶段的优势种主要有猪毛蒿、南牡蒿等；亚优势种为阿尔泰狗娃花、长芒草、达乌里胡枝子、二色棘豆等，这些亚优势种大多数为多年生草本和半灌木，亚优势种的繁殖体或者为耕种期间所遗留的，亦或者由鸟类、人类活动等将繁殖体带入群落，属于演替阶段的偶见种；伴生种主要有阿尔泰狗娃花、达乌里胡枝子、二色棘豆、冰草、茭蒿、长芒草等；偶见种有草麻黄、老鹳草等。猪毛蒿群落在演替前期分布较广，在人为干扰较为频繁的地段可形成演替前期的优势群落。有相关研究（杜峰等，2005）认为，苣荬菜为具根蘖性杂类草，退耕前分布较广，在部分阶段可成为演替前期优势种。

在第 7～10 年，一年生物种逐渐减少，多年生物种开始增多。群落种类成分增多，此时形成群落的主要种有铁杆蒿、茭蒿、达乌里胡枝子等；伴生种有猪毛蒿、狗尾草、米口袋、狭叶米口袋、山苦荬、阿尔泰狗娃花、棘豆、硬质早熟禾和无芒隐子草等；偶见种有风毛菊、祁州漏芦、披针叶黄华、灌木铁线莲等。

在第 10～25 年，随着演替的进行，环境条件发生变化，加之外来种源的侵入和土壤种子库的影响，群落类型和物种组成变得更加复杂，多年生物种进一步增多，形成群落的优势种主要有铁杆蒿、达乌里胡枝子、白羊草等；伴生种有山野豌豆、草木樨状黄芪、无芒隐子草、多茎委陵菜、紫花地丁、棘豆、火绒草等；而一年生物种如地锦、狗尾草、香青兰成为群落中的偶见种，此外，偶见种还有大针茅、堇菜、毛莨、披碱草、糙隐子草、茜草等。

第 25～45 年，土壤水分含量不断减少，较为耐旱及竞争力相对较强的达乌里胡枝子、铁杆蒿和白羊草等开始占优势，不耐旱和竞争力较弱的物种退出群落，植物种类又有所减少，此时的伴生种主要有细叶远志、长芒草、硬质早熟禾、华隐子草、委陵菜、茭蒿和无芒隐子草等；偶见种有狼牙刺、甘草、硬皮葱和黄芩等。

因此，在不同的年际间，撂荒演替群落的主要优势种及其演替阶段差别很大，群落的优势种更替出现反复，这主要是环境的异质性和多变性导致而成。纵观整个演替过程，初步得知：在整个演替过程中，猪毛蒿为先锋植物，在弃耕后土壤相对疏松、通气较好的条件下能够迅速繁殖，优先占据生态位而发展成优势种；经过一段时间的恢复，原优势种猪毛蒿被达乌里胡枝子所替代，演替变为以达乌里胡枝子为优势种的群落；再通过竞争，群落演替变为以白羊草、铁杆蒿、长芒草为优势种的群落；而最后稳定在以铁杆蒿、长芒草、达乌里胡枝子、白羊草为优势种或亚优势种的群落。同一个样地，年际间短期内群落物种组成有一定的波动，主要体现在优势种、亚优势种的相互替代上。

相同或者相近年限的样地，尽管其立地条件、空间位置各有不同，但是其优势种、亚优势种却比较接近，群落结构相似。因此，在大的气候条件、成土母质、耕种措施、人为干扰、封禁措施、繁殖体来源等因素一致的情况下，群落的演替有趋同效应，这个气候顶级理论相同。研究发现在整个群落的演替过程中，达乌里胡枝子、铁杆蒿、长芒草和白羊草 4 种乡土植物在群落中始终占据重要地位，是群落的优势种和亚优势种，这四种对群落的稳定性有重要的价值。因此建议在陕北的植被建设过程中以这 4 种乡土植物作为主要的首选物种。

15.2.2　撂荒演替过程中几种主要乡土植物重要值的动态分析

重要值是种在群落中所起作用和所占地位的重要程度。重要值的变化关系到群落结构，种的重要值越大，则该种在群落中所占比例越大。从前面的分析看出，撂荒演替各个阶段的优势种主要为猪毛蒿、达乌里胡枝子、铁杆蒿、长芒草和白羊草。为了更好地说明以上几种优势种在整个演替过程中在各个群落中所占据的地位，把这 5 种主要优势种的重要值的动态变化加以分析比较。

从图 15-6（a）看出，在演替的早期，群落种优势种猪毛蒿的重要值较大，但是随着演替的进行，各个年度的重要值在逐渐减小，其优势地位下降。因此，猪毛蒿被淘汰，它是演替的先锋种，生活在土壤相对疏松、通气较好、土壤相对肥沃的土壤。由于环境发生变化，演替的后期群落主要以铁杆蒿、长芒草、达乌里胡枝子、白羊草为优势种。

铁杆蒿的重要值［图 15-6（b）］在 2004 年呈现上升的趋势，2006 年、2009 年均呈现逐渐降低的趋势，且 2009 年的曲线在 2006 年之上。白羊草［图 15-6（c）］的趋势和铁杆蒿不同，2004 年、2006 年呈现上升的趋势，且比较剧烈，2009 年呈现逐渐平稳降低的趋势。长芒草［图 15-6（d）］2006 年的变化趋势呈现逐渐平缓升高，2004 年、2009 年逐渐降低，呈现下降式的抛物线趋势。达乌里胡枝子［图 15-6（e）］2004 年、2006 年呈现上升的趋势，2009 年变化略微平缓，几乎和 X 轴平行。

从图 15-6 看出，猪毛蒿只出现在演替的早期阶段，是演替的先锋物种，后期其重要位置被其他物种取代，这和表 15-4 重要值更替的分析结果一致。其他 4 种物种是整个演替过程的主要优势物种。在前期分析的基础上，对达乌里胡枝子、白羊草、铁杆蒿、长芒草 4 种物种的重要值之和进行拟合趋势分析［图 15-6（f）］，发现这 4 种物种尽管各自的重要值在整个演替阶段以及不同调查时间的变化趋势不同，但是它们重要值之和却表现出相同的规律，均随着演替的进行呈现先增加后减小的趋势，且 2009 年的曲线在最上方，2006 年居中，2004 年在最下方。因此，这 4 种植物在群落演替过程的年际间重要值之和呈现增大的趋势，也从另外的方面说明这 4 种植物在撂荒演替过程中的重要位置。

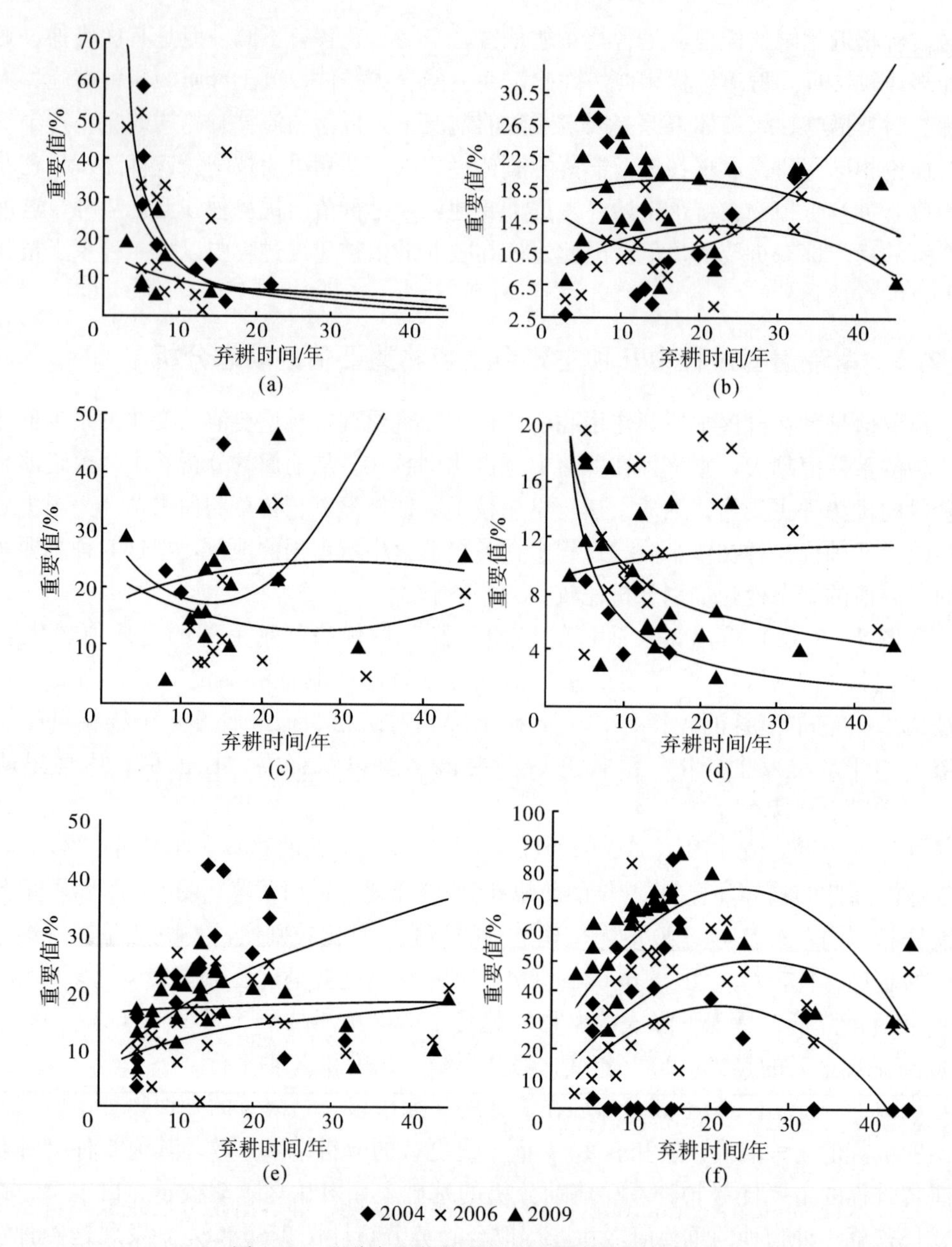

图 15-6 几种主要优势种植物重要值的动态分析

（a）猪毛蒿；（b）铁杆蒿；（c）百羊草；（d）长芸草；（e）达马里胡枝子；（f）4 种植物重要值之和

15.2.3 群落多度的变化

多度（abundance）是对个体数（密度）有关定量的群落测度之一，常具有两方面的意义（Peilou，1969）：(1) 将个体数推测分为 5 级：①极少、②少、③稍多、④多、⑤极多，单独使用并不太多，常与覆盖度结合而作为优势度来使用；(2) 意味着仅限于某种生物种类出现在调查区中的平均个体数，用于群落结构的分析。测度物种多度是现代群落生态学和种群生态学研究的最基本工作（Bebon et al.，1986）。多度反映了一个物种占用资源并把资源分配给各个个体的能力（Kasparim，2001），不同的群落具有不同的多度组成，研究群落中物种的多度组成比例关系——多度格局（Tokeshim，1993），对理解群落的结构具有重要意义（张金屯，1997）。本书研究中用群落中所有植物个体数量的多少来表示多度，由于调查的样方面积为 $1m^2$，在数值大小上群落的多度和密度相等。

15.2.4　群落盖度的变化

群落的盖度是群落结构的一个重要指标，一方面标志着植物所占有的空间水平，另一方面在一定程度上也反映着植物同化面积的大小，是植被恢复的一个重要指标。群落盖度大也就意味着群落在很大程度上改善了群落环境。群落的盖度一般指群落的投影盖度，指植物地上部分投影的面积占地面的比率，又称为投影盖度。盖度可以分为种盖度（分盖度）、层盖度（种组盖度）、总盖度（群落盖度）。通常情况下，分盖度或者层盖度之和大于总盖度，超过 100%，这是由于植物的枝叶之间互相重叠造成的（孙儒泳等，2007）。同时同一样地分种盖度之和大于总盖度，超过 100%，这是由于不同种的覆盖重叠（宋永昌，2001）。本书研究用分种盖度来表示群落中各个物种的盖度，其和表示群落的总盖度。

从图 15-7 可以看出，在 2006 年、2009 年群落的盖度随着演替时间的延长呈现增加的趋势。群落盖度在演替的初期较低，这主要是因为在弃耕不久的次生裸地上，群落内物种间的竞争微弱，各种植物都有机会侵入群落，随着弃耕年限的增加，群落种间竞争加剧，少数的优势种控制了群落，把许多演替初期存在的物种从生境中排挤出去，并且这些优势种多为体型较大的多年生草本或半灌木、小灌木，如铁杆蒿、白羊草等，这些物种多以群丛的形式存在于群落中，其盖度比较大。随着群落演替的进行，群落环境逐渐改善，并且群落内激烈的竞争导致了生态位的分化，形成了不同的生态适应（ecological adaptation），群落结构变得复杂，群落出现分层现象，群落的盖度逐渐增加。2006 年群落盖度在弃耕 33 年为 120.25%，弃耕 43 年为 122.25%，弃耕 45 年为 100.38%；2009 年群落盖度在弃耕 33 年为 105.5%，弃耕 43 年为 102.25%，弃耕 45 年为 112.33%，其分盖度之和超过了群落面积所占的百分比。仅仅从盖度数据分析，说明群落已经走向成熟，群落环境有很大的改善。

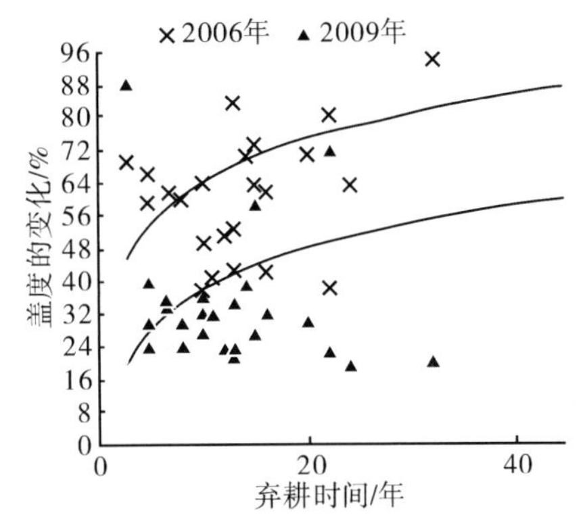

图 15-7　弃耕地的群落盖度随弃耕时间的变化

15.2.5　物种频度的变化与群落的稳定性

多度、盖度等数量特征只是表明种的个体数量，而不能表示它们在群落中的散布状况，频度则可以表明这些种在群落中分布的均匀程度（宋永昌，2001）。频度是一种植物个体在群落中的各个地点出现的频率，按包含该物种的样方数占全部样方数的百分比计算，表明这些种在群落中分布的均匀程度。频度越大，表示种群的个体在群落中的分布越均匀，相反则越不均匀。通常将频度划分为五个等级：A级，频度为1%～20%；B级，频度为21%～40%；C级，频度为41%～60%；D级，频度为61%～80%；E级，频度为81%～100%。把一个群落内所有的种都归到各自的等级中，就得到了群落内种的频度分布（Raunkiaer，1934）。Raunkiaer经过统计分析于1934年提出了著名的"Raunkiaer频度定律"（孙儒泳等，2002；Raunkiaer，1934）。把撂荒演替过程中各个阶段的频度进行计算，按照Raunkiaer频度定律进行分类，详细分类见表15-4。

表15-4　弃耕地频度变化值　　（单位：%）

样地	2004年频度					2006年频度					2009年频度				
	A	B	C	D	E	A	B	C	D	E	A	B	C	D	E
1	—	—	—	—	—	37	20	17	13	10	—	—	—	—	—
2	67	—	—	—	33	38	29	19	10	5	21	36	7	14	21
3	67	7	11	4	11	27	27	18	18	9	31	50	13	—	6
4	64	23	9	5	—	33	29	17	17	4	65	12	6	—	18
5	73	18	—	—	9	53	32	—	5	11	33	13	20	33	—
6	59	18	6	6	12	41	12	18	18	12	63	13	13	6	6
7	—	—	—	—	—	48	26	7	7	11	60	20	—	13	7
8	71	10	10	5	5	32	18	9	18	23	31	46	—	—	23
9	—	—	—	—	—	36	14	27	5	18	71	12	6	6	6
10	60	15		5	20	27	27	9	18	18	53	27	—	7	13
11	—	—	—	—	—	33	23	14	5	23	63	—	19	6	13
12	60	20	—	—	20	58	—	—	25	17	38	13	—	25	25
13	—	—	—	—	—	33	33	—	—	33	50	8	17	17	8
14	38	31	25	—	6	44	17	17	17	22	42	—	17	25	17
15	64	14	5	14	5	38	29	—	17	17	33	27	13	7	20
16	50	18	9	14	9	40	20	—	15	25	33	17	—	6	17
17	—	—	—	—	—	33	11	17	17	22	40	20	10	20	10
18	67	4	13	13	4	46	21	11	—	—	46	23	8	8	15
19	—	—	—	—	—	25	13	—	25	38	62	23	—	—	15
20	64	—	18	—	18	9	27	9	18	36	50	20	—	20	10
21	57	17	8	8	—	22	30	26	7	15	50	19	13	—	19
22	—	—	—	—	—	57	33	5	—	5	38	38	—	—	25
23	53	16	16	11	5	42	—	21	21	16	44	22	11	—	33
24	67	7	—	13	13	—	75	6	6	14	40	—	20	—	40
25	—	—	—	—	—	45	16	6	13	19	30	20	10	30	10
26	52	29	10	10	—	29	25	17	8	21	44	19	13	13	13
27	59	11	30	—	—	30	16	16	22	16	47	20	7	27	—
28	—	—	—	—	—	—	26	26	11	37	—	26	26	11	31
29	—	—	—	—	—	—	30	15	25	30	—	30	15	25	20
30	—	—	—	—	—	—	50	—	44	6	—	50	44	—	6

Raunkiaer 认为在一个稳定性较高的群落中，五个频度级的关系为：A>B>C≥≤D<E，曲线呈“J”形。一个成熟稳定且种类分布均匀的群落应该是 A 级较高，因为在大多数群落中稀见的种是较多的；由于是群落中的优势种，E 级也较高；B 级、C 级和 D 级频度的种类较少（宋永昌，2001）。频度图解对于判断植被的均匀性是有帮助的，因为均匀性与 A 级和 E 级大小成正比，如若 B 级、C 级和 D 级的比例增高，说明群落中种的分布不均匀，暗示着植被有可能有分化和演替的趋势（孙儒泳等，2002）。

以图 15-8 为参照物，结合表 15-4 总结得出：各个年际都不符合频度定律的样地有样地 3、样地 5、样地 6、样地 7、样地 8、样地 9、样地 10、样地 13、样地 15、样地 18、样地 19、样地 21、样地 22、样地 24、样地 26、样地 27，占整个演替序列样地的 53%。这说明在该研究区群落中种的分布不均匀，有植被分化和演替的趋势。这可能是由土壤环境的变化所引起。

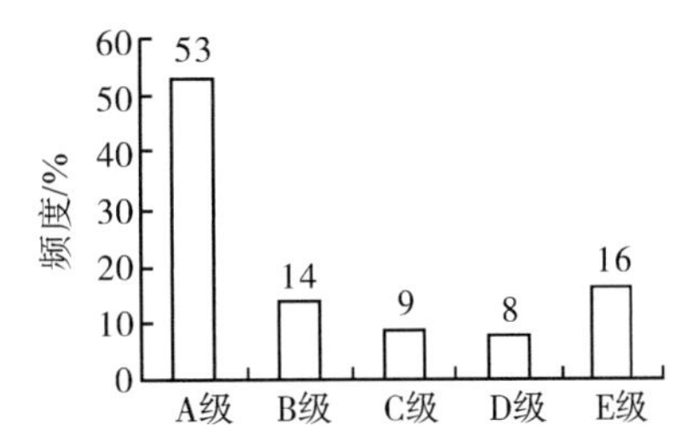

图 15-8　Raunkiaer 的标准频度图解

在弃耕地演替过程中，符合频度定律的样地，在各个年际间其频度的变化差异较大，其中：2004 年调查数据中，只有样地 3 符合频度定律，2004 年符合频度定律的仅占 3.3%；2006 年只有样地 8、样地 11、样地 14、样地 16、样地 17、样地 20、样地 25、样地 29 符合频度定律，2006 年符合频度定律的占样地总数的 27%；2009 年符合频度定律的有样地 4、样地 12、样地 16、样地 21、样地 23、样地 28、样地 29，2009 符合频度定律的占 23%。因此从频度趋势分析，年际间 2004 年群落种的分布不均匀，群落动荡的趋势明显；2006 年的群落结构较为稳定；2009 年次之。

各年际间，符合频度定律的样地之间，其撂荒时间段又有所不同，2004 年仅在撂荒演替的最前期符合频度定律，2006 年在中后期符合频度定律的样地偏多，2009 年符合频度定律的以撂荒时间长的样地多。因此，仅仅从是否与频度符合的趋势分析，撂荒演替符合频度定律的样地以撂荒时间长的样地居多，撂荒演替时间越长，群落的物种分布越均匀，群落越稳定。本研究所涉及的群落，种的分布不均匀，暗示着植被分化和演替的趋势。群落大多数处在不稳定阶段，群落中物种分布的均匀性在年际间差别很大，2006 年的群落中物种分布较为均匀。

15.2.6　群落演替中物种高度的空间演变

株高是表征植物群落结构的重要指标。群落株高的结构图可以直观地反映群落空间结构和个体组成比例的动态变化过程，是研究群落动态变化的有效手段（田玉强等，2002）。大多数的群落都有株高上的分化或成层现象，这是群落中各植物间及植物和环境间相互关系的特殊形式。群落内物种的株高往往和群落的垂直结构密切相关，在森林生态系统中群落的高度主要与光照强度的梯度变化有关，由于森林内各个层次对光照的适应和需求的不同，产生了不同的层间植物，形成了不同的垂直结构。而本书研究中由于只有少数的灌木层，这些灌木也是撂荒演替的偶见种，数量少、个体小、株高也小，在群落中并不代表演替的方向。群落中除少一半的半灌木层外，大多数为草本层，地被层也很薄，无苔藓层和地衣层，对群落内物种高度的研究就相对简单明了。

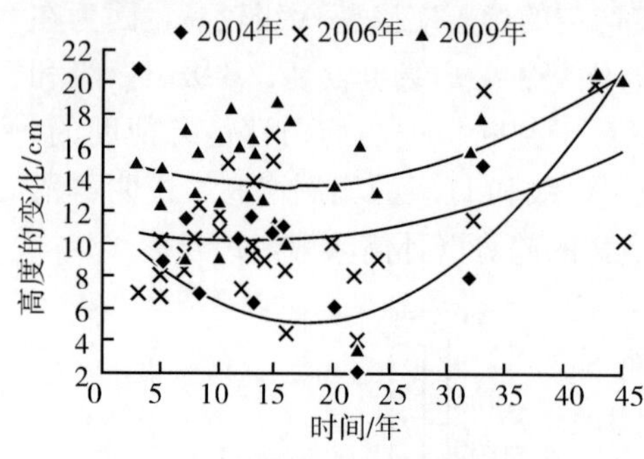

图 15-9　群落株高随弃耕时间的变化

图 15-9 中，左上方开始第一条为 2009 年的趋势线，第二条为 2006 年的趋势线，最下面的为 2004 年的趋势线。可看出 2009 年各个群落的平均高度为 3 个年际间的最大值，2006 年次之，最小为 2004 年。各个年际的变化趋势也不同，2004 年、2006 年、2009 年群落的高度随着撂荒演替年限的增加呈现逐渐增加的趋势。

同一样地内部，各个年度又有所区别，如 2 号样地，在 2004 年平均高度为 21.03cm，2006 年为 7.05cm，2009 年为 15.07cm。10 号样地，在 2004 年平均高度为 10.43cm，2006 年为 10.71cm，2009 年为 12.42cm。但是在 25 号样地，各个年度间的相差很大，如在 2004 年平均高度为 2.08cm，2006 年为 8.01cm，2009 年为 16.01cm。出现这种现象，除了与实验统计测量过程中的系统误差有关外，主要是因为在这个样地，大多数植物为一年到多年生草本，受外界环境因子变化的影响，年际间生活型发生很大的变化，使得植物的空间高度产生很大的区别。这种现象在热带雨林的森林生态系统是不会出现的，一般只会发生在干旱半干旱的黄土高原，这也是黄土高原群落的一个特有现象。

如果把 3 次调查的同年度各个样地的植物株高进行平均，当作一个研究对象的 3 次测度进行比较，可发现 2004 年各个样地的平均高度为 9.99cm，2006 年为 10.80cm，2009 年为 14.45cm，随着撂荒演替时间的延长，呈现逐渐增高的趋势。因此，如果仅用群落中植物株高来统计分析其演替群落的演变趋势，弃耕演替有利于高度的增加。

15.2.7　群落演替过程中生物量的变化

15.2.7.1　群落几个主要优势种地上生物量的变化

从前面优势种的更替可以看出，在撂荒演替过程中，铁杆蒿、达乌里胡枝子、长芒草、白羊草 4 种植物为主要物种，所以本节主要分析这 4 种植物生物量的变化，以探讨这 4 种植物在撂荒演替过程中的重要性。

图 15-10 所示为铁杆蒿、达乌里胡枝子地上生物量的变化趋势。图 15-11 所示为白羊草和长芒草地上生物量的变化趋势。分析可知，在撂荒演替过程中，这 4 种植物的地上生物量均随着撂荒时间的延长呈现减少的趋势。铁杆蒿在撂荒演替的早期为这 4 种物种中的最大值，之后呈现逐渐减少的趋势，其趋势几乎为一条斜线；而达乌里胡枝子、长芒草在早期生物量减少量小于铁杆蒿，但是随着时间的延长，逐渐增加，到了演替的中期阶段，又开始减少；白羊草在这个过程中，生物量变化最为缓慢，但是也在减少。

尽管 4 种植物在撂荒演替过程中为优势种，但是撂荒演替并没有使这 4 种植物的生物量增加，由此可知撂荒演替不利于铁杆蒿、达乌里胡枝子、长芒草、白羊草的生长发育和繁衍。

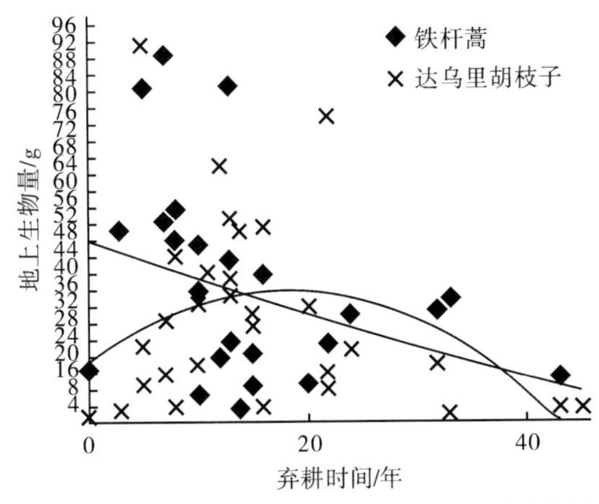

图 15-10　铁杆蒿、达乌里胡枝子群落地上生物量的变化

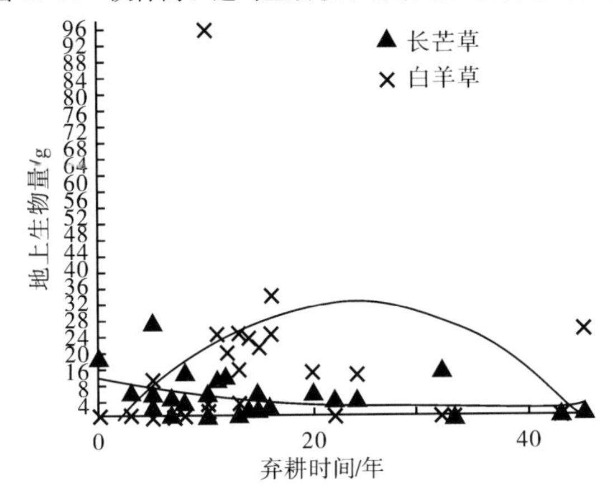

图 15-11　弃耕地长芒草、白羊草群落地上生物量的变化

15.2.7.2　地下总生物量、地上总生物量及其之比的变化趋势分析

生物量是一个有机体或群落在一定时间内积累的干物质量，是表征其结构及功能的重要参数。影响植被生物量的因素主要是非生物因素和生物因素：从生态因子角度出发，非生物因素主要包括气候因子（如温度、水分、光照等）、土壤因子（如土壤的理化性质等）、地形因子（如海拔高度、坡度、坡向等）；生物因素主要是人为因子（如过牧、滥砍滥伐、土地利用方式、植被恢复措施等），其次还包括动物、植物和微生物之间的各种相互作用，以及由生物因素和非生物因素共同作用而产生的植被的不同演替阶段等（郝文芳等，2008）。

本研究中，群落地上生物量（图 15-12）随着撂荒演替时间的延长呈现先增加直至中后期（本研究中 30 年左右）开始下降的趋势，最大值在 30 年左右。因此，撂荒 30 年是地上生物量变化的分水岭。在干旱地区，降水量是影响生物量的主要因素（郝文芳等，2008；袁素芬等，2006；刘清泉等，2005；马玉寿等，1997）。降水被认为是影响生物量变化的主要因素（袁素芬等，2006），土壤的养分在其他因素一定的情况下决定了植被的生长状况。此外，地上部分的密度、植被的恢复措施、放牧的强度等都对生物量产生影响（郝文芳等，2008）。

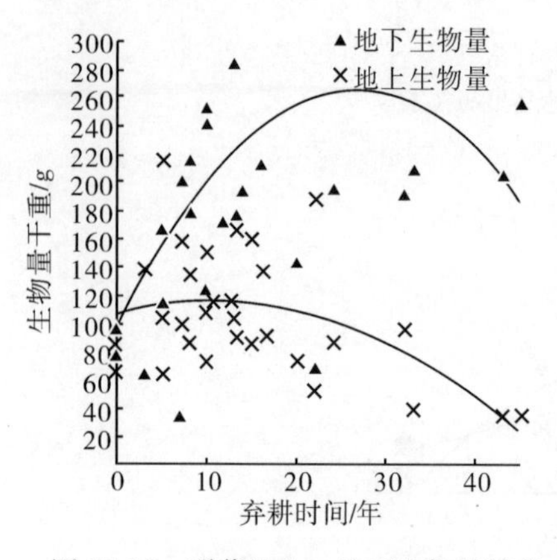

图 15-12　群落地上、地下生物量随弃耕时间的变化

地下生物量（图 15-12）随着撂荒演替的延长呈现降低的趋势，且时间越长，降低越多。一般说来，影响地下生物量的主要因素是水分（李凌浩等，1998；高青山等，1990），其次是土地利用方式和放牧强度（李凌浩，1998）。本研究中，因为研究区自 1999 年开始封禁，没有耕作、放牧等干扰，研究区属于中温带半干旱大陆性季风气候，多年年均降水量为 513 mm，年蒸发量为 1490 mm，蒸发量大于降水量，土壤水分缺乏，因此影响该区植被地下生物量的主要因素是土壤含水量。

研究区地上生物量、地下生物量都随着撂荒时间的延长呈现减少的趋势，从图15-10、图 15-11 看出，铁杆蒿、达乌里胡枝子、长芒草、白羊草这 4 种优势种的生物量随着撂荒演替时间的延长呈现减少的趋势，因此本研究中地上生物量的逐渐减少主要是由于这四种植物地上生物量的变化引起的。铁杆蒿、达乌里胡枝子、长芒草、白羊草是撂荒演替阶段的优势种，其中达乌里胡枝子、长芒草、白羊草又是优良的牧草，生物量的减少对于当地的农牧业发展极为不利，由于该区土壤水分是植被生长的限制因子，出现这种现象除了与当地的土壤肥力较低有关外，主要原因可能是土壤水分没有得到恢复。

根冠比是植株地下部干重与地上部干重的比值，是反映同化产物在植物体内分配的一项指标（武建双等，2009）。地上生长与地下生长相辅相成，息息相关，既互相依存，又互相竞争，构成相互协调又与环境条件相适应的有机整体（胡中民等，2005）。天然草地地下生物量与地上生物量的比值反映了分配给地下部光合产物的比例，是群落或生态系统的重要参数之一，对草地生产也具有十分重要的意义，越来越受到重视（郝文芳等，2008；胡中民等，2005）。

由图 15-13 看出，地下生物量和地上生物量之比大于 1，且呈现逐渐上升的趋势。这种抬升趋势是群落成熟的一种体现，从前面的生活型也可以看出，在弃耕地演替的过程中，多年生草本和半灌木占的比例较大，这些物种因为有发达的根系或者地下器官，有利于在竞争中占据优势地位。在撂荒地植被恢复演替过程中，群落地下生物量和地上生物量之比增加，植物用于地下生长的能量越来越多，这充分体现地下器官的重要性。植物地下生物量、地上生物量比值变化还与地上生物量、地下可获取资源状况有关。当土壤水分或养分缺乏时，植物地上部分生长受限，从而使地下生物量、地上生物量比值升高，当地上资源不足时，植物地下部分生长受限，从而使地下地上生物量比值降低（Bassirirad，2000）。本研究中，由于土壤养分、土壤水分的变化导致地上生物量、地

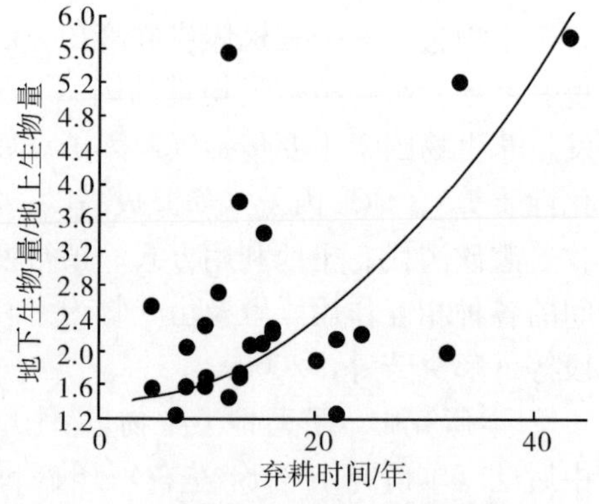

图 15-13　地下生物量与地上生物量之比随弃耕时间的变化

下生物量的比值发生变化，这与张娜（2002）、任安芝（2000）等人的结果一致，也与Brouwer R（1962）的“功能平衡”理论相吻合。群落地下生物量和地上生物量之比是群落变化较为敏感的指标，比生物量本身更能有效反应群落的演变状态。因此，撂荒演替的时间越长，群落的抗逆性和生态适应性越强。

15.2.7.3 群落地下生物量的垂直剖面分布

在草地生态学研究中，草地地下生物量的研究是必不可少的环节，地下部分无论是生理功能，还是对草地植被碳蓄积贡献都具有举足轻重的地位。地下生物量是指存在于草地植被地表下草本根系和根茎生物量的总和（胡中民等，2005），是草地植被碳蓄积的重要组成部分。草地植被的主要生物量都分配于地下，准确测定草地地下生物量是确定草地植被源汇功能的基础（胡中民等，2005）。

在图15-14中，上面的第一条趋势线为0～20cm土层的根系生物量，第二条为20～40cm土层的生物量，第三条为40～60cm土层的根系生物量，60～80cm土层的生物量只在14号样地、24号样地、25号样地有，且该层14号样地根系生物量干重为10g，24号样地为3.3g，25号样地为5.5g，而在80～100cm土层，只有25号样地有地下生物量，且只有4.4g。

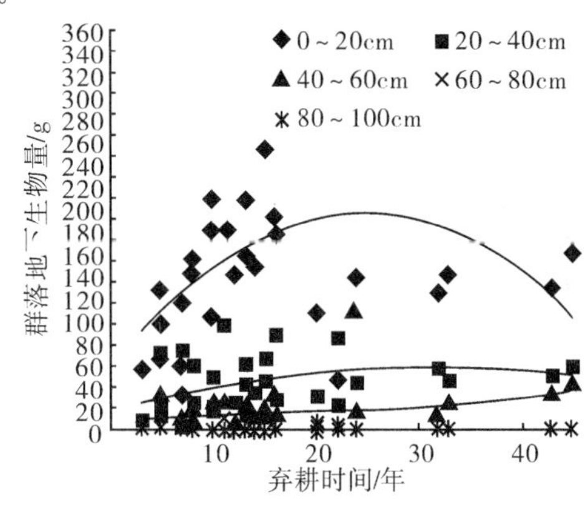

图15-14 群落地下生物量随弃耕时间的变化

从图15-14看出，在撂荒演替过程中，群落地下生物量主要集中在0～60cm土层，60～100cm土层很少，100cm以下为零。同时土层之间也以表层最大，20～40cm土层次之，40～60cm土层偏少。也就是随着土层深度的加深，根系生物量逐渐减少。前人研究表明，草地地下生物量大部分分布于表层土壤中，随着深度增加，数量急剧降低，通常为倒金字塔型，即由深到浅呈“T”形分布（张宏，1999；姜海楼等，1997；王代军等，1995；王启基等，1995；朱志诚等，1998；陈佐忠等，1988）。根系的这种分布格局与土壤养分状况是分不开的，因为大部分有机质和养分都储存于土壤表层，植物会发展主要根系于该层以尽量获取更多的资源来满足生长需求。根系分布的深浅与气温、土壤水分、养分状况以及植物组成等因素有关（胡中民等，2005）。本研究中，研究区土壤含水量偏低，土壤水分的补给主要依靠降水。该区降水偏少，土壤入渗的量太少，植物的根系主要吸收上层的土壤水分，以满足植物生长的需要。因此，造成这种根系生物量呈现“T”形分布的另外一个主要原因是土壤水分的垂直分布特性。

15.2.8 讨论和结论

重要值在一定程度上表明了一个种相对于群落中其他种对生态资源占据和利用能力的大小，重要值越大的物种对生态资源利用和竞争的能力越强（曹光球等，2008）。在不同的年际间，撂荒演替的群落主要优势种及其演替阶段差别很大，群落的优势种更替出现反复。在整个演替过程中，猪毛蒿为先锋植物，经过一段时间的恢复，逐渐被达乌里胡枝子、白羊草、铁杆蒿、长芒草所替代，最后稳定在以铁杆蒿、长芒草、达乌里胡枝子、白羊草为优势种或亚优势种的群落。同一样地，年际间短期内群落物种组成有一定的波动，主要体现在优势种、亚优势种的相互替代上；相同或者相近年限的样地，尽管其立地条件、空间位置各有不同，但是其优势种、亚优势种却比较接近，其群落结构相似，所以得出了群落的演替有趋同效应的结论。

在演替过程中，群落的多度在演替的初期较高，随后迅速下降并逐渐稳定下来，到演替的末期，群落的多度又逐渐上升，达到一个较高的水平；群落盖度在演替的初期较低，随着弃耕年限的增加，其盖度逐渐增大；群落的高度随着撂荒演替年限的增加呈现逐渐增加的趋势。仅仅从物种数目、群落盖度、群落高度的变化来看，群落的演替是一个不断演变和发展的过程，是一个正向的演替过程，这对于生态脆弱的黄土高原的植被恢复是有利的。

从频度变化的趋势来看，本研究所涉及的群落大都处在不稳定阶段，仍然处在不断的变化当中，但是撂荒演替时间越长的样地，群落的物种分布越均匀，群落越稳定。

研究区的地上生物量、地下生物量都随着撂荒时间的延长呈现减少的趋势，单种铁杆蒿、达乌里胡枝子、长芒草、白羊草这 4 种植物的地上生物量均随着撂荒时间的延长呈现减少的趋势。因此，撂荒演替不利于群落中地上生物量、地下生物量的积累，也影响铁杆蒿、达乌里胡枝子、长芒草、白羊草的生长发育和繁衍。地下生物量和地上生物量之比大于 1，且呈现逐渐上升的趋势，这种抬升趋势是群落成熟的一种体现。群落地下生物量和地上生物量之比增加，植物用于地下生长的能量越来越多，这充分体现地下器官的重要性。由于土壤养分、土壤水分的变化导致地上生物量、地下生物量的比值发生变化，因此撂荒演替的时间越长，群落的抗逆性和生态适应性越强。

在撂荒演替过程中，群落地下生物量主要集中在 0～60cm 土层，60～100cm 土层很少，100cm 以下为零。同时，土层之间也以表层最大，20～40cm 土层次之，40～60cm 土层偏少，随着土层深度的加深，根系生物量逐渐减少。

总之，随着演替的进行，群落的多度、盖度以及物种数目在逐渐增加，群落结构变得复杂，群落利用该地区自然资源的能力逐渐增强。总的来说，黄土丘陵区弃耕演替为进展演替，但要恢复为稳定的生态系统可能会经历很长一段时间，其间适当的人为正向干预可能会改变这种状况，并使演替进程大大缩短。该地区恶劣的自然条件，土壤贫瘠和气候干旱，特别是水土流失严重，使得群落还很不稳定，没有形成稳定的顶级群落。研究发现，在整个群落的演替过程中，4 种乡土植物达乌里胡枝子、铁杆蒿、长芒草和白羊草在群落中始终占据重要地位，是群落的优势种和亚优势种，并且对群落的稳定性有重要的价值。由此，建议在陕北的植被建设过程中以这 4 种乡土植物作为主要的首选物种。

15.3 陕北黄土丘陵区撂荒地群落演替多样性研究

生态恢复的目的是恢复生态系统固有的结构和功能，植物多样性的恢复是退化生态系统恢复与重建的重要内容与标志。其中群落中的物种多样性、物种丰富度是生态恢复的核心指标，因为物种多样性越高，生态系统抵御逆境和干扰的能力越强。众多研究表明，植被恢复过程中，多样性的变化规律不尽一致，因为植物群落的稳定性与植物多样性密切相关，植物物种多样性可以导致稳定性，生物多样性指数客观反映着群落演替的进程（陈灵芝，1993）。白文娟等研究了黄土丘陵沟壑区退耕地植被恢复过程中植物群落物种多样性的变化，结果表明，随着演替的进行，群落物种多样性呈增加趋势，但变化较平缓（白文娟等，2006）。一些研究也表明，随着演替时间的推移，群落的物种多样性逐渐上升，在群落演替的中后期达最大（马长明等，2004；王堃等，2000；高贤明等，1997；谢晋阳等，1997；李永宏，1995；杜国祯等，1991）。对生物多样性变化的研究，是保护与管理群落和生态系统的基础。由于环境因子对群落的物种组成有着深刻的影响，因此，群落的物种多样性必然要反映环境对群落的影响（左小安等，2006；陈文年等，2003）。它反映了群落组成和结构的变化，受到许多生态学家的重视（Waldhardt et al.，2003；Kitazawa et al.，2002）。干旱、半干旱地区生物多样性在发挥系统多种功能方面具有不可替代的作用，生物多样性的保护与恢复已成为目前科学研究的热点问题。

生物群落多样性研究始于20世纪初，当时的工作主要集中于群落中物种面积关系的探讨和物种多度关系的研究。1943年，Williams在研究鳞翅目昆虫物种多样性时，首次提出了“多样性指数”的概念，之后大量有关群落物种多样性的概念、原理及测度方法的论文和专著被发表，形成了大量的物种多样性指数，一度给群落多样性的测度造成了一定混乱。70年代以后，Whittaker（1972）、Pielou（1975）、Washington（1984）和Magurran（1988）等对生物群落多样性测度方法进行了比较全面的综述，对这个领域的发展起到了积极的推动作用。

生物多样性测定主要有三个空间尺度（谢国文等，2001；钱迎倩等，1994）：α多样性、β多样性、γ多样性。α多样性主要关注局域均匀生境下的物种数目，因此也被称为生境内的多样性（within-habitat diversity）。β多样性指沿环境梯度不同生境群落之间物种组成的相异性或物种沿环境梯度的更替速率，也被称为生境间的多样性（between-habitat diversity），控制β多样性的主要生态因子有土壤、地貌及干扰等。γ多样性描述区域或大陆尺度的多样性，是指区域或大陆尺度的物种数量，也被称为区域多样性（regional diversity）。

物种多样性是群落生物组成结构的重要指标，不仅可以反映群落组织化水平，而且可以通过结构与功能的关系间接反映群落功能的特征。物种多样性（species diversity）是指一个群落中的物种数目和各物种个体数目分配的均匀度，它具有两个涵义：其一是种的数目或丰富度（species richness），指一个群落或生境中物种数目的多寡；其二是种的均匀度（species evenness），指一个群落或生境中全部物种个体数目的分配状况，反映的是各物种个体数目分配的均匀程度。物种多样性是衡量一个植物群落种类组成丰富程度的一个重要指标，也是反应丰富度和均匀度的综合指标，是群落间相互比较的基础，并且群落的物种多样性与群落的稳定性具有重要的关系。长期以来人们深信群落的多样性导致稳定性，对于揭示群落演替规律具有重要的意义。物种多样性指数世界反映丰富度和均匀度的综合指标。

β多样性可以定义为沿着环境梯度的变化物种替代的程度（Whittaker，1972），很多学者（Magurran，1988；Wilson，1984；Wilson，1983；Whittaker，1977，1972，1960；Pielou，1975；MacArthur，1972，1965）对此进行过深入的研究。β多样性还包括不同群落间物件组成的差异，不同群落或某环境梯度上不同点之间的共有种越少，β多样性越大（Magurran，1988）。精确地测度多样性具有重要的意义，这是因为：①可以指示生境被物种分隔的程度；②β多样性的测定值可以用来比较不同地段的生境多样性；③β多样性与α多样性一起构成了总体多样性（overall diversity）或一定地段的生物异质性（Biotic heterogeneity）。

本书选用Patrick丰富度指数、多样性指数（Simpson、Shannon-Wiener）、Simpson优势度指数和均匀度指数（PieLou）对群落进行α多样性评价分析（钱迎倩等，1994）。采用Whittaker指数、Sorensenson相似性系数来分析撂荒演替过程中随着环境梯度变化物种的替代规律，旨在通过这些基础研究和实践工作，为研究区生态环境建设提供一定的理论指导。

15.3.1　群落的Patrick丰富度指数

图15-15是随弃耕年限的增加群落物种数目的幂函数变化趋势图。由图15-15可以看出，2004年在群落的演替过程中群落的物种数目在逐渐上升。这是因为在演替的初期，耕作土壤中存在着大量的一年生或两年生草本杂草的种子或繁殖体。它们首先在群落内生长并大量繁殖，并且在演替初期群落内物种之间的竞争很小，群落是一个相对开放的结构单位，各种物种都有机会侵入群落并占据一定的生态位，此后群落逐渐被一些多年生草本或半灌木、小灌木控制，优势种处在不断的变化当中，群落内竞争激烈，群落处在一个从稳定到不稳定的波动过程，群落的物种数目也在不断的变化。随着弃耕时间的增加，植被不断改善着群落生长的环境，群落结构变得复杂化，群落内竞争激烈，群落内物种间的依附性加强，难以形成优势种相当明显的群落，这样就为多数以低密度个体协同生存的物种提供了机会，并且群落中具有更狭窄的生态位宽度的种增加。所有这些都导致了群落物种数目的增加，导致了群落内种的丰富度的增加。2006年、2009年群落的丰富度较为稳定，基本上不发生明显的变化。影响物种丰富度的因素主要有历史因素、潜在定居者的数量（物种库的大小）、距离定居者来源地的远近（物种库距离）、群落面积大小和群落内物种的相互作用等（赵志模等，1990）。从前面的分析知道，撂荒地所在的研究区群落结构相对简单，大类群主要局限在高等植物，其中又以菊科、禾本科、豆科的为多，2006年、2009年群落丰富度变化较小主要是由于该区的物种库小、群落的生态环境恶劣以及群落内的相互作用导致。

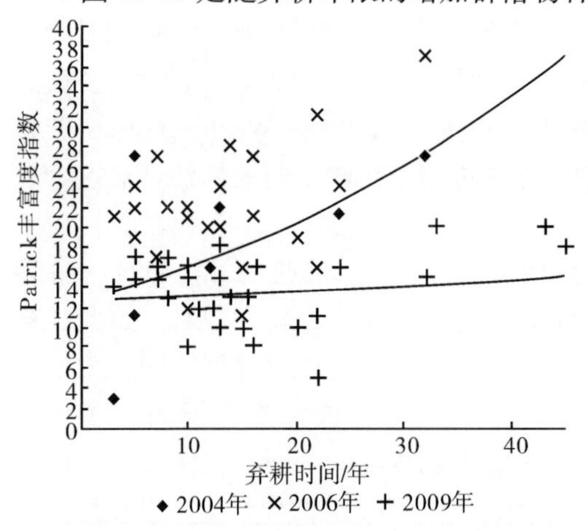

图15-15　Patrick丰富度指数随弃耕时间的变化

15.3.2　群落的 Simpson 多样性指数

Simpson 多样性指数是群落的 α 多样性概率的度量，又称为优势度指数，是群落物种集中性的度量。Simpson 多样性指数大，则说明群落的物种集中性高，即多样性程度低。在撂荒演替的过程中，2009 年的物种的集中性较为平稳，其 Simpson 多样性指数曲线几乎为一条和横轴平行的直线。2006 年 Simpson 多样性指数随着撂荒年限的增加（图 15-16），先呈现上升的趋势，这说明 2006 年群落中物种随着撂荒时间的延长其集中性在增加，其多样性在降低，也就是具有相同物种的趋势越来越明显；后期呈现下降的趋势。因此，撂荒演替使物种相对集中，不利丁物种多样性的增加。

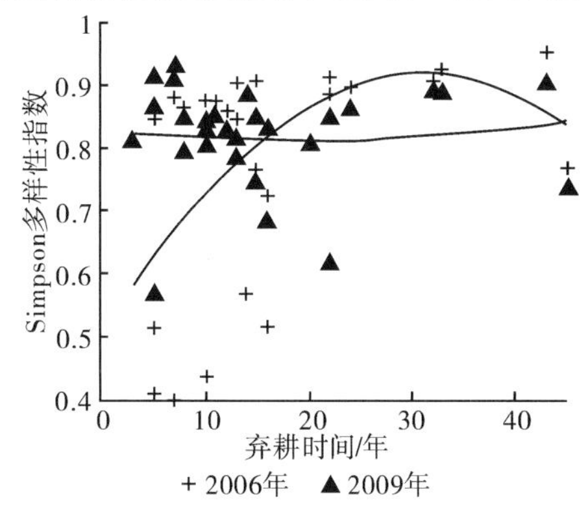

图 15-16　Simpson 多样性指数随弃耕时间的变化

15.3.3　群落的 Simpson 优势度指数

在群落中并不是所有生物在决定整个群落的性质和功能时都具有同样的重要性，只有比较少数的几个种或类群通过它们的数量变化和其他活动来发挥它们的主要影响和控制作用。因此，群落内的分类是基于生物区系分类（biota）而又超越其上的，即还要估价群落中各种生物或生物类群的实际重要性。如果某些物种或类群能通过它们在营养层次或其他功能层次中的地位大量控制能流并强烈影响其他物种或类群，它们就称为生态优势种（ecological dominants）。这些生态优势种可以通过适当的指标优势度指标排出它们的优势度（dominance）。生态优势度指数反映了各物种种群数量的变化情况，生态优势度指数越大，说明群落内物种数量分布越不均匀，优势种的地位越突出。

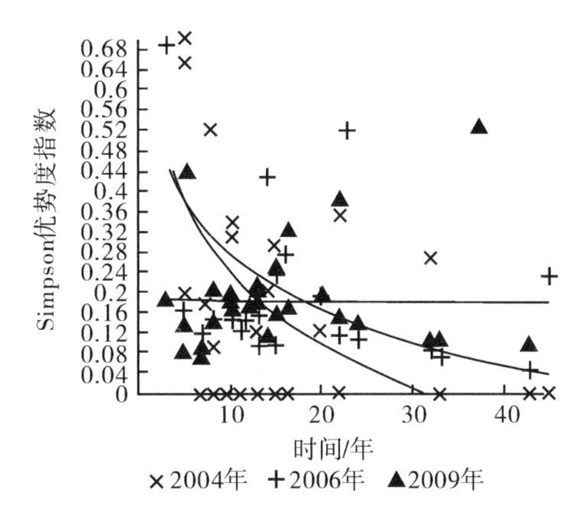

图 15-17　Simpson 优势度指数随弃耕时间的变化

图 15-17 表示了 2004 年、2006 年、2009 年群落的生态优势度指数。2006 年、2004 年 Simpson 优势度指数在演替过程中的变化趋势与多样性指数相反，即撂荒初期群落的优势度较大，随着植被恢复演替呈下降趋势，说明 2006 年、2004 年撂荒演替的前期，群落内物种数量分布不均匀，优势种对群落的稳定发挥着重要的作用，而随着时间的延长，群落中物种分布逐渐均匀，群落中优势种的地位逐渐降低。2009 年 Simpson 优势度指数随着撂荒演替时间的延长，几乎不发生变化，也就是说在该撂荒演替系列

中，群落中物种分布均匀，优势种的地位不突出。

15.3.4 群落的 Shannon-Wiener 指数

Shannon-Wiener 指数是群落的 α 多样性的信息度量，以计算信息中一瞬间一定符号出现的“不定度”作为群落多样性指数。当群落中种的数目增加和已存在种的个体数量分布越来越均匀时，这个不定度明显增加，多样性也就越大。理论上，处于平衡状态的群落最稳定，生物群落在结构上更复杂、物种更丰富，可以以不同的方式适应周围环境的变化，应该具有最大的多样性。也就是说，群落中全部的物种同样丰富，没有优势种，群落不存在数量上的等级分层，在相当长的一段时期间内保持各种群数目不变，即一方面任何一个种群的数目不会少到不能繁衍后代，以至于灭绝；另一方面，没有任何一个种群的数目会无限增长。但是实际上，多数长期存在的（即稳定的）生物群落，包含关键种和优势种，这些物种对群落中物质和能量转换起着主导作用，即群落中有等级结构。

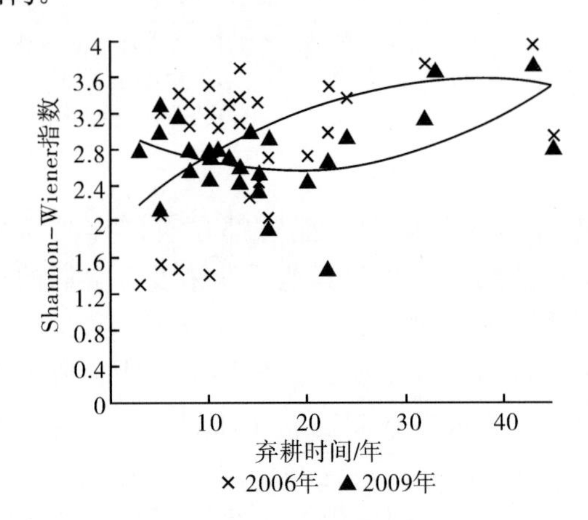

图 15-18 Shannon-Wiener 指数随弃耕时间的变化

随着撂荒演替时间的延长，2009 年和 2006 年的 Shannon-Wiener 指数呈现增加的趋势（图 15-18），所研究群落中种的数目增加和已存在种的个体数量分布越来越均匀，多样性大，群落中关键种和优势种明显，群落在结构上复杂、物种丰富，可以适应多变的环境。2004 年信息指数呈现降低的趋势，这种降低从演替的中期阶段开始，后期多样性最低。因此，在撂荒演替的早期，群落中关键种和优势种明显，群落在结构上复杂、物种丰富，而到后期，呈现相反的趋势，群落中没有关键种和优势种，适应和抵抗外界多变环境的能力和本身平衡能力较弱。

因此，两个年度中相同群落随着撂荒时间的延长其群落的关键种和优势种出现的“不定度”变化趋势不同，2006 年的“不定度”优于 2009 年的“不定度”。

因为 Shannon-Wiener 指数是群落的 α 多样性的信息度量，在此可以将多样性与稳定性结合起来分析（王顺庆等，2004）。稳定性概念的定义引起学者广泛争议，综合分析各种文献，学者使用的稳定性概念包括 3 个基本类型：①群落或生态系统在达到演替顶级后出现的能够进行自我更新和维持并使群落的结构、功能长期保持在一个较高的水平并且波动较小的现象；②群落或生态系统在受到干扰后维持其原来结构和功能状态、抵抗干扰的能力，称抵抗力稳定性；③群落或生态系统受到干扰后回到原来状态的能力，称为恢复力稳定性。其中①的稳定性概念主要与群落演替有关，②和③的稳定性概念主要关注植被在受到干扰后的反应，由于在定义中与干扰相联系，称其为干扰稳定性。在本研究中，三种概念的涵义都可以用来解释撂荒演替过程的稳定性变化。

早在 Clements（1936）研究群落演替时就已提出和使用群落演替稳定性，认为顶级群落是生物与环境在长期相互作用演变过程中相互适应和协调统一的产物，具有维持其结构和功能相对不变的稳定性。彭少麟（2003）等认为，顶极群落的稳定性一般要高于演替群落，植物物种多样性可以导致稳定性。较高的功能丰富度意味着不同功能型的植物互相之间更易于形成资源利用互补和生态位分化，减少了竞争，种间关系更易于保持稳定，资源利用效率高，使群落生产力维持在较高的水平。

MacArthur（1955）和Elton（1958）提出用群落中物种的多样性来度量群落的稳定性，他们认为群落在结构上更复杂，物种更丰富，也就更稳定，即各种物种以不同的方式适应周围环境的变化，更具稳定性（王顺庆等，2004）。退化生态系统的恢复与重建，总朝向高生物多样性的方向构建，而其关键则是植物多样性的构建（彭少麟，2003）。

从图15-18看出，随着撂荒时间的延长，群落的稳定性呈现增大的趋势。演替初期，群落的稳定性较小，随着撂荒时间的延长，群落中的物种数目呈现一个缓慢增加的趋势。在这个稳定时期，群落中各个种群大小不一定在一个正平衡点附近稳定，因为生物群落内部结构复杂，种内种间关系多变。但是从生态学意义上来看，生物群落是稳定的，这主要表现在物种数目的总数不变：一方面，任何一个种群的数量不会少到以至于不能繁衍后代，以至于灭绝；另一方面，没有一个种群会无限的增大。也就是说生物群落有一个稳定域，在这个稳定域范围内，多样性与稳定性正相关。从前面的群落特征等章节分析知道，撂荒演替群落的大类群、科属组成等基本上稳定在一定的范围。这主要是因为该区生态环境恶劣，能够生存、适应、繁衍的植物类群基本上都是通过种间、种内关系，物种与物种资源利用互补，完全适应了多变的生态环境。因此，群落的稳定性在逐渐增大，这对于陕北黄土丘陵区的植被恢复，无疑是一个好的开端。

15.3.5 群落的PieLou均匀度指数

群落的均匀度是指群落中不同种的个体（多度、盖度、生物量或者其他指标）分布的匀度程度。PieLou把均匀度（J）定义为群落的实测多样性（H）与最大多样性（H_{max}）之比。所谓的最大多样性（H_{max}），就是在给定物种（S）的条件下个体完全均匀分布的多样性。当两者完全相等时，均匀度指数为1，也就是说群落中物种分布最均匀，这种情况只出现在群落中资源均匀分配的情况下。因此，PieLou均匀度指数越大，说明群落内部资源分配越均匀，群落内个体获得资源的能力几乎相等，此时的群落内部几乎没有竞争。反之，说明群落内资源匮乏，物种之间竞争激烈。

从图15-19看出，2006年的前期阶段，群落中的Pielou均匀度指数随着撂荒演替时间的延长呈现上升的趋势。也就是说在撂荒演替的过程中，在2006年刚撂荒时，群落内资源分配不均性的概率大，物种之间为争夺资源、占据优势生态位而发生激烈的竞争，此时的群落极不稳定，而这种不稳定是由资源的不足引起的，这种竞争会促进正向演替的发生。随着撂荒时间的延长，群落的环境条件得到改善，群落内部的资源趋向于均匀化，物种之间的竞争也越来越小，因此其均匀度指数逐渐增大，而后期呈现的趋势和前期相反。而在2009年，群落内部环境比较匀质，物种之间的竞争不是很激烈，各个物种获得资源的能力相等。因此，其Peilou均匀度指数随着撂荒演替时间的延长呈现一条和横轴平行的直线。

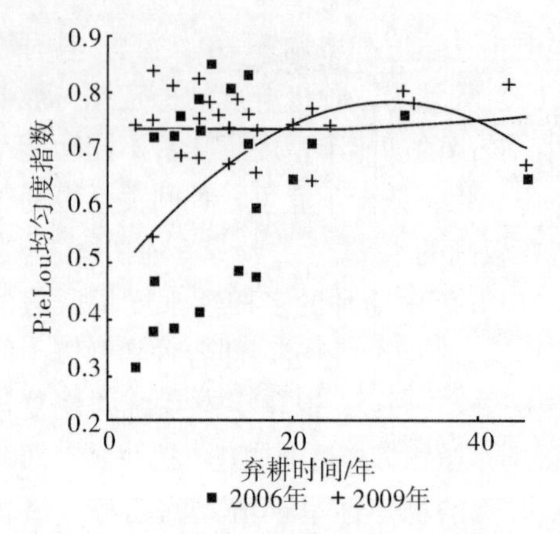

图 15-19　PieLou 均匀度指数随弃耕时间的变化

物种多样性指数与物种丰富度指数和均匀度指数密切相关，群落内物种组成越丰富，则多样性越大；另一方面，群落内有机体在物种间的分配越均匀，即物种均匀度越大，群落多样性值越大（郑师章等，1994）。丰富度指群落内种的绝对密度，而均匀度指群落内种的相对密度，多样性指数是物种水平上群落多样性和异质性程度的度量，能够综合反映群落物种多样性和各种间个体分布的均匀程度（白永飞等，2000）。在群落的演替过程中，多样性从早期阶段向后期阶段有逐渐增加的趋势，后期又呈现减小的趋势。由此可以看出随着弃耕年限的增加群落的多样性逐渐增大，并稳定在一个较高的水平，这说明群落的稳定性逐渐增大，群落逐渐变得成熟。后期资源等环境因子的变化，使多样性出现降低的趋势。

15.3.6　Whittaker 多样性指数

$$\beta W = S/m\alpha - 1 \tag{15-1}$$

如公式 15-1 所示，Whittaker 指数（βW）直观地反映了多样性与物种丰富度 S 之间的关系，S 为所研究系统中记录的物种总数，在本研究中为整个撂荒演替序列的全部物种数；$m\alpha$ 为各样本的平均物种数。当一个样地中的物种数目等于整个撂荒演替序列中的物种时，其 Whittaker 指数为零，这个样地的物种丰富度最大；而当一个样地中的物种数目越少时，其 Whittaker 指数越大。因此，该指数能从空间尺度对物种丰富度随着环境变化产生的影响加以分析。

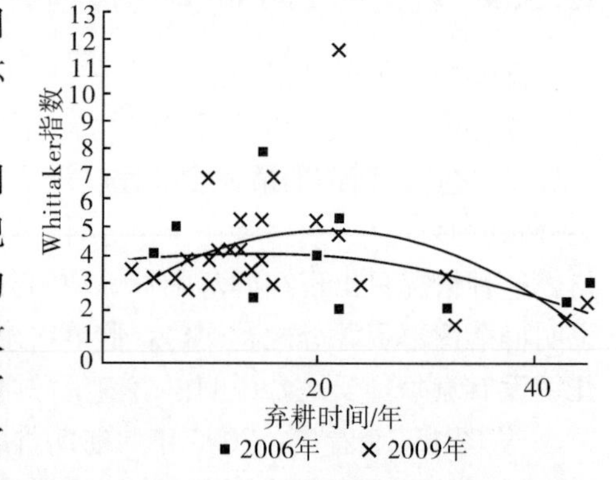

图 15-20　Whittaker 指数随弃耕时间的变化

研究中，2006 年、2009 年撂荒演替序列中的 Whittaker 指数随着撂荒时间的延长呈现逐渐减小的趋势（图 15-20）。在撂荒演替的初期和后期，其指数小，而在中间阶段，其指数大。说明在这个演替系列中，初期的物种丰富度大，随着撂荒演替时间的延长，其物种丰富度越来越小，后期物种丰富度又将增大。

15.3.7　Sorensenson 相似性系数

Sorensenson 相似性系数最早应用在植物区系地理学研究中。对于两个区域植物区系的比较分析，通常采用种（或科或属）相似性系数作为二者相似程度的数量指标。本研究中用 Sorensenson 系数来表示撂荒演替过程中随着演替时间的延长各个不同时间序列、空间位置群落共有种的相似程度。由于 Sorensenson 相似性系数公式中，分子表示两个群落都有的物种数量，分母是一个群落有但另外一个群落没有的物种的数量之和，因此反应的是撂荒演替序列中各个样地之间共有种数量的变化趋势，也就是说它主要测度了两个群落里面共有种的物种数量。

2006 年的样地中，样地 1（从未耕种）和其他样地的相似性系数小，而其他样地之间的相似性系数差别不是很大。由于 Sorensenson 相似系数反应的是撂荒演替序列中各个样地之间共有种数量的变化趋势，也就是说它主要测度两个群落里面共有种的物种数量，因此 2006 年的样地中，样地 1 和其他样地的共有物种少，而在其他的样地之间共有物种多。

β 多样性可以指示生境被物种隔离的程度，β 多样性的测定值可以用来比较不同地段的生境多样性。天然植被是在自然条件的影响下形成的，天然植被的演替是天然植被群落在气候、土壤等自然条件下变化发展的过程。在本研究中，虽然演替的时间相隔很长，如先从弃耕 3 年的样地 2 开始，到最长 45 年的样地 30，以至于从未耕种也就是从未撂荒的样地 1，群落之间的 Sorensenson 相似系数差别不是很大（表 15-5）。说明随着撂荒时间的延长，虽然微生境被隔离了，群落所在的空间地段不同，有的甚至坡向差别很大，但是群落里面物种被隔离的程度却不是很明显。这主要与大的气候条件有关，也与该区的植被类群相对简单、相对集中有一定的关系。就目前而言，研究地区除了自然因素外，人为活动（如放牧、人工取土）是影响群落简单的主要原因，群落间物种多样性在很大程度上受生境条件和人为活动的综合影响。

15.3.8　结论与讨论

植被恢复过程中，物种多样性的变化规律不尽一致。研究（马长明等，2004；王堃等，2000；高贤明等，1997；谢晋阳等，1997；李永宏，1995；杜国祯等，1991）表明：随着演替时间的推移，群落的物种多样性逐渐上升，在群落演替的中后期达最大。白文娟（2006）等研究了黄土丘陵沟壑区退耕地植被恢复过程中植物群落物种多样性的变化，结果表明：随着演替的进行，群落物种多样性呈增加趋势，但变化较平缓。李裕元（2004）研究黄土高原子午岭林区植被演替过程中物种多样性变化的结果表明：随着演替的进行，群落物种丰富度、植物多样性呈降低趋势。杜峰等（2005）对撂荒地恢复过程中群落结构进行的研究表明：群落植物种类组成并不是随着撂荒年限的增加而增加。随着撂荒年限的增加，Simpson、Shannon、Brillioiun 和 Dahl 多样性指数减小，群落的种数也趋向于减小，但 Whittaker 指数则表现为随着撂荒年限的增加而稳定地增大，两者相关极显著。郝文芳等（2005）研究表明，在弃耕地演替过程中，多样性指数、均匀度指数、丰富度指数在演替进行到第 9 年时达到最高值，9～40 年呈波浪式的降低趋势。

一般说来，多样性指数与丰富度、均匀度呈一定的正相关，物种多样性指数和群落优势度指数存在一定的负关联（马克平等，1995）。本研究中，群落的 Patrick 丰富度指数表明：群落丰富度随撂荒时间的延长变化较小；由群落的 Simpson 多样性指数可知撂荒演替使物种相对集中，不利于物种多样性的增加；撂荒初期群落的优势度较大，随着植被恢复演替，呈下降趋势；群落中物种分布均匀，优势种的地位不突出；群落的 Shannon-Wiener 指数呈现增加的趋势，随着撂荒时间的延长，群落的稳定性呈现增大

表 15-5　2006 年 Sorensenson 相似系数

	1	2	3	4	5	6	7	8	9	10	11	12	13	14	15	16	17	18	19	20	21	22	23	24	25	26	27	28	29	30
1	1.00																													
2	0.39	1.00																												
3	0.42	0.70	1.00																											
4	0.41	0.71	0.61	1.00																										
5	0.33	0.75	0.63	0.65	1.00																									
6	0.30	0.59	0.53	0.55	0.63	1.00																								
7	0.39	0.63	0.49	0.63	0.65	0.60	1.00																							
8	0.35	0.71	0.65	0.67	0.55	0.54	0.54	1.00																						
9	0.35	0.52	0.60	0.53	0.50	0.54	0.50	0.57	1.00																					
10	0.42	0.70	0.55	0.61	0.63	0.63	0.61	0.60	0.60	1.00																				
11	0.51	0.62	0.56	0.53	0.50	0.49	0.46	0.71	0.48	0.56	1.00																			
12	0.24	0.48	0.35	0.39	0.52	0.50	0.56	0.48	0.48	0.53	0.42	1.00																		
13	0.29	0.55	0.41	0.44	0.58	0.50	0.56	0.55	0.48	0.59	0.48	0.83	1.00																	
14	0.35	0.67	0.60	0.62	0.65	0.49	0.54	0.62	0.38	0.51	0.67	0.55	0.55	1.00																
15	0.48	0.67	0.57	0.63	0.74	0.50	0.63	0.62	0.49	0.65	0.58	0.50	0.61	0.67	1.00															
16	0.32	0.54	0.48	0.50	0.67	0.56	0.64	0.54	0.44	0.52	0.54	0.63	0.56	0.63	0.59	1.00														
17	0.33	0.62	0.60	0.52	0.70	0.65	0.71	0.62	0.62	0.65	0.51	0.60	0.73	0.51	0.62	0.63	1.00													
18	0.38	0.69	0.72	0.69	0.72	0.50	0.58	0.69	0.57	0.64	0.57	0.45	0.50	0.69	0.69	0.58	0.61	1.00												
19	0.26	0.59	0.47	0.45	0.63	0.63	0.60	0.54	0.49	0.53	0.49	0.64	0.71	0.59	0.65	0.61	0.71	0.50	1.00											
20	0.20	0.50	0.42	0.40	0.60	0.52	0.53	0.44	0.50	0.48	0.38	0.70	0.78	0.50	0.51	0.52	0.69	0.46	0.74	1.00										
21	0.41	0.53	0.52	0.63	0.60	0.45	0.43	0.67	0.53	0.52	0.53	0.44	0.50	0.53	0.63	0.50	0.52	0.69	0.50	0.40	1.00									
22	0.27	0.67	0.47	0.58	0.60	0.54	0.63	0.62	0.43	0.60	0.52	0.55	0.55	0.57	0.67	0.54	0.62	0.53	0.70	0.50	0.53	1.00								
23	0.29	0.50	0.54	0.42	0.53	0.57	0.57	0.60	0.55	0.59	0.55	0.71	0.65	0.60	0.60	0.62	0.59	0.55	0.74	0.60	0.56	0.65	1.00							
24	0.22	0.44	0.38	0.36	0.65	0.32	0.38	0.39	0.33	0.43	0.33	0.52	0.44	0.44	0.56	0.46	0.42	0.47	0.52	0.46	0.46	0.50	0.53	1.00						
25	0.33	0.46	0.42	0.51	0.52	0.47	0.59	0.42	0.42	0.49	0.42	0.47	0.37	0.50	0.51	0.63	0.41	0.47	0.51	0.38	0.44	0.54	0.60	0.43	1.00					
26	0.30	0.53	0.43	0.42	0.60	0.55	0.59	0.49	0.49	0.57	0.53	0.61	0.50	0.53	0.58	0.77	0.52	0.54	0.60	0.46	0.46	0.58	0.70	0.51	0.69	1.00				
27	0.33	0.46	0.45	0.36	0.48	0.43	0.59	0.42	0.50	0.53	0.46	0.47	0.42	0.46	0.47	0.63	0.45	0.47	0.47	0.38	0.44	0.42	0.60	0.35	0.74	0.73	1.00			
28	0.41	0.40	0.43	0.38	0.38	0.36	0.43	0.40	0.44	0.50	0.47	0.26	0.30	0.44	0.48	0.26	0.38	0.45	0.36	0.27	0.38	0.47	0.38	0.24	0.43	0.41	0.43	1.00		
29	0.47	0.44	0.39	0.42	0.46	0.36	0.39	0.44	0.44	0.47	0.48	0.34	0.34	0.48	0.64	0.41	0.34	0.49	0.36	0.25	0.57	0.44	0.42	0.36	0.40	0.45	0.43	0.48	1.00	
30	0.37	0.44	0.48	0.46	0.51	0.55	0.59	0.44	0.58	0.48	0.36	0.56	0.50	0.53	0.54	0.64	0.52	0.54	0.60	0.51	0.54	0.53	0.60	0.46	0.62	0.63	0.58	0.41	0.49	1.00

的趋势；群落的 PieLou 均匀度指数表明前，期随着弃耕年限的增加，群落的多样性逐渐增大，并稳定在一个较高的水平，后期多样性有降低的趋势。

β 多样性表示不同群落间物种组成的差异，不同群落或环境梯度上的共有种越少，β 多样性越大。本研究中，2006 年、2009 年撂荒演替序列中的 Whittaker 指数随着撂荒时间的延长呈现逐渐减小的趋势。虽然演替样地的时间相隔很长，但群落之间的 Sorensenson 相似系数差别不是很大。说明随着撂荒时间的延长，虽然微生境被隔离了，群落所在的空间地段不同，有的甚至坡向差别很大，但是群落里面物种被隔离的程度却不是很明显。

因此，从本研究的分析结果可看出，在植物群落的恢复演替过程中，群落多样性的变化是一个复杂的动态过程，群落内或者群落间物种多样性组成的变化是群落与环境相互作用的结果，物种多样性在很大程度上受生境条件和人为活动的综合影响。同时，也充分表明弃耕撂荒后，当地植被和环境正处在一个自行恢复的过程中。

15.4 陕北黄土丘陵区撂荒地恢复演替的生态位演变

本节主要对撂荒演替过程中物种生态位宽度和重叠进行分析，以确定在不同弃耕时间的群落中植物种适应资源环境的能力以及对生态因子的占有能力和竞争能力，分析撂荒演替过程中物种的替代机制和植被的恢复机制。了解群落内各主要种群对资源利用方面的相互关系，掌握种群的竞争机制和规律，为撂荒地植被恢复提供基础理论。

15.4.1 撂荒演替过程中种群的生态位宽度分析

生态位宽度是度量种群对资源环境利用状况的尺度，种群生态位宽度大，对环境的适应能力越强，对资源的利用越充分。相反，种群生态位宽度小，在资源环境中处于劣势。在可利用资源量较少的情况下，生态位宽度一般应该增加，使种群得到足够的资源；在资源丰富时，可以选择性利用资源，生态位变窄（李登武等，2005）。在多维研究中，生态位宽度常表示为被一个种群所利用的不同资源位的总和，体现了种群在群落中的竞争地位。本研究选择重要值综合指标作为资源利用的参数，得出的生态位宽度值具有多维的意义。

表 15-6 种群的生态位宽度

物种	生态位宽度	物种	生态位宽度	物种	生态位宽度
阿尔泰狗娃花	24.25	多茎委陵菜	5.06	白花草木樨	1
铁杆蒿	24.18	杠柳	4.01	鹅观草	1
达乌里胡枝子	21.85	鸦葱	3.96	秦岭沙参	1
长芒草	20.00	黄芪	3.93	早开堇菜	1
紫花地丁	14.03	山野豌豆	3.83	山野葡萄	1
山苦荬	13.83	风毛菊	3.80	枸杞	1
冰草	12.53	大针茅	3.78	狼牙刺	1
华隐子草	12.49	野亚麻	3.49	苣荬菜	1
无芒隐子草	12.30	火绒草	3.34	稗草	1

续表

物种	生态位宽度	物种	生态位宽度	物种	生态位宽度
棘豆	11.61	异叶败酱	3.33	田旋花	1
茭蒿	10.96	披针叶黄花	2.98	苦苣菜	1
老鹳草	10.56	披碱草	2.98	沙棘	1
猪毛蒿	10.39	小花棘豆	2.84	茜草	1
米口袋	9.90	毛莨	2.61	大叶樟	1
硬质早熟禾	9.76	柴胡	2.57	獐牙菜	1
白羊草	9.44	草麻黄	2.56	直立黄芪	1
细叶远志	9.24	旱芦苇	2.22	鸡峰黄芪	1
草木樨状黄芪	9.08	祈州漏芦	2.17	心叶霪羊霍	1
狗尾草	9.04	木贼	2.15	地构叶	1
狭叶米口袋	8.87	艾蒿	2.05	扁核木	1
地锦	7.96	草地风毛菊	1.98	榆树	1
刺儿菜	6.78	毛苕子	1.77	黄芩	1
苦荬菜	6.51	抱茎苦荬菜	1.67	拉拉藤	1
二裂委陵菜	6.30	尖叶胡枝子	1.57	细叶毛莨	1
甘草	6.01	狭叶艾蒿	1.42	黄花草木樨	1
香青兰	5.55	岩黄芪	1.31	多花胡枝子	1
蒲公英	5.54	白草	1.13	阴行草	1
中华委陵菜	5.44	南牡蒿	1	硬皮葱	1
灌木铁线莲	5.39	白莅蒿	1	芨芨草	1
草地早熟禾	5.37	狼尾巴花	1	野大豆	1

种群的生态位宽度见表15-6。在整个群落中，生态位宽度最宽的阿尔泰狗娃花和铁杆蒿种群，分别为24.25和24.18；达乌里胡枝子的生态位宽度为21.85；长芒草的宽度为20；山苦荬的宽度为13.83，山苦荬是撂荒16年样地的优势种，由于其数量个体较多而占据了较多的资源；冰草的生态位宽度为12.53，它是撂荒10年的优势种，冰草的分蘖能力很弱，但是由于其个体相对于其他个体较高，占据着空间上优势的位置。猪毛蒿的生态位为10.39；白羊草的生态位宽度也较宽；南牡蒿虽然是未耕样地的优势种，其生态位宽度为1，主要是因为它只在未耕的样地里面出现，在演替过程中不同斑块分布的概率低导致了生态位较窄。这几种植物种群均是群落的优势种或者亚优势种，它们对群落的结构和群落环境的形成有明显的控制作用。

还有几种种群如无芒隐子草、茭蒿、老鹳草、草木樨状黄芪、刺儿菜，它们只是撂荒演替阶段的亚优势种，生态位宽度分别为12.3、10.96、10.56、9.07、6.78，其生态位宽度也较宽。

但是也有一些植物种，既不是优势种也不是亚优势种，但是它们的生态位宽度超过了部分的优势种或者亚优势种。例如，紫花地丁的生态位较宽，为14.03，它的生态位较宽主要是因为其数量个体较多所致；华隐子草的生态位为12.49，其较宽是因为分蘖能力较强，使得有较多的分蘖枝，占据了一定的优势地位。

生态位居于中间位置的种群是棘豆、米口袋、硬质早熟禾、细叶远志、狗尾草、地锦等；有一些种群其生态位宽度居于稍靠后的位置，如苦荬菜、二裂委陵菜、甘草、香青兰、蒲公英、中华委陵菜、灌木铁线莲、草地早熟禾、多茎委陵菜、杠柳、鸦葱、黄芪、山野豌豆、风毛菊、大针茅、野亚麻、火绒草、异叶败酱、披针叶黄花、披碱草、小花棘豆、毛茛、柴胡、草麻黄、旱芦苇、祈州漏芦、木贼、艾蒿。还有一些植物在群落中的生态位较窄，如草地风毛菊、毛苕子、抱茎苦荬菜、尖叶胡枝子、狭叶艾蒿，它们的生态位宽度在2.0以下。白莅蒿、狼尾巴花等33种植物种群的生态位宽度为1，其值最小。

生态位宽度是度量植物种群对环境资源利用状况的尺度，一个物种的生态位越宽，该物种的特化程度就越小，也就是说它更倾向于一个泛化种；相反，一个物种的生态位越窄，该物种的特化程度就越强，即它更倾向于一个特化种。特化种生态位窄，在资源竞争中则处于劣势（王刚，1984）。分析表15-6可以看出，大部分样地生态位最宽的物种是优势种或者亚优势种，这些优势种在控制群落性质和环境方面起着主导作用，对资源环境利用较为充分，对环境的适应能力强，在竞争中处于优势地位，是泛化种，特化程度小，才能适应多变的环境，所以才能成为优势种或者亚优势种。但是也有一些样地，群落中生态位宽度最宽的并不是优势种或者亚优势种，因此是不是意味着这些群落不稳定，暗示着有群落继续演化的可能？其结果有待于进一步研究。

由表15-6看出，南牡蒿是撂荒演替阶段的偶见种，出现与生态环境的改变有关。南牡蒿只出现在从未耕种的样地，生态位宽度窄，从群落结构分析的数据也可以知道，在耕种后撂荒的样地中，南牡蒿不再出现，所以可以认为南牡蒿只出现在没有扰动的地段。耕种等措施会干扰南牡蒿的生长环境，使得该物种在后期的演替阶段灭绝。在撂荒地植被恢复过程中，生态位宽度较大的物种生境的适应能力较强，是撂荒演替阶段的稳定种，它们分别的范围也较广，尤其是达乌里胡枝子、铁杆蒿、阿尔泰狗娃花、长芒草等种群。

从整个演替进程分析，撂荒早期出现的物种（以优势种分析）如猪毛蒿，生态位宽度相对于稍晚一点时间段出现的优势种如达乌里胡枝子、铁杆蒿、阿尔泰狗娃花、长芒草等种群，其生态位宽度较窄，是撂荒演替的先锋种。同时，撂荒演替后期出现的物种如杠柳、尖叶胡枝子、灌木铁线莲等，生态位宽度也较窄。因此，在撂荒演替的早期阶段和晚期阶段出现的物种，其生态位宽度较窄；而整个阶段的稳定种如达乌里胡枝子、铁杆蒿、阿尔泰狗娃花、长芒草等，其生态位较宽。

从表15-6也可以分析得出，优势种的生态位宽度不一定是最宽的，只有那些在撂荒演替阶段出现频率较高，且为优势种或者亚优势种的概率较大的物种，其生态位宽度才较宽。因此，物种适应环境是多方面的，环境因子对植物群落的影响是复杂的，在对环境资源占有的过程中，有许多不定性的因素存在。

15.4.2 撂荒演替过程中种群的生态位重叠分析

生态位重叠是表明不同物种利用生态资源能力异同性的一个指标。生态位重叠值越大，表明两个物种利用资源的能力越相似，即生态位重叠是两个种在其与生态因子联系上的相似性。一般说来，如果两个种的生态位重叠越多，这两个种与其他物种的生态位重叠一般也较大，说明生态位宽度最大的种与其他种的生态位重叠也较大。

本节主要选择生态位宽度较宽的30种植物（表15-7），分析它们之间物种生态位的重叠，旨在通过物种之间的生态位重叠研究，分析撂荒演替的驱动机制。

表 15-7　计测生态位重叠指数的物种

序号	物种	序号	物种	序号	物种	序号	物种	序号	物种
1	白羊草	7	阿尔泰狗娃花	13	紫花地丁	19	草地早熟禾	25	狭叶米口袋
2	达乌里胡枝子	8	茭蒿	14	米口袋	20	棘豆	26	香青兰
3	草木樨状黄芪	9	冰草	15	甘草	21	刺儿菜	27	蒲公英
4	铁杆蒿	10	猪毛蒿	16	山苦荬	22	二裂委陵菜	28	地锦
5	中华委陵菜	11	细叶远志	17	华隐子草	23	老鹳草	29	苦荬菜
6	长芒草	12	硬质早熟禾	18	无芒隐子草	24	狗尾草	30	灌木铁线莲

从表 15-8 看出，白羊草和达乌里胡枝子生态位重叠最多，其次是和无芒隐子草重叠多，接着是和铁杆蒿、长芒草、阿尔泰狗娃花、米口袋、蒲公英和灌木铁线莲重叠，且重叠程度相等。说明白羊草和达乌里胡枝子对资源有相同的需求，它们之间的竞争最为剧烈；其次和无芒隐子草竞争激烈；白羊草和铁杆蒿等 6 种植物的资源需求相等；白羊草和苦荬菜间生态位不重叠，和其他几种植物如草木樨状黄芪等重叠程度较前面几种物种间少。

达乌里胡枝子和铁杆蒿、长芒草、阿尔泰狗娃花的生态位重叠最多，其值为 0.8；其次是和紫花地丁、华隐子草和无芒隐子草，其值为 0.7；和棘豆的重叠值为 0.6；和冰草的重叠值为 0.5。达乌里胡枝子和草木樨状黄芪、长芒草、阿尔泰狗娃花、米口袋、蒲公英、灌木铁线莲、细叶远志、甘草、山苦荬、狭叶米口袋的重叠值均为 0.4，和茭蒿、硬质早熟禾等植物的重叠值均在 0.3 以下，重叠程度较少。

相比于前面两种物种，草木樨状黄芪和群落中物种的重叠程度小，主要是因为草木樨状黄芪不是群落的优势种或者亚优势种。草木樨状黄芪和铁杆蒿、阿尔泰狗娃花、冰草、硬质早熟禾、狗尾草重叠的程度最多，其值为 0.5；和其余物种的重叠程度最少；和草地早熟禾不重叠。

铁杆蒿和其他物种的重叠也较多，如和长芒草、阿尔泰狗娃花的重叠最多，为 0.8；和紫花地丁的重叠值为 0.7；和茭蒿、冰草的重叠值为 0.6；和硬质早熟禾、米口袋、山苦荬、华隐子草、无芒隐子草的重叠为 0.5；和细叶远志、老鹳草、狗尾草的重叠值为 0.4。相对于前面几种植物，铁杆蒿和其他物种的重叠程度较小。

中华委陵菜和其他物种的重叠程度较少，其中和猪毛蒿、狗尾草、蒲公英、苦荬菜均不重叠；和草地早熟禾重叠程度最大，重叠值为 0.5；其次是长芒草、米口袋、细叶远志、棘豆，重叠值为 0.4。

长芒草和阿尔泰狗娃花的重叠最多；其次是阿尔泰狗娃花和华隐子草；接着是茭蒿、山苦荬、无芒隐子草和冰草；最后是细叶远志、硬质早熟禾、草地早熟禾、二裂委陵菜、老鹳草和灌木铁线莲。长芒草和其他几个物种的重叠较少，重叠值在 0.3 以下。

阿尔泰狗娃花和紫花地丁、山苦荬的重叠值为 0.7；和冰草、硬质早熟禾、华隐子草、棘豆的重叠值为 0.6；和茭蒿、猪毛蒿、米口袋、无芒隐子草、刺儿菜、二裂委陵菜的重叠值为 0.5；和细叶远志、二裂委陵菜、老鹳草、狗尾草、地锦、灌木铁线莲的重叠值为 0.4；和剩余几个物种的重叠值为 0.3。

茭蒿和冰草的重叠最多，其值为 0.6；和山苦荬的重叠值为 0.5；和猪毛蒿、草地

表 15-8　主要植物种生态位重叠指数

1	2	3	4	5	6	7	8	9	10	11	12	13	14	15	16	17	18	19	20	21	22	23	24	25	26	27	28	29	30	
1	1.0																													
2	0.7	1.0																												
3	0.2	0.4	1.0																											
4	0.4	0.8	0.5	1.0																										
5	0.2	0.3	0.1	0.3	1.0																									
6	0.4	0.8	0.4	0.8	0.4	1.0																								
7	0.4	0.8	0.5	0.8	0.3	0.8	1.0																							
8	0.2	0.3	0.2	0.6	0.4	0.5	0.5	1.0																						
9	0.2	0.5	0.5	0.6	0.1	0.5	0.6	0.6	1.0																					
10	0.1	0.3	0.3	0.3	0.0	0.3	0.5	0.4	0.5	1.0																				
11	0.3	0.4	0.1	0.4	0.4	0.4	0.4	0.2	0.2	0.2	1.0																			
12	0.1	0.3	0.5	0.5	0.1	0.4	0.6	0.2	0.5	0.3	0.3	1.0																		
13	0.3	0.7	0.4	0.7	0.3	0.7	0.7	0.3	0.5	0.2	0.4	0.5	1.0																	
14	0.4	0.5	0.2	0.5	0.4	0.6	0.5	0.3	0.3	0.1	0.4	0.4	0.7	1.0																
15	0.3	0.4	0.4	0.3	0.1	0.3	0.3	0.2	0.1	0.3	0.1	0.1	0.0	0.1	1.0															
16	0.2	0.4	0.3	0.5	0.2	0.5	0.7	0.5	0.5	0.3	0.3	0.7	0.5	0.6	0.2	1.0														
17	0.6	0.7	0.2	0.5	0.2	0.7	0.6	0.3	0.2	0.2	0.4	0.1	0.3	0.3	0.5	0.3	1.0													
18	0.6	0.7	0.3	0.5	0.1	0.5	0.5	0.3	0.4	0.4	0.4	0.2	0.2	0.2	0.7	0.4	0.7	1.0												
19	0.1	0.3	0.0	0.3	0.5	0.4	0.3	0.4	0.2	0.1	0.4	0.1	0.5	0.5	0.1	0.3	0.3	0.1	1.0											
20	0.3	0.6	0.3	0.6	0.4	0.7	0.6	0.3	0.3	0.2	0.2	0.5	0.8	0.6	0.1	0.6	0.4	0.2	0.4	1.0										
21	0.1	0.2	0.2	0.2	0.1	0.2	0.5	0.2	0.2	0.4	0.2	0.6	0.2	0.4	0.3	0.8	0.2	0.3	0.1	0.4	1.0									
22	0.2	0.3	0.4	0.2	0.1	0.4	0.5	0.1	0.2	0.3	0.2	0.5	0.4	0.2	0.0	0.4	0.2	0.1	0.1	0.3	0.4	1.0								
23	0.1	0.3	0.3	0.4	0.2	0.4	0.4	0.3	0.3	0.6	0.3	0.3	0.4	0.3	0.2	0.3	0.2	0.2	0.4	0.4	0.3	0.3	1.0							
24	0.0	0.3	0.5	0.4	0.0	0.3	0.4	0.3	0.4	0.5	0.2	0.5	0.3	0.1	0.5	0.2	0.1	0.4	0.1	0.2	0.3	0.3	0.5	1.0						
25	0.3	0.4	0.3	0.3	0.1	0.3	0.4	0.3	0.6	0.7	0.2	0.2	0.4	0.3	0.1	0.3	0.2	0.2	0.3	0.3	0.3	0.3	0.6	0.3	1.0					
26	0.1	0.2	0.2	0.2	0.1	0.3	0.3	0.4	0.1	0.3	0.1	0.3	0.3	0.2	0.1	0.4	0.1	0.1	0.1	0.3	0.3	0.6	0.3	0.5	0.3	1.0				
27	0.4	0.3	0.2	0.1	0.0	0.1	0.3	0.1	0.2	0.3	0.3	0.5	0.3	0.4	0.0	0.5	0.1	0.2	0.0	0.3	0.7	0.4	0.2	0.1	0.5	0.3	1.0			
28	0.1	0.2	0.4	0.3	0.1	0.3	0.4	0.3	0.4	0.7	0.2	0.4	0.2	0.1	0.1	0.3	0.1	0.2	0.1	0.2	0.4	0.4	0.6	0.4	0.6	0.4	0.3	1.0		
29	0.0	0.2	0.3	0.3	0.0	0.2	0.3	0.1	0.1	0.2	0.4	0.5	0.3	0.2	0.0	0.4	0.1	0.1	0.1	0.1	0.3	0.3	0.5	0.5	0.1	0.3	0.3	0.3	1.0	
30	0.4	0.4	0.1	0.3	0.2	0.4	0.4	0.1	0.2	0.1	0.3	0.1	0.1	0.2	0.3	0.3	0.4	0.5	0.1	0.2	0.1	0.3	0.1	0.2	0.0	0.1	0.0	0.2	0.1	1.0

早熟禾、香青兰的重叠值为 0.4；其余值在 0.3 以下。冰草和狭叶米口袋的重叠最大，其值为 0.6；和猪毛蒿、硬质早熟禾、紫花地丁、山苦荬的重叠值为 0.5；和无芒隐子草、狗尾草、地锦的重叠值为 0.4；和其余物种的重叠值在 0.3 以下。

猪毛蒿和狭叶米口袋、地锦重叠较多，重叠值为 0.7；和老鹳草重叠值为 0.6；和狗尾草重叠值为 0.5；和无芒隐子草、刺儿菜的重叠值为 0.4；和其余物种的重叠值均在 0.3 以下，重叠较少。

硬质早熟禾和山苦荬重叠值为 0.7，是群落中的最大值；和刺儿菜的重叠值为 0.6；和紫花地丁、棘豆、狗尾草、蒲公英、苦荬菜的重叠值为 0.5；和米口袋、地锦的重叠值为 0.4；其余的在 0.3 以下。

分析表 15-8 可以总结出，生态位重叠较多的物种大多数是优势种或者亚优势种，如白羊草、达乌里胡枝子、铁杆蒿、长芒草、阿尔泰狗娃花等物种，它们之间重叠较多，它们和其他的植物群落间的重叠也较多。这主要是因为这些物种是群落的优势种，对资源的需求占有优势，它们之间对资源需求的相似性较多，之间的竞争较为剧烈。同时，演替早期出现的物种和晚期出现的物种，其生态位重叠也较小。

研究区生态环境恶劣，显然物种对资源的需求和利用受到限制，物种间必然会展开对资源的争夺，这种竞争使得群落朝着有利于资源利用最大化的方向发展，促使群落优势种更替。从前面的群落结构分析知道，撂荒地群落的演替是正向的进展演替。因此，这种优势种的更替对群落的发展是有利的，这种资源生态位重叠导致的竞争促使了群落的发展变化，生态位重叠导致的种间竞争是群落发展变化的主要驱动力。

15.4.3　结论与讨论

生态位宽度主要反映种群对环境的适应状况或对资源的利用程度，种群生态位宽度越大，对环境的适应能力越强，对资源的利用越充分。相反，种群生态位宽度越小，在资源环境中越处于劣势。本研究中，大部分样地生态位最宽的物种是优势种或者亚优势种，这些优势种在控制群落性质和环境方面起着主导作用，对资源环境利用较为充分，对环境的适应能力强，在竞争中处于优势地位。例如，达乌里胡枝子、长芒草、阿尔泰狗娃花、铁杆蒿在整个演替过程中，生态位宽度基本上比较宽，是撂荒演替过程中的泛化种，而白羊草、无芒隐子草、茭蒿、冰草、猪毛蒿的生态位宽度次于达乌里胡枝子等物种，这几种植物的泛化程度略小于猪毛蒿等 4 种植物。因此，在研究区，生态环境和资源比较适合达乌里胡枝子、长芒草、阿尔泰狗娃花、铁杆蒿等物种，其次是白羊草、无芒隐子草、茭蒿、冰草、猪毛蒿等物种。

生态位重叠作为衡量种间生态相似性的指标与种间竞争存在一定的联系，生态位重叠程度较高，表明该群落中的主要种群对生态因子有相似的要求。本研究中，优势种和其他物种重叠较多，优势种是演替过程的泛化种，群落的发生、发展和演替过程是环境对物种自然选择的过程，在环境压力和种间相互作用的双重作用下，每一物种通过种间竞争来选择和适应适合自己生存的资源生态位。因此，对环境的适应是物种生存发展的必要条件，环境的异质性为物种的生存发展带来了机遇和挑战，物种必须采取相应的对策以适应环境。在植被演替过程中，不同的生态适应导致植物群落不断发展和相互更替，这正是植被演替的生态学机理所在。在植被演替过程中，群落的发展变化主要是通过优势种的更替表现出来的，而最根本的是通过群落中种群的替代来实现的，植物种群的替代是通过种间竞争、物种可获得资源量的大小来实现的，导致群落中物种生态位的分化，是弃耕地植被恢复过程中物种相互替代的主要驱动力。

15.5　陕北黄土丘陵区撂荒地土壤含水量的时空演变

本节主要研究陕北黄土高原不同撂荒年限弃耕地的土壤含水量和土壤容重的变化规律，为该地区植被建设和生态建设提供一定的基础理论。

15.5.1　安塞县 2004 年至 2007 年的月降水量和年降水量

由图 15-21 可知，安塞县 2004 年的月最大降水量在 8 月份，为 179.9mm；次之在 7 月份，为 151.2mm；最少在 2 月份，全月没有一滴降水；3 月份也仅有 0.8mm 的降水量；4 月份为 4.3mm；5 月份为 19.3mm。

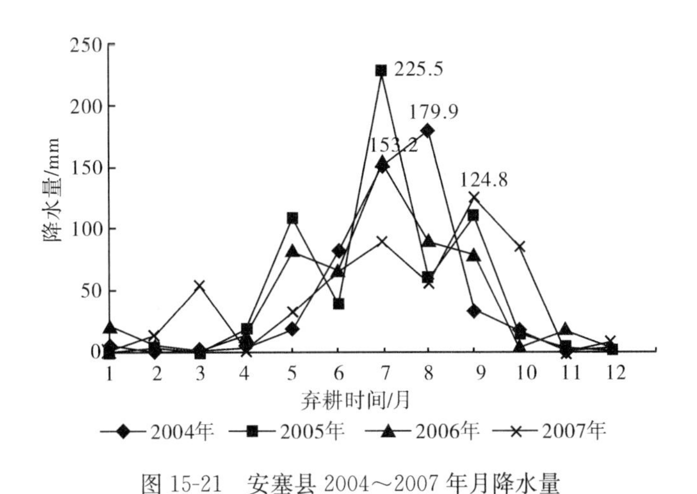

图 15-21　安塞县 2004～2007 年月降水量

2005 年降水量最大的几个月依次为：7 月（225.5mm）>8 月（109.7mm）>5 月（108.7mm）；春季最小降水量在 1 月份和 3 月份，为 0mm，2 月份为 4mm，4 月份为 18.6mm。

2006 年降水量最大的几个月依次为：7 月（153.2mm）>8 月（90.0mm）>5 月（82.1mm）；春季最小降水量在 3 月份，为 1.8mm，2 月份为 5.2mm，4 月份为 13.7mm。

2007 年降水量最大的几个月依次为：9 月（124.8mm）>7 月（89.4mm）>10 月（85.3mm）；春季最小降水量在 1 月份，为 0.9mm，2 月份为 5.2mm，4 月份为 3.0mm。相比 2004 年、2005 年、2006 年，2007 年的春季降水较多，在 3 月份为 55.0mm，2 月份为 13.0mm。但是对于蒸发力远大于降水量，而地下水埋藏很深的黄土高原，这点降水是远远不够的。这 4 年，春季降水普遍偏少，会造成严重的春旱，对农作物、植被的返青以及当年的生长发育都会产生一定的影响。

从图 15-22 看出，2004 年安塞县市为丰水年，2007 年时为枯水年，4 年的年降水量依次为：2004 年>2005 年>2006 年>2007 年。

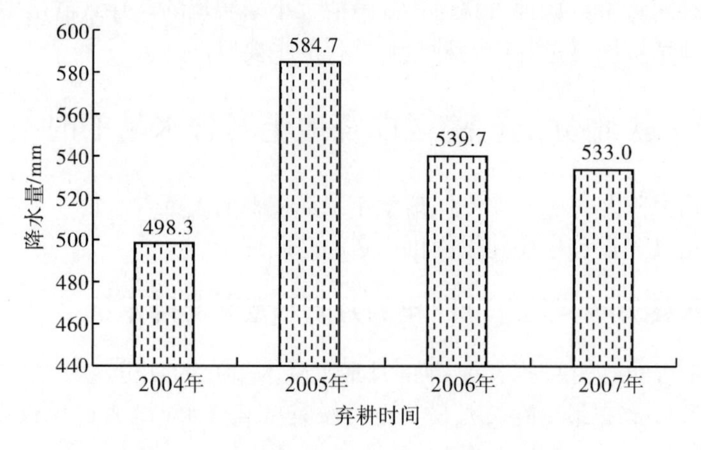

图 15-22　安塞县 2004～2007 年年降水量

15. 5. 2　撂荒演替过程中土壤含水量的垂直变化规律

因为水分的垂直变化各个曲线之间相隔很近，为了使图像更清楚，将各个土层的土壤含水量的曲线放置在两个图上，由于坐标轴的刻度一致，左右两个图相比较就可以看出土层之间曲线的趋势。本节以 2006 年 5 月水分为对象，进行撂荒演替过程中土壤含水量的垂直变化规律研究。

2006 年研究地土壤含水量在垂直剖面上从大到小二项式拟合的趋势依次是（图 15-23，图 15-24）：80～100cm>60～80cm>40～60cm>20～40cm>10～20cm>5～10cm>0～5cm 土层。说明在撂荒地演替过程中，同一演替阶段，不同土层土壤含水量从大到小的顺序依次是：80～100cm>60～80cm>40～60cm>20～40cm>10～20cm>5～10cm>0～5cm土层。

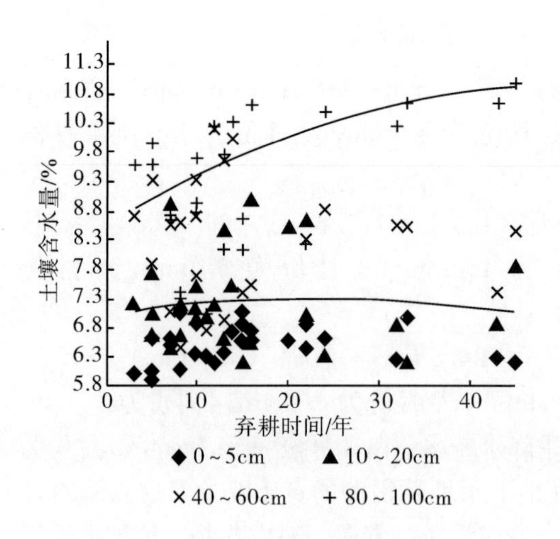

图 15-23　弃耕地土壤含水量的垂直分布

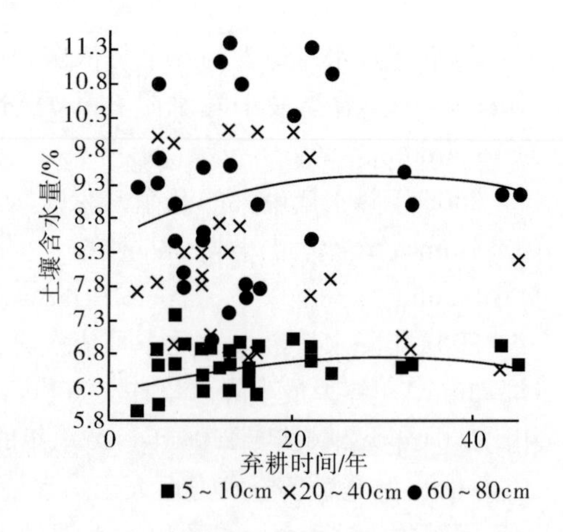

图 15-24　弃耕地土壤含水量的垂直分布

10～20cm、5～10cm、0～5cm 三个土层相互之间离得很近，土壤含水量偏低，曲线离横轴很近，这三个土层都是表土层。整个土层基本上是随着土层深度的加深，土壤含水量呈现增加的趋势，这主要是由于 5 月份降水量较 7～9 月份少，植被正值生长初期，需水多，表层水分被消耗的多。表层水分含量少，但是在 80～100cm 土层，土壤含水量也较低，这主要是因为 5 月份正处于春旱的末期，植被消耗的水分主要来自 2005 年降水的蓄积，土壤水分没有被及时补充。

研究（郝文芳等，2002）表明，土壤表层水分易受环境变化的影响，深层水分相对稳定。王国梁（2002）等研究认为，黄土高原土壤水分垂直流动及其在剖面中的分布状况，可大体分为 3 个层次：一为土壤水分交换活跃层，此层位于厚度 20cm 左右的土体表层，与大气交换十分活跃，土壤湿度与大气密切相关；二为土壤水分双向补偿层，此层变动于 20～150cm 之间，受降水的下行入渗和水分的上行蒸发的补给，经常处于增湿和失水的不稳定状态；三为土壤水分相对稳定层，此层位于 150cm 以下，该层水分主要受植物根系吸水影响，其变化可以较好地反映植物的耗水情况。刘康（1990）等根据各层土壤水分的变异系数，将土壤剖面划分为 3 个层次：①土壤水分活跃层（9～40cm），主要受气候条件影响，变异较大；②40～120cm 为土壤水分利用层，土壤水分变异最大；③土壤水分补充调节层（120～300cm）。韩仕峰（1989）等将剖面水分分布划分为速变层、活跃层、次活动层和相对稳定层 4 个层次：土壤水分速变层处于 0～20cm 土层，该层完全受气象条件制约；活跃层一般处于 20～100cm，干湿变化幅度大，根系分布密集，水分利用快且多；土壤水分次活动层一般在100～200cm，该层对植物供水较强；相对稳定层处于最下层，水分亏缺主要是因为植物强烈耗水引起的。尽管这些结论是以刺槐（*Robinia pseudoacacia*）为研究对象总结出的，但是基本上代表了土壤含水量在垂直剖面的变化趋势，可以由此来理解和推断草地水分的变化趋势。研究样地取样深度为 100cm，基本上处于水分的易变层，水分的分异除与降水、植物消耗有关外，还受大气湿度的影响。5 月份正值多风季节，0～100cm 土层土壤水分受空气干燥和多风等因素影响也较为剧烈。

几个土层的变化趋势拟合曲线也表现出不同的趋势：80～100cm 土层，土壤含水量随着撂荒年限的递增呈现升高的趋势，且比较明显；60～80cm、10～20cm、5～10cm 三个土层的趋势一致，撂荒演替阶段中先缓慢升高，到了演替的后期又缓慢降低，但是这种升高和降低的趋势不明显，几乎成一条直线；而 40～60cm、20～40cm、0～5cm 三个土层表现出明显的先升高后降低的趋势。

相同撂荒年限不同土层土壤含水量的垂直分布在空间上变化规律不同，说明随着撂荒年限的逐渐增加，1m 以内土壤含水量的变化趋势是不稳定的。

15.5.3　不同立地对撂荒地土壤含水量的影响

本小节以 2006 年 6 月土壤水分为对象，进行撂荒演替过程中不同立地对撂荒地土壤水分影响的研究。

众所周知，土壤含水量容易受立地条件的影响，不同的坡度直接影响太阳辐射量，而不同坡向则使坡面的水热状况有较大差异，立地条件的不同主要由坡向对太阳辐射量的影响，进而影响水分的蒸腾和蒸发，即对土壤水分的再分配来体现。研究不同坡向土壤含水量的变化从大到小变化的多项式拟合曲线趋势（图 15-25）依次是：阴坡＞半阴坡＞阳坡＞半阳坡。

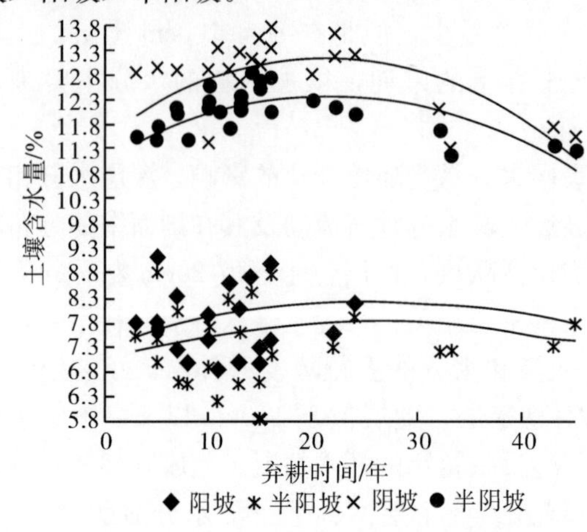

图 15-25　不同坡向土壤含水量随弃耕时间的变化

研究区属于黄土丘陵地区，植被状况较差，林地蓄水量少，降水是群落土壤水分的唯一来源，土壤水分含量除受降水、植被类型的影响外（胡梦郡等，2003），还受立地条件的影响。样地土壤水分阴坡＞半阴坡＞阳坡，主要是由于阳坡太阳辐射较半阴坡和半阳坡多，地表蒸发较大，林地蒸腾消耗水分较多，半阴坡＞阳坡也是同样的原因。一般来说，4 个立地之间，土壤含水量大小应该是：阴坡＞半阴坡＞半阳坡＞阳坡，但是本研究中，阴坡＞半阴坡＞阳坡＞半阳坡，半阳坡土壤水分反而最低，主要是由于数据的来源是将所有同一立地的含水量进行平均，在各个立地间进行比较分析，可能是同为一个立地，但是坡度不同，水分蓄积不同，坡向的度数之间也有具体的差别，所以出现这样的结果。

15.5.4　撂荒演替过程中土壤含水量的月变化

以 2006 年 5～10 月土壤含水量各层的平均为研究对象，进行撂荒地土壤含水量的月变化动态进行分析。在撂荒演替 32 年以前的阶段，土壤含水量的变化趋势是：7 月＞8 月＞9 月＞10 月＞5 月＞6 月；在 32 年以后，土壤含水量的变化趋势是：10 月＞9 月＞7 月＞8 月＞5 月＞6 月。结合图 15-26、图 15-27 可以看出，在撂荒演替的前期阶段，数据点比较多，应该最能代表土壤含水量月变化的主要趋势，因此，本小节主要以 32 年以前的趋势来分析土壤含水量的月变化趋势。

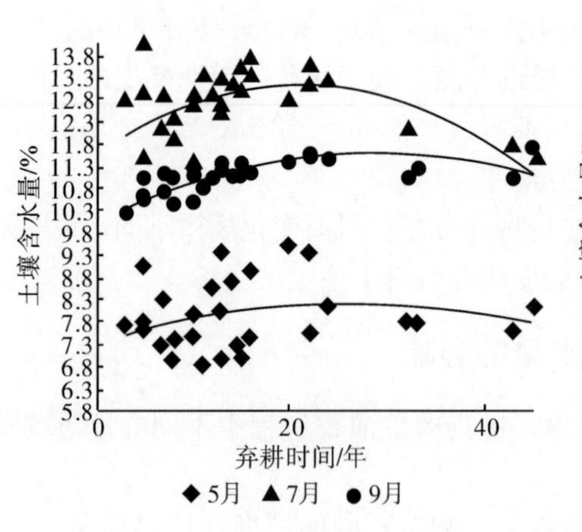

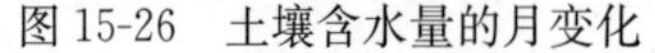

图 15-26　土壤含水量的月变化

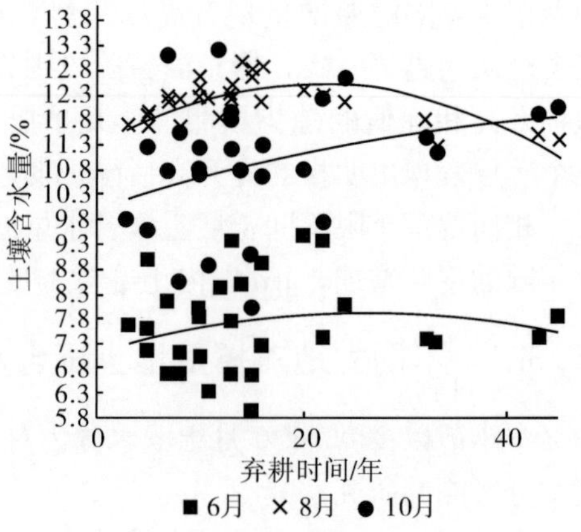

图 15-27　土壤含水量的月变化

当年生长季的降水量及其分配情形是影响人工林地土壤水分季节变化趋势的主导因子，但上一年降水量对其亦有一定影响（马玉玺等，1999）。2004 年（图 15-26）研究区是一个枯水年，这对来年植被的生长会有一定的影响，也会对来年的土壤含水量产生一定的影响。2006 年（图 15-27）春季最小降水量在 1 月份和 3 月份，为 0mm，2 月份为 4mm，4 月份为 18.6mm，5 月份为 108.7mm，6 月份为 33.8mm；在黄土高原，植物生长的旺季在 6～8 月，6 月份之前降水本身就少，加上植被生长需要水分，经过一个生长季的消耗，6 月份土壤含水量为本年度所测数据的最低值。7～8 月，虽说正是植物快速生长季节，但是经过 6 月份降水的补给，土壤水分得到一定的恢复，加之降水 7 月最大为 225.5mm，8 月次之为 109.7mm，土壤水分有一定程度的入渗，因此土壤含水量 7 月>8 月，且 7 月为最大值。到了 9 月份，植物到了生长末期，生长基本停止，此时的水分主要用于植物本身基础代谢的消耗和地面蒸发，相对于前期的生长旺季，土壤中贮存的水分相对较多，因此，9 月份的土壤含水量比生长前期的相对较大。

15.5.5　撂荒演替过程中土壤含水量的年际动态规律

以 2005 年 7 月份、2006 年 7 月份、2007 年 7 月份的土壤含水量为对象来分析撂荒演替过程中土壤含水量的年际动态规律（图 15-28）。

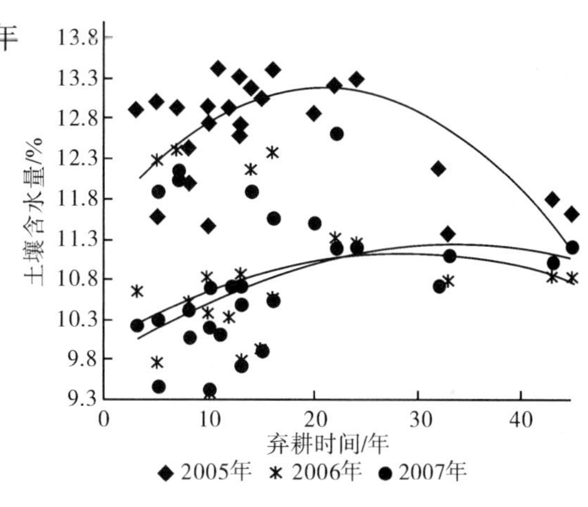

图 15-28　弃耕地的土壤含水量年际动态

2005 年的土壤含水量最高，且 2005 年土壤含水量随着撂荒年限的增加呈现先上升后降低的趋势，其分界线在 22 年。在撂荒演替 22 年之前的样地，随着撂荒演替时间的增加土壤含水量逐渐增加，在 22 年之后的样地呈相反的变化趋势，在整个的趋势中，土壤含水量的最大值在 22 年的样地，最小值在 45 年样地。因此，仅仅从土壤含水量的变化趋势来分析，2005 年土壤含水量并没有随着撂荒演替时间的延长而恢复。

2006 年和 2007 年土壤含水量与 2005 年有所不同，趋势含量均比 2005 年低，同时这两年之间有所区别，在 22 年之前，随着撂荒演替时间的增加，2006 年和 2007 年土壤含水量均呈现逐渐增加的趋势，且 2006 年的趋势线在 2007 年之上，但是在 22 年之后，两年的土壤含水量变化趋势产生分异，两年均以 22 年的土壤含水量作为起点发生变化：随着撂荒时间的延长，2006 年的逐渐降低，2007 年逐渐升高，在 22 年之后，2007 年的趋势图在 2006 年之上。

15.5.6　撂荒演替过程中土壤容重随时间的动态规律

以撂荒演替过程中整个剖面各个土层土壤容重的平均值对撂荒演替过程中土壤容重的变化规律进行分析。

土壤容重的大小与土壤质地、结构、有机质含量、土壤坚实度、耕作措施等有关，容重数值本身可以做为土壤的肥力指标之一（中国科学院南京土壤研究所土壤物理研究室，1978）。土壤的容重越小，表明土壤的结构性越好，孔隙多，疏松，有利于土壤的气体交换和渗透性的提高。反之，土壤的容重越大，表明结构性越差，孔隙少，板结。从图 15-29看出，在撂荒演替的前期阶段，土壤容重较大，特别是在演替的 13 年，其土壤容重为 1.35g/m^3，随着撂荒演替的进行，土壤容重逐渐降低。因此，撂荒演替过程中，土壤结构得到一定程度的恢复。

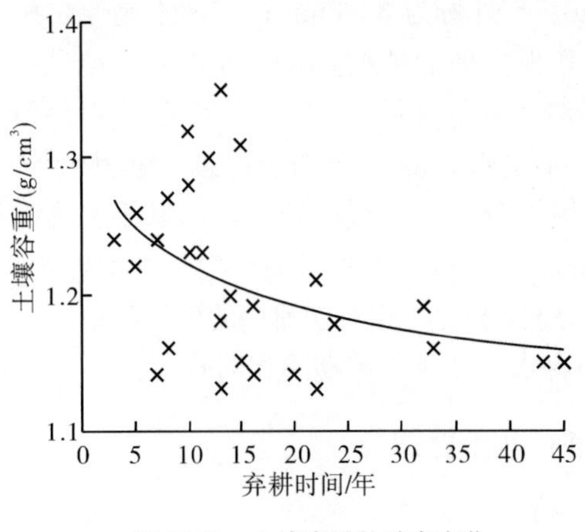

图 15-29　土壤容重的动态变化

15.5.7　结论与讨论

随着撂荒年限的延长和撂荒演替的进行，在垂直剖面上，随着土层深度的加深，土壤含水量呈现逐渐增加的趋势，也就是：土壤含水量 80～100cm>60～80cm>40～60cm>20～40cm>10～20cm>5～10cm>0～5cm 土层，土层中底层的土壤含水量大于上层，并不是说土壤含水量随着土层深度的加深呈现聚集现象。该结果来自对 2006 年 5 月的土壤含水量的分析，一般在 5 月份，陕北黄土丘陵区正值春旱，地上植物返青需要大量的水分，土壤中种子库的萌发等也正需要水分，加之此时多风，但是 5 月份降水很少，群落所消耗的水分主要来自上一年冬天土壤蓄积的水分。同时，在该研究区草地植被的根系主要集中分布在大约 1m 深土层范围内（杜峰等，2005），本章 15.2 中植被地下生物量的分析也证明了这一点，该层土壤水分易发生变化。因此，干旱多风和万物复苏对水分的饥渴，使得表层的土壤含水量被消耗殆尽。

不同年限的撂荒地在不同的立地间土壤含水量为：阴坡>半阴坡>阳坡>半阳坡。坡向的不同主要是由于光热水汽的再分配，坡向的不同最为明显地体现在土壤含水量，进而影响地上植被的差异，植被的不同又会导致土壤含水量的变化，这种互动过程促进了植被和土壤的共同发展。

2006 年的土壤含水量以 32 年的撂荒地为分界线进行研究：在撂荒演替的 32 年以前，土壤含水量的变化趋势是：7 月>8 月>9 月>10 月>5 月>6 月；在 32 年以后，土壤含水量的变化趋势是：10 月>9 月>7 月>8 月>5 月>6 月。因此，撂荒地的土壤含水量的年内变化受诸多因素的限制，但主要是由于降水、植被处于不同的生长时期消耗不同等原因所致。

土壤含水量的年际动态规律是：2006 年土壤含水量的趋势线居于最上方，远远高于其他两年度，2006 年、2007 年土壤含水量比较接近。因此，年际间撂荒演替没有使土壤含水量恢复。

在黄土高原地区，水分是植被恢复和重建的主要限制因子（胡良军，2002）。在本研究中土壤含水量的年际间、月变化、不同坡向间以及土层间的变化规律不尽一致，但是撂荒演替过程中，土壤水分的恢复效果不甚明显，撂荒演替不利于土壤水分的恢复。

而土壤容重的变化却和土壤含水量不同，撂荒演替使得土壤的容重变小。植被恢复过程中，植物根系活动对土壤的松动作用和植物残体归还所增加的土壤有机质的作用导致了土壤容重的变化。凋落物促进了土壤有机质的积累，降低了土壤容重；林草植被根系庞大，特别在表层有许多细小的根系分布，增加了土壤孔隙度，降低了土壤容重；表层土壤水分养分状况较好，促进了土壤动物和微生物活动，增加了土壤孔隙度，降低了土壤容重。土壤容重的变化，可使土壤透气性、水分渗透性及饱和导水率增大，土壤强度相应减小，植物根系的穿透性阻力减小。同时，容重的变化会导致孔隙度总量增加和大小比例的变化，土壤的水分含量发生变化，“土壤水库”的库容增加，土壤的有效水含量增加，无效水含量减少。这种土壤性质的改善，对于根系的活动、植物根际效应、土壤生物的活性、微生物的区系、土壤呼吸等都有促进作用，进而促进植被的正向演替。

15.6　陕北黄土丘陵区撂荒地土壤养分含量的时空演变

在实验区安塞县高桥北宋塔流域，从 20 世纪 60 年代就有成片的坡地被撂荒。为了科学实施退耕还林还草工作，本书用空间序列代替时间序列对 30 个退耕的天然草地进行研究，分析黄土丘陵区不同立地条件、不同撂荒年限土壤养分的变化规律，旨在通过对退耕地土壤养分的变化规律探讨，为黄土丘陵区生态恢复提供基础理论。

15.6.1　阳坡土壤养分含量变化规律

15.6.1.1　阳坡有机质含量变化规律

由图 15-30 可以看出，撂荒后阳坡 0～5cm 层土壤有机质含量在 10～13 年有微弱上升，13～15 年有显著的下降，最低值为 4.83g/kg。20 年时有明显回升，从未耕种的土壤其有机质含量为 11.44g/kg，比弃耕后各年度的两倍还多。总地来说，在弃耕后 10～20 年 0～5cm 层土壤土壤有机质含量变化不大。5～10cm 和 10～20cm 层土壤有机质含量变化趋势与 0～5cm 层土壤相同，都是在弃耕后第 13 年有机质含量较高，在第 15 年下降到低谷，从未耕种的天然草地其土壤有机质含量显著增加。

15.6.1.2　阳坡全 N 含量变化规律

由图 15-31 可以看出，阳坡在弃耕后，各层土壤全 N 含量的变化趋势与有机质变化趋势基本相同。在弃耕后 10～20 年，0～5cm 层土壤全 N 含量变化不大，5～10cm 和 10～20cm 层土壤全 N 含量呈缓慢上升趋势；在第 13 年，各层土壤全 N 含量较高，分别为 0.45mg/g、0.34mg/g、0.26mg/g，从未耕种的土壤，土壤各层全 N 含量分别高达 0.87mg/g、0.78mg/g 和 0.74mg/g，也是该立地条件下土壤全 N 含量的最高值。

15.6.1.3　阳坡有效氮含量变化规律

由图 15-32 可以看出，阳坡在弃耕后，各层有效氮含量的变化趋势与有机质基本相同，随着弃耕时间的延长，土壤有效氮含量呈现逐渐增加的趋势，只是在从未耕种的土壤里面有效氮的含量远远高于其他的立地条件。

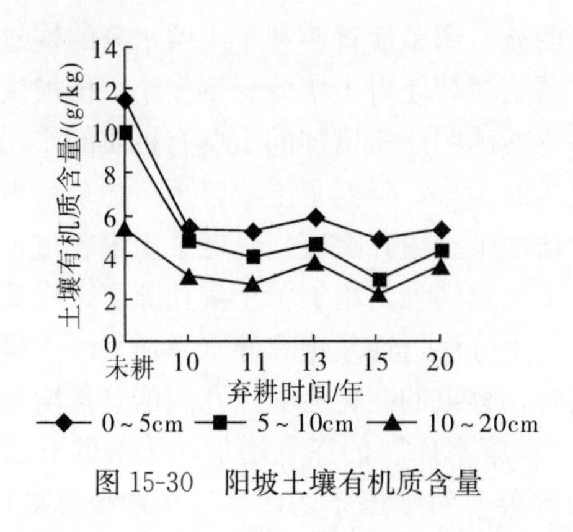

图 15-30 阳坡土壤有机质含量

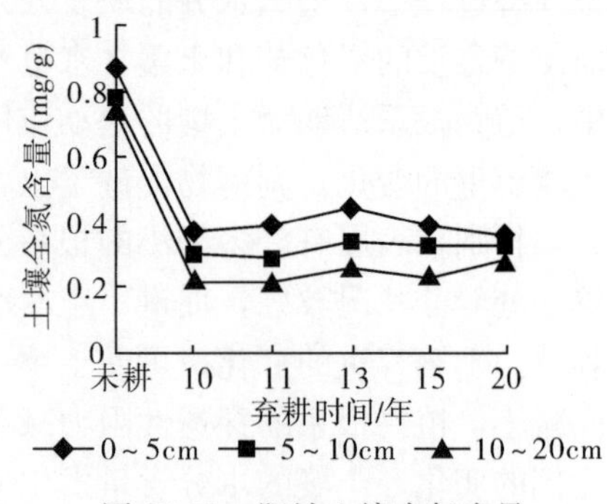

图 15-31 阳坡土壤全氮含量

15.6.1.4 阳坡速效 K 含量变化规律

从图 15-33 可以看出，阳坡在弃耕后 0～5cm 层土壤速效 K 含量从第 10 年的 47.52mg/kg 升高到第 11 年的 101.04mg/kg，增加幅度为 112.6%；第 11～20 年呈明显下降趋势，20 年时速效 K 含量下降到第 10 年的水平；从未耕种的土壤，速效 K 含量又增加到 114.65mg/kg，比第 11 年还增加约 13.5%。

5～10cm 和 10～20cm 层土壤速效 K 含量变化相对平缓。在第 10～15 年呈增长趋势，20 年时 5～10cm 层土壤速效 K 含量最低，10～20cm 层土壤速效 K 含量回复到第 10 年的水平；从未耕种的土壤，速效 K 含量则增加到 63.71mg/kg 和 54.4mg/kg。

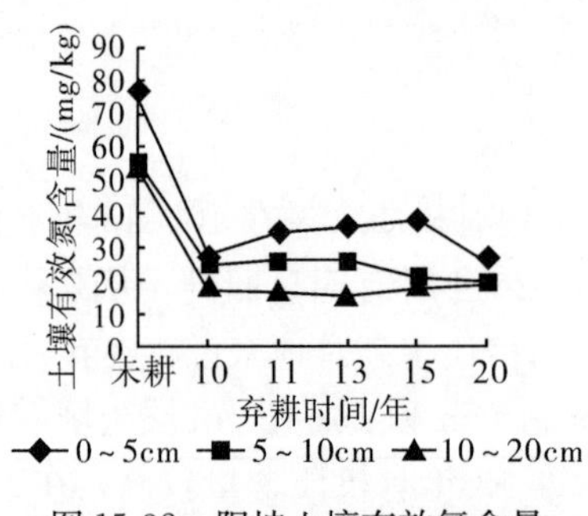

图 15-32 阳坡土壤有效氮含量

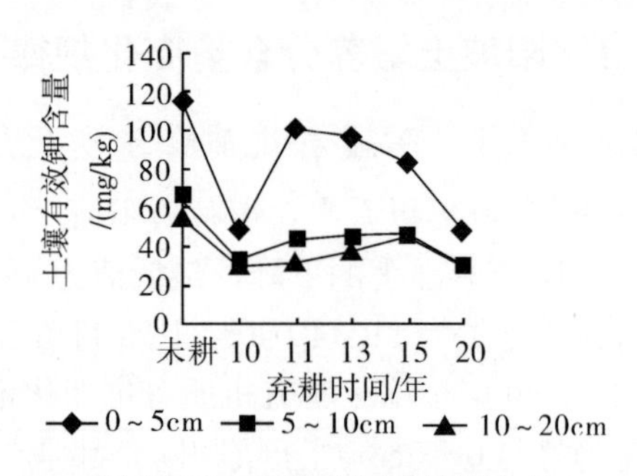

图 15-33 阳坡土壤速效钾含量

15.6.1.5 阳坡速效 P 含量变化规律

从图 15-34 可以看出，阳坡在弃耕后土壤层 0～5cm、5～10cm、10～20cm 土壤速效 P 含量年度变化趋势相同。在第 10～20 年呈倒“V”字形趋势，第 13 年含量最高，分别为 1.86mg/kg、0.88mg/kg 和 0.82mg/kg；第 20 年 0～5cm 和 5～10cm 层速效 P 含量达到低谷，分别为 0.61mg/kg 和 0.34mg/kg，从未耕种的土壤 0～5cm 层速效 P 含量和第 15 年时相当，而 5～10cm 和 10～20cm 两层土壤速 P 含量与第 13 年时相当。

15.6.2 半阳坡土壤养分含量变化规律

15.6.2.1 半阳坡有机质含量变化规律

从图 15-35 可以看出，半阳坡在弃耕后，0～5cm 和 5～10cm 土层有机质含量的变化趋势一致：刚开始撂荒时，土壤有机质增加，从第 8 年开始到第 14 年的样地之间，含量逐渐减少。从第 14 年开始，以上两个土层的变化有所不同，0～5cm 土层从 14 年开始又出现第二轮的增加趋势，而 10～20cm 土层的有机质含量在第 15 年的样地才出现第二轮的增加趋势。10～20cm 土层土壤有机质的变化趋势和以上两个土层均有所不同：从撂荒演替开始有机质含量逐渐增加，到第 14 年开始减少，第 15 年是有机质变化的拐点，从第 15 年又开始增加。

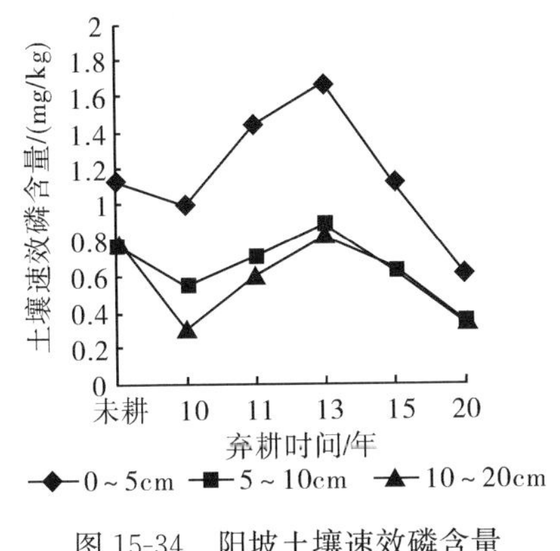

图 15-34　阳坡土壤速效磷含量

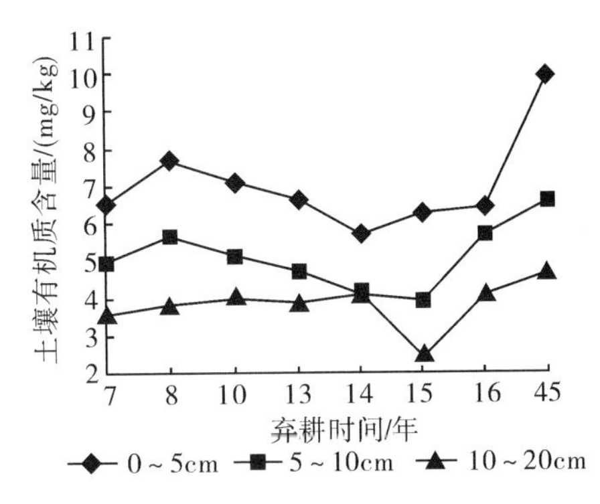

图 15-35　半阳坡土壤有机质含量

比较 3 个土层，土壤有机质含量最高都在第 45 年的样地，0～5cm 土层有机质含量最少的在第 14 年的样地，5～10cm、10～20cm 土层有机质含量最少在第 15 年的样地。3 个土层土壤有机质的变化趋势并不是随着撂荒时间的增加呈现逐渐增加的趋势，而是呈现“增加-降低-增加”的趋势。

15.6.2.2　半阳坡全 N 含量变化规律

从图 15-36 可以看出，半阳坡在弃耕后，土壤全 N 含量与有机质变化趋势基本相同。0～5cm 层土壤全 N 含量在第 8～14 年呈下降趋势，第 14 年下降到低谷，最低值为 0.39mg/g；在第 14～45 年则快速增加，第 45 年全 N 含量增加到 0.72mg/g，比第 7 年增加 67%。5～10cm 层土壤全 N 含量在第 8～15 年呈下降趋势，第 15 年下降到低谷，最低值为 0.3mg/g，是第 8 年的 71.4%；第 45 年时上升到 0.53mg/g，比第 7 年增加 38%。10～20cm 层土壤全 N 含量在第 7～13 年呈缓慢的上升趋势，在第 13～15 年呈缓慢的下降趋势，第 15 年全 N 含量最低，为 0.2mg/g，比第 7 年减少 20%；第 45 年升高到 0.47mg/g。

15.6.2.3　半阳坡有效氮含量变化规律

由图 15-37 可以看出，半阳坡在弃耕后，各层有效氮含量的变化趋势与有机质、全氮的趋势不同：随着弃耕时间的延长，土壤有效氮含量呈现波动式的增加趋势，也就是说并不是在一直增加或者一直减少，但是总的趋势是表层有效氮含量在第 45 年时最高，5～10cm 土层的有效氮含量最高在第 16 年的样地，10～20cm 土层的最高值在第14 年的样地。

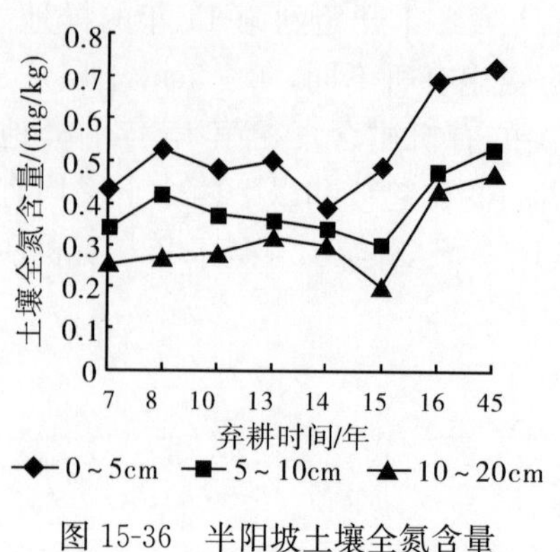

图 15-36　半阳坡土壤全氮含量

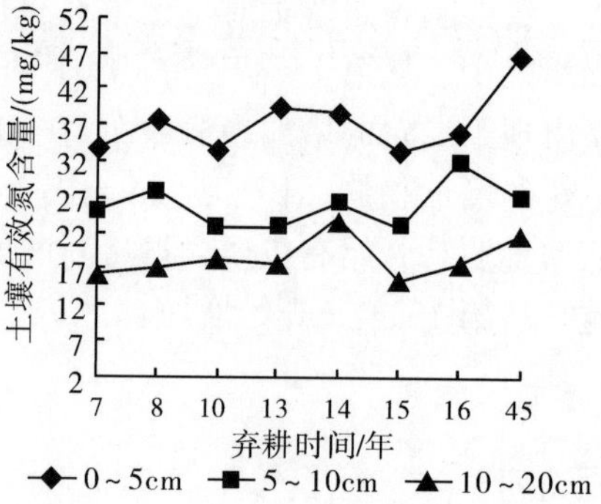

图 15-37　半阳坡土壤有效氮含量

15.6.2.4　半阳坡速效 K 含量变化规律

从图 15-38 可以看出，半阳坡在弃耕后，0～5cm 层土壤速效 K 含量变化明显。第 8 年速效 K 含量最高，比第 7 年增加 40.15%；第 10 年速效 K 含量与第 7 年相当；第 10～15年速效 K 含量呈增长趋势，到第 15 年时增加了 23.2%；第 16 年又下降到第 7 年的水平。5～10cm 和 10～20cm 两层土壤速效 K 含量变化趋势相同，总的趋势是在第 7～13 年和第 14～16 年呈上升趋势；在第 12 年时速效 K 含量最高，分别为 45.87mg/kg、35.59mg/kg，分别比第 7 年增加 14.8%和 25.4%；在第 14 年速效 K 含量最低，分别比第 7 年减少 11.3%和 9.0%；第 16 年时 5～10cm 和 10～20cm 两层速效 K 含量与第 7 年相当。

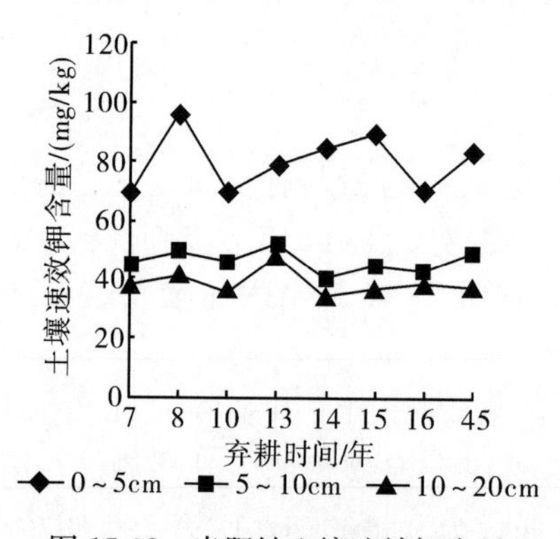

图 15-38　半阳坡土壤速效钾含量

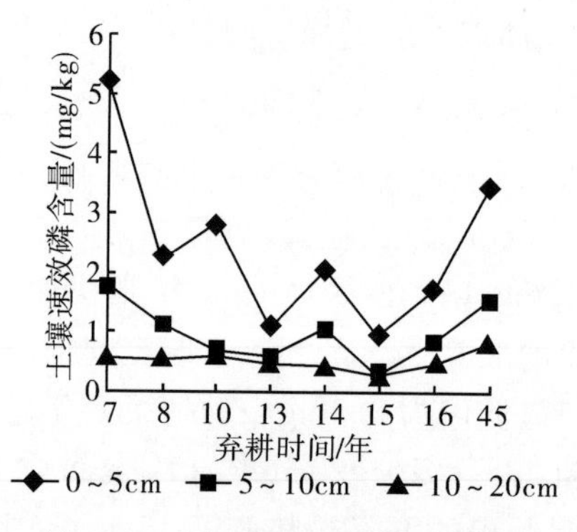

图 15-39　半阳坡土壤速效磷含量

15.6.2.5　半阳坡速效 P 含量变化规律

从图 15-39 可以看出，半阳坡 0～5cm 层速效 P 含量总体呈下降趋势，从第 7～16 年，相邻年份下降幅度在 46.0%～82%，其中第 15 年时含量最低，仅有 0.94mg/kg。5～10cm 层速效 P 含量也有着明显的变化，在第 7～12 年迅速下降，第 14 年时含量较高，为 1.05mg/kg，第 15 年时含量降到最低，含量仅为 0.26mg/kg，比第 7 年减少 85.4%，第 16 年时有所回升，但仍只有第 7 年的 47.8%。10～20cm 层速效 P 含量也是总体呈下降趋势，第 15 年时含量最低，为 0.27 mg/kg，是第 7 年的 52.6%，第 16 年时有较大的回升，比第 7 年只减少了 19.3%。

15.6.3　阴坡土壤养分含量变化规律

15.6.3.1　阴坡土壤有机质含量变化规律

从图 15-40 可以看出，阴坡在弃耕后，0～5cm 层土壤有机质含量变化趋势明显。在第 5～10 年有机质含量有明显的增加；在第 10～22 年呈明显的下降趋势，第 22 年下降到低谷，最低值为 5.29g/kg；第 22 年以后呈快速的上升趋势；从未耕种的样地土壤有机质含量增加到 11.94g/kg，是第 10 年的 155%。

5～10cm 层土壤有机质含量在第 5～8 年下降明显，第 8 年达到低谷，最低值为 3.81g/kg；第 8～10 年有显著增加；第 10～13 年有缓慢下降；第 13～32 年缓慢上升；第 32 年时有机质含量恢复到第 10 年的水平；从未耕种的土壤有机质含量增加到 8.02g/kg，是第 10 年时的 144%。

10～20cm 层有机质含量在第 5～8 年也下降明显，最低值在第 8 年，为 2.93g/kg；同样在第 8～10 年有显著增加；在第 10～32 年缓慢下降；从未耕种的土壤，有机质含量和第 10 年的有机质含量水平相当。

15.6.3.2　阴坡土壤全 N 含量变化规律

从图 15-41 可以看出，阴坡在弃耕后，0～5cm 层土壤全 N 含量呈现上升的变化趋势。在第 5～24 年变化平缓，最低值为 0.41mg/g，第 5～10 年略有上升，然后下降，第 12～24 年则又呈上升趋势；第 24 年后全 N 含量有较快的增加趋势，第 32 年时含量达到 0.69mg/g；从未耕种的土壤则是 0.74mg/g，是第 10 年时的 148%。

5～10cm 层土壤全 N 含量在第 5～10 年的三点变化为“V”字形变化趋势，从第 12 年开始，呈缓慢的上升趋势；从未耕种的土壤全 N 含量达到 0.51mg/g，是第 10 年的 127.5%。

10～20cm 层土壤全 N 含量在第 5～22 年略有增加，第 24 年又下降到第 5 年的水平，第 32 年时含量又增加到 0.41mg/g。

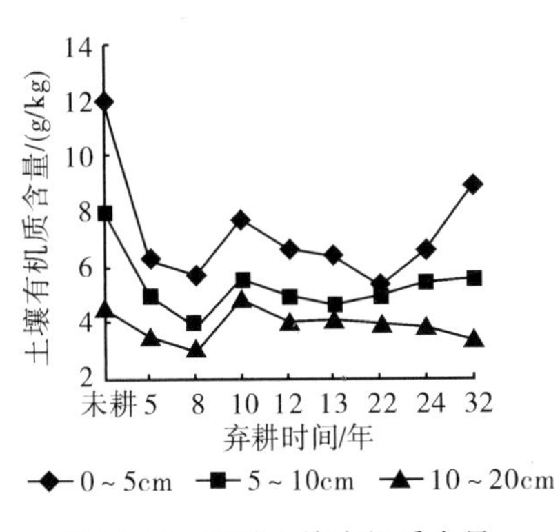

图 15-40　阴坡土壤有机质含量

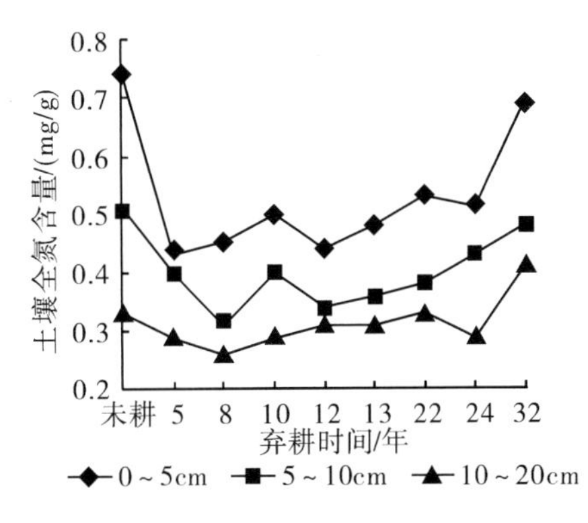

图 15-41　阴坡土壤全氮含量

15.6.3.3　阴坡土壤有效氮含量变化规律

从图 15-42 可以看出，阴坡在弃耕后，各层土壤有效氮含量总的变化趋势是上升。随着弃耕时间的延长，土壤有效氮含量呈现逐渐增加的趋势，只是在从未耕种的土壤里面，有效氮的含量远远高于其他的立地条件。

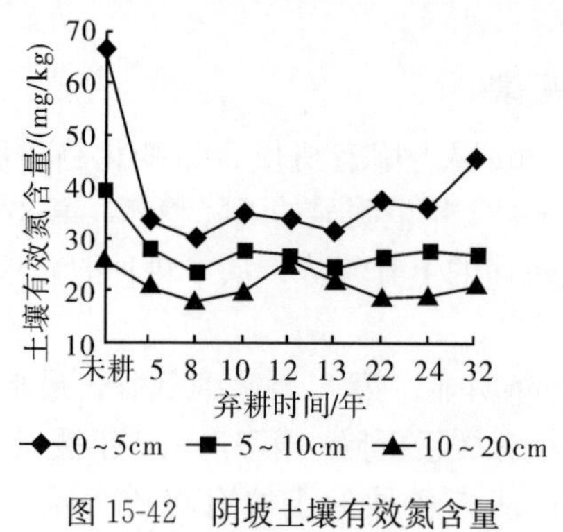

图 15-42　阴坡土壤有效氮含量

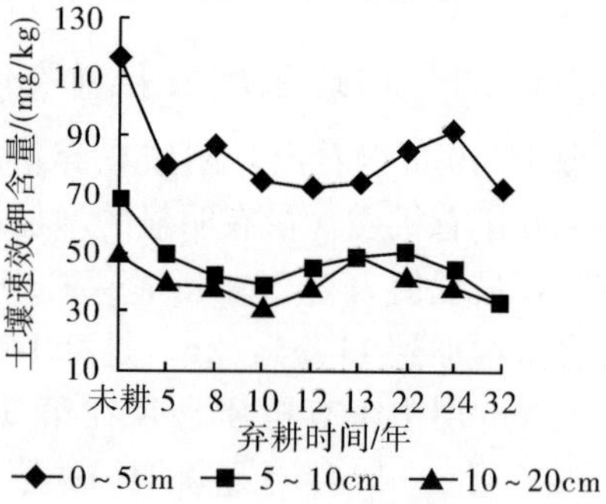

图 15-43　阴坡土壤速效钾含量

15.6.3.4　阴坡土壤速效 K 含量变化规律

从图 15-43 可以看出，阴坡在弃耕后，0～5cm 层土壤速 K 含量在第 5～13 年呈下降趋势，第 22 年和第 24 年时速效 K 含量迅速增加；第 32 年速效 K 含量最低，最低值为 71.73mg/kg；从未耕种的土壤速效 K 含量增加到 115.83mg/kg。

5～10cm 层土壤速效 K 含量在第 5～10 年呈下降趋势，第 10～22 年呈上升趋势，第 22～32 年又呈下降趋势，第 32 年下降到低谷，最低值为 33.31mg/kg；从未耕种的土壤速 K 含量增加到 68.34mg/kg。

10～20cm 层土壤速效 K 含量在第 5～10 年缓慢下降，在第 10～13 年缓慢上升，第 13～32 年又缓慢下降，第 32 年速效 K 含量较低，为 32.27mg/kg；从未耕种的土壤速效 K 含量达到 49.03mg/kg。

15.6.3.5　阴坡土壤速效 P 含量变化规律

从图 15-44 可以看出，阴坡 0～5cm 层土壤速效 P 含量在第 5～22 年呈明显的下降趋势，第 22 年下降到低谷，最低值为 0.74mg/kg；第 22～32 年则快速增加，第 32 年增加到 2.41mg/kg；从未耕种的土壤速效 P 含量达到第 5 年的水平。

5～10cm 层土壤速效 P 含量在第 5～12 年呈明显的下降趋势，在第 12～22 年略有增加，第 24 年略有减少，第 32 年时增加到 1.34mg/kg；从未耕种的土壤速效 P 含量只比第 5 年增长了 11.9%。

10～20cm 层土壤速效 P 含量在 5～8 年迅速下降，第 8～24 年变化幅度较小，第 24 年后速效 P 含量迅速增加；从未耕种的土壤达到第 5 年的水平。

15.6.4　半阴坡土壤养分含量变化规律

由图 15-45 可以看出，半阴坡 0～5cm、5～10cm 土层土壤有机质变化趋势一致：第 5 年含量较高，第 5 年到第 7 年呈现降低的趋势。从第 7 年开始，又逐渐升高，撂荒年限最长的第 43 年其土壤有机质含量最高。在 10～20cm 土层，土壤有机质随着撂荒年限的延长逐渐增加，且在第 43 年最高。

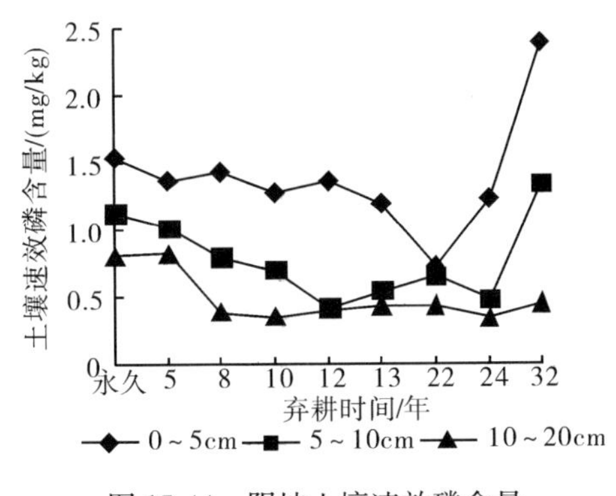

图 15-44　阴坡土壤速效磷含量

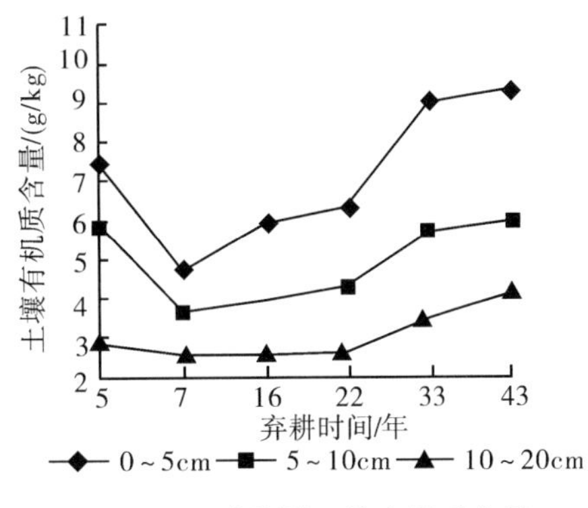

图 15-45　半阴坡土壤有机质含量

全氮含量各年度变化不大，总地来说与有机质有相同的变化趋势（图 15-46），只不过在 10～20cm 土层，从第 5 年到第 7 年呈现升高的趋势，这一点和 0～5cm、5～10cm 有所不同。

速效氮的变化趋势和有机质变化趋势相似（图 15-47）：第 5 年含量较高，第 5 年到第 7 年呈现降低的趋势，从第 7 年开始又逐渐升高，撂荒年限最长的第 43 年的样地土壤速效氮含量最高。

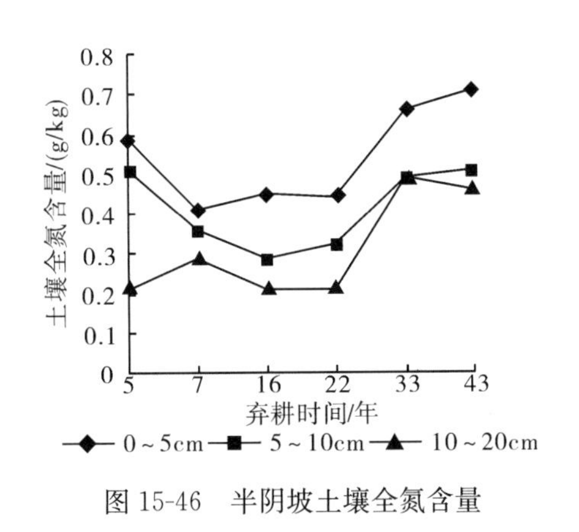

图 15-46　半阴坡土壤全氮含量

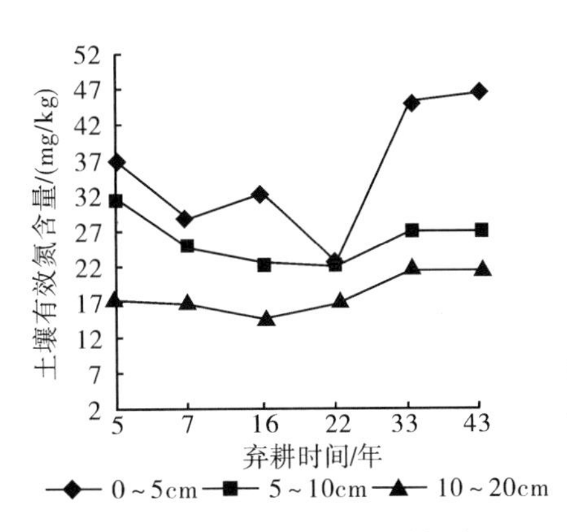

图 15-47　半阴坡土壤有效氮含量

如图 15-48 所示，速效钾的变化趋势和有机质、全氮、速效氮的均不相同，从最短的撂荒年限开始，各土层土壤速效钾含量呈现折线式的变化，各个土层速效钾含量最高在弃耕第 16 年的样地。

如图 15-49 所示，半阴坡土壤速效磷含量趋势和其他几个养分指标的变化趋势既有相同的趋势，也有相异的地方。相同表现在随着土层深度的加深，土壤养分含量均逐渐减少，均表现了土壤养分的表聚效应。这种情况可能由以下几个原因所致：表层的枯枝落叶含量较多；根系的分布主要在表层；这个层次土壤微生物的活性较高；土壤养分的转化、吸收、利用作用均大于下层。不同体现在各个土层土壤速效磷含量最低均出现在弃耕第 22 年的样地，最高均出现在弃耕第 16 年的样地。

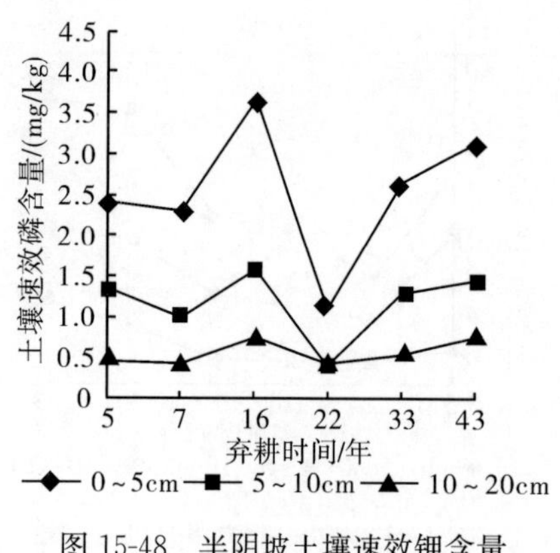

图 15-48　半阴坡土壤速效钾含量

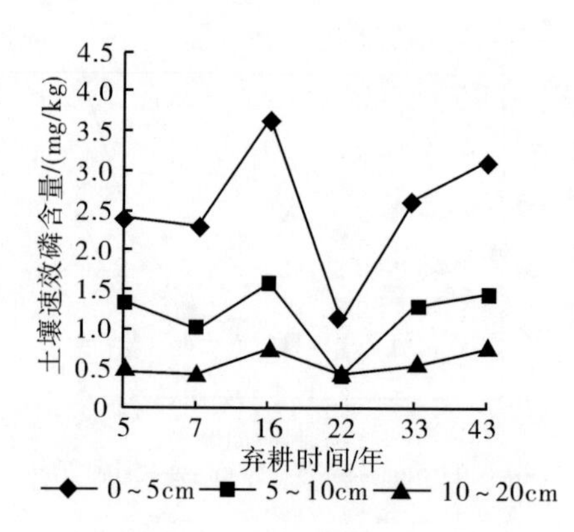

图 15-49　半阴坡土壤速效磷含量

15.6.5　峁顶土壤养分含量变化规律

由表 15-9 可以看出，峁顶 0～5cm 土壤有机质和全氮含量是第 5 年高于第 3 年，速效 K 和速效 P 含量是第 3 年高于第 5 年；5～10cm 土壤有机质含量是第 5 年高于第 3 年，全氮含量则是第 3 年约略高于第 5 年，速效 K 和速效 P 含量是第 3 年高于第 5 年；10～20cm 层仍然是土壤有机质和全氮含量是第 5 年高于第 3 年，速效 K 和速效 P 含量是第 3 年高于第 5 年。

表 15-9　峁顶土壤养分含量

土层深度/cm	弃耕时间/年	有机质/(g/kg)	全 N 含量/(g/kg)	有效氮含量/(mg/kg)	速效 K 含量/(mg/kg)	速效 P 含量/(mg/kg)
0～5	3	9.14	0.65	45.28	119.66	3.71
	5	11.62	0.86	63.25	70.71	1.71
5～10	3	8.20	0.63	44.61	73.48	1.49
	5	9.92	0.56	54.93	41.70	0.95
10～20	3	6.43	0.50	34.62	54.95	0.80
	5	8.46	0.64	50.60	32.30	0.57

15.6.6　整个时间序列动态过程中土壤养分含量变化规律

15.6.6.1　土壤有机质含量的变化规律

在通常的植被条件下，土壤的有机质绝大部分直接来源于植物残体和根系分泌物，而有机质的实际含量与气候、植被、地形、土壤类型等因素密切相关（黄昌勇，2000）。在气候、地形、土壤类型一致的情况下，植被状况就成为影响土壤有机质含量最重要的因素。同时，植物残体必须经过土壤微生物的分解作用才能形成有机质，微生物与土壤有机质有密切的关系（杨涛等，2005）。因此，微生物的数量也是影响土壤有机质含量的又一重要因素。植物残体多，归还土壤的养分也多；而微生物数量多，能加快凋落物的分解，有利于有机质的积累。

从图 15-50 可以看出，农耕地在弃耕后的第 5 年有机质含量较高，可能是弃耕前施肥作用的缘故。根据同时对该撂荒地土壤微生物（细菌、真菌、放线菌）的数量变化测定可以知道（详见 15.7），在弃耕后的第 3 年和第 5 年，土壤微生物数量较其他年份多，这有利于枯枝落叶的分解，增加有机质的含量。第 7 年有机质含量下降到最低，可能是随着演替的进行，耕作施肥的效应消失，土壤中现存的养分被消耗。通过对土壤微生物的测定和对地上植被的调查发现，群落生产力大和微生物数量多的年份，土壤有机质含量含量就相应较高。弃耕 22 年后，土壤有机质含量呈上升趋势，因为在弃耕多年后，随着植物群落演替的进行，植被结构变得相对稳定，土壤有机质含量趋于增长。从未耕种的土壤，有着稳定的植被状况和较高的生产力水平，每年有较多的凋落物产生，加之土壤的物理结构得到明显的改善，水土流失少，微生物数量也增加到一个稳定的数量，所以从未耕种的土壤有机质含量很高。

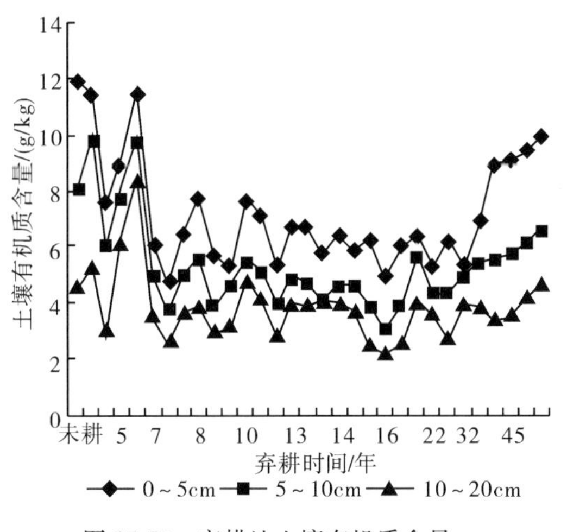

图 15-50　弃耕地土壤有机质含量

15.6.6.2　土壤全 N 含量的变化规律

从图 15-51 可以看出，全 N 含量的变化趋势同有机质基本一致，在弃耕后的第 5 年有机质含量较高，第 7 年下降到低谷。王国梁（2002）等人对纸坊沟的土壤养分研究表明，土壤有机质的积累对土壤氮素含量有主导作用，不同生活型植被对土壤全 N 含量的影响与土壤有机质的变化规律比较一致。从第 7～22 年，每间隔 1～2 年土壤有机质含量就有相应的增加或减少；其中不同的是全 N 在第 16 年时有很高的含量，可能是 16 年的植被结构有利于氮素的积累。研究表明，由于研究地土壤生态系统近似于一个封闭系，黄土高原土壤生态系统的氮素主要决定于生物量的积累和土壤有机质分解的强度，植被类型、水热状况和土壤侵蚀的强度等都影响其含量（赵护兵等，2006；王百群等，1999）。因此，土壤氮素含量主要取决于生物量的积累和有机质的分解强度。

15.6.6.3　土壤速效氮含量的变化规律

图 15-52 是整个时间序列上弃耕地土壤速效氮的变化规律，可以看出它的变化规律和有机质、全氮的规律基本一致，刚弃耕的撂荒草地土壤有效氮的含量略高于从未耕种的几个草地，这主要是受耕作施肥影响的缘故。而在弃耕第 5～32 年的变化过程中，有

效氮的含量变化微弱。从未耕种的草地土壤有效氮的含量明显高于其他立地条件下有效氮的含量。

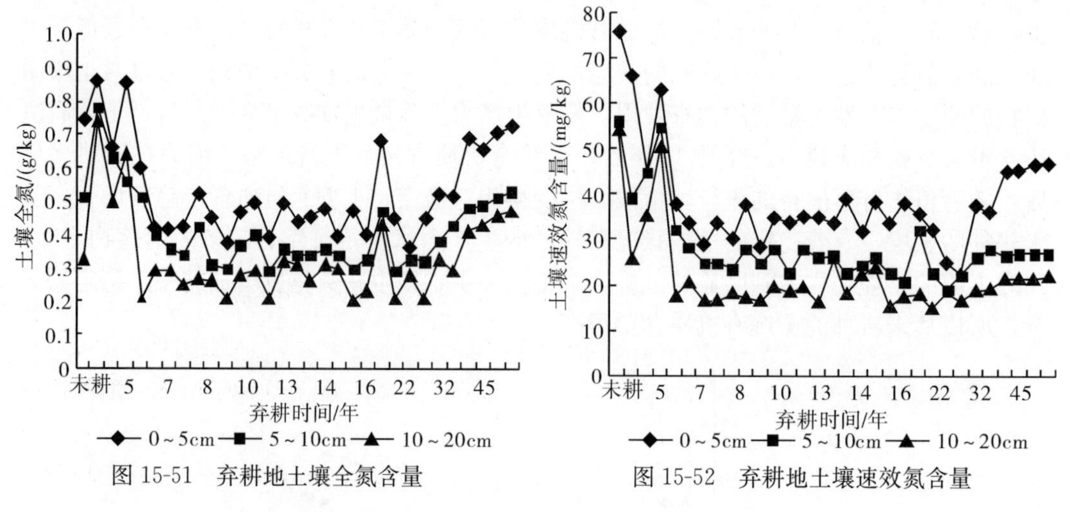

图 15-51　弃耕地土壤全氮含量　　　　图 15-52　弃耕地土壤速效氮含量

15.6.6.4　土壤速效钾含量的变化规律

在黄土高原丘陵地区，植被对土壤养分有着明显的表聚效应（巩杰等，2005；张俊华等，2003），越接近土壤表层，土壤养分越容易受影响。同时，不同的植被类型对土壤养分的作用（胡泓等，2007；庞学勇等，2004，2002；吴彦等，2001；王正银等，1999）。

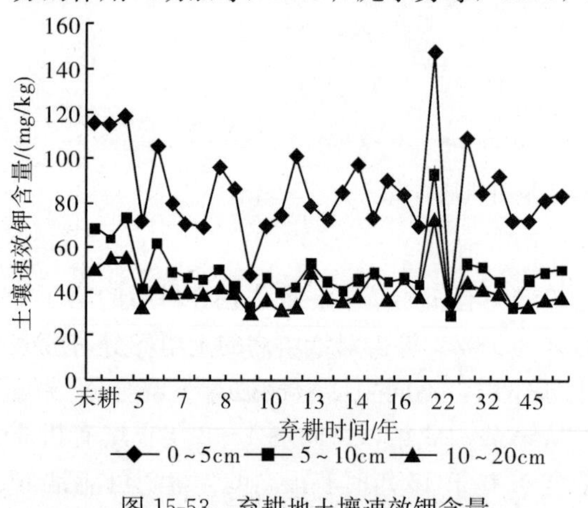

图 15-53　弃耕地土壤速效钾含量

由图 15-53 可以看出，各层土壤在弃耕后第 2 年和第 4 年速效 K 含量较高，可能是弃耕前施肥作用的缘故。0～5cm 层土壤速效钾含量在弃耕后第 8～22 年，相邻年份间都有较大的增减变化，这可能是不同植被类型作用的结果。因为农耕地在弃耕后的前期和中期，地上的植物群落处于演替过程中，物种和植被结构在不断变化，不同的物种和植被结构对土壤养分的消耗和积累作用是不同的。5～10cm 和 10～20cm 层土壤速效 K 含量在第 5～15 年含量稳定，第 16 年时突然跃升，第 20 年又降到低谷。从第 22 年以后，速效 K 含量逐年递减，恢复到第 5 年、第 6 年的水平。

同时，从图 15-53 也可以看出，撂荒地的表层土壤速效钾含量明显高于其他两个土层。在黄土高原贫钾的自然状态下，全钾含量在各类土之间差异不大，土壤的供钾能力主要与土壤全钾含量密切相关（陕西省土壤普查办公室，1992）。从植物营养的观点来看，土壤中的钾素可以分为 3 部分：第一部分是植物难以利用的钾，主要存在于原生的矿物中，这是土壤全钾含量的主体；第二部分是缓效钾，主要存在于层状黏土矿物晶格中以及黏土矿物的水云母中，这是速效钾的储备；第三部分是速效钾，以交换性钾为主，也包括水溶性钾。缓效钾与交换性钾之间存在着缓慢的可逆平衡（陕西省土壤普查办公室，1992），交换性钾和水溶性钾之间却存在着快速的可逆平衡。本研究中出现表层速效钾含量略高的原因可能为：一是速效钾在表层进行了富集；二是缓效钾及时补充到土壤的整个剖面。

15.6.6.5　土壤速效磷含量的变化规律

土壤速效磷含量的变化是一个十分复杂的问题，对于耕作土壤来说，它不但与不同生物气候条件下的土壤不同形态磷间的动态平衡有关，同时也与人为耕作施肥状况密切相关（陕西省土壤普查办公室，1992）。但对于非耕作土壤，除与土壤不同形态磷间的动态平衡有关外，速效磷的含量还受母质、土壤、气候、风化程度、淋溶作用以及全磷含量等因素的影响。试区土壤类型主要为黄绵土，部分区域为黑垆土和灰褐土，在沟坡深层中还有红胶土，由于该区的土壤类型复杂，土壤速效磷含量的变化又变得更为复杂。

从图 15-54 可以看出，0～5cm 和 5～10cm 层土壤速效 P 含量有较大的变化趋势，尤其是 0～5cm 土层，这是植被对土壤养分表聚作用的结果。在弃耕后第 2 年，各层土壤速效 P 含量较高，可能是因为土壤弃耕前施肥作用的影响。

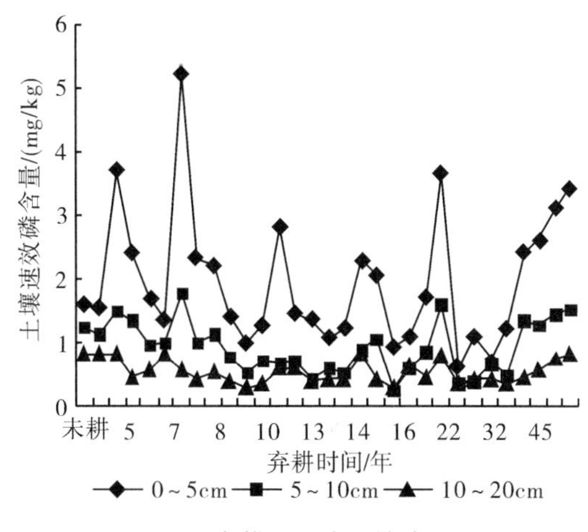

图 15-54　弃耕地土壤速效磷含量

在弃耕后第 5～20 年，0～5cm 层土壤相邻年份间都有较大的增减变化，在第 20 年下降到低谷。第 20～32 年，0～5cm 和 5～10cm 层土壤速效 P 含量有较大幅度的增加，源于在弃耕多年后，植被结构变得相对稳定，枯枝落叶归还了一定的养分。

10～20cm 层速效 P 含量比较稳定，则可能是活性磷和非活性磷平衡作用的结果。从未耕种过的土壤，各土层速效磷含量都接近天然草地的水平。

15.6.6.6　不同弃耕年限土壤有机碳含量的时空分布特征

土壤有机碳（SOC）是土壤养分的重要组成部分，也是生态系统中极其重要的生态因子，不仅影响植物的生产力，而且可以反映土壤质量（贾晓红等，2007）。土壤质量的变化会引起植被结构、组成的变化，进而影响到植物生产力和凋落物归还量及其分解，最终导致 SOC 含量的明显分异（Jeffrerg et al.，1997；Jenkinsov et al.，1991）。反之，植被的演变也会导致土壤性状的改变，影响土壤有机碳的动态变化。大量的研究表明，土壤有机碳在很大程度上影响着土壤的结构和团聚体的形成及其稳定性、土壤的持水性能和植物营养的生物有效性以及土壤的缓冲性能和土壤生物多样性等，缓解和调节与土壤生产力有关的一系列土壤过程，增加土壤的物理稳定性、减缓风蚀，改善区域生态环境（Lal，2003；Karlen et al，1999；Herrick et al，1997；Truj：110 et al，

1997；Lal，et al 1990）。因此，本研究把土壤有机碳含量的变化作为土壤性质的指标加以分析。

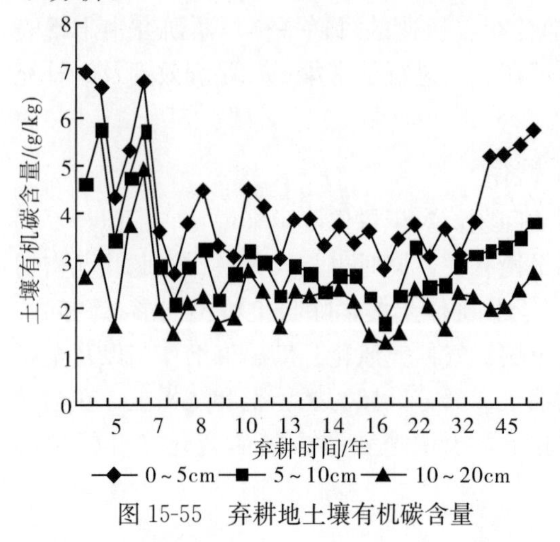

图 15-55　弃耕地土壤有机碳含量

从图 15-55 可以看出，撂荒地土壤有机碳含量的变化趋势和有机质、全氮的变化趋势相同。在弃耕后的第 5 年有机碳含量较高，可能是弃耕前施肥作用的缘故。第 7 年有机碳含量下降到最低，可能是随着演替的进行，耕作施肥的效应消失，土壤中现存的养分被消耗。从第 7 年到第 22 年，土壤有机碳呈现波动式的变化，但都是稳定在 2～5g/kg。到弃耕 22 年后，土壤有机碳含量呈上升趋势。因为在弃耕多年后，随着植物群落演替的进行，植被结构变得相对稳定，土壤有机碳含量趋于增长。从未耕种的土壤，由于人为扰动较少，每年有较多的凋落物产生，加之土壤的物理结构得到明显的改善，水土流失少，微生物数量也增加到一个稳定的数量，所以有机碳含量在整个撂荒演替序列中最高。

15.6.7　小结和讨论

各演替阶段土壤肥力综合指标值表明：随着演替进展，土壤肥力呈增长趋势，这与群落演替能促进群落生物循环和生物富集作用有关（张庆费等，1999）。这个结论说明，在试区尽管植被恢复演替进行得缓慢，但从土壤发展的角度看，仍属进展演替。

退耕后植被恢复过程中土壤养分储量增加，但由于凋落物量、化学成分和分解速率的不同，导致对不同养分元素的积累作用不同（薛萐等，2007）。弃耕地 0～5cm 层土壤速效钾、速效磷变化波动比较大，曲线有峰和谷的区别。对于速效钾的变化来说，可能是缓效钾和速效钾受群落结构、环境因子等条件变化的影响，存在一个动态的平衡过程。对于速效磷来说，除与土壤不同形态磷间的动态平衡有关外，含量还受母质、土壤、气候、风化程度、淋溶作用以及全磷含量等因素的影响。试区土壤类型主要为黄绵土，部分区域为黑垆土和灰褐土，在沟坡深层中还有红胶土，由于该区的土壤类型复杂，土壤速效磷含量的变化更为复杂，其变化波动的原因尚需进一步探索。

无论是各个坡向还是从整个时间序列上看，弃耕地 0～5cm 和 5～10cm 层土壤养分随着弃耕时间的延长，其含量变化曲线上下波动比较大，而 10～20cm 层含量比较稳定。说明在弃耕地自然恢复过程中，土壤养分的变化主要集中在表层，深层变化微弱。同时，在整个演替过程中，所分析的土壤养分指标中，3 个土层的变化趋势是：0～5cm＞5～10cm＞10～20cm。

无论是各个坡向还是从整个时间序列上看，弃耕地土壤养分的增加都比较少，即使从未开垦的天然草地，其含量都比较低，这与成土母质的性质、植被状况以及当地的气候因子有关。

根据陕西省土壤养分含量分级标准，安塞试区土壤肥力水平偏低，特别是有机质和速效磷的含量极低，非常贫乏，土壤中速效钾含量较高（陕西省土壤普查办公室，1992）。该试区土壤质地偏砂，结构性差，侵蚀严重，土地的生产力很低。不同的利用方式，土地的生产力不同，对土壤养分的作用不同，林草地对土壤养分的作用主要表现在：本区多为落叶乔灌林和草本植物，每年向林下土壤提供大量的凋落物，经微生物腐解后使土壤的有机质含量升高；固氮植物能将大气中的分子态氮转化为可利用的氮，增加土壤中氮素的含量；微生物在分解凋落物的同时会形成一系列的酸酚类络和、螯和物，林木及微生物在其旺盛生长时期也能通过庞大的根系及数量众多的微生物体向根际土壤分泌有机酸类物质，同时释放大量的 CO_2 形成碳酸，这些酸促使黄土中长石类的含钾矿物矿化，大大增加土壤有效钾的含量。再加上植物枝叶可以防止雨滴直接击溅地表和根系对土壤的固定作用，所以林地内不易形成径流，表层土壤能保持相对较高的养分水平，向下急剧减少，速效氮和速效磷含量均由表层向下逐渐降低，而速效钾在剖面上的分布有回升现象，这是由于表层向下淋溶的结果（刘梦云等，2002）。

张全发（1990）等人在植物群落演替与土壤发展之间的关系研究中认为，植物群落的演替过程，是群落的植物部分与土壤环境部分发展的协同演替。植物群落演替过程中的土壤发展很明显是随着植被的演替而发展的一个连续过程，趋向于与群落顶极相适应的平衡。演替是一个漫长的过程（Park，1994），这就暗示着群落演替的土壤发展需要很长一段时间。该研究中，研究区域地处黄土丘陵区，其土壤养分含量主要是受黄土母质的影响，再加上其群落结构本身简单，盖度较小，植物残体归还的养分比较少，因此，黄土高原植被和土壤的恢复需要一个很长的时间，要想彻底改变黄土丘陵区植被的状况，必须从植被恢复和土壤性质恢复两个方面着手。在黄土丘陵沟壑区，若排除外界的干扰（开垦、放牧等），在现有的气候条件下，植被有望得到恢复。

15.7　陕北黄土丘陵区撂荒地土壤微生物的时空响应

本小节主要研究撂荒地演替过程中土壤微生物碳、氮含量、土壤基础呼吸和呼吸商、微生物区系、土壤酶，探讨黄土高原丘陵地区耕地弃耕后植被次生演替过程中土壤微生物的变化动态，为耕地弃耕后植被自然演替过程中土壤性质的变化提供一定的基础理论，并为植被恢复与生态改善提供理论指导。

15.7.1　植被恢复对土壤微生物量时空分布的影响

微生物量碳通常仅占土壤有机碳的 1%～4%，却是土壤有机质转化和分解的直接参与者，在土壤主要养分氮、磷、硫等转化过程中起主导作用（孙建等，2009）。土壤的碳、氮是土壤有机质的主要组成部分，是衡量土壤肥力的关键指标之一（贾晓红，2007），土壤碳素、氮素的矿化过程与土壤供碳、氮能力及碳、氮素损失密切相关，其对于碳、氮素生物地球化学过程的生态意义重大。土壤微生物量反映微生物群落的状态和功能，可作为反映人类活动影响的生态学指标（Rogers et al.，2001；Wardle，1992）。因此，对黄土丘陵半干旱区自然撂荒演替群落的土壤微生物量碳、氮的测定与研究，包括微生物量碳含量、微生物量氮含量、微生物碳氮比及其与土壤有机碳、全氮等的关系就显得十分必要（汪文霞，2006），从而对该地区弃耕后土壤肥力以及微生物的活动状况等进行初步的研究得出其变化规律。

15.7.1.1　撂荒地土壤微生物碳的时空演变

不同立地条件的土壤微生物碳的变化趋势（图 15-56）：0～5cm 土层的微生物碳含量明显大于 5～10cm 土层的微生物碳含量，且达到极显著的水平。由于表层的土壤受外界环境的影响较大，0～5cm 土层的土壤微生物碳含量的变化波动较大，有峰和谷的区别。在 0～5cm 土层，土壤微生物碳含量从大到小的顺序：未耕＞45 年＞43 年＞33 年＞32 年＞3 年（峁顶）＞5 年（峁顶）＞8 年（半阳）＞5 年（阴）＞24 年（阴）＞14 年（半阳）＞10 年＞10 年（半阳）＞7 年（半阳）＞22 年（半阴）＞13 年（阴）＞12 年（阴）＞8 年（阴）＞13 年（阳坡）＞11 年（阳坡）＞13 年（半阳）＞7 年（半阴）＞15 年（阳坡）＞16 年（半阳）＞16 年（半阴）＞5 年（半阴）＞20 年（阳坡）＞15 年（半阳）＞10 年（阴）。从这个结果看出，在从未耕种的天然草地上，由于没有人为的扰动，土壤微生物碳的含量在阴坡达到了 275.02mg/kg，是整个时间序列的最大值，而在从未耕种的阳坡达到了 261.24mg/kg，同样没有耕种但是这两个样地之间的含量达到了差异极显著的水平，可能是阴坡的水分状况较阳坡好，土壤微生物的活性大。排在第三位的是撂荒 45 年的半阳坡，含量也高达 260.14mg/kg。从这几个样地的变化可以看出，基本上，随着弃耕时间的延长，土壤微生物碳的积累量较高，说明土壤的性质随着时间的延长能够得到一定的恢复。而弃耕 3 年的峁顶其微生物积累量也较高，其次是弃耕 5 年的峁顶。这可能是由于峁顶相对平坦，水土流失相对较弱，能积蓄一部分水分，土壤的养分等环境较好，改变了土壤微生物的环境。而其他不同弃耕年限之间，土壤微生物碳的变化没有太多的规律，这可能是由于土壤微生物本身都很容易受外界环境的影响，再加之土壤本身就是一个很复杂的环境，植被的结构、坡向的不同等，都会使得土壤环境发生改变。

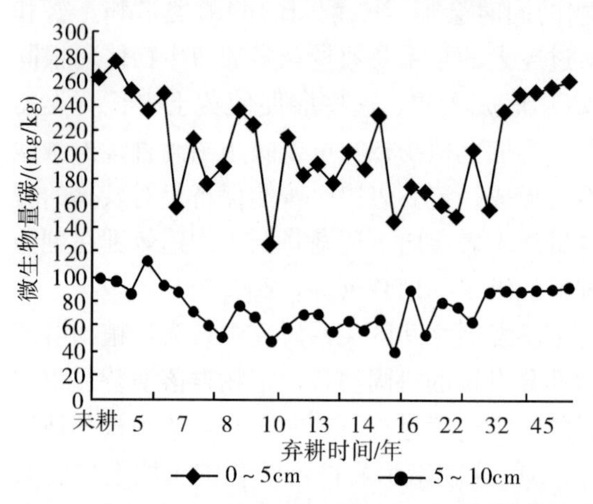

图 15-56　土壤微生物量碳随时间变化规律

在 5～10cm 土层，土壤微生物碳的变化没有表层的变化剧烈，相对平稳一些，这主要是由于底层相对不容易受外界环境的变化影响，微生物的活性相对稳定。同时，微生物碳的含量远少于表层，这主要是因为表层的土壤养分等相对丰富，下层相对匮乏，底层的水热条件受外界环境的影响较小，也就影响到土壤微生物的活动，进而影响到其含量。整个时间序列土壤微生物碳的趋势：从未耕种的和弃耕时间长的样地，土壤微生物碳含量高，这一点和表层的趋势相同。但是各个样地的变化又有所差异，未耕的阳坡和阴坡，达到了 0.05 的显著水平，但是没有达到 0.01 的显著水平。而 22 年和 24 年之间，33 年和 43 年之间差异均不显著，其余样地之间均达到了 0.01 的显著水平。弃耕演替的不同阶段，土壤微生物碳含量不同，进一步说明土壤微生物碳可以作为衡量土壤性质的生物学指标。

15.7.1.2　撂荒地土壤微生物氮的时空演变

土壤微生物氮的变化趋势（图 15-57）：表层高于底层，且达到极显著的水平。在表层的 0～5cm 土层，未耕阴坡的生物氮含量高于未耕阳坡的，这一点和土壤微生物碳的变化相同；且未耕阴坡生物氮含量高于其他的样地，方差分析表明达到极显著水平；撂荒时间短一些的（如 3 年、5 年、7 年）样地，其微生物氮的水平高于撂荒时间相对长一些的样地（如 8 年、10 年、12 年、13 年、14 年、15 年、16 年、20 年、22 年、24 年、32 年、33 年、43 年、45 年），这也许与耕种施肥有关，随着撂荒时间的增加，人为施肥的效应逐渐消失，土壤氮维持在一个相对低的水平。以上实验结果说明弃耕时间对土壤微生物氮的贡献率相对较低，但是各个样地之间的变化也比较复杂，其中弃耕 7 年的半阳和 7 年的阴坡差异不显著，弃耕 13 年的阴坡和弃耕 13 年的阳坡差异显著但没有达到极显著的水平，15 年的半阳坡和 16 年半阴坡差异显著但没有达到极显著的水平，弃耕 43 年和弃耕 45 年的微生物氮含量差异显著，但也没有达到极显著的水平，其余样地之间均达到及其显著的水平。

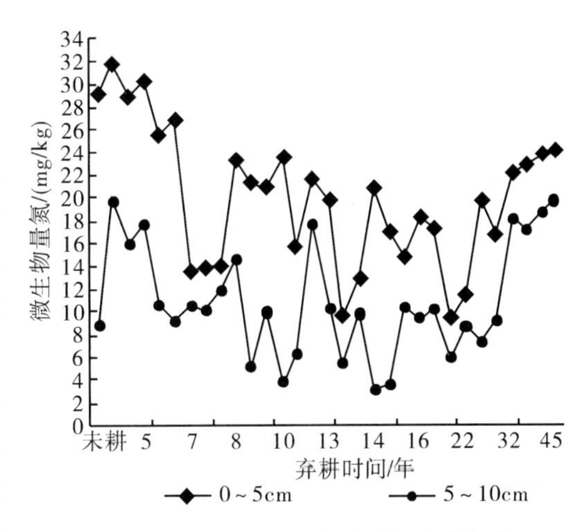

图 15-57　土壤微生物量氮随时间变化规律

5～10cm 土层的变化规律和表层相同，含量最高在未耕的阴坡，为 19.95mg/kg，其次是弃耕 45 年的样地，为 19.68mg/kg，这两个样地之间差异不显著，其余样地之间均达到极其显著的水平。在所有的样地中，微生物氮含量为第三的是弃耕 43 年的样地，为 18.68mg/kg；其次是 32 年的阴坡，为 18.11mg/kg；最少的为弃耕 14 年的半阳坡，为 3.11mg/kg。因此，不同的弃耕时间对土壤微生物氮的影响有所差异，随着时间的延长，其含量变化有跳跃性，中间也有个别较低的情况发生。但总的趋势是未耕的样地含量相对较高，弃耕时间相对较长的样地有相对增加的趋势。

综上所述，撂荒地土壤微生物碳、氮含量总的变化趋势是：未耕的样地含量相对较高，弃耕时间相对较长的样地有相对增加的趋势，撂荒时间对土壤微生物碳、氮含量有影响，即随着撂荒演替时间的延长，土壤微生物碳、氮含量增加，表层含量大于底层含量，这主要与表层水、肥等条件优于底层有关。

15.7.2　撂荒地土壤微生物碳/微生物氮的时空变化

如图 15-58 所示：在撂荒地植被恢复过程中，在 0～5cm 土层，只有 2 个样地的微生物量碳氮比接近 6∶1；将近 6 个样地微生物量碳氮比接近 10∶1；大于 6∶1 小于 10∶1的样地有 4 个；8 个样地的碳氮比远远大于 10∶1。

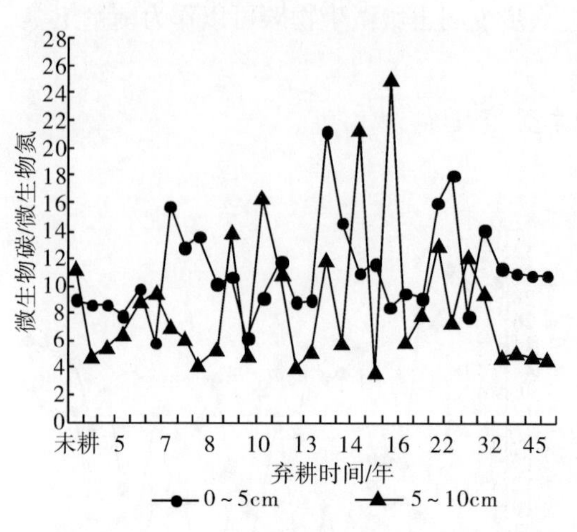

图 15-58　弃耕地的土壤微生物量碳/微生物氮

而在5～10cm土层中，12个样地的微生物量碳氮比接近5∶1；5个样地的微生物量碳氮比接近6∶1；3个样地的微生物量碳氮比接近10∶1；而碳氮比大于6∶1小于10∶1的样地有5个；远远大于10∶1的样地有4个。

黄昌勇（2000）等研究认为微生物量碳氮比可以反映土壤微生物种类和区系，一般情况下，细菌碳氮比在5∶1左右，放线菌碳氮比在6∶1左右，真菌碳氮比在10∶1左右（姜培坤等，2003；查轩等，2001；陈国潮等，1998；姜培坤等，1995）。不同弃耕年限的撂荒地，植被恢复过程中凋落物与根系统物质分解过程中所诱导形成的微生物区系差异导致土壤微生物量碳氮比不同，比较不同弃耕年限弃耕地的土壤微生物量碳氮比，初步判断在黄土丘陵区植被恢复过程中，真菌和放线菌数量的变化幅度高于细菌数量的变化幅度。

15.7.3　土壤微生物碳/有机碳的时空分布特征

微生物商（C_{mic}/C_{org}）是土壤微生物量碳和总有机碳的比值（王秀丽等，2002），微生物商比单一的微生物量碳和有机氮更能反映土壤生态系统受到人为干扰后的效果，能预测土壤有机质长期变化或监测土地退化及恢复。微生物商是土壤有机质变化的一个指示指标，反映了微生物生物量与土壤有机质含量紧密的联系，在应用的时候能够避免使用绝对值或者不同有机质含量的土壤进行比较时而出现问题（王秀丽，2002；Balota et al.，2003）。因此，微生物商作为土壤环境质量的生物学指标比微生物生物量更可靠（龙健等，2003）。

由图15-59看出，在0～5cm土层，微生物商从大到小的依次为：7年半阳>10年阳>14年半阳>8年半阳>13年阴>24年阴>11年阳>3年峁顶>22年半阴>15年半阳>10年半阳>12年阴>13年阳>16年半阳>32年阴>13年半阳>20年阳>33年半阴>15年阳>7年半阴>45年半阳>5年阴>8年阴>16年半阴>5年半阴>0年阴>0年阳>5年峁顶>10年阴。其中微生物商最大的为第7年半阳坡（78.42），微生物商最小的为第10年阴坡（28.46）。除了7年半阳、10年阳、14年

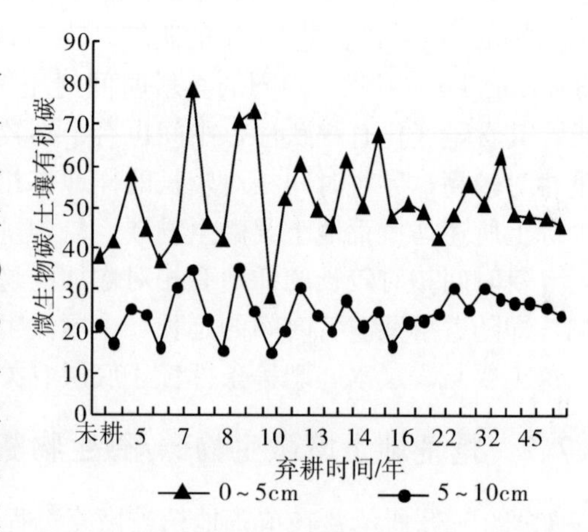

图 15-59　弃耕地的土壤微生物碳/土壤有机碳

半阳、8年半阳、13年阴、24年阴、11年阳、3年峁顶几个样地的微生物商较其他的样地高，10年阴坡28.46g/kg为最低外，其余样地虽说有大小之别，但是之间的差别不是很大，大多数的数值在平均值（51.26g/kg）周围。

在5～10cm土层，微生物商从大到小的依次为：8年半阳＞7年半阳＞22年阴＞11年阳＞11年阳＞5年半阴＞24年阴＞13年阴＞33年半阴＞32年阴＞3年峁顶＞10年阳＞43年半阴＞12年阴＞14年半阳＞16年半阴＞45年半阳＞22年半阳＞5年阴＞16年半阳＞7年半阴＞15年半阳＞10年半阳＞13年半阳＞13年阳＞0年阳＞0年阴＞15年阳＞5年峁顶＞8年阴＞10年阴。最大的为8年半阳坡，最小的为10年阴坡，这和0～5cm土层相同。在5～10cm土层，土壤微生物商的变化趋势和0～5cm土层有相似之处，即弃耕年限靠前的样地微生物商呈现波浪式的变化，而随着弃耕时间的延长，土壤微生物生物量碳和总有机碳的比值趋于稳定，土壤微生物商在平均值（24.49g/kg）周围的样地偏多。

如果土壤正在退化，微生物碳下降的速度将大于有机碳的下降，微生物商随之降低（Balota et al.，2003）。从图15-59看出，在弃耕13年之前的样地，其微生物商波动大，平均值为52.26g/kg，样地之间波动较大，这就说明在撂荒演替的早期，群落内部的变化复杂，土壤的性质由于受诸多因素的影响，变化具有随机性。随着弃耕时间的延长，从弃耕13年之后，其微生物商较前期样地有所降低，其平均值为49.67g/kg，但样地之间数值基本稳定。因此，仅就土壤微生物商的动态变化分析，晚期土壤质量和前期相比有所退化，但并不是无限制的退化下去，而是稳定在一定的范围。植被的恢复包括群落结构的恢复和土壤质量的恢复两个方面，这也说明在黄土丘陵区现有生态环境下，随着撂荒演替时间的增加，土壤质量并没有得到很好的恢复。

同时在一直未耕的两个样地土层土壤微生物商的数值偏小，这种结果与人为的耕种、施肥等各种干扰因素可以改变群落的结构有一定的关系。干扰是阻断原有生物系统生态过程的非连续性事件，它改变或破坏生态系统、群落或种群的组成和结构，改变生物系统的资源基础和环境状况（李政海等，1997）。根据其类型、强度、频度和时间不同，干扰对植被恢复产生不同程度的影响，即干扰对植被恢复既有消极作用，也有积极作用（陈利顶等，2000）。由于人为干扰可以自行控制，生态学家高度重视人为干扰的作用，以此来调控植被恢复，适度的人工干扰如禁牧、封育、沙障固沙等可加速生态系统的恢复。适度的人工干扰有利于维持生物组分或生态系统的总体稳定，起到人工调控植被恢复的作用。但是由于植被的恢复受很多因素的限制，由人为干扰（刀耕火种）后的弃耕地向天然森林的演替进程很慢（Duncan et al.，1999）。本研究的结论也从另外一个方面说明黄土高原现有生态环境的恶劣程度，在这种环境下，靠植被自身的更新很难达到恢复的目的，植被的恢复需要人类的参与。

15.7.4 撂荒地土壤微生物氮/全氮的动态特征

土壤微生物量反映了土壤微生物的重量或质量，虽然仅占有机质中的很小部分，但它却是最为活跃的部分，特别是在土壤碳氮循环中，是活性最强的部分。研究结果表明，土壤微生物量氮主要受有机物质输入量和种类的影响（Templer et al.，2003），一

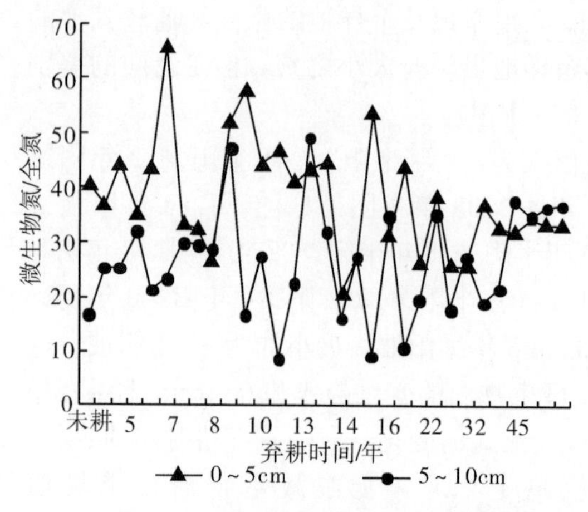

图 15-60　弃耕地的土壤微生物氮/全氮

般占土壤有机氮的 2%～6%（Brookes et al.，1985），与土壤全氮、有机质等存在一定的关系（Zhong et al.，2003）。因此，研究土壤微生物氮/全氮的变化趋势更能反应撂荒演替过程中土壤性质的变化。

由图 15-60 看出，在 0～5cm 土层，土壤微生物氮/全氮的变化趋势和微生物氮、土壤全氮的变化不同，最高点在弃耕 5 年的样地；其次是 10 年的样地；最后是 14 年的样地；从未耕种和弃耕时间越长的样地，其土壤微生物碳/有机碳越接近，如从未耕种的两个样地和弃耕 32 年、33 年、43 年、45 年的样地接近，这就说明撂荒时间越长的样地，其土壤微生物学特性越接近于从未耕种的天然草地，撂荒演替过程对土壤微生物氮的贡献较多。在 5～10cm 土层，土壤微生物氮/全氮和表层有相似之处。同时，相同的样地和不同的土层表现不同：有的样地是 0～5cm＞5～10cm，有的反而相反，这是因为土壤微生物容易受外界环境的影响，其变化机理复杂，有待于进一步研究。

15.7.5　撂荒地土壤基础呼吸强度及其代谢商的时空动态

15.7.5.1　不同撂荒年限弃耕地的土壤基础呼吸强度变化

由图 15-61 看出，在弃耕演替的整个过程中，土壤呼吸量变化大小顺序是：未耕＞45 年＞43 年＞32 年＞33 年＞22 年，其余样地之间的呼吸量有小幅度的变化，但基本上在 142mg/(m^2·d)～145mg/(m^2·d) 浮动。因此，撂荒时间越长，其土壤基础呼吸强度越大，土壤碳素周转也越快，土壤物质代谢强度也越大，土壤有机质的利用也较为充分，土壤中微生物总的活性也较大。从未耕种的样地，其土壤基础呼吸强度大于撂荒地的土壤呼吸强度，表层的土壤基础呼吸强度大于下层的土壤呼吸强度。

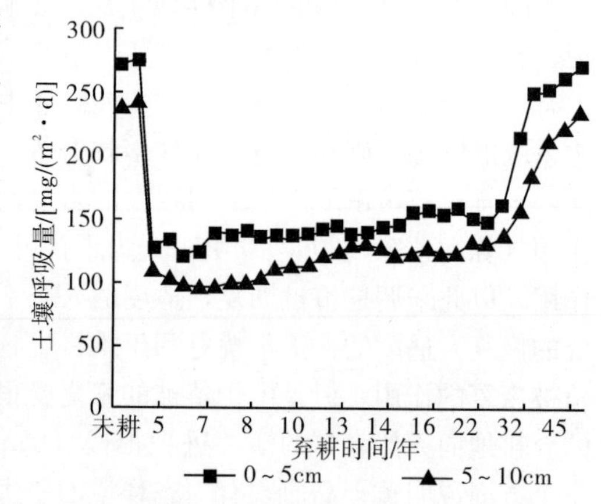

图 15-61　弃耕地的土壤呼吸量

影响土壤呼吸的主要因素有温度、降水、土壤水分、施肥等。土壤含水量对土壤呼吸的影响则较为复杂，当土壤湿度较低时，土壤呼吸与土壤水分含量表现为明显的相关关系，并且在一定范围内呼吸强度随土壤水分含量的增加而增加。但当土壤含水量超过土壤持水量，也就是土壤水分过饱和时，土壤湿度就成了土壤呼吸的抑制因子（杨全艳等，2006）。施肥会改善土壤中的营养元素平衡，促进微生物活动，从而显著提高土壤呼吸。在本研究中，由于各个立地有坡向的区别，坡向对群落的影响主要是通过光、热的再分配来影响的，但是坡向与撂荒年限没有关系，同一年限各个坡向的样地都有，显然在本研究中温度不是影响土壤呼吸的主要因素。降水主要通过土壤水分的变化来影响土壤呼吸。由于研究区地处干旱半干旱的丘陵区，干旱是植被恢复的限制因子，在大多数情况下，土壤含水量处于亏缺状态，土壤湿度较低。从前面的土壤物理、化学性质分析可知，随着撂荒年限的延长，撂荒地土壤水分、土壤养分得到了一定程度的恢复。因此，土壤基础呼吸随着演替时间的延长，呈现增强的趋势，其主要原因是撂荒地植被恢复演替过程中，土壤质量得到改善。土壤肥力提高，土壤微生物的活性增强，土壤的水分生态环境得到改善，土壤基础呼吸强度表层大于底层，主要是因为表层的土壤生态学环境优于底层。撂荒演替促进了土壤生态学环境的改善和提高。

15.7.5.2　不同撂荒年限土壤代谢熵的时空响应

代谢熵又称呼吸熵（q_{CO_2}），是基础呼吸与微生物生物量碳之间的比值，即每单位微生物生物量碳的具体呼吸率。代谢熵是衡量土壤微生物对土壤碳利用效率高低的指标（Anderson et al.，1985），代谢熵越低，微生物对土壤碳的利用效率越高。它把微生物生物量的大小和微生物整体活性有机地结合起来，代表了微生物群落的维持能大小和对基质的利用效率，是反映环境因素、管理措施变化等对微生物活性影响的一个敏感性指标（Brookes et al.，1995，1985）。代谢熵越大，表明单位微生物的呼吸作用越强。代谢熵效率高，则形成单位微生物质量所呼出的 CO_2 少，代谢熵较小；代谢熵效率低，说明利用相同能量而形成的微生物量小，代谢熵较大，释放的 CO_2 较多，微生物体的周转率快，平均菌龄低。

由图 15-62 看出，在 0～5cm 土层，随着撂荒时间的延长，土壤代谢熵变化呈现波浪式的波动趋势，基本趋势是前期样地的呼吸熵偏小，中间时间段样地的呼吸熵增大，弃耕时间较长的几个样地和从未耕种的样地呼吸熵是撂荒系列中的最大值。而在 5～10cm 土层中，呼吸熵最大值在弃耕 15 年的样地。其次是未耕种的样地，靠近弃耕演替后期的样地和撂荒演替中期的几个样地的呼吸熵也比较大，最小值在弃耕 5 年的样地，比起 0～5cm土层，5～10cm 土层呼吸熵的波浪式变化更为明显，有的样地之间呈现跳跃式的变化趋势，缺乏规律性。同一个弃耕地土壤 5～10cm 土层的呼吸熵大于 0～5cm 土层的呼吸熵，而在同一个样地的两个土层中，并不是 5～10cm 土层土壤呼吸熵大的样地，0～5cm 土壤呼吸熵一定就大，整个系列中同一样地两个土层的变化趋势并不同步。

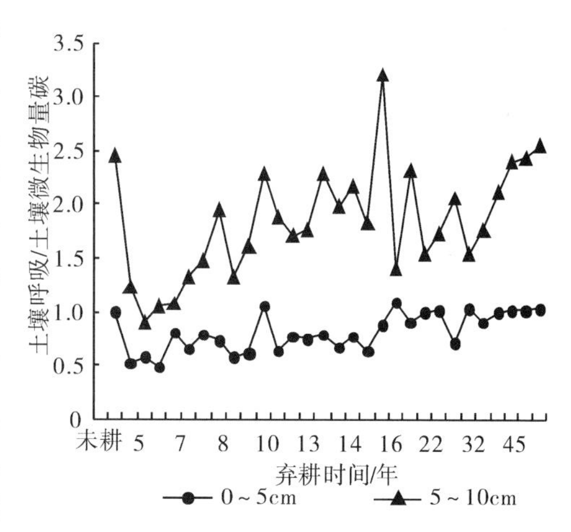

图 15-62　弃耕地的土壤呼吸/土壤微生物量碳

在本研究中，5～10cm 底层的代谢熵大于 0～5cm 表层的代谢熵，表层土壤微生物对土壤碳的利用效率较底层高，主要是由于表层的土壤生态环境较为优越，随着撂荒时间的延长，两个土层土壤代谢熵都有增大的趋势。从本研究对土壤水分、养分的分析可知，尽管土壤的水分、养分随着撂荒演替时间的延长呈现进展演替的趋势，但是土壤水分的恢复却较为缓慢。因此，出现土壤代谢熵都有增大趋势的主要原因是土壤水分的亏缺，这也与陕北黄土丘陵区干旱缺水的生态环境相一致。

15.7.6　撂荒地土壤酶对植被恢复的时空响应

土壤酶主要来自微生物细胞和动植物残体。土壤酶的活性与土壤健康、土壤养分转化等有很大的关系，其活性大小可以敏感地反映出土壤中生化反应的方向和强度，是土壤肥力和生产力的重要指标（邱莉萍等，2004）。

土壤酶的专一性和综合性特点使其成为一个有潜力的反映土壤质量的生物学活性指标。一些土壤酶活性还与土壤许多特性有关，而且对因环境或管理因素引起的变化较敏感，并具有较好的时效性特点。土壤酶已被成功地用于区分许多土壤管理措施，尤其在确定污染或严重扰动对土壤健康影响评估方面（赵其国等，1997）。在黄土丘陵区，土壤磷酸酶、过氧化氢酶、蔗糖酶和脲酶对由于侵蚀而引起的土壤质量变化反映敏感（史衍墨等，1998）。本研究主要分析了土壤磷酸酶、脲酶活性，分析随着撂荒演替时间的延长两类土壤酶活性的变化趋势。

15.7.6.1　撂荒地土壤磷酸酶对植被恢复的响应

从图 15-63 可以看出，弃耕地的碱性磷酸酶的活性变化比较复杂，呈现跳跃式的变化，特别是在 0～10cm 土层，跳跃式的变化趋势比较明显，其活性在未耕阴坡的样地中最大，为0.092mg Pi/(g FW · h)，最小是弃耕 10 年的阳坡，为 0.021mg Pi/(g FW · h)，最大为最小的 4.3 倍。酶活性排在前几位的依次是：未耕阴坡＞8 年半阳坡＞8 年阴坡＞22年＞45 年＞43 年＞33 年＞未耕的阳坡＞32 年＞14 年。

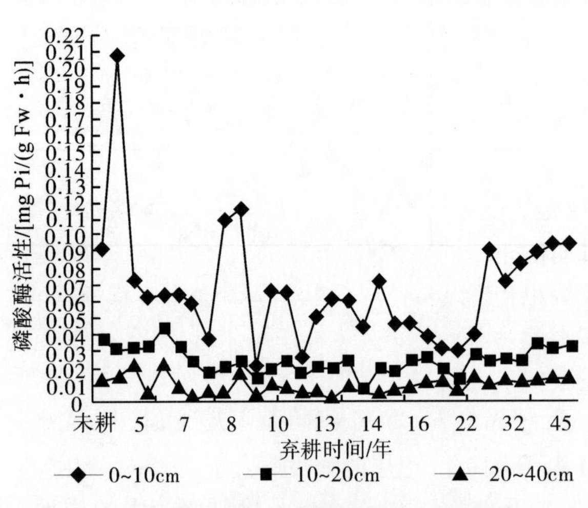

图 15-63　弃耕地土壤磷酸酶活性的变化

随着撂荒演替时间的延长，0～10cm土层碱性磷酸酶的活性在弃耕前中期的样地较强，中期减弱，从撂荒第 10 年开始较为稳定。从图 15-63 也可以看出，弃耕 5 年的 3 个样地，其磷酸酶活性变化均较小，这种趋势也在弃耕 10 年的 2 个样地、弃耕 13 年的 2 个样地、弃耕 15 年的 2 个样地里面呈现，这些样地弃耕时间相同，但是坡向不同，因此坡向对 0～10cm 土层磷酸酶活性影响不大。

在 10～20cm 和 20～40cm 土层，其酸性磷酸酶的活性远远低于表层。这主要是因为表层水热条件、有机质含量、全氮含量等高于底层，同时表层枯枝落叶多，积累的物质相对较多，根系的分泌物较多，土壤相对疏松，利于土壤微生物的活动。

15.7.6.2 不同弃耕年限对脲酶的时空分布特征

弃耕地脲酶的活性变化在整个土层均呈现跳跃式的变化（图15-64）。总的趋势是撂荒时间短的样地，其活性高，中间的样地偏低，在后期有所提高并趋于稳定。

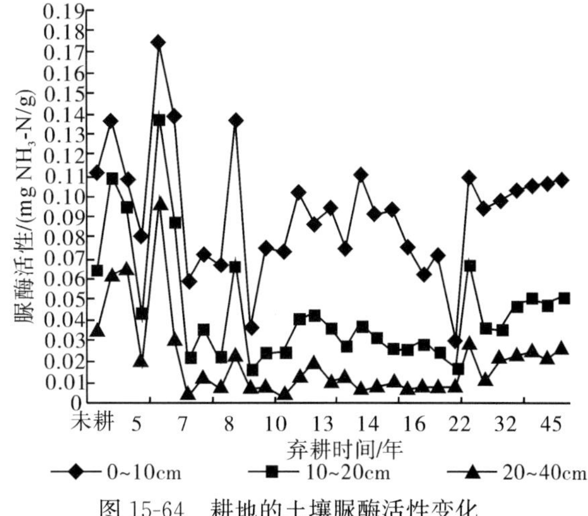

图15-64 耕地的土壤脲酶活性变化

在0～10cm土层，其活性最大在5年峁顶，其值为0.174mg NH_3-N/g，活性最小在弃耕20年的阳坡，其值为0.03mg NH_3-N/g，最大活性为最小活性的5.8倍。在不同撂荒年限的样地间脲酶活性差异很大。在撂荒的前期，0～10cm土层脲酶的活性均偏高，最大在5年峁顶，其次是未耕种的阴坡、5年的半阴坡、8年的半阳坡3个样地，而且这3个样地之间差异不大，再次是未耕种的阳坡、13年的阳坡和弃耕22年的半阴坡3个样地，其脲酶的活性几乎相等。其余剩下的样地中，除了7年的半阳坡、10年的阳坡、20年的阳坡这几个样地脲酶活性偏低外，其他几个样地中脲酶活性基本稳定，尤其是撂荒后期的样地没有波动式的变化。

在10～20cm、20～40cm土层，其脲酶活性和表层的变化趋势相同：同一个样地，表层酶活性高的，下层酶活性也较高，这主要是在同一立地条件下，水、肥、气、热、植被等外界环境因子一致的缘故。在垂直剖面上，表层酶的活性大于底层，随着土层深度的加深，酶活性逐渐降低。这主要与表层的土壤养分、水分优于底层有关，也与植物的根系主要分布在表层，使得根际微生物活动上层强于下层有关。同时，植物凋落物和根系分泌物不仅使微生物大量繁殖，丰富了土壤酶的来源，同时这些凋落物的分解和根系的生理代谢过程也向土壤释放多种酶（董莉丽等，2008）。最终导致表层土壤脲酶活性较高。

随着时间的延长，土壤脲酶呈现不规律的波动，主要因为土壤本身是一个复杂的胶体，土壤的物理特性、水热状况、无机和有机组分的组成、吸收性复合体的特征以及植物各自的生理特性不同，在生长过程中相异的代谢功能必然导致不同植被土壤酶的差异（王艳超等，2008）。土壤微生物、根系分泌物和土壤酸碱度等也是酶活性变化的影响因子（万忠梅等，2005）。

15.7.7 土壤微生物区系随植被恢复的动态变化

15.7.7.1 土壤细菌随植被恢复的动态变化

在0～10cm土层（图15-65），细菌的数量在弃耕5年的半阴坡中最大，然后是弃耕14年的样地，其次是弃耕13年的半阳坡，再次是弃耕年限最长的45年样地，最后是弃耕5年的峁顶，而弃耕43年的样地、弃耕33年的样地、弃耕15年的阳坡以及未耕种的阴坡，这几个样地的土壤细菌菌落数大致相等，最小是弃耕年限为 10 年的半阳坡。从图 15-65 可以看出，最大值和最小值之间的差异很大，在整个弃耕演替系列中，不同样地的细菌菌落数目波动很大。

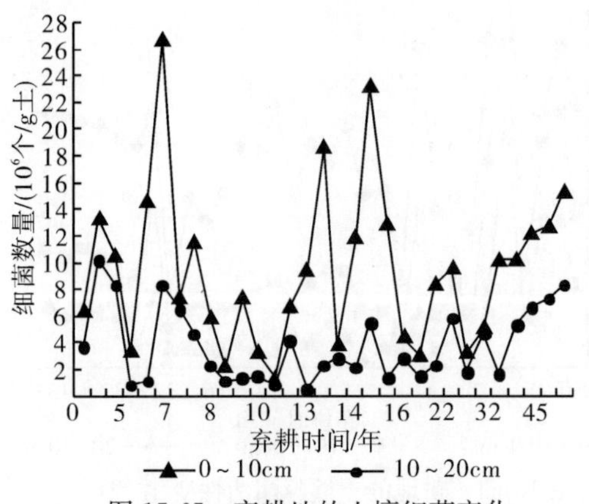

图 15-65　弃耕地的土壤细菌变化

在 10～20cm 土层中，细菌菌落数目在未耕种的阴坡最多，3 年的峁顶、5 年的半阴坡、弃耕时间最长的 45 年样地菌落数目大致相当，居于整个序列的第二，最少量在弃耕 12 年的样地。和表层相比，细菌菌落数目在 10～20cm 的土层波动性不是很大，在弃耕时间稍短和较长的样地，其菌落数目相对较多，在中间时间段相对偏少。

从图 15-65 看出，弃耕地土壤中细菌的数量在土层垂直分布上，表层的细菌菌落数目远远大于底层的细菌菌落数，随着土层深度的加深，细菌菌落数量大幅度的降低，这种大幅度降低的趋势在表层含量高的样地体现特别明显，而表层含量偏低的样地，其菌落数减少量反而少一些。

15.7.7.2　土壤真菌随植被恢复的动态变化

从图 15-66 可以看出，在 10～20cm 土层，真菌相对多一些的样地依次是：24 年阴坡＞5 年半阴＞15 年阳坡＞未耕的阴坡＞未耕的阳坡＞10 年的阳坡＞8 年的阴坡＞45 年＞5 年的峁顶＞16 年半阳坡。在这些相对多一些的样地里面，弃耕时间长和弃耕时间短的样地大致相当，仅仅从真菌的变化来看，在整个演替系列里面，似乎没有多大的规律性体现。随着演替的时间的延长，真菌菌落数目的变化并不是逐渐增多或者减少，而是呈现跳跃式的变化趋势。

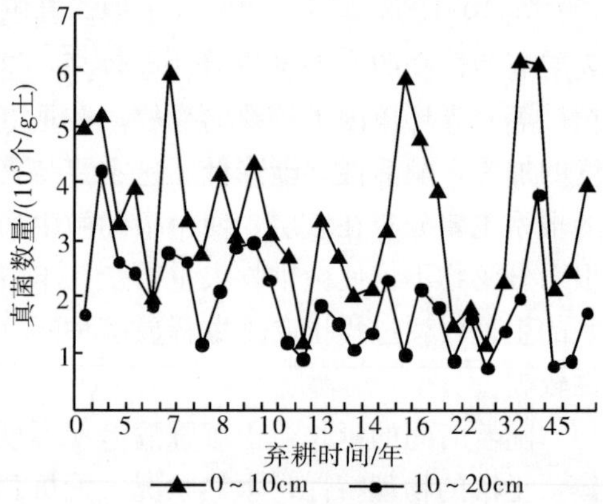

图 15-66　弃耕地的土壤真菌变化

在 10～20cm 土层，真菌相对多一些的样地依次是：未耕种的阴坡＞32 年的阴坡＞10 年的阳坡＞8 年的半阳坡＞5 年的半阴坡＞3 年的峁顶＞7 年的半阳坡，最长在未耕的阴坡。除弃耕 32 年的样地外，真菌数目多的样地多集中在弃耕时间短一些的样地，这一点和 0～10cm 土层有所不同。

在垂直剖面上，随着土层的降低，真菌数目逐渐减少，各样地减少的幅度有所不同，其中在弃耕 15 年的阳坡，10～20cm 土层的真菌数目比 0～10cm 土层减少 82.9%，是整个样地的最大变化率，而在弃耕 8 年的半阳坡，10～20cm 土层的真菌数目比 0～10cm土层的真菌数目减少了 6.5%，是整个样地的最小变化率。

15.7.7.3　土壤放线菌随植被恢复的变化

从图 15-67 看出，在 0～10cm 土层中，弃耕地土壤放线菌菌落数目较大的几个样地依次是：10 年的半阳坡＞14 年的半阳坡＞13 年的阴坡＞20 年阳坡＞3 年峁顶＞16 年半阴坡＞43 年半阴坡＞7 年半阳坡＞33 年半阴坡＞22 年半阴坡＞5 年半阴坡＞10 年阴坡＞15 年阳坡。仅仅从这几个菌落数目靠前的样地来看，居于撂荒演替系列中后期的样地比较多。因此，撂荒演替的时间对真菌菌落数有促进的作用，随着撂荒演替时间的加长，真菌菌落数目增加。

而在 10～20cm 土层中，弃耕地土壤放线菌菌落数目较大的几个样地依次是：3 年峁顶＞16 年半阴＞45 年＞5 年半阴＞14 年＞22 年＞33 年＞43 年。仅仅从弃耕时间来看，土壤放线菌菌落数目较大的几个样地中，除了 3 年的峁顶和 5 年的半阴坡，其余样地弃耕时间均较长，和 0～10cm 土层一样，随着弃耕时间的延长，土壤放线菌菌落数目有增加的趋势，土壤放线菌菌落数目最小的在弃耕 15 年的阴坡。

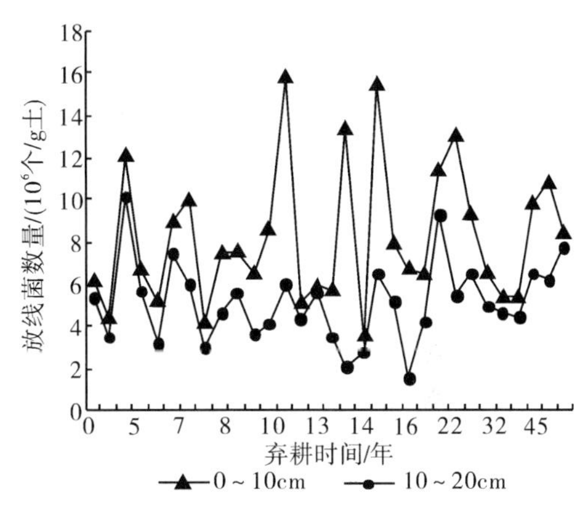

图 15-67　弃耕地的土壤放线菌变化

而在同一样地的不同土层，处于土壤上层的放线菌菌落数目大于下层，这与表层的土壤养分、水分有机质的含量均大于下层有关。

15.7.7.4　土壤微生物总数随植被恢复的动态变化

从图 15-68 可见，弃耕地微生物总数在 0～10cm 土层最大值在 14 年的半阳坡，最小值在 16 年的半阴坡，最大值比最小值大 75%。土壤微生物总数居于前几个样地从大到小的顺序依次为：14 年＞5 年半阴坡＞13 年半阳坡＞45 年＞43 年＞3 年峁顶＞33 年＞15 年阳坡。居于前几位的样地和 3 种微生物分开的数值一样，也是随着时间的延长，土壤微生物总数有增加的趋势。从整个样地的变化趋势来分析，随着演替时间的延长，土壤微生物总数有趋于稳定的趋势。

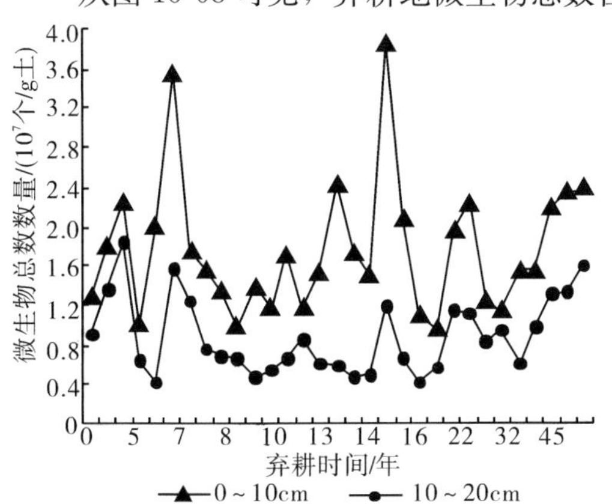

图 15-68　弃耕地的微生物总数变化

在 10～20cm 土层中，前几个样地土壤微生物总数从大到小的顺序依次为：3 年峁顶＞45 年＞5 年阴坡＞未耕种的阴坡＞43 年＞33 年＞7 年半阳坡。这和 0～10cm 土层的变化趋势相同，随着演替时间的延长，土壤微生物总数有趋于稳定的趋势。

结合图 15-65、图 15-66、图 15-67 可以看出，弃耕地土壤微生物类群在整个撂荒演替序列中，各土层均以细菌数量占优势，真菌数量次之，放线菌数量最少。垂直分布均表现为随土层加深微生物各类群数量逐渐降低，表明撂荒演替过程中，细菌的菌落数大于其他两种微生物类群，表层的菌落数大于下层。

研究表明，在植被恢复过程中，土壤微生物的量、活性及种群结构都发生了很大的变化（Harris，2003）。本研究中，随着撂荒演替时间的延长，尽管植被恢复的缓慢，但也是进展演替，土壤养分在增加，有机物质的输入为微生物生长提供了更多的营养基质，为土壤细菌、真菌和放线菌的繁殖生长提供了适宜的生存环境和丰富养料，其各菌落的数量呈现稳定的趋势。同时，土壤微生物不同类群所占比例呈现不同，主要是细菌、真菌、放线菌适宜的土壤 pH 不同所致。

15.7.8 小结与讨论

在撂荒地植被恢复演替过程中，尽管土壤的养分、水分随着演替时间的延长呈现不同程度的恢复，但是土壤微生物学性质并没有表现出和养分等指标相同的趋势。所研究的土壤微生物学指标有各自的变化趋势，这主要体现在 3 个方面：有的随着演替时间的延长呈现增加的趋势，有的是稳定的趋势，有的却是跳跃式的变化。

随着撂荒地演替时间的延长，土壤微生物碳、氮含量增加，土壤微生物氮/全氮也呈现增加的趋势。土壤基础呼吸强度、土壤代谢熵也随着撂荒时间的延长呈现增大的趋势，土壤碳素周转也越快，土壤物质代谢强度也越大，土壤有机质的利用也较为充分，土壤中微生物总的活性也较大。撂荒时间越长的样地，其土壤微生物碳、氮、基础呼吸强度、土壤代谢熵更接近于从未耕种的天然草地，撂荒演替过程对这几个土壤微生物学指标贡献较多。

在撂荒演替过程中，弃耕地的土壤脲酶、碱性磷酸酶的活性变化比较复杂，呈现跳跃式的变化，主要因为土壤本身是一个复杂的胶体，土壤的物理特性、水热状况、无机和有机组分的组成及吸收性复合体的特征以及植物各自的生理特性不同，在生长过程中相异的代谢功能，必然导致不同植被土壤酶的差异（王艳超等，2008），土壤微生物、根系分泌物和土壤酸碱度等也是酶活性变化的影响因子（万忠梅等，2005）。土壤微生物碳/有机碳的动态变化分析，晚期土壤质量和前期相比有所退化，但并不是无限制的退化下去，而是稳定在一定的范围。同时，随着演替时间的延长，土壤微生物总数有趋于稳定的趋势。

植被的恢复包括群落结构的恢复和土壤质量的恢复两个方面。在黄土丘陵区，土壤的一些生物学性质随着撂荒演替时间的延长得到了一定程度的恢复，说明土壤的生态学环境得到了一定程度的改善。但是也有一些生物学性质仍然处于恢复阶段，这说明在黄土丘陵区现有的生态环境下，随着撂荒演替时间的延长，土壤质量并没有得到很好的恢复。但是土壤性质是相互联系的，土壤作为一种独立的自然体，对水、肥、气、热及根系生长空间具有调节功能，同时又受各种环境因素的影响，使土壤性质发生显著改变。坡耕地退耕后，原来开放或半开放的农田生态系统物质循环结构转变为封闭或半封闭物质循环结构。土壤的营养元素、水分及植物残体等物质重新返回到生态系统中，为退耕后的养分补给和改善提供了充足的物质来源（薛萐等，2007）。从前面的群落结构趋势分析可以知道，植被的演替是进展演替，尽管土壤的这些生物学性质的恢复还需要一定的时间，结合群落结构动态趋势、土壤化学性质等方面，初步总结出黄土丘陵区撂荒地植被演替的大方向仍然是进展演替。

15.8 撂荒演替过程中植被与环境因子的相互关系

植被与环境之间关系一直是众多学者关注的课题，由此产生了数量生态学上的许多方法，如回归分析、主成分分析、典范相关分析等都被应用到植物群落与环境因子的关系上，人们一直力求探讨影响植被恢复的关键因子，目标之明确、期盼成功之渴望有目共睹。但是环境是复杂多变的，影响植被变化的因素很多，筛选、确定黄土丘陵区植被恢复的主要因子，进一步探索植被恢复的机理，也是本节的重点。本研究运用典范对应分析（Canonical correspondence analysis，CCA），研究植物群落与环境因子之间的关系，分析土壤物理性质、化学性质、生物学性质、地形因子以及撂荒年限对植被演替的影响，探索植被恢复的机理。

15.8.1 环境因子对撂荒演替的影响

以退耕年限（Year）、坡度（SL）、坡向（SAP）和海拔（ELE）为环境因子，采用 CCA 自动分析法和手动分析法（$p<0.05$）分析其对植被恢复演替的影响，结果表明 4 个因子全部为影响植被恢复演替的显著因子（表 15-10，图 15-69）。

CCA 自动和手动分析表明（表 15-10），4 个轴的特征值分别为 0.43、0.17、0.16 和 0.11，排序轴 1 解释了环境变化的 50.1%，排序轴 2 进一步解释了环境变化的 19.2%，排序轴 1 和排序轴 2 共解释环境变量的 69.3%。

表 15-10 环境因子 CCA 分析结果

项目	CCA 自动分析排序轴				CCA 手动分析排序轴			
	1	2	3	4	1	2	3	4
特征值	0.43	0.17	0.16	0.11	0.43	0.17	0.16	0.11
物种与环境之间的相关系数	0.95	0.77	0.79	0.83	0.95	0.77	0.79	0.83
物种数据变化的累积比例	15.4	21.30	26.8	30.8	15.40	21.30	26.8	30.8
物种与环境关系变化的累积比例	50.1	69.30	87.2	100	50.1	69.3	87.2	100
特征值总和	2.82	—	—	—	2.82	—	—	—
典范特征值总和	0.87	—	—	—	0.87	—	—	—

图 15-69 直观地表示出各环境因子对植被群落的影响、环境因子的分布特征及因子间的相互关系，O 表示样地，数字所在的象限代表样地在排序图上的位置。

由图 15-69 中看出，撂荒时间与第一排序轴的关系最为密切，反映了不同退耕年限对植被的影响，位于第一象限和第四象限的样地较位于第二象限和第三象限的样地均有较长的退耕年限（如样地 1 退耕年限最长），说明退耕年限越长，植被恢复的效果越好；第二排序轴与坡度和坡向的关系较为密切，反映了坡度与坡向综合地形特征对植被的影响作用较大；而海拔与第一排序轴、第二排序轴相关关系较其他三个环境因子弱。因此，海拔高度不是研究地植被恢复的主要影响因子。

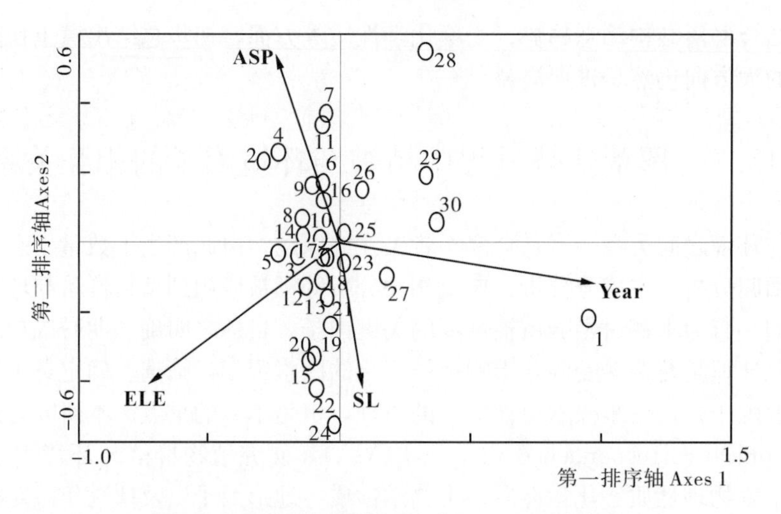

图 15-69 样地与环境因子的 CCA 二维排序图

15.8.2 土壤物理性质对撂荒演替的影响

选取土壤含水量（SWC）和土壤容重（SBD）2 个指标，采用 CCA 自动分析法和手动分析法（$p<0.05$）分析其对植被恢复演替的影响。

CCA 自动分析表明（表 15-11）4 个轴的特征值分别为 0.12、0.08、0.48 和 0.33，排序轴 1 解释了环境变化的 60%，排序轴 2 解释了剩余 40%的环境变量。

由表 15-11 看出，土壤含水量与排序轴 1 的关系最为密切，反映了植被恢复演替对土壤含水量的响应效果较容重明显，排序轴 2 与土壤容重较为密切。因此，分布在第二象限和第三象限的样地均具有较大的土壤含水量，这些样地多分布在阴坡，而分布在第一象限和第二象限的样地具有较大的土壤容重，这些容重较大的样地是演替早期阶段的撂荒地。

CCA 手动分析发现，在 $p<0.05$ 水平下，两个因子均不是影响植被恢复演替的显著因子，这可能与植被恢复过程中两因子变化缓慢有关。

表 15-11 土壤物理性质的 CCA 分析结果

项目	CCA 自动分析排序轴			
	1	2	3	4
特征值	0.12	0.08	0.48	0.33
物种与环境之间的相关系数	0.66	0.60	0.00	0.00
物种数据变化的累积比例	4.20	7.00	24.10	35.7
物种与环境关系变化的累积比例	60	100	0.00	0.00
特征值总和	2.82	—	—	—
典范特征值总和	0.20	—	—	—

15.8.3 土壤养分对撂荒演替的影响

选取土壤有机质（OM）、全氮（TN）、有效氮（AN）、速效磷（AAP）和速效钾

(AK) 5 个指标，应用 CCA 自动分析法和手动分析法（$p<0.05$）分析土壤化学性质对植被演替的影响。

由表 15-12 看出，CCA 自动分析得出，4 个排序轴的特征值分别为 0.35、0.15、0.11 和 0.08，其中排序轴 1 解释了环境变量的 47.1%，与土壤化学性质之间的相关系数为 0.88，排序轴 2 进一步解释了环境变量的 20.7%，与环境变量之间的相关系数为 0.77，排序轴 1 和排序轴 2 共同解释了环境变量的 67.8%。

由图 15-70 分析得出：全氮、土壤有机质和有效氮与排序轴 1 的关系比较紧密，速效磷和速效钾与排序轴 2 的关系比较紧密，位于第一象限的样地 1、样地 2、样地 3、样地 4、样地 29 和样地 30 的土壤化学性质指标均较其他样地的相应指标高，而位于第三象限的样地则恰恰相反。

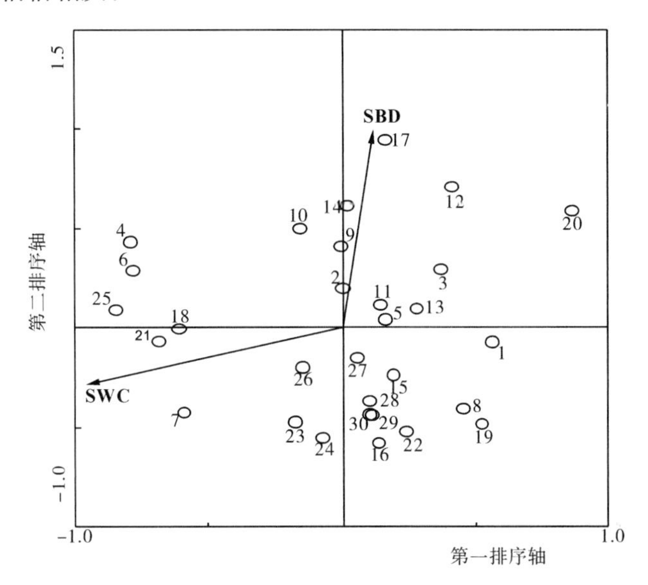

图 15-70　样地与土壤物理性质的 CCA 二维排序图

表 15-12　土壤化学性质的 CCA 分析结果

CCA 自动分析排序轴				CCA 手动分析排序轴			
1	2	3	4	1	2	3	4
0.35	0.15	0.11	0.08	0.29	0.35	0.34	0.32
0.88	0.77	0.75	0.81	0.81	0.00	0.00	0.00
12.5	18	22	24.9	10.2	22.8	34.9	46.2
47.1	67.8	82.9	93.8	100	0.00	0.00	0.00
2.82	—	—	—	2.82	—	—	—
0.75	—	—	—	0.29	—	—	—

图 15-71CCA 自动分析表明，在 $p<0.05$ 水平上，全氮是影响植被恢复演替的显著土壤化学因子。排序轴 1 的特征值为 0.29，解释了全部的环境变量，其与环境变量间的相关系数为 0.81。各个样地的全氮含量从左向右依次递增（图 15-72），全氮含量较高的样地，除了从未耕种的样地 1 以及由于耕作影响的样地 2 和样地 3 外，大多是撂荒

演替后期阶段的样地。

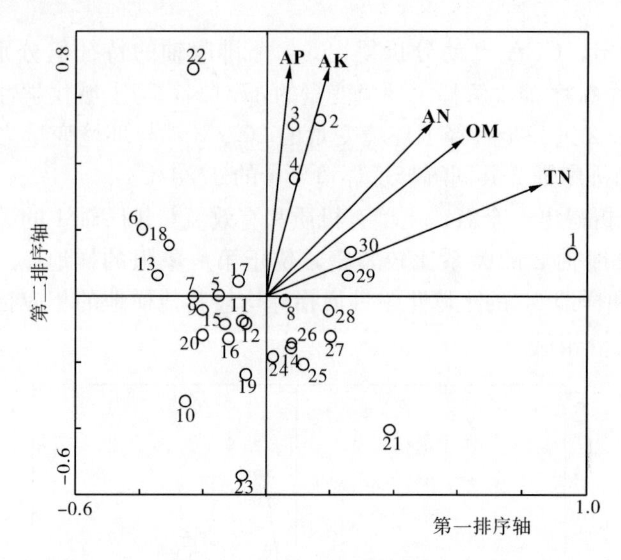

图 15-71　样地与土壤化学性质的 CCA 二维排序图

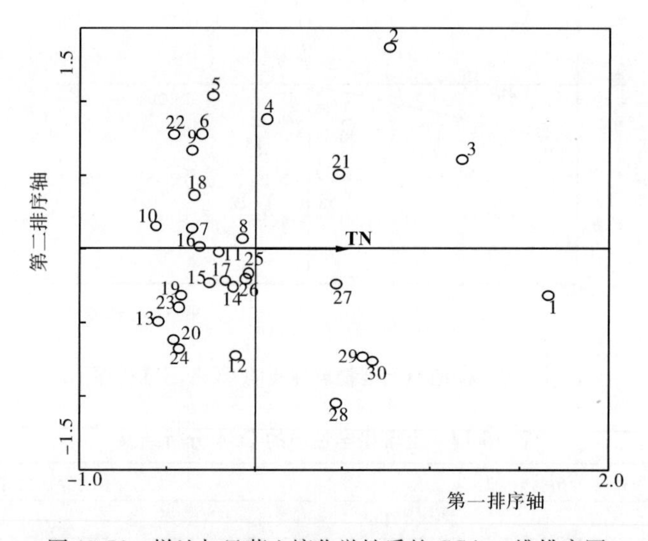

图 15-72　样地与显著土壤化学性质的 CCA 二维排序图

15.8.4　土壤微生物对撂荒演替的影响

选取土壤呼吸量（SR）、呼吸熵（RQ）、细菌（XJ）、真菌（ZJ）、放线菌（FXJ）、微生物总数（J）、生物量碳（BC）、生物量氮（BN）、磷酸酶（JXLSM）、土壤脲酶（NM）、微生物碳/微生物氮（C/N）、土壤微生物氮/全氮（BN/TN）和土壤微生物碳/有机碳（OC）13 个指标，采用 CCA 自动分析法和手动分析法（$p<0.05$）分析土壤微生物对植被演替的影响。

表 15-13 是对土壤微生物学性质分析的结果，CCA 自动分析 4 个排序轴的特征值分别为 0.41、0.25、0.18 和 0.11，其中排序轴 1 解释了环境变量的 29.7%，与微生物

之间的相关系数为 0.94，排序轴 2 进一步解释了环境变量的 18.4%，与环境变量之间的相关系数为 0.85，排序轴 1 和排序轴 2 共同解释了环境变量的 48.1%。

表 15-13　微生物 CCA 分析结果

项目	CCA 自动分析排序轴				CCA 手动分析排序轴			
	1	2	3	4	1	2	3	4
特征值	0.41	0.25	0.18	0.11	0.37	0.19	0.33	0.28
物种与环境之间的相关系数	0.94	0.85	0.84	0.84	0.91	0.76	0.00	0.00
物种数据变化的累积比例	14.4	23.3	29.8	33.8	13.1	19.8	31.6	41.7
物种与环境关系变化的累积比例	29.7	48.1	61.5	69.8	66.2	100	0.00	0.00
特征值总和	2.82	—	—	—	2.82	—	—	—
典范特征值总和	1.36	—	—	—	0.56	—	—	—

图 15-73 中，位于第一象限和第四象限的样地较位于第二象限和第三象限的样地有较高的微生物总数（J）、土壤脲酶（NM）、真菌（ZJ）、细菌（XJ）、生物量氮（BN）、生物量碳（BC）和磷酸酶（JXLSM）、土壤呼吸量（SR）和呼吸熵（RQ）；位于第一象限和第二象限的样地较位于第三象限和第四象限的样地有较高的放线菌（FXJ）、土壤微生物氮/全氮（BN/TN）、微生物总数（J）、土壤脲酶（NM）、真菌（ZJ）、细菌（XJ）、生物量氮（BN）、生物量碳（BC）和磷酸酶（JXLSM）；位于第二象限和第三象限的样地较位于第一象限和第四象限的样地有较高的放线菌（FXJ）、土壤微生物氮/全氮（BN/TN）、土壤微生物碳/有机碳（OC）和微生物碳/微生物氮（C/N）；位于第三象限和第四象限的样地较位于第一象限和第二象限的样地有较高的土壤微生物碳/有机碳（OC）、微生物碳/微生物氮（C/N）、土壤呼吸量（SR）和呼吸熵（RQ）。

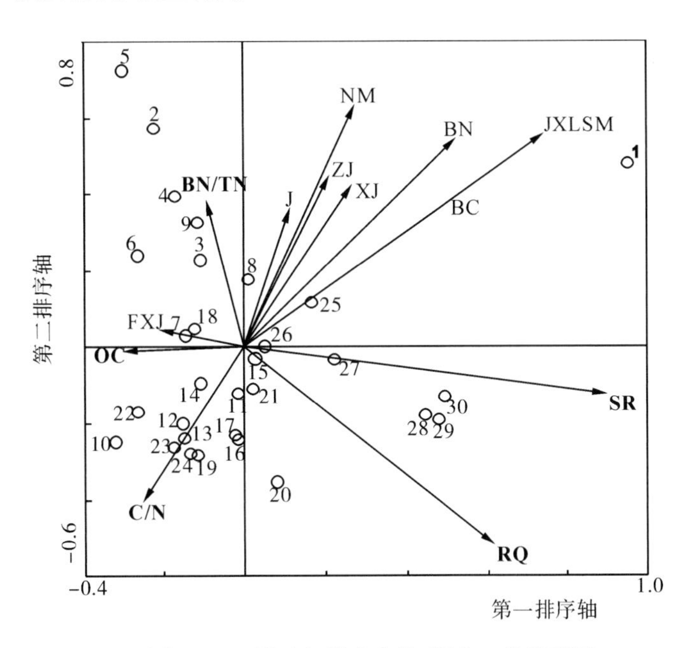

图 15-73　样地与微生物的 CCA 二维排序图

CCA自动分析表明（表15-13），在 $p<0.05$ 水平上，土壤呼吸量和磷酸酶是影响植被恢复演替的显著土壤微生物因子。排序轴的特征值分别为0.37和0.19，其中排序轴1解释了环境变量的66.2%，与微生物之间的相关系数为0.91，排序轴2进一步解释了环境变量剩余的33.8%，与环境变量之间的相关系数为0.76。从图15-73也看出，位于第一象限和第四象限的样地较位于第二象限和第三象限的样地有较高的土壤呼吸量和磷酸酶。

在以上这些影响植被恢复的微生物学指标中，土壤呼吸量和磷酸酶是影响植被恢复演替的显著土壤微生物因子，其次是生物量氮和土壤呼吸熵。

15.8.5　小结与讨论

利用典范对应分析（CCA）分析了植被与各个环境因子之间的关系，得出退耕年限、坡度、坡向、全氮、土壤有机质、土壤呼吸量和磷酸酶是影响植被恢复演替的关键因子，土壤微生物量氮和土壤呼吸熵对植被恢复的作用也较强。

退耕年限、坡度和坡向为影响植被恢复演替的环境因子，因为退耕年限在某种程度上代表了人为干扰强度的大小。一般说来，随着撂荒年限的延长，植被呈现逐渐恢复的趋势。而坡度和坡向不同导致光热的再分配，从而影响植被的恢复过程；土壤含水量和土壤容重在植被恢复过程中虽有变化，但对植被恢复演替没有显著影响，这可能与这两个因子在植被恢复过程中变化缓慢有关；土壤化学性质指标中，有效氮、速效磷和速效钾对植被恢复没有显著影响，全氮是影响植被恢复演替的显著土壤化学因子，因为氮含量在某种程度上确定了群落更新演替的方向和速率；其次是土壤有机质含量对植被恢复有促进作用，土壤有机质是土壤重要的组成成分，是土壤肥力的基础，是土壤养分的源泉，对植被的恢复起着重要的作用。土壤微生物性质中，土壤呼吸量和磷酸酶是影响植被恢复演替的显著微生物因子，其中土壤呼吸量是土壤微生物活性的指标，而磷酸酶活性是评价土壤磷素生物转化方向与强度的指标，这可能与黄土高原土壤整体缺磷有关。土壤微生物学指标中，除土壤呼吸量和磷酸酶外，土壤微生物量氮和土壤呼吸熵对植被恢复的作用也较为显著。

15.9　结　　论

本章以陕北黄土高原安塞地区的撂荒地为研究对象，采用空间代时间序列法，通过野外调查和室内分析相结合的方法，研究退耕地植被自然恢复演替过程中的群落结构特征、植被恢复过程以及在植被恢复过程中土壤物理、化学、生物学性质动态变化，分析退耕地自然恢复的植被演替规律及土壤质量对植被恢复的响应及其机理，研究群落结构与环境因子的相互关系。

15.9.1　撂荒演替过程中群落结构的动态特征

在整个演替阶段，植物群落以双子叶植物为主，其次为单子叶植物，再次为裸子植物和蕨类植物。研究区大类群结构相对简单，植物类群相对少。在各个撂荒阶段，科的组成都是随着演替时间的延长呈现增加的趋势。科组成中，菊科、禾本科、豆科的物种占本阶段群落里面全部物种的比例最大，这表明菊科、禾本科和豆科在调查区弃耕地植被自然恢复过程中所起的作用最大，而且在该地区的植物区系中这 3 科植物也居重要地位。同时，该区植物群落科的组成比较集中。撂荒演替优势种更替出现反复，群落的演替有趋同效应。

群落的生活型结构在不停改变，主要体现在繁殖对策上，研究地中，1～2 年生的草本植物，其生活史倾向于 r 对策，多年生草本、半灌木和灌木，生活史对策上倾向于 k 对策。从生态适应性的角度分析，如果大的气候条件不发生变化，陕北黄土丘陵区植被演替的最终群落应该是以多年生草本为主，半灌木和小灌木占据一定的比例，灌木和乔木占比例很少。在群落演替的过程中，达乌里胡枝子、长芒草、铁杆蒿和白羊草贯穿演替的始终，这 4 种乡土物种在群落演替中占据着重要的地位，并且对群落的稳定性有重要的价值。建议在陕北的植被建设过程中以这 4 种乡土植物作为主要的首选物种，在植被恢复的人工措施中避免大量种植灌木和乔木。

生物量随着撂荒时间的延长呈现减少的趋势，因此撂荒演替不利于群落生物量的积累。群落地下生物量主要集中在 0～60cm 土层，1m 以下生物积累量为零。随着土层深度的加深，根系生物量逐渐减少。但是群落数量特征的动态分析显示，群落的演替是一个正向的演替过程；随着时间的延长，群落结构变得复杂，群落利用该地区自然资源的能力逐渐增强。所以，黄土丘陵区弃耕演替为进展演替。

植被恢复过程中，物种多样性的变化规律不尽一致。群落的 Patrick 丰富度指数表明，群落丰富度随撂荒时间的延长变化较小；由群落的 Simpson 多样性指数看出，撂荒演替使物种相对集中，不利于物种多样性的增加；撂荒初期群落的优势度较大，随着植被恢复演替，呈下降趋势；群落中物种分布均匀，优势种的地位不突出；群落的 Shannon-Wiener 指数呈现增加的趋势，随着撂荒时间的延长，群落的稳定性呈现增大的趋势；群落的 PieLou 均匀度指数表明，前期随着弃耕年限的增加群落的多样性逐渐增大，并稳定在一个较高的水平，后期多样性有降低的趋势。虽然演替阶段时间相隔很长，群落的微生境被隔离了，但是物种被隔离的程度却不很明显。因此，在植物群落的恢复演替过程中，群落多样性的变化是一个复杂的动态过程，群落内或者群落间物种多样性组成的变化是群落与环境相互作用的结果，物种多样性在很大程度上受生境条件和人为活动的综合影响；同时也充分表明弃耕撂荒后，当地植被和环境正处在一个自行恢复过程中。

15.9.2　撂荒地土壤性质对植被恢复的响应

随着撂荒演替的进行，在垂直剖面上，随着土层深度的加深，土壤含水量呈现逐渐增加的趋势，这主要由于研究区草地植被的根系主要集中分布在 0～60cm，100cm 以下土层几乎没有根系的分布，使得该层土壤水分消耗较下层土壤。不同的立地间土壤含水量为：阴坡＞半阴坡＞阳坡＞半阳坡。坡向不同主要是由于光热水汽的再分配，坡向不同体现最为明显的就是土壤含水量的区别，进而影响地上植被的差异，植被的不同又会导致土壤含水量的变化，这种互动过程促进了植被和土壤的共同发展。在撂荒演替的

32年以前，土壤含水量的月变化趋势是：7月＞8月＞9月＞10月＞5月＞6月；在32年以后，土壤含水量的变化趋势是：10月＞9月＞7月＞8月＞5月＞6月。因此，撂荒地土壤含水量的年内变化受诸多因素的限制，但主要是由于降水、植被处于不同的生长时间、消耗不同等原因所致，土壤含水量的年际动态规律表明了年际间撂荒演替没有使土壤含水量恢复。

土壤含水量的年际间、月变化、不同坡向间以及土层间的变化规律不尽一致，但是总的趋势是撂荒演替过程中土壤水分的恢复效果不甚明显，撂荒演替不利于土壤水分的恢复。而土壤容重的变化却和土壤含水量不同，撂荒演替使得土壤的容重变小。植被恢复过程中，土壤容重的变化主要通过对土壤产生松动和植物残体归还所增加土壤有机质而影响植物根系活动。

弃耕地0～5cm和5～10cm层土壤养分随着弃耕时间的延长，其含量变化曲线上下波动比较大，而10～20cm层含量比较稳定。说明在弃耕地自然恢复过程中，土壤养分的变化主要集中在表层，深层变化微弱。同时，在整个演替过程中，所分析的土壤化学性质指标中，3个土层养分的变化趋势是：0～5cm＞5～10cm＞10～20cm。

弃耕地土壤有机质、全氮、速效氮、速效钾、速效磷、土壤有机碳含量在撂荒初期的群落里都比较高，可能是刚撂荒的天然草地受耕作施肥的影响，养分含量比较高。随着弃耕时间的延长养分含量呈现增加的趋势，只是在不同撂荒时间其趋势有所差异，各个样地土壤养分的绝对增加量比较少，但总的趋势是土壤肥力随着进展演替呈现增长的趋势，这与群落演替能促进群落生物循环和生物富集作用有关。因此，在试区尽管植被恢复演替进行的缓慢，但从土壤发展的角度看，仍属进展演替。

研究区域地处黄土丘陵区，其土壤养分含量主要是受黄土母质的影响，再加上其群落结构本身简单，盖度较小，植物残体归还的养分比较少。因此，研究区土壤的恢复需要很长时间。在黄土丘陵沟壑区，若排除外界的干扰（开垦、放牧等），仅从土壤的进展演替分析，在现有的气候条件下，植被和土壤有望得到恢复。

在撂荒地植被恢复演替过程中，尽管土壤的养分、水分随着演替时间的延长呈现不同程度的恢复，但是土壤微生物学性质并没有表现出和养分等指标相同的趋势，这主要体现在3个方面：有的土壤微生物学指标随着演替时间的延长呈现增加的趋势，有的是稳定的趋势，个别有降低的趋势，有的却是跳跃式的变化。随着撂荒地演替时间的延长，土壤微生物碳、土壤微生物氮含量增加，土壤微生物氮与全氮比值呈现增加的趋势，土壤基础呼吸强度、土壤代谢熵也随着撂荒时间的延长呈现增大的趋势。撂荒时间越长的样地，其土壤微生物碳、氮、基础呼吸强度、土壤代谢熵越接近于从未耕种的天然草地的各指标，撂荒演替过程对这几个土壤微生物学指标贡献越多。在撂荒演替过程中，土壤脲酶、碱性磷酸酶的活性变化比较复杂，呈现跳跃式的波动。土壤微生物碳/有机碳的动态变化分析表明，晚期土壤质量和前期相比有所退化，但并不是无限制的退化下去，而是稳定在一定的范围。同时，随着演替时间的延长，土壤微生物总数有趋于稳定的趋势。

土壤的一些生物学性质随着撂荒演替时间的延长得到了一定程度的恢复，说明土壤的生态学环境得到了一定程度的改善，但是也有一些生物学性质仍然处于恢复阶段。由于土壤微生物学性质能更敏感地指示土壤质量的变化，因此在黄土丘陵区现有的生态环境下，随着撂荒演替时间的延长，土壤质量并没有得到很好的恢复。但是土壤性质是相互联系的，土壤作为一种独立的自然体，对水、肥、气、热及根系生长空间具有调节功能，同时又受各种环境因素的影响，使土壤性质发生显著改变。坡耕地退耕后，原来开放或半开放的农田生态系统物质循环结构转变为封闭或半封闭物质循环结构。土壤的营养元素、水分及植物残体等物质重新返回到生态系统中，为退耕后的养分补给和改善提供了充足的物质来源。从前面的群落结构趋势分析可以知道，植被的演替是进展演替，尽管土壤的这些生物学性质的恢复还需要一定的时间，结合群落结构动态趋势、土壤化学性质等方面，初步总结出黄土丘陵区撂荒地植被演替的大方向仍然是进展演替。

15.9.3　植被演替与环境因子关系

在植被恢复演替的动态过程中，各个土壤环境因子所起的作用是不同的，通过典范对应分析，得出退耕年限、坡度、坡向、全氮、土壤呼吸量和磷酸酶是影响植被恢复演替的关键因子，土壤微生物量氮和土壤呼吸量对植被恢复的作用也较强。

退耕年限、坡度、坡向是影响植被恢复演替的环境因子，退耕年限在某种程度上代表了人为干扰强度的大小，随着撂荒年限的延长，植被呈现逐渐恢复的趋势；而坡度、坡向的不同会导致光热的再分配，从而影响植被的恢复过程；土壤含水量和土壤容重在植被恢复过程中虽有变化，但对植被恢复演替没有显著影响，可能与这两个因子在植被恢复过程中变化缓慢有关；土壤化学性质指标中，有效氮、速效磷和速效钾对植被恢复没有显著影响，全氮是影响植被恢复演替的显著土壤化学因子，因为氮含量在某种程度上确定了群落更新演替的方向和速率，土壤有机质是土壤肥力的源泉，对植被的恢复起着重要作用；土壤微生物性质中，土壤呼吸量和磷酸酶是影响植被恢复演替的显著微生物因子，其中土壤呼吸量是土壤微生物活性的指标，而磷酸酶活性是评价土壤磷素生物转化方向与强度的指标，这可能与黄土高原土壤整体缺磷有关；土壤微生物学指标中，除土壤呼吸量和磷酸酶外，土壤微生物量氮和土壤呼吸熵对植被恢复的作用也较为显著。

15.9.4　撂荒演替植被恢复的机理

生态位分析表明，大部分样地生态位最宽的物种是优势种或者亚优势种，这些优势种在控制群落性质和环境方面起着主导作用，对资源环境利用较为充分，对环境的适应能力强，在竞争中处于优势地位。各主要种群之间的生态位重叠程度较高，尤其是优势种和亚优势种间重叠较多，表明该群落中的主要种群对生态因子有相似的要求。这种重叠使得物种之间相互竞争，在竞争中群落发展变化主要是通过优势种的更替来实现和体现的。因此，为争取更多的资源，群落必然朝着有利于充分利用资源的方向发展，导致群落中物种生态位的分化，这是弃耕地植被恢复过程中物种相互替代的主要驱动力，也正是植被演替的生态学机理所在。

本研究总结出，在撂荒演替过程中，群落的结构组成、群落的数量特征、土壤的物理化学性质以及一些土壤微生物指标都随着撂荒演替的动态变化呈现恢复的趋势。植物群落演替过程，是植物群落与土壤相互影响和相互作用的过程，土壤肥力状况影响着群落优势种的拓殖和更替，土壤肥力的提高有利于演替后续种的生长和发展，促进群落演替进程，植被的恢复会促进土壤的发展。在这个协同进展演替过程中，土壤性质的各个指标在植被恢复中所起的作用是不同的。通过对撂荒演替中环境因子的相互关系分析可知，在植被恢复演替的动态过程中，退耕年限、坡度、坡向、全氮、土壤呼吸量和磷酸酶是影响植被恢复演替的关键因子，土壤有机质、土壤微生物量氮和土壤呼吸熵对植被恢复的作用也较强。

植物群落的演替是对其初始状态的异化过程，不但体现在种类组成和结构上，也体现在环境的改变，任何现状的植被都处于演替系列的某个阶段。植物演替过程是不同物种对土壤肥力不断适应、不断改造及在不同肥力梯度下相互竞争和替代的过程，土壤肥力是植物演替的重要驱动力之一。

附录：研究样地所涉及的植物名称

植物种及其拉丁名	植物种及其拉丁名
木贼 *Hippochaete hiemale*	狭叶艾蒿 *Artemisia lavandulaefolia*
草麻黄 *Ephedra sinica*	白苞蒿 *Artemisia lactiflora*
硬皮葱 *Allium ledebourianum*	草地风毛菊 *Saussurea amara*
无芒隐子草 *Cleistogenes songorica*	风毛菊 *Saussurea japonica*
华隐子草 *Cleistogenes chinensis*	山苦荬 *Lactuca fishcheriana*
糙隐子草 *Cleistogenes squarrosa*	抱茎苦荬菜 *Ixeris sonchifolia*
大针茅 *Stipa grandis*	刺儿菜 *Cephalanoplos segetum*
长芒草 *Stipa bungeana*	苦荬菜 *Sonchus arvensis*
狗尾草 *Setaria virids*	苦苣菜 *Sonchus oleraceus*
草地早熟禾 *Poa pratensis*	阿尔泰狗娃花 *Heteropappus altaicus*
硬质早熟禾 *Poa sphondylodes*	蒲公英 *Taraxacum mongolicum*
鹅观草 *Roegneria kamoji*	祁州漏芦 *Rhaponticum uniflorum*
冰草 *Agropyron cristatum*	火绒草 *Leontopodium leontopodioides*
披碱草 *Elymus dahuricus*	鸦葱 *Scorzonera ruprechtiana*
旱芦苇 *Phragmites communis*	香青兰 *Dracocephalum moldavica*
稗草 *Echinochloa crusgalli*	黄芩 *Scutellaria baicalensis*
白草 *Pennisetum flaccidum*	老鹳草 *Geranium wilfordii*
白羊草 *Bothriochloa ischaemum*	秦岭沙参 *Adenophora petiolata*
毛苕子 *Viciayvillosa*	细叶远志 *Polygala tenuifolia*
山野豌豆 *Vicia kioshanica*	早开堇菜 *Viola prionantha*
米口袋 *Gueldenstaedtia multiflora*	紫花地丁 *Viola philippica*
狭叶米口袋 *Gueldenstaedtia stenophyll*	茜草 *Rubia cordifolia*
野大豆 *Glycine soja*	拉拉藤 *Galium triflorum*
小花棘豆 *Oxytropis glabra*	异叶败酱 *Patrinia heterophylla*
棘豆 *Oxytropis tragacanthoides*	獐牙菜 *Swertia bimaculata*
披针叶黄华 *Thermopsis lanceolata*	小秦艽 *Gentiana dahurica*
岩黄芪 *Hedysarum multijugum*	心叶淫羊藿 *Epimedium grandiflorum*
甘草 *Glycyrrhiza uralensis*	柴胡 *Bupleurum chinense*
草木樨状黄芪 *Astragalus melilotoides*	细叶柴胡 *Bupleurum tenue*
鸡峰黄芪 *Astragalus kifonsanicus*	野葡萄 *Vitis balanseana*

续表

植物种及其拉丁名	植物种及其拉丁名
直立黄芪 *Astragalus adsungens*	地锦草 *Euphorbia humifusa*
多花胡枝子 *Lespedeza floribunda*	地构叶 *Speranskia tuberculata*
达乌里胡枝子 *Lespedeza dahurica*	田旋花 *Convolvulus arvensis*
尖叶胡枝子 *Lespedeza juncea*	杠柳 *Periplaca sepium*
狼牙刺 *Sophora viciifolia*	枸杞 *Lycium ruthenicum*
白花草木犀 *Melilotus alba*	野亚麻 *Linum stelleroides*
多茎委陵菜 *Potentilla multicaulis*	灌木铁线莲 *Clematis fruticosa*
二裂委陵菜 *Potentilla bifurca*	毛茛 *Ranunculus japonicus*
中国委陵菜 *Potentilla chinensis*	白头翁 *Pulsatilla turczaninovii*
扁核木 *Prinsepia uniflora*	沙棘 *Hippophae rhamnoides*
猪毛蒿 *Artemisia scoparia*	山榆 *Ulmus bergmanniana*
南牡蒿 *Artemisia eriopoda*	狼尾巴花 *Lysimachia barystachys*
铁杆蒿 *Artemisia sacrorum*	阴行草 *Siphonostegia chinensis*
茭蒿 *Artemisia giraldii*	

第 16 章　陕北黄土丘陵区植被恢复过程及干预途径研究

16.1　不同撂荒年限的群落演替规律

弃耕地也称撂荒地，是人为干扰下形成的一类退化生态系统（彭少麟，2000），演替是一个植物群落被另一个植物群落所取代的过程（赵丽娅等，2005），因此，弃耕演替也称撂荒演替，是在弃耕地上进行的一种演替方式，依演替的起始条件属于次生演替（黄忠良，孔国辉，1996）。当土地停止耕种时，弃耕演替便立刻开始了（赵丽娅等，2004）。

对弃耕演替规律的认识是研究植被恢复和剖析演替机理的一条重要途径。恢复生态学的研究工作最初是在弃耕地上进行的。在陕北典型黄土丘陵区这一生态脆弱地区，由于过去人们错误的指导思想，在本来土壤肥力就比较低的坡地上盲目开荒种田，造成水土流失，肥力进一步下降，农民广种薄收，经济效益较低。因此，一些耕地在开垦一段时间后，不得不弃耕撂荒。再加上近年来国家退耕还林还草政策的实施，有大面积的弃耕地出现，这为撂荒演替的进行奠定了基础。2001 年对该区撂荒地的演替进行过研究（张全发，郑重，1990）。发现在仅 4 年的时间内，弃耕地中的植被发生了明显的变化，有必要再对其进行调查。因此，本书进一步关注当地撂荒地的演替动态，揭示其演替规律。

通过对陕北典型黄土丘陵区不同撂荒年限撂荒地的群落特征进行调查，了解植物群落在农田弃耕后恢复演替的方向、速度以及轨迹，用“空间序列代替时间序列”的研究方法，掌握植被撂荒演替规律；同时，对不同演替阶段的土壤环境状况（土壤水分、养分）进行测定，通过 DCCA（Detrended Canonical Corrtemplate Analysis）除趋势典范对应分析，认识植被演替过程当中的群落分布与环境因子的相互关系，为快速合理地恢复和重建植被提供科学依据。也可遵循这个规律，在不同的演替阶段引进生态演替序列种，通过合理的人为干预加速当地植被恢复的进度。

16.1.1　撂荒地次生演替阶段的定量划分

表 16-1 为撂荒群落调查样地分布概况及各样地编号。由图 16-1 可知 2003 年群落系统聚类结果。在截取值为 0.29 时，可将群落划分为不同的群丛：{1，21} 撂荒年限为 2～3 年，平均为 2.5 年，为一年生杂草猪毛蒿和黄花蒿群丛；{5，15} 撂荒年限为 7～19 年，平均为13 年，为一年生杂草猪毛蒿＋多年生禾草冰草群丛；{3} 撂荒 6 年，为猪毛蒿＋苣卖菜群丛；{4，6} 撂荒年限为 6～8 年，平均为 7 年，为一年生杂草猪毛蒿＋铁杆蒿群丛；{2，7，13，14} 撂荒年限为 17～18 年，为铁杆蒿＋茭蒿群丛；{19} 撂荒 33 年，为铁杆蒿群丛；{10，11} 撂荒年限为 10～15 年，平均为 12.5 年，为冰草＋猪毛蒿群丛；{12，20} 撂荒年限为 16～33 年，平均为 24.5 年，为白羊草＋达乌里胡枝

子群丛；{8} 撂荒 10 年，为达乌里胡枝子＋长芒草群丛；{9，17，18} 撂荒年限为 10～30 年，平均为 20.4 年，为达乌里胡枝子＋铁杆蒿＋长芒草群丛；{16} 撂荒 23 年，为达乌里胡枝子群丛。

表 16-1　撂荒群落调查样地分布概况

样地编号	撂荒年限/年	坡度/（°）	坡向/（°）	海拔/m	群落类型
1	3	5	176	1271	猪毛蒿
2	5	23	231	1242	猪毛蒿＋狗尾草
3	6	16	231	1255	猪毛蒿
4	6	27	174	1240	猪毛蒿＋狗尾草
5	7	10	50	1290	达乌里胡枝子＋狗尾草
6	8	15	252	1200	猪毛蒿＋茭蒿＋铁杆蒿
7	8	26	280	1270	铁杆蒿＋猪毛蒿
8	8	16	241	1300	猪毛蒿＋铁杆蒿＋达乌里胡枝子
9	9	22	242	1280	茭蒿＋铁杆蒿
10	10	21	205	1280	达乌里胡枝子＋长芒草
11	10	14	29	1303	猪毛蒿＋达乌里胡枝子＋华隐子草
12	11	7	185	1280	白羊草＋铁杆蒿＋达乌里胡枝子
13	11	19	164	1261	华隐子草＋阿尔泰狗娃花
14	12	29	254	1240	冰草＋达乌里胡枝子＋铁杆蒿
15	14	21	215	1254	猪毛蒿＋冰草
16	14	26	219	1261	华隐子草＋猪毛蒿＋铁杆蒿
17	15	26	254	1250	猪毛蒿＋草木樨状黄芪＋达乌里胡枝子
18	16	7	24	1290	达乌里胡枝子＋白羊草＋猪毛蒿
19	17	10	180	1190	茭蒿＋达乌里胡枝子
20	17	16	95	1197	达乌里胡枝子＋草地早熟禾
21	18	25	304	1260	铁杆蒿＋达乌里胡枝子
22	19	4	204	1179	铁杆蒿＋达乌里胡枝子＋长芒草
23	23	32	293	1270	达乌里胡枝子＋长芒草
24	24	28	328	1255	铁杆蒿＋茭蒿
25	27	31	256	1250	铁杆蒿＋茭蒿
26	27	34	33	1162	茭蒿＋达乌里胡枝子＋白羊草
27	28	28	282	1270	达乌里胡枝子＋白羊草
28	30	39	75	1300	达乌里胡枝子＋白羊草
29	33	22	200	1145	茜草＋抱茎苦荬菜
30	33	7	29	1270	白羊草＋达乌里胡枝子
31	43	20	190	1240	铁杆蒿＋茭蒿＋达乌里胡枝子
32	45	15	16	1223	白羊草＋达乌里胡枝子

由上可知，从群丛类型来看，2003 年当地 2～33 年的撂荒演替趋势为撂荒 2～5 年

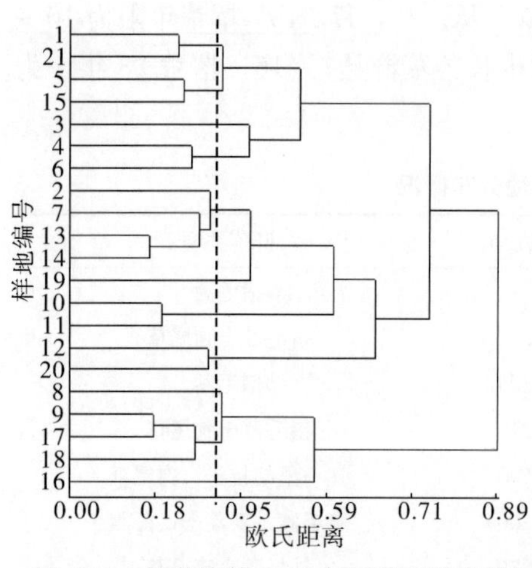

图 16-1　撂荒演替 2003 年群落系统聚类图

为一年生杂类草猪毛蒿和黄花蒿群丛；撂荒 6～13 年为猪毛蒿＋多年生杂草群丛；撂荒 15 年左右为冰草＋一年生杂草猪毛蒿群丛；撂荒 18 年左右为多年生草本群丛；撂荒 20 年左右为小灌木达乌里胡枝子或达乌里胡枝子＋多年生草本群丛；25～30 年因立地条件不同而产生分异，阳坡形成密丛型禾草白羊草群丛＋达乌里胡枝子群丛；阴坡形成的是铁杆蒿群丛（阴坡）。所以，2003 年演替阶段划分为一年生杂类草→一年生杂类草＋多年生杂草→多年生草本或丛生禾草＋一年生杂草→多年生草本→小灌木或小灌木＋多年生草本→密丛型禾草＋小灌木群丛（阳坡）或多年生草本铁杆蒿群丛（阴坡）。

2006 年群落系统聚类分析结果表明（图 16-2），在截取值为 0.3 时，可将群落划分为不同的群丛：{1、2、4} 撂荒年限为3～6 年，平均为 4.7 年，为一年生杂草猪毛蒿和香青兰共优群丛；{3} 撂荒 6 年，为一年生杂草香青兰群丛；{5，15，10} 撂荒年限为 7～14 年，平均为 10.3 年，形成一年生杂草猪毛蒿＋冰草或长芒草群丛；{23} 撂荒 23 年，形成达乌里胡枝子＋长芒草群丛；{20，21} 撂荒年限为 17～18 年，形成茭蒿＋达乌里胡枝子群丛；{11，13，26} 撂荒年限为 10～27 年，平均为 16 年，形成中华隐子草＋达乌里胡枝子群丛；{6，25} 撂荒年限为 7～27 年，平均为 17.5 年，形成铁

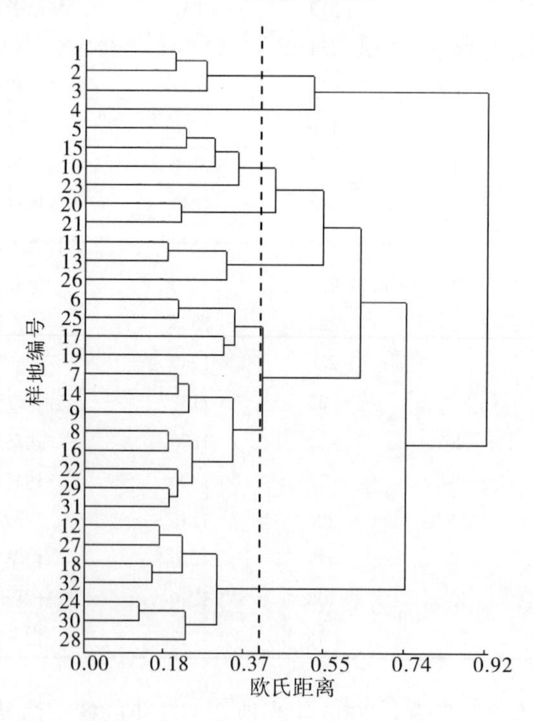

图 16-2　撂荒演替 2006 年群落系统

杆蒿＋达乌里胡枝子群丛；{17，19} 撂荒年限为 14～17 年，平均为 15.5 年，形成铁杆蒿群丛；{7，14，9} 撂荒年限为 8～12 年，平均为 9.3 年，形成铁杆蒿＋长芒草群丛；{8，16，22，29，31} 撂荒年限为 8～43 年，平均为 26 年，形成铁杆蒿＋达乌里胡枝子群丛；{12，27，18，32，24，30，28} 撂荒年限为 11～45 年，平均为 28 年，形成白羊草＋达乌里胡枝子或达乌里胡枝子＋白羊草群丛。

由图 16-2 可知，2006 年陕北黄土丘陵区 2～45 年的撂荒演替过程，从以上群丛类型和撂荒年限的长短进行推断，演替趋势为：撂荒 6 年内为一年生杂草群丛，7～10 年为一年生杂草＋多年生禾草群丛；11～20 年为多年生草本群丛；20～25 年，形成多年生小灌木达乌里胡枝子＋多年生草本群丛；25～45 年形成白羊草＋小灌木达乌里胡枝子或达乌里胡枝子＋白羊草群丛。因此，2006 年该区 2～45 年的撂荒演替阶段划分为一年生杂类草群丛→一年生杂类草＋多年生禾草群丛→多年生杂草→多年生草本＋小灌木达乌里胡枝子或密丛型禾草群丛→小灌木达乌里胡枝子群丛＋多年生草本→密丛型禾草白羊草群丛或小灌木达乌里胡枝子群丛。

由以上两年的群落系统聚类分析结果可看出，2003 年和 2006 年群落聚类结果基本趋势是一致的：在 6 年内均为一年生杂草群丛；7～10 年为一年生杂草＋多年生杂草群丛；20～25 年形成小灌木达乌里胡枝子群丛；25 年以后形成密丛型禾草白羊草群丛或小灌木达乌里胡枝子群丛。不同之处在于处于撂荒 10～20 年这段时间的群落演替发生变化，在 2003 年的演替过程中在撂荒 15 年左右形成了冰草＋一年生杂草群丛，而在 2006 年没有出现，说明在 3 年的恢复过程中，该阶段演替速度较快，处于此演替阶段当中的一年生植被逐渐被多年生植被所代替，撂荒地植被处在一个自行恢复过程中。

16.1.2　演替各阶段的群落特征

演替第一阶段为一年生杂草群丛，优势种主要有猪毛蒿、香青兰、狗尾草、猪毛菜等，伴生种主要有阿尔泰狗娃花、地锦、田旋花、苦苣、苣荬菜、二裂委陵菜、刺儿菜、山苦荬等，偶见种有草麻黄、角蒿、叉枝鸦葱、老鹳草和鹤虱子等。其中猪毛蒿和香青兰群落在演替前期分布较广，狗尾草、猪毛菜在人为干扰较为频繁的地段可形成演替前期的优势群落。另外，相关研究认为（杜峰，2005），苣荬菜为具根蘖性杂类草，退耕前分布较广，在部分阶段可成为演替前期优势种。

在第 7～8 年，一年生物种逐渐减少，多年生物种开始增多。群落种类成分增多，此时形成群落的主要种有铁杆蒿、茭蒿、达乌里胡枝子等，伴生种有猪毛蒿、狗尾草、米口袋、狭叶米口袋、山苦荬、阿尔泰狗娃花、棘豆、硬质早熟禾和无芒隐子草等，偶见种有风毛菊、祁州漏芦、披针叶黄华、灌木铁线莲等。

撂荒 10～25 年，随着演替的进行，环境条件发生变化，再加上外来种源的侵入和土壤种子库的影响，群落类型和物种组成变得更加复杂，多年生物种进一步增多。形成群落的优势种主要有铁杆蒿、茭蒿、长芒草、冰草、华隐子草、达乌里胡枝子、白羊草等，伴生种有山野豌豆、草木樨状黄芪、无芒隐子草、多茎委陵菜、紫花地丁、棘豆、火绒草等，而一年生物种如地锦、狗尾草、香青兰成为群落中的偶见种。此外，偶见种还有大针茅、堇菜、毛莨、披碱草、糙隐子草、茜草等。

撂荒 25～45 年，土壤水分含量不断减少，较为耐旱及竞争力相对较强的达乌里胡枝子和白羊草等开始占优势，不耐旱和竞争力较弱的物种退出群落，植物种类又有所减少。此时的伴生种主要有细叶远志、长芒草、硬质早熟禾、华隐子草、委陵菜、茭蒿和无芒隐子草等，偶见种有狼牙刺、甘草、硬皮葱和黄芩等。

16.1.3　撂荒地群落植被恢复与环境条件的关系

DCCA 排序结果（图 16-3）中第一轴和第二轴的特征值分别为 0.459 和 0.253，分别可以解释群落环境变异的 33.2%和 15.1%。第一轴主要代表了撂荒年限（AB）、有机质（SOC）、全氮（TN）、硝态氮（NN）含量和土壤水分（SWC），与第一轴的相关系数分别为 0.5892、0.5160、0.4619、0.5432 和－0.4142（表 16-2）。由图 16-3 及图 16-4 也可看出，在所有影响因子中，撂荒年限箭头连线最长，表明群落的分布与该因子相关性最大。因此，在研究弃耕地的植被恢复过程中，撂荒年限是一个非常重要的影响因子，随着撂荒演替的进行，其他因子发生相应的变化。撂荒年限连线与第一轴的斜率较小，且箭头处在第一象限，说明撂荒年限与第一轴坐标值呈显著正相关，撂荒演替早期的群落分布在第一轴的左侧，土壤水分含量较高，越往右，演替进行的时间越

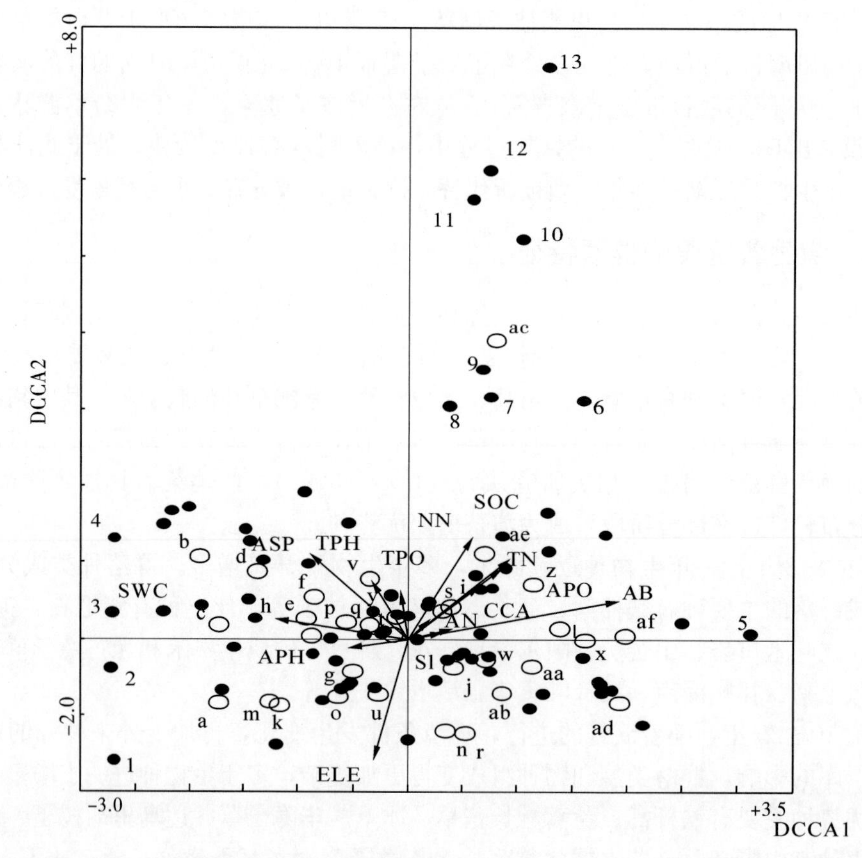

TN：全氮；TPH：全磷；TPO：全钾；SOC：有机质；AN：铵态氮；NN：硝态氮；APH：速效磷；APO：速效钾；CCA：碳酸钙；SWC：土壤水分；SL：坡度；ASP：坡向；ELE：海拔；AB：撂荒年限

图 16-3　撂荒地次生演替 DCCA 空间二维排序图

长，土壤水分有下降趋势，有机质、全氮和硝态氮含量呈增加趋势。同时，其他环境因子与第一轴的相关性间接说明，随着演替的进行，全磷、全钾、速效钾和铵态氮有增加的趋势，而速效磷含量有降低的趋势。

第二轴主要代表了海拔高度（ELE）及坡向（ASP），相关系数分别为−0.5855 和 0.2492（表 16-2）。由图 16-3 及图 16-4 可知，海拔箭头连线靠近第二轴，连线较长，且箭头处在第三象限，说明沿 DCCA 第二轴由下到上，海拔逐渐降低，群落越向阴。同时，也表明分布在第一轴上方的群落所处的海拔相对较低，第一轴下方的群落所处的海拔相对较高。

土壤全氮与有机质、硝态氮呈显著正相关（表 16-3），相关系数分别为 0.9784 和 0.8008；全磷和速效磷呈显著正相关关系，相关系数为 0.9431；海拔高度与各养分因子均呈负相关关系，表明随着海拔的升高，土壤养分呈下降趋势。且土壤养分随着撂荒年限的增加，除速效磷有所减少外，其他均呈增加趋势，与 DCCA 排序结果是一致的。

表 16-2　各样地群落 DCCA 排序轴与环境因子相关性

坐标轴	TN /%	TPH /%	TPO /%	SOC /%	AN /(mg/kg)	NN /(mg/kg)	APH /(mg/kg)	APO /(mg/kg)	CCA /%	SWC /%	SL /(°)	ASP /(°)	ELE /m	AB /a
第一轴	0.4619	0.1144	0.1163	0.5160	0.0945	0.5432	−0.1436	0.3134	0.0705	−0.4142	0.1159	0.1490	−0.1015	0.5892
第二轴	−0.1012	−0.1680	−0.1508	−0.1372	−0.1147	−0.1377	0.0692	−0.1723	−0.0767	−0.2352	−0.2037	0.2492	−0.5855	−0.1615

对 DCCA 的第一排序轴进行蒙卡显著性检验达显著水平；第二轴进行蒙卡显著性检验达显著水平。进一步表明 DCCA 排序，可以很好地解释植物群落与环境之间的关系。

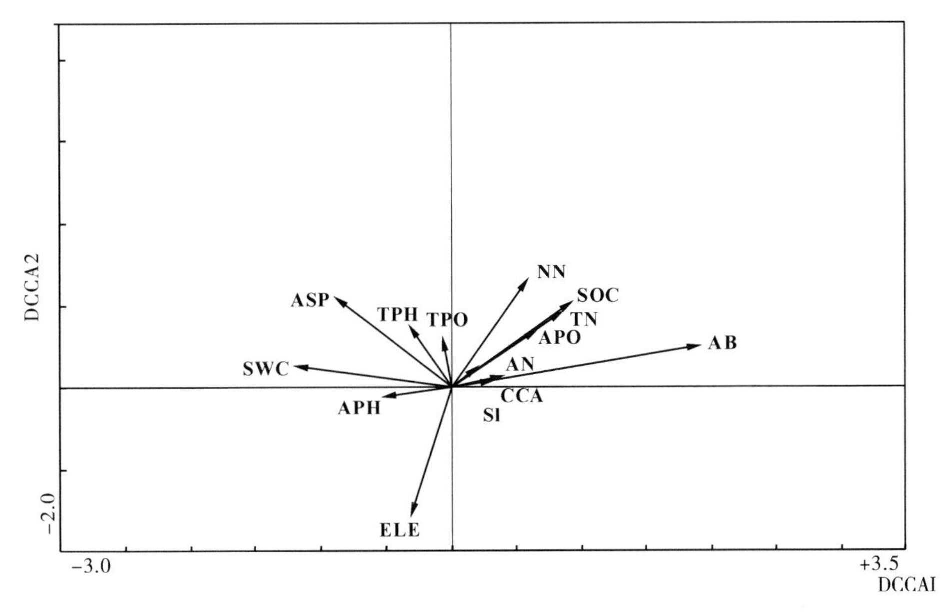

ASP：坡向；TPO：全钾；NN：硝态氮；TPH：全磷；SOC：有机质；TN：全氮；SWC：土壤水分；APO：速效钾；AN：铵态氮；CCA：碳酸钙；APH：速效磷；SL：坡度；ELE：海拔

图 16-4　撂荒地 DCCA 排序环境因子分布

表 16-3 撂荒地各环境因子间相关系数表

环境因子	TN	TPH	TPO	SOC	AN	NN	APH	APO	CCA	SWC	SL	ASP	ELE
TN	1												
TPH	0.7185	1											
TPO	0.7329	0.9431	1										
SOC	0.9784	0.6623	0.6921	1									
AN	0.5781	0.7392	0.8131	0.5735	1								
NN	0.8008	0.6500	0.6055	0.7761	0.3682	1							
APH	0.2840	0.4473	0.4484	0.3327	0.5616	0.0934	1						
APO	0.7132	0.7052	0.7558	0.6418	0.4411	0.5795	−0.0709	1					
CCA	0.5611	0.6411	0.7937	0.4914	0.6181	0.3129	0.1456	0.7579	1				
SWC	−0.0849	0.2504	0.2913	−0.1573	0.1936	−0.1170	−0.0560	0.2492	0.4653	1			
SL	−0.0321	0.2179	0.2258	−0.0003	0.2050	−0.0248	−0.0518	0.2685	0.2745	0.2798	1		
ASP	0.0124	−0.2263	−0.2466	−0.0132	−0.2117	−0.0333	−0.2305	−0.0160	−0.1171	−0.4315	0.2820	1	
ELE	−0.4929	−0.4715	−0.3240	−0.4672	−0.1344	−0.5922	−0.1427	−0.2383	−0.0780	−0.1663	0.0015	−0.1479	1
AB	0.5581	0.1866	0.1569	0.6310	0.2462	0.5144	−0.0189	0.2658	0.0040	−0.5480	0.0032	0.4439	−0.3164

在DCCA图上（图16-5），根据各物种在群落中重要值大小，对32个撂荒样地进一步划分：{1，2，3，4}为一年生杂草猪毛蒿群落，位于第一轴的最左侧；{5，6，7，8，11，13，15，17}为猪毛蒿＋多年生草本的共优群落；{16，20，22，25}为铁杆蒿＋达乌里胡枝子＋一年生杂草群落，以上这些群落均分布在第二轴的左侧，分布比较密集，说明演替前期群落类型一致。{9，19，26，31}为茭蒿＋铁杆蒿＋达乌里胡枝子群落；{14，18，10，23，24，27，28}为达乌里胡枝子＋多年生禾草（白羊草或长芒草）群落；{29}是一个较独特的群落类型，为茜草＋抱茎苦荬菜群落；{12，30，32}为白羊草＋达乌里胡枝子群落，位于第一轴的最右侧，属于演替后期的群落。

由图16-3可看出，中后期的群落分布较松散，说明到中后期，各样地的环境条件差异变大，产生不同的群落类型。因此，DCCA第一排序轴很好地解释了撂荒地群落的位置和演替方向。样地29所处的立地条件为阴坡的坡底，土壤水分条件优于其他样地（图上所处的位置也可分析出），为林间撂荒地，与其他样地群落较远，再加上邻近草地的影响，使群落类型发生变化。一些偏耐中生性的草本植物如远志、对光要求不严格的攀缘植物茜草等成为群落当中的优势种，说明受小生境条件的影响，林间撂荒地群落恢复过程与其他样地有所不同，表现为阳性的先锋种的衰退和中生性物种发展的动态过程，与张文辉等对狼牙刺灌丛的恢复过程相似（张文辉，2004）。同时，也说明整个演替阶段对群落分异影响较大的是土壤水分。

且由图16-3也可看出，各个物种在群落中的空间分布，位于两个轴附近的种均为撂荒演替过程中各个群落的优势种和伴生种，离轴较远的则是偶见种。如图16-3中第一轴最左侧种1和种4为演替前期的偶见种中华蒲公英和茜草，种2、种3分别为前期的伴生种苦苣菜、苣荬菜；第一轴最右侧种5为演替后期的偶见种野大豆；位于第一上限上边的种6～13，分别为演替中后期的偶见种大针茅、堇菜、杠柳、毛茛、獐牙菜、黄花草木樨、抱茎苦荬菜和白草。

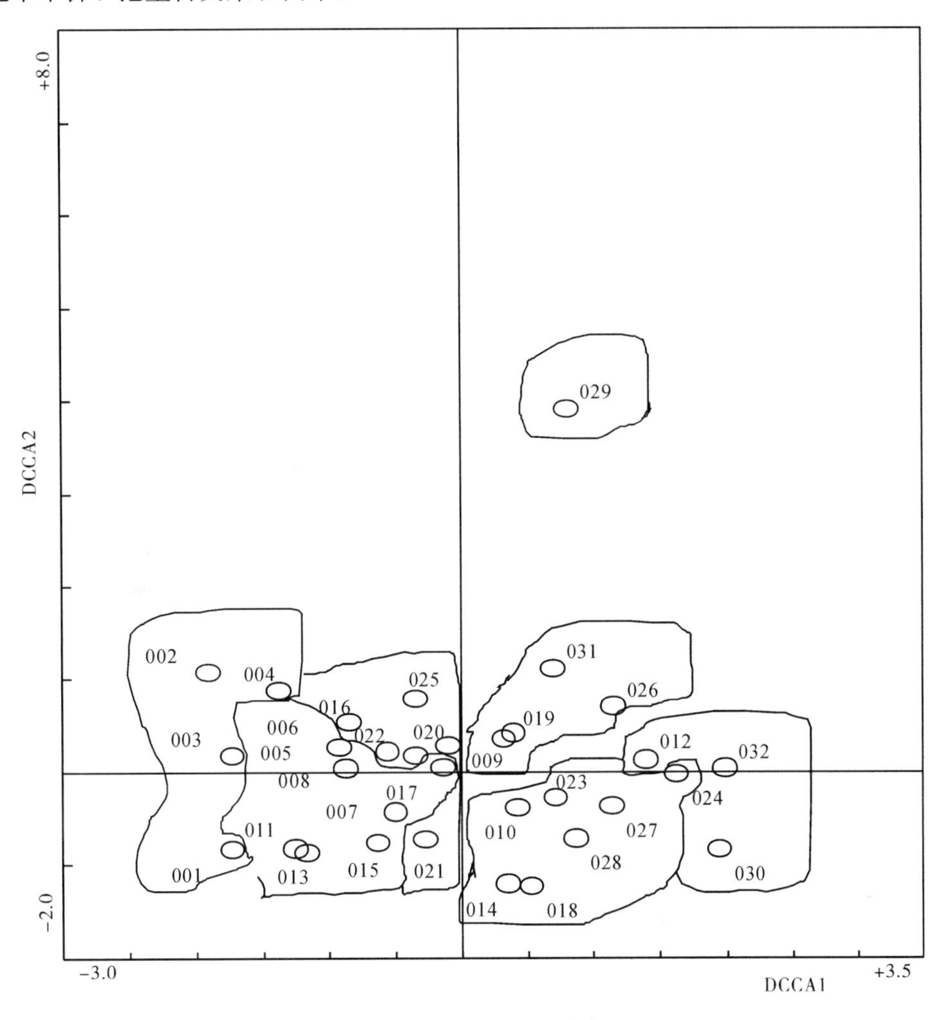

图 16-5　撂荒地样地分布

16.1.4　不同年度植被恢复过程中，群落土壤水分的变化趋势

由图 16-3 或图 16-4 均可看出，随着撂荒演替的进行，土壤水分呈下降的趋势，因在陕北黄土丘陵区水分是植被生长的限制因子（胡伟等，2006；胡良军，2002），在该研究区草地植被的根系主要集中分布在大约 1m 深土层范围内（杜峰等，2005），该层土壤水分易发生变化。为了进一步明确不同年度表层到根系层（大约 1m）土壤水分在植被恢复中的变化，对其进行分析，见图 16-6。由图中可看出，同一演替阶段，不同年度间该层的土壤含水量在 2003 年较高，2005 年和 2006 年较接近，呈现出波动性，且随着演替时间的延长，波动越来越大。到演替后期，2005 年土壤水分呈现出急剧下降，而 2003 年和 2006 年则呈上升趋势。据延安实验站统计，延安地区 2003 年是丰水年。2005 年和 2006 年均是枯水年，由此说明根系层土壤含水量除与地上部植被因子有关外，还与当年降水量密切相关。

由图 16-6 可知，无论是丰水年还是枯水年，从演替开始到 25 年左右，3 年的土壤含水量（用每年 5 月、8 月和 10 月的平均含水量表示）均呈下降趋势，但从撂荒 30 年左右开始，变化趋势有所不同，即 2003 年和 2006 年土壤水分含量随着撂荒时间的延长呈上升趋势；2005 年则呈持续下降。对撂荒年限和土壤水分之间的关系进行方程拟合，2003 年拟合方程为 $y=3.42E-3x^2-0.216x+20.06$，2005 年拟合方程为 $y=-6.385E-4x^2-0.13x+11.40$，2006 年拟合方程为 $y=3.04E-3x^2-0.15x+12.12$。其中，x 表示撂荒年限，y 表示土壤水分含量。对拟合方程进行显著性检验：2003 及 2005 年 p 值分别为 0.1466、0.3655，均大于 0.05，未达到显著水平；而 2006 年 p 值小于 0.0001，达到显著水平，2006 年拟合的二次方程是成立的。说明不同年度间，随着撂荒年限的延长，1 m 土层土壤含水量的变化趋势是不稳定的。

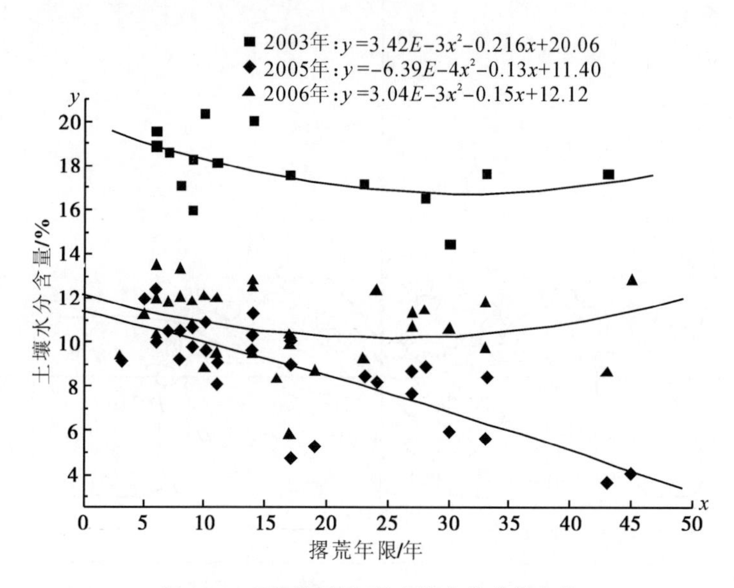

图 16-6　不同撂荒年限土壤水分含量变化

由图 16-6 可知，2005 年的变化趋势不同于 2003 年和 2006 年，因为后期样地位于阳坡的较多，阳坡的水分含量本来就较低，再加上当年的降水量极低（据相关资料统计，2005 年延安市各县（区）降水量比历年同期偏少 27%～66%），随着演替的进行，导致土壤水分含量下降（最低为 4%）。

综上所述，随着撂荒年限的延长，1m 土层土壤含水量的变化趋势除与地上部植被有关外，还与当年降水量、立地条件密切相关。因此，不同年度间，随着撂荒演替的进行，土壤水分呈现不稳定的变化趋势。但从演替开始到 25 年左右，此阶段土壤水分变化趋势是稳定的，土壤水分均呈下降趋势。就同一年份来说，除 2005 年外，2003 年和 2006 年的变化趋势，表现为在演替初期土壤水分呈下降趋势，到 30 年左右达最低，以后随着撂荒演替时间的延长又呈上升趋势。

16.1.5　撂荒地次生演替过程中物种多样性组成变化规律

经单峰曲线方程拟合（表 16-4，图 16-7～图 16-12），Shannon-Wiener 和 Simpson

多样性指数、Simpson 优势度指数及 Alatalo 均匀度指数均呈现出抛物线变化规律，p 值均小于 0.01，相关性达极显著水平，4 种指数相应回归方程见表 16-4。而 PieLou 均匀度指数、Margalef 和 Patrick 丰富度指数与演替时间之间关系经单峰曲线方程拟合，p 值均大于 0.05，未达显著水平，表明 3 个指数相应的回归方程不成立。以上说明物种多样性指数（SW 指数和 Simpson 指数）在植被恢复初期，增加速度较快，随着撂荒演替的进行，增加速度逐渐变慢，在 20 年左右达到高峰，然后开始呈现降低趋势（图 16-7）；Simpson 优势度指数在演替过程中的变化趋势与多样性指数相反，即撂荒初期群落的优势度较大，随着植被恢复演替优势度指数呈下降趋势，在演替进行 20 年左右时，优势度达最小，然后又开始呈增加趋势（图 16-8）；植被恢复过程中，Alatalo 均匀度指数的变化趋势与多样性指数的变化趋势相一致，即演替过程中呈现出“低-高-低”的变化趋势和动态（图 16-9）。PieLou 均匀度指数的变化趋势与 Alatalo 虽然相似，但其变化不呈抛物线函数变化规律（图 16-10）；随着演替的进行，丰富度指数（Margalef 和 Patrick）也呈现出在演替初期较低，随着演替的进行逐渐增高，而后又呈降低的变化趋势（图 16-11 和图 16-12）。

表 16-4　物种多样性指数与演替时间回归方程与相关性统计表

多样性指数	回归方程	相关系数	样本数	p 值
Shannon-Wiener	$y=1.0465+0.11257x-0.0028x^2$	0.31168	32	0.00445**
Simpson	$y=0.4981+0.036x-9.17818E-4x^2$	0.30745	32	0.00486**
Simpson 优势度	$y=0.5019-0.036x+9.17818E-4x^2$	0.30745	32	0.00486**
Alatalo	$y=0.43285+0.03373x-8.48797E-4x^2$	0.37006	32	0.00123**
PieLou	$y=0.51373+0.01638x-4.68475E-4x^2$	0.11536	32	0.16908
Margalef	$y=2.56071+0.16933x-0.00419x^2$	0.13769	32	0.11671
Patrick	$y=11.60484+0.50755x-0.01078x^2$	0.12953	32	0.13378

注：y 表示物种多样性指数；x 表示撂荒演替时间；** 表示相关性达极显著水平，回归方程成立。

在植被恢复初期，由于群落中种的丰富度较低、优势度较高（主要集中于少数几个先锋物种如猪毛蒿等）、群落结构较简单使群落的多样性指数与均匀度指数均较低。随着植被演替时间的延长，群落结构越加复杂，物种种类即丰富度呈增加趋势，群落内优

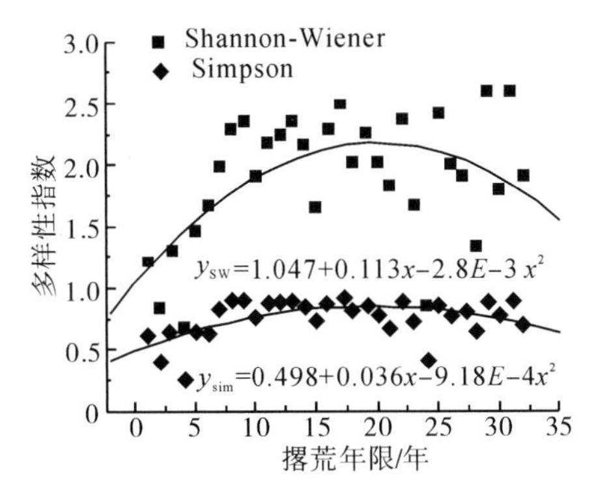

图 16-7　多样性指数变化

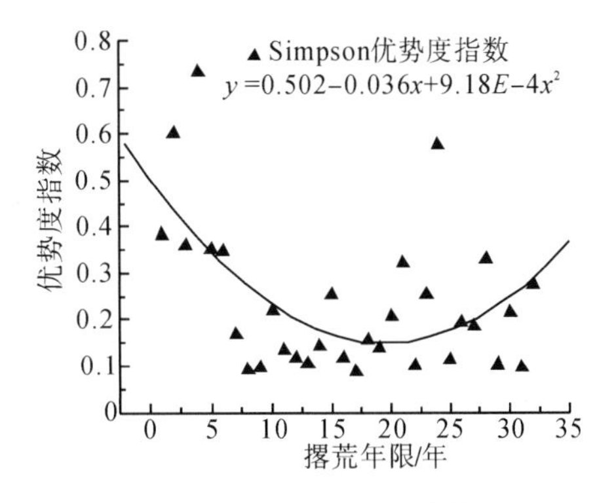

图 16-8　Simpson 优势度指数变化

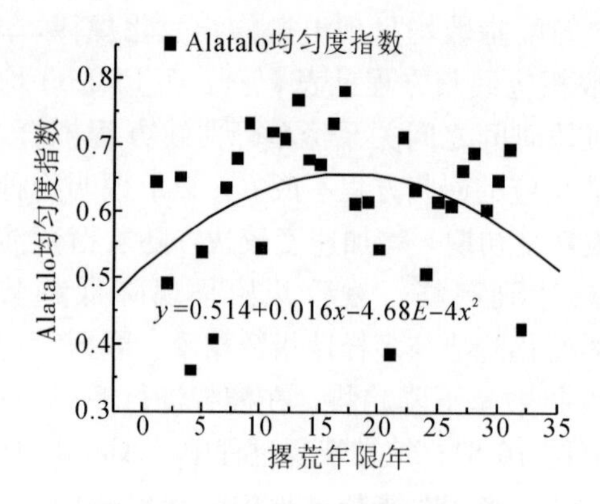

图 16-9　Alatalo 均匀度指数变化

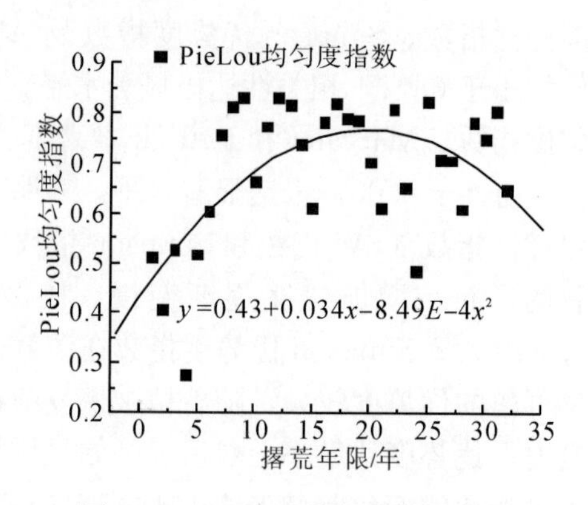

图 16-10　PieLou 均匀度指数变化

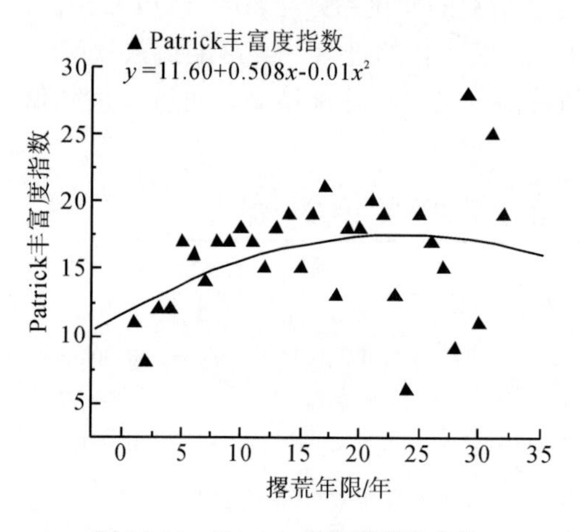

图 16-11　Patrick 丰富度指数变化

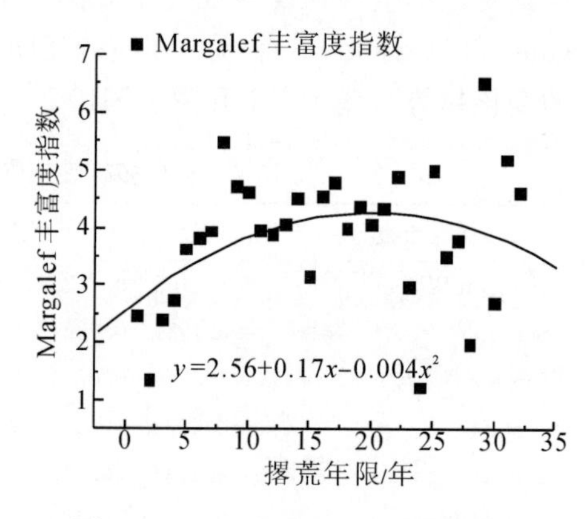

图 16-12　Margalef 丰富度指数变化

势种与伴生种或共建种的优势度差异降低，均匀度表现出增加，但在演替后期，群落优势种又开始向少数几个物种靠拢，多样性及均匀度又呈现下降趋势。即在植被演替过程中，初期和演替后期群落优势度较高，物种多样性和均匀度在演替中期达最高，而群落优势度则在中期达最低。

综上所述，物种多样性是指某一区域中的物种数目和各物种分布的均匀程度，由于环境因子对群落的物种组成有着深刻的影响，群落的物种多样性必然要反映环境对群落的这种影响（左小安等，2006；陈文年等，2003），因此以上群落物种多样性组成的变化是群落与环境相互作用的结果。同时也充分表明弃耕撂荒后，当地植被和环境正处在一个自行恢复过程中。

16.1.6　讨论与结论

16.1.6.1　系统聚类对撂荒演替阶段的划分

采用最广泛使用的欧氏距离和最远邻体法（张金屯，2004）对各样地群落进行聚类分析，在聚类过程中利用各样地群落重要值与欧氏距离相结合进行演替阶段的划分。该方法与杜峰（2005）、唐龙（2006）等用 Bray-Curtis 距离系数所做出的分类结果是一致的，定量地认识了不同立地条件下不同撂荒年限各群落的相似性和相异性，根据各群落平均撂荒年限可大致确定撂荒演替序列。该研究对 2003 年及 2006 年的聚类结果进行了分析比较，并与杜峰等（2005）对该区的研究结果相比，发现 2006 年的聚类结果少了一个多年生草本＋一年生杂草阶段。说明 3 年的时间内，随着演替的进行，一年生物种被多年生物种所取代，在群落中的地位再次降低至逐渐消失。因此，该研究认为：陕北黄土丘陵区 2～45 年的撂荒演替趋势为一年生杂类草群丛→一年生杂类草＋多年生杂草群丛→多年生杂草→多年生草本＋小灌木达乌里胡枝子或密丛型禾草群丛→小灌木达乌里胡枝子群丛＋多年生草本→密丛型禾草白羊草群丛或小灌木达乌里胡枝子群丛。代表性的群落依次为猪毛蒿→猪毛蒿＋苣荬菜→猪毛蒿＋长芒草→铁杆蒿（茭蒿）→铁杆蒿＋达乌里胡枝子→达乌里胡枝子＋铁杆蒿（白羊草）→白羊草＋达乌里胡枝子或达乌里胡枝子或白羊草群落（阳坡）。

以上结论与程积民等（2005）对黄土丘陵区封育草地演替过程所经历的 4 个阶段不同，也与许志新等（2002）对内蒙古弃耕地植被的演替过程分 3 个时期的结论不同，说明植被演替的速度和方向受区域大气气候背景、地区环境条件和群落周边环境的影响，不同的研究区会出现不同的研究结果。为此，各地应该搞清当地的演替过程，遵循各自的演替规律，进行人工植被建设或模拟，加快植被恢复。

16.1.6.2　撂荒演替与环境因子的关系

撂荒演替虽是在弃耕地上的次生裸地开始的，但在植被恢复过程中仍受到群落原有植被、立地条件和群落周边环境的影响，如撂荒年限、坡度、坡向、海拔、土壤水分和养分等，它们影响群落演替的速度和方向。白文娟等用 TWINSPAN 和 CA 排序的方法研究了该区退耕地植被演替过程，结果表明：在 40 年的演替过程中，退耕地植被大体上经历了猪毛蒿群落、达乌里胡枝子和长芒草群落、铁杆蒿群落和白羊草群落，这 4 个植物群落依次代表了退耕地植被自然演替的 4 个阶段；土壤养分、土壤水分以及地形因子或强或弱地影响着退耕地自然植物群落的变化，其中土壤有机质、氮磷钾、土壤水分以及坡度与植物群落变化之间的关系密切（白文娟等，2005）。

本试验用 DCCA 排序的方法更详细地解释了撂荒地植被恢复与环境因子的关系及其不同演替阶段的群落在二维空间的分布状况。结果表明，14 个环境因子中对植被恢复影响最大的是撂荒年限，与 DCCA 排序图的第一轴密切相关。随着撂荒年限的变化，土壤水分、养分因子发生相应的变化，与撂荒年限关系较密切的因子有土壤水分、有机质含量和全氮，整个演替阶段对群落分异影响较大的是土壤水分、有机质和速效磷。随着演替的进行，土壤水分含量呈下降趋势，而有机质，全氮和硝态氮含量增加，其他养分因子与第一轴的相关性间接说明，随着演替的进行，全磷、全钾、铵态氮和碳酸钙含量有增加的趋势，而速效磷含量有降低的趋势。与白文娟、焦菊英等的研究结果相比，大体上是相同的，但也存在不同之处。她们的结果表明坡度与植物群落变化关系密切，而本实验结果中，坡度与撂荒群落之间相关性不明显，这可能与所取样地的立地条件有关。DCCA 排序图第二轴主要代表了海拔高度和坡向，揭示了立地条件中这两个因子对群落分布的影响较大。沿 DCCA 第二轴由下到上，海拔逐渐降低，群落越向阴。

由上可知，随着撂荒年限的增加，土壤中的养分除速效磷有所减少外，其他均呈增加趋势。加之该研究区的土壤类型为黄绵土，具有磷素缺乏的特点（王国梁等，2002），因此土壤养分中的速效磷成为当地植被演替过程中的限制因子之一，与马祥华等（2005）的研究结果相一致。Enrique Solis 等（2004）对热带干旱森林的次生演替研究也表明，在演替后期阶段，大约 60 年演替内森林的初级生产力主要受土壤磷的限制。而 $CaCO_3$ 含量的变化与他人研究结果有些出入（杜峰，2004），土壤中 Ca 含量的变化主要受到淋溶和生物作用的影响：生物作用的过程可认为是植物根系从土壤深层吸收 Ca 营养，并以残留物的形式积累在表层，发挥富集的作用；如果是酸性残留物，则起着酸性淋溶作用，能促进 Ca 的淋失（张金发等，1990）。从试验的结果来看，$CaCO_3$ 含量在演替过程中有增加趋势，这种增加可能来自于根系吸收 Ca 营养在地表形成的碱性残留物。在植被恢复过程中，土壤有机质对植被的影响最为显著，不但影响植被的生长发育，而且其含量大小对其他养分元素也产生一定的影响；同时，土壤有机质通过改善土壤团粒结构，改善土壤的水、肥、气、热等环境条件，提高土壤的抗侵蚀能力，为植被恢复提供可靠的条件（马祥华等，2005）。

总之，随着进展演替，土壤肥力总体上呈增长趋势，与群落演替能促进群落生物循环和生物富集作用有关，与他人对林地和草地次生演替的研究结果一致（白文娟等，2005；王国梁等，2002；吴金水，2002）：张庆费（1999）对浙江天童森林的研究表明，随着演替的进行，土壤肥力呈增长趋势，由于群落类型不同，而呈现跳跃性和渐变性增长特征，并且认为土壤肥力是植物演替过程的重要驱使因素；潘成忠等对黄土丘陵沟壑区的研究表明，退耕 20 年的荒坡草地的土壤质量优于退耕 30 年的；巩杰等（2005）对该区的研究表明，农地弃耕撂荒有一定的土壤培肥作用，是一种节省人力物力而其生态环境效应又很好的双赢途径。因此，土壤是植物群落的主要环境因子之一，植物群落演替过程是植物与土壤相互影响和相互作用的过程（张庆费等，1999；West，1981）。

16.1.6.3 撂荒演替与土壤水分效应

对于撂荒地植被恢复过程中土壤水分的变化趋势，本研究结果表明在不同年度间，随着撂荒演替的进行，土壤水分呈现不稳定的变化趋势。但无论是丰水年还是枯水年，从演替开始到 25 年左右，土壤水分变化趋势是稳定的，即均呈下降趋势，随着撂荒年限的延长，土壤水分的波动性增大，与杜峰等（2005）对该区农田撂荒后不同土层土壤水分的变化研究结果一致。本试验对不同年度间撂荒地恢复过程中土壤水分变化进行研究，结果表明，表层到根系层土壤含水量的变化趋势除与地上部植被因子有关外，还与当年降水量、坡向密切相关。庞敏、侯庆春等（2005）对延安区的研究表明，自然植被的土壤水分主要来源是大气降水，所以其变化随着降水的年变化而变化。因此，不同年度间该层土壤水分变化呈现出不稳定状态。

16.1.6.4 撂荒演替过程中物种多样性的变化

生态恢复的目的是恢复生态系统固有的结构和功能，其中群落中的物种多样性、物种丰富度是生态恢复的核心指标，因为物种多样性越高，生态系统抵御逆境和干扰的能力越强。众多研究表明，植被恢复过程中，物种多样性的变化规律不尽一致。杜峰等(2005) 2003年对该区撂荒地恢复过程中的群落结构进行了研究，结果表明群落植物种类组成并不是随着撂荒年限的增加而增加，Simpson、Shannon、Brilliouin和Dahl多样性指数随着撂荒年限的增加而减小，群落的种数也趋向于减小，但Whittaker指数则表现为随着撂荒年限的增加而稳定地增大，两者相关极显著。同时，诸多研究发现，物种多样性随演替时间的延长而升高，最高值常出现在演替的中期，随后又呈现下降的趋势(李裕元等，2004；张金屯等，2000；Wang，2002)。本实验结果与该结论一致，物种多样性的最高值出现在恢复演替中间阶段，即在演替初期，群落结构较简单，随着演替的进行，植物种类增多，群落结构复杂，物种多样性增加，撂荒20年左右达最高，而后植被又向几个优势种如达乌里胡枝子或白羊草靠拢，多样性又呈下降的趋势，呈现出抛物线函数的变化规律。与他人对该区2003年的调查结果相比，充分说明随着撂荒年限的延长，当地植被正处在自行恢复过程中。

16.1.6.5 关于物种多样性与稳定性

退化生态系统的恢复与重建，总朝向高生物多样性的方向构建，而其关键则是植物多样性的构建(彭少麟，2003)。一些研究表明，植物群落的稳定性与植物多样性密切相关(李裕元等，2004；David et al.，1994；Yvonne，1994；Lehman et al.，2000)。稳定性概念有多种不同的定义，在生态学领域稳定性是一个引起广泛争议的概念。综合稳定性研究的各种文献，各学者使用的稳定性概念可以归纳为3个基本类型：①群落或生态系统在达到演替顶级后出现的能够进行自我更新和维持并使群落的结构、功能长期保持在一个较高的水平、波动较小的现象；②群落或生态系统在受到干扰后维持其原来结构和功能状态、抵抗干扰的能力，称抵抗力稳定性；③群落或生态系统受到干扰后回到原来状态的能力，称为恢复力稳定性。其中①的稳定性概念主要与群落演替有关，②和③的稳定性概念主要关注植被在受到干扰后的反应，由于在定义中与干扰相联系，称为干扰稳定性。在此主要讨论群落演替中多样性与稳定性(Sennhauser，1991)。

要全面回答多样性、复杂性与稳定性的关系需要从多方面做出探索，如对植物群落内的植物、动物、昆虫、微生物等各种生物类群的多样性评估等。从本书的分析结果可看出，在植物群落的恢复演替过程中，其多样性的最高点不是出现在演替后期，而是出现在中间阶段，但这显然与生态学理论不相符，植物种的多样性并不能完全代表群落的稳定性，但却是群落稳定性的基础或必要条件。群落(或生态系统)的多样性体现在更多方面或者多种生物组织层次意义上的多样性，如生态系统、群落、种群、个体甚至基因水平上的多样性(王国宏，2002)。

总之，随着植被恢复的进行，无论是地上部植被还是土壤环境均朝良好的方向发展。并且，还发现在该区动物种类也增多，最明显的就是野鸡的种类和数量。当地老百姓还说近两年来，在植被稠密的地方发现了狼的影子。这些均表明通过几十年的农田撂荒或封山禁牧，植被恢复正处在一个顺行转变时期，生态系统也朝稳定方向发展。

16.2 退化天然群落结构组成与环境因子间的关系

16.2.1 天然植被自行恢复过程中，群落结构与土壤水分、养分的关系

对所选的31块天然群落样地及13个环境因子进行DCCA排序（图16-13），研究陕北黄土丘陵区天然植被的分布与土壤水分、养分及立地条件的关系。图16-13中圆圈代表群落，实心点代表物种，与撂荒地DCCA排序图（图16-3）相比，天然群落样地及物种组成在图中分布较分散，而撂荒地则较集中，说明未经开垦过的天然群落结构组成较撂荒地复杂，恢复速度较快。DCCA排序结果中第一轴主要代表了土壤水分(SWC)、坡向（ASP）、速效磷（APH）、铵态氮（AN），相关系数分别为0.7828、0.7246、0.4981和0.4527；第二轴主要代表了海拔（ELE）、有机质（SOC）、全氮（TN）和全钾，相关系数分别为－0.7808、0.7510、0.6187和0.4949，第一轴和第二轴的特征值分别为0.36和0.177，分别可以解释群落环境变异的47.3%和16.9%。以上说明群落的分布主要受土壤水分这一环境因子的影响，地形因子中的海拔和坡向对群落的分布也产生重要作用，土壤养分中的有机质、速效磷、全氮、铵态氮和全钾对群落的分布有明显影响，而碳酸钙、速效钾、硝态氮、坡度和全磷等对群落的分布没有显著相关性。

因此，由DCCA排序图可知，沿第一轴土壤水分逐渐升高，坡向越向阴，速效磷和铵态氮含量越高，即随着土壤水分的变化，坡向和土壤中的速效磷和铵态氮发生明显改变，因而对群落产生影响；沿第二轴由下到上海拔逐渐下降，有机质含量逐渐上升，全钾和全氮呈上升趋势，即随着海拔的变化，土壤中的有机质、全钾和全氮产生明显变化。各环境因子间的相关系数见表16-5，土壤有机质和全氮相关性最显著（0.9235），其他与DCCA图所表示的一致。由此可知，DCCA图可以反映出各植物群落所处生境的营养、立地条件状况和各环境因子间的相互关系。在DCCA排序图中，植物种类组成较接近，且所处环境因子组成也较接近的群落在排序图上分布较接近和集中；反之则分布较分散。由图16-14中的样地群落分布图可知，在第二轴的左侧群落分布较右侧集中，表明这些样地植被组成和环境因子较接近，右侧则较分散，说明植被组成或环境因子差异较大，左侧各群落土壤养分较右侧贫乏。根据植被种类组成及其重要值大小，31块样地群落被分成13个群落类型：从轴的左侧到右侧依次是由｛1，7，6，8｝样地是茭蒿＋铁杆蒿群落；｛5，12，2，25，27，28，3｝样地是白羊草＋达乌里胡枝子＋茭蒿群落；｛26｝、｛31｝各自形成的是草地早熟禾和稗草群落；｛9，22，23，24｝样地为铁杆蒿＋达乌里胡枝子群落；｛17｝是长芒草＋铁杆蒿群落；｛18｝为猪毛蒿＋长芒草群落；｛15，16，21｝是南牡蒿群落；｛14，19，30｝是南牡蒿群落；｛10，11，29｝是铁杆蒿＋南牡蒿群落；｛4｝是冰草＋蛇含委陵菜群落；｛13，20｝形成的是南牡蒿＋蛇含委陵菜群落。由此可知，从DCCA排序轴第一轴的左侧到右侧，各群落优势种的生活型从旱生、中旱生到中生或偏湿生，但旱生类型较多，如从白羊草、达乌里胡枝子→茭蒿、铁杆蒿→南牡蒿、蛇含委陵菜，进一步表明第一轴主要代表的是土壤水分，群落的

分布与土壤水分关系非常密切，随着土壤水分的变化，群落组成相应地发生变化，表明群落类型的分异主要受土壤水分影响。同时，也说明在该地区残存的天然群落中，大部分是中旱生的群落类型。

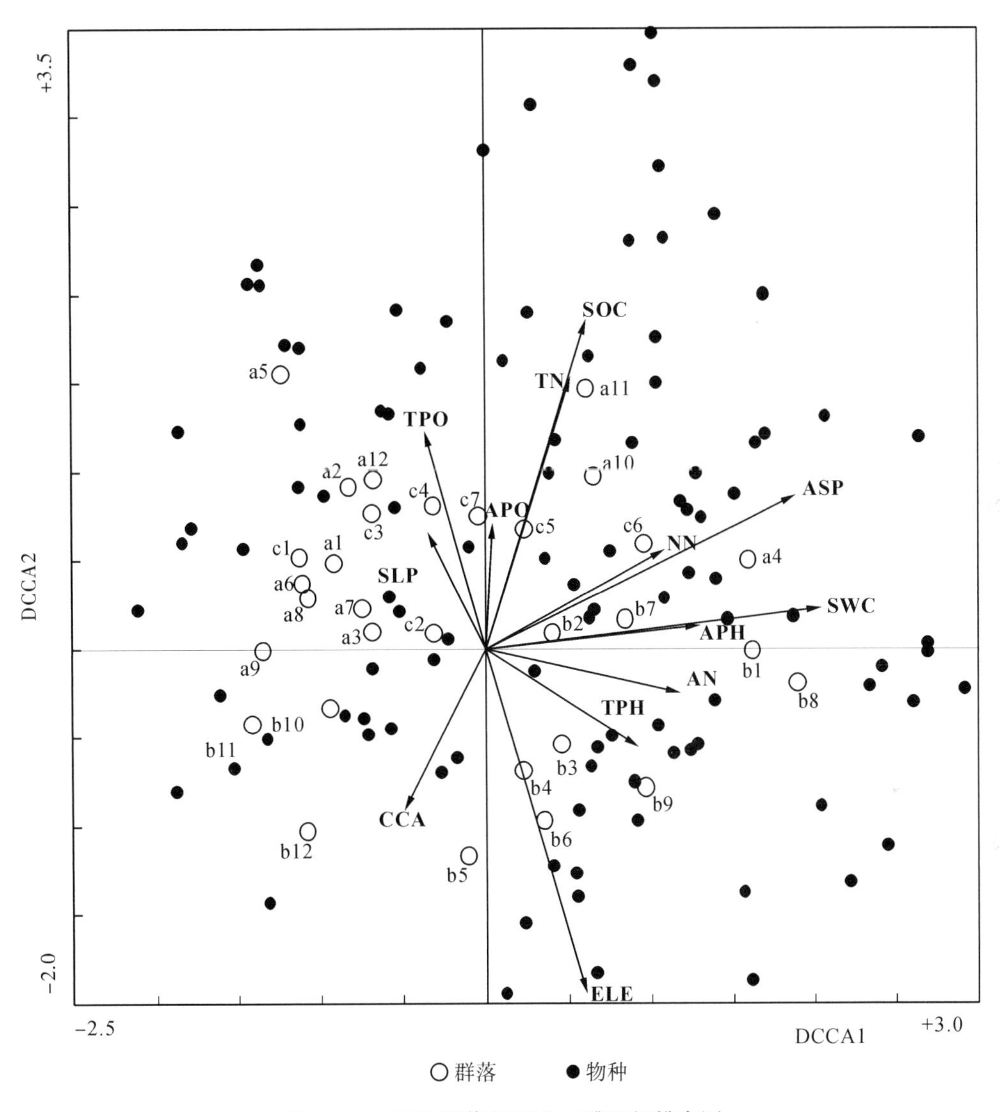

图 16-13　天然群落 DCCA 二维空间排序图

表 16-5　天然群落各环境因子间相关系数表

环境因子	TN	TPH	TPO	SOC	AN	NN	APH	APO	CCA	SWC	SL	ELE
TN	1											
TPH	0.3888	1										
TPO	0.3554	−0.0716	1									
SOC	0.9235**	0.2276	0.3966	1								
AN	0.1064	0.0504	−0.0930	0.0215	1							
NN	0.6142*	0.4306	0.0238	0.4888*	0.6098*	1						

续表

环境因子	TN	TPH	TPO	SOC	AN	NN	APH	APO	CCA	SWC	SL	ELE
APH	0.4492	0.2453	0.1749	0.4783*	0.3814	0.3463	1					
APO	0.0564	−0.3543	0.1658	0.1540	0.1120	−0.1841	0.2784	1				
CCA	−0.6520*	−0.1585	−0.4858*	−0.5023*	−0.0438	−0.3141	−0.1482	0.0836	1			
SWC	0.0243	−0.0358	0.1257	0.1444	0.4689*	0.1104	0.5134*	0.4106	−0.0527	1		
SL	0.1199	0.1178	0.0676	0.1552	0.0235	0.2548	0.0056	−0.1090	0.0474	−0.3319	1	
ELE	−0.4742*	0.1750	−0.3927*	−0.5544*	0.0080	−0.2198	−0.0887	−0.2359	0.1782	−0.0432	−0.2295	1
ASP	0.3335	0.2962	0.0319	0.3647	0.0104	0.2841	0.1238	−0.0845	−0.3188	0.4065	−0.0102	0.1264

注：* 和 ** 分别表示在 0.05 和 0.01 水平上显著。

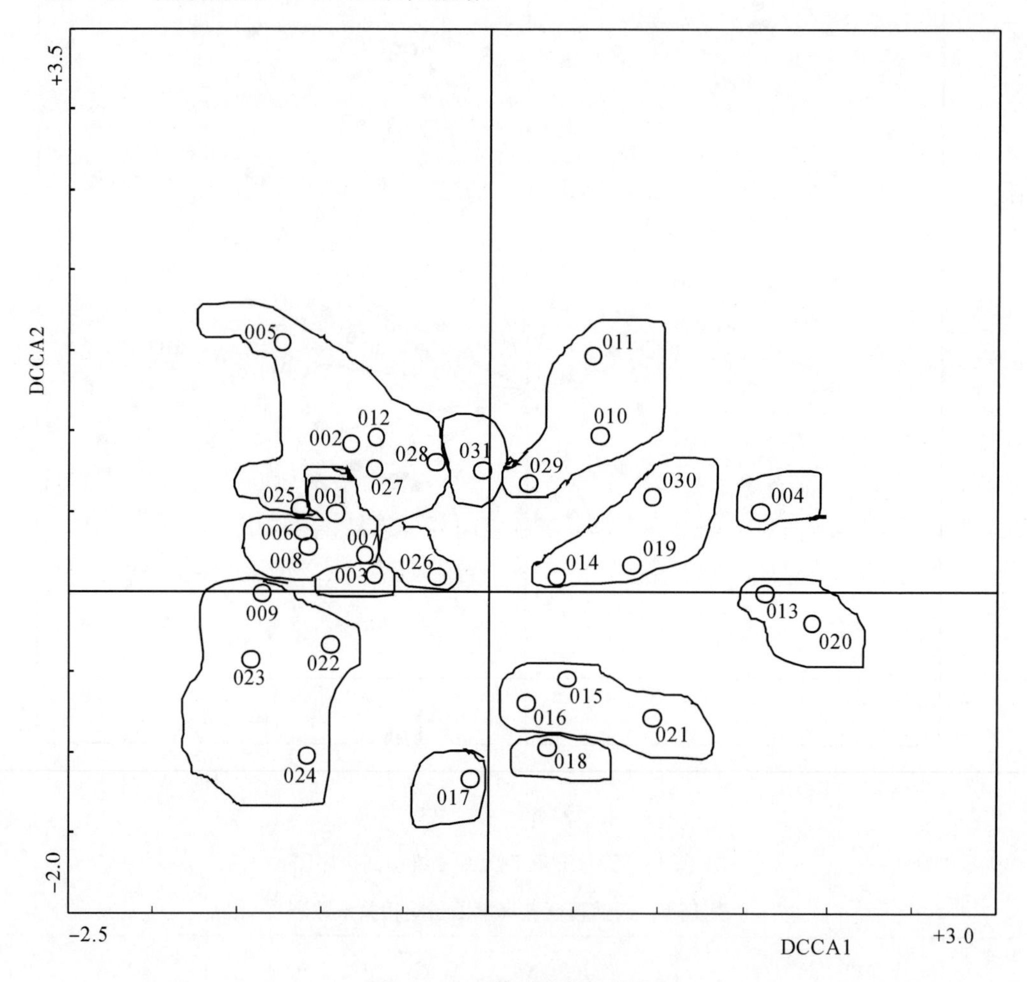

图 16-14 天然群落样地分布

对天然群落 DCCA 排序进行 Monte Carlo 显著性检验，第一轴 F 值为 3.741，$p=0.005$；第二轴 $F=2.087$，$p=0.005$，均达显著水平。说明两个排序轴所揭示的主要环境因子土壤水分、海拔、坡向、有机质、全氮、速效磷、铵态氮和全钾与群落的结构组成关系非常密切。同时，也说明对该区的天然群落组成与环境因子间的关系进行 DCCA

排序，是一个有效的排序方法，排序轴的生态意义明确，群落类型界限清晰。

以上分析可知，立地条件中的海拔和坡向对天然群落的分布有明显的影响。因此，对不同立地条件天然群落的结构组成进行分析。

16.2.2　天然植被分布与立地条件的关系

16.2.2.1　不同立地条件下植被分布状况

1. 不同立地条件的基本概况及植被种类组成

对阴坡、阳坡和上坡位、下坡位 4 种立地条件下选择的 12 个群落，进一步分析立地条件对群落结构组成的影响。由分析可知，土壤水分、坡向、海拔等是植被生长和恢复的主要影响因子，并决定着植物群落的类型、分布和发展动态。因此，抓住这几个主要因子对各立地条件的基本概况加以解释。

由表 16-6 可看出，不同立地条件下 1m 土层的平均土壤含水量和 0～40cm 的有机质含量有所差异，但两者变化规律是一致的，即不同坡向相比，均表现为阴坡明显高于阳坡，同一坡向不同坡位相比，坡下部高于坡上部，与他人研究结果一致（胡伟等，2006；邱杨等，2001；单长卷等，2005；贾志清等，2006；胡伟等，2005；Robinso et al.，1993；Nyberg，1999；Famiglietti，1998）。4 种立地条件相比，阴坡下部的土壤水分和有机质含量均最高（分别为 16.43%、1.96%），阳坡的坡上部最低（分别为 8.64%、0.66%）。经 Tukey 多重比较，阴坡的土壤水分均显著高于阳坡，且阴坡的坡下部与阳坡上、阴坡下两坡位相比达极显著水平（$p=0.008$，$p=0.002$，$p<0.01$）；阴坡下坡位的有机质含量显著高于阳坡的上下两坡位（$p=0.03$，$p=0.02$，$p<0.05$），但未达极显著水平；4 种立地条件下的植被盖度表现为阳坡上坡位明显减小。可见，海拔高度、坡度、坡向对土壤水分、养分等的空间分布起着重要作用，各立地条件下生长的天然植被因其小生境即光、温、水、肥、地形等环境因子发生变化而导致地上部植被分布也会发生改变。

表 16-6　不同立地条件的基本概况

立地	坡向/(°)	坡度/(°)	海拔/m	植被盖度/%	0～100cm 土壤含水量/%	0～40cm 土壤有机质/%
阴坡上坡位	232	46	1196.5m	114.55	13.09^{aAB}	1.04^{abA}
阴坡下坡位	235	38	1156m	118.23	16.43^{aA}	1.96^{aA}
阳坡上坡位	3	50	1182m	83.73	8.64^{bB}	0.66^{bA}
阳坡下坡位	3	40	1134m	110.00	11.05^{bB}	0.96^{bA}

注：数值分别为各样地的平均值。同一列不同小写字母表示 $p<0.05$ 水平上差异。同一列不同大写字母表示 $p<0.01$ 水平上差异。

由表 16-6 可知，样地中各立地的坡度均分布在 38°～50°，一般认为 25°～35°为陡坡，35°～45°为极陡坡，>45°为陡崖（参见水力侵蚀坡度标准）。可见，所选择的天然草地均分布在十分陡峭的山坡上，当地坡度较缓的山坡上农民均开垦过，只有在这些非常陡峭的地方，才残存有天然植被，在缓坡上存在的均是退耕后的撂荒地，这一点也被周金星等（2006）的研究所证实。

由表16-7可知不同立地条件下植被分布的种类数目和生活型，不同坡向相比，阴坡的植被种类显著多于阳坡；如阴坡上、下不同坡位所生长的植物种类分别归属于17个科、50个种和18个科、60个种；而阳坡的植物种类明显减少，上、下不同坡位所分布的植物种类分别归属于6个科和23个种、11个科和31个种。同一坡向不同坡位比较，表现为坡下部种类多于坡上部。尤其是阳坡的坡上部，与其他3种立地相比，植被种类明显减少。从生活型分析，不同立地下的天然群落中均表现为多年生物种远多于一年、两年生物种。并且，在多年生物种中还出现一些小灌木，如阳坡上有白刺花（*Sophora viciifolia*）、扁核木（*Prinsepia uniflora*）、紫丁香（*Syringa oblate*）；阴坡上出现柔毛绣线菊（*Spiraea pubescens*）、小叶忍冬（*Lonicera microphylla*）等。

表16-7　不同立地条件下植被种类数目

立地条件	植被种类		生活型	
	科	种	1年、2年生	多年生
阴坡下坡位	18	60	13	53
阴坡上坡位	17	50	7	43
阳坡下坡位	11	31	8	23
阳坡上坡位	6	23	4	19

2. 不同立地条件下植被科的组成

为了明确不同立地条件下植被分布种类的差异，又对各立地的天然植被在科的级别上进行归类，每种立地条件下分布的主要科属见图16-15。由图16-15中a、b、c、d可知，不论是阴坡、阳坡，还是坡上位、坡下位，分布的植物种类基本上归属于菊科、禾本科、豆科、蔷薇科这4大科（这4个科的植物在整个黄土丘陵区分布也是最广的（李裕元等，2004），是该区的地带性物种），进一步表明天然群落与退耕地的恢复方向是一致的，都在向稳定的地带性植被恢复（郝文芳等，2005；温仲明等，2005）。在每一立地中，4个科占所有科的百分比都在69%～83%，远超过其他科在各立地中的分布（<35%，其他科中的各科所占比例均<5%）。其中，菊科所占比例最大，禾本科次之，豆科和蔷薇科较小，并且除阳坡的上坡位外，菊科在各立地中的比例都最高，说明菊科

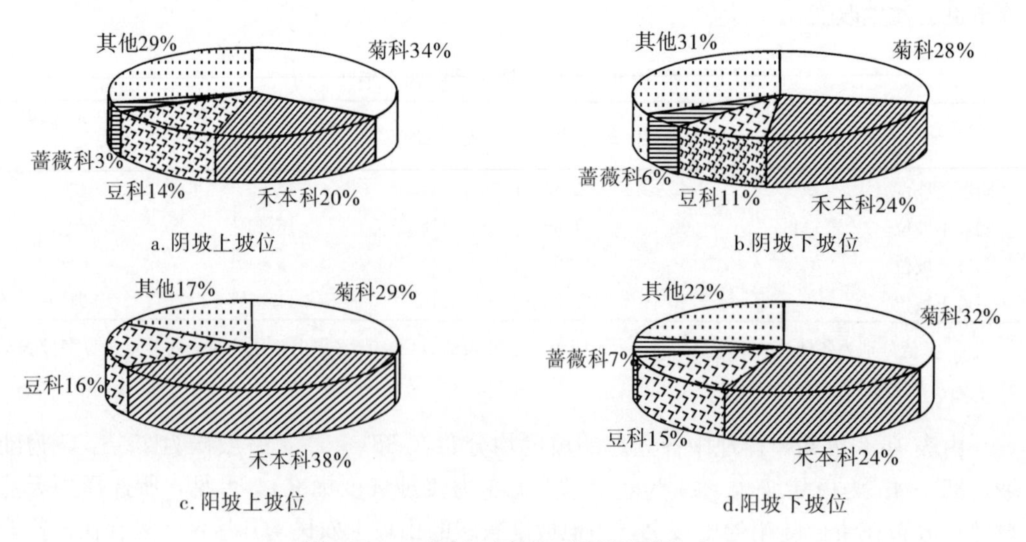

图16-15　不同立地条件下植被科的组成

在当地的生态位较宽，对环境条件的适应性最强，分布范围最广。

由图 16-15 可知，4 种立地条件相比，从所占比例上讲植被科的组成，差异不明显。除蔷薇科在阳坡的坡上部无分布外，4 种立地条件下菊科、豆科、蔷薇科的变化幅度都很小，菊科所占比例均在 30%左右；豆科大约为 15%；蔷薇科大约在 5%。但禾本科在阳坡的坡上部所占比例（38%）明显大于其他 3 种立地下所占的比例，充分揭示了禾本科植物的抗寒、抗旱耐瘠薄的生物学特性（张海等，2006）。阳坡的上坡位土壤较干旱，径流较严重，肥力最低，是这 4 种立地条件中环境条件最差的一种。

以上分析可知，从大的分类单位"科"上区分不同立地条件下的植被分布，不能明确表示小生境对植被分布的影响和植被对小生境的适应能力。所以，只从科的等级上认识不同立地条件下的植被分布，对指导人工草地建设中草地的合理配置和布局是远远不够的。

3. 不同立地条件下植被主要物种组成

为了进一步了解各立地条件下的植被分布，以重要值（important values）这一综合参数为依据，从种的等级上对各立地条件下的优势种和主要伴生种进行分析（表 16-8）。

表 16-8　不同立地条件下主要物种重要值

植物种名	阴坡上坡位	阴坡下坡位	阳坡上坡位	阳坡下坡位
铁杆蒿 *Artemisia sacrorum*	0.5456	0.3226	0.4550	0.4990
南牡蒿 *Artemisia eriopoda*	0.5163	0.4614	—	—
草地早熟禾 *Poa pratensis*	0.1851	0.1289	—	—
大针茅 *Stipa grandis*	0.1446	—	—	—
茭蒿 *Artemisia giraldii*	0.1357	—	0.6410	0.2470
长芒草 *Stripa bungeana*	—	—	0.1969	—
阿尔泰狗娃花 *Heteropappus altaicus*	—	—	0.2062	—
细弱早熟禾 *Poa angustifolia*	—	0.1740	—	—
白羊草 *Bothriochloa ischaemum*	—	—	0.1635	0.5440
达乌里胡枝子 *Lespedeza dahurica*	0.083	—	0.3192	0.6255
无芒隐子草 *Cleistogenes songorica*	—	—	0.4693	0.2748
中华隐子草 *Cleistogenes chinessis*	—	—	—	—
山野豌豆 *Vicia amoena*	—	0.1219	—	—
白草 *Pennisetum flaccidum*	—	—	—	0.2340
蛇含委陵菜 *Potentilla kleiniana*	—	0.1868	—	—

表 16-8 中只列出了各立地出现的主要物种和伴生种的重要值（前 6 种）。重要值是表示各物种在群落中相对功能和作用的综合数值。优势物种重要值的变化，反映不同立地条件下植被生长的环境因子也在发生复杂的变化（张金发等，1990）。不同立地条件下所分布的主要优势种和伴生种是有区别的。例如阴坡的坡上部铁杆蒿的重要值最大，成为该立地条件下的优势种，南牡蒿为次优势种，主要伴生种有草地早熟禾、大针茅、茭蒿等；阴坡的坡下部优势种为南牡蒿，铁杆蒿为次优势种，主要伴生种有蛇含委陵菜、细弱早熟禾、草地早熟禾等；而阳坡的坡上部，优势种为茭蒿，主要伴生种有无芒隐子草、铁杆蒿和达乌里胡枝子等；阳坡的坡下部优势种为达乌里胡枝子和白羊草，主

要伴生种有铁杆蒿、无芒隐子草等。且在不同立地条件下，即使有些种类相同，其重要值的大小差别也很大，说明相同的种在不同的立地中所发挥的功能和作用不同。例如达乌里胡枝子在阴坡的坡上部是伴生种，而在阳坡的坡下部是优势种。

同一坡向的上、下不同坡位相比，阴坡的变化较小，均为铁杆蒿＋南牡蒿和南牡蒿＋铁杆蒿群丛，而阳坡变化很大，坡上部分布的是茭蒿＋无芒隐子草群丛，而坡下部是达乌里胡枝子＋白羊草群丛，这可能与各立地的环境条件及种源传播有关，有待进一步研究。

由表 16-8 还可看出，铁杆蒿在各立地条件下均有分布，且重要值都较大。与前面分析结论菊科所占比例最大相吻合，进一步表明菊科中的铁杆蒿在当地分布范围很广，适应性强，能够充分利用各种资源，是广布种。因此，在植被恢复重建过程中该种应给予优先考虑。以上表明，在该区不同的立地条件对植被种类分布的影响，从大的科属级别上是区分不开的，只有到种这一等级，才能体现出不同的环境条件下植被分布的种类组成是不同的。

16.2.2.2 不同立地条件下各群落的相似性

群落相似性表示的是两个群落共有的基本特征，相似性的大小直接反映群落间物种组成的相似程度。以上分析可知，不同的立地条件下分布着不同的群落类型：在样地的阴坡，上坡位分布的是铁杆蒿＋南牡蒿群落，下坡位是南牡蒿群落；在阳坡，上坡位分布的是茭蒿群落，下坡位是达乌里胡枝子＋白羊草群落。二元数据的 Jaccard 和 Sorensenson 相似系数结果表明（表 16-9）：阳坡上、下两坡位的茭蒿和达乌里胡枝子＋白羊草群落相似性最大，两个相似系数分别为 0.5429 和 0.7037，阴坡上、下两坡位的铁杆蒿＋南牡蒿和南牡蒿群落次之；阴坡下坡位的南牡蒿与阳坡上坡位的达乌里胡枝子＋白羊草群落相似性最小，两相似系数分别为 0.2388 和 0.3855。即阳坡不同坡位群落间相似性最高，而阴坡下坡位与阳坡上坡位群落间相似性最低，进一步说明不同坡向、坡位的群落物种组成差异较大。

表 16-9 不同立地条件下各群落的相似系数

群落类型	铁杆蒿＋南牡蒿	南牡蒿	达乌里胡枝子＋白羊草	茭蒿
铁杆蒿＋南牡蒿	—	0.6182	0.4932	0.4691
南牡蒿	0.4474	—	0.3855	0.4176
达乌里胡枝子＋白羊草	0.3273	0.2388	—	0.7037
茭蒿	0.3065	0.2639	0.5429	—

注：左下角为 Jaccard 相似系数；右上角为 Sorensenson 相似系数。

16.2.2.3 不同立地条件下的各群落物种多样性及环境因子关系

物种多样性指数是表征植物群落结构的重要参数，能客观反映群落内物种组成的变化。群落的物种多样性主要在于揭示群落的结构、组成和功能（郝文昔等，2005；马克平等，1994）。

由表 16-10 可知，4 种立地条件下的各群落相比，物种多样性存在差异。不同坡向的各群落多样性指数相比，D 值表现为阳坡的茭蒿和达乌里胡枝子＋白羊草群落平均大于阴坡的铁杆蒿＋南牡蒿和南牡蒿群落；*H* 值为阴坡的各群落平均大于阳坡群落；I_{pa}表现为阴坡的铁杆蒿＋南牡蒿和南牡蒿群落大于阳坡的茭蒿和达乌里胡枝子＋白羊草群落；而 *E* 则为阴坡各群落小于阳坡。同一坡向不同坡位的群落相比，除阳坡上部的达乌里胡枝子＋白羊草群落的 *E* 值外，坡下部各群落的 *D*、*H*、I_{pa}、*E* 值均大于坡上部各群落。经 Tukey 多重比较，除 I_{pa}在各群落中的分布有显著差异外，其他各指数差异均不显著。在各立地群落中 I_{pa}的差异表现为铁杆蒿＋南牡蒿和南牡蒿群落分别与茭蒿和达乌里胡枝子＋白羊草群落差异达显著水平（$p<0.05$），且南牡蒿群落分别与茭蒿和达乌里胡枝子＋白羊草群落差异达极显著水平（$p=0.0035<0.01$，$p=0.0079<0.01$），表明不同立地条件下各群落中的物种数明显不同。

表 16-10　不同立地条件下各群落的物种多样性

多样性指数	铁杆蒿＋南牡蒿	南牡蒿	茭蒿	达乌里胡枝子＋白羊草
Simpson 指数（*D*）	0.8302 ± 0.03^{a}	0.8768 ± 0.02^{a}	0.8521 ± 0.02^{a}	0.8887 ± 0.06^{a}
Shannon-Winner 指数（*H*）	2.5331 ± 0.28^{a}	$2.8065\pm.05^{a}$	2.2728 ± 0.14^{a}	2.5358 ± 0.28^{a}
Patrick 丰富度指数（I_{pa}）	50 ± 4.95^{aAB}	60 ± 2.12^{aA}	23 ± 3.54^{bB}	31 ± 4.95^{bB}
PieLou 均匀度指数（*E*）	0.7104 ± 0.05^{a}	0.7222 ± 0.03^{a}	0.8195 ± 0.02^{a}	0.8048 ± 0.05^{a}

注：字母表示不同立地差异显著性；小写字母表示同一行在 0.05 水平上显著；大写字母表示同一行在 0.01 水平上显著。

其中，*D* 值在各群落中的大小与植被在各立地中的实际分布状况不相符，而 *H* 值的顺序更能如实反映各立地条件下的群落结构组成。

由表 16-10 可看出，阳坡下坡位的达乌里胡枝子＋白羊草群落 I_{pa}值显著小于阴坡上坡位的铁杆蒿＋南牡蒿（分别为 31 和 50），但 *H* 值却是前者稍大于后者（分别为 2.5358 和 2.5331）。充分表明用 Shannon-Wiener 指数表示的物种多样性并不是物种数越多，多样性指数 *H* 就越大，这与 Shannon-Wiener 指数的生态学意义相关。因为 *H* 值的大小不仅与物种数有关，还与物种个体数量的分布均匀程度有关。物种数目越多，各种间数量分布越均匀，多样性才越高。因此，如果在一个群落中，只是物种数多，但物种个体分布不均匀时，*H* 值反而会减少。阴坡的上坡位物种分布均匀度低于阳坡的下坡位（*E* 值分别为 0.7104 和 0.8048），阴坡的上坡位 *H* 值小于阳坡下坡位，进一步表明了在该区 Shannon-Wiener 指数能够很好地反映植被的结构组成。

以上分析中，位于阳坡群落的均匀度指数 *E* 大于阴坡群落的均匀度指数，均匀度表示的是群落中不同物种多度分布的均匀程度。因为生长在阴坡的物种数虽然比阳坡的物种数多，但有的物种在样地中分布数量极少，而有的数量多，故导致阴坡的均匀度下降。由前面的物种重要值分析已知，阳坡的下坡位优势种是达乌里胡枝子和白羊草群丛，因白羊草是根茎型禾草成团块状分布，裸露空地较多，致使群落的均匀度降低，使阳坡下坡位群落的 *E* 值小于上坡位的茭蒿群落。因此，不同的立地条件，因其生境不同，导致组成各群落物种的生物、生态学特性不同，使群落的结构组成表现出一定差异。进而表明物种的多样性能够很好地体现出植被的空间分布格局以及群落的结构类型、组织水平、发展阶段、稳定程度和生境差异（冉隆贵等，2006；周红章，2000）。

以上物种的分布与环境因子之间具有十分密切的关系，对各立地条件下的海拔、坡度、坡向、土壤含水量、有机质及物种多样性之间进行回归分析，以表明各因子间以及与多样性之间的相互关系。

由表 16-11 可知，各因子之间的相关性。其中，x_2 与 x_6 之间呈负相关（$r=-0.89$），x_4 与 x_5、x_6，x_5 与 x_6 之间呈正相关（相关系数 r 分别为 0.95，0.95，0.91），且相关性均达显著水平（$p<0.05$），表明这几个因子之间关系密切。即土壤水分与有机质之间呈显著正相关，随着土壤含水量的增大，有机质含量也会增大；坡度与物种多样性呈显著负相关，坡度增大，物种多样性将会减少；土壤水分及有机质含量的增加，物种多样性将会提高。此外，x_1、x_2 分别与 x_4、x_5、x_6 呈负相关，但未达显著水平（$p>0.05$）。由相关系数 r 值的大小可知，x_2 比 x_1 与其关系更密切，说明地形因子中的海拔高度对其他因子影响都较小。

表 16-11　不同立地条件下各生境因子的相关分析

相关系数 r	x_1	x_2	x_3	x_4	x_5
海拔 x_1	—				
坡度 x_2	0.76	—			
坡向 x_3	0.38	−0.32	—		
土壤含水量 x_4	−0.13	−0.74	0.86	—	
土壤有机质 x_5	−0.28	−0.78	0.72	0.95*	—
多样性指数 x_6	−0.38	−0.89*	0.71	0.95*	0.91*

注：* $p<0.05$ 水平差异显著。

以上表明，坡度、土壤水分、有机质与物种多样性之间的相关性达显著水平，对这个环境因子与多样性指数之间进行回归分析，由表 16-12 可知：x_1 与多样性指数 y 之间的回归系数分别为 1.9391 和 0.0473，R^2 为 0.9098，$t=4.4917$，其值大于检验值 $t_{3,0.05}=3.182$，$p=0.0206$（<0.05）。说明 x_1 与 y 之间具有显著的一元线性关系，用线性方程拟合即 $y=1.9391+0.0473x_1$（x_1 取值范围为 8%～16.4%）。反映了在该区天然群落的多样性指数与土壤水分之间呈显著一元线性相关，随着土壤水分的升高，群落的多样性将增加。而 x_2、x_3 与多样性指数 y 之间回归分析的 t 值分别为 3.1039 和 −2.7976，其绝对值均小于检验值 3.182，且 $p>0.05$，表现出多样性指数 y 与土壤有机质和坡度之间虽然密切相关，但不呈线性相关的变化规律。

表 16-12　主要环境因子与多样性指数的回归分析

因变量	自变量	回归系数		决定系数 R^2	t	p
		B_0	B_1			
y	x_1	1.9391	0.0473	0.9098	4.4917	0.0206
y	x_2	2.2145	0.2657	0.8281	3.1039	0.0531
y	x_3	3.6744	−0.0265	0.7965	−2.7976	0.0680

注：y：多样性指数；x_1：土壤水分；x_2：土壤有机质；x_3：坡度；$t_{3,0.05}=3.182$。

16.2.3　结论与讨论

植被分布与生境密切相关，通过对 31 块天然群落结构组成与生境因子的关系进行分析，结果表明：

（1）对该区天然群落组成与环境因子间的关系进行 DCCA 排序是一个有效的排序方法，排序轴的生态意义明确，群落类型界限清晰。根据群落在排序轴的位置，及各群落中物种重要值大小，将 31 块分成了 13 种群落类型，使群落在空间的分布很直观地表现出来。由 DCCA 排序可知，天然群落的结构组成与土壤水分、坡向、海拔、土壤有机质、全氮、铵态氮、速效磷和全钾关系非常密切，不同群落类型的分布主要受土壤水分限制，土壤养分中的有机质、铵态氮和速效磷对植被分布有明显作用。同时，也表明 N 和 P 是当地土壤养分的限制因子，与他人的研究结果一致（胡伟等，2006；杜峰等，2005）。随着土壤水分的变化，坡向和土壤中的速效磷和铵态氮发生明显改变，因而对群落产生影响；沿 DCCA 第二轴由下到上海拔逐渐下降，有机质含量逐渐上升，全钾和全氮呈上升趋势，即随着海拔的变化，土壤中的有机质、全钾和全氮产生明显变化。因此，在用施肥方式调控植被恢复时，铵态氮肥和磷肥的使用更为有利。

（2）不同立地条件下天然群落的植被分布在种类数目上是不同的，并且物种生活型表现为多年生物种占优势，其中还出现一些小灌木。这与撂荒地演替中前期分布的主要是一、二年生物种形成鲜明对比（杜峰等，2005），表明封禁后，天然群落中的植被自行恢复速度远超过演替中前期的撂荒地。

（3）该区的地形虽复杂多样，但天然植被在不同的坡向、坡位上形成稳定的地带性植被。即各立地条件下分布的植被 70%～80%属于菊科、禾本科、豆科、蔷薇科这 4 大科。微生境因子的影响，使这些地带性植被在总体上呈镶嵌状稳定分布，分布格局为：阴坡不论是上坡位还是下坡位分布的主要是南牡蒿和铁杆蒿群丛；而阳坡的坡上部分布的主要是茭蒿、无芒隐子草和铁杆蒿群丛，阳坡的坡下部主要是达乌里胡枝子和白羊草群丛。鉴于此，在用乡土草种进行人工植被建设时，应按照此分布格局进行合理配置，根据立地条件选择合适的草种。

（4）不同立地条件下各群落的相似系数表现为同一坡向不同坡位的群落相似性较高，说明坡向对植被的分布影响较大。该结论与景福军（2005）等对弃耕地研究中的坡底与坡顶的相似性最小结论不一致，可能是因为弃耕地植被的分布受海拔高度的影响较天然群落大，并且研究地区及取样地点不同均可导致不同的结论。

（5）不同立地条件的天然群落，在封禁 6 年的自行恢复中，物种多样性是不同的。但各立地相比，除物种丰富度指数 I_{pa} 差异达显著外，其他各指数差异均不显著，进一步表明各立地条件下的天然群落结构组成波动性很小，具有较稳定的地带性特征。分析表明，计算物种多样性时 Shannon-Wiener 指数优于 Simpson 指数，前者更能如实反映天然草地的结构组成，与王国梁等（2002）在研究该区灌木层群落物种多样性时所得结论相一致。由此可知，在该区不论是草本层还是灌木层，计算物种多样性时 Shannon-Wiener 指数应作为首选指数，这与两指数所代表的生态学意义有关。据马克平（1994）报道，Simpson 优势度指数（λ）本身是对多样性的反面即集中性（concentration）的度量，而非多样性（diversity）的测度，为了克服由此带来的不便，又将 Simpson 指数公式变型为 Gini 指数 D，即该文中所用的表达式来测定物种多样性。但在本研究中，此表达式仍不能很好地解释其实际意义。组成物种的生物学特性是造成群落多样性差异的基础，如以上分析的阳坡下坡位的白羊草群丛，因其成团块状分布，致使群落均匀度下降。因此，在恢复黄土高原植被过程中应注意各物种的特性，合理搭配，从而组成结构稳定的人工群落。

(6) 不同立地条件下的各环境因子及其与物种多样性之间的回归分析表明：各生境因子之间互相影响，存在一定的相关性。其中，土壤水分和有机质、土壤水分、有机质、坡度与物种多样性之间有着密切的联系。物种多样性与土壤水分之间呈显著的一元线性相关，拟合方程分别为 $y=1.9391+0.0473x_1$（x_1 取值范围为 8%～16.4%）。进一步表明，在各因子中土壤水分对植物群落的结构组成起着关键性的作用，是黄土高原植被恢复和重建的关键限制性因子。因此，土壤水分的保蓄与合理利用是植被恢复、重建与能否健康持续发展的关键。

总之，不同立地条件下的植被结构组成，无论是种类数目、物种组成还是多样性都存在差别，其主要原因就是各立地的环境条件不同。因为阴坡相对优越的水肥条件增加了生长环境的异质性，从而促使更多的植物种类出现，且坡下部从坡上部得到的表层径流与壤中流都相对较多，使得坡下部水分条件好于坡上部（邱杨等，2001）。从而形成了阴坡的植物种类多于阳坡，坡下部多于坡上部的植被分布规律。阳坡上坡位分布的植物种类较少，主要是因为阳坡接受的光资源多于阴坡，强烈的阳光照射引起地面和植被强烈的蒸发蒸腾，从而消耗大量的土壤水分。再加上坡上部的雨水大部分产生径流，水分下渗率低（周金星等，2006；邱杨等，2001），流失相对严重，致使土壤水肥条件很差。因此，在阳坡的上坡位植物种类远少于其他立地。

从恢复角度分析，Conell 和 Slatyer 提出的忍耐作用学说（tolerance theory）和 Grime 提出的适应对策演替理论（adapting strategy theory），植被演替伴随着环境资源递减，较能忍受有限资源的物种将会取代其他种；根据 R-C-S 对策，处于顶级群落中的种多为 S 对策种（张金屯，2004）。政府采取封禁措施后，当地所保留的残存天然群落不再受到牛羊啃食、践踏等干扰，正处在自行恢复过程中，耐性较强的物种取代了适于临时资源丰富生境的物种。其恢复速度由上面分析可知，显域生境下的天然植被在封禁 6 年后均趋向于该区原有植被群落类型，与弃耕地经 40～50 年的演替后所形成的植被类型相似（唐龙，2006；温仲民等，2005）。可见，天然草地因受到的干扰程度比弃耕地小，其恢复速度比弃耕地要快得多，但仍未形成灌丛或稀树等群落，各立地中分布较多的仍是铁杆蒿、茭蒿、南牡蒿和白羊草等群落类型。所以，当地的天然植被自行恢复速度还是相当缓慢的，这与邹厚远（2002）对子午岭林区的报道一致。在此情况下，为了快速恢复自然植被，改善生态条件，人工植被的建立和科学合理的干扰是必不可少的。

16.3　干扰对植被恢复的影响

16.3.1　施肥干扰对陕北黄土丘陵区 3 个典型群落结构组成的影响

陕北黄土丘陵区为森林草原过渡带，目前该区植被以草地为主，只在阴坡坡底、沟谷、沟道等水分条件较好的地方分布有少数林地，草地对于当地的水土保持发挥着非常重要的作用。多年来，由于滥垦滥伐，过度放牧，再加上人们对草地重产出轻投入的掠夺式利用，使草地发生退化，致使生态环境遭到严重破坏，加剧了水土流失。自 1999

年退耕还林还草工程实施以来，通过封禁及大面积农田退耕撂荒，使当地植被得到了有效恢复，水土流失得到有效控制。但是，该区土壤水分缺乏，土质瘠薄，致使退耕地植被生长缓慢，在很大程度上阻碍了生态恢复进程。要使当地植被在退耕和封禁后得到快速恢复，采取人为措施对其进行干预，寻找加快植被恢复的途径是必要的。

人为干预植被演替进程和群落结构有多种途径，如放牧、践踏、施肥、火烧等（毛志宏等，2006）。其中土壤施肥是一种有效的人为干预，可使土壤中的养分或化学成分发生改变，其作为一项草地改良措施早已受到了人们的广泛关注。大量研究表明（齐凤林等，1998；Shao et al.，2005a，2005b；程积民等，1997；沈景林等，2000；戎郁萍等，1999；德科加等，2001；孙铁军等，2005；纪亚君，2002；王海洋等，2003；程积民等，1997），施肥是在各种气候和环境条件下改良和提高草地、林地生产力、提高生态效益和经济效益的重要措施之一，但是这些研究大部分是针对天然和人工牧草草场进行的。在陕北黄土丘陵区这个特殊复杂且土壤养分比较贫乏的环境条件下，研究施肥干预对草地群落结构组成的影响更具有重要意义。因此，试图通过施肥实验，对该地区3个撂荒典型群落的结构和组成进行系统研究，探讨施肥对当地群落结构功能的影响。为改良和建设草地，寻找更为合理的人工干预途径，以加快当地植被恢复提供理论依据。

16.3.1.1 3个群落不同施肥梯度下物种重要值的变化

重要值（important values）是以综合数值表示植物物种在群落中的相对重要性的一个参数。施肥干预后，3个群落中各物种重要值发生变化。具体分析如下：

由于各群落伴生种较多，表16-13仅列出了在各群落当中起重要作用的几个主要物种（按重要值排列的前五种植物）。由表16-13可知，对于猪毛蒿（*A. scoparia*）群落，与CK相比，施肥后优势种猪毛蒿的重要值下降，但各施肥处理相比，随着肥量增加，其重要值又表现为上升。这是因为猪毛蒿在当地是演替先锋种，喜资源丰富的环境（杜峰等，2005），随着施肥量的增大，植株生长越加旺盛，生物量增加，从而使重要值增大。由表16-13中可知，施肥使多年生植物的生态位宽度增加，重要值增大；一年生植物则相反。施肥后在群落中占有重要地位的一年生植物狗尾草（*S. viridis*）的重要值减小，不再是群落中的主要物种，成为伴生种或偶见种，而阿尔泰狗娃花（*H. altaicus*）、冰草（*Agropyron cristatum*）、老鹳草（*Geranium wilfordii*）等多年生植物的重要值增大，成为群落中的主要物种，在群落中的作用逐渐增强。所以，从某种程度上讲，在陕北黄土丘陵区，施肥这种干预手段可加速群落中种的演化，进而加快演替进程。

对于长芒草（*S. bungeana*）群落，与CK相比，施肥会降低优势种长芒草的重要值，而演替后期物种达乌里胡枝子（*L. dahurica*）的重要值增大，成为群落中的主要物种，表明该群落结构特征和物种多样性发生变化，其他物种的出现降低了优势种在群落中的重要性；铁杆蒿（*A. sacrorum*）群落对施肥的反应则随着施肥量的增加，重要值表现为逐渐上升，表明铁杆蒿对资源的竞争优势非常强，施肥后使本来就比较高大的铁杆蒿加剧生长，增强了其在群落当中优势种的地位。铁杆蒿群落与对照相比，伴生种二裂委陵菜（*P. bifurca*）、茭蒿（*A. giraldii*）在处理区的平均重要值有所下降，而演替后期物种达乌里胡枝子的重要值增大，由原来的伴生种成为群落中的主要物种。因此，为加快当地植被恢复，施肥确实是一种有效干预手段。从表 16-13 也可看出，3 个群落中各个处理区都出现了猪毛蒿，且起着相当重要的地位。充分表明在当地猪毛蒿是个生态位很宽的广布种，适应性很强；同时也反映出在当地条件下植被演替进程较缓慢，到了演替中期，初期的先锋种仍然占有较重要的地位。

表 16-13　3 种群落不同处理区主要植物种重要值

物种	不同群落类型施肥处理区/（g/m²）											
	猪毛蒿群落				长芒草群落				铁杆蒿群落			
	0（CK）	12	24	48	0（CK）	12	24	48	0（CK）	12	24	48
1	—	—	0.11	—	0.12	—	—	0.09	—	—	—	—
2	—	—	—	—	—	0.09	—	—	—	—	—	—
3	—	—	—	0.04	—	—	—	—	—	—	—	—
4	—	—	—	—	0.23	0.26	0.21	0.18	—	—	—	—
5	—	—	—	—	—	0.17	0.18	0.12	—	0.15	0.17	0.18
6	0.10	—	—	—	—	—	—	—	—	—	—	—
7	0.24	0.05	0.06	0.08	0.06—	—	—	—	0.04	0.05	0.04	—
8	—	—	—	—	—	—	0.06	—	—	—	—	—
9	—	—	—	0.11	—	—	—	—	—	—	—	—
10	—	—	—	—	—	—	—	—	0.06	—	—	0.07
11	—	0.04	—	0.05	—	—	—	—	—	—	—	—
12	—	0.04	—	—	—	—	—	—	—	—	—	—
13	—	—	—	—	—	—	—	—	0.07	—	0.05	0.09
14	0.06	—	0.06		—	——	—	—	—	—	—	—
15		—	—	—	0.07	—	0.07	0.10	0.31	0.35	0.37	0.40
16	0.13	0.17	0.10	—	—	0.07	—	—	—	0.05	0.07	—
17	0.68	0.55	0.59	0.62	0.20	0.18	0.15	0.15	0.16	0.17	0.15	0.12

注：表中各序号表示的物种及其拉丁名；“—”表示此物种不是该处理区的主要种或未出现。

1. 阿尔泰狗娃花 *Heteropappus altaicus*；2. 白羊草 *Bothriochloa ischaemum*；3. 冰草 *Agropyron cristatum*；4. 长芒草 *Stipa bungeana*；5. 达乌里胡枝子 *Lespedeza dahurica*；6. 狗尾草 *Setaria viridis*；7. 二裂委陵菜 *Potentilla bifurca*；8. 华隐子草 *Cleistogenes chinessis*；9. 老鹳草 *Geranium wilfordii*；10. 茭蒿 *Artemisia giraldii*；11. 苦荬菜 *Sonchus arvensis*；12. 蒲公英 *Taraxacum sinicum*；13. 无芒隐子草 *Cleistogenes songorica*；14. 山苦荬 *Ixeris chinensis*；15. 铁杆蒿 *Artemisia sacrorum*；16. 硬质早熟禾 *Poa sphondylodes*；17. 猪毛蒿 *Artemisia scoparia*.

16.3.1.2　不同施肥处理对 3 个群落地上部特征的影响

由图 16-16 可知，施肥明显提高 3 个群落的平均高度。与对照（CK）相比，猪毛蒿、长芒草和铁杆蒿群落均表现为高肥区的平均高度提高幅度最大，分别达 73%、75%和 41%，3 个群落各处理区的高度平均值分别比 CK 增加了 66%、72%和 27%。可知，铁杆蒿群落高度增加幅度较小。经显著性检验，猪毛蒿和长芒草群落 3 个施肥处理区比对照明显增高，均达极显著水平（图 16-16）；而铁杆蒿群落的平均高度只在中肥和高肥区与 CK 间达极显著差异，而低肥区与对照之间差异不显著。可见，低肥就可以明显改变猪毛蒿和长芒草群落的高度，而对铁杆蒿群落来说，需达到中肥水平，群落的高度才能明显提高，在高度这一地上部特征上，演替中期群落比演替前期群落对肥料反应较迟钝。

3 个处理区相比，随着施肥量的增加，铁杆蒿群落的平均高度逐渐增大，即高肥区＞低肥区＞中肥区。经显著性检验，猪毛蒿群落中肥区的高度与低肥区和高肥区相比显著降低，而长芒草群落 3 个处理间相比变化不明显，进一步表明猪毛蒿群落的高度对施肥量的变化比长芒草群落反应更灵敏。

由图 16-17 可看出，施肥显著提高了 3 个群落的平均生物量。与对照相比，猪毛蒿、长芒草和铁杆蒿群落均表现为高肥区的平均生物量提高幅度最大（分别达 78%、68%和 64%），3 个群落各处理区的生物量平均值分别比对照增加了 64%、65%和 51%。且随着施肥量的增加，3 个群落生物量均呈逐渐增大趋势，即高肥区＞中肥区＞低肥区＞CK，表明随着施肥量的增加，草地群落的初级生产力呈上升趋势，其中铁杆蒿群落生物量增加幅度最小。经显著性检验，猪毛蒿和长芒草群落的高肥区生物量和中肥区生物量与对照相比均达极显著差异，而低肥区与对照之间差异不明显；铁杆蒿群落高肥区、中肥区、低肥区生物量与对照相比差异均达极显著水平，表明中肥区、高肥区的施肥量均能显著提高各群落的初级生产力。

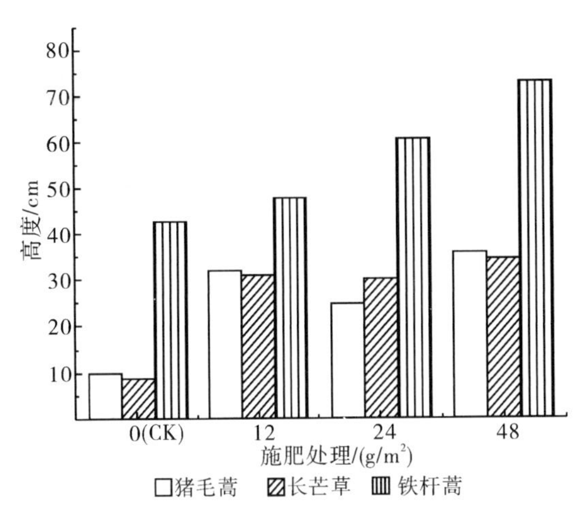

图 16-16　不同处理对 3 个群落高度的影响

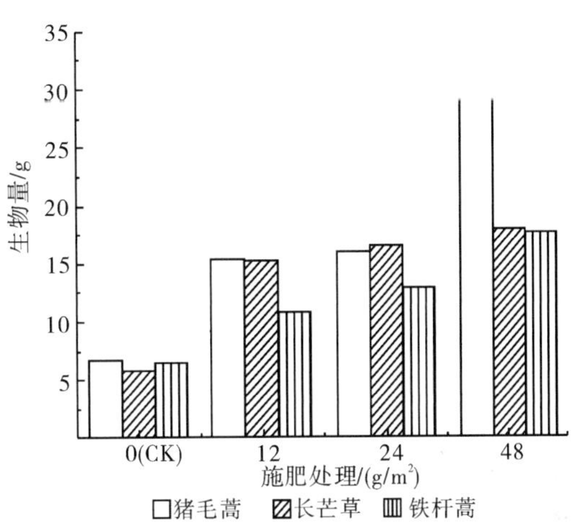

图 16-17　不同处理对 3 个群落生物量的影响

3 个处理区相比，猪毛蒿和铁杆蒿群落的高肥区与中肥区、低肥区生物量差异达极显著；长芒草群落各处理区差异不明显，说明对生物量这个特征来说，低肥量就可以使长芒草群落生物量显著提高，以后再随着施肥量增加，生物量增加幅度较小。因此，从经济效益出发，要增加长芒草群落生物量，施少量肥料更经济。

由图 16-18 可看出，与对照相比，施肥使猪毛蒿和长芒草群落的密度增加，且随施肥量不同，增加幅度不一样，中肥区增加幅度最大（分别为 60%、68%）。各施肥区的平均密度比对照区均有明显提高（分别比 CK 提高了 52%、62%），经显著性检验，各施肥区密度与 CK 差异均达极显著水平。但铁

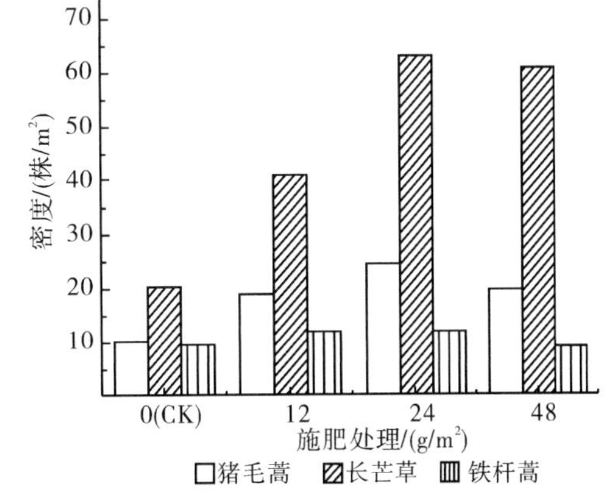

图 16-18　不同处理对 3 个群落密度的影响

杆蒿群落与上面两群落有所不同，与对照相比，高肥区的密度反而低于对照（比 CK 降低 10%，显著性检验未达显著水平），但低肥区和中肥区密度均有不同程度增大，中肥区增加幅度最大（达 24%），施肥更容易提高演替前期群落的密度。经显著性检验，中肥区与 CK 相比，差异达显著水平。主要是因为高肥区为植株生长提供了更加丰富的土壤养分，群落中的优势种铁杆蒿的竞争力较强，使植株生长更加旺盛，株丛加大，对群落中其他植物的遮荫作用增强，削弱了其他植物竞争光、温、水、肥和空间的能力，抑制了小植株的生长和其他物种的出现，甚至使群落中一些长势较弱的小植株发生死亡，最终使高肥区密度下降，甚至低于对照。同时，也可看出，4 个处理相比，3 个群落均表现为中肥区密度最大，所以要增大群落的密度，中肥区的肥量最佳。

3 个处理区相比较，猪毛蒿和长芒草群落的密度由大到小顺序依次是：中肥区>高肥区>低肥区；铁杆蒿群落的密度由小到大的顺序则为：中肥区>低肥区>高肥区。显著性检验，猪毛蒿群落中肥区与高肥区、低肥区相比分别达显著差异；长芒草群落中肥区、高肥区密度与低肥区密度差异分别达极显著水平；铁杆蒿群落则是中肥区、低肥区的密度均显著高于高肥区的密度。由此可知，中肥区的肥量可显著提高猪毛蒿、长芒草和铁杆蒿群落的密度。猪毛蒿群落除优势种猪毛蒿的密度增加外，还出现了一些新物种，如冰草、山苦卖等；长芒草群落除优势种长芒草的密度增加外，新出现的伴生种也增多，如达乌里胡枝子、白羊草等；铁杆蒿群落除优势种铁杆蒿密度增加外，新出现的伴生种有无芒隐子草、硬质早熟禾等。

综上所述，高肥均显著提高了 3 个群落的高度和生物量，使植株长势更旺，形成较大的株丛，对其他物种产生遮荫作用，抑制了群落当中其他物种的生长，最终使高肥区密度下降。

16.3.1.3　施肥对 3 个群落物种多样性的影响

物种多样性指数是植物群落结构的重要参数，能客观反映群落内物种组成的变化，因此选择丰富度指数、多样性指数、均匀度指数和优势度指数来计算施肥对群落物种组成的影响。计算得知，3 个群落在施肥处理后，物种组成发生了明显的变化，并且不同处理区变化不同（图 16-19～图 16-22）。

Patrick 丰富度指数是以样方内物种数来表示群落丰富度的，与其他几种多样性指数不同，没有考虑样方内所有种的总数，对其在 3 种群落内的变化单独进行了比较（图 16-19），结果如下：由图 16-19 可明显看出，在中肥区，猪毛蒿和铁杆蒿群落 Patrick丰富度指数达最高，与他人的研究结果一致；而长芒草群落则相反，随着施肥量的增加，Patrick 指数逐渐上升，长芒草群落之所以与其他两种群落变化趋势有所不同，主要是因为长芒草随着肥量的增加，高度和生物量的变化不明显（前文已分析），对群落内其他种的遮光性不强，伴生种的光合有效性得到保持，使更多的新物种保留下来，增加了该群落内的物种丰富度；猪毛蒿和铁杆蒿则相反，施肥后其高度达 70～80cm，对于其他物种，极大程度上产生遮光作用，竞争优势超过其他物种。对其他伴生种的生长产生了抑制作用，使 Patrick 指数下降。

除 Patrick 丰富度指数外，其他如 Margalef 丰富度指数（I_{Ma}）、Shannon-Wiener 多

样性指数（I_{SW}）、Pielou 均匀度指数（J）和 Berger-Parker 优势度指数（I）作为多样性指数测度指标，均与 N（样方内所有种的总数）有关，对其进行比较分析。

由图 16-20 可知，猪毛蒿群落与对照相比，I_{SW}和 J 都产生不同程度的下降；I_{Ma}由 CK 到低肥区呈现出上升，但随着施肥量的增加又逐渐降低；I 却表现为逐渐增大，表明在该群落内随着施肥量的增加，虽出现了新的物种，但对肥料敏感的优势种猪毛蒿的竞争优势削弱了新物种对群落结构组成的影响。相关分析表明，I_{Ma}和 I_{SW}之间呈显著正相关（$p<0.05$），相关系数为 0.90；I_{Ma}和 I_{SW}与优势度指数 I 之间呈负相关关系，但不显著（$p>0.05$），相关系数分别为－0.2、－0.7；I_{Ma}和 I_{SW}与 Pielou 均匀度指数 J 之间呈显著正相关（$p<0.05$）。

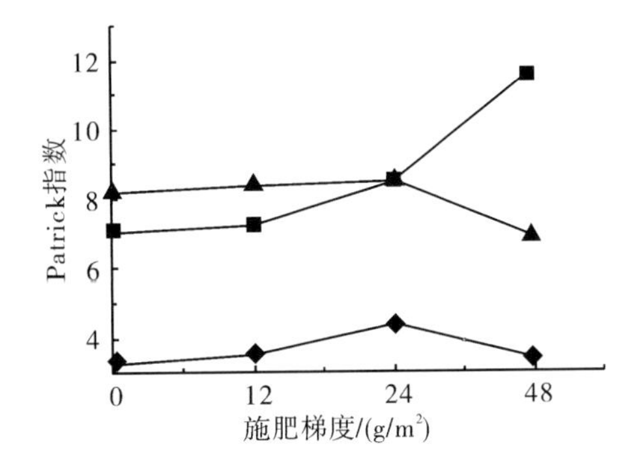

图 16-19　3 种群落不同施肥梯度 Patrick 指数

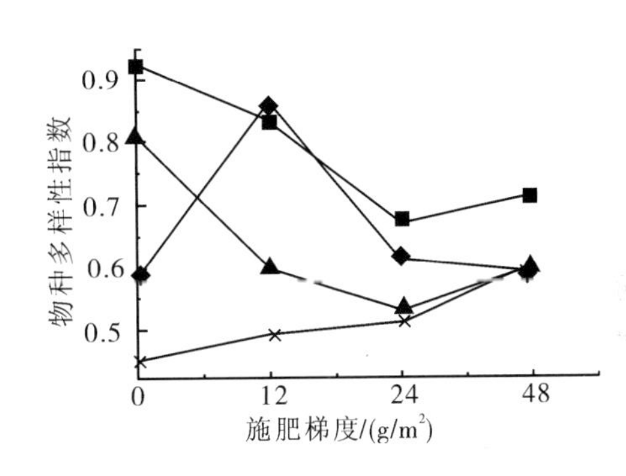

图 16-20　猪毛蒿群落不同施肥梯度物种多样性

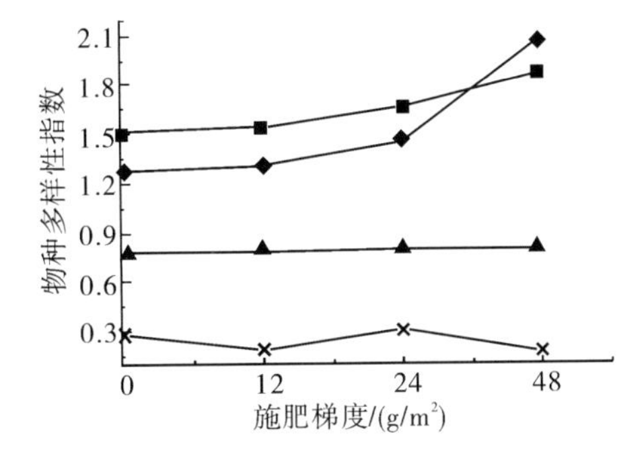

图 16-21　长芒草群落不同施肥梯度物种多样性

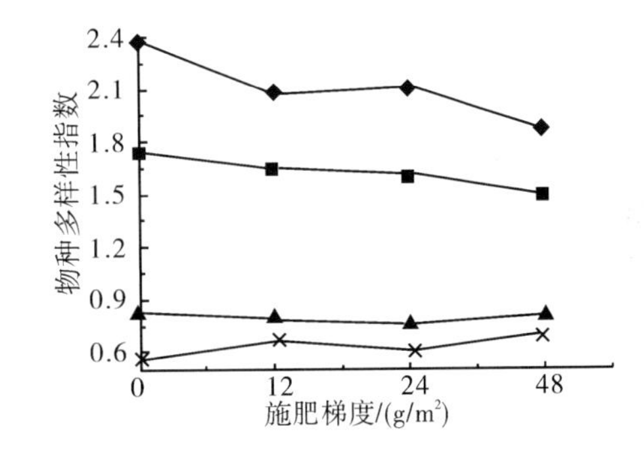

图 16-22　铁杆蒿群落不同施肥梯度物种多样性

长芒草群落不同施肥处理区物种多样性指数变化与猪毛蒿群落不同。由图 16-21 可知，随着施肥量的增加，I_{Ma}、I_{SW}明显上升；J 变化不是太明显；优势度指数 I 却呈下降趋势。相关分析表明，I_{Ma}和 I_{SW}之间呈极显著正相关（$p<0.01$），相关系数为 0.98；I_{Ma}和 I_{SW}与优势度指数 I 之间呈负相关关系，但不显著（$p>0.05$），相关系数分别为－0.57、－0.46；I_{Ma}和 I_{SW}与 Pielou 均匀度指数之间呈正相关，但不显著（$p>0.05$）。可见，与猪毛蒿群落相反，施肥为该群落中除优势种以外的其他物种创造了条件，使这些植物获得生长，提高了长芒草群落的物种多样性，使优势度指数降低。

由图 16-22 可知，铁杆蒿群落不同处理区物种多样性指数的变化趋势与猪毛蒿群落相似，即与 CK 相比，随着施肥量的增加，I_{Ma}、I_{SW}和 J 都有所下降，但前两者变化明显，后者变化不明显，而优势度指数 I 却有所上升。相关分析得知，I_{Ma} 和 I_{SW} 之间呈极显著正相关（$p<0.01$），相关系数为 0.97；I_{Ma} 与优势度指数 I 之间呈极显著负相关，相关系数为－0.94；I_{SW} 与优势度指数 I 也呈一定程度负相关，相关系数为－0.83；I_{Ma} 和 I_{SW} 与 PieLou 均匀度指数之间呈正相关（$p>0.05$），相关系数分别为 0.41、0.37。与猪毛蒿群落相似，该群落的优势种铁杆蒿对资源的竞争力很强，施肥促进其生长，盖度增大，遮荫作用增强。并且，随着施肥量的增加，这种抑制作用逐渐加大，以致阻碍了其他伴生种的出现。因此，随着肥量加大，物种多样性指数呈递减趋势，优势度指数却呈现上升。

以上分析可知，在某区群落类型不同，物种多样性指数变化趋势也不一致。优势种的类别与物种多样性的变化有着密切关系，如猪毛蒿和铁杆蒿群落，其优势种是同一科属的植物，两者物种多样性变化趋势相同，而长芒草群落的物种多样性变化则不同。

16.3.1.4 讨论

干扰对草地生态系统影响的直接体现就是改变了草地的微生态环境和植物的群落结构（陈利顶等，2000；罗燕江等，2004；李永庚等，2003；张宝田等，2003；刘向华等，2004）。施肥作为一种干预手段，通过改变当地贫瘠土壤中的有效资源，可以改变植物地上及地下的竞争强度，进而引起植物群落结构组成的变化。但不同的干预类型、强度、频度和时间，必然会使植物群落结构发生不同的变化，对植被恢复产生不同程度的影响（陈利顶等，2000）。程积民等（1996）的研究表明施肥因改善了土壤的营养状况，使百里香（*Thymus mongolicus*）群落中的建群种百里香和长芒草种间竞争更为剧烈，从施肥后的第二年开始建群种发生变化，百里香被长芒草代替，施肥大大加快了植被演替进程。本实验中施肥后 3 个群落中物种的重要值发生了变化，对于演替初期的猪毛蒿群落来说，施肥使该群落的一年生植物狗尾草重要值减小，而多年生植物阿尔泰狗娃花、冰草等重要值增大，成为群落中的主要物种；长芒草和铁杆蒿群落与对照相比，演替后期物种达乌里胡枝子的重要值增大，在该地区通过施肥，也可加速植被的演化，进而加快植被演替进程。

施肥改变了群落的物种多样性，且群落类型不同，变化趋势亦不同。猪毛蒿和铁杆蒿群落的变化趋势在中肥区表现为 Patrick 丰富度指数达最高，与中度干扰假说的第二个基本定论相符（毛志宏等，2006），与他人的研究结果一致（江小蕾等，2003；罗燕江等，2004；Toster et al.，1998；陈亚明等，2004；Goldberg et al.，2000）。Foster（1998）、Goldberg（1990）等研究了施肥对物种多样性的影响，结果表明施肥使植物群落物种组成贫乏，群落结构趋于简单，物种多样性减少。江小蕾（2003）也曾报道了施肥对高寒草甸天然草地植物多样性的影响，结果表明施肥后由于土壤养分增加，疏丛型禾草垂穗披碱草（*Elymus nutans*）生长旺盛，抑制了其他植物的生长，使草地植物群落物种多样性减少，均匀度降至最低。本研究中长芒草群落因其群落优势种的生长特性与其他两群落不同，使研究结果发生变化，与中度干扰假说不符合，进一步证实了中度干扰假说中因干扰对象本身的性质不同，对同一干扰系列的响应而有所差异的说法（毛志宏等，2006）。对多样性指数之间进行的相关分析表明优势度与丰富度和多样性指数所反映的趋势是相反的，所以通常认为优势不明显的群落其丰富度、物种多样性及均匀度较大，具单优或寡优势种群落的丰富度、物种多样性及均匀度较小（Golbderg et al.，1990）。

由于人为干扰可以自行控制，生态学家高度重视人为干扰的作用，以此来调控植被恢复。本书只是对演替初期和中期的 3 个群落进行了研究得出以上结论，至于施肥对其他群落类型结构组成有什么样的影响还有待于进一步研究。

16.3.1.5　结论

高度、密度、生物量和重要值都是植物群落结构的重要参数，不同的施肥强度会引起植物群落结构相应的变化。综合以上结果分析与讨论，得出如下结论：

（1）通过对处于演替过程中的 3 个典型群落施肥，研究发现群落中物种的重要值发生了变化。在该区通过施肥可加速植被的演化，进而加快植被演替进程，将施肥作为一种有效人工干预手段，促进当地植被的恢复是可行的。

（2）施肥明显改善了植株生长状况，显著提高了植株的长势（高度、生物量）和密度（铁杆蒿群落高肥区密度例外），中肥区的施肥量更有利于优势种及其他一些伴生种的出现。要加大群落的密度，中肥区的肥量最佳，并非是施肥越多，密度越大。3 个群落相比，处于演替前期的群落比后期群落对肥料反应更敏感，即施肥后猪毛蒿群落的增加幅度最大，长芒草次之，铁杆蒿最小。因此，在该区将施肥这一干扰方式用在演替前期的群落效果更明显。

（3）施肥使 3 个群落的物种多样性发生了改变，群落类型不同，其变化趋势亦不同。猪毛蒿和铁杆蒿群落表现为在中肥区 Patrick 丰富度指数达最高，随着施肥量的增加，I_{Ma}、I_{SW} 和 J 都产生不同程度的下降，而 I 逐渐增大。长芒草群落与其他两群落不同，即随着施肥量的增加，Patrick 指数、I_{Ma}、I_{SW} 和 J 都产生不同程度的上升，优势度指数 I 却下降，表明优势种的种类与物种多样性的变化有着密切关系。

总之，将施肥这个简便易行的干扰手段应用在陕北黄土丘陵区这个特殊地区，对生态、经济和社会效益，都有很大的应用潜力。因此，建议在黄土高原退耕地恢复中，处于演替前期的群落可以通过施肥改变其群落结构，加快植被恢复进程，提高荒草地质量。

16.3.2　异质施肥对群落结构组成的影响

人为干扰植被演替进程和群落结构有多种途径，其中土壤施肥是一种重要的人为干扰方式，是对土壤中养分或化学成分的改变（陈利顶等，2000）。这种干扰与放牧、火烧、割草相反，可以增加土壤中的养分，尤其对于本身养分比较贫缺的地区影响尤为突出。许多研究者用均匀施肥的方式研究了施肥对群落结构组成、群落生产力、繁殖分配以及恢复演替进程的影响，获得了许多规律性的认识（程积民等，1996；毛志宏等，2006；程积民等，1997；沈景林等，2000；孙铁军等，2005；陈亚明等，2004；牛克昌等，2006）。为了进一步验证异质施肥是否比均匀施肥更能改善植株的生长状况及是否会增加物种的多样性，本课题组在土壤养分贫乏的陕北黄土丘陵区，拟通过均匀、异质施肥实验，把群落特征与土壤养分资源分布状况结合起来研究，进一步探讨养分的空间分布对群落结构功能的影响。

16.3.2.1　不同施肥处理对群落地上部特征的影响

1. 不同处理对群落高度的影响

由图 16-23 可知，不同处理区相比，不论是均匀还是异质施肥，施肥区物种的平均高度均高于对照的平均高度。同一施肥强度，不同施肥方式相比，三种强度下，异质施肥的平均高度均高于均匀施肥的平均高度和对照的平均高度。且均匀施肥与异质施肥之间的差异，随着施肥强度的增加而增大，高强度下差异达最大，在高强度下异质施肥的平均高度比均匀施肥的平均高度高 5.1cm。经 Turkey 多重比较，同一施肥强度，两种施肥方式下植株的平均高度差异均未达显著水平。但与 CK 相比，在高强度施肥水平下，异质施肥的平均高度显著高于 CK，在低强度施肥、中强度施肥水平下，两种施肥方式下的平均高度与 CK 相比，均未达显著水平。

以上表明施肥量相同，肥料在土壤中呈不同方式分布时，对植被的作用是不同的，斑块状异质分布比均匀分布更能促进植被的高度生长。同一施肥方式，不同施肥强度相比，肥料呈均匀分布时，在中施肥强度水平下，植被的平均高度达最高（28.34cm）；肥料呈斑块状异质分布时，植株的平均高度随着施肥量的增加而增大，高施肥强度水平下达最高（31.94cm）。表明同一施肥方式，随着肥量的增加，不同施肥方式下其高度变化趋势有所差异，且肥料呈均匀分布时的变异小于异质分布，进一步说明土壤养分在空间呈异质分布时，更易引起地上部植株的高度变化。

2. 不同处理对群落密度的影响

由图 16-24 可知，同一施肥强度，不同施肥方式相比，3 种施肥强度下，与对照相比，异质施肥区的密度均表现为最低（低于 CK），而均匀施肥区的密度均达最大，且随着施肥量的增加，差异增大。经显著性检验，在低强度水平下，两种施肥方式与 CK 间的密度差异未达显著水平；中强度水平下，均匀施肥区和 CK 分别与异质施肥区差异达显著水平；高施肥强度下，均匀施肥区、异质施肥区分别和 CK 间密度差异达显著水平（图 16-24），表明异质施肥抑制了新生苗的出现，从而降低了植株的平均密度，而均匀施肥有利于新生苗的生长，提高小区植株的平均密度，且随着施肥强度的增加，肥料在土壤中的分布方式对密度的影响增大。

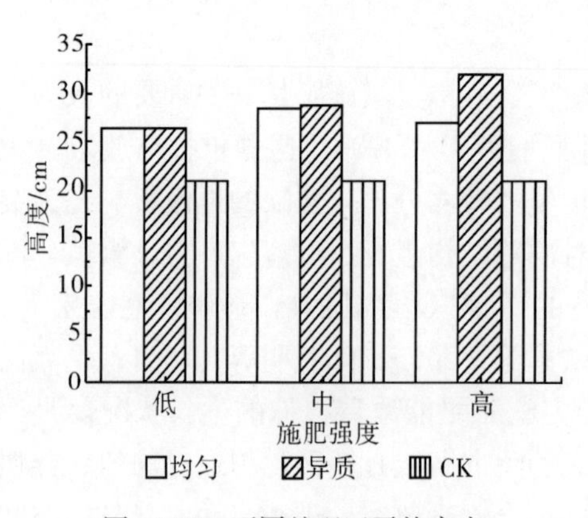

图 16-23　不同处理区平均高度

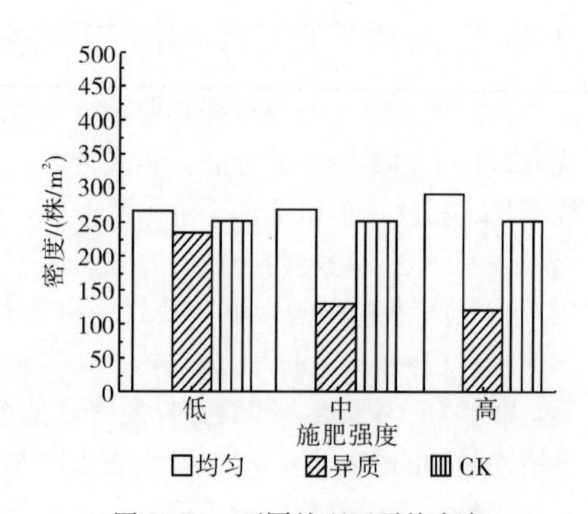

图 16-24　不同处理区平均密度

同一施肥方式，不同施肥强度相比，肥料呈均匀分布时，随着施肥强度的增加，密度呈增大趋势，且高于对照；肥料呈斑块状异质分布时，随着施肥强度的增加，密度呈降低趋势，经显著性检验，低强度分别与中强度、高强度水平密度达显著差异（p 分别为 0.0186 和 0.0114）。以上说明均匀施肥时，低强度下密度最小（265 株/m^2），高强度下密度最大（291 株/m^2）；异质施肥时，高强度下密度最小（121 株/m^2），低强度下密度达最大（235 株/m^2）。肥料呈斑块状异质分布时，斑块中肥料浓度过大，抑制了新生苗的生长，且这种抑制程度随着施肥强度的增加而增大。

3. 不同处理对群落生物量的影响

由图 16-25 可看出，不同处理区相比，不论是均匀施肥还是异质施肥，施肥区的平均生物量均高于对照的生物量。表明不论以哪种方式施肥，土壤养分的增加均可以提高猪毛蒿群落的初级生产力。同一施肥强度，不同施肥方式相比，三种强度下异质施肥的平均生物量均高于均匀施肥和对照的生物量，且它们之间的差异随着施肥强度的增加而增大。经显著性检验，在低施肥强度、中施肥强度下，不同施肥方式间生物量差异未达显著水平；而在高施肥强度下，异质施肥与 CK 间生物量差异达极显著水平，而均匀施肥与 CK 间差异不显著。表明与 CK 相比，在高施肥强度下，肥料呈斑块状异质分布比均匀分布更能提高植株地上部生物量。

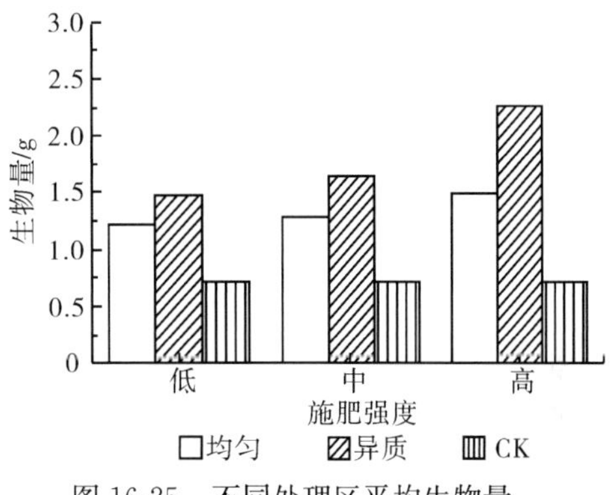

图 16-25　不同处理区平均生物量

同一施肥方式，不同施肥强度相比，均匀施肥区和异质施肥区的生物量均随着施肥强度的增加而增大，且异质施肥的增加幅度为 20%，大于均匀施肥的 8%。

由上可知，与对照相比，均匀施肥和异质施肥均可以提高样地群落的平均高度和生物量，同一施肥强度下，异质施肥提高的幅度大于均匀施肥。但不同施肥方式对群落密度的影响不同于其对高度和生物量的影响，与对照相比，均匀施肥有利于新生苗的生长，可以提高群落的密度，而当肥料呈斑块状分布，即异质施肥使密度大幅度下降，且随着施肥强度的增加，抑制作用呈递增趋势。

16.3.2.2　不同施肥处理下群落高度和生物量的频率分布

1. 不同处理区群落高度频率分布

由图 16-26～图 16-29 可知，三种施肥强度下，均匀施肥区的高度分布较异质施肥区均匀，大部分个体均匀分布范围为 5～45cm，而异质施肥区植株高度波动性较大。与对照相比，各施肥区的高度分布范围大于 CK。同一施肥强度，两种施肥方式相比，其高度分布范围较相似，即低强度下均匀施肥和异质施肥区的植株高度分布范围分别是 0～80cm、0～85cm；中施肥强度下其分布范围分别是 0～95cm、0～90cm；高施肥强度下均匀和异质施肥区的植株分布范围是相同的，均为 0～95cm；而对照区的植株分布范围是 5～85cm。但在 55～80cm 的高度分级上无植株分布，在 80～85cm 分级上只有少数几株（可忽略），所以在对照区，绝大多数植株分布范围为 5～55cm。可见，施肥明显增大了猪毛蒿群落的高度变异范围，且异质施肥因土壤养分分布的不均匀使植株高度分布的波动性增大。

与 CK 相比，各施肥区的高度在 0～5cm 均有植株分布，而对照区在此范围内无植株分布，其最小高度分级为 5～10cm。表明施肥促进了新生苗的出现，但这些新生植株又同邻近较大植株个体发生种内种间竞争，因竞争力较弱而抑制其生长。但在对照区，植株高度分布较均匀，大多数个体高度较低，更有利于小个体的生长。所以，对照区的植株最低高度分布比施肥处理区高一个等级。

在低施肥强度下，均匀施肥区在 20～25cm 分级上分布的株数最多，异质施肥区在 25～30cm 分级上分布的株数最多；中施肥强度下，均匀施肥区株数分布最多的分级在 10～15cm，异质施肥区在 25～30cm 分级上；高施肥强度下，均匀施肥区在 10～15cm 分级上分布的株数达最多，异质施肥区在 30～35cm 分级上分布的株数最多；而对照区植株分布最多的分级是 10～15cm。可见，与 CK 相比，施肥提高了地上植被的高度，且在同一施肥强度下，异质施肥比均匀施肥增加个体高度的幅度更大。

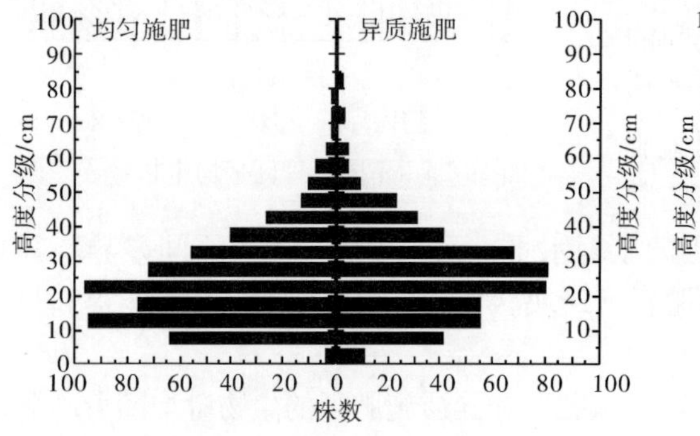

图 16-26 低施肥强度各处理方式高度频率分布

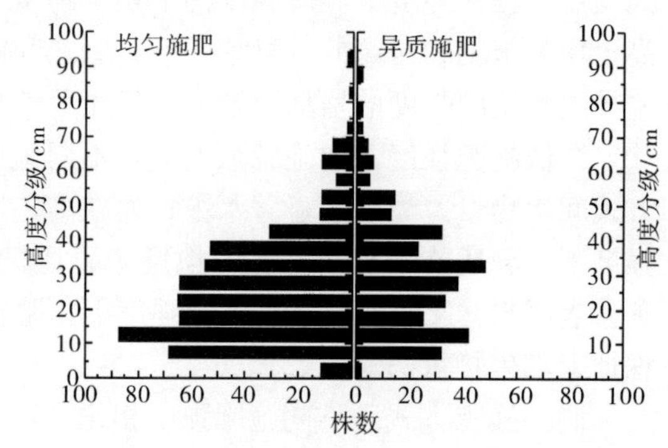

图 16-27 中施肥强度各处理方式高度频率分布

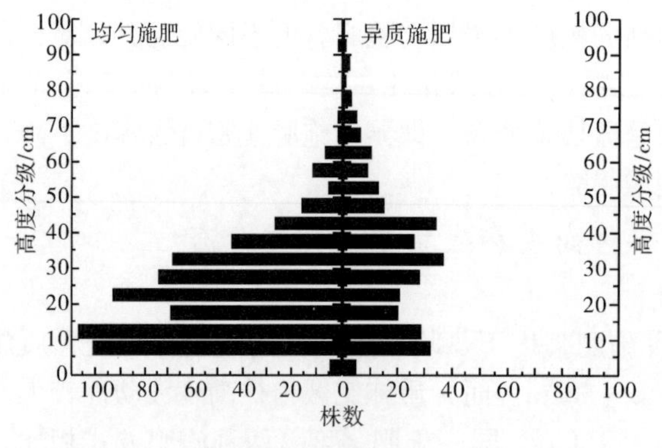

图 16-28 高施肥强度各处理方式高度频率分布

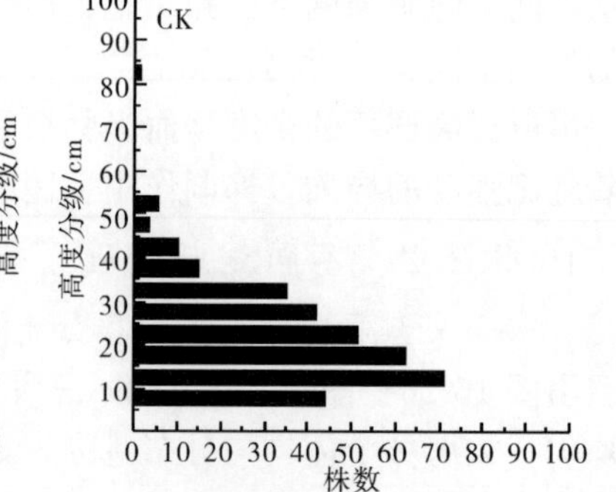

图 16-29 CK 高度频率分布

2. 不同处理区群落高度频率分布

根据不同处理区生物量级分布（表 16-14），地上部植株有较少的大个体和较多的小个体，各处理区在生物量最小分级（0.01～5）植株所占比率均超过 90%，而在最高分级（≥25）的植株所占比率均≤1%。对照中植株个体生物量分布非常集中，只分布在 0.01～5、5.01～10 和≥25 三个生物量分级，且 99.1%集中在 0.01～5 分级。与 CK 相比，各施肥区在最小分级所占比率均小于对照（99.1%），表明两种施肥方式均可以增加植株个体的生物量。

同一施肥强度下不同施肥方式相比，均匀施肥在最小分级所占比率均大于异质施肥的比率，且这种差异随着施肥强度的增加而增大。在 5.01～10 和 15.01～20 分级，均匀施肥所占比率均小于异质施肥比率，且差异也随着施肥强度的增加而增大，表明异质施肥比均匀施肥更能提高植株个体生物量，其提高幅度随着施肥量的增加而增大。

表 16-14　不同处理区植株生物量分布比率

生物量分级/g	低强度		中强度		高强度		CK/%
	均匀/% HM	异质/% HT	均匀/% HM	异质/% HT	均匀/% HM	异质/% HT	
0.01～5	97.2	96.3	96.4	93.2	98.1	90.9	99.1
5.01～10	2.0	2.8	2.4	5.3	1.3	6.0	0.6
10.01～15	0.2	0.4	0.7	1.2	0.3	1.0	0
15.01～20	0	0.2	0	0.3	0.2	0.7	0
20.01～25	0.2	0.2	0.4	0	0.2	0.3	0
≥25	0.5	0.2	0.2	0	0	1.0	0.3

注：HM：均匀；HT：异质。

同一施肥方式不同施肥强度相比，均匀施肥随着施肥强度递增，各生物量级植株比率未表现出一定变化规律，而异质施肥各生物量级植株所占比率则随着施肥强度的增大呈增大趋势，表明当施肥强度增大时，肥料呈斑块状分布，更加促进植株的生长。

3. 不同施肥处理对群落物种多样性的影响

同一施肥强度不同施肥方式相比，在低、中、高三种施肥强度下，异质施肥区的 Margalef 丰富度指数（简称 *D*）、Shannon-Wiener 多样性指数（简称 *H*）及 PieLou 均匀度指数（简称 *E*）均表现为最高，Simpson 优势度指数（λ）最低（表 16-15），表明土壤养分呈异质分布时，可以降低优势种猪毛蒿的优势地位，促进其他物种的生长，如野西瓜苗、老鹳草、草麻黄等，从而使群落样地中物种的多样性和均匀度增大，而优势度降低。养分呈异质分布，使小生境变得更加复杂，复杂的生境可为多种植物的生长创造条件，使区内物种的多样性增大。

表 16-15　猪毛蒿群落不同处理区物种多样性指数

多样性指数	施肥方式	施肥强度		
		低	中	高
Margalef（*D*）	HM	0.5014±0.13a	0.7200±0.48a	0.6733±0.53a
	HT	0.7259±0.19a	0.7874±0.40a	0.8337±0.42a
	CK	0.4788±0.25a	0.4788±0.25a	0.4788±0.25a
Shannon-Wiener（*H*）	HM	0.2257±0.10a	0.4523±0.38a	0.4002±0.31b
	HT	0.4717±0.23a	0.7730±0.49a	0.7522±0.40a
	CK	0.3974±0.24a	0.3974±0.24a	0.3974±0.24b

续表

多样性指数	施肥方式	施肥强度		
		低	中	高
Simpson (λ)	HM	0.9058±0.05a	0.7863±0.20b	0.8182±0.15b
	HT	0.7726±0.16a	0.4589±0.29a	0.4847±0.2a
	CK	0.8228±0.11a	0.8228±0.11b	0.8228±0.11b
PieLou (E)	HM	0.1848±0.10a	0.3116±0.17a	0.3082±0.19a
	HT	0.3093±0.16a	0.4791±0.22a	0.4748±0.19a
	CK	0.2971±0.10a	0.2971±0.10a	0.2971±0.10a

注：HM：均匀；HT：异质。不同字母表示在0.05水平上差异显著。

与对照相比，在中强度、高强度下，H 和 E 的大小顺序均为：HT＞HM＞CK，而 λ 顺序则为：CK＞HM＞HT；在低强度下，H 和 E 大小顺序表现为：HT＞CK＞HM，而 λ 优势度指数为：HM＞HT＞CK。表明在低强度下，均匀施肥更有利于群落优势种猪毛蒿的生长，使区内其他伴生种如苣荬菜、阿尔泰狗娃花、二裂委陵菜等的生长受到抑制，从而使均匀施肥区物种的多样性和均匀度下降，甚至低于CK。而在中强度、高强度下，与CK比较，两种施肥方式均有利于提高物种的多样性，而降低样地小区群落的优势度。同一强度下不同施肥方式间的差异进行显著性检验，低施肥强度下的4个指数均未达显著水平；中施肥强度下，除 λ 在异质施肥区显著小于均质施肥区和对照外，其他3种指数均未达显著水平；高施肥强度下，异质施肥区多样性指数 H 和优势度指数 λ 分别与均匀施肥区和对照差异达显著。表明低施肥强度下，各指数间差异不明显，施肥强度增大时，物种的多样性受到的影响程度增大，使不同多样性指数之间的差异更加明显。

同一施肥方式下不同施肥强度相比，多样性指数除 D 在异质施肥区随着施肥强度的增加表现为增大外，H 和 E 均表现为随着施肥强度的增大在中强度下达最大，而在高强度下又下降；λ 则相反。这与中度干扰假说的第二个基本定论相符（毛志宏等，2006），也与他人的研究结果一致（江小蕾等，2003；罗燕江等，2004；Gough et al.，2000）。进一步说明在中强度干扰下，物种的多样性最大。

表16-16是对不同施肥方式下施肥强度与多样性指数之间作的相关分析，两种施肥方式下，丰富度指数 D、多样性指数 H、均匀度指数 E 与施肥强度间均表现一致的正相关关系，而优势度指数 λ 与施肥强度间呈负相关。从相关程度来看，两种施肥方式相比，异质施肥比均匀施肥与施肥强度间相关更显著，均匀施肥条件下，除Margalef丰富度指数与施肥强度之间相关系数较大（0.8516）外，其他都较小。经显著性检验均未达显著水平（$p>0.05$），表明各指数与施肥强度间关系不紧密。异质施肥时，除 λ 未达显著水平外，D、H、E 均在0.05水平上显著，p 值分别为0.0186、0.0287、0.0396（$p<0.05$）。以上表明肥料呈异质分布时，施肥强度与多样性指数之间的关系比均匀分布时更紧密。

表 16-16　不同施肥方式下施肥强度和多样性指数相关分析

多样性指数	施肥方式			
	均匀施肥		异质施肥	
	R^2	p	R^2	p
Margalef（D）	0.8516	0.0671	0.9374	0.0186*
SW（H）	0.2746	0.6548	0.9163	0.0287*
Simpson（λ）	−0.3072	0.6151	−0.7006	0.1876
Pielou（E）	0.0580	0.9262	0.8961	0.0396*

注：不同字母 * 表示在 0.05 水平上差异显著。

由以上分析可知，施肥处理对物种多样性的影响不仅与施肥强度有关，并且与施肥方式之间的关系也非常密切。当土壤养分呈异质性分布时，更有利于增大群落物种的多样性，降低优势度。

4. 讨论

土壤养分是自然生态系统生产力的主导因素之一，植物种内和种间对土壤有限资源的竞争是影响植物群落物种组成和群落动态的关键因素，土壤养分状况往往制约着生态系统的演替过程（刘忠宽等，2006）。程积民等（1996）的研究表明，施肥改善了土壤的营养状况，使百里香群落中的建群种百里香和长芒草种间竞争更为剧烈，施肥后建群种发生变化，百里香被长芒草代替，从而认为施肥可以加快植被演替进程。由实验结果也可看出，对猪毛蒿群落施肥后，虽然没有改变优势种猪毛蒿的地位，但异质施肥使其优势度明显降低，促进了其他伴生种如苣荬菜、阿尔泰狗娃花等的生长，这对加快群落的演替具有很大的促进作用。

从干扰角度讲，干扰类型、强度、频度和时间的不同，必然会使植物群落结构发生不同的变化，对植被恢复产生不同程度的影响（陈利顶等，2000）。施肥作为一种干扰手段，因强度和方式不同对植物群落结构也会产生不同程度的影响。实验结果表明，在陕北黄土丘陵区这个土壤养分较贫瘠的地区，施肥可以改变群落结构组成，在一定范围内，施肥使群落的平均高度和生物量均得到提高，但施肥强度和施肥方式不同，提高幅度也不同，且肥料呈异质分布时更能增加群落的平均高度和生物量。实验得出的结论与 Li 和 Mutsuyasulto 等（2005）的研究结果不太一致，他们通过控制不同的养分水平与分布来研究土壤养分异质性对结缕草（*Zoysia japonica* Steud.）生长的影响研究，认为低肥水平下氮肥在土壤中呈异质分布更能提高地上部植株的生物量，当施肥水平相对较高时，呈均匀分布的肥料使生物量更高；但与 Sara G. &Scott L. Collins 等（2005）的养分异质性可以提高生物量和植被盖度的结果一致。施肥干扰对各物种的影响有着明显差异，既与物种的生物学特性有关，又与干扰的性质有关，所以各研究结果会不太一致。

5. 结论

综合以上试验结果分析与讨论，得出如下结论：

（1）在一定范围内，施肥可以提高群落的平均高度和生物量。同一施肥强度下，肥料在土壤中呈不同方式分布对植被的作用会不同，斑块状异质分布比均匀分布更能增大植被的高度和提升生物量，且表现为高强度的土壤养分在空间呈异质分布时，群落的平均高度和生物量最大，表明土壤养分是该区植被生长的重要限制因子之一。土壤养分呈异质分布时，群落初级生产力将得到更大的提高。

（2）同一施肥强度下，异质施肥降低了植株的平均密度，而均匀施肥提高了小区植株的平均密度，且随着施肥强度的增加，差异逐渐增大。高强度的肥料呈异质分布时，可能会因肥料浓度过高而抑制了新生苗的生长或导致其死亡，也有可能会在高肥异质条件下植物竞争加剧，具有竞争优势的大个体根系也较大，因对异质条件下高肥斑块的土壤养分具有优先利用能力而导致小个体死亡，发生他疏现象，从而使小区植株密度大幅度下降。因此，单纯增加植株密度时，在一定范围内，应采用均匀施肥。

（3）施肥明显增大了猪毛蒿群落的植株高度变异范围。两种施肥方式相比，均匀施肥区的高度分布较异质施肥区的高度分布均匀，异质施肥区因土壤养分分布的不均匀，植株高度分布的波动性增大。在同一施肥强度下，异质施肥区植株分布的峰值高于均匀施肥区植株的峰值，进一步表明异质施肥比均匀施肥对个体高度的影响更大。根据不同处理区生物量级分布，地上部植株有较少的大个体和较多的小个体，各处理区在生物量最小分级植株所占比率最大，而在最高分级植株所占比率最小，但与 CK 比较，施肥使植株个体的生物量增大。

（4）同一施肥强度下，土壤养分呈异质分布，可以提高样地群落中的物种多样性和均匀度，并同时降低群落优势度。支持天然群落中随着环境的异质性增大，物种多样性增多这一观点，进一步表明 N 和 P 是当地土壤养分的限制因子。不同施肥强度，均匀施肥对物种多样性的影响不同，在一定范围内，异质施肥可以增大物种的多样性，不受施肥强度高低的影响，而均匀施肥对物种多样性的影响受施肥强度的限制。同一施肥方式下，除丰富度指数 D 外，多样性指数 H 和 E 均表现为在中强度时达到最大值，进一步表明同一施肥方式，在中强度干扰下，物种的多样性最大，并且相关分析表明肥料呈异质分布时，施肥强度与多样性指数之间的关系更加紧密。

总之，对于处于撂荒演替前期的群落，群落物种对肥料较敏感，在用施肥进行干扰而促进植被恢复的过程中，应以 N 肥、P 肥为主，且在一定施肥量下，肥料呈异质分布对改变群落结构和物种多样性的组成更为有利。至于是否还有更好的施肥水平来改善群落的结构组成而促进植被恢复，还有待于进一步研究。

16.3.3　优势种去除对植被恢复的影响

为了找出在当地加速植被恢复更为合理的人工干预途径，结合当地的自然状况和条件，本书又采用了优势种去除这个简单经济的干扰方式，进一步了解不同干扰类型对当地植被恢复的影响，为人工干预加快当地植被恢复奠定了基础。

16.3.3.1　去除优势种后各群落的物种多样性组成

由表 16-17 可知，不同群落中去除优势种后的物种多样性表现也存在差别，如猪毛蒿群落在去除猪毛蒿优势种后物种的丰富度指数（Patrick、Margalef）、多样性指数（Simpson、Shannon-Wiener）、均匀度指数（PieLou、Alatalo）均高于 CK（猪毛蒿优势种保留）时的相应指数，即去除优势种后的物种多样性有所增加。在陕北黄土丘陵区，猪毛蒿是演替前期种，表明猪毛蒿被剪掉后为其他伴生种及演替系列种（sere species）的生长释放了部分空间和资源，如阿尔泰狗娃花、香青兰、叉枝鸦葱、刺儿菜、披碱草、无芒隐子草使它们获得生长，从而增加了群落内物种的多样性，同时使多年生物种增加，从某种程度上促进了群落的演替速度。

表 16-17　猪毛蒿、铁杆蒿样地的物种多样性

多样性指数	猪毛蒿群落		铁杆蒿群落	
	处理区	CK	处理区	CK
Patrick	10.4	7	12.5	10
Margalef	2.0365	1.3036	2.9556	2.6085
Simpson	0.6982	0.4988	0.8750	0.8769
Shannon-Wiener	1.5135	1.0066	2.1792	2.0685
PieLou	0.5437	0.5252	0.8670	0.8983
Alatalo	0.6652	0.4617	0.7872	0.8166

注：各值均为五次重复的平均值。

而铁杆蒿群落，优势种铁杆蒿是演替中后期系列种，被去除后群落的物种多样性表现与猪毛蒿群落存在异同。相同点表现在物种丰富度指数和多样性指数处理区均高于 CK 的相应指数，但该群落的物种均匀度指数（PieLou、Alatalo）却是 CK 高于处理区的指数，这与猪毛蒿群落表现不同，主要与伴生种和优势种的生态学特性有关。因为在 CK 中，优势种铁杆蒿较大的株丛对其他物种产生遮阴作用，使其伴生种的多度都较少，且其自身丛数也不太多（最多出现 11 丛），与伴生种的多度相差不大；而优势种铁杆蒿被剪掉后，一些伴生种如达乌里胡枝子、多茎委陵菜、长芒草、茭蒿、阿尔泰狗娃花等会获得更多的空间和资源，使其多度明显增加；而有些伴生种如华隐子草、硬质早熟禾等一直保持较低的多度，从而在计算均匀度指数（PieLou、Alatalo）时，CK 稍高于处理区。

16.3.3.2　各样地去除优势种后主要伴生种的生长特征

1. 铁杆蒿样地主要物种生长特征

由图 16-30 可知，铁杆蒿样地中，处理区去除铁杆蒿优势种后，与 CK 的主要伴生种具有很大的相似性，除茭蒿只在处理区生长外，其他几个主要伴生种如达乌里胡枝子、阿尔泰狗娃花和多茎委陵菜等在处理区和 CK 中均有生长。其中处理区的达乌里胡枝子、阿尔泰狗娃花的平均高度高于 CK 的平均高度，表明在该样地去除优势种后，更有利于达乌里胡枝子和阿尔泰狗娃花等多年生物种的生长。由图 16-30 也可看出，处理区中的多茎委陵菜和长芒草的高度低于 CK，表明铁杆蒿群丛的存在并不影响多茎委陵菜和长芒草的生长。在 CK 中铁杆蒿的高度低于达乌里胡枝子的高度，但铁杆蒿与其他几个主要物种相比，其高度仍然占优势。

由图 16-31 可看出，与处理区相比，CK 中铁杆蒿的生物量明显高于其他物种，达到 136.49g/m^2，达乌里胡枝子次之。当把优势种铁杆蒿剪掉后，达乌里胡枝子的生物量比 CK 明显增多，达到 57.40g/m^2，CK 仅为 27.12g/m^2，且阿尔泰狗娃花、多茎委陵菜、长芒草的生物量均大于 CK，但它们的平均生物量均较低（<5g/m^2）。

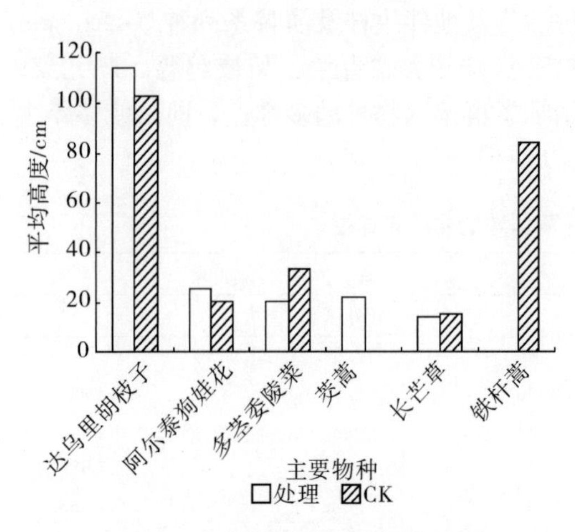

图 16-30　铁杆蒿样地主要种高度

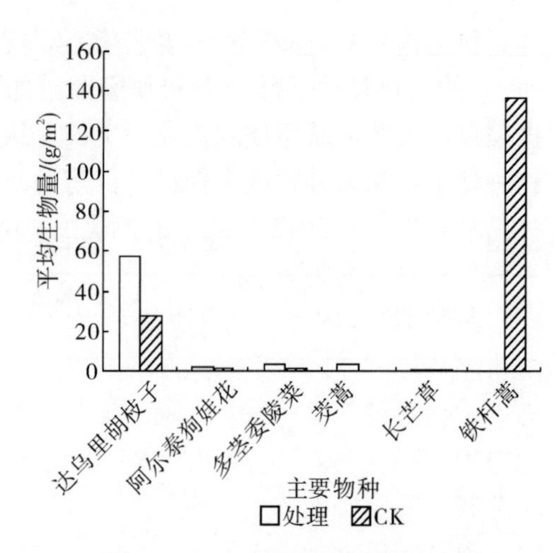

图 16-31　铁杆蒿样地主要种生物量

由以上分析可知，铁杆蒿群落在去除优势种（铁杆蒿）后，达乌里胡枝子无论是从高度还是生物量上均显著高于其他物种，成为群落的优势种，在当地达乌里胡枝子为演替后期物种。因此，去除演替中期的铁杆蒿后，使群落向演替后期的达乌里胡枝子方向发展，为加快群落的演替速度起着积极作用。并且处理区的其他物种如阿尔泰狗娃花的高度、生物量均高于 CK，多茎委陵菜的生物量高于 CK，而处理区长芒草的高度、生物量均低于 CK，表明去除优势种铁杆蒿后，所形成的达乌里胡枝子群丛对长芒草的生长产生一定的抑制作用。

2. 猪毛蒿样地主要物种生长特征

由图 16-32 可知，猪毛蒿样地中去除优势种后主要物种与对照的主要物种的 50%是相同的，如阿尔泰狗娃花、香青兰和苣荬菜；而狗尾草、叉枝鸦葱和披碱草仅在处理区中为主要伴生种，在 CK 中成为次要伴生种（叉枝鸦葱）或未出现（狗尾草和披碱草）；CK 中的角蒿在处理区未出现。由图 16-32 也可看出，对照区的猪毛蒿高度高达 57cm，明显高于其他物种，而对照区中的阿尔泰狗娃花、香青兰和苣荬菜的平均高度均低于处理区的相应指标。表明优势种猪毛蒿对其他物种的生长产生一定负作用，将其去除后更有利于

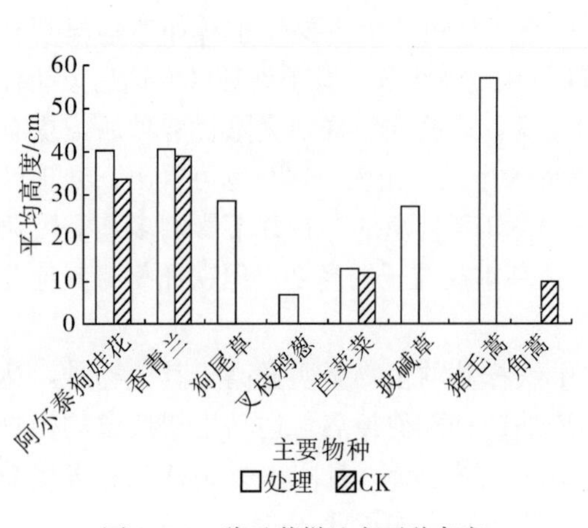

图 16-32　猪毛蒿样地主要种高度

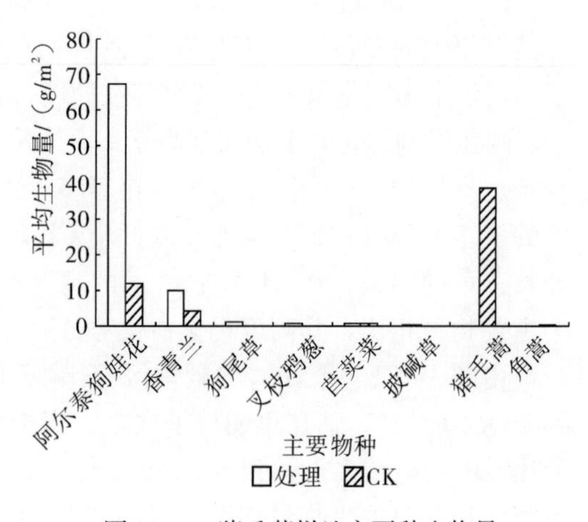

图 16-33　猪毛蒿样地主要种生物量

其他物种的生长，如在处理区阿尔泰狗哇花、香青兰和苣荬菜的高度均高于对照区。

由图 16-33 中可看出，处理区中优势种猪毛蒿被去除后，阿尔泰狗娃花获得更好的生长，比对照区的生物量高出 6 倍（分别为 67.63g/m^2、11.89g/m^2），并且也远高于其他几个物种，如披碱草生物量仅为 0.46g/m^2。香青兰和苣荬菜的生物量也高于对照，只是两者生物量都较低。在对照区中，猪毛蒿的生物量明显高于阿尔泰狗娃花、香青兰和苣荬菜等的生物量。

由图 16-32 和图 16-33 可知，去除演替前期的优势种猪毛蒿后，位于猪毛蒿之后的演替序列种——阿尔泰狗娃花的高度和生物量急剧增加，明显高于其他物种，即成为处理区的优势种。研究得知，撂荒演替初期的猪毛蒿群落（一年生杂类草＋丛生禾草）大约需 10 年的时间才能进入下一个演替阶段（多年生草本＋一年生杂草群丛），而人为将猪毛蒿去除后，两年就表现出向下一阶段（多年生草本＋根茎禾草群丛）发展的趋势。可见剪掉猪毛蒿这种人工干扰方式可加快群落的演替速度，实验中表现为群落更快地向演替序列种——阿尔泰狗娃花的方向发展。

16.3.3.3　铁杆蒿、猪毛蒿样地主要物种平均盖度

由表 16-18 可知，铁杆蒿样地处理区的平均盖度总和为 68.9%，而 CK 的平均盖度总和为 63%，处理区平均总盖度比 CK 高近 6%。其中在铁杆蒿样地的处理区达乌里胡枝子的盖度达到 32%，占处理区总盖度的 46.4%，其他种群盖度都较低。CK 中铁杆蒿的盖度为 31.67%，占总盖度的 50%，远高于其他种群所占的比例，其次是达乌里胡枝子，盖度为 10%，占总盖度的 16%。猪毛蒿样地处理区平均盖度总和达到 97%，而对照区为 83.33%，处理区平均总盖度比对照区平均总盖度高 13.67%。猪毛蒿样地处理区中，阿尔泰狗娃花盖度最高，达到 55%，占处理区总盖度的 56.7%，其次是香青兰，达 18.6%，大约占总盖度的 20%。CK 中猪毛蒿的盖度最高，达到 58.33%，占 CK 平均总盖度的 70%，其次是阿尔泰狗娃花，占总盖度的 16%。

表 16-18　铁杆蒿、猪毛蒿样地平均盖度　　（单位：%）

多样性指数	铁杆蒿样地		猪毛蒿样地	
	处理区	CK	处理区	CK
达乌里胡枝子	32	10	—	—
阿尔泰狗娃花	8.75	3.33	55	13.33
多茎委陵菜	5.25	3	—	—
长芒草	4	4.33	—	1.33
茭蒿	3	2.33	—	—
华隐子草	1.75	0	—	—
大叶章	1.75	0	—	—
刺儿菜	1.5	1.33	—	—
中国委陵菜	1.4	0	—	—
白羊草	1.25	0	—	—
硬质早熟禾	1	1.33	—	—
山苦荬	1	—	1.8	—
棘豆	1	—	—	—

续表

多样性指数	铁杆蒿样地		猪毛蒿样地	
	处理区	CK	处理区	CK
其他	5.25	1	6	2
铁杆蒿	—	31.67	—	1
糙隐子草	—	2	—	—
野亚麻	—	1.33	—	—
猪毛蒿	—	1.33	—	58.33
二裂委陵菜	—	—	1.4	1.33
苣荬菜	—	—	2	1
叉枝鸦葱	—	—	5.6	—
狗尾草	—	—	6.6	—
香青兰	—	—	18.6	5
总和	68.9	63	97	83.33

注：—表示该种在样地群落中未出现。

以上充分表明铁杆蒿和猪毛蒿优势种被去除后，释放出更多的空间和资源，有利于其他种群的生长，使群落的总盖度增大。据侯喜禄等（1994）报道，植被盖度保持在50%～60%的可有效保持水土。因此，去除优势种后，植被盖度增加，可为有效减少水土流失起到积极作用。并且对照区的盖度主要由优势种盖度构成，CK 中的次优势种盖度构成处理区主要种群的盖度。

进一步证明铁杆蒿、猪毛蒿优势种被去除后，为该群落当中次优势种的生长创造了有利条件，成为群落的优势种。因此，去除演替系列前期的优势种后，可为下一演替阶段的系列种创造条件。从实验来看，铁杆蒿群落很快会沿着达乌里胡枝子的方向演替，猪毛蒿群落则会沿着阿尔泰狗娃花的方向进一步发展演替，从而加快演替速度，缩短演替进程。

16.3.3.4　铁杆蒿、猪毛蒿样地主要物种重要值

由表 16-19 可知，铁杆蒿样地处理区达乌里胡枝子的重要值最大，为 0.4189，远高出其他物种，成为样地当中的优势种。其次是阿尔泰狗娃花、多茎委陵菜、茭蒿、长芒草；对照区中铁杆蒿的重要值为 0.4081，为最高值，在样地中占有优势地位，其次是达乌里胡枝子、多茎委陵菜、阿尔泰狗娃花和长芒草。并且由表 16-19 可知，CK 当中一年生物种猪毛蒿的重要值为 0.0303，处于前十位当中，表明在样地群落当中还发挥着一定的作用，而在处理区猪毛蒿的作用消失，成为群落当中的偶见种（accidental species），表明去除干扰后，铁杆蒿优势种的遮荫作用消失，有利于更多的多年生物种出现。多年生物种的生长对一年生物种产生抑制作用，使一年生物种在群落当中的作用减弱，对加快群落的演替速度起着积极作用。

在猪毛蒿样地，处理区中多年生物种阿尔泰狗娃花的重要值最高，达 0.5170，成为样地当中的优势种。其次是一年生物种香青兰和狗尾草，成为样地群落中的重要伴生种，而对照区中一年生物种猪毛蒿的重要值高达 0.5798，仍然保持着优势种的地位。

多年生的阿尔泰狗娃花重要值为 0.1643，香青兰为 0.1092，明显高于其他物种，成为对照区的重要伴生种，表明去除优势种猪毛蒿后，阿尔泰狗娃花取代了优势种的地位，使群落很快向阿尔泰狗娃花的方向演替，与杜峰等（2005）研究结果为一年生杂类草占优势的群落大约需要 6 年的时间才能被多年生物种所取代相比，人工去除一年生杂草猪毛蒿，加快了群落演替速度和进程。且由表 16-19 也可看出，在对照区一年生物种香青兰重要值明显下降，狗尾草未出现，这与处理区形成显明的对比。表明生活型相同的一年生物种猪毛蒿、香青兰和狗尾草之间竞争比较激烈，尤其是猪毛蒿和狗尾草之间，在猪毛蒿生长占优势时，狗尾草的生长受到抑制，使其在群落中消失；与狗尾草相比，对香青兰的抑制作用较小；去除猪毛蒿后，更有利于群落中其他一年生物种的生长，为群落物种多样性的增加起到积极作用。

表 16-19　猪毛蒿、铁杆蒿样地主要物种重要值

植物种类	铁杆蒿样地		猪毛蒿样地	
	处理区	CK	处理区	CK
达乌里胡枝子	0.4189	0.1986	—	—
阿尔泰狗娃花	0.0966	0.0615	0.5170	0.1643—
多茎委陵菜	0.0829	0.0644	—	0.0093
茭蒿	0.0583	0.0432	—	—
长芒草	0.0501	0.0611	0.0137	0.0169
大叶章	0.0277	—	—	—
中华隐子草	0.0273	—	—	—
刺儿菜	0.0262	0.0232	—	—
中国委陵菜	0.0228	—	—	—
山苦荬	0.0226	—	0.0199	—
白羊草	—	—	—	—
硬质早熟禾	—	0.0300	—	—
狗尾草	—	—	0.1033	—
苣荬菜	—	—	0.0309	0.0261
猪毛蒿	—	0.0303	—	0.5798
香青兰	—	—	0.1714	0.1092—
二裂委陵菜	—	—	0.0146	—
铁杆蒿	—	0.4081	0.0164	—
糙隐子草	—	0.0382	—	—
叉枝鸦葱	—	—	0.0360	0.0124
披碱草	—	—	0.0309	—
蒲公英	—	—	—	0.0164
风毛榉	—	—	—	0.0110
角蒿	—	—	—	0.0180

注：各值均为五次重复的平均值，前 10 种；一表示重要值在第 10 位以后的物种或者是在样地群落中未出现。

16.3.3.5　结论

通过以上对猪毛蒿和铁杆蒿优势种去除实验进行分析，主要得出如下结论：

(1) 对猪毛蒿和铁杆蒿群落进行优势种去除后，增加了群落内物种的多样性，同时使多年生物种增加，从一定程度上促进了群落的演替速度。对于铁杆蒿群落，去除优势种后，群落的均匀度下降。

(2) 从各群落主要物种生长特征、平均盖度及综合评价指标重要值来看，去除演替前期的优势种猪毛蒿后，位于猪毛蒿之后的演替序列种——阿尔泰狗娃花的高度、生物量和重要值显著增加，成为处理区的优势种，使群落更快地向阿尔泰狗娃花的方向发展。位于演替中后期的铁杆蒿群落在去除优势种后，达乌里胡枝子成为群落的优势种，在当地达乌里胡枝子为演替后期物种。因此，去除演替中期的铁杆蒿后，使群落向演替后期的达乌里胡枝子方向发展。同时，也促进了伴生种阿尔泰狗娃花和多茎委陵菜的生长。并且与CK相比，猪毛蒿和铁杆蒿两群落的平均盖度均得到提高，为减少水土流失起到积极作用。

以上充分表明，无论是处于演替前期的猪毛蒿群落还是演替中期的铁杆蒿群落，据唐龙等（2006）对该地区撂荒演替序列的研究结果可知，对它们进行优势种去除后，各群落的优势种都被下一演替阶段的系列种所代替，各群落都能沿着正向演替的方向迅速发展。对加快群落的演替速度，认识演替方向起到非常重要的作用。也进一步表明在陕北黄土丘陵区，去除这一简便的干扰方式，对加快群落的演替速度和进程是一种行之有效的方式。至于去除实验小区群落以后的发展方向和速度还有待于进一步研究和调查分析。

16.4 不同撂荒演替阶段土壤种子库研究

植物种子成熟后，不管以何种方式传播，最终都会散落到地面上，有的被动物摄食掉或失去活力，而大部分保持活力并进入土壤中，形成土壤种子库（soil seed bank）。土壤种子库是土壤中种子积聚和持续的结果（Decaens et al.，2003；李秋艳等，2005）。目前，对陕北黄土丘陵区这一特殊地区而言，有关土壤种子库的研究报道较少。因此，本节通过对陕北黄土丘陵区不同撂荒演替阶段的土壤种子库组成进行研究，试图通过对不同阶段土壤种子库状况的调查，初步估测每一演替阶段土壤中种子在植被自行恢复过程中的作用和潜力，并找出更为合理的人工干预途径。对于某一缺乏种源的演替阶段来说，可通过人工补种或采取相应的措施，如保护母株，促进其繁殖；对于有丰富种源的阶段可对其进行保护和管理（如封山、改变水肥条件），促进植被恢复。

16.4.1 不同演替阶段土壤种子库种子密度的季节动态

表16-20为土壤种子库样地基本情况。由图16-34可知，随着次生演替的进行，两个季节土壤种子库中的种子密度变化趋势大致相同，总体上均呈下降趋势，即在演替初期（撂荒2～3年）土壤中的种子密度最高，4月份达（2900±1612.2）粒/m^2，10月份（1807.5±243.95）粒/m^2。演替30年左右最低，4月份仅为（170±42.43）粒/m^2，10月份为（700±183.85）粒/m^2。经方差分析，两季节不同阶段的种子库密度相比，除演替2～3年与其他各阶段差异显著（p分别为0.038和0.047，小于0.05）外，其他

均未达显著水平，表明演替初期土壤中种源最丰富，且不同季节种子密度差异较大，而其他演替阶段土壤中种子密度无季节性区别。在整个演替过程中，不同季节的土壤种子库密度变化又呈现出相同的波动性，均表现出在2～3年、13～14年、22年3个演替阶段种子密度较大；7～8年、20年及30年左右密度较低，进一步说明不同演替阶段的土壤种子库密度变化趋势不受取样季节影响。

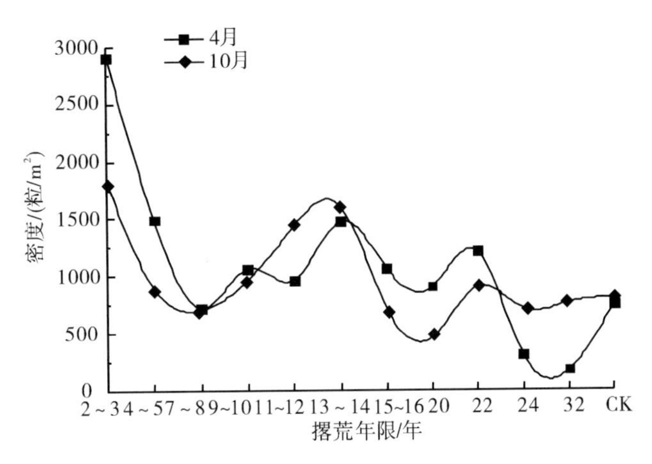

图16-34 不同演替阶段种子库密度

表16-20 土壤种子库样地基本概况

撂荒年限/年	样地号	海拔/m	坡度/（°）	坡向	群落优势种
2～3	1	1319	—	—	猪毛蒿
4～5	2	1267	30	NW	长芒草＋猪毛蒿＋阿尔泰狗娃花
7～8	3	1267	30	NW	铁杆蒿＋硬质早熟禾
9～10	4	1261	25	NW	铁杆蒿＋长芒草
11～12	5	1307	30	SW	达乌里胡枝子＋长芒草
13～14	6	1250	26	SW	草木樨状黄芪＋达乌里胡枝子＋铁杆蒿
15～16	7	1260	25	SW	达乌里胡枝子＋白羊草＋茭蒿
20	8	1237	28.5	SW	达乌里胡枝子＋白羊草
22	9	1300	32	SW	达乌里胡枝子＋白羊草
24	10	1247	29.5	W	铁杆蒿＋达乌里胡枝子＋长芒草
32	11	1259	31	NW	铁杆蒿＋长芒草
0（CK）	12	1118	25	NW	草地早熟禾＋铁杆蒿

以上表现不仅与地上部植被组成有关，也与邻近地块的群落结构相联系。在种子密度较大的前2个阶段，均长有一年生或两年生植物，如猪毛蒿、香青兰、野亚麻等。这些物种因产种量较多，所以导致该阶段种子密度较大，在演替22年，虽没有出现一年生或两年生物种，但与其相邻的却是猪毛蒿群落，导致该阶段又出现种子密度增大。

与未开垦过的天然群落（CK）相比，除24年和32年弃耕地外，其他弃耕地土壤中的种子密度均高于CK，这与天然群落枯落物层较厚，种子不能落入土壤中有关，也与地上部植被组成有关。在对照群落中，多年生物种占优势，产种量高的一年生或两年生物种很少。因此，与弃耕地相比，弃耕地中种源较多，种子繁殖所占比例较大，天然群落种源较少，以无性繁殖为主。

不同季节相比，相应各演替阶段的土壤种子库密度无明显变化规律（图16-34），表现不一致，如在演替 2～3 年和 9～10 年各阶段均表现为 4 月份大于 10 月份，而在演替 24～32 年 10 月份大于 4 月份，中间各阶段也表现不一。因此，在该区各演替阶段均有其各自的土壤种子库季节变化动态，与唐勇等（2000）对热带林地的研究结果不同，这不仅与地上部植被的物候学以及种子的生物学特性有关，而且还与各样地的环境条件有关。

16.4.2 不同季节各土层种子库密度

对不同演替阶段土壤种子库在土壤中的垂直分布进行分析，由图 16-35 可知，4 月份种子库密度各阶段均表现为 0～5cm 土层的种子密度显著高于 5～10cm 的种子密度（$p=0.042<0.05$），说明随着土层深度的增加，土壤种子库密度呈下降趋势。各演替时期，0～5cm 土层的种子库密度所占种子总数比例均超过 65%，平均所占比例为 79%。撂荒 24 年最小，占 68%，22 年达最大，占 89%，其次是 2～3 年，占 86%，说明种子在表层土壤中存活的较多。

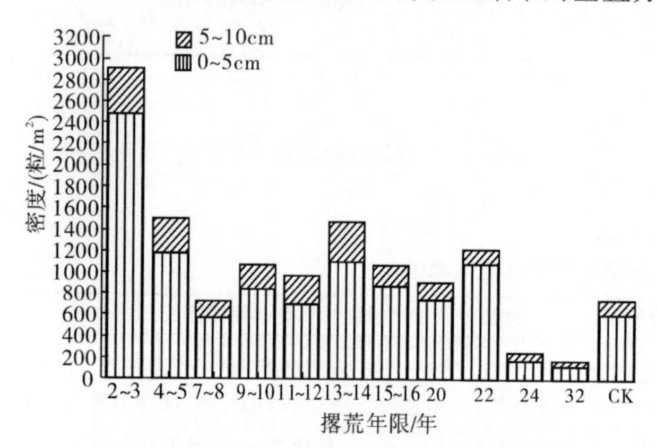

图 16-35 4 月份不同土层土壤种子库密度

对 10 月份不同土层种子库密度进行分析（图 16-36），其分布规律与 4 月份相同，也表现为 0～5cm 种子库密度显著大于 5～10cm 的种子密度（$p=0.05$），即表层土壤中的种子占优势。与 4 月份相比，10 月份 0～5cm 土层种子密度平均所占比例有所减少，达 74%，最高为撂荒 11～12 年，高达 89.5%，其次是 32 年，占 86.8%，撂荒 13～14 年的密度值最小，只占 59%。

综上所述，由于水分条件较差，土壤坚实，该地区的种子不易进入较深土层，大多存在于土壤表层，因而表现为不论 4 月取样，还是 10 月取样，0～5cm 土层的种子库密度均大于 5～10cm 土层的种子密度。10 月份表层种子库密度下降，其原因可能是此时是雨季末期，土壤相对较疏松，成熟的种子易迁入到土壤深处；而 4 月份，正处于旱季末期，土壤较坚实，从外边侵入的种子只能停留在表层不易下移。

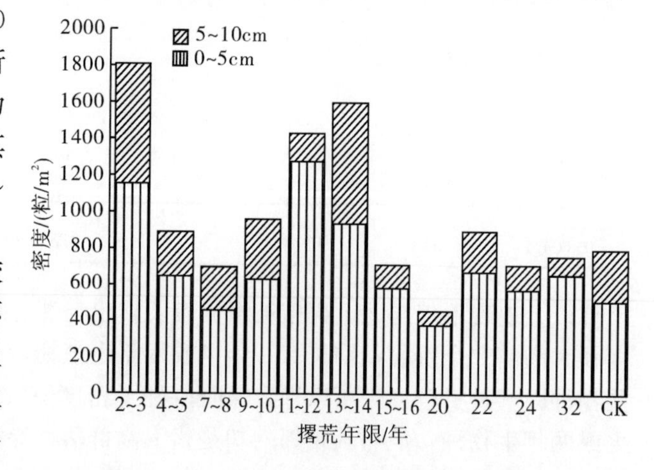

图 16-36 10 月份不同土层土壤种子库密度

16.4.3　不同演替阶段土壤种子库组成

16.4.3.1　不同演替阶段各季节土壤种子库物种多样性

种子库萌发记录的个体总数为 2523 株，其中有 126 株个体萌发不久便死亡，无法鉴定种类，对鉴定种类的种子作进一步分析统计，得出不同演替阶段各群落土壤种子库的物种多样性指数，见表 16-21。从表中的结果可以看出，4 月份和 10 月份的取样均表现为随着弃耕地次生演替的进行，土壤种子库 Simpson 指数和 Shannon-Wiener 指数总体上呈上升趋势，演替 2～3 年最低，4 月份和 10 月份两指数分别为 0.1753 和 0.4359、0.2571 和 0.6527，撂荒 32 年最高，4 月份和 10 月份两指数分别为 0.9197 和 2.4184、0.8506 和 2.3439。

同一演替阶段不同季节相比，多样性指数发生变化，但变化规律不明显。在演替早期 2～5 年的多样性指数 10 月份高于 4 月份，演替 24 年、演替 32 年的多样性指数 4 月份高于 10 月份，说明同一地块不同季节的取样，对演替各阶段土壤种子库的物种多样性影响不同。

表 16-21　不同演替阶段各季节土壤种子库物种多样性

撂荒年限/年	4 月份		10 月份	
	Simpson 指数	Shannon-Wiener 指数（SW）	Simpson 指数	Shannon-Wiener 指数（SW）
2～3	0.1753b	0.4359b	0.2571b	0.6527b
4～5	0.3716b	1.0455b	0.4589b	1.1478b
7～8	0.5407b	1.2792b	0.5189b	1.0826b
9～10	0.6341a	1.6013b	0.7061a	1.7800a
11～12	0.4728b	1.1404b	0.4171b	1.0917b
13～14	0.6803a	1.5451a	0.3471b	0.9423b
15～16	0.6982a	1.3278b	0.5288b	1.3327b
20	0.7228a	1.6704a	0.8435a	2.0172a
22	0.5479b	1.1018b	0.7359a	1.6049a
24	0.9011a	2.2747a	0.6615a	1.5108a
32	0.9197a	2.4184a	0.8506a	2.3439a
0（CK）	0.9559a	2.6296a	0.8940a	2.6189a

注：同列不同小写字母表示 $p<0.05$ 水平上差异显著。

与对照相比，两个季节弃耕地土壤种子库多样性指数均小于对照。经 LSD 显著性检验（表 16-21），4 月份撂荒 2～8 年、11～12 年、22 年五个演替阶段的种子库两个多样性指数均显著低于 CK，撂荒 9～10、15～16 年时与 CK 相比，SW 指数达到了显著水平，而 Simpson 指数不显著；10 月份 2～8、11～16 年六个演替阶段两个多样性指数均显著低于 CK，其他各阶段两指数均未达显著水平，且与 CK 相比，在撂荒 2～8 年各阶段两个季节均达显著水平，撂荒 20 年后的各阶段（4 月份 22 年除外），均未达显著水平。进一步说明撂荒演替前期种子库的结构简单，并且多样性较小，随着演替的进行，多样性呈增大的趋势，这与撂荒地群落物种多样性的变化趋势相同。以上表明，未经农民开垦过的天然群落，土壤中保留了更多的植物种类，而开垦过的弃耕地因受到了扰动，使种子库的物种多样性降低。

16.4.3.2　撂荒演替与土壤种子库物种多样性之间的关系

通过以上分析得知，土壤种子库物种的多样性，随着演替的进行呈增大趋势。但在植被恢复演替过程中，种子库多样性的变化规律是怎样的，对其进行相关分析，并用方程拟合。由图 16-37 可知，Simpson 指数和 Shannon-Wienner 指数（简称 SW 指数，y）与撂荒年限（x）之间呈线性相关关系，线性方程分别为 $y=0.2790+0.0514x$（$R^2=0.8882$，$p<0.01$）和 $y=0.6156+0.1399x$（$R^2=0.8600$，$p<0.01$），且由相关系数和显著性检验值可知，两方程均成立，进一步证明随着演替的进行，土壤种子库中的物种多样性均呈上升趋势，两指数相比，SW 指数上升幅度更大。

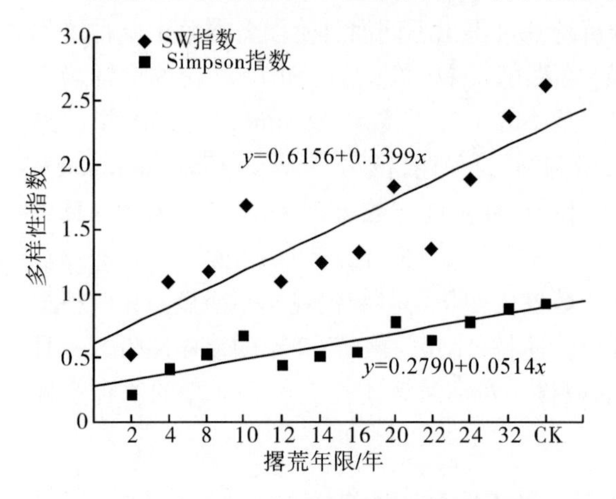

图 16-37　撂荒演替与土壤种子库物种多样性指数关系

在地上部群落中，物种多样性与植被恢复演替过程之间的关系呈抛物线函数变化规律，即 $y=at^2+bt+c$（李裕元等，2004），其与土壤种子库物种多样性有所不同，但这与土壤种子库与恢复演替的直线关系并不相矛盾。这种抛物线的关系是在植被恢复100年以上所拟合出来的，其中多样性指数在70～80年时达最高。因此，在恢复演替80年以前，呈直线上升趋势。本研究中恢复演替最高年限为32年，由此进一步说明土壤种子库中的物种多样性呈线性函数关系与地上部群落物种多样性及恢复演替的关系是一致的。

表 16-22　不同演替阶段土壤种子库相似性（Jaccard 相似系数）

样地号	1	2	3	4	5	6	7	8	9	10	11
1	—										
2	0.4162	—									
3	0.3500	0.3963	—								
4	0.3478	0.3000	0.3913	—							
5	0.2000	0.3571	0.4091	0.2963	—						
6	0.3913	0.3333	0.3200	0.3704	0.3462	—					
7	0.5500	0.3448	0.3913	0.4400	0.2857	0.3704	—				
8	0.2917	0.2581	0.3333	0.3333	0.3462	0.2333	0.3846	—			
9	0.2857	0.2069	0.3333	0.5238	0.2917	0.2692	0.3333	0.3467	—		
10	0.3182	0.2759	0.3636	0.4333	0.3200	0.2963	0.4167	0.3333	0.2500	—	
11	0.2857	0.2778	0.3529	0.3077	0.3125	0.2941	0.3438	0.3871	0.3448	0.3667	—
CK	0.2667	0.3050	0.3148	0.3214	0.2895	0.3439	0.3114	0.3158	0.3443	0.3558	0.5000

16.4.3.3　不同演替阶段土壤种子库的相似性

对不同演替阶段的土壤种子库的相似性用 Jaccard 相似系数（张金屯，2004）进行分析。由表 16-22 可知，各阶段值分布范围为 0.2000～0.5500，变化幅度较小。说明在演替过程中，各阶段土壤种子库的组成表现出一定的相异性，又表现出稳定性，导致这种结果出现的原因可能与演替中前期种子库中一年生植物占优势有关。

由表 16-22 可看出，随着演替的进行，各阶段的相似性基本上呈降低趋势（除 4 号和 5 号样地，9 号和 10 号样地外），但并不是直线下降，其中在中期又呈现出增大，说明演替中期与前期的种子库组成表现出较高相似性，如 1 号和 7 号、4 号和 9 号样地相似系数分别为 0.5500、0.5238，这可能与演替前期的种子通过各种途径进入中期阶段有关。另外，撂荒 32 年的样地与对照的相似系数为 0.5000，说明演替后期土壤种子库的组成与天然群落相似性较高，而初期与 CK 相比，相似性较差，相似系数为 0.2667。

总之随着演替的进行，群落结构组成变得越加复杂，差异性不断增加，从而导致土壤种子库的相异性也呈增大趋势，说明种子库的种子在当地植被恢复中发挥了一定的作用。

16.4.3.4　不同演替阶段土壤种子库中不同生活型物种组成

对 0～10cm 土层种子库的物种组成，从生活型上进行分析，由表 16-23 可知，各演替阶段相比，演替中前期（2～20 年），种子库中一年生或二年生物种占优势，所占比例均超过 50%，其中演替 2～3 年最高，其值达 93.19%，多年生物种只占 6.81%；演替后期（22～32 年），多年生物种占优势，所占比例在 52.63%～79.4%，但并非是演替时间最长的群落种子库中多年生物种所占比例最大，而是在演替 22 年其值最高（79.4%）。种子库的这种变化规律与地上部植被演替是一致的，即一年生物种如猪毛蒿、香青兰等随着植被恢复退出群落，逐渐被多年生物种所取代。

与 CK 相比，除 22 年这一阶段外，其他各阶段种子库中一年生物种所占比例均高于对照的生物种，说明对照种子库中多年生物种较多，这也与对照群落中地上部植被大多是多年生植物相符。

在恢复各阶段，种子库中出现的一年生物种主要有猪毛蒿、狗尾草、野亚麻、香青兰、鹤虱子、地锦等，其中猪毛蒿的数量最多，在演替的每一阶段均出现，说明土壤种子库组成在进展演替上滞后于地上植被。另外，在这些弃耕地种子库中还出现了一些田间杂草的种子，如马唐、画眉草、灰绿藜、反枝苋等，但在地上部群落中，这些物种很少见。说明随着农田撂荒，环境条件发生变化，这些田间杂草不能适应改变了的环境条件而在地上部植被组成中消失，但它们的种子仍可长期存留在土壤中，一旦条件适应，便可萌发生长。

表 16-23　不同演替阶段土壤种子库中不同生活型植物所占比例

撂荒年限/年	一、二年生植物/%	多年生植物/%
2～3	93.19	6.81
4～5	82.68	17.32
7～8	66.43	33.57
9～10	60.11	39.89

续表

撂荒年限/年	一、二年生植物/%	多年生植物/%
11～12	79.91	20.09
13～14	76.22	23.78
15～16	68.10	31.90
20	55.81	44.19
22	20.60	79.40
24	47.37	52.63
32	38.36	61.64
0（CK）	25.70	74.30

16.4.4　不同演替阶段土壤种子库与地上植被的关系

选择了 Jaccard 相似指数和 Sorensenson 相似系数，以下分别简称 J 和 S，对各演替阶段地上部植被和土壤种子库种类组成的相似性进行分析，结果见表 16-24。可看出，J 系数、S 系数分布范围分别在 0.25～0.3913 和 0.4000～0.5625，其值均小于 0.6，表明种子库种类组成与地上部植被相似性较低。J 值、S 撂荒值在撂荒 2～10 年演替前期相似性较高（分别大于 0.3 和 0.45），随着演替的进行，相似性呈下降趋势。D 阶段（撂荒 4～5 年）最高，J 系数、S 系数分别为 0.3913、0.5625，说明在该阶段地上部和种子库的种类组成相似性最高。

表 16-24　各演替阶段地上部植被和土壤种子库种类组成的相似性

演替阶段	Ao-Au	Bo-Bu	Co-Cu	Do-Du	Eo-Eu	Fo-Fu	Go-Gu	Ho-Hu	Io-Iu	Jo-Ju	Ko-Ku	Lo-Lu
Jaccard	0.3846	0.3913	0.3200	0.3871	0.2800	0.2903	0.3103	0.2692	0.2778	0.2500	0.2941	0.3000
Sorensenson	0.5556	0.5625	0.4848	0.5581	0.4375	0.4500	0.4737	0.4242	0.4348	0.4000	0.4545	0.4375

注：A～K 依次代表撂荒 2～3 年至 32 年的各样地；L 代表 CK；o 表示样地地上部；u 表示样地土壤种子库。

除以上相似性较高的 3 个演替阶段外，其他阶段地上部和种子库种类组成差异较大，由表 16-22 可知，演替 24 年 J 值、S 值最低，分别为 0.25 和 0.4，表明该阶段地上部和种子库的种类组成差异较大。

对相似性较高的 3 个演替阶段的种类组成进一步分析（表 16-25）。演替 2～3 年、4～5年和 9～10 年地上部和种子库共存种分别为 9 种、11 种、7 种，分别占总种数的 28%、34%和 26.9%。其中长芒草、猪毛蒿、香青兰和达乌里胡枝子在 3 个演替阶段地上部和种子库中均出现，表明这 4 个物种种源较丰富，在演替前期种子繁殖优于其他物种。硬质早熟禾、阿尔泰狗娃花、二裂委陵菜、草木樨状黄芪和山苦荬在两个演替阶段地上部植被和种子库中均出现，说明它们在演替前期种子繁殖也占有一定比例。

由表 16-25 也可看出，猪毛蒿在演替前期的 3 个阶段中种子库数量远超出其他物种种子库数量，均在 100 粒以上，撂荒 2～3 年最多，达 380 粒，撂荒 4～10 年逐渐减少。这与地上部群落种类组成有关，作为该地区先锋种类的猪毛蒿，在撂荒初期形成猪毛蒿群落，因此产生大量猪毛蒿种子，形成丰富的土壤种子库。随着演替的进行，地上部猪毛蒿的优势地位逐渐下降，其种子也会随之减少。

表 16-25　三个演替阶段地上部植被和土壤种子库共存的主要物种种类组成

植物种类	演替阶段					
	2～3 年		4～5 年		9～10 年	
	地上部	种子库	地上部	种子库	地上部	种子库
长芒草 *Stipa bungeana*	10.5	1	11.3	4	9.8	2
硬质早熟禾 *Poa sphondylodes*	1.4	1	3.5	1	—	6
地锦 *Euphorbia humifusa*	0.5	—	1.8	1	—	—
阿尔泰狗娃花 *Heteropappus altaicus*	0.8	2	8.3	2	2.3	—
二裂委陵菜 *Potentilla bifurca*	3	3	7	4	—	—
香青兰 *Dracocephalum moldavica*	2	2	4.3	2	1	—
紫花地丁 *Viola philippica*	—	—	2.8	2	—	—
猪毛蒿 *Artemisia scoparia*	34	380	2	178	2	102
草木樨状黄芪 *Astragalus melilotoides*	—	—	1.8	4	1	2
铁杆蒿 *Artemisia sacrorum*	5.3	—	1.8	—	9.8	17
抱茎苦荬菜 *Ixeris sonchifolia*	—	—	1.5	1	—	—
达乌里胡枝子 *Lespedeza var. dahurica*	0.3	1	0.8	5	8	5
白羊草 *Bothriochloa ischaemum*	—	3	—	9	0.8	16
山苦荬 *Ixeris chinensis*	0.3	2	—	—	1	3
狗尾草 *Setaria viridis*	1	3	0.3	—	—	2

注：地上部种类数为每 m^2，种子库为两季节数目之和，体积 $2000cm^3$（取样器体积 10cm×10cm×10cm×2）。

16.4.5　讨论与结论

16.4.5.1　植被恢复过程中土壤种子库密度

试验结果表明，演替初期种子库的密度显著高于其他阶段的种子密度，随着演替的进行，种子库密度呈下降趋势。但在演替过程中呈现出波动性，因此找出了植被恢复过程中种源相对丰富和贫乏的演替阶段，即演替的 2～3 年、13～14 年、22 年种子库密度较大，为种源相对丰富阶段，对其进行保护和管理（如封山、改变水肥条件）；撂荒 7～8年、20 年及 30 年左右密度较低，为种源相对贫乏阶段，可通过人工补种或采取相应的措施促进植被恢复，如保护母株，促进其无性繁殖，出现不同的结果可能与研究地区的环境条件、植被类型等有关。结果还表明，不同季节取样，植被恢复过程中种子密度的变化趋势是相同的，但不同季节相比，相应各演替阶段的土壤种子库密度变化规律不一致。在该区各演替阶段均有其各自的土壤种子库季节变化动态，这与唐勇等(2000）对热带林地的研究结果不同，因为林地和草地的环境条件相差甚大，结果有所不同。

16.4.5.2　植被恢复过程中不同土层土壤种子库密度

从土壤种子库的垂直分布特征看，一些研究结果表明种子通过各种途径进入土壤种子库后随着土壤加深种子的储量和种类呈下降的趋势。试验结果与他人研究结果一致，两季节均表现为 0～5cm 土层种子库密度显著大于 5～10cm 土层种子库密度，且 10 月份 0～10cm 土层中种子平均密度高于 4 月份土层种子库密度，与周先叶等研究结果相似。他认为在旱季末期（4 月）土壤种子库上层（0～2cm）的种子储量较雨季末期（10 月）的大，雨季末期中下层种子的储量较高。种子库的上层直接处于土壤与植被的界面，受到环境的影响较大，在旱季末期整个旱季种子的积累，导致种子在表层土壤中的堆积，而在雨季末期，由于湿度较大，土壤较疏松，使得表层种子易向深层次转移，导致了上层种子量的减少。

土壤种子库密度在垂直空间分布上，由表层向下种子数量逐渐降低，这是由于枯落物与植物根系盘结层组成了一条隔离带，在种子雨下落进入种子库过程中，阻碍了在垂直方向上的分布，除非受到外力作用（如动物踩踏、雨水冲击等），否则仅通过自身重力作用难以下渗，从而影响到土壤深层的种子储量（尹锴等，2005）。

16.4.5.3　植被恢复过程中土壤种子库物种组成

土壤种子库的种子来源于地上成熟植物，土壤种子库的种类组成对地上幼苗的种类产生影响，在决定群落演替的方向上作用甚大。在植被恢复过程中对土壤种子库的结构组成进行分析，实验结果表明，从生活型上分析，演替中前期（撂荒 2～20 年）种子库中一年生或两年生草本植物占优势，演替后期（撂荒 22～32 年）多年生物种占优势，但并非是演替时间最长的群落种子库中多年生物种所占比例最大，该结论与赵丽娅等（2005）对科尔沁沙地的研究结果不太一致。他的结果表明，在植被恢复演替过程中，土壤种子库的组成均以一年生草本植物为主（优势度为 60.40%～91.83%），到演替中后期阶段，多年生草本植物的种类有所增加，但所占比例仍很小。与之相比，本试验中演替后期多年生物种占优势，表明陕北黄土丘陵区的植被恢复速度比科尔沁沙地明显加快。另外，一些研究均表明（Warier et al.，2004；吕世海等，2005；赵丽娅等，2006），在土壤种子库中一、二年生植物占优势。由实验结果可知，在土壤种子库中还存有一些田间杂草种子，随着农田撂荒及环境条件发生变化，这些田间杂草不能适应改变了的环境条件而在地上部植被组成中消失，但它们的种子仍可长期存留在土壤中，一旦条件适应，便可萌发生长。

对土壤种子库的物种多样性的研究表明，随着演替的进行，土壤种子库 Simpson 指数和 Shannon-Wiener 指数总体上呈上升趋势，并呈线性变化规律，拟合方程分别为 $y=0.2790+0.0514x$ 和 $y=0.6156+0.1399x$，这与白文娟，焦菊英等（2007）的研究结果不太一致。其结果表明随着退耕年限的增加，土壤种子库的多样性呈上升趋势，但拟合的直线方程经回归分析未达显著水平，这可能与研究区及取样点不同有关，但都与撂荒地群落物种多样性的变化趋势相同。

对各演替阶段土壤种子库的相似性研究表明，相邻演替阶段种子库的相似性较高，随着演替的进行，各阶段的相似性基本上呈降低趋势。随着演替的进行，群落结构组成变得越加复杂，差异性不断增加，从而导致土壤种子库的相异性也呈增大趋势，进一步说明种子库在植被恢复中发挥重要作用。

16.4.5.4　植被恢复过程中土壤种子库与地上部植被关系

土壤种子库和地上植被的关系大致有 2 种情况，即为不相似性和相似性，不同的研究区及研究对象得出的试验结论不尽一致。本试验通过对不同演替阶段种子库和地上植被的相似性进行研究，结果表明各阶段的相似系数均较低，Jaccard 相似系数和 Sorensenson 相似系数范围分别为 0.25～0.3913 和 0.4000～0.5625，均小于 0.6，这种相异性是由于优势草本物种对土壤种子库形成的较小贡献所致。但在 2～10 年即演替前期相似性较高，随着演替的进行，相似性呈下降趋势，与黄忠良（1996）、周先叶和安树青（1996）等的研究结果一致，说明种子库在恢复演替前期发挥作用较大，随着演替进行，作用逐渐减小。因到演替后期，多年生植物如铁杆蒿、白羊草等的繁殖途径主要是营养繁殖，这些植物的萌蘖性强，通常可以借助于无性系分株（ramet）来产生后代，达到扩散种群的作用。

种子库与地表植被的物种组成存在差异，造成种子库与地表植被物种组成差异的原因是多方面的：首先，不同物种种子萌发所需的适宜条件不同，很难在一个实验中满足所有物种种子萌发的最适宜条件（温度、光照、水分等），最终导致种子库中的种子只有部分萌发；其次，用来与种子库进行比较地表植被的物种组成只是一次调查的结果，不同物种生长时间存在差异，因此也可能低估了植被的物种组成；第三，地上植被的种子不能进入土壤种子库；第四，地上植被的种子虽然进入种子库，但在调查前已萌发或死亡。地形的差异也会影响土壤种子库中的种类组成（程积民等，2006；Ashton et al.，1998），至于这些因素与土壤种子库的关系还有待于进一步研究。

16.5 结　论

前人针对延安地区植被现状和植被建设中存在的问题，提出了植被恢复基本策略，即“以自然恢复为主，人工适度干预促进自然恢复”。但是如何适度干预至今还是个尚待解决的问题，因此，本书通过研究对陕北黄土丘陵区撂荒演替、天然群落的分布与环境条件的关系、人工干预对植被恢复的影响以及土壤种子库在植被恢复中所起的作用，对其结论进行总结，主要有以下几个规律：

16.5.1 陕北黄土丘陵区撂荒演替规律

通过野外调查，用系统聚类法确定撂荒地的演替阶段或序列。从群落类型来看，陕北黄土丘陵区 2～45 年主要种的撂荒演替趋势为：猪毛蒿→猪毛蒿＋苣荬菜→猪毛蒿＋长芒草→铁杆蒿（茭蒿）→铁杆蒿＋达乌里胡枝子→达乌里胡枝子＋铁杆蒿（白羊草）→白羊草＋达乌里胡枝子或达乌里胡枝子或白羊草群落（阳坡）。总地来看，演替趋势是从一、二年生植物到多年生植物。

2003 年与 2006 年的群落聚类结果相比，基本趋势是一致的，即在 6 年内均为一年生杂草群丛；7～10 年为一年生杂草＋多年生杂草群丛；20～25 年形成小灌木达乌里胡枝子群丛；25 年以后形成密丛型禾草白羊草群丛或小灌木达乌里胡枝子群丛。不同之处在于处于 10～20 年这段时间的群落演替发生变化，在 2003 年的演替过程中在撂荒 15 年左右形成了冰草＋一年生杂草群丛，而在 2006 年没有出现。说明在 3 年的恢复过程中，该阶段演替速度较快，处于此演替阶段当中的一年生植被逐渐被多年生植被所代替，进一步表明，撂荒地植被正处在一个自行恢复过程中。这种演替趋势从相对竞争能力来解释，多年生植物对猪毛蒿的竞争抑制较一年生植物强，多年生植物对一、二年生植物的各种适应和竞争优势使得撂荒前期演替较快，只需 1～6 年。种内竞争、种间竞争的研究表明，撂荒演替的前期和中期主要种的替代机理为相对竞争能力，而演替后期序列种代替中期序列种的原因可能是其具备耐低资源水平的能力，如达乌里胡枝子在猪毛蒿群落中被邻体竞争抑制的程度要大于长芒草和铁杆蒿，显然不是相对竞争能力决定了其在演替后期群落中的优势地位（杜峰，2004）。

DCCA 排序更详细地解释了撂荒地植被恢复与环境因子的关系及其不同演替阶段的群落在二维空间的分布状况，结果表明 14 个环境因子中对植被恢复影响最大的是撂荒年限。分析撂荒年限对植被恢复的影响是有意义的，随着撂荒年限的延长，土壤水分、养分因子发生相应的变化，其中与撂荒年限关系较密切的因子是土壤水分、有机质含量和全氮。随着演替的进行，土壤水分呈下降趋势，土壤养分因子中速效磷呈降低趋势。因此，对于演替后期序列种的耐低资源水平的能力可能还包括耐低磷水平的能力，土壤中低水平的磷是否对后期物种的生长构成限制，需要进一步进行对比实验研究。立地条件中的海拔高度和坡向这两个因子对群落分布有较大影响，且从 DCCA 分析来看，整个演替阶段对群落分异影响较大的主要是土壤水分、有机质和速效磷。

对撂荒地植被恢复过程中 1m 土层土壤水分的变化趋势研究结果表明：不同年度间的土壤水分变化趋势有所差异，呈现不稳定的变化规律。撂荒地 1m 土层的土壤水分除受地上部植被的影响外，还与降水量、坡向密切相关。

随着演替进行，群落结构组成也在发生变化。在演替初期，群落结构较简单，随着演替的进行，植物种类增多，物种多样性增加，20 年左右多样性达最高，而后植被又向几个优势种如达乌里胡枝子或白羊草集中，多样性又呈下降的趋势，呈现出抛物线函数的变化规律。群落的均匀度与多样性的变化规律相一致，而优势度指数与物种多样性的变化趋势相反，即在演替初期群落优势度较高，随着演替时间的延长，优势度逐渐降低，而后又呈现增加的趋势。

16.5.2 天然群落结构组成与环境因子间关系

选择未经开垦但长期过牧的天然草地，对天然群落组成与环境因子间的关系进行 DCCA 排序分析，根据群落在排序轴的位置，将 31 块分成了 13 种群落类型，使群落在空间的分布直观地表现出来。分析可知，天然群落的结构组成与土壤水分、坡向、海拔、土壤有机质、全氮、速效磷、铵态氮和全钾关系非常密切，群落类型的分异主要受土壤水分、土壤养分中的有机质、铵态氮和速效磷的影响，与撂荒地群落大体相同，进一步表明 N 和 P 是当地土壤养分的限制因子，立地条件中的海拔和坡向对天然群落的分布也有较大影响。

由立地条件与群落的结构组成分析可知，不同立地条件下天然群落植被组成的种类数目不同，且物种生活型表现为多年生物种占优势，其中还出现少量小灌木。与撂荒地演替中前期分布的主要是一、二年生物种形成鲜明对比，表明封禁后，天然群落中的植被自行恢复速度远超过演替中前期的撂荒地。

该区的地形虽复杂多样，但天然植被在不同的坡向、坡位上形成稳定的地带性植被，即各立地条件下分布的植被70%～80%均属于菊科、禾本科、豆科、蔷薇科这4大科，由于受微生境因子的影响，在总体上呈镶嵌状稳定分布。分布格局为：阴坡的上坡位和下坡位分布的主要是南牡蒿和铁杆蒿群丛；而阳坡的坡上部分布的主要是茭蒿、无芒隐子草和铁杆蒿群丛；阳坡的坡下部主要是达乌里胡枝子和白羊草群丛。因此，在用乡土草种进行人工植被建设时，建议参照此分布格局，进行合理配置，根据立地条件选择合适的草种。

不同立地条件下的各环境因子间以及与物种多样性之间的回归分析表明：各生境因子之间互相影响，存在一定的相关性，土壤水分和有机质之间，土壤水分、有机质、坡度与物种多样性之间有着密切的联系，物种多样性与土壤水分之间呈显著的一元线性相关。在各因子中土壤水分对植物群落的结构组成起着关键性的作用，是黄土高原植被恢复和重建的关键限制性因子。

总之，在陕北黄土丘陵区不论是撂荒地还是未经开垦天然群落的恢复，与其关系较密切的土壤环境因子均为土壤水分、土壤养分中的有机质、铵态氮和速效磷，群落类型的分异也主要受这几个因子的影响。除土壤水分外，土壤养分中的N和P是当地的限制因子。因此，人工施肥调控植被恢复时，使用铵态氮肥和磷肥更为有利。此外，立地条件中的海拔高度和坡向也是该区群落类型分布的重要影响因子。

16.5.3　干扰对植被恢复的影响

16.5.3.1　均匀施肥对植被恢复的影响

对处于演替过程中的3个典型群落猪毛蒿、长芒草和铁杆蒿进行$(NH_4)_2HPO_4$施肥干扰实验，结果表明：

1）与对照相比，施肥后3个群落中物种的重要值发生改变。猪毛蒿群落中，一年生植物狗尾草重要值减小，而多年生植物阿尔泰狗娃花、冰草等重要值增大，成为群落中的主要物种；长芒草群落，与对照相比，施肥降低了优势种长芒草的重要性，而达乌里胡枝子的重要值明显增大；铁杆蒿群落则随着肥量增加，铁杆蒿的重要值表现为逐渐上升，与对照相比，群落中的伴生种二裂委陵菜、茭蒿在处理区的平均重要值有所下降，而演替后期物种达乌里胡枝子的重要值增大。

2）与对照相比，除铁杆蒿群落高肥区密度外通过施肥，3个群落的高度、生物量和密度均有显著提高，表现为高度和生物量在高肥区达最大，密度在中肥区达最高。3个群落相比，演替前期的猪毛蒿群落提高幅度最大，长芒草次之，铁杆蒿最小。

3）施肥改变了3个群落的物种多样性。群落类型不同，其变化趋势亦不同，猪毛蒿和铁杆蒿群落Patrick丰富度指数在中肥区达最高，随着施肥量的增加，Margalef（I_{ma}）指数、Shannon-Wiener（I_{sw}）指数和PieLou（J）指数产生不同程度的下降，而Berger-Parker优势度指数（I）逐渐增大；长芒草群落则随着施肥量的增加，Patrick指数、I_{ma}、I_{sw}和J均有不同程度的上升，而优势度指数I呈下降趋势。

由上可知，中肥区的施肥量更有利于优势种及其他一些伴生种的出现，且处于演替前期的群落比后期群落对肥料反应更敏感。因此，在陕北黄土丘陵区这个土壤养分贫瘠的地区将施肥作为一种人工干预手段，促进当地植被的恢复是可行的。建议在黄土高原退耕地恢复中，有条件区域，尤其是处于演替前期的群落，可以通过施肥改变群落结构，提高荒草地质量，加快植被恢复进程。

16.5.3.2　异质施肥对植被恢复的影响

猪毛蒿群落的异质施肥（肥料为（NH_4）$_2HPO_4$）实验结果表明：在一定范围内，同一施肥强度下，肥料在土壤中呈斑块状异质分布比均匀分布更能促进植被的高度和生物量的增加，且表现为高强度的土壤养分在空间呈异质分布时，群落的平均高度和生物量最大。说明土壤养分呈异质分布时，群落初级生产力将得到更大的提高，但同一施肥强度下，异质施肥降低了植株的平均密度，而均匀施肥提高了小区植株的平均密度，且随着施肥强度的增加，差异逐渐增大。高强度的肥料呈异质分布时，可能因肥料浓度过高，抑制新生苗的生长或导致其死亡，使小区植株密度大幅度下降。因此，单纯增加植株密度时，在一定范围内，应采用均匀施肥。

施肥明显增大了猪毛蒿群落的植株高度变异范围。两种施肥方式相比，异质施肥区植株高度分布的波动性增大，根据不同处理区生物量级分布，地上部植株有较少的大个体和较多的小个体，与 CK 比较，施肥使植株个体的生物量增大。同一施肥强度下，土壤养分呈异质分布，可以提高样地群落中的物种多样性，降低群落优势度，天然群落中，环境的异质性增大，物种多样性增多这一观点。不同施肥强度，均匀施肥对物种多样性的影响不同，同一施肥方式，在中强度干扰下，物种的多样性最大，支持中度干扰假说。

综上所述，对于处于撂荒演替前期的群落，在该区进行施肥干扰促进植被恢复的过程中，在一定施肥量下，肥料呈异质分布对改变群落结构和物种多样性组成更为有利，至于还有无更合适的施肥范围来改变群落结构，有待进一步研究。

16.5.3.3　优势种去除对植被恢复的影响

对猪毛蒿和铁杆蒿群落优势种进行去除实验，结果表明：去除群落优势种后，增加了群落内物种的多样性，同时使多年生物种增加，从一定程度上促进了群落的演替速度。

从各群落主要物种生长特征、平均盖度及综合评价指标重要值来看，去除演替前期的优势种猪毛蒿后，群落很快地向演替序列种——阿尔泰狗娃花方向发展；位于演替中后期的铁杆蒿群落在去除优势种后，向演替后期的达乌里胡枝子方向发展，优势种去除后促进其他伴生种的生长；与 CK 相比，猪毛蒿和铁杆蒿两群落的平均盖度均得到提高，为减少水土流失起到积极作用。

因此，无论是处于演替前期的猪毛蒿群落，还是演替中期的铁杆蒿群落，对它们进行优势种去除后，各群落的优势种都被下一演替阶段的系列种所代替，各群落都能沿着正向演替的方向迅速发展，对加快群落的演替速度，认识演替方向起到非常重要的作用。进一步表明在陕北黄土丘陵区，去除蒿类干扰方式对加快群落的演替速度和进程是一种行之有效的方式。

通过以上对三种干扰方式对植被恢复的影响进行分析可知，建议在该区选择合适的区域，特别是处于演替前期的撂荒群落，在一定施肥量范围内，选用 N、P 二元复合肥料，无论是呈均匀，还是呈斑块状施入，对当地植被的顺行演替均产生促进作用，说明施肥在当地是一种行之有效的干预方式。对于处在演替前期和中期的群落，去除蒿类优势种对加快植被恢复是有效的干扰途径。由此建议，为了进一步加快植被恢复，可将施肥和去除优势种相结合的方式进行干扰可能更为有利，至于此方法还需布置试验做更深入的研究。

16.5.4　土壤种子库在植被恢复中的作用

在演替初期，种子库密度显著高于其他阶段，随着演替的进行，种子库密度呈下降趋势，但在演替过程中呈现出波动性。因此，找出了植被恢复过程中种源相对丰富和贫乏的演替阶段，即演替的 2～3 年、13～14 年、22 年种子库密度相对较大，为种源相对丰富阶段，对其进行保护和管理（如封山、改变水肥条件）；撂荒 7～8 年、20 年及 30 年左右密度较低，为种源相对贫乏阶段，可通过人工补种或采取相应的措施，如保护母株促进其无性繁殖，加速植被恢复。对土壤种子库密度的垂直分布研究结果表明，0～5cm 土层种子库密度显著大于 5～10cm 土层种子库密度，且 10 月份 0～10cm 土层中种子平均密度高于 4 月份。在该区，土壤种子库密度季节性不明显，不论是 4 月份还是 10 月份取样，土壤种子库密度变化不明显。

土壤种子库从生活型上分析，演替中前期（2～20 年）种子库中一年生或两年生草本植物占优势，演替后期（22～32 年）多年生物种占优势，但并非是演替时间最长的群落种子库中多年生物种所占比例最大。并且在土壤种子库中还出现了一些田间杂草的种子，随着农田撂荒，环境条件发生变化，一些田间杂草不能适应改变了的环境条件而在地上部植被组成中消失，但它们的种子仍可长期存留在土壤中，一旦条件适应，便可萌发生长；土壤种子库的物种多样性表现为随着演替的进行呈上升趋势，并呈线性变化规律。

对不同演替阶段种子库和地上植被相似性进行的研究结果表明，各阶段的相似系数均较低，这种相异性是由于优势草本物种对土壤种子库形成的较小贡献所致。但在 2～10 年即演替前期相似性较高，随着演替的进行，相似性呈下降趋势，说明种子库在恢复演替前期发挥作用较大，随着演替进行，作用逐渐减小。因到演替后期，多年生植物如铁杆蒿、白羊草等的繁殖途径主要是营养繁殖。这些植物的萌蘖性强，通常可以借助于无性系分株（ramet）来产生后代，达到扩散种群的作用。

建议对处于撂荒演替前期的群落加以保护和管理，如继续进行封山禁牧，改善水肥条件，促进种子萌发，充分发挥土壤中种子在植被恢复中的作用；对于撂荒演替后期的群落，因种源贫乏，可以采取人工补种或保护母株，促进其无性繁殖，进而加快当地植被恢复速度。

总之，根据研究，撂荒地演替有明显的阶段性，且总体特征是演替速度缓慢，群落结构相对单一。因此，在退耕和封禁的前提下，植被的恢复应以演替特征为依据，进行适度合理的人为干预，能够有效地加快退耕地的演替速度。土壤种子库的研究表明，撂荒演替前期土壤中的种子对植被的恢复有一定作用，但随着演替的进行，其作用逐渐减弱。在演替前期和后期，分别采取相应的措施，充分发挥土壤中种子在植被恢复中的潜力。

第17章 黄土丘陵区基于水分平衡的人工草地建设研究

17.1 黄土丘陵区常用牧草抗旱适应性研究

17.1.1 苜蓿抗旱适应性评价研究

植被建设是黄土高原和西北地区生态环境建设中其他措施无法代替的一项重要措施和内容，退耕还林还草则成为西部大开发及生态环境建设的关键和切入点，而退耕后正确地选择草种是人工草地建设的核心问题。目前，苜蓿（*Medicago sativa*）是世界栽培利用最广泛的牧草，也是我国西北干旱半干旱地区种植最广的牧草品种。在众多的牧草品种中，苜蓿占有无可比拟的优势，属豆科，多年生，产量高，品质好，耐频繁刈割持久性好，还具有清除田间原有杂草、改土增肥及经济效益高等特点。因此，苜蓿不仅是家畜的主要优良饲草，而且还可以改良土壤，保持水土，被称为“牧草之王”（华珠，1995）。但不同的苜蓿品种有不同的抗旱适应性，选择抗旱适应性强的品种对于以水分为限制因子的干旱半干旱地区的人工草地建设，尤其是基于土壤水分的人工草地建设极其重要（魏永胜等，2004）。研究通过对9个苜蓿品种的抗旱生理指标的测定对其抗旱适应性进行了评价，以期为干旱半干旱地区苜蓿品种的引进和推广提供科学的参考依据。

17.1.1.1 不同苜蓿品种细胞膜相对透性比较

植物在脱水时，常因伤害细胞膜结构而引起细胞膜透性增大，细胞内含物不同程度外渗，使外渗液电导值增大；膜透性变化越大，表示植物受伤越重，抗性越弱。研究结果（表17-1）表明，在相同的土壤水分条件下，爱博的细胞膜相对透性最高，为10.1%；爱林的细胞膜相对透性最低，为3.8%；而其余7个品种的细胞膜相对透性较为接近，范围在5.4%～8.3%。但给予干热风（模拟大气干旱）处理后，细胞膜相对透性发生明显变化，其伤害程度也不同，其中爱博受伤害率最大，而超级13R与保丰

表17-1 干热风处理对苜蓿离体叶片的伤害

苜蓿品种	处理前细胞膜相对透性/%	处理后细胞膜相对透性/%	伤害率/%
超级13R	7.1	3.7	0.0（−3.7）
保丰	6.6	3.4	0.0（−3.4）
路宝	5.4	8.9	3.7
爱林	3.8	9.0	5.4
牧歌401+Z	8.3	14.8	7.1
全能+Z	7.8	15.0	7.8
新疆大叶	7.9	15.3	8.0
巨人201+Z	7.4	15.0	8.2
爱博	10.1	19.3	10.2

伤害率为负值，其余品种均受到不同程度的伤害。超级 13R 与保丰两个品种在受到干热风处理后细胞膜透性下降的原因，有待进一步研究。因此，质膜相对透性常被作为衡量植物受伤害程度的指标之一（赵晰等，2001），可反映牧草干旱条件下有一定的调节适应能力（钱吉等，1997）。

17.1.1.2　不同苜蓿品种叶片组织含水量、相对含水量及水势比较

Levitt（1990）认为不同环境胁迫作用于植物时能对植物造成水分胁迫，植物会出现脱水现象。相对含水量（RWC）是反映植物水分状况的参数，植物叶片相对含水量的大小可部分反映植物抗逆性的能力。表 17-2 为不同苜蓿品种组织含水量（OWC）、离体时及饱和后脱水 24h 时 RWC。尽管样品均采自连阴雨后的第三天，但不同品种的苜蓿组织含水量与离体时 RWC 已显示出了明显差异。路宝、巨人 201、全能+Z、牧歌 401 及爱林 5 个品种，离体时 RWC 均在 74%以上，而新疆大叶、爱博、超级 13R 及保丰则在 70.64%～72.34%。

由于，$$组织含水量=\frac{W_f-W_d}{W_d}\times 100 \tag{17-1}$$

而$$相对含水量=\frac{W_f-W_d}{W_t-W_d}\times 100 \tag{17-2}$$

其中，W_f 为鲜重；W_d 为干重，W_t 为饱和重。

因此，$\frac{组织含水量}{相对含水量}=\frac{W_t-W_d}{W_d}$，可用来表示植物组织的吸水能力，但只是用来表示吸水容量，而不能表示强度。从表 17-2 结果可看出，保丰、新疆大叶、超级 13R 相对较高，而爱林、巨人 201、路宝相对较低。差异产生的原因是生理上的还是结构上的，还需要深入研究。

植物组织水势是目前使用最广泛的水分度量指标，在土壤水分亏缺条件下，较高的水势有利用于植物生长与代谢。表 17-2 显示，不同苜蓿品种的叶水势均在−0.80MPa 以下，以爱博水势最低为−1.10MPa，路宝水势最高为−0.80MPa。

表 17-2　不同苜蓿品种组织含水量、离体时及饱和后脱水 24h 时 RWC

苜蓿品种	爱林	全能+Z	路宝	牧歌 401	爱博	保丰	巨人 201	超级 13R	新疆大叶
脱水前 OWC/%	75.14	82.55	80.72	79.62	79.03	81.78	79.47	80.59	82.90
脱水前 RWC/%	74.19	75.67	77.54	75.33	71.86	70.64	77.28	71.89	72.34
OWC/RWC	1.01	1.09	1.04	1.06	1.10	1.16	1.03	1.12	1.15
脱水 24h RWC/%	72.48	75.32	76.19	77.78	81.03	82.4	82.57	84.22	85.12
水势 /MPa	−0.85	−0.90	−0.80	−0.85	−1.10	−0.85	−0.85	−1.00	−0.90

17.1.1.3　不同苜蓿品种离体叶片保水力比较

离体叶片的保水力与植物的抗性密切相关。从图 17-1 可以看出，如果按 9 个苜蓿

品种脱水 24h 后的 RWC 高低划分保水能力，可分为三组。高保水力组为超级 13R、新疆大叶、爱博、巨人 201 和保丰，其 RWC 维持在 80％以上；中保水力组为全能＋Z、路宝、牧歌 401 其 RWC 维持在 75％～80％以上；低保水力组为爱林，其 RWC 在 75％以下。

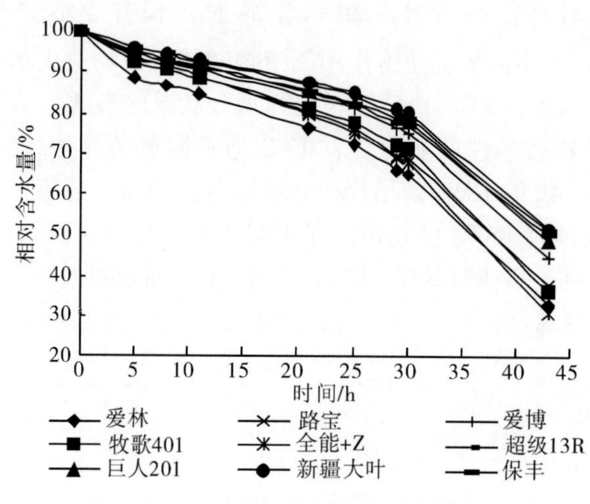

图 17-1　不同苜蓿品种保水能力差异

17.1.1.4　不同苜蓿品种叶片脯氨酸含量比较

植物体内的游离脯氨酸是主要的渗透调节物质，一般认为，脯氨酸在植物抗旱适应方面的主要作用为参与渗透调节、减少氨毒害及保护生物大分子。因此，植物体内脯氨酸含量越高，植物的抗旱性越强。表 17-3 的结果显示，爱博、爱林、牧歌 401 脯氨酸含量较高，路宝、全能＋Z 脯氨酸含量较低，巨人 201、新疆大叶、超级 13R、保丰脯氨酸含量居中。结合保水力结果可知，新疆大叶、超级 13R 脯氨酸含量居中，但保水能力很强，路宝、全能＋Z 脯氨酸含量最低，其保水力也最差。脯氨酸含量对植物保水力有影响，脯氨酸含量低，保水力差，但并不是脯氨酸含量越高越好。

表 17-3　不同苜蓿品种叶片脯氨酸含量

苜蓿品种	爱林	牧歌 401	巨人 201	路宝	全能＋Z	新疆大叶	爱博	超级 13R	保丰
脯氨酸含量/（mg/g）	0.886	0.804	0.717	0.481	0.474	0.689	0.923	0.614	0.604

17.1.1.5　不同苜蓿品种抗旱性隶属函数值法评价

以细胞膜伤害率、叶片水饱和后脱水 24h 的 RWC、叶水势及脯氨酸含量四个指标为依据，计算各指标的隶属函数值，并进行综合评价，结果见表 17-4。抗旱性由大到小排列顺序为：保丰＞超级 13R＞路宝＞牧歌 401＞爱博＞爱林＞新疆大叶＞巨人 201＞全能＋Z。

表 17-4　不同苜蓿品种隶属值

苜蓿品种	膜伤害	RWC	水势	脯氨酸含量	均值	抗旱性排序
保丰	1.00	0.78	0.67	0.57	0.76	1
超级 13R	1.00	0.93	0.33	0.58	0.71	2
路宝	0.64	0.29	0.83	0.87	0.66	3
牧歌 401	0.31	0.42	0.67	1.00	0.60	4
爱博	0.00	0.68	0.83	0.71	0.56	5
爱林+Z	0.47	0.00	0.83	0.87	0.54	6
新疆大叶	0.21	1.00	0.83	0.00	0.51	7
巨人 201	0.20	0.80	1.00	0.03	0.51	8
全能+Z	0.23	0.22	0.00	0.85	0.33	9

17.1.2　不同牧草抗旱生理机制研究

不同作物和品种适应干旱的方式是多种多样的，一些作物和品种是几种抗旱机制共同起作用的，抗性表现是一个综合的结果（山仑，1998）。因此，为植物抗旱性研究带来许多困难，描述水分胁迫条件下植物的生理代谢指标也很多，如直接影响植物体内水分平衡的根系吸收能力、蒸腾速率、渗透调节及渗透调节物质的积累、细胞膜稳定性、保护酶系活性；水分胁迫条件下光合能力的变化，如气孔运动、叶绿素含量、电子传递速率、光合磷酸化活性及叶绿素荧光等。在分子生物学领域与植物抗旱性相关的指标包括胁迫蛋白、信号转导，包括水信号、化学信号及电信号等。本研究主要测定指标有叶片保水力、脯氨酸、细胞膜相对透性、叶绿素含量等，以此解释不同牧草抗旱适应性差异的生理机制。

17.1.2.1　植物组织含水量动态变化

控水期间各组土壤含水量见表 17-5、表 17-6。

表 17-5　不同牧草控水期间胁迫组土壤含水量　（单位：%）

牧草品种	日期					
	8 月 18 日	8 月 20 日	8 月 22 日	8 月 24 日	8 月 26 日	8 月 28 日
苜蓿王	17.9	12.3	9.3	4.7	4.6	4.0
费尔纳	17.6	13.1	9.8	5.4	4.8	4.8
阿尔冈金	18.5	15.5	10.6	8.3	5.1	4.9
农宝	17.4	12.4	8.9	5.4	6.9	4.5
邦德	17.5	10.9	7.3	4.2	2.9	3.4
劲能	17.2	12.4	8.1	5.2	4.1	4.4
酋长	17.9	14.6	11.6	7.0	5.4	5.8
陆地	17.3	13.8	10.8	7.2	6.0	5.8
沙打旺	16.9	11.6	8.4	5.5	4.3	4.6

表 17-6 不同牧草控水期间对照组土壤含水量 （单位：%）

牧草品种	日期					
	8月18日	8月20日	8月22日	8月24日	8月26日	8月28日
苜蓿王	17.1	14.7	12.4	9.8	7.0	15.7
费尔纳	17.3	15.8	13.5	10.6	8.7	14.3
阿尔冈金	17.8	16.0	12.9	9.5	7.2	18.0
农宝	17.7	15.9	12.6	9.3	7.0	16.5
邦德	16.8	14.0	10.1	9.2	6.5	16.2
劲能	16.4	13.8	10.3	8.7	6.1	14.8
酋长	18.9	18.8	17.7	13.8	11.3	15.7
陆地	17.1	17.3	16.6	12.4	11.0	15.9
沙打旺	17.0	14.0	10.5	10.1	7.0	15.3

如图 17-2、图 17-3 所示，随土壤含水量的逐步降低，植物组织含水量也随之下降，但不同牧草品种对土壤含水量降低的反应不一致。控水阶段，土壤含水量初期下降较快，达到 5%左右以后，下降速度较慢。

豆科牧草中沙打旺、费尔纳与阿尔冈金在土壤含水量下降到 5%以前，组织含水量始终维持在一个较高水平（约 78%），当土壤含水量低于 5%时，组织含水量才开始迅速下降，苜蓿王和农宝在土壤含水量为 10%左右时就开始下降，但最后组织含水量稍高于沙打旺和阿尔冈金，费尔纳在最后仍保持一个较高水平。

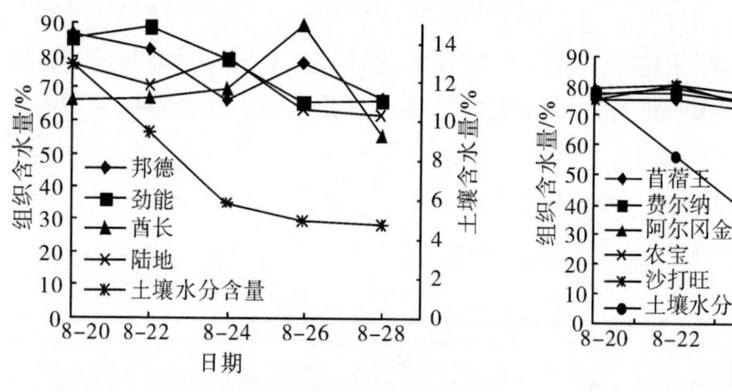

图 17-2 禾本科牧草组织含水量变化

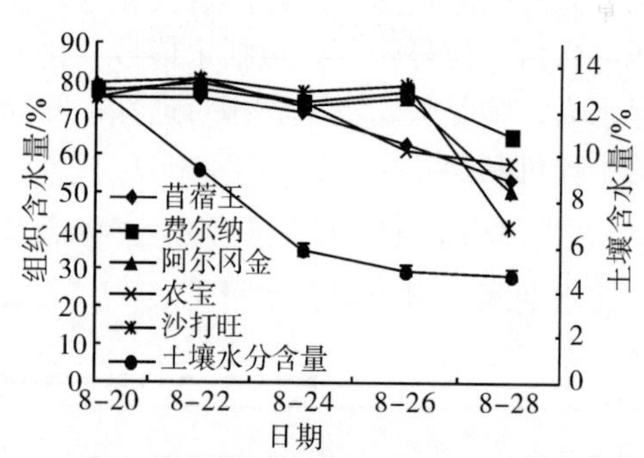

图 17-3 豆科牧草组织含水量变化

禾本科牧草初始组织含水量就有差异，其中 2 个黑麦草品种组织含水量在 85%以上，含水量的下降发生在土壤含水量达到 9%以后；2 个冰草品种中，陆地为 77.5%，含水量的下降发生在土壤含水量达到 5%以后，而酋长组织含水量则仅有 66.1%，当土壤含水量达到 5%时，出现一个高值以后开始下降。

研究结果表明，豆科与禾本科在低水环境中一定时期内均可以保持一个较稳定的组织含水量，以保证代谢的正常进行。

17.1.2.2 不同牧草品种保水能力比较

从不同牧草相对含水量（RWC）变化（图 17-4）可以看出，豆科牧草变化规律较为一致，27h 内以抛物线形式下降，18～22h 后 RWC 下降到 50%，其中沙打旺、费尔纳和农宝 3 个品种抗脱水能力稍强一些。禾本科牧草之间 RWC 变化差异较大（图 17-5），其中陆地的 RWC 下降最快，10h 内即达到 50%，而邦德 RWC 达到 50%需要 25h。总体看，黑麦草的抗脱水能力要强于冰草和豆科牧草。

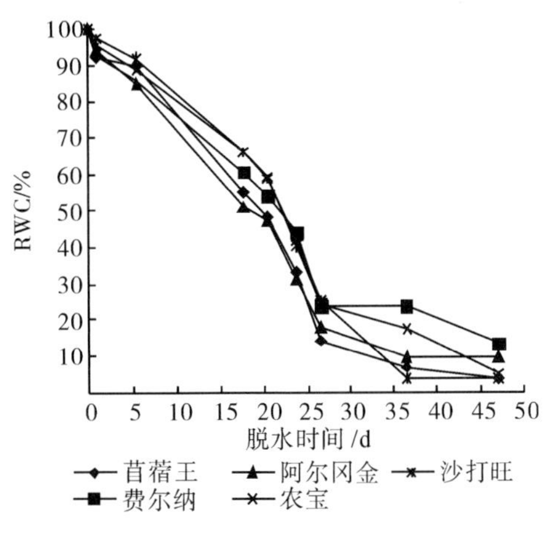

图 17-4　豆科牧草相对含水量变化

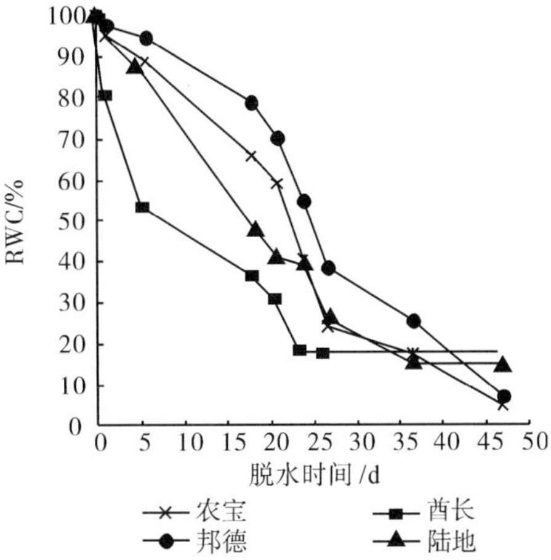

图 17-5　禾本科牧草相对含水量变化

17.1.2.3　不同牧草叶绿体色素含量变化

表 17-7a　胁迫条件下不同牧草胁迫组叶绿体色素含量

牧草品种	叶绿体色素含量/(mg/g FW)					
	叶绿素 a	叶绿素 b	类胡萝卜素	叶绿素	叶绿素 a/叶绿素 b	总量
阿尔冈金	3.98	0.76	1.53	4.74	5.22	6.27
费尔纳	3.52	0.70	1.57	4.22	5.04	5.78
苜蓿王	3.20	0.74	1.27	3.93	4.36	5.21
农宝	3.85	0.80	1.57	4.65	4.83	6.22
沙打旺	3.93	0.75	1.67	4.68	5.23	6.35
邦德	2.16	0.45	0.96	2.61	4.85	3.57
劲能	1.88	0.40	0.83	2.28	4.76	3.11
酋长	5.53	1.42	2.09	6.95	3.94	9.04
陆地	1.92	0.39	0.83	2.31	4.92	3.14

表 17-7b　适宜水分条件下不同牧草对照组叶绿体色素含量

牧草品种	叶绿体色素含量/(mg/gFW)					
	叶绿素 a	叶绿素 b	类胡萝卜素	叶绿素	叶绿素 a/叶绿素 b	总量
阿尔冈金	4.67	1.13	1.96	5.80	4.15	7.76
费尔纳	4.32	0.88	1.91	5.20	4.94	7.11
苜蓿王	3.66	0.94	1.60	4.60	3.88	6.20
农宝	4.79	1.04	2.01	5.83	4.61	7.84
沙打旺	2.79	0.59	1.38	3.39	4.66	4.76
邦德	3.12	0.73	1.48	3.85	4.27	5.33
劲能	5.19	1.42	2.29	6.61	3.68	8.90
酋长	4.27	0.99	1.82	5.26	4.33	7.08
陆地	4.85	1.12	2.07	5.97	4.38	8.04

不同牧草胁迫条件（表 17-7a）与适宜水分条件下（表 17-7b）叶绿体色素的比值见表 17-8。从表 17-8 可以看出，沙打旺与酋长的叶绿体色素总量在胁迫处理下明显增加，增加的原因可能是由于脱水叶片鲜重下降。其余各种牧草叶绿体色素总量均明显下降，4 种豆科牧草叶绿体色素总量均能维持在 80%左右，禾本科牧草则均在 70%以下，其中劲能与陆地不足 40%。从叶绿素 a/叶绿素 b 变化可能看出，除尊长以外，其余品种叶绿素 a/叶绿素 b 比值均>1，表明在受到胁迫时，牧草叶绿素 b 含量下降高于叶绿素 a 含量，可能是由于叶绿素 b 对干旱胁迫更敏感，相对容易分解。类胡萝卜素含量也比叶绿素 a 含量下降多，由于全部叶绿素 b、类胡萝卜素均为天线色素，在光合作用中以收集光能为主。因此，在干旱胁迫条件下其下降值较叶绿素 a 多，可调整天线色素所占比例，减少光能的吸收，避免过多光能对作用中心色素的伤害。

表 17-8　不同牧草胁迫组与对照组叶绿体色素的比值

牧草品种	胁迫组与对照组比值					
	叶绿素 a	叶绿素 b	类胡萝卜素	叶绿素	叶绿素 a/叶绿素 b	总量
阿尔冈金	0.85	0.68	0.78	0.82	1.26	0.81
费尔纳	0.81	0.80	0.82	0.81	1.02	0.81
苜蓿王	0.87	0.79	0.80	0.85	1.12	0.84
农宝	0.80	0.77	0.78	0.80	1.05	0.79
沙打旺	1.41	1.26	1.21	1.38	1.12	1.33
邦德	0.69	0.61	0.65	0.68	1.13	0.67
劲能	0.36	0.28	0.36	0.34	1.29	0.35
酋长	1.29	1.44	1.15	1.32	0.91	1.28
陆地	0.40	0.35	0.40	0.39	1.12	0.39

17.1.2.4　细胞膜相对透性变化

随土壤含水量的不断降低，各种牧草细胞膜相对透性基本呈逐渐上升趋势（图 17-6）。不同牧草间存在一定差异，4 种苜蓿的细胞膜相对透性始终是较低的，2 个黑麦草品种的细胞膜相对透性近似呈直线上升，而沙打旺与 2 个冰草品种则呈波浪式上升。

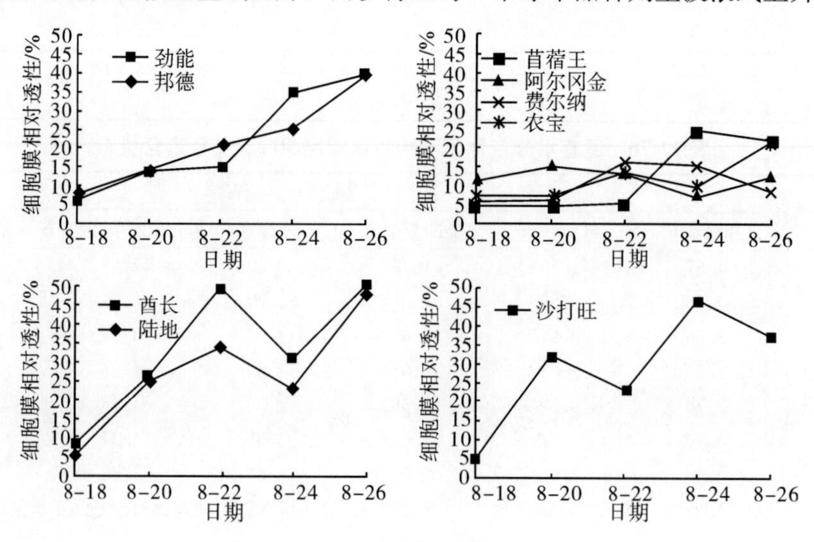

图 17-6　细胞膜相对透性变化

17.1.2.5　丙二醛含量变化

丙二醛（MDA）是植物细胞膜发生膜脂过氧化的产物，通常用来作为脂质过氧化的指标，表示细胞膜过氧化的程度和植物对逆境条件反应的强弱。试验结果[图17-7(a)～(i)]表明，各牧草MDA含量并没有随细胞膜相对透性增加而增加，其与组织含水量关系也没有明显的相关性，但与土壤含水量变化的关系呈现了较好规律性。当土壤含水量在5%以上时，MDA随土壤含水量的下降而下降，当土壤含水量在5%以下时，MDA含量则开始升高。但各牧草品种MDA含量升高的幅度不同，2个黑麦草品种均超过初始值，而其他牧草品种在土壤含水量达到5%以下时，MDA含量有所升高，但均不超过其初始值。因此，在黄绵土上，5%的含水量可能是供试各牧草细胞膜发生脂质过氧化的临界值。

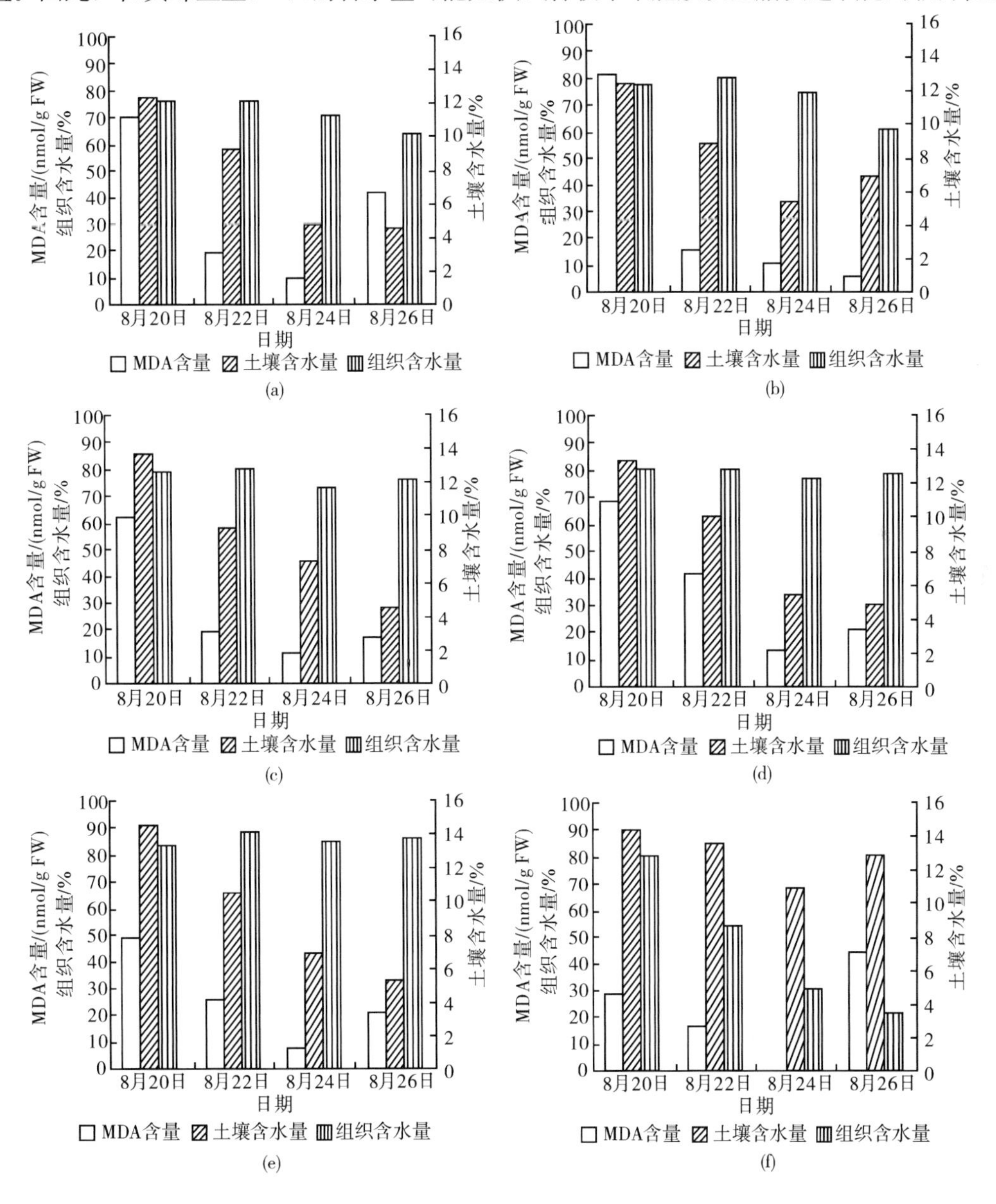

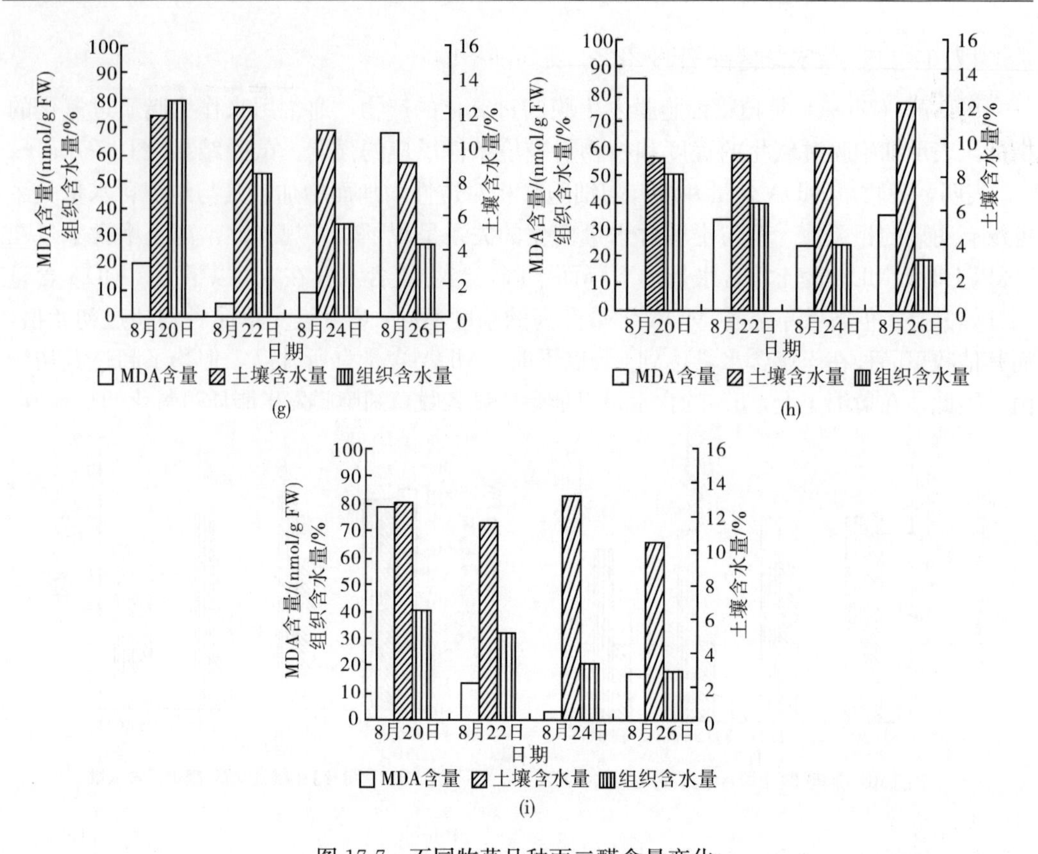

图 17-7 不同牧草品种丙二醛含量变化

(a) 苜蓿王；(b) 农宝；(c) 阿尔冈金；(d) 费尔纳；(e) 沙打旺；(f) 邦德；(g) 劲能；(h) 尊长；(i) 陆地

17.1.2.6 游离脯氨酸含量变化

1. 不同牧草品种游离脯氨酸含量变化

各种牧草叶片中游离脯氨酸含量变化趋势是一致的（图 17-8），土壤含水量在 9%以上时，脯氨酸含量均较高；土壤含水量在 5%～9%，脯氨酸含量则降至一个低水平；当土壤含水量低于 5%时，脯氨酸含量显著升高并达到最高值。各牧草间脯氨酸最高含量存在明显差异，沙打旺最高，其次是苜蓿王、邦德和费尔纳，再次是酋长、阿尔冈金和农宝，最低的是黑麦草劲能和冰草陆地。同样，脯氨酸的这种变化也是在土壤含水量为 5%时发生显著变化的。

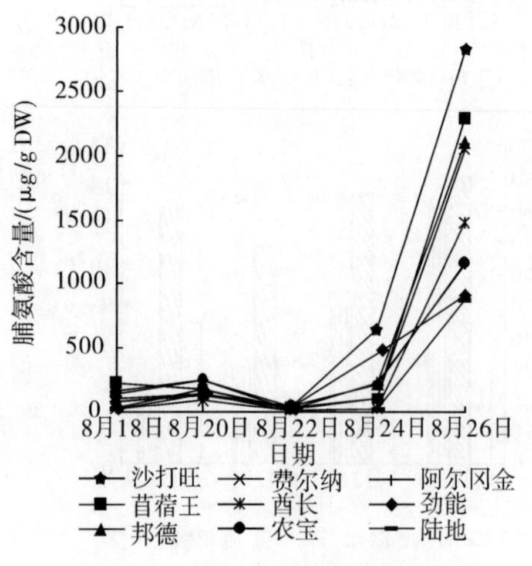

图 17-8 不同牧草脯氨酸含量变化

2. 干旱胁迫下豆科牧草 18 种游离氨基酸含量变化

由图 17-9 可以看出，随时间推移，各苜蓿品种 18 种游离氨基酸总量均随土壤含水量下降而减少，表明苜蓿蛋白质合成能力与土壤水分密切相关，随土壤水分的降低而下降。在前期各品种差异不明显，而在后期，当土壤水下降到 5%以下后，阿尔冈金和农宝游离氨基酸含量显著高于苜蓿王和费尔纳，苜蓿王最低，表明在干旱后期，苜蓿仍可以维持相对较高的蛋白质合成能力。

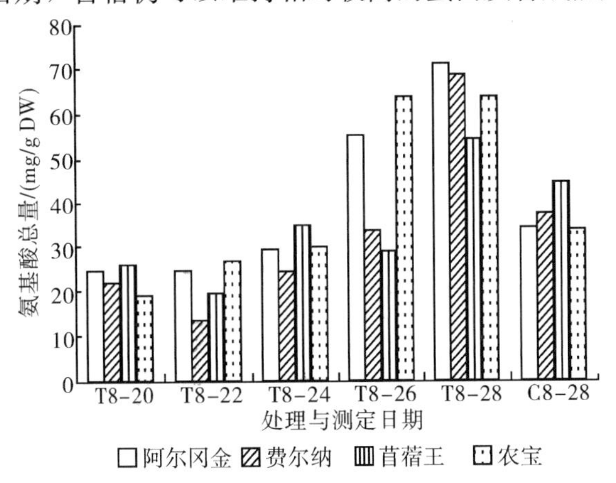

图 17-9　不同苜蓿品种干旱胁迫下游离氨基酸含量变化

注：T 为胁迫组；C 为对照组。

表 17-9 和表 17-10 分别为不同苜蓿品种在干旱胁迫下，不同游离氨基酸含量的变化和变异系数。从变异系数可以看出，脯氨酸、胱氨酸和组氨酸的变异系数均在 90%以上，组氨酸变化最大，农宝的组氨酸变异系数可高达 200%。而且这 3 种氨基酸的变化方向是一致的，均随土壤水分的减少而增加，并在土壤含水量低于 5%时迅速升高。

17.1.2.7　讨论

试验结果表明，豆科牧草与禾本科牧草相比，在低水环境中组织含水量较为稳定，细胞膜相对透性较低，脯氨酸含量较高。因此，豆科牧草耐旱不仅仅是因其有发达的根系，而且还因为豆科牧草在生理上也具有较强的耐旱能力。在干旱胁迫下，牧草叶绿素 b 含量下降高于叶绿素 a，可能是由于叶绿素 b 对干旱胁迫更敏感，相对容易分解。类胡萝卜素含量也比叶绿素 a 含量下降多，由于全部叶绿素 b、类胡萝卜素均为天线色素，在光合作用中以收集光能为主。因此，在干旱胁迫下这两者下降较叶绿素 a 多，可以调整天线色素所占比例，减少光能的吸收，避免过多光能对作用中心色素的伤害。

4 个品种苜蓿蛋白质合成能力在前期差异不明显，而在后期，当土壤水下降到 5%以下后，阿尔冈金和农宝游离氨基酸含量显著高于苜蓿王和费尔纳，苜蓿王最低，表明在干旱后期，苜蓿王仍可以维持相对较高的蛋白质合成能力。干旱胁迫下苜蓿游离氨基酸中以脯氨酸、胱氨酸和组氨酸的变化明显，而且这 3 种氨基酸的变化方向是一致的，均随土壤水分的减少而增加，并在土壤含水量低于 5%时迅速升高。其中组氨酸变化最大，农宝的组氨酸变异系数可高达 200%。因此，这 3 种氨基酸均可用来表示苜蓿受干旱胁迫的程度，但胱氨酸和组氨酸含量较低，测定上不如脯氨酸容易。

表 17-9　不同苜蓿品种氨基酸含量变化　（单位：mg/g DW）

苜蓿品种	日期	Asp	Thr	Ser	Glu	Pro	Gly	Ala	Cyr	Val	Met	Ile	Leu	Tyr	Phe	Lys	His	Arg	总含量
阿尔冈金	2003-08-20	3.67	1.49	6.16	1.28	2.36	0.00	1.10	0.00	1.43	0.31	1.24	1.50	1.05	1.17	0.78	0.00	0.74	24.27
	2003-08-22	2.84	1.18	6.58	0.95	1.76	0.37	3.52	0.00	1.05	0.23	0.90	0.95	0.66	0.79	0.94	0.08	1.92	24.71
	2003-08-24	2.47	1.32	5.44	0.82	7.11	0.38	4.45	0.03	1.27	0.20	0.92	1.52	0.79	0.97	0.64	0.02	0.63	28.97
	2003-08-26	5.33	2.48	10.51	1.24	16.96	0.59	4.65	0.04	3.71	0.37	2.02	1.71	1.01	2.11	0.76	0.00	1.71	55.19
	2003-08-28	4.25	2.26	9.16	1.61	35.22	0.73	3.94	0.07	3.25	0.30	1.35	2.22	1.31	2.53	1.06	0.00	1.82	71.08
	2003-08-28CK	3.42	2.06	6.22	1.44	3.39	0.76	5.85	0.09	2.23	0.27	1.35	2.44	1.21	1.82	1.05	0.06	0.97	34.64
费尔纳	2003-08-20	3.20	0.91	6.05	1.09	2.01	0.33	2.90	0.03	1.08	0.29	0.81	1.21	0.90	0.06	0.58	0.06	0.52	22.05
	2003-08-22	2.18	0.00	4.01	0.84	1.43	0.24	1.66	0.00	0.41	0.10	0.57	0.50	0.42	0.43	0.27	0.02	0.29	13.38
	2003-08-24	2.05	0.99	4.11	0.76	5.90	0.31	3.94	0.00	0.81	0.20	0.88	1.32	0.82	0.87	0.65	0.00	0.59	24.21
	2003-08-26	3.86	1.36	7.38	1.14	8.76	0.31	2.53	0.04	2.32	0.27	1.39	1.10	0.74	1.54	0.38	0.05	0.80	33.97
	2003-08-28	3.65	2.24	8.19	1.28	32.27	0.76	5.26	0.11	3.41	0.39	1.61	2.56	1.51	2.10	1.12	0.16	1.64	68.25
	2003-08-28CK	3.53	1.75	6.80	0.92	5.38	0.89	7.17	0.00	2.29	0.00	1.56	2.24	1.24	1.92	0.90	0.00	1.09	37.68
苜蓿王	2003-08-20	4.08	1.15	6.76	0.75	3.88	0.29	2.69	0.00	1.20	0.13	1.01	1.08	0.60	0.88	0.54	0.00	0.59	25.64
	2003-08-22	2.95	0.86	5.62	1.68	1.95	0.31	1.82	0.00	0.82	0.23	0.90	0.65	0.43	0.63	0.29	0.06	0.44	19.63
	2003-08-24	2.87	1.29	7.56	0.72	12.80	0.30	2.93	0.00	1.55	0.24	1.11	0.97	0.58	1.12	0.31	0.00	0.53	34.89
	2003-08-26	2.48	1.39	7.18	1.00	3.26	0.53	4.30	0.05	1.69	0.21	1.28	1.80	1.08	1.16	0.68	0.00	0.81	28.90
	2003-08-28	3.50	1.56	8.70	1.26	25.49	0.56	2.99	0.07	2.89	0.00	1.04	1.38	0.73	1.84	0.59	0.14	1.31	54.04
	2003-08-28CK	3.78	2.04	9.16	1.35	8.38	0.70	5.12	0.19	3.02	0.40	1.73	2.76	1.49	2.08	1.05	0.00	1.23	44.48
农宝	2003-08-20	2.71	0.94	4.85	0.99	1.85	0.25	2.45	0.00	0.91	0.19	0.83	0.90	0.67	0.79	0.42	0.00	0.40	19.15
	2003-08-22	6.42	1.30	5.61	1.14	3.25	0.39	3.61	0.00	0.92	0.00	0.75	0.91	0.61	0.75	0.51	0.00	0.48	26.62
	2003-08-24	2.05	1.08	3.82	0.81	10.59	0.34	3.39	0.05	1.77	0.16	1.17	1.38	0.84	1.07	0.52	0.00	0.44	29.45
	2003-08-26	4.14	1.72	7.64	1.29	34.05	0.67	3.22	0.17	2.04	1.69	1.41	1.33	0.75	2.09	0.55	0.02	0.65	63.43
	2003-08-28	2.63	2.14	9.97	1.46	30.26	0.73	3.76	0.04	3.12	0.31	1.29	2.05	1.18	2.44	0.87	0.00	1.54	63.79
	2003-08-28CK	2.88	0.00	8.51	1.09	5.16	0.54	4.71	0.10	1.61	0.08	4.75	0.00	0.99	1.27	0.71	0.42	1.21	34.02

表 17-10　不同苜蓿品种中氨基酸含量的变异系数

苜蓿品种		Ala	Arg	Asp	Cyr	Glu	Gly	His	Ile	Leu	Lys	Met	Phe	Pro	Ser	Thr	Tyr	Val
阿尔冈金	Mean	3.53	1.36	3.71	0.03	1.18	0.41	0.02	1.28	1.58	0.83	0.28	1.51	12.68	7.57	1.74	0.96	2.14
	S	1.28	0.56	1.02	0.03	0.28	0.25	0.03	0.41	0.41	0.15	0.06	0.68	12.52	1.94	0.52	0.22	1.11
	CV	36.16	41.19	27.48	96.81	23.37	59.60	159.21	31.59	25.79	17.69	21.95	44.97	98.69	25.57	29.95	23.35	51.73
费尔纳	Mean	3.26	0.77	2.99	0.03	1.02	0.39	0.06	1.05	1.34	0.60	0.25	1.00	10.07	5.95	1.10	0.88	1.61
	S	1.24	0.46	0.75	0.04	0.19	0.19	0.06	0.38	0.67	0.29	0.10	0.74	11.42	1.69	0.72	0.35	1.11
	CV	37.97	60.58	24.91	113.33	18.87	48.22	92.33	36.60	50.27	48.74	37.87	73.90	113.34	28.36	65.81	40.33	68.83
苜蓿王	Mean	2.95	0.74	3.18	0.02	1.08	0.40	0.04	1.07	1.18	0.48	0.16	1.13	9.48	7.16	1.25	0.68	1.63
	S	0.80	0.31	0.56	0.03	0.36	0.12	0.05	0.13	0.39	0.16	0.09	0.40	8.88	1.01	0.24	0.22	0.70
	CV	27.02	42.22	17.55	124.87	32.98	30.91	139.60	11.79	32.99	32.65	55.44	35.84	93.68	14.03	18.83	31.73	42.87
农宝	Mean	3.29	0.70	3.59	0.05	1.14	0.47	0.00	1.09	1.31	0.57	0.47	1.43	16.00	6.38	1.43	0.81	1.75
	S	0.46	0.43	1.57	0.06	0.23	0.19	0.01	0.26	0.42	0.16	0.62	0.70	13.57	2.19	0.44	0.20	0.82
	CV	13.88	60.55	43.81	118.13	20.20	39.71	200.00	23.68	31.79	27.01	131.87	49.21	84.83	34.34	30.64	24.90	46.89

注：S 为标准差；CV 为变异系数。

17.2　黄土丘陵区常用牧草水分利用特征研究

17.2.1　不同苜蓿品种蒸腾特性及其对微环境的影响

蒸腾作用是植物水分散失的主要途径，是一种受植物生命活动控制的生理活动，是一种可控水分散失过程，反映了植物潜在的失水能力（李吉跃等，2002），在植物生命活动中具有重要的意义。通过蒸腾作用失水所造成的水势梯度是植物吸收和运输水分的主要驱动力，同时蒸腾作用能够降低植物体和叶片温度，并引起上升液流，有助于根部吸收的无机离子以及根中合成的有机物转运到植物体的各部分，满足生命活动需要。植物蒸腾特性在一日中的变化情况，一方面决定于植物自身的生物节律，同时也受环境条件的影响，二者对光合蒸腾特性影响的程度因植物而异。通常情况下，影响植物蒸腾特性的环境条件也存在明显的日变化，植物正是在长期进化中适应了环境条件的这种日变化，形成了自身的生物节律。因此，植物自身的生物节律和环境条件的日变化在决定植物蒸腾特性日变化总体趋势时的作用是相同的（阎秀峰等，1996）。当土壤水分充足时，随着光合有效辐射和温度的升高，气孔的开张度及蒸腾速率随之增高，这时植物自身的生理特性起主要的作用，而当气孔张开到一定程度不再变化时，植物的蒸腾作用就成为一个物理过程，此时蒸腾速率同空气的蒸发能力成正比，而空气蒸发能力由光合有效辐射、温度和相对湿度等因子共同决定（徐惠风等，2003）。

目前对于植物蒸腾特性的研究，更多地关注于环境条件对植物蒸腾的影响，而很少从植物蒸腾对微环境的影响来探讨这个问题。植物蒸腾在受到环境因素影响的同时，也可以通过自身的蒸腾作用影响自身所处的小环境，进而通过调节环境而影响自身蒸腾。因此，在群体条件下，植物的蒸腾可能与独立个体条件下有很大差异。本研究以9个不同的苜蓿品种为材料，研究其蒸腾特点及对微环境的影响。

17.2.1.1　不同品种苜蓿蒸腾速率日变化情况

测定采用LI-1600型稳态气孔计测定气孔扩散阻力、蒸腾速率、冠层湿度、丛内湿度、叶温、光量子通量密度，并以叶室温度代表气温，测定时环境条件见表17-11。

表17-11　光强及气温日变化

指标	时间					
	8：00	10：00	12：00	14：00	16：00	18：00
光强/[μmol photons/（m^2·s）]	868	1116	1500	1778	1585	1074
气温/℃	21.93	26.30	28.95	29.60	30.27	28.35

试验结果表明，不同苜蓿品种蒸腾速率日变化曲线类型明显不同，9个苜蓿品种可分为三种类型。

单峰型［图17-10（a）]：路宝、新疆大叶、全能、牧歌、巨人，其高峰出现在15时左右，在此之前蒸腾速率逐渐上升，此后微有降低。

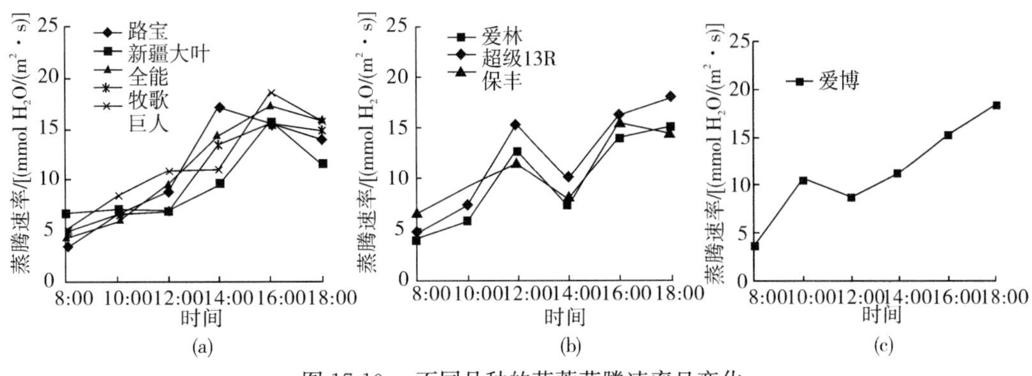

图 17-10　不同品种的苜蓿蒸腾速率日变化

(a) 单峰型；(b) 双峰型；(c) 渐升型

双峰型［图 17-10 (b)］：爱林、超级 13R、保丰，2 个蒸腾高峰分别出现在 12 时和 16 时，且 16 时为白天的最高峰。

渐进型［图 17-10 (c)］：爱博，其蒸腾速率在 10 时出现一个小的高峰，稍有降低后蒸腾开始逐渐升高，至 18 时达到白天的最大值。

各品种 8～12 时蒸腾速率的最低值均出现在 8 时，在 16～18 时均处于白天的最高水平。

17.2.1.2　不同品种苜蓿扩散阻力日变化

由图 17-11 可看出，9 个苜蓿品种的气孔扩散阻力在 14 时以前处于一个较高水平，此后开始下降，至 16 时达到最低水平，至 18 时其变化不明显。但不同品种间其扩散阻力有明显差异。各品种 8～12 时扩散阻力最大值与最小值出现的时间是不同的，路宝扩散阻力最大值出现在 8 时，最小值出现在 16 时；全能最大值出现在 10 时，最小值出现在 14 时；超级 13R 有两个峰值分别出现在 10 时和 14 时，其最小值出现在 12 时；牧歌、爱博、爱林、新疆大叶、巨人、保丰 6 个品种最大值均出现在 12～14 时，除保丰最小值出现在 10 时外，其他 5 个品种最小值均出现 16～18 时。

对气孔阻力与蒸腾关系的进一步分析表明，在供试的 9 个品种中，除全能外，其余品种的蒸腾与气孔均呈现负相关性。而全能的蒸腾与气孔导度在 14 时以前呈负相关，14 时后变化方向则趋于一致。这也许表明，全能的气孔在 14 时后对蒸腾的控制作用减弱，而其他品种始终可通过气孔来控制蒸腾。

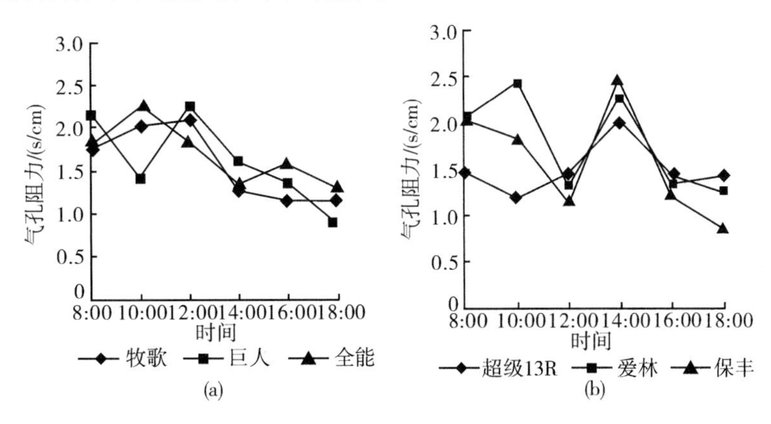

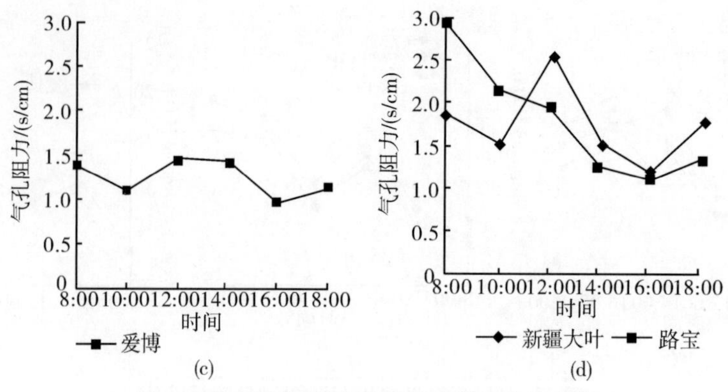

图 17-11 不同品种苜蓿气孔扩散阻力的变化

17.2.1.3 不同品种苜蓿冠层湿度日变化

苜蓿地冠层湿度在上午 10 时以前，更多地受到原大气湿度、温度的影响，10 时后，温度变化渐小，而随植株蒸腾作用的加强，蒸腾对冠层温度的影响也随之加强。如果没蒸腾的影响，在距地面同样高度的地方，随温度的升高，尽管大气中绝对含水量变化不大，相对湿度应减小，但试验结果表明（图 17-12），不同品种冠层湿度存在明显差异。超人与爱林苜蓿地冠层湿度［图 17-12（a）］在上午10 时达到最低，12 时升高，14 时又是一个低值，此后渐升，与二者“双峰型”蒸腾曲线 10 时后基本变化方向一致。

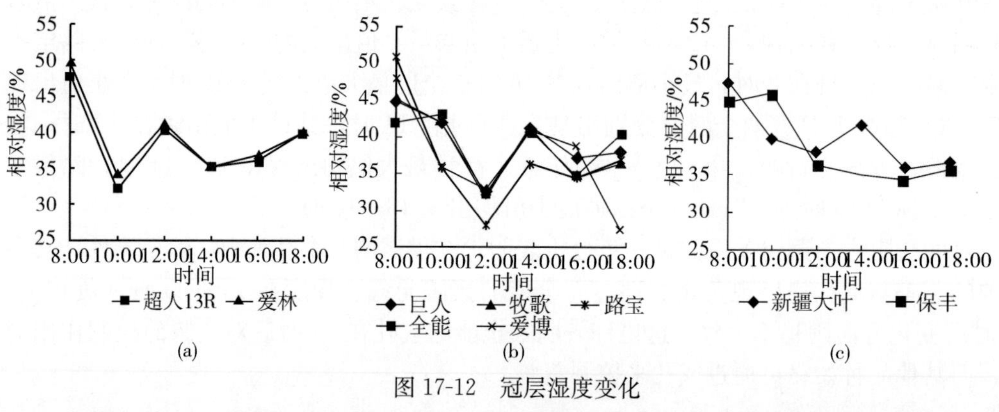

图 17-12 冠层湿度变化

全能、路宝、牧歌、巨人 201 等 4 个品种苜蓿地冠层湿度的最低值出现在 12 时，在 14 时出现一个高峰，此后相对湿度基本维持在一个较高的水平。这可能与它们的蒸腾曲线是“单峰型”有关。蒸腾曲线同为“单峰型”的新疆大叶苜蓿，冠层湿度除 14 时出现一个高峰外，整体呈逐渐降低的趋势。爱博的蒸腾最高值出现在 18 时，整个变化趋势与“单峰型”相似，其冠层湿度也相似。保丰苜蓿的冠层湿度则在 10 时以后是逐渐降低的。

17.2.1.4 不同品种苜蓿丛内湿度日变化

苜蓿地丛内相对湿度主要受到温度、郁闭程度、地表蒸发及植株蒸腾的影响。测定时光强从 8 时至 12 时逐渐增加，12～16 时较强，并基本维持在一个较高水平，约为

1550 μmol photons/（m²·s），温度变化则稍有滞后，在 16 时达到最高，但全天，尤其是 10 时以后温差仅 4℃，并且无风。因此，丛内温度的影响更多来自于植物因素，如郁闭程度和蒸腾作用强弱。

试验结果（图 17-13，表 17-12）表明，丛内平均湿度波动较冠层剧烈，并高于平均冠层湿度 7%～15%，差异最大的为 14 时，相差 15.6%，最小的为 12 时与 16 时，差异分别为 7.0%。各品种在 8 时丛内湿度均较大，而后差异较大，其中保丰丛内湿度在 12 时达到最低点，而后稍有上升并保持至 18 时；爱林与超级 13R 日变化幅度相对较小，且平均值保持在较高水平，其余品种变化趋势与平均丛内湿度基本相同。

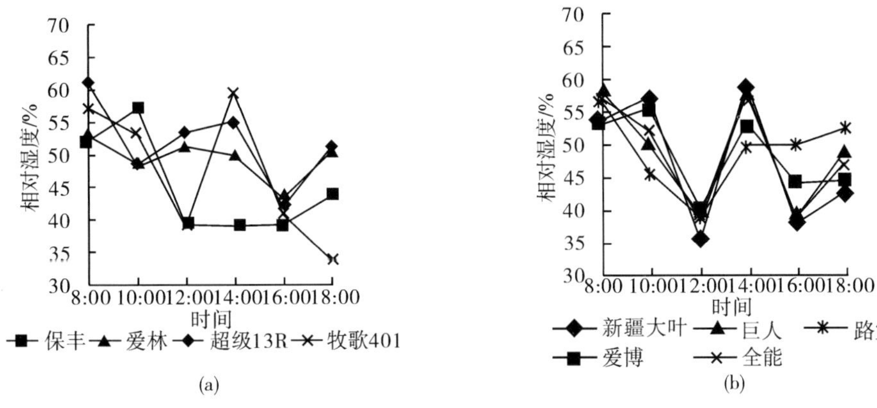

图 17-13　不同品种苜蓿丛内湿度变化

表 17-12　不同品种苜蓿地丛内与冠层湿度差　（单位：%）

苜蓿品种	时间					
	8：00	10：00	12：00	14：00	16：00	18：00
新疆大叶	5.40	15.50	2.40	11.20	8.00	7.60
保丰	7.20	11.00	2.80	4.00	4.80	7.60
巨人	8.40	15.20	3.40	18.00	3.60	6.40
全能	16.40	7.00	7.20	17.20	4.00	8.40
路宝	12.20	10.00	6.80	16.00	1.60	9.20
牧歌 401	9.00	16.80	6.00	18.80	2.00	6.40
爱博	6.00	10.00	10.80	13.60	15.60	15.60
超级 13R	4.80	16.40	12.80	20.00	5.20	11.20
爱林	11.60	14.00	10.00	14.80	7.20	10.40

17.2.1.5　不同苜蓿品种叶温变化

表 17-13 为 LI-1600 稳态气孔计测定的苜蓿叶片温度与气温（表 17-11）差值。可以看出，在 12 时以前平均叶温微高于平均叶室内温度，而在 12 时以后则低于叶室外温度，其中新疆大叶在下午 16 时，叶片温度比气温低－3.5℃，而路宝在下午14 时，叶温则比气温高 2.35℃。叶温与气温的差异，主要受到蒸腾和光合 2 个方面的影响，其中蒸腾可以通过水汽化将大量的热带走，而光合则可以将光能转化为化学能，消耗部分能量，而减少其转为热能的量，达到降温的作用，但两者对叶温与气温影响有多大，还待于进一步研究。

表 17-13 苜蓿叶片温度与气温差值 (单位:℃)

苜蓿品种	时间					
	8：00	10：00	12：00	14：00	16：00	18：00
新疆大叶	0.40	0.47	0.50	−2.30	−3.50	−0.68
保丰	0.40	0.40	0.40	−1.20	−0.55	−1.73
巨人	0.40	0.40	0.40	−0.08	−1.05	−0.85
全能	0.40	0.40	0.40	0.90	−1.73	−0.55
路宝	0.40	0.40	0.40	2.35	−1.70	−0.45
牧歌 401	0.40	0.40	0.40	−1.22	−1.70	−1.28
爱博	0.40	0.40	0.40	−0.75	−1.15	−1.30
超级 13R	0.40	0.40	1.10	−0.02	0.15	0.10
爱林	0.40	0.40	0.70	−0.24	−0.43	−1.38

17.2.1.6 讨论

不同的苜蓿品种蒸腾作用及气孔阻力有着明显的差异，“双峰型”蒸腾曲线的出现可能是由于午间高光强辐射及高温造成气孔导度变小，蒸腾降低，随后水势回升，气孔导度变大，蒸腾又升至第二峰（周海燕，1998）。也许可以表明具有该类型曲线的苜蓿有较好的气孔调节能力，抗旱适应性也较强。扩散阻力主要决定于叶界面层阻力和叶中阻力，而叶中阻力主要是气孔阻力。因此，测定扩散阻力可以判断蒸腾强弱，但并不能很好地反映气孔开度。扩散阻力变化趋势与叶温、叶室温度相同而与冠层温度相反，表明叶温、叶室温度及冠层温度主要受光强影响，而丛内湿度则不单纯受光强影响，可能更多地受到植物蒸腾及地表蒸发的影响，较高丛内湿度与冠层湿度将降低气孔内外蒸汽压的差值，进而影响到植株的蒸腾作用，这种彼此相互作用的关系是可以反复进行的。因此，可以通过合理的密植调控草地的蒸腾，以达到节水目的。

17.2.2 不同牧草水分利用特征研究

通过盆栽试验对 5 种豆科牧草和 4 种禾科本牧草的光合与水分利用特征进行比较研究，为黄土丘陵区人工草地建设中选用抗旱性强、耗水少、水分利用效率高的牧草品种提供科学依据，服务于黄土丘陵区生态治理恢复和持续草地农业系统建立。

豆科牧草具有高产、高蛋白、高钙和适口性好的特点，禾本科牧草虽然营养物质不如豆科牧草含量高，但适口性好，耐牧性强，在调制干草和运输时叶子不易脱落，可长期贮存。因此，豆科牧草和禾本科牧草是黄土丘陵区人工草地建设中主要的选择牧草种类。

紫花苜蓿在黄土高原已有千年的种植历史，是黄土高原新产业带中重要的作物组分，是一种高产、优质、抗旱、适应性强的多年生人工牧草，同时又是一种理想的水土保持草种。但不同的苜蓿品种吸水、耗水和产量有着明显差异，而且水分利用率在种间差异可达 30%～100%，又是一个可遗传性状（万素梅等，2004；孙启忠，2001）。此外，因其根系发达、再生性强、生长旺盛、叶面覆盖面积大等生物学特点，常被认为是水土保持效益和经济效益显著的优良水土保持植物（杨吉华等，1997）。

沙打旺（*Astragalus adsurgens*）是黄芪属多年生草本植物。其抗逆性强、适应性很广，具有耐寒、耐瘠、耐盐、抗旱和抗风沙的能力。主根粗壮，侧根发达，能从深层土壤中吸收水分和养料，故耐贫瘠，但不耐湿、不抗涝，在低洼、潮湿、排水不良和黏重土壤不宜生长，积水易使根腐烂致死。沙打旺为优良饲料，含养分最高，经济价值很高，饲用价值仅次于苜蓿，可调制青干草或青贮。沙打旺也被认为是非常卓越的水土保持植物，其根系发达、枝叶茂盛、覆盖度大，有蓄水保土、减缓径流等作用，还可作为改良沙荒的先锋草种。

黑麦草（*Lolium perenne*）是冷季型禾本科牧草，原产于欧洲、温带亚洲和北非，广泛分布于世界各地。因其适口性良好、可消化性高，在家畜饲养中的利用价值极高。黑麦草为一年生或两年生草本植物，须根系，茎直立，光滑，叶柔软，穗状花序，小穗多花 10～12 朵，种子为颖果，外稃有 6～8cm 的芒。我国南方地区主要在秋末播种，冬季割草利用，也可做绿肥。在北方地区驯化、引种，对于改善土壤的理化性质，实现农牧业可持续发展起到积极作用。

冰草属（*Agropyron cristatum*）为禾本科早熟禾亚科大麦族小麦亚族植物。中间冰草属多年生密丛型禾本科牧草，茎干直立，具有发达的纤维根系。穗状花序长 5～7cm，小穗水平排列，种子体积小。冰草是典型草原、荒漠草原和草原地区沙地及山地植被的优势品种和常见种，也是我国东北、华北及西北半农牧区的常见牧草。冰草属属于优等牧草，具有很强的抗寒性和抗旱性，适于在干燥寒冷的地区生长（理想的种植地带是年降水量为 300～500mm 的地区），具有耐碱、耐践踏、寿命长、分蘖能力强等特性，营养丰富，消化率高，草质柔软，并具有返青早，冬季地上部分保存良好的特性，是一种放牧和打草兼用型的牧草。

17.2.2.1　不同牧草的光合速率

1. 不同豆科牧草的光合速率

表 17-14a　不同豆科牧草上午光合速率均值　[单位：$\mu mol\ CO_2/(m^2 \cdot s)$]

水分条件	苜蓿王	费尔纳	阿尔冈金	农宝	沙打旺
正常供水	11.7abc	13.83ab	10.2bcde	10.41bcde	6.81e
中度胁迫	6.77e	14.3a	8.41cde	9.01cde	8.24cde
重度胁迫	6.76e	9.29cde	10.82abcd	7.30de	13.2ab

注：同行含不同小写字母表示差异显著（$p<0.05$）；含相同字母表示差异不显著（$p>0.05$）。

表 17-14b　不同豆科牧草下午光合速率均值　[单位：$\mu mol\ CO_2/(m^2 \cdot s)$]

水分条件	苜蓿王	费尔纳	阿尔冈金	农宝	沙打旺
正常供水	1.34d	1.86cd	2.13bc	2.22bc	2.23bc
中度胁迫	1.9cd	2.35bc	1.9cd	1.83cd	1.28d
重度胁迫	1.78cd	4.07a	2.01bc	2.61b	3.71a

注：不同小写字母表示 $p<0.05$ 水平上差异显著；相同小写字母表示在 $p<0.05$ 水平上无显著差异。

由表 17-14a 可知，各品种上午测定的数据表明：

(1) 苜蓿王和费尔纳的光合速率随土壤水分含量下降而明显降低，而阿尔冈金和农宝在不同土壤水分条件下差异不大，沙打旺的光合速率则随土壤含水下降而产生显著差异，其原因有待进一步分析。

(2) 在正常供水条件下，4 种苜蓿上午、下午光合速率均值差异不明显，以苜蓿王和费尔纳这两个品种较高，但苜蓿王均显著高于沙打旺，这与第 2 章中田间试验结果是一致的。而在中度胁迫下，费尔纳的光合速率显著高于其他 4 种苜蓿。在重度胁迫下，阿尔冈金的光合速率明显高于苜蓿王、费尔纳和农宝 3 个品种，但与沙打旺差异不明显。因此，从光合速率来看，无论是正常供水、中度胁迫、重度胁迫，费尔纳和阿尔冈金的光合速率均相对较高。

(3) 3 个不同水分处理间的光合速率，基本上是以正常供水的样品最高，中度胁迫次之，重度胁迫的样品同期光合速率最低，并且阿尔冈金和农宝两个品种的光合速率差异较小，苜蓿王和费尔纳两个品种的光合速率差异较显著。对于正常供水条件下而言，费尔纳和苜蓿王的光合能力最强；中度胁迫条件下，费尔纳和农宝的光合能力最强；重度胁迫条件下则是阿尔冈金和费尔纳的光合能力最强。对于沙打旺而言，试验当中选择测试的样品在重度胁迫条件下的样品光合速率最高，正常供水条件下的样品光合速率次之，中度胁迫条件下的样品光合速率最低。

由表 17-14b 可知，各品种下午测定的数据表明，除了重度胁迫条件下的费尔纳与沙打旺光合速率显著较高外，其余各个品种之间以及各个不同水分生理条件下样品之间的数值变化差异并不显著。

从上午、下午结果比较可以看出，各种豆科牧草的光合速率均是上午高于下午，下午测量的各个数据均低于上午的测量值。由于使用人工光源，且上午、下午之间的湿度和环境 CO_2 浓度变化不大。因此，这种光合速率的降低，应该不是由于环境因素造成的，结合后面的 Ci 和 Cn 指标判断，可能是由于气孔开度下降，CO_2 供应不足造成。

对于苜蓿品种而言，其自身的光合机制与水分的供给状态有很大的关系，基本上是以水分供给状态的高低决定其自身的光合速率高低。沙打旺则是在中度胁迫条件下光合速率最低，在重度胁迫条件下光合速率反而最高，这表明沙打旺更能适应低水条件。

2. 不同禾本科牧草的光合速率

禾本科牧草的光合速率也是上午（表 17-15a）高于下午（表 17-15b）。对同一品种来说，在上午，黑麦草 Abundan 随着水分胁迫程度的加重，光合速率明显表现出逐渐降低的趋势。黑麦草 Energa 的光合速率在适宜水分条件和中度胁迫条件下差异不显著，在中度胁迫下稍高于正常供水条件下，但在重度水分胁迫下光合速率有明显降低。冰草 Continent 的光合速率也是随着水分胁迫程度的加重而降低。冰草 Chieft 的光合速率在正常供水条件下和中度胁迫条件下差异不明显，而在重度胁迫下有明显降低。4 种禾本科牧草在中度水分胁迫下的光合速率均不低于正常供水条件下，甚至是高于正常供水条件下。其中，冰草 Continent 的光合速率在中度水分胁迫下要显著高于正常供水条件下，因此，仅从上午的光合速率结果来看，中等水分胁迫对禾本科牧草的光合速率影响不大，甚至有促进作用。

相同的水分条件下，通过禾本科牧草品种间光合速率的比较可以发现，正常供水时，黑麦草两个品种间以及冰草的两个品种间光合速率差异很小，但冰草两个品种的光合速率均高于黑麦草两个品种的光合速率。在中度胁迫的水分条件下，黑麦草 Abundan 和冰草的两个品种的光合速率均明显高于黑麦草 Energa。在重度水分胁迫下，冰草 Continent 光合速率要显著高于其他 3 个品种，而且在各水分条件下它的光合速率均是最高的。这表明，冰草较黑麦草耐旱，尤其是冰草 Continent。

下午试验结果（表 17-15b）表明，Abundant 的光合速率在正常水分条件和中度胁迫条件下差异不明显，但在重度胁迫下明显降低。Energa 下午测量时在三种水分条件下的光合速率差异不显著。冰草的两个品种在正常供水和中度胁迫条件下光合速率差异均不显著，在重度胁迫下光合速率明显降低。

表 17-15a　禾本科牧草上午光合速率均值　[单位：mmol CO_2/（m^2 · s）]

水分条件	黑麦草 Abundant	黑麦草 Energa	冰草 continent	冰草 Chieft
正常供水	11.33de	9.63ef	18.7b	17.33bc
中度胁迫	12.17d	8.09fg	28.45a	18.03bc
重度胁迫	7.36fg	6.99g	16.2c	7.20fg

注：不同小写字母表示同一行在 $p<0.05$ 水平差异显著。

表 17-15b　禾本科牧草下午光合速率均值　[μmol CO_2/（m^2 · s）]

水分条件	黑麦草 Abundant	黑麦草 Energa	冰草 Continent	冰草 Chieft
正常供水	7.015ab	2.44c	8.65a	8.10ab
中度胁迫	6.365b	3.45c	7.95ab	6.96ab
重度胁迫	1.68c	2.47c	3.32c	1.75c

注：不同小写字母表示同一行在 $p<0.05$ 水平差异显著。

对于相同的水分条件而言，在正常供水条件和中度胁迫条件下时，黑麦草 Abundant 和冰草的两个品种之间光合速率差异不显著，并且冰草两个品种的光合速率均高于黑麦草两个品种的光合速率，比黑麦草 Energa 高。在重度水分胁迫下，4 个品种之间差异不显著。

比较而言，下午的光合速率普遍低于上午，而且下午的光合速率随水分胁迫的加重变化较小。

3. 豆科牧草与禾本科牧草光合速率比较

从单叶水平的净光合速率测定结果来看，在正常供水条件和中度胁迫条件下，豆科牧草的光合速率要高于黑麦草，而低于冰草；在重度胁迫条件下，除冰草 Continent 外，禾本科牧草光合速率均低于豆科牧草。

17.2.2.2　不同牧草品种的蒸腾速率

1. 不同豆科牧草蒸腾速率

上午测定的数据（表 17-16a）表明，各豆科牧草的蒸腾速率均表现为：正常供水>

中度胁迫＞重度胁迫。在正常供水条件下，沙打旺、农宝和费尔纳蒸腾速率较高，苜蓿王次之，阿尔冈金最低。在中度胁迫条件下，蒸腾速率均下降，其中费尔纳保持有较高的蒸腾速率，而其他几个品种则显著下降，以农宝下降最为明显。在重度胁迫条件下，所有品种的蒸腾速率均显著低于正常供水条件下，但彼此间差异不显著。

在下午（表 17-16b），无论是正常供水条件、中度胁迫条件还是重度胁迫条件，除沙打旺外，其他品种的蒸腾速率均较低，且品种间差异不显著。

表 17-16a 不同豆科牧草上午蒸腾速率均值 ［单位：mmol H_2O/（m^2 · s）］

水分条件	苜蓿王	费尔纳	阿尔冈金	农宝	沙打旺
正常供水	2.343bc	2.717ab	1.903cd	2.813ab	3.233a
中度胁迫	0.882ef	2.547abc	0.798f	0.435f	1.56de
重度胁迫	0.326f	0.492f	0.541f	0.243f	0.681f

注：不同小写字母表示在 $p<0.05$ 水平差异显著。

表 17-16b 不同豆科牧草下午蒸腾速率均值 ［单位：mmol H_2O/（m^2 · s）］

水分条件	苜蓿王	费尔纳	阿尔冈金	农宝	沙打旺
正常供水	0.50efg	0.76cde	0.96cd	0.33fg	1.67b
中度胁迫	0.56eg	0.78cde	0.68def	0.39fg	0.31g
重度胁迫	0.031g	1.08c	0.52efg	0.57efg	2.85a

注：不同小写字母表示在 $p<0.05$ 水平差异显著。

对于豆科牧草来说，下午光合速率的下降不是由土壤水分引起的，而是由于试验当天的温度、湿度变化均不大，并且使用了人工辅助光源，所以这种光合速率的下降应是其自身生理活动规律的结果。

2. 不同禾本科牧草的蒸腾速率

上午蒸腾速率测量结果（表 17-17a）表明，黑麦草蒸腾速率随水分胁迫加重而降低，而冰草的蒸腾速率最高值出现在中度水分胁迫条件下。在正常供水条件下，Abundant、Continent 和 Chieft 的蒸腾速率较高，彼此间差异不明显。在中度胁迫条件下，2 个冰草品种的蒸腾速率均显著高于 2 个黑麦品种。在重度胁迫条件下，各品种间差异不明显，均显著低于正常供水条件与中度胁迫条件下。

下午的测量结果（表 17-17b）表明，Abundant 随着水分胁迫程度的加重蒸腾速率明显呈递减趋势，Energa 在三种水分条件下变化不明显，冰草的两个品种均是在正常供水条件和中度胁迫条件下蒸腾速率变化不大，重度胁迫条件下蒸腾速率明显降低。

表 17-17a　不同禾本科牧草上午蒸腾速率均值　[单位：mmol H_2O/ (m^2 · s)]

水分条件	黑麦草 Abundant	黑麦草 Energa	冰草 Continent	冰草 Chieft
正常供水	4.50ab	2.76cd	3.61bc	4.05ab
中度胁迫	2.32d	0.92e	5.25a	4.70ab
重度胁迫	0.61e	0.07e	0.35e	0.05e

注：不同小写字母表示在 $p<0.05$ 水平上差异显著。

表 17-17b　不同禾本科牧草下午蒸腾速率均值　[单位：mmol H_2O/ (m^2 · s)]

水分条件	黑麦草 Abundant	黑麦草 Energa	冰草 Continent	冰草 Chieft
正常供水	3.14a	0.70c	2.44ab	2.39ab
中度胁迫	1.86b	0.71c	2.01b	1.63b
重度胁迫	0.22c	0.64c	0.76c	0.59c

注：不同小写字母表示在 $p<0.05$ 水平上差异显著。

在正常供水条件和中度胁迫条件下，Abundant 和冰草两个品种的蒸腾速率差异不显著，Energa 的蒸腾速率最低。在重度胁迫条件下，四个品种间差异不大，但黑麦草 Abundant 蒸腾速率最低。

17.2.2.3　不同牧草品种胞间 CO_2 浓度比较

1. 不同豆科牧草胞间 CO_2 浓度比较

不同豆科牧草在上午的 CO_2 浓度均值（表 17-18a）明显受到土壤水分条件的影响，在正常供水条件下，各品种 CO_2 浓度均值均稍低于环境 CO_2 浓度。在中等胁迫条件下，各品种 CO_2 浓度均值均下降，但下降程度有所不同，苜蓿王下降最明显，而费尔纳、农宝和沙打旺 CO_2 浓度均值下降不明显，这与它们光合速率的变化是一致的，表明在中度水分胁迫下光合速率的下降主要是气孔限制因素造成的。而在重度胁迫条件下，阿尔冈金和沙打旺的光合速率均高于正常供水条件下，这种现象比较难以解释。由表 17-18b 可知，正常供水条件下，豆科牧草 CO_2 浓度均值上午与下午相近；在中等胁迫条件下，则表现为较上午高；而在重度胁迫条件下，下午则显著低于上午，但仍高于同一时段正常供水条件下的 CO_2 浓度均值，此时的光合速度也均低于上午。因此，综合豆科牧草的光合速率与 CO_2 浓度均值变化表明，豆科牧草的光合速率在受到环境条件影响的同时，可能还存在其内部生理周期性变化。

表 17-18a　不同豆科牧草上午胞间 CO_2 浓度均值　(单位：μmol CO_2/mol Air)

水分条件	苜蓿王	费尔纳	阿尔冈金	农宝	沙打旺
正常供水	264.00cd	257.67cd	207.33cd	283.00cd	298.33c
中度胁迫	67.13cd	195.33cd	48.83d	210.33cd	253.10cd
重度胁迫	718.00b	883.00b	1190.00a	1167.00a	1120.00a

注：不同小写字母表示在 $p<0.05$ 水平上差异显著。

表 17-18b　不同豆科牧草下午胞间 CO_2 浓度均值（单位：μmol CO_2/mol Air）

水分条件	苜蓿王	费尔纳	阿尔冈金	农宝	沙打旺
正常供水	225.33bc	265bc	196.67bcd	81.33d	241.33bc
中度胁迫	245bc	146cd	226.33bc	182.67cd	222bc
重度胁迫	524a	270bc	217.33	165.67cd	313.67b

注：不同小写字母表示在 $p<0.05$ 水平上差异显著。

2. 不同禾本科牧草胞间 CO_2 浓度比较

禾本科牧草 CO_2 浓度均值变化（表 17-19a、b）结果显示，Energa、Continent、Chieft 3 个品种上午 CO_2 浓度均值变化规律与豆科牧草相似。在正常供水条件下，禾本科牧草 CO_2 浓度均值稍低于大气 CO_2 浓度，在中度胁迫条件下，其 CO_2 浓度均值显著降低，而在重度胁迫条件下，其 CO_2 浓度均值又显著升高。而 Abundant 在中度胁迫条件与重度胁迫条件下 CO_2 浓度均值均明显下降。而在下午，除 Energa 在重度胁迫条件下 CO_2 浓度均值显著升高以外，其他品种在各水分条件下 CO_2 浓度均值差异不显著，但均低于上午。冰草的 2 个品种在正常供水条件和中度胁迫条件下 CO_2 浓度均值均较低，且差异很小，而在重度胁迫条件下 CO_2 浓度均值则显著增加。禾本科牧草 CO_2 浓度均值的这种变化表明，其光合速率下降更多地是气孔限制造成的。禾本科牧草光合机构与豆科相比，能更好地适应低水条件。

表 17-19a　不同禾本科牧草上午胞间 CO_2 浓度均值（单位：μmol CO_2/mol Air）

水分条件	黑麦草 Abundant	黑麦草 Energa	冰草 Continent	冰草 chieft
正常供水	315.67c	284.33c	252.67c	268.33c
中度胁迫	145.27cd	54.13d	138.9cd	237.33cd
重度胁迫	163cd	937.33b	1330a	1096.67b

注：不同小写字母表示在 $p<0.05$ 水平上差异显著。

表 17-19b　不同禾本科牧草下午胞间 CO_2 浓度均值（单位：μmol CO_2/mol Air）

水分条件	黑麦草 Abundant	黑麦草 Energa	冰草 Continent	冰草 Chieft
正常供水	198.5b	177.13b	166.33b	208b
中度胁迫	192.33b	186b	211b	170.67b
重度胁迫	100.2b	1400a	157.67b	226.67b

17.2.2.4　不同牧草品种气孔导度变化

1. 不同豆科牧草气孔导度变化

表 17-20a　不同豆科牧草上午气孔导度均值［单位：mmol H_2O/(m^2·s)］

水分条件	苜蓿王	费尔纳	阿尔冈金	农宝	沙打旺
正常供水	0.175ab	0.188a	0.107c	0.198a	0.198a
中度胁迫	0.044d	0.127bc	0.042d	0.027d	0.039d
重度胁迫	0.020d	0.019d	0.017d	0.009d	0.026d

表 17-20b　不同豆科牧草上午气孔导度均值［单位：mmol H_2O/（m^2 · s)］

水分条件	苜蓿王	费尔纳	阿尔冈金	农宝	沙打旺
正常供水	0.0289b	0.019b	0.024b	0.015b	0.034b
中度胁迫	0.0133b	0.017b	0.015b	0.014b	0.020b
重度胁迫	0.0088b	0.003b	0.019b	0.014b	0.0077a

由表 17-20a、b 可知，不同豆科牧草气孔导度变化规律较为明显，均是上午高于下午，并随土壤水分条件下降而降低，表明豆科牧草气孔导度变化受到内在生理因素的调控，在环境因素方面，则显著地依赖于土壤水分条件的变化。

2. 不同禾本科牧草气孔导度变化

禾本科牧草不同属之间上午气孔导度存在显著差异（表 17-21a、b），黑麦草在正常水分条件下气孔导度较高，而在中等胁迫条件和重度胁迫条件下气孔导度显著降低。而冰草在正常水分条件和中等胁迫条件下气孔导度均保持较高水平，且两个品种间差异不明显，其蒸腾速率和光合速率也均保持在一个较高水平。而黑麦草和冰草 Chieft 气孔导度则普遍降低，均低于上午。在正常水分条件下，Energa 的气孔导度最小，且光合速率也最小。在中等胁迫条件下，Continent 和 Chieft 的气孔导度均维持在较高水平。

表 17-21a　不同禾本科牧草上午气孔导度均值［单位：mol H_2O/（m^2 · s)］

水分条件	黑麦草 Abundant	黑麦草 Energa	冰草 Continent	冰草 Chieft
正常供水	0.33a	0.17cd	0.23abc	0.28ab
中度胁迫	0.09de	0.04e	0.202bc	0.23abc
重度胁迫	0.02e	0.01e	0.016e	0.01e

表 17-21b　不同禾本科牧草下午气孔导度均值［单位：mol H_2O/（m^2 · s)］

水分条件	黑麦草 Abundant	黑麦草 Energa	冰草 Continent	冰草 Chieft
正常供水	0.083a	0.024bcd	0.064abc	0.090a
中度胁迫	0.052abcd	0.024bcd	0.074ab	0.063abcd
重度胁迫	0.008d	0.010cd	0.019cd	0.015cd

17.2.2.5　不同牧草品种产量

由表 17-22 可知，豆科牧草的产量均高于禾本科牧草，5 个豆科牧草品种产量排序为：苜蓿王＞农宝＞阿尔冈金＞费尔纳＞沙打旺，产量随水分胁迫程度的加剧而下降；4 个禾本科牧草产量排序为：劲能＞邦德＞冰草 Continent ＞冰草 Chieft，黑麦草产量明显高于冰草。在正常水分条件和中等胁迫条件下，禾本科牧草产量较高，在重度胁迫条件下禾本科牧草产量下降，但下降程度不如豆科牧草明显。另外，豆科牧草和禾本科牧草含水量变化规律与产量变化规律一致。

17.2.2.6　不同牧草品种抗旱系数

抗旱系数是在考查水分胁迫下的产量而计算的评价作物抗旱性的一个指标。

表 17-22为各牧草品种的抗旱系数，分别以中等胁迫条件和重度胁迫条件下的产量对正常水分条件下的产量计算得出。在中等胁迫条件下，各牧草抗旱系数表现为：冰草 Chieft＞劲能＞沙打旺＞冰草 Continent＞苜蓿王＞邦德＞农宝＞阿尔冈金＞费尔纳；在重胁迫条件下，各牧草抗旱系数表现为：冰草 Chieft＞沙打旺＞费尔纳＞冰草 Continent＞阿尔冈金＞邦德＞劲能＞苜蓿王＞农宝。无论水分条件如何，Chieft 和沙打旺均具有较高的抗旱系数，表明二者在生产中具有较强的抗性。而 4 个苜蓿品种中，在中度胁迫条件下苜蓿王抗旱性较强，而在重度胁迫条件下，费尔纳的抗旱性较强。禾本科牧草中，冰草抗旱性要强于黑麦草。

表 17-22a　不同豆科牧草产量、含水量及抗旱系系数

豆科牧草品种	水分条件	鲜重/g	干重/g	含水量/%	抗旱系数/%
阿尔冈金	正常供水	16.5	4.7	71.4	—
	中度胁迫	8.0	3.1	61.4	0.65
	重度胁迫	8.1	3.7	54.4	0.78
费尔纳	正常供水	14.9	4.6	69.0	—
	中度胁迫	8.0	2.7	66.4	0.58
	重度胁迫	7.7	3.7	51.9	0.80
苜蓿王	正常供水	17.6	4.7	73.3	—
	中度胁迫	9.6	3.7	60.8	0.80
	重度胁迫	6.1	3.0	50.2	0.65
农宝	正常供水	17.2	5.4	68.6	—
	中度胁迫	8.9	4.1	54.3	0.76
	重度胁迫	8.6	3.5	59.9	0.64
沙打旺	正常供水	16.7	3.8	77.3	—
	中度胁迫	12.4	3.6	70.9	0.95
	重度胁迫	7.6	3.1	58.9	0.82

表 17-22b　不同禾本科牧草产量、含水量及抗旱系数

禾本科牧草品种	水分条件	鲜重/g	干重/g	含水量/%	抗旱系数/%
邦德	正常供水	15.2	4.5	70.4	—
	中度胁迫	13.1	3.6	72.9	0.79
	重度胁迫	9.5	3.2	66.9	0.70
劲能	正常供水	15.7	3.5	77.9	—
	中度胁迫	13.0	3.5	73.1	1.01
	重度胁迫	7.4	2.4	67.6	0.69
Chieft	正常供水	6.4	2.1	67.6	—
	中度胁迫	6.6	2.4	64.3	1.14
	重度胁迫	5.2	1.8	65.4	0.87
Continent	正常供水	9.0	2.7	70.3	—
	中度胁迫	7.6	2.2	70.5	0.84
	重度胁迫	5.9	2.1	64.6	0.79

17.2.2.7　不同牧草品种水分利用效率比较

1. 豆科牧草水分利用效率

由表 17-23a 可知，在上午，正常水分条件和中度胁迫条件下，个体水分利用率种内和品种间均不显著。重度胁迫情况下，黑麦草品种间水分利用率差异不显著，冰草 Chieft 的个体水分利用率最高。由表 17-23b 可知，在下午，正常水分条件和中度胁迫条件下，个体水分利用效率种间和品种间同样均不显著。只有在重度胁迫情况下，黑麦草 Abundant 的个体水分利用率表现出比其他品种高，其个体水分利用效率与群体水分利用率均存在一定差异。个体水分利用率随胁迫程度的加强而增加，而群体水分利用效率则相反，随水分胁迫的加强而降低。即使是群体水分利用率，盆栽试验结果与田间试验结果也不相同，但在实践过程中，应同时从两个方面考虑，以确定适宜的品种。

表 17-23a　不同豆科牧草上午单叶水分利用效率均值　（单位：μmol CO_2/mmol H_2O）

水分条件	苜蓿王	费尔纳	阿尔冈金	农宝	沙打旺
正常供水	5.129de	5.14de	5.365de	3.977e	2.123e
中度胁迫	10.89cd	5.61de	10.96cd	16.10bc	5.73de
重度胁迫	20.60b	20.8b	20.04b	30.24a	19.22b

注：不同小写字母表示同一行在 $p<0.05$ 水平差异显著。

表 17-23b　不同豆科牧草下午单叶水分利用效率均值　（单位：μmol CO_2/mmol H_2O）

水分条件	苜蓿王	费尔纳	阿尔冈金	农宝	沙打旺
正常供水	2.98defg	2.51efg	2.22fg	6.86a	1.36g
中度胁迫	3.44cdef	3.11cdefg	2.95defg	4.89bc	4.21bcde
重度胁迫	5.73ab	4.41bcde	4.19bcde	4.56bcd	1.3g

注：不同小写母表示同一行在 $p<0.05$ 水平差异显著。

表 17-24　不同豆科牧草群体 WUE　（单位：g/kg）

水分条件	苜蓿王	费尔纳	阿尔冈金	农宝	沙打旺
正常供水	1.15b	1.21b	1.13bc	1.59a	1.15b
中度胁迫	0.99cd	0.72f	0.79ef	1.07c	0.98cd
重度胁迫	0.87de	0.96cd	0.97cd	0.87de	0.83de

注：不同小写字母表示同一行在 $p<0.05$ 水平差异显著。

2. 禾本科牧草水分利用率

禾本科牧草在上午的水分利用率见表 17-25a，基本上是在重度胁迫条件下的植株对水分的利用效率最高，中度胁迫条件下的植株次之，正常水分条件下的植株水分利用率最低。下午（表 17-25b）基本上是重度胁迫植株水分利用效率最高，中度胁迫的植株次之，正常水分条件下的植株水分利用率差异也不明显。各个品种植株三组间的差异以及相同水分条件下不同品种的植株个体 WUE 差异不显著。而群体水分利用效率

（表 17-26）在正常水分条件和中等胁迫条件下均较高，且黑麦草高于冰草，黑麦草邦德较高，冰草 Continent 较高。

表 17-25a 不同禾本科牧草上午单叶水分利用效率均值 （单位：$\mu mol\ CO_2/mmol\ H_2O$）

水分条件	黑麦草 Abundant	黑麦草 Energa	冰草 Continent	冰草 Chieft
正常供水	2.57d	3.5d	5.23d	4.38d
中度胁迫	5.26d	8.67d	5.47d	3.99d
重度胁迫	65.10bc	99.66b	46.04cd	140.14a

注：不同小写字母表示同一行在 $p<0.05$ 水平差异显著。

表 17-25b 不同禾本科牧草下午单叶水分利用效率均值（单位：$\mu mol\ CO_2/mmol\ H_2O$）

水分条件	黑麦草 Abundant	黑麦草 Energa	冰草 Continent	冰草 Chieft
正常供水	2.27b	3.98b	3.58b	3.54b
中度胁迫	3.53b	4.84b	4.07b	4.60b
重度胁迫	7.93a	3.84b	4.48b	2.90b

注：不同小写字母表示同一行在 $p<0.05$ 水平差异显著。

表 17-26 不同禾本科牧草群体 WUE （单位：g/kg）

水分条件	黑麦草 Abundant	黑麦草 Energa	冰草 Continent	冰草 Chieft
正常供水	0.92bc	1.16a	0.63de	0.81cd
中度胁迫	1.02ab	0.97b	0.64de	0.80cd
重度胁迫	0.69d	0.89bc	0.51e	0.56de

注：不同小写字母表示同一行在 $p<0.05$ 水平差异显著。

17.2.2.8 讨论

禾本科牧草上午的蒸腾速率下降出现在重度胁迫条件下，而豆科牧草的蒸腾速率显著下降则是在中度胁迫条件下发生，而下午禾本科牧草的蒸腾速率普遍高于豆科牧草。这也许可以表明豆科牧草的蒸腾对土壤水分更敏感，有较强的蒸腾调控能力，对于这种调控能力的生理生化基础则有待进一步研究。

水分利用效率计算结果表明个体和群体差异很大，这种差异性可能与计算所用指标不同有关系，同时也可能是由于植物在群体条件下可通过自身生长来影响微环境，进而影响对水分的利用，但对于其中的具体关系，也有待于进一步研究。单叶可能代表了植物潜在的水分利用率，而群体则可能为表观的水分利用率，当然，对于这一提法还有待商榷。但在实践过程中，应同时从两个方面考虑，以确定适宜的品种。此外，试验结果还表明，植物个体水平的光合特性与水分利用特征在上午、下午之间均存在显著差异，因此在研究时应注意时间的选择。

17.3　黄土丘陵区造成苜蓿成苗困难的环境及生理机制研究

17.3.1　黄绵土土壤含水量对苜蓿种子萌发过程中物质代谢的影响

17.3.1.1　不同苜蓿品种的吸水规律

根据种子不同萌发时间的吸水率绘制吸水曲线（图 17-14、图 17-15、图 17-16）。由图 17-14 可知，3 个品种在纯水中 0～6h 都迅速吸水，6～36h 吸水率缓慢增长。在不同土壤水分条件下，土壤含水量低于 14％时，吸水曲线基本呈直线上升，其中农宝吸水速率略大于阿尔冈金，苜蓿王最小。土壤含水量为 14％和 16％时，3 个品种在 0～6h 迅速吸水，6～36h 仍大量吸水但吸水速率较 0～6h 有所减慢。

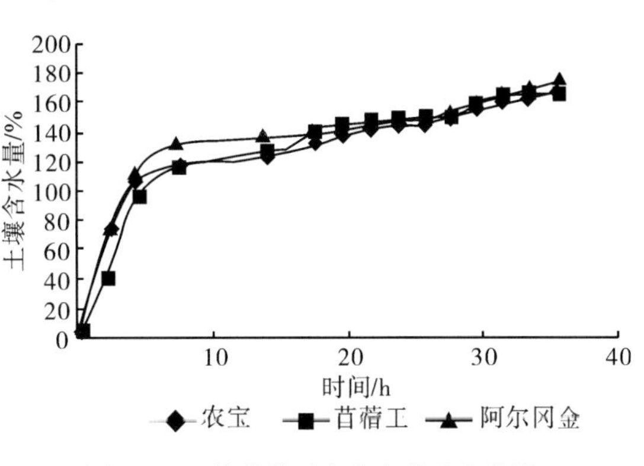

图 17-14　苜蓿种子在水中的吸水曲线

由同一品种在不同土壤水分条件下的吸水曲线（图 17-16）可见，土壤含水量大于 14％时，苜蓿种子在 0～6h 迅速吸水。其中，阿尔冈金与农宝类似，12h 后在水中吸水

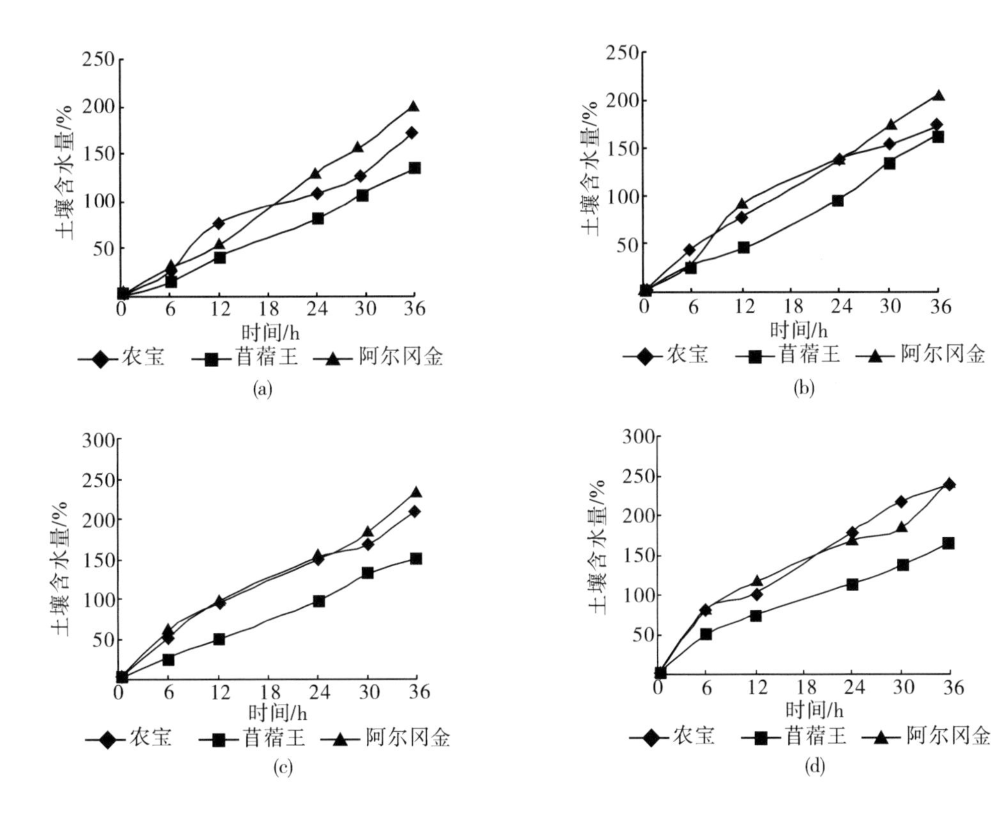

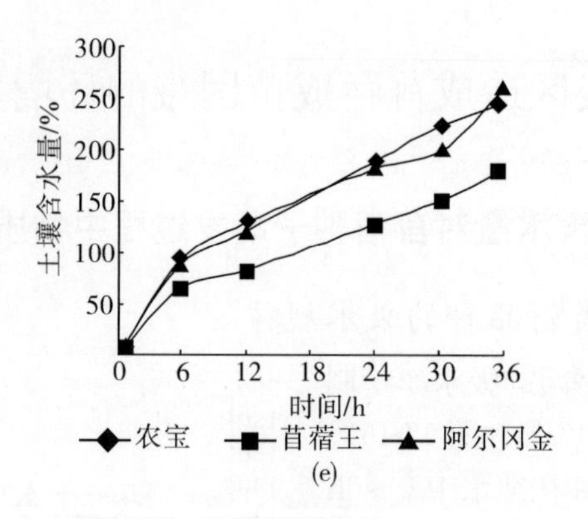

图 17-15　不同苜蓿品种吸水曲线

注：(a) ～ (e) 分别为土壤含水量为 8%、10%、12%、14%、16%

率小于土壤中吸水率，这可能与土壤中的通气状况优于水中有关。苜蓿王与其他两个品种差异较大，33h 左右水中吸水率低于土壤中的吸水率，这可能与苜蓿王种子较大、种皮较厚、种子吸水能力较差有关。

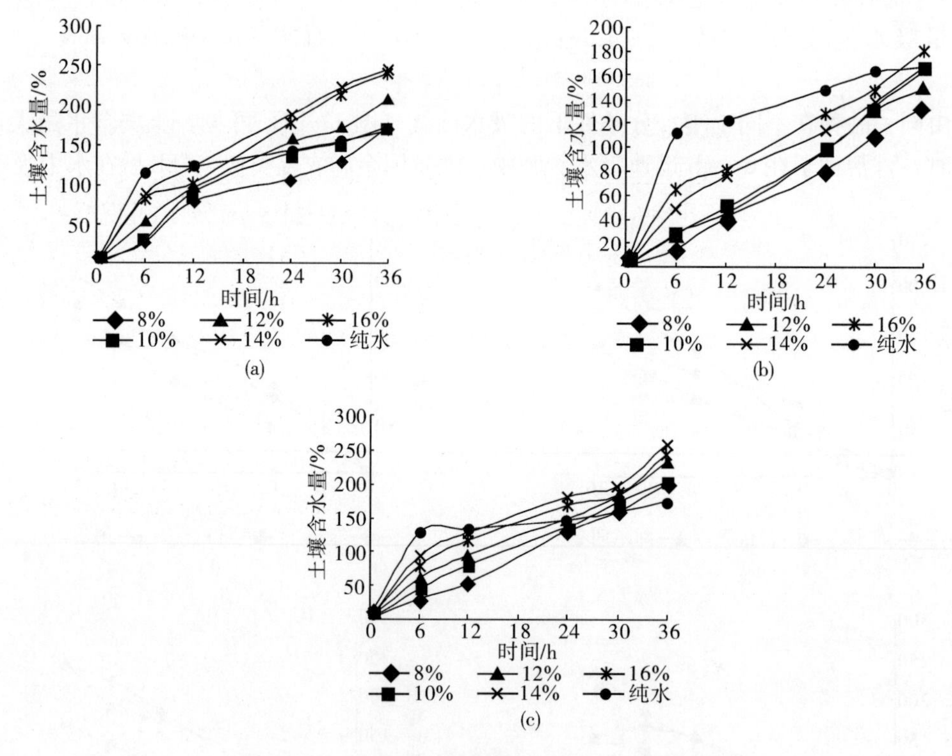

图 17-16　不同土壤含水量下苜蓿种子吸水曲线

(a) 农宝；(b) 苜蓿王；(c) 阿尔冈金

水中与土壤中的吸水实验表明，3 种苜蓿品种的吸水能力为：阿尔冈金>农宝>苜蓿王；3 个品种的萌发状况为：阿尔冈金>农宝>苜蓿王。结合种子吸水规律说明种子的萌发状况与种子的吸水率有很大关系，种子吸水率越高萌发状况越好。

17.3.1.2　不同苜蓿品种吸水过程中的物质转化规律

1. 可溶性糖含量的动态变化

从可溶性糖含量变化曲线（图 17-17）可以看出，3 个品种吸水萌发时期可溶性糖含量逐渐降低。苜蓿王和农宝可溶性糖含量在 0～12h 迅速下降，12～36h 下降较为缓慢；阿尔冈金可溶性糖含量在 0～6h 迅速下降，6～24h 下降较为缓慢，24～36h 又开始迅速下降。3 个品种干种子可溶性糖含量基本接近，分别为苜蓿王 16.2%、农宝 15.5%、阿尔冈金 15.9%，36h 可溶性糖含量分别降至 11.9%、11.7%和 10.1%，其中阿尔冈金下降最多，约为 5.8%。

根据自动定氮仪测得的粗蛋白含量列表，绘制粗蛋白含量变化曲线（图 17-18）。其中，阿尔冈金和农宝粗蛋白含量变化趋势大致相同，苜蓿王差别较大。阿尔冈金在 0～9h 粗蛋白含量略有下降，从 9h 起至 36h 一直上升，其中 9～24h 粗蛋白含量增加速率大于 24～36h；农宝在 0～6h 粗蛋白含量迅速下降，6～36h 迅速上升，其中 6～12h 粗蛋白含量增加速率大于 12～36h；苜蓿王在 0～6h 粗蛋白含量急速上升，6～12h 几乎变化不大，12～24h 又开始上升，24～36h 接着下降。阿尔冈金、农宝和苜蓿王 0h 粗蛋白含量分别为 37.55%、38.71%和 36.92%，36h 分别上升到 39.83%、39.92%和 38.76%，其中阿尔冈金粗蛋白含量增加最大，约为 2.28%。然而苜蓿王在 24h 达到粗蛋白含量的最大值 39.51%。

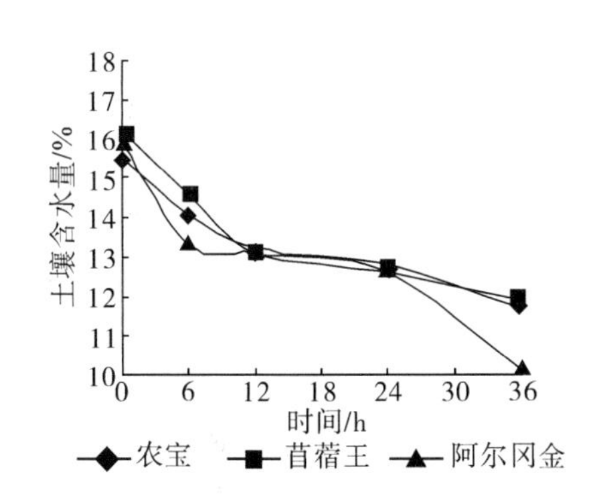

图 17-17　苜蓿种子萌发过程中可溶性糖含量变化

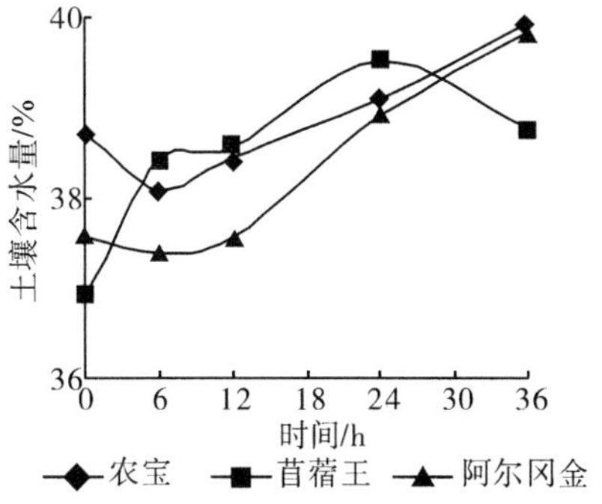

图 17-18　苜蓿种子萌发过程中粗蛋白含量变化

2. 粗脂肪含量的动态变化

如图 17-19 所示，农宝在 0～8h 粗脂肪含量急速上升，8～24h 下降，24～36h 又上升；阿尔冈金与农宝类似，0～8h 粗脂肪含量快速上升，8～24h 略有下降，24～36h 又有回升；苜蓿王 0～12h 粗脂肪含量不断增加，从 12h 起至 36h 增加缓慢。3 个苜蓿品种中农宝和阿尔冈金干种子粗脂肪含量接近，分别为 10.95%和 10.90%，而苜蓿王干种子粗

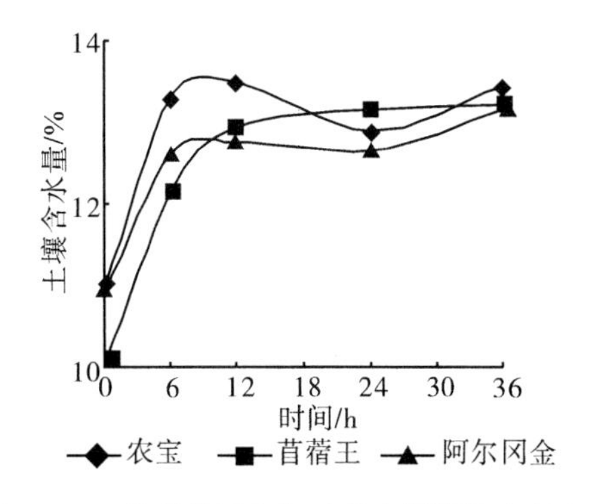

图 17-19　苜蓿种子萌发过程中粗脂肪含量变化

脂肪含量略低，约为10.02%。吸水至36h，农宝粗脂肪含量为13.46%，但其在8h含量高于36h；阿尔冈金和苜蓿王36h的粗脂肪含量接近，分别为13.17%和13.22%，其中苜蓿王增加最多，约3.2%。

17.3.1.3 讨论

水分是种子萌发的先决条件，种子吸水后才会由静止转为活跃，在吸收一定量的水分后种子开始萌动。苜蓿种子的吸水曲线第一个快速吸水期在0～6h，6～36h是吸水稳定时期。

在土壤中，36h内苜蓿种子吸水总量随土壤含水量增加而增加，高的土壤含水量加速了快速吸水期的完成，缩短了种子物质转化时间，促进出苗。

苜蓿种子中储藏的淀粉物质较少，但在萌发初期最先分解利用的就是种子中的淀粉。淀粉分解为可溶性糖，可以作为种子呼吸作用的底物，一方面为苜蓿种子萌发提供能量，同时又可运输到胚部为合成新的细胞和细胞器提供结构物质。3个品种可溶性糖的减少量分别为阿尔冈金>苜蓿王>农宝，粗蛋白的增加量分别为阿尔冈金>苜蓿王>农宝，而粗脂肪的增加量分别为苜蓿王>农宝>阿尔冈金。阿尔冈金可溶性糖含量减少最大，同时粗蛋白累积量也最大，说明吸水萌发过程中物质转化活跃，因而萌发状况最好。而苜蓿王可溶性糖含量减少较大，粗蛋白累积量也较大，同时粗脂肪累积量最大，萌发状况却最差，可能与其自身特性有关。农宝由于种子小、种皮薄等其他因素，尽管三项指标均居中，但其萌发状况却优于苜蓿王。

综上所述，苜蓿种子萌发时吸水能力强，需水量高，种子的吸水能力在种间存在差异，其中阿尔冈金吸水能力最强，农宝次之，苜蓿王最差；苜蓿种子萌发的吸水量与种子的萌发状况成正相关；可溶性糖在种子萌发过程中作为呼吸底物影响较大；3种苜蓿种子粗蛋白含量变化相关性不大；粗脂肪含量在12～36h变化不大，作为主要供能物质，在种子萌发过程中所起作用不大。

17.3.2 风对苜蓿成苗的影响

17.3.2.1 不同土壤水分条件下的成苗率

当土壤含水量为5%时，种子萌发率很低，且在短时间内由于干旱胁迫而死亡；当土壤含水量为8%时，种子萌发率为30%，但成苗率不高，每次浇水后即活过来，到第二次浇水时即萎蔫，如此维持两周就全部死亡；当土壤含水量为10% 、12%、15%时，种子发芽率很高，且全部成苗。

17.3.2.2 不同土壤水分条件下的生物量比较

由表17-27、表17-28可知，风速和土壤含水量对苜蓿幼苗的生物量有明显的影响，经吹风处理的苜蓿幼苗鲜重均明显高于对照。随着土壤含水量的升高，苜蓿幼苗的生物量也逐步增多。3个品种中以农宝的生物量最少，苜蓿王的生物量最多。

表 17-27　吹风对苜蓿幼苗地上生物量的影响　（单位：g）

物种	水分处理	土壤含水量			
		8%	10%	12%	15%
农宝	风	0.31	0.46	0.58	0.43
	适宜水分	0.27	0.28	0.25	0.45
阿尔冈金	风	0.60	0.60	0.49	0.48
	适宜水分	0.28	0.37	0.41	0.45
苜蓿王	风	0.56	0.58	0.67	0.72
	适宜水分	0.30	0.53	0.59	0.40

表 17-28　吹风对苜蓿幼苗地下生物量的影响　（单位：g）

物种	水分处理	土壤含水量			
		8%	10%	12%	15%
农宝	风	0.24	0.33	0.39	0.31
	适宜水分	0.21	0.25	0.24	0.48
阿尔冈金	风	0.37	0.47	0.40	0.43
	适宜水分	0.30	0.31	0.39	0.52
苜蓿王	风	0.45	0.47	0.59	0.45
	适宜水分	0.20	0.37	0.41	0.38

17.3.2.3　不同土壤含水量下植株根冠比变化

由表 17-29 可知，对照的根冠比除阿尔冈金在土壤含水量为 8%时较高外，其余均随土壤含水量的升高而变大，这与“水长苗，旱长根”的一般结论并不相符，其原因有待进一步分析。而吹风状态下的根冠比变化却不一致，随着土壤含水量的增加，农宝、苜蓿王二者的根冠比呈递减趋势，而阿尔冈金则呈现逐渐增加趋势。同一品种间，吹风与不吹风比较，不吹风条件下植株的根冠比均高于吹风处理，这说明吹风降低了苜蓿幼苗的根冠比，但不同品种受影响不同。这种根冠比的下降可能是苜蓿幼苗在田间多风条件下成苗困难的原因之一。

表 17-29　不同土壤含水量下植株根冠比变化

物种	水分处理	土壤含水量			
		8%	10%	12%	15%
农宝	风	0.77	0.72	0.68	0.72
	适宜水分	0.78	0.92	0.98	1.08
阿尔冈金	风	0.62	0.78	0.83	0.89
	适宜水分	1.09	0.82	0.93	1.16
苜蓿王	风	0.81	0.80	0.89	0.63
	适宜水分	0.67	0.70	0.69	0.94

17.3.2.4　不同土壤水分条件下的光合速率

吹风条件下，处于不同土壤水分状况的苜蓿品种间以及各水分处理与对照光之间光合速率均有差异，不同苜蓿品种的光合速率对吹风的反应也不同。从表 17-30 可知，各水分条件下，农宝和阿尔冈金吹风处理植株光合速率高于对照，而苜蓿王在吹风处理光合速率则低于对照。

表 17-30　吹风对苜蓿幼苗光合速率影响　　［单位：μmol CO_2/（m^2 · s）］

物种	水分处理	土壤含水量			
		8%	10%	12%	15%
农宝	风	6.8	3.1	—	7.4
	适宜水分	5.3	2.8	—	—
阿尔冈金	风	5.9	10.6	8.7	5.9
	适宜水平	—	1.3	5.7	4.0
苜蓿王	风	3.3	5.7	4.1	6.0
	适宜水分	6.0	6.0	8.0	3.4

17.3.2.5　不同土壤水分条件下的蒸腾速率

由表 17-31 可知，在相同的土壤水分条件下，吹风状态下苜蓿的蒸腾速率高于对照，但不同品种对土壤含水量的反应不同。吹风条件下农宝、阿尔冈金 2 个苜蓿品种的蒸腾速率在土壤含水量为 15%时达到最高，而苜蓿王则在土壤含水量为 12%时蒸腾速率最高。在无风条件下农宝、阿尔冈金和苜蓿王 3 个品种的蒸腾最高值分别出现在土壤含水量为 10%、12%和 8%时，而在土壤含水量为 15%时，3 个品种的蒸腾速率均为最低值。

表 17-31　吹风对苜蓿幼苗蒸腾速率影响　　［单位：mmol H_2O/（m^2 · s）］

物种	水分处理	土壤含水量			
		8%	10%	12%	15%
农宝	风	1.1	1.0	0.8	2.4
	适宜水分	0.6	1.0	—	0.1
阿尔冈金	风	0.6	1.1	0.9	1.3
	适宜水分	0.2	0.4	0.9	0.1
苜蓿王	风	0.5	0.5	1.2	0.3
	适宜水分	0.9	—	0.2	0.1

17.3.2.6　不同土壤水分条件下的气孔导度

在不同的土壤水分条件下，各苜蓿品种的气孔导度对吹风的反应是一致的（表 17-32），农宝、阿尔冈金 2 个苜蓿品种的蒸腾速率在土壤含水量 15%时达到最高，而苜蓿王则在土壤含水量为 12%时蒸腾速率最高。在无风条件下，农宝、阿尔冈金和苜蓿王 3 个品种气孔导度的最大值分别出现在土壤含量水为 10%、12%和 8%时，而在土壤含水量为 15%时其气孔导度最低。

由于测定时无风，因此不同的土壤水分条件和吹风均可对苜蓿的蒸腾速率和气孔导度产生影响，而且这种影响可以产生稳定的结果。长期吹风可以使苜蓿气孔导度增加，使其可达到的最大开度也在增加，因此气孔开度控制范围在于对照处理，这可能是吹风条件下苜蓿光合速率增加的原因之一。

表 17-32　吹风对苜蓿幼苗气孔导度影响　[单位：mmol H_2O/ (m^2 · s)]

物种	水分处理	土壤含水量/%			
		8%	10%	12%	15%
农宝	风	0.042	0.035	0.028	0.084
	适宜水分	0.009	0.032		0.002
阿尔冈金	风	0.019	0.038	0.028	0.043
	适宜水分	0.006	0.013	0.030	0.004
苜蓿王	风	0.017	0.016	0.040	0.011
	适宜水分	0.030	—	0.006	0.004

17.3.2.7　不同土壤水分条件下的个体水分利用率

由表 17-33 可看出，土壤含水量越低，农宝的水分利用率越高，而苜蓿王却在土壤含水量越高时，水分利用率越高。

吹风和对照之间的水分利用率具有一定的差异，但差异不明显。对于苜蓿王来说，其水分利用率是对照高于吹风条件下，而农宝和阿尔冈金则是吹风条件下高于对照。

表 17-33　吹风对苜蓿幼苗个体水分利用率的影响　(单位：μmol CO_2/mmol H_2O)

物种	水分处理	土壤含水量			
		8%	10%	12%	15%
农宝	风	6.08	3.08	—	3.11
	适宜水分	8.88	2.89	—	—
阿尔冈金	风	10.14	9.24	10.22	4.55
	适宜水分	—	3.20	6.25	30.35
苜蓿王	风	6.45	11.67	3.37	17.42
	适宜水分	6.48	—	43.20	31.47

17.3.2.8　不同土壤水分条件下的叶绿素含量

由表 17-34 可知，苜蓿叶绿素含量在吹风状态下普遍高于对照。由此可以看出，吹风对苜蓿幼苗叶绿素含量有明显的影响。而当土壤含水量为 10%和 12%时，吹风状态下的阿尔冈金和苜蓿王的叶绿素含量低于对照。

表 17-34　吹风对苜蓿幼苗叶绿素含量的影响　(单位：mg/g)

物种	水分处理	土壤含水量			
		8%	10%	12%	15%
农宝	风	47.45	56.99	67.05	57.10
	适宜水分	43.66	51.99	46.30	55.36
阿尔冈金	风	69.86	44.00	55.27	59.69
	适宜水分	47.62	45.06	57.66	49.63
苜蓿王	风	55.73	48.39	46.80	49.98
	适宜水分	38.02	56.45	58.60	44.49

17.3.2.9 不同土壤水分条件下的根系活力

图 17-20 为不同土壤水分条件下，吹风对不同苜蓿品种根系活力的影响。可以看出，吹风处理可影响到苜蓿的根系活力，但规律不明显，各品种对吹风的反应也不相同。其中，农宝吹风处理后，在土壤含水量为 8%～12%时，根系活力高于对照，而当土壤含水量为 15%时，则低于对照。阿尔冈金和苜蓿王 2 个品种，吹风处理后根系活力下降，但吹风处理与对照的根系活力对土壤含水量的反应是一致的。这表明，苜蓿根系活力对土壤水分变化的反应要高于对风的反应。

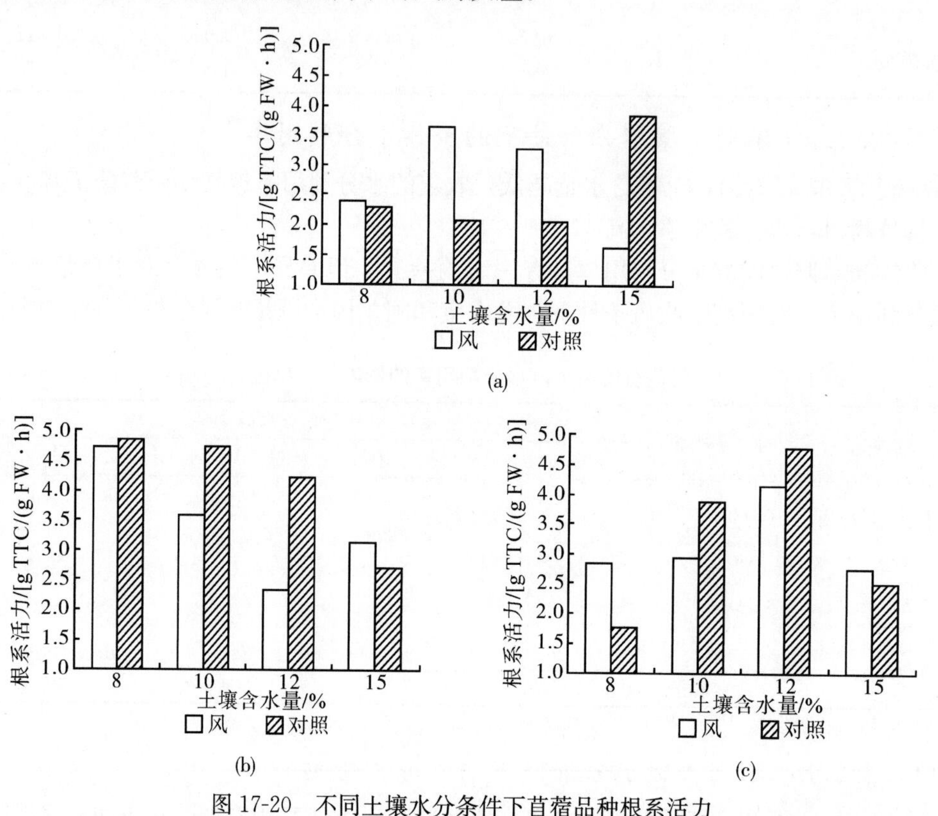

图 17-20 不同土壤水分条件下苜蓿品种根系活力

(a) 农宝；(b) 阿尔冈金；(c) 苜蓿王

17.3.2.10 讨论

苜蓿幼苗在土壤含水量高于 10%时可全部成苗，10%以下成苗困难。因此，在黄土丘陵土壤含水量 10%以上时，有利于苜蓿成苗。

经吹风处理的苜蓿幼苗光合速率较高，鲜重均明显高于对照，并随着土壤含水量的升高，苜蓿幼苗的生物量也逐步增多，而且在水分条件较好时根系活力也较高。

当吹风时，风降低了根冠比，增加了蒸腾速率，气孔导度增加，而根系活力下降，更容易导致植株失水。而且当土壤含水量在 10%～12%时，根系活力较高，而且蒸腾也较高，因此对土壤水分的散失增强，易造成土壤水分的亏缺。这种变化可能是苜蓿幼苗在田间多风条件下失水大于吸水，使水分平衡失调，而造成成苗困难。

17.4　黄土丘陵区草地土壤水分利用研究

17.4.1　黄土丘陵区不同土地利用类型对土壤水分的影响

黄土高原地区，历来以黄土堆积厚，水土流失严重而著称。长期的粗放经营和对坡耕地的大量开垦（25°以上的陡坡耕地占总耕地面积的 23.9%）使黄土高原每年流失的泥沙达 1.64×10^{10}t，土壤侵蚀极其严重（侯军歧，2002）。其中坡耕地是最主要的水土流失源地，是导致生态环境恶化、制约社会经济可持续发展的原因（裴新富等，2003）。坡耕地侵蚀模数是坡面其他地类的几倍甚至几十倍以上，黄河 16×10^{8}t 泥沙中，有 40%～50%来源于坡面，坡面来沙中 80%以上来源于坡耕地。严重的水土流失是导致生态环境恶化、制约社会经济可持续发展的主要原因。因此，在水土流失严重的黄土丘陵区，大面积退耕的坡耕地还林还草，不仅是控制水土流失、改善生态环境的需要，也是改变传统生产方式、大幅度提高农田等土地生产力，实现区域农业和经济可持续发展的根本措施（梁一民等，2003）。对于退耕还林还草的研究主要集中在林地、草地、耕地的水土保持及经济效益方面，而黄土丘陵区不同土地利用对土壤水分影响研究较少，如果有也主要是对不同土地利用对土壤水分的时空分布的影响进行研究（王军等，2000），而很少从维持土壤平衡的角度出发去探讨，而这个问题的研究对于黄土丘陵区土壤水分平衡及区域生态与经济持续发展是十分必要的。本章对黄土丘陵区不同立地条件下人工草地、耕地对土壤水分的影响进行研究。

图 17-21 为 2002～2004 年降水量的变化，2004 年 1～8 月累计 448.3mm，土壤类型为黄土母质上发育而成的黄绵土（田间持水量 19.2%，以玉米幼苗为指示植物测得萎蔫系数 4.6%，容重见表 17-35），部分区域为黑垆土和灰褐土，土质疏松，抗蚀抗冲性差。区内地形复杂多变，梁峁起伏，地形支离破碎，沟壑密度 2.44km/km²，水土流失严重，生态环境恶化，自然灾害频繁，主要有干旱、霜冻、冰雹、暴雨、连阴雨及干热风等。流域内自然植被破坏殆尽，垦植指数较高，土地利用类型以坡耕地、果园地、草地、撂荒地、灌木地和林地为主（表 17-36），其中人工草地以苜蓿为主，林地以刺槐为主。

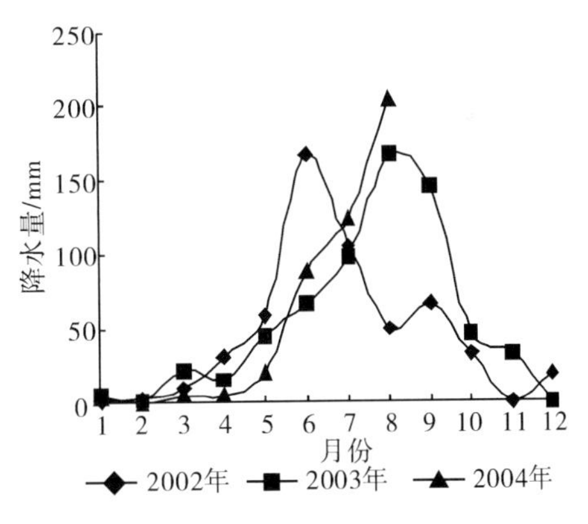

图 17-21　试验区 2002 年至 2004 年降水量的变化

表 17-35　试验区土壤不同土层深度土壤容重

深度/cm	20	40	60	80	100	120	140	160	180	200	250	均值
土壤容重/（g/cm³）	1.29	1.35	1.23	1.28	1.31	1.35	1.29	1.31	1.29	1.42	1.34	1.32

表 17-36　试验区土地利用基本现状　（单位：hm^2）

年份	总耕地	林地总面积	经济林地	天然草地	人工草地
2001	4853	5194	1117	2665	368
2002	4333	5461	1126	2998	568
2003	4067	5728	1300	3378	841
2004	3800	5994	1333	3422	1200

17.4.1.1　不同土地利用条件土壤含水量差异

表 17-37 为 2003 年 7 月 7 日和 2003 年 7 月 10 日 2 次测定的 9 个样地的土壤含量情况。7 月 6 日有降水 23.5mm，其中下午 15：55 开始遭受长达 8 分钟的冰雹袭击，冰雹直径 2～3.5cm。图 17-22 和图 17-23 分别是以表 17-37 数据制作的土壤水分图。可以看出：

（1）所有样地的土壤含水量在 23.5mm 降水后，经过 3 天，除 0～20cm 土层明显降低外，20～300cm 各土层均得到一定的补偿，含水量增加了约 1%。

（2）无论是何种土地利用形式，川地的土壤含水量均高于坡地。同为川地的 1 号～4 号样地，苜蓿地土壤含水量明显低于玉米地和大豆地的含水量，并且苜蓿种植年限越长土壤含水量越低。尤其是在 30～140cm 范围内，2 年生苜蓿地土壤含水量明显低于当年种植的，表明 2 年生苜蓿地主要耗水层为 30～140cm。而当年种植的苜蓿土壤含水量在 0～20cm 表层范围内明显低于 2 年生的，可能是由于当年苜蓿刚刚完成刈割（7 月 3 日），而且当地是采取贴地刈割方式，造成地表裸露，蒸发加强，而 2 年生苜蓿地是刈割后生长了近 50 天，地表覆盖度高，有效减少了表土水分蒸发的结果。

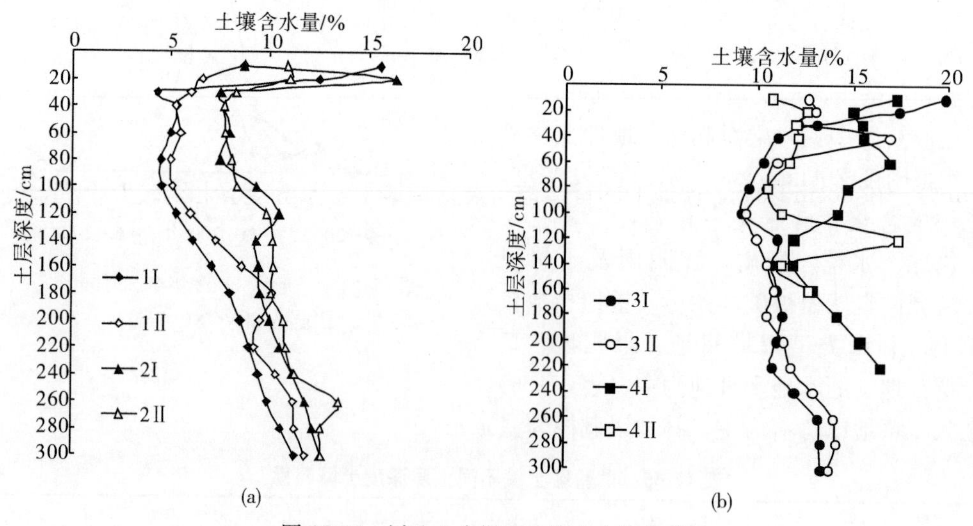

图 17-22　川地 4 个样地土壤含水量的变化

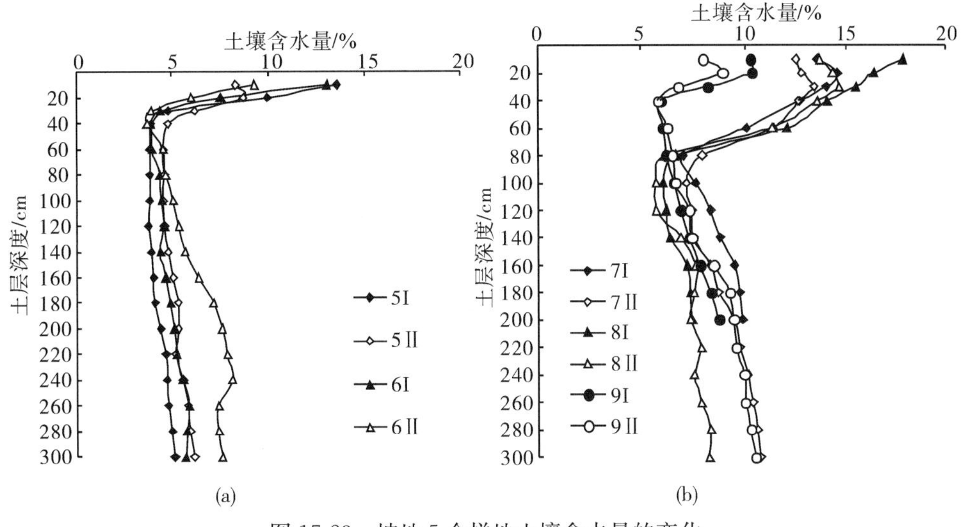

图 17-23　坡地 5 个样地土壤含水量的变化

(3) 同为坡地的 5 个样地中，尽管苜蓿地和天然草地的坡度小于果园的坡度，而且苜蓿生长年限短于苹果的生长年限，但苜蓿地和天然草地的土壤含水量明显低于果园土壤含水量，40cm 以下土壤含水量均在 5%左右，而果园土壤 40cm 以下呈逐渐升高趋势，至 240cm 以后可达 10%以上。

(4) 坡地上的苜蓿地和天然草地进行比较，苜蓿地的含水量低于天然草地。

(5) 果园中 3 个样地比较而言，土壤剖面 0～80cm，无论是否有树，鱼鳞坑内土壤含水量明显高于坑间土壤；而 80cm 以下，无树坑和坑间土壤含水量较为接近，均高于有树坑，且无树坑微高于坑间。

17.4.1.2　不同土地利用条件下土壤含水量变异

图 17-24 (a) 和 (b) 分别为不同土地利用条件下土壤含水量的年际变化和作物旺盛生长季节的变化。比较可以看出，在降水较为集中，作物生长旺盛的7月、8 月，土壤含水量变化较大的土层是 0～40cm，这可能更多是受表层土壤蒸发的影响。在 40～60cm 土层中，除大豆地外其他变化不大，这也许可以表明，大豆的主要耗水层在 40～120cm 处。在 60cm 以下，坡地上的苜蓿地与天然草地土壤水分变异相对较大，其他变化较小。从图 17-24 (a) 可以看出，在年际土壤水分变化中，变化最大的是 40～60cm 土层；60cm 以下，各土层土壤水分变异系数逐渐下降，表明水分主要应以降水补充为主。在整个土壤剖面中，2 年生苜蓿地、坡地上的苜蓿地与天然草地 3 个样地土壤水分变化均相对高于其他 3 个样地，进一步表明这 3 种土地利用条件下，土壤耗水主要发生在 40～200cm 土层内，生长过程中利用的水分以当季降水为主。

表 17-37　不同样地土壤含水量

（单位：%）

深度/cm	1号		2号		3号		4号		5号		6号		7号		8号		9号	
	Ⅰ	Ⅱ	Ⅰ	Ⅱ	Ⅰ	Ⅱ	Ⅰ	Ⅱ	Ⅰ	Ⅱ	Ⅰ	Ⅱ	Ⅰ	Ⅱ	Ⅰ	Ⅱ	Ⅰ	Ⅱ
10	15.6	8.7	8.7	10.9	19.9	12.7	17.2	10.7	13.6	8.4	13.1	9.3	13.6	12.6	17.9	13.7	10.3	8.1
20	12.6	6.6	16.4	11.1	17.4	13.0	15.0	12.6	10.0	8.8	7.5	6.0	14.6	12.8	16.5	14.4	10.4	9.0
30	4.3	6.0	7.5	8.3	13.1	12.1	15.5	12.0	4.8	6.2	4.4	3.9	14.1	13.5	15.6	14.7	8.2	6.8
40	5.3	5.3	7.7	7.7	11.1	16.9	15.5	12.1	3.9	4.8	3.9	3.7	12.8	12.7	14.1	13.6	6.0	5.8
60	5.0	5.5	8.0	7.8	10.3	11.0	16.9	11.7	3.8	4.5	3.9	4.5	10.1	11.4	12.1	11.4	6.1	6.3
80	4.5	5.0	7.6	8.1	9.6	10.5	14.7	10.5	3.8	4.6	4.3	4.6	7.0	8.0	6.7	6.2	6.2	6.6
100	4.5	5.1	9.3	8.4	9.2	9.4	14.2	11.3	3.9	4.5	4.5	5.0	7.6	7.2	6.1	5.8	6.6	6.7
120	5.3	6.1	10.5	9.9	11.1	10.0	11.9	17.4	3.7	4.6	4.6	5.4	8.3	7.4	6.2	5.8	6.9	7.3
140	6.2	7.3	9.4	10.2	10.8	10.6	11.8	11.3	3.9	4.8	4.4	5.7	8.8	7.5	6.4	6.9	7.3	7.4
160	7.1	8.7	9.5	10.3	11.1	10.9	12.9	12.7	4.0	5.1	4.6	6.4	9.5	8.4	7.2	7.6	7.9	8.5
180	8.0	10.2	9.6	10.1	11.4	10.6	14.2		4.1	5.3	4.9	7.2	9.8	8.7	7.4	7.6	8.4	9.2
200	8.5	9.6	10.1	10.8	11.1	11.4	15.4		4.4	5.3	5.1	7.6	9.9	9.4	7.4	7.4	8.7	9.4
220	9.0	9.3	10.6	10.9	10.8	11.8	16.5		4.6	5.2	5.2	7.9		9.8		7.9		9.6
240	9.5	10.4	11.3	11.4	12.0	12.9			4.7	5.6	5.6	8.2		10.2		7.6		10.0
260	9.9	11.3	11.9	13.6	13.2	14.1			4.8	5.8	5.9	7.4		10.4		7.9		10.1
280	10.6	11.4	12.3	12.6	13.3	14.2			5.0	6.0	5.8	7.4		10.7		8.3		10.3
300	11.4	11.9	12.6	12.7	13.4	13.8			5.1	6.1	5.7	7.6		10.8		8.3		10.5

注：Ⅰ：2003年7年7日；Ⅱ：2003年7月10日。

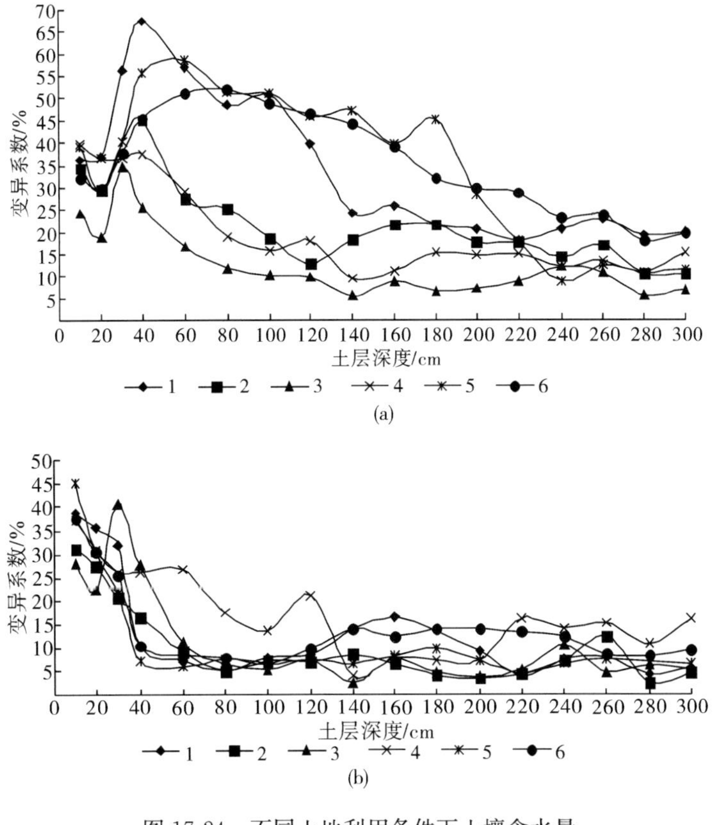

图 17-24　不同土地利用条件下土壤含水量

17.4.1.3　不同土地利用条件下土壤贮水量变化

表 17-38 为不同土地利用条件下各样地 7 月 6 日遭遇 23.5mm 降水后的 3 天内土壤贮水量变化，这是一个短期土壤贮水量变化。从各样地不同层次贮水变化可以看出，除大豆地和无树鱼鳞坑外，其他样地均是 0～60cm 土层贮量减少，而 60cm 以下土壤水分有所盈余，3m 内土体中贮水总量增加。从总量上看，以大豆地贮水量最高，以下依次为玉米地、1 年生苜蓿地、无树鱼鳞坑、坑间地、有树鱼鳞坑、2 年生苜蓿地、天然草地、坡地上的苜蓿地。表 17-39 为 1～6 号样地土壤贮水量的年际变化。可以看出，经过一两个生长季节后，位于川地上的两块苜蓿地 3m 土体内贮水量均较 2003 年 7 月时有降低，其中进入第三个生长年的苜蓿地土壤贮水量减少了 67.4mm，进入第二年的苜蓿地仅减少了 29.5mm。连续种植玉米的土地贮水量增加了 22.8mm。马铃薯-谷子地，两年内土壤贮水量减少 26.5mm，但其 3m 土体内总的贮水量仍高达571.3 mm，是 3 年生苜蓿地的 2.3 倍，比玉米地也高了 78.2mm，而在秋冬季节进行水分的补充。坡地上的苜蓿地和荒坡贮水量均有所增加，分别增加了 24.0mm 和 135.3mm，与川地种植苜蓿相比，坡地上苜蓿生长 3 年，株高不超过 30cm，叶仅为川地的 1/2 大小，每年仅刈割一次产量极低，基本无经济价值，对土壤水分消耗也较少，而使土壤水分补充较多。天然草地与之类似，也是生物量较少，而对水分利用少，使土壤水得以补充，并且补水

量高于相同立地条件下苜蓿地。

表 17-38 单次降水后不同土地利用条件下土壤贮水量

编号	深度/cm	土壤贮水量/mm		土壤水盈亏/mm
		2003-7-7	2003-7-10	
1	0～60	61.5	48.5	−13.0
	60～300	252.5	282.9	30.4
	0～300	314.1	331.5	17.4
2	0～60	72.5	69.2	−3.3
	60～300	331.8	343.5	11.7
	0～300	404.3	412.7	8.4
3	0～60	106.0	99.2	−6.8
	60～300	364.3	372.4	8.1
	0～300	470.3	471.6	1.3
4	0～60	124.9	91.3	−33.6
	60～300	472.9	405.2	−67.7
	0～300	597.8	496.5	−101.3
5	0～60	51.4	48.1	−3.3
	60～300	138.3	167.1	28.8
	0～300	189.7	215.2	25.5
6-	0～60	47.5	41.2	−6.4
	60～300	161.0	214.5	53.5
	0～300	208.6	255.7	47.1
7	0～60	97.4	96.1	−1.3
	60～300	294.6	289.0	−5.6
	0～300	392.0	385.2	−6.8
8	0～60	114.2	102.5	−11.7
	60～300	225.3	232.1	6.8
	0～300	339.5	334.5	−11.8
9	0～60	60.8	54.4	−6.3
	60～300	254.9	281.0	26.2
	0～300	315.6	335.5	8.1

表 17-39 不同土地利用条件下土壤贮水的年际变化 (单位：mm)

编号	2003 年						2004 年		土壤水盈亏
	7 月 7 日	7 月 10 日	7 月 14 日	7 月 25 日	7 月 29 日	8 月 4 日	3 月 28 日	9 月 16 日	
1	314.1	331.5	321.5	325.0	286.0	342.1	435.2	246.7	−67.4
2	404.3	412.7	409.1	422.4	401.7	432.2	531.1	374.8	−29.5
3	470.3	471.6	486.7	442.3	467.6	476.3	547.9	493.1	22.8
4	597.8	496.5	570.3	497.9	483.7	543.1	630.6	571.3	−26.5
5	189.7	215.2	206.6	192.7	183.2	211.4	347.0	213.7	24.0
6	208.6	255.7	269.9	245.8	230.4	254.8	419.2	343.9	135.3

17.4.1.4　讨论

土地利用变化可引起许多自然现象和生态过程变化，如土壤养分、土壤水分、土壤侵蚀、土地生产力、生物多样性和生物地球化学循环等。植被恢复重建和农地撂荒将增加土壤有机质含量，提高土壤质量；粗放的农业耕作措施将降低土壤质量并引起土壤退化；灌丛有明显的肥力岛屿作用；撂荒在一定程度上可以培肥土壤（巩杰等，2004）。而不同土地利用类型可以通过影响土壤中有效根含量，进而改善土壤水稳性团聚体含量和总孔隙度，其改善效应的大小顺序为：天然草地＞人工刺槐有林地＞次生狼牙刺灌木林地＞耕地（张建国等，2004）。在黄土丘陵区，土壤水分是生态建设及经济建设的限制因子，不仅直接影响到植物生长，而且可通过影响土壤养分的有效性来影响植物生长，水分条件的恶化还是草地退化的中心环节（魏永胜，2004）。因此，维持土壤水分平衡是实现生态建设和经济建设的关键因素，只有科学地把握不同土地利用类型对黄土丘陵区土壤水分的影响，才能正确制定生态与经济建设措施。

研究结果表明：0～30cm 土层土壤水分直接受土壤蒸发条件的影响，变化显著，不适合作为土壤水分研究的主要层次，难以被深根系植物所利用，同时在无覆盖条件下土壤水的散失仅通过蒸发进行，不会带来生物量的积累，是一种浪费；但在植物覆盖较好条件下，水分可得到有效保持，可供给一些生活周期相对较短，根层分布较浅植物生长，以充分利用有限的土壤水分资源；而 30～140cm 以下土层是各种植物耗水的主要层次，研究黄土丘陵区土壤水分变化时测深不应小于 200cm。

坡地果园中，鱼鳞坑之间的坡地，由于无鱼鳞坑，尽管有周围果树的郁闭，减少了降水流失及蒸发损失，但同时增加了入渗，使 0～80cm 土层土壤含水量明显较低。而鱼鳞坑则有效起到了蓄集雨水的作用，增加了坑内土壤含水量，尤其是 0～80cm；80cm 以下，在有果树时，耗水深度增加至 300cm，所以无树鱼鳞坑贮水量要高于有树的。此外，鱼鳞坑内及坑间均生有黄花蒿，且坑内黄花蒿株高平均为 110.3cm，坑间为 90.7cm，进一步表明鱼鳞坑可以有效地增加土壤含水量。在无果树的情况下，土壤的耗水主体是黄花蒿，其耗水主要在 0～80cm，贮水量则接近有树的鱼鳞坑。

无论是何种土地利用形式，川地的土壤含水量均高于坡地。无论立地条件如何，苜蓿地土壤含水量明显低于玉米地和大豆地或果园，并且苜蓿种植年限越长土壤含水量越低。证明与其他土地利用类型相比，长期种植苜蓿会造成土壤水分的亏缺。天然草地土壤贮水量的补充明显高于苜蓿地，土壤贮水量方面：耕地＞果园＞天然草地＞苜蓿地。因此，仅从生态角度考虑封禁可以促进土壤水分的恢复，为以后的农牧业生产奠定基础，同时正确看待苜蓿在维持土壤水分平衡，保证黄土丘陵区人工草地建设可持续发展的作用与地位。但考虑到苜蓿的经济价值及营养价值，则必须对苜蓿的耗水特性、耐旱适应性及栽培措施等方面进行研究，为科学选择苜蓿品种和采取正确栽培措施而提供合理依据。

17.4.2　黄土丘陵区不同牧草品种对土壤水分的影响

从上节研究内容可知，与川地上种植玉米、大豆、谷子的耕地，坡地上的苹果园以及以达乌里胡枝子为主的天然草地相比，苜蓿地土壤含水量明显较低，并且苜蓿种植年限越长土壤含水量越低，易造成土壤水分的亏缺，那么不同的苜蓿品种和其他牧草对黄土丘陵区土壤水分的影响又是如何呢？为此，选取了黄土丘陵区几种常见豆科牧草，研究其对土壤水分的影响。

17.4.2.1 不同牧草株高变化

图 17-25 和图 17-26 分别是几个牧草品种当季及次年返青后的株高变化，4 个苜蓿品种的株高变化曲线呈“S”形，而沙打旺的则表现为“J”形，这可能与地上生长、地下生长的差异性有关。可以看出，几种牧草 2003 年 7 月 15 日播种后当年株高变化与次年株高变化有明显区别，但均以沙打旺生长最慢，4 个苜蓿品种则以农宝生长最慢，2004 年的生长明显超过 2003 年。

5 个牧草品种播种后出苗时间基本接近，均在 7 月 19～7 月 21 日，苜蓿王和农宝在 7 月 19 日，阿尔冈金和费尔纳次之，在 7 月 20 日，沙打旺最晚在 7 月 21 日。但生长速度差异较大，沙打旺株高在最初的 45d 时间内，基本维持在 5cm 左右，平均生长速度约为 0.18cm/d，此后生长速度增加，平均速度达 0.9cm/d。而 4 个苜蓿品种在 30d 时即达到 20cm 以上，平均生长速度约为 1.04cm/d，此后的 20d 左右时间内，株高变化缓慢，平均生长速度为 0.17cm/d 左右，其中苜蓿王仅 0.09cm/d，至 45d时开始迅速生长，株高达到 30cm 以上，平均生长速度为高达 1.45cm/d 左右。

从返青时间看，苜蓿王和农宝较早，在 2004 年 3 月 21 日；阿尔冈金和费尔纳次之，在 3 月 24～26 日，沙打旺则在 3 月 28～4 月 1 日。

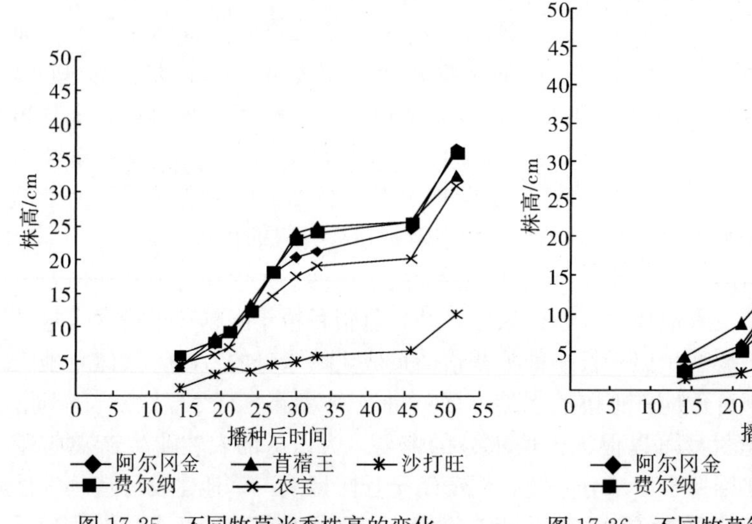

图 17-25 不同牧草当季株高的变化

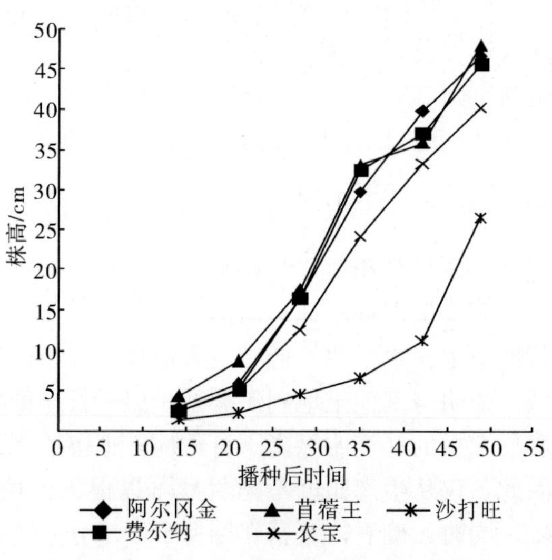

图 17-26 不同牧草第二年返青后株高的变化

17.4.2.2 不同牧草的产量

不同牧草测产结果（表 17-40）表明，在 4 个苜蓿品种中，2 年的产量排序相同，均为苜蓿王＞阿尔冈金＞农宝＞费尔纳；沙打旺产量低于所有苜蓿品种。结合不同牧草的生长指标看，苜蓿王在试验区内具有萌发早、次年返青早、生长速度快、产量高的特点；而农宝尽管萌发早、次年返青早，但生长速度和产量均较低；阿尔冈金萌发稍晚、次年返青也较晚，但产量较高；费尔纳属于萌发晚、次年返青晚、产量也较低的品种；而沙打旺与 4 个苜蓿品种相比，则属于萌发晚、次年返青晚，产量低的品种，而且其适应性也较苜蓿差，所以在黄土丘陵区不具备与苜蓿竞争的优势。

表 17-40　不同牧草产量　（单位：kg/hm^2）

品种	2003 年*	2004 年**
阿尔冈金	5586b	24500b
费尔纳	4115c	17500c
苜蓿王	6162ab	32400a
农宝	4174c	18410c
沙打旺		16100c

注：* 2003 年 10 月 20 日测定的单次刈割产量；** 依据 2004 年 9 月 16 日单次刈割产量估计。
表中数据为 3 个小区的平均值，数据的字母为 Duncan 多重比较的差异显著性（$p=0.05$）。

在黄土丘陵区萌发早、次年返青早、生长速度快有利于充分利用水热资源，提高光能利用率。因此，从生长及产量的角度出发，在这 5 个牧草品种中，种植时应首选苜蓿王，其次是阿尔冈金。关于造成不同牧草各种萌发、生长差异性的机制，参见第 4 章。

17.4.2.3　不同牧草地土壤水分变化

图 17-27 是种植不同牧草品种后土壤水分变化情况。可以看出，与撂荒地相比，各牧草品种在生长了 14 个月后土壤含水量均明显下降。5 种牧草地中 0～80cm 土层范围内土壤含水量，除费尔纳草地在 6%左右波动外，其余均逐渐降低。100cm 以下 4 个品种的苜蓿地土壤含水量基本保持不变，在 4%～5%波动。

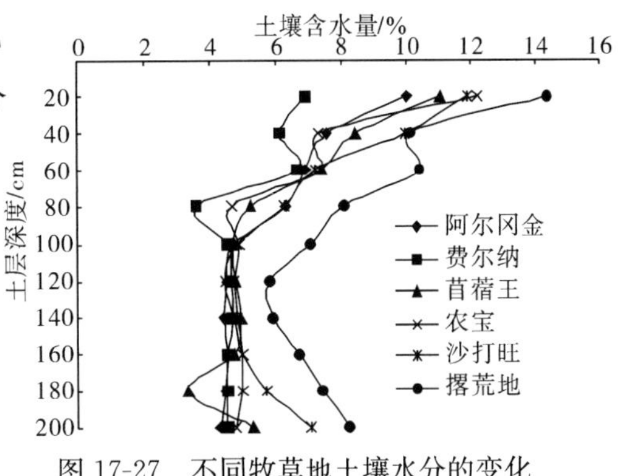

图 17-27　不同牧草地土壤水分的变化

17.4.2.4　不同牧草地土壤贮水量变化及水分平衡计算

在经过 14 个月生长后，所有牧草 2m 土壤内贮水量均发生亏缺现象（表 17-41），其中费尔纳苜蓿地亏缺最多，沙打旺草地亏缺最少，阿尔冈金苜蓿地、苜蓿王苜蓿地和农宝苜蓿地居中。如果忽略降水入渗和地下水的补充，根据 2004 年产量及 2003 年 11 月至 2004 年 9 月间降水，可计算出各种草地的降水利用率（表 17-42）。苜蓿王的降水利用率是最高的，是一种高产量、高水分利用率的品种；其次是沙打旺；其他 3 个苜蓿品种降水利用效率较低，其中阿尔冈金属于高产量、高耗水、低降水利用率类型，而农宝和费尔纳则属于低产、高耗水、低水分利用类型。但总体上看，所有的降水利用率均较低，表明可能有大量的水分以径流形式流失或入渗形式进入深层土壤，后者对于区域水分平衡是有益的，而前者则是损失，应采取有效措施加强入渗，这样可提高降水利用率。

表 17-41 不同牧草地 2m 土体内土壤贮水量 （单位：mm）

深度/cm	阿尔冈金	费尔纳	苜蓿王	农宝	沙打旺	撂荒地
0～20	25.9	17.8	28.6	31.6	30.7	37.0
20～40	20.4	16.5	22.7	19.8	26.9	27.3
40～60	16.9	16.3	18.3	18.1	17.8	25.7
60～80	16.1	9.2	13.3	11.9	15.9	20.7
80～100	12.4	11.8	12.2	12.7	12.6	18.5
100～120	12.1	12.4	12.8	12.7	12.0	15.6
120～140	11.3	12.0	12.7	12.4	12.1	15.1
140～160	11.9	11.8	12.3	13.1	13.0	17.5
160～180	11.5	11.5	8.5	12.8	14.6	19.2
180～200	12.2	12.7	14.9	13.5	20.0	23.4
总量	150.7	132.1	156.3	158.5	175.6	220.0
亏缺量	−27.5	−46.1	−21.9	−19.7	−2.6	41.8

注：水分盈亏是以 2003 年 7 月测定的土壤水分（178.2mm）为基础进行计算的。

表 17-42 不同牧草降水利用效率 （单位：g/kg）

阿尔冈金	费尔纳	苜蓿王	农宝	沙打旺
2.70	1.97	3.55	2.01	1.73

17.4.2.5 讨论

试验结果表明，在黄土丘陵区种植豆科牧草势必造成土壤水分的亏缺，在丰水年也是如此。因此，应选择产量高、能充分利用降水、对土壤水分消耗少的牧草品种。与此同时，黄土丘陵区有限的降水也未得到充分利用，提高降水的利用效率也是非常有必要的。就本试验而言，在所选的 5 个豆科牧草品种中，苜蓿王是一个适宜品种，具有萌发早、次年返青早、生长速度快、产量高和降水利用效率高的的特点。

总之，尽管草地建设可以造成土壤水分亏缺，但应该可以通过品种选择和适当农艺措施，减少土壤水分亏缺。所以，在进行退耕还草、开展草地建设过程中，对牧草品种的选择应十分慎重，正确的选择可以达到生态建设和经济建设双赢目的，而错误的选择则会加重态灾难。

17.4.3 苜蓿留茬高度及套种禾草对土壤水分的影响

刈割和混播是人工草地建设和管理中的常用措施，目前的研究主要在刈割或混播对产量、草地结构、演替规律、个体发育等方面（程积民等，1997、1998；孙海群，2000；于应文等，2002；刘军萍等，2003；刘文清等，2003；顾明德等，2005），如苜蓿作为高产的多年生牧草，一年可刈割 3～4 次，苜蓿的再生性强弱是苜蓿生活力强弱的一种表现，也是衡量其经济性能的指标，对苜蓿再生速度、再生次数、再生草产量等研究成为重点。在豆科牧草地中套种禾草的研究并不多，而关于刈割或套种处理对黄土丘陵区土壤水分的影响研究则更少。因此，为了合理、充分利用黄土丘陵区有限的降水资源，科学地实施退耕还草，开展人工草地建设，实现生态建设与经济建设的持续发展，开展刈割或套种处理对土壤水分影响的研究有积极的理论和实践意义。

17.4.3.1　不同留茬高度处理对苜蓿株高的影响

图17-28、图17-29分别为2年生苜蓿和1年生苜蓿刈割处理后株高变化。可以看出，对于2年生苜蓿，刈割后的13d内生长均较快，0cm、5cm、10cm 3种留茬处理生长均较快，生长速度分别达到1.4cm/d、1.0cm/d和0.9cm/d；13～41d为缓慢生长期，0cm、5cm、10cm 3种留茬处理生长速度分别为0.2cm/d、0.2cm/d和0.1cm/d；41～45d为第二个快速生长期，0cm、5cm、10cm 3种留茬处理生长速度分别为1.8cm/d、2.6cm/d和2.3cm/d；此后至下一次刈割的时间内进行第二个缓慢生长期。因此，建议2年生苜蓿的刈割周期为45d左右。

1年生苜蓿株高变化曲线呈"S"形，留茬10cm处理植株高度始终最高，留茬5cm处理生长至24～27d时，株高接近留茬10cm处理，0cm留茬处理则是在生长48d时才接近留茬10cm处。生长速度计算结果表明，0cm、5cm留茬处理的慢速生长期是在刈割后21d内，10cm处理的则在15d内，生长速度分别为0.7cm/d、0.6cm/d和0.3cm/d；快速生长期0cm、5cm留茬处理出现在21～27d，10cm处理在15～27d，生长速度分别为2.2cm/d、2.7cm/d和1.4cm/d；27d后进入缓慢生长期，生长速度分别为0.7 cm/d、0.2cm/d和0.5cm/d。

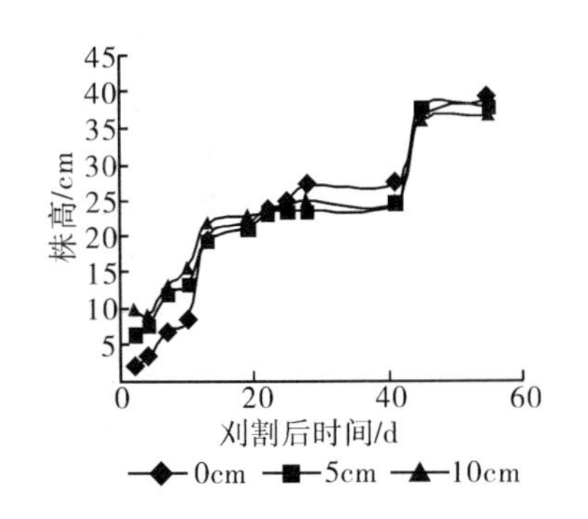

图17-28　2年生苜蓿刈割后株高的变化

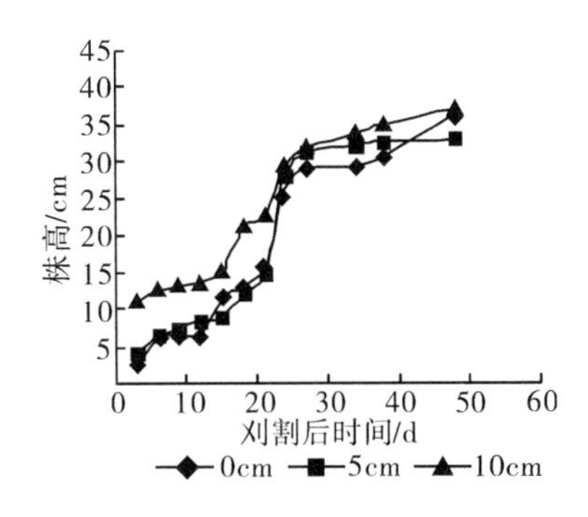

图17-29　1年生苜蓿刈割后株高的变化

1年生和2年生苜蓿生长差异性的原因，可能与苜蓿根系地上生长与地下生长的相关性有关。与2年生的相比，1年生其根系较小，自身生长与地上生长较为接近，对地上依赖也较强，而2年生根系相对成熟，自身生长弱于地上，对地上依赖性也较弱，主要为地上提供水肥等物质营养。因此，当地上部分刈割后，1年生苜蓿根系为地上提供的营养较少，且需要消耗更多的地上部分的同化产物，刈割初期地上生长缓慢，而当地上达到一定高度后，同化物可以有更多地留在地上，使生长进入一个快速生长阶段。2年生苜蓿在刈割后，由于根系较强大，不仅可以为地上生长提供更多的水肥，而且生长慢，需求的同化物也较少，所以刈割后首先表现出一个快速生长期。

17.4.3.2　不同留茬高度处理对苜蓿产量的影响

不同生长年限的苜蓿地在进行刈割处理前的产量（表17-43）显示，对于1年生的苜蓿而言，留茬前产量无明显差异，而2年生的刈割时留茬10cm者，产量明显降低。

表明 1 年生苜蓿最初的产量主要决定于 10cm 以上部分的多少，而随生长年限的延长，植株分蘖增加，10cm 以下部分所占比例大，对产量影响也较大。

表 17-43　留茬高度对产量的影响　　（单位：kg/hm²）

留茬高度/cm	处理前		处理后	
	1 年生	2 年生	1 年生	2 年生
0	4894a	4915a	4894 b	7396a
5	5080a	4270a	5080 b	7526a
10	4680a	2807b	4680 b	6706a

注：不同小写字母表示同一行在 $p<0.05$ 水平差异显著。

进行刈割处理后，相同生长年限的苜蓿之间产量差异不显著，但均以留茬 5cm 者产量最高，而留茬 10cm 处理者产量最低。可见，在黄土丘陵区农家品种苜蓿栽培过程中，留茬 5cm 可以提高产量。

17.4.3.3　不同留茬高度处理对苜蓿地土壤水分和贮水量的影响

图 17-30 及图 17-31 为不同留茬高度及套种无芒雀麦对苜蓿地土壤水分的影响。与处理前（年初）相比，在 2m 范围内仅留茬 5cm 的处理土壤含水量有所增加，而其余处理含水量均下降，2～3m 所有处理土壤含水量均下降。从土壤贮水量（表 17-44）看，经过一个生长季节后，土壤水分亏缺是不可避免的，只能靠秋冬季节获得补充，其中，留茬 5cm 处理的土壤贮水量有所增加，很难确定其是刈割处理的结果。留茬 0cm 处理与留茬 10cm 处理相比，0～120cm 土层范围内土壤含水量较高，但 120cm 以下二者基本一致，但 3m 土体贮水量高出 48.2mm。其原因可能是留茬较高时，苜蓿地上部分仍保留一定蒸腾；同时由于覆盖度下降，而土壤蒸发增加，造成水分消耗增加。套种无芒雀麦后，可能使地表蒸发会减少，同时减少水分流失，增加入渗，总蒸腾会增加，但并不能防止水分亏缺现象的发生。

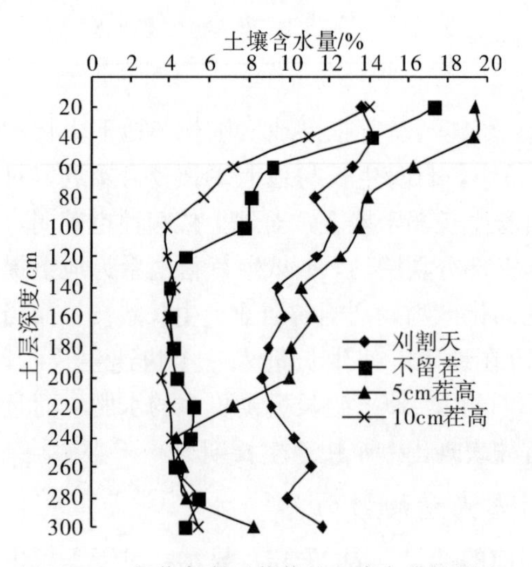

图 17-30　留茬高度对苜蓿地土壤水分的影响

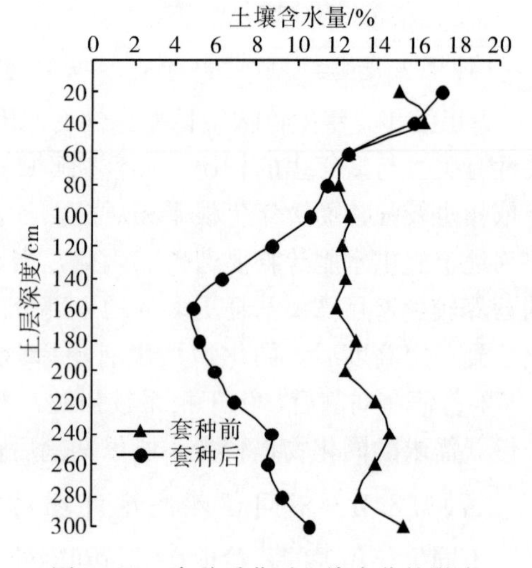

图 17-31　套种禾草对土壤水分的影响

表 17-44　留茬高度及套种处理对土壤贮水量的影响

处理条件	留茬高度/cm			套种
	0	5	10	
处理前	434.8	434.8	434.8	530.2
处理后	270.8	437.3	222.6	375.8
盈亏	−164.0	2.5	−212.2	−154.4

17.4.3.4　讨论

在黄土丘陵区，苜蓿不同留茬高度不仅会造成产量的差异，同时也会影响土壤水分的差异性变化。其中留茬 5cm 时，与不留荐和留茬 10cm 相比，可以提高产量，但留茬高度为 10cm 时，土壤水分消耗增加，产量下降。因此，生产实践中苜蓿不宜留茬过高。在 1 年生苜蓿地中套种禾草，同样无法避免水分的亏缺，但就套种的禾草品种及时间而言，仍需要进行进一步研究以确定措施的有效性。

17.5　黄土丘陵区草地水分承载能力与人工草地建设的原则

依据前述试验结果，根据黄土丘陵区的水分收支情况及常见牧草的耗水特征，可以计算出该区草地水分承载能力，并提出基于水分平衡的人工草地建设原则。

17.5.1　黄土丘陵区人工草地水分平衡与承载力计算

本试验研究中，试验区的多年平均降水量 513mm，径流量以降水量的 18%计算。由于河谷下切，无良好的储水条件，地下水埋藏很深，多在 50～60m，有的甚至达到 100m 以上（徐学选等，2000），因此地下水补充可视为“0”，那么黄土丘陵区草地可得到的水量（W_r）约为 420mm。在土壤水分平衡研究过程中，蒸散量的估算是最困难的，研究者们给出了不同的模型，如通过叶面指数（LAI）和 E/ET 来估算土壤棵间蒸发量（E）和植物蒸腾量（E_m）（程维新，1994）。

$$\mathrm{LAI}=-6\times10^{-8}d^4+3\times10^{-5}d^3-4.6\times10^{-8}d^2+0.2743d-3.8581 \quad (17\text{-}3)$$

$$E/\mathrm{ET}=1-0.2648\mathrm{LAI}+0.0059\mathrm{LAI}^2+0.0027\mathrm{LAI}^3 \quad (17\text{-}4)$$

式中，E 为土壤棵间蒸发量（mm/d）；d 为播种后的天数（d）。

根据上述公式计算得到的 ET 和 E/ET 值，再利用以下公式可求得土壤棵间蒸发量（E）和植物蒸腾量（E_m）。

$$E=(E/\mathrm{ET})\,\mathrm{ET} \quad (17\text{-}5)$$

$$E_m=\mathrm{ET}-E \quad (17\text{-}6)$$

以草地群体降水利用效率（RWUE）为依据，计算草地水分承载力时，由于草地 RWUE 计算中已包含了草地的蒸散量，因此可以直接利用 W_r 来计算不同豆科牧草地的水分承载力，结果如表 17-45。

表 17-45　黄土丘陵区不同牧草地承载力

牧草	阿尔冈金	费尔纳	苜蓿王	农宝	沙打旺
WUE/(g/kg)	2.70	1.97	3.55	2.01	1.73
水分承载力/(kg FW/hm²)	11 355.1	8280.8	14 924.3	8459.7	7262.4

利用豆科牧草个体水分利用率（WUE）可以估算草地潜在水分承载力，这时可假设在人工草地上，蒸散量以牧草蒸腾为主，将土壤蒸发计为“0”，即草地上所有的降水全部以植物蒸腾的形式散失，转化为植物生物力，表示可能达到最高生产力，结果见表 17-46。

表 17-46　黄土丘陵区不同牧草地潜在承载力

牧草	阿尔冈金	费尔纳	苜蓿王	农宝	沙打旺
WUE/(g/kg)	13.11	12.56	12.54	9.72	5.19
水分承载力/(kg FW/hm²)	55 080.7	52 770.7	52 657.7	40 830.5	21 796.1

从表 17-45、表 17-46 的结果可以看出，在黄土丘陵区，正常降水条件下苜蓿实际产量在 1 万 kg FW/hm² 左右，其潜在产量可以达到 5 万 kg FW/hm² 以上。如果考虑到收入水分应超出支出 20%（张新时，1994），方可达到水分平衡，则水分承载能力只允许达到原来的 80%。而在实际生产过程中，黄土高原区苜蓿产量常在 3 万 kg FW/hm² 以上（表 17-47）。在陕西关中地区，产量会更高一些，韩路等（2004）对 15 个国外推广的优良紫花苜蓿品种和新疆大叶苜蓿测定结果表明：生长的第二年 16 个品种平均产量可达 54 894kg FW/hm²，最高的牧歌可达 64 618kg FW/hm²，最低的新疆大叶也可达到 46 018kg FW/hm²。而王成章等（2002）在河南郑州市邙山区的试验表明：5 个苜蓿品种的平均产量可达 92 326kg FW/hm²，其中最高的 MHA2 达到 102 465kg FW/hm²。由此可以看出，该区的草地水分承载能力是较低的，无法发挥出苜蓿的高产特性。与此同时在相同的土壤条件下，实际产量与其潜在产量还存在很大差距。因此，在生产实践中，在进行苜蓿草地建设过程中，应从区域水分的承载能力出发，注重提高苜蓿的水分利用效率，进而提高水分承载能力，最终达到较高产量。而不考虑区域水分平衡，通过密植、引进高耗水高产品种，是对区域土壤水分的掠夺，势必会打破区域土壤水分平衡，不利于区域生态、经济的持续发展。

表 17-47　黄土高原南部苜蓿鲜草生产力

施肥处理	生育年限	年均降水量/mm	年均产量/(kg FW/hm²)	2～5 年生产量/(kg FW/hm²)
无肥区	1986～1998	537	31 812.6	47 670
纯磷区	1986～1998	537	33 040.4	48 210
全肥区	1986～1998	537	37 331.5	50 985

引自：李玉山，2002。

17.5.2　黄土丘陵区人工草地建设

17.5.2.1　“以水定草，以草定畜，持续发展”的原则

首先要确定区域生态经济发展所要求的黄土丘陵区土壤水分最低限度。这一水量与植被的类型有关，不同的植被类型下，对土壤含水量的要求是不一致的；而且这一水量是受地下水明显影响的，在没有地下水补给的地区，要合理确定土层深度和贮水量。

首先，要考虑人工草地建设的年限，并考虑到以后的用途。如果是长期，如超过 20 年以上时，则要以草地的长期发展为依据，贮水量的要求要低一些，如果在退耕后开展旱地农业生产，则应提高土壤贮水量要求，如果仅以生态为主，则可以降得更低一些。但总的原则是不能低于土壤萎蔫系数之下。考虑到这些因素，对于黄土丘陵区来说，如果是进行人工草地建设，同时要考虑产量因素，使产量维持在一个合理的水平之上必须采取适当的保持措施及可以提高土壤水分的措施。

其次，要在维持水分平衡的前提下，确定可支持的最大牧草生物量，其理论依据是不同品种草种耗水特性和抗旱适应性研究结果。其中牧草个体的抗旱适应性和耗水特征是基础，在此基础上群体的水分利用特征和产量是结果，最终成为选择的依据。例如，尽量利用当地乡土草种的原则是对的，但并不是绝对的，因为这些草种可能只是适应于某一区域的环境，并一定是水分利用效率最高和产量最高的品种。

最后，在草地建设过程中要采取科学管理措施，以提高牧草的水分利用效率。试验结果表明，刈割处理可以影响牧草的再生性和生物量，并影响牧草对土壤水分消耗；豆科牧草中套种禾草也可以影响草地土壤水分平衡，但这些措施对草地土壤水分平衡的影响的研究还有限，有待进一步深入研究。

只采取上述措施，才可能实现草地的持续生产（sustained yield）与生态生产力（ecological productivity）原则。持续生产原则是持续生存原则的发展，是在维持生态系统长期生存、健康运行的同时，取得稳定的产品；生态生产力原则是保持生态系统本身在其健康状况下所表现的生产能力或生产水平。这里所说的健康状况是指保持生态系统本身特征的基本结构或使其不断完善，保持生态系统本身的基本功能或使其不断提高，生态系统所处的环境因子与生态系统保持稳定和谐的趋势（任继周，2004）。

17.5.2.2　生态与经济共同发展的原则

“一个清贫的生态是难以持久的”，如果任何一个真正的生态效益很好，它必然有很大的经济效益。“这两者不是矛盾的”，就是强调生态和经济应该有一个比较完美的结合（张新时，2004）。因为，生态经济系统中存在着一个最基本的矛盾，即经济发展与生态平衡的矛盾。经济系统的反馈机制是增长型的，而生态系统内部却存在着一个负反馈，以维持系统的稳定，即生态系统内部资源数量及资源更新能力的有限性，赶不上经济发展对资源需求的无限性。在人工草地的发展建设过程中，当然也会出现这些矛盾，要解决这些矛盾，就要寻求经济发展与生态平衡的内在联系，也就是寻求生态经济系统的内在规律。这些规律包括：相互适应原理，循环增殖原理，按比例组合原理，最佳持续的收获原理。在具体生产管理过程中，要遵循这些原理，协调生态经济系统中的矛盾，就

必须贯彻全面发展、立体开发、多级利用、养用结合、综合利益等生态原则，将生态效益、经济效益和社会效益高度统一（胡茂，2004）。同时，生态是经济、社会发展的基础，保护生态环境就是保护生产力，改善生态环境就是发展生产力。经济效益，特别是长远的经济效益是我们应追求的目标，如何实现这一目标则是核心问题。因此，要把近期利益和长远利益统一起来，经济效益与生态效益统一起来，即将治理与开发结合起来。

黄土高原大面积草地建设是能够实现经济与生态的协调发展的，草地在生态景观中占据一定比例后可实现水土流失的人工控制，但问题是目前的草地建设规模不够、零星分散、质量差，既不能够改变生态景观，也没有足够的产出，不能发挥应有的生态经济效益。因此，加快草地建设是该区经济与生态建设的迫切需要。

17.5.2.3　因地制宜原则

草地生态是一个有机生命构成体，生命与环境密不可分，各类草地有独特的发生发展规律。即使是同一区域，不同的坡度、坡向的水热条件也是不同的。此外，因地制宜不仅是对自然环境而言，同时也应包括社会、经济条件和当地的种植习惯。因此，必须根据草地和建设草地的自然条件和发生结果的实际出发，充分认识草地的发生发展规律，区别其一般性和特殊性，用科学规律指导各类草地的保护与建设的实践工作，积极探索总结草地建设与当地农民群众脱贫致富相结合，提高当地农村经济的总体水平，促进区域生态农业的发展。面对黄土丘陵区的复杂条件，应主要依据水分条件，确定草地的布局与规模。例如，在水分条件较好，水分补充容易的川地与梯田，可以以优质高产的苜蓿为主；而在水土流失较为严重的陡坡地上，则应以禾草为主，缓坡地上可混播。

17.5.2.4　多样性原则

这里的多样性（diversity）原则，不仅是要求在草地建设中考虑生物多样性（biodiversity）的三个主要内容：物种多样性（species diversity）、遗传多样性（genetic diversity）和生态多样性（ecosystem diversity），而且应考虑草地建设过程中建植模式的多样性（gassland construction modes diversity）和草地管理过程中农艺措施的多样性（agricultural measure diversity），利用形式多样性以及载畜种类的多样性。例如，在人工草地建设过程中，在种类选择上，不仅要有豆科牧草，而且要有禾本科牧草；不仅要有草本，而且要适当引入小灌木；在播种方式上，不仅有单播，而且有混播；同为混播，为充分利用光热水肥等条件，使群体个体间能取长补短，保持群体全年的良好生长势，结合草地管理等因素综合考虑，可以混种条播，也可混种撒播（莫本田，2000）。在大力发展人工草地建设的同时，发展半人工草地，加强天然草地建设，以及水肥管理、刈割等措施。

17.5.2.5　政策配套原则

人工草地建设是一项社会性强、政策性强、操作难度大的社会系统工程。而黄土丘陵区地形复杂，条件恶劣，使得建设草地生态投资更多，风险更大，周期更长。因此，黄土丘陵区人工草地建设不但需要群众的理解支持与广泛参与，还必须由各级政府的多部门协调组织，更需要社会各方面的广泛参与并制定各项配套政策，建立多种激励机制，提高群众建设和保护人工草地的自觉性。

一种可持续发展的人工草地的建立，是一个复杂的系统工程，除建植外还需要有科学的管理和利用等技术措施相配套，如肥水管理、刈割或放牧利用等。但是草地土壤水分的承载能力是人工草地建设的先决条件和人工草地可持续发展的保障。

17.6　结　论

黄土丘陵区干旱与水土流失并存，人为破坏严重，生态环境恶劣，水分是生态与经济建设的限制因子，维持土壤水分平衡是生态与经济建设的关键环节，同时也是区域生态与经济建设持续发展的保障。而草地不仅是草原地带生态系统的主要生产者，更是发展畜牧业的可再生资源，而且具有良好的水土保持功能。因此草地成为黄土丘陵区生态建设与经济建设的切入点。但退耕还林（草）政策的推进过程中，还有许多科学与技术问题未解决。如何选择适宜的品种，建立合理的人工草和合理的利用方式，实现生态建设与经济建设的结合，达到经济协调发展与环境生态明显好转，是人们普遍关心的问题。

17.6.1　黄土丘陵区人工草地（苜蓿）建设中存在的问题与对策

黄土丘陵区人工草地的建设中草种选择上存在误区，主要表现在选择草种时，只注重高产和抗旱性强，因此较为单一地选择了苜蓿，因为其适应性广、耐旱、耐寒、产量高、品质优，尤其是其耐旱，似乎更适合于干旱少雨的黄土丘陵区。但在生产过程中对苜蓿产量的过分追求，不能正确处理经济效益与生态效益之间的关系，如不能很好地做到“适地适水”，造成区域性土壤旱化现象出现。

对牧草抗旱适应的认识上存在误区。例如，在人工草地建设中出于耐旱的需要，选择苜蓿为主要品种。但同时，普遍认识到了苜蓿耗水量较高，在黄土丘陵区长期种植容易造成土壤干层的出现等问题（李玉山，2002；杨文治，1998；樊军，2004）。因此，开始从维持土壤水分平衡的角度研究如何种植对苜蓿人工草地，但研究重点更多是在种植制度与措施层面上，如品种选育、套种禾草及合理刈割等方面。而缺乏对苜蓿抗旱性生理机理进行研究，尤其是将其抗旱生理机制研究结果应于指导人工草地建设。

对黄土丘陵区草地建设中土壤水分问题的认识存在一定误区，过分注重牧草对深层水分的利用，加剧了黄土丘陵区草地及土壤退化，限制了生态与经济建设的可持续发展。与此同时，在已经开展的人工草地建设中，还存在着“成活率低，保存率低，效益低”的三低问题（景可，2002），以及人工草地过早衰退等问题较为严重。因此出现了年年种草不见草的现象。例如 50 余年来，水土保持部门统计黄土高原种草保存面积累计达到 3161.1 万亩，但现今实际面积仅 1100 万亩，具有规模的更少。在解决这些问题的途径上，人们同样是将重点放在种植制度与技术层面研究上，而忽视产生上述问题牧草生理机制的研究。例如为了解决豆科牧草地退化问题，人们开展了多元化草地建设试验研究，通过引种、驯化生态经济型优良草种，建设高产、优质单播及混播人工草地和利用耐牧草种改良天然草地，为在半干旱黄土丘陵区充分利用水土资源，改良大面积天然草地，提高其生产力和生态、经济效益及在退耕坡地建设人工草地，为促进农牧业可持续发展提供物质基础及科学依据。

因此，针对上述问题，应从黄土丘陵区常见牧草的抗旱适应性研究入手，以维持区域土壤水分平衡为原则，揭示造成草地建设中的“三低”问题的原因，是黄土丘陵区人工草地科学建设的理论基础。本书对黄土丘陵区常见牧草及其群落的蒸腾、耗水量、水分利用率、降水与土壤水的利用、土壤水分平衡的影响、抗旱适应性及不同水分条件下牧草生长发育和生物量积累特点进行研究，并得到一些初步研究结果。

17.6.2　不同牧草的耐旱适应

不同苜蓿品种的蒸腾作用及气孔阻力有着明显的差异，“双峰型”蒸腾曲线的出现可能是由于午间高光强辐射及高温造成气孔导度变小，蒸腾降低；随后水势回升，气孔导度变大，蒸腾又升至第二峰。也许可以表明具有该类型曲线的苜蓿有较好的气孔调节能力，其抗旱适应性也较强。扩散阻力主要决定于叶界面层阻力和叶中阻力，而叶中阻力主要是气孔阻力。因此，测定扩散阻力可以判断蒸腾强弱，但并不能很好地反应气孔开度。其变化趋势与叶温、叶室温度相同而与冠层温度相反，表明叶温、叶室温度及冠层温度主要受光强影响，而丛内湿度则不单纯受光强影响，可能更多地受到植物蒸腾及地表蒸发的影响，较高丛内湿度与冠层湿度将降低气孔内外蒸汽压的差值，进而影响到植株的蒸腾作用。这种彼此相互作用的关系是可以反复进行的，因此，有可能通过合理的密植来达到调控草地的蒸腾，以达到节水目的。

试验结果表明，豆科牧草与禾本科牧草相比，在低水环境中组织含水量较为稳定、细胞膜相对透性较低，脯氨酸含量较高。因此，豆科牧草耐旱不仅仅是因其有发达的根系，而且在生理上也具有较强的耐旱能力。

在干旱胁迫下，牧草叶绿素 b 含量下降较叶绿素 a 多，可能是牧草叶绿素 b 对干旱胁迫更敏感，相对容易分解。类胡萝卜素含量下降也比叶绿素 a 多，由于全部叶绿素 b、类胡萝卜素均为天线色素，在光合作用中以收集光能为主。因此，在干旱胁迫条件下降较叶绿素 a 多，可以调整天线色素所占比例，减少光能的吸收，避免过多光能对作用中心色素的伤害。

4 种苜蓿蛋白质合成能力与土壤水分密切相关，随土壤水分的降低而下降。在前期各品种差异不明显，而在后期当土壤水下降到 5%以下后，阿尔冈金和农宝游离氨基酸含量显著高于苜蓿王和费尔纳的含量，苜蓿王的含量最低，表明在干旱后期，苜蓿仍可以维持相对较高的蛋白质合成能力。

干旱胁迫下苜蓿游离氨基酸中以脯氨酸、胱氨酸和组氨酸的变化明显，而且这 3 种氨基酸的变化方向一致，均随土壤水分的减少而增加，并在土壤含水量低于 5%时迅速升高，其中组氨酸变化最大，农宝的组氨酸变异系数可高达 200%。因此，这 3 种氨基酸均可以用来表示苜蓿受干旱胁迫的程度，但胱氨酸和组氨酸含量较低，测定上不如脯氨酸容易。

17.6.3　不同牧草水分利用特征

17.6.3.1　田间试验结果

田间试验结果表明，在黄土丘陵区种植豆科牧草势必造成土壤水分的亏缺，在丰水年也是如此，但不同的品种耗水量存在明显差异。因此，可选择产量高、能充分利用降水、对土壤水分消耗少的牧草品种。与此同时，黄土丘陵区有限的降水也未得到充分利用，提高降水的利用效率也是非常有必要的，在所选的 5 个豆科牧草品种中，苜蓿王是一个适宜品种，具有萌发早、次年返青早、生长速度快、产量高和降水利用效率高的特点。

在黄土丘陵区，苜蓿不同留茬高度不仅可以造成产量的差异，同时也可以影响土壤水分的差异性变化。其中留茬 5cm 时，与不留荐和留茬 10cm 相比，可以提高产量，但留茬高度为 10cm 时，土壤水分消耗增加，产量下降。因此，生产实践中苜蓿不宜留茬过高。在 1 年生苜蓿地中套种禾草，同样无法避免水分的亏缺，但套种的禾草品种及时间等仍需要进行进一步研究，以确定这一措施的有效性。

17.6.3.2　盆栽试验结果

盆栽试验结果表明，与豆科牧草相比，禾本科牧草上午蒸腾速率的下降是出现在重度水分条件下，而豆科牧草的蒸腾速率显著下降则是在中度胁迫处理时就发生，而下午禾本科牧草的蒸腾速率普遍高于豆科牧草的蒸腾速率。这也许可以表明豆科牧草的蒸腾对土壤水分更敏感，有较强的蒸腾调控能力，对于这种调控能力的生理生化基础则有待于进一步研究。

水分利用效率计算结果表明，个体和群体差异很大，造成这种差异性的原因可能与计算所用指标不同有关系，同时也可能与植物在群体条件下可通过自身生长来影响微环境，进而影响对水分的利用有关。对于其中的具体关系，也有待于进一步研究。单叶可能代表了植物潜在的水分利用效率，而群体则可能为表观的水分利用效率。当然，对于这一提法还有待商榷。但在实践过程中，应该同时从两个方面考虑，以确定适宜的品种。此外，试验结果还表明，植物个体水平的光合特性与水分利用特征在上、下午之间均存在显著差异，因此在研究时应注意时间的选择。

17.6.4　苜蓿成苗难的原因

苜蓿幼苗在土壤含水量高于 10%时可全部成苗，10%以下成苗困难，因此在黄土丘陵区土壤含水量在 10%以上时，有利于苜蓿成苗。

经吹风处理的苜蓿幼苗光合速率较高，鲜重均明显高于对照，并随着土壤含水量的升高，苜蓿幼苗的生物量也逐步增多，而且在水分条件较好时根系活力也较高。吹风使根冠比降低、蒸腾速率增加、气孔导度增加及根系活力下降，更容易导致植株失水。而且当土壤含水量在 10%～12%时，根系活力较高，而且蒸腾也较高，因此对土壤水分的散失增强，易造成土壤水分的亏缺。这种变化可能是苜蓿幼苗在田间多风条件下失水大于吸收水，使水分平衡失调，而造成成苗困难的原因。

17.6.5 不同土地利用对土壤水分的影响

0～30cm土层土壤水分直接受土壤蒸发条件的影响，变化显著，不适合作为土壤水分研究的主要层次，难以被深根系植物所利用，同时在无覆盖条件下土壤水的散失仅通过蒸发进行，不会带来生物量的积累，是一种浪费。但在植物覆盖较好的条件下，水分可得到有效保持，因此可以种植一些生活周期相对较短、根层分布较浅的植物，以充分利用有限的土壤水分资源。而30～140cm以下土层是各种植物耗水的主要层次，研究黄土丘陵区土壤水分变化时测深不应小于2m。

各种土地利用形式相比苜蓿地土壤含水量明显较低，并且苜蓿种植年限越长，土壤含水量越低，证明长期种植苜蓿会造成土壤水分的亏缺。天然草地土壤贮水量的补充明显高于苜蓿地，土壤贮水量方面为：耕地＞果园＞天然草地＞苜蓿地。因此，仅从生态角度考虑，封禁可以促进土壤水分的恢复，为以后的农牧业生产奠定基础，同时正确看待苜蓿在维持土壤水分平衡，保证黄丘陵区人工草地建设可持续发展的作用与地位。

综上所述，在同样的栽培条件下，长期种植苜蓿会带来土壤水分失衡，但对牧草抗旱适应性及耗水特性的研究结果表明，在黄土丘陵区是可通过草种选择和合理栽培，维持水土壤水分平衡，实现草地的可持续发展。

17.6.6 黄土丘陵区人工草地水分平衡与承载力

在黄土丘陵区，正常降水条件下苜蓿实际产量在1万kg FW/hm^2左右，其潜在产量可以达到5万kg FW/hm^2以上。该区的草地水分承载能力是较低的，无法发挥出苜蓿的高产特性，与此同时在相同的土壤条件下，实际产量与其潜在产量还存在很大差距。因此，在生产实践中，在进行苜蓿草地建设过程中，应从区域水分的承载能力出发，注重提高苜蓿的水分利用效率，进而提高水分承载能力，最终达到较高产量；而不考虑区域水分平衡，通过密植、引进高耗水高产品种，是对区域土壤水分的掠夺，势必会打破区域土壤水分平衡，不利于区域生态、经济的持续发展。

17.6.7 坚持“以水定草，以草定畜，持续发展”的原则开展黄土丘陵区人工草地建设

根据对黄土丘陵区的水分收支情况、常见牧草的耗水特征和草地水分承载能力的研究，建议在黄土丘陵区人工草地建设中遵循“以水定草，以草定畜，持续发展”的原则，坚持生态与经济共同发展的原则，同时要因地制宜，注重多样性原则，及加强政策配套政策等建设原则。

参 考 文 献

艾训儒. 2006. 百户湾森林群落优势种群空间生态位研究. 西北林学院学报，21(1)：12-17.

安慧，上官周平. 2007. 黄土高原植被不同演替阶段优势种的光合生理特性. 应用生态学报，18(6)：1175-1180.

安塞县 1999 年度退耕还林(草)资金管理及种苗费、管护费兑现暂行办法实施细则. 安塞县财政局文件. 塞发(2001)003 号：1-3.

安塞县农业区划委员会. 1988. 安塞县农业资源调查与农业区划报告集.

安塞县委县政府关于印发安塞县农村税费改革实施细则的通知. 塞发(2002)17 号：1-15.

安韶山，黄懿梅. 2006a. 黄土丘陵区柠条林改良土壤作用的研究. 林业科学，42(1)：70-73.

安韶山，黄懿梅，李壁成. 2006b. 黄土丘陵区植被恢复中土壤团聚体演变及其与土壤性质的关系. 土壤通报，7(1)：46-50.

安树青，林向阳. 1996. 宝华山主要植被类型土壤种子库初探. 植物生态学报，20(1)：41-50.

安树青，王峥峰，朱学雷，等. 1997. 土壤因子对次生森林群落演替的影响. 生态学报，17(1)：45-50.

安永平，强爱玲，张媛媛，等. 2006. 渗透胁迫下水稻种子萌发特性及抗旱性鉴定指标研究. 植物遗传资源学报，7(4)：421-426.

安玉艳，梁宗锁，韩蕊莲，等. 2007. 土壤干旱对黄土高原 3 个常见树种幼苗水分代谢及生长的影响. 西北植物学报，27(1)：91-97.

安玉艳，梁宗锁，郝文芳. 2011. 杠柳幼苗对不同强度干旱胁迫的生长与生理响应. 生态学报，31(3)：716-725.

安争夕. 1999. 新疆植物志(5 卷). 乌鲁木齐：新疆科技卫生出版社.

白昌军，虞道耿，刘国道，等. 2008. 桉树间作豆科牧草适应性筛选试验. 草地学报，16(3)：293-297.

白红英，唐克丽，张科利，等. 1993. 草地开垦人为加速侵蚀的人工降水试验研究. 中国科学院水利部西北水土保持研究所集刊，17：87-93.

白文娟，焦菊英. 2006a. 黄土丘陵沟壑区退耕地主要自然恢复植物群落的多样性分析. 水土保持研究，13(3)：140-142，145.

白文娟，焦菊英. 2006b. 土壤种子库的研究方法综述. 干旱地区农业研究，24(6)：195-198,203.

白文娟，焦菊英，马祥华，等. 2005a. 黄土丘陵沟壑区退耕地人工林的土壤环境效应. 干旱区资源与环境，19(7)：135-141.

白文娟，焦菊英，马祥华，等. 2005b. 黄土丘陵沟壑区退耕地自然恢复植物群落的分类与排序. 西北植物学报，25(7)：1317-1322.

白文娟，焦菊英，张振国. 2007. 安塞黄土丘陵沟壑区退耕地的土壤种子库特征. 中国水土保持科学，5(2)：65-72.

毕军，夏光利，张昌爱. 2005. 有机生物活性肥料对冬小麦生长及土壤活性质量影响的试验验研究. 土壤通报，36(2)：230-233.

毕列爵. 1983. 从 19 世纪到建国之前西方国家对我国进行的植物资源调查. 武汉植物学研究，(1)：119-128.

毕银丽，王百群. 1997. 黄土丘陵区坝地系统土壤养分特征及其与侵蚀环境的关系. 水土保持学报，4：

37-43.
步秀芹，徐学远，郭劲松. 2007. 黄土丘陵区铁杆蒿光合蒸腾特性的研究. 中国草地学报，29(2)：26-30.
蔡顺香，何盈，兰忠明，等. 2009. 小白菜叶内叶绿素和抗氧化系统对芘胁迫的动态响应. 农业环境科学学报，28(3)：460-465.
曹成有，蒋德明，朱丽辉. 2006. 科尔沁沙地草甸草场退化原因与植物多样性变化. 草业学报，15(3)：18-26.
曹慧，杨洁，孙波. 2002. 太湖流域丘陵地区土壤养分的空间变异. 土壤，34(4)：201-205.
曹扬，赵忠，渠美，等. 2006. 刺槐根系对深层土壤水分的影响. 应用生态学报，17(5)：765-768.
柴宝峰，李洪建，王孟本. 2000. 晋西黄土丘陵区若干树种水分生理及抗旱性量化研究. 植物研究，20(1)：79-85.
柴发喜. 2001. 退耕后的还林和还草. 草业科学，18(4)：36-38.
常生华，侯扶江，于应文，等. 2004. 黄土丘陵沟壑区三种豆科人工草地的植被与土壤特征. 生态学报，24(5)：932-937.
陈波，周兴民. 1995. 三种蒿草群落中若干植物种的生态位宽度重叠分析. 植物生态学报，19(2)：158-169.
陈国潮，何振立. 1998. 红壤不同利用方式下的微生物量的研究. 土壤通报，26(9)：276-278.
陈厚基，张桐. 1990. 世界落后地区农业的开发. 北京：中国科学技术出版社.
陈建军，韩锦峰，王瑞新，等. 1991. 水分胁迫下烟草光合作用的气孔与非气孔限制. 植物生理学通讯，(6)：415.
陈立松，刘星辉. 1998. 水分胁迫对荔枝叶片活性氧代谢的影响. 园艺学报，25(3)：241-246.
陈立松，刘星辉. 1999. 水分胁迫对荔枝叶片氮和核酸代谢的影响及其与抗旱性的关系. 植物生理学报，(1)：49-56.
陈利顶，傅伯杰. 2000. 干扰的类型、特征及其生态学意义. 生态学报，20(4)：581-586.
陈灵芝. 1993. 中国的生物多样性现状及其保护对策. 北京：科学出版社.
陈全胜，李凌浩. 2003. 土壤呼吸的温度敏感性. 植物科学进展 5：215-221.
陈少裕. 1989. 脂质过氧化与植物逆境胁迫. 植物学通报，(6)：211-217.
陈世平，白永飞，韩兴国，等. 2004. 沿土壤水分梯度黄囊苔草碳同位素组成及其适应策略的变化. 植物生态学报，28(4)：515-522.
陈世苹，高玉葆，梁宇. 2001. 水分胁迫下内生真菌感染对黑麦草叶内保护酶系统活力的影响. 应用与环境生物学报，7(4)：348-354.
陈世苹，高玉葆，任安芝，等. 2002. 科尔沁沙地农田-沙丘交错区白羊草无性系的生态适应性分析. 应用生态学报，13(1)：45-49.
陈文年，吴宁，罗鹏，晏兆莉. 2003. 岷江上游林草交错带祁连山圆柏群落的物种多样性及乔木种群的分布格局. 应用与环境生物学报，9(3)：221-225.
陈亚明，李自珍，杜国桢. 2004. 施肥对高寒草甸植物多样性和经济类群的影响. 西北植物学报，24(3)：425-429.
陈灵芝，1999. 对生物多样性研究的几个观点，生物多样性，7(4)：308-311.
陈一鹗，刘康. 1990. 渭北旱塬紫花苜蓿的蒸腾强度与水量平衡研究. 水土保持通报，10(6)：108-112.
陈艺林. 1999. 中国植物志. 77(1)、78(2) 卷. 北京：科学出版社.
陈永金，陈亚宁，薛燕. 2004. 干旱区植物耗水量的研究与进展. 干旱区资源与环境，18(6)：152-158.
陈智平，王辉，袁宏波. 2005. 子午岭辽东栎林土壤种子库及种子命运研究. 甘肃农业大学学报，40(1)：7-12.
陈佐忠. 2001. 沙尘暴的发生与草地生态治理. 中国草地，23(3)：73-74.

陈佐忠. 2005. 森林·草地·沙尘暴. 草业科学，22(1)：23-25.
陈佐忠，汪诗平. 2000. 中国典型草原生态系统. 北京：科学出版社：125-156.
程红梅，汤庚国. 2009. 大蜀山短毛椴落叶阔叶林的物种组成和群落结构. 南京林业大学学报(自然科学版)，33(03)：35-40.
程积民. 1999. 黄土区植被的演替. 土壤侵蚀与水土保持学报，5(5)：58-61.
程积民，贾恒义，彭祥林. 1996. 施肥草地植被群落结构和演替的研究. 水土保持研究，3(4)：124-128.
程积民，贾恒义，彭祥林. 1997a. 施肥草地群落生物量结构的研究. 草业学报，6(2)：22-27.
程积民，贾恒义，彭祥林. 1997b. 施肥草地刈割和放牧利用的研究. 中国草地，19(3)：7-11.
程积民，万惠娥. 2002. 中国黄土高原植被建设与水土保持 中国黄土高原植被建设与水土保持. 北京：中国林业出版社.
程积民，万惠娥，杜峰. 2001. 黄土高原半干旱区退化灌草植被的恢复与重建. 林业科学，37(4)：50-57.
程积民，万惠娥，胡相明. 2005. 黄土丘陵区植被恢复重建模式与演替过程研究. 草地学报，13(4)：324-327.
程积民，万惠娥，胡相明. 2006. 黄土高原草地土壤种子库与草地更新. 土壤学报，43(4)：679-683.
程积民，万惠娥，王静. 2004. 黄土丘陵区沙打旺草地土壤水过耗与恢复. 生态学报，24(12)：2979-2983.
程晓莉，安树青，李国旗，等. 2001. 鄂尔多斯草地荒漠化过程与植被特征的变化. 南京大学学报(自然科学)，37(2)：232-239.
程用谦. 1996. 中国植物志 79 卷. 北京:科学出版社.
程有珍. 2004. 人工牧草在黄土高原干旱半干旱区的表现及利用意见. 甘肃农业科技. 1：18-19.
崔骁勇，陈佐忠，杜占池. 2001. 半干旱草原主要植物光能和水分利用特征的研究. 草业学报，10(2)：14-21.
崔骁勇，杜占池，王艳芬. 2000. 内蒙古半干旱草原区沙地植物群落光合特性的动态研究. 植物生态学报，24(5)：541-546.
崔秀萍，刘果厚，张瑞麟. 2006. 浑善达克沙地不同生境下黄柳叶片解剖结构的比较. 生态学报，26(6)：1842-1847.
党永胜. 1998. 关于农业产业化几点问题的思考. 农业经济，(5)：46-48.
党志强，赵桂琴，龙瑞军. 2004. 河西地区紫花苜蓿的耗水量与耗水规律初探. 干旱地区农业研究，22(3)：67-71.
德科加，周青平，徐成体. 2001. 不同施氮量对天然草场牧草产量的影响. 青海畜牧兽医杂志，31(3)：12-13.
邓玉林. 2002. 论生态农业的内涵和尺度. 农业现代化研究，(1)：39.
邓自发，谢晓玲，周兴民. 2001. 高寒草甸矮嵩草种群繁殖对策的研究. 生态学杂志，20(6)：68-70.
狄维忠，于兆英. 1989. 陕西省第一批国家珍稀濒危保护植物. 西安：西北大学出版社.
丁圣彦，卢训令，李昊民. 2005. 天童国家森林公园常绿阔叶林不同演替阶段群落光环境特征比较. 生态学报，25(11)：2862-2867.
董华英，董婕. 2007. 黄土高原植被建设中的问题与对策探讨. 国土与自然资源研究，1：64-65.
董峻. 2003. 从 2003 年开始我国全面启动退牧还草工程. 草业科学. 20(3)：59.
董宽虎，米佳. 2006. 白羊草种群繁殖的数量特征. 草地学报，14(3)：200-213.
董莉丽，郑粉莉. 2008. 黄土丘陵区不同土地利用类型下土壤酶活性和养分特征. 生态环境，17(5)：2050-2058.
董世魁，马金星，蒲小鹏，等. 2003. 高寒地区多年生禾草引种生态适应性及混播组合筛选研究. 草地学报，5(100)：38-48.

董学军，张新时，杨宝珍. 1997. 根据野外实测的蒸腾速率对几种沙地灌木水分平衡的初步研究. 植物生态学报，21(3)：208-225.

都耀庭，张东杰. 2007. 禁牧封育措施改良高寒地区退化草地的效果. 草业科学，24(7)：22-24.

杜峰，程积民，山仑. 2002. 乔灌草植被条件下土壤水分动态特征. 水土保持学报，16(1)：91-94.

杜峰，梁宗锁. 2006. 黄土丘陵区不同立地条件下猪毛蒿种内种间竞争. 植物生态学报，30(4)：601-609.

杜峰，梁宗锁. 2007. 陕北黄土丘陵区撂荒草地群落生物量及植被土壤养分效应. 生态学报，27(5)：1673-1683.

杜峰，山仑，梁宗锁，等. 2006. 陕北黄土丘陵区撂荒演替生态位研究. 草业学报，15(3)：27-35.

杜峰，山仑，陈小燕，等. 2005. 陕北黄土丘陵区撂荒演替研究-撂荒演替序列. 草地学报，13(4)：328-333.

杜峰，山仑，程积民. 2002. 乔灌草植被条件下土壤水分动态特征. 水土保持学报，16(1)：91-94.

杜峰，山仑，梁宗锁. 2005. 陕北黄土丘陵区撂荒演替研究-群落组成与结构分析. 草地学报，13(2)：140-143，158.

杜峰，山仑，梁宗锁，等. 2005. 陕北黄土丘陵区撂荒演替过程中的土壤水分效应. 自然资源学报，20(5)：669-678.

杜峰，山仑，梁宗锁，等. 2006. 陕北黄土丘陵区撂荒演替生态位研究. 草业学报，15(3)：27-35.

杜峰，徐学选，张兴昌，等. 2008. 陕北黄土丘陵区撂荒群落排序及演替. 生态学报，28(11)：5418-5427.

杜国祯，王刚. 1991. 亚高山草甸弃耕地演替群落的种多样性及种间相关分析. 草业科学，8(4)：53-57.

杜金友，胡冬南，李伟. 2006. 干旱胁迫条件下胡枝子渗透物质的变化. 福建林学院学报，26(4)：349-352.

樊军，郝明德，邵明安. 2004. 黄土高原沟壑区草地土壤深层干燥化与氮素消耗. 自然资源学，19(2)：201-206.

樊正球，陈鹭真. 2001. 人为干扰对生物多样性的影响. 中国生态农业学报，9(2)：31-34.

范玮熠，王孝安，郭华. 2006. 黄土高原子午岭植物群落演替系列分析. 生态学报，26(3)：706-714.

范小克，韩建国. 2001. 草业应作为我国优先发展的产业. 宏观经济研究，(9)：10-11.

方炎，王久臣. 2001. 生态家园富民工程：寓生态环境改善于农民致富增收之中. 中国农村观察，(4)：49-50.

方炎明，张晓平，王中生. 2004. 鹅掌楸生殖生态研究:生殖分配与生活史对策. 南京林业大学学报(自然科学版)，28(3)：71-74.

付国军. 2007. 黄芪研究进展. 中国科技信息，9：176-177.

傅坤俊. 1983. 秦岭光头山植物区系概述. 西北植物研究，(1)：23-34.

傅坤俊. 1989. 黄土高原植物志. 北京:科学技术文献出版社.

傅志军. 1998. 秦岭地区植物区系和植被. 西安：西安地图出版社.

高贤明，黄建辉，万师强，等. 1997. 秦岭太白山弃耕地植物群落演替的生态学研究. 生态学报，17(6)：619-625.

高贤明，马克平，陈灵芝. 2001. 暖温带若干落叶阔叶林群落物种多样性及其与群落动态的关系. 植物生态学报，25(3)：283-290.

高玉葆，刘峰，任安芝. 1999. 不同类型和强度的干旱胁迫对黑麦草实验种群物质生产与水分利用的影响. 植物生态学报，23(6)：510-520.

高育锋，王勇，樊廷录. 2005. 陇东地区不同生态型冬小麦抗旱性研究与适宜品种筛选. 干旱地区农业研究，(11)：32-37.

公延明，胡玉昆，阿德力·麦地，等. 2010. 巴音布鲁克高寒草地退化演替阶段植物群落特性研究. 干旱区资源与环境，(6)：149-152.
龚祝南. 2001. 中国蒲公英属植物资源. 中国野生植物资源，20(3)：9-15.
巩杰，陈利顶，傅伯杰，等. 2005. 黄土丘陵区小流域植被恢复的土壤养分效应研究. 水土保持学报，19(1)：93-96.
顾明德，程海卫，赵书珍，等. 2005. 不同苜蓿品种再生草特性分析. 水土保持通报，25(1)：18-20.
关义新，戴俊英，林艳. 1995. 水分胁迫下植物叶片光合的气孔和非气孔限制. 植物生理学通讯，31：293-297.
管秀娟，赵世伟. 1999. 植物根水倒流的证据及意义. 西北植物学报，19(4)：746-754.
郭朝晖，马来换，杜峰，等. 2007. 陕北黄土丘陵区撂荒演替前期群落异质性研究. 水土保持通报，27(3)：6-12.
郭柯，董学军，刘志茂. 2000. 毛乌素沙地沙丘土壤含水量特点——兼论老固定沙地上油蒿衰退原因. 植物生态学报，24(3)：275-279.
郭柯. 2000. 毛乌素沙地油蒿群落的循环演替. 植物生态学报，24(2)：243-247.
郭礼坤，山仑. 1992. Ca-GA 混合处理种子抗旱节水技术，节水技术. 北京：水利电力出版社：108-114.
郭巧生. 2000. 最新中药材栽培技术. 北京：中国农业出版社.
郭卫华，李波，张新时，等. 2007. 水分胁迫对沙棘和中间锦鸡儿蒸腾作用影响的比较. 生态学报，27(10)：4132-4140.
郭晓思. 2005. 黄土高原蕨类植物区系的初步研究. 西北植物学报，25(7)：1446-1451.
郭忠升，邵明安. 2003. 半干旱区人工林草地土壤旱化与土壤水分植被承载力. 生态学报，23(8)：1640-1647.
国家林业局造林司. 2001. 黄河上中游地区林业生态建设与治理模式. 林业科技通讯，(8)：34-35.
国家药典委员会. 2005. 中华人民共和国药典：第一部. 北京：化学工业出版社，212-213.
韩刚，李彦瑾，孙德祥，等. 2008. 4 种沙生灌木幼苗 PV 曲线水平参数对干旱胁迫的响应. 西北植物学报，28(7)：1422-1428.
韩建国，潘全山，王培. 2001. 不同草种草坪蒸散量及各草种抗旱性的研究. 草业学报，10(4)：56-63.
韩路，贾志宽，韩清芳，等. 2004. 不同紫花苜蓿品种生产效能研究. 西北农林科技大学学报(自然科学版)，32(4)：19-24.
韩蕊莲，梁宗锁，侯庆春，等. 1994. 黄土高原适生树种苗木的耗水特性. 应用生态学报，5(2)：210-213.
韩蕊莲，李丽霞，梁宗锁，等. 2002. 干旱胁迫下沙棘膜脂过氧化保护体系研究. 西北林学院学报，17(4)：1-5.
韩瑞宏，田华，高桂娟. 2008. 干旱胁迫下紫花苜蓿叶片水分代谢与两种渗透调节物质的变化. 华北农学报，23(4)：140-144.
韩苑鸿，汪诗平，陈佐忠. 1999. 以放牧率梯度研究内蒙古典型草原主要植物种群的生态位. 草地学报，7(3)：204-210.
郝蓉，白中科. 2003. 黄土区大型露天煤矿废弃地植被恢复过程中的植被动态. 生态学报，23(8)：1470-1476.
郝文芳，陈存根，梁宗锁，等. 2008. 植被生物量研究进展. 西北农林科技大学学报(自然版)，36(2)：175-182.
郝文芳，韩蕊莲，单长卷，等. 2003. 黄土高原不同立地条件下人工刺槐林土壤水分变化规律研究. 西北植物学报，23(6)：964-968.
郝文芳，梁宗锁，2002. 黄土高原不同植被类型土壤特性与植被生产力关系研究进展. 西北植物学报，

22(6)：1545-1550.
郝文芳，梁宗锁，陈存根，等. 2005. 黄土丘陵沟壑区弃耕地群落演替与土壤性质演变研究. 中国农学通报，21(8)：226-231.
郝文芳，梁宗锁，陈存根，等. 2005. 黄土丘陵区弃耕地群落演替过程中的物种多样性研究. 草业科学，22(9)：1-9.
何京丽. 2004. 北方典型草原水土保持生态修复技术. 水土保持研究，11(3)：299-301.
何军，许兴，李树华，等. 2004. 水分胁迫对牛心朴子叶片光合色素及叶绿素荧光的影响. 西北植物学报，24(9)：1594-1598.
何侃，王惠康. 1988. 近年来黄芪及其同属近缘植物的化学成分研究进展. 药学学报，23(11)：873-880.
何立新，李卫军，许鹏. 1995. 新疆呼图壁种牛场与达乌里胡草地类型数量分析研究. 植物生态学报，19(2)：175-182.
何腾兵，刘元生，李天智. 2000. 贵州喀斯特峡谷水保经济植物花椒土壤特性研究. 水土保持学报，6(2)：55-59.
何维明. 2000. 不同生境中沙地柏根面积分布特征. 林业科学，36(5)：17-21.
何维明，张新时. 2001. 水分共享在毛乌素沙地 4 种灌木根系中的存在状况. 植物生态学报，18(2)：42-46.
何翔舟，唐志军. 2001. 甘肃中部地区退耕还林、还草比重问题研究. 农业技术经济，(4)：48.
何兴东，高玉葆. 2003. 干旱区水力提升的生态作用. 生态学报，23(5)：996-1002.
何振立. 1994. 土镶微生物量的测定方法:现状和展望. 土壤学进展，22(4)：36-44.
贺明蔡，冷寿慈. 1994. 桃粮间作对土壤养分状况及土壤生物活性的影响. 土壤通报，25(4)：188-189.
贺学礼. 1995. 陕西菊科药用植物种质资源系的研究. 西北农业大学学报，23(1)：106-109.
侯军岐. 2000. 农户经济增长源泉与发展机制. 西安：西北大学出版社.
侯军岐，刘为军. 2002a. 农民增收与粮食增产的协调发展. 中国食物与营养，(2)：35-37.
侯军岐，张社梅. 2002b. 黄土高原地区退耕还林还草效果评价. 水土保持通报，22(6)：29-30.
侯庆春，韩蕊莲，韩仕峰. 1999. 黄土高原人工林草地“土壤干层”问题初探. 中国水土保持，(5)：11-14.
侯庆春，韩蕊莲，李宏平. 2000. 关于黄土丘陵典型地区植被建设中有关问题的研究——土壤水分状况及植被建设区划. 水土保持研究，7(2)：102-110.
侯庆春，黄旭，韩士峰. 1991. 黄土高原地区小老树成因及其改造途径研究(土壤水分和养分状况及其与小老树生长的关系). 水土保持学报，5(2)：75-83.
侯扶江，肖金玉，南志标. 2002. 黄土高原退耕地的生态恢复. 应用生态学报，13(8)：923-929.
侯庆春，韩蕊莲. 2000. 黄土高原植被建设中的有关问题. 水土保持通报，20(2)：53-56.
侯喜禄，曹清玉. 1994. 陕北黄土区不同森林类型水土保持效益的研究. 西北林学院学报，9(2)：20-24.
胡斌，张世彪. 2002. 植被恢复措施对退化生态系统土壤酶活性及肥力的影响. 土壤学报，39(4)：604-608.
胡成林等. 2000. 立足资源着手抓调整，发展山羊努力保增收. 畜牧业经济管理，(5)：15.
胡金明，刘兴土. 1999. 三江平原土壤质量变化评价与分析. 地理科学，19(5)：417-421.
胡锦涛. 2003. 2003 年 1 月 8 日在中央农村工作会议上的讲话. 中共中央办公厅通讯，(3)：16-17.
胡景江，顾振瑜，文建雷，等. 1999. 水分胁迫对元宝枫膜脂过氧化作用的影响. 西北林学院学报，14(2)：7-11.
胡良军，邵明安. 2002. 黄土高原植被恢复的水分生态环境研究. 应用生态学报，13(8)：1045-1048.
胡茂. 2004. 人工草地的生态经济问题研究. 西南科技大学学报，19(1)：95-98.

胡梦郡，刘文兆，赵姚阳. 2003. 黄土高原农、林、草地水量平衡异同比较分析. 干旱地区农业研究，21(4)：113-116.
胡培兴. 2001. 退耕还林还草工程展望. 中国经贸导刊，(11)：30-33.
胡伟，邵明安. 2006. 黄土高原退耕地土壤水分空间变异性研究. 水科学进展，17(1)：74-81.
胡伟，邵明安，王全九. 2005. 黄土高原退耕坡地土壤水分空间变异的尺度性研究. 农业工程学报，21(8)：11-16.
胡小文，王彦荣，武艳培. 2004. 荒漠草原植物抗旱生理生态学研究进展. 草业学报，13(3)：9-15.
胡新生，王世绩. 1998. 树木水分胁迫生理与耐旱性研究进展及展望. 林业科学，34(2)：77-89.
胡云，燕玲，李红. 2006. 14 种荒漠植物茎的解剖结构特征分析. 干旱区资源与环境，20(1)：202-208.
胡中民，樊江文，钟华，等. 2005. 中国草地地下生物量研究进展. 生态学杂志，24(9)：1095-1101.
黄冠华，沈荣开，张瑜芳，等. 1995. 作物生长亲件下蒸发与蒸腾的模拟及土壤水份动态预报. 武汉水利电力大学学报，28(5)：481-487.
黄瑾，姜峻，徐炳成. 2006. 黄土丘陵区达乌里胡枝子人工草地生产力与土壤水分特征研究. 中国农学通报，21(6)：245-248.
黄璐琦. 2007. 环境胁迫下次生代谢产物的积累及道地药材的形成. 中国中药杂志，32(4)：277-280.
黄明斌，杨新民，李玉山. 2003. 黄土高原生物利用型土壤干层的水文生态效应研究. 中国生态农业学报，11(3)：113-116.
黄贤全. 2002. 美国政府对田纳西河流域的开发. 西南师范大学学报(人文社科版)，(7)：118-121.
黄懿梅，安韶山，曲东. 2007. 黄土丘陵区植被恢复过程中土壤酶活性的响应与演变. 水土保持学报，21(1)：152-155.
黄宇，汪思龙，冯宗炜. 2004. 不同人工林生态系统林地土壤质量评价. 应用生态学报，15(12)：2199-2205.
黄占斌，山仑. 1998. 水分利用效率及其生理生态机理研究进展. 生态农业研究，6(4)：19-23.
黄振英，吴鸿，胡正海. 1995. 新疆 10 种沙生植物旱生结构的解剖学研究. 西北植物学报，15(6)：56-61.
黄振英，吴鸿，胡正海. 1997. 30 种新疆沙生植物的结构及其对沙漠环境的适应. 植物生态学报，21(6)：521-530.
黄志霖，傅伯杰，陈利顶，等. 2002. 恢复生态学与黄土高原生态恢复系统的恢复与重建问题. 水土保持学报，16(3)：122-125.
黄志霖，傅伯杰，陈利顶，等. 2004. 黄土丘陵沟壑区不同退耕类型径流、侵蚀效应及其时间变化特征. 水土保持学报，18(4)：37-41.
纪亚君. 2002. 青海高寒草地施肥的研究概况. 草业科学，19(5)：14-18.
贾国梅，王刚，陈芳清. 2007. 子午岭地区植被演替过程中土壤生物学特性的动态. 生态环境，15(6)：1466-1469.
贾松伟，贺秀斌，陈云明. 2004. 黄土丘陵区退耕撂荒对土壤有机碳的积累及其活性的影响. 水土保持学报，18(3)：78-80.
贾晓红，李新荣，李元寿. 2007. 干旱沙区植被恢复中土壤碳氮变化规律. 植物生态学报，31(1)：66-74.
贾志清. 2006. 晋西北黄土丘陵沟壑区典型流域不同植被土壤蓄水能力研究. 水土保持通报，26(3)：29-33.
江洪. 1994. 川西北甘南云冷杉林的 DCA 排序、环境解释和地理分布模型的研究. 植物生态学报，18(3)：209-218.
江洪. 1994. 川西北甘南云杉林的数量分类. 植物生态学报，18(4)：297-305.
姜海楼，董瑞音，贾长友. 1997. 麻黄生物学特性及生物量研究. 草业学报，6(1)：18-22.

姜培坤，蒋秋怡. 1995. 杉木檫树根际土壤特性比较分析. 浙江林学院学报，12(1)：1-5.
姜培坤，周国模. 2003. 侵蚀型红壤植被恢复后土壤微生物量碳、氮的演变. 水土保持学报，17(1)：112-127.
蒋德明，李荣平，刘志民，等. 2004. 科尔沁草甸草地放牧和割草条件下土壤种子库研究. 应用生态学报，15(10)：1860-1864.
蒋高明. 2004. 植物生理生态学. 北京：高等教育出版社.
蒋和平. 2002. 科技进步·结构调整·农民增收. 北京：气象出版社.
蒋明义，郭绍川. 1996. 水分亏缺诱导的氧化胁迫和植物的抗氧化作用. 植物生理学通讯，32(2)：144-150.
蒋明义，郭绍川，张学明. 1997. 氧化胁迫下稻苗体内积累的脯氨酸的抗氧化作用. 植物生理学报，23(4)：347-352.
蒋明义，杨文英，徐江，等. 1994. 渗透胁迫下水稻幼苗中叶绿素降解的活性氧损伤作用. 植物学报，36(4)：289-295.
焦峰，温仲明，焦菊英. 2005. 黄土丘陵区退耕地土壤养分变异特征. 植物营养与肥料学报，11(6)：724-730.
焦峰，温仲明，焦菊英，等. 2006. 黄丘区退耕地植被与土壤水分养分的互动效应. 草业学报，15(2)：79-84.
焦菊英，王万忠. 2001. 人工草地在黄土高原水土保持中的减水减沙效益与有效盖度. 草地学报，9(3)：176-182.
焦菊英，王万忠，李靖. 2000. 黄土高原林草水土保持有效盖度分析. 植物生态学报，24(5)：608-612.
焦树英，李永强，沙依拉·沙尔合提. 2009. 干旱胁迫对3种狼尾草种子萌发和幼苗生长的影响. 西北植物学报，29(2)：308-313.
靳淑静，韩蕊莲，梁宗锁. 2009. 黄土丘陵区不同立地达乌里胡枝子群落水分特征及生物量研究. 西北植物学报，29(3)：542-547.
景可. 2004. 黄土高原植被建设的经验教训与前景分析. 水土保持研究，11(4)：26-27.
康俊梅，杨青川，樊奋成. 2005. 干旱对苜蓿叶片可溶性蛋白的影响. 草地学报，13(3)：199-202.
康绍忠，刘晓明，熊运章. 1994. 土壤-植物-大气连续体水分传输理论及其应用。北京：水利电力出版社，85-122.
柯世省，杨敏文. 2007. 水分胁迫对云锦杜鹃抗氧化系统和脂类过氧化的影响. 园艺学报，34(5)：1217-1222.
雷明德. 1999. 陕西植被. 北京：科学出版社.
黎燕琼，刘兴良，郑绍伟，等. 2007. 岷江上游干旱河谷四种灌木的抗旱生理动态变化. 生态学报，27(3)：870-878.
李彬. 2003. 农业结构调整与农村信用社的应对策略. 南方金融，(1)：49-50.
李斌，李素清，张金屯. 2010. 云顶山亚高山草甸优势种群生态位研究. 草业学报，19(1)：6-13.
李博. 1997. 中国北方草地退化及其防治对策. 中国农业科学，30(6)：1-9.
李潮海，尹飞，王群. 2006. 不同耐旱性玉米杂交种及其亲本叶片活性氧代谢对水分胁迫的响应. 生态学报，26(6)：1912-1919.
李登科. 2009. 陕北黄土高原丘陵沟壑区植被覆盖变化及其对气候的响应. 西北植物学报，29(5)：867-873.
李登武. 2004. 黄土高原地区种子植物区系中的珍稀濒危植物研究. 西北植物学报，24(12)：2321-2328.
李登武. 2005. 西北地区木本植物区系多样性研究. 植物研究，25(1)：89-98.
李登武，张文辉，任争争. 2005. 黄土沟壑区狼牙刺群落优势种群生态位研究. 应用生态学报，16(12)：

2231-2235.
李芳兰，包维楷，刘俊华，等. 2006. 岷江上游干旱河谷海拔梯度上白刺花叶片生态解剖特征研究. 应用生态学报，17(1)：5-10.
李芳兰，包维楷. 2005. 植物叶片形态解剖结构对环境变化的响应与适应. 植物学通报，2005，22(增刊)：118-127.
李锋瑞，赵丽娅，王树芳. 2003. 封育对退化沙质草地土壤种子库与地上群落结构的影响. 草业学报，12(4)：90-99.
李凤民，徐进章，孙国钧. 2003. 半干旱黄土高原退化生态系统的修复与生态农业发展. 生态学报，23(9)：1901-1909.
李贵全，张海燕，季兰，等. 2006. 不同大豆品种抗旱性综合评价. 应用生态学报，17(12)：2408-2412.
李禾，吴波，杨文斌，等. 2010. 毛乌素沙地飞播区植被动态变化研究. 干旱区资源与环境，24(3)：190-194.
李吉跃，周平，招礼军. 2002. 干旱胁迫对苗木蒸腾耗水的影响. 生态学报，22(9)：1380-1386.
李佳喜. 2000. 李佳喜的甘肃莲花山自然保护区植物区系的研究。兰州大学学报(自然科学版)，36(5)：98-106.
李军超，陈一鹗，康博文，等. 1989. 宁夏盐池县草原常见植物同化枝解剖结构观察. 西北植物学报，19(3)：191-196，210.
李军玲，张金屯，郭逍宇. 2003. 关帝山亚高山灌丛草甸群落优势种群的生态位研究. 西北植物学报，23(12)：2081-2088.
李凌浩，刘先华，陈佐忠. 1998. 内蒙古锡林河流域羊草草原生态系统碳素循环研究. 植物学报，40(10)：955-960.
李凌浩. 1998. 土地利用变化对草原生态系统土壤碳贮量的影响. 植物生态学报，22(4)：300-302.
李鲁华，李世清，翟军海，等. 2001. 小麦根系与土壤水分胁迫关系的研究进展. 西北植物学报，21(1)：1-7.
李录堂，侯军岐. 2000. 干旱半干旱地区农业资源·环境·经济可持续发展. 西安：地图出版社.
李明辉，彭少麟，申卫军，等. 2003. 景观生态学与退化生态系统恢复. 生态学报，23(8)：1622-1628.
李那何芽，余伟莅，胡小龙，等. 2009. 围栏禁牧对浑善达克沙地退化草场植物群落特征的影响. 干旱区资源与环境，23(12)：157-160.
李青丰，胡春元，王明玖. 2001. 浑善达克地区生态环境劣化原因分析及治理对策干旱区资源与环境，15(3)：9-16.
李庆康，马克平. 2002. 植物群落演替过程中植物生理生态学特性及其主要环境因子的变化. 植物生态学报，26(增刊)：9-19.
李秋艳，赵文智. 2005. 干旱区土壤种子库的研究进展. 地球科学进展，20(3)：350-358.
李森，孙武. 1995. 浑善达克沙地全新世沉积特征与环境演变. 中国沙漠，15(4)：323-341.
李生秀，等. 1994. 施用氮肥对提高旱地作物利用土壤水分的作用机理和效果. 干旱地区农业研究，12(1)：38-46
梁宗锁，李新有，康绍忠. 1996. 影响夏玉米单叶 WUE 的冠层因子分析. 西北植物学报，16(1)：13-16.
李唯，倪郁，胡自治，等. 2003. 植物根系提水作用研究述评. 西北植物学报，23(6)：1056-1062.
李伟，刘贵华，周进，等. 2002. 淡水湿地种子库研究综述. 生态学报，22(3)：395-402.
李文娆，张岁岐，山仑. 2009. 水分胁迫下紫花苜蓿和高粱种子萌发特性及幼苗耐旱性. 生态学报，29(6)：3066-3074.
李希来. 1996. 补播禾草恢复“黑土滩”植被的效果. 草业科学，13(5)：17-19.

李锡文. 1996. 中国种子植物区系统计分析. 云南植物研究，18(4)：363-384.
李细元，陈国良. 1996. 人工草地土壤水系统动力学模型与过耗恢复预测. 水土保持研究，3(1)：166-178.
李霞，阎秀峰，于涛. 2005. 水分胁迫对黄檗幼苗保护酶活性及脂质过氧化作用的影响. 应用生态学报，16(12)：2353-2356.
李乡旺，张天龙. 1987. 甘南地区植被在植被分区上的位置. 植物生态学与地植物学学报，(3)：234-238.
李新平，黄进勇，马琨，等. 2001. 生态农业模式研究及模式建设建议. 中国生态农业学报，(9)：83-84.
李轩然，刘琪璟，蔡哲，等. 2007. 千烟洲针叶林的比叶面积及叶面积指数. 植物生态学报，31(1)：93-101.
李燕，薛立. 2007. 树木抗旱机理研究进展. 生态学杂志，26(11)：1857-1866.
李永庚，蒋高明，高雷明，等. 2003. 人为干扰对浑善达克沙地榆树疏林的影响. 植物生态学报，27(6)：829-834.
李永宏. 1995. 内蒙古典型草原地带退化草原的恢复动态. 生物多样性，3(3)：125-130.
李永华，王玮，杨兴洪，等. 2005. 干旱胁迫下不同抗旱性小麦 BADH 表达及甜菜碱含量的变化. 作物学报，31(4)：425-430.
李伟，曹坤芳. 2006. 干旱胁迫对不同光环境下的三叶漆幼苗光合特性和叶绿素荧光参数的影响. 西北植物学报，26(2)：266-275.
李勇. 1999. 试论土壤酶活性与土壤肥力. 土壤通报，20(4)：190-193.
李玉山. 2001. 黄土高原森林植被对陆地水循环影响的研究. 自然资源学报，16(5)：427-432.
李玉山. 2002. 苜蓿生产力动态及其水分生态环境效应. 土壤学报，39(3)：404-411.
李裕元，邵明安. 2004. 子午岭植被自然恢复过程中植物多样性的变化. 生态学报，24(2)：252-260.
李振基，刘初钿，杨志伟. 2000. 武夷山自然保护区郁闭稳定甜槠林与人为干扰甜槠林物种多样性比较. 植物生态学报，24(1)：64-68.
李正理，李荣敖. 1981. 我国甘肃九种旱生植物同化枝的解剖观察. 植物学报，23(3)：181-186.
梁娜，王文强，廉振民. 2008. 黄土高原北部地区生态恢复的研究进展. 延安大学学报(自然科学版)，(3)：90-92，
梁一民，李代琼，从心海. 1990. 吴旗沙打旺草地土壤水分及生产力特征研究. 水土保持通报，10(6)：113-118.
梁一民，刘普灵，王继军. 2003. 退耕还林还草实现黄土丘陵区农田生产力的跃迁. 中国农业科技导报，(6)：56-59.
梁宗锁，李敏，王俊峰. 1998. 沙棘抗旱生理机制研究进展. 沙棘，11(3)：8-13.
梁宗锁，王俊峰. 1997. 简述沙棘抗旱性及其耗水特性研究现状. 沙棘，10(1)：28-31.
梁宗锁，左长清，焦巨仁. 2003. 生态修复在黄土高原水土保持中的作用. 西北林学院学报，18(1)：20-24.
梁宗锁，康绍忠，李新有. 1995. 有限供水对夏玉米产量及其水分利用效率的影响. 西北植物学报，15(1)：26-31.
梁宗锁，李新有，康绍忠. 1996. 水灌溉条件下夏玉米气孔导度与光合速率的关系. 干旱地区农业研究，14(1)：101-105.
梁宗锁，左长清. 2003. 生态修复在黄土高原水土保持中的作用. 西北林学院学报，18(1)：20-24.
廖建雄，王根轩. 2000. 植物的气孔振荡及其应用前景. 植物生理学通讯，36(3)：272-276.
廖善刚，叶志君，汪严明. 2008. 桉树人工林与杉木林、毛竹林土壤理化性质对比研究. 亚热带资源与环境学报，3(3)：54-55.
林镕. 1985、1979、1983、1991、1989、1987、1997. 中国植物志 74、75、76(1)、、76(2)、77(2)、78(1)、80(1)

卷. 北京：科学出版社.
林镕等. 1954. 中国植物科属检索表(菊科). 植物分类学报，2(4)：390-424.
林勇，汪心国. 2001. 恢复生态学原理与退化生态系统生态工程. 中国生态农业学报，9(2)：35-37.
林有润. 1955. The New World Artemisia L. Adv. Comp. Syst.，255-281.
林有润. 1955. The New World Seriphidium(Bess.) Poljak. Adv. Comp. Syst.，283-291.
林有润. 1977. The Compositae Revisited. Brittonia，29：137-153.
林有润. 1982. 论蒿属的演化系统兼论蒿书与邻近属的亲缘关系. 植物研究，2(2)：1-60.
林有润. 1990. Hengduang-Himalayan Mts.（HH）. A Special Area from the Floristic Point of View for Artemisia L.（compositae）. Bull. Bot. Res.，10(3)：73-92.
林有润. 1991. An Enumeration of Artemisia L. and Seriphidium (Bess.) Poljak. 11(1)：1-24.
林有润. 1991. The Old World Seriphidium(Bess.)Poljak. Bull. Bot. Res.，11(4)：1-41.
林有润. 1993. 世界菊科植物的系统分类与区系地理的初步探讨. 植物研究，13(2)：151-201.
林有润. 1997. 中国菊科植物的系统分类与区系的初步研究. 植物研究，17(1)：6-27.
林有润. 1999. 中国植物志 80(2)卷. 北京：科学出版社.
刘秉正，吴发启. 1998. 生态农业的一种模式——农林复合. 西北林学院学报，13(2)：83-35.
刘德辉，梁珍海，胡海波. 1998. 泥质海岸防护林对滩涂土壤的改良效果研究. 土壤通报，29(6)：245-247.
刘娥娥，汪沛洪，郭振飞. 2001. 植物的干旱诱导蛋白. 植物生理学通讯，37(2)：155-160.
刘发央，徐长林，龙瑞军. 2008. 牦牛放牧强度对金露梅灌丛草地群落物种多样性的影响. 草地学报，16(6)：613-618.
刘贵华，李伟，王相磊，等. 2004. 湖南茶陵湖里沼泽种子库与地表植被的关系. 生态学报，24(3)：450-456.
刘国彬. 1998. 黄土高原草地土壤抗冲性及其机理研究. 水土保持学报，4(1)：94-97.
刘建立，袁玉欣，彭伟秀，等. 2005. 坝上地区孤石牧场土壤种子库与地上植被的关系. 草业科学，22(12)：57-62.
刘建新. 2004. 不同农田土壤酶活性与土壤养分相关关系研究. 土壤通报，35(4)：525-523.
刘杰，刘公社，齐冬梅. 2002. 聚乙二醇处理对羊草种子萌发及活性氧代谢的影响. 草业学报，11(1)：59-64.
刘军，陈益泰，罗阳富，等. 2010. 毛红椿天然林群落结构特征研究. 林业科学研究，23(1)：93-97.
刘立之，黄思，李义龙，等. 2005. 小溪国家自然保护区环境对生物的影响及生物适应性调查和研究. 生物学通报，40(5)：39-41.
刘利峰. 2004. 黄土高原的植被演替研究现状及发展趋势. 干旱区资源与环境，18(9)：30-35.
刘伦武. 2002. 农村基础设施建设：农民增收的基础. 农业经济，(9)：35.
刘美珍，蒋高明，于顺利，等. 2004. 浑善达克退化沙地恢复演替 18 年中植物群落动态变化. 生态学报，24(8)：1731-1737.
刘普灵，王检全，田均良. 2000. 黄土高原中部丘陵区生态农业建设模式研究. 水土保持研究，7(2)：34-38.
刘清泉，杨文斌，珊丹. 2005. 草甸草原土壤含水量对地上生物量的影响. 干旱区资源与环境，19(7)：44-49.
刘慎谔. 1934. 中国北部及西部植物地理概观. 国立北平研究院植物研究所丛刊，(9)：432-451.
刘慎谔文集编委会. 1985. 太白山森林植物之分布. 北京：科学出版社.
刘胜群，宋凤斌. 2007. 不同耐旱性玉米根系解剖结构比较研究. 干旱地区农业研究，25(2)：86-91.
刘书明. 2001. 统一城乡税制与调整分配政策：减轻农民负担新论. 经济研究，(1)：45.
刘淑明，王得祥，孙长忠. 2004. 干旱胁迫下雪松土壤水分及生理特征的研究. 西北植物学报，24(1)：2057-2060.
刘文清，王国贤. 2003. 沙化草地旱作条件下混播人工草地的试验研究. 中国草地，25(2)：69-71.

刘贤赵，黄明斌. 2003. 黄土丘陵沟壑区森林土壤水文行为及其对河川径流的影响. 干旱地区农业研究，21(2)：72-76.

刘向华，杨树英. 2004. 施肥和灌溉对土壤和水质的影响. 湖南农业大学学报(自然科学版)，30(5)：482-487.

刘巽浩. 2000. 大西北种树种草要遵循自然与经济规律. 中国农业资源与区划，21(2)：8-10.

刘媖心. 1992. 中国沙漠植物志 3 卷. 北京：科学出版社.

刘勇，王凯博，上官周平. 2006. 黄土高原子午岭地区退耕地土壤物理性质与群落特征. 资源与环境学报，15(2)：42-46.

刘增文，余清珠，王迸鑫. 1997. 黄土高原残源沟壑区坡地刺槐不同皆伐更新幼林地土壤水分动态. 生态学报，17(3)：234-238.

刘忠宽，汪诗平，陈佐忠，等. 2006. 不同放牧强度草原休牧后土壤养分和植物群落变化特征. 生态学报，26(6)：2048-2056.

刘忠宽，汪诗平，韩建国，等. 2004. 内蒙古草原放牧恢复过程地衣生物量分布及其影响因素的研究. 应用生态学报，15(7)：1294-1297.

刘钟龄，王炜，郝敦元，等. 2002. 内蒙古草原退化与恢复演替机理的探讨. 干旱区资源与环境，16(1)：84-91.

娄成后. 1992. 高等植物的命脉——维管系统之谜. 植物生理学通讯，28(1)：1-10.

路安民. 1999. 种子植物科属地理. 北京：科学出版社.

罗燕江，周九菊，王海洋，等. 2004. 高寒草甸植物多样性与营养的关系. 兰州大学学报(自然科学版)，40(02)：84-91.

骆东玲，张金屯，陈林美. 2003. 白羊草群落优势种群生态位研究. 山西大学学报(自然科学版)，26(1)：76-80.

吕金印，刘军，曹翠玲，等. 1996. 水分胁迫下小麦叶片蛋白质、淀粉和纤维素合成的示踪研究. 西北植物学报，(6)：46-50.

马成仓，高玉葆，王金龙，等. 2004. 内蒙古高原甘蒙锦鸡儿光合作用和水分代谢的生态适应性研究. 植物生态学报，28(3)：305-311.

马成仓，高玉葆，蒋福全，等. 2004. 小叶锦鸡儿和狭叶锦鸡儿的生态和水分调节特性比较研究. 生态学报，24(7)：1442-1451.

马克平，1994. 生物群落多样性测定方法(上). 生物多样性，2(3)：162-168.

马克平，黄建辉，于顺利. 1995. 北京东灵山地区植物群落多样性的研究Ⅱ. 丰富度、均匀度和物种多样性指数. 生态学报，15(3)：268-277.

马克平，刘玉明. 1994. 生物群落多样性的测定方法Ⅰ：α 多样性的测度方法(下). 生物多样性，2(4)：231-239.

马玲，赵平，饶兴权，等. 2005. 乔木树种蒸腾作用的主要测定方法. 生态学杂志，24(1)：88-96.

马履一，王华田. 2002. 油松边材液流时空变化及其影响因子的研究. 北京林业大学学报，23(4)：23-37.

马履一，王华田，林平. 2003. 北京地区几个树种耗水性比较的研究. 北京林业大学学报，25(2)：1-7.

马钦彦，蔺琛，韩海荣，等. 2003. 山西太岳山核桃楸光合特性的研究. 北京林业大学学报，25(1)：14-18.

马全林，王继和，金红喜，等. 2003. 国家二级保护植物绵刺的生物生态学特征. 植物研究，23(1)：108-111.

马三宝，郑妍，马彦喜. 2002. 黄土丘陵区水土流失特征与还林还草措施研究. 水土保持研究，9(3)：55-57.

马祥华，焦菊英. 2004. 黄土高原植被恢复与土壤环境相互作用研究进展. 水土保持研究，(1)：

157-161.
马祥华，焦菊英. 2005. 黄土丘陵沟壑区退耕地自然恢复植被特征及其与土壤环境的关系. 中国水土保持科学，3(2)：15-22.
马祥华，焦菊英，白文娟. 2005. 黄土丘陵沟壑区退耕地土壤养分因子对植被恢复的贡献. 西北植物学报，25(2)：328-335.
马祥华,焦菊英. 2004. 黄土高原植被恢复与土壤环境相互作用研究进展. 水土保持研究，11(4)：157-161.
马玉寿，郎百宁. 1998. 建立草业系统恢复青藏高原“黑土型”退化草地. 草业科学，15(1)：5-9.
马玉寿，李青云，朗百宁. 1997. 柴达木盆地次生盐渍化撂荒地的改良与利用. 草业科学，14(3)：17-20.
马毓泉. 1989-1995. 内蒙古植物志. 2 版. 呼和浩特：内蒙古人民出版社.
马毓泉等. 1993. 内蒙古植物志 4 卷. 呼和浩特：内蒙古人民出版社.
马长明，袁玉欣. 2004. 国内外退耕地植被恢复研究现状. 世界林业研究，17(4)：24-27.
毛瑞洪，严菊芳. 2000. 渭北旱区冬小麦田土壤水分动态及农田水分平衡的研究. 干旱地区农业研究，13(4)：52-57.
毛志宏，朱教君. 2006. 干扰对植物群落物种组成及多样性的影响. 生态学报，26(8)：2695-2701.
米海莉，许兴，李树华，等. 2004. 水分胁迫对牛心朴子、甘草叶片色素、可溶性糖、淀粉含量及碳氮比的影响. 西北植物学报，24(10)：1816-1821.
米湘成，张金屯，张峰，等. 1999. 山西高原植物与土壤分布格局关系研究. 植物生态学报，23(4)：336-344.
马克平，1993，生物多样性的概念. 生物多样性，1(1)：20-22.
闵庆文，余卫东. 1989. 从降水资源看黄土高原地区的植被生态建设. 干旱地区农业研究，(2)：36-43.
内蒙古大学生物系. 1986. 植物生态学实验. 北京：高等教育出版社.
倪郁，李唯. 2001. 作物抗旱机制及其指标的研究进展与现状. 甘肃农业大学学报，36(1)：14-22.
牛春山. 1990. 陕西树木志. 北京：中国林业出版社.
牛克昌，赵志刚，罗燕江，等. 2006. 施肥对高寒草甸植物群落组分种繁殖分配的影响. 植物生态学报，30(5)：817-826.
牛书丽，蒋高明，李永庚. 2004. C_3 与 C_4 植物的环境调控. 生态学报，24(2)：308-314.
农业部畜牧业发展行动计划. 2002. 中国农村小康科技，(8)：14.
欧巧明，倪建福，马瑞君. 2005. 春小麦根系木质部导管与其抗旱性的关系. 麦类作物学报，25(3)：27-31.
潘成忠，上官周平，刘国彬. 2006. 黄土丘陵沟壑区退耕草地土壤质量演变. 生态学报，26(3)：690-696.
潘代远，孔令韶，金启宏. 1995. 新疆呼图壁盐化草甸群落的 DCA，CCA 及 DCCA 分析. 植物生态学报，19(2)：115-127.
潘开文，刘照光. 1998. 暗针叶林采伐迹地几种人工混交群落乔木层结构及动态. 应用与环境生物学报 4(4)：327-334.
潘全山，韩建国，王培. 2001. 五个草地早熟禾品种蒸散量及节水性. 草地学报，9(3)：208-212.
庞敏，侯庆春，薛智德，韩蕊莲. 2005. 延安研究区主要自然植被类型土壤水分特征初探. 水土保持学报，19(2)：138-141.
庞学勇，胡泓. 2002. 川西亚高山云杉人工林与天然林养分分布和生物循环比较. 应用与环境生物学报，8(1)：1-7.
庞学勇，刘庆，刘世全，等. 2004. 川西亚高山云杉人工林土壤质量性状演变. 生态学报，24(2)：261-267.
彭红春，李海英，沈振西，等. 2003. 利用人工种草改良柴达木盆地弃耕盐碱地. 草业学报，2(5)：

26-30.
彭华. 2001. 我国菊科的区系分析及青藏高原的隆起与菊苣亚科部分类群的地理分布. 云南大学学报(自然科学版)，23(植物学专辑)：11-15.
彭少麟. 1995. 中国南亚热带退化生态系统的恢复及其生态效应. 应用与环境生物学报，1(4)：403-414.
彭少麟. 2000. 恢复生态学与退化生态系统的恢复. 中国科学院院刊，15(3)：188-192.
彭文英，张科利，杨勤科. 2006. 黄土坡面土壤性质随退耕时间的动态变化研究. 干旱区资源与环境，20(5)：153-158.
齐凤林，袁勇军，曹建国，等. 1998. 沙地低产草地施肥试验研究. 中国草地，20(1)：24-28.
齐健，宋凤斌，刘胜群. 2006. 苗期玉米根叶对干旱胁迫的生理响应. 生态环境，15(6)：1264-1268.
祁娟，徐柱，王海清. 2009. 旱作条件下披碱草属植物叶的生理生化特征分析. 草业学报，18(1)：39-45.
钱吉，任文伟，郑师章. 1997. 不同地理种群羊草苗期电导、电阻的比较研究. 植物生态学报，21(1)：42-43.
钱雪亚，严勤芳. 2002. 主导产业选择的原则及评价体系. 统计与决策，(1)：17-18.
秦景，贺康宁，谭国栋，等. 2009. NaCl胁迫对沙棘和银水牛果幼苗生长及光合特性的影响. 应用生态学报，20(4)：791-797.
曲桂敏，李兴国，赵飞，等. 1999. 水分胁迫对苹果叶片和新根显微结构的影响. 园艺学报，13：147-151.
秦庆武，陈泽浦. 2000. 论我国农村经济结构的战略性调整. 中国农村经济，(9)：19-20.
邱波，罗燕江，杜国桢. 2004. 施肥梯度对甘南高寒草甸植被特征的影响. 草业学报，13(6)：65-68.
邱莉萍，刘军，王益权. 2004. 土壤酶活性与土壤肥力的关系研究. 植物营养与肥料学报，10(3)：277-280.
邱扬. 2000. DCCA排序轴分类及其在关帝山八水沟植物群落生态梯度分析中的应用. 生态学报，20(2)：199-206.
邱扬，傅伯杰. 2001. 黄土丘陵小流域土壤水分的空间异质性及其影响因子. 应用生态学报，12(5)：715-720.
仇化民，余忧森，邓振镛，等. 1993. 黄土高原牧草耗水规律研究. 中国草地，1：33-395.
曲国辉，郭继勋. 2003. 松嫩平原不同演替阶段植物群落和土壤特性的关系. 草业学报，12(1)：18-22.
冉隆贵，唐龙，梁宗锁，等. 2006. 黄土高原4种乡土牧草群落的α多样性. 应用与环境生物学报，12(1)：18-24.
任安芝，高玉葆，刘爽. 2000. 铬、镉、铅胁迫对青菜叶片几种生理生化指标的影响. 应用与环境生物学报，6(4)：112-116.
任东涛，赵松岭. 1997. 水分胁迫对半干旱区春小麦旗叶蛋白质代谢的影响. 作物学报，(4)：468-473.
任海，蔡锡安，饶兴权. 2001. 植物群落的演替理论. 生态科学，20(4)：59-67.
任海，蔡锡安等. 2001. 植物群落的演替理论. 生态科学. 12(4)：59-67.
任继周，李向林，侯扶江. 2002. 草地农业生态学研究进展与趋势. 应用生态学报，13(8)：1017-1021.
任继周，朱兴运. 1995. 中国河西走廊草地农业的基本格局和它的系统相悖-草原退化的机理初探. 草业学报，4(1)：69-80.
任天志. 2000. 持续农业中的土壤生物指标研究. 中国农业科学，33(1)：68-75.
戎郁萍，韩建国，王培，等. 1999. 施氮与株丛切割对退化新麦草草地的改良效果. 草地学报，7(2)：157-164.
茹桃勤，李吉跃，孔令省，朱延林. 2005. 刺槐耗水研究进展. 水土保持研究，(2)：135-140.
阮成江，李代琼. 2002. 黄土丘陵区沙棘群落特征及林地水分养分分析. 应用生态学报，13(9)：1061-1064.
阮成江，李代琼，姜俊，等. 2000. 半干旱黄土丘陵区沙棘的水分生理生态及群落特征研究. 西北植物学报，20(4)：621-627.
山仑. 1994. 植物水分利用效率和半干旱地区农业用水. 植物生理学通讯，30(1)：61-66.
山仑. 1996. 旱地农业中有限水高效利用的研究. 水土保持研究，3(1)：8-13.
山仑. 1997. 提高农田水分利用效率的途径. 植物生理学通讯，33(6)：475-477.
山仑. 1998. 作物抗旱生理生态与旱地农业//山仑，陈培元. 旱地农业生理生态基础. 北京：科学出版社：1-17.
山仑. 2000. 怎样实现退耕还林还草. 林业科学，36(5)：2-4，5-7.
山仑，徐炳成. 2009. 黄土高原半干旱区建设稳定人工草地的探讨. 草业学报，18(2)：1-2.
山仑，陈国良. 1993. 黄土高原旱地农业的理论与实践. 北京:科学出版社，215-230.
山仑，邓西平，康绍忠. 2002. 我国半干旱地区农业用水现状及发展方向. 水利学报,9:27-31.
山仑，徐炳成，杜峰,等. 2004. 陕北地区不同类型植物生产力及生态适应性研究. 水土保持通报，24(1)：1-7.
山仑，徐萌. 1991. 节水农业及其生理生态学基础. 应用生态学报，2(1)：70-76.
陕西森林编辑委员会. 1989. 陕西森林. 西安：陕西科学技术出版社，北京：中国林业出版社.
陕西省农牧厅渭南农垦科研所. 1984. 陕西农田杂草图志. 西安：陕西科学技术出版社.
陕西省土壤普查办公室. 1992. 陕西土壤. 北京：科学出版社.
尚国亮，李吉跃. 2008. 水分胁迫对3个不同种源柔枝松种子萌发的影响. 河北林果研究，(2)：127-131.
尚文艳，吴钢，付晓，等. 2005. 陆地植物群落物种多样性维持机制. 应用生态学报，16(3)：573-578.
尚占环，龙瑞军，马玉寿,等. 2006. 黄河源区退化高寒草地土壤种子库：种子萌发的数量和动态. 应用与环境生物学报，12(3)：313-317.
沈国舫. 2001. 西部大开发中的生态环境建设问题. 林业科学，37(1)：2-7.
沈景林，谭刚，乔海龙，等. 2000. 草地改良对高寒退化草地植被影响的研究. 中国草地，22(5)：49-54.
沈琪，张骏，朱锦茹,等. 2005. 浙江省生态公益林植被恢复过程中物种组成及多样性的变化. 生态学报，25(9)：2131-2137.
沈彦，张克斌，杜林峰，等. 2007. 人工封育区植物群落恢复演替系列种群生态位动态特征——以宁夏盐池为例. 生态环境，16(4)：1229-1234.
沈有信，刘文耀，崔建武. 2007. 滇中喀斯特森林土壤种子库的种-面积关系. 植物生态学报，31(1)：50-55.
沈有信，刘文耀，张彦东. 2003. 东川干热退化山地不同植被恢复方式对物种组成与土壤种子库的影响. 生态学报，23(7)：1454-1460.
沈珠江. 2001. 黄土高原可持续发展的构想. 科学对社会的影响，(1)：32-33.
师江澜，杨改河，杨正礼. 2005. 黄土高原不同立地条件下的植被营建技术模式和天然草本植物资源利用探讨. 西北农林科技大学学报，33(9)：86-90.
师尚礼，李锦华. 2006. 羊茅属两种牧草生态适应性及其栽培技术. 草地学报，14(1)：39-42.
石润圭. 2001. 安徽省几种生态农业模式. 安徽农学通报，7(2)：36-37.
石兆勇，王发园，魏艳丽. 2007. 荒漠植物的适应策略. 安徽农业科学，35(17)：5222-5224.
时忠杰，杜阿朋，胡哲森，等. 2007. 水分胁迫对板栗幼苗叶片活性氧代谢的影响. 林业科学研究，(5)：683-687.
时忠杰,胡哲森,李荣生. 2002. 水分胁迫与活性氧代谢. 贵州大学学报，21(2)：140-145.
史惠兰，王启基，景增春. 2005. 江河源区人工草地及黑土滩退化草地群落演替与物种多样性动态. 西北植物学报，25(4)：655-661.

史胜青，袁玉欣，杨敏生，等. 2004. 水分胁迫对4种苗木叶绿素荧光的光化学淬灭和非光化学淬灭的影响. 林业科学，40(1)：168-173.
史胜青，齐力旺，孙晓梅，等. 2006. 植物抗旱相关基因研究进展. 生物技术通报，(增)：6-13.
史衍玺，唐克丽. 1998. 人为加速侵蚀下土壤质量的生物学特性变化. 土壤侵蚀与水土保持学报，4(1)：28-33，40.
斯琴巴特尔，秀敏. 2007. 荒漠植物蒙古扁桃水分生理特征. 植物生态学报，31(3)：484-489.
宋会兴，苏智先，彭远英. 2005. 山地土壤肥力与植物群落次生演替关系研究. 生态学杂志，24(12)：1531-1533.
宋娟丽，姚军，吴发启. 2003. 黄土高原21种造林树种的苗木根系活力与土壤含水量关系的研究. 西北植物学报，23(10)：1688-1694.
苏德毕力格，周禾，王培，等. 1998. 退化混播人工草地白三叶繁殖特性的变化. 草地学报，6(1)：68-71,52.
孙波，赵其国. 1999. 红壤退化中的土壤质量评价指标及评价方法. 地理科学进展，18(2)：118-112.
孙波，赵其国，张桃林. 1995. 我国东南丘陵山区土壤肥力的综合评价. 土壤学报，32(4)：362-369.
孙存华，李扬，贺鸿雁. 2005. 藜对干旱胁迫的生理生化反应. 生态学报，25(10)：2556-2561.
孙鸿良. 1996. 我国生态农业主要种植模式及其持续发展的生态学原理. 生态农业研究，(4)：15-18.
孙鸿良. 2002. 西北草地农业系统建设的现状与希望. 草业科学，19(9)：29-33.
孙建，刘苗，李立军，等. 2009. 不同耕作方式对内蒙古旱作农田土壤微生物量和作物指标的影响. 生态学杂志，28(11)：2279-2285.
孙景宽，张文辉，张洁明. 2006. 种子萌发期4种植物对干旱胁迫的响应及其抗旱性评价研究. 西北植物学报，26(9)：1811-1818.
孙群，梁宗锁，杨建伟，等. 2002. 干旱对苗木萌芽期水分状况、ABA含量及萌芽特性的影响. 植物生态学报，26(5)：634-638.
孙启忠，韩建国，桂荣，等，2001. 科尔沁沙地达乌里胡枝子生物量研究，中国草地，23(4)，21-26.
孙群，胡景江. 2006. 植物生理学研究技术. 杨凌：西北农林科技大学出版社，166-169.
孙濡泳，李博，诸葛阳. 1993. 普通生态学. 北京：高等教育出版社.
孙双峰，黄建辉，林光辉等. 2006. 三峡库区岸边共存松栎树种水分利用策略比较. 植物生态学报，30(1)：57-63.
孙铁军，韩建国，赵守强，等. 2005. 施肥对新麦草种子产量及产量组分的影响. 中国草地，27(2)：16-21.
孙卫红，王伟青，孟庆伟. 2005. 植物抗坏血酸过氧化物酶的作用机制、酶学及分子特性. 植物生理学通讯，41(2)：143-147.
孙耀中，东方阳，郭学民. 2005. 干旱胁迫下转甜菜碱醛脱氢酶基因水稻花后生理特性及产量构成. 干旱地区农业研究，23(5)：108-113.
孙长忠，黄宝龙. 1998. 黄土高原人工植被与其水分环境相互作用关系研究. 北京林业大学学报，20(3)：7-14.
孙长忠，黄宝龙，刘淑明，等. 2000. 黄土高原荒坡与林地土壤水分变化规律研究. 应用生态学报，11(4)：523-526.
单保庆，王刚. 1998. 草海水生植被演替系列的数量研究. 草业学报，7(2)：23-33.
单贵莲，徐柱，宁发. 2010. 典型草原不同演替阶段群落结构与物种多样性变化. 干旱区资源与环境，24(2)：163-169.
单长卷，梁宗锁，韩蕊莲，等. 2005. 黄土高原陕北丘陵沟壑区不同立地条件下刺槐水分生理生态特性研究. 应用生态学报，16(7)：1205-1212.

单长卷，梁宗锁，郝文芳. 2005. 黄土高原陕北丘陵沟壑区不同立地条件下刺槐水分生理生态特性研究 J. 应用生态学报，16(7)：1205-1212.
单长卷，梁宗锁，郝文芳，等. 2004. 黄土高原不同立地条件下刺槐生长与水分关系研究. 西北林学院学报，19(2)：9-14.
邰建辉，王彦荣，陈谷. 2008. 无芒隐子草种子萌发、出苗和幼苗生长对土壤水分的响应. 草业学报，17(3)：105-110.
陕西省林业厅. 太白山自然保护区综合考察论文集. 1989. 西安：陕西师范大学出版社.
汤学军，傅家璜. 1997. 植物胚胎发育后期富集(LEA)蛋白的研究进展. 植物学通报，14(1)：13-18.
唐龙，梁宗锁，杜峰，等. 2006. 陕北黄土高原丘陵区撂荒演替及其过程中主要乡土牧草的确定与评价. 生态学报，26(04)：1165-1175.
唐启国. 2000. 论我国农业从数量增长型向质量效益型转变. 农业现代化研究，21(2)：74-77.
唐启义. 1997. DPS数据处理系统:统计分析与DPS数据处理系统. 北京:农业出版社.
唐益苗，赵昌平，高世庆，等. 2009. 植物抗旱相关基因研究进展. 麦类作物学报，29(1)：166-173.
唐勇，曹敏，张建候. 1997. 刀耕火种对山黄麻林土壤种子库的影响. 云南植物研究，19(4)：423-428.
田玉强，李新，胡理乐，等. 2002. 后河自然保护区珍稀濒危植物群落乔木层结构特征. 武汉植物学研究，20(6)：443-448.
万忠梅，吴景贵. 2005. 土壤酶活性影响因子研究进展. 西北农林科技大学学报，33(6)：87-92.
汪文霞. 2006. 黄土区不同类型土壤微生物量碳、氮和可溶性有机碳、氮的含量及其关系. 水土保持学报，20(6)：103-107.
汪有科，刘宝元，焦菊英，等. 1992. 恢复黄土高原林草植被及盖度的前景. 水土保持通报，12(2)：55-60.
汪正华. 1982. 陕西省黄土区土壤水分性质研究. 土壤通报，2.
汪正祥. 2000. 后河自然保护区菊科区系及药用资源分析. 生命科学研究，4(4):356-361.
王百群，刘国彬. 1999. 黄土丘陵区地形对坡地土壤养分流失的影响. 土壤侵蚀与水土保持学报，5(2)：18-22.
王成章，徐向阳，杨雨鑫，等. 2002. 不同紫花苜蓿品种引种试验研究. 西北农林科技大学学报(自然科学版)，30(3)：29-31.
王代军，黄文惠，苏加楷. 1995. 多年生黑麦草和白三叶人工草地生物量动态研究. 草地学报，3(2)：135-143.
王刚. 1984. 关于生态位定义的探讨及生态位重叠计测公式改进的研究. 生态学报，4(2)：119-127.
王刚，张大勇，杜国祯. 1991. 亚高山草甸弃耕地植物群落演替的数量研究Ⅲ. 组分种生态位分析. 草地学报，1(1)：93-98.
王国宏. 2002a. 黄上高原自然被演替过程中的桓物特征与上壤元素动态. 植物学报，44(8)：990-998.
王国宏. 2002b. 再论生物多样性与生态系统的稳定性. 生物多样性，10(1):126-134.
王国宏，廉永善. 1997. 甘肃裸子植物区系地理分析. 西北植物学报，(3)：399-404.
王国宏，任继周，张自和. 2002. 河西沙地绿洲荒漠植物群落多样性研究. 草业学报，11(1)：31-37.
王国梁，常欣. 2002. 黄土丘陵区小流域植被建设的土壤水文效应. 自然资源学报，17(3)：339-344.
王国梁. 1997. 艾蒿群落生物量初步研究. 中国草地，5:6-13.
王国梁. 2002. 黄土丘陵沟壑区铁杆蒿群落种间联结性研究. 中国草地，24(3)：1-6.
王国梁，刘国彬. 2002a. 黄土丘陵沟壑区铁杆蒿群落种间联结性研究. 中国草地，24(3)：1-6.
王国梁，刘国彬. 2002b. 黄土丘陵区纸坊沟流域植被恢复的土壤养分效应. 水土保持通报，22(1)：1-5.
王国梁，刘国彬，侯喜禄. 2002. 黄土高原丘陵沟壑区植被恢复重建后的物种多样性研究. 山地学报，

20(2)：182-187.

王国梁，刘国彬，刘芳，等. 2003. 黄土沟壑区植被恢复过程中植物群落组成及结构变化. 生态学报，3(12)：2550-2557.

王国梁，刘国彬，周生路. 2003. 黄土丘陵沟壑区小流域植被恢复对土壤稳定入渗的影响. 自然资源学报，18(5)：530-535.

王国梁，刘国彬，常欣，等. 2002. 黄土丘陵区小流域植被建设的土壤水文效应. 自然资源学报，17(3)：339-344.

王海洋，杜国桢，任金吉. 2003. 种群密度与施肥对垂穗披碱草刈割后补偿作用的影响. 植物生态学报，27(4)：477-483.

王海英，宫渊波，陈林武. 2005. 不同植被恢复模式下土壤微生物及酶活性的比较. 长江流域资源与环境，12(2)：201-206.

王海珍，梁宗锁，韩蕊莲，等. 2005a. 辽东栎幼苗对土壤干旱的生理生态适应性研究. 植物研究，25(3)：311-316.

王海珍，梁宗锁，韩蕊莲，等. 2005b. 不同土壤水分条件下黄土高原乡土树种耗水规律研究. 西北农林科技大学学报(自然科学版)，33(6)：57-63.

王荷生. 1979. 中国植物区系的基本特征. 地理学报，(3)：224-237.

王荷生. 1985. 中国种子植物特有属的数量分析. 植物分类学报，(4)：241-258.

王荷生. 1989. 中国种子植物特有属起源的探讨. 云南植物研究，(1)：1-18.

王荷生. 1992. 植物区系地理. 北京：科学出版社.

王荷生. 1997. 华北植物区系地理. 北京：科学出版社.

王荷生，张镱锂. 1994a. 中国种子植物特有科属的分布型. 地理学报，(5)：403-417.

王荷生，张镱锂. 1994b. 中国种子植物特有属的生物多样性和特征. 云南植物研究，(3)：209-220.

王辉，任继周. 2004. 子午岭主要森林类型土壤种子库研究. 干旱区资源与环境，18(3)：130-136.

王继和，吴春荣，张盹明，等. 2000. 甘肃荒漠区濒危植物绵刺生理生态学特性的研究. 中国沙漠，20(4)：397-403.

王继红，刘景双，于君. 2004. 氮磷肥对黑土玉米农田生态系统土壤微生物量碳氮的影响. 水土保持学报. 18(1)：35-38.

王继军. 2000. 陕北丘陵区农村经济发展战略研究. 水土保持研究，(6)：23.

王进，金自学，2006. 黑河流域灰棕荒漠土种植耐旱牧草小冠花改土培肥效果的研究，土壤通报 37(3)：487-489.

王家申. 2001. 浅谈农村社会保障制度. 农村・农业・农民，(8)：40.

王娟，李德全，谷令坤. 2002. 不同抗旱性玉米幼苗根系抗氧化系统对水分胁迫的反应. 西北植物学报，22(2)：77-82.

王军，傅伯杰，邱扬，陈利顶. 2003. 黄土高原小流域土壤养分的空间分布格局-Kriging 插值分析. 地理研究，22(3)：373-379.

王堃，吕进英. 2000. 退耕地的自然演替与人工恢复. 中国农业资源与区划，21(4)：51-55.

王兰州，项锦丽. 1990. 甘肃森林植物区系初步研究. 西北植物学报，(3)：211-218.

王磊，张彤，丁圣彦. 2006. 干旱和复水对大豆光合生理生态特性的影响. 生态学报，26(7)：2073-2078.

王力，邵明安，侯庆春. 2000. 延安试区土壤干层现状分析. 水土保持通报，20(3)：35-37.

王力，邵明安，李秧秧. 2004. 黄土高原生态环境的恶化及其对策. 自然资源学报，19(2)：263-271.

王莉. 2007. 植物次生代谢物途径及其研究进展. 武汉植物学研究，25(5)：500-505.

王龙昌，王立祥，卞新民. 2004. 宁南黄土丘陵区旱地作物水分平衡特征与水分生态适应性研究. 生态农业科学，20(2)：232-235.
王明玖，卫智军，许志信，等. 1996. 不同处理措施对退化人工羊草草地土壤物理性状的影响. 内蒙古草业，1(2)：45-48.
王平，王天慧，周道玮，等. 2007. 植物地上竞争与地下竞争研究进展. 生态学报，27(8)：3489-3498.
王平，王天慧，周雯，等. 2007. 禾-豆混播草地中土壤水分与种间关系研究进展. 应用生态学报，18(3)：653-658.
王齐，孙吉雄，安渊. 2009. 水分胁迫对结缕草种群特征和生理特性的影响. 草业学报，18(2)：33-38.
王启基，周兴民，张堰清. 1995. 高寒小嵩草草原化草甸植物群落结构特征及其生物量. 植物生态学报，19(3)：225-235.
王青宁，唐静，衣学慧. 2005. 基于多元统计评价毛白杨无性系的抗旱性. 西北林学院学报，20(4)：21-26.
王琼，辜再元，史春华，等. 2009. 废弃采石场植被自然恢复过程中物种多样性变化特征. 环境科学研究，22(11)：1305-1311.
王群，尹飞，李潮海. 2004. 水分胁迫下植物体内活性氧自由基代谢研究进展. 河南农业科学，10：25-28.
王闰平，高志强. 2001. 黄土高原农业发展的综合思考. 生态经济，(1)：23.
王韶唐. 1987. 植物水分利用效率和旱地农业生产. 干旱地区农业研究，2：67-78.
王树青，张起荣，马苍. 2003. 天祝县天然草原退化原因及治理对策. 草业科学，20(6)：7-8.
王顺庆，王万雄，徐海根. 2004. 数学生态学稳定性理论与方法. 北京：科学出版社：15-16，394-395.
王炜，梁存柱，刘钟龄，等. 2000. 草原群落退化与恢复演替中的植物个体行为分析. 植物生态学报，24(03)：268-274.
王炜，刘钟龄，郭敦元. 1996. 内蒙古草原退化群落恢复演替的研究Ⅱ. 恢复演替时间进程的分析. 植物生态学报，20(5)：460-471.
王炜，刘钟龄，郝敦元，等. 1996. 内蒙古典型草原退化群落恢复演替的研究Ⅰ. 退化草原的基本特征与恢复演替规律. 植物生态学报，20(5)：449-459.
王喜君. 2004. 对退耕还草与生态经济型小流域建设问题的探讨. 草业科学，21(8)：59-62.
王霞，侯平，尹林克，等. 1999. 水分胁迫对柽柳植物可溶性物质的影响. 干旱区研究，16(2)：6-11.
王孝安，冯杰，张怀. 1994. 甘肃马衔山林区植被的数量分类与排序. 植物生态学报，18(3)：271-282.
王秀丽，徐建民，谢正苗，等. 2002. 重金属铜和锌污染对土壤环境质量生物学指标的影响. 浙江大学学报(农业与生命科学版)，28(2)：190-194.
王学臣，任海云，娄成后. 1992. 干旱胁迫下植物根与地上部间的信息传递. 植物生理学通讯，28(6)：397-402.
王勋陵，马骥. 1999. 从旱生植物叶结构探讨其生态适应的多样性. 生态学报，19(6)：787-792.
王闫平，高志强. 2001. 黄土丘陵沟壑区实施退耕还林还草战略资源条件与对策. 中国生态学报，9(3)：43-45.
王艳超，李玉灵，王辉. 2008. 不同植被恢复模式对铁尾矿微生物和酶活性的影响. 生态学杂志，27(10)：1826-1829.
王英顺，田安民. 2005. 黄土高原地区淤地坝试点建设成就与经验. 中国水土保持，(12)：44-46.
王英宇，杨建，韩烈保. 2006. 不同灌溉量对草坪草光合作用的影响. 北京林业大学学报，28(1)：26-31.
王颖，穆春生，王靖. 2006. 松嫩草地主要豆科牧草种子萌发期耐旱性差异研究. 中国草地学报，28(1)：7-12.
王育红，姚宇卿，吕军杰. 2002. 花生抗旱性与生理生态指标关系的研究. 杂粮作物，22(3)：147-149.

王赞，李源，吴欣明. 2008. PEG渗透胁迫下鸭茅种子萌发特性及抗旱性鉴定. 中国草地学报，30(1)：50-55.

王占孟. 1995. 模拟天然植被演替规律建设黄土高原生态系统的研究. 甘肃林业科技，(1)：41-49,55.

王正银，曾仁兴. 1999. 串叶松香草生物量和营养成分动态及其对土壤理化性质的影响. 应用与环境生物学报. 5(1)：16-21.

王志强，刘宝元，路炳军. 2003. 黄土高原半干旱区土壤干层水分恢复研究. 生态学报，23(9)：1944-1950.

王志强，刘宝元，徐春达，等. 2002. 连续干旱条件下黄土高原几种人工林存活能力分析. 水土保持学报，16(4)：25-29.

韦莉莉，张小全，侯振宏，等. 2005. 杉木苗木光合作用及其产物分配对水分胁迫的响应. 植物生态学报，29(3)：294-302.

魏良民. 1991. 几种旱生植物碳水化合物和蛋白质变化的研究. 干旱区研究，8(4)：38-41.

魏识广，李林，黄忠良，等. 2005. 鼎湖山森林土壤种子库动态研究. 生态环境，14(6)：917-920.

魏天兴，余新晓，朱金兆，等. 2001. 黄土区防护林主要造林树种水分供需关系研究. 应用生态学报，12(2)：185-189.

魏永胜，梁宗锁. 2001. 钾与提高作物抗旱性的关系. 植物生理学通讯，37(6)：576-580.

魏永胜，梁宗锁，山仑. 2005. 利用隶属函数值法评价苜蓿抗旱性. 草业科学，22(6)：33-36.

魏宇昆，梁宗锁，韩蕊莲，等. 2004. 黄土高原不同立地条件下沙棘的生产力与水分关系研究. 应用生态学报，15(2)：195-200.

温仲明，焦峰，刘宝元，等. 2005. 黄土高原森林草原区退耕地植被自然恢复与土壤养分变化. 应用生态学报，16(11)：2025-2029.

温仲明，焦峰，卜耀军，等. 2005. 黄土沟壑区植被自我修复与物种多样性变化——以吴旗县为例. 水土保持研究，12(1)：1-5.

温仲明，杨勤科，焦峰. 2005. 水土保持对区域植被演替的影响. 中国水土保持科学，3(1)：32-37.

吴东丽，上官铁梁，张金屯，等. 2006. 滹沱河流域湿地植被优势种群生态位研究. 应用与环境生物学报，12(6)：772-776.

吴金水. 2002. 子午岭林区植被类型对土壤氮素的效应. 水土保持通报，22(6)：23-25.

吴明作，刘玉萃，杨玉珍. 1999. 河南省栓皮栎林主要种群的生态位研究. 西北植物学报，19(3)：511-518.

吴钦孝，汪有科，韩冰，等. 1994. 黄土高原水土流失区的林草资源和植被建设. 水土保持研究，1(3)：2-13.

吴顺，萧浪涛. 2003. 植物体内活性氧代谢及其信号传导. 湖南农业大学学报(自然科学版)，29(5)：450-456.

吴新宏. 2003. 沙地植被快速恢复. 呼和浩特：内蒙古大学出版社.

吴彦，刘庆，乔永康，等. 2001. 亚高山针叶林不同恢复阶段群落物种多样性变化及其对土壤理化性质的影响. 植物生态学报，6：648-655.

吴玉虎. 2003. 青海湟水流域植物区系研究. 西北植物学报，23(2)：205-217.

吴征镒. 1979. 论中国植物区系的分区问题. 云南植物研究，1(1)：1-22.

吴征镒. 1980. 中国植被. 北京：科学出版社.

吴征镒. 1984. 核物区系地理学教学大纲. 云南省植物学会.

吴征镒. 1991. 中国种子植物属的分布区类型专辑. 云南植物研究，增刊IV：1-139.

吴征镒. 2003. 世界种子植物科的分布区类型系统. 云南植物研究，25(3)：245-257.

吴征镒，路安民，汤彦承. 2003. 中国被子植物科属综论. 北京：科学出版社.

吴志华，曾富华，马生健，等. 2004. 水分胁迫下植物活性氧代谢研究进展. 亚热带植物科学，33(3)：77-80.

吴转颖. 2001. 试论实施退耕还林还草的必要性及对策措施. 林业资源管理，(1)：15-17.
武高林，杜国祯. 2008. 植物种子大小与幼苗生长策略研究进展. 应用生态学报，19(1)：191-197.
武建双，沈振西，张宪洲，付刚. 2009. 藏北高原人工垂穗披碱草种群生物量分配对施氮处理的响应. 草业学报，18(6)：113-121.
夏北成，Zhou JZ. Tiedje M. 1998. 植被对土壤微生物群落结构的影响. 应用生态学报，9(3)：296-300.
夏军，朱一中. 2002. 水资源安全的度量：水资源承载力的研究与挑战. 自然资源学报，(3)：5～12.
相辉，岳明. 2001. 陕北黄土高原森林植被数量分类及其环境解释. 西北植物学报，21(4)：726-731.
肖洪安. 2001. 试论我国西部地区农业结构调整的特点与对策. 农业经济问题，(9)：33.
谢国文，彦亨梅，张文辉. 2001. 生物多样性保护与利用. 湖南科学技术出版社：133-168.
谢锦升，杨玉盛，杨智杰. 2008. 退化红壤植被恢复后土壤轻组有机质的季节动态. 应用生态学报，19(3)：557-563.
谢晋阳，陈灵芝. 1997. 中国暖温带若干灌丛群落多样性问题的研究. 植物生态学报，21(3)：197-207.
谢森传. 1998. 农田水分循环中的蒸发蒸腾计算. 清华大学学报(自然科学版)，38(1)：107-110.
谢贤健，兰代萍，白景文. 2009. 三种野生岩生草本植物的抗旱性综合评价. 草业学报，18(4)：75-80.
谢寅峰，沈惠娟. 2000. 水分胁迫下 3 种针叶树幼苗抗旱性与硝酸还原酶和超氧化物歧化酶活性的关系. 浙江林学院学报，17(1)：24-27.
谢寅峰，沈惠娟，罗爱珍，等. 1999. 南方 7 个造林树种幼苗抗旱生理指标的比较. 南京林业大学学报，23(4)：13-16.
熊伟，王彦辉，程积民. 2003. 三种草本植物蒸散量的对比试验研究. 水土保持学报，17(1)：170-172.
熊毅，李庆逵. 1987. 中国土壤. 北京：科学出版社.
熊运阜，王宏兴，白志刚，等. 1996. 梯田、林地、草地减水减沙效益指标初探. 中国水土保持，(8)：10-14.
胥耀平等. 2001. 黄土丘陵区经济林生态建设对策. 陕西林业科技，(2)：1-3.
徐炳成，山仑，李凤民. 2007. 3 种禾草苗期生长和水分利用对土壤水分变化的反应. 西北植物学报，27(2)：297-302.
徐炳成，山仑，李凤民. 2007. 半干旱黄土丘陵区五种植物的生理生态特征比较. 应用生态学报，18(5)：990-996.
徐炳成，山仑，李凤民. 2005. 苜蓿与沙打旺苗期生长和水分利用对土壤水分变化的反应. 应用生态学报，2005，16(12)：2328-2332.
徐虹. 2003. 川西北草原沙化面积达 40 万公顷治理刻不容缓. 草业科学，20(3)：17.
徐化成，班勇. 1996. 大兴安岭北部兴安落叶松种子在土壤中的分布及其种子库的持续性. 植物生态学报，20(1)：28-34.
徐朗然，傅坤俊，何善宇，等. 1992. 黄土高原豆科植物区系研究. 西北植物学报，12(2)：149-153.
徐秀梅，杨万仁，刘东宁. 2004. 干旱区 20 个紫花苜蓿品种抗旱性研究. 种子，23(11)：21-24.
徐学选，张北赢，白晓华. 2007. 黄土丘陵区土壤水资源与土地利用的耦合研究. 水土保持学报，21(3)：166-169.
徐养鹏. 1996. 中国滩羊区植物志 4 卷. 银川：宁夏人民出版社.
徐勇等. 2000. 黄土高原中部丘陵区农村经济特征制约因素与发展对策. 水土保持研究，(6)：18-20.
徐志伟. 2004. 高寒草甸土壤种子库状况的初步调查. 青海草业，13(2)：47-50.
许大全. 1995. 气孔的不均匀关闭与光合作用的非气孔根限制. 植物生理学通讯，31：246-252.
许桂芳，吴铁明，向佐湘. 2006. 干旱胁迫对两种过路黄抗性生理生化指标的影响. 作物研究，2：138-140.
许皓，李彦. 2005. 3 种荒漠灌木的用水策略及相关的叶片生理表现. 西北植物学报，25(7)：1309-1316.

许学工. 2000. 黄河三角洲的适用生态农业模式及农业地域结构探讨. 地理科学,(2):28-30.
许再富,朱华,王应祥. 2004. 澜沧江下游/湄公河上游片断热带雨林物种多样性动态. 植物生态学报 28(5):585-593.
旭日,牛海山. 1998. 羊草的水分利用对策及其基于水分平衡的种群生长潜力. 草地学报,6(4):265-274.
薛菁芳. 2007. 土壤微生物量碳氮作为土壤肥力指标的探讨. 土壤通报,2:247-250.
薛立,邝立刚,陈红跃. 2003. 不同林分土壤养分、微生物与酶活性的研究. 土壤学报,40(2):280-285.
薛利红,曹卫星,罗卫红,等. 2004. 光谱植被指数与水稻叶面积指数相关性的研究. 植物生态学报,28(1):47-52.
薛萐,刘国彬,戴全厚,等. 2007. 不同植被恢复模式对黄土丘陵区侵蚀土壤微生物量的影响. 自然资源学报,22(1):20-27.
薛萐,刘国彬,戴全厚,等. 2009. 黄土丘陵区退耕撂荒地土壤微生物量演变过程. 中国农业科学,42(3):943-950.
薛智德,侯庆春等. 2002. 黄土丘陵沟壑区白刺花促进生态恢复的研究. 西北林学院学报,17(3):26-29.
闫成仕. 2002. 水分胁迫下植物叶片抗氧化系统的响应研究进展. 烟台师范学院学报(自然科学版),18(3):220-225.
严昌荣,韩兴国,陈灵芝. 2001. 六种木本植物水分利用效率和其小生境关系研究. 生态学报,21(11):23-27.
阎伟红,师文贵,徐柱等. 2007. 胡枝子属植物野生种质资源及其研究进展. 中国草地学报,29(2):86-93.
阎秀峰,孙国荣,肖玮. 1996. 星星草光合蒸腾日变化与气候因子的关系. 植物研究,16(4):477-484.
燕玲,李红,刘艳. 2002. 13种锦鸡儿属植物叶的解剖生态学研究. 干旱区资源与环境,16(1):100-106.
杨超,梁宗锁. 2008. 陕北撂荒地优势蒿类叶片解剖结构及其生态适应性. 生态学报,28(10):4732-4738.
杨春清,张丽萍,孙明舒,赵永华. 2006. 中药材黄芪GAP标准操作规程. 中国中药杂志,31(3):191-194.
杨帆,苗灵凤. 2007. 植物对干旱胁迫的响应进展. 应用与环境生物学报,13(4):586-591.
杨锋伟,余新晓,王树森,等. 2007. 华北土石山区天然植被种间联结和生态位研究. 中国水土保持科学,5(1):60-67.
杨光,王玉. 2000. 试论植被恢复生态学的理论基础及其在黄土高原植被重建中的指导作用. 水土保持研究,7(2):133-136.
杨恒山,黄善斌. 2008. 农田种草养畜可行性初步分析. 中国草业学报,30(1):108-111.
杨洪强,张连忠. 2001. 植物对土壤干旱的识别与逆境信使的产生和传输. 水土保持研究,8(3):72-76.
杨洪晓,张金屯,吴波. 2004. 油蒿对半干旱区沙地生境的适应及其生态作用. 北京师范大学学报,40(5):684-690.
杨建伟,梁宗锁,韩蕊莲. 2004. 不同土壤水分状况对刺槐的生长及水分利用特征的影响. 林业科学,40(5):93-97.
杨建伟,梁宗锁,韩蕊莲. 2006. 黄土高原常用造林树种水分利用特征. 生态学报,26(2):558-565.
杨建伟,梁宗锁,韩蕊莲,等. 2004. 不同干旱土壤条件下杨树的耗水规律及水分利用效率研究. 植物生态学报,28(5):630-636.
杨金艳,王传宽. 2006. 土壤水热条件对东北森林土壤表面 CO_2 通量的影响. 植物生态学报,30(2):286-294.
杨君珑,王辉,孙栋元,等. 2006. 子午松岭油松林主要种群更新生态位研究. 林业资源管理,12(6):51-56.
杨俊,何东进,洪伟,等. 2008. 武夷山风景名胜区天然林优势种群高度生态位分析. 华侨大学学报:

自然科学版，29(1)：133-137.

杨敏生，裴保华，朱之悌. 2002. 白杨双交杂种无性系抗旱性鉴定指标分析. 林业科学，38(2)：36-42.

杨涛，梁宗锁，薛吉全，等. 2002. 土壤干旱不同玉米品种水分利用效率差异的生理学原因. 干旱地区农业研究，20(2)：68-71.

杨涛，徐慧，李慧，等. 2005. 樟子松人工林土壤养分，微生物及酶活性的研究. 水土保持学报，19(3)：50-53.

杨天旭，汪耀富. 2006. 逆境胁迫下植LEA蛋白的研究进展. 干旱地区农业研究，24(6)：120-123.

杨维西. 1996. 试论我国北方地区人工植被的土壤干化问题. 林业科学，32(1)：78-85.

杨文治，田均良. 2004. 黄土高原土壤干燥化问题探源. 土壤学报，41(1)：1-6.

杨小波. 1997. 植物群落演替的生理生态机理研究的现状和展望. 海南大学学报自然科学版，15(2)：147-152.

杨晓晖，张克斌. 2005. 半干旱沙地封育草场的植被变化及其与土壤因子间的关系. 生态学报，25(12)：3212-3219.

杨新民，杨文治. 1998. 灌木林地的水分平衡研究. 水土保持研究. 5(1)：109-118.

杨鑫光，傅华，牛得草. 2007. 干旱胁迫下幼苗期霸王的生理响应. 草业学报，16(5)：107-112.

杨秀芳，玉柱，徐秒云. 2009. 种不同类型的尖叶胡枝子光合-光响应特性研究. 草业科学，26(7)：61-65.

杨秀芬. 1985. 甘南地质构造与有关地貌植被特征. 西北师院学报(自然科学版)，(1)：56-63.

杨颖丽，徐世键，保颖. 2007. 盐胁迫对两种小麦叶片蛋白质的影响. 兰州大学学报(自然科学版)，43(1)：71-74.

杨玉盛，何宗明，林光耀. 1998. 不同治理措施对闽东南沿海侵蚀性红壤肥力影响研究. 植物生态学报，22(3)：281-288.

杨招弟，蔡立群，张仁陟，等. 2008. 不同耕作方式对旱地土壤酶活性的影响. 土壤通报，39(3)：514-517.

姚惊波. 2002. 寻求途径逐步减轻农民负担经济论坛，(15)：18-19.

姚顺波，张雅丽，周庆生. 2001. 黄土高原生态经济治理的几个问题. 生态经济，(5)：24-26.

易津，王学敏，谷安琳，等. 2003. 驼绒藜属牧草种子水分生理及幼苗耐旱性研究. 草地学报，11(2)：103-110.

易志刚，蚁伟民，周丽霞. 2005. 鼎湖山主要植被类型土壤微生物生物量研究. 生态环境，14(5)：727-729.

由继红，陆静梅. 2002. 钙对低温胁迫下小麦幼苗光合作用及相关生理指标的影响. 作物学报，28(5)：693 -696.

于顺利，蒋高明. 2003. 土壤种子库的研究进展及若干研究热点. 植物生态学报，27(4)：552-560.

于应文，蒋文兰，冉繁军，等. 2002. 混播人工草地不同种群再生性的研究. 应用生态学报. 13(8)：930-934.

余存祖，彭琳，刘耀宏，等. 1991. 黄土区土壤微量元素含量分布与微肥效应. 土壤学报，(3)：317-326.

余玲，王彦荣，孙建华. 2002. 环境胁迫对布顿大麦种子萌发及种苗生长发育的影响. 草业学报，11(2)：79-84.

余世孝，奥罗西. 1994. 物种多维生态位宽度测度. 生态学报，14(1)：32-39.

余小军，王彦荣，曾延军. 2004. 温度和水分对无芒隐子草和条叶车前种子萌发的影响. 生态学报，24(5)：883-887.

余新晓，张建军，朱金兆. 1996. 黄土地区防护林生态系统土壤水分条件的分析与评价. 林业科学，32(4)：289-297.

宇振荣，邱建军，王建武. 1998. 土地利用系统分析方法及实践. 北京：中国农业出版社.

喻理飞，叶镜中. 2002. 人为干扰与喀斯特森林退落退化及评价研究. 应用生态学报，13(5)：529-532.
袁素芬，陈亚宁，李卫红. 2006. 新疆塔里木河下游灌丛地上生物量及其空间分布. 生态学报，26(6)：1818-1824.
云建英，杨甲定，赵哈林. 2006. 干旱和高温对植物光合作用的影响机制研究进展. 西北植物学报，26(3)：641-648.
昝启杰，王伯荪，李鸣光，等. 2000. 广东黑石顶自然保护区森林次生演替不同 阶段土壤种子库的研究. 植物生态学报，24(2)：222-230.
曾福礼. 1997. 干旱胁迫下小麦叶片微粒体活性氧自由基的产生及其对膜的伤害. 植物学报，39(12)：1105-1109.
曾彦军，王彦荣，南志标，等. 2003. 阿拉善干旱荒漠区不同植被类型土壤种子库研究. 应用生态学报，14(9)：1457-1463.
查轩，黄少燕. 2001. 植被破坏对黄土高原加速侵蚀及土壤退化过程的影响. 山地学报，19(2)：109-114.
占布拉，张昊. 2000. 短花针茅荒漠草原撂荒恢复规律的研究. 中国草地，(6)：68-69.
张宝田，杨允菲. 2003. 松嫩平原羊草草地水淹干扰恢复过程的群落动态. 草业学报，12(2)：30-35.
张宝田，穆春生，金成吉. 2009. 松嫩草地 2 种胡枝子地上生物量动态及其种间比较. 草业学报，15(3)：36-41.
张成娥，陈小利. 1997. 黄土丘陵区不同撂荒年限自然恢复的退化草地土壤养分及酶活性特征. 草地学报，5(3)：195-200.
张德魁，王继和，马全林，等. 2007. 古浪县北部荒漠植被主要植物种的生态位特征. 生态学杂志，26(4)：471-475.
张峰，张金屯. 2000. 我国植被数量分类和排序研究进展. 山西大学学报自然科学版，23(3)，278-282.
张广才，黄利江，于卫平，等. 2004. 毛乌素沙地南缘植被类型及其演替规律初步研究. 林业科学研究 17(12)：131-136.
张桂萍，张峰，茹文明. 2006. 山西绵山植被优势种群生态位研究. 植物研究，26(2)：176-181.
张海，王延平，高鹏程，等. 2003. 黄土高原坡地土壤干层形成机理及补水途径研究. 水土保持学报，17(3)：162-164.
张海，牛秀峰，柏延芳. 2006. 黄土峁状丘陵区牧草引种及立地水分动态研究. 西北植物学报，26(2)：362-367.
张宏一，朱志华. 2004. 植物干旱诱导蛋白研究进展. 植物遗传资源学报，5(3)：268-270.
张慧茹，王丽娟，郑蕊. 2001. 宁夏五种抗旱性牧草与脯氨酸含量的相关性研究. 宁夏农学院学报，22(4)：12-14.
张继义，赵哈林，张铜会，等. 2003. 科尔沁沙地植物群落恢复演替系列种群生态位动态特征. 生态学报，23(12)：2741-2746.
张继义，赵哈林，张铜会，等. 2004. 科尔沁沙地植被恢复系列上群落演替与物种多样性的恢复动态. 植物生态学报，28(01)：86-92.
张继义，赵哈林. 2003. 植被(植物群落)稳定性研究评述. 生态学杂志，22(4)：42-48.
张建军，张宝颖，毕华兴，李笑吟. 2004. 黄土区不同植被条件下的土壤抗冲性. 北京林业大学学报，26(6)：29-33.
张建新. 1984. 气孔对水分利用的调节. 植物生理学通讯，4：12-17.
张金屯. 1997. 群落中物种多度格局的研究综述. 农村生态环境，13(4)：48-54.
张金屯. 2004a. 数量生态学. 北京：科学出版社.

张金屯. 2004b. 黄土高原植被恢复与建设的理论和技术问题. 水土保持报，18(5)：120-124.
张金屯，柴宝峰，邱扬. 2000. 晋西吕梁山严村流域撂荒地植物群落演替中的物种多样性变化. 生物多样性，8(4)：378-384.
张劲松，孟平，尹昌君. 2001. 植物蒸腾耗水量计算方法综述. 世界林业研究，14(2)：23-28.
张劲松，孟平，尹昌君. 2002. 杜仲蒸腾强度和气孔行为的初步研究. 林业科学，38(3)：34-37.
张晋爱，张兴昌，邱丽萍. 2007. 黄土丘陵去不同年限柠条林地土壤质量变化. 环境科学学报，26(5)：136-140.
张俊华，常庆瑞，贾科利，等. 2003. 黄土高原植被恢复对土壤肥力质量的影响研究. 水土保持学报，17(4)：38-41.
张林刚，邓西平. 2000. 小麦抗旱性生理生化研究进展. 干旱地区农业研究，18(3)：87-92.
张林静，岳明，赵桂仿等. 2002. 不同生态位计测方法在绿洲荒漠过渡带上的应用比较. 生态学杂志，21(4)：71-75.
张灵先. 2005. 人工种草中存在的问题及对策. 黑龙江畜牧兽医，9：60-63.
张玲，方精云. 2004. 秦岭太白山 4 类森林土壤种子库的储量分布与物种多样性. 生物多样性，12(1)：131-136.
张满清，李吉跃，李世东. 2004. 黄土高原退耕还林中的抗旱造林技术与应用研究进展. 陕西林业科技，(1)：58.
张美云，钱吉，郑师章. 2001. 渗透胁迫下野生大豆游离脯氨酸和可溶性糖的变化. 复旦学报，40(5)：558-561.
张娜，梁一民. 1999. 黄土丘陵区两类天然草地群落地上部数量特征及其与土壤水分关系的比较研究. 西北植物学报，19(3)：494-501.
张娜，梁一民. 2000. 干旱气候对白羊草群落土壤水分和地上部生长的初步观察. 生态学报，20(6)：964-970.
张娜，梁一民. 2002. 黄土丘陵区天然草地地下/地上生物量的研究. 草业学报，11(2)：72-78.
张琦，李宁. 2003. 农村剩余劳动力转移与劳动力资源的优化配置. 农业部信息网.
张巧仙，兰彦平. 2004. 水分胁迫下植物体内的信号传递. 山西师范大学学报(自然科版)，18(3)：86-91.
张庆费，宋永昌. 1999. 浙江天童植物群落次生演替与土壤肥力的关系. 生态学报，19(2)：174-178.
张庆费，宋永昌，由文辉. 1999. 浙江天童植物群落次生演替与土壤肥力的关系. 生态学报，19(2)：174-178.
张全发，郑重，金义兴. 1990. 植物群落演替与土壤发展之间的关系. 武汉植物学研究，8(4)：325-334.
张壬午. 2000. 论生态示范区建设与生态农业产业化. 农村生态环境，(16)：31-34.
张仁波. 2006. 九寨沟自然保护区菊科植物区系特征分析. 西南农业大学学报，28(1)：134-138.
张守仁. 1999. 叶绿素荧光动力学参数的意义及讨论. 植物学通报，16(4)：444-448.
张岁岐，山仑. 1997. 磷素营养和水分胁迫对春小麦产量及水分利用效率的影响. 西北农业学报，1：29-35.
张岁歧，李金虎，山仑. 2001. 干旱下植物气孔运动的调控. 西北植物学报，21(6)：1263-1270.
张卫华，张方秋，张守攻，等. 2005. 大叶相思抗旱性生理指标主成分分析. 浙江林业科技，25(6)：15-19.
张文辉，徐学华，李登武，等. 2004. 黄土高原丘陵沟壑区狼牙刺群落恢复过程中的种间联结性研究. 西北植物学报，24(6)：1018-1023.
张文辉. 1999. 陕西木本植物区系研究. 植物研究，19(4)：374-384.
张文辉. 2002. 黄土高原地区种子植物区系特征. 植物研究，22(3)：373-379.
张希彪. 2005. 黄土高原子午岭种子植物区系特征研究. 生态学杂志，24(8)：872-877.

张锡梅等. 1991. 不同作物在不同土壤含水量条件下的耗水特性. 生态学报，9(1)：97-98.
张香凝，孙向阳，王保平. 2008. 土壤水分含量对 *Larrea tridentata* 苗木光合生理特性的影响. 北京林业大学学报，30(2)：95-101.
张小磊，何宽，安春华，等. 2006. 不同土地利用方式对城市土壤活性有机碳的影响——以开封市为例. 生态环境，15(6)：1220-1223.
张新时. 1994. 毛乌素沙地的生态背景及其草地建设的原则与优化模式. 植物生态学报，18(1)：1-16.
张馨. 1990. 中国蒿属药用植物资源. 中药材，13(7)：16-17.
张燕，方力，李天飞，等. 2002. 钙对烟草叶片热激忍耐和活性氧代谢的影响. 植物学通报，19(6)：721-726.
张耀甲. 1997. 甘肃洮河流域种子植物区系的初步研究. 云南植物研究，19(1)：15-19.
张咏梅，何静，潘开文，等. 2003. 土壤种子库对原有植被恢复的贡献. 应用与环境生物学报，9(3)：326-332.
张勇. 2003. 关于甘肃河北地区盐生植物区系的研究. 西北植物学报，23(1)：115-119.
张玉芬，张大勇. 2006. 克隆植物的无性与有性繁殖对策. 植物生态学报，30(1)：174-183.
张正斌，山仑. 1997. 作物水分利用效率和蒸发蒸腾估算模型的研究进展. 干旱地区农业研究，15(1)：73-78.
张正斌，徐萍，贾继增. 2000. 作物抗旱节水生理遗传研究展望. 中国农业科技导报，5：20-23.
张智山，刘天明. 2001. 我国草原资源可持续发展的限制因素与对策. 中国草地，23(5)：62-67.
章力健，侯向阳. 2001. 我国西北地区生态农业的建设问题. 农业经济问题，(2)：24.
赵翠仙，黄子琛. 1981. 腾格里沙漠主要旱生植物旱性结构的初步研究. 植物学报，23(4)：278-283，347-348.
赵凤君，沈应柏，高荣孚，等. 2006. 叶片叶片 $\delta^{13}C$ 与长期水分利用效率的关系. 北京林业大学学报，28(6)：40-45.
赵红梅，郭程瑾，段巍巍，等. 2007. 小麦品种抗旱性评价指标研究. 植物遗传资源学报，8(1)：76-81.
赵护兵，刘国彬，侯喜禄. 2006. 黄土丘陵区流域主要植被类型养分循环特征. 草业学报，15(3)：63-69.
赵护兵，刘国彬，吴瑞俊. 2006. 黄土丘陵区不同类型农地的养分循环平衡特征. 农业工程学报，22(1)：58-64.
赵焕胤，朱劲伟，王维华. 1994. 林带和牧草地径流的研究. 水土保持学报，8(2)：56-61.
赵惠婷，赵祥，高新中，等. 2007. 不同处理对达乌里胡枝子种子萌发效果的影响. 中国草地学报，29(1)：117-120.
赵黎芳，张金政，张启翔，等. 2003. 水分胁迫下扶芳藤幼苗保护酶活性和渗透调节物质的变化. 植物研究，23(4)：437-441.
赵丽娅，李兆华，李锋瑞，等. 2005. 科尔沁沙地植被恢复演替进程中群落土壤种子库研究. 生态学报，25(12)：3204-3211.
赵丽娅，李兆华，赵锦慧等. 2006. 科尔沁沙质草地放牧和围封条件下的土壤种子库. 植物生态学报，30(4)：617-623.
赵丽英，邓西平，山仑. 2005. 渗透胁迫对小麦幼苗叶绿素荧光参数的影响. 应用生态学报，16(7)：1261-1264.
赵明. 1997. 渗漏型蒸渗仪对梭梭和柠条蒸腾蒸发的研究. 西北植物学报，17(3)：305- 314.
赵平. 2003. 退化生态系统植被恢复的生理生态学研究进展. 应用生态学报，14(11)：2031-2036.
赵淑芬，孙启忠，李艳华. 2008. 种胡枝子根系生长特性及根干重的研究. 草原与草坪，3：17-20.
赵松岭. 1996. 植物群落演替研究. 西安：陕西科学技术出版社.

赵廷宁，曹子龙，郑翠玲，等. 2005. 平行高立式沙障对严重沙化草地植被及土壤种子库的影响. 北京林业大学学报，27(2)：34-37.

赵昕，李玉霖. 2001. 高温胁迫下冷地型草坪草几项生理指标的变化特征. 草业学报，10(4)：86-88.

赵一之. 1996. 紫菀木属的植物区系分析. 内蒙古大学学报(自然科学版)，27(5)：659-661.

郑华，欧阳志云，王效科. 2004. 不同森林恢复类型对南方红壤侵蚀区土壤质量的影响. 生态学报，24(9)：1994-2002.

郑华，欧阳志云，易自力. 2004. 红壤侵蚀区恢复森林群落物种多样性对土壤生物学特性的影响. 水土保持学报，(4)：137-141.

郑平建，蔡运龙. 2001. 中国西部农业综合开发的理性思考. 农业经济问题，(3)：15-18.

郑盛华，严昌荣. 2006. 水分胁迫对玉米苗期生理和形态特性的影响. 生态学报，26(4)：1138-1143.

郑元润. 1999. 大青沟森林植物群落主要木本植物的生态位研究. 植物生态学报，23(5)：475-479.

中国科学院《中国自然地理》编辑委员会. 1983. 中国自然地理. 植物地理(上册). 北京：科学出版社.

中国科学院沈阳应用生态研究所. 1980. 东北草本植物志 9 册. 北京：科学出版社.

中国科学院植物研究所. 1979. 中国高等植物科属检索表. 北京：科学出版社.

中国科学院植物研究所. 1985. 秦岭植物志 5 册. 北京：科学出版社.

中国科学院植物研究所. 1985. 中国高等植物图鉴 4 册. 北京：科学出版社.

中国统计年鉴(1999). 中国统计出版社，1999 年.

钟补求. 1947. 秦岭植物地理概观. 西北农林，(1)：83-90.

周丹，丛沛桐，于涛等. 1999. 羊草种群生态位的计算方法. 东北林业大学学报，27(3)：48-50.

周海光，刘广全，焦醒，等. 2008. 黄土高原水蚀风蚀复合区几种树木蒸腾耗水特性. 生态学报，28(8)：4568-4574.

周海燕. 1998. 降水对青杨蒸腾速率及其内部调节机制的影响. 干旱区资源与环境，12(2)：64-65.

周红章. 2000. 物种与物种多样性. 生物多样性，8(2)：215-226.

周厚诚，任海，向言. 2001. 南澳岛植被恢复过程中不同阶段土壤的便化. 热带地理，1(2)：104-107.

周金星，董林水，张丽颖，等. 2006. 关于黄土高原丘陵沟壑区植被地貌演化与土壤侵蚀的复杂响应研究现状及趋势. 科学技术与工程，6(6)：726-730.

周茂权. 1992. 占轴开发理论的渊源与发展. 经济地理，12(2)：49-52.

周佩华. 1991. 略述黄土高原水土保持的减沙效益问题. 水土保持通报，11(2)：1-3.

周起业，. 1989. 区域经济学. 北京：中国人民大学出版社，127-134.

周志宇，付华，陈亚. 2003. 阿拉善荒漠草地恢复演替过程中物种多样性与生产力的变化. 草业学报，12(1)：34-40.

朱春全. 1997. 生态位态势理论与扩充假说. 生态学报，17(3)：324-332.

朱春云，赵越，刘霞. 1996. 锦鸡儿等旱生树种抗旱生理的研究. 干旱区研究，3(1)：59-63.

郑世清，郑科，2003，延安黄土区植物路根系与水保功能评价研究. 水土保持学报，17(2)：174-176.

朱桂林，山仑，刘国彬. 2004. 弃耕演替与恢复生态学. 生态学杂志 23(6)：94-96.

朱海平，姚槐应，张勇勇. 2003. 不同肥培管理措施对土壤微生物生态特征的影响. 土壤通报，32(2)：140-142.

朱教君，康宏樟，李智辉，等. 2005. 水分胁迫对不同年龄沙地樟子松幼苗存活与光合特性影响. 生态学报，25(10)：2527-2533.

朱锦懋，姜志林，蒋伟. 1997. 人为干扰对闽北森林群落物种多样性的影响. 生物多样性，5(4)：263-270.

朱林，许兴. 2005. 植物水分利用效率的影响因子研究综述. 干旱地区农业研究，23(6)：204-209.

朱淑芳. 2001. 发展生态经济农业是西部农业的出路. 生态经济，(5)：4-6.

朱显谟. 2000. 试论黄土高原的生态环境与“土壤水库”——重塑黄土地的理论依据. 第四纪研究，20(6)：514-520.

朱显谟. 2000. 试论黄土高原的生态环境与土壤水库. 第四纪研究，20(6)：514-520.

朱志诚，郭爱莲，岳明. 1996. 陕北黄土高原臭柏群落进展演替和逆行演替. 西北大学学报(自然科学版)，26(4)：325-330.

朱志诚，贾东林. 1998. 黄土高原中部草地群落初级生产. 西北大学学报(自然科学版)，28(6)：536-539.

朱志红，王刚，赵松岭. 1994. 不同放牧强度下矮嵩草无性系分株种群的动态与调节. 生态学报，14(1)：40-45.

庄丽，陈亚宁，陈明，等. 2005. 模糊隶属法在塔里木河荒漠植物抗旱性评价中的应用. 干旱区地理，28(3)：367-372.

邹春静，徐文铎. 1998. 沙地云杉种内、种间竞争的研究. 植物生态学报，22(3)：269-274.

邹厚远，程积民，周麟. 1998. 黄土高原草原植被的自然恢复演替及调节. 水土保持研究，5(1)：126-138.

邹厚远，关秀琦，韩蕊莲，等. 1995. 关于黄土高原植物恢复的生态学依据探讨. 水土保持学报，9(4)：1-4.

邹厚远，刘国彬，王晗生. 2002. 子午岭林区北部近50年植被的变化发展. 西北植物学报，22(1)：1-8.

左胜鹏，王会梅，李凤民. 2008. 干旱区苜蓿和沙打旺单混播下土壤水分利用格局的驱动力分析. 草业学报，17(4)：32-41.

左小安，赵学勇，赵哈林，等. 2006. 科尔沁沙地草地退化过程中的物种组成及功能多样性变化特征. 水土保持学报，20(1)：181-185.

Abebe T. 1994. Growth performance of some multipurpose trees and shrubs in the semi-arid areas of southern Ethiopia. Agrofor. sys，26：237-248.

Adler P，Raff BD，Lauenroth AW. 2001. The effect of grazing on the spatial heterogeneity of vegetation. Oecologia，128：465-479.

Afzal MW. Adams. 1992. Heterogeneity of soil mineral nitrogen in pasture grazed by cattle. Soil Sci. Soc. Am. J.，56：1160-1165.

Agustin R，Adrian E. 2000. Small-scale spatial soil-plant relationship in semi-arid gypsum environments. Plant and Soil，220：139-150.

Alves AAC，Setter TL. 2004. Abscisic acid accumulation and osmotic adjustment in cassava under water deficit. Environmental and Experimental Botany，51：259-271.

Anderson TH，Domsch KH. 1985. Maintenance carbon requirements of actively-metabolizing microbial population under in situ conditions. Soil Biology & Biochemistry，(17)：197-203.

Ares A，Fownes JH. 1999. Water supply regulates structure，productivity，and water use efficiency of Acacia koaforest in Hawaii. Oecologia，12：458-466.

Asch F，Dingkuhn M，Sow A，et al. 2005. Drought-induced changes in rooting patterns and assimilate partitioning between root and shoot in upland rice. Field Crops Research，93：223-236.

Ashraf M，Foolad MR. 2008. Role of glycine betaine and proline in improving plant abiotic stress resistance. Environmental and Experimental Botany，59：206-216.

Ashton PMS，Harris PG，Thadani R. 1998. Soil seed bank dynamics in relation to topographic position of a mixed-deciduous forest in southern New England，USA. Forest Ecology and Management，111(1)：15-22.

Attipalli RR，Kolluru VC，Munusamy V. 2004. Drought-induce responses of photosynthesis and antioxidant metabolism in higher plants,Journal of Plant Physiology, 161: 1189-1202.

Bacelar EA, Santos DL, Moutinho-Pereira JM, et al. 2006. Immediate responses and adaptative strategies of three olive cultivars under contrasting water availability regimes: Changes on structure and chemical composition of foliage and oxidative damage. Plant Science, 170: 596-605.

Baer SG, Collins SL, Blair JM, et al. 2005. Soil Heterogeneity effects on tallgrass prairie community heterogeneity: An application of ecological theory to restoration ecology. Restoration ecology, 13(2): 413-424.

Balota EL, Colozzi-Filho A, Andrade DS, et al. 2003. Microbial biomass in soils under different tillage and crop rotation systems. Biology and Fertility of Soils 38: 15-20.

Barbara LB, Mark R, Allison A. 1999. Patterns in nutrient availability and plant diversity of temperate North American wetlands. Ecology, 7: 2151-2169.

Bart FD, Hans B, Frank. 2001. Soil nutrient heterogeneity alters competition between two perennial grass species. Ecology, 82: 2534-2546.

Bartels D, Sunkar R. 2005. Drought and salt tolerance in plants. Critical Reviews in Plant Sciences, 24: 23-58.

Baskin Y. 1994. Ecosystem Function of Biodiversity, BioScience, 44(10): 657-660.

Bassirirad H. 2000. Kinetics of nutrient uptake by roots: Re-sponses to global change. New Phytol, 147: 155-169.

Bates LM, Hall AE. 1982. Diurnal and seasonal responses of stomatal conductance for cowpea plants subjected to different levels of environmental drought. Oecologia, 54(3): 304-308.

Bazzaz FA. 2005. Density may alter diversity-productivity relationships in experimental plant communities. Basic and Applied Ecology, 6: 505-517.

Bebon ML, Harper JC, Townsend R. 1986. Individuals, populations and communities. Blackwell Scientific, Oxford. Ecology.

Bedford BL, Walbridge MR, Aldous A. 1999. Patterns in nutrients availability and plant diversity of temperate north American wetlands. Ecology, 80(7): 2151-2169.

Bekker RM, Verweij GL, Bakker JP. 2000. Soil seed bank dynamics in hayfield succession. Journal of Ecology, 88: 594-607.

Belsky AJ. 1986. Population and community processes in a mosaic grassland in the serengeti, Tanzania. Journal of Ecology, 74: 841-856.

Benavides MP, Groppa MD. 2008. Polyamines and abiotic stress: Recent advances. Amino Acids, 34: 35-45.

Benech-Arnold RL, Sanchez RA, Forcella F. 2000. Environmental control of dormancy in weed seed banks in soil. Field Crops Res, 67: 105-122.

Berendse F. 1990. Organic matter accumulation and nitrogen mineralization during second succession In heathland ecosystems. Journal of Ecology, 78: 413-427.

Berkeley Hill. 2000. The Illusory Nature of Balance Sheets in Agricultural Economic Statistics: A Note. Journal of Agricultural Economics/Agricultural Economics Society, 51(3): 463-467.

Berkeley Relick, Derek Ray. 1987. Economics for Agriculture. Macmillan Education LTD.

Bobbink R. 1991. Effects of nutrient enrichment in Dutch chalk grassland. J App Eco, 28: 28-41.

Bolger TP, Matches AG. 1990. Water use efficiency and yield of sainfoin and alfalfa. Crop Science, 30: 143-148.

Bosabalidis AM, Kofidis G. 2002. Comparative effects of drought stress on leaf anatomy of two olive cultivars. Plant Science, 163: 375-379.

Bossio D, Scow AK. 1996. Impact of carbon and flooding on themetabolic diversity ofmicrobial communities in soils.. App. l Environ. Microbio, 151: 4043-4050.

Bouma J, Kuyvenhoven A, Bouman BAM, et al. 1995. Ecoregional approach for sustainable land use and food production. Hague: Kluwer Academic Publishers.

Boyer JS. 1968. Relationship of water potential to growth of leaves. Plant Physiology, 43 (7): 1056 - 1062.

Braak T, Cajo JF. 1986. Canocial correspondence analysis: a new eigenvector technique for multivariate direct gradient analysis. Ecology, 67: 1167-1179.

Bradshaw AD. 1990. 西欧废弃地的管理和恢复. 生态学报, 10(1): 28-35.

Bradshaw AD, Dobson AP. 1997. Hopes for the future: Restoration ecology and conservation biology. Science, (277): 515-522.

Bray EA. 1988. Drought- and ABA-induced changes in polypeptide and mRNA accumulation in tomato leaves. Plant Physiology, 88(4): 1210-1214.

Bray EA. 1993. Molecular response to water deficit. Plant Physiol, 103: 1035-1040.

Bray EA. 1997. Plant responses to water deficit. Trends in Plant Science, 2: 48-54.

Brookes PC, Andera L, Jenkinson D. 1985. Chloroformfumigation and the release of soil nitrogen: Arapid direct extraction method to measure microbial biomass nitrogen in soil. Soil Biology and Biochemistry, 17(6): 837-842.

Brookes PC. 1995. The use of microbial parameters in monitoring soil pollution by heavy metals. Biol. Fert. Soils, 19: 269-279.

Brown JH. 1984. On the relationship between a bundance and distribution of species. American Naturalist, 124: 253-279.

Bruun HH, Scheepens JF, Tyler T. 2007. An allozyme study of sexual and vegetative regeneration in Hieracium pilosella. Canadian Journal of Botany, 85: 10-15.

Cajo JF, Braak T. 1987. The analysis of vegetation-environment relationships by canonical correspondence analysis. Vegetatio, 69: 69-77.

Caldwell MM, Pearcy RW. 1994. Exploitation of environmental heterogeneity by plants. New York: Academic Press.

Calvo-Alvarado J, Arias D, Dohrenbusch A. 2007. Calibration of LAI-2000 to estimate leaf area index (LAI) and assessment of its relationship with stand productivity in six native and introduced tree species in Costa Rica. Forest Ecology and Management, 247: 185-193.

Cao M, Zhang J. 1996. An ecological perspective on shifting cultivation in Xishuangbanna, S W China. Wallaceana, 78: 21-27.

Carolyn HU, Daniel. 1983. Plant-soil relationships on bentonite mine spoils and sagebrush grassland in the NorthernHigh Plains. Journal of Range Management, 38(3): 289-293.

Carson WP, Pickett STA. 1990. Role of resources and disturbance in the organization of an old-field plant community. Ecology, 71(1): 226-238.

Cass A. 1996. Physical indicators of soil health, in: Indicators of catchment health. CSIRO, Australia: 87-107.

Castro J, Gómez JM, García D. 1999. Seed predation and dispersal in relict Scots pine forests in southern Spain. Plant Ecology, 145(1): 115-123.

Cazale AC, Rouet-Mayer MA, Barbier-Brygoo H, et al. 1998. Oxidative burst and hypoosmotic stress in tobacco cell suspensions. Plant Physiology, 116: 659-669.

Chadw Bradshaw AD, Chadwick MJ. 1980. The restoration of land. Oxford: Blackweel Scientific Publications.

Chapin FS, Walker LR, Fastile CL, et al. 1994. Mechanisms of primary succession following deglaciation at Glacier Bay Alaska. Ecol. Monog, 64(2): 149-175.

Chartzoulakis K, Patakas A, Bosabalidis AM. 1999. Change in water relations, photosynthesis and leaf anatomy induced by intermittent drought in two olive cultivars. Environmental and Experimental Botany, 42: 113-120.

Chaves MM, Pereira JS, Maroco J, et al. 2002. How plants cope with water stress in the field. Photosynthesis and growth. Annals of Botany, 89: 907-916.

Claes B, Dekeyser R, Villarroel R, et al. 1990. Characterization of a rice gene showing organ-specific expression in response to salt stress and drought. The Plant Cell, 2: 19-27.

Clay K. 1999. Tungal endophyte symbiosis and plant diversity in successional field. Science, 285(5434): 1742-1744.

Coley PD. 1998. Possible effects of climate change on plant/herbivore interactions in moist tropical forests. Climatic Change, 39: 455-472.

Compositae in Himalayan Mts. 1991. And the South Asian Subcontinent. Bull. Bot. Surv. Ind., 33(1-4): 296-308.

Corlett JE, Jones HG, Massacci A, et al. 1994. Water-deficit, leaf rolling and susceptibility to photoinhibition in-field grown sorghum. Physiologia Plantarum, 92: 423-430.

Cowan IR, Farquhar GC. 1977. In: Jenning DH(ed). Integration of activity of higher plants. Univ. Press Cambridge, 471-505.

Cregg BM, Zhang JW. 2001. Physiology and morphology of Pinus sylvestris seedlings from diverse sources under cyclic drought stress. Forest Ecology and Management, 154: 131-139.

Cronquist, A. 1955. Phylogeny and Taxonomy of the Compositae. Amer. Midl. Natur., 53: 478-511.

Cross TL, Perry G. M. 1996. Remaining value fuctions for farm equipment, 12(5): 547-553.

Dao TH, Stiegler JH, Banks JC, et al. 2000. Post-Contract Grassland Management and Winter Wheat Production on Former CRP Fields in the Southern Great Plains. Agronomy Journal, 92(6): 1109-1117.

Dat JF, Pellinen R, Beeckman T, et al. 2003. Changes in hydrogen peroxide homeostasis trigger an active cell death process in tobacco. Plant Journal, 33: 621-632.

David J. 1988. The relationship of sheep grazing and soil heterogeneity to plant spatial patterns in dune grassland. Journal of Ecology, 76: 233-252.

Davis F, Noss R, Scott JM, et al. 1993. Gap analysis: a geographical approach to protection of biological diversity. Wild life Monographa, 123: 1-41.

Debertin. 1986. Agriculture Production Economics. Macmilan Publishing House.

Decaens T, Mariani L, Betancourt N. 2003. Seed dispersion by surface casting activities of earthworms on Colom bian grasslands. Acta Oecologica, 24: 175-185.

Delauney AJ, Verma DPS. 1993. Proline biosynthesis and osmoregulation in plants. Plant Journal, 4: 215-223.

Deltoro VI, Calatayud A. 1999. Changes in chlorophll a fluorescence, photosynthetic CO_2 assimilation and xanthophylls cycle interconversions during dehydration in desiccation-tolerant and intolerant liverworts, 207: 224-228.

Deng X, Li XM, Zhang XM, et al. 2003. The studies about the photosynthetic response of the four desert plants. Acta Ecologia Sin ica, 23(3): 598-605.

Dessaint F, Chadoeuf R, Barralis G. 1997. Nine years′ soil seed bank and weed vegetation relationships in an arable field without weed control. The Journal of Applied Ecology, 34(1): 123-130.

Diane Hope, 2003. Corinna Gries. Socioeconomics drive urban plant diversity. Ecology, 100(15): 8788 - 8792.

Dichio B, Xiloyannis C, Sofo A, et al. 2006. Osmotic regulation in leaves and roots of olive trees during a water deficit and rewatering. Tree Physiology, 26: 179-185.

Dilly OM. 1998. Ratios between estimates of microbial biomass content and microbial activity in soils. Biology and Fertility of Soils, (27): 374-379.

Doran JW. 1987. Microbial biomass and mine realizable nitrogen distributions in no-tillage and plowed soils. Biology and Fertility of Soils, 5: 68-75.

Dumanski J, Pieri C. 2000. Land quality indicators: reserch plan. Agriculture, Ecosystems & Environment, 81: 93-102.

Duncan RS, Chapman CA. 1999. Seed Dispersal and Potential Forest Succession in Abandoned Agriculture in Tropical Africa. Ecological Applications, 9(3): 998-1008.

Egler FE. Vegetation science concepts. 1954. Ⅰ. Initial floristic composition-a factor on old-field vegetation development. Vegetation. 4: 412-417.

Ellison L. 1965. The influence of grazing on plant succession. Botanical Review, 26: 1-78.

Elton CS. 1958. The reasons for conservation. The Ecology of Invasions by Animals and Plants, 143 - 153.

Ernst Steudle. 2000. Water uptake by plant roots: an integration of views. Plant and Soil, 226: 45-56.

Fahn A, Shchori Y. 1967. The organization of the secondary conducting tissues in some species of the Chenopodiaceae. Phytomorphology, 17: 147-154.

Fahn A. 1986. Structural and functional properties of trichomes of xeromorphic leaves. Annals of Botany, 57: 631-637.

Famiglietti JS, Rudnicki JW, Rodell M. 1998. Variability in surface moisture content along a hillslope transect: Rattlesnake Hill, Texas. Journal of Hydrology, 210(1): 259-281.

Fenner M. 1995. Seed Ecology. London: Chapman and Hall, 1-6.

Figueroa JA, Sebastian, Teillier. 2004. Composition, size and dynamics of the seed bank in a Mediterranean shrubland of Chile. Austral Ecology, 29: 574-584.

Foale MA, Peries R, Fukai S. 1988. Water use efficiency of grain sorghum in Australia.

Foster BL, Gross KL. 1998. Gross species richness in a successional grassland: Effects of nitrogen enrichment and plant litter. Ecology, 79(8): 2593-2602.

Foyer CH, Noctor G. 2003. Redox sensing and signaling associated with reactive oxygen in chloroplasts, peroxisomes and mitochondria, Physiol. Plant, 119: 355-364.

Foyer CH. 2004. The contribution of photosynthetic oxygen metabolism to oxidative stress in plants. In: Inze D, Montago MV ed. Oxidative stress in plants. New York: Taylor and Francis Publishers: 33-68.

Fisher RA, Corbet AS, Williams CB. 1943. The relation between the number of species and the number of individuals in a random sample from an animal population. J. Anim. Ecol, 12: 42-58.

Galmes J, Abadia A, Medrano H, et al. 2007. Photosynthesis and photoprotection responses to water stress in the wild-extinct plant Lysimachia minoricensis. Environmental and Experimental Botany, 60: 308-317.

Gao JL, Terefework Z, Chen WX, et al. Genetic diversity of rhizobia isolated from Astragalus adsurgens growing in different geographical regions of China. Journal of Biotechnology, 91: 155-168.

Garnier E, Shipley B, Roumet C, et al. 2001. A standardized protocol for the determination of specific leaf area and leaf dry matter content. Functional Ecology, 15: 688-695.

Gause DD. Wedin. 1957. Plant strategies and the dynamics and structure of plant communities. Princeton: Princeton University Press.

Genard H, Le Saos J, Hillard J, et al. Effect of salinity on lipid composition, glycine betaine content and photosynthetic activity in chloroplasts of Suaeda maritime. Plant Physiol. Biochem, 29: 421-427.

Gilroy S, Fricker MD, Read ND. 1991. Role of Calcium in signal transduction of commelina guard cells. Plant Cell, 3: 333-344.

Gough L, Osenberg CW, Gross KL, et al. 2000. Fertilization effects on species density and primary productivity in several herbaceous plant communities. Oikos, 89: 428-439.

Grimes DW, Wiley PL, Sheesley WR. Alfalfa yield and plant water relations with variable irrigation. Crop Science, 32: 1381-1387.

Gunapala N, Scow KM. 1998. Dynamics of soil microbial biomass and activity in conventional and organic farming systems. Soil Biology and Biochemistry, 6: 805-816.

Guo HW. 2002. Plant Traits and Soil Chemical Variables During a Secondary Vegetation Successi on in Abandoned Fields on the Loess Plateau. Acta Botanica Sinica, 44(8): 990-998.

Hare PD, Cress WA, Staden JV. Dissecting the roles of osmolyte accumulation during stress, Plant Cell Environ, 21: 535-553.

Hare PD, Cress WA. Metabolic implications of stress-induced proline accumulation in plants. Plant Growth Regul., 21: 79-102.

Harper JL. 1997. Population Biology of Plants. London: Academia Press.

Harris J. 2003. Measurements of the soilmicrobial community for estimating the success of restoration. Eur. J. Soil Sci, 54: 801-808.

He JS, Bazzaz FA, Schmid B, 2003. Interactive effects of diversity nutrients and elevated CO_2 on experimental plant communities. Oikos, 97: 337-348.

Hernández-Hernández R. Lopez-Hernández MD. 2002. Microbial biomass, mineral nitrogen and carbon content in savanna soil aggregates underconventional and no-tillage. Soil Biology and Biochemistry, (34): 1563-1570.

Herrick JM, Wander. 1997. Relationship between soil organic carbon and soil quality in cropped and rangeland soils: the importance of distribution, composition, and soil biological activity. In: Lal R ed. Soil Processes and the Carbon Cycle. CRC Press, Boca Raton: 405-425.

Hobbs RJ, Huenneke LF. 1992. Disturbance, Diversity, and Invasion: Implications for Conservation. Conservation Biology, 6(3): 324-337.

Hoekstra FA, Golovina EA, Buitink J. 2001. Mechanisms of plant desiccation tolerance. Trends in Plant Science, 6: 431-438.

Holl KD. 1999. Factors Limiting Tropical Rain Forest Regeneration in Abandoned Pasture: Seed Rain,

Seed Germination, Microclimate, and Soil. Biotropica, 31(2): 229-242.

Hoop D. Vitouser UP. 1997. The effects of plant composition and diversity on ecosystem process. Science 277: 1302-1130.

Hoope DU. Vitousek PM. 1998. Effects of plant composition and diversity on nutrient cycling. Ecological Monographs, 68: 121-149.

Hopkins A, Wainright J. 1989. Change in botanical composition and agricultural management of enclosed grassland in upland areas of England and Wales, 1970—1986, and some conservation implications. Biological Conservation, 47: 219-235.

Horwath P. Paul. 1994. Soil Biomass Methods of Soil Analysis, Part2. Chemical and Microbiological Methods. American Society of Agronomy, Madison, 9(2): 753-761.

Hsiao TC. 1973. Plant responses to water stress. Annual Review of Plant Physiology, 24: 519-570.

Hsiao TC, Xu LK. 2000. Sensitivity of growth of roots versus leaves to water stress: biophysical analysis and relation to water transport. Journal of Experimental Botany, 51: 1595-1616.

Huang Zhenying, Yitzchak, Gutterman. 2000. Comparison of Germination Strategies of Artemisia ordosica with Its Two Congeners from Deserts of China and I srael. Acta Botanica Sinica, 42(1): 71-80.

Hwang I, Chen HC, Sheen J. 2002. Two-component signal transduction pathways in Arabidopsis. Plant Phys, 129: 500-515.

Iannucci A, Russo M, Arena L, et al. 2002. Water deficit effects on osmotic adjustment and solute accumulation in leaves of annual clovers. European Journal of Agronomy, 16: 111-122.

Igamberdiev AU, Hill RD. 2004. Nitrate. NO and haemoglobin in plant adaptation to hypoxia: an alternative to classic fermentation pathways. J. Exp. Bot, 55: 2473-2482.

Imhoff SA. Pires C. Tormena. 2000. Spatial heterogeneity of soil properties in areas under elephant-grass short-duration grazing system. Plant and Soil, 219: 161-168.

Insam H, Hutchinson TC. Reber HH. 1996. Effects of heavy metal stress on the metabolic quotient of the soil microflora. Soil BiolBiochem, (28): 691-694.

Ismail T, Melike B, Filiz O, Hulusi K. 2005. Defferential responses of lipid peroxidation and antioxidants in the leaves of drought-tolerant P. acutifolius Gray and drought-senitive P. vulgaris L. subjected to polyethylene glycol mediates water stress. Plant Science, 168: 223-231.

Ivanov B. Partcipation of photosynthetic electron transport in production and scavenging of reactive oxygen species, Antioxidants Rodox Signal, 5(1): 43-53.

Jackson RB, Caldwell MM. 1993a. Geostatistical patterns of soil heterogeneity around individual perennial plants. Journal of Ecology, 81: 683-692.

Jackson RB, Caldwell MM. 1993b. The scale of nutrient heterogeneity around individual plants and its quantification with geostatistics. Ecology, 74(2): 612-614.

Jakobsson A, Eriksson O. 2000. A comparative study of seed number, seed size, seeding size and recruitment in grassland plants, 88(3): 494.

Jaleel CA, Manivannan P, Kishorekumar A, et al. 2007. Alterations in osmoregulation, antioxidant enzymes and indole alkaloid levels in Catharanthus roseus exposed to water deficit. Colloids and Surfaces B-Biointerfaces, 59: 150-157.

Jaleel CA, Manivannan P, Kishorekumar A. 2007. Alterations in osmoregulation, antioxidant enzymes and indole alkaloid levels in Catharanthus roseus exposed to water deficit. Colloids and Surfaces B:

Biointerfaces, 59: 150-157.

Jerzy K, David S. Patterns of the abundance of species: a comparison of two hierarchical models. OIKOS, 1988, 53: 235-24.

Jeffrery S, David P, Dodson R. 1997. Spatial patterns in soil organic carbon pool size in the Northwestern United States. In: Lal R ed. SoilProcesses and the Carbon Cycle. CRC Press, Boca Raton, 29-44.

Jenkinson D, Adams D, Wild A. 1991. Model estimates of CO_2 emissions from soil in response to global warming. Nature, 35(1): 304-306.

Jenkinson DS, Ladd JN. 1999. Microbial biomass in soil: measurement and turn over. Soil Biochemistry, 5: 415-471.

Jenkison DS. 1987. An extraction method for measuring soil microbial biomass C. Soil Biology and Biochemistry, 19: 703-707.

Jeroni G, Anunciacion A, Hipolito M, et al. Photosynthesis and photoprotection responses to water stress in the wild-extinct plant Lysimachia minoricensis. Environmental and Experimental Botany, 60: 308-317.

Joao P, Joao S, Manuela C. 2003. Growth, photosynthesis and water-use efficient of two C_4 Sahelian grasses subjected to water deficits. Journal of Arid Environment, 45: 119-137.

John E. 1999. Candidate effector and regulator genes activated by glycine betaine in Arabidopsis. http: // abstracts. aspb. org/pb2002/public/P63/0153.

Jon EK. 2003. Relating species abundance distributions to species-area curves in two Miditerranean-type shrublands. Diversity and Distributions, 9: 253-259.

Jones C. 1983. On the structure of instantaneous plumes in the atmosphere. Journal of Hazardous Materials, 7: 87-112.

Jones MM, Turner NC. 1978. Osmotic adjustment in leaves of sorghum in response to water deficits. Plant Physiology, 61: 122-126.

Jonh C, Jonh RH. 1996. The state of an emerging field. Annual Review Energy Environment. Restoroation ecology, (21): 412-417.

Just DR, Wolf SA. 2002. Consumption of Economic Information in Agriculture. American journal of agricultural economics, 84(1): 39-52.

Kadioglu A, Terzi R. 2007. A dehydration avoidance mechanism: Leaf rolling. Botanical Review, 73: 290-302.

Kalisz S, McPeek MA. 1993. Extinction dynamics, population growth and seed banks-an example using an agestructured annual. Oecologia, 95(3): 314-320.

Karlen D, Rosek M, Doran J. 1999. Conservation reserve program effects on soil quality indicators. Journal of Soil and Water Conservation, 54(1): 439-444.

Kaspari M. 2001. Taxonomic level trophic biology and the regulation of local abundance. Global Ecology & Biogeography, (10): 229-244.

Kaiser MS, Peckman PL, Jones JR. 1994. Statistical modles for limiting nutrient relationships in inland waters. Journal of the Amercian Statistical Association, (89):410-423.

Kennedy AC, Papendick RI. 1995. Microbial characteristics of soil quality. Journal of Soil Water Conservation, (50): 243-247.

Kent M, Coker P. 1992. Vegetation Description and Analysis. A practical Approach. John Wiley &

Sons, Chichester, UK.

Khanna-Chopra R, Selote DS. 2010. Antioxidant response of wheat roots to drought acclimation. Protoplasma, 245: 153-163.

Khurana E, Singh JS. 2004. Germination and seedling growth of five tree species from tropical dry forest in relation to water stress: impact of seed size. Journal of Tropical Ecology, 20: 385-396.

Kimura R, Jun F, Xingchang Z, et al. 2006. Evapotranspiration over the Grassland Field in the Liudaogou Basin of the Loess Plateau, China. Acta Oecological, 29: 45-53.

Kitazawa T, Ohsawa M. 2002. Patterns of species diversity in rural herbaceous communities under different management regimes, Chiba, central Japan. Biological Conservation, 104(2): 239-249.

Kitazawa TM, Ohsawa. 2002. Patterns of species diversity in rural herbaceous communities under different management regimes, Chiba, central Japan. Biological Conservation, 104(2): 239-249.

Knapp R. 1984. Vegetation Dynamics. 宋永昌,译. 北京:科学出版社.

Koichi M, Shigemi T, Toshihiko M, et al. 2005. Recovery responses of photosynthsis, transpriration, and stomatal conductance in kidney bean following drought stress. Environmental and Experimental Botany, 53: 205-214.

Koster KL. 1991. Glass formation and desiccation tolerance in seeds. Plant Physiology, 96: 302-304.

Kozlowski TT, Pallardy SG. 2002. Acclimation and adaptive responses of woody plants to environmental stresses. Botanical Review, 68: 270-334.

Lahlou O, Ledent JF. 2005. Root mass and depth, stolons and roots formed on stolons in four cultivars of potato under water stress. European Journal of Agronnomy, 22: 159-173.

Lambers H, Ⅲ FSC, Pons TL. 2003. 植物生理生态学. 杭州:浙江大学出版社.

Laura G, Grace JB. 1998. Herbivore effects on plant species density at varying productivity levels. Ecology, 79(5): 1586-1594.

Le TN, Mcqueen-Mason SJ. 2006. Desiccation-tolerant plants in dry environments. Reviews in Environmental Science and Biotechnology, 5: 269-279.

Lehman C, Tilman LD. 2000. Biodiversity, Stability, and Productivity in Competitive Communities. The American Naturalist, 156(5): 534-552.

Lehman CL, Tilman D. 2000. Biodiversity, Stability, and Productivity in Competitive Communities. The American Naturalist, 156(5): 534-552.

Li DZ, Ito M, Okajima T. 2005. Effects of soil nutrient heterogeneity on the growth of plants under the various distributions and levels of nutrients in Zoysia japonica Steud. Japanese Society of Grassland Science, 51: 41-44.

Li FM, Xu BC, Gichuki P, et al. 2006. Aboveground biomass production and soil water dynamics of four leguminous forages in semiarid region, northwest China. South African Journal of Botany, 72: 507-516.

Li JH, Xu DH, Wang G. 2003. Weed inhibition by sowing legume species in early succession of abandoned fields on Loss Plateau, China. Acta Oecologica, 33(1): 10-14.

Li Yanqiong, Liu Xingliang, Zheng Shao Wei. 2007. Drough-resistant physiological characteristics of four shrub species in arid valley of Minjiang River, China. Acta Ecological Sinica, 27(3): 870-878.

Li ZJ, Liu CD, Yang ZW. 2000. Studies on the species diversity of the closed stable forest and the disturbed forest of castanopsis eyrei in Wuyishan National Nature Reserve. Acta Phytoecologica Sinica, 24(1): 64-68.

Libor Jansky, Ives D. 2002. Global mountain research for sustainable development. Global environmental change, 12(3): 231-239.

Lioyd PS, Pigott CD. 1967. The influence of soil conditions on the course of succession on the chalk of southern England. Journal of Ecology, 55: 137-146.

Liu HS, Li FM, Xu H. Dificiency of water can enhance root respiration rate of drought-sensitive but not drought-tolerant spring wheat. Agricultural Water Mangemant, 64: 41-48.

Liu YD, Wang GH, Chen K, et al. 2008. The involvement of the antioxidant system in protection of desert cyanobacterium Nostoc sp against UV-B radiation and the effects of exogenous antioxidants. Ecotoxicology and Environmental Safety, 69: 150-157.

Luo AL, Liu JY, Ma DQ, et al. 2001. Relationship between drought resistance and betaine aldehyde dehydrogenase in the shoots of different genotypic wheat and sorghum. Acta Botanica Sinica, 43: 108-110.

Martin RA, William KL, Debrap PP, et al. 2001, Intensity of intra-and interspecific competition in coexisting shortgrass species. Journal of ecology, 89: 40-47.

Maccherini S, De Dominicis V. 2003. Germinable soil seed-bank of former grassland converted to coniferous plantation. Ecological Research, 18(6): 739-751.

Majken P, Claudia B. Tolerance and physiological responses of phragmites australis to water deficit. Aquatic Botany, 81: 285-299.

Martinez JP, Lutts S, Schanck A, et al. 2004. Is osmotic adjustment required for water stress resistance in the Mediterranean shrub *Atriplex halimus* L? Journal of Plant Physiology, 161: 1041-1051.

Maugurran AE. 1988. Ecological Diversity and Its Measurement. Princeton Univ. Press. Princeton, NJ: 179.

May RM. 1975. Some notes on estimating the competition matrix. Ecology, 56: 737-741.

May RM. 1992. How many species inhabit the earth? Scientific American, 42-48.

Mayek-Perez N, Garcia-Espinosa R, Lopez-Castaneda C, et al. 2002. Water relations, histopathology and growth of common bean(*Phaseolus vulgaris* L.) during pathogenesis of Macrophomina phaseolina under drought stress. Physiological and Molecular Plant Pathology, 60: 185-195.

Mayland HF, Johnson DA, Asay KH, et al. 1993. Ash, carbon isotope discrimination, and silicon as estimators of transpiration efficiency in crested wheatgrass. Australian Journal of Plant Physiology, 20(3):361-369.

McAinsh MR, Brownlee C, Hetherington AM. 1990. ABA induced elevation of guard cell cytosolic calcium precedes stomatal closure in Commelina communis. Nature, 343: 186-188.

McGrady-Steed JJ, Morin P. 2000. Biodiversity density compensation, and the dynamics of populations and functional groups. Ecology, 81(2): 361-373.

Middleton BA. 2003. Soil seed banks and the potential restoration of forested wetlands after farming. Journal of Applied Ecology, 40(6): 1025-1034.

Milchunas DG, Reynolds JF. 1993. Quantitative effects of grazing on vegstation and soils over a global range of environments. Ecol Monogr, 63: 327-366.

Mittenneier RA,Mrtermeier CG. 2003. Wilderness and biodivetsity conservation. Ecology, 100(18): 10309-10313.

Mittler R. 2002. Oxidative stress, antioxidants and stress tolerance. Trends in Plant Science, 7: 405-410.

Mittler R, Vanderauwera S, Gollery M, et al. 2004. Reactive oxygen gene network of plants. Trends in Plant Science, 9: 490-498.

Mohanty A, Kathuria H, Ferjani A, et al. 2002. Transgenics of an elite indica rice variety Pusa Basmatil1 harbouring the coda gene are highly tolerant to salt stress. Theor. Appl. Genet, 106: 51-57.

Moles AT, Drake DR. 1999. Potential contributions of the seed rain and seed bank to regeneration of native forest under plantation pine in New Zealand. New Zealand Journal of Botany, 37(1): 83-93.

Morgan JM. 1984. Osmoregulation and water stress in higher plants. Annual Review of Plant Physiology, 35: 299-319.

Motoaki S, Taishi U, Kaoru U, et al. Regulatory metabolic networks in drought stress responses. Current Opinion in Plant Biology, 10: 296-302.

Mundree SG, Baker B, Mowla S, et al. 2002. Physiological and molecular insights into drought tolerance. African Journal of Biotechnology, 1: 28-38.

Munne-Bosch S, Alegr L. 2000. Interplay between ascorbic acid and lipophilic antioxidant defense in chloroplant of water-stressed Arabidopsis plants. FEBS Lett, 524: 145-148.

Nambara E, Annie Marion-Poll. 2005. Abscisic Acid Biosynthesis and Catabolism. Annu. Rev. Plant Biol, 56: 165-185.

Naor A. 1988. Relations between leaf and stem water potentials and stomatal conductance in three field-grown woody species. Journal of Horticultural Science and Biotechnology, 73: 431-436.

Nayyar H, Chander S. 2004. Protective effects of polyamines against oxidative stress induced by water and cold stress in chickpea. Journal of Agronomy and Crop Science, 190: 355-365.

Neill S, Desikan R, Hancock J. 2002. Hydrogen peroxide signalling. Current Opinion in Plant Biology, 5: 388-395.

Neto ADD, Prisco JT, Eneasv J, et al. 2006. Effect of salt stress on antioxidative enzymes and lipid peroxidation in leaves and roots of salt-tolerant and salt-sensitive maize genotypes. Environmental and Experimental Botany, 56: 87-94.

Neumann PM. 1995. Salinity resistance and plant growth revisited. Plant Cell and Environment, 20: 1193-1198.

Nobel PS. 1980. Leaf anatomy and water use efficiency. In: Turner NC and KramerPG (eds). Adaptation of Plants to Water and High Temperature stress, 43-55.

Nuccio ML, Rhodes D, McNeil SD, et al. 1999. Metabolic engineering of plants for osmotic stress resistance. Current Opinion in Plant Biology, 2: 128-134.

Odum E. 1985. Trends expected in stressed ecosystems. Bioscience, 35: 419-422.

Odum EP. 1971. Fundaments of ecology. philadelphia: saunders Co.

Onaindia M, Amezaga I. 2000. Seasonal variation in the seed banks of native woodland and coniferous plantations in Northern Spain. Forest Ecology and Management, 126(2): 163-172.

Owen JH. 1988. Role of abscisic acid in a Ca^{2+} second messenger system. Physiologia Plantarum, 72: 637-641.

Padilla FM, Miranda JD, Pugnaire FI. 2007. Early root growth plasticity in seedlings of three Mediterranean woody species. Plant and Soil, 296: 103-113.

Panikov NS. 1999. Understanding and prediction of soil microbial community dynamics under global change. Applied Soil Ecology, (11): 161-176.

Park DJ. 1994. Defining soil quality for a sustainable environment. Soil Science Society of American, 1: 3-22.

Park HJ, Miura Y, Kawakita K, et al. 1998. Physiological mechanisms of a sub-systemic oxidative burst triggered by elicitor-induced local oxidative burst in potato tuber slices. Plant and Cell Physiology, 39: 1218-1225.

Patakas A, Nikolaou N, Zioziou E, et al. 2002. The role of organic solute and ion accumulation in osmotic adjustment in drought-stressed grapevines. Plant Science, 163: 361-367.

Paul R. Armsworth. 2001. An invitation to ecological economics. Trends in Ecology and Evolution, 16(5): 229-234.

Philip R, Michael AH, Francis CE, et al. 1988. Spatial variability in a successional plant community: patterns of nitrogen availability. Ecology, 5: 517-1524.

Plotkin JB, Potts MD, Yu DW, et al. 2000. Predicting species diversity in tropical forests. Ecology, 97(20): 10850-10854.

Polle A. 2001. Dissecting the superoxide dismutase-ascorbate-glutathione-pathway in chloroplasts by metabolic modeling. Computer simulations as a step towards flux analysis. Plant Physiology, 126: 445-462.

Poorter H, De Jong R. 1999. A comparison of specific leaf area, chemical composition and leaf construction costs of field plants from 15 habitats differing in productivity. New Phytologist, 143: 163-176.

Prasil IT, Prasilova P, Marik P. 2007. Comparative study of direct and indirect evaluations of frost tolerance in barley. Field Crops Research, 102: 1-8.

Puget P, Chenu C, Balesdent J. 2002. Dynamics of soilorganic matter associated with particle-size fractions ofwater-stable aggregates. European Journal of Soil Science, (51): 595-605.

Reddy AR, Chaitanya KV, Vivekanandan M. 2004. Drought-induced responses of photosynthesis and antioxidant metabolism in higher plants. Journal of Plant Physiology, 161: 1189-1202.

Reddy AR, Chaitanya KV, Jutur PP, et al. 2004. Diffenential antioxidative responses to water stress among five mulberry(*Morus alba* L.)cultivars. Environmental and Experimental Botany, 52: 33-42.

Rees M, Condit R, Crawley M, et al. 2001. Long term studies of vegetation dynamics. Science, 293: 650-655.

Rees M, Grubb PJ, Kelly D. 1996. Quantifying the impact of competition and spatial heterogeneity on the structure and dynamics of a four-species guild of winter annuals. American Naturalist, 147: 1-32.

Rhodes D, Hanson AD. 1993. Quanternary ammonium and tertiary sulfonium compounds in higher-plant. Annu. Rev. Plant Physiol. Plant Mol. biol. , 44: 357-384.

Richardson CJ, Ferrell GM, Vaithiyanathan P. 1990. Nutrient effects on stand structure, resorption efficiency, and secondary compounds in everglades sawgrass. Ecology, 80(7): 2182-2192.

Rizhsky L, Liang HJ, Mittler R. 2003. The water-water cycle is essential for chloroplast protection in the absence of stress. Journal of Biological Chemistry, 278: 38921-38925.

Robinson M, Dean TJ. 1993. Measurement of Near Surface Soil Water Content Using a Capacitance Probe. Hydrological Processes, 7(1): 77-86.

Rodriguez-Calcerrada J, Pardos JA. 2008. Ability to avoid water stress in seedlings of two oak species is lower in a dense forest understory than in a medium canopy gap. Forest Ecology and Management, 255

(3)：421-430.

Rogers BF，Tate RL. 2001. Temporal analysis of the soil microbial community along a topo sequence in pineland soils. Soil Biology & Biochemistry，33：1389-1401.

Ron M. 2002. Oxidative stress，antioxidants and stress tolerance. trends in plant science，7(9)：405-410.

RoverM，Kaiser EA. 1997. Spatial heterogeneity within the plough layer：low and moderate variability of soil properties. Soil biology and biochemistry，31：175-187.

Sakamoto A，Murata N. 2001. The use of bacterial choline oxidase，a glycinebetaine-synthesizing enzyme，to create stress-resistant transgenic plants. Plant Physiology，125：180-188.

Sala OE，Oesterheld M，León R JC，et al. 1996. Grazing effects upon plant community structure in subhumid grasslands of Argentina. Vegetati，(67)：27-32.

Sasaki-Sekimoto Y，Taki N，Obayashi T. 2005. Coordinated activation of metabolic pathways for antioxidants and defense compounds by jasmonates and their roles in stress tolerance in Arabidopsis. Plant J，44：653-668.

Schinel DS. 1995. Terrestrial ecosystems and the carbon cycle. Global Change Biol，(1)：77-91.

Seki M，Umezawa T，Urano K，et al. 2007. Regulatory metabolic networks in drought stress responses. Current Opinion in Plant Biology，10：296-302.

Sennhauser EB. 1991. The concept of stability in connection with the gallery forests of the Chaco region. Vegetation，94：1-13.

Shalata A，Tal M. 1998. The effect of salt stress on lipid peroxidation and antioxidants in the leaf of the cultivated tomato and its wild salt-tolerant relative *Lycopersicon pennellii*. Physiologia Plantarum，104：169-174.

Shao HB，Chu LY，Jaleel CA，et al. 2008. Water-deficit stress-induced anatomical changes in higher plants. Comptes Rendus Biologies，331：215-225.

Shao HB，Chu LY. 2005. Plant molecular biology in china：opportunities and challenges. Plant Mol Biol Rep，23(4)：348-358.

Shao HB，Liang ZS，Shao MA，et al. 2005. Changes of anti-oxidative enzymes and membrane peroxidation for soil water deficits among 10 wheat genotypes at seedling. Colloids and Surfaces B-Biointerfaces，42：107-113.

Shao HB，Liang ZS，Shao MA. 2005. Adaptation of higher plant to environment and stress signal transduction. Acta Ecologica Sinica，25(7)：1871-1882.

Shao HB，Liang ZS，Yang HW，et al. 2006. Investigation on water consumption characteristics and water use efficiency of poplar under soil water deficits on the Loess Plateau. Colloids and Surfaces B-Biointerfaces，53：23-28.

Shao HB，Chu LY，Shao MA，et al. 2008. Higher plant antioxidants and redox signaling under environmental stress. C. R. Biologies，331：433-441.

Sharp RE，Poroyko V，Hejlek LG，et al. 2004. Root growth maintenance during water deficits：physiology to functional genomics. Journal of Experimental Botany，55(407)：2343-2351.

Shirato Y，Zhang T，Ohkuro T. 2006. Changes in topo-graphical features and soil properties after enclosure combined with sand-fixing measures in Horqin Sandy Land，northern china. Soil Science and Plant Nutrition，(51)：61-68.

Shiyomi M. 1998. Spatial pattern changes in aboveground plant biomass in a grazing pasture. Ecol. Res，

13：313-322.

Shmida A，Ellner S. 2000. Coexistence of plant psecies with similar niches. Vegetatio，58：29-55.

Shulaev V，Cortes D，Miller G，et al. 2008. Metabolomics for plant stress response. Physiologia Plantarum，132：199-208.

Slot M，Poorter L. 2007. Diversity of tropical tree seedling responses to drought. Biotropica，39：683-690.

Smirnoff N. 1998. Plant resistance to environmental stress. Current Opinion in Biotechnology，9：214-219.

Solis E，Campo J. 2004. Soil N and P dynamics in two secondary tropical dry forests after fertilization. Forest Ecology and Management，195(6)：78-89.

Somasundaram R，Manivannan P，Jaleel CA，et al. 2007. Growth，biochemical modifications and proline metabolism in *Helianthus annuus* L. as induced by drought stress. Colloids and Surfaces B-Biointerfaces，59：141-149.

Soyza AG，Killingbeck KT，Whitford WG. 2004. Plant water relations and photosynthesis during and after drought in a Chihuahuan desert arroyo. Journal of Arid Environments，59：27-39.

Spatial NL. 1996. Variability of water content in the covered catchment at Gardsjon，Sweden. Hydrological Processes，10：89-103.

Srinivas V，Balasubramanian D. 1995. Proline is a protein-compatible hydrotrope. Langmuir，11：2830-2833.

Steinauer EM，Collins SL. 1995. Effects of urine deposition on small-scale patch structure in prairie vegetation. Ecology，76：1195-1205.

Tang D，Shi S，Li D，et al. 2007. Physiological and biochemical responses of *Scytonema javanicum* (cyanobacterium) to salt stress. Journal of Arid Environments，71(3)：312-320.

Taylor HM. 1978. Limitation to efficient water use in crop production. Printed in the United Stated of America，137-168.

Templer P，Findlay S，Lovett G. 2003. Soil microbial biomass and nitrogen transformations among five tree species of the Catskill Mountains. Soil Biology and Biochemistry，35：607-613.

Thomas SC，Halpern CB，Falk DA，et al. 1999. Plant diversity in managed forests：understory responses to thinning and fertilization. Ecological Applications.

Tllman D. 1986. Nitrogen-limited growth in plants from different successional stages. Ecology，67：555-563.

Tilman D. 1993. Species richness of experimental productivity gradients：how important is colonization. Ecology，74(8)：2179-2191.

Tilman D. 1994. Competition and biodiversity in spatially structured habitats. Ecology，75(1)：2-16.

Tilman D，Downing JA. 1994. Biodiversity and stability in grasslands. Nature，367(6461)：363-365.

Tilman D，Wedin D. 1988. Plant strategies and the dynamics and structure of plant communities. Princeton：Princeton University Press.

Tokeshi M. 1993. Species abundance patterns and community structure. Advances in Ecological Research，224：229-244.

Tomoyuki E，Hiroyoshi O. 1993. Seedling Morphology of Lespedeza(Leguminosae). Journal of Plant Research，106：121-128.

Thomson JD，Thomson BA. 1989. Dispersal of *Erythronium grandiflorum* pollen by bumble bees: implication for gene flow and reproductive success. Evolution，(43)：657-661.

Tremmel DC，Bazzaz FA. 1993. How neighbor canopy architecture affects target plant performance. Ecology. 74(7)：2114-2124.

Trujillo W，Amezquita E，Fisher M. 1997. Soil organic carbon dynamics and land use in the Colobian Savannas. I. Aggregate size distribution. In：Lal R ed. Soil Processes and the Carbon Cycle CRC Press，Boca Raton：267-280.

Tyerman SD，Niemietz CM，Branley H. 2002. Plant aquaporins：multifunctional water and solute channel s with expanding mica. Plant Cell Environ，25：173-194.

Uhl C，Jordan CF. 1984. Succession and nutrient dynamics following forest cutting and burning in Amazonia. Ecology，65：1476-1496.

Uhl C. 1987. Factors controlling succession following slash and burn agriculture in Amazonia. Journal of Ecology，75：377-407.

Unger PW. 1999. Conversion of Conservation Reserve Program(CRP) Grassland for Dryland Crops in a Semiarid Region. Agronomy Journal，91(5)：753-760.

Usuda H，Shimgoa K. 1991. Phosplate deficiency in maize Ⅱ. Enzyme activity. Plant Cell Physiol，32(8)：1313.

Utrup LJ，Norris JH，1996. Nodulin gene expression in effective root nodules of white sweetclover (*Melilotus alba* Desr.) and in ineffective nodules elicited by mutant strains of Rhizobium meliloti. Journal of Experimental Botany，47(295)：195-202.

Valone T，Meyer M，Brown J. 2002. Timescale of perennial grass recovery in desertified arid grasslands fol-lowing livestock remova. l. Conservation Biology，(16)：995-1002.

Veenendaal EM，Swaine MD，Techa RT，et al. 1996. Responses of West African forest tree seedlings to irradiance and soil fertility. Functional Ecology，10：501-511.

Veme Grant. 1994. Historical development of omithophily in the western North American flora Proc. Nail. Acad. Sci. UBA，91：10407-10411.

Verbruggen N，Hermans C. 2008. Proline accumulation in plants：a review. Amino Acids，35：753-759.

Verslues PE，Agarwal M，Katiyar-Agarwal S，et al. 2006. Methods and concepts in quantifying resistance to drought，salt and freezing，abiotic stresses that affect plant water status. Plant Journal，45(4):523-539.

Vinton MA，Burke IC. 1995. Interactions between individual plant species and soil nutrient status in short grass steppe. Ecology，76：1116-1133.

Visser S，Parkinson D. 1992. Soil biological criteria as indicators of soil quality：soilmicroorganisms. American Journal of Alternative Agriculture，(7)：33-37.

Vitousek PM，Sanlford Jr RL. 1986. Nutrient cycling in moist tropical forest. Annual Review of Ecology and Systematics，17：137-167.

Weibe HH，Camplell GS，Rawlins WH，et al. 1971. Measurement of plant and soil water status. utan Agricultural Experiment station，Logan，utan，U. S. A. Bull,484.

Waldhardt R，Otte A. 2003. Indicators of plant species and community diversity in grass lands. Agriculture，Ecosystems & Environment，98(1)：339-351.

Wardle DA, Bonner KI, Barker GM. 2000. Stability of ecosystem properties in response to above-ground functional group richness and composition. Oikos, 89: 11-23.

Wassmann R, Jagadish SVK, Heuer S, et al. 2009. Climate change affecting rice production: the physiological and agronomic basis for possible adaptation strategies. Advances in Agronomy, 101: 59-122.

Whittaker R, Communities Ecosystem H. 1970. New York: The MacMillam Company.

Wijesinghe DK, Hutchings MJ. 1999. The effects environmental heterogeneity on the performance of Glechoma hederacea: the interactions between patch contrast and patch scale. J Ecol, 87: 860-872.

Wilson PJ, Thompson K, Hodgson JG. 1999. Specific leaf area and leaf dry matter content as alternative predictors of plant strategies. New Phytologist, 143: 155-162.

Wu FB, Zhang GP, Dominy P. 2003. Four barley genotypes respond differently to cadmium: lipid peroxidation and activities of antioxidant capacity. Environmental and Experimental Botany, 50: 67-78.

Wu G, Wei ZK, Shao HB. 2007. The mutual responses of higher plant to environment: physiological and microbiological aspects, Biointerfaces, 59: 113-119.

Waller DM. 1981. Neighbourhood competition in several violet population. Occologia, (51): 116-122.

Yordanov I, Velikova V, Tsonev T. 2000. Plant responses to drought, acclimation, and stress tolerance. Photosynthetica, 38: 171-186.

Yoshiji O, Teruo S, Masashi T. 1984. Turgor regulation in a brackish charophyte. Plant&Cell Physiology, 25: 572-581.

You-wen Tsui. 1949. List of plants of Huashan, Shenxi, with keys to genera and species. Contributions form the instituteof botany national academy of Peiping, 6(3).

Zelles L. 1999. Fatty acid patterns of phospholipids and lipopolysaccharides in the characterization ofmicrobial communities in so: i a review. Biology and Fertility of Soils, (29): 111-129.

Zhang J, Davies WJ. 1987. Increased synthesis of ABA in partially dehydrated root tips and ABA transport from roots to leaves. Journal of Experimental Botany, 38: 2015-2023.

Zhang JE, Xu Q. 1999. Major issues in restoration ecology researches. Chinese Journal of Applied Ecology, 10(1): 109-113.

Zhang JH, Jia WS, Kang SZ. 2001. Partial rootzone irrigation: its physiological consequences and imparct on water use efficiency. Acta Bot Boreal-Occident Sin, 21(2): 191-197.

Zhang Y, Liu BY, Zhang QC, Xie Y. 2003. Effect of different vegetation types on soil erosion by water. Acta Botanica Sinica, 45(10): 72-77.

Zhong Z, Makeschin F. 2003. Soluble organic nitrogen in temperate forest soils. Soil Biology and Biochemistry, 35: 333-338.

Zhu B, Su J, Chang M. 1998. Overexpression of a Δ1-pyrroline-5-carboxylate synthetase gene and analysis of tolerance to water and salt-stress in transgenic rice. Plant Science, 139(1): 41-48.